GOETHE
DIE SCHRIFTEN ZUR NATURWISSENSCHAFT

GOETHE

DIE SCHRIFTEN
ZUR NATURWISSENSCHAFT

Vollständige mit Erläuterungen versehene Ausgabe
im Auftrage der

DEUTSCHEN AKADEMIE DER NATURFORSCHER
LEOPOLDINA

Begründet von
K. Lothar Wolf und Wilhelm Troll
Fortgeführt von
Wolf v. Engelhardt und Dorothea Kuhn
Herausgegeben von
Irmgard Müller und Friedrich Steinle

DRITTE ABTEILUNG:
VERZEICHNISSE UND REGISTER
BAND 2

ZU TEXTEN UND MATERIALIEN DER BÄNDE DER
ERSTEN UND ZWEITEN ABTEILUNG

ZWEITER BAND

REGISTER

BEARBEITET VON

CARMEN GÖTZ,
SIMON REBOHM
UND
BASTIAN RÖTHER

auf Grundlage der Vorarbeiten von

Nicki Peter Petrikowski

PERSONEN
ORTE
NATURALIEN
WERKE

2019
VERLAG HERMANN BÖHLAUS NACHFOLGER
WEIMAR

Bibliografische Information der Deutschen Nationalbibliothek
Die Deutsche Nationalbibliothek verzeichnet diese Publikation in der Deutschen
Nationalbibliografie; detaillierte bibliografische Daten sind im Internet über
http://dnb.d-nb.de abrufbar.

Gesamtwerk:
978-3-7400-0024-0
Band III/2:
978-3-7400-1249-6

Hermann Böhlaus Nachfolger Weimar ist ein Imprint von J. B. Metzler
J. B. Metzler ist ein Imprint der eingetragenen Gesellschaft
Springer-Verlag GmbH, DE und ist ein Teil von Springer Nature

Mit Dank an die Fritz Thyssen Stiftung für Wissenschaftsförderung
für die finanzielle Unterstützung.

Das Werk einschließlich aller seiner Teile ist urheberrechtlich geschützt. Jede Verwertung, die nicht ausdrücklich vom Urheberrechtsgesetz zugelassen ist, bedarf der vorherigen Zustimmung des Verlags. Dies gilt insbesondere für Vervielfältigungen, Bearbeitungen, Übersetzungen, Mikroverfilmungen und die Einspeicherung und Verarbeitung in elektronischen Systemen.

Das Buch ist aus säurefreiem Papier hergestellt und entspricht
den Frankfurter Forderungen zur Verwendung alterungsbeständiger Papiere
für die Buchherstellung.

Satz und Layout: stm | media, Köthen
Druck und Bindung: Kösel, Krugzell

© Springer-Verlag GmbH Deutschland, ein Teil von Springer Nature, 2019

INHALT

Vorwort	VII
Einleitung	IX
Hinweise zur Nutzung	XV
Abkürzungen und Auszeichnungen	XVII
Personen	1
Biblische, mythologische und fiktive Gestalten	217
Orte	225
Mineralien, Fossilien und Farbstoffe	339
Pflanzen	429
Tiere	521
Goethes Werke	553
Gesamtliste der erwähnten Werke	577

VORWORT

Der vorliegende Registerband zur Leopoldina-Ausgabe *Goethe. Die Schriften zur Naturwissenschaft* wurde – von Februar 2015 bis Januar 2018 – innerhalb eines von der Fritz Thyssen Stiftung geförderten Projekts erarbeitet. Zuvor waren schon seit 2008 die Belegstellen fast der ganzen ersten Abteilung der Edition in einer Access-Datenbank erfasst worden. Insgesamt wurden für den nun vorliegenden Band 4.030 Seiten der ersten Abteilung und 2.630 Seiten der zweiten Abteilung (= Materialien) für sämtliche Register erschlossen.

Nicht nur der enorme Arbeits- und Materialumfang, sondern auch die Entwicklung und ständige Anpassung des zentralen Arbeitsinstruments (einer MySQL-basierten Datenbank) erforderten einen außerordentlich hohen Arbeitseinsatz. In dem gegebenen Projektrahmen war es deshalb bedauerlicherweise nicht möglich, auch die weiteren in der Ausgabe enthaltenen Textarten – die Zeugnisse und Erläuterungen (Kommentare), die in der Ausgabe weitere 7.735 Seiten einnehmen und überdies sehr ‚stichwort-intensiv' sind – für die Register zu erschließen. Es bleibt das Ziel, diesen Teil mithilfe einer entsprechenden Finanzierung zu ergänzen.

Die Arbeit an den Registern und die Bewältigung der überaus zahlreichen kleinen und großen Fragen und Herausforderungen des Tagesgeschäfts oblag zentral den Bearbeiter/innen. Ausgangspunkt der Datenerfassung war eine von Irmgard Müller entwickelte Access-Datenbank, in die von Nicki Peter Petrikowski im Jahr 2008 die gesamte I. Abteilung (außer Band 11) eingegeben wurde. Bastian Röther (Mitarbeiter von Februar 2015 bis August 2016), hat die grundlegende Form der MySQL-Datenbank entwickelt, die Eingabe für die I. Abteilung geprüft, korrigiert und ergänzt sowie die Neuaufnahme von Band I 11 durchgeführt. Zudem hat er das Goethe-Register auf der Grundlage der in der I. Abt. gedruckten Texte angelegt (siehe Verzeichnisband LA III 1). Im Vorfeld der Projektlaufzeit hatte Herr Röther im Rahmen der Datenbankentwicklung bereits einen Band der zweiten Abteilung (LA II 4) teilweise erfasst und die bei der Datenmigration von der Access- zur MySQL-Datenbank erforderlichen Überarbeitungen, Prüfungen, Korrekturen und Ergänzungen vorgenommen. Die anderen und in der zweiten Projekthälfte einzigen Bearbeiter, Carmen Götz und Simon Rebohm, haben die Materialien der II. Abteilung erfasst, sämtliche Werke im Werkverzeichnis autopsiert, die Kompilation und Endredaktion der Biogramme durchgeführt, Beschreibungen und Quellennachweise für die Naturalienregister erstellt, die Kohärenz und Korrektur für sämtliche anderen Register hergestellt, deren innere Struktur entwickelt und in Zusammenarbeit mit der Internetagentur die Datenbank fortlaufend überarbeitet und ausgebaut. Allen Bearbeiter/innen sei für ihre höchst engagierte und weit über das gewöhnliche Maß hinausgehende Arbeit von Herzen gedankt!

An der Realisierung des Bandes waren zahlreiche Institutionen und Personen beteiligt. Unser erster und besonderer Dank gilt der Fritz Thyssen Stiftung für die Finanzierung des Projektes. Die technische Entwicklung der Datenbank wurde gefördert von der Nationalen Akademie der Wissenschaften Leopoldina, die auch Räume und Arbeitsressourcen zur Verfügung stellte. Im Projektverlauf erforderlich gewordene Zusatzprogrammierungen wurden zunächst in größerem Umfang vom Leopoldina Akademie Freundeskreis e.V., dann auch vom Leopoldina-Studienzentrum finanziert. Herzlicher Dank gilt daher den Verantwortlichen in der Leopoldina: dem Präsidenten, Prof. Jörg Hacker, der Generalsekretärin, Prof. Jutta Schnitzer-Ungefug, dem Vizepräsidenten, Prof. Gunnar Berg, und dem Leiter des Studienzentrums, Prof. Rainer Godel, ebenso dem Vorstand des Leopoldina Akademie Freundeskreis e.V. Für die konstruktive wissenschaftliche Begleitung danken wir dem Beirat des Leopoldina-Studienzentrums, hier vor allem dessen Sprecher, Prof. Alfons Labisch. Darüber hinaus danken wir den Mitarbeitern des Leopoldina-Studienzentrums für vielfältige Ratschläge und Unterstützung, vor allem – aber nicht nur – im Rahmen des Forschungskolloquiums, wo den Bearbeitern mehrfach Gelegenheit gegeben wurde, das Projekt vorzustellen und zu diskutieren. Für die Überlassung von Personendaten aus dem Weimarer Fundus im Rahmen einer freundschaftlichen Kooperationsregelung danken wir dem Direktor des Goethe- und Schiller Archivs, Dr. Bernhard Fischer. Die Datenbank wurde von der Internetagentur 3pc (Berlin) entwickelt. Unser Dank für die gute Zusammenarbeit und den kontinuierlichen Support gilt dem Projektleiter, Jens Gerth, und den Programmierern Christian del Monte (erste Projektphase) und Sebastian Haseloff.

Mit diesem Band kommt ein Werk zu einem vorläufigen Abschluss, das nun über nahezu sieben Jahrzehnte in unterschiedlichsten Konstellationen erarbeitet wurde. Wir hoffen und wünschen, dass dieser Band der Nutzung und weiteren Erschließung von Goethes naturwissenschaftlichen Schriften förderlich sein möge!

Berlin und Witten, im November 2018
Irmgard Müller ML
Friedrich Steinle ML

EINLEITUNG

Der vorliegende Band präsentiert sechs Gesamtregister zu den 29 Einzelbänden der Leopoldina-Ausgabe von Goethes naturwissenschaftlichen Schriften (im weiteren LA) und stellt damit den Schlussstein der Druckausgabe dar. Zusammen mit dem 2014 erschienenen ‚Verzeichnisband' LA III 1, der sämtliche in der Ausgabe abgedruckten Texte auflistet und Konkordanzen bietet, bildet er die dritte und abschließende Abteilung dieses monumentalen, nun über nahezu sieben Jahrzehnte laufenden Editionsprojekts. Ergänzt wird er durch eine Online-Registerdatenbank, die die Daten der dritten Abteilung umfasst und über die Webseite der Leopoldina zugänglich und recherchierbar sein wird.

Die sechs Register verzeichnen Personen (2891 Einträge, mit einem besonderen Register für biblische, mythologische und fiktive Gestalten), Orte (2551 Einträge), Mineralien (1132 Einträge), Pflanzen (2196 Einträge), Tiere (701 Einträge) und schließlich alle erwähnten Werke (2897 Einträge), wobei Goethes eigene Werke in ein gesondertes Verzeichnis ausgegliedert sind. Durch die Register erfasst sind alle in der Ausgabe enthaltenen Texte Goethes und die zugehörigen Vorarbeiten („Materialien"). Bedauerlicherweise konnten hingegen zwei weitere Textgattungen der LA – die sog. Zeugnisse und die Erläuterungen der Herausgeber – im vorgegebenen Zeit- und Finanzierungsrahmen nicht erfasst werden. Eine künftig hoffentlich mögliche registermäßige Erfassung der Zeugnisse und Erläuterungen wird in der Online-Datenbank sichtbar werden können.

Im Folgenden gehen wir kurz auf Hintergrund, Struktur, Grenzen und Genese der Register ein. Hinweise zur Nutzung folgen dann in einem eigenen Abschnitt.

Bedingt durch die besondere Geschichte der LA – den langen Bearbeitungs- und Erscheinungszeitraum und den Wandel der Editionsprinzipien – bieten die einzelnen Bände höchst unterschiedliche Grundlagen für die Erstellung eines Gesamtregisters. Einige, aber längst nicht alle Bände verfügen über eigene Personen- und manchmal auch Ortsregister, die in Umfang und Gestalt wiederum recht uneinheitlich ausfallen. Auch die Kommentierung liegt in stark variierendem Umfang vor. Für eine weitgehend einheitliche Erfassungstiefe des Gesamtregisters waren damit Angleichungen, Nachträge und weitere Recherchen notwendig. Die gedruckten Register konnten nicht einfach übernommen werden, vielmehr wurden sämtliche Seiten der ersten Abteilung sowie sämtliche Materialien der zweiten Abteilung neu erfasst und die Erläuterungen und bisherigen Register unterstützend zu Hilfe genommen.

Als Vorbild für die Gesamtregister dienten die umfangreichen und differenzierten Register der zuletzt erschienenen Bände, insbesondere das Personenregister und das Literaturverzeichnis des Bandes II 5B. Aufgrund des weit höheren Umfangs des Gesamtregisters wird allerdings das Ortsregister als separates Register geführt, ebenso (auch nach dem Vorbild anderer Editionen im Bereich der Goethe-Philologie) die von Goethe verfasste Literatur und die biblischen, mythologischen und fiktiven Gestalten. Um auch eine Sacherschließung zu unterstützen, wurde überdies (und anders als in den Einzelbänden) ein Naturalienregister angelegt, das sich in die drei Naturreiche – Steine, Pflanzen, Tiere – gliedert.

EINLEITUNG

Zu den Erläuterungen der Registereinträge

Allen Registereinträgen sind kurze Erläuterungen beigefügt: ohne solche wäre die Zusammenführung von Schreibvarianten, die Verweise auf Synonyme oder die Zuordnung von Unterlemmata nicht möglich gewesen. Überdies sind insbesondere in den Materialien, die in der Regel keine publizierten Texte, sondern Vorarbeiten etwa in Form von Notizen, Exzerpten und Entwürfen enthalten, häufig Abweichungen bzw. Fehler gegenüber dem üblichen zeitgenössischen Begriff festzustellen. Bisweilen ließen sich diese eindeutig als Hörfehler identifizieren, die die Form der Niederschrift durch Diktat nahelegen. Als illustrierende Beispiele sei etwa auf Cochlearia amoracia (in der zeitgenöss. Terminologie Cochlearia Armoracea), Seseli Hypomaratrum (Seseli Hippomarathrum), Chrysocoma linoteris (Chrysocoma Linosyris) oder Pulmonaria maculosa (Pulmonaria maculata) verwiesen. In Fällen, in denen die exzerpierte Vorlage genau bekannt ist, sind auch Schreib- oder Lesefehler nachweisbar: So ließ sich etwa im Falle der Abschrift des Jussieuschen Systems der nicht nachweisbare Familienname „Schima" an der exzerpierten Stelle als „Sehima" identifizieren. Auch in solchen Fällen kann eine sinnvolle Zuordnung der Begriffe nur durch erläuternde Zusätze erfolgen.

Solche Erläuterungen stellen allerdings besondere Herausforderungen dar. Im Folgenden sollen die diesbezüglichen Überlegungen und Entscheidungen der Herausgebergruppe kurz skizziert werden. Den im Register aufgeführten *Personen* sind kurze Biogramme beigegeben. Ihr Umfang steht tendenziell in umgekehrtem Verhältnis zur Bekanntheit der Person: Zur Verortung der eher unbekannten Personen hielten wir es für angemessen, die Beschreibung ausführlicher zu gestalten. Die Biogramme wurden auf der Grundlage der in den gedruckten LA-Registern bereits enthaltenen biographischen Informationen erstellt. Gelegentlich wurde auf die Angaben in aktuellen Goethe-Editionen, z.B. der Tagebücher oder der Briefe, zurückgegriffen. Körperschaften, z.B. Gesellschaften oder Akademien, sind nicht im Personenregister verzeichnet, sondern als Unterlemmata zu einem bestimmten Ort im Ortsregister geführt. z.B. „Royal Society" als Unterlemma zu „London" oder „Leopoldina" als Unterlemma zu „Bonn", wo sie für die wichtigste Wirkenszeit Goethes ihren Sitz hatte.

Bei den *Orten* sind die erläuternden Stichworte durchweg kurz gehalten, es wurde versucht, solche Bezeichnungen zu finden, die den politischen und geographischen Ordnungen der entsprechenden Zeit entstammen. Himmelskörper, z.B. Sonne, Mond und Sterne, wurden nur dann ins Register aufgenommen, wenn sie – beispielsweise in astronomischen Kontexten – eine Ortsangabe bzw. Position im Raum darstellten.

Von allen Registern sind die der *Naturalien* die komplexesten mit Blick auf die innere Systematik und Vernetzung der Inhalte, und auch die Frage der Erläuterungen stellte sich besonders scharf, zumal sich hier die Herausforderung des Anachronismus am stärksten stellt. In diesen Bereichen hat die Entwicklung der Wissenschaften in den letzten beiden Jahrhunderten neue oder zumindest veränderte Ordnungssysteme hervorgebracht, in deren Folge die damaligen Bezeichnungen in zahlreichen Fällen andere Bedeutungen erhalten haben oder gar nicht mehr existieren. Häufig haben sich auch die Zuordnungen der bezeichneten Gegenstände in einem größeren System verschoben oder insgesamt verändert. Überdies ist die Frage, welcher Gegenstand in den Texten im Einzelnen gemeint sein konnte, in einigen Fällen nicht leicht zu entscheiden, sondern erfordert historische Forschungsarbeit. In den Einzelbänden der Ausgabe war in uneinheitlicher Weise mit dieser Herausforderung umgegangen worden. Für die Gesamtregister wurde, um Anachronismen zu vermeiden und zugleich doch eine erste und notwendige Orientierung zu geben, in den Einträgen auf das Verständnis verwiesen, wie es in Werken der Zeit erkennbar wird, die sich in Goethes Bibliothek nachweisen lassen bzw. von Personen stammen, mit denen Goethe in engem Kontakt stand. Allerdings ist zu beachten, dass Goethe damit durchaus kritisch umging und in manchen Fällen bewusst andere Zuordnungen wählte. Die Erläuterungen im Register sind also nicht als Identifikation dessen zu verstehen, was Goethe meinte, sondern als Hinweis auf Zuordnungen und Synonyme, die ihm dazu bekannt waren. Die Grundlage für die Kurzerläuterungen (z.B. Synonyme) ist jeweils in einem kursiv gesetzten Quellennachweis angegeben. Sofern sie sich aus Goethes Publikationen und Manuskripten ergeben, ist dies durch einen Verweis auf die Belegstelle mit nachgestelltem q (z.B. LA II 9A, 4q) angeführt. Um deutlich werden zu lassen, dass die Kurzerläuterungen zu den Lemmata / Naturalien den zeitgenössischen Quellen entnommen sind, wurde deren Orthographie in der Regel beibehalten.

Im Einzelnen wurde für das *Mineralien*-Register insbesondere die Systematik von Abraham Gottlob Werner (1749–1817) benutzt, die Bezugspunkt Goethes wie auch der Geologie und Mineralogie seiner Zeit war. Drei Versionen dieses Systems sind überliefert und mit unterschiedlichen Kürzeln bezeichnet: W I meint eine mit großer Wahrscheinlichkeit von J. K. W. Voigt entworfene Wandtafel von 1783, die wohl neben der Mineraliensammlung Goethes aufgehängt war. W II bezeichnet die autorisierte Publikation des Systems im „Bergmännischen Journal" von 1789, und W III verweist auf den Separatdruck aus dem Nachlass Werners von 1817, der zum Bestand der Bibliothek Goethes gehörte (Ruppert 5255). Die Wandtafel (W I) geht, was die I. Klasse anbelangt (Erd- und Steinarten), auf jenen Auszug aus seinem System zurück, den Werner dem ersten Band seiner Übersetzung von Cronstedts „Versuch einer Mineralogie" 1780 im Anhang beifügte.[1] Die restlichen Klassen II bis IV fußen wohl auf Werners Vorlesungen, die Voigt zwischen 1776 und 1779 in Freiberg gehört hatte. Ergänzend zu Werner wurden einige weitere Referenzen herangezogen, so z.B. Zappe und Reuss; vgl. hierzu die Kurztitelliste.

Für das Register der *Pflanzen* wurde zentral das insgesamt 20 Bände umfassende botanische Lexikon von Friedrich Gottlieb Dietrich (1768–1850) genutzt.[2] Auf dieses bezieht sich auch das Goethe-Wörterbuch; auch Krünitz

---

[1] Axel Cronstedt: Versuch einer Mineralogie. Aufs neue aus dem Schwed. übers. und nächst verschiedenen Anmerkungen vorzüglich mit äussern Beschreibungen der Fossilien vermehrt von Abraham Gottlob Werner. 1. Bd., 1. Teil. Leipzig 1780 (Ruppert 4473).

[2] Vollständiges Lexicon der Gärtnerei und Botanik oder alphabetische Beschreibung vom Bau, Wartung und Nutzen aller in- und ausländischen, ökonomischen, officinellen und zur Zierde dienenden Gewächse. 10 Bde. Weimar/Berlin 1802–1810; 10 Nachtragsbände, Berlin 1815–1824.

nutzte es bereits (s. Artikel „Saflor"). Diese Referenz erschien sinnvoll, weil nicht nur Goethe in seinem autobiographischen Bericht „Geschichte meiner botanischen Studien" Dietrich als seinen jugendlichen Lehrmeister anführt,[3] sondern auch Dietrich in seinem „Lexikon der Gärtnerei" (1840) berichtet, dass er im Jahre 1794 mit Goethe gemeinsam dessen Garten bepflanzte, wobei die Zusammenstellung der Pflanzen in Gruppen nach „Jussieus natürlichem System" erfolgte (LA II 9A, 438; Jussieu s. Ruppert 4734). Dietrich verweist überdies in seinen Einträgen ausdrücklich auf Linné bzw. die von ihm ausgehenden Editionen von Karl Ludwig Willdenow und Johann Christian Daniel Schreber, wenn eine Gattung oder Art dort verzeichnet ist. Auch auf Jussieus System (Genera plantarum. Ed. Usteri. Zürich 1791) finden sich zahlreiche Hinweise. Aus der bei Dietrich oftmals gegebenen Vielzahl deutscher Namen wurde bei der Auswahl denjenigen der Vorzug gegeben, die mit den heute noch gebräuchlichen übereinstimmen. In Ausnahmefällen wurden die Erläuterungen den Quellentexten selbst entnommen (z.B. Nees von Esenbeck zu „Achlya" oder Synonyme zu „Bryophyllum calycinum"). Neben Dietrich wurde auch August Johann Georg Carl Batsch (1761–1802) zur Kurzerläuterung herangezogen, den Goethe in seiner „Geschichte meiner botanischen Studien" als für ihn einflussreichen ‚Lehrer' erwähnt.[4]

Dass das Register der *Tiere*, welches ebenfalls mit Rückgriff auf Batsch bearbeitet wurde, vergleichsweise weniger umfangreich ausfällt und noch weniger systematische Bezüge enthält, ist vor allem dem Umstand geschuldet, dass Goethe sich im Bereich der Zoologie größtenteils auf den Versuch beschränkte, seine Morphologie, die er ausgehend von den Pflanzen entwickelt hatte, auf die Tiere zu übertragen.

Zu den Grenzen der Register

Durch die Beschränkung der Sacherschließung auf die drei Naturalienregister wurden bestimmte Sachdinge nicht erfasst: Dazu gehören insbesondere jene Komponenten, die bloß Teil eines „Naturdings" sind, wie etwa Teile von Pflanzen oder Tieren wie Muskel, Knochen- und Wirbelbezeichnungen, Elfenbein und Horn, oder Hopfenmehl, Lupulin und Honigtau, Begriffe aus der Bergmännischen Sprache wie etwa Besteg, Druse, Gems, Noberg, und Sachbegriffe aus der Optik/ Farbenlehre. Eine Ausnahme bildet im Pflanzenregister „Kotyledonen" (inkl. ihrer Wortbildungen: Akotyledonen, Dikotyledonen, Monokotyledonen etc.), da diese zugleich eine Pflanzengruppe anzeigen, der überdies Goethe eine eigene Publikation gewidmet hat. Eine weitere Ausnahme bildet im Mineralienregister der Begriff „Breccie". Auch dieser ist eine eigenständige Publikation Goethes gewidmet.

Bestimmte vieldeutige Begriffe wurden je nach Bedeutung unterschiedlich gehandhabt. So wurde „Meteor" zwar als Himmelskörper im Ortsregister und als Stein (Meteorit) im Mineralienregister aufgenommen, nicht aber als Licht-

---

[3] Vgl. LA I 9, 15–19, hier 17–18.

[4] Vgl. LA I 9, 15–19, hier 18–19.

erscheinung, nicht als vom Himmel fallender Schleimklumpen („schleimige Meteor-Niederfälle"), s.a. Tremella Nostoc (LA II 10B, M 1.3, S. 13–17). Im Falle von Schmetterlingsnamen, deren Artepithet ein Pflanzenname ist (nämlich die bevorzugte Nahrungsquelle anzeigend; z.B. Eruca hesperidis bei Jungius, LA II 10B, M 20.5, S. 56, Z. 6), wurde die Belegstelle nur ins Tier-, nicht aber ins Pflanzenregister aufgenommen.

Die Beschränkung der Sacherschließung auf Naturalien hat zur Folge, dass in den Texten zur Optik erwähnte Mineralien oder Pflanzen in den Registern verzeichnet werden, nicht aber, wie erwähnt, genuine Begriffe der Optik (Regenbogen, Iris etc.). Somit sind in den Registern bestimmte Bereiche der Naturwissenschaft (z.B. Mineralogie), stark repräsentiert, andere hingegen, wie etwa Optik oder Meteorologie, fast gar nicht. In diesen Kontext gehört zudem, dass ein Register den Funktionszusammenhang nicht erfassen kann. So sind etwa in der Optik Mineralien genannt, typischerweise aber nicht als Forschungsgegenstand, sondern als Instrumente oder Medien im Kontext optischer Experimente (z.B. zur Brechung des Lichts). Gleichwohl macht eine solche Erfassung die enge Verflechtung verschiedener Forschungsfelder auf der materiellen Ebene deutlich.

In Bezug auf die inhaltliche Zuordnung der Registereinträge untereinander sind die Bearbeiter in Absprache mit den Herausgebern eher zurückhaltend verfahren. Wir gehen gleichwohl davon aus, dass der durch die Register ermöglichte erweiterte Zugriff auf die Goetheschen Texte eine Forschung initiieren wird, die einen tieferen und angemesseneren Einblick in die zeitgenössische – und Goethe-spezifische – Systematik hervorbringen wird.

HINWEISE ZUR NUTZUNG

Im *Personenregister* besteht ein Eintrag neben dem Namen und ggf. Beinamen aus den Lebensdaten, einem Kurzbiogramm, ggf. spezifischen Unterlemmata, z.B. „Berichterstatter" (Belegstellen zu Brief oder Tagebucheintrag) und einer Werkliste, die gegliedert ist in „Werke", „Rezensionen" und „Manuskripte". Die Werke werden im Falle gedruckter Werke (Monographien und Zeitschriftenbeiträge) nur mit Kurztitel angegeben; in runden Klammern findet sich eine Sigle, die in der Regel aus dem Nachnamen des Autors/ der Autoren und dem Erscheinungsjahr/ den Erscheinungsjahren besteht und auf die Position verweist, an welcher im Werkverzeichnis die vollständigen bibliographischen Angaben zu finden sind. Sofern es sich um Manuskripte handelt, werden die Angaben vollständig im Personenregister ausgegeben; im Werkverzeichnis findet sich kein Nachweis. Bis auf wenige Ausnahmen handelt es sich bei dieser Textsorte um in der LA gedruckte Quellen. Kursiv gesetzte Vornamen markieren den Rufnamen, der oftmals auch Teil des Autornamens ist (vgl. die Beispiele Wilhelm und Alexander von Humboldt).

Die Einträge der *Naturalienregister* geben neben dem Namen der Naturalie und ggf. Schreib- und Namensvarianten im Lemma zumeist eine Kurzerläuterung der Sache, einen Verweis auf andere, *sachlich zugehörige* Lemmata, eingeleitet mit „Siehe auch", sowie eine kursiv gesetzte Angabe zur Quelle, welche die Grundlage für Kurzerläuterung und Verweis darstellt. Sofern Kurzerläuterung und sachlich zugehöriges Lemma identisch sind, findet sich lediglich der Verweis auf letzteres. In der ersten Abteilung wurden die Belegstellen für einzelne Naturalien konsequent Zeile für Zeile erfasst, was mitunter zu langen Ketten von Zeilenziffern im Register führt. Deswegen wurde für die Erfassung der zweiten Abteilung entschieden, mehrere Belegstellen auf derselben Seite eher zusammenzufassen, d.h. es werden nur die Zeilen des ersten und letzten Belegs einer Seite angeführt.

Das *Werkverzeichnis* enthält nur die bibliographischen Angaben, nicht die Belegstellen; diese sind im Personenregister angeführt.

Sofern ein Werk in Goethes Bibliothek vorhanden ist, wird dem Werkeintrag in Klammern die Nummer aus dem von Ruppert angefertigten Katalog nachgestellt (z.B. Ruppert 5305). Sofern ein Werk nachweislich von Goethe aus der Herzoglichen Bibliothek in Weimar entliehen wurde, wird dem Werkeintrag in Klammern die Nummer aus dem von Keudell angefertigten Katalog nachgestellt (z.B. Keudell 5305).

Sind von einem Werk mehrere Auflagen überliefert und lässt sich aus der Quelle nicht ermitteln, auf welche Bezug genommen ist, dann wird die Belegstelle entweder der von Goethe nachweislich genutzten Auflage (Ruppert, Keudell etc.) oder der Erstauflage zugewiesen. Bezieht Goethe sich nachweislich auf verschiedene Auflagen eines Werkes, so wurden für diese separate Registereinträge angelegt und die Belegstellen entsprechend zugewiesen. Da in der Regel in solchen Fällen Belegstellen existieren, die nicht einer bestimmten Auflage, sondern nur dem Werk allgemein zugeordnet werden können, wurde für dieses ein Gesamteintrag angelegt (Eintrag ohne Spezifizierung der Ausgabe, z.B. Metamorphose der Pflanzen, Newtons Optik, Erxleben/Lichtenberg, Jungius: Geometria empirica etc.). Ähnlich wurde mit Werken aus der Antike verfahren: Diese erscheinen lediglich unter ihrem vereinheitlichten Titel, wenn in den Quellen keine spezifische Ausgabe angegeben wurde.

Im *Verzeichnis von Goethes Werken* sind Texte, die in der LA ediert sind, nicht zusätzlich mit dem in der Quelle meist genannten Erstdruck verzeichnet, da dies zu einer Vielzahl an Doppeleinträgen geführt hätte (Beispiele: LA II 10B, 147, Z. 32–34: siehe auch schon für LA I 10, 389, Z. 32–37). Jene Goethe-Texte, deren einzige Belegstelle diejenige des Druckorts in der LA ist (edierter Text), werden im Registerband nicht mehr aufgeführt, da sich diese Angaben bereits im Verzeichnisband (LA III 1) befinden.

Die Materialien sind in der Regel Vorstufen zu den Schriften Goethes. Sofern die Erläuterung einen klaren Zusammenhang mit einem oder mehreren Werken Goethes angibt („Vorarbeit zu…", „Notiz zu…", etc.), wurde die jeweilige Materialie mit diesem Werkeintrag verknüpft. Dies gilt auch dann, wenn es sich um Zuarbeiten anderer, um Exzerpte aus dem Werk eines anderen Autors oder um die Abschrift eines Zeitungsartikels handelt.

Eine besondere Herausforderung stellte der Umstand dar, dass in den ersten drei Bänden der ersten Abteilung jene Materialien und Zeugnisse, die später in der zweiten Abteilung abgedruckt wurden, in den (chronologischen) Verlauf der Textproduktion aufgenommen waren. Damit alle Texte der ersten Abteilung auch als Texte in der Datenbank erfasst sind, wurden hier Materialien – z.B. als Werke ins Goethe-Verzeichnis – aufgenommen, die dann nicht aufgenommen worden wären, wenn sie Teil der zweiten Abteilung gewesen wären (Beispiel: LA I 3, 504: „Nr. 39. / Zu den Pflanzenfarben").

Besonderheiten
1. In den Bänden I 1 bis I 3 sind noch Textsorten mit abgedruckt, die sonst nur in der II. Abt. gedruckt sind. Um diese im Register auszuweisen, ist der Zeilenzahl im Belegstellennachweis ein M (für Materialie) oder Z (für Zeugnis) ohne Spatium angehängt.
2. Anders als bislang in den gedruckten Registern der LA üblich, ist im Fall der Belegstellen einer Materialie sowohl die Materialiennummer als auch die Seitenzahl angeführt. Zum Zweck einer optischen Differenzierung ist die Materialiennummer kursiv gesetzt.
3. Die Register enthalten zwei Arten von Fragezeichen. Das eine schließt an das Lemma an und wird gesetzt, wenn unklar blieb, wofür der Begriff steht: Beispiel „Timaggio", „Rosen, Bologneser". Die andere Art von Fragezeichen schließt an die Zeilenzahl an und wird gesetzt, wenn die Zuweisung einer Belegstelle zu einem Registereintrag (z.B. zu einer bestimmten Person oder einem Werk) unsicher ist.
4. Wenn das Lemma nicht mit dem Wortlaut des Textes übereinstimmt, dann wird der Zeilenzahl dieser Wortlaut in runden Klammern nachgestellt (z.B. Personalpronomen statt Name, oder Platzhalter wie „dergleichen", „dasselbe", „ebenda" „von daher").

ABKÜRZUNGEN UND AUSZEICHNUNGEN

Belegstellenangaben:

I, II	Abteilung
1, 2, 3 …	Band
$1_4.2_5.3_6.$ …	Seiten- und Zeilenangabe (Editionstext)
$1_{4'}.2_{5'}.3_{6'}.$ …	Seiten- und Zeilenangabe (Belegstellen)
$1_{4M'}.2_{5M'}.3_{6M'}.$ …	Seiten- und Zeilenangabe einer Materialie (Sonderfall Abt. I. Bde. 1–3)
M 11. M 12. M 13 …	Materialiennummer
$1_{4?}.2_{5?}.3_{6?}.$ …	Unsichere Zuweisungen
$1_{4(er)}.2_{5(sie)}.3_{6(es)}.$ …	Nachgestellte Erläuterungen (Wortlaut der Textstelle)
LA II 9B 23q	Kurzerläuterung ist der Quelle entnommen
LA II 9B 23Erl	Kurzerläuterung ist dem Kommentar entnommen
Dransberg?	*(als Lemma:)* Bezeichnung konnte nicht nachgewiesen werden

Abkürzungen:

Abb.	Abbildung
Abt.	Abteilung, Abteilungen
Adelung	Johann Christoph Adelung: Grammatisch-kritisches Wörterbuch der hochdeutschen Mundart. Wien: Bauer, 1811
ALZ	Allgemeine Literatur-Zeitung und Intelligenzblatt. Hrsg. von Christian Gottfried Schütz. Jena u. Halle (Saale) 1785–1848
Anm.	Anmerkung(en)
ao. Prof.	außerordentlicher Professor
Aufl.	Auflage
Batsch	August Johann Georg Batsch: Versuch einer Anleitung zur Kenntniß und Geschichte der Pflanzen für academische Vorlesungen entworfen und mit den nöthigsten Abbildungen versehen. 2 Bde. Halle: Gebauer, 1787–1788
Batsch T-M	August Johann Georg Batsch: Versuch einer Anleitung zur Kenntniß und Geschichte der Thiere und Mineralien, für akademische Vorlesungen entworfen, und mit den nöthigsten Abbildungen versehen. 2 Bde. Jena: Akademische Buchhandlung, 1788–1789
Bd., Bde., Bden	Band, Bände, Bänden
Bearb.	Bearbeiter
Bergmänn. Wb.	Bergmännisches Wörterbuch, darinnen die deutschen Benennungen und Redensarten erkläret und zugleich die in Schriftstellern befindlichen lateinischen und französischen angezeiget werden. Chemnitz: Stößel, 1778

ABKÜRZUNGEN UND AUSZEICHNUNGEN

bes.	besonders
Binzer	August Daniel Binzer und Heinrich August Pierer (Hrsg.): Encyclopädisches Wörterbuch der Wissenschaften, Künste und Gewerbe, bearbeitet von mehreren Gelehrten. 26 Bde. Altenburg: Literatur-Comptoir. 1824–1836
Borch 1778	Borch, Michał J.: Lythologie Sicilienne ou Connaissance de la nature des pierres de la Sicile, suivie d'un discours sur la Calcara de Palerme. Rome (Rom): Francesi. 1778
Bulling	Karl Bulling: Goethe als Erneuerer und Benutzer der jenaischen Bibliothek. Jena 1932
bzw.	beziehungsweise
ca.	circa
d. Ä., d. J.	der Ältere/ des Älteren, der Jüngere/ des Jüngeren
Dietr.	Friedrich Gottlieb Dietrich: Vollständiges Lexicon der Gärtnerei und Botanik oder alphabetische Beschreibung vom Bau, Wartung und Nutzen aller in- und ausländischen, ökonomischen, officinellen und zur Zierde dienenden Gewächse. 11 Bde. zzgl. 18 Nachtragsbden. Weimar/ Berlin 1802–1838
Diss.	Dissertation
ED	Erstdruck
Erl	(in Naturalienregistern als Teil der Quellenangabe, angehängt an Seitenzahl:) Die Kurzerläuterung ist dem Kommentar entnommen.
Erxleben	Johann Christian Polykarp Erxleben: Johann Friedrich Gmelin (Hrsg.): Anfangsgründe der Naturgeschichte. Entworfen von Joh. Christ. Polycarp Erxleben [...]. Aufs neue herausgegeben von Johann Friedrich Gmelin. Göttingen: Dieterich. 1782
erw.	erwähnt
etc.	et cetera, und so weiter
FA	(Frankfurter Ausgabe:) Johann Wolfgang Goethe. Sämtliche Werke, Briefe, Tagebücher und Gespräche. 40 Bde in 2 Abt. Frankfurt a. M.: Deutscher Klassiker Verlag 1985–1999
fl.	floruit (blühte)
Gallitzin	Dimitri de Gallitzin: Recueil des noms par ordre alphabetique apropriés en mineralogie aux terres et pierres, aux métaux et demi-métaux, et aux bitumes: avec un précis de leur histoire-naturelle et leurs synonimies en Allemand. Suivi d'un tableau lithologique tracé d'aprés les analyses chimiques. Brunsvik: Orphelins. 1801
geb.	geborene
gen.	genannt
Grimm WB	Jacob und Wilhelm Grimm. Deutsches Wörterbuch. Leipzig und Göttingen 1854 ff.

ABKÜRZUNGEN UND AUSZEICHNUNGEN XIX

GWB	Goethe Wörterbuch. Stuttgart, Berlin, Mainz 1978 ff. http://gwb.uni-trier.de/de/
Hbbd.	Halbband
hrsg., Hrsg.	herausgegeben, Herausgeber
HzM	(Hefte zur Morphologie:) Goethe. Zur Morphologie. 6 Hefte in 2 Bden. Stuttgart und Tübingen 1817–1824. LA I 9
HzN	(Hefte zur Naturwissenschaft:) Goethe. Zur Naturwissenschaft überhaupt. 2 Bde. Stuttgart und Tübingen 1817–1824. LA I 8
JALZ	Jenaische Allgemeine Literatur-Zeitung 1804–1841
Jh.	Jahrhundert
Juss.	Antoine Laurent de Jussieu: Genera plantarum, secundum ordines naturales disposita, juxta methodum in horto regio Parisiensi exaratam, anno M.DCC.LXXIV. Recudi curavit notisque auxit Paulus Usteri. Zürich: Ziegler, 1791 (Ruppert 4734)
Keudell	Elise von Keudell: Goethe als Benutzer der Weimarer Bibliothek. Ein Verzeichnis der von ihm entliehenen Bücher. Weimar: Böhlau, 1931
Krünitz	Krünitz online = Johann Georg Krünitz: Oekonomische Encyklopädie (…) 242 Bde. 1773–1858
LA	Leopoldina-Ausgabe „Goethe. Die Schriften zur Naturwissenschaft"
Lat. (Vok.)	In der Stadtbibliothek Frankfurt a. M. überliefertes Heft „Labores juveniles" aus dem Jahr 1757, das unter anderem Vokabellisten zur Naturkunde enthält, mit den Abschnitten „Namen der Bäume", „Nahmen der Kräuter", „Namen der Thiere", „Namen der Vögel". Vgl. LA II 9A, M 1.
M	Materialien
Martini	Friedrich Heinrich Wilhelm Martini: Neues systematisches Conchylien-Kabinett […] nach der Natur gezeichnet und mit lebendigen Farben erleuchtet durch Andreas Friedrich Happe. Fortges. [ab Bd. 4] durch Johann Hieronymus Chemnitz. 10 Bde. Nürnberg: Raspe, 1769–1788
Ms.	Manuskript
Mus. Bolt.	Museum Boltenianum sive catalogus cimerliorum e tribus regnis naturae quae olim collegerat Joa. Fried. Bolten, M. D. p. d., per XL annos proto physicus Hamburgensis. Pars secunda continens conchylia sive testacea univalvia, bivalvia et multivalvia. Hamburgi (Hamburg): Trappius, [1798]
ND	Neudruck, Nachdruck
Nr., No.	Nummer, Numero
o. Prof.	ordentlicher Professor
Praes.	Praeses
Prof.	Professor

ABKÜRZUNGEN UND AUSZEICHNUNGEN

Ps.	Pseudonym
q	(im Naturalienregister als Teil der Quellenangabe, angehängt an Seitenzahl:) Die Kurzerläuterung ist der Quelle entnommen.
Resp.	Respondent
Reuss	Franz Ambros Reuss: Neues mineralogisches Wörterbuch oder Verzeichniss aller Wörter welche auf Oryctognosie und Geognosie Bezug haben, mit Angabe ihrer wahren Bedeutung nach des Herrn Berg-Comissions-Rath Werners neuester Nomenclatur (= Lexicon mineralogicum...) in alphabetischer Ordnung in Deutscher, Lateinischer, Französischer, Italienischer, Schwedischer, Dänischer, Englischer, Russischer und Ungarischer Sprache. Nebst einer tabellarischen Uebersicht der mineralogisch einfachen und gemengten Fossilien. Hof: Grau, 1798
Rez.	Rezension, Rezensent
Ruppert	Hans Ruppert: Goethes Bibliothek. Katalog. Weimar: Arion, 1958
S.	Seite
s.	siehe
s. a.	siehe auch
s., s. o., s. u.	siehe, siehe oben, siehe unten
s. l.	sine loco
s. n.	sine nomine
sog.	sogenannt
Sp.	Spalte
St.	Stück; auch: Sankt, Saint
Taf.	Tafel, Tafeln
Tl., Tle., Tln.	Teil, Teile, Teilen
Teilbde., Tlbden.	Teilbände(n)
Tom.	Tome(s)
u. a.	und andere(-n, -r, -s), unter anderem
übers., Übers.	übersetzt, Übersetzer, Übersetzung
verb.	verbessert(e)
verh.	verheiratet(e)
verm.	vermehrt(e)
verw.	verwitwet
vgl.	vergleiche
Vol.	Volume
WA	Goethes Werke. Weimarer Sophienausgabe. Weimar 1887–1914, Nachtr. 1990: Abt. I: Werke, Abt. II: Naturwissenschaftliche Schriften, Abt. III: Tagebücher, Abt. IV: Briefe
W 1	„Das Mineralreich nach dem Wernerischen System." (1783) Wandtafel für die Mineralien- und Gesteinssammlung Goethes. Vermutlich entworfen von Johann Carl Wilhelm Voigt auf der Grundlage des Abdrucks der ersten Klasse (Erd- und Steinarten) im Anhang zu

	Werners Übersetzung von Kronstedts Mineralogie und der Vorlesungen Werners in Freiberg (Sachsen). Vgl. LA II 7, S. 67–74 (M 45).
W II	Mineralsystem des Herrn Inspektor Werners mit dessen Erlaubnis herausgegeben von C. A. S. Hoffmann. In: Bergmännisches Journal 2,1 (1789), S. 369–398, bes. S. 373–386.
W III	Abraham Gottlob Werner's letztes Mineral-System. Aus dessen Nachlasse auf oberbergamtliche Anordnung herausgegeben und mit Erläuterungen versehen. Freyberg und Wien: Craz und Gerlach. 1817 (Ruppert 5255), bes. S. 1–26
Wandtafel	Verzeichnis von Pflanzen mit lateinischen und deutschen Namen. Der Bogen ist auf eine Pappe gezogen und mit einem Nagelloch versehen. „Die Tabelle war offenbar dazu bestimmt, in Goethes Blickfeld zu hängen und hat zum Einprägen der Namen gedient." Vgl. LA II 9A, M 13.
Z	Zeugnis
z.B.	zum Beispiel
Zappe 1804	Joseph Redemtus Zappe: Mineralogisches Handlexikon oder alphabetische Aufstellung und Beschreibung aller bisher bekannten Fossilien, nach ihrer alten und neuen Nomenclatur und Charakteristik, ihrem geognostischen Vorkommen und ökonomisch-technischen Gebrauche, sammt der in die Ordnung des Alphabets eingeschalteten Erklärung der zur Charakteristik gehörigen Kunstwörter. Wien: Doll. 1804
Zappe 1817	Joseph Redemtus Zappe: Mineralogisches Handlexikon oder alphabetische Aufstellung und Beschreibung aller bisher bekannten Fossilien, nach ihrer alten und neuen Nomenclatur und Charakteristik, ihrem geognostischen Vorkommen und ökonomisch-technischen Gebrauche, sammt der in die Ordnung des Alphabets eingeschalteten Kennzeichenlehre und vielen aus der Chemie und Bergmannssprache ausgehobenen nöthigen und nützlichen Kunstwörtern. 2. verm. und verb. Aufl. 2 Bde. Wien: Beck. 1817
Zedler	Grosses vollständiges Universal-Lexicon Aller Wissenschafften und Künste, Welche bishero durch menschlichen Verstand und Witz erfunden und verbessert worden. ... Halle und Leipzig, Johann Heinrich Zedler. 64 Bde. 1732–1750. S. auch https://www.zedler-lexikon.de/

Personen

Personen

Abduloff, Abdul Hamed Finder eines großen Goldstücks im Ural
II 8B, M 71 104$_{27}$

Acerenza, Fürstin s. *Pignatelli di Belmonte, Johanna Katharina*

Achenbach, Heinrich Adolf (1765–1819). Pfarrer in Siegen; auch als Mineraloge tätig
I 2, 171$_{31}$ **I 9**, 103$_{33}$

Achenwall, Gottfried (1719–1772). Statistiker, Historiker, Rechtsgelehrter; ab 1748 Prof. in Göttingen, Verfasser mehrerer staatskundlicher Werke
II 7, M 125 236$_{9-10}$

Ackermann, Jakob Fidelis (1765–1815). Anatom; 1804–05 Prof. der Anatomie und Chirurgie und Verwalter des Anatomischen Kabinetts in Jena, Rez. der JALZ, ab 1805 Prof. für Anatomie und Physiologie in Heidelberg
I 9, 168$_{38}$
Werke:
- Dissertatio de discrimine sexuum praeter genitalia (s. Ackermann 1788) **II 9A**, M 87 131$_{5-6}$

Adams, John (vor 1670–1738). Kartograph
II 6, M 79 176$_{643}$

Adams, Joseph (1755/57–1818). Mediziner; 1805 Arzt in London
Werke:
- Memoirs of the life and doctrines of the late John Hunter (s. Adams 1817) **II 1A**, M 65 282 M 69 290–291 M 70 292–293

Aepinus, Franz Ulrich Theodor (1724–1802). Physiker, Mathematiker, Astronom; 1755 Prof. für Astronomie in Berlin, 1758 in Sankt Petersburg, später in Dorpat
Werke:
- Mémoire concernant quelques nouvelles expériences électriques (s. Aepinus 1756) **I 11**, 63$_{22}$
- Observationes ad opticam pertinentes (s. Aepinus 1764) **I 6**, 388$_{29-30}$ **II 6**, M 78 158$_{11}$–159$_{14}$ 136 271$_{8-9}$

Agardh, Carl Adolf (1785–1859). Botaniker in Lund
II 10B, M 1.3 15$_{116}$.16$_{129}$ (Freund)
Werke:
- Systema algarum (s. Agardh 1824) **I 10**, 237$_{41TA}$ (s. Alg.)
- Über den in der Polar-Zone gefundenen rothen Schnee (s. Agardh 1825) **II 10B**, M 1.3 15$_{116}$–16$_{133}$

Aglaophon (5. Jh. v. Chr.). Auf der Insel Thasos geborener griech. Maler, Vater von Polygnot
I 6, 50$_8$

Agricola (Agrikola), Georg (1494–1555). Arzt in Joachimsthal, später in Chemnitz; Verfasser mineralogischer und bergbaukundlicher Werke
I 2, 301$_{27M}$ **I 3**, 112$_{18}$ **I 6**, 148$_{29}$, 149$_{11}$ **I 8**, 198$_{12}$ **I 10**, 289$_2$ **II 6**, M 38 46$_2$ 39 47$_4$ **II 7**, M 45 75$_{283}$ **II 8A**, M 10 20
Werke:
- De natura eorum quae effluunt ex terra (s. Agricola 1657) **I 8**, 198$_{6-10}$
- De ortu et causis subterraneorum (s. Agricola 1546) **I 1**, 304$_{32-33Z}$ **I 2**, 424$_M$ **I 7**, M 45 75$_{304-305}$ **II 8A**, M 94 125$_4$ **II 8B**, M 39 68$_{134-135}$

Agricola, Georg Andreas (1672–1738). Arzt in Regensburg
Werke:
- L'agriculture parfaite (s. Agricola 1720) **I 10**, 65$_{28}$

Agrippa von Nettesheim, Heinrich Cornelius (1486–1535). Universalgelehrter, Theologe, Jurist, Philosoph
Werke:
- De incertitudine et vanitate scientiarum (s. Agrippa von Nettesheim 1532) **II 1A**, M 1 6$_{144-146}$

Aguillon, François (Aguilonius, Franciscus) (1566–1617). Mathe-

matiker und Physiker. Jesuit; Lehrer der Mathematik und Rektor am Collegium zu Antwerpen
I 3. 190$_{6-10}$.369$_{25M}$ **I 6.** 166$_{14-17.20}$.171$_{29-30}$.176$_{16}$.193$_{6}$
I 7. 11$_{32}$
II 6. M59 76$_{27}$ 66 90-M69 90–91
Werke:
- Opticorum libri sex (s. Aguillon 1613) **I 3.** 345$_{16M}$.369$_{25-26M}$. 397$_{10-11M}$.488$_{20}$ **II 6.** M68 90 67 90$_{2-4}$ 133 260$_{37-41}$

Ahriman s. *Ariman (Ahriman)*
Aiscougt s. *Ayscough (Aiscougt)*
Akyanobleponten Personen, die an einer Form der Blaublindheit leiden
I 3. 279$_{1M.14M}$.280$_{3Z.17Z}$ **I 7.** 44$_{15-16.22.32}$ **I 8.** 216$_{25}$.219$_{34}$
II 3. M17 11$_{6}$ **II 5B.** M20 96$_{112}$ 49 169$_{68}$ 123 352$_{17-19}$
Albani, Francesco (1578–1660). Ital. Maler; Altarbilder und Fresken in Bologna und Rom
I 6. 229$_{18}$
Albers, Johann Abraham (1772–1821). Mediziner; Schüler Loders in Jena, Arzt in Bremen
II 10A. M2.8 12$_{9}$
Alberti, Leon Battista (1404–1472). Italien. Humanist; Architekt, Maler, Musiker, Dichter, Kunsttheoretiker und Mathematiker
Werke:
- De pictura (s. Alberti 1540) **II 4.** M72 87$_{18}$

Albertus Magnus (1193–1280). Theologe, Philosoph, Naturforscher; Vermittler der Werke des Aristoteles, der arabischen und jüdischen Wissenschaften
I 6. 140$_{3}$.165$_{10-11}$.166$_{5}$
II 6. M65 88$_{153}$
Werke:
- De Meteoris (s. Albertus Magnus, meteor.) **II 6.** M65 87$_{113}$ 132 258$_{2}$
- Reliqua librorum de arte venandi cum avibus (Koautor, s. Friedrich II. von Hohenstaufen 1596)

Albini, *Franz Joseph* Martin Freiherr von (1748–1816). Kurmainzischer Staatsminister und Finanzreformer; 1815 österreich. Gesandter für den Dt. Bundestag
I 2. 60$_{33Z}$
Albinovanus Pedo (1. Jh. v. Chr.–1. Jh. n. Chr.). Röm. Dichter
I 6. 116$_{19}$
Albinus, Bernhard Siegfried (1697–1770). Anatom in Leiden. Verfasser von Tafelwerken zur Anatomie des Menschen
I 9. 164$_{20-31.29}$.312$_{12.28}$
Werke:
- Academicarum annotationum (s. Albinus 1754–1768) **II 9A.** M137 222$_{91-94}$
- Explicatio tabularum anatomicarum (Hrsg., s. Eustachi / Albinus 1744)
- Icones ossium foetus humani (s. Albinus 1737) **I 9.** 166$_{13-17}$.380$_{13}$
- Tabulae ossium humanorum (s. Albinus 1753) **I 9.** 158$_{31}$. 166$_{18-22}$.312$_{16}$ **II 9A.** M2 12$_{163-165}$

Alciati, Andrea (Alciatus, Andreas) (1492–1550). Ital. Jurist, Humanist und Emblematiker
I 8. 202$_{15}$
Werke:
- Emblemata (s. Alciati / Mignault 1591) **I 8.** 202$_{14-16}$

Aldobrandini, Cinzio Passeri (1551–1610). Seit 1593 Kardinal in Rom; von ihm als ersten Besitzer nimmt das röm. Freskogemälde „Aldobrandinische Hochzeit" seinen Namen
I 4. 243$_{37}$ **I 6.** 62$_{13.20.24}$.63$_{16-17}$. 65$_{3-4}$.66$_{30.37}$
II 5B. M60 193$_{34}$ 95 263$_{61}$

Aldrovandi, Ulisse (1522–1605). Philosoph und Mediziner in Bologna
II 7. M45 75$_{284}$
Werke:
- Musaeum metallicum (s. Aldrovandi 1648) **I 1.** 248$_{24M}$ **I 2.** 420$_{2M}$ **II 7.** M36 58$_{9}$ 45 75$_{306-307}$ 111 215$_{155}$

Alembert, Jean-Baptiste le Rond d' (1717–1783). Franz. Mathematiker und Philosoph; 1747 Mitarbeiter, 1751 Hrsg. der ‚Encyclopédie'; 1741 Mitglied und 1772 Sekretär der Académie des Sciences in Paris
I 8. 207$_{25}$ **I 11.** 273$_{21}$
II 6. M 115 218$_{63}$
Werke:
- Discours préliminaire des editeurs (s. Alembert 1751) **I 11.** 273$_{21}$–275$_{38}$.283$_8$.284$_{2-13}$ **II 1A.** M 82 313
- Encyclopédie ou Dictionnaire raisonné des sciences, des arts et des métiers (Hrsg., s. Diderot / Alembert 1751–1780)
- Neue Entdeckungen betreffend die Refraction in Gläsern (Koautor, s. Euler 1765)

Aléthophile, J. (eigentl. Francois-Guillaume Quériau) (1714 – vor 1790). Franz. Rechtsanwalt und Schriftsteller
II 6. M 114 216$_8$
Werke:
- Examen du système de Monsieur Newton, sur la lumière et les couleurs (s. Aléthophile 1766)
II 6. M 73 110$_{10-13}$ 74 117$_{72}$ 135 270$_{68-69}$

Alexander III. (**der Große**) (356–323 v. Chr.). Feldherr. Begründer des hellenistischen Weltreiches, seit 336 v. Chr. König von Makedonien. Schüler des Aristoteles
I 6. 59$_{12}$.60$_{13,28,35}$
II 6. M 26 28$_3$

Alexander von Aphrodisias (fl. um 200 n. Chr.). Antiker Philosoph
Werke:
- In quatuor libros meteorologicorum Aristotelis commentatio (s. Alexander Aphrodisiensis 1545) **II 6.** M 135 269$_{17-18}$

Algarotti, Francesco (1712–1764). Ital. Philosoph, Schriftsteller, Kunstsachverständiger, Zeichner
I 6. 321$_{16}$.322$_{10,18-19,31}$.348$_{23}$ **I 7.** 13$_{37}$.30$_{16}$
II 6. M 71 101$_{375}$
Werke:
- Il Newtonianismo per le dame (s. Algarotti 1737) **I 3.** 399$_{6-7M}$ **I 6.** 321$_{20}$ **II 6.** M 74 116$_{45}$ 83 184$_8$. 185$_{15-21}$ 91 190$_{23-25}$ 92 192$_{32-33}$ 133 261$_{98-104}$

Alhazen (eigentl. Abu Ali al-Hassan ibn al-Hasan ibn al-Haitham) (um 965–1039). Arab. Gelehrter; wirkte in Kairo, Verfasser von Schriften zur Astronomie, Mathematik und Optik
I 3. 369$_{11M}$.396$_{21M}$
II 6. M 133 259$_{15-17}$
Werke:
- Opticae Thesaurus (s. Alhazen 1572) **I 6.** 105$_{25}$ **II 5B.** M 41 149$_{35}$
II 6. M 38 46$_{15-16}$ 37 46$_{19}$ 136 273$_{68-69}$

Allamand, Jean Nicolas Sébastien (**Johann Nicolaus Sebastian**) (1713–1787). Prof. der Philosophie und Naturgeschichte in Leyden
I 7. 31$_{37-38}$.32$_{5,10,37}$.33$_5$

Allen, William (1770–1843). Freund von Luke Howard; Chemiker und Philanthrop, Gründer der Engl. Pharmazeutischen Gesellschaft, seit 1807 Fellow of the Royal Society
I 8. 289$_{34}$.290$_{7,30}$
II 2. M 5.3 29$_{83,91}$.30$_{111}$

Allesson, Lorenz Ekeman (1791–1828). Zeichner und Lithograph aus Schweden, Ausbildung in Augsburg, München und Wien, seit 1821 in Stuttgart
I 9. 372$_7$

Allioni, Carlo (1728–1804). Ital. Arzt, Zoologe, Paläontologe und Botaniker
Werke:
- Oryctographiae pedemontanae specimen (s. Allioni 1757) **II 7.** M 45 75$_{300-301}$

Allori, Christofano (1577–1621). Florentinischer Maler
I 6. 228₁₋₂
Aloisius (Aloysius) von Gonzaga (eigentl. Luigi Gonzaga) (1568–1591). Jesuit. 1726 heilig gesprochen
I 4. 245₁₀
Alpino, Prospero (Prosper Alpinus) (1553–1616). Arzt. Prof. für Botanik in Padua
Werke:
- De medicina methodica libri tredecim. Editio secunda (s. Alpino 1719) II 1A. M*1* 3₂₂₋₂₃
Alt, Heinrich Christian (geb. 1798). Arzt
Werke:
- De phthiriasi (s. Alt 1825) II 10B. M*1.2* 6₁₁₈₋₁₂₁ (Dissertation)
Altenstein, von s. Stein zum Altenstein, Karl Siegmund Franz vom
Alton, Eduard Joseph (Joseph Wilhelm Eduard) d' (1772–1840). Anatom. Archäologe. Maler. Kupferstecher; seit 1808 in Tiefurt von Herzog Karl August mit Pferdezucht beauftragt. seit 1818 Prof. der Archäologie und Kunstgeschichte in Bonn
I 2. 251₁z.288₃₃ I 8. 350₁₀
I 9. 246₇.₃₂.247₈.251₁₁₋₁₂.₁₅. 314₁₇.₂₁.₂₉₋₃₀.₃₅.316₁.360₂.368₁₅
I 10. 220₁–224₄₃ I 11. 365₂₅
II 8B. M*44* 85 II 10A. M*50* 111₄
II 10B. M*6* 24 *25.2* 141₇₈
Werke:
- Das Riesen-Faultier. Bradypus giganteus. abgebildet. beschrieben und mit den verwandten Geschlechtern verglichen (s. Alton 1821a) I 9. 246₂₀₋₂₇.246₁–251₂₂. 250₁₇₋₂₈.₂₇.251₁₈
- Die Skelette der Nagetiere (s. Alton 1823–1824) I 9. 374₁₃. 374₁–379₁₈.377₂₁₋₂₂.378₁₀₋₁₁.₂₇.₃₁ II 10A. M*63* 141–142 *64* 144₁₄
- Die Skelette der Pachydermata. abgebildet. beschrieben und mit den verwandten Geschlechtern verglichen (s. Alton 1821b) I 9. 246₂₆₋₂₇.246₁–251₂₂.250₂₉₋₃₀.₃₄.₃₆. 251₁₈.257₂₈₋₂₉.315₉₋₁₀ I 10. 222₁₃₋₁₄.₁₉.223₂₇
- Die Skelette der Raubtiere. abgebildet. beschrieben und mit den verwandten Geschlechtern verglichen. 3. Heft (s. Alton 1822) I 9. 314₂₄₋₂₅.314₁₈–315₇.315₅. 377₂₁₋₂₂ II 10A. M*49* 110₁₀ *53* 113₁
- Die Skelette der Wiederkäuer (s. Alton 1823) I 9. 314₂₄₋₂₅. 314₁₈–315₇.315₅.377₂₁₋₂₂ II 10A. M*49* 110₁₀
- Naturgeschichte des Pferdes (s. Alton 1810–1816) I 9. 246₁₅. 251₂₄₋₁₁
- Über die Anforderungen an naturhistorische Abbildungen (s. Alton 1823) I 9. 311–314
- Über Skelette (s. Alton 1821–1828) I 9. 246₁–251₃₁.257₂₃₋₃₈. 314₁₈–316₁₀ I 10. 391₂₁.394₃₁. 396₃.₃₀ II 10B. M*25.2* 140₄₃
- Zur vergleichenden Osteologie (Koautor. s. Goethe – Zur vergleichenden Osteologie)
Rezensionen:
- Bürde: Abbildungen vorzüglicher Pferde (s. Alton 1824) I 9. 369₁–373₃₈ II 10A. M*60* 139 *61* 140 M*62* 140–141 *64* 144₁₂₋₁₄
Alton, Johann Samuel Eduard d' (d'Alton d. J.) (1802–1854). Anatom. Sohn von Joseph Eduard d'Alton; 1825 mit dem Vater bei Goethe
Werke:
- Die Skelette der straussartigen Vögel (s. Alton 1827) I 10. 397₁₋₅ II 10B. M*25.2* 141₉₀₋₉₁
Alwertha (erw. 1821). Straßenkommissär im Egerkreis
I 2. 188₁₉ I 11. 221₅
Ambrosi, Wenzel Karl (1758?–1818?). Goethes Arzt in Teplitz
I 2. 5₆z.34₃₂₋₃₃ I 11. 152₂₉

Amelung, Anton Christian Friedrich (1735–1798). Zwischen 1767 und 1773 Pächter braunschweigischer Glashütten in Königslutter und Hohenbüchen, 1773–1789/90 der von Herzog Karl I. von Braunschweig errichteten Spiegelhütte in Grünenplan, danach Gründung einer Spiegelglashütte in Woisek bei Dorpat (Livland)
II 5B, M*114* 335$_{188}$ (Amelang)
Amelung (Amelang), Gottfried Hieronymus (1742–1800). Von 1771 bis 1792 Pfarrer in Gersfeld (Rhön); Schwiegervater von Christoph Wilhelm Hufeland. – Sendung von Gesteinsproben veranlasst durch J. K. W. Voigt
II 7, M*24* 45$_{22-23}$
Manuskripte:
- P. M. / No. 1. Findet sich…
[Sendung von Gesteinen von G. H. Amelung] **II 7**, M*24* 44–45
Amici, Giovanni Battista (1786–1863). Ital. Astronom, Physiker und Techniker; Prof. der Mathematik an der Universität zu Modena, später Prof. der Astronomie in Florenz
II 5B, M*98* 285$_{212}$
Ampère, André Marie (1775–1836). Physiker, Chemiker; Prof. für Physik am Collège de France, Mitglied der Académie des Sciences in Paris
I 8, 275$_{27}$
Werke:
- Rapport fait à l'Académie des Sciences (s. Ampère / Arago 1821) **I 8**, 275$_{28,33}$
Anaxagoras (um 500–428 v. Chr.). Griech. Naturphilosoph, Vorsokratiker, Lehrer in Athen; in Faust II Vertreter des Vulkanismus
I 2, 399$_{20Z,27Z}$.400$_{5Z,13Z,23Z}$.401$_{21Z}$. 403$_{27Z,34Z}$.404$_{18Z,23Z}$ **I 6**, 113$_{44}$ **II 5B**, M*9* 25$_{4-5}$ **II 6**, M*4* 7$_{31}$ *41* 52$_{147}$ **II 9B**, M*51* 55$_{28}$
Werke:
- Homoiomerien (s. Anaxagoras) **I 10**, 344$_{12-13}$

Anaximander (Anaximandros) (um 610–545 v. Chr.). Griech. Philosoph, aus Milet
II 6, M*4* 7$_{31}$
Anaximenes (fl. 546-um 528–525). Griech. Philosoph, aus Milet
II 5B, M*9* 25$_2$
Andreani, Andreas (1560–1623). Ital. Kupferstecher und Holzschneider
I 6, 333$_{34}$
Andréossy, Antoine François Graf (1761–1828). Franz. Gesandter in London, Wien, Konstantinopel
Werke:
- Voyage à l'embouchure de la Mer-Noire (s. Andréossy 1818) **I 2**, 301$_{31M}$.303$_{12M}$ **II 8B**, M*39* 68$_{138}$. 69$_{181-191}$
Androkydes (um 400 v. Chr.). Griech. Vasenmaler
I 6, 52$_7$
Anhalt-Bernburg, *Alexius* Friedrich Christian Fürst von (1767–1834). Seit 1796 Regent von Anhalt-Bernburg, seit 1806 Herzog
I 1, 322$_{22Z}$ (Bernburgsche Sammlung)
Anhalt-Dessau, Leopold III. Friedrich Franz von (1740–1817). Seit 1758 regierender Fürst, seit 1807 Herzog, Bruder von Anna Amalia von Sachsen-Weimar und Eisenach
I 9, 240$_4$
Anonymi
Werke:
- Anfrage [zur Herstellung der achromatischen Objectivgläser durch engl. Optiker] (s. Anonymi 1794a) **I 3**, M*34* 27$_3$–28$_5$ (N. 142).31$_{140}$
- Aus Briefen den 2. und 22. Januar 1792 (s. Anonymi 1792d) **I 3**, 59$_{34}$–60$_{31M}$.61$_{3M}$.403$_{17-18M}$ (Unbekannter) **II 6**, M*73* 112$_{67-75}$ *74* 117$_{94}$ *133* 226$_{240-249}$
- Barometer-Beobachtungen in Berlin (s. Anonymi 1830a) **II 2**, M*9,34* 199–200

- Batsch (August Johann Georg Karl) (s. Anonymi 1796) **II 10A**. M 7 66
- Beschreibung und Abbildung der Nepenthes (s. Anonymi 1768) **II 9A**. M 138 224_{8-10}
- (s. Bibel) **I 2**. 392_{11M} **I 3**. 305_{35} (Apokalypse) **I 6**. $88_{27.29}$. $89_{10.21.23.28-29.29-30.31}.90_{1.3.6-7}.$ $91_{15.27}.110_{21}$ **I 7**. 10_{33} **I 8**. 293_6. $295_{3-4.6}.301_{3-4.4-5}$ **I 9**. 64_{27} **II 2**. M 5.3 $31_{174}.33_{228-229.231}$ **II 5A**. M 9 $23_{437-439}$ **II 6**. M 26 30_{55} **II 10A**. M 1 3_{2-6} **II 10B**. M 21.3 64
- Botanik für Damen (s. Anonymi 1830b) **I 10**. 315_{17-23} (Anzeige)
- Copies of original letters from the army of General Bonaparte (s. Anonymi 1798–1800) **II 4**. M 67 78_{10-12}
- De la proposition de M. Dupetit-Thouars (s. Anonymi 1826b) **II 10B**. M 22.10 83–84
- Die Münchener… [Über die Witterung des Winters 1817/18] (s. Anonymi 1818) **I 8**. $201_{35}-202_6$
- Die Nelke (s. Anonymi 1788) **II 9A**. M 64 109
- Es wird angefragt […] (s. Anonymi 1795) **I 3**. 481_{27-33} **II 3**. M 34 $32_{180-181}$
- Etain. L'ouverture des mines de Vautry (s. Anonymi 1825) **I 2**. 133_{18M} **II 8B**. M 44 85_{3-6}
- L'Optique comprenant la connaissance de l'oeil **II 6**. M 135 269_{33-44}
- Lichtenberg et ses ouvrages (s. Anonymi 1829) **II 1A**. M 84 333
- Lieutenant Forster… [Zeitungsnotiz zu Luftdruckschwankungen] (s. Anonymi 1825b) **II 2**. M 9.23 188
- Maniere d'épurer l'huile de lin, et de préparer le vernis de copal (s. Anonymi 1800c) **II 4**. M 73 92_{96-103}
- Mr. Gaspard Fréderic Wolff [Nachruf und Bibliographie] (s. Anonymi 1794b) **I 9**. $73_{21}-74_{12}$ **II 10A**. M 9 67–70
- München. den 6. Dec. In einer der letzten physikalischen Sitzungen… [Meldung über J.W. Ritter] (s. Anonymi 1805b) **II 1A**. M 56 258_{6-7}
- München. den 6ten März. In den Sitzungen der physikalischen Klasse… [Meldung über J. W. Ritter] (s. Anonymi 1806b) **II 1A**. M 56 258–261
- Nachricht (s. Anonymi 1830e) **II 10B**. M 25.8 149_{1-4}
- Naturkunde. / Avis aux Amis des récherches […] (s. Anonymi 1800a) **II 1A**. M 35 195–202
- Oil obtained by destillation from the hop (s. Anonymi 1821b) **I 9**. 332_8
- On the fossil bones found by Spallanzani in the island of Cerigo (s. Anonymi 1816a) **I 2**. 91_{14-15M}. $91_{20}-92_{12M}$ **II 8A**. M 77 106
- Persio. / ein neues Farbe-Material […] (s. Anonymi 1806a) **II 4**. M 59 70_{25}
- Porto 15 de Janeiro. Fenómeno em Cima do Douro (s. Anonymi 1821a) **I 2**. 335_{31} **I 8**. 387_{26-27}
- Sur la manière de peindre á l'huile en imitation de l'ancienne école de Venise (s. Anonymi 1800b) **II 4**. M 73 91_{87-88}
- Sur les ombres des corps (s. Anonymi 1723) **II 6**. M 78 158_{8-9}
- Todesanzeige Christian Ludwig Mursinna (s. Anonymi 1823) **I 10**. $214_{2.3}$
- Ueber die ungewöhnliche Überschwemmung (s. Anonymi 1825a) **II 2**. M 9.19 184
- Vom Main. 16n Febr. Das merkwürdige Nordlicht… [Bericht über die Begleiterscheinungen eines Nordlichtes] (s. Anonymi 1817) **II 2**. M 4.1 18_{1-21}

- Wiener Farbenkabinet (s. Anonymi 1794d) **II 6**, M *136* 271$_{25-26}$
- Würzburg. Vor kurzem sollte wieder eine Defension in Bamberg seyn [...] (s. Anonymi 1802) **II 1A**, M*42* 219

Rezensionen (geordnet nach rezensierten Werken):
- Aléthophile: Examen du systême de M. Newton (s. Anonymi 1767) **II 6**, M *73* 110$_{14-15}$ *135* 270$_{68-69}$
- Artis: Antediluvian phytology (s. Anonymi 1827) **II 8B**, M*66* 101$_2$
- Bacon: Summi angliae cancellarii opera omnia (s. Anonymi 1666) **II 6**, M*47* 59$_{3-8}$ *48* 60$_{1-2}$
- Block: Die Fehler der Philosophie (s. Anonymi 1815b) **II 1A**, M*64* 281
- Born: Ueber das Anquicken (s. Anonymi 1786) **I 1**, 177$_{TA}$
- Brougham: Experiments and observations on light (s. Anonymi 1798) **II 6**, M *73* 112$_{77}$
- Buffon: Les couleurs accidentelles (s. Anonymi 1747) **II 6**, M *110* 211$_{1-7}$ *136* 274$_{110-112}$
- Camper: Über den natürlichen Unterschied der Gesichtszüge (s. Anonymi 1792e) **II 9A**, M*141* 229$_6$
- Courtivron: Traité d'optique (s. Anonymi 1752) **II 6**, M *78* 158$_{1-5}$
- Crivelli: Elementi di Fisica (s. Anonymi 1732) **II 6**, M *73* 110$_4$
- Fabri: Synopsis optica (s. Anonymi 1667) **II 6**, M *136* 273$_{72-73}$
- Goethe: Beyträge zur Optik (s. Anonymi 1792a) **I 3**, 453$_2$–457$_{36M}$ **I 6**, 425$_{35}$
- Goethe: Beyträge zur Optik (s. Anonymi 1792b) **I 3**, 54$_{10}$–58$_{46M}$,59$_{7M}$,458$_{5-8M}$ **I 5**, 173$_{28-29}$ **I 6**, 425$_{35-36}$ **I 7**, 87 (ND: 75)$_{8-9}$,87 (ND: 75)$_{23}$–89 (ND: 77)$_{28}$
- Goethe: Beyträge zur Optik (s. Anonymi 1792c) **I 3**, 457$_{38M}$ (Reichsanzeiger).$_{38M}$ (Reichsanzeiger)$_{(?)}$
- Goethe: Metamorphose der Pflanzen (s. Anonymi 1791) **I 9**, 102$_{5-6}$.103$_2$ **I 10**, 298$_3$
- Goethe: Zur Farbenlehre (s. Anonymi 1810a) **I 8**, 203$_{18}$
- Goethe: Zur Farbenlehre (s. Anonymi 1810b) **I 8**, 203$_{21}$
- Grimaldi: Physico-mathesis (s. Anonymi 1665) **II 6**, M *136* 273$_{70-71}$
- Histoire naturelle: par Oken. Partie botanique (s. Anonymi 1830c) **I 10**, 315$_{26-29}$
- Humboldt: Essai sur la géographie des plantes (s. Anonymi 1807) **II 2**, M *9.13* 178$_9$
- Jäger: Ueber die Mißbildungen der Gewächse (s. Anonymi 1815a) **II 10A**, M*2.3* 6$_9$
- Littrow: Populaire Astronomie (s. Anonymi 1826a) **I 11**, 271$_{6-7}$
- Lotter: De vita et philosophia (s. Anonymi 1733) **II 5B**, M *80* 240
- Marat: Découvertes sur la lumière (s. Anonymi 1781) **II 6**, M *122* 233$_{3-4}$
- Marat: Découvertés sur la lumière (s. Anonymi 1794c) **II 6**, M *122* 233$_2$
- Muncke: Anfangsgründe der Naturlehre (s. Anonymi 1819) **I 8**, 192$_{29}$–193$_9$.193$_{11-12.15}$
- Newton: Opticks (1704) (s. Anonymi 1706) **I 6**, 284$_{34-36}$
- Nuguet: Nouvelle découverte d'un thermometre (s. Anonymi 1707) **I 6**, 208$_{20}$
- Ramond: Troisième mémoire (s. Anonymi 1810c) **II 2**, M*9.13* 178$_{10-11}$
- Rohault: Physica (s. Anonymi 1713) **I 6**, 285$_1$ **II 6**, M *88* 188$_{1-3}$
- Schumacher: Astronomische Nachrichten (s. Anonymi 1824) **II 2**, M*6.2* 39$_{13-22}$

- Turnor: Collection (s. Anonymi 1806c) **II 6**. M 81 182
- Wagner: System der Idealphilosophie (s. Anonymi 1805a) **II 1A**. M 43 220_{20}–221_{04}

Manuskripte:
- Anzeige Mineral und lithologischer Merckwürdigkeiten **II 7**, M 1936–37
- Einige geognostische Bemerkungen über die Gegend von Sondershausen **II 7**, M 62 132
- Gebürgs Arten aus dem Fürsten Stollen Carl August [Liste von 83 Gesteins- und Erzproben] **II 7**, M 28 47
- Instruction für die Beobachter bey den Großherzogl. meteorologischen Anstalten **II 2**, M $8,2$ 72–95
- Instruction für die Beobachter bey den Großherzoglichen meteorologischen Anstalten [1824/27] **II 2**, M $8,3$ 98–102
- Neue Methode / Die Heidekräuter… **II 9B**, M 62 **Anm** 70–71 **II 10B**, M 35 161_{17-18}
- Wir sind vor einiger Zeit… [Entwurf zur Pflanzenpathologie] **II 10A**, M 36 93–97

Antihydoristen Wissenschaftler der plutonistischen Schule, die Gesteine wie Granit, Basalte und vulkanische Laven als Schmelzprodukte aus den Tiefen der Erde definierten
I 1. 312_6 **I 11**. 116_{10-17}

Apelles (4. Jh. v. Chr.). Griech. Maler
I 6. $54_{11}.55_{17,29}.56_{16,27,32}.57_{5,19}.58_{20,31}.59_{29}.60_6.64_{5,22}$

Apollodor von Athen (5. Jh. v. Chr.). Griech. Maler („Schattenmaler")
I 6. $51_{11,13,19}$
II 6. M 7 10_{16-17}

Appelius, Wilhelm Carl Lorenz (1728–1796). Kammerrat in Eisenach
Manuskripte
- Haupt Beschreibung des Fürstenstollens Carl August **II 7**, M 7 91–105
- Kurzer Aufstand von der Beschaffenheit der Gebirge im Fürstenthum Eisenach **II 7**, M 7 10_{5-13}
- Verzeichnis derer mit folgenden Minern [Liste von 89 Erz- und Mineralstufen] **II 7**, M 8 10

Arago, Dominique François Jean (1786–1853). Franz. Astronom, Physiker und Mathematiker; seit 1805 Sekretär des Längenbureau, 1809 Mitglied des Institut de France. Entdecker der chromatischen Polarisation (1811), zusammen mit Fresnel Schöpfer der Undulationstheorie des Lichts; 1830 Sekretär der Académie des Sciences
I 8. $11_{15,21}.14_{11}.95_{32}.274_{30}.275_{27}$
I 10. $401_{20,25}$
II 5B, M 15 $59_{47}.61_{111-117}$ 61 194_5
Werke:
- Examen des remarques de M. Biot (s. Arago 1821) **I 8**. 274_{35}–275_{10}. 276_{2-11} (Gegenrede)$_{25-28}.277_{1-6}$
- Mémoire sur une modification particulière (s. Arago 1811) **I 8**. $11_{7-8,23}$ **II 5B**, M 15 60_{104}
- Rapport fait à l'Académie des Sciences (Berichterstatter, s. Ampère / Arago 1821)

Archimedes (287–212 v. Chr.). Griech. Mathematiker und Physiker
I 2. 151_{26} **I 8**. 139_6

Arcy, Patrick d' (1725–1779). Franz. Feldmarschall, Mitglied der Pariser Akademie
II 6. M 114 216_7
Werke:
- Mémoire sur la durée de la sensation de la vue (s. Arcy 1765)
I 6. 388_{31-32} **II 6**. M 73 110_{8-9}

Ardikes (Ardices) (7. Jh. v. Chr.). Griech. Vasenmaler aus Korinth
I 6. $45_7.46_{4,37}$

Arduino, Giovanni (1714–1795). Prof. der metallurgischen Chemie und Mineralogie in Venedig
II 8B, M 72 109_{111}

Argand, Aimé (eigentl. François Pierre Ami) (1750 (1755?)–1803). Schweizer Physiker und Chemiker; erfand eine (nach ihm benannte) heller brennende Öllampe
I 3. 141$_{22M}$ I 5. 162$_{31}$
II 1A. M*44* 228$_{224}$–229$_{230}$ II 5B. M*15* 63$_{220}$ (Lampe)
Argelander, Friedrich Wilhelm August (1799–1855). Astronom und Leiter der Sternwarte in Åbo im russ. Großfürstentum Finnland
II 2. M S.*15* 118$_{25}$
Werke:
- Auszug aus einem Briefe (s. Argelander 1826) II 2. M S.*15* 117$_{21-22}$

Argonne, Bonaventure d' (Ps.: M. de Vigneul-Marville) (1634–1704). Schriftsteller
Werke:
- Mélanges d'histoire et de litterature (s. Argonne 1702) II 1A. M*1* 6$_{142-143}$ (Vigneul-Marville)

Aristarchos von Samos (um 310– um 230 v. Chr.). Griech. Astronom und Mathematiker von der Insel Samos
II 6. M S 12$_{45}$ 9 13$_{13}$ *106* 207$_{18-20}$. 208$_{56}$

Aristides (um 400 v. Chr.). Griech. Maler
I 6. 53$_{34}$.54$_{10.25}$

Aristophanes (etwa 445–386). Griech. Komödiendichter
Werke:
- Nubes (s. Aristophanes, Nub.) II 5B. M *100* 290$_{10}$

Aristoteles (384–322 v. Chr.). Griech. Philosoph und Naturforscher
I 3. 141$_{35M}$.369$_{4M}$.396$_{17M}$. 441$_{18M.28M}$.442$_{32M}$.443$_{4M.21M}$ I 6. 7$_{25}$.16$_{11}$.39$_{27-28}$.72$_{32}$.73$_{8.20}$.75$_{26}$. 88$_{28}$.90$_{13-14.30}$.91$_{24-25.35.38}$.92$_{25-26}$. 105$_{22}$.110$_{23.38}$.113$_{5}$.117$_{13.35}$.121$_{14}$. 123$_{21.28}$.124$_{4-5}$.125$_{33}$.135$_{4.16}$.142$_{16}$. 165$_{18}$.166$_{3-4}$.167$_{36}$.181$_{29}$.207$_{13-14}$. 217$_{26.36}$.218$_{1-2}$.396$_{22}$ I 7. 9$_{36}$.10$_{32}$
I 8. 220$_{22-23}$.221$_{25.27.28.31}$.223$_{22.26.30}$
I 9. 230$_{11.31}$ I 10. 394$_{20-21}$ I 11. 358$_{26}$.359$_{1}$ (sie)
II 4. M*31* 33$_{12}$ II 5B. M*42* 156$_{8}$ *102* 296$_{68}$.298$_{165.173}$ II 6. M*4* 7$_{37.42}$ *5* 8$_{15}$.9$_{58.62}$ *23* 27$_{76}$ *26* 28$_{4}$. 29$_{49}$.30$_{55}$ *27* 32$_{79}$ *38* 47$_{21}$ *41* 51$_{94}$ *47* 59$_{8}$ *53* 69$_{8}$ *56* 72$_{3}$ *59* 76$_{18.34}$ *65* 87$_{119}$.88$_{151}$ *71* 97$_{216}$. 100$_{340-241}$.101$_{344-349}$.105$_{511}$ *75* 120$_{74}$ *101* 200$_{27}$ *106* 208$_{53}$ *119* 225$_{25}$ *133* 259$_{11}$ II 7. M*45* 75$_{281}$ II 10B. M*20.5* 56$_{32}$ *20.8* 61$_{14}$ *25.1* 130$_{76.84}$.131$_{108}$ *25.10* 154$_{116}$
- Aristotelische Lehre I 8. 223$_{5}$
Werke:
- Aristotelis Stagiritae de coloribus liber. Coelio Calcagnino interprete (s. Aristoteles 1670) II 6. M*135* 269$_{9-11}$
- De anima (s. Aristoteles, an.) II 6. M*5* 8$_{16}$ (de mente).$_{16(?)}$ *11* 14$_{8-9}$ *106* 206$_{4-6}$
- De coloribus libellus (Koautor, s. Theophrastus / Aristoteles / Portius 1549)
- De generatione animalium (s. Aristoteles, gen. an.) I 3. 369$_{4-5M}$ II 6. M*5* 8$_{21}$
- De insomniis (s. Aristoteles, insomn.) I 3. 369$_{7M}$
- De sensu et sensibili (s. Aristoteles, sens.) I 3. 369$_{8M}$ II 6. M*5* 8$_{26}$ *11* 13$_{3-4}$ *13* 14$_{1-2}$ *11* 14$_{10-12}$ *106* 206$_{7-9}$
- Ethica (s. Aristoteles, eth. Eud.) II 6. M*34* 38$_{16(?)}$
- Ethica Nicomachea (s. Aristoteles, eth. Nic.) II 6. M*34* 38$_{16(?)}$
- Historia animalium (s. Aristoteles, hist. an.) II 10A. M*41* 104$_{27}$
- Liber de coloribus multis in locis emendatus (s. Aristoteles / Margunios 1575) II 6. M*135* 269$_{10-11}$
- Metaphysica (s. Aristoteles, metaph.) II 5B. M*103* 300$_{59.60}$
- Meteorologica (s. Aristoteles, meteor.) I 6. 165$_{12-13}$ II 4. M*21* 24$_{1-25_{21}}$ II 5B. M*9* 25$_{8}$–30$_{187}$ II 6. M*5* 8$_{2.19-20}$ *11* 13$_{1-2}$ *65* 87$_{114-115}$

- Mirabilia (s. Aristoteles, mir.)
  II 10A. M *41* 104₂₇
- Physiognomonica (s. Aristoteles, phgn.) **I 10**. 2₁₁–5₁₄
- Problemata (s. Aristoteles, probl.) **I 11**. 358₂₆
- Secretum secretorum (s. Aristoteles, Secretum secretorum) **I 8**. 231₅

Aristoteliker (auch Peripatetiker) Schüler und Anhänger des Aristoteles in Antike und Renaissance
I 3. 321₈Z.396₃₃M.397₁₂M.₂₃M.₂₉M
II 5B. M *102* 298₁₇₆ M *102* 298₁₈₆–299₁₈₇ (Kommentatoren)
II 6. M *58* 74₃₅ *133* 259₂₇. 260₃₉.₅₀.₅₆–₅₇

Arnim, Karl Joachim (Achim) Friedrich Ludwig von (1781–1831). Schriftsteller, Publizist. Naturforscher: 1801–1804 Reisen, dann u.a. in Berlin, Heidelberg und Königsberg, 1809–1813 in Berlin, seit 1814 abwechselnd auf seinem Gut Wiepersdorf bei Jüterbog und in Berlin
I 8. 195₂₇ **I 11**. 220₁

Artigues, Aimé Gabriel de (1773–1848). Franz. Glasfabrikant. Pionier der Glasindustrie
II 5B. M *114* 334₁₇₃.335₁₈₀
Werke:
- Sur l'art de fabriquer du flintglass bon pour l'optique (s. Artigues 1811) **II 5B**. M *114* 334₁₇₅ (Dissertation)

Artis, Edmund Tyrell (1789–1847). Brit. Paläobotaniker und Archäologe
Werke:
- Antediluvian phytology (s. Artis 1825) **II 8B**. M *66* 101

Artois, Herzog von s. *Karl Philipp, Graf von Artois*

Aselli, Gaspare (Asellio, Gasparo) (um 1581–1626). Chirurg und Anatom in Pavia
Werke:
- De lactibus (s. Aselli 1628) **I 9**. 194₃₂–₃₃

Asklepiodotos (Asclepiodotus) Ein Schüler des griech. Philosophen und Naturforschers Poseidonios
I 1. 374₁₁ **I 8**. 61₁₃ **I 11**. 132₆

Astruc, Jean (1684–1766). Anatom. Leibarzt Ludwig XV
I 9. 64₂₅
Werke:
- Conjectures sur les mémoires originaux (s. Astruc 1753) **I 9**. 64₂₇

Atwood, George (1746–1807). Engl. Mathematiker, Physiker und Erfinder; Prof. für Physik in Cambridge. 1776 Mitglied der Royal Society London
Werke:
- Compendio d'un corso di lezioni di fisica sperimentale (s. Atwood / Fontana 1781) **I 3**. 480₁₀M **II 6**. M *71* 103₄₂₆–₄₃₂ *72* 109₄₂

Aubuisson de Voisins (Voissins), Jean François d' (1769–1841). Franz. Geologe; Ingénieur en Chef de Mines de France. Schüler des bedeutenden dt. Mineralogen Abraham Gottlob Werner
Werke:
- Geognosie (s. Aubuisson de Voisins 1821–1822) **I 11**. 340₇–₈ **II 5B**. M *88* 250₈ **II 8B**. M *9* 16 *30* 49₁₃–₁₄
- Traité de Géognosie (s. Aubuisson de Voisins 1819) **I 2**. 193₂₈–194₃₂. 200₁₄–₁₅Z.239₂₄–₂₅M **I 8**. 268₁–₁₄ **II 8B**. M *16* 25₄ *72* 110₁₅₀–₁₅₂

Auersperg, Karl Johann Nepomuk Ernst *Joseph* Graf (1769–1829). Österreich. Staatsmann und Kämmerer
I 2. 211₆–₇Z.283₂₁Z.₃₁–₃₂Z
II 8B. M *21* 36₅
- Mineralienkabinett **I 2**. 211₇Z

August, Erbprinz zu Gotha s. *Sachsen-Gotha und Altenburg, Emil Leopold August von*

Augustinus, Aurelius (354–430). Kirchenlehrer und Philosoph; von 395 bis zu seinem Tod Bischof von Hippo Regius (Nordafrika)

I 3. 369_{13M} **I 6.** $105_{32}.106_1$
II 6. M28 33_{10}
Werke:
- De trinitate (s. Augustinus, trin.)
  I 3. 369_{13-14M}

Augustus (eigentl. Gaius Julius Caesar Octavianus) (63 v. Chr.–14 n. Chr.). Erster röm. Kaiser
I 6. $68_5.114_{39}$

Autenrieth, Hermann Friedrich (1799–1874). Mediziner in Tübingen. Sohn von Johann Heinrich Ferdinand Autenrieth
I 10. 302_3
Werke:
- De discrimine sexuali (s. Autenrieth 1821) **I 10.** 304_{33}–305_8

Avempace (Ibn Bajja) († um 1138). Arab. Arzt, Mathematiker und aristotelischer Philosoph
I 6. 105_{21}

Aventin (eigentl. Johannes Thurmayr) (1477–1534). Humanist, Prinzenerzieher und Chronist am bayrischen Hof
Werke:
- Annalium Boiorum (s. Aventin 1615) **I 6.** 89_9

Averroes (Ibn Rushd) (1126–1198). Arab. Arzt und Philosoph, Kommentator des Aristoteles
I 6. 105_{21}

Ayscough (Aiscougt) (fl. 1754). Optiker in Lancaster
II 6. M115 218_{45}

Azais, Pierre Hyazinthe (1766–1845). Franz. Philosoph; Rektor der Akademie in Nancy
Werke:
- Précis du système universel (s. Azais 1825) **II 8B.** M72 105_8

Baader, Joseph von (1763–1835). Mediziner, Ingenieur, Erfinder des B.schen Zylindergebläses
II 1A. M44 $229_{249-250}$

Bachmayer (Bachmeyer), Gottlieb (1. Hälfte 19. Jh.). Betrieb in der ersten Hälfte des 19. Jh. eine Baumwollspinnerei bei Schloppenhof (Slapany)
I 2. 231_{8Z}

Bachmeier († 1787). Bergmann in Ilmenau, am 23.6.1787 im Johannisschacht tödlich verunglückt
I 1. 179_4 (Bergmann)

Bacon, Francis, Baron von Verulam (1561–1626). Engl. Jurist, Politiker, Philosoph und Naturforscher
I 3. $141_{37M}.152_{25}.153_{17.24.30}.$
$323_{14Z.36Z}.492_{6Z}$ **I 6.** $141_{25.35}.$
$142_{31}.143_{8.24-25.30}.144_{5-6}.146_{18.35}.$
$147_{6.10.17.20.23.36}.148_{1-2.4.10.26}.$
$149_{11.18}.151_{24}.152_{3.10}.154_8.173_8.$
$244_{10.18}.245_{29.30-31}.248_8.296_5$ **I 7.**
11_{23} **I 8.** $185_{31}.186_{8.26}.224_{29}$ **I 10.**
$291_{17.19}.292_{22}.293_{31}.295_4$
II 5B. M95 261_{18} **II 6.** M37 46_{23}
39 47_6 46 59_8M47 59–60 48 60
49 61M50 61–65 51 65_{1-2} 52 69_2
54 70_1 101 200_{28}
- antibaconisch **I 3.** 492_{8Z}
Werke:
- Historia vitae et mortis (s. Bacon 1665c) **II 10B.** M12 36–37
- Instauratio magna (s. Bacon 1620) **I 4.** 266_{38}
- Novum organon (s. Bacon 1665b) **II 6.** M47 $59_{5-8}.60_{21}$ 53 69
- Opera omnia (s. Bacon 1665a) **II 6.** M47 60_{19} 53 69

Bacon, Roger (1214–1294). Engl. Franziskaner, Philosoph; Prof. der Mathematik und Physik in Oxford
I 6. $95_{5.18}.96_{4.9}.101_{3.30}.102_{35}.104_4.$
107_{37} (Verfälscher).$140_4.150_{32}.$
$169_7.296_5$ **I 7.** 10_{37}
II 6. M26 29_{44-45} 27 $32_{81.86}$ 32 34
31 34_3 33 37_1 47 59_{17}
Werke:
- De mirabili potestate artis et naturae (s. Bacon 1593) **I 6.** $107_{32-37}.140_9$
- Perspectiva (s. Bacon 1614a) **II 6.** M34 38_{14-31}M35 40_{69}–45_{217}
- Specula mathematica (s. Bacon 1614b) **II 6.** M34 37_{1-13}M35 38_1–40_{68}

Baier, Johann Wilhelm (?) (1675–1729). Studierte in Jena und Halle Theologie, Mathematik und Physik: seit 1704 Prof. der Mathematik und Physik in Altdorf und seit 1709 Prof. der Theologie
I 6. 346$_3$
II 6. M 71 94$_{95}$
Baillet, Adrien (1649–1706). Franz. Theologe, Literaturkritiker und Bibliothekar
Werke:
- La vie de Monsieur Des-Cartes (s. Baillet 1691) II 6. M 70 91
Bakewell, Robert (1768–1843). Wollhändler in Wakefield, Yorkshire; Lehrer der Mineralogie und Geologie an der Geological Survey
Werke:
- An introduction to geology (s. Bakewell 1815) II 8B. M 72 106$_{34}$
Baldauf, Karl Gottfried (†1805). Berggeschworener in Schneeberg (Erzgebirge), 1789 als Sachverständiger für den Ilmenauer Bergbau zugezogen
I 1. 119$_{36M}$.199$_{14,24}$.204$_{14}$.205$_2$. 219$_{15}$
II 7. M 80 170$_{125}$
Baldi, Camillo (auch Baldo oder Baldus) (um 1547–1634). Philosoph, Mediziner in Bologna
II 1A. M 1 45$_{3(?)}$
Balfour, Francis (†1818). Arzt in Kalkutta, schott. Herkunft, publizierte u.a. über tägliche Luftdruckschwankungen
II 2. M 9.13 177$_5$
Ball, William (1627–1690). Astronom, Gründungsmitglied der Royal Society
II 6. M 79 160$_{42}$ (Schatzmeister)
Ballenstedt, Johann Georg Justus (1756–1840). Prediger und Geologe im Braunschweigischen
I 9. 255$_{7-8}$
II 10A. M 38 100$_5$

Balzac, Jean Louis Guez de (1595–1655). Franz. Staatsmann und Bibliograph
I 6. 172$_{23}$
II 6. M 70 91$_6$
Bancroft, Edward (1744–1821). Engl. Arzt und Naturforscher: Mitglied der Royal Society und des College of Physicians
II 5B. M 40 147$_{16}$ 43 160$_{26}$
Banières (Bannières), Jean (fl 1739). Franz. Gelehrter
II 5B. M 42 158$_{82}$
Banks, Joseph (1743–1820). Engl. Botaniker und Forschungsreisender, begleitete James Cook auf dessen erster Weltumsegelung (1768–1771); seit 1778 Präsident der Royal Society
I 2. 265$_{37}$ I 8. 370$_{52}$
Barbieri, Paolo (1789–1875). Ital. Botaniker: Kustos des botanischen Gartens zu Mantua
Werke:
- Osservazioni intorno alla ,Valisneria spiralis' (s. Barbieri 1830) I 10. 359$_{32}$–362$_{17}$
Barocci, Frederico (1526–1612). Ital. Maler, von Raffael und Correggio beeinflusst
I 6. 227$_{1,12,15}$.230$_{13-14}$
Barr Engl. Zeichner aus Islington, nördl. von London
II 10A. M 27 87$_{46}$
Barrow, Isaac (1630–1679). Ursprünglich Theologe, dann Prof. der Geometrie in London; als Prof. der Mathematik in Cambridge Lehrer Newtons, dem er 1669 seine Professur überließ; 1675 Kanzler der Universität
I 6. 254$_6$
II 6. M 71 97$_{222}$ S2 183$_{5,12}$
Werke:
- Lectiones opticae (s. Barrow 1674) I 6. 218$_{20}$ II 6. M 59 78$_{101}$ 135 270$_{45}$
Barrow, John Sir (1764–1848). Engl. Reisender und geographischer Schriftsteller

Werke:
- Reise durch China (s. Barrow 1804) **II 7**. M*121* 232₃

Bartels, Ernst Daniel August (1778–1838). Arzt, Naturphilosoph und Medizinalbeamter; 1810 Prof. der Medizin in Marburg, 1811 in Breslau, ab 1821 weitere Tätigkeit in Marburg und Berlin
Rezensionen:
- Neues Journal für Chemie und Physik (s. Bartels 1812) **I 8**. 204₁₀

Barth, Johann Matthäus (†nach 1751). Senior des geistl. Ministeriums in Regensburg, wo er zu Beginn der zweiten Hälfte des 18. Jh. starb
I 6. 346₉
Werke:
- Physica generalior (s. Barth 1724) **I 6**. 345₃₄₋₃₅ **II 6**. M*71* 93₈₅–94₁₀₅ *72* 109₁₆ *74* 116₂₈

Bartoli (Bartolo), Giovanni (Giuseppe) Freund und Hrsg. von Marcus Antonius de Dominis
I 6. 160₂₅
Werke:
- De radiis visus et lucis (Hrsg., s. Dominis 1611)

Bartolomeo di San Marco (gen. Fra Bartolomeo oder Il Frate) (1472–1517). Maler der florentinischen Schule, seit 1500 Dominikaner
I 4. 252₁₇ **I 6**. 223₂₉

Basedow, Johann Bernhard (1724–1790). Theologe, Pädagoge und Schulreformer; gründete 1774 das Philanthropinum in Dessau
I 5. 124₃₀.125₁₄₋₁₅

Bassano, Jacopo (eigentl. Giacomo da Ponte) (um 1510–1592). Ital. Maler aus Bassano
I 6. 227₁₈.₂₄
II 4. M*73* 91₇₀

Basson, Sébastien (um 1600). Franz. Arzt und Naturphilosoph
Werke:
- Philosophia naturalis adversus Aristotelem (s. Basson 1649) **I 6**.

218₁₋₂ **II 6**. M*71* 101₃₄₈₋₃₅₇ *72* 108₅

Batoni (Battoni), Pompeo Girolamo (1708–1787). Ital. Maler
I 6. 235₂₃.₃₃

Batsch, August Johann Georg *Karl* (1761–1802). Naturforscher und Goethes Berater in botanischen Fragen; seit 1787 Prof. der Botanik in Jena, gründete dort 1793 die Naturforschende Gesellschaft, 1794 Direktor des Botanischen Gartens
I 2. 171₃₄ **I 9**. 18₂₄.₂₆.19₁.₆₋₇.₉.81₁₁. 103₂₇.108₁₈.242₂₁.243₂₅₋₂₆ **I 10**. 297₃₀.326₉₋₃₁.₃₂
II 7. M*103* 199₃ **II 9A**. M*112* 169₁ **II 10A**. M*7* 66 **II 10B**. M*23.3* 95₂₅
Werke:
- Versuch einer Anleitung zur Kenntniß und Geschichte der Pflanzen. 2 Bde. (s. Batsch 1787–1788) **I 9**. 58₅₋₈.₃₂₋₃₃ **II 9A**. M*43* 71–72
- Versuch einer Anleitung, zur Kenntniß und Geschichte der Thiere und Mineralien (s. Batsch 1788–1789) **II 9B**. M*27* 23–24
Manuskripte:
- Schema zur Metamorphose der Pflanzen **II 9A**. M*55* 100–102

Batsch, Georg Laurentius (um 1728–1798). Jurist; 1753 Hofgerichtssekretär, 1770 Stadtschreiber und 1775 Universitätsgerichtssekretär in Jena, 1777 Regierungs- und 1783 Lehnssekretär in Weimar, zuletzt in Jena lebend. Vater von August Johann Georg Karl Batsch
I 9. 18₂₇ **I 10**. 326₁₀

Batty, George (etwa 1732–1821). Engl. Agrarfachmann; seit 1779 Landkommissar des Herzogtums Weimar-Eisenach
II 7. M*32* 54–55₍₂₎

Bauer, Johann Martin Jakob (1793–1867). Buchbinder in Weimar
I 2. 363₃₃z.364₆z

Baum, Johann Friedrich Bergrat in Friedrichsroda
I 1. 208$_7$.212$_7$ (Abgeordnete).$_{20}$. 214$_{2-22}$ (Abgeordnete).216$_{12-13}$ (Herren Deputierten).$_{16}$ (Abgeordnete)

Baumann, Wilhelm Gottlob Benjamin (1772–1849). Stuttgarter Instrumentenmacher und Hofmechaniker
I 11. 165$_{32}$

Baumer, Johann Wilhelm (1719–1788). 1754 Prof. der Physik in Erfurt. 1764 Prof. der Medizin in Gießen, wo er auch zum Bergrat ernannt wurde
Werke:
- Fundamenta geographiae et hydrographiae subterraneae (s. Baumer 1779) **I 2.** 164$_{25}$.424$_M$ (Braune) **I 8.** 157$_{34}$ **II 8A.** M 94 125$_6$
- Historia naturalis regnis mineralogici (s. Baumer 1780) **I 8.** 157$_{34}$
- Naturgeschichte des Mineralreichs (s. Baumer 1763–1764) **I 2.** 419$_{31-32M}$ **II 7.** M 36 58$_7$ 45 75$_{296-297}$

Baumgarten, Alexander Gottlieb (1714–1762). Philosoph in Halle a. S. und Frankfurt a. d. O.
II 10A. M 57 116$_{48-50}$

Baureis, Anna Maria, geb. Bauder Ehefrau des Nürnberger Bürgermeisters Baureis; Tochter des Mineralogen J. F. Bauder in Nürnberg, lieferten Goethe u.a. Altdorfer Marmore
I 2. 352$_{25}$ **I 8.** 418$_6$

Baureis, Karl Friedrich (†1807). Bürgermeister von Nürnberg; Ehemann von Anna Maria B., geb. Bauder
I 2. 352$_{26}$ (Gatte) **I 8.** 418$_7$ (Gatte)

Bayern, Ludwig, Kronprinz von (1786–1868). Als Ludwig I. 1825 bis 1848 König von Bayern
I 10. 336$_3$
II 10B. M 23.11 107$_{42}$

Bayle, Pierre (1647–1706). Philosoph. Theologe
Werke:
- A general dictionary, historical and critical (s. Bayle 1734–1741) **II 6.** M 79 180$_{781-783}$
- Dictionaire historique et critique (s. Bayle 1740) **II 1A.** M 1 3$_{28}$ (sentiment).4$_{38,44}$ (B.)

Bazin, Gilles Augustin (1681–1754). Arzt in Straßburg
Werke:
- Observations sur les plantes (s. Bazin 1741) **I 10.** 136$_{22-23}$

Beccaria, Giovanni Battista (1716–1781). Ital. Physiker; seit 1748 Prof. der Physik in Turin
I 4. 31$_{33}$ **I 7.** 30$_{1.29-30}$.31$_{5-6.7.18-19.23.27}$.32$_{2.4.7.19}$
Werke:
- A Letter from F. Beccaria to Mr. Wilson (s. Beccaria 1776) **I 7.** 31$_{33}$.32$_{26.34-35}$.33$_{17-18}$
- Letter from Mr. John Baptist Beccaria to Mr. John Canton (s. Beccaria 1771) **I 7.** 30$_{35}$ **II 5B.** M 113 323$_{12-13}$ (Versuche)

Beche, Sir Henry Thomas de la (1796–1855). Engl. Geologe; Generaldirektor des Geological Survey of Great Britain and Ireland
II 8B. M 72 109$_{121}$
Werke:
- A tabular and proportional view of the superior, supermedial, and medial rocks (s. Beche 1827) **II 8B.** M 91 146

Becher, David (1725–1792). Mediziner, Hofrat; seit 1758 Brunnenarzt in Karlsbad
I 1. 295$_{30M.32M.33M.35M}$.296$_{1M.3M.9M.15M.26M.30M.34M}$.297$_{16M.18M.24M}$.298$_{1M}$. 304$_{17}$ **I 11.** 108$_{23-24}$
II 8B. M 7 12$_{76}$–14$_{137}$ S 15$_5$
Werke:
- Neue Abhandlung vom Karlsbade. 3 Bde. (s. Becher 1772) **I 1.** 321$_{19Z}$

Becher, Johann Joachim (1635–1682). Chemiker. Mediziner
II 1A. M 16 134_{27}
Werke:
- Physica subterranea (s. Becher / Stahl 1703) **I 2**. $110_{19M}.424_M$ **II 8A**. M 93 122_{33} 94 125_4

Becherer, Johann (†1617). Pädagoge und protestantischer Theologe. Chronist: 1581 Konrektor und 1592 Rektor in Mühlhausen. 1598 Pfarrer in Windberg
Werke:
- Newe Thüringische Chronica (s. Becherer 1601) **I 2**. $84_{15-17Z.22-23Z}$ (Geschichte der Mittelzeit)

Becker, Johann Friedrich Adolph Mediziner. Apotheker. Botaniker
Werke:
- Experimenta circa mutationem colorum (s. Becker 1779) **II 3**. M 2 3_{13-15}

Becker, Wilhelm Gottlob Ernst
Werke:
- Journal einer bergmännischen Reise durch Ungarn und Siebenbürgen. 2 Bde. (s. Becker 1815–1816) **I 2**. 140_{8M} **II 8A**. M 113 149_7

Beckmann, Johann (1739–1811). Philosoph und Naturforscher in St. Petersburg und Göttingen. Prof. für Nationalökonomie und Technologie in Göttingen
Werke:
- De historia naturali veterum (s. Beckmann 1766) **II 9B**. M 33 $31_{8-9}.37_{241-242}$
- Vorlesung über Mineralogie (s. Beckmann 1792) **II 7**. M 107 206_{41-43}

Becman, Johann Christoph (1641–1717). Historiker und evang. Theologe; Prof. an der Universität Frankfurt a. d. O.
II 4. M 72 87_{33}

Bedemar, Eduard Graf Vargas *s Grosse, Karl Friedrich August*

Beer, Georg Josef (1763–1821). Österreich. Ophthalmologe
Werke:
- Lehre der Augenkrankheiten. 2 Bde. (s. Beer 1792) **II 4**. M 22 25_5

Béguelin, Nicolas (seit 1786:) **de** (**Nikolaus von**) (1714–1789). Jurist; Erzieher des späteren Königs Friedrich Wilhelm II. von Preußen. Direktor der Philosophischen Klasse der Akademie der Wissenschaften in Berlin
I 3. 78_6 **I 6**. 360_4
Werke:
- Mémoire sur les ombres colorées (s. Béguelin 1769) **I 3**. $85_{44Z}.89_{13Z}$ **II 1A**. M 1 3_{10-17}
- Sur la source d'une illusion (s. Béguelin 1771) **I 6**. 388_{30-31} **I 8**. 300_{39-43} **II 6**. M 78 159_{15-17} 136 $275_{164-170}$

Beichlingen *s. Ramdohr, Karl August*

Beireis, Gottfried Christoph (1730–1809). Mediziner. Polyhistor; 1759 Prof. für Physik und Chemie in Helmstedt; Besitzer einer wertvollen Sammlung
I 11. 77_2 (Beireisens Museo)

Bell, John (1762–1820). Anatom aus Edinburgh
II 9B. M 46 $50_{10(?)}$

Bellini, Giovanni (gen. Giambellino) (um 1430–1516). Ital. Maler; Lehrer von Giorgione und Tizian
I 6. $223_{4.16.31}$

Bellini, Laurentius (1643–1703). Ital. Anatom; Leibarzt des Großherzogs von Florenz
Werke:
- De contractione naturali (s. Bellini 1696) **I 1**. 242_{8-10M} **II 7**. M 111 211_{7-9}

Benevent, Prinz von *s. Talleyrand-Périgord, Charles Maurice (seit 1807:) Duc de*

Benn *s. Penn, William*

Benvenuti, Carlo (1716–1789). Ital. Jesuit; Prof. der Philosophie und Mathematik in Rom
II 6. M 92 193_{78}

Werke:
- Dissertatio physica de lumine (s. Benvenuti 1761) **II 6**. M *73* 110$_{6-7}$

Benzenberg, Johann Friedrich (1777–1846). Physiker, Publizist: 1805–1810 Prof. für Mathematik und Physik am Lyzeum in Düsseldorf
Werke:
- Briefe geschrieben auf einer Reise durch die Schweiz (s. Benzenberg 1811–1812) **I 8**. 204$_{31}$
- Einige Bemerkungen über die Materie, welche man für erloschne Sternschnuppen hielt (s. Benzenberg 1800) **II 10B**. M *1.3* 13$_{43-45}$

Berenger, Richard (†1782). [Titelblatt:] Esquire, Gentleman of the horse to his Majesty
Werke:
- The history and art of horsemanship (s. Berenger 1771) **II 10A**. M *62* 141$_{21-22}$

Berg, Hedwig *Dorothea* Eleonore von (geb. v. Sievers) (1764–1830). Frau des livländischen Offiziers Gregor von Berg; 1808 Aufenthalt in Karlsbad
I 1. 290$_3$

Bergk, Johann Adam (Ps.: Fr. Chr. Starke) (1769–1834). Privatgelehrter, Übersetzer und Philosoph in Leipzig; Verfasser zahlreicher populärphilosophischer Schriften, teils unter verschiedenen Pseudonymen
Werke:
- Menschenkunde oder philosophische Anthropologie (Hrsg. als Fr. Chr. Starke, s. Kant / Starke 1831)

Bergman(n), Torbern Olof (1735–1784). Schwed. Chemiker; Prof. der Chemie, Pharmazie und Mineralogie in Uppsala
I 3. 487$_{6M}$
II 1A. M *44* 234$_{436}$

Werke:
- Dissertatio gradualis de primordiis chemiae (s. Bergman 1779) **II 3**. M *21* 12$_4$
- Kleine Physische und Chymische Werke (s. Bergman 1782–1790) **I 3**. 373$_{9-14M}$
- Physicalische Beschreibung der Erdkugel (s. Bergman 1780) **I 2**. 164$_{26}$ **I 8**. 158$_1$

Bergmann, ? Gemäß Benzenberg ein Beobachter eines Meteoriten-Einschlag in Süchteln bei Crefeld
I 2. 371$_{10Z}$
II 10B. M *1.3* 13$_{42-43}$

Bergmann, Joseph (1736–1803). Jesuit; Prof. der Naturgeschichte in Mainz
I 6. 350$_{35}$

Berlinghieri, Bonaventura (1. Hälfte 13. Jh.). Ital. Maler
I 6. 220$_4$

Bernhardi, Adam Bethmann
Werke:
- Optica oculorum vitia (Resp., s. Hamberger 1696)

Bernhardi, Johann Jacob (1774–1850). Mediziner, Botaniker und Kristallograph; Prof. der Medizin an der Universität und Direktor des Botan. Gartens in Erfurt
Werke:
- Beobachtungen über die doppelte Strahlenbrechung einiger Körper (s. Bernhardi 1807) **II 5B**. M *19* 89$_{128-130}$

Bernoulli, Daniel I. (1700–1782). Schweizer Mediziner, Mathematiker und Physiker; 1725 Prof. der Mathematik an der Akademie der Wissenschaften zu St. Petersburg, 1733 Prof. der Anatomie und Botanik an der Universität Basel, 1750 ebd. Prof. der Physik
Werke:
- Experimentum circa nervum opticum (s. Bernoulli 1728) **II 5B**. M *72* 213$_{150}$

Berthelot, Sabin (1794–1880). Franz. Naturforscher
Werke:
- Observations sur le Dracaena Draco Linn. (s. Berthelot 1827) **I 10**. 230₃₃₋₃₇

Berthollet, Claude Louis Comte de (1748–1822). Franz. Chemiker; Prof. an der École normale und der École polytechnique, seit 1780 Mitglied der Académie des Sciences **I 7**. 34₁₅ **II 1A**. M*44* 226₁₄₃.234₄₄₁₋₄₄₆
Werke:
- Eléments de l'art de la teinture (s. Berthollet 1791) **I 3**. 243₈z **II 4**. M*47* 59₈

Bertrand, Alexandre Jacques François (1795–1831). Mediziner, Naturforscher. Anhänger des Mesmerismus
Werke:
- De l'état d'extase (s. Bertrand 1825b) **II 1A**. M*57* 312
Rezensionen:
- Despretz: Traité de physique (s. Bertrand 1825a) **I 11**. 276₂₋₃₄. 278₁₅ (der französische Kritiker).₂₀ (der Franzose) **II 1A**. M*79* 309–310 M*80* 311–312

Bertrand, Bernard Nicolas (1715–1780).
Werke:
- Elémens d'oryctologie (s. Bertrand 1773) **II 7**. M*45* 75₂₉₁₋₂₉₂

Bertuch, Friedrich Johann Justin (1747–1822). Verlagsbuchhändler, Unternehmer, Schriftsteller und Übersetzer in Weimar; 1775–1796 Geheimer Sekretär und Schatullverwalter von Herzog Karl August, Inhaber des um 1789 gegründeten (Landes-) Industrie-Comptoirs in Weimar; an Naturgeschichte, bes. Botanik, interessiert, Förderer von Park- und Gartenanlagen sowie einer Landbaumschule in Weimar, von 1784–1800 Parkverwalter Karl Augusts; Hrsg. der „Allgemeinen Geographischen Ephemeriden" **I 1**. 208₅.212₇ (Abgeordnete).₂₀ (Herren Deputierten).214₂₋₂₂ (Abgeordnete).216₁₂₋₁₃ (Herren Deputierten).₁₆ (Abgeordnete).230₂₇. 235₁ (Deputierte).₆ (Deputierte). ₉ (ich).₂₀ (Deputierte).237₁₂. 251₉ₘ (Deputierter).₁₂ₘ (Deputierten).₂₆ₘ (Deputierten). 253₁₀ₘ (Deputierten).₁₅ₘ (Deputierten).283₁₉₋₂₀z **I 9**, 241₂₂.243₃₇. 244₁ **I 11**. 159₄ (Herausg.).₂₆. 159₂₈–161₂₁ (Herausgeber). 161₃₅ᴛᴀ **II 10A**. M*37* 98₂₇
Werke:
- Höhen der alten und neuen Welt bildlich verglichen (Koautor, s. Goethe – Höhen der alten und neuen Welt bildlich verglichen)
- Versuch einer Monographie der Kartoffeln (Hrsg., s. Putsche / Bertuch 1819)

Berzelius, Jöns Jakob (seit 1818:) von (1779–1848). Schwed. Chemiker; 1807–1832 Prof. der Chemie in Stockholm **I 2**. 209₃₀z.₃₂z.210₂₋₅z (beiden). 234₁₁z.₂₃z.₂₈z.₃₅z.238₁₀.251₃z (Fremden).294₁₃ (Männer) **I 8**, 352₁₁.353₅ (Männer) **II 8B**. M*23* 43₃ (jemand) 72 108₇₅ 85 139₅
- Berichterstatter **I 2**. 235₂₃–238₇z
Werke:
- Neues System der Mineralogie (s. Berzelius 1816) **I 2**. 81₂₇₋₂₉z

Beschorner, Anton Bergmeister, Schichtmeister im Zinnbergwerk Schlaggenwald und Mies **I 2**. 117₂₁z.₂₃z (Bergmeister). 123₂₀z.278₁₋₂z
- Mineraliensammlung **I 2**, 117₂₂z. 123₂₂z

Bresecke s. Brösigke, *Johann Friedrich Leberecht von*

Besold, Christoph (1577–1638). Dt. Jurist und Staatsgelehrter

Werke:
- Thesaurus practicus (s. Besold / Dietherr von Anwanden 1697)
II 4. M 72 87$_{28-29}$

Bestuschew-Rjumin, Aleksej Petrowitsch Graf (1693–1766). Russ. Staatsmann, Feldmarschall und Reichskanzler; befasste sich mit alchemistischen Experimenten; entdeckte eine nach ihm benannte Nerventinktur (tinctura toniconervina Bestuscheffi), die als Elixir d'Or auch am franz. Hof bekannt wurde
I 7. 38$_{29}$

Bethmann, *Friederike* **Auguste Conradine** (geb. Flittner, gesch. Unzelmann) (1760–1815). Berliner Schauspielerin; 1801 Gastspiel in Weimar
I 1. 286$_{24Z}$

Bertram, Theodor (erw. 1640). Aus Nürnberg, als Baccalaureus der Philosophie in Leipzig
Werke:
- Umbrae magisteria optica (Resp., s. Lindemuth 1640)

Bettinus, Marius (1578/1582?–1657). Jesuit zu Bologna, lehrte lange Zeit Philosophie und Mathematik in Parma
Werke:
- Apiaria universae philosophiae mathematicae (s. Bettinus 1645)
II 6. M *135* 269$_{32}$

Beudant, François Sulpice (1787–1850). Mineraloge, Geologe; Prof. der Mineralogie in Paris, Vertreter des Vulkanismus
I 2. 239$_{18M,25M}$
Werke:
- Essai d'un cours élémentaire et général des sciences physiques (s. Beudant 1824) **I 11.** 276$_{17,22}$ **II 1A.** M *79* 309$_{14,18}$.310$_{45}$ *80* 311$_{2}$
- Voyage minéralogique et géologique, en Hongrie (s. Beudant 1822) **I 2.** 239$_{14-15M}$ **II 8B.** M *30* 49$_{5-16}$ 72 110$_{154}$

Beust, Karl Leopold von (1780–1849). Weimarischer Staatsbeamter und Gesandter der sächsischen Herzogtümer am Bundestag in Frankfurt
II 2. M *9.25* 191$_{1-13}$

Beuth, Peter Christian Wilhelm (1781–1853). Preußischer Staatsmann; Gründer des Berliner Gewerbeinstituts
I 10. 366–372

Beyer, Adolf (1742–1805). Bergmeister in Schneeberg
I 1. 201$_{14}$

Beyer, Heinrich Leipziger Kaufmann; 1813 in Teplitz
I 2. 27$_{34Z}$ (Leipziger)$_{(?)}$

Beyer? Nicht ermittelt
II 8A. M *19* 42$_{3}$

Bibel s. *Anonymi*

Bibra, Ludwig Carl von (1749–1795). Oberhofmeister in Meiningen
I 3. 280$_{8Z}$

Bibra, Philipp Anton *Siegmund* **von** (1750–1803). Domkapitular, Politiker; Katholischer Aufklärer, gemeinsam mit Leopold Friedrich Günther von Goeckingk Hrsg. des „Journal von und für Deutschland"
II 7. M *110* 210$_{1}$

Bicci, Lorenzo di (um 1350-um 1424). Ital. (Florenz) Maler
I 6. 220$_{35,36}$.221$_{4}$

Biela, Wilhelm Freiherr von (1782–1856). Österreich. Offizier und Astronom
II 2. M *2.6* 12$_{3-4}$

Bielke, Friedrich Wilhelm von (1780–1850). Seit 1809 Kammerherr des Erbprinzen Karl Friedrich von Sachsen-Weimar-Eisenach
I 2. 29$_{10Z}$ (Herrschaften)

Bifrons s. *Villers, Charles François Dominique de*

Billiet, Alexis (1782–1856). Generalvikar, ab 1826 Erzbischof von Chambéry
I 11. 240$_{20}$

Werke:
- Météorologie (s. Billiet 1824) **II 2**, M6.2 40_{37}–41_{97}

Bingham ? Nicht nachgewiesen
II 6, M73 112_{78} 74 117_{95} 136 272_{30}

Binhard, Johann (Ende 16./Anfang 17. Jh.). Schulmeister, Chronist, Historiker
Werke:
- Newe vollkommene Thüringische Chronica (s. Binhard 1613) **I 1**, $304_{35Z(?)}$

Biot, Jean Baptiste (1774–1862). Franz. Physiker und Astronom; 1803 Mitglied des Institut de France, seit 1806 Mitglied des Längenbureau. Anhänger einer Korpuskulartheorie des Lichts
I 8, $14_{14}.95_{32}.274_{30}.275_{13,21}.276_{3}$. $277_{3,6}$ **I 11**, $276_{3}.286_{18,22,35}$
II 1A, M79 309_{4} **II 5B**, M15 59_{47} 43 160_{31} 57 185_{9-12} 61 $194_{5,19}$ 66 203_{8} 114 335_{202}
Werke:
- Anfangsgründe der Erfahrungs-Naturlehre (s. Biot / Wolff 1819) **II 5B**, M58 188_{19-20} 78 236_{56-57} (ins deutsche)
- Précis élémentaire de physique expérimentale. 3. Aufl. (s. Biot 1824) **I 11**, 276_{17} (Auszug).$_{24}$ (Auszug).$_{27}$ **II 1A**, M79 $309_{14-15,19}$
- Précis élémentaire du physique expérimentale (s. Biot 1817) **II 5B**, M78 $236_{55,62-63}$
- Relation d'un voyage fait dans le département d'Orne (s. Biot 1803) **I 1**, 355_{8Z}
- Remarques de M. Biot (s. Biot 1821) **I 8**, 275_{31-32}
- Sur la dissection de la lumière (s. Biot 1811) **I 8**, 11_{7-8} **II 5B**, M15 63_{197}
- Traité de physique expérimentale et mathématique (s. Biot 1816) **I 8**, $274_{9-11,24}.274_{35}$–275_{6} **I 11**, 276_{6-14} (das physikalische Werk dieses Verfassers) **II 1A**, M79 309_{5-13} 80 311_{1} **II 5B**, M38 146_{1} 40 147_{10} 67 203_{1-2}

Birch, Thomas (1705–1766). Theologe, gab 1744 die erste vollständige Werkausgabe von Robert Boyle heraus, 1752–1765 Sekretär der Royal Society
I 6, 238_{16}
Werke:
- The history of the Royal Society of London (s. Birch 1756–1757) **I 6**, 240_{12-14} **I 7**, 12_{26} **II 6**, M79 159–181

Bischof (Bischoff), Karl Gustav (1792–1870). Prof. der Chemie in Bonn
Werke:
- Etwas über die Irrlichter oder Irrwische (s. Bischof 1825) **II 10B**, M1.3 12_{7-12} (dieselben)
- Physikalisch-statistische Beschreibung des Fichtelgebirges (Koautor, s. Goldfuß / Bischoff 1817)

Bishop, John Seemann in London. Leichendieb, und dessen Frau
I 10, $369_{24-30}.370_{11,14}$

Blaes, Gerhard (Blasius, Gerardus) (1626–1692). Holländ. Mediziner und Anatom; lehrte in Amsterdam
Werke:
- Anatome animalium (s. Blasius 1681) **II 9A**, M100 149_{12}

Blair, Robert (1752–1828). Schott. Arzt; seit 1785 Prof. der Astronomie in Edinburgh
I 3, $403_{9M}.481_{29M}$ **I 6**, 399_{33}. $400_{9,14}.401_{19}.407_{27,32,34}.408_{8,13}$. $409_{13,37}.410_{12}$ **I 7**, 16_{22}
II 3, M34 29_{72-73} **II 6**, M114 216_{27}
Werke:
- Experiments and observations on the unequal refrangibility of light (s. Blair 1794) **I 3**, $403_{4-5M}.481_{28M}$ **I 6**, 399_{17-20} **II 3**, M34 32_{184}–33_{197} **II 6**, M74 $117_{86(?)}$ 133 $265_{257-259}$

Blanpain, Jean-Jacques (1777–1843). Astronomischer Beobachter in Marseille
II 2, M2.6 12_{4}

Blasche, Bernhard Heinrich (1766–1832). Schulmann, Mathematiker
Werke:
- Noch etwas über Philosophie und Mathematik (s. Blasche 1820) **I 2**. 300$_{26M}$ **II 8B**. M39 67$_{107}$

Blasche, Johann Christian (1718–1792). Dt. Philosoph und Theologe: Prof. der Theologie in Jena
Werke:
- Das Leben Georg Erhard Hambergers (s. Blasche 1758) **II 6**. M71 107$_{571-577}$ 104 204$_2$

Blechschmidt, Franz (erw. 1814–1850). Gastwirt: seit 1814 Besitzer des Gasthofes „Zur goldenen Sonne" in Eger
I 2. 137$_{4Z}$

Bley, J. N. (fl. 1824–1826). Lehrer: von 1824 bis 1826 Beobachter der Wetterstation Frankenheim (Rhön).
I 11. 242$_1$ (Schulmeister)

Block, Georg Wilhelm (1790–1823). Evang. Theologe, Pfarrer
Werke:
- Über die Fehler der Philosophie mit ihren Ursachen und Heilmitteln (s. Block 1804) **II 1A**. M64 281

Blum Kaufmann in Weimar
II 7, M113 222$_{52}$

Blum, Carl Ludwig (1796–1869). Schwager und um 1815 Gehilfe von K. C. von Leonhard in Hanau, später Historiker und Schriftsteller
I 2. 59$_{15Z}$.421$_{38M}$

Blumenbach, Eduard Sohn von Johann Friedrich Blumenbach
I 1, 275$_{28Z}$

Blumenbach, Johann Friedrich (1752–1840). Naturforscher, Mediziner: Studium der Medizin in Jena und Göttingen, seit 1776 Prof. der Anatomie in Göttingen; bes. an der Naturgeschichte des Menschen und der Anthropologie, aber auch an geologischen Problemen interessiert; nach einer ersten Begegnung mit Goethe 1783 mit diesem in ständigem persönlichen und brieflichen Kontakt, später auch durch Blumenbachs Schwager J. H. Voigt und seinen Neffen F. S. Voigt
I 1. 273$_{25Z}$.275$_{11Z.19-20Z}$.280$_{11}$ (Ew. Wohlgeboren).$_{18}$ (Ew. Wohlgeboren) **I 9**. 99$_{8.13.20}$.165$_8$–166$_{22}$.201$_{21}$ **I 10**. 390$_{37}$–391$_{15}$ **II 8A**. M55 77$_{11}$ **II 8B**. M96 152–153 **II 9B**. M46 50$_5$ **II 10A**. M16 75$_{31}$
Werke:
- De generis humani varietate nativa (s. Blumenbach 1776) **I 9**. 154$_{19}$ **II 9A**. M2 8$_{18}$
- Handbuch der Naturgeschichte (s. Blumenbach 1779) **II 9A**. M101 153$_{13}$
- Handbuch der vergleichenden Anatomie (s. Blumenbach 1805) **I 10**. 391$_{2-3}$ (Kompendium)
- Über den Bildungstrieb und das Zeugungsgeschäfte (s. Blumenbach 1781) **I 9**. 99$_{1.10}$ **II 10A**. M18 78$_6$
Rezensionen:
- Hutton: Theory of the earth (s. Blumenbach 1790) **II 8B**. M95 151$_{31-34}$
Manuskripte:
- rein auscrystallisirter Vesuvian... [Gesteinssendung] **II 8B**, M95 151–152

Blumröder, Johann Ludwig Aktuar, dann Hofadvokat und Forstkommissar in Ilmenau, später Stadtsyndikus; Agent bei den Gewerketagen
I 1. 92$_{16}$.206$_{11}$.208$_{11}$.212$_7$ (Abgeordnete).$_{20}$ (Herren Deputierten).214$_{2-22}$ (Abgeordnete). 216$_{12-13}$ (Herren Deputierten). $_{16}$ (Abgeordnete).224$_{31}$.230$_{29}$. 235$_1$ (Deputierte).$_6$ (Deputierte).$_{10}$ (Mitdeputierte).$_{20}$ (Deputierte).251$_{9M}$ (Deputierter). $_{26M}$ (Deputierten).252$_{37M}$ (hiesigen Deputierten).253$_{10M}$ (Deputierten).$_{15M}$ (Deputierten)

Boccone, Paolo (Ordensname Silvio) (1633–1704). Ital. (Sizilien) Mönch und Botaniker; Prof. der Botanik in Padua, Forschungsreisen
Werke:
- Museo di fisica e di esperienze variato (s. Boccone 1697) **I 9.** 325$_7$.327$_2$

Bock, Friederica Helena von (geb. von Stackelberg) Aus Livland
I 1. 355$_{31M}$

Böckmann, Johann Lorenz (1741–1802). Theologe, Pädagoge, Meteorologe; seit 1764 Prof. für Mathematik und Physik an der Fürstenschule in Karlsruhe, seit 1774 Kirchenrat
Werke:
- Naturlehre (s. Böckmann 1775) **I 6.** 350$_1$ **II 6.** M 71 102$_{408-414}$ 72 109$_{39}$

Bode, Johann Elert (1747–1826). Dt. Astronom. Mitglied der Königl. Akademie der Wissenschaften zu Berlin
I 11. 102$_4$
II 3. M34 32$_{151}$
Werke:
- Uranographia (s. Bode 1801) **II 2.** M2.6 12$_{11}$

Bodley, Sir Thomas (1544–1612). Engl. Diplomat, Begründer der Bodleyan Library in Oxford
I 6. 144$_1$.146$_{18,27}$
II 6. M50 64$_{121}$

Boerhaave, Herman (1668–1738). Mediziner, Botaniker, Chemiker; 1709 Prof. für Medizin und Botanik in Leiden
I 9. 188$_{10}$
II 1A. M44 228$_{221}$
Werke:
- Aphorismi de cognoscendis et curandis morbis (s. Boerhaave 1727) **II 1A.** M1 5$_{82-87}$
- Praelectiones publicae de morbis oculorum (s. Boerhaave 1746) **II 4.** M22 25$_3$

Boethius, Anicius Manlius Torquatus Severinus (um 480–524). Röm. Philosoph und Staatsmann, Ratgeber des Ostgotenkönigs Theoderich des Großen
II 6. M28 33$_9$ 34 37$_6$

Böhmer, Johannes Benjamin ? (1719?–1754?). Arzt
Werke:
- Dissertatio de matricibus metallorum (Resp., s. Hoffmann / Böhmer 1738)

Böhmer, Philipp Ludwig (um 1666–1735). Lutherischer Pfarrer und Prof. der Moral in Helmstedt, von 1701 an Generalsuperintendent in Göttingen und Celle
Werke:
- Physica positiva (s. Böhmer 1702) **I 6.** 219$_8$ **II 6.** M 71 101$_{362-367}$ 72 108$_7$

Boisserée, Johann *Sulpiz* **Melchior Dominikus** (1783–1854). Kunstgelehrter, Kunstsammler und Kaufmann in Köln, von 1810–1819 in Heidelberg, dann Stuttgart, 1827 in München, reiste mit Goethe 1815 an Rhein und Main und berichtete darüber in seinem Tagebuch, langjähriger Korrespondent Goethes
I 8. 7$_1$ (Freund) **I 10.** 215$_{11}$ **I 11.** 329$_1$–336$_{22}$.333$_{30}$
II 5B. M43 159$_{10}$ 92 256$_{42}$
- Berichterstatter **I 2.** 75$_{10-35Z}$.76$_{2-29Z}$

Bojanus, Ludwig Heinrich (1776–1827). Tierarzt und vergleichender Anatom in Wilna und St. Petersburg
I 10. 403$_7$

Bol, Ferdinand (1616–1680). Niederländ. Maler, Schüler Rembrandts
I 6. 64$_{31}$

Bonacursius, Josephus (17. Jh.). Vermutlich ein Ordensbruder Athanasius Kirchers
I 3. 369$_{30M}$ **I 6.** 179$_{21}$
II 6. M59 77$_{67}$

Bonis Goethe erwähnt eine Schrift von Bonis „über die Regelmäßigkeit", in der Bonis wohl die These, dass Granit durch Kristallisation entsteht, „aus seinem Äußern" beweist. Weder Autor noch Werk konnten ermittelt werden
I 1. 98$_{13}$
II 7. M 67 147$_{7-8}$
Bonnard, Augustin Henry de (1781–1857). Schüler von A. G. Werner, Bergingenieur; General-Inspecteur, Corps des Mines, Paris
Werke:
- Aperçu géognostique des terrains (s. Bonnard 1819) **I 2**. 304$_{1M}$ **II 8B**. M 39 69$_{203-204}$
- Sur quelques parties de la Bourgogne (s. Bonnard 1825) **II 8B**. M 72 108$_{101-103}$
Bonnet, Charles (1720–1793). Schweizer Naturforscher; Privatgelehrter in Genf, vertrat die Lehre von der Präformation und Stufenleiterkonzept der Natur
I 9. 70$_1$. 99$_{13}$
Werke:
- Contemplation de la nature (s. Bonnet 1764) **I 9**. 70$_{1-2}$
- Untersuchungen über den Nutzen der Blätter (s. Bonnet 1762) **II 9B**. M 51 55$_{25}$
Bonpland, Aimé (1773–1858). Franz. Naturforscher; bereiste mit Alexander von Humboldt von 1799 bis 1804 Spanien und Amerika
I 4. 31$_{10}$ (Gelehrten)
Werke:
- Essai sur la géographie des plantes (Koautor, s. Humboldt / Bonpland 1807a)
- Ideen zu einer Geographie der Pflanzen nebst einem Naturgemälde der Tropenländer (Koautor, s. Humboldt / Bonpland 1807b)
- Plantes équinoxiales (Koautor, s. Humboldt / Bonpland 1805–1809)
- Voyage aux régions équinoxiales (Koautor, s. Humboldt / Bonpland 1805–1839)
Boodt, Anselmus de (Boetius) (1550–1632). Flämischer Gelehrter; erste systematische Beschreibung von Mineralien
Werke:
- Gemmarum et lapidum historia (s. Boodt 1609) **II 7**. M 45 75$_{308-309}$ **II 8B**. M 72 22$_{7-8}$
Borch, Michał Jan (Michel J.) de (1753–1810). Grundbesitzer in Polen, Naturforscher und Schriftsteller; Reisen in Frankreich, Italien, Sizilien; zuletzt Gouverneur von Witebsk
Werke:
- Lettres sur la Sicile et sur l'Ile de Malthe (s. Borch 1782) **I 1**. 153$_{6-7Z.12Z}$ (Tätigkeit des Grafen)
- Lythographie Sicilienne (s. Borch 1777) **I 1**. 153$_{6-7Z.12Z}$ (Tätigkeit des Grafen).$_{16Z}$ (Heft).159$_{14Z}$
- Lythologie Sicilienne (s. Borch 1778) **I 1**. 153$_{6Z}$ **II 7**. M 85 176$_{17}$–177$_{68}$
Borkowski, Stanislaus Graf Dunin (1782–1850). Poln. Geologe
I 1. 355$_{2Z.9Z}$ (Graf).$_{19Z}$
Born, Ignaz Edler von (1742–1791). Vorstand des Hofmineralienkabinetts und Hofrat für das Berg- und Münzwesen in Wien
I 1. 177$_1$
II 8A. M 3 14$_{50-51}$
Werke:
- Briefe aus Wälschland (Hrsg., s. Ferber 1773)
- Briefe über mineralogische Gegenstände (s. Born 1774) **II 7**. M 45 75$_{301-302}$
- Schreiben ueber einen ausgebrannten Vulcan bey der Stadt Eger (s. Born 1773) **I 1**. 358$_{9-10}$. 373$_{7-8}$ (Aufsatz) **I 8**. 49$_{22}$ **I 11**. 131$_{5-6}$
Borom, Carl s. Borromäus, Karl (Carlo Borromeo)

PERSONEN 25

Borromäus, Karl (Carlo Borromeo) (1538–1584). Seit 1560 Erzbischof von Mailand, heilig gesprochen
I 1. 247₁₀M
II 7. M*111* 213₁₁₃
Bory de St. Vincent, Jean Baptiste (1780–1846). Franz. Naturforscher und Forschungsreisender
Werke:
- Voyage dans les quatre principales iles des mers d'Afrique (s. Bory de Saint-Vincent 1804) **I 8.** 125₉₋₂₄
Boscovich, Ruggiero Giuseppe (1711–1787). Mathematiker, Physiker und Astronom; 1764–1770 Prof. in Pavia, danach bis 1783 als Directeur de l'optique de la marine in Paris, anschließend in Mailand
I 3. 481₁₉z **I 6.** 365₁
II 3. M*34* 29₆₃ **II 5B.** M*5* 15₁₅₀ *114* 335₂₀₁₋₂₀₂ **II 6.** M*114* 216₅
Werke:
- Abhandlung von den verbesserten Dioptrischen Fernröhren (s. Boscovich 1765) **II 6.** M*74* 117₇₀₍?₎
- Opera pertinentia ad opticam, et astronomiam (s. Boscovich 1785) **II 3.** M*34* 33₁₉₉₋₂₀₀
Bose, Ernst Gottlob (1723–1788). Arzt und Botaniker; Prof. der Naturgeschichte in Leipzig
Werke:
- De nodis plantarum (s. Bose / Bosseck 1747) **II 9A.** M*22* 40₂₅
- De radicum in plantis ortu et directione (s. Bose 1754) **II 9A.** M*22* 40₂₆
Bosseck, Heinrich Otto (fl. 1747). Med. cult. Lipsienses
Werke:
- De nodis plantarum, s. Bose / Bosseck 1747)
Bottineau, Etienne Franz. Seefahrer
II 2. M*5.5* 35₂,₁₃,₁₆
Werke:
- Sur la nauscopie (s. Bottineau 1786) **II 2.** M*5.5* 35₁₇
Boubard s. *Bouvard, Alexis*

Boucher, François (1703–1770). Franz. Maler
I 6. 236₂₁
Boué, Ami (1794–1881). Geologe
II 8B. M*72* 107₅₉
Werke:
- Essai géologique sur l'Écosse (s. Boué 1820) **I 2.** 303₂₅M **II 8B.** M*39* 69₁₉₃₋₂₀₁
- Note sur les dépôts tertiaires et basaltiques **II 8B.** M*72* 107₆₉₋₇₀
Bouguer, Pierre (1698–1758). Franz. Geograph, Physiker und Astronom; seit 1731 Mitglied der Académie des Sciences in Paris
I 3. 78₃ **I 4.** 49₁₄ **I 6.** 357₇,₁₃
II 5B. M*17* 72₁₅
Werke:
- Essai d'optique sur la gradation de la lumiere (s. Bouguer 1729) **II 6.** M*74* 116₃₆ *135* 270₆₀
- La figure de la terre (s. Bouguer 1749) **I 1.** 31₁₋₁₄M **II 7.** M*16* 32–33
- Optice de diversis luminis gradibus dimetiendis (s. Bouguer 1762) **II 6.** M*136* 275₁₅₃₋₁₅₇
Boulliau s. *Bullialdus (Boulliau), Ismaël*
Bourbonen Franz. Adelsgeschlecht; Herrschaft in Frankreich 1589–1792 und 1814–1830
I 10. 380₂₅
Bourgeois, Charles Guillaume Alexandre (1759–1832). Franz. Kupferstecher und Maler; Autor von Schriften zur Farbenlehre
II 5B. M*43* 160₃₂
Bourgoing, Jean François Baron de (1748–1811). Franz. Offizier, Diplomat und Schriftsteller; seit 1801 Gesandter in Stockholm, seit 1807 in Dresden; Okt. 1808 Aufenthalt in Erfurt
II 4. M*64* 77
Bouterwek, *Friedrich* Ludewig (1766–1828). Jurist, Ästhetiker, Philosoph, Schriftsteller; seit 1791 Privatdozent, 1797 ao. und 1802

o. Prof. der Philosophie in Göttingen
I 1. 274_{30Z}
Bouvard, Alexis (1767–1843). Franz. Astronom; 1808–1843 Direktor des Observatoriums von Paris
II 2. M 9.13 178_{19}
Boyle, Robert (1627–1691). Brit. Chemiker und Physiker; Mitglied und später Präsident der Royal Society in London
I 3. $335_{11M}.370_{1M}.438_{12M}.492_{9Z}.$ 493_{4M} **I 4.** $17_{20}.25_{15}.58_{4}.59_{17}.$ $152_{24}.189_{17}$ **I 6.** $182_{14}.196_{1.19}.$ $197_{19-20}.202_{22}.215_{5.26}.241_{20}.$ $264_{25}.265_{38}.270_{20}.284_{8}.291_{13}.$ $339_{20}.344_{18-19.33}.345_{5.21}.346_{1.16.22}.$ 353_{23-24} **I 7.** 12_6
II 4. M 6 6_{16} 72 87_{11} **II 5B.** M 42 156_8 **II 6.** M 55 71_{47} 58 74_{55} 59 79_{124} 61 81 71 $91_{10}.93_{74}.94_{92}.$ $95_{125.137}.97_{222}.104_{466}$ 74 $116_{29-33.38}$ 79 $159_{16}.162_{110}.165_{235}.170_{402-404}.$ $181_{817-819}$ 134 267_{10}
Werke:
- Experimenta et considerationes de coloribus (s. Boyle 1665) **I 3.** $370_{2-4M}.491_{21-22Z.35Z}$ (Werks)$._{37Z}.$ 492_{0-7Z} (Buch) **I 6.** $197_{12-14.16}$ **II 6.** M 105 206_{46-48}
- Experiments and considerations touching colours (s. Boyle 1664) **I 3.** $359_{16M(?)}.398_{10-11M}$ **II 6.** M 59 78_{93} M 133 $260_{68}-261_{77}$
- Über einen blinden Mann in Maastricht (s. Boyle / Finch 1664) **I 6.** 346_{16-17} **II 6.** M 71 95_{126}
Bradley, James (1692–1762). Engl. Astronom
II 6. M 119 226_{46}
Brahe, Tycho (1546–1601). Dän. Astronom und Mathematiker; Astronom des Königs Friedrich II. von Dänemark, seit 1599 im Dienst Kaiser Rudolfs II. in Prag
I 3. 358_{19M} **I 4.** 28_{20} **I 6.** $155_{31.35}.$ $156_6.179_{32}.253_{10.16.22}$ **I 11.** 367_{3-7} **II 5B.** M 102 $295_{38.42.46}$ **II 6.** M 58 73_{27} 60 80_7 62 81_{14-15}

Bran, Friedrich Alexander (1767–1831). Historiker. Ethnograph in Jena
I 10. $368_{37}.369_2$
Werke:
- Die Ersticker in London (s. Bran 1832) **I 10.** $368_{36}-371_{27}$ (merkwürdiger Beleg)
Brande, William Thomas (1788–1866). Engl. Chemiker; Prof. der Chemie an der Royal Institution, London, Oberaufseher der königl. Münze
Werke:
- Outlines of geology (s. Brande 1817) **II 8B.** M 72 106_{26}
Brandes, Heinrich Wilhelm (1777–1834). Physiker, Astronom, Meteorologe; 1811 Prof. für Mathematik in Breslau, 1826 Prof. für Physik in Leipzig
II 2. M 1.1 $3_{10.13}$ $S.13$ 115
Werke:
- Beiträge zur Witterungskunde (s. Brandes 1820) **I 2.** $137_{17Z}.$ $138_{28-29Z.33Z}$ **I 8.** $75_2.320_{8-9}.$ $320_{53}-321_1$ **II 2.** M $S.25$ 135_{13-14}
- Beobachtungen und theoretische Untersuchungen über die Stralenbrechung (s. Brandes 1807) **II 4.** M 32 34_{18-19}
Brandes, Rudolph (1795–1842). Apotheker in Salzuflen. Vorsteher des westfälischen Apothekervereins
Werke:
- Meteorologisches Tagebuch (s. Brandes 1822) **II 2.** M 9.5 145
Brandis, Joachim Dietrich (1762–1845/46). Arzt und Prof. der Medizin in Braunschweig und Kiel, seit 1810 Leibarzt in Kopenhagen, übersetzte Erasmus Darwins „Zoonomie"
I 6. $388_{22-23.28}$ **I 8.** 218_6
II 5B. M 75 229_{14} 92 256_{36}
Werke:
- Commentatio de oleorum unguinosorum natura (s. Bran-

dis 1785) **I 8**. 216$_{32}$ (Dissertation).$_{37-38}$
- Versuch über die Lebenskraft (s. Brandis 1795) **I 8**. 215$_{15-16}$. 216$_{10}$
Rezensionen:
- Goethe: Metamorphose der Pflanzen (s. Brandis 1794) **I 9**. 102$_{6-7}$. 103$_2$ **I 10**. 298$_4$ **II 10A**. M27 80$_1$

Brandis, Henriette Wilhelmine (geb. Vortmann) (um 1770–1817/18). Seit 1790 zweite Ehefrau von Joachim Dietrich Brandis
I 8. 216$_{26}$ (Frau)

Brandis, Joachim Dietrich, dessen Neffe Nicht ermittelt
I 8. 217$_2$ (Schwestersohn).
$_{7-8}$ (Menschen).$_{10}$ (Knabe).
$_{14}$ (Mensch).218$_6$ (Neffe)

Braun, Josias Adam (Josepho Adamo) (1712–1768).
Werke:
- De calore animalium (s. Braun 1768) **II 10A**. M5 64$_1$

Braun, Alexander Heinrich (1805–1877). Prof. der Botanik in Karlsruhe, Freiburg, Gießen und Berlin
Werke:
- Vergleichende Untersuchung über die Ordnung der Schuppen an den Tannenzapfen (s. Braun 1831) **I 10**. 342$_{23-30}$ (Aufsatz).$_{27-30}$

Braune Urspr. Lesefehler *s. Baumer, Johann Wilhelm*

Bray, Franz Gabriel Graf (1765–1832). Diplomat, Botaniker, Übersetzer
Werke:
- Essai d'un exposé geognostico-botanique de la flore du monde primitif (Übers., s. Sternberg / Bray 1820–1826)

Bréauté, Eléonore Suzanne Nell de (1794–1855). Physiker, Mathematiker, Meteorologe; Mitarbeiter der Wetterstation in Dieppe, 1854 Mitglied der Académie des Sciences
I 11. 240$_{25}$
II 2. M6.2 39$_{29}$

Werke:
- Météorologie (s. Bréauté 1825) **II 2**. M6.2 39$_{29}$–40$_{35}$

Bréguet, Abraham Louis (1747–1823). Franz. Mechaniker und Mathematiker
II 5B. M94 260$_9$ (Uhrmeisters)

Breinl, Karl von (seit 1835 B. von Wallerstein) (fl. 1823). Kreishauptmann von Pilsen
I 2. 226$_{14}$ **I 8**. 259$_{12}$
II 8B. M6 9$_{110(?)}$

Breislak, Scipione (1748–1826). Geologe; Prof. der Physik in Ragusa, später in Rom, zuletzt Direktor der Alaunfabrik in der Solfatara bei Neapel
I 2. 276$_{5Z.14Z.27Z.}$297$_{11M.22M.}$
298$_{4M.16M.}$299$_{11M.}$300$_{15M.26M.28M.}$
301$_{1M}$
Werke:
- Atlas géologique (s. Breislak 1818a) **I 2**. 260$_{TA.6-7.}$265$_{28}$. 266$_{5-6.}$299$_{9M}$ **I 8**. 367$_{36-37.50-51TA.}$ 370$_{44-45.57}$ **II 8B**. M39 66$_{59-61}$
- Institutions géologique (s. Breislak 1818b) **I 2**. 302$_{4M}$ **II 8B**. M15 24$_{7-9}$M39 64–72
- Lehrbuch der Geologie (s. Breislak 1819–1821) **I 2**. 302$_{4M.24M}$ **II 8B**. M15 24$_{11}$ 39 68$_{142-145.162}$ 72 108$_{79}$

Breithaupt, August (1791–1873). Werner-Schüler; seit 1813 Lehrer, seit 1826 Prof. der Mineralogie in Freiberg
Werke:
- Handbuch der Mineralogie (Koautor, s. Hoffmann / Breithaupt 1811–1816)

Breunlin, Christian Matthaeus Theodor (1752–1800). Aus Hirrlingen, Student in Tübingen
Werke:
- Dissertatio physica de iride (Resp., s. Kies 1772)

Brewster, David (1781–1868). Schott. Physiker; 1808 Mitglied der Royal Society of Edinburgh und seit 1831 deren Vizepräsident,

1815 Mitglied der Royal Society of London, konsequenter Anhänger einer Korpuskulartheorie des Lichts
I 8. 14₃₀,₄₀₋₄₁,₄₅.96₁₄ **I 11.** 286₃₄ **II 5B.** M*40* 147₁₇ *43* 160₂₉ *61* 194₁₂,₁₈,₂₁
Werke:
- Ueber die Verschluckung des Lichts (s. Brewster 1820) **II 5B.** M*61* 194₁₋195₃₈.195₄₄₋₄₈

Briganti, Filippo (1725–1804). Ital. Wissenschaftler und Schriftsteller
Werke:
- Esame economico del sistema civile (s. Briganti 1770) **II 9B.** M*33* 34₁₀₉₋₁₁₀

Brisson, Mathurin Jacques (1723–1806). Naturforscher. Physiker
I 3. 82₃₁z.479₃₇M

Brocchi, Giambattista (Giovanni Battista) (1772–1826). Geologe: Prof. der Naturgeschichte in Brescia. 1809 Inspektor des Bergamts in Mailand. 1821 in Diensten des Vizekönigs von Ägypten
II 8B. M*72* 110₁₄₈
Werke:
- Conchiologia fossile subapennina (s. Brocchi 1814) **I 2.** 108₀₋₃₂M. 122₃₁₋₃₂z **II 8A.** M*96* 127–128
- Mineralogische Abhandlung (s. Brocchi 1817) **I 2.** 100₂₇₋₃₅M. 101₁₋102₆M.102₇₋₁₅M,₁₇₋₁₉M.107₁₈z **II 8A.** M*87* 115 SS 117M*90* 118–119M*91* 119–120

Brochant de Villiers, André François Marie (1772–1840). Franz. Mineraloge und Geologe: Prof. der Mineralogie, École des Mines. Paris
II 8B. M*72* 110₁₅₃
Werke:
- Dictionnaire des sciences naturelles (s. Brochant de Villiers 1816–1845) **I 2.** 392₁₂₋₁₃M **II 8B.** M*63* 99₁₋₂

Brongniart, Alexandre (1770–1847). Prof. der Mineralogie. Musée d'Histoire Naturelle. Paris
II 8B. M*72* 107₆₅

Werke:
- Nosian et Nosin (s. Brongniart 1825) **I 2.** 392₁₂₋₁₃M **II 8B.** M*63* 99₂

Bronn, Heinrich Georg (1800–1862). Paläontologe und Zoologe in Heidelberg
Werke:
- De formis plantarum leguminosarum (s. Bronn 1822) **II 10B.** M*22.2* 75

Brookes, Joshua (1761–1833). Anatom in London
I 10. 223₃₀

Brookes, Samuel
Werke:
- Anleitung zu dem Studium der Conchylienlehre (s. Brookes 1823) **I 9.** 293₃₂₋₃₅

Brösigke, Johann Friedrich Leberecht von (geb. 1765). Inspektor in Marienbad. 1821 und 1822 Goethes Quartierwirt im Palais Klebelsberg: Großvater von Ulrike von Levetzow
I 2. 224₂.226₁₇₋₁₈ **I 8.** 255₂₂.259₁₅
- seine Familie (und die seiner Tochter Amalie Theodore Caroline von Levetzow) **I 2.** 207₃₀z (Familie)

Brotbeck, David (1669–1737).
Werke:
- Schematismi colorum, infuso ligni nephritici propriorum (Resp., s. Camerarius 1689)

Brougham (Brougham and Vaux), Henry Peter (seit 1830:) Lord (1778–1868). Brit. Advokat und Politiker. Naturforscher: seit 1808 Mitglied der Royal Society. 1830 Lord Chancellor von Großbritannien
Werke:
- Experiments and observations on light (s. Brougham 1796) **I 3.** 493₃₂M **II 6.** M*73* 112₇₆ *134* 267₁₁

Brown, Robert (1773–1858). Schott. Botaniker, nahm von 1801 bis 1805 an der Expedition von M. Flinders nach Australien (damals Neuholland) teil

I 9. 304₁₆ I 10. 306₁₄.308₂₀–309₃
Werke:
- An account of a new genus of plants (s. Brown 1821) I 9. 325₁₇₋₁₈ I 10. 308₂₇
- Vermischte botanische Schriften (s. Brown 1825–1830) I 10. 303₁₃ II 10B. M22.6 78₁₀₋₁₁

Bruce, Thomas, VII. of Elgin und XI. Earl of Kincardine (1766–1841). Engl. Peer und Diplomat; als Gesandter beim Sultan des Osmanischen Reiches (ab 1799) führte er ohne Erlaubnis Marmorskulpturen des Athener Parthenon, die sog. Elgin-Marble, nach England aus
I 9. 315₁₉₋₃₇

Bruchausen, Anton (1735–1815). Domkapitular in Münster. Prof. der Naturgeschichte an der Universität Mainz
Werke:
- Anweisung zur Physik (s. Bruchausen 1790) I 6. 350₃₄₋₃₅ II 6. M71 106₅₃₄₋₅₃₆ 72 110₄₇

Brucker, Johann Jakob (1696–1770). Theologe, Pädagoge, Philosophiehistoriker; Rektor in Kaufbeuren, 1744 Pfarrer in Augsburg
Werke:
- Historia critica philosophiae (s. Brucker 1742–1744) I 9. 90₈₋₉

Brückmann (Brukmann), Franz Ernst (1697–1753). Naturaliensammler und Naturforscher; Mediziner in Wolfenbüttel und Braunschweig, seit 1747 Mitglied des Collegium Medicum in Braunschweig
Werke:
- Magnalia Dei in locis subterraneis (s. Brückmann 1727–1734) I 2. 419₂₈M II 7. M36 58₄

Brückmann, Urban Friedrich Benedikt (1728–1812). Mineraloge und herzogl. Leibarzt in Braunschweig
I 1. 321₃₅Z
- Edelsteinsammlung I 2. 251₁₀₋₁₁Z(?)

Werke:
- Abhandlung von Edelsteinen (s. Brückmann 1757) II 7. M45 75₃₀₉₋₃₁₀

Brugnone, Giovanni (1741–1818). Aus Ricaldone (Alessandria), medizin. und chirurg. Ausbildung, veterinärmedizin. Untersuchungen
Werke:
- Werk von der Zucht der Pferde (s. Brugnone 1790) II 10A. M62 140–141

Brühl, Karl Friedrich Moritz Paul Graf (1772–1837). Preußischer Kammerherr, Offizier, Schauspieler; von 1815–28 Generalintendant der Königl. Schauspiele in Berlin
I 2. 363₂₇Z

Brun, Augustine Savoyardin in London
I 10. 370₂₅

Brünnich (Brünich), Morten Thrane (1737–1827). Prof. der Naturgeschichte in Kopenhagen
Werke:
- Cronstedts Versuch einer Mineralogie. Vermehret durch Brünnich (Hrsg. und Übers., s. Cronstedt / Brünnich 1770)
- Mineralogie (s. Brünnich 1781) I 2. 164₂₆ I 8. 158₁

Bruno, Giordano (gen. Il Nolano, Der Nolaner; eigentl. Filippo Bruno) (1548–1600). Dominikaner, Philosoph, Dichter; Kritiker kirchlicher Lehrinhalte, von der Inquisition als Ketzer verbrannt
II 1A. M1 3₂₈
Werke:
- De la causa, principio et uno (s. Bruno 1584) II 1A. M1 4₃₂₋₃₆.₄₁.₄₇₋₄₉ (Dial. V.)

Brydone, Patrick (1740–1818). Engl. Naturforscher
Werke:
- Reise durch Sicilien und Malta (s. Brydone 1774) I 1. 159₁₂Z

Buch, Johann Jakob Casimir (1778–1851). Arzt und Mineraloge in Frankfurt a. M
I 2. 65$_{18Z}$

Buch, Christian *Leopold* von (1774–1853). Preußischer Kammerherr. Geologe, Mineraloge und Forschungsreisender; seit 1797 Reisen durch Westeuropa und auf die Kanarischen Inseln; Begründer einer neuen Geologie, die die neptunistische Geognosie A. Werners ablöst; seit 1806 Mitglied der Preußischen Akademie der Wissenschaften
I 2. 171$_4$.207$_{23Z.34Z}$.239$_{33-34M}$ (Reisender).248$_{11M}$ (Ultra-Vulkanist). 250$_{27Z}$.267$_{12M}$ (Geolog).383$_{28Z.31-32}$. 384$_{7Z}$.390$_{13}$ (Männer) I 8. 164$_{16}$ I 11. 102$_3$.320$_{11-12}$ (Männer) II 8B. M *19* 27$_{15}$–28$_{25}$
Werke:
- Ischia (s. Buch 1809) I 2. 300$_{10M}$ II 8B. M *39* 66$_{93}$
- Physicalische Beschreibung der Canarischen Inseln (s. Buch 1825) II 8B. M *72* 106$_{40}$
- Reise durch Norwegen und Lappland (s. Buch 1810) II 8A. M *27* 46 *61* 89$_{33-34}$
- Resultate der neuesten geognostischen Forschungen (s. Buch 1824) II 8B. M *72* 106$_{37-38}$
- Über den Dolomit in Tirol (s. Buch 1822) I 2. 239$_{33M}$ II 8B. M *30* 49$_{22}$
- Ueber die Ursache der Verbreitung großer Alpengeschiebe (s. Buch 1815) I 2. 383$_{24-25Z}$
- Versuch einer mineralogischen Beschreibung von Landeck (s. Buch 1797) II 8B. M *72* 111$_{190-191}$
- Von den geognostischen Verhältnissen des Trapp-Porphyrs (s. Buch 1813) II 8A. M *122* 160$_{7-10}$

Buchholz, Wilhelm Heinrich Sebastian (1734–1798). Naturforscher, Apotheker und Arzt in Weimar; seit 1773 Besitzer der Hofapotheke in Weimar. 1777 Hofmedikus und Amtsphysikus. 1782 Bergrat
I 9. 15$_{22.29.36}$ I 10. 322$_{13-33}$.323$_{8.14}$ I 11. 219$_6$
II 7. M *34* 57 *35* 58$_2$ II 10B. M *23.3* 94$_4$

Büchner (erw. 1822). Gutsherr (?) zu Bardenitz bei Treuenbrietzen
Werke:
- Ein sehr schönes Naturschauspiel (s. Büchner 1822) II 5B. M *86* 245$_1$–246$_{24}$ SS 250$_{20-22}$

Buchner, August (1591–1661). Altphilologe, Dichter, Rhetoriker, Literaturtheoretiker
II 1A. M *1* 6$_{140}$
Werke:
- Epistolarum (Komment., s. Plinius minor 1644)

Buckland, William (1784–1795). Prof. der Geologie in Oxford
II 8B. M *72* 109$_{115}$

Buffon, George Louis Leclerc Comte de (1707–1788). Franz. Naturforscher; seit 1739 Intendant des Jardin des Plantes in Paris; Verfasser der „Histoire Naturelle générale et particulière" (1749–1789)
I 3. 370$_{7M}$.480$_{4M}$ I 4. 25$_{16}$ I 6. 306$_{27}$.336$_4$.357$_{13}$.360$_3$.377$_2$ I 8. 207$_{24}$ I 9. 12$_{14}$.201$_{20}$ I 10. 382$_{34}$–384$_{20}$.384$_{26}$ (Männern).$_{30}$. 385$_{13}$ (Männer) II 4. M *6* 6$_{17-18}$ II 6. M *92* 193$_{70}$ *132* 258$_8$ II 9A. M *144* 232$_{24}$ II 10B. M *25.1* 133$_{205}$ *25.2* 139$_{30}$ *25.10* 154$_{106}$
Werke:
- Histoire naturelle générale et particulière (s. Buffon 1749–1804) I 2. 420$_{5-6M}$ I 8. 198$_{11-14}$ I 9. 121$_6$. 199$_{12}$ I 10. 421.382$_{35}$–383$_5$.383$_{21-31}$ (Band).384$_{29}$.385$_2$(*).$_{22}$.386$_{1-8}$. 400$_{0-9}$ II 7. M *36* 58$_{12}$ II 8B. M *72* 106$_{14-15}$ II 9A. M *9* 24$_{18-19}$ (Daubenton) *100* 149$_{13.28}$ *101* 153$_{4.18}$ *102* 154$_1$ *106* 157$_{23}$ (Daubenton) II 10A. M *41* 104$_{28}$ *61* 140

- Sur les couleurs accidentelles
(s. Buffon 1743) **I 3**. 85$_{37Z}$.87$_{22Z}$.
335$_{14M}$.474$_{21M}$.480$_{5M}$ (Mem. acad.
1743) **I 6**. 388$_{32-33}$ **II 3**, M*33*
21$_{14-19}$ **II 6**, M*110* 211$_{1-7}$ *126* 254
136 274$_{107-110}$

Bühler (Büchler), Karl Heinrich von
I 1, 286$_{10Z}$

Bullialdus (Boulliau), Ismaël
(1605–1694). Franz. Physiker. Astronom, Priester und Bibliothekar
Werke:
- De natura lucis (s. Boulliau 1638)
II 6. M*4* 7$_{29}$ *59* 77$_{62}$ *135* 269$_{29}$

Bürde, Friedrich Leopold (1792–1849). Kupferstecher und Lithograph; Prof. an der Berliner Akademie, spezialisiert auf Jagd- und Schlachtszenen sowie Abbildungen von Pferden
I 9, 369$_4$.371$_{1,24-25,29-30,39}$.372$_4$.
373$_{6,8,15,31}$
Werke:
- Abbildungen vorzüglicher Pferde
(s. Bürde 1821–1823) **I 9**, 369$_{1-6}$.
371$_{7,36}$.371$_1$–372$_5$.372$_2$.373$_{4-34}$
II 10A. M*64* 144$_{13}$

Bürja (Burja), Abel (1752–1816).
Mathematiker und Physiker; Prof. der Mathematik an der Académie militaire in Berlin und Mitglied der Akademie der Wissenschaften
II 5B. M*114* 335$_{202}$

Burke, William (1792–1829). Irischer Arbeiter, Anführer einer Bande von Leichenräubern (Resurrectionisten) in London
I 10, 369$_8$.370$_{38}$

Bürkli, Johann Heinrich (1760–1821). Hauptmann, Hrsg. der Zürcher Zeitung (Freitags-Zeitung), Mitglied des Großen Rates in Zürich
I 1, 267$_{11Z}$

Burnett, Gilbert Thomas (1800–1835). Engl. Mediziner und Botaniker in London
Werke:
- Sur la métamorphose végétale
(s. Burnett 1830) **I 10**. 312$_{30-35}$

- [Zusammenfassung eines Vortrags über die Pflanzen-Metamorphose]
(s. Burnett 1829) **I 10**. 312$_{29-35}$

Bury, Friedrich (1763–1823). Maler; Schüler von J. H. W. Tischbein, Begegnung mit Goethe in Italien, 1800 in Weimar; später in Dresden und Berlin
I 9, 80$_6$

Büsch, Johann Georg (1728–1800).
Pädagoge, Publizist und Volkswirt; seit 1754 Prof. der Mathematik am Hamburger akademischen Gymnasium, ab 1772 Leiter der Hamburger Handelsakademie
I 3. 370$_{14M}$ **I 4**. 58$_7$
Werke:
- Tractatus duo optici argumenti
(s. Büsch 1783) **I 3**. 370$_{14-16M(?)}$
II 6. M*73* 113$_{118}$–114$_{128}$ *136*
271$_{23}$

Büsching, Anton Friedrich (1724–1793). Seit 1754 Prof. der Philosophie in Göttingen, ab 1766 Oberkonsistorialrat und Gymnasialdirektor in Berlin
II 8B. M*75* 127$_{12}$
Werke:
- Neue Erdbeschreibung (s. Büsching 1754–1792) **II 8A**, M*74* 103$_9$
- Neue Landcharte (s. Büsching 1784) **I 1**. 85$_{TA}$

Busse, Friedrich Gottlieb (seit 1811:) von (1756–1835). Mathematiker; 1779 Prof. am Philanthropinum in Dessau, seit 1801 Prof. an der Bergakademie in Freiberg (Sachsen), 1812 Kurgast in Karlsbad
I 2, 4$_{8Z}$

Büttner Oberverwalter in Joachimsthal
II 7, M*71* 154$_7$

Büttner, Christian Wilhelm (1716–1801). Dt. Natur- und Sprachforscher, Polyhistor; 1758–1782 Prof. in Göttingen, seit 1783 Privatgelehrter mit seiner Bibliothek in Jena

I 3. $359_{16M}.363_{4M}.389_{28M}$ **I 6.** $418_{14.33-36.37}.419_{7.24-25}$ **I 8.** $184_{12}.213_{15-20}$ **I 9.** 19_{10-28} **I 10.** $326_{32}-327_{14}$ **II 9A.** M*100* 148₇ **II 10B.** M*23.3* 95₂₇
- Bibliothek **I 1.** 285₆ **I 9.** 19_{10-15} **I 10.** $292_{34}.326_{34-38}$ **I 11.** 54₁₅
- Botanisches Schema nach Familien **I 9.** 19_{23-28} **I 10.** 327_{5-14}

Cacherano di Bricherasia, Giovanni Francesco Maria (1736–1812). Ital. Schriftsteller
Werke:
- De' mezzi per introdurre ed assicurare stabilmente la coltivazione e la popolazione nell' agro romano (s. Cacherano 1785) **II 9B.** M*33* 31_{20-24}

Caesalpinus s. Cesalpino, Andrea *(Caesalpinus, Andreas)*

Caesar (Cäsar), Gaius Julius (100–44 v. Chr.). Röm. Feldherr, Staatsmann und Schriftsteller
I 6. 81₃.115₂₃

Cagnati, Marsilio (1543–1601). Arzt, aus Verona, ab 1587 Mitglied des Medizinalkollegiums in Rom
Werke:
- De romani aeris salubritate commentarius (s. Cagnati 1599) **II 9B.** M*33* 32_{35-36} (Castagnatus)(?)

Calandrini, Jean Louis (Johannes Ludovicus) (1703–1758). Genfer Physiker und Mathematiker: 1734–50 Prof. der Philosophie, 1750 Mitglied des Genfer Kl. Rats, 1752 Seckelmeister, 1757 Syndic.: umfangreiche Fußnotenbeiträge zur Genfer Ausgabe der „Principia" Isaac Newtons (1739–1742)
Werke:
- Disquisitio de coloribus (Resp., s. Gautier 1722)

Calau, Benjamin (1724–1785). Berliner Hofmaler
I 6. 356₂₃
Werke:
- Ausführlicher Bericht, wie das punische oder eleodorische Wachs aufzulösen ist (s. Calau 1769) **I 6.** 356₂₉

Calderón de la Barca, Pedro (1600–1681). Span. Dramatiker
Werke:
- Die große Zenobia (s. Calderón de la Barca 1625) **I 8.** 301₃₄

Calid (eigentl. Khalid ibn Jazid) (2. Hälfte 7. Jh.). Omaijadenprinz, der aber nie Kalif wurde: soll in Alexandria einen Kreis von alchimistischen Gelehrten um sich versammelt haben
I 6. $131_{12.14.22}.132_{20}$

Calidasa (Kalidasa) (um 400). Ind. Dichter der klassischen Zeit
Werke:
- The Mégha dúta or cloud messenger (s. Calidasa 1814) **I 8.** 238₂₃. 239₂₀ **I 11.** 195₂₁ **II 2.** M22₂₇ *5.2* 23₅₀ **II 10A.** M*1* 3₇₋₉

Camerarius, Rudolf Jacob (1665–1721). Botaniker, Arzt
Werke:
- Schematismi colorum, infuso ligni nephritici propriorum (s. Camerarius 1689) **II 6.** M*135* 270₄₆

Campanella, Thomas (1568–1639). Theologe und Philosoph
Werke:
- De sensu rerum (s. Campanella 1620) **I 9.** 89_{23-26} **I 8.** 66_{3-6}

Camper, Petrus (Peter) (1722–1789). Holländ. Arzt und Anatom aus Leiden; Prof. der Medizin in Franeker, Amsterdam und Groningen, seit 1773 Privatgelehrter auf Gut Klein-Lankum. Mit Goethe in Kontroverse über den Zwischenkieferknochen
I 9. $12_{14.18}.160_{25}.171_{32.34}.$ $201_{20}.312_{30.40}$ **I 10.** $62_{28}.223_{28}.$ $386_{33}-387_{13}.387_{26}.389_{18-26}.$ $390_{11-36}.391_{3}$
II 9A. M*100* 149₂₃ *141* 229_{10-13}
II 9B. M*46* 50₄ **II 10B.** M*25.1* 132₁₆₅ *25.2* 139₃₂.140₃₇
- Zeichnungen und Zeichenmethode **II 9A.** M*2* 13₂₂₃

Werke:
- Deux discours sur les analoguies (s. Camper 1778) **I 9**. 198$_{14}$
- Epistola ad Albinum (s. Camper 1767) **I 9**. 312$_{15}$
- Oratio de analogia inter animalia et stirpes (s. Camper 1764) **I 9**. 129$_{23}$.198$_5$
- Sämmtliche kleinere Schriften die Arzney-, Wundarzneykunst und Naturgeschichte betreffend (s. Camper 1784–1790) **I 9**, 154$_{TA}$ **II 9A**. M*2* 8$_{18}$
- Über den natürlichen Unterschied der Gesichtszüge (s. Camper 1792) **II 9A**. M*141* 229$_{5-6}$ (sie)
- Vorlesungen (s. Camper 1793) **II 9A**. M*141* 229$_{1-9}$ *142* 230

Cancrin, Jegor (Georg) Franzowitsch Graf (1774–1845). Russ. Finanzminister
II 8B. M*74* 125–126 S*5* 139$_{40}$

Candolle, Augustin Pyramus de (1778–1841). Botaniker aus Genf; in Paris von Lamarck mit der Herausgabe der 3. Aufl. der „Flore française" betraut, seit 1816 Prof. der Naturgeschichte in Genf
I 10. 292$_{30}$.309$_{5,10}$.315$_{5,32}$ (Meister).316$_{22-23,29}$.317$_4$ (Mann)
II 10B. M*21.9* 70$_{85}$ *25.4* 145$_{61}$
Werke:
- Flore française (Koautor, s. Lamarck / Candolle 1815)
- Icones plantarum Galliae rariorum (s. Candolle / Turpin 1808) **II 10B**. M*22.11* 85$_{5-6}$
- Organographie végétale (s. Candolle 1827) **I 10**, 241$_1$–248$_{12}$.284$_{10-17}$. 285$_{5-10}$.295$_{26-30}$.296$_{7-12}$.309$_{4-24}$. 310$_{35-36}$ **II 10B**. M*10* 29–31 *21.9* 69$_{52-53}$ *21.12* 73$_1$ *22.13* 87$_{26-27}$
- Théorie élémentaire de la botanique (s. Candolle 1813) **I 10**. 243$_{35}$.257$_{17-27}$.309$_{15-16}$ **II 10B**. M*21.6* 66 *22.2* 75$_6$ *22.3* 76$_{2-4}$
- Versuch über die Arzneikräfte der Pflanzen (s. Candolle 1818) **II 10A**, M*2.9* 13$_{14}$ *2.14* 20$_{14}$

- Von dem Gesetzlichen der Pflanzenbildung (bearbeitet, s. Goethe – Von dem Gesetzlichen der Pflanzenbildung)

Canova, Antonio (1757–1822). Ital. Bildhauer, berühmt für seine Marmorstatuen
I 2. 334$_{15}$ **I 11**. 237$_5$

Cantian, Johann Gottlieb Christian (1794–1866). Bauinspektor in Berlin
I 2. 375$_{28}$ **I 11**. 297$_{20}$
II 8B. M*69* 102$_{10}$–103$_{23}$

Canton, John (Jean) (1718–1772). Engl. Astronom und Physiker
I 7, 26$_{16}$

Caracciolo, Marchese Domenico (1715–1789). Neapolitanischer Staatsmann
Werke:
- Riflessioni su l'economia e l'estrazione de' frumenti della Sicilia (s. Caracciolo 1785) **I 1**. 164$_{28Z}$

Caraffa Kürassierregiment
I 1. 294$_{22M}$
II 8B. M *7* 11$_{38}$

Caravaggio (eigentl. Michelangelo Merisi da Caravaggio) (1571–1610). Ital. Maler
I 4, 253$_{34}$ **I 6**. 60$_9$.228$_{17,36}$.229$_4$

Cardano, Girolamo (Geronimo) (Cardanus, Hieronymus) (1501–1576). Ital. Arzt, Physiker und Mathematiker; 1534 Prof. der Mathematik in Mailand, 1562–1570 Prof. der Medizin in Pavia und Bologna
I 3, 493$_{25M}$ **I 6**. 136$_{10,12}$.137$_{9,26,33}$. 150$_{32}$.166$_5$ **I 7**. 11$_{19}$
II 6. M*39* 47$_2$ *38* 47$_{27}$ *65* 88$_{153}$
Werke:
- De propria vita liber (s. Cardanus 1643) **I 6**, 136$_{27}$
- De subtilitate (s. Cardanus 1554) **I 6**, 125$_{18-19}$.165$_{12}$ **II 6**. M*65* 87$_{114}$ *132* 258$_3$

Cardi, Lodovico (gen. Cigoli) (1556/59–1613). Ital. Maler und Architekt
I 6. 227$_{36}$

Carl August s. *Sachsen-Weimar und Eisenach, Karl August Herzog von*
Carracci, Agostino (1557–1602). Ital. Maler: gründete mit seinen Brüdern eine Kunstakademie in Bologna
I 6. 228₁₁,₃₆
Carracci, Annibale (1560–1609). Ital. Maler: gründete mit seinen Brüdern eine Kunstakademie in Bologna
I 6. 228₁₁,₃₆
Carracci, Ludovico (1555–1619). Ital. Maler: gründete mit seinen Brüdern eine Kunstakademie in Bologna
I 6. 228₁₁,₃₆
Carraciola s. *Caracciolo, Marchese Domenico*
Cartheuser, Johann Friedrich (1704–1777). Chemiker. Arzt. Pharmazeut
II 7. M*45* 75₂₈₆
Carus, Carl Gustav (1789–1869). Arzt. Naturforscher. Landschaftsmaler: 1811 Arzt in Leipzig, 1812 Privatdozent, 1814 Prof. an der Chirurg.-Medizin. Akademie und Direktor der Entbindungsanstalt in Dresden, 1827 königl. Leibarzt. Hof- und Medizinalrat
I 9. 186₁ (Männer).253₂₄. 288₃–294₄.294₁₀ I 10. 237₁₄.403₇ I 11. 185₂₄.365₁₇
II 5B. M*106* 311₁₇–₁₈ (Freunden)
II 10A. M2.7 12₂ 2.8 12₂ *50* 111₅ *57* 116₆₆–₆₉ II 10B. M*6* 24 *25.2* 140₆₀
- Korrespondenz 1821 II 10B. M*35* 162₅₄
Werke:
- Beitrag zur Geschichte der [...] Schimmel- oder Algengattungen (s. Carus 1823) I 10. 237₁₂–₁₄,₂₉–₃₀
- Dr. Carus: Von den Ur-Teilen des Schalen- und Knochen-Gerüstes (s. Carus 1822) I 9, 252–253 I 9, 288₄
- Erläuterungstafeln zur vergleichenden Anatomie (s. Carus 1826–1855) I 9. 293₃₉–₄₀ II 10B. M*25.9* 150₂₂–₂₄
- Grundzüge allgemeiner Naturbetrachtung (s. Carus 1824) I 9, 333₁–338₂₅ I 9, 339₃ II 10A. M*64* 144₈
- Lehrbuch der Zootomie (s. Carus 1818) I 9. 294₁
- Urform der Schalen kopfloser und bauchfüßiger Weichtiere (s. Carus 1823) I 9, 288–294
- Von den Ur-Theilen des Schalen- und Knochen-Gerüstes (s. Carus 1828) I 9. 252₃.252₁–253₂₃. 253₂₄–₂₈.333₁–338₂₅.357₂₈–₃₂
Manuskripte:
- Farberzeugung durch Dämpfung des Lichts II 5B, M*105* 309₁–₃₉
Carvalho e Sampayo, Diego (Diogo) de (18. / 19. Jh.). Portugies. Gesandter in Madrid und Komtur des Malteserordens
I 6. 381₇,₁₀,₃₂.385₁₀.394₃₇ I 7, 15₃₈ II 6. M*114* 216₂₆
Werke:
- Memoria sobre a formação natural das cores (s. Carvalho e Sampayo 1791) I 6. 381₉.385₂₉ II 6. M*124* 238–253
- Dissertação, sobre as cores primitivas (s. Carvalho e Sampayo 1788) I 6. 381₅–₇ II 6. M*124* 241₁₀₅–₁₀₉.242₁₂₇–₁₄₃ M*124* 242₁₅₇–243₁₆₉
- Elementos de agricultura (s. Carvalho e Sampayo 1790) I 6. 381₈ II 6. M*124* 245₂₃₀–₂₃₂
- Tratado das cores (s. Carvalho e Sampayo 1787) I 6. 381₃–₄ II 6. M*124* 238₁₀–₁₇.241₉₄–₁₀₂
Caschubius (Kaschube), Johann Wenzeslaus (†um 1727). Mathematiker in Jena
I 6. 345₂₂–₂₃
Werke:
- Elementa physicae mechanico-perceptivae (s. Kaschube 1718) II 6. M*71* 92₁₆ M*71* 92₄₅–93₇₈ *72* 109₁₂ *74* 115₁₅

Caspar Bürger in Karlsbad
I 1, 297$_{9M}$
II 8B, M 7 13$_{123}$
Cassan, Jean Jacques Joseph Auguste Laurent (1767). Arzt in den franz. Kolonien, später in Paris
Werke:
- Meteorologische Beobachtungen (s. Cassan 1791) **II 2**, M *13.1* 218$_{1-3}$ **II 9A**, M *111* 168$_{25-27}$ *163* 255$_{65-68}$
- Über die Einwirkung heißer Klimaten auf den thierischen Körper (s. Cassan 1807) **II 2**, M *13.1* 218$_{4-5}$ **II 9A**, M *111* 168$_{28-29}$ (Ebendesselben)

Cassebohm, Johann Friedrich (um 1700–1743). Anatom in Halle a. S. und Berlin
Werke:
- Tractatus quatuor anatomici de aure humana (s. Cassebohm 1734) **II 9A**, M *137* 221$_{74-90}$

Cassel, Franz Peter (1783–1821). Prof. der Medizin in Genf
Werke:
- Versuch über die natürlichen Familien der Pflanzen (s. Cassel 1810) **II 10B**, M *22.2* 75$_{17}$

Casserius, Julius (Casserio, Giulio) (1545–1605). Ital. Anatom; Prof. in Padua
Werke:
- De vocis auditusque organis historia anatomica (s. Casserius 1600) **II 9A**, M *137* 222$_{95}$

Cassianus Bassus (um 600). Antiker Schriftsteller; kompilierte Literatur zum Thema Landwirtschaft
Werke:
- Geoponica (s. Cassianus. Geop) **II 10A**, M *41* 104$_{23}$

Cassini, Jacques (1677–1756).
Werke:
- Theses mathematicae de optica (s. Cassini / Cassini 1691) **II 6**, M *135* 270$_{48}$

Cassini, Jean-Baptiste Bruder von Jacques Cassini

Werke:
- Theses mathematicae de optica (Koautor, s. Cassini / Cassini 1691)

Castel, Louis Bertrand (1688–1757). Franz. Jesuit, Mathematiker und Gegner von Newtons Farbenlehre
I 3, 230$_{12}$ (Franzosen).344$_{28M}$. 381$_{8M}$.400$_{6M}$.493$_{20M}$ **I 4**, 214$_{33}$. 227$_{29}$ **I 6**, 321$_{28,32}$.328$_{21}$.329$_{28}$. 335$_{32}$.349$_{1,3}$.352$_{31}$ **I 7**, 14$_{6}$
II 6, M *71* 98$_{248}$ 77 141$_{460}$ *91* 190$_{16}$ *92* 192$_{58}$ *99* 198$_{9}$ M *101* 199$_{2}$–200$_{58}$ *133* 262$_{132}$ *134* 268$_{28-29}$
Werke:
- Clavecin pour les yeux (s. Castel 1725) **II 6**, M *101* 199$_{2-3}$
- L'optique des couleurs (s. Castel 1740) **I 3**, 399$_{18-19M}$.490$_{28Z}$ **I 6**, 322$_{4}$.328$_{1-4}$ **II 6**, M *74* 116$_{51}$ M *100* 198–199 *101* 199$_{6-8}$ *133* 262$_{111-122}$
- Lettre D. P. C. A. M. L. P. D. M. (s. Castel 1739) **II 6**, M *101* 199$_{20-23}$
- Lettre du Père Castel, a M. Rondet (s. Castel 1755) **II 6**, M *101* 200$_{40-49}$

Castelli, Gabriele Lancelotto Principe di Torremuzza (1727–1794). Sizilianischer Numismatiker und Archäologe
I 1, 159$_{27Z.27}$
II 9A, M *30* 44$_{7}$

Catilina, Lucius Sergius (um 108–62 v. Chr.). Röm. Politiker, bekannt durch eine von ihm initiierte Verschwörung im Jahre 63 v. Chr.
I 6, 112$_{24}$
II 6, M *41* 50$_{60}$

Cato Censorius, Marcus Porcius (gen. Cato der Ältere) (234–149 v. Chr.). Röm. Feldherr, Geschichtsschreiber, Schriftsteller und Staatsmann
I 9, 266$_{13}$
II 9B, M *33* 31$_{4}$

Catteau-Calleville, Jean Pierre Guillaume (1759–1819). Geschichtsforscher und Geograph
Werke:
- Tableau de la Mer Baltique (s. Catteau-Callville 1812) **II 8B**, M 75 127

Catull (eigentl. Gaius Valerius Catullus) (um 84–54 v. Chr.). Röm. Dichter
I 6, 113[6].120[17]
II 6, M*41* 51[96]

Cauchoix, Robert Aglaé (1776–1845). Franz. Optiker und Instrumentenmacher
II 5B, M*114* 335[180]

Cavallo, Tiberio (Tiberius) (1749–1809). Physiker
II 1A, M*17* 150[56]

Cavendish Bentinck, Margaret, Duchess of Portland (geb. Harley) (1715–1785). Brit. Botanikerin, Naturforscherin, berühmt durch ihre große Naturaliensammlung (Portland-Museum)
I 10, 328[4-5]

Cellini, Benvenuto (1500–1571). Ital. Goldschmied und Bildhauer; Goethe übersetzte seine Autobiographie (WA I 43/44)
I 6, 136[26.27-28]
Werke:
- Leben des Benvenuto Cellini (bearbeitet, s. Goethe – Leben des Benvenuto Cellini)
- Vita di Benvenuto Cellini (s. Cellini [1728]) **I 6**, 136[27]

Celsius, Anders (1701–1744). Astronom, Mathematiker, Physiker; 1730 Prof. in Uppsala
II 1A, M*44* 232[381]

Cesalpino, Andrea (Caesalpinus, Andreas) (um 1519–1603). Ital. Philosoph, Botaniker und Mediziner; Direktor des Botan. Gartens in Pisa
Werke:
- De metallicis libri tres (s. Cesalpino 1596) **II 7**, M*45* 75[307]

Cesi, Bernardo (Caesius, Bernardus) (1581–1630).
Werke:
- Mineralogia (s. Cesi 1636) **II 7**, M*45* 75[308]

Chabrier, F. Geologe in Montpellier
Werke:
- Conjectures sur la réunion de la lune, à la terre et des satellites en général, à leur planète principale (s. Chabrier 1824) **II 8B**, M 72 105[5-7]
- Dissertation sur le déluge universel (s. Chabrier 1823) **II 8B**, M 72 105[3-5]

Chaldäer Bewohner Babyloniens, die 625–538 v. Chr. den Orient beherrschten; berühmt auch als Sternkundige
II 6, M*23* 27[77]

Chales s. Dechales, Claude-François Milliet

Chaptal, Jean Antoine Claude, Graf von Chanteloup (1756–1832). Franz. Arzt, Chemiker und Politiker; seit 1798 Mitglied des Institut de France
II 5B, M*60* 193[30]
Werke:
- Principes chimiques sur l'art du teinturier-dégraisseur (s. Chaptal 1808) **II 6**, M 73 113[114-117]

Charles, Jacques Alexandre César (1746–1823). Franz. Physiker, seit 1785 Mitglied der Académie des Sciences
Werke:
- Sur les mémoires de M. Hassenfratz, sur la coloration des corps (Koautor, s. Monge / Charles 1808)

Charpentier, Johann Friedrich Wilhelm von (1738–1805). Bergmann, Geologe, Mineraloge; seit 1766 Prof. der Mathematik und Zeichenkunst an der Bergakademie Freiberg, seit 1802 (Ober) Berghauptmann und Leiter des Montanwesens in Sachsen

PERSONEN

I 1. 288$_{25Z}$ **I 2.** 107$_{4Z}$.111$_{10}$.304$_{27M}$. 346$_{24-25.28}$ (Vorfahrs) **I 8.** 412$_{0-7.10}$ (Vorfahrs) **I 11.** 192$_{7}$ **II 7.** M *15* 32$_{49}$ *22* 38 **II 8A.** M *125* 163$_{3}$ **II 8B.** M *39* 70$_{228-229}$
Werke:
- Beobachtungen über die Lagerstätte der Erze (s. Charpentier 1799) **II 7.** M *116* 228–229 **II 8A.** M *79* 108 *92* 120$_{3-5}$
- Mineralogische Geographie (s. Charpentier 1778) **I 1.** 28$_{11M}$ **I 2.** 39$_{22}$.54$_{21-22Z.35Z}$.153$_{36}$.164$_{24}$. 424$_{M}$ **I 8.** 141$_{15}$.157$_{33}$ **II 7.** M *66* 142$_{7-12}$ 77 165$_{7}$ **II 8A.** M *92* 120$_{1-2}$ *94* 125$_{6}$ **II 8B.** M *72* 110$_{169}$

Charpentier, Johann Georg Toussaint von (1786–1855). Sohn von J. F. Ch., Werner-Schüler, Salinendirektor in Bex bei Lausanne, Honorarprof. für Geologie in Lausanne **II 8B.** M *72* 107$_{49-50}$

Châtelet *s. Du Châtelet, Gabrielle Emilie Le Tonnelier de Breteuil, Marquise du*

Chaudon, Louis Mayeul (1737–1817). Benediktiner, Biograph
Werke:
- Nouveau dictionnaire historique (s. Chaudon 1789) **II 6.** M *67* 90

Chauffepié, Jacques George de (1702–1786). Calvinist, Prediger **II 6.** M *61* 81

Chaulnes, Michel Ferdinand d'Albert d'Ailly, Duc de (1714–1769). Pair von Frankreich, Generalleutnant der franz. Armee, Gouverneur der Picardie, Ehrenmitglied der Académie des Sciences zu Paris
Werke:
- Observations sur quelques expériences (s. Chaulnes 1755) **I 3.** 480$_{13M}$

Chaumeton, François Pierre (1775–1819). Mediziner in Paris
Werke:
- Flore médicale (s. Chaumeton / Turpin 1814–1820) **II 10B.** M *22.11* 85$_{11-15}$

Cheselden, William (1688–1752). Engl. Chirurg und Anatom
Werke:
- Osteographia (s. Cheselden 1733) **I 9.** 158$_{34}$ **II 9A.** M *2* 12$_{166}$

Chevallier, Jean-Baptiste Alphonse (1793–1879). Franz. Pharmakologe, Chemiker und Hygieniker
Werke:
- Mémoire sur le houblon (Koautor, s. Payen / Chevallier 1822)

Childerich I. (†481). Frankenkönig **II 10A.** M *62* 141$_{18-19}$

Chimenti da Empoli, Jacopo (um 1554–1640). Ital. Maler **I 6.** 227$_{34}$

Chladni, Ernst Florens Friedrich (1756–1827). Dt. Physiker; bekannt durch seine Arbeiten auf den Gebieten der Akustik und der Meteoritenkunde
I 2. 82$_{14Z}$.348$_{17}$ **I 8.** 111$_{20}$. 122$_{18.22.28}$.413$_{34}$ **I 9.** 65$_{2}$. 347$_{12-13.17-18.21.27.34}$
II 5B. M *15* 64$_{243}$ *53* 178$_{56}$ *147* 407$_{3}$.408$_{18.20-21}$ (er).409$_{82-83}$. 410$_{115-116.129}$.411$_{171}$ M *147* 415–416 **II 10B.** M *1.3* 16$_{146}$
Werke:
- Entdeckungen über die Theorie des Klanges (s. Chladni 1787) **II 5B.** M *100* 290$_{9}$ (Vor-Versuch)
- Über den Ursprung der von Pallas gefundenen und anderer ihr ähnlicher Eisenmassen (s. Chladni 1794) **II 10B.** M *1.3* 13$_{42}$
- Über Feuermeteore und die mit denselben herabgefallenen Massen (s. Chladni 1819) **II 10B.** M *1.3* 13$_{42}$
- Ueber die Nachtheile der Stimmung in ganz reinen Quinten und Quarten (s. Chladni 1826) **II 5B.** M *148* 419

Chotek von Chotkowa und Wognin, Johann Rudolph Graf (1748–1824). Österreich. Staatsmann; seit 1802 Obristburggraf von Böhmen **I 2.** 4$_{19Z}$ (Graf)

Choulant, Ludwig (1791–1861). Arzt und Medizinhistoriker in Altenburg, seit 1821 in Dresden
Werke:
- Anatomisch-physiologisches Realwörterbuch (Hrsg., s. Pierer / Choulant 1816–1829)

Christ, Johann Ludwig (†1813). [Titelblatt:] „erstern Pfarrer zu Cronberg vor der Höhe, der Königl. Churfürstl. Landwirthschaftsgesellschaft zu Zelle Mitglied"
Werke:
- Vom Weinbau (s. Christ 1800) **II 10B**. M 17.1 42_1

Christen, Karl Andreas (erw. 1797). Gemischtwarenhändler in Andermatt (Schweiz)
I 1. 265_{24Z}

Chrysippus (um 280–205 v. Chr.). Aus Soli in Kilikien, kam um 260 nach Athen und wurde 232 als Nachfolger von Kleanthes Haupt der Stoa
I 6. $51_{.3}$

Ciccolini, Ludovico Maria (1767–1854). Astronom
I 11. $278_2.280_{20}$ (Verfasser).282_{24} (römische Freund).283_{17} (Römische Freund).368_{11}
Werke:
- Lettre V. De M. le chevalier Louis Ciccolini (s. Ciccolini 1826) **I 11**. $278_{3-19}.280_{25}-281_{35}$

Cicero, Marcus Tullius (106–43 v. Chr.). Röm. Staatsmann, Rhetor, Philosoph und Schriftsteller
I 6. $112_{24}.116_{40}.119_3$
II 6. M 41 50_{60}
Werke:
- De inventione (s. Cicero, inv.) **I 9**. 274_{10-18}
- De natura deorum (s. Cicero, nat. deor.) **I 6**. 112_{14-15} **II 6**. M 41 50_{48-49}
- Pro Archia poeta (s. Cicero, Arch.) **II 10A**. M $4S$ 109
- Rhetorica ad Herennium (s. Cicero, Rhet. Her.) **I 9**. 274_{23-25}

Cignani, Carlo (1628–1719). Ital. Maler aus der Bologneser Schule
I 6. 233_{26}

Cimabue (eigentl. Cenni di Pepo) (1240–1302). Maler der Vorrenaissance in Florenz
I 6. $220_{3.10.19}$

Clairaut, Alexis Claude (1713–1765). Mathematiker; Mitglied der Académie des Sciences in Paris
I 3. 481_{19Z} **I 6**. 364_{33}
II 3. M 34 29_{62} **II 6**. M 112 213_{30}. 214_{58} 115 $218_{63-68}.219_{95}$
Werke:
- Mémoire sur les moyens de perfectionner les lunettes d'approche (s. Clairaut 1756) **II 3**. M 34 $33_{201-205}$
- Second mémoire sur les moyens de perfectionner les lunettes d'approche (s. Clairaut 1757) **II 3**. M 34 $33_{201-205}$

Clark, Jakob Engl. Hufschmied
Werke:
- Anmerkungen von dem Hufschlage der Pferde (s. Clark 1777) **II 10A**. M 62 141_{20-21}

Clarke, Samuel (1675–1729). Engl. Philosoph, Theologe und Philologe; Schüler Newtons, übersetzte dessen „Opticks" ins Lateinische
I 3. 212_{37-38M} **I 6**. $302_{17.24.30}.303_4$
II 6. M $S3$ 184_1
Werke:
- Optice. 1. Aufl. (Übers., s. Newton / Clarke 1706)
- Optice. 2. Aufl. (Übers., s. Newton / Clarke 1719)
- Optice. Ed. nov. (Übers., s. Newton / Clarke 1740)
- Physica (Übers. und Komm., s. Rohault 1697)

Claudius (Tiberius Claudius Nero Germanicus) (10 v.Chr. – 54 n.Chr.). Seit 41 n.Chr. röm. Kaiser
II 6. M 23 27_{81}

Clavius, Christoph (1537/38–1612). Jesuit, Mathematiker, Astronom
I 11. 281_{32}

Cleaveland, Parker (1780–1858). Naturforscher. Geologe. Mineraloge. Mathematiker: 1805 Prof. in Harvard
I 11, 339₂₄
Clemens IX. (1600–1669). Papst von 1667 bis 1669
I 6, 231₅₍?₎
Clément-Desormes, Nicolas (1778–1841). Franz. Chemiker und Physiker
II 4, M 55 66₁
Clichtove, Josse van (Clichtovaeus, Jodocus) (1472–1543). Theologe
Werke:
- Totius naturalis philosophiae Aristotelis paraphrases (Koautor. s. Lefèvre d'Étaples / Clichtove 1540)
Cock, George (†1679). Mitglied der Royal Society
II 6, M 79 166₂₇₁
Coiter, Volcher (1534–1576). Niederländ. Arzt, Anatom und Vogelkundler; Prof. in Bologna, 1569 Stadtarzt in Nürnberg
I 9, 129₂₉
II 9A, M 137 221₇₉
Colbert, Jean-Baptiste, Marquis de Seignelay (1619–1683). Franz. Staatsmann; von 1665 bis zu seinem Tod Finanzminister Ludwigs des XIV., gründete 1666 die Académie Royale des Sciences
I 4, 182₅ **I 6**, 326₂₁
II 6, M 99 198₄
Collegium Conimbricense Gruppe von Jesuiten an der Universität von Coimbra (Portugal) im späten 16. / frühen 17. Jahrhundert
Werke:
- Commentarii Collegii Conimbricensis in libros meteororum Aristotelis (s. Collegium Conimbricense 1593) **II 5B**, M 102 298₁₇₆₋₁₇₇ M 102 298₁₈₆–299₁₈₇ (Kommentatoren)
Collins, Samuel (1619–1670). Engl. Mediziner; Leibarzt des russ. Zaren und Charles II

Werke:
- A systeme of anatomy (s. Collins 1685) **II 9A**, M 100 148₁₁ 103 155
Colomb, Christoph s. Kolumbus, Christoph
Columella, Lucius Junius Moderatus (Mitte 1. Jh. n. Chr.). Röm. Schriftsteller (Ackerbau)
II 9B, M 33 31₆
Werke:
- De re rustica (s. Columella, rust.) **II 10A**, M 41 104₂₀
Comenius, Johann Amos (eigentl. Johann Amos Komensky) (1592–1670). Theologe, Philosoph, Pädagoge; geb. in Mähren, Leiter des Gymnasiums in Polnisch Lissa und ebendort 1632 Bischof der Brüdergemeinde
Werke:
- Orbis sensualium pictus (s. Comenius 1658) **II 7**, M 1 3–5
- Physicae (s. Comenius 1643) **I 6**, 217₃₁₋₃₂ **II 6**, M 71 101₃₄₆₋₃₄₇ 72 108₃
Cominale, Celestino (1722–1785). Ital. Arzt; Prof. der Medizin an der Universität zu Neapel
I 6, 342₅,₁₁,₂₇
II 6, M 92 193₆₃ 105 206₃₉
Werke:
- Anti-Newtonianismi (s. Cominale 1754–1756) **I 6**, 342₇₋₈,₁₂ **II 6**, M 74 116₆₃ 136 274₁₂₃₋₁₃₀
Commerson, Philibert (1727–1773). Franz. Mediziner und Naturforscher
II 10A, M 27 86₁₇
Comparetti, Andrea (1745–1801). Ital. Mediziner, Anatom, Botaniker und Physiker; seit 1801 Prof. in Padua
II 6, M 114 216₂₃
Werke:
- Observationes dioptricae (s. Comparetti 1798) **II 5B**, M 18 76₁₀₅₋₁₀₇
- Observationes opticae (s. Comparetti 1787) **II 6**, M 73 111₁₉₋₂₀ 74 117₈₃₋₈₄

Conca, Tommaso (†1815). Ital. Maler
I 6. 235₆
Condorcet, Marie Jean de (1743–1794). Franz. Mathematiker und Philosoph; Mitglied der Pariser Nationalversammlung
I 6. 301₂₁₍?₎
Conradi, Johann Michael (†1742). Gymnasiallehrer in Coburg und später franz. Sprachmeister am Dresdener Hof
I 6. 307₂₄ I 7. 13₂₉
Werke:
- Anweisung zur Optica (s. Conradi 1710) I 6. 307₂₆₋₂₇

Conta, Karl Friedrich Christian Anton (seit 1825:) von (1778–1850). Sächsischer Staatsmann, Jurist; 1805 Hofkommissionssekretär in Weimar, Bibliothekar von Herzog Karl August, in verschiedenen weiteren Diensten am Weimarer Hof, u. a. 1817 Kommissar für die Angelegenheiten der Universität Jena, 1819 Geheimer Archivar, 1831 Vizepräsident der Landesdirektion
I 2. 127₂₃₋₂₄ (Geolog). 139₁₆Z.₂₄Z. 184₁₅Z.₂₃Z I 8. 165₃₆ (Geolog)
II 2. M9.25 191₁₋₁₃
Conybeare, William Daniel (1787–1857). Geistlicher, Geologe in England
Werke:
- Outline of the geology of England (s. Conybeare / Phillips 1822) II 8B. M72 109₁₁₇
Copernicus s. *Kopernikus, Nikolaus*
Cordier, Pierre Louis Antoine (1777–1861). Prof. der Geologie am Jardin des Plantes, später am Museum d'Histoire Naturelle, Paris
II 8B. M72 108₉₇₋₉₈
Correggio (eigentl. Antonio Allegri) (1489 oder 1494–1534). Ital. Maler
I 4. 244₃ I 6. 226₉.₂₄.₂₇.₃₈.227₃₇. 231₂₀

Corse, John (1762–1840). Chirurg und Naturforscher
Werke:
- Observations on the different species of Asiatic elephants (s. Corse 1799b) I 10. 223₁₁
- Observations [...] of the elephant (s. Corse 1799a) I 10. 223₁₁
Cortona, Pietro da (eigentl. Pietro Berrettini) (1596–1669). Ital. Maler und Baumeister
I 6. 60₈.231₃₋₄.₁₃.232₃.₁₂.₃₁₋₃₂.₃₄₋₃₅
Cosimo I. de' Medici (1519–1574). Seit 1537 Herzog von Florenz, ab 1569 Großherzog der Toskana
I 6. 123₁₈ (Cosmus)
Costa, Emanuel Mendes da (1717–1791). Naturforscher, vor allem Conchologie und Mineralogie, Mitglied der Royal Society
II 7. M45 75₂₈₆₋₂₈₇
Coste, Pierre (1668–1747). Franz. Theologe, Buchdrucker, Übersetzer
Werke:
- Traité d'optique (Übers., s. Newton / Coste 1720–1722)
Cotes, Roger (1682–1716). Mathematiker, arbeitete eng mit Newton zusammen, ab 1707 Plumian Prof. für Mathematik in Cambridge
II 6. M119 226₄₄
Cothenius, Christian Andreas (1708–1789). Medikus im preußischen Heer
I 9. 187₉.₁₁
Cotta, Heinrich von (1763–1844). Direktor der Forstakademie in Tharandt
I 2. 26₂₀Z.₂₁Z
Werke:
- Naturbeobachtungen über die Bewegung und Funktion des Saftes in den Gewächsen (s. Cotta 1806) I 10. 204₂₂₋₃₄
Cotta, Johann Friedrich (1764–1832). Verlagsbuchhändler, Politiker und Unternehmer; ab 1798

in Tübingen, seit 1810 in Stuttgart, seit 1797 Verleger Goethes
I 3, 334₈z
Cotta, Friedrich *Wilhelm* (1796–1874). Ältester Sohn von Johann Heinrich Cotta; 1813 Forstkandidat in Tharandt, 1814–1815 sachsen-weimarischer Sekondeleutnant, dann Mitarbeiter seines Vaters in Tharandt
I 2, 26₂₀z (Sohn)
Cottasche Buchhandlung
Werke:
- Meßkatalog Ostern 1807 (s. Meßkatalog 1807) II 9B, M*53* 57₁
Coudray, Clemens Wenzeslaus (1775–1845). Architekt; 1804 Hofarchitekt in Fulda, 1816 Oberbaudirektor in Weimar
I 2, 274₁₈ (Baumeister).365₇z I 8, 339₃₋₄ (Baumeister) I 10, 365₂,₁₄
Courtivron, Gaspard de (1715–1785). Franz. Offizier, Mathematiker und Naturforscher.
Werke:
- Traité d'optique (s. Courtivron 1752) II 6, M *78* 158₁₋₅ *135* 270₆₇
Cousin, Victor (1792–1867). Philosoph, Politiker, 1815–1822 Lehrer an der École normale in Paris und bis 1820 an der Sorbonne, 1824 aus politischen Gründen in Dresden und Berlin in Haft, 1828 wieder Prof. an der Sorbonne
I 11, 301₂
Werke:
- Troisième Leçon (s. Cousin 1829) I 11, 301₂₋₃ (Vorlesung... Philosophie)
Coypel, Charles Antoine (1694–1752). Franz. Maler
I 6, 233₃₇
Cramer, Dorothea Sophie (1801–nach 1875). Tochter von Ludwig Wilhelm Cramer
I 2, 60₂₅z.72₁₈z (Cramers)
Cramer, Christoph *Ludwig Wilhelm* (1755–1832). Jurist und Mineraloge; 1803 nassauischer Oberbergrat in Wiesbaden, Mitglied des Hofgerichts und der Hofkammer, 1816–1821 Hofgerichtsrat in Dillenburg, seit 1822 vorwiegend in Wetzlar lebend; Goethe persönlich bekannt seit der Rheinreise
I 2, 59₂₀z.₃₄z.60₂₇z.64₃₂.68₂₈z.69₁₃z. 71₂₃z.₂₆z.₂₉z.72₂z.₅z.₈z.11z.18z (Cramers).₂₆z.₃₁z.73₃z.₁₃₋₁₄z (Theorie des Gang-Verwerfens (Gespräch mit Cramer)).78₁z.171₃₁ I 9, 103₃₃ II 8A, M*57* 78₁₁₋₁₅ *63* 94 II 8B, M*115* 162
- Mineraliensammlung I 2, 69₁₂₋₁₄z (Katalog).71₁₉z II 8B, M*21* 37₁₇
- Naturalienkabinett I 2, 64₂₈z
Werke:
- Vollständige Beschreibung des Berg-, Hütten- und Hammerwesens (s. Cramer 1805) I 2, 59₂₃z.₂₆₋₂₇z
Manuskripte:
- Versteinerungen nebst Verwandschaften II 8A, M*58* 79–84
Cramer, Marie Sophie (geb. Schönhals) (1755–1830). Schwester von Carl Georg August Schönhals, seit 1800 dritte Frau von Christoph Ludwig Wilhelm Cramer
I 2, 72₁₈z (Cramers)
Cramer, Susanne Albertine Caroline Eleonore (geb. 1805). Tochter von Ludwig Wilhelm und Marie Sophie Cramer
I 2, 72₁₈z (Cramers)
Cranach, Lucas (der Ältere) (1472–1553). Maler, Zeichner und Holzschneider; Hofmaler in Wittenberg, später in Weimar
I 6, 224₆,₁₂,₁₇
Crawford, Adair (1748–1795). Chemiker
II 1A, M*16* 135₈₅
Crell, *Lorenz* Florenz Friedrich (seit 1791:) von (1744–1816). Mediziner und Chemiker; Prof. in Braunschweig, Helmstedt und Göttingen, Bergrat
I 1, 187ₜₐ I 3, 348₁₇ I 6, 392₄.393₂₀ II 2, M*11,1* 212₂

Werke:
- Die neuesten Entdeckungen in der Chemie (s. Crell 1781–1786[?]) **II 7**. M *107* 206₄₁
- Versuche und Bemerkungen über die Ursache der dauerhaften Farben (Übers.. s. Delaval / Crell 1788)
- Vorbericht (s. Crell 1788) **I 3**. 89₁₈z **I 4**. 176₃₄–177₃ (Lichtenberg) **II 4**. M *50* 61₆ (Lichtenberg)

Crescentius, Peter (etwa 1230–1310). Autor eines frühen Werkes zur Landwirtschaft
II 9B. M *33* 31₈

Crivelli, Giovanni (1690/1691–1743). Ital. Philosoph. Theologe und Mathematiker
Werke:
- Elementi di Fisica (s. Crivelli 1731–1732) **II 6**. M *73* 110₁₋₂

Crochard Verleger in Paris
I 2. 391₂₁M

Cromwell, Oliver (1599–1658). Engl. Staatsmann; entscheidender Feldherr des Parlamentsheeres im Engl. Bürgerkrieg. ab 1654 als Lordprotektor Staatsoberhaupt des Commonwealth
I 6. 241₃₁.242₂₉

Cromwell, Richard (1626–1712). Nach dem Tod seines Vaters Oliver Cromwell 1658 bis 1659 Lordprotektor von England, Schottland und Irland
I 6. 242₂₉

Cronstedt, Axel Fredric von (1722–1765). Mineraloge; Direktor von Bergwerken in Schweden
Werke:
- Versuch einer Mineralogie (s. Cronstedt / Werner 1780) **II 7**. M *11* 13₃₆₋₃₇.15₁₀₂ *45* 75₂₈₇₋₂₈₈

Croone, William (1633–1684). Arzt. Gründungsmitglied der Royal Society
II 6. M *79* 160₄₂ (Secretär)

Cruikshank, William Cumberland (1745–1800). Anatom; zunächst Prosektor von W. Hunter

II 1A. M *65* 282₆ *70* 292₂₉ (Cruichamp)

Curchod, Susanne s. *Necker, Suzanne Curchod*

Cureau de La Chambre, Marin (1594–1669). Arzt und philos. Schriftsteller; Leibarzt Ludwig des XIV., Mitglied der Pariser Akademie. Freund Richelieus und Mazarins
I 6. 182₁₅.₂₈.₃₀.₃₅.183₁.₁₀.₁₉.₂₂.₃₁. 184₁.₈.₁₅.₂₂.₂₅₋₂₆.185₃.₁₃.₁₅.₁₈.193₃₁
I 7. 12₄
II 6. M *55* 71₅₁ *62* 81₃ *101* 200₂₈
Werke:
- La lumière (s. Cureau de La Chambre 1657) **I 6**. 181₁₀₋₁₃.₂₄. 184₃₈
- Nouvelles observations et coniectures sur l'iris (s. Cureau de La Chambre 1650) **II 6**. M *59* 77₈₀ *135* 269₃₅

Curtis, William (1746–1799). Engl. Apotheker, Botaniker und Entomologe
I 9. 113₁

Cuvier, Georges Léopold Chrétien Frédéric Dagobert Baron (1769–1832). Franz. Anatom, Paläozoologe; aus Mömpelgard, studierte an der Karlsschule in Stuttgart, seit 1798 am Muséum d'Histoire naturelle in Paris
I 10. 372₁₆.373₂₃.373₃₁–374₁₉. 375₃₇ (Männer).376₃₁.377₁₃. 378₃₁ (Männer).₃₆.379₂₇–381₂. 380₂₋₃.381₆ (Männern).₁₇. 384₃₄–385₁.385₁₃ (Männer*). ₃₁.391₂₅₋₂₆ (Naturforscher). 398₃ (Gegner).401₂₀.₂₇. 402₁.₁₂.₁₅ (Gegner).₂₃
II 9B. M *46* 50₉ **II 10B**. M *25.1* 132₁₄₅ *25.2* 139₄.₁₈.140₅₀ *25.4* 144₁₅.145₅₂ (streitenden Nachbarn) *25.5* 146₁ (beiden Partheyen) *25.6* 146₁ (beiden Theilen). 147₃₉ *25.8* 149₃ M *25.10* 152–155
- Bericht über das deutsche Schulwesen **I 10**. 380₂₀

PERSONEN

Werke:
- Discours sur les révolutions de la surface du globe (s. Cuvier 1825) **II 10B**, M25.10 153$_{65-66}$
- Éloges (Elogen) (s. Cuvier 1824–1829) **II 10B**, M25.10 152$_{17-18}$
- Histoire naturelle des poissons (s. Cuvier / Valenciennes 1828–1849) **II 10B**, M25.1 132$_{135}$ (Fischwerk) 25.10 153$_{47-49}$.155$_{131}$
- Le régne animal (s. Cuvier 1817) **II 10B**, M25.10 154$_{83-85}$
- Leçons d'anatomie comparée (s. Cuvier 1800–1805) **II 10B**, M25.10 152$_{36-37}$
- Mémoire sur la structure interne et externe, et sur les affinités des animaux auxquels on a donné le nom de vers (s. Cuvier 1795) **II 10B**, M25.10 152$_{28-31}$ (Abhandlung)
- Mémoire sur les animaux des Anatifes (s. Cuvier 1815) **I 9**, 339$_{27-29}$
- Mémoires pour servir à l'histoire et à l'anatomie des mollusques (s. Cuvier 1817) **I 9**, 291$_{41}$.293$_3$ **II 10B**, M25.10 153$_{43-45}$
- Recherches sur les ossemens fossiles (s. Cuvier 1821–1824) **I 2**, 206$_{7-13M}$.288$_{20-31}$ **I 8**, 349$_{31}$.350$_8$ **I 9**, 359$_{27-32,33-34}$ **II 8B**, M11 21 **II 10A**, M49 110$_{9(?)}$
- Recherches sur les ossements fossiles de quadrupèdes (s. Cuvier 1812) **I 10**, 222$_{12-13}$.223$_{29-30}$ **II 10B**, M25.10 153$_{61-62}$
- Sur les éléphans vivans et fossiles (s. Cuvier 1806) **I 10**, 222$_{9-10}$
- Tableau élémentaire (s. Cuvier 1797/1798) **I 4**, 213$_{26-27}$ **I 10**, 380$_{9-10}$ **II 9B**, M37 41$_6$ **II 10B**, M25.10 152$_{33-34}$

D'Artigues s. *Artigues, Aimé Gabriel de*

Dahlberg, N. E. Defendent einer Dissertation bei Linné
Werke:
- Metamorphosis plantarum (Resp., s. Linné / Dahlberg 1759)

Dahlbruckner s. *Zahlbruckner, Johann*

Dalberg, Karl Theodor Anton Maria Freiherr von und zu (1744–1817). 1772–1802 kurmainzischer Statthalter in Erfurt, 1780 Rektor der Universität Würzburg, 1787–1788 Koadjutor für Mainz, Worms und Konstanz, 1800 Fürstbischof von Konstanz, 1802 Kurfürst und Erzbischof von Mainz, 1806 Fürstprimas des Rheinbundes, 1810–1813 Großherzog von Frankfurt, dann Erzbischof von Regensburg
I 3, 464$_{5Z,24M}$ **I 6**, 423$_{18-19}$ **I 9**, 70$_{28}$.81$_2$
Manuskripte:
- Gedanken über die Optik **II 3**, M33 21–27
- [Anmerkungen zur Farbenlehre] **I 3**, 464–474$_M$

Dalham, Florian (1713–1795). Prof. der Philosophie in Wien, später Hofbibliothekar des Erzbischofs von Salzburg
Werke:
- Institutiones physicae (s. Dalham 1753–1754) **I 6**, 349$_{10}$ **II 6**, M71 100$_{319-326}$ 72 109$_{33}$ 74 116$_{62}$

Dalton, John (1766–1844). Brit. Naturforscher und Lehrer; Arbeiten zur Chemie und ,Atomtheorie' **II 2**, M8.2 91$_{751}$
Werke:
- Extraordinary facts relating to the vision of colours (s. Dalton 1798) **I 3**, 359$_{6-7M}$ **II 3**, M17 11$_4$

Daniel, Christian Friedrich (1753–1798). Arzt in Halle
Werke:
- Pathologie (s. Daniel 1794) **II 9A**, M139 227$_7$

Daniell, John Frederic (1790–1845). Engl. Physiker und Chemiker **II 2**, M9.15 180$_7$
Werke:
- Meteorological essays and observations (s. Daniell 1823) **I 11**, 247$_{10-14}$ **II 2**, M7.2 44 M7.3 44–47

Dante Alighieri (1265–1321). Ital. Dichter
I 2. 355$_{18Z}$.356$_{31Z}$ **I 7.** 93$_2$ (Dichter)$_{(?)}$
II 6. M27 32$_{87}$ **II 10A.** M2.12 17$_{8.10}$
Werke:
- Göttliche Komödie (s. Dante. Divina Commedia) **I 10.** 251$_{12}$ **II 9B.** M51 54$_5$
- La commedia (s. Dante 1739) **I 2.** 356$_{15Z}$

Danz Mineralienhändler in Nürnberg
II 8A. M19 42$_2$

Daru, Pierre Antoine Noël Bruno de (1767–1829). Franz. Politiker und Schriftsteller
II 4. M64 77

Darwin, Erasmus (1731–1802). Engl. Arzt und Naturforscher, Großvater von Charles Darwin; er legte seine Hypothese der Erdgeschichte in einem didaktischen Lehrgedicht nieder
I 6. 387$_{24}$
II 6. M114 216$_{22}$
Werke:
- Zoonomie (s. Darwin 1795) **I 6.** 386$_{4-5}$.388$_{22-23}$ **II 6.** M125 253$_{6-7}$

Darwin, Robert Waring (1766–1848). Brit. Arzt und Botaniker; Vater von Charles Darwin
I 3. 91$_{17Z}$.370$_{17M}$ **I 4.** 25$_{19}$ **I 6.** 358$_{15}$.387$_{3.23.27}$.388$_{28}$ **I 7.** 16$_2$
II 4. M6 6$_{20}$ **II 6.** M73 113$_{105}$ 136 271$_{21-22}$
Werke:
- Neue Versuche über die Spectra von Licht und Farben im Auge (s. Darwin 1789) **II 6.** M125 253$_{1-5}$ 136 271$_{19-21}$
- New experiments on the ocular spectra of light and colours (s. Darwin 1786) **I 6.** 386$_{1-3}$.387$_{23}$.388$_{9.15}$ **II 6.** M125 253
- Ueber die Augentäuschungen (Ocular spectra) (s. Darwin 1795) **I 3.** 370$_{18-19M}$ **I 8.** 300$_6$.301$_{44}$

Datin (um 300 n. Chr.). (Falsche) Transkription für Zosimos, griech. Philosoph und Alchimist aus Panopolis in Oberägypten
I 6. 131$_{24.28.34}$.132$_5$

Daubenton, Louis Jean Marie (1716–1799). Franz. Arzt; ab 1742 Mitarbeiter von Buffon, 1778 Prof. der Zoologie in Paris
I 6. 306$_{27-28}$ **I 9.** 12$_{14}$.129$_{30}$.140$_{5-6}$. 201$_{20}$ **I 10.** 380$_{14}$.384$_{19-33}$.385$_{13}$ (Männer)$_{.25.38}$ (*)
II 9A. M9 24$_{18}$ 106 157$_{23}$ 160 252$^-$ **II 10B.** M25.2 139$_{31}$
Werke:
- Histoire naturelle générale et particulière (Koautor, s. Buffon 1749–1804)
- Sur les chauve-souris (s. Daubenton 1759) **II 9A.** M104 155$_2$

Daubeny, Charles Giles B. (1795–1867). Prof. der Chemie und Botanik in Oxford
Werke:
- A description of active and extinct volcanos (s. Daubeny 1826) **II 8B.** M72 108$_{93}$

David, Alois Martin (1757–1836). Prämonstratenser-Chorherr, Astronom in Prag
I 2. 249$_{15M}$
II 8B. M19 28$_{45}$
Werke:
- Bestimmung der Polhöhe des Stiftes Tepel (s. David 1789) **I 8.** 258$_{19-20}$

David, Jacques Louis (1748–1825). Klassizistischer Maler in Paris
I 6. 236$_{22}$

Davidow (Davidof), Alexander von (1773–1833). Russ. Offizier; 1813 in Teplitz
I 2. 29$_{10Z}$ (Herrschaften)

Davy, Sir Humphry (1778–1829). Engl. Chemiker und Physiker; 1801 Mitglied und 1820–1827 Präsident der Royal Society
I 7. 28$_{21}$
II 5B. M60 193$_{33.40}$

PERSONEN 45

Dayes, Edward (1763–1804). Engl. Maler
Werke:
- Remarks on Sheldrake (s. Dayes 1799) **II 4**. M *73* 92₁₀₄₋₁₀₅

De L'Isle (Delisle), Joseph Nicolas (1688–1768). Franz. Astronom: 1714 Mitglied der Académie des Sciences, 1725 St. Petersburg, 1747 Paris, an der Sternwarte
Werke:
- Memoires pour servir a l'histoire et au progres de l'astronomie, de la geographie et de la physique (s. De L'Isle 1738) **II 6**. M *74* 116₄₈

De Luc s. *Luc (Deluc), Jean André de*

Decandolle s. *Candolle, Augustin Pyramus de*

Dechales, Claude-François Milliet (1621–1678). Franz. Mathematiker; lehrte in Marseille
Werke:
- Cursus seu mundus mathematicus (s. Dechales 1690) **II 6**. M *59* 78₁₁₈

Dechen, Ernst Heinrich Karl von (1800–1889). Bergrat in Berlin
II 8B. M *72* 107₄₆

Degen, Johann Christoph (1736–1794). Förster im Torfhaus am Brocken, führte Goethe 1777 auf den Brocken
I 1. 7₁₋₂z

Delachénaye, B.
Werke:
- Abécédaire de flore (s. Delachénaye / Turpin 1811) **II 10B**. M *22.11* 85₇₋₁₀

Delambre, Jean Baptiste Joseph (1749–1822). Franz. Physiker und Astronom; seit 1803 ständiger Sekretär des Institut de France, 1807 Prof. am Collège de France
II 6. M *115* 217₅₋₆ (Secrétaire). 223₂₃₇

Delaméthrie s. *La Métherie, Jean Claude de*

Delaroche, Jules Hippolyte (1795–1849). Maler
II 8B. M *72* 107₄₆₋₄₇

Delaval, Edward Hussey (1729–1814). Engl. Chemiker und Physiker; seit 1759 Mitglied der Royal Society
I 6. 184₂₈.392₇.₂₀.₃₆.394₁.₆.395₁₄
I 7. 16₁₅
II 6. M *114* 216₂₅ *136* 272₆₀
Werke:
- An experimental inquiry into the causes of the permanent colours of opake bodies (s. Delaval 1785) **II 6**. M *74* 117₈₇₋₈₈
- Versuche und Bemerkungen über die Ursache der dauerhaften Farben (s. Delaval / Crell 1788) **I 3**. 89₁₈z.126₂₄.351₁₄M.₁₉M.357₂M. 402₉₋₁₀M.504₁₇M **I 4**. 177₁ **I 6**. 392₁₋₄.₂₅.393₃.395₂₃ **II 3**. M *19* 12₇₋₁₄ **II 4**. M *42* 53₁₇ *50* 61₃.₈.₁₀ *53* 65₁ **II 6**. M *74* 117₈₅ *133* 264₂₀₁₋₂₀₉

Deleuze, Joseph Philippe François (1753–1835). Franz. Botaniker
I 10. 257₂₁

Delf s. *Delph (Delf), Helena Dorothea*

Delius, Christoph Traugott (1728–1779). Prof. der Metallurgie und Chemie an der Bergakademie Schemnitz; später Hofrat bei der Hof-Kammer in Münz- und Bergwesen in Wien
Werke:
- Anleitung zu der Bergbaukunst (s. Delius 1773) **II 7**. M *66* 142₃₋₆

Della Gherardesca Adelsfamilie aus Pisa
I 1. 244₈₋₉M

Delort (de L'or), Marie Joseph (1772–1837). Österreich. Offizier; 1813 Obristlieutenant in Teplitz, 1814 Oberst im Generalstab, später Regimentskommandeur
I 2. 71₂₇z

Delph (Delf), Helena Dorothea (1728–1808). Geschäftsinhaberin in Heidelberg, Freundin der Familien Goethe und Schönemann in Frankfurt a.M.
I 3. 117₁₄

Deluc, Jean André s. Luc (Deluc), Jean André de
Démidof Besitzer von Platin-Bergwerken im Ural, Russland
II 8B. M 74 125$_8$.126$_{23,35}$
Demokrit (Demokritos) von Abdera (um 460–370/71 v. Chr.). Griech. Philosoph. Schüler des Leukipp. Atomist
I 3. 443$_{26M}$ **I 6.** 3$_{8,10,27,31}$,45$_{,7}$,8$_{17,30}$, 9$_8$,11$_{10}$,70$_{21}$,71$_9$ **I 9.** 352$_{11}$
II 6. M4 7$_{47}$ S 11$_{28}$ 9 12$_2$ 23 27$_{54}$ 106 208$_{52}$
Demontiosius, Ludovicus (eigentl. Louis de Montjosieu) (1583–1649). Franz. Mathematiker, Philologe und Antiquar
II 4. M 72 87$_{20}$
Deneke (Denicke), C. L.
Werke:
- Vollständiges Lehrgebäude der ganzen Optik (s. Deneke 1757) **II 6.** M 136 275$_{139-142}$

Denis, Johann Nepomuk Cosmas Michael (1729–1800). Österreich. Jesuit, Schriftsteller, Übersetzer; Kustos der Hofbibliothek in Wien
Werke:
- Systematisches Verzeichniß der Schmetterlinge (s. Denis / Schiffermüller 1776) **II 9A.** M 112 169$_6$

Dennstedt, August Wilhelm (1776–1826). Arzt in Magdala bei Weimar, seit 1817 Leiter des Großherzogl. Gartens zu Belvedere
II 10A. M37 99$_{49}$
Werke:
- Hortus Belvedereanus (s. Dennstedt 1820–1821) **I 9.** 243$_{2-4,9}$ **I 10.** 323$_{20}$ (Katalogen) **II 10A.** M37 98$_{1-2}$.99$_{51-52}$ **II 10B.** M35 161$_{19}$

Denso, Johann (Joan) Daniel (1708–1795). 1731 Prof. der Beredsamkeit in Stargard (Pommern), 1751 am Gymnasium in Stettin, 1753 Rektor der Stadtschule in Wismar; Verdienste um das Schulwesen und die naturwissenschaftliche Bildung
II 7. M4 7$_3$

Desaguliers, Jean Théophile (John Theophilus) (1683–1744). Franz. Physiker; 1702–1712 Prof. der Physik in Oxford, Mitglied der Royal Society
I 3. 98$_{19M}$.492$_{33M}$ **I 5.** 87$_6$.93$_7$ **I 6.** 277$_2$.283$_3$.284$_{23,28,33}$.285$_{25}$, 286$_{9,13,27-28}$.287$_{32}$.288$_{10}$.289$_{2,21}$, 292$_{16,19}$.293$_{1,24}$.302$_{16}$.317$_{17-18}$, 366$_{16}$ **I 7.** 13$_{12,15}$
II 5B. M42 156$_{17}$ **II 6.** M59 78$_{116}$ S3 184$_7$ 134 267$_4$
Werke:
- A course of experimental philosophy (s. Desaguliers 1734–1744) **I 6.** 295$_{1-5,7-8}$
- An account of an optical experiment (s. Desaguliers 1722) **I 3.** 493$_{28M}$ (No. 374) **I 6.** 292$_{21}$ **II 6.** M 120 228$_{47-48}$ 134 267$_{4-5}$
- An account of some experiments of light and colours (s. Desaguliers 1716) **I 3.** 479$_{6M,9-10M}$.493$_{14-15M}$ **I 6.** 285$_{19-21,22}$ **II 6.** M 119 226$_{51-58}$ 120 228$_{43-55}$ 132 258$_5$ 134 268$_{23}$
- Cours de physique expérimentale (s. Desaguliers 1751) **II 6.** M43 54$_6$
- Optical experiments (s. Desaguliers 1728) **I 3.** 98$_{12M}$ **I 6.** 293$_{21-23}$ **II 6.** M 74 116$_{57(?)}$ 120 228$_{47-48}$

Descartes, René Du Perron (Renatus Cartesius) (1596–1650). Franz. Philosoph, Mathematiker und Physiker
I 3. 98$_{9M}$.102$_{12}$.103$_6$.142$_{1M}$.153$_{17}$, 399$_{4M}$ **I 4.** 51$_{31}$ **I 5.** 107$_{35}$ **I 6.** 163$_9$.172$_9$.174$_{1,12,25}$.181$_{15}$.186$_2$, 193$_{31}$.198$_{19}$.201$_{14-15}$.203$_{20}$.204$_8$, 206$_4$.213$_{21}$.246$_{11}$.259$_2$.260$_{12}$, 265$_{37}$.301$_{28}$.302$_{22-23,28}$.318$_{23}$, 328$_{12}$.344$_{34}$ **I 7.** 11$_{33-34}$ **I 10.** 293$_{30}$, 294$_1$ **I 11.** 287$_{12}$
II 1A. M1 6$_{14+7}$ **II 5B.** M42 156$_{7-8}$.157$_{50}$ **II 6.** M54 70$_4$ 55 71$_{44}$ 58 74$_{34}$ 59 77$_{77}$ 65 88$_{161}$

70 91 *71* 91₁₁.97₂₂₃.104₄₆₇ *75*
124₂₂₉₋₂₃₀ M *75* 124₂₄₅–125₂₅₆.
126₃₀₅ 77 131₈₀.₁₀₀.132₁₂₁.
134₁₉₅.₂₂₁ *91* 190₂₋₃ *105* 205₁₆ *106*
207₂₅.208₅₉ *118* 224₇ *133* 261₉₆
II 8B, M *72* 106₁₇
- Cartesianer **I 6**, 199₂₄ **I 7**, 30₁₅
Werke:
- De homine (s. Descartes 1662)
II 6, M*59* 77₅₁
- Discours de la méthode (s. Descartes 1637) **I 3**, 397₁₅₋₁₆M **I 11**, 342₇ **II 5B**, M *10* 33₂₅₋₂₉.34₄₈₋₅₀ **II 6**, M*59* 77₄₅.₅₀ *118* 224₁₉₋₂₀ *133* 260₄₂₋₄₇

Desmarest, Nicolas (1725–1815). Franz. Geologe; Prof. an der École des Arts et Métiers in Paris, Generalinspektor der Porzellanfabrik in Sèvres
I 2, 167₃
Werke:
- Mémoire sur l'origine et de la nature du basalte (s. Desmarest 1771) **I 2**, 164₁₇ **I 8**, 157₂₆.160₁₆

Despretz, César Mansuète (1792–1863). Franz. Physiker
Werke:
- Traité élémentaire de physique (s. Despretz 1825) **II 1A**, M*79* 309–310 M *80* 311–312

Detmold, Fürstin von s. *Lippe-Detmold, Pauline Christine Wilhelmine Fürstin von*

Deucer (Deucerius), Johann Philologe des frühen 17. Jh.
Werke:
- Metallicorum corpus juris, Oder Bergk-Recht (s. Deucer 1624) **I 2**, 419₂₆M **II 7**, M*36* 58₂

Devit Vielleicht G. Devisme, Stecher in Paris um 1800
I 3, 466₂₈M

Dézallier d'Argenville, Antoine Joseph (1680–1765). Franz. Schriftsteller; gemäß Titelblatt Mitglied der Königl. Gesellschaften der Wissenschaften in London und Montpellier

Werke:
- L'histoire naturelle, éclaircie par l'oryctologie (s. Dézallier d'Argenville 1755) **II 10A**, M*17* 77

Diderot, Denis (1713–1784). Franz. Aufklärer; Schriftsteller, Kunstkritiker und Enzyklopädist
I 3, 384₁₇Z.505₁.506₅.₂₀.₂₃ **I 9**, 12₃₇
II 1A, M*71* 297₁₉
Werke:
- Diderots Versuch über die Malerei (bearbeitet, s. Goethe – Diderots Versuch über die Malerei)
- Encyclopédie ou Dictionnaire raisonné des sciences, des arts et des métiers (s. Diderot / Alembert 1751–1780) **I 3**, 479₃₄M(?) **I 11**, 284₂₋₃ **II 6**, M*92* 193₇₁
- Essais sur la peinture (s. Diderot 1795/96) **I 3**, 384₁₇Z.₁₈₋₁₉Z.₃₉Z. 385₁Z.₃Z.₈Z.504–506

Dietherr von Anwanden, Christoph Ludwig (1619–1687). Rechtsanwalt
Werke:
- Thesaurus practicus (Hrsg., s. Besold / Dietherr von Anwanden 1697)

Dietrich, Adam (1711–1782). Bauernbotanikus aus Ziegenhain bei Jena, Stammvater der Familie
I 9, 17₂ **I 10**, 324₁₃
II 10A, M*6* 65₂

Dietrich, Botanikerfamilie aus Ziegenhain bei Jena Bauernbotaniker in Ziegenhain bei Jena. Vier Generationen versorgten über hundert Jahre lang die Universität Jena, den Kräuterhandel und die Botaniker mit Material aus der heimatlichen Flora
I 9, 17₁ **I 10**, 324₁₃
II 10A, M*6* 65 (Stammbaum)
II 10B, M*23.3* 94₆

Dietrich, Christian Wilhelm Ernst (1712–1774). Maler und Radierer; seit 1730 Hofmaler Friedrich August I. (des Starken) in Dresden,

seit 1748 Inspektor der Dresdner Gemäldegalerie
I 6. 234₁₇.₂₂
Dietrich, *David* Nataniel (Natanael) Friedrich (1799–1888). Urenkel von Adam D., Botaniker und Privatgelehrter
II 10A. M6 65₁₂₋₁₄
Dietrich, Friedrich Gottlieb (eigentl. Johann Christian Gottfried) (1768–1850). Gärtner und Botaniker. Enkel von Adam D.: begleitete als junger Bauernbotanikus Goethe 1785 auf der Reise durchs Fichtelgebirge nach Karlsbad; botanische Exkursionen mit Goethe in Jena während Dietrichs Studienzeit dort als Gärtner bis 1792, Anstellung als Gärtner in Weimar, seit 1794 dort Hofgärtner; nach 1802 Garteninspektor in Wilhelmsthal und Eisenach
I 9. 17₁₃.18₄.₉.₁₅.₁₆.₂₀.19₉ **I 10,** 324₂₃–325₁₅.325₂₄.326₄.₃₂
II 10A. M6 65₉₋₁₁ **II 10B.** M*23.3* 94₇
Dietrich, Johann Adam (1739–1794). Bauernbotanikus aus Ziegenhain bei Jena, Sohn des Adam D.
I 9. 17₆.₁₀ **I 10.** 324₁₇.₂₁
II 10A. M6 65₆₋₈
Dietrich, Johann Michael (1767–1837). Enkel von Adam D.: botanisierender Bauer, der Goethe in Jena mit Pflanzen belieferte
II 10A. M6 65₉₋₁₀
Din, Lucas (fl. 1714). Aus Landsberg (Bayern). Student in Jena
Werke:
- Dissertatio physiologica de visione (Resp., s. Wedel / Din 1714)
Diogenes Laertius (um 250 n. Chr.). Philosophiehistoriker; reiche Überlieferung zur antiken Philosophie
I 6. 1₄.4₂₂.5₁₀.₁₇
Diokles von Karystos (4./3. Jh. v. Chr.). Griech. Arzt aus Euboea
II 1A. M*1* 3₂₄

Diokletian (nach 230–313). Röm. Kaiser
I 2. 268₃M
II 8B. M*33* 54₁₆
Dionisi, Giovanni Giacomo (1734–1808). Kanonikus in Verona, Danteforscher
I 1. 28₁₀M
II 7. M*77* 165₆
Dioskurides (Dioscorides) (1. Jh. n. Chr.). Antiker Arzt und Pharmakologe
II 7. M*45* 75₂₈₁
Ditterich, Karl Wilhelm
Manuskripte:
- Definitio. Legende zu dem Grund- und Saigerriß [über den Carl August Stollen] **II 7.** M*27* 47
- Grund und Saiger Riß über den Carl August Stollen **II 7.** M*26* 47
Dlask, Laurentius Albert (1782–1834). Böhmischer Naturforscher; Prof. in Prag
Werke:
- Versuch einer Naturgeschichte Böhmens. (s. Dlask 1822) **I 2.** 208₃Z.₅₋₆Z.251₅Z **I 8.** 330₂₄₋₂₆.₂₇₋₂₉. 331₂₂₋₂₃.₃₀₋₃₃
Döbereiner, Johann Wolfgang (1780–1849). Apotheker, Chemiker; seit 1810 Prof. der Chemie, Pharmazie und Technologie in Jena
I 2. 2₄Z.6₄Z.₂₈₋₂₉Z.7₂₄₋₂₅Z.11₁₋₂Z.₁₆Z. 23₂₃Z.53₂Z.₉Z.61₉Z.82₄₋₅Z.163₂₅
I 8. 94₁₆.170₂₃₋₂₄.197₃.339₃₁ **I 9.** 218₂₈.₃₇
II 5B. M*26* 123₁₉ *43* 159₁₉ *84* 243₁₋₂ **II 8A.** M*124* 162–163
Döderlein, Johann Christoph (1746–1792). Protestantischer Theologe; seit 1782 Universitätslehrer in Jena
I 3. 260₂₀Z **I 4.** 69₉.₁₁₋₁₂.₂₂
Dollond, John (1706–1761). Optiker und Instrumentenbauer in London; entwickelte die ersten achromatischen Objektivgläser

PERSONEN 49

I 3. 400₂₆ₘ.₂₉ₘ.403₆ₘ.429₁₇.
481₂₁z.₂₃z I 5. 141₂ I 6. 238₄.361₃.
363₄.402₁ I 7. 12₂₃.14₃₀ I 11. 98₁₉
II 3, M*34* 28₁₁.29₆₅ II 5B, M*12*
47₂₇–48₄₆ *114* 332₅₉–₈₃.333₁₀₄–₁₀₅
II 6, M*71* 103₄₃₀–₄₃₁ 77 128₄ *111*
212₁₃ *112* 213₂₄ *114* 216₃ *115*
218₃₃–₅₃.221₁₆₄ *132* 258₉ *133*
263₁₅₂–₁₆₄
Werke:
- An account of some experiments concerning the different refrangibility of light (s. Dollond 1758) II 3, M*34* 33₂₀₅–₂₀₇

Dolomieu, Déodat Guy Silvain Tancrède de (gen. Déodat) (1750–1801). Franz. Geologe und Mineraloge; Offizier und Malteserritter, seit 1796 Prof. der Mineralogie an der École des Mines, seit 1800 am Musée d'Histoire Naturelle in Paris
Werke:
- Mémoire sur les îles Ponces (s. Dolomieu 1788) I 2, 167₅ I 8, 160₁₈–₁₉
- Voyage aux îles de Lipari (s. Dolomieu 1783) I 2, 167₅ I 8, 160₁₈–₁₉ II 8B, M*72* 109₁₃₃–₁₃₄

Domcke (Dunch), George Peter
I 3, 479₂₉ₘ.493₆ₘ
II 6, M*83* 184₅
Werke:
- Philosophiae mathematicae Newtonianae illustratae (s. Domcke 1730) I 6, 303₃₀ II 6, M*134* 267₁₂

Domenichino (eigentl. Domenico Zampieri) (1581–1641). Ital. Maler, Schüler der Carracci
I 6, 229₂₃

Dominicy, Marc Antoine (Marcus Antonius) (um 1605–1650/1651). Franz. Jurist und Historiker
Werke:
- De treuga et pace (s. Dominicy 1649) II 6, M*64* 83₁₆

Dominis, Marco Antonio de (1566–1624). Ital. Geistlicher und Naturforscher

I 6, 160₂₇–₂₈.161₁.162₂₆.163₁₈.
165₂.174₈.178₅.255₂₄.256₂₃.259₁
I 7, 11₃₁.23₁₆
II 6, M*55* 71₃₅ *58* 75₈₂ *59* 77₄₉ *77* 131₉₉–₁₀₀
Werke:
- De radiis visus et lucis (s. Dominis 1611) I 3, 397₅–₆ₘ I 6, 160₂₂–₂₆.₃₃.
163₂.₁₃–₁₅.165₃₅.₃₇.₃₈.166₁₁ I 7, 110 (ND: 94)₃ II 5B, M6 21₇₇ *10* 33₂₀–₂₁ M*10* 33₄₁–₃₄₄₅ *125* 356 II 6, M*59* 76₇ M*65* 83–89 *118* 224₂₂–₂₄ *133* 259₃₂–₃₆
- De republica ecclesiastica (s. de Dominis 1618–1622) II 6, M*64* 83₁₄–₁₅

Don, David (1800–1841). Engl. Botaniker in London; Schüler von R. Brown, Bibliothekar der Linnean Society
I 10, 343₂₅ (Engländer)
II 10B, M*24.3* 112₁₀ (Engländer) *24.9* 117₈
Werke:
- On the general presence of spiral vessels (s. Don 1828) I 10, 348₁–349₂₆

Donatello (eigentl. Donato di Niccolò di Betto Bardi) (1386–1466). Bildhauer aus Florenz
I 1, 249₈ₘ
II 7, M*111* 215₁₇₁

Doni, Giovanni Battista (1594–1647). Florentinischer Schriftsteller
Werke:
- De restituenda salubritate agri Romani (s. Doni 1667) II 9B, M*33* 31₁₆–₁₉.32₃₆–₃₇

Donndorf, Johann August (1754–1837). Bürgermeister von Quedlinburg; Advokat, Polyhistor, Naturforscher
Werke:
- Handbuch der Thiergeschichte (s. Donndorf 1793) I 10, 182₁₃

Döring, Friedrich Wilhelm [Titelblatt]: Direktor des Gymnasiums in Gotha

Werke:
- De coloribus veterum (s. Döring 1788) **II 6**. M *136* 272$_{46-47}$

Dou (Douw), Gerard (Gerrit Dou) (1613–1675). Niederländ. Maler: Schüler Rembrandts
I 6. 229$_{36}$

Douglas, David (1798–1834). Engl. Gärtner und Forschungsreisender: Angestellter am Botanischen Garten zu Glasgow. Sammler fremder Pflanzen und Vögel, bereiste im Auftrag der Royal Horticultural Society Nordwestamerika
I 10. 349$_{28}$
II 10B. M*24.9* 117$_{10}$

Drée, Étienne Gilbert Marquis de (1760/61–1848). Franz. Staatsmann. Mineraloge. Geologe und Agronom
- Mineraliensammlung **I 2**. 59$_{10Z}$

Werke:
- Catalogue du Musée Minéralogique de Et. de Drée (s. Drée 1811) **I 2**. 59$_{9Z}$

Du Châtelet, Gabrielle Emilie Le Tonnelier de Breteuil, Marquise du (1706–1749). Franz. Mathematikerin. Physikerin. Philosophin; mit Voltaire befreundet, in den Jahren 1734–49 wohnten sie gemeinsam auf Schloss Cirey (Champagne). 1746 Mitglied der Akademie der Wiss. in Bologna
I 3. 493$_{21M}$ **I 6**. 320$_{30}$
II 6. M*71* 99$_{273}$ *134* 268$_{30}$ *135* 269$_{6}$

Werke:
- Institutions physiques (s. Du Châtelet 1742) **I 6**. 320$_{21-23}$ **II 6**. M*71* 101$_{368-370}$ *72* 109$_{26}$

Du Hamel, Jean Baptiste (1624–1706). Franz. Geistlicher und Philosoph; von 1666 bis 1697 Sekretär der Académie des Sciences in Paris

Werke:
- De corporum affectionibus (s. Du Hamel 1670) **I 6**. 346$_{31}$ **II 6**. M*71* 95$_{154}$ *106* 208$_{63-64}$
- Philosophia vetus et nova (s. Du Hamel 1700) **I 3**. 493$_{31M}$ **I 6**. 219$_{1-2}$ **II 6**. M*134* 267$_{9-10}$
- Regiae scientiarum academiae historia (s. Du Hamel 1698) **I 6**. 306$_{14-15}$ **II 6**. M*59* 79$_{148-149}$

Du Petit-Thouars, Louis Marie Aubert (1758–1831). Franz. Botaniker. Pflanzenphysiologe
I 10. 308$_{34}$.313$_{4}$

Werke:
- Essais sur la végétation considérée dans le développement des bourgeons (s. Du Petit-Thouars 1809) **II 10B**. M*22.10* 83$_{4}$

Dufay, Charles François de Cisternay (1698–1739). Chemiker. Physiker und Mathematiker; seit 1723 Mitglied der Académie des Sciences und seit 1732 Intendant des botanischen Gartens in Paris
I 6. 326$_{20}$.327$_{5,31}$.328$_{23}$.352$_{31}$ **I 7**. 14$_{6}$
II 5B. M*42* 157$_{61}$ **II 6**. M*92* 192$_{58}$

Werke:
- Observations physiques sur le meslange de quelques couleurs dans la teinture (s. Dufay 1737) **I 6**. 327$_{8-9}$
- Versuche und Abhandlungen von der Electricität derer Cörper (s. Dufay 1745) **II 1A**. M*1* 9$_{275-276}$

Dufougerais la Douespe, Benjamin François (1766–1821). Kaiserlich-königl. Glasfabrikant, förderte zur Zeit Napoleons die Kristallmanufaktur von Mont Cénis
I 6. 365$_{4}$
II 5B. M*114* 334$_{168}$ **II 6**. M*112* 214$_{65}$ *115* 220$_{132}$.221$_{163-230}$

Werke:
- Rapport sur le cristal pesant destiné à la fabrication des lunettes achromatiques (s. Dufougerais la Douespe 1809) **II 6**. M*115* 217–223

Duglas s. Douglas, David

Duhamel du Monceau, Henri Louis (1700–1781). Naturforscher und Botaniker in Paris
Werke:
- Abhandlung von Bäumen, Stauden und Sträuchen (s. Duhamel 1762–1763) **II 9A**. M50 84$_{29}$

Dulong, Pierre Louis (1785–1838). Physiker, Chemiker
Werke:
- Recherches sur la mesure des températures (s. Dulong / Petit 1820) **II 1A**. M83 327$_{529}$–328$_{534}$ (Tulon und Petit)

Duméril, André Marie Constant (1774–1860). Mediziner und Anatom in Paris
Werke:
- Leçons d'anatomie comparée (Hrsg., s. Cuvier 1800–1805)

Dumont, Jean Baron de Carlscroon (1660–1726). Forschungsreisender, Schriftsteller, Zeitschrifteneditor
Werke:
- Corps universel diplomatique du droit des gens (s. Dumont 1728) **I 1**. 34$_{MA}$

Dunch s. *Domcke (Dunch), George Peter*

Dürer, Albrecht (1471–1528). Maler und Kunsttheoretiker aus Nürnberg
I 6. 224$_{5,6,10}$

Dürrbaum, Johann Martin (1751–1812). Von 1782–1812 Hausvogt beim Herzogl. Accouchier-Institut und Aufwärter im Naturalienkabinett in Jena
I 9. 168$_{32}$

Dutour (Du Tour), Étienne François (1711–1784). Franz. Geistlicher und Naturforscher; Korrespondent der Académie des Sciences in Paris
Werke:
- Recherches sur le phénomène des anneaux colorés (s. Dutour 1763) **II 4**. M42 53$_{12}$ **II 6**. M78 159$_{21-22}$

Dutrochet, René Joachim Henri (1776–1847). Franz. Mediziner; bearbeitete die Anatomie der Pflanzen und Tiere
I 10. 302$_{25}$.343$_{26}$ (Franzose). 350$_{33}$.351$_{13}$.356$_{33}$
II 10B. M24.3 112$_{10}$ (Franzose)
Werke:
- Recherches anatomiques et physiologiques (s. Dutrochet 1824) **I 10**. 340$_{20-21}$.350$_{8}$–351$_{14}$ **II 10B**. M24.9 117$_{12}$

Duverney (Duvernay), Guichard Joseph (1648–1730). Leibarzt Ludwig XIV., Prof. der Anatomie in Paris
I 9. 129$_{29-30}$.201$_{20}$
Werke:
- Leçons d'anatomie comparée (Hrsg., s. Cuvier 1800–1805)

Duverney, Jacques François Marie (1661–1748).
Werke:
- Anatomie de la tête (Koautor, s. Gautier d'Agoty / Duverney 1748)
- Myologie complette (Koautor, s. Gautier d'Agoty / Duverney 1745)

Dyck, Anthonis van (1599–1641). Niederländ. Maler und Radierer aus der Schule von Peter Paul Rubens
I 6. 229$_{32}$.231$_{34}$

Ebel, Johann Gottfried (1764–1830). Arzt, Naturforscher und Schriftsteller; seit 1810 in Zürich
Werke:
- Über den Bau der Erde in dem Alpen-Gebirge (s. Ebel 1808) **I 2**, 76$_{14Z}$

Eberhard, Johann Peter (1727–1779). Prof. in Halle
II 6. M92 193$_{66}$ *105* 205$_{35}$
Werke:
- Betrachtungen über einige Materien aus der Naturlehre (s. Eberhard 1752) **II 1A**. M1 9$_{271}$
- Erste Gründe der Naturlehre (s. Eberhard 1753) **I 3**, 493$_{3M}$ **I 6**,

$348_{24-25}.351_{31-32}$ **II 1A**. **M*1*** 9_{271}
II 6. **M*71*** 96_{189}–97_{200} **72** 109_{32}
134 267_9
- Samlung derer ausgemachten Wahrheiten in der Naturlehre (s. Eberhard 1755) **I 6**. 348_{31-32} **II 1A**. **M*1*** 9_{271} **II 6**. **M*71*** 97_{208}–98_{257} **72** 110_{53}
- Vermischte Abhandlungen aus der Naturlehre, Arzneigelahrtheit und Moral (s. Eberhard 1760–1779) **II 1A**. **M*1*** 9_{271}
- Versuch einer näheren Erklärung von der Natur der Farben (s. Eberhard 1749) **II 6**. **M*71*** 96_{193} **74** 116_{58} *136* $275_{158-161}$

Ebermaier, Carl Heinrich (1802–1870). Arzt und Botaniker; Medizinalrat in Düsseldorf
Werke:
- Plantarum papilionacearum monographia medica (s. Ebermaier 1824) **II 10A**. **M*23*** 82_{1-4}

Echion (um 400 v. Chr.). Griech. Maler
I 6. $53_{34.35}.57_5$

Eck, von Legationsrat
II 2. **M*9.25*** 191_{17}

Eckardt, Johann Ludwig von (1732–1800). Regierungsrat in Weimar und Mitglied der Ilmenauer Bergwerkskommission
Werke:
- Nachricht von dem ehmaligen Bergbau bey Ilmenau (s. Eckardt 1783) **I 1**, **32–55M I 1**. $85_{TA.18-21}$. 185_{33-34} (1783 publizierten Plans). 205_{36}

Eckartshausen (Eckardtshausen), Franz Carl von (1752–1803). Jurist, Schriftsteller; Wegbereiter der Münchner Romantik
II 1A. **M*35*** 195–202

Eckermann, Johann Peter (1792–1854). Schriftsteller; von 1823 bis zu Goethes Tod dessen Mitarbeiter, besonders bei der Redaktion der Ausgabe letzter Hand, sowie gemeinsam mit F. v. Müller Hrsg. der Nachlassbände dieser Ausgabe; Verfasser der die Jahre 1823–1832 umfassenden Gespräche mit Goethe
II 5B. **M*95*** 262_{40}
- Berichterstatter **I 2**. 357_{21}–358_{5Z}. $358_{6-32Z}.366_{9-34Z}.383_{22-34Z}.$ 383_{35}–384_{11Z}

Manuskripte:
- Bey hellem Tage und herabhängendem weißem Rouleau [optische Beobachtungen] **II 5B**, **M*Erg 2*** 372–373
- Meine Kenntniß der Farbenlehre **II 5B**. **M*Erg 1*** 370–371
- Von der Mischung [optische Beobachtungen] **II 5B**, **M*Erg 3*** 374–379

Eckl, Clemens (1789–1831). Prior des Prämonstratenser-Stifts Tepl
I 2. 279_{23Z}

Eduard I., König von England (1239–1307). Regierte von 1272 bis 1307
I 6, 96_5

Eduard VI., König von England (1537–1553). Regierte von 1547 bis 1553
I 6. $243_{29.32}$

Eggers, Carl Adolf Johann (1787–1863). Maler; wesentlich beteiligt an der Wiederaufnahme der Freskomalerei und der Verbesserung ihrer Technik; malte Fresken u. a. in Rom, Naumburg, Berlin und Neustrelitz
Werke:
- Bemerkungen über das Colorit in Bezug auf Goethe's Farbenlehre (s. Eggers 1829) **II 5B**. **M*132*** 367_{1-3}

Ehnlich, Johann Franz Karl († 1847). Kupferstecher im Industrie-Comptoir in Weimar, 1816 Kanzlist, um 1827 Schreiberdienste für Goethe
I 2. 363_{24Z}

Ehrmann d. J., Johann *Christian* (1749–1827). Arzt und Schriftsteller; 1779 Arzt in Frankfurt a. M.,

1796 Garnisonsarzt und Medizinalrat, 1804 bis 1808 Hospitalarzt, seit 1821 in Speyer
I 2, 81$_{26-27Z}$
Eichel, Johann (1729–1817). Arzt auf Fünen und Langeland
Werke:
- Experimenta circa sensum vivendi (s. Eichel 1774) I 6, 388$_{34-36}$ II 5B, M 72 219$_{423-424}$
Eichhorn, Ambrosius Hubert Prokurator in Koblenz
I 2, 73$_{28-29Z}$
Eichler, Andreas Chrysogon (1762–1841). Hofrat und Polizeibeamter in Prag und Teplitz, berichtete auf Wunsch Karl Augusts mehrmals über die Witterung in Böhmen
II 2, M 9.14 179 9.16 181$_1$
Werke:
- Böhmen vor Entdeckung Amerikas ein kleines Peru (s. Eichler 1820) I 2, 200$_{26}$–201$_{17}$ I 8, 260$_{1-3,21}$
Eichstädt, Heinrich Karl Abraham (1772–1848). Philologe; seit 1797 an der Universität Jena, 1804 auch Oberbibliothekar, 1803–1840 Hrsg. der Jenaischen Allgemeinen Literatur-Zeitung
I 3, 279$_{29Z,30Z}$ (Wohlgeb.) II 6, M 64 83
Werke:
- De accurata doctrina principum (s. Eichstädt 1822) II 8B, M 25 45$_{35-40}$
Eichstädt, Lorenz (1596–1660). Dt. Mediziner und Astronom
Werke:
- De Iride (s. Eichstädt 1650) II 6, M 135 269$_{36}$
Eike von Repgow (um 1180–1233). Anhaltinischer Jurist und Chronist; Verfasser des Sachsenspiegels
Manuskripte:
- Codex juris provincialis et feudalis Saxonici picturatus membranaceus I 2, 27$_{14Z}$ (Sachsenspiegel)

Eimbke, Georg (1771–1843). Apotheker, Prof. der Medizin; ab 1794 Privatdozent für Physik und Chemie in Kiel, ab 1818 Mitglied des Gesundheitsrates in Hamburg, 1824 Gründer der Pharmazeutischen Lehranstalt des Gesundheitsrates in Hamburg
Werke:
- Physikalische Anzeige. / Folgender Versuch [...] (s. Eimbke 1794a) II 1A, M 16 139$_{234-235}$ (andere)
- Ueber das Leuchten des Phosphors im Stickgas (s. Eimbke 1794b) II 1A, M 16 139$_{234-235}$ (andere)
Elgin s. Bruce, Thomas, VII. of Elgin und XI. Earl of Kincardine
Élie de Beaumont, Jean-Baptiste Armand Louis *Léonce* (1798–1874). Franz. Geologe
Werke:
- Recherches sur quelques-unes des révolutions de la surface du globe (s. Élie de Beaumont 1829–1830) I 2, 391$_{13-21M}$,394$_{10-11}$ I 11, 312$_{16}$ II 8B, M 86 140$_{8-11}$
Eliot, Sir John (1735–1813). Schwiegervater von Luke Howard
I 8, 292$_{14-15}$
II 2, M 5.3 31$_{153}$
Elisabeth I., Königin von England (1533–1603). Regierte von 1558 bis 1603
I 6, 243$_{36}$
II 6, M 51 65$_{21}$
Elliot, John (1747–1787). Engl. Arzt und Apotheker
Werke:
- Experiments and observations on light and colours (s. Elliot 1786) II 6, M 123 233$_1$–236$_{91}$
- Philosophical observations on the senses of vision and hearing (s. Elliot 1780) II 3, M 2 3$_7$–8 7$_{2-3}$
- Physiologische Beobachtungen (s. Elliot 1785) II 5B, M 72 219$_{424-425}$
Emery, Josias (um 1730–1794). In England lebender Uhrmacher

franz. Herkunft, fertigte vor allem spezielle Uhren für die Seefahrt
I 11. 165₂₈
Emmerling, Ludwig August (1765–1841). Bergmann und Mineraloge; Werner-Schüler
Werke:
- Lehrbuch der Mineralogie (s. Emmerling 1793–1797) I 2. 422₂₃₋₂₆M II 7. M*113* 222₆₈₋₇₀
Emmert, L. Kupferstecher und Lithograph
I 9. 380₁₆
Empedokles (495–433 v. Chr.). Griech. Philosoph und Arzt
I 3. 443₂₄M I 6. 2₁.₃.₃₀.₃₂.7₂₇.₃₃.81₄. 10₂₀.71₂₂.₃₀.72₁₂
II 6. M*4* 6₂₇₋₂₈.7₃₄ 5 8₁₀ S 11₂₀ 9 12₇
Engel, Johann Jakob (1741–1802). Gymnasialprof., Schriftsteller, Übersetzer und Prinzenerzieher in Berlin; Mitdirektor des späteren Nationaltheaters
Werke:
- Versuch über das Licht (s. Engel 1800) I 8. 216₁₁₋₁₂ II 6. M*73* 114₁₄₀₋₁₄₁ 74 117₉₉
Engelbach, Johann Konrad (1744–1802). Studienfreund Goethes in Straßburg, vermutlich sein Repetent, später Rat des Fürsten von Nassau-Saarbrücken; Begleiter Goethes auf einem Ausflug in das Unterelsass und nach Saarbrücken 1770
I 1. 1₄z.2₂₆₋5₃₈z (wir)
Engelhard Bergfaktor aus Canstein
I 1. 230₃₀.235₁₋₂₀ (Deputierte). 251₉₋₂₆M (Deputierter).253₁₀₋₁₅M (Deputierten)
England, König/Königin von. Siehe die Einträge unter den jeweiligen Vornamen
Ennius, Quintus (240–170 v. Chr.). Röm. Schriftsteller
I 6. 111₂₀
II 6. M*41* 49₁₆

Epiktet (um 50–138 n. Chr.). Griech. Philosoph
Werke:
- Encheiridion (s. Epiktet. Ench.)
I 10. 66₃₀₋₃₂ II 10B. M*21.1* 63₁₃₋₁₄
Epikur (Epikuros) (342/41–271/70 v. Chr.). Griech. Philosoph
I 6. VIII₃₃.4₅.₇.₁₃.₁₅.71₃.₉.92₁₈.171₃₃
II 1A. M*36* 203₁₀ II 6. M*4*
7₃₆ 5 8₁₂ 7 10₁₄ 9 12₂ S 12₃₁ 9
13₁₅M*106* 206₁₀–207₁₇.208₅₅
Epstein Ebstein) (fl. 1815–1835). Um 1815 Hüttenschreiber und um 1835 Hüttenverwalter der Eisenhütte bei Langhecke östlich von Limburg a. d. L.
I 2. 73₆z
Ernesti, Johann Christian Gottlieb (1756–1802). Philologe; Prof. der Philosophie in Leipzig
Werke:
- Lexicon technologiae Graecorum rhetoricae (s. Ernesti 1795) I 2. 27₂₅z
- Lexicon technologiae Latinorum rhetoricae (s. Ernesti 1797) I 2. 27₂₅z
Erxleben, Johann Christian Polykarp (1744–1777). Physiker und Chemiker; seit 1775 o. Prof. der Physik an der Universität Göttingen
I 3. 231₃₁ I 6. 352₆.356₁₆.423₃₇
Werke:
- Anfangsgründe der Chemie (s. Erxleben / Wiegleb 1784) I 11. 219₂₂ (Ausgaben Erxlebens)
- Anfangsgründe der Naturgeschichte (1782) (s. Erxleben / Gmelin 1782) II 9A. M*43* 71–72
- Anfangsgründe der Naturlehre. 1. Aufl. (s. Erxleben 1772) I 3. 15₁ₐ.480₁₄ (des Erxleben) I 5. 91₃₇–92₂₅.92₂₄₋₂₅ I 6. 349₃₁₋₃₂.352₂₋₃
I 9. 266₂₆.266₂₄–267₁ II 5B. M*78* 235₇₋₉ II 6. M*71* 100₃₂₇₋₃₃₆ 72 109₃₇
- Anfangsgründe der Naturlehre. 1. bis 6. Aufl. (s. Erxleben / Lichtenberg 1772–1794) II 6. M*109* 209–210 II 10A. M*42* 105

- Anfangsgründe der Naturlehre.
3. Aufl. (s. Erxleben / Lichtenberg 1784) **II 1A**, M*4* 29
- Anfangsgründe der Naturlehre.
6. Aufl. (s. Erxleben / Lichtenberg 1794) **I 3**, 231$_{30-31Z}$ **I 5**, 92$_{24-25}$ (Lichtenbergischen) **I 6**, 352$_6$, 423$_{37}$ **I 11**, 219$_{22}$ (Ausgaben Erxlebens) **II 5A**, M*9* 15$_{118-120}$, 18$_{270-271}$ *10* 25$_{7-8}$ **II 5B**, M*49* 170$_{109-110}$
- [Nachricht über das Mayerische Farbendreieck] (s. Erxleben 1775) **I 3**, 492$_{34M}$ **II 6**, M*123* 238$_{102}$ *134* 267$_{5-6}$ *135* 270$_{73-74}$

Eschenmayer (Eschenmeier), Adolf Adam *Carl August* (seit 1820:) von (1768–1852). Mediziner, Philosoph, Arzt in Kirchheim und Sulz, 1811 Prof. in Tübingen
Werke:
- Allgemeine Reflexionen über den thierischen Magnetismus und den organischen Aether (s. Eschenmayer 1817) **II 1A**, M*71* 296–298
- Versuch die Geseze magnetischer Erscheinungen a priori zu entwikeln (s. Eschenmayer 1798) **I 3**, 326$_{33}$–327$_{5Z}$

Escher von der Linth, Hans Konrad (1767–1823). Schweizer Staatsmann, Publizist und Geologe
I 1, 267$_{8Z.16Z}$

Eschke, Ernst Adolf (1766–1811). Taubstummenlehrer; Direktor des Taubstummeninstituts in Berlin, Oberschulrat
Rezensionen:
- Zeune: Belisar (s. Eschke 1808) **II 3**, M*20* 12$_2$

Eschwege, Wilhelm Ludwig von (1777–1855). Geograph, Mineraloge, Direktor der Goldbergwerke in Brasilien; Besuch in Weimar 1822 und 1823
I 2, 251$_{7Z.20Z}$,315$_{29Z}$,335$_{28}$ **I 8**, 387$_{23}$
II 2, M*9.8* 147$_{12}$ M*9.11* 175–177 *9.37* 201

Werke:
- Die Raiz Preta, oder schwarze Brechwurzel (s. Eschwege 1818a) **I 10**, 225$_{5-6,18-19}$
- Geognostisches Gemälde von Brasilien (s. Eschwege 1822) **I 2**, 246$_{1-2}$ **I 11**, 222$_{1-21}$
- Journal von Brasilien, 2 Hefte (s. Eschwege 1818b) **I 2**, 246$_3$ **I 9**, 325$_6$ **I 10**, 225$_{5-6}$ **I 11**, 222$_4$ **II 2**, M*9.8* 147–148

Eschweiler, Franz Gerhard (1796–1831). Botaniker; Schüler C. G. Nees von Esenbecks
Werke:
- Systema Lichenum (s. Eschweiler 1824) **I 9**, 323$_{40}$

Esmark (Esmarck), Jens (1763–1839). Schüler von A. G. Werner, Prof. der Bergwissenschaften in Christiania
Werke:
- Mineralogische Reise durch Ungarn, Siebenbürgen und das Bannat (s. Esmark 1798) **II 8B**, M*72* 111$_{187}$

Este, Ippolito d', Kardinal (1509–1572). Wurde im Alter von zehn Jahren zum Erzbischof von Mailand, 1539 zum Kardinal ernannt
I 6, 140$_{31-32}$

Ettinger, Karl Wilhelm (1741?–1804). Verlagsbuchhändler in Gotha, sachsen-gothaischer Kommissionsrat und Hofagent
I 9, 64$_2$ **I 10**, 304$_{28}$

Euenor (5. Jh. v. Chr.). Griech. Maler, Lehrer des Parrhasios
I 6, 50$_9$

Euklides (um 300 v. Chr.). Griech. Mathematiker
I 6, 156$_{20}$
II 6, M*65* 86$_{68}$

Euler, Leonhard (1707–1783). Schweizer Mathematiker, Physiker und Astronom; 1730 Prof. der Physik und 1733 der Mathematik an der Akademie der Wissenschaften in St. Petersburg, 1741 Prof. der

Mathematik und 1744 Direktor der Mathematischen Klasse der Akademie der Wissenschaften in Berlin, seit 1766 wieder in St. Petersburg
I 3. 117$_{19}$.399$_{30M}$.400$_{27M}$.429$_{16}$
I 5. 137$_5$ I 6. 349$_{33}$.350$_8$.362$_{24,37}$.
363$_5$.365$_{20}$ I 7. 311$_{14,18,21}$ I 11. 98$_{17}$.
287$_{13,32}$
II 1A. M S3 324$_{386-387}$ II 3. M 33
27$_{227}$ 34 31$_{125}$.34$_{235-238}$ II 5B. M 72
213$_{150}$ 114 332$_{76}$ II 6. M 71 97$_{224}$.
98$_{246}$.100$_{332}$ 92 193$_{76}$ 105 205$_{17-21}$
111 212$_{11}$ 112 213$_{18}$.215$_{77}$ 114 216$_2$
115 217$_{10,18}$.218$_{31,39,58}$ 133 263$_{153}$
Werke:
- Constructio lentium obiectivarum ex duplici vitro (s. Euler 1762) II 5B. M 12 48$_{54-55}$
- Dioptrica (s. Euler 1769–1771) II 3. M 34 28$_{30}$
- Examen d'un controverse sur la loi de réfraction des rayons de différentes couleurs (s. Euler 1753) II 5B. M 114 332$_{62}$ (Zurechtweisung)
- Neue Entdeckungen betreffend die Refraction in Gläsern (s. Euler 1765) II 6. M 74 117$_{71}$ (Steiner)
- Opuscula varii argumenti (s. Euler 1746–1751) II 6. M 74 116$_{53}$ 135 270$_{61}$ 136 271$_{3-5}$
- Recherches sur la confusion des verres dioptriques (s. Euler 1761a) II 6. M 136 275$_{143-147}$
- Recherches sur les lunettes à trois verres (s. Euler 1757) II 6. M 136 274$_{136-138}$
- Sur la perfection des verres objectifs des lunettes (s. Euler 1747) II 3. M 34 33$_{208-211}$ II 5B. M 12 47$_{25}$ 114 332$_{55,60-61}$ (Prämissen)

Eumaros (6. Jh. v. Chr.). Vasenmaler aus Athen
I 6. 47$_{15,20-27}$

Euphranor von Korinth (um 400 v. Chr.). Griech. Bildhauer und Maler; Schüler des Aristeides und Verfasser kunsttheoretischer Schriften
I 6. 53$_{23}$

Eupompus (um 400 v. Chr.). Griech. Maler; Begründer der Malerschule von Sikyon
I 6. 52$_7$.53$_{17}$

Euripides (um 485/80–407/06 v. Chr.). Griech. Tragödiendichter
Werke:
- Bacchae (s. Euripides. Bacch.) I 11. 344$_{4-8}$

Eustachi, Bartolomeo (Eustachius, Bartholomaeus) (1520–1574). Anatom in Italien
Werke:
- Explicatio tabularum anatomicarum (s. Eustachi / Albinus 1744) I 9. 164$_{26-31}$
- Ossium examen (s. Eustachi 1564) I 9. 166$_{7-12}$

Eustathios (Eustathius) von Thessalonike (1115–1195). Bischof von Thessalonike. Philologe
Werke:
- Παρεκβολαὶ εἰς τὴν Ὁμήρου Ὀδυσσείαν καὶ Ἰλιάδα (s. Eustathius 1542) II 6. M 4 6$_{15-19}$

Euthices (4. Jh. n. Chr.). Transskription für Theosebeia, der das Hauptwerk des Zosimos gewidmet ist
I 6. 131$_{28}$

Eyck, Jan van (um 1390–1441). Flämischer Maler
I 6. 222$_{7,16}$
II 5B. M 92 256$_{41}$

Faber, Pierre Jean (†1750). Stadtarzt in Montpellier und wahrscheinlich zeitweise Lehrer der Physik in Rom
Werke:
- Panchymici seu anatomiae totius universi (s. Faber 1646) I 6. 218$_{22-23}$

Fabius Mitglied der stadtrömischen gens Fabia
I 6. 120$_{24}$

Fabri, Honoré (Fabri, Honoratus) (1606/07–1688). Philosoph, Mathematiker und Physiker, Jesuit; erst Lehrer der Philosophie am Ordenskollegium in Lyon, dann

Großpoenitentiarius (Kardinalsamt) in Rom
I 3. 480$_{24M}$ **I 6**. 207$_{10}$.208$_{27}$
II 5B. M*42* 156$_8$ **II 6**. M*55* 71$_{35}$
71 97$_{220}$.104$_{465}$ *106* 208$_{60}$
Werke:
- Physica (s. Fabri 1669–1670) **II 4**. M*5* 5$_1$–6$_2$ (Stelle) **II 6**. M*43* 54$_2$ *106* 207$_{26}$
- Synopsis optica (s. Fabri 1667) **II 6**. M*59* 78$_{100}$ *135* 270$_{43}$ *136* 273$_{72}$

Fabricius, Johann Albert (1668–1736). Altphilologe, Theologe
Werke:
- Bibliographia antiquaria (s. Fabricius 1713) **II 1A**. M*1* 4$_{50-51}$.6$_{113-128}$
- Leonis Allatii De Psellis et eorum scriptis diatriba (Übers., s. Michael Psellus / Fabricius 1711)

Fabricius, Johann Christian (1745–1808). Entomologe; Prof. in Kiel
Werke:
- Species insectorum (s. Fabricius 1781) **II 9A**. M*112* 169$_7$

Facius, Friedrich Wilhelm (1764–1843). Medailleur, Graveur, Stein- und Stempelschneider; seit 1788 in Weimar, seit 1829 Hofmedailleur
I 2. 174$_{15Z}$

Fahrenheit, Daniel Gabriel (1686–1736). Physiker, Instrumentenbauer
I 11. 244$_{20}$
II 1A. M*44* 232$_{380,387}$

Falger, Johann Anton (1791–1876). Österreich. Maler, Radierer, Lithograph und Heimatforscher; 1808–1831 vorwiegend in München, 1819–1821 in Weimar, 1831 Rückkehr nach Tirol
I 9. 380$_{15}$

Falloppio, Gabriele (Fallopius, Gabriel) (1523–1562). Ital. Anatom
Werke:
- Observationes anatomicae (s. Falloppio 1561) **I 9**. 166$_{1-6,9}$

Färber, Johann Michael Christoph (1778–1844). Bruder von Johann Heinrich David F.; seit 1814 Bibliotheks- und Museumsmitarbeiter in Jena, von Goethe dort häufig als Schreiber herangezogen
II 5B. M*16* 71$_{13-23}$ *20* 93$_{3,14}$.95$_{93}$
II 10B. M*7* 26$_{58}$

Fäsi d. Ä., Johann Kaspar (1769–1849). Geograph und Historiker; Prof. in Zürich
I 1. 267$_{11Z}$

Fatio de Duillier, Nicolas (1664–1753). Schweizer Mathematiker; löste 1699 durch einen Vorwurf an Leibniz den Prioritätsstreit (Infinitesimalrechnung) zwischen diesem und Newton aus
II 6. M*90* 189$_{20}$

Faujas de Saint-Fond, Barthélemy (1741–1819). Prof. der Geologie am Muséum d'Histoire naturelle in Paris
II 8B. M*26* 46$_{10-11}$
Werke:
- Essai de géologie (s. Faujas de Saint Fond 1803–1809) **II 8B**. M*72* 109$_{127-128}$
- Recherches sur les volcans éteints du Vivarais et du Velay (s. Faujas de Saint Fond 1778) **I 2**. 167$_5$.265$_{26}$.299$_{8M}$.302$_{6M}$ **I 8**. 160$_{19}$.370$_{43}$ **II 8B**. M*39* 66$_{59-65}$.68$_{145}$

Ferber, Johann Jakob (1743–1790). Aus Karlskrona, Schüler Linnés, seit 1774 Prof. der Naturgeschichte und Physik in Mietau (Mitau), seit 1783 in St. Petersburg, 1786–1788 Bergrat in Berlin, später in der Schweiz
I 1. 127$_{ZA}$ **I 9**. 55$_{18}$ (Vorgänger)
II 7. M*29* 51$_{120-121}$ *94* 185$_{24}$ **II 8B**. M*72* 109$_{110}$
Werke:
- Beyträge zu der Mineral-Geschichte von Böhmen (s. Ferber 1774) **I 2**. 164$_{22(?)}$ **I 8**. 157$_{31(?)}$
- Briefe aus Wälschland (s. Ferber 1773) **I 1**. 127$_{ZA}$.128$_{5Z}$.149$_{12M}$

247₂₂ₘ.249₇ₘ **II 7.** M *29* 50₆₂₋₆₃.
51₁₀₂₋₁₀₃.₁₁₄₋₁₁₅ *38* 60 *45* 75₃₀₁ *94*
188₁₄₆₋₁₄₇ *111* 214₁₂₄.215₁₆₉
- Disquisitio de prolepsi plantarum (Resp., s. Linné / Ferber 1763)
- Nachricht von dem Anquicken (s. Ferber 1787) **I 1.** 187ₜₐ
- Neue Beyträge zur Mineralgeschichte (s. Ferber 1778) **I 2.** 164₂₂₍?₎ **I 8.** 157₃₁₍?₎

Ferdinand III. (Habsburg) (1608–1657). 1637–1657 röm.-dt. Kaiser
I 11. 77₁

Ferdinand IV. (1751–1815). Als König beider Sizilien Ferdinand I
I 2. 271₈ **I 8.** 335₃₄₋₃₅

Ferdinando II. de' Medici (1610–1670). Großherzog der Toskana. Bruder von Leopoldo de' Medici; Förderer Galileis, Mitbegründer der Accademia del Cimento
II 6. M *79* 162₁₂₆₋₁₂₇

Fernow, Karl Ludwig (1763–1808). Kunstschriftsteller; Universitätslehrer in Jena, 1804 Bibliothekar der Herzoginwitwe Anna Amalia
I 1. 320₁₈z.321₁₃z

Ferrari, Joseph (†1831). Ital. Straßensänger in London, von Leichenbeschaffern ermordet
I 10. 369₁₀ (Italiener).369₃₇–370₁ (Italiener).370₁₃₋₂₄ (Italiener, Savoyarde).₂₆₋₃₆.371₇₋₈

Ferri, Ciro (1634–1689). Ital. Maler; Schüler von Cortona
I 6. 232₃₀

Ferrier
II 6. M *70* 91₃

Férussac, *André Étienne* **Just Pascal Joseph François Baron d'Audebart de** (1786–1836). Franz. Offizier und Naturforscher; Hrsg. des „Bulletin des sciences naturelles"
I 10. 315₁₈.316₆ (Herausgeber)
Werke:
- Histoire naturelle des mollusques (s. Férussac 1820–1851) **II 8B.** M *72* 106₂₉₋₃₀

Fichte, Johann Gottlieb (1762–1814). Philosoph; 1794 Prof. in Jena, 1799 entlassen, dann vorwiegend in Berlin, 1805 Prof. in Erlangen, 1806 in Königsberg, 1807 in Berlin, 1810 Prof., 1811–1812 Rektor der Universität
I 9. 93₃₇
II 1A. M *21* 155₁
Werke:
- Grundlage der gesammten Wissenschaftslehre (s. Fichte 1794a)
II 1A. M *15* 129–131
- Ueber den Begriff der Wissenschaftslehre (s. Fichte 1794b)
II 1A. M *14* 110–128

Fichtel, Johann Ehrenreich von (1732–1795). Geologe in Hermannstadt, Siebenbürgen
I 2. 132₄ₘ
II 8A. M *110* 145₅ **II 8B.** M *72* 109₁₀₇₋₁₀₈

Ficino, Marsilio (Ficinus, Marsilius) (1433–1499). Ital. Humanist und Philosoph in Florenz; Übersetzer und Kommentator Platons und der Platoniker
II 6. M *4* 7₃₉
Werke:
- Liber de sole et lumine (s. Ficinus 1493) **II 6.** M *38* 46₁₃ *37* 46₁₇

Ficinus, Heinrich David August (1782–1857). Arzt, Apotheker und Naturforscher; seit 1814 als Prof. der Physik und Chemie in Dresden, seit 1817 zugleich Prof. an der Tierarzneischule, 1828–33 Lehrer an der Techn. Bildungsanstalt; seit 1822 Betreiber der Dresdner Mohren-Apotheke
Werke:
- Farben (Colores) (s. Ficinus 1819) **II 5B.** M *49* 168–172

Fiedler, Dr.
II 8B. M *85* 139₁₂

Fikentscher, Georg *Friedrich* **(Fritz) Christian** (1799–1864). Dt. Chemiker und Pharmazeut; 1818 Ausbildung an Trommsdorffs Institut,

Studienaufenthalte in Paris (1824) und in England (1830)
I 2, 213$_{2Z.9Z}$ (Begleiter)
- Mineraliensammlung **I 2**, 212$_{33Z}$
Fikentscher, Wolfgang Kaspar (1770–1837). Inhaber einer chem. Fabrik mit Glashütte in Marktredwitz
I 2, 212$_{32Z}$
Finch, Sir John (1626–1682). Engl. Konsul in Padua, Prof. der Medizin in Pisa, engl. Gesandter in der Toscana und zuletzt (seit 1672) Botschafter in Konstantinopel
Werke:
- Über einen blinden Mann in Maastricht (Koautor, s. Boyle / Finch 1664)
Fircks (Firks), *Carl* Peter Nicolaus Freiherr von (1809–1890). Sohn von Ferdinand Baron von Fircks, Gutsbesitzer in Kurland. Bruder des Folgenden und mit diesem 1822 zeitweilig Goeths Begleiter in Marienbad; später russ. Beamter und Diplomat
I 2, 213$_{28}$–214$_{10Z}$ (Gebrüder). 214$_{13Z}$ (Knaben)
Fircks (Firks), *Paul* Andreas Freiherr von (1799–1874). Sohn von Ferdinand Baron von Fircks, Gutsbesitzer in Kurland. Bruder des Vorigen und mit diesem 1822 zeitweilig Goethes Begleiter in Marienbad; später Majoratsherr auf Lesten
I 2, 213$_{28}$–214$_{10Z}$.214$_{13Z}$ (Knaben)
Firmian, Leopold Max Graf (1766–1831). Auf Brunnersdorf bei Kaaden in Böhmen
II 8A, M*28* 47$_4$
Fischer von Waldheim, Johann *Gotthelf* (1771–1853). Botaniker und Zoologe aus Waldheim in Sachsen; 1797 Student der Medizin in Leipzig, 1798 Prof. der Naturgeschichte in Mainz, seit 1804 in Moskau
I 9, 176$_{15.18}$

Werke:
- Observata quaedam de osse epactali sive Goethiano palmigradorum (s. Fischer von Waldheim 1811)
I 9, 104$_{5-10}$ **II 9B**, M*64* 71$_{1-2}$
- Ueber die verschiedene Form des Intermaxillarknochens (s. Fischer von Waldheim 1800) **I 9**, 176$_{7-17}$
Fischer, Christian August (1771–1829). Schriftsteller; Prof. für Literatur in Würzburg
Werke:
- Bergreisen (s. Fischer 1804–1805)
I 2, 338$_{22-25}$.344$_{18M}$ **I 8**, 391$_{10-13}$
II 8B, M*49* 87
Fischer, Christian Friedrich
Werke:
- Dissertatio optica de coloribus (Resp., s. Hamberger 1698)
Fischer, Ernst Gottfried (1754–1831). Mathematiker, Physiker; 1782–1829 am Gymnasium zum Grauen Kloster, seit 1810 auch Prof. für Physik an der Universität in Berlin
Werke:
- Lehrbuch der mechanischen Naturlehre (s. Fischer 1819)
II 5B, M*67* 204$_{32}$
Manuskripte:
- Vorlesungen über Goethes Farbenlehre in der Philomatischen Gesellschaft zu Berlin (Juli-August 1811) **I 8**, 204$_{36-38}$
Fischer, Johann Karl (1760–1833). Physiker, Mathematiker; 1793 Prof. in Jena, 1807 am Gymnasium in Dortmund, 1819 Prof. für Mathematik und Astronomie in Greifswald
Werke:
- Geschichte der Physik (s. Fischer 1801–1808) **II 6**, M*59* 77$_{67}$
- Physikalisches Wörterbuch (s. Fischer 1798–1827) **I 3**, 479$_{36M}$
I 6, 425$_{36-37}$ **II 2**, M S.*1* 69$_{232}$ **II 4**, M*42* 53$_{14-15}$ **II 6**, M*130* 256
Fischer, Konrad Hofgärtner in Weimar
II 2, M*9.32* 197–198

Flanz, Johannes Jakob Karl von (1744–1823). Herr auf Gauern, Kauf- und Handelsmann in Gera, sachsen-gothaischer Geheimer Kammerrat. Juni-Juli 1808 Aufenthalt in Karlsbad
I 1. 355$_{12Z}$

Fleischer, Ernst Gerhard (1799–1832). Verleger und Buchhändler in Leipzig; Sohn von Gerhard Fleischer
I 9. 293$_{32}$

Fleischer, Gerhard (1769–1849). Leipziger Verlagsbuchhändler
I 9. 293$_{40}$

Fleischer, Johann (1539–1593). Breslauer Theologe
Werke:
- De iridibus doctrina Aristotelis et Vitellionis (s. Fleischer 1571) **II 6.** M35 46$_{12}$ 37 46$_{16}$ 115 224$_{21}$ 135 269$_{19}$

Fleischer, Johann Georg (1723–1796). Verleger und Buchhändler in Frankfurt a.M.
I 9. 64$_1$

Fleuriau de Bellevue, Louis Benjamin (1761–1825). Privatmann in La Rochelle, Verfasser mineralog. und geolog. Schriften
II 8B. M72 109$_{112–113}$

Flurl, Matthias, Ritter von (1756–1823). Physiker, Geologe, Mineraloge; Wernerschüler, Prof. der Physik und Naturgeschichte an der Landakademie München, 1800 Direktor des Salinen-, Berg- und Hüttenwesens in Bayern, Mitglied der Bayerischen Akademie der Wissenschaften in München
Werke:
- Beschreibung der Gebirge von Baiern und der oberen Pfalz (s. Flurl 1792) **I 2.** 58$_{23–24M}$ **II 8A.** M46 69$_{13–14}$ **II 8B.** M72 111$_{185–186}$

Fogel, Martin (Fogelius, Martinus) (1634–1675). Dt. Arzt und Sprachforscher
I 10. 287$_{28}$ (M. F. H.)

Werke:
- Doxoscopiae physicae minores (Hrsg., s. Jungius / Fogel 1662)
- Historia vitae et mortis Joachimi Jungii (s. Fogelius 1658) **II 10B.** M$20.$ S 62$_{28–29}$
- Praecipuae opiniones physicae (Hrsg., s. Jungius / Fogel 1679)

Fontana, Felice (1720–1805). Ital. Anatom und Physiologe; Prof. in Pisa
Werke:
- Ricerche fisiche sopra il veleno della vipera (s. Fontana 1767) **II 9A.** M100 149$_{20}$

Fontana, Gregorio (1735–1803). Ital. Mathematiker; zunächst Geistlicher in Rom, ab 1763 Prof. für Mathematik in Pavia
Werke:
- Compendio d'un corso di lezioni di fisica sperimentale (Übers., s. Atwood / Fontana 1781)

Fontanini, Giusto (Fontaninus, Justus) (1666–1736). Jesuit, Archäologe in Rom
Werke:
- De antiquitatibus hortae coloniae Etruscorum (s. Fontanini 1708) **II 9B.** M33 32$_{33–34}$

Fontenelle, Bernard Le Bovier de (1657–1757). Franz. Gelehrter, Philosoph und Schriftsteller; Sekretär der Académie des Sciences in Paris
I 3. 399$_{8M}$ **I 6.** 309$_{10.35}$.311$_{1.29}$.312$_{1}$.313$_{14}$.315$_{28.30.33–34}$.322$_{19.21}$.328$_0$ **I 7.** 13$_{37}$ **I 8.** 207$_{24}$ **II 6.** M133 261$_{100}$

Werke:
- Éloges des académiciens (s. Fontenelle 1717) **I 3.** 493$_{7M}$ **II 6.** M91 190$_{13}$ 92 192$_{29}$ 120 227$_4$ 119 227$_{69–70}$ 134 268$_{14}$
- Entretiens sur la pluralité des mondes (s. Fontenelle 1686) **I 6.** 310$_{4–5.16}$ **II 6.** M91 190$_{23–24}$ 92 192$_{28}$ 93 193

Formont, Jean Baptiste Nicolas (†1758). Reicher Privatmann und Freund Voltaires
I 6. 322₁

Forster, Johann *Georg* Adam (1754–1794). Naturforscher, Forschungsreisender; 1772–1775 mit seinem Vater auf Cooks zweiter Weltumsegelung, 1778 Prof. der Naturkunde in Kassel, ab 1784 und Wilna, 1788 Bibliothekar in Mainz, 1790 Forschungsreise mit A. v. Humboldt durch Westeuropa
I 3. 64₉z.94₁₇z I 6. 423₂₆ I 9. 193₂₄
Werke:
- Vorerinnerung des Uebersetzers (s. Forster 1791) II 10A. M*36* 9₄₂₅

Forster, Johannes Reinhold (1729–1798). Dt. Naturforscher und Forschungsreisender; ab 1778 Prof. in Halle a. S., Vater von Georg Forster (s. d.)
I 9. 193₂₄
Werke:
- Bemerkungen über Gegenstände der physischen Erdbeschreibung, Naturgeschichte und sittlichen Philosophie (s. Forster 1783) I 4. 192₁₇ II 4. M*65* 77₄

Forster, Thomas (1789–1860). Naturforscher und Astronom; Mitglied der Royal Astronomical Society
II 2. M*1.1* 3₁₀
Werke:
- Researches about atmospheric phaenomena (s. Forster 1815) I 8. 74₂₇ I 11. 199₂₂₋₂₄

Forsyth, William (1737–1804). Garten- und Landwirtschaftswissenschaftler in London; ab 1784 Leiter der Königl. Gärten von St. James und Kensington Palace
II 10A. M*36* 93₄.97₁₃₉.₁₄₅
Werke:
- Über die Krankheiten und Schäden der Obst- und Forstbäume (s. Forsyth 1791) II 10A. M*36* 9₄₂₅

Fortenbach, von Geheimrat in Schlackenwerth
I 1. 294₂₉M.295₂M
II 8B. M 7 11₄₄.₅₂

Fortis, Alberto (1741–1803). Augustiner und Bibliothekar in Bologna
Werke:
- Della valle vulcanico-marina di Roncà (s. Fortis 1778) I 1. 242₂₅M
II 7. M*111* 211₂₀

Foster, Henry (1797–1831). Brit. Marineoffizier, Astronom
II 2. M*9.23* 188₁

Fourcroy, Antoine François de (1755–1809). Franz. Arzt, Chemiker, Politiker
Werke:
- Système de connaissances chimiques (s. Fourcroy 1801–1802) II 3. M*21* 12₁

Fourier, Jean Baptiste Joseph (1768–1830). Mathematiker, Physiker
Werke:
- Théorie analytique de la chaleur (s. Fourier 1822) II 1A. M*S3* 326₄₅₄.327₅₀₆₋₅₁₅ II 8B. M *72* 106₃₂₋₃₃

Fox Morcillo, Sebastián (um 1523–1560). Span. Philosoph, studierte in Leuven
Werke:
- De naturae philosophia (s. Fox Morcillo 1560) II 6. M *71* 101₃₄₂₋₃₄₄

Fra Angelico (Ordensname: Giovanni da Fiesole; eigentl. Guido di Pietro) (1387–1455). Ital. Maler und Dominikaner
I 6. 221₂₆₋₂₇.₃₇

Fra Bartolomeo s. *Bartolomeo di San Marco*

Franceschini, Marco Antonio (Marcantonio) (1648–1729). Schüler Cignanis und dessen Nachfolger in der Leitung der Akademie in Bologna
I 6. 233₂₆

Frank von La Roche, Georg Michael (1720–1788). Kurtrierischer Geheimer Rat. Kanzler: seit 1753 verh. mit Sophie La Roche
II 7. M 77 165₄
Franke, Ernst Christoph Schulmeister in Großheringen
I 2. 370₃₂Z
Franklin, Benjamin (1706–1790). Nordamerik. Politiker und Naturforscher: seit 1756 Mitglied der Royal Society
I 3. 466₇M **I 7.** 14₂₆
II 1A. M 17 150₅₈ **II 6.** M 92 193₇₇ 114 216₁₁
Werke:
- Experiments and observations on electricity (s. Franklin 1769) **II 6.** M 73 110₁₇₋₁₈
- Kleine Schriften (s. Franklin 1794) **I 6.** 359₉₋₁₁ **II 1A.** M 59 269
Frankreich, König/Königin von. *Siehe die Einträge unter den jeweiligen Vornamen*
Franz I. Joseph Karl (1768–1835). Kaiser von Österreich, als Franz II. deutscher Kaiser
I 2. 2₂₀Z
Franza, Peter Verleger in Prag
II 8A. M 38 61₂
Fraunhofer, Joseph (seit 1824:) von (1787–1826). Optiker und Instrumentenbauer in Benediktbeuern und München. 1817 korrespondierendes Mitglied der Bayerischen Akademie der Wissenschaften
I 11. 369₁₄
II 5B. M 112 320₁₁ 114 335₁₈₂₋₂₀₂. 338₃₁₃ 126 358₂₂.₃₁.₃₄₋₄₇
Werke:
- Bestimmung des Brechungs- und Farbenzerstreuungs-Vermögens (s. Fraunhofer 1814–1815) **I 8.** 273₁₈ (von ihm bemerkten)
- Neue Modifikation des Lichtes (s. Fraunhofer 1821–1822) **I 8.** 273₁₁₋₁₇
Freiesleben, Johann Karl Friedrich (1774–1846). Schüler von A. G. Werner in Freiberg: nach Alpenreise mit A. von Humboldt 1796 Bergbeamter auf sächsischen Bergämtern. 1800–1808 Oberbergvogt des Mansfeldischen Bergbaus in Eisleben. 1808 Berghauptmann. 1838 Oberberghauptmann in Freiberg
II 8B. M 72 111₁₉₇
Werke:
- Beyträge zur mineralogischen Kenntniß von Sachsen (s. Freiesleben 1817) **I 2.** 123₂Z
Freireis, G. W. Beiträger für das von Eschwege hrsg. „Journal von Brasilien"
Werke:
- Tagebuch auf der Reise zu den Coroatos-Indiern (s. Freireis 1818) **II 10A.** M 47 108
Fréminville, Edme de la Poix de (1680–1773). Ingenieur und franz. Beamter
II 6. M 115 221₁₅₆₋₁₆₂
Frenzel
Werke:
- De Iride (s. Frenzel 1660) **II 6.** M 135 270₄₂
Fresnel, Augustin Jean (1788–1827). Franz. Ingenieur und Physiker: seit 1823 Mitglied der Académie des Sciences in Paris
I 8. 275₅.₇.₂₅₋₂₆.₂₈ (Verfasser). 276₁₀.₂₁ (Franzose).₂₅ **I 11.** 287₂₄
II 5B. M 61 194₉₋₁₀.₂₅
Freund Goethes Nicht ermittelt. Unternahm im Sommer 1819 (?) eine Reise zur Erkundung der Schweizer Gletscher
I 2. 132₂₅ (eines unserer Freunde)
I 11. 213₇ (eines unserer Freunde)
Frick, Johann Friedrich (1774–1850). Maler und Graphiker: Mitglied der Berliner Akademie der Künste
Werke:
- Prospecte des Schlosses Marienburg in Preussen (s. Frick 1802) **II 5B.** M 101 292₂

- Schloss Marienburg in Preussen
  (s. Frick 1799) **II 5B**. M *101* 292$_{1-2}$

Friedländer, Ludwig Hermann
(1790–1851). Prof. der Medizin in
Halle a. S. Vorlesungen über Geschichte der Medizin
Werke:
- De institutione ad medicinam
  (s. Friedländer 1823) **I 10**.
  306$_{17-30, 21}$

Friedrich II. (der Große) von Preußen (1712–1786). Seit 1740
König
I 2. 86$_3$ **I 11**. 175$_{4-5}$
II 7. M 78 165$_2$.166$_{13-18}$

Friedrich II. von Hohenstaufen
(1194–1250). Seit 1220 Kaiser
des röm.-dt. Reiches
II 10A. M 62 140$_{7-8}$
Werke:
- Reliqua librorum de arte venandi
  cum avibus (s. Friedrich II. von
  Hohenstaufen 1596) **II 6**. M *27*
  32$_{71-84}$

Friedrich Wilhelm III. von Preußen (1770–1840). Seit 1797 König
I 9. 378$_{34}$

Friedrich Wilhelm IV. von Preußen (1795–1861). Kronprinz.
1840–1858 König
II 5B. M *101* 292$_{12}$

Fries, Bengt Fredrik (1799–1839).
Zoologe in Stockholm
Werke:
- Om Brand oder Rost pa wäxter
  (s. Fries 1821) **I 9**. 329$_{34,38}$.
  331$_{11-15}$

Fries, Jakob Friedrich (1773–
1843). Philosoph, Naturforscher
und Mathematiker; 1801 Privatdozent der Philosophie in Jena.
1803–1804 auf Reisen. 1805 Prof.
in Jena und seit Sommer 1805 in
Heidelberg. 1816 wieder in Jena,
1819 amtsenthoben. 1824 rehabilitiert als Prof. für Mathematik und
Physik
II 5B. M 88 250$_9$

Rezensionen:
- Goethe: Zur Farbenlehre (s. Fries
  1810) **I 8**. 203$_{24-25}$
- Hegel: Wissenschaft der Logik
  (s. Fries 1815) **I 8**. 204$_{29-30}$
- Pfaff: Ueber Newton's Farbentheorie. Herrn von Göthe's Farbenlehre (s. Fries 1814) **I 8**. 204$_{22}$

Frisi, Paolo (eigentl. elsässisch:
Fries) (1728–1784). Prof. der Philosophie in Pisa, der Mathematik
in Mailand und zuletzt Priester
I 6. 366$_{12}$ **I 7**. 15$_6$
II 6. M *114* 216$_{17}$
Werke:
- Elogio del cavaliere Isacco Newton
  (s. Frisi 1778) **I 6**. 366$_{14,26}$ **II 6**.
  M *119* 225–227 M *120* 227–229

Frisius, Andreas (Mitte 17. Jh.). Niederländ. Verleger und Übersetzer
Werke:
- De arte vitraria (Übers.?, s. Neri /
  Merret 1668)

**Fritsch, Friedrich August Freiherr
von** (1768–1845). Weimarischer
Beamter. 1794 Oberforstmeister.
1823 Kammerdirektor
I 9. 238$_{3-4, 14-15}$ **I 10**. 364$_{13}$
II 10B. M *2* 20$_{32-33}$

Frommann, Johanna Charlotte
(geb. Wesselhöft) (1765–1830).
Miniaturmalerin. Schwester von
Johann Karl Wesselhöft, seit 1792
verh. mit Friedrich Frommann
I 2. 61$_{4z}$

Frommann, Karl Friedrich Ernst
(1765–1837). Verlagsbuchhändler; seit 1798 in Jena. Mitinhaber
der Druckerei Frommann und
Wesselhöft
I 2. 61$_{4z}$

**Frommann, Karl Friedrich Ernst,
dessen Familie** Jenaer Verleger-
und Buchhändlerfamilie
I 2. 6$_{16-17z}$

Froriep, Ludwig Friedrich von
(1779–1847). Mediziner in Halle
a.S. und Tübingen. 1816 Obermedizinalrat in Weimar. Als

Schwiegersohn von F. J. J. Bertuch an dessen Verlag seit 1815 beteiligt **I 2**. 180$_{4-5Z.7Z.9Z.10Z}$ **I 8**. 422$_{11-12}$ **I 9**. 181$_{18}$
- Sammlung **II 10A**. M*2.23* 26$_7$

Fuchs, Johann Friedrich (1774–1828). Anatom; seit 1805 Prof. der Anatomie in Jena und Vorsteher des anatomischen Museums **I 9**. 168$_{38}$.170$_{27}$

Füchsel, Georg Christian (1722–1773). Arzt und Geologe in Rudolstadt. Erforscher der Geologie Thüringens
Werke:
- Entwurf zu der ältesten Erd- und Menschengeschichte (s. Füchsel 1773) **I 1**. 30$_{9-36M}$ **II 7**. M*14* 29–30 M*15* 30–32
- Historia terrae et maris ex historia Thuringiae (s. Füchsel 1761) **I 1**. 30$_{2-5M}$ **I 2**. 425$_{3M}$ (Profil) **II 7**. M*30* 52$_{4-6}$ **II 8A**. M*123* 161$_3$

Fulhame, Mrs.
Werke:
- An essay of combustion (s. Fulhame 1794) **I 7**. 34$_{15}$

Funcke (Funccius), Johann Caspar (1680–1729). Lebte und lehrte in Ulm als Pastor und Prof. der Mathematik am Gymnasium **I 3**. 480$_{24M}$ **I 4**. 19$_{29-31}$ **I 6**. 207$_{25}$ **I 7**. 12$_{12}$ **II 6**. M*55* 71$_{35}$ *58* 7$_{48}$
Werke:
- Liber de coloribus coeli (s. Funcke 1716) **I 3**. 78$_{TA}$ **I 6**. 207$_{4-5.23}$ **II 4**. M*5* 5$_1$ **II 6**. M*74* 115$_4$

Fuß, Nicolaus von (1755–1826). Petersburg. Schwiegersohn von Leonhard Euler **II 3**. M*34* 28$_{31-32}$
Werke:
- Instruction détaillée pour porter les lunettes (s. Fuß 1774) **II 3**. M*34* 28$_{31-33}$.31$_{125}$ **II 6**. M*115* 222$_{218}$–223$_{233}$
- Umständliche Anweisung (s. Fuß / Klügel 1778) **II 3**. M*34* 28$_{35-38}$ M*34* 30$_{109}$–31$_{111}$

Füssli (Füßli, Fuessli, engl. Fusely), Johann Heinrich (1741–1825). Schweizer Maler und Publizist: seit 1764 in England, von 1770 bis 1778 in Rom, danach in London, seit 1799 Prof. an der Royal Academy. Jugendfreund Johann Caspar Lavaters **I 6**. 236$_{12}$

Gabler, Joseph Ritter von Adlersfeld Auf Pograd, südwestlich von Eger: Naturaliensammlung **I 2**. 227$_{26-27}$ **I 8**. 373$_{26-27}$

Gabler, Matthias (1736–1805). Prof. der Philosophie in Ingolstadt **I 6**. 350$_9$
Werke:
- Naturlehre (s. Gabler 1778) **I 6**. 350$_4$ **II 6**. M*71* 102$_{415}$–103$_{425}$ *72* 109$_{40}$

Gaddi, Thaddäus (†1366). Florentiner Maler der Giottoschule **I 6**. 220$_{25.27}$

Gagliardi, Domenico (um 1800). Protomedicus des Kirchenstaats und Prof. der Medizin **II 9B**. M*12* 14$_4$

Galeati (Galeazzi), Domenico Maria Gusmano (1686–1775). Anatom; Prof. der Philosophie und Physik in Bologna
Werke:
- De lapide Bononiensi (s. Galeati 1783) **I 3**. 242$_{18-19Z}$ (6. Teil)

Galen (eigentl. Galenos aus Pergamon; um 129-ca. 216). Griech. Philosoph und Mediziner aus Pergamon, später in Rom. seine Werke waren jahrhundertelang maßgeblich für die Medizin **I 9**. 162$_{12-13.15}$.164$_{9.19}$.177$_{22}$ **II 6**. M*106* 208$_{69}$ **II 9A**. M*26* 42$_2$ **II 10B**. M*25.2* 141$_{85}$
Werke:
- De historia philosophica (s. Galen. De historia philosophica) **II 6**. M S 11$_{23}$
- De ossibus (s. Galen. De ossibus) **I 9**. 154$_{16}$.158$_{22}$.161$_{26}$–162$_{30}$.

$162_{17-18.20.22}.164_7.165_{19}$ **II 9A**, M2 $8_{16}.12_{157}$
- De usu partium corporis humani (s. Galen, usu part.) **I 10**. 394_{21}. 396_{13} (Diktum).$_{21}$ (Analogon)

Galilei, Galileo (1564–1642). Ital. Astronom und Mathematiker. 1589–1592 Prof. der Mathematik in Pisa, 1593–1609 in Padua, dann wieder in Pisa, seit 1610 erster Mathematiker des Großherzogs Cosimo II. von Toskana
I 6. $154_{3.10.19.34}.172_{32}.179_{33}.193_{14}$. 263_{29} **I 7**. 11_{28} **I 11**. $75_{18}.181_8$ **II 1A**. M79 310_{52} **II 5B**. M102 295_{44} **II 6**. M54 70_2 58 73_{25} 59 76_{22} 60 80_5 70 91_{11} 75 $122_{176-179}$ 77 129_{39}
Werke:
- Il saggiatore (s. Galilei 1623) **II 6**. M59 76_{25}
- Systema cosmicum (s. Galilei 1699) **II 2**. M2.9 16_{1-3}

Gall, Franz Joseph (1758–1828). Mediziner und Hirnforscher; Erfinder einer Schädellehre, nach der man von den Formen des Schädels auf Eigenschaften der Person schließen kann
I 7. 90 (ND: 78)$_{36}$
II 9B. M52 56_1 56 $66_{9(?)}$ **II 10A**. M16 75_{32}

Gallitzin (Gallizin, russ. Golizyn), Adelheid Amalia Fürstin von (geb. Gräfin von Schmettau) (1748–1806). Ab 1765 Hofdame der Prinzessin Luise von Preußen, 1768 Heirat mit Fürst Dmitrij Alexejewitsch Gallitzin, russ. Gesandter in Den Haag (seit 1769); 1774 zog sie sich vom Hof zurück, zuerst in ein Landhaus bei Den Haag, dann 1779 nach Münster, wo sie eine der zentralen Persönlichkeiten im sog. „Kreis von Münster" war
I 3. $94_{4z}.459_{7z}$
II 7. M75 163_1

Gallitzin, Dmitrij Alexejewitsch Fürst (1735–1803). Russ. Diplomat, Gesandter in Paris und Den Haag, lebte zuletzt in Braunschweig; Mineraloge als Sammler und Schriftsteller, ab 1799 Präsident der „Sozietät für die gesamte Mineralogie zu Jena"
- Mineraliensammlung **I 1**. 284_{11} (Sammlung) **I 11**. 53_{17} (Sammlung)

Gallo, Agostino (fl. 16. Jh.). Ital. Agronom
Werke:
- Le vinti giornate dell' agricoltura **II 9B**. M33 $31_{11-13}.33_{70}.34_{141}$. $35_{172-176}$

Galton, Samuel John (1753–1832). Bankier, Waffenfabrikant; wiss. Forschungen zur Optik, zu Farben und Licht. Mitglied der Royal Society
Werke:
- Experiments on colours (s. Galton 1799) **II 6**. M73 113_{93-108} 74 117_{97}

Galvani, Luigi (1737–1798). Arzt und Naturforscher; Prof. der Anatomie und Geburtshilfe in Bologna, Entdecker der „tierischen Elektrizität" (Galvanismus)
II 1A. M25 162_{35} M44 $235_{490}-236_{543}$ 45 242_{28-29} 54 256_5 $S3$ $318_{134.141}.319_{179-180}.320_{217-219}$. $321_{247}.322_{298-299}.324_{395-398}$ **II 4**. M70 84_{95} **II 5B**. M72 M110 317_2 **II 8A**. M$S1$ 109_2
- galvanische Kette **II 1A**. M$S3$ $315_1.319_{183}.323_{355-356.365-366}$. $324_{377}.328_{540}.329_{573}$ **II 8B**. M19 28_{38}
- galvanische Lichterscheinung **II 5B**. M71 208_8 72 $211_{69.71-72}$ M110 317_3-318_4
- galvanische Säule **II 2**. M9.24 190_{34-35} **II 5B**. M72 211_{74}
- Galvanismus **II 1A**. M24 160 44 $234_{457}.237_{587}$ 46 244_{19-20} 50 248_1 54 $256_{2.8}$ $S3$ 317_{111} **II 4**. M70 82_{20} **II 5B**. M107 315_{119} **II 8B**. M40 82_7

Gärtner, Joseph (1732–1791). Arzt und Botaniker in Tübingen; seine Arbeiten über Samen und Früchte boten die Grundlage für eine naturwissenschaftliche Systematik der Pflanzen
Werke:
- De fructibus et seminibus plantarum (s. Gärtner 1788–1807) **I 9.** 50_{1-4} **II 9A**. M 50 83–90 62 105_{12}

Gärtner, Karl Friedrich (1772–1850). Botaniker. Arzt; Sohn von J. Gärtner
Werke:
- De fructibus et seminibus plantarum (Forts., s. Gärtner 1788–1807)

Gärtner, Karl Ludwig (1785–1829). Apotheker u. Chemiker in Hanau
I 2. 66_{7z}
Werke:
- Propädeutik der Mineralogie (Koautor. s. Leonhard / Gärtner / Kopp 1817)

Gascoigne, Wilhelm (†1644). Engl. Edelmann; astronom. Beobachtungen. Erfinder des Micrometers, verbesserte die Fernröhre um 1659
I 3. 493_{22M} **I 6.** $271_{14.22.37}.275_{15}$ **II 6.** M 134 268_{31}

Gassendi, Pierre (1592–1655). Franz. Geistlicher. Philosoph und Naturforscher; 1613 Prof. der Theologie in Avignon. 1616–23 Prof. der Philosophie in Aix, anschließend Privatgelehrter; nach einer erneuten Berufung zum Prof. 1645 lehrte er bis 1648 Mathematik am Collège de France
I 3. 479_{32M} **I 6.** VIII_{33} **II 6.** M 71 $97_{221}.104_{467}$ 106 207_{25}. 208_{58}
Werke:
- Opera omnia (s. Gassendi 1658) **II 6.** M 4 7_{49-50} S 11_{28-30}

Gauger, Nicolas (1680–1730). Parlamentsadvokat und Bücherzensor in Paris, befasste sich mit experimenteller und vor allem mit angewandter Physik
I 6. $289_{21}.295_{10.22}$ **I 7.** 13_{16}
Werke:
- Lettre de M. Gauger à un de ses amis (s. Gauger 1728a) **I 6.** 295_{15-16}
- Lettre sur la différente réfrangibilité des rayons de la lumière (s. Gauger 1728b) **I 6.** 295_{17-18}
- Lettres de M. Gauger sur la différente réfrangibilité des rayons de la lumière (s. Gauger 1728c) **I 6.** $295_{13}.318_{27-28}$ **II 6.** M 74 $116_{26(?)}$ 135 270_{56}

Gautier (Gauthier) d'Agoty, Jacques Fabien (1717–1785). Franz. Maler. Kupferstecher: Betreiber einer Werkstatt für Vierfarbendruck
I 3. $59_{19M}.79_{TA}.98_{14M}.230_{12}$ (Franzosen).381_{11M} **I 6.** $334_{24}.335_{9}$. $336_{5}.338_{2.13.19.24}.339_{3.19}.340_{20.27}$. $341_{27.32}.342_{11.15.21.22}.378_{12}$ **I 7.** 14_{9} **II 4.** M 28 31_{10} **II 6.** M 74 117_{04} 92 193_{61-63} M 102 203–204 105 206_{38}
Werke:
- Anatomie de la tête (s. Gautier d'Agoty / Duverney 1748) **I 6.** $335_{18-19}.341_{14}$
- Chroa-génésie ou génération des couleurs (s. Gautier d'Agoty 1750–1751) **I 6.** $336_{20.24-26.28}$. $340_{8-11}.342_{9-10.19}$ **II 6.** M 133 $262_{127-137}$
- De optice Errores Isaaci Newtonis (s. Gauthier 1750) **I 3.** 400_{1-2M} **I 6.** $336_{6.10-12.12-14.16}$ **II 6.** M 74 116_{59} 103 204 136 $274_{117-122}$
- Myologie complette (s. Gautier d'Agoty / Duverney 1745) **I 6.** 335_{17}
- Observations sur l'histoire naturelle (s. Gautier d'Agoty 1752–1754) **I 6.** $341_{5-6.8-10}$ **II 6.** M 101 199_{24}–200_{39} 136 271_{14-16}

Gautier, Jean Antoine (Johann Anton) (1674–1729). Wohl Jean Antoine Gautier. 1696–1723 Prof.

der Philosophie an der Genfer Akademie
Werke:
- Disquisitio de coloribus (s. Gautier 1722) **II 6.** M *135* 270$_{55}$ *136* 273$_{92-93}$

Gautieri, Giuseppe (1769–1833). 1808 Generalinspekteur der Forste und Bergwerke in Mailand
Werke:
- Sulla volcaneita de Monticelli (s. Gautieri 1807) **I 2.** 82$_{7z}$

Gay-Lussac, Louis Joseph (1778–1850). Franz. Chemiker
I 11. 161$_5$

Geer, Karl von (1720–1778). Schwed. Entomologe
II 9A. M *139* 227$_5$
Werke:
- Abhandlungen zur Geschichte der Insekten (s. Geer 1776–1783) **II 9A.** M *112* 169$_5$

Gehlen, Adolph Ferdinand (1775–1815). Pharmazeut und Chemiker, seit 1807 in München als Chemiker an der Bayerischen Akademie der Wissenschaften s. *Journal für die Chemie, Physik und Mineralogie*
II 5B. M *19* 89$_{130}$

Gehler, Johann Samuel Traugott (1751–1795). Jurist. Übersetzer und Hrsg. physikalischer und mathematischer Werke; 1776 Privatdozent in Leipzig. 1783 Ratsherr. 1786 Beisitzer des Oberhofgerichts
Werke:
- Physikalisches Wörterbuch (s. Gehler 1787–1796) **I 3.** 82$_{20-21z.30z}$.85$_{44z}$.114$_{40}$.460$_{16z}$. 479$_{35M}$ **I 6.** 425$_{36-37}$ **II 2.** M *S.1* 69$_{232}$ **II 3.** M *34* 31$_{133-134}$.33$_{214-215}$ **II 6.** M *109* 210$_{24}$ M *131* 256–258
- Sammlungen zur Physik und Naturgeschichte (s. Gehler 1779) **I 7.** 31$_{13-14}$

Geißler, Friedrich (1636–1679). Dt. Rechtswissenschaftler; Übersetzer von Antonio Neris „L'Arte Vetraria"
Werke:
- Von der Künstlichen Glaß- und Crystallen-Arbeit (Übers.. s. Neri / Merret / Geißler 1678)

Gellius, Aulus (um 130). Röm. Schriftsteller
I 6. 39$_3$
Werke:
- Noctes Atticarum (s. Gellius 1706) **I 8.** 231$_8$

Gentile da Fabriano (1370–1427). Umbrischer Maler. Lehrer J. Bellinis, tätig in Venedig, Florenz, Siena und Rom
I 6. 221$_{34.38}$

Geoffroy Saint-Hilaire, Étienne (1772–1844). Franz. Naturforscher. Anatom und Zoologe in Paris
I 10. 373$_{4.23-24}$.373$_{33}$–374$_{19}$. 375$_{37M}$ (Männer).376$_{12-13.24}$. 377$_{2.6.10}$ (derselbe).$_{13}$ (Gegner).$_{17.20.24}$.378$_{31}$ (Männer). 378$_{33}$–379$_{25}$.379$_1$.380$_{1.2-3}$. 381$_6$ (Männern).$_{16.32}$.384$_{32}$–385$_{11}$. 385$_{13}$ (Männer).386$_{1-8}$.387$_5$. 391$_{25-26}$ (Naturforscher).394$_{5.17}$. 397$_{16.30.38}$.400$_{20}$.401$_{31}$
II 10B. M *21.9* 70$_{89}$ *25.2* 139$_{4-5.17.26}$.140$_{52}$ *25.4* 144$_{15.34.47}$. 145$_{52}$ (streitenden Nachbarn) *25.6* 146$_1$ (beiden Theilen) *25.5* 146$_{1-3}$ *25.6* 147$_{18}$ *25.8* 149$_{3-4}$ *25.9* 149$_{12}$ *25.10* 155$_{128}$
Werke:
- Connaître avec exactitude (s. Geoffroy Saint-Hilaire 1830c) **II 10B.** M *25.6* 147$_{19-20}$ (Aufsatz)
- Philosophie anatomique (s. Geoffroy Saint-Hilaire 1818–1822) **I 10.** 379$_{21-25}$ (Werk*)
- Principes de philosophie zoologique (s. Geoffroy Saint-Hilaire 1830b) **I 10.** 373–403.400$_{22}$ (Aufsatz) **II 10B.** M *25.1* 128–133 *25.2* 139$_{13}$ *25.4* 144$_{43}$ (Büchlein) *25.6* 146$_{7-8}$
- Sur des écrits de Goethe (s. Geoffroy Saint-Hilaire 1831) **II 10B.** M *21.5* 65$_{5-8}$ *21.9* 70$_{82-84}$

- Sur quelques conditions générales des rochers (s. Geoffroy Saint-Hilaire 1830a) **I 10.** 401$_{37-38}$ (Aufsatz).402$_{9-34}$ **II 10B.** M25.6 147$_{35-38}$
Geoffroy, Claude Joseph (1685–1752). Apotheker in Paris
I 6. 325$_{16}$
Geoffroy, Étienne François (1672–1731). Apotheker, Chemiker
II 1A. M44 234$_{436}$
Werke:
- Tractatus de materia medica (s. Geoffroy 1741) **II 1A.** M7 3$_{27}$
Geoffroy, Etienne Louis (1725–1810). Mediziner und Naturforscher, besonders Entomologe, in Paris und Soissons
Werke:
- Histoire abrégée des insectes (s. Geoffroy 1762) **I 10.** 185$_{27}$
Georg I., König von England (1660–1727). Regierte von 1714–1727
I 6. 296$_{17,26}$
Gerhard, Carl Abraham (1738–1821). Mineraloge, Berghauptmann und Chef des Berg- und Hüttenwesens in Berlin; 1768 Mitglied der preußischen Akademie der Wissenschaften, 1770 Gründer und Leiter der Bergakademie Berlin und bis 1789 auch Lehrer für Mineralogie und Bergwissenschaften, seit 1786 Geheimer Oberbergrat, 1802 Geheimer Oberfinanzrat
Werke:
- Beobachtungen (s. Gerhard 1814–1815) **I 2.** 300$_{11M}$ **II 8B.** M39 66$_{94-95}$
- Observations physiques et minéralogiques sur les montagnes de la Silésie (s. Gerhard 1771) **I 1.** 28$_{14M}$ **II 7.** M77 165$_{10}$
- Versuch einer Geschichte des Mineralreichs (s. Gerhard 1781–1782) **II 7.** M66 142$_{13-20}$
Gerhard, Carl Ludwig (1768–1835). Sohn von C. A. Gerhard;

1789 Assessor beim preußischen Bergamt Rotenburg, 1810 preußischer Oberberghauptmann; Deputierter der preußischen Gewerken
I 1. 201$_{13}$.208$_{8}$.212$_{7}$(Abgeordnete).$_{20}$(Herren Deputierten). 214$_{2-22}$(Abgeordnete).216$_{12-13}$(Herren Deputierten).$_{16}$(Abgeordnete)
Gersdorff (Familie)
I 1. 17$_{6M}$.18$_{4M,8M}$.19$_{23M}$.21$_{20-21M,30M}$. 22$_{31-32M,38M}$.23$_{8M}$ (Familie).$_{16M,22-23M}$.24$_{27M,35M}$.27$_{25M}$
Gersdorff, Henriette Catharina von (geb. von Friesen) (1648–1726). Verh. mit N. von Gersdorff, übernahm nach dessen Tod 1702 die Rolle als Teilhaberin am und Kreditgeberin für den Bergbau in Ilmenau
I 1. 22$_{3M,18-19M,28M,31M}$ (Mutter)
Gersdorff, Henriette Sophie von (1686–1761). Jüngste Tochter von N. und H. C. von Gersdorff; kümmerte sich nach dem Tod der Mutter um die Interessen der Familie in Ilmenau
I 1. 22$_{32-33M}$.23$_{2-3M}$
Gersdorff, Nicol von (1629–1702). Kurfürstlich-sächsischer Geheimer Ratsdirektor in Dresden und Landvoigt der Oberlausitz; Gewerke und Verleger des Ilmenauer Bergbaus
I 1. 17$_{5-6M}$.21$_{37}$–22$_{3M}$
Gersdorff, Philippine Charlotte von (1711–1787). Aus der schlesischen Linie der Gersdorffs, vertrat die Ansprüche der Familie gegenüber der Regierung von Sachsen-Weimar-Eisenach im Vorfeld des Neubeginns des Bergbaus in Ilmenau
I 1. 17$_{10M}$.18$_{14M,19M}$.21$_{23M,32-33M}$. 23$_{4M,30M,34M}$.24$_{4M}$.24$_{22}$–25$_{31M}$. 25$_{34-35M}$.26$_{5M}$(Konstituentin). $_{9-10M,18-19M}$.111$_{21M}$
Gesellschaft der Freunde (Religious Society of Friends) s. *Quäker*

Gesenius, Heinrich Friedrich Wilhelm (1786–1842). Theologe und Orientalist in Halle a. S.
Werke:
- De Samaritanorum theologia (s. Gesenius 1822) **I 9**, 274$_{3-7}$

Gesner, Conrad (Gessner, Geßner, Konrad) (1516–1565). Schweizer Mediziner und Botaniker; Prof. und Begründer des Botanischen Gartens in Zürich
I 6, 122$_{17}$
II 7, M*45* 75$_{284}$
Werke:
- De omni rerum fossilium genere (s. Gesner 1565) **II 7**, M*45* 75$_{306}$
- Historia animalium (s. Gesner 1551) **II 10A**, M*41* 104$_{28}$

Geßner, Konrad (1764–1826). Sohn des Idyllendichters Salomon Geßner; Landschafts- und Pferdemaler
II 7, M*115* 227$_{12}$

Giaquinto, Corrado (1703–1765). Ital. Maler
I 6, 233$_{15}$

Giesecke, Karl Ludwig Metzler von (Sir Charles Giesecke) (1761–1833). Theaterdichter und Schauspieler in Wien, 1806 Mineraliensammler in Grönland, dann Prof. der Mineralogie in Dublin
I 2, 154$_{8-9}$ **I 8**, 141$_{25}$
II 8A, M*105* 138$_{1}$

Gilbert, Ludwig Wilhelm (1769–1824). Physiker und Mathematiker; Prof. der Physik 1801 in Halle und 1811 in Leipzig, 1799–1824 Hrsg. der „Annalen der Physik"
I 3, 245$_{10z}$ **I 8**, 200$_{33}$ (Herausgeber).201$_{26}$
II 4, M*32* 34$_{17}$ **II 5B**, M*19* 89$_{136}$ *32* 137$_{2}$ *61* 194$_{1}$M*61* 194$_{3-195_{38}}$. 195$_{39-40,48}$ *69* 206$_{7}$ **II 6**, M*136* 272$_{46}$
Werke:
- Annalen der Physik (s. Annalen der Physik (1799–1943)) **I 2**, 82$_{20z}$ **I 6**, 407$_{28}$
- Beschreibung einer neuen Art von achromatischen Fernrohren (s. Gilbert 1800) **I 6**, 407$_{28-29}$
- Die neusten Entdeckungen über die Polarisirung und über die Farben des Lichtes (s. Gilbert 1812b) **II 5B**, M*61* 194$_{3}$
- Grundriß der Experimentalnaturlehre (Bearb., s. Schrader / Gilbert 1804)
- Merkwürdiges Verhalten zum Lichte eines Epidote (Koautor, s. Liboschitz / Gilbert 1820)
- Sach- und Namenregister von Gilberts ‚Annalen der Physik' (s. Gilbert 1812a) **II 5B**, M*61* 194$_{6}$ (Register in B. 42)
- Ueber die Luftfahrten der Bürger Garnerin und Robertson (s. Gilbert 1804) **I 8**, 200$_{30-32}$.201$_{7-10}$

Gilbert, William (1540–1603). Engl. Arzt und Naturphilosoph; Leibarzt der Königin Elisabeth I.
I 6, 147$_{19,21}$.265$_{32}$
II 6, M*39* 47$_{7}$ *47* 59$_{15}$ *49* 61$_{14}$ *73* 113$_{113}$ *116* 223$_{8}$
Werke:
- De magnete (s. Gilbert 1600) **I 8**, 185$_{28}$

Gildemeister, Johann Carl Friedrich (1779–1849). Jurist in Bremen; 1798–1799 Student in Jena, dann in Göttingen, 1803 Anwalt, um 1807 kurze Zeit Hilfsrichter am Tribunal, seit 1816 Senator. Neffe von August von Kotzebue; litt an Akyanoblepsie (Blaublindheit)
I 3, 270$_{4M}$.271$_{15Z,16Z,18Z}$ (Mensch). 23M.272$_{27Z,35Z}$.273$_{5M}$.274$_{36Z,38Z}$. 275$_{3M}$.277$_{17Z,21Z,32Z}$.279$_{23M}$ (der erste)(?).280$_{14Z}$.359$_{8M}$.385$_{6Z}$ **I 4**, 54$_{18}$–57$_{18}$
II 1A, M*21* 155$_{2}$ **II 3**, M*17* 11$_{6}$

Gildemeister, Johann Carl Friedrich, dessen Onkel (August von Kotzebue?) Möglicherweise August von Kotzebue, der sein Onkel war
I 3, 270$_{8M}$

Gildemeister, Johann Friedrich (1750–1812). Jurist: Prof. der Rechte in Bremen und Duisburg. Vater von J. C. F. Gildemeister
I 3. 270$_{8M}$
Gimbernat y Grassot, Carlos de (1765/68–1834). Span. Arzt. Naturforscher und Geologe; Vizedirektor des Naturhistorischen Kabinetts in Madrid. Forschungsreisender in West- und Mitteleuropa
I 2. 107$_{14-15Z}$
II 8B. M 35 55 55 93$_{30}$
Werke:
- Carte des environs de la ville de Baden (s. Gimbernat [1810])
I 2. 88$_{22-23M}$.107$_{16Z}$ II 8A. M 75 103–105
Gimbernat, Karl von s. *Gimbernat y Grassot, Carlos de*
Ginanni, Francesco Conte (1716–1766). Gelehrter Adliger aus Ravenna; Mathematiker und Physiker. Mitglied vieler Akademien und Gesellschaften
Werke:
- Istoria civile e naturale delle Pinete Ravennati (s. Ginanni 1774)
I 1. 242$_{22M}$ II 7. M *111* 211$_{18}$
Gingins-La-Sarra (Lassaraz), Frédéric Jean Charles Baron de (1790–1863). Biologe; Übersetzer von Goethes Metamorphosenschrift
I 10. 315$_3$
Werke:
- Essai sur la métamorphose des plantes (Übers., s. Goethe – Essai sur la métamorphose des plantes)
Gioeni, Giuseppe (1747–1822). Malteserritter; Prof. der Naturgeschichte an der Universität Catania
I 1. 158$_{30-31Z}$.159$_{4Z}$ (Ritter).160$_{33Z}$
Werke:
- Saggio di litologia Vesuviana (s. Gioeni 1790) I 2. 167$_{10}$ I 8. 160$_{23}$
Giordano, Luca (gen. Fa Presto) (1632/34–1705). Hofmaler Karls II. in Madrid
I 6. 60$_{8-9}$.233$_8$

Giorgione (eigentl. Giorgio da Castelfranco) (um 1478–1510). Ital. Maler der Renaissance
I 4. 253$_{13}$ I 6. 223$_{30-31}$.224$_4$.226$_{12}$. 227$_{19}$
Giottino (Giotto di Maestro Stefano) (eigentl. Tommaso di Stefano) (um 1320-nach 1369). Ital. Maler aus Florenz
I 6. 220$_{28}$
Giotto di Bondone (1266/76–1337). Tätig in Florenz, Rom und Padua. Wegbereiter einer gotisch beeinflussten Malerei der Vorrenaissance, vor allem in Florenz
I 6. 220$_{19,20}$
Giovane, Giuliana Herzogin von (geb. Freiin von Mudersbach) (1766–1805). Hofdame der Königin Maria Carolina von Neapel
I 1. 166$_{13-14Z}$.167$_{11Z}$ (Wirtin)
Giovanni da Fiesole s. *Fra Angelico*
Girtanner, Christoph (1760–1800). Mediziner, Chemiker, Schriftsteller; 1787 in Göttingen
II 1A. M *44* 226$_{124}$
Glafey, Adam Friedrich von (1692–1753). Jurist, Philosoph und Historiker
Werke:
- Geschichte des Hohen Chur- und Fürstlichen Hauses zu Sachsen (s. Glafey 1753) I 1. 34$_{MA}$
Gläser, Johann Gottlob (1721–1801). Kurfürstlich-sächsischer Bergmeister des neustädtischen Kreises in Großkamsdorf
I 1. 26$_{4M}$ (Gersdorffische Mandatarius)
Glatz, Jakob (1776–1831). Theologe und Pädagoge; Erzieher in Schnepfenthal, Pfarrer und Konsistorialrat in Wien
Werke:
- Naturhistorisches Bilder- und Lesebuch (s. Glatz [1803]) I 1. 281$_{6-8Z}$
Glauber, Johann Rudolf (1604–1668). Apotheker und Chemiker;

entwickelte das nach ihm benannte Heilsalz (Natriumsulfat)
I 3. 191₁₁.376₁₃M.482₃₁M.483₃₄M
Gleichen, Wilhelm Friedrich Freiherr von (gen. Rußworm) (1717–1783). Offizier in verschiedenen Diensten bis 1756, danach tätig als Gutsherr und Naturforscher. Goethe benutzte seine Veröffentlichungen über Mikroskopie von Infusorien und Samen
I 10. 24₁₉
II 9A. M*50* 88₁₈₇
Glenck, Karl Christian Friedrich (1779–1845). Bohrunternehmer, Salinendirektor in Stotternheim bei Erfurt
I 2. 315₂₈Z.363₆Z.10Z.15Z.26Z.27Z.28Z.364₂Z.3Z.10Z.13Z.15Z.17Z.23Z.30Z.32Z.365₂Z.3Z.15Z.16Z.17–18Z.23Z.24Z.27Z.28Z.31Z.366₆Z.11Z (Salzbohrer).393₂₆.412₂Z
I 11. 311₃₁
Glocker, Ernst Friedrich (1793–1858). Prof. der Mineralogie in Breslau
Werke:
- Grundriß der Mineralogie (s. Glocker 1821) I 2. 284₁₆Z
Gmelin, Johann Friedrich (1748–1804). Mediziner, Naturforscher; 1772 Prof. in Tübingen, 1775 in Göttingen
I 9. 71₆
Werke:
- Anfangsgründe der Naturgeschichte (1782) (Hrsg., s. Erxleben / Gmelin 1782)
- Geschichte der Chemie (s. Gmelin 1797) II 4. M*58* 68₁–69₁₆
Rezensionen:
- Goethe: Metamorphose der Pflanzen (s. Gmelin 1791) I 9. 71₃₋₄.103₂ I 10. 298₂
Gmelin, Karl Christian (1762–1837). Arzt, Botaniker; Schulmann in Karlsruhe, Vorsteher des Naturalienkabinetts ebenda
I 2. 74₅Z.6Z.8Z

Gmelin, Leopold (1788–1853). Chemiker, Arzt; 1814 ao. und 1817–1851 o. Prof. der Medizin und Chemie an der Universität Heidelberg
I 2. 407₁₆ I 11. 313₅
Werke:
- Amtlicher Bericht über die Versammlung deutscher Naturforscher und Ärzte (Koautor, s. Tiedemann / Gmelin 1829)
- Chemische Untersuchung des schwarzen Pigmentes der Ochsen- und Kälberaugen (s. Gmelin 1814) I 8. 296₁₇₋₂₀
- Handbuch der theoretischen Chemie (s. Gmelin 1817–1819) I 9. 332₈₋₁₅
Gmelin, Samuel Gottlieb (1743–1774/1784). Naturforscher, Forschungsreisender
Werke:
- Historia fucorum (s. Gmelin 1768) II 9A. M*50* 83₇₋₈₍?₎
Göbel (Goebel), Karl (Carl) Christian Traugott Friedemann (1794–1851). Chemiker, Pharmazeut, Apotheker; 1824/25 Prof. für Pharmazie in Jena, 1828 Prof. für Chemie und Pharmazie in Dorpat
II 5B. M*112* 320₁₃
Godart, Dr. de [Zeitschriftenbeitrag:] Médecin des Hopitaux de Vervier, Membre des Académies Impériale et Royale de Dijon et de Bruxelles
Werke:
- Recherches sur les couleurs accidentelles (s. Godard (Godart) 1776) II 3. M*2* 3₅₋₆
Goddard, Jonathan (1617–1674). Engl. Arzt und Politiker; Gründungsmitglied der Royal Society
II 6. M*79* 161₉₂
Godfrey, Thomas (1704–1749). Erfinder, Instrumentmacher aus Philadelphia, zeitweise Hausgenosse von B. Franklin
II 1A. M*59* 269₃₋₁₀ (Godfery)

Godin, Louis (1704–1760). Franz. Astronom: 1735 Teilnehmer einer Forschungsexpedition nach Peru
Werke:
- Table alphabetique des matieres (s. Godin 1734–1786) **II 6**. M*94* 194–196

Goethe, Cornelia Friederike Christiane (verh. Schlosser) (1750–1777). Schwester Goethes und bis 1765 dessen engste Vertraute; Erziehung durch Hauslehrer, seit 1. Nov. 1773 verh. mit J. G. Schlosser, damit in Karlsruhe, später in Emmendingen
I 1. 6$_{21-22Z}$

Goethe, Johann Caspar (1710–1782). Goethes Vater. Rat in Frankfurt a. M.
II 10A. M*68* 148$_{12}$ (Vater)

Goethe, Johann Wolfgang (seit 1782:) **von** (1749–1832). *Siehe separaten Registerteil*

Goethe, Johanna Christiana (*Christiane*) **Sophia von** (geb. Vulpius) (1765–1816). Seit 1788 Lebensgefährtin Goethes, seit 19. Okt. 1806 mit ihm verh., Schwester von Christian August Vulpius
I 2. 6$_{30-31Z}$ (Frauenzimmer). 7$_{20Z}$ (Meinigen).29$_{11Z}$ **I 9**. 67$_{22.28}$. 69$_{9.27-28}$

Goethe, Julius August Walther von (1789–1830). Sohn von J. W. und Christiane v. Goethe, seit 1823 Kammerrat, später Kammerherr. Mit dem Vater in naturwissenschaftlichen Studien verbunden
I 1. 274$_{18Z.31Z}$.275$_{13Z}$ (Sohn).$_{21Z}$ (Sohnes).$_{26Z}$ (Sohn).276$_{22Z}$ (Sohn). 321$_{32Z}$ (Augustens).322$_{11Z}$.323$_{2Z.3Z}$ **I 2**. 7$_{9-10Z}$ (Meinigen).81$_{34Z}$. 82$_{1Z.13Z.16Z.21Z}$ (Sohn).$_{35Z}$.213$_{20-21Z}$ (Sohn).316$_{4Z}$ (Sohns)
II 8A. M*49* 74$_{25}$ (AJG)
Manuskripte:
- Sammlung zur Kenntnis der um Weimar sich findenden Fossilien **I 2**. 371–375$_M$ **II 8B**. M*73* 118–121

Goethe, Walter Wolfgang von (1818–1885). Musiker und Schriftsteller; Goethes erster Enkelsohn. Sohn von Ottilie und August von Goethe
I 2. 114$_1$–115$_{10Z}$.115$_{13Z}$ (Neugebornen)

Goetz, Wilhelm Friedrich (1763/um 1770–1823). Nassauischer Bergbeamter in Rüdesheim
I 2. 59$_{34Z}$.60$_{2Z}$

Goetze, Frau von s. *Götzen, Friederike Charlotte von*

Goldbach, Christian Friedrich (1763–1811). Dt. Astronom. Prof. für Astronomie in Moskau
Werke:
- Neuester Himmels-Atlas (s. Goldbach 1799) **II 2**. M*2.6* 12$_{2}$.13$_{26-28}$

Goldfuß, Georg August (1782–1848). Zoologe und Paläontologe; seit 1810 Dozent der Allgemeinen Naturgeschichte, Zoologie und Botanik in Erlangen, 1813 Mitglied, Sekretär und Sammlungsbeauftragter der Leopoldina, ab 1818 Prof. der Zoologie und Mineralogie in Bonn, erster Direktor des dortigen Naturhistorischen Museums
I 8. 355$_{3-4.13}$ (Männer).356$_2$ (Männer)
Werke:
- Physikalisch-statistische Beschreibung des Fichtelgebirges (s. Goldfuß / Bischoff 1817) **II 8A**. M*92* 121$_{18-19}$
Rezensionen:
- Goethe: Zur Naturwissenschaft überhaupt, besonders zur Morphologie (s. Goldfuß / Nees von Esenbeck / Nöggerath 1823) **I 8**. 355$_{3-4.12-14}$.356$_{1-2}$ **II 10A**. M*55* 114$_4$

Gordon, Andreas (**Andrew**) (1712–1751). Benediktiner, geb. in Cossorach in Schottland, trat 1732 in das Schottenkloster in Regensburg ein und war seit 1737 Prof. der Philosophie an der Klosterschule in Erfurt

Werke:
- Physicae experimentalis elementa (s. Gordon 1751–1753)
I 6. 348$_{10-11}$ II 6. M 7I 96$_{167-188}$ 72 109$_{30}$ 74 116$_{61}$
- Versuch einer Erklärung der Electricität (s. Gordon 1745)
II 1A. M I 9$_{274}$

Gordon, Frau Oberstin von Ehefrau des Kommandanten von Kapstadt
II 8A. M 55 77$_2$

Gordon, Kommandant von Kapstadt Vermutlich Robert Jacob Gordon (1742–1795), Kommandant von Kapstadt bis zur französischen Invasion
II 8A. M 55 77$_{2-6}$

Görres, Catharina (geb. von Lassaulx) (1779–1855). Seit 1801 Ehefrau von J. J. Görres
I 2. 73$_{28Z}$ (Frau)

Görres, Johann Joseph (seit 1839:) von (1776–1848). Schriftsteller, Publizist; 1806–1808 Privatdozent in Heidelberg, Gründer des „Rheinischen Merkur". 1819 Flucht nach Straßburg. 1827 Prof. in München
I 2. 73$_{28Z}$

Göschen, Georg Joachim (1752–1828). Verlagsbuchhändler in Leipzig; Goethes Schriften erschienen bei ihm seit 1787
I 9. 63$_{19,23}$
Werke:
- Goethe's Schriften. 8 Bde. (Verleger, s. Goethe – Goethe's Schriften)

Gottel (?) Vielleicht Bernard Gottel (Gottl), Kaufmann in Karlsbad
I 8. 82$_{13}$

Göttling, Johann Friedrich August (1753/55–1809). Chemiker, Pharmazeut; Ausbildung zum Apotheker, ab etwa 1775 Angestellter der Hofapotheke in Weimar; absolvierte 1785–1787 auf Kosten von Herzog Karl August ein Studium in Göttingen; hielt ab 1789 als Prof. für Philosophie Vorlesungen über Chemie in Jena
I 3. 239$_{25M}$.475$_{24Z}$ I 6. 423$_{26}$ I 9. 15$_{26}$ I 10. 322$_{20}$ I 11. 33$_{14,15}$. 219$_{12,19}$
II 5B. M 20 94$_{55}$ II 7. M 107 206$_{40}$ II 8A. M 19 42$_7$
Werke:
- Berichtigung der antiphlogistischen Chemie (s. Göttling 1794a)
II 1A. M 16 138$_{190-191}$ (Prufung).$_{207-208}$ (kleinen Schrift)
- Berichtigung der antiphlogistischen Chemie. 2. St. (s. Göttling 1798) II 1A. M 16 138$_{213}$
- Etwas über den Stickstoff und das Leuchten des Phosphors in der Stickluft [Neues Journal der Physik] (s. Göttling 1795a) II 1A. M 16 138$_{213}$
- Etwas über den Stickstoff und das Leuchten des Phosphors in der Stickluft [Taschen-Buch für Scheidekünstler und Apotheker] (s. Göttling 1795b) II 1A. M 16 138$_{213}$
Manuskripte:
- Bericht über die chemische Untersuchung eines weißen Salzes [nicht gedruckt] II 7. M 35 58
- [Zur Phlogistik-Antiphlogistik-Debatte und zum Verhältnis von Feuer und Licht, Wärme- und Lichtstoff] II 1A. M 16 133–139

Götz, August (fl. 1826–1828). Gehilfe bei der Sternwarte in Jena und der dortigen meteorologischen Station (von Sept. 1826 bis Sept. 1829)
II 2. M S.6 109$_{34-35}$
Manuskripte:
- Bemerkungen über einige die Meteorologie betreffende Gegenstände II 2. M S.28 138–139

Götze, Johann Georg Paul (1761–1835). Goethes Diener 1777–1794; Begleiter auf der 2. ital. Reise (1790), in Schlesien (1790), bei der Campagne in

Frankreich (1792) und bei der Belagerung von Mainz (1793): Schreiber vieler naturwissenschaftlicher Manuskripte. nach 1794 Wegebaubeamter in Weimar
I 1. 278$_{33Z}$.279$_{4Z}$
Gouan, Antoine (1733–1821). Franz. Arzt und Naturforscher
Werke:
- Historia piscium (s. Gouan 1770) II 9A. M*112* 169$_8$
Goujet, Claude Pierre (1697–1767). Zeitschriftenherausgeber s. Continuation des mémoires de littérature et d'histoire
Gradl, Johann Wendelin (1788–1825). Ordenspriester im Stift Tepl. 1818–1824 Brunneninspektor in Marienbad
I 2. 136$_{25Z}$.137$_{1-2Z}$ (Brunneninspektor).185$_{15Z}$.213$_{16Z.23Z}$.226$_{18}$ I 8. 259$_{16}$
Grambs, Johann Georg (1756–1817). Rechtsanwalt und Kunstsammler in Frankfurt a. M.
I 10. 249$_{18}$
Gran, Daniel (gen. de Grau oder Gran della Torre) (1694–1757). Österreich. Fresken- und Altarbildmaler
I 6. 234$_{11-12.16}$
Grant, Bernhard (Bernard) (1724–1796). Aus Schottland. Prof. der Philosophie in Erfurt und Priester im Schottenkloster, später in Regensburg
Werke:
- Praelectiones encyclopaedicae (s. Grant 1770) I 6. 349$_{28-29}$ II 6. M*71* 102$_{401-404}$ *72* 109$_{36}$
Gravesande, Willem Jacob Storm van s' (1688–1742). Niederländ. Physiker, Mathematiker und Philosoph: 1717 Prof. der Mathematik und Astronomie, seit 1734 auch der Philosophie in Leiden
I 6. 284$_{29}$.303$_{30-37}$ I 7. 13$_{24}$ II 6. M*59* 78$_{117}$ *71* 104$_{482}$ *73* 113$_{121}$ *83* 184$_4$ *90* 189$_4$
Werke:
- Physices elementa mathematica (s. Gravesande 1720–1721) I 6. 304$_{1-4.5}$ II 6. M*43* 54$_3$ M*71* 104$_{470}$–105$_{506}$ *72* 109$_{13}$ *74* 115$_{21}$
Gräzel, Demoiselle Um 1800 in Göttingen
I 3. 389$_{26M}$
Greenough, George Bellas (1778–1855). Studium bei Blumenbach in Göttingen und bei A. G. Werner in Freiberg. 1807 Begründer und erster Präsident der Geological Society, London
Werke:
- A critical examination of the first principles of geology (s. Greenough 1819) I 2. 151$_{23-24}$.174$_{33-34Z}$. 303$_{1M.4-7M}$ I 8. 139$_{3-4}$ II 8A. M*119* 154$_{1-2}$ II 8B. M*39* 69$_{170-174}$
Grégoire, Monsieur Nicht ermittelt
Werke:
- Mémoire sur les couleurs des bulles de savon (s. Grégoire 1789) II 6. M*123* 236$_{92}$–238$_{163}$
Gregor, William (1761–1817). Geistlicher in Cornwall, Mineraloge
Werke:
- Beobachtungen und Versuche über den Menakanite (s. Gregor 1791) II 7. M*109* 210$_6$
Gregory, David (1659–1708). Mathematiker: 1691 Savilian Prof. für Astronomie an der Universität Oxford und Fellow der Royal Society
II 3. M*34* 33$_{215-216}$
Werke:
- Catoptricae et dioptricae sphaericae elementa (s. Gregory 1695) II 3. M*34* 33$_{215-217}$ II 6. M*136* 273$_{77-78}$
Gregory, James (Gregorius) (1638–1675). Mathematiker, Astronom: Prof. der Mathematik in Edinburgh. Erfinder des G.anischen Spiegelteleskops
I 6. 264$_{22}$
II 6. M*79* 167$_{304}$.168$_{352}$.169$_{364-365}$ *119* 226$_{45}$

Werke:
- Optica promota **II 6**. M*59* 78₉₂

Grellmann, Heinrich Moritz Gottlieb (1756–1804). Dt. Statistiker und Historiker; Prof. der Statistik an der Universität Moskau
Rezensionen:
- Ilmenauer BergBau (s. Grellmann 1783) **I 1**. 85ᴛᴀ

Gren, Friedrich Albert Carl (1760–1798). Pharmazeut u. Chemiker; seit 1787 ao., seit 1788 o. Prof. der Chemie und Medizin in Halle. 1790 Begründer und Hrsg. des „Journals der Physik" („Grens Journal"), das er 1794/95 unter dem Titel „Neues Journal der Physik" fortführte; 1792 auswärtiges Mitglied der Preußischen Akademie der Wissenschaften zu Berlin
I 3. 210₂.215₂₁₋₂₂ᴍ.305₃₈ᴢ.404₆ᴍ.
448₂ᴢ.508₂₈ᴍ.509₆ᴍ (Meister) **I 5**.
173₂₄ **I 6**. 425₃₄
II 1A. M*16* 137₁₅₉.₁₈₀ **II 2**. M*13.1* 218₃ **II 6**. M *73* 111₃₇.₄₈ (Meister) *131* 257₇₋₁₃ (Green) *133* 266₂₆₁ *136* 271₁₂ **II 9A**. M*111* 168₂₇ *138* 224₆ *163* 255₆₈
Werke:
- Einige Bemerkungen über des Herrn von Göthe Beyträge zur Optik (s. Gren 1793b) **I 3**. 92₁ᴢ.
480₇ᴍ **I 6**. 425₃₄ **I 7**. 79 (ND: 69)₂₁–81 (ND: 71).82 (ND: 72)₅₋₆.₁₆.87 (ND: 75)₁₂.₂₄
- Grundriß der Naturlehre (s. Gren 1793a) **I 3**. 91₃₄ᴢ.210₁₀–217₃₇ᴍ.
306₁₅ᴢ **II 1A**. M*17* 149
- Systematisches Handbuch der gesammten Chemie. 2. Aufl. (s. Gren 1794) **II 1A**. M*16* 137₁₇₂₋₁₇₃
- Systematisches Handbuch der gesamten Chemie (s. Gren 1787) **II 1A**. M*16* 136₁₂₆–137₁₄₈

Greuze, Jean Baptiste (1725–1805). Franz. Maler
I 6. 236₂₁

Grew, Nehemiah (1641–1712). Engl. Mediziner, seit 1677 Sekretär der Royal Society und einer der Begründer der Pflanzenanatomie
II 6. M *79* 173₅₁₈₋₅₂₃.178₇₂₀
Werke:
- Musaeum Regalis Societatis (s. Grew 1681) **II 6**. M *79* 178₇₁₇₋₇₁₉.181₈₃₀₋₈₃₁
- The anatomy of plants (s. Grew 1682) **II 9A**. M*48* 80₁₄ *50* 89₂₂₄

Griesbach, Friederike Juliane (1758–1836). Ehefrau von J. J. Griesbach
I 1. 274₇ᴢ.₂₇ᴢ

Griesbach, Johann Jakob (1745–1812). Theologe; 1775 Prof. in Jena, 1784 Geheimer Kirchenrat
I 1. 274₇ᴢ.₂₇ᴢ **I 3**. 333₆ᴢ

Grillo, Johann Wilhelm (1742–1828). Oberbergmeister, Bergsekretär, später Bergrat beim Bergamt in Wettin bei Halle a. S.
I 1. 279₁₂ᴢ

Grimaldi, Francesco (Franciscus) Maria (1618–1663). Ital. Mathematiker und Physiker. Jesuit: Lehrer der Mathematik im Ordenskollegium zu Bologna
I 3. 261₄₋₅ᴍ **I 5**. 141₁₆ **I 6**. 192₂₀.
193₂.₁₀.195₇.₁₁.203₁₃₋₁₄.266₂₋₃.
290₁₃.364₄.374₈ **I 7**. 12₅
II 6. M*55* 71₅₀ *58* 74₄₃ *59* 78₁₀₈₋₁₁₀ *70* 91₁₂ *75* 120₈₃.125₂₇₆₋₂₈₂ *77* 131₁₀₀.134₂₂₁ *112* 214₄₈ *119* 225₂₈ *121* 229₁₄
Werke:
- Physico-mathesis de lumine, coloribus et iride (s. Grimaldi 1665) **I 3**. 397₂₇₋₂₈ᴍ.494₇ᴍ **I 6**.
192₃₃₋₃₄.193₇₋₈.₂₆ **II 3**. M*6* 6₁₂ **II 6**.
M*59* 78₉₇ *133* 260₅₄₋₆₇ *136* 273₇₀

Grischow, Augustin Nathanael (1726–1760). Astronom und Geograph; 1749–1751 Mitglied der Akademie der Wissenschaften zu Berlin, danach Prof. der Astronomie und Sekretär der Akademie der Wissenschaften zu St. Petersburg
II 5B. M*5* 16₁₆₉.₁₉₅

Groh Juwelier in Karlsbad
I 1. 294₁₄M
II 8B. M 7 11₂₉
Gronau, Karl Ludwig (1742–1826). Pastor in Berlin. Senior der „Gesellschaft für naturforschende Freunde zu Berlin"
I 11. 242₂₁
Gronovius, Johann Friedrich (1611–1671). Philologe. Editor
Werke:
- Opera omnia (Hrsg., s. Seneca / Lipsius 1658–1659)
Groschke, Johann Gottlieb (1760–1828). Mediziner. Naturforscher; seit 1788 Prof. für Naturgeschichte und Physik an der Academia Petrina in Mitau; 1786–1788 Aufenthalt in Schottland
Manuskripte:
- Nachrichten von einigen seltnen; nur erst bekannt gewordenen Mineralien aus Schottland, England und anderen Orten… **II 7, M 96** 193₃
Grosse, Karl Friedrich August (Ps.: Graf Edouard Romeo Vargas, Graf von Vargas Bedemar u. a.) (1768–1847). Schriftsteller. Mineraloge. Geologe; u. a. 1788 Medizinstudent in Göttingen und Halle, 1791 in militärischen Diensten in Spanien, 1792–1809 als Graf Vargas in Italien, dann als Graf Vargas Bedemar in Dänemark; als solcher dän. Kammerherr, Mineraloge; 1820 Vizepräsident der Mineralogischen Sozietät zu Jena; Hrsg. des „Magazin für die Naturgeschichte des Menschen"
I 2. 174₂₅z
II 6. M 125 253₄ 136 271₂₀
Grotthuis (Grotthuß, Grotthus), Sophie Leopoldine Wilhelmine von (geb. Sara Meyer, gesch. Wulff) (1763–1828). Schriftstellerin, lebte in Berlin, später in Dresden und Wien
I 2. 26₁₄z

Gruithuisen, Franz von Paula (1774–1852). Mediziner. Naturforscher. Astronom; 1808 Lehrer der Naturkunde an der Schule für Landärzte in München, 1826 Prof. der Astronomie an der Universität
II 2. M 4.1 18₉
Werke:
- Die Branchienschnecke (s. Gruithuisen 1822) **I 10.** 238₈
Grüner, Ignaz (seit 1872:) Ritter von (1816–1901). Sohn von J. S. Grüner, später Staatsbeamter, von Goethe Nazl genannt
I 2. 209₂₈z (Kinder)(?)
Grüner, Joseph (seit 1854:) Ritter von (1812–1889). Ältester Sohn von J. S. Grüner, später Diplomat
I 2. 209₂₈z (Kinder)(?)
Grüner, Joseph Sebastian (1780–1864). Magistrats- und Kriminalrat in Eger. Egerländer Heimatforscher, seit 1820 Begleiter Goethes auf geologischen Exkursionen im Egerland, als Mineraliensammler mit Goethe in brieflichem Verkehr bis 1832
I 2. 139₂₈z.₃₄z (Polizeirat).159₂₀.₂₇ (Manne).183₃₄z.186₂₅.₂₈z.187₅z.₁₀z.206₂₄z.208₃₁z.209₂z.₇z.₈z.₁₀z.₁₆z.₂₁z.₂₄z.₂₈z.₃₄z.210₆z.₉z.₁₃z.₃₀–₃₁z (zu vier).₃₁–₃₂z (zu dreien).₃₄z.212₁z.213₂₆z.238₁₁.241₁₂M.250₂₈z.275₆z.₃₁z.₃₃z.276₃₁z.279₂₆z.280₂z.₃z.₃₃z.283₉z.₁₇z.₂₀z.₂₃z.₂₇z.₂₉z.₃₈z.284₂z.₅z.₁₄z.₂₀z.₂₃z.294₁₃ (Männer).315₃₂z **I 8.** 166₁₈–₁₉.₂₅ (Manne).352₁₂.353₅ (Männer)
II 8B. M 6 9₁₂₄ 21 37₂₃ 22 38₁₃–₁₄ 29 48 38 63
- Berichterstatter **I 2.** 187₂₅–188₁₄z.230₂₁–231₁₆z.231₁₉–235₂₂z.279₂₉z.280₉z.281₂–282₃₇z
- Mineraliensammlung **I 2.** 213₂₇z.275₈z.₃₁–₃₂z.280₅z.284₁₀–₁₁z
Manuskripte:
- Mineralogische Excursion von Eger nach Albenreuth **II 8B, M 36** 55–60 **I 2.** 277₂–₃z (Relation).₅z (Aufsatzes)

- Uiber[!] die ältesten Sitten und Gebräuche der Egerländer **I 2**. 206$_{25-26Z}$

Grünne, Joseph Maria Karlomann Graf von (geb. 1769). Niederländ. Gesandter am Frankfurter Bundestag
II 2. M *9.25* 191$_{3.14-20}$

Guelfen und Ghibellinen Im 13. Jh. zwei ital. Parteien, Anhänger des Papstes und des Kaisers, deren Namen für die Kennzeichnung unüberbrückbarer Gegensätze tradiert wurden
II 10B. M *25.4* 145$_{54}$

Guercino (eigentl. Giovanni Francesco Barbieri) (1591–1666). Ital. Maler aus Bologna, auch in Rom und Neapel tätig
I 6. 228$_{35}$.229$_{2-3.10.27}$

Guericke, Otto von (1602–1686). Politiker, Jurist, Naturforscher; Bürgermeister von Magdeburg
I 3. 78$_{14-15}$ **I 11**. 76$_{36}$.248$_{31}$

Guettard, Jean Étienne (1715–1786). Erkannte als erster die erloschenen Vulkane der Auvergne
Werke:
- Mémoire sur quelques montagnes de la France (s. Guettard 1752) **I 2**. 166$_{37}$ **I 8**. 160$_{13}$

Guido s. *Reni, Guido*

Guido von Siena (13. Jh.). Maler der Vorrenaissance, bekannt durch eine ‚Thronende Madonna'
I 6. 220$_3$

Guillemin, Jean Antoine (1796–1842). Botaniker; Studium in Genf, seit 1819 in Paris
Rezensionen:
- Botanical Register (s. Guillemin 1829) **I 10**. 349$_{27}$

Guise, Heinrich I. (Henri I), Herzog von (1550–1588). Seit 1563 Herzog von Guise, einer der Anstifter der Bartholomäusnacht (24.8.1572) und 1576 Führer der Katholischen Liga
I 4. 37$_{5-6}$ **I 8**. 301$_{36}$

Gülich, Jeremias Friedrich (1733–1803). Fabrikant; tätig in Neuenburg, Ludwigsburg und Pforzheim
I 4. 214$_{33}$ **I 7**. 16$_9$
II 6. M *114* 216$_{16}$ *127* 254 M *128* 254–255
Werke:
- Vollständiges Färbe- und Bleichbuch (s. Gülich 1779–1781) **I 6**. 390$_{1-3}$.391$_{14.17}$ **II 6**. M *74* 117$_{80}$ *108* 209$_5$ *127* 254$_2$ *135* 270$_{75-78}$ *136* 272$_{40-42}$

Gulpen, J. van
Werke:
- Beschreibung eines physikalisch-chemischen Wetterglases (s. Gulpen 1788) **II 2**. M *11.1* 212$_{2.9}$

Gutschmid, George Adolf Freiherr von (†1825). Seit 1806 Berghauptmann in Freiberg
I 1. 286$_{28-29Z}$.288$_{24Z}$

Guyot, Edme Gilles (1706–1786). Geograph und Physiker in Paris. Mitglied der Societé littéraire et militaire in Besançon
I 3. 230$_{12}$ (Franzosen) **I 6**. 373$_2$
I 7. 15$_{27}$
II 6. M *114* 216$_{12}$
Werke:
- Nouvelles récréations de physique et mathématiques (s. Guyot 1769–1770) **I 6**. 371$_{15-17}$ **II 6**. M *71* 102$_{413-414}$

Guyot, Guillaume Germain (1724–1800). Jesuit
Werke:
- Nouvelles récréations de physique et mathématiques (mutmaßl. Autor, s. Guyot 1769–1770)

Guyton de Morveau, Louis Bernard (1737–1816). Mitglied der Académie des Sciences in Paris
II 6. M *115* 223$_{234}$

H. (Freund von Franz Nicolovius)
II 8A. M *106* 138–139

H. F. T. (H F T) s. *Hassenfratz, Jean Henri*

H. J. S. (Nürnberger Glasmacher)
I 8. 318$_{19-21}$

H. N. N. s. *Gall, Franz Joseph*
Haas (Vers. für Haus)
I 2. 61$_{18Z}$
Habel, Christian Friedrich (1747–1814). Nassauischer Hofkammerrat
II 8A. M59 85$_{27}$ (Vater)
Werke:
- Über die versteinerten Seepalmen (s. Habel 1784) **II 8A**. M59 85$_{17-19}$
Habel, Friedrich Gustav (1792–1867). Sohn von Christian Friedrich H.; Nassauischer Archivar, Sekretär des Vereins für nassauische Altertumskunde und Geschichtsforschung, Wiesbaden
II 8A. M59 84–85
Haberle, Karl Konstantin (1764–1832). Naturforscher; Privatgelehrter in Erfurt, 1806–1812 in Weimar, 1817 Prof. für Botanik in Budapest
I 1. 283$_{19Z}$ I 8. 420$_{51}$
Werke:
- Meteorologisches Tagebuch für das Jahr 1810 (s. Haberle 1810) **II 2**. M9.20 185–186
Habert de Montmor, Henri Louis (um 1600–1679). Franz. Gelehrter, Verwaltungsjurist, Förderer der Wissenschaften, Mitglied der Académie française; Oberhaupt eines wiss. Zirkels in Paris
II 6. M79 163$_{138.158.168}$ 91 190$_6$ 92 191$_7$
Hackert, Johann Philipp (1737–1807). Landschaftsmaler, seit 1768 in Italien
I 8. 202$_{30}$
II 9B. M33 35$_{170}$
Hacquet, Balthasar (1739–1815). Prof. der Chirurgie am Lyceum in Laibach, seit 1788 Prof. der Naturgeschichte und Medizin in Wien
I 1. 124$_{29Z}$
Werke:
- Physikalisch-Politische Reise in die Alpen (s. Hacquet 1785)

I 1. 124$_{29-30Z}$ (hat bereist).127$_{ZA}$. 128$_{6Z}$.242$_{9M}$ **II 7**. M*111* 211$_6$
Hadley, John (1682–1744). Mathematiker, Mechaniker
II 1A. M59 269$_{4-5}$
Hadrian (eigentl. Publius Aelius Hadrianus) (76–138). Von 117 bis 138 röm. Kaiser; Kunstmäzen und Dichter
I 6. 67$_{27}$
Haeseler, Johann Friedrich (1732–1797). Abt, Mathematiker, Generalsuperintendent
Werke:
- Betrachtungen über das menschliche Auge (s. Haeseler 1771) **II 6**. M*136* 275$_{162-164}$
Hagen, Karl Gottfried (1749–1829). Pharmazeut; 1772–1816 Hofapotheker in Königsberg, 1775 Privatdozent, 1779 Prof. an der Universität, 1789 auch Assessor, 1800 Medizinalrat
Werke:
- Grundriß der Experimentalchemie (s. Hagen 1790) I 11. 219$_{15}$
Hager, Johann Ludwig 1784 fürstlicher Hofadvokat und seit 1791 Bergrichter in Ilmenau
I 1. 48$_{25M}$.87$_{3.17}$ (Justizbeamter). 90$_{13}$.92$_{13}$.224$_{31}$
Hahn, Friedrich Graf von (1742–1805). Mathematiker; Astronom; Erblandmarschall von Mecklenburg
Werke:
- Mit einem Dollandischen Fernrohr angestellte Beobachtungen (s. Hahn 1794) **II 3**. M34 32$_{151-155}$ (s. 157)
Hahnemann, Christian Friedrich Samuel (1755–1843). Arzt, Pharmazeut, Begründer der Homöopathie
II 1A. M*44* 234$_{444}$
Haidinger, Eugen (1790–1861). 1815 Mitbegründer der Elbogener Porzellanfabrik Gebrüder Haidinger, Bruder von Rudolf und Wilhelm H.
I 2. 117$_{15-16Z}$.26Z$_{(?)}$.123$_{16Z}$

PERSONEN

Haidinger, Rudolf (1792–1866). 1815 Mitbegründer der Elbogener Porzellanfabrik Gebrüder Haidinger, Bruder von Eugen und Wilhelm H.
I 2. 117$_{16Z.26Z}$.123$_{16Z}$
Hall, Basil (1788–1844). Schott. Marineoffizier und Schriftsteller
Werke:
- Reise an den Küsten von Chili, Peru und Mexico (s. Hall 1824) II 2. M 9.21 186$_8$–187$_{37}$

Hall, James (1761–1832).
Werke:
- Effects of compression in modifying the action of heat (s. Hall 1812) II 8B. M 72 106$_{22-23}$

Hallaschka, Franz Ignaz Cassian (1780–1847). Böhmischer Kleriker (Piarist), 1814–1833 Prof. der Physik an der Universität Prag
Werke:
- In Graslitz sollen in der Nacht [...] (s. Hallaschka 1824) II 2. M 9.15 180

Haller, Albrecht von (1708–1777). Schweizer Mediziner, Dichter und Universalgelehrter; seit 1729 Arzt in Bern, von 1736 bis 1753 Prof. für Anatomie, Botanik und Chirurgie in Göttingen, von 1747 bis 1753 Direktion der „Göttinger Gelehrten Anzeigen"
I 9. 73$_{28}$.99$_{13}$.188$_{10.24}$
II 1A. M 65 282$_9$ II 10A. M 9 68$_{10}$
Werke:
- Grundriß der Physiologie (s. Haller 1781) I 3. 458$_{17-36M}$ II 9A. M 105 156$_4$
- Historia naturalis ranarum nostratium (Vorwort, s. Rösel von Rosenhof 1758)

Halley, Edmond (1656–1724). Engl. Mathematiker und Astronom; 1703 Prof. der Geometrie in Oxford, 1720 königl. Astronom zu Greenwich, 1678 Mitglied und 1713–1721 Sekretär der Royal Society

I 5. 187$_{16}$
II 5B. M 58 188$_{2-17}$ II 6. M 79 179$_{734}$ 82 183$_{23}$ 119 226$_{44}$
Werke:
- Miscellanea curiosa (s. Halley 1705–1707) I 6. 349$_7$ II 6. M 71 98$_{253}$

Halter, Felix Anton (†1800). Arzt und Mineraliensammler in Andermatt
I 1. 265$_{22Z}$
II 7. M 115 227$_{21.27}$

Hamberger, Georg Albrecht (1662–1716). Prof. der Mathematik und Physik in Jena
I 3. 335$_{17M}$ I 4. 25$_{18}$ I 6. 167$_{12}$.351$_{28}$
II 4. M 6 6$_{20}$
Werke:
- Dissertatio optica de coloribus (s. Hamberger 1698) II 6. M 135 270$_{51.52}$
- Optica oculorum vitia (s. Hamberger 1696) I 6. 218$_{13}$

Hamberger, Georg Erhard (1697–1755). Prof. der Physik, Botanik, Anatomie und Chirurgie in Jena; Sohn von Georg Albrecht Hamberger
I 6. 343$_{19-20.29}$
II 6. M 104 204
Werke:
- Elementa physices (s. Hamberger 1735) I 6. 346$_{37}$ II 6. M 71 98$_{244}$ M 71 106$_{556}$–107$_{570}$ 72 109$_{20}$ 74 116$_{41}$ 105 205$_6$

Hamel, Joseph von (1788–1862). Russ. Naturforscher, Erfinder und Forschungsreisender; lebte seit 1814 häufig in England, 1828 Mitglied der Akademie der Wissenschaften zu St. Petersburg
Werke:
- Beschreibung zweyer Reisen auf den Montblanc (s. Hamel 1821) I 2. 338$_{26}$–339$_9$ I 8. 272$_{18}$.391$_{14-30}$ II 8B. M 2 4

Hamilton, Sir William (1730–1803). Engl. Gesandter in Neapel, Erforscher von Vesuv und Ätna

I 2. 75₃₃z
II 8B. M 72 109₁₃₂
Hänke, Thaddeus (1761–1817). Naturforscher und Forschungsreisender. Pflanzensammler
I 9. 323₄.₁₁
Hanno (der Seefahrer) (vor 480– ca. 440 v. Chr.). Karthagischer Feldherr
Werke:
- Periplus (s. Hanno. Periplus) **II 6.** M 79 181₈₂₈₋₈₃₁
Hannover, Friedrich Ludwig von (1707–1751). Ältester Sohn von Georg II. von Großbritannien. Kurprinz von Hannover, seit der Thronbesteigung seines Vaters 1727 Prince of Wales
I 6. 295₄
Hansch, Michael Gottlieb (1683–1749). Dt. Philosoph, Theologe und Mathematiker
Werke:
- Epistolae ad Joannem Kepplerum scriptae (Hrsg., s. Kepler 1718)
Hänsgen Böttchermeister in Weimar
I 10. 364₁₀
Hansteen, Christopher (1784–1873). Physiker, Astronom; Prof. für Mathematik in Christiania (Oslo), 1815 Direktor der dortigen Sternwarte
II 2. M 8.15 117₂₋₃
Hardenberg, Karl August Fürst von (1750–1822). Preußischer Staatsmann, seit 1810 Staatskanzler
II 5B. M 101 292₁₂
Harder, Karl von Russ. Offizier
I 2. 186₁₀z
Hare Hare und Skinner, Seidenhändler in London
Werke:
- The whole process of the silkworm (s. Hare / Skinner 1786) **II 9B.** M 25 23
Harseim, W. A. G. Pfarrer in Ziegenhain bei Jena
II 10A. M 6 65₁₆

Hartmann, Johann Georg (1731–1811). Kameralist; württembergischer Hof- und Domänenrat in Stuttgart
II 10A. M 62 141₂₃
Werke:
- Anleitung zur Verbesserung der Pferdezucht (s. Hartmann 1786) **II 10A.** M 62 141₁₇
Hartmann, Johann Friedrich (1738–1798). Registrator der Kriegshospital-Kasse in Hannover, 1762 Korrespondent der Göttinger Sozietät der Wissenschaften
Werke:
- Abhandlung von der Verwandschaft und Aehnlichkeit der electrischen Kraft mit den erschrecklichen Luft-Erscheinungen (s. Hartmann 1759) **II 1A.** M 1 10₂₈₁₋₂₈₂
Hartsoeker, Nicolas (Nikolaus) (1656–1725). Niederländ. Naturforscher, Mathematiker, Physiker; 1704–1716 Hofmathematiker des Kurfürsten Johann Wilhelm in Düsseldorf und Heidelberg. Lehrer des späteren Zaren Peter des Großen in Amsterdam
Werke:
- Conjectures physiques (s. Hartsoeker 1706) **II 6.** M 71 93₅₃₋₅₅
- Essay de dioptrique (s. Hartsoeker 1694) **I 6.** 343₁₁₋₁₃ **II 6.** M 59 78₁₂₀ 135 270₅₀
Hartweg, Andreas (†1831). Garteninspektor in Karlsruhe
I 10. 231₁₉.233₅
Harvey, William (1578–1657). Arzt und Anatom in London; Entdecker des Blutkreislaufs
Werke:
- De motu cordis (s. Harvey 1628) I 9. 194₃₂₋₃₃
Haßlacher, Benedikt (erw. 1805–1820). Porzellanfabrikant, um 1805–1814 Direktor der Steingutfabrik von Johann Nepomuk von Schönau in Dallwitz bei Karls-

bad, gründete 1814 die Keramikfabrik in Alt-Rohlau bei Karlsbad
I 1, 320$_{11Z}$.354$_{30Z}$ (Faktor)$_{(?)}$ **I 2**, 137$_{35Z}$ (Hauslacher)

Hassenfratz, Jean Henri (Ps.: H. F. T.) (1755–1827). Franz. Chemiker, Physiker, Geograph und Geologe; 1795 Prof. der Mineralogie an der École des Mines, später Prof. der Technik am Lycée des Arts, 1797–1814 Prof. der Physik an der École Polytechnique in Paris
I 3, 82$_{23Z}$ (Verfasser).$_{41Z}$ (Verfasser).83$_{3Z}$ (Verfassers).$_{9Z}$ (Herrn T.). 86$_{29-30Z}$ (Kollegen) **I 6**, 376$_{15,26,31}$. 377$_{30}$.378$_{35}$.379$_{1}$.380$_{1-2,28}$.385$_{27}$ (H. F. T.).394$_{37}$ (H. F. T.) **I 7**, 15$_{36}$ (Ungenannter)
II 6, M *114* 216$_{21}$ (H. F. T.)
Werke:
- Observations sur les ombres colorées (s. Hassenfratz 1782) **I 3**, 82$_{25-28Z,29-37Z}$.861$_{7Z}$.402$_{1-2M}$.459$_{10-12Z}$ **I 6**, 376$_{12-13}$ (H. F. T.).$_{21-22}$.379$_{34}$
II 6, M *74* 117$_{81-82}$ *133* 264$_{193-200}$ (H. F. T.)
- Sur les ombres colorées (s. Hassenfratz 1802) **II 5B**, M*95* 261$_{14}$

Hauch, Adam Wilhelm von (1755–1838). Direktor des königl. Museums der Naturkunde in Kopenhagen und Bibliothekar
Werke:
- Anfangsgründe der Experimental-Physik (s. Hauch 1795–1796) **I 6**, 351$_{5-6}$ **II 6**, M *71* 106$_{551-555}$ *72* 110$_{51}$

Hauff, Johann Karl Friedrich (1766–1846). Mathematiker, Chemiker, Philosoph; Übersetzer des „Weltsytems" von La Place
Werke:
- Darstellung des Weltsystems (Übers., s. Laplace / Hauff 1797)

Haug Kammerherr in Kopenhagen
II 1A, M*44* 229$_{234}$

Haug, Johann Jakob (1690–1756). Seit 1723 in Berleburg Buchhändler und Buchbinder
Werke:
- Naturae naturantis et naturatae mysterium (s. Haug 1724) **I 8**, 229$_{16}$–230$_{32}$

Hauksbee (Hawksbee), Francis (d.Ä.) (1666–1713). Physiker, Mathematiker, Instrumentenbauer; 1704 Experimentalkurator der Royal Society
I 6, 284$_{15,20}$

Hauslacher s. Haßlacher, Benedikt

Hausmann, Johann Friedrich Ludwig (1782–1859). Mineraloge und Geologe; 1803 beim Bergamt in Clausthal tätig, 1806–1808 Reise in Skandinavien, 1811 Prof. der Bergwissenschaft und Mineralogie in Göttingen
I 1, 321$_{35Z}$.325$_{7Z}$ **I 2**, 134$_{13M}$.390$_{13}$ (Männer) **I 11**, 320$_{1,11-12}$ (Männer)
II 8A, M *112* 148$_{17}$
Werke:
- De origine saxorum (s. Hausmann 1832) **I 2**, 390$_{5-7}$ **I 11**, 320$_{4-6}$
- Reise durch Skandinavien in den Jahren 1806 und 1807 (s. Hausmann 1811–1818) **II 8A**, M*61* 89$_{32-33}$ **II 8B**, M *72* 109$_{147}$ *S5* 139$_{37}$

Haüy (Hauy), René Just (1743–1822). Franz. Physiker, Geologe; seit 1783 Mitglied der Académie des Sciences in Paris, 1794 Konservator des Cabinet des Mines und Prof. der Physik an der École normale, 1802 Prof. für Mineralogie am Musée d'Histoire Naturelle und an der Faculté des Sciences in Paris, Mitglied des Institut de France; Begründer der modernen Kristallographie
I 2, 58$_{8M}$.319$_{36}$.328$_{35}$ **I 5**, 130$_2$
I 10, 241$_{33}$.242$_5$ (der Zweite)
II 1A, M*44* 231$_{337}$ **II 8A**, M*51* 75$_{13}$ **II 8B**, M*2S* 47$_8$ *77* 130$_3$
Werke:
- Anfangsgründe der Physik (s. Haüy 1804–1805) **II 4**, M*42* 54$_{43}$ **II 5B**, M *S* 24$_1$ (Weise)

- Rapport sur un mémoire de
  M. Hassenfratz (Koautor. s. La
  Place / Haüy 1808)
- Tableau comparatif des résultats de
  la cristallographie et de l'analyse
  chimique (s. Haüy 1809) **I 2**. 60₃₅₋₃₆
- Traité de minéralogie (s. Haüy
  1801) **I 2**. 318₃₆.319₁₈.₂₇.
  320₁.₁₁.₂₀.₃₀.₃₇.321₆.₁₄.322₂₈.
  327₂₄.₃₁.328₄.₁₄.₃₁.329₂.₁₂ **I 8**.
  397₃₆.398₃.₁₁.₁₉₋₂₀.₂₈.₃₄.₄₃.₄₉.
  399₃.₁₀.₄₉.402₄₀.₄₇.403₄.₁₃.₂₇.₃₀.₃₃.₄₁
  II 8A. M69 99₁₁₋₁₂
- Traité élémentaire de physique
  (s. Haüy 1803) **I 5**. 129₂₇₋₂₈ **I 11**,
  276₁₆ (letzte Ausgabe).₂₀ **II 1A**.
  M79 309₁₃₋₁₄.₁₆ *SO* 311₂

Hawkins, John (1758?–1841). 1786
Student an der Bergakademie Freiberg, verfasste Berichte über ausgedehnte Reisen in Griechenland
und der Türkei
Werke:
- Brief von Sir John Hawkins
  (s. Hawkins 1789) **II 7**. M95 192

Haydon, Benjamin Robert (1786–1846). Maler und Schriftsteller
Werke:
- Comparaison entre la tête d'un
  des chèvaux de Venise (s. Haydon
  1818) **I 9**. 315₃₄₋₃₆

Haynes, Thomas Engl. Baumzüchter
Werke:
- Interesting discoveries in horticulture (s. Haynes 1810) **II 9B**. M62
  Anm 70 **II 10B**. M35 161₁₇₋₁₈
Manuskripte:
- Neue Methode / Die Heidekräuter... (bearbeitet. s. Anonymi Ms.)

Hebel, Johann Peter (1760–1826).
Theologe und Schriftsteller; 1808
Direktor des Gymnasiums in
Karlsruhe. 1814 Berufung in die
Ministerialdirektion. 1819 Prälat
und Mitglied des badischen Landtags
I 2. 74₈z

Hecht, Joseph Wilhelm (erw.
1820/22). Spediteur in Eger. Pächter der Franzensbader Mineralwässer
I 2. 139₃₃₋₃₄z

Hedenus, Johannes Quirinus
(1633–1712). Pfarrer und Archidiakon in Arnstadt
Werke:
- Exercitatio physica de quaestione
  an lumen sit corpus? (Resp..
  s. Zeidler / Hedenus 1656)

Hedwig, Johann (1730–1799).
Mediziner aus Siebenbürgen, seit
1781 in Leipzig. 1789 Prof. der
Botanik ebenda
Werke:
- Vom wahren Ursprunge der
  männlichen Begattungswerkzeuge
  der Pflanzen (s. Hedwig 1781) **I 9**.
  30₃₃.41₁₉ (Beobachtungen) **II 9A**.
  M48 80 50 87₁₃₃₋₁₃₄

Heerbrandt, Jakob Friedrich
(1742–1812). Buchhändler und
Verleger in Tübingen
I 3. 326₃₅

Hegel, Georg Wilhelm Friedrich
(1770–1831). Philosoph; 1801
Privatdozent und 1805 Prof. in
Jena. 1807 Redakteur in Bamberg.
1808 Gymnasialdirektor in Nürnberg. 1816 Prof. in Heidelberg und
1818 in Berlin. 1829–1830 Rektor
der Universität
I 3. 248₃₄z **I 8**. 94₁₆.215₁
(Freund).₁₀ (Mann) **I 9**. 93₃₇
II 5B. M75 229₁₅ 92 256₃₈
Werke:
- Encyklopädie (1817) (s. Hegel
  1817) **II 5B**. M37 143–144
- Wissenschaft der Logik. Bd. 1
  (s. Hegel 1812) **I 8**. 204₃₀
Manuskripte:
- [Über Farberscheinungen bei
  C. L. F. Schultz 1816] **II 5B**, **M97
  265–277 II 5B**. M95 262₅₁₋₅₂ 96
  265₆₋₇
- [Über Farberscheinungen bei
  Pfaff 1813, vermittelt durch C. L.
  F. Schultz] **II 5B**. M98 280–286
  II 5B. M95 262₄₉₋₅₀ 96 265₄₋₅

Heger Hofkommissar in Ilmenau
I 1. 224₃₁
Heidler, Karl Joseph Edler von Heilborn (1792–1866). Bade- und Brunnenarzt in Marienbad
I 2. 136₁₄z.₁₉z.₂₅z.₃₁z.₃₇z (Man). 184₈z.₁₁z.₁₄z.₃₁z.186₇z.208₂₁z.₂₄z. 226₁₈.250₂₃z I 8. 259₁₆
Werke:
- Marienbad (s. Heidler 1822) I 2. 207₁₉z

Heilingkötter Wirtin des Gasthauses „Zu den drei Mohren" in Karlsbad
I 2. 283₇₋₈z

Heim, Georg Christoph (1743–1807). Studierte in Jena Theologie, Botanik und Mineralogie. Pfarrer in Gumpelstadt bei Meiningen. Hrsg. einer Zeitschrift s. *Der Botaniker oder compendiöse Bibliothek alles Wissenswürdigen aus dem Gebiete der Kräuterkunde*

Heim, Johann Ludwig (1741–1819). Geologe und Mineraloge, Schriftsteller: Konsistorialrat, ab 1803 Geheimer Rat in Meiningen, Besitzer einer geologischen Sammlung, die er 1816 an die „Sozietät für die gesamte Mineralogie zu Jena" gab
- Mineraliensammlung I 2. 82₁₂z. 83₂z.₄z.91₃z.109₁₈ I 11. 202₁₇
Werke:
- Geologische Beschreibung des Thüringer Waldgebürgs (s. Heim 1796–1812) I 2. 58₁₀₋₁₁ₘ.59₁₁z. 421₈₋₁₃ₘ II 7. M*113* 221₃₄₋₃₈ II 8A. M*46* 69 *92* 120₆₋₇ II 8B. M *72* 107₅₄
Manuskripte:
- [Chronologischer Katalog der Heimschen Gesteinssammlung] I 2. 82₅₋₆z.₇z.109₁₂ I 11. 202₁₂

Heineccius, Johann Gottlieb (1681–1741). Rechtshistoriker; Prof. in Frankfurt/Oder und Halle
II 6. M*4* 7₄₇

Heinitz s. Heynitz, *Carl Wilhelm Benno von*

Heinrich I. (um 875–936). Herzog von Sachsen aus dem Haus der Liudolfinger, röm.-dt. Kaiser und König seit 919
I 2. 84₁₆z

Heinrich III. von Navarra = **Heinrich IV. (Henri IV.)** s. *Heinrich IV. (Henri IV), König von Frankreich*

Heinrich IV. (Henri IV), König von Frankreich (Heinrich von Navarra) (1553–1610). Regierte von 1589 bis 1610
I 4. 37₅ I 8. 301₃₆
II 1A. M *79* 309₂ II 4. M *12* 18₂

Heinrich VII., König von England (1457–1509). Regierte von 1485 bis 1509
I 6. 243₂₀

Heinrich VIII., König von England (1491–1547). Regierte von 1509 bis 1547
I 6. 243₂₅

Heinrich, Johann Baptist K. u. K.- Rat, Dr. der Med. und prakt. Arzt zu Plan in Böhmen
I 2. 279₄z

Heinrich, Placidus (eigentl. Joseph Heinrich) (1758–1825). Benediktiner in St. Emmeran, seit 1791 Prof. der Naturlehre in Ingolstadt, 1798–1812 Lehrer der Philosophie, später Lehrer der Experimentalphysik
Werke:
- Von der Natur und den Eigenschaften des Lichts (s. Heinrich 1808) I 7. 25₂₋₃

Heinroth, Johann Christian August (1773–1843). Psychiater; 1819 Prof. für Psychische Therapie in Leipzig
I 9. 307₁₂
Werke:
- Lehrbuch der Anthropologie (s. Heinroth 1822) I 9. 307₃₋₁₈.₁₇ I 10. 226₂₇–227₁₀ II 10A. M*52* 112–113 II 10B. M*4* 22₉

Heinse, Johann Jakob *Wilhelm* (Ps.: Rost) (1746–1803). Schriftsteller;

von 1780 bis 1783 in Italien, seit 1786 Vorleser des Erzbischofs und Kurfürsten von Mainz, 1789 Bibliothekar und Hofrat, später in Aschaffenburg
I 9. 79$_{27}$
Werke:
- Ardinghello und die glückseeligen Inseln (s. Heinse 1787) I 9. 79$_{18,20}$, 80$_{13}$

Helbig, Karl Emil (1777–1855). Sachsen-weimarischer Beamter; 1815 Geheimer Referendar im 2. Departement des Staatsministeriums, 1827 Geheimer Hofrat und ordentl. Mitglied des Hofmarschallamtes
I 2. 364$_{11Z}$ I 10. 259$_4$ (Liebhaber)

Helmont, Johann (Jan) Baptist van (1577–1644). Mediziner, Naturforscher, Chemiker
I 11. 219$_{17}$
II 6. M59 77$_{61}$

Helwig, Christoph (1581–1617). Schulmann, Schulreformer, Hebraist; Prof. in Gießen
Werke:
- Kurtzer Bericht von der Didactica oder Lehrkunst Wolfgangi Ratichii (Hrsg., s. Ratke / Helwig / Jungius 1614)

Hemsterhuis (Hemsterhuys), Frans (Franz, François) (1721–1790). Niederländ. Philosoph
I 7. 32$_{9-10}$, 33$_4$

Henckel, Johann Friedrich (1678–1744). Arzt und kurfürstl. Bergrat in Freiberg
Werke:
- Pyritologia (s. Henckel 1725) II 7. M45 75$_{311}$

Hendrich, Franz Ludwig Albrecht von (1754–1828). Offizier in weimarischen Diensten, 1802–1813 Kommandant von Jena
I 1. 376$_{7Z}$ I 3. 280$_{6Z}$

Henerus (Hener), Renatus (16. Jh.). Mediziner aus Lindau
Werke:
- Adversus Iacobi Sylvii depulsionum anatomicarum calumnias pro Andrea Vesalio Apologia (s. Henerus 1555) I 9. 165$_{23}$

Henneberg, Friedrich zu Vermutlich Friedrich II. von Henneberg-Aschach, 1429–1488
I 1. 32$_{28M(?)}$

Henneberg-Schleusingen, Wilhelm III. von (1434–1480). Regierte von 1444 bis zu seinem Tod die Grafschaft Henneberg
I 1. 32$_{28M}$

Henning, *Leopold* August Wilhelm Dorotheus von (gen. von Schönhoff) (1791–1866). Jurist; als Philosoph Schüler von Hegel, 1821 Privatdozent, 1825 ao. Prof. der Philosophie in Berlin, ab 1827 Redakteur der „Jahrbücher für wissenschaftliche Kritik"
I 8. 342$_{26}$ (Mann), 345$_2$
II 5B. M93 259$_{15}$ 95 262$_{22}$ 97 265$_{4-5}$ (Bekannten) 98 283$_{123}$
- Korrespondenz 1822 II 10B. M35 162$_{53}$
Werke:
- Einleitung zu öffentlichen Vorlesungen über Göthe's Farbenlehre (s. Henning 1822) I 8. 342$_{2-20,28}$
Manuskripte:
- Vorlesungen über die Farbenlehre... II 5B, M107 312–315 II 5B. M95 262$_{31-32}$

Henschel, *August* Wilhelm Eduard Theodor (1790–1856). Botaniker in Breslau
Werke:
- Von der Sexualität der Pflanzen (s. Henschel 1820) I 9. 211$_{22}$ I 10. 301$_{26}$ II 10A. M32 91
Rezensionen:
- Nees von Esenbeck: Handbuch der Botanik (s. Henschel 1821) I 9. 235$_{4-17}$ (Stelle)

Heraklit (520–460 v. Chr.). Heraklit von Ephesos, griech. Vorsokratiker
II 6. M4 7$_{32}$

Herda zu Brandenburg, Johann Ludwig (um 1767–1839). Kammerassessor beim Berg- und Salinendepartment in Eisenach
I 2, 364₁₉z
Herder, Siegmund (Sigismund) *August* Wolfgang (seit 1801:) **von** (1776–1838). Mineraloge, Sohn von Johann Gottfried H., Patenkind Goethes; 1802 Bergamtsassessor, 1804 Oberberg- und Oberhüttenamtsassessor in Freiberg in Sachsen, 1817 Mitglied des Geheimen Finanzkollegiums in Dresden, 1826 Oberberghauptmann in Freiberg
I 1, 289₈z.₂₀z.291₃₇₋₃₈z.292₉₋₁₀z. 355₂₈z.356₁₄z
II 8B, M *S9* 143–144
Herder, Johann Gottfried (seit 1801:) **von** (1744–1803). Theologe, Philosoph, Schriftsteller; seit 1776 Hofprediger, Generalsuperintendent und Oberkonsistorialrat in Weimar, 1789 Vizepräsident, 1801 Präsident des Oberkonsistoriums
I 3, 100₃₇z **I 9**, 21₁₅.91₂₅.₂₇
II 10B, M*23.3* 95₄₉
Werke:
- Ideen zur Philosophie der Geschichte der Menschheit (s. Herder 1784–1791) **I 9**, 13₂₉₋₃₀
Herder, Susanne Sophie (geb. Hänel, verw. Beyer) (1781–1848). Seit 1805 verh. mit S. A. W. von Herder
I 1, 289₂₀z
Herholdt, Johan Daniel (1764–1836). Mediziner; Prof. in Kopenhagen
Werke:
- Von dem Perkinismus (Hrsg., s. Herholdt / Rafn 1798)
- Von dem Perkinismus (s. Herholdt / Rafn 1798) **I 3**, 383₁₇z
Hermann, Johann *Gottfried* Jakob (1772–1848). Philologe; 1795 Privatdozent und 1797 Prof. in Leipzig
I 2, 175₁₀z (Mannes)

Werke:
- De musis fluvialibus Epicharmi et Eumeli (s. Hermann 1819b) **I 2**, 127₃₀ **I 8**, 166₆₋₇
- Ueber das Wesen und die Behandlung der Mythologie (s. Hermann 1819a) **I 2**, 175₃₋₄z
Hermann, Jean Frédéric (1769–1794). Franz. Arzt und Naturforscher
II 10B, M *1.2* 7₁₂₉ (Herm.)
Werke:
- Mémoire aptérologique (s. Hermann 1804) **II 10B**, M *1.2* 7₁₃₂
Hermann, Johann Heinrich (erw. 1668). Student an der Universität Jena
Werke:
- Sub coeli auspicio exercitationem optico-astronomicam de figura et colore coeli apparente (Resp., s. Treiber 1668)
Hermann, Leonhard David (1670–1736). Pfarrer in Massel in Schlesien
Werke:
- Maslographia oder Beschreibung des Schlesischen Massel (s. Hermann 1711) **II 8B**, M *12* 22
Hermann, R. Chemiker und Mineraloge in Moskau
II 8B, M *76* 128–129 M *77* 130–132 M *S5* 138–140 M *S7* 140–141
Hermbstaedt, Sigismund Friedrich (1760–1833). Mediziner und Chemiker in Berlin
II 10B, M *1.3* 14₈₄
Werke:
- Recherches sur la manière dont les corps naturels ont leurs couleurs (s. Hermbstaedt 1801b) **II 6**, M *136* 272₅₃₋₅₅
- Sur le rapport chimique de quelques nouveaux métaux et terres (s. Hermbstaedt 1801a) **II 6**, M *136* 272₅₀₋₅₂
- Systematischer Grundris der allgemeinen Experimentalchemie

(s. Hermbstaedt 1791) **II 1A**. M*44* 224₃₆₋₅₀
- Systematischer Grundriß der allgemeinen Experimentalchemie. 2. Aufl. (s. Hermbstaedt 1800–1805) **II 1A**. M*44* 223–237

Herschel, Frederick *William* (Friedrich *Wilhelm*) (1738–1822). Brit. Astronom und Musiker dt. Herkunft
I 3. 244₁₈Z.245₂₅Z.246₁Z.₁₄Z.₂₀Z.₃₇Z.247₁₀₋₁₁Z.₂₃Z.₃₀Z.248₇Z **I 6**. 368₃₃ **I 7**. 17₅.24₁₂.25₂₈ **II 3**. M*34* 32₁₅₄ **II 4**. M*67* 78₇
Werke:
- Untersuchungen (s. Herschel 1801) **I 3**. 245₁₇₋₁₈Z.₂₈Z.248₁₃M **II 6**. M*73* 113₁₁₀₋₁₁₃

Herzog s. Sachsen-Weimar und Eisenach, Karl August Herzog von

Herzog, Johann Adolph 1794 Rentkommissar in Ilmenau
I 1. 48₂₀M.87₂₁₋₂₂.90₇ (Bergkommissär).92₁₃

Hesiod (Hesiodos) (um 700 v. Chr.). Griech. Dichter
I 1. 311₃ **I 11**. 115₁₀

Hessel, Johann Friedrich Christian (1796–1872). Kristallograph: 1818–1821 Assistent bei K. C. Leonhard in Heidelberg. später Prof. d. Mineralogie in Marburg
I 2. 319₁ **I 8**. 397₃₇

Hessen-Homburg, *Ludwig* Wilhelm Friedrich Landgraf von (1770–1839). Offizier in preußischen Diensten. 1813 Generalmajor und in Teplitz. ab 1829 regierender Landgraf
I 2. 29₁₀Z (Herrschaften)

Hetzer, Georg Wilhelm (1750–1832). Wollfabrikant und später auch Betreiber einer Ölmühle in Ilmenau. 1776 weimarischer Hofkommissar
I 1. 92₁₄.206₁₃.230₃₄.235₁ (Deputierte).₆ (Deputierte).₁₀ (Mitdeputierte).₂₀ (Deputierte).251₉M (Deputierter).₁₂M (Deputierten).

₂₆M (Deputierten).253₁₀M (Deputierten).₁₅M (Deputierten) **I 2**. 53₇Z.₉Z

Heusinger, Karl Friedrich (seit 1872:) von (1792–1883). Anatom und Mediziner: 1821 Nachfolger Okens in Jena. seit 1824 in Würzburg
Werke:
- System der Histologie (s. Heusinger 1822–1823) **I 2**. 348₂₅ **I 8**. 414₇

Heydenreich, Ferdinand Friedlieb (1790–1872). Oberlehrer in Tilsit. publizierte über meteorologische Beobachtungen
Manuskripte:
- Beobachtungen aus Tilsit. vom 3 u 4 Febr 1825 **II 2**. M S.*14* 116₁₋₁₄

Heym (Heyn) Zimmermann: von 1781–1785 Inhaber einer Mühle im Ilmtal
I 1. 110₀M

Heynitz, Carl Wilhelm Benno von (1738–1801). 1784 kurfürstl.-sächs. Berghauptmann in Freiberg
I 1. 201₁₂₋₁₃

Hibbert-Ware, Samuel (1782–1848). Geologe in Edinburgh
Werke:
- Rocks in Shetland (s. Hibbert 1819) **II 8B**. M*72* 110₁₆₄

Hill, John (1714–1775). Apotheker und Arzt in London. Aufseher in Kew-Gardens
II 7. M*45* 75₂₈₅ **II 9A**. M*50* 88₁₈₇
Werke:
- Abhandlung von dem Ursprung und der Erzeugung proliferirender Blumen (s. Hill 1768) **II 9A**. M*22* 39₁₋40₂₃
- Die Art und Weise durch gefüllte Blumen aus einfachen zu ziehen (s. Hill 1766) **II 9A**. M*22* 40₂₄.₂₇₋₃₂
- The vegetable system (s. Hill 1759–1775) **II 9A**. M*50* 84₃₀

Himly, *Karl* Gustav (1772–1837). Mediziner. Augenarzt und Chirurg. Schriftsteller: 1795 Prof. am Collegium Carolinum in Braunschweig. 1801 in Jena. 1803 in Göttingen

Werke:
- Ophthalmologische Beobachtungen (s. Himly 1801) **II 4**. M 22 25_7

Hindenburg, Carl Friedrich (1741–1808). Mathematiker; 1781 Prof. für Philosophie, 1786 Prof. für Physik in Leipzig
II 1A. M 16 137_{148}

Hipparchus (um 150 v. Chr.). Eventuell Hipparchos von Nicäa (ca. 190–120 v. Chr.). griech. Astronom, Mathematiker und Geograph
II 6. M 9 $13_{8,16}$

Hippokrates (von Kos) (um 460 – um 370 v. Chr.). Griech. Arzt, neben Galen der einflussreichste Mediziner der Antike
I 9. 274_{12-13} **I 10**. 394_{21}
II 1A. M 1 3_{24-25}

Hirschfeld, Christian Cay (Cajus) Lorenz (1742–1792). Schriftsteller, Theoretiker der Gartenkunst, Gartenarchitekt; seit 1773 Prof. der Philosophie und der schönen Wissenschaften in Kiel, seit 1777 königlich dänischer Justizrat
I 9. 240_6

Hisinger, Wilhelm (1766–1852).
II 8B. M 72 109_{146}

Hobert, Johann Philipp (1759–1826). Lehrer der Mathematik und Physik an der Militärakademie in Berlin, seit 1816 Prof. der Mathematik an der dortigen Kriegsakademie
Werke:
- Grundriß des mathematischen und chemisch-mineralogischen Theils der Naturlehre (s. Hobert 1789) **I 6**. 350_{31-32} **II 6**. M 71 $105_{528-530}$ 72 109_{46}

Hoborsky, ? (fl. 1828/29). Gärtner im Botanischen Garten in Prag
II 10B. M S 26_4

Hoch, Joseph von (†1840). Um 1808 Polizei-Oberkommissar in Prag; während der Kursaison oftmals (u. a. 1808, 1810) als Inspektionskommissar in Karlsbad tätig
I 2. $19_{14Z(?)}$

Hochberg, Grafen Aus Schlesien
I 1. $295_{22M,30M,33M}.298_{31M,33M}$
II 8B. M 7 12_{69-78} M S $15_{32-16_{32}}$

Höfer, Hubert Franz Direktor der Hofapotheke in Florenz
Werke:
- Nachricht von dem in Toskana entdeckten natürlichen Sedativsalze (s. Höfer 1781) **I 1**. 248_{5-9M}
II 7. M 111 $214_{134-135}$

Hoff (Hof), Karl Ernst Adolf von (1771–1837). Geologe; Legationssekretär, Direktor des Oberkonsistoriums in Gotha
I 2. 274_{30-31} (Manne) **I 8**. 339_{16} (Manne)
Werke:
- Der Thüringer Wald (s. Hoff / Jacobs 1807) **II 8A**. M 92 120_8
- Gemälde der physischen Beschaffenheit von Thüringen (s. Hoff 1812) **II 8A**. M 92 120_{9-10}
- Geognostische Bemerkungen über Karlsbad (s. Hoff 1825) **II 8B**. M 72 107_{63-64}
- Geschichte der natürlichen Veränderungen der Erdoberfläche (s. Hoff 1822–1841) **I 2**. 251_{36Z}. $252_{15-25,26}.253_{11}.267_{13-14M,17M}$. $274_{23-24}.277_{13Z,18Z}.316_{3-4Z}$ **I 8**. 339_{9-10} **I 11**. $223_{1-26}.224_1$ (Zu Seite 427) **II 8B**. M 72 108_{104}

Hoffmann (Hofmann), Johann Georg
Werke:
- Dissertatio de matricibus metallorum (s. Hoffmann / Böhmer 1738) **I 2**. 424_M **II 8A**. M 94 125_4

Hoffmann, Christian August Siegfried (1750–1813). Schüler von A. G. Werner, Lehrer der Mineralogie an der Bergakademie Freiberg
Werke:
- Handbuch der Mineralogie (s. Hoffmann / Breithaupt 1811–1816) **II 8A**. M 69 $98_{9-99_{10}}$

Hoffmann, Friedrich (1797–1836). Prof. der Geologie in Berlin

Werke:
- Beiträge zur genaueren Kenntniß der geognostischen Verhältnisse Nord-Deutschlands (s. Hoffmann 1823) **II 8B**. M 72 106₃₅

Hoffmann, Friedrich Christian (geb. 1744). Apotheker in Leer
Werke:
- Ueber das Wachsthum der Pflanzen in reinem Wasser (s. Hoffmann 1791) **II 9A**. M *138* 224₅₋₇

Hoffmann, Georg Franz (1761–1826). Botaniker in Erlangen, 1792–1804 Prof. der Botanik in Göttingen, ab 1804 Direktor des botanischen Gartens der Universität Moskau
I 3. 493₂₉M
II 6. M *134* 267₆

Hoffmann, Johann Leonhard (1740–1814). Aus Neustadt an der Aich, lebte als Zeichner, Maler und Privatgelehrter in Bayreuth, Altdorf, Leipzig und Windsheim, nach Reisen durch Italien und Osteuropa ab 1799 Universitätszeichenlehrer in Erlangen
I 6. 396₁.398₁.399₁₀.₁₅ **I 7**. 16₁₈
II 6. M *114* 216₂₄
Werke:
- Versuch einer Geschichte der mahlerischen Harmonie (s. Hoffmann 1786) **I 3**. 352₂₇₋₂₉M **I 6**. 395₃₀₋₃₄.399₈

Hoffmannsegg, Johann Centurius Graf (1766–1849). Naturforscher
Werke:
- Flore Portugaise (s. Hoffmannsegg / Link 1809–1813) **II 10B**. M *22.5* 77₁₆₋₁₇

Hofmann
II 7. M *107* 208₁₄₆₋₁₄₇

Hogarth, William (1697–1764). Engl. Maler und Grafiker
Werke:
- The analysis of beauty (s. Hogarth 1753) **I 9**. 258₃₄.259₅

Hohe, Friedrich (1802–1870). Lithograph, Zeichner für den Botaniker Karl Friedrich Philipp von Martius
I 9. 381₃₀.₃₇₋₃₈

Holbach, Paul Henri Thiry d' (Ps.: Jean Baptiste de Mirabaud; eigentl. Paul Heinrich Dietrich) (1723–1789). Franz. Materialist, Enzyklopädist
Werke:
- Système de la nature (s. Holbach 1781) **I 2**. 6₁₀z.7₅z

Holbein, Hans, d. J. (1497–1543). Maler und Zeichner; in Basel und zeitweise in London tätig, 1536 von Heinrich VIII. zum Hofmaler ernannt
I 6. 224₆.₉

Hollmann, Samuel Christian (1696–1787). Philosoph und Naturforscher; Prof. der Philosophie an der Univ. Wittenberg und seit 1736 an der neugegründeten Univ. Göttingen, war als Physiker und Meteorologe tätig
I 6. 347₉.₃₀.351₂₂
Werke:
- Institutiones pneumatologiae et theologiae naturalis (s. Hollmann 1741) **I 6**. 351₂₃
- Paulo uberior in universam philosophiam introductio (s. Hollmann 1737) **I 6**. 347₉₋₁₀ **II 6**. M *71* 107₅₈₇–108₆₀₈ 72 109₂₁
- Primae physicae experimentalis lineae (s. Hollmann 1742) **I 6**. 347₃₀₋₃₁ **II 6**. M *71* 108₆₀₉₋₆₁₃ 72 109₂₂.₂₅

Holzer, Johann Evangelist (1709–1740). Österreich. Maler, Kupferstecher und Zeichner
I 6. 234₁₂

Homberg, Wilhelm (1652–1715). Chemiker; Advokat in Magdeburg, danach Leibarzt des Herzogs von Orléans und Mitglied der Académie des Sciences in Paris
I 6. 205₃₀
II 6. M *92* 191₁₅

Werke:
- Mémoire touchant les végétations artificielles (s. Homberg 1710) **I 1.** 85$_{1-11M}$ **II 7.** M63 133–135
- Réflexions sur différentes végétations métalliques (s. Homberg 1692) **II 7.** M63 133–135

Homburg, Karl Ludwig (1760–1825). Seit 1803 Prosektor in Jena. Gehilfe Loders, der ihn 1819 nach Moskau holte
I 9. 169$_1$

Home, Everard (1756–1832). Engl. Wundarzt; seit 1808 Sergeant Surgeon of his Majesty
Werke:
- Home über die Muskelbewegung (s. Home 1797) **II 5B.** M 72 220$_{436}$

Homer (Homeros) (9./8. Jh. v. Chr.). Griech. Dichter
I 2. 403$_{31Z}$
II 6. M27 30$_{13}$ 45 55$_{10}$ **II 10A.** M41 104$_1$
Werke:
- Ilias (s. Homer, Il.) **I 6.** 111$_{23}$ **II 5B.** M141 391$_{10-11}$ **II 6.** M41 49$_{20}$
- Odyssee (s. Homer, Od.) **I 6.** 111$_{25}$ **II 6.** M41 49$_{21}$

Höninghaus, Friedrich Wilhelm (1770/71–1854). Naturgeschichtler (Petrefaktensammler); Kaufmann in Krefeld
II 8B. M S3 135

Hooke, Robert (1635–1703). Engl. Mathematiker und Physiker, seit 1662 Mitglied der Royal Society, 1677–1682 deren Sekretär
I 3. 493$_{9M}$ **I 5.** 188$_{16}$ **I 6.** 203$_4$. 248$_7$.251$_{13.14}$.252$_1$.263$_3$.264$_{14.21}$. 267$_{22}$.268$_{6.19.29}$.269$_3$.284$_8$.344$_{33}$. 345$_5$ **I 7.** 12$_{9.32}$
II 3. M12 9$_4$M34 33$_{218}$–34$_{234}$ **II 6.** M55 71$_{49}$ 5$8$ 74$_{47}$ 71 91$_{11}$.93$_{7-4}$ 76 128$_{29}$ 79 165$_{235}$ 80 182$_5$ 82 183$_{19}$ 121 229$_{20}$ 134 268$_{16}$
- Stellung in der Royal Society **II 6.** M 79 166$_{147}$–181$_{832}$

Werke:
- Micrographia (s. Hooke 1665) **II 6.** M59 78$_{104-108}$ 79 170$_{433-435}$
- The posthumous works (s. Hooke 1705) **II 6.** M 74 115$_{5-6}$ 79 177$_{661-662}$.181$_{828-829}$ 135 270$_{53}$

Hooker, William (1779–1832). Botan. Illustrator, Schüler von Francis Bauer (nicht zu verwechseln mit William Jackson Hooker, 1785–1865)
Werke:
- The Paradisus Londinensis (Illustr., s. Salisbury / Hooker 1805–1807)

Hope, Thomas Charles (1766–1844). Schott. Arzt und Chemiker
II 8B. M 72 106$_{27}$

Hopfengärtner, Philipp Friedrich, dessen **Schwester** Goethe veröffentlichte die Krankengeschichte der Schwester von Ph. F. H. (1771–1807). Arzt und Chemiker in Stuttgart, seit 1795 württembergischer Leibmedikus
I 10. 197$_2$–198$_{10}$ (Frauenzimmer). 198$_2$ (Person)

Höpingk (Höpping), Theodor (1591–1641). Jurist
Werke:
- De insignium sive armorum prisco et novo iure (s. Höpingk 1642) **II 4.** M 72 87$_{26}$ (Höpping)

Horatius Cocles (um 500 v. Chr.). Röm. Feldherr nach Livius (1, 10; 2–11) fl. 507 v. Chr
I 2. 132$_{5M}$
II 8A. M 110 145$_6$

Horaz (eigentl. Quintus Horatius Flaccus) (65–8 v. Chr.). Röm. Dichter
I 2. 27$_{25Z}$ **I 6.** 113$_{23}$.116$_{18}$.117$_{15}$ **II 6.** M41 51$_{120}$
Werke:
- Carmina (s. Horaz, carm.) **I 8.** 301$_{6-7}$
- Epistulae (s. Horaz, epist.) **I 4.** 10$_{7-8}$

Horner, Johann Caspar (1774–1834). Schweizer Astronom, Mathematiker und Forschungsreisender: Adjunkt an der Sternwarte auf dem Seeberg. 1803–1806 Teilnahme an der Weltumseglung unter Leitung des Kapitäns Adam Johann von Krusenstern. 1809–1829 Prof. der Mathematik am Gymnasium in Zürich
Werke:
- Ueber die Oscillationen des Barometers (s. Horner 1812) **II 2**. M 6.2 $42_{107-114}$
- Ueber die Oszillationen des Barometers zwischen den Wende-Kreisen (s. Horner 1813) **II 2**. M 6.2 $42_{107-116}$

Hornschuch, Christian Friedrich (1793–1850). Botaniker: Prof. der Zoologie, Botanik und Philosophie sowie Direktor des botanischen Gartens und des zoologisch-naturhistorischen Museums in Greifswald
I 9. $323_{3-4,15}$
Werke:
- Über die Entstehung und Metamorphose der niederen vegetabilischen Organismen (s. Hornschuch 1821) **II 5B**. M S9 253

Horrebow, Peder Nielson (1679–1764). Dän. Astronom; Direktor der Sternwarte in Kopenhagen
I 11. 163_{26}
Werke:
- Basis astronomiae sive astronomiae pars mechanica (s. Horrebow 1735) **I 11**. 163_{28}–164_3

Horsley, Samuel (1733–1806). Theologe, Physiker, Mathematiker: ab 1767 Mitglied der Royal Society, von 1773–1784 deren Sekretär
Werke:
- Opera omnia (Hrsg. und Komm., s. Newton / Horsley 1779–1785)

Horstig, Karl Gottlieb (1763–1835). Protestantischer Geistlicher; Oberprediger und Superintendent in Bückeburg, Erfinder eines Stenographie-Systems
I 1. $274_{25Z,27Z}$

Horstig, Susanna Christiana (Susette Christine) (geb. d'Aubigny von Engelbronner) (1768–1845). Schriftstellerin: Tochter des Juristen und Pädagogen Johann Konrad Engelbronner (seit 1800: d'Aubigny von E.), seit 1794 verh. mit K. G. Horstig
I 1. $274_{26Z,27Z}$

Horvath, Johann Baptist (1732–1799). Jesuit und Physiker; Prof. der Physik in Tyrnau, ab 1792 Abt in Pest und Eperies
Werke:
- Elementa physicae (s. Horvath 1790) **I 6**. 350_{37} **II 6**. M 71 $106_{531-533}$ 72 110_{48}

Hottinger, Johann Jakob (1750–1819). Schweizer reform. Theologe, klass. Philologe: Prof. der Eloquenz, alten Sprachen und Philosophie am Gymnasium Carolinum in Zürich
I 1. 267_{13Z}

Hövel, *Friedrich* Alexander Freiherr von (1766–1826). Geologe; Preußischer Kammergerichtspräsident
Werke:
- Geognostische Bemerkungen (s. Hövel 1806) **I 2**. $72_{15-16Z,18Z}$, 77_{10-11Z}
- Geologisch-geognostische Zweifel und Fragen (s. Hövel 1822–1826) **II 8B**. M 72 $111_{188-189}$

Howard, *Gravely* (eigentl. Edward Howard Graf von Arundel) (1637–1691). Sohn von Henry Frederick Howard Graf von Arundel, Ururgroßvater von Luke Howard
I 8. 287_{28}
II 2. M 5.3 28_{22}

Howard, Henry, 6. Duke of Norfolk (1628–1684). Von 1672–1684 Earl Marshal von England

Werke:
- A description of the diamond-mines (s. Howard 1677) **II 6**. M 79 $173_{511-512}$

Howard, Luke (1772–1864). Engl. Pharmazeut und Meteorologe; entwickelte eine Klassifikation und Nomenklatur der Wolken
I 8. $73_2.74_{1.21.29}.91_{32}.92_{13.15}.$
$234_{1.16}.235_{1.16}.238_{1.5.26}.239_{1.5.23}.$
$240_6.286_4.287-295.320_{4.20.36.50}.$
322_{33} **I 9**, $264_{29.35}.264_1-265_{16}$
I 11, $194_{5.12}.196_{31}.199_{15.20}.253_{30}$
II 2, M 1.1 $3_{9.13}$ 1.4 5_2 1.3 5_3 M5.2 22_1-24_{97} 5.4 34_1 5.6 36_9 $S.2$ $86_{552-559}.88_{629}$ $S.3$ 101_{108} 12 217_8 **II 5B**. M SS 251_{49} **II 8B**, M 17 26_3
Werke:
- Account of a microscopical investigation (s. Howard 1802) **I 8**. 289_{30-31} (Aufsatz) **II 2**, M5.3 29_{79-82}
- Luke Howard an Goethe (Vorarbeit, s. Goethe – Luke Howard an Goethe)
- On the modification of clouds (s. Howard 1803) **I 8**. $240_6.287_6$ (Versuch).290_{13} **I 9**, 264_7 **I 11**. 199_{17} (das Original) **II 2**, M5.3 $27_{5-6}.29_{97-98}$
- The Climate of London (s. Howard 1818–1820) **I 8**. $291_{32-33}.$ $320_{16-19}.320_1-321_9$ **II 2**, M5.3 30_{139}
- Versuch einer Naturgeschichte und Physik der Wolken (s. Howard 1815) **I 2**. 82_{19-20Z} (wegen des Gilbertschen Journals) **I 8**, 74_6 **I 11**, 199_{16} (Gilberts Annalen)
Manuskripte:
- Luke Howard to Goethe **II 2**, M5.3 $27-33$ **I 9**. $264_4.265_{5-16}$

Howard, Mariabella (geb. Eliot) (1769–1852). Seit 1796 Ehefrau von Luke Howard
I 8, 292_{14}
II 2, M5.3 $31_{152-153}$

Howard, Robert d. Ä. (1703–1793). Großvater von Luke Howard
I 8. 287_{23}
II 2, M5.3 27_{17-18} (Grandfather)

Howard, Robert d. J. (1738–1812). Vater von Luke Howard
I 8. $287_{22}.292_{21-22.24}.295_{10}$ (Vater)
II 2, M5.3 $27_{17}.31_{159.161}$ (father). 33_{234} (Father)

Howard, Stanley (1676–1736). Urgroßvater von Luke Howard
I 8. $287_{24.33}$
II 2, M5.3 28_{26}

Huarte de San Juan, Juan (1529–1588). Kanoniker, Mediziner, Philosoph
Werke:
- Examen de ingenios para las sciencias (s. Huarte de San Juan 1575) **II 1A**. M 1 6_{129}

Hube, Johann Michael (1737–1807). Geb. in Thorn, poln. Hofsekretär
I 3, 508_{11M}
Werke:
- Vollständiger und faßlicher Unterricht in der Naturlehre (s. Hube 1793–1801) **I 3**. 508_{11-12M} **I 3**, M2 3_9 **II 6**, M 73 111_{22-23} 135 270_{79} 136 271_{17-18}

Hubert, Monsieur
Werke:
- Sur l'air contenu dans les cavités du Bambou (s. Hubert 1788) **II 9A**, M 84 126_{40-44}

Huddart, Joseph (1741–1816). Engl. Kapitän
Werke:
- An account of persons who could not distinguish colours (s. Huddart 1777) **II 6**, M 136 272_{37}
- Beobachtungen über die horizontale Strahlenbrechung (s. Huddart 1799) **II 4**, M32 34_{17}

Hufeland, Christoph Wilhelm Friedrich (1762–1836). Mediziner; 1784 Hofmedikus in Weimar, 1793 Prof. der Medizin in Jena, 1796 Leibarzt, 1801 in Berlin, als Leibarzt der königl. Familie und Direktor des Collegium Medicum, Mitglied der Preußischen Akademie der

Wissenschaften. 1810 Universitätsprof., Staatsrat im Gesundheitswesen; Bruder von F. G. Hufeland
II 2. M *1.5* 6₉ **II 7.** M *54* 121₁₈ *113* 222₆₁₍?₎

Hufeland, Gottlieb (1760–1817). Jurist; 1788 Prof. in Jena, 1788–1803 Mithrsg. der ALZ
I 2. 422₁₂M₍?₎ **I 3.** 333₁₄Z.389₁Z

Hugo, Gustav (1764–1844). 1782–1785 Jurastudium in Göttingen, danach Prinzenerzieher in Dessau, 1788 Promotion in Halle, dann ao. Prof. Univ. Göttingen
I 3. 415₁₉Z

Humboldt, Friedrich Heinrich *Alexander* Freiherr von (1769–1859). Naturforscher, Forschungsreisender, Geograph; Schüler von A. G. Werner in Freiberg. 1792–1796 preußischer Bergbaubeamter. Frühjahr 1797 in Jena. 1799–1804 Reise durch Südamerika mit Aimé Bonpland. Ende 1805–1807 in Berlin, 1808–1827 Paris, dann in Berlin, 1829 Reise durch Russland und Sibirien; Bruder von W. von Humboldt
I 1. 317₁₃ **I 2.** 171₄.295₂₃₋₂₄ (Mann).366₃Z.370₁₁Z **I 3.** 297₂₃Z **I 4.** 31₁₀ (Gelehrten) **I 8.** 164₁₆. 354₁₇₋₁₈ (Mann).362₂₃ **I 9.** 93₃₇₋₃₈. 104₁₈.108₃₄.179₇₋₈ **I 10.** 199₂₆. 200₁₄.302₉₋₁₀ **I 11.** 102₂,₉₋₁₀.121₆. 159₁₄ (Verfasser).160₆₋₇.240₂₇
II 1A. M *44* 235₄₉₆₋₄₉₇ *79* 310₄₈
II 2. M *41*₁₉₈ S.*24* 133₁₂ 9.*8* 147₆,₁₁ *9.13* 178₃₂ *10.6* 209₂₈ **II 8B.** M *83* 135₃ **II 10A.** M *2.4* 9₆ *2.21* 25₉ **II 10B.** M *1.3* 14₇₅₋₇₆

- Humboldtischer Serpentin **I 11.** 61₁₇.62₁₉
- Nachrichten in den Allgemeinen Geographischen Ephemeriden **II 8A.** M *12* 22–23

Werke:
- Aphorismen (s. Humboldt 1794) **II 9A.** M *137* 221₅₈ *139* 227₁₀ **II 9B.** M *12* 14 55 60₂₂
- Essai sur la géographie des plantes (s. Humboldt / Bonpland 1807a) **II 2.** M *9.13* 178₉
- Ideen zu einer Geographie der Pflanzen nebst einem Naturgemälde der Tropenländer (s. Humboldt / Bonpland 1807b) **I 1.** 317₁₂ (Werk) **I 9.** 104₁₉₋₂₁ **I 11.** 121₅.159₁₃₋₁₄.160₇ **II 10A.** M *21* 80₂ (Dedikation)
- Ideen zu einer Physiognomik der Gewächse (s. Humboldt 1806) **I 10.** 199₂₀–204₂₁.200₂₁ **II 9B.** M *58* 68₄₀₋₄₁
- Mineralogische Beobachtungen über einige Basalte am Rhein (s. Humboldt 1790) **II 8B.** M *72* 111₁₉₂₋₁₉₃
- Plantes équinoxiales (s. Humboldt / Bonpland 1805–1809) **II 4.** M *26* 30₁₋₂ **II 10B.** M *22.11* 85₃₋₄
- Über den Bau und die Wirkungsart der Vulkane in verschiedenen Erdstrichen (s. Humboldt 1823) **I 2.** 257₁–258₃₈.295₁₆–296₅.316₇Z **I 8.** 354₁₀₋₃₁ **I 11.** 228–229
- Voyage aux régions équinoxiales (s. Humboldt / Bonpland 1805–1839) **I 11.** 260₂₅₋₂₉ **II 2.** M *7.11* 59 **II 8B.** M *72* 106₄₁₋₄₂.109₁₂₉₋₁₃₀

Humboldt, Friedrich *Wilhelm* Christian Karl Ferdinand Freiherr von (1767–1835). Gelehrter und Staatsmann; 1789–1794 in Erfurt, Weimar und Jena, später preußischer Gesandter in Rom und Wien.1809 Direktor der Sektion für Kultus und Unterricht im Innenministerium. Gründer der Berliner Universität; Bruder von A. von Humboldt
I 3. 297₂₅Z (Bruder) **I 9.** 93₃₇₋₃₈. 179₇₋₈
II 10A. M *2.4* 9₆ *2.21* 25₉

Hundeshagen, Helfrich Bernhard (1784–1858). Baumeister und Schriftsteller, Kunsthistoriker; 1813–1817 Bibliothekar in Wiesbaden
I 2. 59₃₁Z.60₁₈Z.72₅Z

PERSONEN 93

Hunter, Agnes Mutter von John und William Hunter
II 1A, M 70 292$_3$
Hunter, John (1728–1793). Aus Schottland. Anatom in London; Bruder von W. Hunter
I 11, 180$_{20, 27}$ (er als Prosektor)
II 1A, M 65 282 69 290$_{1-2}$, 291$_{15, 25-35}$ (he) M 70 292–293 73 302$_{15}$
Werke:
- Natural history of the human teeth (s. Hunter 1771–1778) **I 9**, 158$_{35}$ **II 9A**, M 2 12$_{167}$

Hunter, John (sen.) (†1741). Vater von John Hunter
I 11, 180$_{20}$ (Landgeistlichen)
II 1A, M 70 292$_3$

Hunter, William (1718–1783). Anatom, Chirurg, prakt. Arzt und Geburtshelfer; Bruder von John Hunter
I 11, 180$_{27-28}$ (Bruders)$_{29}$ (Bruder)
II 1A, M 69 291$_{15-24}$ M 70 292–293
Werke:
- Anatomia uteri humani gravidi tabulis illustrata (s. Hunter 1774) **II 1A**, M 70 293$_{40}$ (Werk)$_{53-55}$ (Werk)

Hus, Jan (Huß, Johannes) (um 1369–1415). Christl. Reformer in Böhmen
I 3, 233$_2$
II 8B, M 36 60$_{185}$

Huß, Karl (1761–1838). Scharfrichter in Eger, dann Regionalhistoriker, Wappenmaler und Bilderkopist, Sammler von Mineralien und Altertümern
I 2, 187$_{8Z}$.209$_{7Z, 19Z}$.212$_{13Z}$.231$_{21Z, 25Z}$
II 8B, M 6 9$_{125}$ 21 37$_{27}$
- Mineraliensammlung **I 2**, 212$_{13Z}$

Hüttner, Johann Christian (1766–1847). Schriftsteller, Übersetzer am Londoner Außenministerium, für den Weimarer Hof als Literaturagent und Vermittler tätig

I 8, 287$_4$ (Freund) **I 9**, 264$_{28}$
II 2, M 5.3 27$_4$ (Friend) **II 8A**, M 97 131$_{49}$ (Correspondenten)

Hutton, James (1726–1797). Geologe in Edinburgh
I 2, 303$_{4-5M}$
II 8B, M 39 69$_{173}$
Werke:
- Theory of the earth (s. Hutton 1788) **II 8B**, M 72 106$_{18-19}$ 95 151$_{28-31}$

Huygens (Huyghens), Christiaan (1629–1695). Niederländ. Jurist, Mathematiker, Physiker und Astronom; Mitglied der Académie des Sciences in Paris (seit 1666) und der Royal Society, Schöpfer einer Art Wellentheorie des Lichts
I 3, 314$_{19Z}$ **I 6**, 159$_{13}$.259$_{30}$.269$_{19-20}$.270$_3$.402$_{25}$ **I 11**, 286$_{22}$.287$_{13}$
II 5B, M 5 16$_{183}$ **II 6**, M 79 164$_{187}$ 83 185$_{21}$ 105 205$_{16}$
Werke:
- An answer to the former letter [by Newton] (s. Huygens 1673b) **I 6**, 270$_3$
- An extract of a letter lately written by an ingenious person from Paris (s. Huygens 1673a) **I 6**, 269$_{20-30}$
- Opera reliqua (s. Huygens 1728) **II 6**, M 136 273$_{94-98}$
- Traité de la lumiere (s. Huygens 1690) **II 6**, M 132 258$_4$ 135 270$_{47}$

Huysum, Jan van (1682–1749). Niederländ. Blumen- und Früchtemaler
I 10, 249$_8$

Ilsemann, Johann Christoph (1729–1822). Apotheker in Clausthal; Besitzer eines Mineralienkabinetts
I 1, 6$_{29Z}$

Imperato, Ferrante (1550–1631). Ital. Apotheker und Naturforscher, berühmt durch sein Naturalienkabinett im Palazzo Gravina in Neapel
Werke:
- Dell'historia naturale (s. Imperato 1599) **II 5B**, M 100 290$_{12}$

Ingelheim, Anselm Franz von (1683–1749). Fürstbischof von Würzburg
I 1. 292$_{24M}$
II 8B. M7 10$_{11}$.11$_{20-21}$
Jacob (James) II., König von England (1633–1701). Regierte von 1685 bis 1688
I 6. 296$_{24}$ I 8. 287$_{32}$
II 2. M*5.3* 28$_{25}$ (James)
Jacob I., König von England (1566–1625). Regierte von 1603 bis 1625
I 6. 242$_{22}$.244$_{12}$
II 6. M*51* 65$_{22}$ *92* 192$_{40}$
Jacobi, Friedrich (Fritz) Heinrich (seit 1808:) von (1743–1819). Schriftsteller. Philosoph; seit 1772 Rat bei der jülich-bergischen Hofkammer in Düsseldorf. Privatier in Pempelfort bei Düsseldorf, seit 1794 in Wandsbek und Eutin, seit 1805 in München. Mitglied und 1807 bis 1812 Präsident der Bayerischen Akademie der Wissenschaften
I 3. 333$_{25Z}$.435$_{3Z}$.459$_{4Z}$ I 9. 71$_{37}$
Werke:
- Ueber die Lehre des Spinoza (s. Jacobi 1785) I 9. 333$_{35}$
Jacobi, Karl Wiegand Maximilian (Max) (1775–1858). Mediziner. Psychiater; von 1793 bis 1794 Student in Jena, dann in Göttingen und Edinburgh, von 1797 bis 1800 Arzt in Vaels bei Aachen, dann u.a. in Eutin. 1805 Leiter des bayerischen Gesundheitswesens in München. 1816 Regierungs- und Medizinalrat in Düsseldorf, seit 1822 Direktor der Heilanstalt in Siegburg; Sohn von F. H. Jacobi
I 9. 179$_{16}$ I 11. 300$_{12}$
II 10A. M*2.4* 9$_7$ *2.21* 25$_{12}$
Jacobs, Christian Wilhelm (1763–1814). Naturwissenschaftl. und technolog. Schriftsteller; Oberkonsistorialrat in Gotha

Werke:
- Der Thüringer Wald (Koautor. s. Hoff / Jacobs 1807)
Jacquier, François (1711–1788). Pater. Physiker und Mathematiker; Prof. der Theologie und Physik in Rom
I 6. 342$_{30}$.352$_{12}$
II 6. M*92* 193$_{67}$
Jacquin, Nikolaus Joseph von (1727–1817). Mediziner. Botaniker. Chemiker in Leiden, seit 1752 in Wien
I 1. 322$_{10Z}$
Werke:
- Oxalis (s. Jacquin 1794) II 9B. M*4* 6$_7$
- Plantarum rariorum (s. Jacquin 1797–1804) I 10. 258$_{19}$
Jagemann, Ferdinand Karl Christian (1780–1820). Maler in Weimar
I 8. 131$_{31}$.132$_3$ (Freund).$_{28}$ (Künstler).$_{34}$ (Künstler)
II 5B. M*43* 159$_{11}$
Jäger, Carl Christoph Friedrich (seit 1815:) von (1773–1828). Mediziner. Hofmedikus in Stuttgart
Werke:
- Chemische Anzeige. / Mehrere Versuche haben uns gezeigt… (Koautor. s. Scherer / Jäger 1794)
- Electromotrische Versuche über Volta's Säule (s. Jäger 1803a) II 1A. M*3* 328$_{539}$
- Ueber das Leuchten des Phosphors im atmosphärischen Stickgas (Koautor. s. Scherer / Jäger 1795)
- Ueber das Leuchten des Phosphors im Stickgas (s. Jäger 1794) II 1A. M*16* 139$_{234-235}$ (andere)
- Ueber die electroskopischen Aeusserungen der Voltaischen Ketten und Säulen (s. Jäger 1803b) II 1A. M*3* 328$_{539}$
Jäger, Georg Friedrich (seit 1850:) von (1785–1867). Mediziner.

Paläontologe; Arzt in Stuttgart. 1817-1856 Kustos des königl. württembergischen Naturalienkabinetts, 1822/23 bis 1845/46 auch Gymnasialprof., 1836 Mitglied des Medizinalkollegiums
I 9, 110₁₇.254₁₆.₂₇.257₁
Werke:
- Ueber die Mißbildungen der Gewächse (s. Jäger 1814) I 9, 110₁₅₋₁₆.₁₈.₂₂.111₃₀.113₅.114₂₀. 117₁₄.₂₈ I 10, 206₁₉.301₆₋₁₉ II 10A. M*2.1* 4₁₃ *2.3* 6₇₋₈ *2.9* 13₇ *2.13* 19 *2.14* 20₇ *1S* 79₁₂
- Ueber einige fossile Knochen (s. Jäger 1821) I 9, 254₂₋₃₁.₃₂ (Mitteilungen) II 10A. M*3S* 100₂

Jäger, Johann Wilhelm Abraham (1718-1791). Kapitänleutnant der Artillerie und Zeugmeister, Ingenieur, Kartograph und Verlagsbuchhändler in Frankfurt/Main
Werke:
- Grand atlas d'Allemagne (s. Jäger 1789) I 3, 111₈

Jäger, M. Diakon in Cannstadt
II 3, M*34* 32₁₇₆₋₁₇₇
Werke:
- Antwort auf die Anfrage im Reichs Anzeiger (s. Jäger 1795) II 3, M*34* 30₁₀₀₋32₁₇₇

Jakob, Ludwig Heinrich (seit 1816:) von (1759-1827). Theologe, Philosoph und Staatswissenschaftler; seit 1789 Prof. der Philosophie in Halle a. S., ab 1807 Prof. der Staatswissenschaft in Charkow, 1809-1816 Kollegien- und Staatsrat, Mitglied der Finanzkommission in Sankt Petersburg, später wieder Prof. in Halle
I 1, 279₁₄z

Jallabert, Jean (1712-1768). Physiker, Mathematiker
Werke:
- Versuche über die Electricität (s. Jallabert 1750) II 1A. M*1* 9₂₇₈

Jameson, Robert (1774-1854). Schüler von A. G. Werner, Prof. der Mineralogie in Edinburgh, Präsident der Wernerian Society
I 2, 302₂₅M
II 8B, M*39* 68 *72* 110₁₅₇.111₁₉₆
Werke:
- On the geognostical relations of granite, quartz rock and red sandstone (s. Jameson 1819) II 8B, M *72* 110₁₆₅

Jani, Christian Heinrich (1762-1831). Arzt in Gera
I 1, 355₁₂z

Jani, Heinrich Ludwig (1794-1834). Sohn von Ch. H. Jani
I 1, 355₁₃z (Sohn)

Janus bifrons s. *Villers, Charles François Dominique de*

Jasche Bergkommissar
I 2, 134₁M (Gebirgskenner).₁₉₋₂₀M (Freund)
II8A.M*112*148₇₋₂₁(Gebirgskenner)₍₎

Jean Paul (eigentl. Johann Paul Friedrich Richter) (1763-1825). Schriftsteller und Ästhetiker
II 10A, M*57* 131₆₆₆

Jens (erw. 1823). Ein Physiker in Paris
II 5B, M*147* 408₁₆₋₁₇

Jenty, Charles Nicolas (Carl Nicolaus) (†1755). Franz. Mediziner; Prof. für Anatomie und Chirurgie in London, seit 1728 Mitglied der Académie des Sciences in Paris
I 6, 336₁₁
Werke:
- De optice Errores Isaaci Newtonis (Übers., s. Gauthier 1750)

Jesuiten Katholische Ordensgemeinschaft, 1534 von Ignatius von Loyola begründet, besonders tätig in der Mission und Bildung, 1773 bis 1814 verboten
I 2, 355₁₁ I 4, 245₁₀ I 11, 269₃₅
II 6, M*58* 74₃₇ *59* 76₂₀.78₈₅

Johann Wilhelm, Kurfürst von der Pfalz (gen. Jan Wellem) (1658-1716). 1708-1714 Pfalzgraf von Neuburg, 1690-1716 Herzog von Jülich und Berg
I 6, 343₁₁

Johann, Erzherzog von Österreich (1782–1859).
I 2. 82₃₃z.₃₇z
II 8A. M 72 102₃₋₄
John, Ernst Karl Christian (1788–1856). Dr. jur.; 1812–1814 Sekretär Goethes, später Regierungssekretär und Leiter der Berliner Staatszeitung
I 2. 28₂₉z
Werke:
- [Beobachtung des Planeten Venus] (s. John 1830) II 2. M 2.9 15₁–16₂₉
John, Johann August Friedrich (1794–1854). Schreiber in Weimar, 1814–1832 Goethes Sekretär, 1816 auch Kopist bei den Anstalten für Kunst und Wissenschaft, 1819 auch Schreiber und Diener an der Bibliothek
I 2. 277₃z.₉z.279₁₉z.284₂₂z I 10. 364₁₂
Manuskripte:
- Beobachtung u. Beschreibung der atmosphärischen Phaenomene von Ende Juny bis den 18. Septbr. 1823 II 2. M 9.9 148–172
- [Zeichnung vom Wolfsberg] II 8B. M 37 62
Jomard, Edmé François (1777–1862). Franz. Geograph und Ägyptologe; nahm als Ingenieurgeograph an Napoleons Feldzug in Ägypten teil
Werke:
- Description de l'Égypte (s. Jomard 1809–1813) I 10. 379₆₋₇ (ägyptisches Werk)
Jonas, József (Joseph) († 1812).
Werke:
- Ungerns[!] Mineralreich (s. Jonas 1820) I 2. 301₁₈₋₁₉M II 8B. M 39 67₁₂₇₋₁₂₈
Joseph II. (1741–1790). Erzherzog von Österreich, 1764 König, 1765 Röm.-dt. Kaiser, 1780 auch König von Ungarn. Sohn Kaiser Franz I. und Maria Theresias
I 1. 298₂₄M
II 8B. M S 15₂₆
Josephi, Johann Wilhelm (1763–1845). Osteologe und Physiologe; Prof. der Anatomie in Rostock
Werke:
- Anatomie der Säugethiere (s. Josephi 1787) I 9. 121₇.199₁₂₋₁₃ II 9A. M 100 148₉.149₂₆ 101 153₂₋₁₇
Josephus (Iosephus), Flavius (37/38–100 n. Chr.). Historiograph; um 70 im Gefolge des Kaisers Titus bei der Eroberung und Zerstörung Jerusalems
II 1A. M 14 112₅₈.₈₆
Werke:
- Sämmtliche Wercke (s. Josephus 1735) I 6. 89₂₁
Jouvenet, Jean Baptiste (1644–1717). Franz. Maler
I 6. 233₃₈
Julianus, Heiliger Vermutl. Julianus Hospitalius
I 6. 228₅
Juncker, Justus (1708–1767). Maler und Radierer in Frankfurt/Main
I 10. 249₃₋₅
Jung, Johann Jost (Justus) (1763–1799). Bergmeister in Lohe bei Siegen, Deputierter der westfälischen Gewerken
I 1. 208₁₀.212₇ (Abgeordnete).₂₀ (Herren Deputierten).214₂₋₂₂ (Abgeordnete).216₁₂₋₁₃ (Herren Deputierten).₁₆ (Abgeordnete)
Jungius, Friedrich Wilhelm (1771–1819). Prof. der Mathematik und Physik am Friedrich-Wilhelm-Gymnasium zu Berlin
I 8. 204₃₂
Jungius, Joachim (1587–1657). Naturforscher, Mathematiker, Mediziner, Pädagoge; 1609–1614 Prof. für Mathematik in Gießen, seit 1614 Studium der Medizin in Rostock und Padua, 1624–1629 in Rostock und Helmstädt, 1629 Rektor des Johanneums in Hamburg

I 10. 285_{1}–$291_{26}.291_{27}$–296_{32}
II 10B. M20.1 52 20.2 53 M20.3
53–54 M20.8 61–62 20.9 62
(ihm) 21.12 73_{2}
Werke:
- De stilo sacrarum literarum et Hellenistica dialecto (s. Jungius 1639) **II 10B.** M20.8 61_{24-25}
- Doxoscopiae physicae minores (s. Jungius / Fogel 1662) **I 10.** $287_{25-28}.289_{10-11}.292_{11}.296_{14}$ **II 10B.** M20.1 52_{8-15} 20.3 54_{9-10} 20.4 55 20.8 61_{26}
- Geometria empirica (s. Jungius / Tassius 1642) **II 10B.** M20.3 54_{22-24}
- Geometria empirica. 1. Aufl. (s. Jungius 1627) **I 10.** 286_{15-16} **II 10B.** M20.3 $53_{4}.54_{21}$
- Geometria empirica. 1.–5. Aufl. (s. Jungius 1627–1688) **II 10B.** M20.2 53_{10} 20.3 54_{21-29} 20.8 61_{26}
- Geometria empirica. 5. Aufl. (s. Jungius / Sievers 1688) **II 10B.** M20.3 $54_{27.27-29}$
- Germania superior (s. Jungius / Vaget 1685) **II 10B.** M20.3 54_{20}
- Historia vermium (s. Jungius 1691) **I 10.** $288_{3}.294_{16-24}$ **II 10B.** M20.3 54_{17} M20.5 56–57 20.8 61_{25}
- Isagoge phytoscopica (s. Jungius / Vaget 1678) **I 10.** $289_{31}.$ 289_{24}–$291_{5}.292_{12}.294_{26-37}$ **II 10B.** M20.3 54_{19} M20.6 57–58 M20.7 59–60
- Kurtzer Bericht von der Didactica oder Lehrkunst Wolfgangi Ratichii (Hrsg., s. Ratke / Helwig / Jungius 1614)
- Logica Hamburgensis (s. Jungius 1638) **I 10.** 287_{8-9} **II 10B.** M20.3 53_{5} 20.2 53_{8} 20.8 61_{25}
- Mineralia (s. Jungius / Vaget 1689) **II 10B.** M20.1 52_{2-4} 20.3 54_{16}
- Nomenclator Latino-Germanicus (s. Jungius 1634) **II 10B.** M20.8 61_{26}–62_{27}
- Phoranomica. sive doctrina de motu locali (s. Jungius / Sievers 1689) **II 10B.** M20.8 61_{26} (Phoronomica)
- Praecipuae opiniones physicae (s. Jungius / Fogel 1679) **I 10.** 296_{17-24} **II 10B.** M20.3 $54_{10-11.18}$

Jungnitz, Longinus Anton (1764–1831). Prof. für Astronomie und Physik an der Breslauer Universität, befasste sich auch mit meteorologischen Beobachtungen
II 2. M S.15 $118_{33.39}$

Junius Philargyrius (4. oder 5. Jh. n. Chr.). Kommentator des Vergil
Werke:
- Veteris grammatici in Bucolica et Georgica Vergilii commentariolus (s. Junius Philargyrius 1589) **I 9.** 260_{27-30} **II 10A.** M41 104_{8-12}

Junker-Bigatto, Clemens Wenzel Kasimir Freiherr von (1794–1876). Besitzer der Silberzeche Sangerberg, nördlich von Marienbad
I 2. $277_{22Z.34Z}.290_{9.31-32}.293_{13.16}$ (Besitzer) **I 8.** $351_{24}.377_{2}.$ $378_{30-31.33}$ (Besitzer)
Werke:
- Über die Auffindung und den Fortgang des Freiherrlich von Junker-Bigattoischen Bergbaus (s. Junker-Bigatto 1824) **I 2.** 290–293 **I 8.** 377–378 **I 2.** $277_{34-35Z}.279_{14-15Z}$ (Promemoria)

Jurin, James (1684–1750). Arzt in London, Mitglied und Sekretär der Royal Society
I 6. 388_{29}
Werke:
- Abhandlung vom deutlichen und undeutlichen Sehen (s. Jurin 1755) **II 5B.** M18 76_{103}

Jussieu, Antoine Laurent de (1748–1836). Mediziner, Botaniker; seit 1793 Lehrstuhl für Botanik am neu gegründeten Muséum d'Histoire naturelle und Direktor des Jardin Royal

I 9. 304₁₆ I 10. 311₂₄
II 9A. M *121* 191₂ II 10B. M *22.10* 84₁₅
Werke:
- Genera plantarum (s. Jussieu / Usteri 1791) I 9. 103₁₀₋₁₆.₂₄.108₂₀ I 10. 71₁₄ II 9A. M *123* 193₁₀
- Genera plantarum (s. Jussieu 1789) I 9. 103₆₋₉.₁₀

Jussieu, Wissenschaftlerfamilie in Paris Vertreter und Förderer des natürlichen Systems der Pflanzen
I 10. 200₉

Justi, Johann Heinrich Gottlob von (1710-1771). Mineraloge und Nationalökonom; Prof. der Kameralwissenschaft in Wien. Polizeidirektor in Göttingen. Oberaufseher der preußischen Bergwerke. 1768 amtsenthoben und 1771 in Festungshaft gestorben
I 6. 391₂₆
II 7. M *45* 75₂₈₆ (Jo. K.? Gottl.)

Justinian I. (eigentl. Flavius Petrus Sabbatius Iustinianus) (482-565). 527 oström. Kaiser
II 9B. M *33* 36₁₉₁

Kahl, Wenzeslaus
Werke:
- Diatriba physico-experimentalis de coloribus (Resp.. s. Ziegra 1688)

Kaiser von China (Qiánlóng) 1793/1794 war Qiánlóng Kaiser von China, der vierte chines. Kaiser der Qing-Dynastie
II 7. M *121* 232₂

Kalidasa s. *Calidasa (Kalidasa)*

Kämtz, Ludwig Friedrich (seit 1849:) von (1801-1867). Physiker, Meteorologe; 1826 Privatdozent und 1827 ao. Prof. in Halle
II 5B. M *109* 317₈

Kanne, Johann Arnold (1773-1824). Mythologe und Sprachforscher; 1809 Prof. des Griechischen am Realinstitut in Nürnberg, 1818 Prof. der Orientalischen Sprachen in Erlangen
Werke:
- Pantheum der Aeltesten Naturphilosophie (s. Kanne 1811) I 8. 225₂₇

Kant, Immanuel (1724-1804). Philosoph; ab 1770 Prof. für Logik und Metaphysik an der Univ. Königsberg
I 2. 75₁₂z I 3. 115₈ I 9. 80₂₄.91₁₁.₂₆.₂₇.₃₆₋₃₇.92₈.₃₃₋₃₄.₃₇₋₃₈.95₂.₄.₁₂.₃₁.96₆.99₉ I 11. 267₇.349₂₆
II 1A. M *2* 25₁₁₆ (neuerer Philosoph)(?) *14* 111₃₄ M *43* 220₂₂-221₅₀
II 10A. M *57* 135₈₅₀
Werke:
- Critik der reinen Vernunft (s. Kant 1790a) I 3. 488₃₀-489₃₈M I 9. 82₁₂₋₁₅.90₃₅.92₃₀.₃₂ II 1A. M *6* 32-70 M *7* 72-75 M *8* 77-78 M *9* 78₁-79₁₉ M *10* 80-82 M *66* 283-284 II 10A. M *57* 115₂₈
- Critik der Urtheilskraft (s. Kant 1790b) I 3. 115₉₋₁₀ I 9. 92₁.₁₀.₁₃.₂₈.₂₉.₃₂ (Werke).95₂₀₋₃₀.96₅₋₆.99₃₋₈ I 10. 66₃₅₋₃₆ II 1A. M *11* 84-104 M *68* 288-289 II 10A. M *2.18* 23₄ *18* 78₅₋₆ *20* 80
- Menschenkunde oder philosophische Anthropologie (s. Kant / Starke 1831) II 2. M *13.5* 221₁₋₂
- Metaphysische Anfangsgründe der Naturwissenschaft (s. Kant 1786) I 3. 116₂₃ II 1A. M *13* 107-109

Kantianer
I 9. 82₇.92₂₅

Kapf, Georg Friedrich (1759-1797). Bergschreiber in Wittichen
Manuskripte:
- I. Gebirgs Arten... [Liste einer Suite von Gesteinen, Mineralien und Erzen aus den Fürstenbergischen Gruben im Kinzigtal, Nordschwarzwald] II 7. M *46* 87-89
- Uiber[!] die Gebirge und den Bergbau im Fürstenthume Fürstenberg (1784) II 7. M *61* 131-132

Kapp, Christian Erhard (1739–1824). Arzt in Leipzig, behandelte Goethe in Karlsbad
I 1, 320$_{5Z}$ (Kappe) **I 2**, 30$_{38}$–31$_5$
I 11, 149$_{5-10}$
Kardinal s. *Polignac, Melchior de*
Karl s. *Eisfeld, Johann David*
Karl August s. *Sachsen-Weimar und Eisenach, Karl August Herzog von*
Karl I., König von England (1600–1649). Regierte von 1625 bis 1649
I 6, 241$_{30,32}$.242$_{22}$.244$_{19,22}$.296$_{16,20}$
Karl II., König von England (1630–1685). Regierte von 1660 bis 1685
I 6, 243$_{4,10}$.244$_{34}$.245$_9$.246$_{25}$.306$_1$
I 8, 362$_{30}$
II 6, M 79 160$_{47}$.161$_{88}$.162$_{104,124}$. 163$_{154,165}$.164$_{173}$
Karl IV. (1316–1378). Böhmischer König und röm.-dt. Kaiser
I 1, 298$_{8M}$
II 8A, M 2 3$_4$–4$_8$ **II 8B**, M S 15$_{10-11}$
Karl Philipp, Graf von Artois (1757–1836). Von 1824–1830 als Karl X. (Charles X.) König von Frankreich
I 1, 27$_{5M}$
Karl von Österreich, Erzherzog (1771–1847).
I 2, 77$_{25Z}$
Werke:
- Grundsätze der Strategie (s. Karl Erzherzog v. Oesterreich 1813) **I 2**, 77$_{26-28Z}$
Karl X. (Charles X.), von Frankreich s. *Karl Philipp, Graf von Artois*
Karsten, Dietrich Ludwig Gustav (1768–1810). Mineraloge; Schüler von A. G. Werner, Leiter des königl. Mineralienkabinetts und Lehrer der Mineralogie an der Bergelevenschule in Berlin
I 1, 374$_{16}$ **I 11**, 132$_{10}$
Werke:
- Tabellarische Übersicht der mineralogisch-einfachen Fossilien (s. Karsten 1792) **I 2**, 420$_{14-16M}$ **II 7**, M 113 220$_{2-4}$

Karsten, Wenceslaus Johann Gustav (1732–1787). Prof. der Mathematik und Physik an den Universitäten Rostock und, seit 1778, Halle
Werke:
- Anfangsgründe der Naturlehre (s. Karsten 1780) **I 6**, 350$_{11,14}$ **II 6**, M 71 103$_{433-445}$ 72 109$_{41}$
- Anleitung zur gemeinnützlichen Kenntniß der Natur (s. Karsten 1783) **I 6**, 350$_{28-29}$ **II 6**, M 71 103$_{446-449}$ 72 109$_{45}$
Kaschubius s. *Caschubius (Kaschube), Johann Wenzeslaus*
Kästner, Abraham Gotthelf (1719–1800). Mathematiker, Physiker, Schriftsteller; 1746 ao. Prof. für Mathematik in Leipzig, 1756 o. Prof. in Göttingen, wo er ab 1763 auch die Leitung der Sternwarte übernahm
I 3, 96$_{25M}$ **I 6**, 351$_{31}$.356$_{15}$
II 3, M 2 3$_2$ **II 6**, M 71 101$_{342,358,371}$.102$_{397,405}$.103$_{426}$. 105$_{513}$.446
Werke:
- Anzeige seiner nächsten Vorlesungen über Mathematik und Physik (s. Kästner 1768) **II 6**, M 107 208
- De aberrationibus lentium (s. Kästner 1752) **II 6**, M 135 270$_{65-66}$
- De multiplicatione imaginum ope duorum speculorum (s. Kästner 1771) **II 6**, M 109 210$_{35-36}$
- Vollständiger Lehrbegriff der Optik (Hrsg., s. Smith / Kästner 1755)
- Vom Blitzen der indianischen Kresse (Übers., s. Linné / Kästner 1762)
- Von Höfen um die Sonne und Nebensonnen (Übers., s. Mallet / Kästner 1763)
- Witterungsbeobachtungen auf einer Reise nach Spitzbergen (Übers., s. Martin / Kästner 1759)

Rezensionen:
- Bottineau: Sur la nauscopie
  (s. Kästner 1787) **II 2.** M*5.5*
  35$_{18-19}$
- Goethe: Beiträge zur Optik
  (s. Kästner 1792a) **I 6.** 425$_{37-38}$
- Hube: Vollständiger und faßlicher Unterricht in der Naturlehre
  (s. Kästner 1793) **II 3.** M*2* 3$_9$
- Memoirs of the Literary and Philosophical Society of Manchester
  (s. Kästner 1799) **I 3.** 359$_{4-7M}$
- Wünsch: Versuche und Beobachtungen über die Farben des Lichts
  (s. Kästner 1792b) **II 3.** M*2* 3$_{2-4}$

Kastner, Karl Wilhelm Gottlob (1783–1857). Chemiker; 1805 Prof. in Heidelberg. 1812 in Halle a. S., 1818 in Bonn, 1821–1857 in Erlangen; Hrsg. der Zeitschrift „Archiv für die gesammte Naturlehre"
II 10B. M*1.3* 12$_{11}$.14$_{88}$

Kauffmann, Maria Anna Angelika Katharina (1741–1807). Malerin: seit 1781 verh. mit Antonio Zucchi, seit 1782 in Rom
I 3. 498$_{30M}$ (Angelica) **I 6.** 235$_{14}$. 416$_{27.35}$ **I 10.** 335$_{31}$
II 6. M*129* 255$_{12}$ **II 9A.** M*36* 50$_6$
II 10B. M*21.9* 69$_{31}$ *23.11* 107$_{31.34}$
- Garten **I 10.** 335$_{34}$ **II 10B.** M*23.9* 103$_{3-4}$.104$_{21}$ *23.10* 105$_{11-13}$ *23.11* 107$_{35-37}$

Kecht, Johann Sigismund (1751–1825). Lackierer, Fabrikant in Berlin
Werke:
- Methode, den Weinbau in Gärten und Weinbergen zu verbessern
  (s. Kecht 1813) **I 10.** 262$_{4.9.23-25}$. 263$_{36}$.264$_{25}$.265$_{17.29-30}$.266$_{24}$

Keferstein, Christian (1784–1866). Jurist, Mineraloge, Geologe und Ethnograph in Halle a. S., 1809 Tribunalsprokurator und 1815–1835 Justizrat
I 2. 180$_{19Z.26M}$ (derselbe).181$_{1M.12M}$. 186$_{7-8Z}$.187$_{1Z.5Z.16Z}$.190$_{1}$–192$_{12}$. 192$_{27}$.199$_{24Z}$.201$_{20}$–205$_6$.203$_{13}$.

210$_{11Z.16-17Z}$ (Reisende).20Z **I 8.** 241$_7$.262$_{15}$
II 8B. M*13* 22$_7$ *17* 26$_4$
Werke:
- Teutschland, geognostisch-geologisch dargestellt (s. Keferstein 1821–1831) **I 2.** 180$_{6Z}$ (geologische Durchschnitte).7–23Z.18Z. 20Z.22Z.22-23Z.23Z.180$_1$–181$_{5Z}$. 184$_{16Z}$.186$_{7-8Z}$.187$_{2Z.5Z}$.190$_{1-12}$. 190$_1$–192$_{12}$.190$_7$–192$_{12}$.192$_{27}$. 199$_{24-31Z}$ (Atlas).201$_{18}$–205$_6$. 202$_{2-12}$.203$_{13}$–204$_8$.205$_{4-5}$.210$_{22Z}$. 215$_{15}$.222$_{23}$.251$_{20Z}$.316$_{2-3Z}$. 363$_{11-12Z}$ **I 8.** 241$_{2-3.28.33}$.242$_{35}$. 247$_{33}$.254$_6$.260$_{24}$.261$_{6-7.15}$ (Karte). 262$_{15}$–263$_{10}$.264$_6$.266$_{16}$ **II 8B.** M*1* 3–4 *72* 107$_{60-62}$.108$_{86-87}$
- Ueber die durch Kupfer hervorgebrachte blaue Lasur-Farbe im Alterthum (s. Keferstein 1820)
II 5B. M*60* 192–193

Keil, Robert Bearbeiter von Riemers Nachlass
I 2. 137$_{31Z}$

Keilhau, Baltazar Mattias (1797–1858). Prof. der Mineralogie in Christiania
Werke:
- Uebergangs-Formation in Norwegen (s. Keilhau 1826) **II 8B.** M*72* 110$_{167-168}$

Keill, John (1671–1721). Schüler von Hawksbee und Lehrer von Desaguliers, Doktor der Medizin und Prof. der Physik, später der Astronomie, in Oxford
I 6. 284$_{18.23}$.302$_{15}$
II 6. M*119* 226$_{46}$

Keller, Georg Reinhard († vor 1725). 1706–1719 Bergdirektor in Ilmenau
Werke:
- Nachricht von des Ilmenauischen Bergwerks Anfange und Fortbau (s. Keller 1764) **I 1.** 32$_{MA}$

Kephissodorus (5. Jh. v. Chr.). Maler in Athen
I 6. 50$_9$

Kepler (Keppler), Johannes (1571–1630). Mathematiker. Astronom und Philosoph; seit 1601 kaiserlicher Hofastronom in Prag, 1614–1627 auch Prof. am städtischen Gymnasium in Linz
I 6. 155$_{13.15}$.156$_{13.19}$.179$_{32}$.180$_3$. 181$_2$ I 7. 11$_{28}$.23$_{22}$
II 5B. M*49* 169$_{43}$ *102* 295$_{39.42}$. 299$_{189}$ II 6. M*54* 70$_3$ *55* 70$_{17}$ *58* 73$_{25}$ *60* 80$_6$ *62* 81$_3$ *75* 122$_{179}$ *77* 130$_{43}$ *106* 207$_{44}$.208$_{67}$
Werke:
- Ad Vitellionem paralipomena quibus astronomiae pars optica traditur (s. Kepler 1604) I 3. 397$_{1-2M}$ I 4. 29$_{5-7}$ I 6. 157$_5$ II 5B. M*18* 74$_{54-55}$ II 6. M*59* 75$_1$ *133* 259$_{28-31}$
- De stella nova in pede serpentarii (s. Kepler 1606) II 6. M*64* 82$_{11}$–83$_{12}$.83$_{13}$
- Dioptrice (s. Kepler 1653) II 6. M*64* 82$_{3-4}$
- Epistolae ad Joannem Kepplerum scriptae (s. Kepler 1718) II 6. M*61* 81 *64* 82$_{10}$
- Phaenomenon singulare, seu Mercurius in sole (s. Kepler 1609) II 6. M*64* 82$_5$
- Strena, seu de nive sexangula (s. Kepler 1611) II 6. M*64* 82$_{1-2}$
- Tertius interveniens (s. Kepler 1610) II 6. M*61* 81 *64* 82$_{6-9}$ *129* 256$_{20-27}$

Kerekes, Franz (†1851?). Prof. der Chemie und Naturgeschichte in Debreczin, Ungarn
Werke:
- Betrachtung über die Chemischen Elemente (s. Kerekes 1819) I 2. 301$_{23-24M}$ II 8B. M*39* 68$_{131-132}$

Kessler von Sprengseisen, Christian Friedrich (1730–1809). Geologe, Obrist
Werke:
- Eine der Naturgeschichte gewidmete fürstliche Lustreise (s. Kessler von Sprengseisen 1782) II 7. M*64* 138$_{82}$

Kielmeyer, Karl Friedrich (seit 1808:) von (1765–1844). Mediziner, Naturforscher; Prof. der Chemie und Anatomie an der Stuttgarter Karlsschule, 1796 Prof. für Chemie und Anatomie in Tübingen, 1816/17 Staatsrat und Vorstand der Sammlungen und Anstalten für die Wissenschaften und Kunst in Stuttgart, 1817 Museumsdirektor
I 10. 379$_{31.33}$ (Naturforscher). 381$_{16}$ (Männer).382$_5$.403$_7$
II 9B. M*46* 50$_7$
Werke:
- Ueber die Verhältniße der organischen Kräfte unter einander (s. Kielmeyer 1793) II 9A. M*146* 238$_{78}$ II 10A. M*2.18* 23$_3$

Kies, Johann (1713–1781). Mathematiker und Physiker, seit 1754 Prof. der Mathematik und Physik und Universitätsbibliothekar an der Universität Tübingen
II 5B. M*5* 12$_{11-14}$.14$_{84}$.16$_{171}$.17$_{205}$
Werke:
- Dissertatio physica de iride (s. Kies 1772) II 5B. M*5* 12$_1$–17$_{209}$

Kieser, Dietrich Georg (1779–1862). Arzt, Psychiater; 1812 Prof. der Medizin in Jena, 1813 auch Brunnenarzt in Berka, 1814 Kriegsfreiwilliger, preußischer Oberstabsarzt und Lazarettleiter in Lüttich, dann wieder Prof. in Jena
I 2. 6$_{7Z.26-27Z}$.7$_{3Z}$.11$_{Z.18Z.25Z}$.11$_{2Z}$. 19$_{33Z}$ I 9. 235$_7$ I 10. 302$_{21.23.28.32}$
II 10B. M*22.1* 74$_6$
Werke:
- Aphorismen aus der Physiologie der Pflanzen (s. Kieser 1808) I 10. 300$_{11-21}$ II 10A. M*2.15* 20$_5$ (Schrift)
- Geschichte und Beschreibung der Badeanstalt bey Northeim (s. Kieser 1810) I 2. 6$_{20Z}$.11$_{26Z}$. 16$_{25-26Z}$.19$_{36Z}$

- Grundzüge der Anatomie der Pflanzen (s. Kieser 1815) **I 10.** 302$_{16-17}$ (Auszug) **II 10A.** M*2.1* 4$_{15}$ *2.3* 7$_{23}$ *2.15* 20$_{1-2}$ *2.14* 20$_{13}$ *18* 79$_{16}$
- Mémoire sur l'organisation des plantes (s. Kieser 1814) **I 10.** 302$_{15-17}$

Manuskripte:
- [Modellzeichnung der Badeanstalt in Berka an der Ilm] **I 2.** 16$_{24Z}$

Kimon (Cimon) von Kleone (um 500 v. Chr.). Griech. Maler
I 6. 47$_{20.26-27}$

King, Frau und Kinder Beobachterin der Leichendiebe in London, und ihre Kinder
I 10. 370$_{11.17.17-21.21}$

Kinigl s. *Künigl (Kinigl), Hermann Peter Graf*

Kiprensky, Orest Adamowitsch (1782–1836). Russ. Maler
I 2. 277$_{10Z}$

Kircher, Athanasius (1601/02–1680). Jesuit. 1630–1633 Prof. der Philosophie, Mathematik und orientalischen Sprachen in Würzburg, ab 1636 in Avignon, später in Rom
I 2. 177$_{14Z}$.354$_{25}$.355$_{8}$ **I 3.** 78$_{26}$. 369$_{28M}$ **I 4.** 44$_{24}$ **I 6.** 177$_{31}$.178$_{33}$. 179$_{5.22}$.181$_{14}$.182$_{9}$.193$_{6}$.207$_{8}$. 217$_{12}$.256$_{24}$.259$_{2}$ **I 11.** 269$_{1.14.32}$ **II 6.** M*55* 71$_{35}$ *58* 74$_{52}$ *77* 131$_{100}$ *101* 200$_{28}$

Werke:
- Ars magna lucis et umbrae (s. Kircher 1646) **I 3.** 397$_{21-22M}$ **I 6.** 175$_{6-8.16}$.176$_{8.15.23}$.178$_{4.11.13.15.22}$. 181$_{24}$ **I 7.** 11$_{35-36}$ **II 4.** M*28* 31$_{9}$ **II 6.** M*59* 77$_{65}$ *118* 224$_{15-16}$ *133* 260$_{48-53}$ *135* 269$_{41}$
- Mundus subterraneus (s. Kircher 1664) **I 2.** 354$_{12}$–355$_{17}$.419$_{27M}$ **I 11.** 269–270 **II 4.** M*72* 86$_{7}$ **II 7.** M*36* 58$_{3}$ *45* 75$_{307-308}$

Kirchmaier (Kirchmeyer), Georg Caspar (1635–1700). Dt. Philosoph und Naturforscher. Chemiker

Werke:
- De luce ac umbra (s. Kirchmaier 1660) **II 6.** M*135* 269$_{40}$
- De phosphoris et natura lucis (s. Kirchmaier 1680) **II 6.** M*59* 78$_{114-115}$

Kirchner, Johann Andreas (1767–1823). 1799 Baukonduktor, 1818 Hofbauinspektor in Weimar, seit 1803/04 auch Kastellan des Residenzschlosses
II 5B. M*75* 229$_{6}$ *92* 256$_{20-21}$ *95* 262$_{46}$

Manuskripte:
- Mathematische und physikalische Gewißheiten **II 5B.** M*29* 126–131

Kirms, Franz (1750–1826). Seit 1774 Beamter im Hofmarschall- und im Stallamt in Weimar. 1789 Land- und 1794 Hofkammerrat, 1813 Geheimer Hofrat, von 1791 bis 1824 Mitglied der Hoftheaterleitung, 1820 bis 1824 Intendant
I 1. 278$_{34Z}$

Kirnberger, Johann Philipp (1721–1783). Komponist und Musiktheoretiker
II 4. M*7* 14$_{33}$

Kirsch Bergrat
I 2. 422$_{11M}$
II 7. M*113* 222$_{60}$

Kirwan, Richard (1733–1812). Irischer Jurist, Chemiker und Geologe; Mineraloge in Dublin, Präsident der Royal Irish Academy, entschiedener Anhänger des Neptunismus
II 1A. M*16* 135$_{85}$ *44* 226$_{138}$.234$_{437}$

Werke:
- Anfangsgründe der Mineralogie (s. Kirwan 1785) **I 1.** 98$_{11M}$ **I 3.** 348$_{16-17M}$ **II 7.** M*67* 147$_{5}$
- Geological Essays (s. Kirwan 1799) **I 2.** 164$_{27}$ **I 8.** 158$_{2}$ **II 8B.** M*72* 111$_{202}$

Klaproth, Martin Heinrich (1743–1817). Chemiker, Apotheker; seit 1810 Prof. für Chemie in Berlin
II 8B. M*95* 151$_{11-12}$ *110* 159$_{7}$

Werke:
- Beiträge zur chemischen Kenntniss der Mineralkörper (s. Klaproth 1795–1815) **I 2**, 420$_{25-26M}$ **II 7**. M 113 220$_{14-15}$ **II 8B**. M 72 110$_{159}$

Kleanthes (6. Jh. v. Chr.). Maler aus Korinth
I 6. 46$_{37}$

Klebelsberg-Thumburg, Franz Graf (1774–1857). Österr. Hofkammerpräsident
I 2. 184$_{15Z.20Z}$.195$_{23M}$.208$_{21Z}$.216$_{25}$. 217$_{16}$.226$_{17}$ **I 8**. 249$_{5-6.31}$.259$_{15}$ **II 8B**. M 10 16$_{4-17}$ 20 31$_{25}$ 24 44$_{18-19}$ (Kleversberg)

Kleist, Ewald Georg von (1700–1748). Jurist und Naturforscher; Erfinder der nach ihm benannten elektrischen Verstärkungsflasche
II 1A. M 17 150$_{53}$

Kleophantos (Ekphantos) (um 700 v. Chr.). Maler aus Korinth
I 6. 45$_{28}$.46$_{16}$

Klingenstierna, Samuel (1698–1765). Schwed. Mathematiker und Physiker; seit 1728 Prof. der Mathematik in Upsala, später Erzieher des schwed. Kronprinzen
I 6. 363$_{11}$
II 6. M 112 213$_{31}$ 115 218$_{35}$
Werke:
- Tentamen de definiendis et corrigendis aberrationibus radiorum luminis (s. Klingenstierna 1762) **II 5B**. M 12 48$_{53-54}$ 114 332$_{63}$ (Demonstration)

Klöden, Karl Friedrich von (1786–1856). Historiker, Geograph, Naturforscher; Gründer und Leiter der Preußischen Gewerbeschule in Berlin
I 2. 376$_{35}$.392$_{29}$ **I 11**. 298$_{24}$
Werke:
- Beiträge zur mineralogischen und geognostischen Kenntnis der Mark Brandenburg (s. Klöden 1829a) **I 2**. 376$_{35-37}$ **I 11**. 298$_{25-26}$
- Grundlinien zu einer neuen Theorie der Erdgestaltung (s. Klöden 1824) **I 2**. 394$_{28}$ **I 11**. 312$_{31}$
- Ueber die Gestalt und die Urgeschichte der Erde (s. Klöden 1829b) **I 2**. 392$_{25}$–394$_{35}$ **I 11**. 311–312

Klotz, Matthias (1747–1821). Maler, kunsttheoretischer Schriftsteller; seit 1778 in München
I 3. 59$_{34M}$(Künstler).60$_{27M}$ (Künstler).31$_M$(Verfasser).507$_{24M}$ **I 7**. 25$_1$ **II 5B**. M 75 229$_{16}$
Werke:
- Aussicht auf eine Farbenlehre für alle Gewerbe (s. Klotz 1797) **I 3**. 507$_{25-28M}$.508$_{9M}$ **II 6**. M 73 112$_{79}$–113$_{92}$ 74 117$_{96}$
- Gründliche Farbenlehre (s. Klotz 1816) **I 3**. 61$_{3M}$
Rezensionen:
- Goethe: Zur Farbenlehre (s. Klotz 1810b) **I 8**. 203$_{22-23}$
Manuskripte:
- Die Äußerung des Herrn Geheimrats… [Erläuterungen über das Farbensystem] **II 4**, 160–164 **II 5B**. M 75 229$_{16-17}$

Kluge, Carl Alexander Ferdinand (1782–1844). Arzt, Direktor der Charité in Berlin
Werke:
- Versuch einer Darstellung des animalischen Magnetismus als Heilmittel (s. Kluge 1811) **II 1A**. M 62 276–277 63 280

Klügel, Georg Simon (1739–1812). Mathematiker und Physiker; 1767 Prof. der Mathematik in Helmstedt, 1787 der Mathematik und Physik in Halle a. S., 1788 Direktor der dortigen Sternwarte
I 3. 59$_{20M}$.78$_{TA}$.95$_{17M}$.96$_{8M}$ (Übersetzers).25$_M$.305$_{32Z}$.401$_{16M}$.402$_{16M}$. 457$_{19M.27M}$(Mann) **I 5**. 141$_7$ **I 6**, 365$_{16.24}$.366$_{28}$.367$_{6.10}$.393$_{19.21.26}$ **I 7**. 15$_8$
II 3. M 34 28$_{33-34}$ **II 6**. M 111 212$_{15}$ 112 213$_{27}$ 114 216$_{15}$ 133 264$_{207}$

Werke:
- Analytische Dioptrik (s. Klügel 1778) **II 3**. M *34* 30₁₀₈₋₁₀₉ **II 6**. M *136* 276₁₈₁₋₁₈₂
- Geschichte und gegenwärtiger Zustand der Optik (Übers. und Komm., s. Priestley / Klügel 1775–1776)
- Umständliche Anweisung (Übers., s. Fuß / Klügel 1778)

Klytia s. *Clytia (Klytia)*

Knebel, Karl Ludwig (seit 1756:) von (1744–1834). Schriftsteller. Übersetzer; 1774 sachsen-weimarischer Hauptmann, bis 1781 Prinzenerzieher am weimarischen Hof. 1784 Major und pensioniert, seit 1798 in Ilmenau, seit 1804 in Jena
I 1. 124₁z **I 2**. 6₁₁z.₁₄z.7₁₅z.59₄z **I 3**. 415₈z.₃₁z **I 6**. 419₇.₂₂ **I 7**. 10₇₋₈ **I 9**. 240₃₇ **I 11**. 27₈ (teurer Freund). 28₂₂₋₂₃ (werter Freund).₃₅ (mein Freund)
Werke:
- Von der Natur der Dinge (Übers., s. Lucretius / Knebel 1821)
Manuskripte:
- [Zu Goethes Naturlehre] **II 1A**, M *2* 22–25

Knebel, *Karl* Wilhelm von (1796–1861). Unehelicher Sohn von Luise Rudorff und Herzog Karl August von Sachsen-Weimar und Eisenach. Adoptivsohn Karl Ludwig von Knebels: Forstmeister und Offizier
I 2. 7₂₃z

Kniep, Christoph Heinrich (1755–1825). Maler und Zeichner, zuerst in verschiedenen Städten Norddeutschlands, dann in Italien, wo Goethe ihn 1787 in Neapel kennenlernte. Goethes Reisebegleiter in Sizilien, wo er für ihn Landschaftszeichnungen anfertigte
I 1. 149₂₂z.160₈z.₂₇z.167₂₆z

Knight, William (1786–1844). Prof. der Naturphilosophie in Belfast
Werke:
- New theory of the earth (s. Knight 1818) **II 8B**. M *72* 108₈₈₋₈₉

Knoll, David Um 1820/30 Galanterie- und Mineralienhändler in Karlsbad
I 2. 181₁₉.182₈.415₁₂.₂₇ **I 8**. 244₄.₂₇ **I 11**. 324₂₉₋₃₀.325₇ **II 8B**. M *17* 26₅ *90* 145₄₀₋₅₀
- Sammlung, Steinsammlung **I 2**. 203₃₁.412₁₇.415₂₃ **I 8**. 262₃₃ **I 11**. 322₁₋₂.325₁

Knoller, Martin (1725–1804). Österreich. Freskenmaler in Italien
I 6. 235₅

Knox, Robert (1640–1720). Engl. Forschungsreisender
Werke:
- Ceylanische Reise-Beschreibung (s. Knox 1689) **I 9**. 286₂₈ **II 10A**. M *4* 63

Koch, Friedrich Christian August Schichtmeister im Kupferschieferbergbau Bottendorf
Manuskripte:
- Kurze Erläuterung... [Aufzeichnung der Schichtfolge im Bottendorfer Kupferschieferbergbau] **II 7**. M *10* 11–12

Koeck, Christian (1758?–1818?). Anatom, Zeichner und Stukkateur; Zeichner anatomischer Abbildungen
I 10. 208₂₃

Köhler, Dr. Um 1822 Gerichtsphysikus in Königswart
I 2. 207₁₂z.208₁₆z

Köhler, Johann Bernhard (1742–1802). Orientalist, Gräzist; ao. Prof. für Philosophie und Geschichte in Kiel
Werke:
- Phädon (Übers., s. Platon / Köhler 1769)

Köhlreuter s. *Kölreuter, Joseph Gottlieb*

Kolovrat-Liebsteinsky, Franz Anton Graf (1778–1861). Oberstburggraf von Böhmen

Werke:
- Rede anlässlich der Constituierung der Gesellschaft des vaterländischen Museums in Böhmen (s. Kolovrat-Liebsteinsky 1822) **I 2**, 285$_{12-13}$ **I 8**, 346$_{20-21}$

Kölreuter, Joseph Gottlieb (1733–1806). Mediziner und Botaniker in Tübingen und Straßburg, 1756 St. Petersburg, später in Karlsruhe; Bastardisierungsversuche, Sexualität und Insektenbefruchtung der Pflanzen
Werke:
- Das entdeckte Geheimniß der Cryptogamie (s. Kölreuter 1777) **II 9A**, M*50* 88$_{195}$
- Vorläufige Nachricht von einigen das Geschlecht der Pflanzen betreffenden Versuchen und Beobachtungen (s. Kölreuter 1761–1766) **II 9A**, M*50* 83$_{5-6}$, 87$_{141-142}$ *62* 105$_{17}$ (sententia) *SS* 132$_{45-46}$

Kolumbus, Christoph (1451–1506). Seefahrer und Entdecker
I 2, 119$_{33Z}$ **I 6**, 243$_{24}$ **I 11**, 181$_{24,33}$ (Mann)

Konstantin I. der Große (eigentl. Gaius Flavius Valerius Aurelius Constantinus) (um 280–337). Seit 306 röm. Kaiser
I 6, 67$_{29-30}$.68$_{5-6}$

Kopernikus, Nikolaus (1473–1543). Astronom, Mathematiker; um 1500 in Rom, später Kanonikus in Frauenburg
I 6, 133$_{25}$.154$_{33-34}$.156$_{15,20}$.253$_{18}$. 310$_5$
II 6, M*60* 80$_4$ *62* 81$_{17}$

Kopp, Johann Heinrich (1777–1858). Arzt; Prof. der Chemie und Naturgeschichte am Lyzeum in Hanau
I 2, 66$_{3Z,7Z}$
Werke:
- Propädeutik der Mineralogie (Koautor, s. Leonhard / Gärtner / Kopp 1817)
- Systematisch-Tabellarische Uebersicht und Charakteristik der Mineralkörper (Koautor, s. Leonhard / Kopp / Merz 1806)

Körner, Christian Gottfried (1756–1831). Jurist; 1781 Konsistorialadvokat in Leipzig, 1783 Konsistorialrat in Dresden, 1790 Appellationsgerichtsrat, 1815 Staatsrat im preußischen Innenministerium, 1817 Geheimer Oberregierungsrat im Kultusministerium. Freund Schillers, Vater von Theodor Körner
I 2, 26$_{15Z}$

Körner, Johann Christian Friedrich (1778–1847). Mechaniker in Weimar und Jena, 1803–1810(?) auf Reisen. Inhaber einer Glashütte, um 1812 Hofmechaniker, 1817 in Jena, 1818/22–1846 auch Privatdozent an der Universität
I 8, 94$_{16}$ **I 11**, 162$_9$.165$_{33,38}$
II 2, M*11.3* 213–215 **II 5B**, M*43* 159$_{23}$ *111* 319 M*112* 320–321
Manuskripte:
- Instruction für den Beobachter des meteorologischen Observatoriums zu Schöndorf **II 2**, M *8.1* 64–70
- Wenn man bei einem gemeinen Fernrohr... [Denkschrift über die Bestimmung des Brechungs- und Farbenzerstreuungsvermögens optischer Gläser von F. Körner] **II 5B**, M*114* 330–338
- [Darstellung zur Lichtbrechung in einer durchsichtigen Kugel nach De Dominis, Dornburg 22. Juli 1828] **II 5B**, M*125* 356

Körner, Anna Maria Jakobine (***Minna***) (geb. Stock) (1762–1843). Schwester von Johanna Dorothea Stock, seit 1785 verh. mit Ch. G. Körner
I 2, 26$_{15Z}$

Körner, Karl *Theodor* (1791–1813). Sohn von Ch. G. Körner, 1808–1811 Student, 1813 Theaterdichter am Wiener Burgtheater,

gefallen als Jäger des Lützowschen Freikorps
I 2. 26$_{15Z}$
Kornmann, Heinrich (†1620).
II 4. M 72 87$_{39}$
Körte, Friedrich Heinrich Wilhelm (1776–1846). Literaturhistoriker in Halberstadt, bis 1810 Domvikar, 1810–1817 Buch- und Kunsthändler: Großneffe Gleims. Verwalter seines Nachlasses. Hrsg. seiner Werke
I 2. 199$_{21Z}$ **I 9.** 257$_{11}$.359$_{35}$
Werke:
- Urstier-Schädel (s. Körte 1821)
I 2. 199$_{20Z}$ (eines gleichen gedacht) **I 9.** 254$_{20}$–256$_{38}$. 255$_7$–256$_{19}$.257$_{7,19}$.258$_2$ **II 10A.** M 38 100$_{4-5,7}$.101$_{20}$
Kosegarten, Gotthard Ludwig (1758–1818). Protestantischer Geistlicher; Universitätslehrer in Greifswald
I 2. 123$_{4Z}$
Krafft, Georg Wolfgang (1701–1754). Prof. der Mathematik und Physik und Mitglied der Akademie in Petersburg, seit 1744 in Tübingen
I 6. 348$_9$
II 6. M 101 200$_{57-58}$
Werke:
- Praelectiones in physicam theoreticam (s. Krafft 1750–1754) **I 6.** 348$_{6-7}$ **II 6.** M 71 95$_{159}$–96$_{160}$.98$_{243}$ 72 109$_{29}$
Kratzenstein, Christian Gottlieb (1723–1795). Arzt, Physiker; Prof. der Physik und Medizin in Halle, Petersburg und (seit 1753) in Kopenhagen
Werke:
- Abhandlung von dem Nutzen der Electricität in der Arzneywissenschaft (s. Kratzenstein 1745) **II 1A.** M 1 9$_{277}$
- Vorlesungen über die Experimental Physik (s. Kratzenstein 1781) **I 6.** 350$_{19-20}$ **II 6.** M 71 105$_{513-517}$ 72 109$_{43}$

Kraus (Krause), Georg Melchior (1737–1806). Maler, Kupferstecher; seit 1779 Direktor der Zeichenschule in Weimar; 1784 mit Goethe im Harz
I 1. 69$_{16M}$.70$_{1M}$ **I 2.** 150$_{15}$.202$_{22}$. 339$_{34-35}$ (Künstlers).425$_{8M}$ **I 8.** 261$_{25}$.392$_{21}$ (Künstler) **I 11.** 217$_{23}$ **II 7.** M 52 104$_2$.105$_{48}$.106$_{65}$ (Kr.) **II 8A.** M 123 161$_8$
Krause, Karl Christian Friedrich (1781–1832). Philosoph; 1797 Studium bei J. G. Fichte und F. W. J. Schelling in Jena. 1802 Privatdozent, 1804 Rudolstadt, 1805 in Dresden. 1809 Lehrer an der dortigen Ingenieurakademie, 1813 in Berlin, 1814 Privatdozent, 1815 wieder Dresden. 1823 Privatdozent in Göttingen. 1831 in München
Werke:
- Einige akustische Beobachtungen (s. Krause 1811) **II 5B.** M 147 407$_{12-15}$
Kräuter, Friedrich *Theodor* David (1790–1856). Seit 1814 Sekretär Goethes, auch als Goethes Bibliothekar und an der Weimarer Bibliothek tätig
II 2. M 72 217–218.218$_{17}$ **II 8A.** M 74 103
Manuskripte:
- Chromatica **II 5B.** M 95 261–263 **II 5B.** M 92 255–257
- Repertorium über die Goethesche Repositur: Naturgeschichte. / Botanik. **II 10B.** M 35 161–162
Kretschmar, Christian Friedrich (geb. 1795). Hrsg. der „Zeitschrift für die gesamte Meteorologie" (nur 1825)
I 11. 243$_3$
Kreysig (Kreyßig), Georg Christoph (1697–1758). Dt. Buchhändler und Regionalhistoriker
Werke:
- Historie von Ober-Sachsen (Koautor, s. Schöttgen / Kreysig 1730–1733)

Kriegelstein Familie in Dölitz bei Eger. Besitzer eines Mammutzahnes
I 2. 232$_{28Z}$.250$_{34Z}$ (Familie).
288$_4$ (Familie) I 8. 349$_{15.15-16}$ (Familie)
Krüger, Christoph Heinrich (1745–1796). Hofrat in Jena
II 9A. MSS 132$_{39}$
Krüger, Franz (1797–1857). Preußischer Hofmaler; Bildnisse fürstlicher Personen, militärischer Gruppen, Pferdebilder
I 9. 373$_{35-36}$
Krüger, Johann Gottlob (1715–1759). Mediziner, Naturforscher und Philosoph; Prof. der Medizin in Halle
I 3. 381$_{12M}$
II 8B. M72 105$_9$
Werke:
- Anmerkungen aus der Naturlehre über einige zur Musik gehörige Sachen (s. Krüger 1747) II 6. M101 202$_{108-112}$
- De novo musices (s. Krüger 1743) II 6. M101 200$_{50-53}$M101 200$_{59}$–202$_{107}$
- Naturlehre (s. Krüger 1740) I 3. 493$_{2M}$ II 6. M71 98$_{245}$ 134 267$_8$
Kruse, Leopold (1766–1850). 1792 Kammerarchivarius, 1816 Kammerrat in Weimar
Manuskripte:
- Den Dornburger Schloßberg betreffend II 8B. M84 136–137
Krusenstern, Adam Johann von (Kruzenstern, Ivan F.) (1770–1846). Russ. Marineoffizier; als Kapitän Leiter der russ. Weltumseglungsexpedition 1803–1806
I 11. 240$_{28}$
Werke:
- Recueil de mémoires hydrographiques (s. Krusenstern 1827) II 2. M9.27 193$_{6-7}$
- Reise um die Welt (s. Krusenstern 1810–1812) II 2. M6.2 42$_{107-108}$ 9.13 178$_{11-12}$ 9.17 182$_{6-10}$

Kühn, Gottlob Wilhelm Ernst (1772–1844). Sachsen-weimarischer Beamter; 1807 Rentkommissar, dann Rentamtmann in Jena, 1807–1818 auch Rechnungsführer der Jenaer Museumskasse
I 2. 82$_{9Z}$ (Rentamtmann)
Kühn, Karl Amandus (1783–1848). Prof. in Freiberg
II 8B. M72 110$_{170}$
Kümmel, Karl August (1769/70–1846). Verlagsbuchhändler in Halle
I 8. 203$_{35}$
Kunckel (seit 1693:) von Löwenstein, Johannes (1630/38–1703). Alchemist und Glasmacher
I 8. 316$_{1-12.31-32}$.317$_{15.19.24.31}$.318$_{10.27.31}$.319$_3$ (Mann)
II 5B. M60 193$_{28}$
Werke:
- Ars vitraria experimentalis, Oder vollkommene Glasmacher-Kunst (s. Kunckel 1679) I 3. 378$_{25M}$ I 8. 316$_{10-12.17.33}$.316$_{34}$–317$_{38}$. 318$_{16.23-24.30-31.33}$ II 4. M30 33 II 5B. M100 290–291
Künigl (Kinigl), Hermann Peter Graf (1765–1853). Österreich. Offizier, um 1815 Artilleriebefehlshaber von Mainz, 1815 mit Goethe in Biebrich
I 2. 71$_{27Z}$
Kuntz, Karl (1770–1830). Hofmaler und Galeriedirektor in Karlsruhe
I 9. 372$_6$
Kuntz, Rudolf (1798–1848). Maler, Kupferstecher, Lithograph; 1830 Hofmaler in Karlsruhe
I 9. 372$_{6.14}$.373$_{6.11.15.31}$
Werke:
- Abbildungen Königlich-Württembergischer Gestütspferde von orientalischen Racen (s. Kuntz 1823) I 9. 369$_{8-14}$.372$_6$–373$_{34}$.373$_{4-34.24}$
II 10A. M64 144$_{13}$
Kupetzky, Johann (1667–1740). Aus Böhmen, lebte in Wien, Rom, Leipzig und Nürnberg
I 6. 234$_9$

La Caille, Nicolas Louis de (Abbé de La Caille) (1713–1762). Franz. Astronom
II 6. M 92 193$_{7-2}$ 105 206$_{52}$
Werke:
- Leçons élémentaires (s. La Caille 1741) II 6. M 73 110$_5$ 74 117$_{65}$
- Lectiones elementares opticae (s. La Caille 1748) II 6. M 135 270$_{62}$ 136 274$_{113-115}$
- Optice de diversis luminis gradibus dimetiendis (Hrsg., s. Bouguer 1762)

La Fontaine (Lafontaine), Jean de (1621–1695). Franz. Schriftsteller, Fabeldichter
Werke:
- Contes et nouvelles en vers (s. La Fontaine 1801) I 1. 320$_{17Z}$

La Fosse, Philippe-Etienne (1738–1820). Franz. Tierarzt
Werke:
- Cours d'hippiatrique (s. La Fosse 1772) II 9A. M 100 149$_{25}$

La Galla (Lagalla), Giulio Cesare (1571–1624). Ital. Arzt und Philosoph
Werke:
- De phoenomenis in orbe lunae (s. La Galla 1612) II 6. M 59 76$_{22}$ (Gesinnungen) 135 269$_{27}$

La Hire, Philippe de (1640–1718). Franz. Mathematiker, Physiker und Astronom; seit 1678 Mitglied der Pariser Académie des Sciences, später Prof. der Mathematik am Collège de France
I 6. 316$_{10-11}$.388$_{32}$ I 7. 13$_{28}$
II 5B. M 17 72$_{3-4}$ II 6. M 55 71$_{35}$ 92 191$_{14}$ II 10B. M 1.2 5$_{48}$
Werke:
- Dissertation sur les differens accidens de la vuë (s. La Hire 1730a) I 6. 307$_{5-7}$ II 6. M 74 115$_8$ 78 159$_{18-20}$
- Oeuvres diverses (s. La Hire 1730b) II 6. M 78 159$_{19-20}$ (Mem.)
- Remarques sur quelques couleurs (s. La Hire 1711) I 6. 307$_{11-12}$
- Traité de la pratique de la peinture (s. La Hire 1730c) I 6. 334$_{19-20}$

La Métherie, Jean Claude de (1743–1817). Arzt und Naturforscher; Lehrer am Collège de France, Paris
Werke:
- Théorie de la terre (s. La Métherie 1797) I 2. 61$_{12-14Z}$ I 3. 346$_{31M}$

La Pérouse (Laperousse), Jean François de Galaup Comte de (1741–1788). Seemann und Forschungsreisender
Werke:
- Voyage (s. La Pérouse 1831) II 8B. M 76 129$_{43}$

La Roche, Georg Michael Frank von s. *Frank von La Roche, Georg Michael*

La Roche, Marie Sophie (seit 1775:) von (geb. Gutermann von Gutershofen) (1730/31–1807). Schriftstellerin; Verfasserin empfindsamer Briefromane und Hrsg. der Frauenzeitschrift „Pomona", mit Goethe seit 1772 bekannt; ihre von Goethe verehrte Tochter Maximiliane war die Mutter von Clemens und Bettina Brentano
I 1. 28$_{8M(?)}$

Labanoff de Rostoff (Rostoffsky), Fürst Alexandre (1788–1866). Oberst und Adjutant von Zar Alexander I.; Schriftsteller
I 2. 277$_{10Z}$

Laffert, Friedrich von (1769–1841). Kanzleirat in Celle
Manuskripte:
- Der Meerschaum (Spuma marina) II 7. M 107 205–208

Lafontaine, August Heinrich Julius (1758–1831). Theologe und Schriftsteller in Halle, preußischer Feldprediger
I 1. 279$_{14Z}$

Lafontaine, Jean de s. *La Fontaine (Lafontaine), Jean de*

Lagrange (La Grange), Joseph Louis de (1736–1813). Mathe-

matiker: Prof. in Turin. Berlin und
Paris
I 11. 281₃₅.363₂₄.368₁₃,₁₄.369₂₆
Werke:
- Solutions de quelques problèmes
relatifs aux triangles sphériques
(s. Lagrange 1798) **I 11.** 281₆₋₇
Lairesse, Gerard de (1641–1711).
Maler der niederländ. Schule,
beschäftigte sich nach seiner Erblindung mit kunsttheoretischen
Fragen
I 6, 415₃₄
**Lamarck, Jean Baptiste Pierre
Antoine de Monet, Chevalier de**
(1744–1829). Franz. Botaniker
und Zoologe; Prof. am Musée
d'Histoire Naturelle, Paris
II 10A, M27 87₃₈
Werke:
- Encyclopédie méthodique. Botanique (s. Lamarck 1783–1808)
II 10A, M27 86₁₅
- Flore française (s. Lamarck /
Candolle 1815) **II 10A, M 8** 67₂₃
- Hydrogéologie ou recherches
sur l'influence qu'ont les eaux
sur la surface du globe terrestre
(s. Lamarck 1802) **II 8B, M** 72
111₂₁₃
Lambert d. J. Einer der Brüder
Lambert. franz. Reproduktionsstecher des 19. Jh.
II 10B, M22.11 85₁₃
Lambert, Johann Heinrich (1728–
1777). Mathematiker, Physiker
und Philosoph; 1759 Mitglied der
Bayerischen Akademie der Wissenschaften, 1765 der Akademie der
Wissenschaften in Berlin
I 3, 400₁₇M **I 4,** 49₁₄ **I 7,** 14₂₃
II 6, M92 193₇₅ 105 206₄₉ 123
238₁₆₂ 133 263₁₄₃₋₁₄₆
Werke:
- Beschreibung einer mit dem
Calauschen Wachse ausgemalten
Farbenpyramide (s. Lambert
1772) **I 6,** 356₂₂₋₂₄,₂₉₋₃₀ **II 6,**
M135 270₇₂

- Deutscher gelehrter Briefwechsel
(s. Lambert 1781–1787) **II 3,**
M34 32₁₅₉
- Freye Perspective (s. Lambert
1774) **II 6.** M118 224₁₂
- Photometria (s. Lambert 1760)
I 3. 324₃₄Z **I 6.** 357₃ **II 6.** M74
117₆₇
Lancaster Engl. Adelsfamilie
I 6, 243₁₄
Lancret, Nicolas (1690–1745).
Franz. Maler
I 6, 233₃₇
Lancry
Werke:
- Neues Mittel zur Beförderung der
Reife und Größe der Baumfrüchte
(s. Lancry 1790) **II 9A,** M84 127₆₀
Landa, Adalbert (fl. 1820). 1820
Inspektor der Keramikfabrik in
Dallwitz
I 2, 139₁₃Z (Inspektor)(?)
Langer, Johann Heinrich Siegmund (†1788). Hüttenverwalter
in Bieber (Hessen), ab 1786 Hüttenmeister in Ilmenau
I 1, 169₂₀₋₂₁
Langermann, Johann Gottfried
(1768–1832). Arzt; Staats- und
Medizinalrat in Berlin
I 2, 4₁₃Z,₁₆Z,₂₉Z,₃₂Z
Langlois Druckerei in Paris
II 10B, M22.11 85₉₋₁₀
**Langsdorff, Georg Heinrich
Freiherr von** (1774–1852). Forschungsreisender
I 10, 225₃
**Laplace (La Place), Pierre Simon
de** (1749–1827). Franz. Mathematiker und Astronom; Mitglied
der Pariser Acedémie des Sciences
I 11, 240₂₄
II 1A, M44 237₅₅₈ (Metier)(?) 83
315₂₄.326₄₆₀.327₄₉₁₋₅₀₅,₅₁₄₋₅₁₅ **II 2,**
M8.24 133₉
Werke:
- Darstellung des Weltsystems
(s. Laplace / Hauff 1797) **II 4,**
M27 31

- De l'action de la lune sur l'atmosphère (s. Laplace 1823) **II 2**. M6.2 39_{15-24} 9.13 178_{18}
- Traité de mécanique céleste (s. Laplace 1798–1825) **II 2**. M9.13 178_{15-16} 10.6 $209_{1-2}.210_{29-30}$

Largillière, Nicolas de (1656–1746). Franz. Maler
I 6. $233_{30}.234_9$

Lasius, Georg Sigismund (Sigmund, Siegmund) Otto (1752–1833). Vermessungsingenieur in Hannover und Oldenburg
I 1. 56_{18Z}
Werke:
- Beobachtungen über die Harzgebirge (s. Lasius 1789) **I 2**. 424_M **II 8A**. M94 125_4
Manuskripte:
- Die Achtermanns-Hoehe [Bericht mit Aquarellen] **II 8A**, M31 49–51
II 8A. M68 98_{22} (gezeichnete)

Lastman, Pieter (1583–1633). Niederländ. Maler
I 6. 334_3

Latini, Brunetto (1220–1295). Ital. Staatsmann und Gelehrter
Werke:
- Il tesoro (s. Latini 1474) **II 6**. M28 33_4

Laurencet Franz. Anatom
I 10. 376_{25} (junge Leute)

Laurenzi, Giuseppe (Laurentius, Josephus) (1583–1647). Ital. Humanist
Werke:
- Polymathia (s. Laurentius 1631) **II 4**. M72 86_{3-4}

Lavater, Diethelm (1743–1826). Arzt, Apotheker und Mineraliensammler in Zürich; Bruder des Johann Kaspar Lavater
I 1. 267_{14Z} **I 2**. $420_{9M(?)}$

Lavater, Johann Kaspar (1741–1801). Theologe und Schriftsteller in Zürich; 1769 Diakon, 1775 Pfarrer an der Waisenhauskirche, 1786 Pfarrer an der Kirche St. Peter
I 9. 12_{23}

Werke:
- Nathanael (s. Lavater 1786) **II 9A**. M39 56_{110}
- Physiognomische Fragmente (s. Lavater 1775–1778) **I 10**. 1_1-5_{14}

Lavoisier, Antoine Laurent de (1743–1794). Franz. Chemiker und Physiker; Begründer der sog. neuen oder franz. Chemie, des antiphlogistischen Systems
I 8. 289_6
II 1A. M16 $135_{92,99,99}$ (Anhänger). 136_{136} 44 $223_8.224_{61}.226_{124-126}.$ $228_{207,224}.229_{250}.230_{294,307}.231_{315}.$ $233_{406-409}.234_{438}.235_{473-479}.237_{559}$
II 2. M5.3 29_{62}

Laxmann, Erik (1737–1796). Sibirienreisender
II 8B. M95 151_6

Le Blond, Jakob Christoph (1670–1741). Maler und Kupferstecher aus Frankfurt a. M., ab 1732 in Paris
I 6. $334_{24,27}.335_{16}$ **I 7**. 14_9
II 6. M92 193_{60}

Le Cat, Claude Nicolas (1700–1768). Franz. Arzt, Chemiker und Physiker; zuvor Studium der Philosophie, Geometrie und Kriegsbaukunst; Wundarzt am Hôtel-Dieu in Rouen, dort Gründung einer med. Schule und naturwiss. Gesellschaft
Werke:
- Traité des sens (s. Le Cat 1744) **II 5B**. M18 74_{57} M42 $157_{49}-158_{81}$
- Traité des sensations et des passions (s. Le Cat 1767) **II 5B**. M131 366_{2-15}

Le Clerc, Daniel (1652–1728). In Genf geb. Arzt und medizin. Schriftsteller
Werke:
- Bibliotheca anatomica (s. Le Clerc / Manget 1675) **I 3**. 493_{26M} **II 6**. M134 267_{1-2}

Le Gentil de la Galaisière, Guillaume Hyacinthe Joseph Jean Baptiste (1725–1792). Franz. Astronom

Werke:
- Ueber die Farbe (s. Le Gentil 1792) **I 3**. 345$_{27-28M}$.488$_{25M}$

Le Seur, Thomas (1703–1770). Franziskaner und Prof. der Theologie und Mathematik in Rom
I 6. 342$_{30}$.352$_{12}$
II 6. M 92 193$_{67}$

Leclercq, A. (Lesart unsicher) (fl. 1825). Aus Brüssel. Nicht identifiziert
II 2. M 9.25 191$_{17}$

Leeuwenhoek, Antoni van (1632–1723). Niederländ. Naturforscher in Delft, zentral für die Entwicklung der Mikroskopie; ab 1680 Mitglied der Royal Society, ab 1699 der Académie des Sciences
II 6. M 79 178$_{695-696}$ (Loewenhook)

Lefèvre d'Étaples, Jacques (Jacobus Faber Stapulensis) (1450/1455–1536). Franz. Theologe und Humanist
Werke:
- Totius naturalis philosophiae Aristotelis paraphrases (s. Lefèvre d'Étaples / Clichtove 1540) **II 6**. M 135 269$_{15-16}$
- Totius philosophie naturalis paraphrases (s. Lefèvre d'Étaples 1501) **II 6**. M 135 269$_{15-16}$

Leffler (Löffler), Johann Gottfried (1736–1785). Fürstlicher Hofagent für die Bergbau-Gewerkschaft in Ilmenau
I 1. 48$_{27M}$.92$_{11}$.178$_{12}$
II 7. M 20 37$_3$

Leffler, Johann Wilhelm (†1797). Fürstlicher Hofagent für die Bergbau-Gewerkschaft in Ilmenau
I 1. 178$_{13-14}$.206$_{15-16}$.208$_{12}$. 212$_7$ (Abgeordnete).$_{20}$ (Herren Deputierten).214$_{2-22}$ (Abgeordnete). 216$_{12-13}$ (Herren Deputierten).$_{16}$ (Abgeordnete).224$_{32}$.230$_{31}$.235$_1$ (Deputierte).$_6$ (Deputierte).$_{10}$ (Mitdeputierte).$_{20}$ (Deputierte).251$_{9M}$ (Deputierter).$_{12M}$ (Deputierten).$_{26M}$ (Deputierten).252$_{37M}$ (hiesigen Deputierten).253$_{10M}$ (Deputierten).$_{15M}$ (Deputierten)

Legrand d'Aussy, Pierre Jean Baptiste (1737–1800). Franz. Historiker
Werke:
- Voyage d'Auvergne (s. Legrand d'Aussy 1788) **I 2**. 266$_{16-25TA}$ **I 8**. 371$_{15-23}$

Lehmann Apotheker in Kreuzburg/Schlesien
II 2. M 8.15 119$_{68}$

Lehmann, Christian (1611–1688). Historiker, evangelischer Theologe; Pastor in Scheibenberg
Werke:
- Historischer Schauplatz derer natürlichen Merckwürdigkeiten in dem Meißnischen Ober-Erzgebirge (s. Lehmann 1699) **II 8B**. M 94 150

Lehmann, Johann Gottlob (1719–1767). Arzt, Geologe; Lehrer der Mineralogie und des Bergfachs in Berlin, seit 1761 Prof. der Chemie und Direktor des kaiserlichen Museums in St. Petersburg
II 7. M 15 32$_{49}$ 45 75$_{288-289}$ (Jo. Gottlieb)$_{(?)}$
Werke:
- Cadmiologia (s. Lehmann 1761) **II 7**. M 45 75$_{311}$
- Versuch einer Geschichte von Flötz-Gebürgen (s. Lehmann 1756) **I 2**. 425$_{2M}$ **II 8A**. M 123 161$_2$

Lehné, Johann *Friedrich* **Franz** (1771–1836). Historiker, Publizist, Bibliothekar und Altertumsforscher in Mainz; 1799 Prof. der schönen Wissenschaften, 1814 Stadtbibliothekar
I 2. 73$_{34Z}$

Leibniz, Gottfried Wilhelm (1646–1716). Philosoph, Mathematiker
I 8. 66$_{20}$
II 1A. M 19 152$_6$–153$_{19}$ 36 203$_{10}$
II 6. M 82 183$_{19}$.184$_{37}$ 90 189$_{21}$

Werke:
- Protogaea (s. Leibniz 1749) **II 8B**, M *72* 106₁₆

Lémery, Louis (1677–1743). Chemiker und königl. Leibarzt. Mitglied der Pariser Académie des Sciences
I 6. 326₂.₁₀

Lémery, Nicolas (1645–1715). Chemiker. Pharmazeut
Werke:
- Reflexions et observations diverses sur une vegetation chimique du fer (s. Lémery 1707) **II 1A**. M *1* 5₈₈–₈₉

Lenormant, Charles (1802–1859). Archäologe; bereiste 1828 zusammen mit Jean-François Champollion Ägypten, später Konservator an der Pariser Bibliothek und ab 1846 Prof. an der Sorbonne
Werke:
- Egypte. Expedition scientifique. Alexandrie 13. Septembre 1828 (s. Lenormant 1828) **I 2**. 392₁ₘ **II 8B**. M *79* 133

Lenz, Johann Georg (1748–1832). Prof. der Mineralogie und Bergrat in Jena. Direktor des Großherzoglichen Mineralienkabinetts. Gründer und Sekretär der Jenaer Mineralogischen Sozietät
I 1. 284₄.324₃z **I 2**. 6₁₁z.₁₄z.₂₇z. 7₁₇z.₆₁₄z.₅z.₁₅z.₁₆z.₂₀–₂₁z.81₃₃z. 82₁₀z.83₅z.105₃₅ (Direktor). 233₃₅z.₃₆z.₃₇z.234₂z.245₁₂–₃₁z **I 8**. 94₁₆.339₃₀ **I 11**. 53₁₀.190₁₆ (Direktor)
II 2. M *13.6* 222₁–₄ **II 8A**. M *34* 56–57 *50* 75 *78* 108 *112* 148₈–₂₀ (Ihnen… Freund)(?) *122* 160₄ **II 8B**. M *25* 44–45 *118* 163
Werke:
- Darstellung der sämtlichen Erd- und Steinarten (s. Lenz 1813) **II 8A**. M *80* 109
- Erkenntnisslehre[!] der anorganischen Naturkörper (s. Lenz 1813) **I 8**. 19₃₈–20₁ **II 8A**. M *30* 48–49

- System der Mineralkörper (s. Lenz 1800) **II 4**. M *29* 32–33
- Versuch einer vollständigen Anleitung zur Kenntniss der Mineralien (s. Lenz 1794) **I 3**. 348₁₃–₁₄ₘ **II 4**. M *62* 75
- Vollständiges Handbuch der Mineralogie (s. Lenz 1819–1822) **I 2**. 275₇z

Leo X. (geb. Giovanni de' Medici) (1475–1521). Seit 1513 Papst
I 4. 247₈

Leonardo da Vinci (1452–1519). Ital. Maler, Bildhauer, Baumeister, Naturforscher und Techniker
I 3. 77₃₀ **I 4**. 252₁₆–₁₇ **I 6**. 223₁₉. 377₁ **I 8**. 226₆
II 5B. M *17* 72₄
Werke:
- Höchst-nützlicher Tractat von der Mahlereÿ (s. Leonardo da Vinci 1724) **II 4**. M *15* 19–21 **II 5B**. M *45* 162–164
- Trattato della pittura (s. Leonardo / Manzi 1817) **I 8**. 225₃₀–226₇
- Trattato della Pittura (s. Leonardo da Vinci 1792) **I 3**. 77ₜₐ

Leonhard, Karl Cäsar (seit 1814:) Ritter von (1779–1862). Mineraloge, Geologe; Kurhessischer Kammerrat in Hanau, 1816–1818 Prof. der Mineralogie und Geognosie in München, seit 1818 Prof. in Heidelberg
I 1. 347–353.370–375 **I 2**. 6₁₇z. 59₇z.₉z.₁₄z.₂₂z.60₂₉–₃₀z.₃₂z.65₂₀z. 66₁z.₄z.68₃₁z.69₃z.₇z.83₆z.219₁₄–₁₅. 316₃₂.392₁₃ₘ.407₁₈ **I 8**. 251₂₀. 380–386 **I 11**. 128–133.271₄. 313₁₆.339₂₄
II 8B. M *63* 99₂ *72* 110₁₇₈
- Mineralienkabinett **I 2**. 60₃₂z.₃₄–₃₅z. 66₁₆–₃₄z
- Mineralogisch-merkantilistisches Institut **I 2**. 66₃₅–67₆z
Werke:
- Bedeutung und Stand der Mineralogie (s. Leonhard 1816) **I 2**. 82₂₂–₂₄z.₂₆z.91₁₂z

- Charakteristik der Felsarten (s. Leonhard 1823–1824) **I 2**, 247₃₋₄ **I 8**, 357₁₆
- Handbuch der Oryktognosie (s. Leonhard 1821) **I 2**, 246₂₂–247₂₄.319₁ **I 8**, 357₁₋₃₆. 397₃₈₋₃₉ **II 5B**, M SS 250₂₃ **II 8B**, M *14* 23–24 *16* 25₈
- Handbuch einer allgemeinen topographischen Mineralogie (s. Leonhard 1805–1809) **I 2**, 66₆z
- Mineralogische Studien (s. Leonhard / Selb 1812) **I 2**, 7₇z
- Propädeutik der Mineralogie (s. Leonhard / Gärtner / Kopp 1817) **I 2**, 66₇₋₁₅z.99₂₅ **I 11**, 186₃
- Systematisch-Tabellarische Uebersicht und Charakteristik der Mineralkörper (s. Leonhard / Kopp / Merz 1806) **I 2**, 66₃₋₄z, 107₂₉z
- Zur Naturgeschichte der Erde (s. Leonhard 1819) **II 8B**, M *72* 108₉₁₋₉₂

Manuskripte:
- Kennzeichen aus dem Vorkommen [Über geognostische Merkmale] **II 8A**, **M *61* 88–90**
- Uebersicht der muthmaaslichen Altersfolge der Metalle **II 8A**, **M *62* 90–93**

Leopoldo de' Medici (1617–1675). Ital. Kardinal, Bruder von Ferdinando de' Medici, Mitbegründer der Accademia del Cimento
II 6, M *79* 162₁₂₆

Lepel, *Wilhelm* Heinrich Ferdinand Karl Graf von (1755–1826). Preußischer Diplomat und Kunstsammler
I 1, 285₃₂z.287₉z

Lepold Bürger in Karlsbad
I 1, 297₉M
II 8B, M *7* 13₁₂₃

Leprince (Le Prince), Henri Simon (1793–1868). Franz. Physiker und Bibliothekar; 1820 Hilfsbibliothekar und Gymnasialprof. in Versailles

Werke:
- Nouvelle croagénésie (s. Leprince 1819) **I 8**, 208₃₁–210₁₂.210₁₃–212₄

Leslie, John (1766–1832). Mathematiker und Physiker
Werke:
- An experimental inquiry into the nature, and propagation of heat (s. Leslie 1804) **II 6**, M *136* 272₄₅

Quillet, Claude (Ps.: Calvidius Letus) (1602–1661). Schriftsteller
Werke:
- Callipaedia (s. Quillet 1655) **II 1A**, M *1* 7₁₆₁₋₁₆₄

Leukipp (5. Jh. v. Chr.). Griech. Philosoph; Lehrer Demokrits; stammte aus Milet oder Abdera und gilt als Begründer des Atomismus
II 6, M *4* 7₃₂

Leupold Pastor in Klein-Kniegnitz
II 2, M S.*15* 119₅₈₋₅₉

Leveling, Heinrich Palmatius von (1742–1798). Mediziner; seit 1771 Prof. der Anatomie, Physiologie und Chirurgie in Ingolstadt
Werke:
- Anatomische Erklärung der Original-Figuren von Andreas Vesal (s. Leveling 1783) **I 9**, 163₂₃.₂₈. 163₂₁–164₂₀

Levetzow Familie von Amalie Theodore Caroline Freifrau von Levetzow (1788–1868). Tochter von Friedrich Johann Leberecht von Brösigke, 1803–1807 verh. mit Joachim Otto Ulrich von L., in zweiter Ehe mit dessen Vetter Friedrich von L. (gest. 1815), ab 1821 Sommeraufenthalte in Marienbad; Mutter von Ulrike von Levetzow
I 2, 207₃₀z

Lewis, William (1708/1714?–1781). Arzt und Chemiker, seit 1745 Mitglied der Royal Society
II 6, M *114* 216₉
Werke:
- Historie der Farben (s. Lewis 1766) **II 6**, M *73* 110₁₆ *74* 117₇₃ *135* 270₇₀ **II 7**, M *109* 210₅

Leyßer, Friedrich Wilhelm von (1731–1815). Kriegs- und Domänenrat. Direktor des Salzamts in Halle. Verfasser mehrerer mineralogischer Schriften
I 1. 279₁₆z

Libaude (Le Baude), Jean Baptiste (fl. 1773/74). Directeur einer Glashütte. Erfinder einer speziellen Glasart
I 6. 365₃
II 6. M*112* 214₆₃
Werke:
- Sur le moyen de perfectionner l'espèce de cristal (s. Le Baude 1775) II 6. M*115* 220₁₀₈₋₁₁₀(?)

Libavius, Andreas (um 1560–1616). Chemiker und Arzt
I 3. 484₁₀M.485₁₂M

Liboschitz, Joseph (†1824). Kaiserlich-russ. Leibarzt in St. Petersburg
Werke:
- Merkwürdiges Verhalten zum Lichte eines Epidote (s. Liboschitz / Gilbert 1820) II 5B. M*61* 195₃₉₋₄₈

Liceti, Fortunio (Licetus, Fortunius) (1577–1657). Ital. Mediziner und Philosoph
Werke:
- De luminis natura et efficientia (s. Liceti 1640) II 6. M*135* 269₃₀
- Pyronarcha (s. Liceti 1634) II 6. M*59* 76₃₃

Lichtenberg, Georg Christoph (1742–1799). Physiker und Mathematiker; 1767 Prof. der Mathematik in Gießen, 1770 Prof. der Philosophie, seit 1775 o. Prof. der Physik an der Universität Göttingen
I 3. 15₁₀.55₃₀M.64₅z.81₁₈z.19z (Wohlgeb.).₃₀z.82₃z (Wohlgeb.). 86₁z.2z.22z.32z.36z.87₃z.14z.88₁₃z.25z. 89₁₈z.231₃₀z.242₁₃z.14z (Wohlgeb.).₁₈z (Wohlgeb.).267₆M.305₃₃z. 402₁₅M.480₁₄M.494₁₁M I 4. 176₃₀.34 I 5. 92₂₄₋₂₅ I 6. 352₄.₇.353₃₋₄. 356₁₆.393₁₉.21.26.394₁₀.20.395₁₃. 423₂₈.37 (seines) I 8. 340₂₅ (L.s elektrischen Figuren) I 9. 266₂₆ I 11. 349₁₈₋₁₉ (heiterer Naturforscher).₂₂
II 1A. M*44* 235₄₈₅.₅₀₅ S*4* 333 II 4. M*50* 61₆ II 5A. M*9* 15₁₁₉₋₁₂₀ *10* 25₆ II 5B. M*78* 235₈.₁₆ II 6. M*122* 233₃ *133* 264₂₀₇
Werke:
- Anfangsgründe der Naturlehre. 1. bis 6. Aufl. (Koautor. s. Erxleben / Lichtenberg 1772–1794)
- Anfangsgründe der Naturlehre. 3. Aufl. (Hrsg. und Komm., s. Erxleben / Lichtenberg 1784)
- Anfangsgründe der Naturlehre. 6. Aufl. (Hrsg. und Komm., s. Erxleben / Lichtenberg 1794)
- Ueber einige wichtige Pflichten gegen die Augen (s. Lichtenberg 1791) II 3. M*2* 3₁₀ (s. 119)

Lichtenfels, Johann von (1793–1866). Österreich. Philosoph; Prof. in Wien
II 5B. M*104* 305₁ (Jugendfreünde).306₁₈ (Freünd)

Lichtner, Johann Christoph (1626–1687). Philosoph. Universitätslehrer
Werke:
- De natura lucis exercitatio physica (s. Lichtner 1653) II 6. M*135* 269₃₇

Liechtenstein, Joseph Johann Baptist *Moritz* Fürst von (1775–1819). Österreich. Offizier; seit 1808 Feldmarschall-Lieutnant, 1813 verantwortlich für die Aufstellung antinapoleonischer Truppen in Nordwestböhmen. Aufenthalte in Teplitz und Weimar
I 2. 29₁₀z (Herrschaften).46₂₂ I 8. 151₁₄₋₁₅

Lindemuth, Andreas (1612–1664). Theologe und Schulmann; Rektor der Fürstenschule St. Afra in Meißen
Werke:
- Umbrae magisteria optica (s. Lindemuth 1640) II 5B. M*103* 299–303

Lindenau, Bernhard August von (1779–1854). Astronom, Politiker und Kunstsammler; 1804 Vizedirektor und von 1808 bis 1817 Direktor der Sternwarte auf dem Seeberg bei Gotha, 1813–1814 Oberstleutnant und Generaladjutant des Herzogs Karl August von Sachsen-Weimar, seit 1817 verschiedene hohe politische Ämter im Königreich Sachsen
II 2. M 9.13 177–178 **II 5B.**
M 111 319_2
Werke:
- Beyträge zu einer Theorie der Atmosphäre (s. Lindenau 1810) **II 2.** M 6.2 41_{98-106} 9.13 178_{12-14}
- Versuch einer geschichtlichen Darstellung der Fortschritte der Sternkunde (s. Lindenau 1811) **I 8.** 203_{36-37}

Lindley, John (1799–1865). Engl. Botaniker, besonders mit Systematik befaßt
I 10. 349_{35}
Werke:
- Collomia lineáris (s. Lindley 1828) **I 10.** 348_{16-17}

Linemann, Albert (1603–1653). Mathematiker; ab 1630 Prof. in Königsberg
I 3. 493_{4M}
II 6. M 134 267_{10}

Link, Heinrich Friedrich (1767–1851). Botaniker; Prof. der Naturgeschichte in Rostock, der Chemie und Botanik in Breslau, seit 1815 Prof. der Botanik und Direktor des Botanischen Gartens in Berlin; Kritiker von Goethes Farbenlehre
Werke:
- Die Urwelt und das Alterthum (s. Link 1821–1822) **I 2.** 304_{9M} **II 8B.** M 39 $70_{213-217}$ 72 107_{55-57}
- Elementa philosophiae botanicae (s. Link 1824) **I 10.** 307_4–308_{19} **II 10B.** M 22.5 77_{6-7} 22.6 78_{7-8} 22.7 79 M 22.8 81–82 22.9 83

- Flore Portugaise (Koautor, s. Hoffmannsegg / Link 1809–1813)
- Grundlehren der Anatomie und Physiologie der Pflanzen (s. Link 1807) **I 9.** 329_{33} **II 10B.** M 22.2 75_{14}
- Philosophiae botanicae novae (s. Link 1798) **II 10B.** M 22.5 77_{2-3} 22.6 $78_{1-7.10}$
Rezensionen:
- Goethe: Zur Farbenlehre (Koautor, s. Windischmann / Link 1813)

Linné, Carl von (1707–1778). Schwed. Naturforscher und Arzt; 1741 Prof. für Medizin, später für Botanik und Pharmazie in Uppsala
I 4. $11_{(?)}$ **I 8.** 190_{26-27} **I 9.** 11_9. $16_{12.24}.17_{2.3}.19_{4.20.21-22.32}$. $20_{10-11.20.29}.38_{2.4}.55_{19}.57_{1.22}.76_{13}$. $111_{24}.193_{21}.236_{14}.298_{9.13.32}$ **I 10.** $46_3.72_{32-33}.200_{7.7-8}.251_{27}.272_5$. $302_{12.13}$ (Ordines).$306_8.308_1$. $311_{24}.323_{26}.324_{14.14-15}.326_{26}.327_6$. $328_{29}.330_{27-28}$ (Mann).331_{33}
II 7. M 45 75_{311} **II 9A.** M 84 126_{22} **II 10A.** M 2.12 17_{15} **II 10B.** M 22.10 84_{15} 23.3 $94_{10}.96_{68.97}$ 23.7 101_{18} 23.8 102_{18} 25.10 154_{97}
- Klasse **I 10.** $225_{21}.379_{38}$ **II 9A.** M 24 42_1
- Linnean Society **I 9.** 325_{18}
- System **I 10.** $6_{18-19}.50_6.282_{31}.331_{30}$ **II 9A.** M 5 18_5 23 41_{1-2}
- Terminologie **I 9.** 16_{10} **I 10.** 323_{24}. $324_{37-38}.329_5.331_5$ **II 10B.** M 23.3 94_{10}
- Theorie, Lehre, Wirkung **I 10.** $330_{24.33-34}$ **II 9A.** M 42 70_{21} 62 106_{26} **II 10B.** M 23.5 99_{14}
Werke:
- Disquisitio de prolepsi plantarum (s. Linné / Ferber 1763) **I 9.** 55_{29} (Ferber) **II 9A.** M 42 70_{29}
- Flora Zeylanica (s. Linné 1747) **I 11.** 63_{21}
- Fundamenta botanica (s. Linné 1747) **I 9.** $16_{10.11-12}$ **I 10.** $323_{24.25-26}$ **II 9A.** M 19 36_{1-2}

- Genera plantarum (s. Linné 1752) **II 9A.** M39 60_{191} 46 78_{2-4}
- Genera plantarum. 8. Aufl. (s. Linné / Schreber 1789–1791) **II 9A.** M42 $70_{30(?)}$ 112 171_{63}
- Metamorphosis plantarum (s. Linné / Dahlberg 1759) **II 9A.** M54 $97_{15.21}$ (Linneen).$_{25}$ (Linne).98_{47} 66 110 67 111_4 **II 9B.** M55 63_{157}–64_{158}
- Philosophia botanica (s. Linné 1751) **I 9.** 16_{16-17} **I 10.** 323_{30-31} **II 9A.** M18 35 25 42 42 70_{28} 68 112_{29-37} **II 10A.** M2.12 17_{19}
- Prolepsis plantarum (s. Linné / Ullmark 1760) **I 9.** $55_{17.25}.56_{11-28}$ **I 10.** 300_{13} **II 9A.** M42 70_{29}M68 111_1–112_{28} **II 10B.** M22.5 77_8 22.6 78_8 22.7 79_{9-10} 22.8 82_{42}
- Species plantarum (s. Linné / Willdenow 1797–1825) **I 9.** 332_3
- Systema vegetabilium (s. Linné / Murray 1784) **II 9A.** M60 104_{2-4}
- Termini botanici explicati (s. Linné 1767) **I 9.** 20_{27-28}
- Von den Hochzeiten der Pflanzen (s. Linné / Wahlbom 1754) **I 10.** 66_{3-8}

Linné, Elisabeth Christina (verh. Bergencrantz) (1743–1782). Schwed. Naturforscherin; Tochter von Carl von Linné
I 8. 190_{26}
Werke:
- Vom Blitzen der indianischen Kresse (s. Linné / Kästner 1762) **I 8.** 190_{21-30}

Line, Francis (Linus, Franciscus) (Linus von Lüttich) (1595–1675). Engl. Jesuit. Prof. der Mathematik und der hebräischen Sprache in Lüttich. Kritiker der Farbenlehre Newtons
I 3. 493_{23M} **I 6.** $270_{16}.271_{8.12.18.19.22.23.30}.272_2.275_{12.16}$
II 6. M79 $170_{397.440}.172_{475-482}$ 134 268_{32}
Werke:
- A letter animadverting on Mr. Newtons theory of light and colours (s. Linus 1674) **I 6.** $270_{26}.271_{5-6}$
- Second letter on Newtons theory (s. Linus 1675) **I 6.** $271_{3.5-6.33}$ **II 6.** M79 $170_{406-407}$

Lionet s. *Lyonet (Lyonnet, Lionet), Pierre (Pieter)*

Lippi, Fra Filippo (um 1406–1469). Ital. Maler
I 6. $221_{35}.222_1$

Lips, Johann Heinrich (1758–1817). Maler und Kupferstecher in Zürich, von 1782 bis 1789 vorwiegend in Rom, von 1789 bis 1794 Lehrer am Freien Zeicheninstitut in Weimar
I 9. 174_8 **I 10.** $221_{37.38TA}$

Lipsius, Justus (eigentl. Joest Lips) (1547–1606). Niederländ. Humanist und Historiker. Mitarbeiter in der Plantinischen Offizin
Werke:
- Opera omnia (Hrsg., s. Seneca / Lipsius 1658–1659)

Lister, Martin (1638–1712). Arzt und Naturforscher. Mitglied der Royal Society
II 6. M79 178_{720}

Löbel, Christian Traugott (†1815). Faktor auf der Zinngrube von Altenberg
I 2. 43_{12} **I 8.** 148_6

Lobkowitz, August Longin Fürst von (1797–1842). Böhmischer Staatsbeamter. Hofkanzler in Wien. Mäzen. Leiter des Vaterländischen Museums in Böhmen in Prag
I 2. 286_{38}–287_1 **I 8.** 348_{10}
Werke:
- Vortrag des Geschäftsleiters des böhmischen Museums (s. Lobkowitz 1823) **I 2.** 287_1 **I 8.** 348_{10}

Loder, Justus Christian (seit 1809?) von (1753–1832). Mediziner und Anatom; ab 1778 Prof. in Jena. Gründer mehrerer medizin. Einrichtungen. 1781 sachsen-weimarischer Leibarzt und 1782 Hofrat.

1803 Prof. in Halle, seit 1807 Arzt in Moskau. Leibarzt des russ. Zaren Alexander I., von 1812 bis 1817 Leiter des Lazarettwesens, 1819 Prof. am anatomischen Theater
I 6. 423$_{26}$ I 9. 12$_{26-27}$.155$_{31}$.168$_{35}$. 171$_{10}$.286$_{8-9.11.14}$ I 10. 6$_6$
II 9A. M2 9$_{61}$ 100 148$_3$.149$_{40}$
II 10A. M2.4 9$_3$ 2.9 13$_{10}$ 2.21 25$_5$ 40 103$_5$ II 10B. M35 162$_{38}$
- Sammlung II 10A. M2.23 26$_3$
Werke:
- Anatomisches Handbuch (s. Loder 1788) I 9. 171$_{28-29}$ II 9A. M44 72-78 132 212$_8$ II 10A. M2.9 13$_6$

Loewenhook s. Leeuwenhoek, Antoni van

Löffler, Johann Gottfried s. Leffler (Löffler), Johann Gottfried

Lomazzo, Giovanni Paolo (1538–1600). Ital. Maler und Kunsttheoretiker
I 3. 356$_{21M}$
II 4. M 74 92$_3$

Lomonossow, Michael Wassiljewitsch (1711–1765). Russ. Naturforscher und Dichter
Werke:
- Oratio de origine lucis sistens novam theoriam colorum (s. Lomonossow 1756) II 6. M 136 272$_{58}$

Loos, Gottfried Bernhard (1773–1843). Stempelschneider und Leiter der Münzanstalt in Berlin
I 2. 211$_{34-36Z}$

Loren(t)z, Adam Ackersmann aus Niederhausen an der Nahe
I 9. 117$_{22}$

Lorenz Aus Zapplau, lieferte meteorologische Daten
II 2. M S.15 120$_{85.94}$

Lorrain, Claude (gen. Le Lorrain; eigentl. Claude Gelée) (1600–1682). Franz. Landschaftsmaler; seit 1619 in Rom
I 6. 230$_{21}$

Lort (l'Or), Joseph de s. Delort (de L'or), Marie Joseph

Löscher, Martin Gotthelf (†1735). Prof. der Medizin und Physik in Wittenberg
II 6. M 71 93$_{81}$ (vorige) 72 109$_{11}$
Werke:
- Physica experimentalis compendiosa (s. Löscher 1715) I 6. 345$_{14-15}$ II 6. M 71 93$_{66-78}$ 74 115$_{14}$

Lößl, Ignaz (1782–1849). Bergmeister in Falkenau in Böhmen
I 2. 210$_{27Z.31Z}$ (zu vier).$_{31-32Z}$ (zu dreien).$_{37Z}$.283$_{20Z}$.284$_{19Z}$
II 8B. M21 36$_7$ (Bergm.) II 10A. M64 144$_7$
- Mineralienkabinett I 2. 211$_{1-3Z}$
Werke:
- Noch etwas über den Russ des Hopfens (s. Lößl 1824) I 9. 342$_{1-39}$ II 10A. M56 114

Lotter, Johann Georg (1699–1737). Philologe; 1728 Privatdozent und Prof. in Leipzig. 1735 als Mitglied der Akademie der Wissenschaften in St. Petersburg
Werke:
- De Bernardini Telesii philosophia (s. Lotter 1726) I 8. 221$_{2-5}$. 223$_{14-15}$ II 5B. M 80 240$_{6-7}$ (Dissertation).$_{12}$ (Druck) 81 241$_{1-2}$
- De Vita et Philosophia Telesii (s. Lotter 1733) I 8. 223$_{12-13}$ II 5B. M 80 240$_{1-7}$

Lottum, Regiment
I 9. 187$_{32}$

Loudon, John C. (1783–1743).
Werke:
- Eine Enzyklopädie des Gartenwesens (s. Loudon 1823–1826) II 10B. M 1.2 5$_{47.50-70}$.7$_{147-160}$

Lowitz (Lovitz), Georg Moriz (Moritz) (1722–1774). Astronom, Physiker, Mathematiker; 1767 Mitglied der Akademie in St. Petersburg
II 1A. M44 224$_{43}$ II 8B. M95 151$_9$

Lowthorp, John (1658/59–1724). Ab 1702 Mitglied der Royal Society

Werke:
- The philosophical transactions and collections (s. Lowthorp 1705) **II 6**. M S7 187₁–188₁₆

Loysel, Pierre (1751–1813). Franz. Politiker

Werke:
- Essai sur l'art de la verrerie (s. Loysel 1800) **II 6**. M*115* 219₈₂

Luc (Deluc), Jean André de (1727–1817). Schweizer Geologe, Meteorologe und Reiseschriftsteller; 1773 in London, Mitglied der Royal Society und Lektor der Königin, 1798–1804 Honorarprof. an der Universität Göttingen

I 2. 75₃₄z
II 1A. M*16* 135₈₅ *44* 232₃₈₁ **II 2**. M S.*1* 66₁₀₆ S.*2* 74₈₀ S. S 110₈ S.*1*S 123₁₀

Werke:
- Abrégé de principes et des faits concernans la cosmologie et la géologie (s. Luc 1803) **II 8B**. M*60* 96₁₋₃₈.97₄₀
- Lettres physiques et morales (s. Luc 1779) **II 7**. M*23* 39₄₅. 40₅₈₋₅₉.43₂₀₄ **II 8B**. M *72* 107₅₃
- Traité élémentaire de géologie (s. Luc 1809) **II 8B**. M *72* 110₁₅₈

Lucas, Antonius (1638–1693). Engl. Jesuit; Rektor des engl. Kollegiums in Lüttich und Rom

I 6. 271₃₆.272₆.₂₀.273₁₀.₁₇.₂₂. 274₄.₂₀.₂₆.275₁₈.276₁₀.₁₂ **II 5B**. M*10* 37₁₇₅₋₁₇₆

Werke:
- A letter from Liege concerning Mr. Newton's experiment of the coloured spectrum (s. Lucas 1676) **I 6**. 272₁.273₂₉ **II 6**. M *79* 172₄₈₈₋₄₉₃

Lucilius, Gaius (um 180–102 v. Chr.). Röm. Satiriker

I 6. 119₂₉

Lucius Accius (um 170 – um 80 v. Chr.). Röm. Tragödiendichter

I 6. 120₁₇

Lucretius Carus, Titus (Lukrez) (um 100–55 v. Chr.). Röm. Dichter und Philosoph

I 6. 41₃.71₃.₉.171₃₃ **I 7**. 10₇ **II 6**. M*4* 7₃₆ *5* 8₁₅

Werke:
- De rerum natura (s. Lucretius, Lucr.) **I 8**. 228₁₆ **II 5B**. M*100* 290₁₁
- Von der Natur der Dinge (s. Lucretius / Knebel 1821) **I 7**. 10₇₋₈ **II 6**. M S 12₃₃ *1*S 21

Ludecus, Johann *Wilhelm* Karl (1768–1854). Regierungsbeamter in Weimar. 1803 Gerichtssekretär, 1815/16–1829 Landesdirektionsrat

I 2. 82₃₇z

Luden, Heinrich (1778/80–1847). Historiker und Publizist; 1804 Hauslehrer bei Christoph Wilhelm Hufeland in Berlin, dann in Göttingen lebend, seit 1806 Prof. der Geschichte in Jena. 1823–1832 Mitglied des Landtages in Weimar

I 2. 6₁₃z (Hofrat)

Lüdicke, August Friedrich (1748–1822). Mathematiker, Physiker und Chemiker; bis 1818 Prof. der Mathemaik an der Landesschule zu Meißen

II 5B. M*69* 206₂.₃

Werke:
- Beschreibung eines kleinen Schwungrades (s. Lüdicke 1800) **I 3**. 346₁₋₄ₘ **II 5B**. M*32* 137₁₋₂
- Ueber das prismatische weisse Licht (s. Lüdicke 1810a) **II 5B**. M*32* 137₁₋₃
- Versuche über die Mischungen prismatischer Farben (s. Lüdicke 1810b) **II 5B**. M*32* 137₁₋₃ *69* 206₇
- Vom Herrn Professor Lüdicke [Versuche mit Farbenscheibe] (s. Lüdicke 1810c) **II 5B**. M*32* 137₁₋₄
- Weisses Licht von schwarzen Pigmenten (s. Lüdicke 1805) **II 5B**. M*32* 137₁₋₃

Ludwig Steinschneider in Friedeberg
I 1. 194₆z
Ludwig XIV. (Louis XIV, le Grand, le Roi Soleil), König von Frankreich (1638–1715). König von 1643 bis 1715
I 9. 64₂₅₋₂₆
II 1A, M1 7₁₅₈₋₁₅₉ II 6, M92 192
Ludwig XV. (Louis XV.), König von Frankreich (1710–1774). König von 1715 bis 1774
I 6, 341₃₆
Ludwig, Christian (1749–1784). Mediziner in Leipzig
Werke:
- Versuche und Beobachtungen (Übers., s. Priestley 1778–1780)
Lukrez s. *Lucretius Carus, Titus (Lukrez)*
Lünig, Johann Christian (1662–1740). Rechtshistoriker, Publizist, Jurist
Werke:
- Das Teutsche Reichs-Archiv (s. Lünig 1710–1722) I 1, 34ᴍᴀ
Luther, Martin (1483–1546). Theologe, Reformator
I 2, 375₁₅ I 6, 102₂₂₋₂₄ I 8, 223₂₆
I 11, 297₈
II 5B, M47 165₈ (ein Deutscher)
II 8B, M69 102₁₀
Luti, Benedetto (1666–1724). Ital. Maler in Florenz und Rom
I 6, 233₂₆
Lüttichau, Wolf Adolf August von (?) (1785–1863). Oberforstmeister aus Dresden
I 2, 277₁₂z
Luz, Johann Friedrich (1744–1827). Physiker
Werke:
- Vollständige und auf Erfahrung gegründete Beschreibung (s. Luz 1784) II 2, M9.17 181₁₋₅
Lyncker, Karl Wilhelm Heinrich (1767–1843). Oberst, Landrat des Kreises Jena
II 8A, M124 163₂₉₋₃₀

Lyngbye, Hans Christian (1782–1837). Dän. Botaniker
I 10, 237₁₅
Werke:
- Tentamen hydrophytologiae Danicae (s. Lyngbye 1819) I 10, 237₉₋₁₁
Lyonet (Lyonnet, Lionet), Pierre (Pieter) (1707–1789). Niederländ. Jurist und Entomologe
II 9A, M100 149₁₇ II 10A, M2.12 18₃₃
Werke:
- Traité anatomique de la chenille (s. Lyonet 1760) I 10, 171₂₅. 178₃₀₋₃₁.179₁₂.180₂₅.181₉.188₂₄. 191₇ II 10A, M2.3 7₄₃
Lysandros (†395 v. Chr.). Spartanischer Feldherr
I 2, 428₂₉ᴍ
II 8A, M11 20₂
M. s. *Marggraf, Andreas Sigismund*
MacCulloch, John (1773–1835). Dr. med., Geologe
II 8B, M72 107₇₁₋₇₂
Werke:
- A description of the Western Islands of Scotland (s. MacCulloch 1819) I 2, 303₉₋₁₀ᴍ II 8B, M39 69₁₇₇
Macke s. *Muncke (Munke), Georg Wilhelm*
Mackenzie, George Stuart (1780–1848).
Werke:
- Travels in the island of Iceland (s. Mackenzie 1811) II 8B, M72 106₂₄₋₂₅
Macknight, Thomas
II 8B, M72 111₁₉₄
Maclaurin, Colin (1698–1746). Schott. Mathematiker; 1717 Prof. in Aberdeen, 1725 Prof. der Mathematik in Edinburgh
II 6, M119 226₄₆
Werke:
- An account of Sir Isaac Newton's philosophical discoveries (s. Maclaurin 1748) II 6, M135 270₆₃

- Exposition des découvertes philosophiques (s. Maclaurin 1749) **I 6.** 303$_{25-26}$
Madai, David Samuel (seit 1766:) von (1709–1780). Ungarischer Mediziner und Numismatiker: studierte in Halle und war später Hofrat und Leibarzt des Fürsten von Anhalt-Köthen sowie Arzt am Waisenhaus zu Halle: Mitglied der Leopoldina
Werke:
- Vollständiges Thaler-Cabinet (s. Madai 1765–1767) **I 1.** 33$_{MA}$
Mädler, Johann Heinrich (1794–1874). Astronom
I 11. 243$_6$
Werke:
- Die Feuerkugel (s. Mädler 1825) **I 11.** 242$_{11}$–243$_6$
Magalhaens s. *Magellan, Jean Hyacinthe*
Magellan, Jean Hyacinthe (eigentl. João Jacinto de Magalhães) (1722–1790). Portugies. Naturforscher: Augustinermönch in Lissabon, seit 1764 in England und auf dem Kontinent. 1774 Mitglied der Royal Society, ab ca. 1778 in London. Konstrukteur astronomischer und meteorologischer Instrumente
I 7. 31$_7$.32$_{15-16.25}$.33$_{17}$
Mahler s. *Maler, Jakob (Jacob) Friedrich*
Mahomet s. *Mohammed (Mahomet)*
Mahr, Johann Heinrich Christian (1787–1868). Rentamtmann und Bergwerksinspektor in Ilmenau. Beobachter an der Ilmenauer meteorologischen Station
I 2. 252$_{5Z}$
Maillet, Benoît de (1656–1738). Franz. Diplomat. Naturforscher
I 1. 306$_{22}$.309$_{17M.27M}$ **I 11.** 110$_4$
Werke:
- Telliamed (s. Maillet 1755) **I 1.** 309$_{13-17M}$.311$_{33}$ **I 11.** 116$_8$ **II 8A.** M*76* 105 **II 8B.** M*72* 111$_{214}$

Maimon, Salomon (1753–1800). Jüdischer Philosoph, seit 1779 in Deutschland
Werke:
- Philosophisches Wörterbuch (s. Maimon 1791) **II 1A.** M*14* 110$_4$ (Schriften)
- Versuch über die Transcendentalphilosophie (s. Maimon 1790) **II 1A.** M*14* 110$_4$ (Schriften)
Mairan, Jean Jacques d'Ortous (Dortous) de (1678–1771). Franz. Physiker und Astronom: Privatgelehrter in Paris. 1718 Mitglied der Académie Royale des Sciences in Paris und als Fontenelles Nachfolger deren Sekretär
I 6. 315$_{26}$.317$_{6.24.36}$.329$_2$ **I 7.** 13$_{32}$
II 6. M*92* 191$_{17}$
Werke:
- De la refraction particulière (s. Mairan 1738) **I 6.** 317$_{16}$.318$_{13-14}$
- Discours sur la propagation du son (s. Mairan 1737) **II 6.** M*101* 200$_{34-35}$
- Les couleurs que forme un rayon du soleil rompu par le prisme [...] (s. Mairan 1720) **I 6.** 317$_{15}$
Malebranche, Nicolas (1638–1715). Franz. Theologe und Philosoph
I 5. 136$_{29}$ **I 6.** 204$_{8.36}$.204–206. 206$_{18}$.213$_{20}$.214$_{24.37}$.308$_8$ **I 7.** 12$_{9-10}$.13$_{31}$
II 6. M*55* 71$_{45}$ *63* 82 *92* 191$_{16}$ *105* 205$_{16}$
Werke:
- Recherche de la verité (s. Malebranche 1674–1675) **II 1A.** M*1* 6$_{131.147-150}$
- Réflexions sur la lumière et les couleurs (s. Malebranche 1699) **I 6.** 204$_{3-4}$.309$_{5-9}$ **II 6.** M*71* 93$_{57-60}$
Maler, Jakob (Jacob) Friedrich (1714–1764). Prof. der Mathematik und Direktor des Gymnasiums in Karlsruhe
Werke:
- Physik oder Naturlehre (s. Maler 1767) **I 6.** 349$_{26}$ **II 6.** M*71* 102$_{397-400}$ *72* 109$_{35}$

Mallet, Fredric (Friedrich) (1728–1797). Schwed. Astronom und Mathematiker
Werke:
- Von Höfen um die Sonne und Nebensonnen (s. Mallet / Kästner 1763) **II 6**. M *108* 209$_6$ *136* 272$_{43-44}$

Malpighi, Marcello (1628–1694). Ital. Mediziner; Anatom in Pisa und Bologna; mikroskopische Studien an Pflanzen und Tieren
I 3. 493$_{26-27M}$
II 6. M *134* 267$_{2-3}$ **II 9B**. M *12* 14$_3$
Werke:
- Anatome plantarum (s. Malpighi 1675–1679) **II 9A**. M *48* 80$_{13}$ *50* 84$_{9-10}$.89$_{224}$ SS 133$_{65}$

Malte-Brun, Conrad (eigentl. Malthe Conrad Bruun) (1775–1826). Dän. Publizist und Geograph; seit 1800 in Paris
I 2. 61$_{11Z}$
Werke:
- Géographie mathématique, physique et politique (Ed., s. Mentelle / Malte-Brun 1803–1805)

Malus, Étienne Louis (1775–1812). Franz. Ingenieur und Physiker; seit 1810 Mitglied des Institut de France und der Société d'Arcueil. Entdecker der Polarisation des Lichts (1808)
I 8. 11$_{3,12,17}$.14$_{34}$.95$_{32}$.361$_{22}$ **I 11**, 286$_{20}$
II 5B. M *15* 58$_{10}$–63$_{195}$.63$_{194-195}$ *19* 88$_{71-72}$ *37* 144$_{28}$ *55* 181$_3$ *61* 194$_5$
Werke:
- Eine neue optische Erscheinung, die Polarisierung der Lichtstrahlen betreffend (s. Malus 1811a) **II 5B**, M *61* 194$_3$ (Bd. 40. S. 117. f.). 195$_{31-37}$
- Genauere Beschreibung der Versuche, in welchen das Licht durch Zurückwerfung von Körpern polarisiert wird (s. Malus 1811b) **II 5B**. M *61* 194$_3$ (Bd. 37 S. 109)
- Mémoire sur de nouveaux phénomènes d'optique (s. Malus 1811d) **I 8**. 11$_{7-8}$ **II 5B**. M *15* 58$_{12-13}$.62$_{174}$
- Mémoire sur l'axe de réfraction (s. Malus 1811e) **I 8**. 11$_7$ **II 5B**. M *19* 89$_{135-136}$
- Sur une propriété de la lumière réfléchie par les corps diaphanes (s. Malus 1807) **I 8**. 11$_{5-6}$.212$_{15}$
- Théorie de la double réfraction (s. Malus 1810) **I 8**. 11$_{6-7}$ **II 5B**. M *15* 60$_{76-77}$
- Ueber die Axe der Brechung der Krystalle (s. Malus 1812a) **II 5B**. M *19* 89$_{135-136}$
- Ueber eine Eigenthümlichkeit des von durchsichtigen Körpern zurückgeworfenen Lichtes (s. Malus 1809) **II 5B**. M *61* 194$_3$ (Band 31 S. 286) M *61* 194$_{26}$–195$_{31}$
Rezensionen:
- Goethe: Traité des couleurs (s. Malus 1811c) **I 8**. 204$_{8-9}$
- Goethe: Zur Farbenlehre (s. Malus 1812b) **I 8**. 204$_{6-7}$

Manfred von Hohenstaufen (1231–1266). Dt. König
Werke:
- Reliqua librorum de arte venandi cum avibus (Koautor, s. Friedrich II. von Hohenstaufen 1596)

Manget, Jean-Jacques (1652–1742). Schweizer Arzt und Schriftsteller; Hrsg. von Sammelwerken und Lexika
Werke:
- Bibliotheca anatomica (Koautor, s. Le Clerc / Manget 1675)

Manilius, Marcus (1. Jh.). Röm. Astronom, Dichter
Werke:
- astronomica (s. Manilius, Manil.) **II 1A**. M *1* 4$_{53,7155-158,165}$
- Astronomicon (s. Manilius 1655) **II 1A**. M *1* 6$_{141-142}$

Maraldi, Giacomo Filippo (1665–1729). Franz.-ital. Astronom und Mathematiker am Observatorium

in Paris. 1702 Mitglied der Pariser Akademie der Wissenschaften
Werke:
- Diverses expériences d'optique (s. Maraldi 1723) **II 6**. M 7S 158₆₋₁₀

Maraschini, Pietro (1774–1825). **II 8B**. M 72 108₈₂

Marat, Jean Paul (1743–1793). Franz. Naturforscher und Revolutionär
I 3. 77₃₁.89₁₅Z.98₁₆M.403₃₃M.462₂M. 509₁₈M **I 6**. 373₁₈.375₂₀.₂₉.₃₇ **I 7**. 15₃₀
II 6. M 73 112₅₉ *114* 216₁₈ *113* 216₂₄ *123* 236₁₀₁ *133* 266₂₅₅
- Lehre **I 3**. 128₂M
Werke:
- Découvertes sur la lumière (s. Marat 1780) **I 6**. 373₁₅.376₅₋₆ **II 6**. M *122* 233
- Découvertes sur le feu, l'électricité et la lumière (s. Marat 1779) **I 3**. 401₂₂₋₂₃M **I 6**. 373₁₃₋₁₄ **II 6**. M 74 117₇₉ *133* 264₁₈₀₋₁₉₂
- Entdeckungen über das Licht (s. Marat 1783) **I 3**. 77TA **II 6**. M *121* 229–233
- Notions élémentaires d'optique (s. Marat 1784) **I 6**. 373₁₆.376₅₋₆

Maratti, Carlo (1625–1713). Ital. Maler
I 6. 233₃.234₁₆.235₂₈

Marcard, Hinrich Matthias (1747–1817). Arzt in Stade. Hofmedikus in Hannover. Leibarzt in Oldenburg. Brunnenarzt in Pyrmont
I 1. 274₂₆Z

Marcellus Florentinus Ital. Agronom
II 9B. M *33* 31₉

Marci z Kronlandu, Jan Marek (Marci a Kronland, Joannes Marcus; Marci, Johannes Marcus) (1595–1667). Böhmischer Arzt. Philosoph und Naturforscher; Prof. der Medizin an der Prager Karls-Universität und später Dekan und Rektor der Medizin.

Fakultät; Leibarzt Kaiser Ferdinands III.
I 6. 179₃₀.180₃ **I 7**. 11₃₈
Werke:
- Thaumantias (s. Marci z Kronlandu 1648) **I 6**. 180₁₁₋₁₂.181₉ **I 6**. M 59 77₇₉

Marggraf, Andreas Sigismund (1709–1782). Berliner Apotheker, ab 1754 Leiter des chemischen Laboratoriums der Akademie der Wissenschaften
I 3. 482₃₂.483₃₄₋₃₅.484₂₈M **I 7**. 26₈₋₉

Margunios, Maximos (Emmanuel) (1549–1602). Griech. Humanist, lehrte in Venedig, unterstützte die Einheit der orthodoxen Kirche mit Rom; Metropolit von Kythera
Werke:
- Liber de coloribus multis in locis emendatus (Übers.. Komm.. s. Aristoteles / Margunios 1575)

Maria I. (Tudor), Königin von England (1516–1558). Regierte von 1553 bis 1558
I 6. 243₃₃

Maria Pawlowna, geb. Großfürstin von Rußland *s. Sachsen-Weimar und Eisenach, Maria Paulowna (Pawlowna) Erbgroßherzogin von*

Maria Theresia (1717–1780). Seit 1740 regierende Erzherzogin von Österreich und Königin von Ungarn und Böhmen; röm.-dt. Kaiserin
I 1. 296₁₀₋₁₁M.₁₃M (Kaiserin).₂₄M (Kaiserin)
II 8B. M 7 12₉₁₋₁₃₁₀₂ *90* 145₂₅

Maria, die Jüdin (2. Jh. n. Chr.). Alexandrinische Alchemistin
I 6. 131₃₈

Marie Karoline von Österreich, Erzherzogin (1752–1814). 1768 vermählt mit Ferdinand I. von Neapel und Sizilien
I 2. 271₈ **I 8**. 335₃₅

Mariotte, Edme (etwa 1620–1684). Franz. Physiker; seit 1666 Mitglied der Académie Royale des Sciences

I 3. $98_{10M}.230_{12}$ (Franzosen).
$399_{1M.27M}.400_{6M}.479_{6M.10M}.493_{11M}$
I 5. $86_{31}.93_7$ **I 6.** $277_5.278_{22}.279_{18.35}.$
$280_{6.17}.282_{2.25.32}.284_{33}.285_{2.7.19.35}.$
$286_6.287_{19.35-36}.288_{10}.306_{34}.$
$306_{36}-307_1.314_{6.13}.316_1.325_6.330_{20}.$
$339_3.346_9.350_{10}.352_{30}$ **I 7.** $13_{11.27}$
II 5B. M42 $156_{14-15}.157_{60}$ 72
213_{148} **II 6.** M59 78_{98} 71 $94_{104-105}.$
$103_{424}.104_{469}$ SS 188_3 91 190_{12}
92 191_{12} 97 197_{12} 120 228_{47} 133
$261_{93-97}.262_{120.132}$ 134 268_{19} (ihm)
Werke:
- De la nature des couleurs (s. Mariotte 1681) **I 3.** 493_{13M} **I 6.** $277_7.$
$278_1.280_{19}.282_{35}.314_8$ **II 6.** M71
93_{61} 134 268_{21-22}
- Nouvelle découverte touchant la veüe (s. Mariotte / Pecquet 1668) **II 5B.** M41 151_{110}
- Oeuvres (s. Mariotte 1717) **I 6.**
277_{8-9} **II 6.** M134 268_{18} 136 271_2

Maron, Anton von (1733–1808). Österreich. Maler
I 6. 235_{12}

Marsden, William (1754–1836). Forschungsreisender, Orientalist
II 1A. M11 86_{7-9}

Martens, Franz Heinrich (1778–1805). Mediziner in Jena. Herstellung von Modellen aus der Gynäkologie
I 10. 372_{23-33} (Dozent)

Martin, Anton Rolandson (1729–1785). Schwed. Botaniker; Schüler Linnés. 1757 Diss. unter dem Vorsitz Linnés
Werke:
- Witterungsbeobachtungen auf einer Reise nach Spitzbergen (s. Martin / Kästner 1759) **II 6.**
M108 209_6

Martin, Benjamin (1704–1782). Instrumentenmacher in London
II 6. M92 193_{69}
Werke:
- A new and compendious system of optics (s. Martin 1740) **I 3.**
399_{15-16M} **I 5.** 81_{38} **I 6.** 352_{10-11}

II 6. M74 116_{50} 105 205_8 133
$262_{107-110}$

Martinet, Johannes Florentius (Jan Floris) (1734–1795). Magister der Philosophie und Prediger in Edam
Werke:
- De respiratione insectorum (s. Martinet 1753) **I 10.** 184_{15-16}

Martius, Johann Anton (1794–1876). Theologe und Mineraloge; 1818–1844 Pfarrer in Schönberg bei Eger, später Guts- und Grubenbesitzer
I 2. 212_{17Z} (Pfarrer)
- Mineraliensammlung **I 2.** 212_{17Z}

Martius, Johann Nicolaus (fl. 1700–1717). Mediziner; 1700 Promotion an der Universität Erfurt, 1717 Arzt in Braunschweig
Werke:
- Theorie der Geschwindigkeit und Taschenspielerkunst (s. Martius / Rosenthal 1791) **I 3.** 62_{14-16}
- Unterricht in der natürlichen Magie (s. Martius / Rosenthal / Wiegleb 1779–1805) **I 3.** 62_{15-16}
II 3. M1 3 (Wieglebs Magie)

Martius, Karl Friedrich Philipp (seit 1820:) Ritter von (1794–1868). Naturforscher, Botaniker, Ethnograph; als Forschungsreisender in Brasilien, Direktor des botanischen Gartens in München
I 9. $380_5.381_{26.31-32.37-38}$ **I 10.**
$217_{34}.218_{3.9-10.11-27}.339_{4.27}$
(Verfasser).29 (Darsteller).340_4
(Mann).$342_{19}.343_{7.10}$ (Mann).$18-19$
(Freund).351_{34} (Mann).355_{13-14}
II 2. M7.8 50_7 (ich) **II 10A.**
M66 145_5 (Reisenden) 67 146_7
(Reisenden) **II 10B.** M24.3 112_{4-5}
24.9 117_{16-17} (desselben) 24.12
120_{25}
Werke:
- Die Physiognomie des Pflanzenreiches in Brasilien (s. Martius 1824a) **I 9.** 382_{12-20}
- Genera et species palmarum (s. Martius 1824b) **I 9.** 380_3

380$_1$–382$_{33}$.382$_{21}$ **I 10**.
216$_1$–218$_{38}$ **II 10A**. M64 144$_{14-15}$
66 145$_{14-22}$ 67 147$_{23}$
- Reise in Brasilien (Koautor. s. Spix / Martius 1823–1831)
- Specimen materiae medicae Brasiliensis (s. Martius 1824c) **I 10**. 225$_{11-12.15-16}$
- Über die Architectonik der Blüthen (s. Martius 1828) **I 10**. 339$_{4-25}$ (Vorträge).340$_3$ (Aufsätze).343$_{7-8.15-16}$.351$_{19-22.26-27}$. 357$_7$ **II 10B**. M24.1 110 24.3 112$_{2-3}$ 24.4 113$_{1-4.13}$ (Stellen) 24.9 117$_{14-15.20-23}$
- Über eine neue brasilianische Pflanzengattung (s. Martius 1818) **I 9**. 325$_6$
- Ueber die Architectonik der Blumen (s. Martius 1829) **II 10B**. M24.3 112$_{2-3}$ 24.4 113$_{1-4.13}$ (Stellen) 24.9 117$_{14-15.20-23}$

Manuskripte:
- Aufsatz über die Natur der Palmen **I 10**. 218$_{16-17}$ **II 10A**. M67 147$_{34}$
- Die Bildung der Wolken **II 2**, M7.8 50–56 **I 11**, 261$_{26}$. 261$_{30}$–262$_{22}$
- [Über Palmen: Fossilien, Vorkommen, Arten, Nutzung] **II 10A**. M69 149–150
- [Zeichnungen zur Erläuterung der Spiraltendenz der Vegetation] (Koautor. s. Goethe – [Zeichnungen zur Erläuterung der Spiraltendenz der Vegetation])

Marum, Martin (Martinus) van (von) (1750–1837). Niederländ. Arzt und Naturforscher; 1784 Direktor des Museums für Naturgeschichte und physikalische Instrumente in Haarlem
I 3. 384$_{5z}$
II 1A. M44 230$_{303}$

Marx, Karl Michael (1794–1864). Physiker und Chemiker; 1823–1844/48 Prof. am Collegium Carolinum und am Anatomisch-chirurgischen Institut in Braunschweig. Bruder des Arztes Karl Friedrich Heinrich Marx
Werke:
- Ueber die Unfähigkeit gewisser Augen, die Farben zu unterscheiden (s. Marx 1827) **II 5B**. M123 352–353

Marzari-Pencati, Giuseppe Graf (1779–1836). Mitglied des Bergkollegiums des Königreichs Italien
II 8B. M72 108$_{77}$

Masaccio (eigentl. Guido da Castel San Giovanni, Tommaso) (1401–1428). Ital. Maler
I 6. 221$_{19.36}$

Maskelyne, Nevil (1732–1811). Engl. Mathematiker und Astronom; 1765 königl. Astronom zu Greenwich, Mitglied der Royal Society
II 5B. M114 336$_{224}$ (Makelyne)

Masolino, Tommaso di Cristoforo Fini (1383–1447?). Ital. Maler
I 6. 221$_{9.19.36}$

Mastnick, Johann Schichtmeister in Rokitzan, Böhmen
I 2. 291$_{11}$.292$_6$ (Schichtmeister)
I 8. 377$_{17.44}$ (Schichtmeister)

Matthesius, Johann (1504–1568). Theologe und Bergmann in Böhmen; Prediger in Joachimsthal
I 10. 289$_2$
Werke:
- Sarepta oder Bergpostill (s. Matthesius 1562) **II 8A**. M21 43

Mattioli, Pietro Andrea (Matthiolus, Peter Andreas) (1501–1577). Arzt und Botaniker
II 9A. M13 29$_{49}$ **II 9B**. M33 31$_{10}$

Mattoni, Andreas Heinrich (Vinzenz Peter) (1779–1864). Glasmaler, Glasschleifer und -händler in Karlsbad
I 2. 185$_{2z}$ **I 8**. 195$_{34}$.196$_7$

Mauclerc (18. Jh.). Inhaber eines Antiquitätenladens in Paris, schrieb in der von Goethe genannten Abhandlung über die Reinigung von Bildern

I 7. 15$_{29}$
II 6. M *114* 216$_{14}$
Werke:
- Traité des couleurs et vernis (s. Mauclerc 1773) **I** 6. 373$_{4-5}$

Maupertuis, Pierre Louis Moreau de (1698–1759). Franz. Mathematiker, Astronom und Philosoph
II 6. M *91* 191$_{31}$

Maurolico, Francesco (Maurolycus, Franciscus) (1494–1575). Geistlicher und Mathematiker; zeitweise Prof. der Mathematik in Messina
II 6. M *136* 273$_{67}$
Werke:
- Opuscula mathematica (s. Maurolycus 1575) **II** 6. M *38* 46$_{14}$ *37* 46$_{18}$
- Photismi de lumine (s. Maurolycus 1611) **II** 5B. M *25* 119$_{69-70}$ **II** 6. M *135* 269$_{20}$

Mawe, John (1766–1829). Mineraloge, Reisender. Sammler und Händler von Mineralien und Fossilien in London
I 2. 103$_{14}$–105$_{32}$.105$_{36}$.106$_{2.6}$. 115$_{16M}$.117$_{3M}$.154$_{7}$ **I** 8. 141$_{23}$ **I** 11. 188$_{1}$–190$_{13}$.190$_{17.20.23}$
II 8A. M *97* 130–131
Werke:
- Reisen in das Innere von Brasilien (s. Mawe 1816) **I** 2. 107$_{23Z}$

Mayer (Meyer), Franz
I 1. 287$_{8Z}$.321$_{13Z}$

Mayer (Meyer), Johann Evangelista Bergmeister in Bleistadt in Böhmen
I 2. 283$_{19Z.22Z}$ (Bergmeister)

Mayer, Johann Tobias (1752–1830). Mathematiker und Physiker; Prof. der Mathematik und Physik in Altdorf, Erlangen und seit 1799 Prof. für Physik und Direktor des Physikalischen Kabinetts in Göttingen; Sohn von Tobias Mayer
I 6. 352$_{7}$.356$_{16-17}$
II 1A. M *16* 137$_{149}$ (andere)
Werke:
- Anfangsgründe der Naturlehre (s. Mayer 1801) **I** 6. 364$_{23-24}$ **II** 5B. M *78* 235$_{16-18}$ (man)
Rezensionen:
- Goethe: Zur Farbenlehre (s. Mayer 1811) **I** 8. 204$_{1}$
- Munke: Anfangsgründe der Naturlehre (s. Mayer 1820) **II** 5B. M *66* 203$_{3}$ *67* 204$_{15}$
- Pfaff: Ueber Newton's Farbentheorie. Hrn. v. Göthe's Farbenlehre (s. Mayer 1813) **I** 8. 204$_{20}$

Mayer, Tobias (1723–1762). Astronom, Geograph, Mathematiker, Physiker; 1751 Prof. in Göttingen. Leiter der Sternwarte
I 3. 400$_{20M}$.402$_{11M}$.492$_{34M}$ **I** 6. 355$_{17}$.356$_{10}$ **I** 7. 14$_{20}$
II 6. M *92* 193$_{74}$ *112* 214$_{56}$M *123* 237$_{160}$–238$_{162}$ *133* 264$_{133}$
Werke:
- De affinitate colorum (s. Mayer 1775) **I** 3. 203$_{37TA}$.400$_{12-13M}$ **I** 6. 353$_{1-3.29}$.354$_{15}$.356$_{25}$ **II** 3. M *27* 18$_{24(?)}$ **II** 6. M *74* 117$_{66}$ (Meyer) *105* 206$_{44-46}$ *110* 211$_{8-23}$ *133* 262$_{138-142}$

Mayow, John (1645–1679). Engl. Chemiker; wurde 1678 Mitglied der Royal Society
I 6. 248$_{4.7}$.251$_{35}$
II 6. M *79* 173$_{525-536}$.174$_{549-550}$

Mazéas, Guillaume (1712–1776). Franz. Geistlicher, Diplomat und Naturforscher; u.a. Prof. der Physik am Collège de Navarre
I 6. 360$_{4}$
Werke:
- Observations sur des couleurs engendrées par le frottement des surfaces planes et transparentes (s. Mazéas 1752) **I** 3. 78$_{TA.12}$ **II** 4. M *42* 53$_{10(?)}$

Mechel, Christian von (1737–1817). Kupferstecher, Kunsthändler und Kunsthistoriker in Basel und Berlin
I 11. 102$_{1-10}$

Werke:
- Tableau des hauteurs principales du globe (s. Mechel 1806) **I 11.** $102_{1-10}.159_{TA.21}$

Meckel, Johann Friedrich d. Ä. (1724–1774). Mediziner. Anatom in Berlin. Gegner von Caspar Friedrich Wolff
I 9. 188_4

Meckel, Johann Friedrich d. J. (1781–1833). Anatom; seit 1805 in Halle a.S.; Enkel von Johann Friedrich Meckel d. Ä.
I 9. $74_{20.34}.78_{37}$ **I 10.** 381_{16} (Männer).$382_5.403_7$
II 9B. M51 54_2

Werke:
- Über die Bildung des Darmkanals im brüteten Hühnchen (Übers. und Komm.. s. Wolff / Meckel 1812)

Mecklenburg-Schwerin, Friedrich Franz I. (1756–1837). Herzog, 1815 Großherzog
I 2. 254_{23} (Landesfürst).255_{7-8}
I 11. 225_9 (Landesfürst).29

Medwedef, Jakob Bauer. Schmied
I 11. 181_{18} (ein Kosak).20 (Erfinder)

Mégha Dúta *s. Calidasa (Kalidasa)*

Meinecke, Johann Ludwig Georg (1781–1823). Prof. der Physik, Chemie und Naturgeschichte in Kassel und in Halle a. S.
I 11. 271_1

Werke:
- Über das Zahlenverhältnis in den Fruktifikations-Organen der Pflanzen (s. Meinecke 1809) **I 10.** 304_{13-14}
- Ueber den Antheil, welchen der Erdboden an den meteorischen Prozessen nimmt (s. Meinecke 1824) **I 11.** 271_{2-5}

Meiners, Christoph Martin (1747–1810). Geschichtsschreiber. Prof. der Philosophie in Göttingen
Werke:
- Untersuchungen über die Verschiedenheiten der Menschennaturen (s. Meiners 1811–1815) **I 2.** $2_{19Z.24Z}$

Meisburg, von *s. Meusebach (Meisburg), Karl Hartwig Gregor Freiherr von*

Meister, Albrecht Ludwig Friedrich (1724–1788). Mathematiker. Physiker; seit 1764 Prof. an der Universität Göttingen
I 6. 352_1

Werke:
- De quibusdam olei aquae superfusi effectibus opticis et mechanicis (s. Meister 1778) **II 6.** M*136* 272_{35-36}

Mel, Conrad (Ps.: Theodor) (1666–1733). Prediger in Kurland und Königsberg, dann Stiftsprediger und Rektor des Gymnasiums in Hersfeld
I 6. 345_8

Werke:
- Teutsche Physic (s. Mel 1714) **I 6.** 345_7 **II 6.** M*71* 92_{34-44} *72* 109_{10} *74* 115_{13}

Mela, Pomponius (1. Jh.). Röm. Geograph aus Südspanien
II 1A. M*1* 3_{18}

Melanthius (Mitte 4. Jh. v. Chr.). Griech. Maler
I 6. 57_6

Melvill, Thomas (1726–1753). Schott. Naturforscher
I 3. 78_2 **I 6.** 360_4

Memmi, Simone (eigentl. Simone di Martini) (um 1284–1344). Ital. Maler. Schüler Giottos
I 6. 220_{25}

Ménard de la Groye, François Jean Baptiste (1775–1827).
Werke:
- L'état et les phénomènes du Vésuve (s. Ménard de la Groye 1815) **II 8B.** M *72* 108_{99-100}

Mende, Johann Friedrich (1742–1798). 1786 Kunstmeister (Sachverständiger für den Bau von Pumpen und anderen mechanischen Maschinen im Bergwerk)

in Schneeberg, später Maschinendirektor in Freiberg; von Goethe 1791 als Gutachter für das Ilmenauer Bergwerk genannt
I 1. 35$_{32M}$.43$_{14-16M}$ (Bergbeamter). 117$_{31M}$.118$_{28M}$.119$_{13M}$.201$_{13}$
II 7. M 80 168$_{50}$.169$_{82.95}$

Mende, Johann Gottlieb (1769–1846). Zunächst Tischler in einer Spiegelfabrik in Altgeising, später Steinschneider und Mineralienhändler in Zinnwald
I 2. 29$_{2Z}$ (Steinschneider).$_{5Z}$ (Steinschneider).37$_{24}$.39$_{8}$. 40$_{12}$ (Führer).41$_{23}$.44$_{17-18}$ (Steinschneider).45$_{7}$ (Steinschneider).$_{12}$ (Steinschneider). 46$_{5-6}$ (Mineralienhändler) I 8. 142$_{25}$.144$_{6-7}$ (Steinschneider). 145$_{10}$ (Führer).146$_{19}$ (Führer).149$_{29}$ (Steinschneider). 150$_{19}$ (Steinschneider).$_{24}$ (Steinschneider).$_{37}$ (Mineralienhändler)

Mendelssohn, Moses (1728/29–1786). Kaufmann. Philosoph; Vertreter der Berliner Spätaufklärung
Werke:
- Phaedon oder über die Unsterblichkeit der Seele (s. Mendelssohn 1767) II 1A. M 1 8$_{203-208}$ M 1 8$_{213}$–9$_{244}$.9$_{248-254}$ (M.)

Menge, Johannes (1788–1852). Faktor bei Karl Cäsar von Leonhard in Hanau, dessen Mineraliensammlung er ab 1816 weiterführt; später Forschungsreisender
I 2. 59$_{14Z}$

Mengs, Anton Raphael (1728–1779). Maler und Kunstschriftsteller, vorwiegend in Dresden und Rom
I 6. 230$_{30}$.234$_{29}$.235$_{5.12.15.25}$.389$_{5}$
I 7. 16$_{6}$
II 6. M 114 216$_{20}$
Werke:
- Lezioni pratiche di pittura (s. Mengs / Nibiano 1780) I 6. 389$_{1-3}$

Mentelle, Edme (1730–1815). Franz. Geograph und Pädagoge; Präsident der Société de statistique de Paris
Werke:
- Géographie mathématique, physique et politique (s. Mentelle / Malte-Brun 1803–1805) I 2. 61$_{11-12Z}$

Merck, Johann Heinrich (1741–1791). Kanzleisekretär und Kriegsrat in Darmstadt; beschäftigte sich mit den Überresten fossiler Tiere; mit Goethe seit 1771 freundschaftlich verbunden
I 1. 30$_{7M}$ I 2. 74$_{33Z}$ I 9. 12$_{16}$.180$_{1}$
I 10. 388$_{6-23.24}$ (Männer)
II 7. M.5 8 30 52$_{1}$ II 10B. M25.2 139$_{34}$ 35 162$_{49}$
- Mercks Fossiliensammlung im Großherzoglichen Museum in Darmstadt I 2. 74$_{33Z}$ I 9. 181$_{12}$
Werke:
- Mineralogische Spaziergänge (s. Merck 1781) II 7. M.5 8$_{21}$ (beschreiben)

Merian, Peter (1795–1883). Prof. der Physik und Chemie in Basel
II 8B. M 72 107$_{48}$

Mérimée, Jean François Léonor (1757–1836). Franz. Maler, Chemiker und Kunstschriftsteller
II 5B. M 77 233$_{21}$ (Franzosen)

Merret, Christopher (1614–1695). Engl. Arzt und Naturforscher
I 8. 318$_{3-4.9}$ (Engländer).$_{11}$
Werke:
- De arte vitraria (Hrsg., s. Neri / Merret 1668)
- The art of glass (Hrsg. u. Übers., s. Neri / Merret 1662)
- Von der Künstlichen Glaß- und Crystallen-Arbeit (Koautor. s. Neri / Merret / Geißler 1678)

Mersenne, Marin (1588–1648). Franz. Mathematiker, Physiker und Musiktheoretiker; Mitschüler und Freund von Descartes am Jesuitenkolleg von La Flèche

Werke:
- Cogitata physico-mathematica (s. Mersenne 1644a) **I** 6. 217$_{34}$ **II** 6. M 59 77$_{64}$ 71 100$_{337-341}$ 72 108$_4$
- Universae geometriae mixtaeque mathematicae synopsis (s. Mersenne 1644b) **II** 6. M 135 269$_{31}$

Mery, Jean (1645–1722). Franz. Chirurg. Arzt in Paris. Sammlung zur Anatomie: Verf. von Monographien über Säugetiere in versch. Periodica
II 9A. M 106 157$_{22}$

Merz, Ernst Karl Friedrich (1776–1813). Pfarrer in Bruchköbel bei Hanau. Mineraloge
I 2. 66$_{1Z}$
Werke:
- Systematisch-Tabellarische Uebersicht und Charakteristik der Mineralkörper (Koautor. s. Leonhard / Kopp / Merz 1806)

Meß (Mess), Johann Jacob (1761–1847). Protestantischer Pfarrer; 1795 in Freirachdorf, 1807–1815 in Blessenbach (Plessenbach) bei Limburg, dann in Neuwied, dort 1833–1844 auch Superintendent
I 2. 73$_{8Z}$

Mesmer, Franz Anton (1734–1815). Theosoph. Mediziner. Begründer der Lehre von der Heilkraft des animalischen („thierischen") Magnetismus (Mesmerismus)
II 1A. M S1 312$_1$

Metsu, Gabriel (1629–1667). Niederländ. Maler
I 6. 229$_{37}$

Metternich (M.-Winneburg), Klemens (Clemens) Wenzel Nepomuk Lothar Graf (seit 1813: Fürst) von (1773–1859). Österreich. Staatsmann; 1801–1809 Gesandter in Dresden, Berlin und Paris, 1809 Außenminister, 1821–1848 Haus-, Hof- und Staatsminister
I 2. 204$_{23}$ **I** 8. 263$_{25}$

Metzger (erw. 1822). Regierungsrat, Besitzer einer Glasfabrik in Rheinsberg
II 5B. M 101 292$_9$

Meusebach (Meisburg), Karl Hartwig Gregor Freiherr von (1781–1847). Jurist, Schriftsteller und Literaturhistoriker. 1814–1819 Präsident des Oberrevisions-Kollegiums in Koblenz
I 2. 73$_{30Z}$

Meyen, Franz Julius Ferdinand (1804–1840). Mediziner und Botaniker in Köln und Bonn. Assistent von C. G. D. Nees von Esenbeck, später in Berlin; pflanzenphysiologische Arbeiten
I 10. 234$_{29}$
Werke:
- Mitteilungen aus der Pflanzenwelt (Koautor. s. Goethe – Mitteilungen aus der Pflanzenwelt)
- Zur Erläuterung [über Achlya prolifera] (s. Meyen 1831) **I** 10. 237$_{26}$. 238$_{13-35}$

Meyer s. *Mayer (Meyer), Johann Evangelista*

Meyer Wirt des „Kronprinzen" in Eimbeck
I 1. 273$_{33Z}$

Meyer, Carl Joseph (1796–1856). Verleger; Gründer des Bibliographischen Instituts
Werke:
- Meyer's British Chronicle (s. Meyer's British Chronicle (1827–1831)) **I** 2. 391$_{31-32M}$ **II 8B**. M 67 101$_{3-4}$

Meyer, Ernst Heinrich Friedrich (1791–1858). Mediziner, Botaniker; 1819 Arzt und Privatdozent in Göttingen, 1826 Prof. der Botanik und Direktor des Botanischen Gartens in Königsberg
I 9. 295$_{5,10}$.306$_{20}$ **I** 10. 272$_3$.297$_{14}$ (Freunde).$_{27}$ (Freunde).305$_{9-34}$. 306$_{1-16}$.306$_{31}$–307$_3$.308$_{20}$–309$_3$. 313$_{1-10}$

II 10A. M*50* 111₆ **II 10B.** M*22.4* 77₁ (Mann)₍?₎
- Korrespondenz 1822 **II 10B.** M*35* 162₅₃
Werke:
- Erwiderung (s. Meyer 1823) **I 9,** **297–306**
- Problem und Erwiderung (Koautor. s. Goethe – Problem und Erwiderung)
Rezensionen:
- Wenderoth: Lehrbuch der Botanik (s. Meyer 1822) **I 9,** 236₁₋₃₄
Manuskripte:
- Der erste meines Wissens... [nicht gedruckter Beitrag über Link von E. H. F. Meyer zu: Wirkung dieser Schrift...] **II 10B,** M*22.5* 77

Meyer, Johann Heinrich (1760–1832). Maler. Kunsthistoriker schweizer. Herkunft: mit Goethe seit dessen Italienreise befreundet, seit 1791 in Weimar, bis 1802 Goethes Hausgenosse, 1795 Prof. und 1807 Direktor an der Zeichenschule in Weimar
I 2, 84₁₁z.370₁₈z **I 3,** 60₃₉M (Freund).116₄₁.262₁₉z.268₂₉z. 271₁₇z.272₂₉z.314₃₃z.332₅z.386₂z **I 4,** 39₁₈ **I 6,** 43₃₇.44₂₆.234₁₃. 428₁,₁₄ **I 8,** 191₈ (Freunde) **I 9,** 80₅
II 5B. M*95* 263₆₂ **II 8B.** M*11* 21₄ (Reisende)
Werke:
- Hypothetische Geschichte des Kolorits (s. Meyer 1810) **I 6, 44–68** **I 3,** 498₂₅M **I 6,** 76₂₁.415₃₇₋₃₈.428₁₆ **I 7,** 10₉₋₁₀.12₁₈₋₂₀
Rezensionen:
- Haydon: Comparaison entre la tête d'un des chévaux de Venise (s. Meyer 1820) **I 9,** 316₃₋₄

Meyer, Hieronymus Vater von Johann Rudolf M., bestieg gemeinsam mit seinem Sohn im August 1811 den Gipfel der Jungfrau
II 8B. M*80* 133₂
Werke:
- Reise auf den Jungfrau-Gletscher (Koautor. s. Meyer / Meyer 1811)

Meyer, Johann Daniel (1713–1752). Maler. Kupferstecher. Kunsthändler in Nürnberg
Werke:
- Angenehmer und nützlicher Zeit-Vertreib (s. Meyer 1748–1756) **II 9A.** M*100* 148₈

Meyer, Johann Friedrich (1705–1765). Apotheker in Osnabrück
I 6, 391₂₆

Meyer, Johann Rudolf (1739–1813). Unternehmer, Politiker aus Aarau; Sohn von Hieronymus Meyer, bestieg gemeinsam mit seinem Vater im August 1811 den Gipfel der Jungfrau
I 2, 384₁₃₋₁₅
II 8B. M*80* 133₂
Werke:
- Reise auf den Jungfrau-Gletscher (s. Meyer / Meyer 1811) **I 2,** 384₁₃₋₂₉M

Meyranx, Pierre Stanislas (1790–1832). Franz. Naturforscher
I 10, 376₂₅₋₂₆ (junge Leute)

Michael Psellus (etwa 1018–1078). Byzantin. Politiker, Universalgelehrter und Schriftsteller
Werke:
- Leonis Allatii De Psellis et eorum scriptis diatriba (s. Michael Psellus / Fabricius 1711) **II 5B,** M*87* 247–248 SS 250₁₀

Michaelis, Christian Friedrich (1770–1834). Dt. Philosoph. Musikästhetiker und Schriftsteller
Rezensionen:
- Kant / Starke: Anthropologie (s. Michaelis 1832) **II 2,** M*13.5* 221

Michaux, André (1746–1802). Franz. Botaniker und Forschungsreisender
Werke:
- Flora Boreali-Americana (s. Michaux 1803) **I 10,** 306₆₋₇

Michelangelo Buonarroti (1475–1564). Ital. Maler. Bildhauer und Architekt
I 9. 352₁₆
Micheli, Pierantonio (Petrus Antonius) (1679–1737). Ital. Botaniker: Direktor des botanischen Gartens in Florenz
Werke:
- Nova plantarum genera juxta Tournefortii methodum disposita (s. Micheli 1729) I 9. 325₇₋₈ I 10. 24₈₋₉ II 6. M *16* 16₄
Michell, John (1724–1793). Physiker. Geologe: Prof. in Cambridge
I 6. 362₁₂
Mignault, Claude (Minois, Claudius) (1536–1606). Franz. Jurist aus Dijon
Werke:
- Emblemata (Komm., s. Alciati / Mignault 1591)
Mikan, Johann Christian (1769–1844). Prof. für Botanik in Prag
II 10B. M S 26₂.₁₆ (Direktor)
Mikon (5. Jh. v. Chr.). Griech. Maler: Zeitgenosse und Mitarbeiter des griech. Malers Polygnot
I 6. 48₃₁
Millot, Claude François Xavier (1726–1785). Jesuit. Abt in Lyon
I 6. 377₂
Miltitz, Alexander Freiherr von Bayerischer Kämmerer
II 8A. M *42* 65 *45* 68₅₇
Milton, John (1608–1674). Engl. Dichter
I 8. 294₃₄
Werke:
- Paradise lost (s. Milton 1776) I 8. 294₃₅₋₃₈ II 2. M *5.3* 32₂₂₂–33₂₂₆
Minervini (Minervino), Ciro Saverio (1734–1805). Ital. Historiker und Antiquar
I 1. 28₉ₘ
II 7. M 77 165₅
Minois, Claudius s. *Mignault, Claude (Minois, Claudius)*

Mirbel, Charles François Brisseau de (1776–1854). Franz. Botaniker. Pflanzenanatom. seit 1828 in Paris
I 10. 302₂₄
II 5B. M 77 233₂₁ (Franzosen)
Mohammed (Mahomet) (um 570–632). Stifter des Islam s. *Voltaire*
Mohs, Johann Friedrich (1774–1839). Schüler von A. G. Werner. Prof. der Mineralogie 1812–1818 in Graz. 1818–1826 in Freiberg. danach in Wien
I 2. 283₃₃ᴢ
II 8B. M *72* 111₂₀₁
Moivre, Abraham de (1667–1754). Franz. Mathematiker. mit Newton befreundet
II 6. M *119* 226₄₇
Moldenhawer, Johann Jakob Paul (1766–1827). Theologe in Kopenhagen. 1792 Prof. der Botanik in Kiel. Vorsteher einer Forstbaumschule
I 10. 302₃₁
Molières s. *Privat de Molières, Joseph*
Mollweide, Karl Brandan (1774–1825). Physiker. Mathematiker und Astronom. Lehrer am Pädagogium der Franckeschen Stiftungen in Halle a. S., seit 1811 Prof. für Astronomie an der Universität Leipzig
I 3. 209₂₂ I 6. 356₁₇
Werke:
- Auszug aus einem Schreiben des Herrn Doctor Mollweide (s. Mollweide 1810) I 8. 203₁₉₋₂₀
- Darstellung der optischen Irrthümer in des Herrn. v. Göthe Farbenlehre (s. Mollweide 1811b) I 8. 203₃₀₋₃₅,₃₂₋₃₅
- Demonstratio nova propositionis. quae theoriae colorum Newtoni fundamenti loco est (s. Mollweide 1811a) I 3. 474₂₉₋₃₁ᴢ I 8. 203₂₈₋₂₉

- Ueber die Farbenzerstreuung im menschlichen Auge (s. Mollweide 1808) **II 5B**. M *18* 77₁₅₈₋₁₆₀
- Ueber einige prismatische Farbenerscheinungen (s. Mollweide 1804) **II 5B**. M *18* 77₁₅₈₋₁₆₀

Rezensionen:
- Goethe: Zur Farbenlehre (s. Mollweide 1811c) **I 8**. 203₂₆₋₂₇

Molyneux, William (1656–1698). Irischer Privatgelehrter; 1683 Gründer der Akademie der Wissenschaften in Dublin
I 6. 303₉
Werke:
- Dioptrica nova (s. Molyneux 1692) **I 6**. 303₁₀ **II 6**. M *59* 78₁₁₉ *135* 270₄₉

Monge, Gaspard (1746–1818). Franz. Mathematiker und Physiker; seit 1768 Prof. an der École militaire in Paris, seit 1792 Marineminister
Werke:
- Sur les mémoires de M. Hassenfratz, sur la coloration des corps (s. Monge / Charles 1808) **II 5B**. M *95* 261₁₄₋₁₅
- Ueber einige Phänomene des Sehens (s. Monge 1790) **I 3**. 345₂₄₋₂₅M.448₃z (Naturforschers)

Monheim, Johann Peter Joseph (1786–1855). Apotheker und Chemiker in Aachen
Werke:
- Analyse des eaux sulfureuses d'Aix-La-Chapelle (Koautor, s. Reumont / Monheim 1810)

Monnet, Antoine Grimoald (1734–1817). Chemiker und Inspecteur générale des Mines in Frankreich
Werke:
- Observation sur les roches de granit (s. Monnet 1784) **II 7**. M *66* 145₁₂₄₋₁₂₇

Monro, Alexander d. Ä. (1697–1767). Anatom; seit 1719 Prosektor für Anatomie in Edinburgh
Werke:
- Traité d'ostéologie (s. Monro / Sue 1759) **I 9**. 164₃₂ **II 9A**. M *100* 148₁₀

Monro, Alexander d. J. (1732–1817). Anatom und Chirurg in Edinburgh
Werke:
- Vergleichung des Baues und der Physiologie der Fische (s. Monro 1787) **II 9A**. M *100* 149₁₆

Mons, Jean Baptiste Ferdinand Antoine Joseph van (1765–1842). Belgischer Pharmazeut und Chemiker
II 1A. M *25* 162₂₄
Manuskripte:
- Einige meteorologische Beobachtungen vom Jahre 1815 von M. van Mons in Brüssel. 1816 **II 2**. M *9.2* 141–143

Montagu, Edward, 1. Earl of Sandwich (1625–1672). Engl. Staatsmann und Admiral; im Bürgerkrieg an der Seite Oliver Cromwells
II 6. M *79* 163₁₅₁

Montaigne, Michel Eyquem de (1533–1592). Franz. Philosoph
I 6. 136₃₃
Werke:
- Essais (s. Montaigne, Essais) **I 10**. 382₁₃,₁₅

Montet, Jacques (1722–1782). Apotheker in Montpellier
I 2. 167₃
Werke:
- Mémoire sur un grand nombre de Volcans (s. Montet 1760) **I 2**. 164₁₇ **I 8**. 157₂₆.160₁₇

Montfaucon, Bernard de (1655–1741). Franz. Gelehrter, Altertumsforscher
Werke:
- Les Monumens de la monarchie françoise (s. Montfaucon 1729–1733) **II 10A**. M *62* 141₁₉₋₂₀

Montjosieu, Louis de s. *Demontiosius, Ludovicus*

Montmor s. *Habert de Montmor, Henri Louis*
Montucla, Jean Étienne (1725–1799). Franz. Mathematiker
I 6. 352₂₄.₃₁
II 6. M *92* 193₇₃
Werke:
- Histoire des mathématiques (s. Montucla 1758) I 3. 493₅ₘ I 6. 239₁₉₋₂₀.352₂₈ II 6. M *118* 224₉₋₁₀ *134* 267₁₀₋₁₁
Moore Hall (auch: **More** oder **Moor Hall**), **Chester, Esquire of** (1703–1771). Richter und Gutsbesitzer in Essex. Entwickler eines achromatischen Fernrohrs
I 6. 362₃₈
II 6. M *115* 218₄₂₋₄₃
Moray, Sir Robert (eigentl. Murray) (1610–1673). Brit. Staatsmann und Naturforscher; erster Präsident der Royal Society
I 6. 267₉.₁₁
II 6. M *79* 160₄₆.167₂₉₆
Morgenstern, Friedrich August Kaufmann aus Leipzig, 1813 in Teplitz
I 2. 27₃₄z (Leipziger)
Moriconi, Domenico Gastwirt und Besitzer einer Pension am Largo del Castello in Neapel; Goethes Logis während seines Aufenthalts Febr./Juni 1787 in Neapel
I 1. 167₂₆z
Morienus (**Marianus**) (7./8. Jh. n. Chr.). Röm. Eremit und Alchemist in Palästina
I 6. 131₁₃.₁₈
Moritz, Karl Philipp (1756–1793). Schriftsteller; 1778 Informator am Waisenhaus in Potsdam, 1780 Konrektor am Gymnasium „Zum Grauen Kloster"; 1784 Prof. am Köllnischen Gymnasium in Berlin, 1786–1788 in Italien, 1789 Prof. der Ästhetik an der Kunstakademie Berlin, 1791 Mitglied der Preußischen Akademie der Wissenschaften; begegnete Goethe in Rom
I 9. 80₅.₁₅.90₁₅
Werke:
- Ueber die bildende Nachahmung des Schönen (s. Moritz 1788) I 9. 90₁₅
Morland, Sir Samuel (1625–1695). Brit. Diplomat. Mathematiker. Erfinder
II 2. M *11.3* 214₂₄.₃₂.215₅₂₋₅₃
II 9A. M *50* 88₁₈₇₍?₎
Morzillo, Sebastian Fox s. *Fox Morcillo, Sebastián*
Moseley, Benjamin (1742–1819). Brit. Stabsarzt und Apotheker auf Jamaika
Werke:
- A treatise on tropical diseases (s. Moseley 1803) II 2. M *9.13* 177₅
Müller, Christian Friedrich ? (1730–1792). Sachsen-Weimarischer Amtmann und Rat in Berka an der Ilm und in Kapellendorf
I 2. 8₃₂ₘ.17₁₃₋₁₄z
Müller, Christian Heinrich (1772–1849). Rendant und Wardein des Münzamts in Breslau, seit 1825 königl. Prof., 1804–1807 Generalsekretär der Schlesischen Gesellschaft für vaterländische Kultur, 1810 und 1820–1830 Sekretär der Naturwissenschaftl. Sektion dieser Gesellschaft
Werke:
- Darstellung der Gegenstände (s. Müller 1825) II 5B. M *110* 317–318
Müller, Theodor Adam Heinrich Friedrich (seit 1806/1807) von (1779–1849). Jurist, seit 1815 Kanzler in Weimar. Testamentsvollstrecker Goethes und Mitherausgeber seines literarischen Nachlasses
I 2. 363₁₀z.364₁₁z
- Berichterstatter I 2. 370₁₀₋₂₈z

Müller, Franz *Heinrich* (1793–1866). Maler, Kupferstecher und Lithograph in Weimar; 1819 Gründer eines lithographischen Instituts, um 1823 auch Lehrer an der Freien Zeichenschule, seit 1829 in Eisenach; Sohn von Johann Christian Ernst Müller (1766–1824)
I 2. 180₁₆z

Müller, Johannes (1801–1858). Anatom und Physiologe in Bonn und Berlin, Besuch bei Goethe 1828
II 10B. M*1.2* 6₉₇₋₉₈

Müller, Joseph (1724–1817). Stein- und Wappenschneider, Mineraliensammler und -händler in Karlsbad; begleitete Goethe bei dessen geologischen Studien dort
I 1. 285₁₄z.₁₈z.₂₂z.₃₃z.286₈z.₁₁z.₂₂z.₃₀z.₃₃z.287₉z.₁₃z.289₁₅z.290₁₅z.292₂₁₄–297₃₁M.297₃₂–298₃₇M.299₄.303₃₅.304₂₋₂₈(jugendlichen Greise).320₈z.₂₅z.321₁₃z.₂₄z.₂₈z.322₂₀z.₂₁z.323₂z.₃₃z.324₁₀z(Steinfreund).355₂₇z.356₃₆z.372₃₀ I 2. 1₅z.2₂z.4₂₉z.₃₂z.5₂z.94₆.₂₅.₃₃(Mannes).₃₅.181₂₀.₂₆(Mannes).182₁₋₂(Mannes).₁₇.183₄.₁₅.412₃₂.414₁₁.415₁₅ I 8. 27₂₈.28₁₂.₂₀(Mannes).₃₂.152₁₅.₂₈.168₆.173₁₇.244₂.₅.₁₁(Mannes).₂₀₋₂₁(Mannes).₂₉.₃₅₋₃₆.245₂₃.₃₁₋₃₂.₃₃₋₃₄(Mann) I 11. 103₃.108₆.₉(jugendlichen Greise).130₂₉.322₁.₁₆.323₃₁(wackere Mann).324₃₂
II 7. M *72* 154₁₀ II 8A. M *1* 3₄₋₅ *2* 7₁₂₈(unterzeichneter)M*3* 12–14 M*4* 14–15 *111* 147₁₄ *116* 152₂₋₄ *119* 154₈₋₁₀ II 8B, M *7* 10–14 *8* 15₁ M *8* 15₂₈–16₃₄ *55* 93₁ M *90* 144₂–145₃₆
- Sammlung, Steinsammlung I 1. 324₇z.₂₂₋₂₃z.331₅M.351₈.356₃₃₋₃₄z.370₁₁ I 2. 94₂₇.123₃₀₋₃₁z.127₃₁₋₃₂M.130₁₈M.137₃₃z.139₉z.155₅.₁₇.₂₄.161₈.173₅z.181₁₆–183₂₆.203₃₁.412₁₆₋₁₇.414₂₇₋₂₈.₃₁.415₁₉₋₂₀ I 8. 262₃₃.383₃₀ I 11. 128₁₀₋₁₁.323₁₉.324₈.₁₁.₃₇ II 8A. M *15* 39–40 *16* 40₁₋₄₍₂₎ *17* 41₁₃₋₁₄ *99* 133 M *120* 156₃₂–157₇₈ II 8B, M *17* 26₅ *48* 87₃ *90* 144₂

Manuskripte:
- Kurze Bemerkungen, Über die Petrefakten des wunderbaren Karlsbader Mineralwassers im Königreich Böhmen II 8A, M *2* 3–11 II 8B. M *7* 12₉₀₋₉₁₍₂₎

Multifrons s. *Gérando (Degérando), Joseph Maria de*

Münchow, Karl Dietrich von (1778–1836). Astronom, Physiker, Mathematiker; 1810–1818 Prof. in Jena, von 1812 bis 1819 Leiter der dortigen Sternwarte, 1819 in Bonn
I 2. 82₅z I 11. 162₂₄₋₂₅
II 2. M *S.1* 69₂₀₂ II 5B. M *114* 335₂₀₃

Muncke (Munke), Georg Wilhelm (1772–1847). Physiker, Mathematiker, Meteorologe; Prof. für Physik in Heidelberg
I 8. 193₁₆.₃₈ I 11. 240₂₉ (Macke)
II 5B, M *93* 259₁₇ (M.)

Werke:
- Anfangsgründe der Experimentalphysik (s. Muncke 1819) I 8. 192₂₉–193₉ II 5B, M *66* 203₃₋₅
- Anfangsgründe der mathematischen und physischen Geographie (s. Muncke 1820) II 2. M *6.2* 42₁₁₇₋₁₂₅

Münz, Johann(es) (1753–1837). Seit 1788 Bergschultheiß und Hüttenverwalter in Langhecke, lebte in Oberselters
I 2. 73₇z

Murillo, Bartolomé Esteban (1617/18–1682). Span. Maler
I 6. 230₂₇.₃₄

Murray, Johann Andreas (1740–1791). Schwed. Mediziner und Botaniker; seit 1760 in Göttingen, 1764 ao. Prof., 1769 Ordinarius der Botanik und Direktor des Kgl. Botanischen Gartens

Werke:
- Apparatus medicaminum (s. Murray 1787) **I 8**. 216₃₀₋₃₁,₃₄₋₃₈
- Systema vegetabilium (Hrsg.. s. Linné / Murray 1784)

Murray, John, der Ältere (1778–1820). Prof. der Chemie. Pharmazie und Materia Medica in Edinburgh
Werke:
- The Huttonian and Neptunian systems of geology (s. Murray 1802) **II 8B**. M *72* 111₁₉₈

Murray, William, 1st Earl of Mansfield (1705–1793). Leitender Richter des Königlichen Gerichtshofs von 1756 bis 1788, sorgte für die gesetzliche Regulierung des Handels
II 6. M *115* 218₄₈

Mursinna, Christian Ludwig (1744–1823). Mediziner in Berlin
I 9. 189₁₂ **I 10**. 214₁₋₁₀,₃
Werke:
- Caspar Friedrich Wolffs erneuertes Andenken (s. Mursinna 1820) **I 9**, 187₁–189₁₂ **I 10**. 214₅₋₇

Musschenbroek, Pieter (Peter, Petrus) van (1692–1761). Niederländ. Mathematiker und Physiker; seit 1723 Prof. in Utrecht, ab 1740 als Nachfolger von Gravesande in Leiden
I 6. 303₃₇,305₅,348₈,351₂₈₋₂₉ **I 7**. 13₂₄₋₂₅
II 6. M *S3* 184₇ *90* 189₄
Werke:
- Compendium physicae experimentalis (s. Musschenbroek 1762) **II 6**. M *43* 54₄₋₅
- Elementa physicae (s. Musschenbroek 1734) **I 6**. 304₂₈₋₃₀ **II 6**. M *71* 98₂₅₈₋₂₆₃ *72* 109₁₉ *74* 116₃₉
- Grundlehren der Naturwissenschaft (s. Musschenbroek 1747) **II 6**. M *71* 98₂₃₇
- Institutiones physicae (s. Musschenbroek 1748) **II 6**, M *43* 54₄₋₅ *71* 96₁₆₁₋₁₆₂ *74* 116₅₀
- Introductio ad philosophiam naturalem (s. Musschenbroek 1762) **II 4**. M *42* 53₁₃
- Tentamina experimentorum naturalium captorum in Academia del Cimento (s. Musschenbroek 1731) **I 6**. 304₃₄₋₃₅,₃₅ **II 6**. M *43* 54₄ *71* 100₃₁₀₋₃₁₇ *72* 110₅₂

Mutis, José Celestino (1732–1808). Span. Arzt und Botaniker, Forschungsreisender in Südamerika
II 2. M *9.13* 178₃₂

Nager, Franz Dominik (1745–1816). Landamtmann in Andermatt; Goethe besuchte sein Naturalienkabinett im Okt. 1797
I 1. 265₂₂z

Napier (Neper), John (1550–1617). Schott. Mathematiker
I 2. 103₇ (Neperische Stäbchen)
I 11. 187₁₁ (Neperische Stäbchen)

Napoleon I. Bonaparte (1769–1821). 1799 Erster Konsul. 1804–1814 Kaiser der Franzosen
I 10. 380₁₅
II 5B. M *114* 334₁₆₅ **II 6**. M *115* 217₄,220₁₃₂

Nassau-Saarbrücken, Wilhelm Heinrich Fürst von (1718–1768). Regent ab 1735
I 1. 5₁₄₍₂₎

Nauendorf, Ludwig Christian Wilhelm von (1784–1820). Nassauischer Beamter. Mineraliensammler. 1810 Bergrat. 1813 Kammerherr in Biebrich. 1818 Oberforstmeister in Geisenheim
I 2. 64₂₄₋₂₅z,71₂₆₋₂₇z
- Mineraliensammlung **I 2**. 64₂₅₋₂₆z

Naumachios (4. Jh.). Griech. Schriftsteller. Verfasser eines Lehrgedichtes über richtige Lebens- und Eheführung junger Frauen
I 9. 274₁₄₋₁₅

Naumann, Karl Friedrich (1797–1873). Prof. der Mineralogie in Jena, seit 1826 in Freiberg
II 8B. M *55* 93₃₃

Werke:
- Beyträge zur Kenntnis Norwegen's (s. Naumann 1824) **II 8B**, M 72 $108_{105-106}$
- Uebergangs-Formation in Norwegen (Übers., s. Keilhau 1826)

Necker de Saussure, Louis Albert (1786–1861). Prof. der Mineralogie und Geologie. Akademie in Genf
Werke:
- Voyage en Ecosse et aux îles Hebrides (s. Necker 1821) **II 8B**, M 72 108_{84}

Necker, Noël Martin Joseph de (Natalis Joseph de) (1729/1730–1793). Mediziner und Botaniker in Mannheim
I 10, 252_{10}
II 10A, M2.12 17_{18}
Werke:
- Sur la gradation des formes dans les parties des végétaux (s. Necker 1790) **II 9A**, M138 224_{1-3}

Necker, Suzanne Curchod (1739–1794). Franz. Schriftstellerin. Ehefrau des Bankiers und Politikers Jacques Necker, Mutter der Madame de Staël
I 8, 207_{23}
Werke:
- Nouveaux mélanges (s. Necker 1801) **I 8**, $207_{3-4,7-12,25}$

Nees von Esenbeck, Christian Gottfried Daniel (1776–1858). Botaniker und Naturphilosoph; Studium der Medizin und Naturwissenschaften in Jena, 1818 Prof. der Botanik in Erlangen, 1818 in Bonn, 1830 in Breslau, von 1818 an Präsident der Leopoldinischen Akademie der Naturforscher; enge Beziehung zu Goethe ab 1816
I 8, 355_{3-5} (Männer), $_{13}$ (Männer), 356_2 (Männer) **I 9**, $117_{30,35}$, 118_{1-30}, 327_{16}, 332_{30} **I 10**, 238_{12}, 302_{33}–303_{16} **I 11**, 185_{24} **II 5B**, M77 232_{6-7} (vorzügliche Männer), 233_{18} (Freunde) **II 10A**, M50 111_3 64 144_{6-7} 67 147_{18}

Werke:
- Das System der Pilze und Schwämme (s. Nees von Esenbeck 1816–1817) **I 9**, 329_{38-39}, 330_1 **I 10**, 303_{2-3} **II 10A**, M2.1 4_{16} $1S$ 79_{17-18}
- Die Algen des süßen Wassers (s. Nees von Esenbeck 1814) **I 10**, 303_2 **II 10A**, M2.3 7_{20-21} 2.15 20_{6-7} $1S$ 79_{17}
- Die Basaltsteinbrüche am Rückersberge (s. Nees von Esenbeck 1824) **I 2, 259–267 I 8, 367–371**
- Handbuch der Botanik (s. Nees von Esenbeck 1820–1821) **I 9**, 235_6 **I 10**, 302_{29-30}, 303_5 **II 5B**, M77 233_{20} **II 10A**, M3.8 46_{2-3}
- Irrwege eines morphologisierenden Botanikers (s. Nees von Esenbeck 1824) **I 9, 323_1–327_{16} II 10A**, M64 144_5
- Mitteilungen aus der Pflanzenwelt (Koautor, s. Goethe – Mitteilungen aus der Pflanzenwelt)
- Über die bartmündigen Enzianarten (s. Nees von Esenbeck 1818) **I 10**, 261_{11-12}
- Über Ruß, Mehltau und Honigtau (s. Nees von Esenbeck 1824b) **I 9, 329_{20}–332_{30} II 10B**, M1.2 3_{3-4}, 4_{13}
- Von der Metamorphose der Botanik (s. Nees von Esenbeck 1818) **I 10**, 304_{16-26}
- Zusatz (s. Nees von Esenbeck 1823) **I 10**, $237_{11-14,30-31}$
Rezensionen:
- Goethe: Zur Naturwissenschaft überhaupt, besonders zur Morphologie (Koautor, s. Goldfuß / Nees von Esenbeck / Nöggerath 1823)
Manuskripte:
- Ein Fragment über die Blumensprache **II 10A, M3.8 46–49**
- Irrlichter, fragmentarisch **II 10B, M1.3 12–18 II 10B**, M1.1 3_{6-8}
- [Über Rußerkrankungen von Pflanzen, einen Fall von Phthiriasis und Metamorphosen im Blüten-

bereich von Gräsern] **II 10B**, M*1.2* 3–10 **II 10B**. M*1.1* 3₃₋₄
Nees von Esenbeck, Theodor Friedrich Ludwig (1787–1837). Botaniker und Pharmazeut; seit 1822 in Bonn. Bruder von C. G. D. Nees von Esenbeck
I 9. 324₁₈
Nemesius (um 400 n. Chr.). Griech. Philosoph und Bischof von Emesa
Werke:
- De natura hominis (s. Nemesius 1538) **II 6**. M*9* 13₁₆₋₁₉
Neovin, O. J.
Werke:
- Coecus de colore iudicans (Resp., s Schmidt 1682)
Neper, John s. *Napier (Neper), John*
Neptunisten Anhänger der von A. G. Werner begründeten Theorie, dass alle Gesteine Ablagerungen aus dem Wasser der Ozeane sind
I 1. 367₁₉ **I 8**. 58₃₀
II 8B. M*30* 49₂₉ *39* 67₁₁₁₋₁₁₃.68₁₅₀ M*39* 68₁₆₄–69₁₆₅ *72* 110₁₆₅.₁₇₅ *95* 151₂₉
Neri, Antonio (1576–1614). Ital. Priester und Alchemist
I 8. 317₁₀ (Verfasser).318₅
Werke:
- De arte vitraria (s. Neri / Merret 1668) **I 8**. 316₃₀ (Lateinische). 318₅₋₈
- L'arte vetraria (s. Neri 1612) **I 8**. 316₂₀₋₂₉ (Traktat).₃₂.317₂₅ (Werk). 318₂₋₃.₆.₁₀ **II 4**. M *72* 87₁₅
- The art of glass (s. Neri / Merret 1662) **I 8**. 318₂₋₃.₄₋₅.₉ (Anmerkungen)
- Von der Künstlichen Glaß- und Crystallen-Arbeit (s. Neri / Merret / Geißler 1678) **I 8**. 316₃₀ (Deutsche).318₈ (Deutsche)
Nero Claudius Caesar Augustus Germanicus (geb. als Lucius Domitius Ahenobarbus) (37–68). Seit 54 röm. Kaiser
I 1. 138₁₀z **I 3**. 428₃₃ **I 6**. 82₆. 112₂₈.115₂₉ **I 11**. 97₃₀

II 4. M *72* 87₃₄ **II 6**. M*23* 27₆₄.₈₁ *41* 50₆₅
Neubert (Neuber), Johann Christian (†1803). Um 1775 Hofmechaniker in Weimar
I 3. 101₁z
Neuburg, Johann Georg (bis 1791: Simon) (1757–1830). Arzt und Mineraliensammler in Frankfurt am Main; Mitbegründer und erster Direktor der dortigen Senckenbergischen Naturforschenden Gesellschaft
- Mineraliensammlung **I 2**. 60₂₆z
Neuenhahn, Carl Ludwig (†1776). Doktor der Medizin in Halle
Werke:
- Vom Ursprung der Salzquellen des Steinsalzes (s. Neuenhahn 1761) **I 2**. 419₂₉₋₃₀M **II 7**. M*36* 58₅₋₆
Neufville, Johann Anton Friedrich Wilhelm Robert von (1777–1819). Nassauischer Oberforstmeister in Wiesbaden
I 2. 59₂₄z
Neumann, Johann Philipp (1774–1849). Physiker und Schriftsteller; 1817–1844 erster Prof. der Physik am Polytechnischen Institut in Wien
I 8. 206₄.₃₃
II 5B. M *78* 236₆₉₋₇₀ (würdigen Verfasser)
Werke:
- Lehrbuch der Physik (s. Neumann 1818–1820) **I 8**. 206₂₋₃.₁₂₋₃₂ **II 5B**. M *78* 234–236
Newton, Sir Isaac (1643–1727). Engl. Physiker und Mathematiker; Prof. der Mathematik in Cambridge, später Vorsteher der Königlichen Münzanstalt in London. Begründete parallel zu Leibniz die Infinitesimalrechnung, entwickelte die Lehre von der allgemeinen Gravitation und eine physikalische Licht- und Farbenlehre
I 3. 9₁₉₋₂₀ (Mann).28₁₅. 56₂₀M.₃₂M.₄₀M.58₁₆M.89₁₆z.

PERSONEN 137

92₃ᵤ.95₁₉ₘ.96₂₄ₘ.97₂₀ₘ.98₁₁ₘ.
142₄ₘ.₂₁ₘ.₄₁ₘ.152₂ₘ.155₈.₂₁.₃₆.
156₂.₃₅.157₁.158₂₅ (Mann).₃₆.
159₁₁.₃₆ (Mannes).160₄ (Geometer).₁₀.₁₂.161₁₉ (Verfasser).
162₅.₂₀ (Erfinder).₃₁.163₃.₃₃.
182₅.₁₇.202₂₀.203ₜₐ.₁₅.204₈.
205₃.206₂₋₃.208₂₂.₃₄.209₁₄.₁₅.
210₃.212₁₈ₘ.₂₈ₘ (Erfinders).
215₂₂ₘ.220₉ₘ.221₂ₘ.₁₈ₘ.222₁ₘ.₁₁ₘ.
223₃ₘ.₃₆ₘ.224₇ₘ.225₁₂ₘ.228₁₂ᵤ
(Baal Isaac).₁₉.232₂₀.₃₂.233₅.
261₄ₘ.291₃₂ (Manne).₃₅ (Meisters).
301₂₃ₘ.334₆₋₇ᵤ.343₁₅ₘ.351₂₀ₘ.
361₁₀ₘ.₂₉ₘ.363₁₈₋₁₉ₘ.370₅ₘ.399₂ₘ.
439₁₀ₘ.447₂₀.453₂₅ₘ.462₂ₘ.472₄₁ₘ.
473₃ₘ.₁₁ₘ.₂₁ₘ.474₃₈ᵤ.490₂₆ᵤ.₂₈ᵤ.
492₇ᵤ.516₁₁ₘ **I 4**. 17₂₅.23₆ **I 5**
passim **I 6**. 174–425 **I 7**. 7₂₁₋₉₁₅.
12₂₃.₃₄.₃₇.13₇.₁₁.₁₆₋₁₇.₃₃.15₂₁.₃₃.
23₂.30₁₇.48₂₇.64 (ND: 58)₃₂.68
(ND: 60)₁₆₋₁₇.71 (ND: 63)₂₋₃.₇.
72 (ND: 64)₃₅.79 (ND: 69)₂₂.80
(ND: 70)₃₁.82 (ND: 72)₄.90 (ND:
78)₃₃.93 (ND: 81)₁₉.₂₄.97 (ND:
85)₂₋₃.₂₁.98 (ND: 86)₂₁.101 (ND:
89)₄.102 (ND: 90)₁₉.106 (ND:
92)₃.₁₀.₂₁.₂₇.₃₀.₃₃₋₃₄ **I 8**. 66₂₀.179₃₆.
180₅ (Mannes).203₂₉.207₅.₈₋₉.₁₄.
208₄.216₄.272₁.311₉ (Manne).₁₂
(Meister).361₁₈.₃₀.362₉ (Meister)
I 11. 286₁₆.₂₁.287₁₂.₃₃₋₃₄.₄₀.292₂₂.
294₁₂₋₁₃.301₃₂.367₈
II 1A. M *S3* 315₂₄ **II 3**. M *11* 8₁₀
(Lehrers) *19* 12₁₅ *27* 18₂₀ **II 4**.
M*42* 53₉ **II 5A**. M*2 3 1* 3₅ **S** 12₁₂
10 25₄ *14* 27₁₀ *16* 28₁₂ *15* 28₁₃
17 29₁.₆ *18* 30₂ *21* 32₁ **II 5B**. M*5*
12₂₉.16₁₈₄₋₁₈₅ *S* 24₂ *12* 47₂₀ *15*
60₆₆ *17* 72₁₁ *25* 118₁₈₋₃₀.₃₆ (great
mathematician).₄₆ (great philosopher).119₆₇.120₁₂₄₋₁₂₇ *29* 128₈₃
49 172₁₆₅ *55* 181₂ *57* 186₁₉ *69*
206₄ *98* 280₄.283₁₀₂ *107* 315₁₂₅.₁₂₇
114 331₄₁.335₂₀₁ *117* 346₅₆ *126*
358₃₅.₃₇ **II 6**. M*54* 70₅ *55* 71₅₅ *56*
72₂₂ *58* 75₇₂ *59* 77₆₃.79₁₄₃ (N.)
62 81₇.82₂₀ *67* 90₃₋₄ *71* 92₃₂.
93₅₁₋₅₂.₈₄.94₁₀₉.97₂₂₅.99₂₇₀.100₃₁₆.
103₄₄₃.104₄₇₆.105₅₁₇.106₅₄₉.₅₅₈.₅₆₈.
107₅₈₃ *73* 113₉₆ *74* 115₁₋₈ *75*
124₂₃₁.126₂₉₇₋₃₁₃ *77* 128₄ *76*
128₂₉.₃₀ (Uebersetzer) *77* 131₈₁.
132₁₁₆₋₁₂₀ *S1* 182 M *S2* 183–184
S3 184₁₀ (N.) *S5* 186₁₀ *90*
189₆.₁₆₋₁₈ *101* 200₂₉ *110* 211₂ *111*
212₃ *112* 213₃.214₄₈.215₇₈ *115*
217₁₅ *117* 224 *120* 228₃₄₋₃₅ *121*
229₂₁.231₆₈ *123* 236₉₉.237₁₄₆₋₁₅₀
133 261₉₄

- Darstellung **I 3**. 403₃₂ₘ.509₁₇ₘ **I 5**.
27₁₉.174₇.193₁₇ **I 6**. 329₁₉.₂₆ **II 4**.
M*42* 53₂ *79* 94₄ **II 6**. M*73* 112₅₈
133 266₂₅₄
- Experiment **I 3**. 143₁₂ₘ.206₅.
229₁.493₁₂ₘ **I 5**. 17₂₆.18₉₋₁₂.29₂₀.
32₆.38₁.40₂₉.69₁₅.71₄₋₁₃.93₁₈₋₂₂.
94₂₃₋₂₄.94₂₉₋₉₅₅.99₃₃₋₃₅ **I 6**. 284₂₄.
289₃₀ **II 5B**. M*37* 143₉ *98* 282₆₉
II 6. M*77* 141₄₈₇₋₁₄₅₆₂₅ M *77*
150₈₂₄₋₁₅₁₈₄₆.154₉₆₁ *119* 226₅₂₋₅₃
120 228₄₄₋₅₀ *134* 268₁₉
- Farbentheorie **I 3**. 55₂ₘ **I 4**. 5₃₅
I 5. 137₃₋₄ **I 6**. 264₂₇₋₂₈.329₂₄.
336₂₇.34₂₁₃ **II 5B**. M*95* 262₅₀.
265₅ *98* 280₃ **II 6**. M*20* 241₄ *73*
114₁₃₈ *77* 139₃₉₄ *131* 257₉₋₁₅ *136*
272₄₂
- Gegner **I 3**. 9₂₇ (Widersacher).
164₁ **I 5**. 36₁₅.48₃₇.89₃.108₃ **I 6**.
280₁₇₋₁₈.336₂₉₋₃₀.339₁₄.342₃₂.
350₈ **I 7**. 13₄₋₂₅.14₁₁ **II 5B**. M*42*
156₁ M*42* 156–158 **II 6**. M*74*
115₂₀₋₂₅.116₅₂₋₆₀ *75* 119₅₇ *S6*
187₅₋₂₂ *90* 189₁₉ *91* 190₁₇ *92*
193₆₂ *99* 198₁ *105* 205₉.206₃₈.₄₄
119 226₃₈
- Hypothese **I 3**. 141₃₄ₘ.152₆.400₅ₘ
I 5. 14₁₇.29₂₈ **II 6**. M*75* 122₁₅₈₋₁₆₆
76 128₂₁₋₂₂ *77* 142₄₉₅₋₄₉₆.148₇₄₉.
154₉₄₁₋₉₅₀ *S6* 187₁₄₋₁₅ *99* 198₆ *133*
261₈₆.262₁₃₁
- Hypothese der Wärmeverteilung **II 1A**. M *S3* 325₄₄₇.326₄₅₁.
327₅₂₃₋₅₃₀
- Irrtum **I 3**. 400₃₃ₘ **I 6**. 332₂₈₋₂₉
I 11. 344₁ **II 6**. M*75* 118₁₋122₁₅₇
77 136₂₉₉ *133* 263₁₅₉

- Lehre I 3. 9₂₁.₂₇.91₃₅Z.98₈M.
128₂M.159₅₋₆.219₁₃M.224₄M.9M.
291₃₆.338₂₆M.341₆₋₇M.361₂₅M.
399₁₀M.₁₇M.₂₁M.403₁₁M.404₁₄M.
509₇M I 4. 7₂₅.22₂₀.23₁₆ I 5. 7₅.
17₃₅.18₃₄.28₃₁₋₃₃.29₃₅.30₁₃₋₁₆.31₃₃.
32₃₂.44₂₈.46.49₁₄₋₁₅.71₃₁.73₁.
86₂₄−87₆.130₁.₂.141₅.147₉.161₁₇.
188₆ I 6. 182₇.192₁₁.254₂₂₋₂₃.₂₅.
261₁₅₋₁₆.264₃₆.266₁₇.267₁₃.269₂₄.
270₁₁.₂₄.272₉₋₁₀.₁₃.₁₇.₂₃.273₇₋₈.
275₈₋₉.₂₀.₂₄.278₁₈.285₆.286₁₄.290₂₇.
302₈.₁₈.₂₄₋₂₅.₂₇.303₂₃.304₃₀.317₄₋₅.
318₁₁.₂₇.323₈₋₉.324₂₀₋₂₁.327₃₃.
334₃₁.336₅.342₂₈₋₂₉.343₁₇.344₂₃.₃₈.
345₁₂.346₈.₃₂₋₃₃.347₁₆.₂₅.₃₁.348₁₆.
349₂₇.₂₉.₃₃.351₁₆.352₁₀.358₁₆₋₁₇.
365₃₃.374₂₈.378₉.₁₆.391₂₄.394₁₁.
395₂₅.420₁₂.424₂₂₋₂₃ I 7. 13₃₅.₃₈.
14₇₋₈.₃₇.15₇.₁₄.161₃.30₉ I 8. 179₂₇.
184₄.206₁₃.311₁₃ I 11. 302₂₄
II 5B. M 6 21₇₄ 20 95₆₁.97₁₅₀
69 206₅ 78 236₇₃ 131 366₆₋₇
II 6. M 71 92₁₆.₁₉.₂₃.₄₃.93₇₇₋₇₈.
94₉₃.₁₀₃.95₁₅₇.96₁₇₆.₁₉₁₋₁₉₂.97₂₃₀.
98₂₆₀.99₂₆₈₋₂₆₉.100₃₃₁₋₃₃₂.101₃₇₄.
102₃₉₉₋₄₀₀.₄₀₃.103₄₂₉.107₅₈₀.₅₉₉₋₆₀₀.
108₆₁₁ 73 111₄₉.114₁₃₃ 77 129₂₉₋₃₂.
133₁₅₇₋₁₆₇ M 77 133₁₈₅₋₁₃₄₁₉₀.
139₃₇₉.140₄₂₃₋₄₄₃.144₅₇₅₋₅₈₉.146₆₆₇.
147₇₁₇ M 77 152₈₉₅−153₉₁₂ M 91
190−191 M 92 191−193 M 105
205−206 120 228₂₅ 128 255₇ 133
261₈₇.₁₀₂.262₁₁₄.265₂₃₃₋₂₃₄.266₂₆₉
- Prisma II 6. M 77 135₂₅₉−136₂₇₁.
141₄₅₈₋₄₇₆
- Schule I 6. 367₂₈
- Schule. Schüler I 3. 9₂₃.162₆.₃₄.
163₃₆.219₇M.226₁₇₋₁₈.351₂₁M.
399₂₇₋₂₈M.400₆₋₇M.429₁₇ I 4. 7₂₈
I 5. 13₁.18₁₆.32₃₃.33₃₃₋₃₄.41₃₃.81₃₃.
83₂₄ I 6. 274₁.282₃₆−283₁.288₁₁.
313₃₅.362₃₅ I 7. 13₂₃.23₃.64 (ND:
58)₃₂₋₃₃ I 11. 98₁₉ II 3. M 19 12₁₆
II 5A. M 9 16₁₆₁₋₁₆₂.23₄₆₂ 14 27₁₀
16 28₁₂ 15 28₁₃ II 6. M 75 119₅₀₋₅₉
76 128₂₂ 77 129₁₃₋₂₁.136₂₈₂.148₇₁₉
90 189₉ 133 262₁₂₀₋₁₂₁.₁₃₂₋₁₃₃.
265₂₁₉

- Spektrum I 3. 439₃M I 5. 139₉ I 6.
317₂₂.329₂₁₋₂₂.341₂₁ II 5B. M 67
204₂₃ II 6. M 75 121₁₃₁
- Stellung in der Royal Society II 6.
M 79 164₁₉₈−172₄₇₁
- System I 3. 9₃₄.321₂₂Z I 6. 258₁₂.
373₁
- Theorie I 3. 96₈M.162₇.₁₉.163₃₃.
218₁₂.245₁₂Z.370₁₂M.400₂₅M.₃₁₋₃₂M.
401₂₁M.474₃₀Z.481₂₀₋₂₁Z.₂₄Z I 4.
5₂₀₋₂₉ I 5. 82₁₅.86₁₅₋₂₂.178₉ I 6.
251₇.272₃₆.279₁₁.284₁₉.348₂₅.₃₂.
349₈.367₁₄.371₂₀.372₉.408₉.409₄.
418₅.419₃₈.421₁₆₋₁₇.₂₂.425₂₀ I 7.
7₂₇.8₃₂.14₁₈.15₂₈₋₂₉.16₅.₂₇.31₁₆ I 8.
181₁₄.203₃₄ II 5B. M 78 77₁₅₉₋₁₆₀
37 143₁ 66 203₆ II 6. M 71
97₂₀₄₋₂₀₆.₂₃₂.98₂₅₅ 75 121₁₁₀.₁₃₅₋₁₃₆
76 128₂₆ 77 129₂₂.133₁₆₉.136₃₂₂₋₃₃₅
83 184 86 187₁ 113 215₅ 128
255₄₋₉ 133 263₁₅₁.₁₅₇.264₁₇₉
- Versuche I 3. 10₈.₂₉.57₂₂M.124₃₂M.
158₃₂.161₇.₁₂.162₃.₂₄.182₂₇.208₂₉.
214₇₋₈M.217₂₉M.363₁₉₋₂₀M.480₁₂M
I 5. 13₁₅.16₂₆₋₃₂.19₁₅₋₃₀₃₇.29₂₆.
32₁₀−35₂₅.35−37.37₂₈−44₃₅.42₂₁.
45₈₋₁₂.45₁−54₆.49₁₀.54₂₀.54₇−66₁₁.
59₁₄.₂₀.61₁₆.66₉.₂₁₋₂₂.66₁₂−72₁₂.
68₂₂.71₁₅₋₂₀.₃₃.₃₄.72₁₃−74₃₄.
73₆.₉.₁₁.₁₆₋₃₆.74₆.₁₃.₁₇₋₁₈.₁₉.
75₂₈−78₃₁.78₃₀.78₃₂−79₂₁.
79₂₂−86₁₁.87₁₂.₁₅₋₁₆.89₂₃.89₇−93₈.
94₁−95₁₉.95₂₀−97₇.97₈−100₁₅.
104₂₂₋₂₉.108₁₇₋₂₈.108₁₂−110₁₀.
110₂ I 6. 264₁₈.321₉.343₂₀₋₂₁.
346₄.347₃₋₄.348₂₋₃.366₁.420₂₆₋₂₇
I 7. 56 (ND: 54)₁₁.87 (ND: 75)₃₄.
97 (ND: 85)₁₀.106 (ND: 92)₃₃₋₃₄
I 11. 368₂₁ II 5B. M 114 332₆₄₋₆₅
II 6. M 71 94₉₈.97₂₀₄.99₃₀₀.106₅₆₂.
107₅₇₄₋₅₇₅ M 76 127₁−128₂₀ 77
133₁₇₃₋₁₈₂ M 77 139₄₁₁−140₄₂₂.
145₆₂₂ 86 187₅₋₁₄ 87 188₁₁ 91
190₁₅₋₁₆ 111 212₇ 112 213₁₀ 121
230₅₇₋₅₈ 132 258₅ 136 272₃₀₋₃₁
Werke:
- A letter containing his new theory
about light and colours (s. Newton
1671) I 5. 86₂₆ I 6. 264₃₀.266₁₅.

PERSONEN 139

$267_4.274_{21-22.24}.275_{34}.278_3.$
$303_{11-13}.314_9$ **I 8**. 207_{15} (Briefe)
II 6, M 77 $133_{421}-147_{714}$ 79
$165_{238-245}$ M S7 187_1-188_{12}
- A particular answer of Mr. Isaak Newton to Mr. Linus his letter (s. Newton 1676a) **I 6**. 271_{32}
- Abregé de la chronologie (s. Newton 1725) **II 6**, M S2 184_{40}
- Analysis per quantitatum series, fluxiones, ac differentias (s. Newton 1711) **II 6**, M S2 184_{35}
- Arithmetica universalis (s. Newton 1707) **II 6**, M S2 184_{34}
- Collections for the history of Grantham, containing memoirs of Newton (Koautor, s. Turnor / Newton 1806)
- Considerations on the former reply (s. Newton 1675) **II 6**, M 79 170_{406}
- Definitions [...] (s. Newton 1705) **I 6**, 349_7 **II 6**, M 71 $98_{253-254}$
- Lectiones opticae (s. Newton 1729) **I 3**. $143_{9M}.161_{17.26-27}.$
$362_{19-20M.24M}$ (Werke).490_{29Z}
(Monumentis opticis) **I 5**. 4_{11}
I 6. $254_4.266_{18}.269_{7-8}.272_{22}.$
$275_{35}.276_{13}.301_3.312_{13}.424_{18-19}$
I 7. 12_{35} **I 8**. 207_{16} **II 5B**. M 20
99_{224} **II 6**, M 76 128_{24-25} M 77
$132_{126}-133_{154}.133_{173-182}.139_{390-391}$
S2 $183_{16}.184_{43}$ M S4 $185-186$ 119
226_{41-42} M 136 $273_{99}-274_{102}$
- Mr. Newton's answer to the precedent letter, sent to the publisher (s. Newton 1676b) **II 6**, M 79 $172_{494-496}$
- Mr. Newtons Letter of April 13. 1672 (s. Newton 1672a) **II 6**. M 79 $167_{293-294}$
- Opera omnia (s. Newton / Horsley 1779–1785) **II 6**, M S3 185_{15-18}
- Optice. 1. Aufl. (s. Newton / Clarke 1706) **I 3**, $212_{34-35M.37-38M}$ **I 5**. $2_3.4_{32-33}.5_6$ **I 6**. $276_{33}.302_{31.35}$ **I 7**. $7_{35}.12_{37}$ **II 4**, M 42 53_{30} **II 5B**. M 4
10_2 **II 6**, M 71 $93_{63.64}$ 74 115_{17-18}
S2 184_{33} 136 273_{84-86}
- Optice. 2. Aufl. (s. Newton / Clarke 1719) **II 6**, M S2 184_{39}
- Optice. Ed. nov. (s. Newton / Clarke 1740) **I 8**. $207_{18.29-30.36}$
II 3. M 19 12_9 **II 5A**. M 3 $4-7$ 5 9
6 10 7 11 M 9 $12-24$ 13 26 **II 5B**,
M 10 33_{33-35} 20 $96_{129-130}$ (2en Versuchs der Newton'schen Optik) 49 170_{102} **II 6**, M 136 $274_{104-106}$
- Opticks. 1. Aufl. (s. Newton 1704) **I 3**. $362_{24M}.398_{21-22M}.473_{13-19M.25M}.$
490_{30Z} **I 5**. $1_{32}-21_{.42-4}$ **I 6**. $254_{29}.$
$276_{32}.284_{35}.302_{31.33.34}.312_{8-9}$ **I 7**,
76_{3-4} **II 5B**. M 25 117_{3-4} (3rd experiment).118_{34-35} (Prop. II, Prop. IV).$_{40-42}$ (Abb. 13).
$119_{62.90-97}$ (1. Versuch).120_{129} **II 6**,
M 74 115_{2-3} S2 184_{31} 133 261_{78-92}
136 273_{79}
- Opticks. 2. Aufl. (s. Newton 1718) **II 6**, M S2 184_{38}
- Opticks. 4. Aufl. (s. Newton 1730) **I 5**. 4_{30-31}
- Opticks/Optice (s. Newton 1704–1740) **I 3**, $59_{13-14M}.143_{11M}.$
$159_{17-18}.160_{36}.161_{17.29.32}.162_{24-25}.$
$202_{TA.27-29}.212_{36M}.216_{18M}.305_{23-24Z}.$
$351_{15-16M}.362_{21M.23M}$ (Werk).$_{24M}$ **I 5**.
$1_{29}-2_{18}.3_{20-21}.4_{2-13.27-34}.5_{2-7.3}.7_{14-15}.$
$9_{15.23}.9_1-19_{25}.17_{16-22.24-28}.18_{19-33}.$
$19_{19}-20_{36}.31_9.32_{1-2.12}.38_{24-28}.$
$40_{25.36}.41_{24}.42_{23}.43_{20}.44_{15-35}.$
$69_{26-32}.74_2.75_{30-31}.76_{4.11}.78_{19-22}.$
$79_{4-9}.91_{10}.92_{20}.97_{15}.98_{17}.107_{19-32}.$
$111_1.161_5.168_{28-29}.172_{2-3.23.30-31}.$
$178_{11}.193_{2-3}$ **I 6**, $216_{11-12}.254_{28-31}.$
$258_{33-34}.265_{17}.266_{18}.276_{24.32}.$
$286_{1-2.19.26}.290_{29}.292_{23}.293_{37}.$
$294_{14-15}.312_{12}.313_4.314_{19}.337_{14.26}.$
$338_{16-17.21-22}.344_{36-37}.362_{1-2}.424_6.$
426_7 **II 4**, M 7 15_{75} 28 31_{6-7} **II 5A**,
M 3 $4-7$ M 9 $12-24$ 12 26 **II 5B**.
M 20 $98_{213-214}.99_{224}$ 114 $332_{62.64}$
(Satzes).$_{65}$ (Behauptung) **II 6**,
M 62 81_{13} 77 $140_{442-443}$ 90 189_{12}
- Opuscula mathematica, philosophica et philologica (s. Newton 1744) **I 3**. 156_{25} **I 6**. 267_{2-3} **II 6**,
M 77 $147_{716}-154_{973}$ 136 274_{103}

- Principia (s. Newton 1687) **II 5B**.
  M *38* 146₅ **II 6**. M *79* 180₇₇₄₋₇₇₆.
  181₈₁₇₋₈₁₈ S2 183₂₄₋₂₆
- Some experiments propos'd in relation to Mr. Newtons theory of light (s. Newton 1672b) **II 6**. M *79* 167₂₉₅₋₂₉₈
- Traité d'optique (s. Newton / Coste 1720–1722) **II 6**. M *136* 273₈₇₋₉₀

Newtoniana
I 6. 303₃₀.304₄

Newtonianer Anhänger. Beförderer. Bekenner. Verfechter der Lehre Newtons; Schule s. unter Newton
I 3. 56₂₆M.248₅Z.400₂₃M.401₁₃₋₁₄M.₂₆M. 479₂₃M **I 5**. 19₁₁.32₃.52₃₂.55₁₃.69₃₇. 82₁₈₋₁₉.₂₃.92₃₇ **I 6**. 303₉₋₁₀.338₂₈ **I 7**. 30₁₅.₃₆₋₃₇.31₁₇.₃₀.82 (ND: 72)₁₂.86 (ND: 74)₅.87 (ND: 75)₁.89 (ND: 77)₆.90 (ND: 78)₃₇.98 (ND: 86)₂₇ **I 8**. 182₃₂ (Anhänger)
II 5A. M *9* 14₁₀₇.15₁₁₄ (Nachtreter). 17₂₀₉ (Verfechter).18₂₆₉ *17* 29₃.₁₆₋₁₉ *22* 32₅ **II 5B**. M S 24₂ *25* 119₈₅ *37* 144₁₄ *42* 157₅₈₋₅₉.₇₆ *117* 346₅₉ **II 6**. M *74* 115₁₆–116₄₆ *76* 128 *77* 145₆₃₅ *100* 199₇ *120* 227₆ *119* 227₇₂ *120* 228₄₆ *131* 257₃₅ *133* 263₁₇₁.264₁₈₄

Nibiano, José Nicolás de Azara de (1731–1804). Hrsg. der Werke von Mengs
Werke:
- Lezioni pratiche di pittura (Hrsg.. s. Mengs / Nibiano 1780)

Nicati, Constant (1. H. 19. Jh.). Mediziner in Utrecht
Werke:
- Specimen anatomico-pathologicum inaugurale (s. Nicati 1822)
  I 9. 356₁₋₃₇ **II 10A**. M *64* 144₁₀

Nicolovius, Alfred Berthold Georg (1806–1890). Goethes Großneffe, stud. jur. in Berlin, Bonn und Göttingen, später Univ. Lehrer
Manuskripte:
- Über die Bearbeitung und Benutzung des Märkischen Granits
  II 8B. M *69* 102–103

Nicolovius, Georg Friedrich Franz (1797–1877). Jurist: 1818 Student in Jena, zuletzt Generalprokurator und Geheimer Oberjustizrat in Köln, zweites Kind von Goethes Nichte Luise Schlosser
II 8A. M *106* 138₅

Niethammer, Friedrich Immanuel (1766–1848). Theologe. Philosoph. Pädagoge; 1792 Privatdozent in Jena, 1793 Prof.. 1804–1805 in Würzburg, dann Landesdirektionsrat für Schul- und Kirchenwesen in Bamberg, 1808 Zentralschulrat und Oberkirchenrat in München, 1818–1845 Oberkonsistorialrat
I 3. 396₆Z **I 9**. 93₃₃

Niggl, Joseph (1778–1835). Optiker; 1804 am Mathematisch-mechanischen Institut Utzschneider, Reichenbach und Liebherr in München, seit 1807 ebenda selbständiger Optiker
I 8. 117₁₃

Nikias (um 400 v. Chr.). Griech. Maler
I 6. 54₃₅.58₁₉.₂₁

Nikomachus (Mitte 4. Jh. v. Chr.). Griech. Maler
I 6. 57₆

Nöggerath, Johann Jakob (1788–1877). Geologe und Mineraloge; 1818 Prof. der Mineralogie und Bergwerkswissenschaften und Direktor des Naturhistorischen Museums an der Universität Bonn, seit 1822 auch Oberbergrat im Bergamt zu Bonn
I 2. 259₃₃ (Freunde).266₃₄ **I 8**. 355₃₋₄ (Männer).₁₃ (Männer).356₂ (Männer).367₂₉ (Freunde).371₃₂ **II 8B**. M *55* 92₃ *72* 107₅₁₋₅₂.109₁₄₀
Werke:
- Das Gebirge in Rheinland-Westphalen (s. Nöggerath 1822–1826)
  I 2. 259₃₋₄.₉ (Bande) **I 8**. 367₃₋₅.₉₋₁₀ (Bande).367₄₅–368₈. 368₁₄–371₂.371₁₅₋₂₃ **II 8B**. M *72* 111₁₈₈₋₁₈₉

- Die Basalt-Steinbrüche am Rückersberge (s. Nöggerath 1823) **I 2**, 259$_{4,13-14}$ (Schrift).260$_{10-11,16-31,32}$ (Verfasser).260$_3$–266$_8$.266$_{16-34TA}$ **I 8**, 367$_{5,13-14}$ (Schrift).$_{40-41}$. 367$_{45}$–368$_8$.368$_9$ (Verfasser). 368$_{14}$–371$_2$
  Rezensionen:
- Goethe: Zur Naturwissenschaft überhaupt, besonders zur Morphologie (Koautor, s. Goldfuß / Nees von Esenbeck / Nöggerath 1823)

Nollet, Jean Antoine (1700–1770). Geistlicher und Physiker; Abt und Prof. in Turin, seit 1753 Prof. der Physik am Collège de Navarre in Paris und seit 1761 an der Artillerie- und Ingenieurschule ebd.; Lehrer der Kinder des Königs und Mitglied der Pariser Akademie
I 3, 222$_{12M}$ **I 6**, 336$_4$.377$_2$ **II 5B**, M42 157$_{59}$ **II 6**, M 132 258$_7$
Werke:
- L'art des expériences (s. Nollet 1770) **II 1A**, M1 4$_{57}$

Nonnos Abbas (auch: Pseudo-Nonnos) (5./6. Jh.). Kommentator
I 9, 274$_8$

Noorthouck (Northuck), John (1732–1816). Engl. Schriftsteller
Werke:
- A new history of London (s. Noorthouck 1773) **II 4**, M58 69$_{14}$

Nordenskjöld, Nils Gustav (1792–1866). Oberintendant des Finnländischen Bergwesens
II 8B, M 72 108$_{75-76}$

Nose, Karl Wilhelm (1753–1835). Mineraloge und Geologe; Arzt in Elberfeld, später in Bonn
I 2, 151$_{4M,12-13M,28}$.163$_{27}$–171$_{25}$. 167$_{12}$ (Freund) **I 8**, 139$_8$.157$_1$. 160$_{25}$ (Freund)
II 8A, M69 99$_{47}$ 117 153$_{9,17}$
Werke:
- Beiträge zu den Vorstellungsarten über vulkanische Gegenstände (s. Nose 1792–1794) **I 1**, 248$_{2-3M}$ **II 7**, M 111 214$_{132-133}$

- Fortgesetzte Kritik (s. Nose 1822) **I 2**, 297$_{13}$–306$_{36M}$ **II 8B**, M39 64–72
- Geologische Lauge (s. Nose 1823a) **I 2**, 297$_{19-20M}$ (Aufsätze) **II 8B**, M39 64$_{9-10}$ 55 93$_{31-32}$
- Historische Symbola, die Basalt-Genese betreffend (s. Nose 1820) **I 2**, 163$_{28-29}$.167$_{14}$–170$_{26}$ (Verfasser).174$_{27-28Z,29Z}$.297$_{25M}$ **I 8**, 157$_{2-3}$.160$_{28}$–163$_{38}$ (Verfasser) **II 8B**, M39 64$_{16-17}$ 55 93$_{31}$
- Kritik der geologischen Theorie (s. Nose 1821) **I 2**, 276$_{5Z,14Z,27Z}$. 277$_{6Z}$.278$_{27Z}$.297$_{10}$–306$_{36M}$ **II 8B**, M39 64–72
- Orographische Briefe über das sauerländische Gebirge (s. Nose 1791) **I 2**, 165$_{11}$ **I 8**, 158$_{23}$ **II 8B**, M 72 110$_{173}$
- Orographische Briefe über das Siebengebirge (s. Nose 1789–1790) **I 2**, 165$_{11}$ **I 8**, 158$_{23}$ **II 8B**, M 72 110$_{173}$
- Steigerung des Begriffs von frischem, gesundem Gestein zur leitenden geologischen Idee (s. Nose 1823b) **I 2**, 297$_{19-20M}$ (Aufsätze).315$_{24-26M}$ **II 8B**, M39 64 41 82 43 84$_{11}$ 55 93$_{31-32}$

Nostitz, *August* Ludwig Ferdinand Graf von (1777–1866). Preußischer General, 1813 Rittmeister und Adjutant Blüchers, Sept. 1818 Aufenthalt in Karlsbad
I 2, 118$_{9Z}$ (Obrist)

Notterott, Wilhelm Friedrich (1769–1835). Protestantischer Theologe und Pädagoge; 1794 Schulmeister in Gangloff-Sömmerda, 1807–1818 oder 1806–1819 Prediger in Kleinvargula bei Bad Tennstedt und dann in Großgottern
I 2, 84$_{35Z}$ (Prediger)

Nuguet, Lazare (Lazarus) (um 1700–1752). Franz. Geistlicher, Physiker
I 6, 182$_{13}$.208$_{11,22}$.216$_{8-9,20,30}$. 217$_{13}$ **I 7**, 12$_{14}$
II 6, M55 71$_{36}$ 58 74$_{49,53}$

Werke:
- Nouvelle découverte d'un thermomètre (s. Nuguet 1706) I 6. 208$_{20-21}$
- Système sur les couleurs (s. Nuguet 1705) I 6. 208$_{13-14,33}$.216$_{6-7}$.316$_{8-9}$

Nuzzi, Ferdinando (1645–1717). Ital. Kardinal. Kirchenrechtler
Werke:
- Discorso interno (s. Nuzzi 1702) II 9B. M33 32$_{29-32}$

O'Reilly, Bernard Das Werk („Greenland") wird im „British Biographical Archive" als Plagiat identifiziert
Werke:
- Greenland (s. O'Reilly 1818) I 2. 124$_{2-8M}$ II 8A. M103 136

Odeleben, Ernst Gottfried Freiherr von (1773–1828). Gutsbesitzer, Klein Waltersdorf bei Freiberg. Mineralien- und Fossilien-Sammler
I 2. 123$_{5Z}$
II 8B. M4 5

Oeder, Georg Christian von (1728–1791). Studierte Medizin in Göttingen. Prof. der Botanik in Kopenhagen
Werke:
- Elementa botanica (s. Oeder 1764–1766) II 9A. M50 84$_{22}$

Oehme, Christian Gotthilf Immanuel (1759–1832). Bildnis- und Landschaftsmaler, akademischer Zeichenlehrer in Jena; malte ein Portrait von Johann Christoph Döderlein
I 3. 260$_{20-27Z}$

Oersted (Ørsted), Hans Christian (1777–1851). Dän. Physiker; seit 1817 o. Prof. der Physik und Chemie an der Universität Kopenhagen, seit 1829 ebenda Direktor des Polytechnikums. Entdecker des Elektromagnetismus (1820)
II 1A. M S3 319$_{170}$ II 5B. M147 407$_{14}$

Oertzen, August Wilhelm Graf von (1782–1827). Offizier beim Kürassierregiment „Kurfürst"
I 1. 286$_{8Z}$

Oeser, Adam Friedrich (1717–1799). Dt. Maler, Zeichner. Radierer und Bildhauer; Kunsterzieher in Leipzig. 1764 Direktor der Kunstakademie, von 1765 bis 1768 Goethes Zeichenlehrer
I 6. 234$_{22,29}$

Oeser, *Friederike* Elisabeth (1748–1829). Tochter des Malers Adam Friedrich O. in Leipzig. Jugendfreundin Goethes
I 3. 0$_2$ (Freundin)$_{11}$

Österreich, König/Königin von. *Siehe die Einträge unter den jeweiligen Vornamen*

Oeynhausen, Karl von (1795–1865). Oberbergrat in Dortmund
II 8B. M72 107$_{45}$

Ogilvy, James, 7th Earl of Findlater, 4th Earl of Seafield (1749/50–1811). Schott. Adliger und Kunstmäzen
I 8. 81$_{13}$

Ohm, Georg Simon (1789–1854). Physiker. 1811 Privatdozent in Erlangen, 1817 Oberlehrer am Jesuitengymnasium in Köln, 1833 Prof. an der Polytechnischen Schule in Nürnberg, 1839 deren Rektor, 1849 Univ.prof. in München
Werke:
- Bestimmung des Gesetzes, nach welchem Metalle die Contaktelektricität leiten (s. Ohm 1826) II 1A. M S3 327$_{519-520}$
- Die galvanische Kette, mathematisch bearbeitet (s. Ohm 1827a) II 1A. M S3 315–330
- Einige elektrische Versuche (s. Ohm 1827b) II 1A. M S3 327$_{519-520}$

Oken, Lorenz (eigentl. Okenfuß) (1779–1851). Mediziner, Naturforscher, Philosoph; 1807 Prof. in Jena, 1819 nach der Entlassung

Privatgelehrter. 1827 Privatdozent, 1828 Prof. in München, 1833 in Zürich. 1816–1848 Hrsg. der Zeitschrift „Isis"
I 9, 186₁ (Männer).235₇.293₂
I 10, 381₁₆ (Männer).382₅.403₈
II 10A. M 2. S 12₈ II 10B. M 22.1 74₆
Werke:
- Grundzeichnung des natürlichen Systems der Erze (s. Oken 1809) I 1. 375₃₂Z
- Lehrbuch der Naturgeschichte (s. Oken 1813–1826) I 9. 292₃₇₋₃₈ I 10. 315₂₇ (Schrift) II 10A. M 35 93₁₋₂
- Lehrbuch der Naturphilosophie (s. Oken 1809–1811) I 10. 304₁₄₋₁₅
- Über die Bedeutung der Schädelknochen (s. Oken 1807) I 9, 357₂₀₋₂₆ II 10A. M 35 93₁

Olbers, Heinrich Wilhelm Mathias (1758–1840), Astronom und Arzt, entdeckte mehrere Kometen und die Planetoiden Pallas und Vesta
Werke:
- Auszug aus einem Briefe des Doctors und Ritters Olbers an den Herausgeber (s. Olbers 1826) II 2. M 13₅₇

Oldenburg, Heinrich (Henry) (um 1618/19–1677). Kam 1653 als Bremer Konsul nach London, befreundete sich in Oxford u.a. mit Robert Boyle und wurde auf dessen Vorschlag 1663 Sekretär der Royal Society; 1665–1677 Hrsg. der „Philosophical Transactions"
I 3, 493₁₉M.₂₆M I 6, 239₆.262₂₉.₃₀. 267₂₈₋₂₉.270₂₆.271₁.₅.273₃₀ I 7, 12₃₆
II 3. M 34 34₂₂₅₋₂₂₆ II 6. M 79 164₁₇₆.166₂₀₅.167₃₀₉.172₄₇₄.₄₉₈. 173₅₁₃₋₅₁₅.179₇₃₀₋₇₃₁ 134 267₂. 268₂₇

Opoix, Christophe (1745–1840). Franz. Apotheker und Naturforscher
Werke:
- Observations physico-chymique sur les couleurs (s. Opoix 1776) II 6. M 108 209₁₋₄
- Suite des observations sur les couleurs (s. Opoix 1783) I 3, 85₄₅Z. 89₁₄Z
- Théorie des couleurs et des corps inflammables (s. Opoix 1808) II 6. M 73 114₁₄₂₋₁₄₃

Oppel, Friedrich Wilhelm von (1720–1769). Oberberghauptmann in Freiberg
Werke:
- Anleitung zur Markscheidekunst (s. Oppel 1749) I 2, 424M II 8A. M 94 125₅

Oppian Syrischer Epiker; verfasste das Lehrgedicht über die Jagd „Cynegetica" (212/217)
Werke:
- Cynegetica (s. Oppian, kyn.) II 10A. M 41 104₂₄₋₂₆
- Cynegetica et Halieutica (s. Oppian / Schneider 1813) II 10A. M 41 104₂₈₋₂₉

Oranien-Nassau, Wilhelm von (1650–1702). Seit 1672 Statthalter der Niederlande und ab 1689 als Wilhelm III. König von England
I 6. 296₂₅ (Fremden)

Orpen, Herbert Arzt in Dublin. Freund Metzler von Gieseckes
II 2. M 9.30 195–196

Osann, Friedrich Heinrich Gotthelf (1753–1803). Altphilologe, sachsen-weimarischer Beamter. 1794 Regierungsrat und Mitglied der Ilmenauer Bergwerkskommission, 1795 auch Konsistorialrat; Vater von Gottfried Wilhelm Osann
I 1, 208₆.212₇ (Abgeordnete).₂₀ (Herren Deputierten).214₂₋₂₂ (Abgeordnete).216₁₂₋₁₃ (Herren Deputierten).₁₆ (Abgeordnete).230₂₈. 235₁ (Deputierte).₆ (Deputierte).₁₀ (Mitdeputierte).₂₀ (Deputierte). 251₉M (Deputierter).₁₂M (Depu-

tierten).26M (Deputierten).25310M
(Deputierten).13M.15M (Deputierten)
Osann, Gottfried Wilhelm (1796–
1866). Chemiker, Pharmazeut und
Physiker: 1819 Privatdozent in
Erlangen und 1821–1823 in Jena.
1823–1828 Prof. an der Universität Dorpat, seit 1828 o. Prof. an
der Universität Würzburg
Manuskripte:
- Über einige neue Phosphore
durch Bestrahlung **II 5B**, **M113**
322–328
Ostade, Adriaen van (1610–1684).
Niederländ. Maler
I 6. 64$_{34}$.229$_{36}$
Otteny, Alexander Franz Joseph
(auch: Alexander Joseph Emanuel)
(1773–1820). Mechaniker und
Optiker, seit 1802 Hofmechaniker
in Jena, Vorsteher des von ihm
gegründeten physikalisch-mechanischen Instituts an der Universität
I 2. 61$_{9z}$
II 5B. M43 159$_{24}$
Otto, Johann Gottfried (geb. 1736).
Sächsischer Werkmeister, von
Februar 1784 bis April 1786 in
Ilmenau tätig, baute hier 1785/86
eine Fördermaschine
I 1. 87$_5$.90$_9$ (Werkmeister).169$_{11}$.
171$_{28}$(Werkmeister).198$_{10-11}$
(Werkmeister).18–19 (Werkmeister)
Ovid (eigentl. Publius Ovidius Naso)
(43 v. Chr.-um 18 n. Chr.). Röm.
Dichter
I 1. 311$_6$ **I 11**. 115$_{13}$
II 10A. M2.12 17$_{7-9}$
Werke:
- Metamorphoses (s. Ovid. met.) **I 9**.
106$_{15}$ **I 10**. 251$_{11}$
Pachelbel von Gehag, Johann Christoph (†1726). Doktor der
Medizin und Bürgermeister von
Wunsiedel
Werke:
- Ausführliche Beschreibung des
Fichtelberges (s. Pachelbel von
Gehag 1716) **II 7**. M70 152$_{3-17}$

Palassou, Pierre Bernard (1745–
1830). Franz. Mineraloge und Geologe: erforschte als erster Geologe
die Pyrenäen
Werke:
- Essai sur la minéralogie des
Monts-Pyrénées (s. Palassou 1781)
II 7. M66 142$_{21-24}$ M69 150–151
Palladius, Rutilius (4. Jh.). Röm.
Schriftsteller
II 9B. M33 31$_7$
Werke:
- Opus agriculturae (s. Palladius,
agric.) **II 10A**. M41 104$_{21}$
Pallas, Peter Simon (1741–1811).
Naturforscher, Geologe, Forschungsreisender: Prof. in St. Petersburg, 1768–1774 Leiter einer
Expedition durch Sibirien
I 11. 181$_{18-20}$
Werke:
- Neue Nordische Beyträge (s. Pallas
1741–1811) **II 8B**. M95 151$_{7-8}$
Pamphilos (Pamphilus) (1. H. 4. Jh.
v. Chr.). Griech. Maler, Lehrer der
Malerei, Mathematik und Geometrie
I 6. 53$_{34}$.54$_4$
Panainos (5. Jh. v. Chr.). Griech. Maler
I 6. 49$_8$
Panckoucke, Ernestine (1784–
1860). Franz. Malerin von botanischen Illustrationen und Blumen: Ehefrau des Pariser Verlegers
Charles Louis Fleury Panckoucke
II 10B. M22.11 85$_{2.2}$ (Poiteau)
Werke:
- Flore médicale (Illustr., s.
Chaumeton / Turpin 1814–1820)
- Icones plantarum Galliae rariorum
(Illustr., s. Candolle / Turpin 1808)
Pander, Christian Heinrich (1794–
1865). Embryologe und Paläontologe: auf Forschungsreisen mit
E. J. d'Alton
Werke:
- Beiträge zur Entwickelungsgeschichte des Hühnchens im Eye
(s. Pander 1817) **I 9**. 246$_{21-22}$

Pankl, Matthaeus (1740–1798).
Prof. am Jesuitenkolleg in Tyrnau,
dann in Preßburg
Werke:
- Compendium institutionum
physicarum (s. Pankl 1793)
I 6, 192$_{12-13}$.351$_{1-2}$ **II 6**. M71
106$_{541-550}$ 72 110$_{50}$

Paoli, Paolo Antonio (1720?–
1790?).
Werke:
- Antichità di Puzzuolo (s. Paoli
1768) **I 2**. 271$_{5.32}$ **I 8**. 335$_{32}$.
336$_{21-22}$

Papin, Denis (Dionysius) (1647–
1714). Physiker, Mathematiker,
Erfinder
II 1A. M44 227$_{155}$ (Papinian).
234$_{453}$

Paracelsus (eigentl. Philipp Aureolus Theophrast Bombast von Hohenheim) (1493–1541). Arzt und
Naturforscher
I 6. 128$_{23.25-26.31}$.129$_{4}$.325$_{2}$ **I 7**.
11$_{12-13}$
II 6. M56 72$_7$ 58 73$_{15}$.74$_{54}$ 106
208$_{76}$
Werke:
- Das Buch Paragranum (s. Paracelsus 1603a) **II 1A**. M1 3$_5$ (von
Schülern).$_{8-10.11-15}$
- Das Buch von den Tartarischen
Kranckheiten (s. Paracelsus
1603b) **II 1A**. M1 5$_{75-81}$
- De pestilitate (s. Paracelsus
1603c) **II 1A**. M1 4$_{59-64}$
- Labyrinthus medicorum (s. Paracelsus 1603d) **II 1A**. M1 3$_{19-20}$
- Liber de podagricis (s. Paracelsus
1603e) **II 1A**. M1 4$_{65-57}$

Pardies, Ignace Gaston (1636/38–
1673). Jesuit, lehrte zunächst am
College in Peau Mathematik, Physik und alte Sprachen, danach in
Clermont, zuletzt Prof. der Rhetorik am College Louis-le-Grand in
Paris
I 6. 267$_{17}$.268$_3$.271$_2$.275$_{12}$
Werke:
- A latin letter containing some
animadversions upon Newton's
theory of light (s. Pardies 1672a)
I 6. 267$_{18-23}$ **II 6**. M79 167$_{289-292}$
S7 188$_{13-15}$
- A second letter to Mr. Newtons
answer (s. Pardies 1672b) **I 6**.
267$_{36-38}$

Päringer, Joseph Lithograph und
Kartenstecher in München
I 9. 261$_5$.262$_3$.380$_{15-16}$

Parmiggiani, Giovanni Antonio
Besitzer der Villa Malta an der Via
Sistina in Rom, 1789/90 Quartier
für Herzogin Anna Amalia von
Sachsen-Weimar-Eisenach
I 10. 336$_2$ (Freund)
II 10B. M23.11 107$_{40}$ (Freunde)

Parmigianino (eigentl. Francesco
Mazzola) (1503–1540). Ital. Maler
I 6. 226$_{36-37}$

Parrhasius (um 400 v. Chr.). Griech.
Maler
I 6. 50$_{10}$.52$_{7.12.22.27.28.32-33.36}$.53$_{10.29}$

Parrot, Georg Friedrich von (1767–
1852). Mathematiker und Physiker; aus Mömpelgard (damals
württemberg. Enklave im franz.
Dpt. Doubs), seit 1800 o. Prof.
der Physik an der neugegründeten
Universität in Dorpat; seit 1826 an
der Akademie der Wissenschaften
in St. Petersburg
I 11. 287$_{34-35}$.288$_{11}$
Werke:
- Grundriß der theoretischen Physic
(s. Parrot 1811) **I 8**. 204$_{4-5}$
- Question de physique (s. Parrot
1827) **I 11**. 286$_{11}$–**288**$_{41}$
- Traité contenant la manière de
changer notre lumière artificielle
(s. Parrot 1791) **II 6**. M73 111$_{21}$
74 117$_{89}$

Parry, Sir William Edward (1790–
1855). Engl. Seefahrer und Polarforscher
II 2. M9.23 188$_1$

Werke:
- Journal of a second voyage for the discovery of a North-West passage (s. Parry 1824) **II 2**. M *4.2* 21₉₆₋₉₇

Partsch, Paul Maria (1791–1856). Geologe, Reisender; nach 1835 Kustos am k. u. k. Mineralienkabinett in Wien
II 8B. M *72* 110₁₅₆
Werke:
- Bericht über das Detonations-Phänomen auf der Insel Meleda (s. Partsch 1826) **II 2**. M *9.24* 190₄₂

Pascal, Blaise (1623–1662). Franz. Mathematiker, Physiker und Religionsphilosoph
I 2. 300₁₉ₘ
II 8B. M *39* 67₁₀₀

Pasini, Lodovico (1804–1870). Präsident des Istituto Veneto
II 8B. M *72* 108₈₃

Patricius, Franciscus (Francesco Patrizi da Cherso) (1529–1597). Philosoph aus Cres
II 6. M *4* 7₄₀ *38* 47₁₉
Werke:
- Nova de universis philosophia (s. Patrizi 1593) **II 6**. M *37* 46₂₁ *38* 47₂₉₋₃₀

Patrin, Eugène Louis Melchior (1742–1815). Forschungsreisender, Mineraloge und Bibliothekar bei Lyon
Werke:
- Zweifel gegen die Entwicklungstheorie (s. Patrin 1788) **II 9A**. M *40* 66₅₀₋₆₃

Paul IV. (geb. als Gian Pietro Caraf(f)a) (1476–1559). 1555–1559 Papst
I 8. 220₂₄

Paul, Johann Georg Obersteiger und Knappschaftsältester in Ilmenau, im Juni 1785 entlassen
I 1. 87₆

Paulin, Jacob Johan
Werke:
- Dissertatio gradualis de primordiis chemiae (Resp., s. Bergman 1779)

Paulsen, Carl Christian August (1766–1813). Amtskommissar in Ilmenau. Agent auf den Gewerketagen
I 1. 230₃₃.235₁(Deputierte).₆(Deputierte).₁₀(Mitdeputierte).₂₀(Deputierte).251₉ₘ(Deputierter).₁₂ₘ(Deputierten).₂₆ₘ(Deputierten). 252₃₇ₘ(hiesigen Deputierten). 253₁₀ₘ(Deputierten).₁₅ₘ(Deputierten)

Paulus (†64 n. Chr.). Apostel Jesu
I 6. 232₁₃

Paulus, Heinrich Eberhard Gottlob (1761–1851). Theologe, Orientalist; 1789 Prof. in Jena, 1803–1806 in Würzburg, auch Landesdirektionsrat für Kirchen- und Schulsachen, 1811–1844 Prof. in Heidelberg
Werke:
- Ethica ordine geometrico demonstrata (Hrsg., s. Spinoza / Paulus 1802–1803)

Pausanias (um 110–um 180). Griech. Schriftsteller aus Kleinasien
I 6. 48₁₀₋₁₇.49₁₀
Werke:
- Graeciae descriptio (s. Pausanias. Paus.) **II 10A**. M *41* 104₃₀

Payen, Anselme (1795–1871). Chemiker, Leiter einer Zuckerfabrik in Paris
Werke:
- Mémoire sur le houblon (s. Payen / Chevallier 1822) **I 9**. 332₁₈₋₂₀.₂₁₋₂₂

Peckham (Peccam), John (um 1240–1292). Franziskaner, ab 1279 Erzbischof von Canterbury
I 3. 369₂₀ₘ

Pecquet, Jean (1622–1674).
Werke:
- Nouvelle découverte touchant la veüe (Koautor, s. Mariotte / Pecquet 1668)

Pellisson-Fontanier, Paul (1624–1693). Hofgeschichtsschreiber Ludwigs XIV
I 6. 311₁₈

Werke:
- Relation contenant l'histoire de l'Académie françoise (s. Pellisson-Fontanier 1653) **II 6**. M*29* 33₆

Pemberton, Henry (1694–1771). Physiker und Mathematiker
I 3. 479₃₀ₘ
II 6. M S*3* 184₄
Werke:
- A view of Sir Isaac Newton's philosophy (s. Pemberton 1728) **I 6**. 303₂₇₋₂₈ **II 6**. M *74* 116₃₄

Penn, William (1644–1718). Quäker, Gründer von Pennsylvania
I 8. 295₁₉ (Benn)

Perkins, Elisha (1741–1799). Mediziner aus Norwich, Conneticut; Begründer einer umstrittenen Heilmethode (Perkinismus) gegen Schmerzen und Entzündungen, die auf Bestreichen der betroffenen Stellen mit zwei Metallnadeln beruhte
I 11. 41₉.42₁₈

Péron, François (1772–1810).
Werke:
- Mémoire sur le nouveau genre pyrosoma (s. Péron 1804) **II 4**. M*65* 77₇₋₈
- Voyage de découvertes aux Terres Australes (s. Péron 1807–1815) **I 2**. 82₁ᵤ

Perragalli Ital. Dolmetscher in London
I 10. 370₂₆

Persoon, Christian Hendrik (Christiaan Henrik) (1761–1836). Holländ. Naturforscher, geb. am Kap der Guten Hoffnung, lebte lange in Deutschland, sonst Paris. Kryptogamenforscher
II 10B. M*1.2* 4₁₄₋₁₆
Werke:
- Synopsis methodica fungorum (s. Persoon 1801) **II 9B**, M*47* 51₁₋₂ **II 10B**. M*1.2* 4₁₁₋₁₂
- Synopsis plantarum (s. Persoon 1805–1807) **II 10A**. M*27* 86₁₆

Perugino, Pietro (eigentl. Pietro di Cristoforo Vanucci) (um 1448–1523). Ital. Maler
I 6. 223₉

Peter I. von Russland (1672–1725). Zar
I 1. 298₁₄ₘ
II 8B. M S 15₁₇₋₂₀

Petit, Alexis Marie Thérèse (1791–1820). Physiker
Werke:
- Recherches sur la mesure des températures (Koautor, s. Dulong / Petit 1820)

Petri von Hartenfels, Georg Christoph (1633–1718). Naturforscher in Erfurt
Werke:
- Elephantographia curiosa (s. Petri von Hartenfels 1715) **I 10**. 223₁₁

Petty, William (1623–1687). Ökonom, Naturforscher, Philosoph, Gründungsmitglied der Royal Society
II 6. M*79* 169₃₆₁ M *79* 175₆₁₁–176₆₃₂

Petzeld, Franz Anton Josef (fl. 1784). Lehrer an der Realschule in Neisse
II 2. M S.*15* 120₉₇

Peucer, Heinrich Karl Friedrich (1779–1849). Historiker, Altphilologe, Schriftsteller, Beamter; 1815 Oberkonsistorialdirektor in Weimar
I 2. 29₁₉ᵤ

Peuschel, Christian Adam (†1770). Pfarrer
Werke:
- Abhandlung der Physiognomie, Metoposcopie und Chiromantie (s. Peuschel 1769) **II 1A**. M *1* 3₆₋₇

Pfaff, Christoph Heinrich (1773–1852). Mediziner, Chemiker, Physiker, Pharmakologe; seit 1798 Prof. in Kiel
II 5B. M*69* 206₉ *75* 229₁₈.₁₉
Werke:
- Ueber die farbigen Säume der Nebenbilder des Doppelspaths (s. Pfaff 1812) **I 8**. 204₂₃₋₂₇

- Ueber Newton's Farbentheorie, Herrn von Goethe's Farbenlehre und den chemischen Gegensatz der Farben (s. Pfaff 1813) **I 8.** 204$_{15-17,18}$ **II 5B.** M69 206$_1$ 95 262$_{49-50}$.265$_{4-5}$ M98 280–286

Pfalz-Zweibrücken-Birkenfeld-Bischweiler, Marie Amalie von s. *Sachsen, Marie Amalie von*

Phalaris von Akragas (6. Jh. v. Chr.). Tyrann von Akragas auf Sizilien. regierte ca. 570 bis 555 v. Chr. **II 6.** M 7 10$_7$

Pherardesca s. *Della Gherardesca*

Phidias (um 500-um 432 v. Chr.). Griech. Bildhauer
I 6. 49$_8$
II 10A. M53 113$_2$

Philibert, J. C. (Jean Charles?) (1768–1811). Franz. Botaniker
Werke:
- Introduction à l'étude de la botanique (s. Philibert 1798/1799) **II 9B.** M51 54$_{19-24}$

Phillips, William (1775–1828).
Werke:
- Outline of the geology of England (Koautor. s. Conybeare / Phillips 1822)

Philokles (6. Jh. v. Chr.). Vasenmaler aus Ägypten
I 6. 46$_{37}$

Philolaos von Kroton (470–399 v. Chr.). Griech. Philosoph
II 6. M 4 7$_{32-33}$

Piazzetta, Giambattista (1682–1754). Ital. Maler
I 6. 233$_{15}$

Picard, Jean (1620–1682).
II 6. M 82 183$_{22}$

Piccolomini, Alessandro (1508–1578). Ital. Dichter, Philosoph und Astronom; seit 1540 Prof. der Philosophie in Padua
I 6. 165$_{18}$
II 6. M65 87$_{120}$
Werke:
- Tractatus de iride (s. Piccolomini 1545) **II 6.** M 37 45$_{12}$ 38 46$_8$

Piccolomini, Graf (um 1800). Ital. Kunstsammler (?)
I 3. 256$_{8Z}$

Pietzel, Johann Christian. Schulze in Großheringen
I 2. 371$_{1Z}$

Pigburn, Frances. In London ermordete Frau
I 10. 371$_7$

Pignatelli di Belmonte, Johanna Katharina (1783–1876). Dritte Tochter von Peter von Biron. 1769–1795 Herzog von Kurland. 1801 Heirat mit Francesco Pignatelli di Belmonte. Herzog von Acerenza. 1819 geschieden
I 2. 277$_{37Z}$

Pindard Erwähnt als Besitzer einer missgebildeten Kuh
II 9B. M48 51$_2$

Pini, Ermenegildo (1739–1825). Pater. Naturforscher und Architekt in Mailand
I 1. 76$_{18M}$
II 7. M52 111$_{257}$
Werke:
- Analytische Betrachtungen (s. Pini 1821) **I 2.** 302$_{8-9M}$ **II 8B.** M39 68$_{146-147}$
- Mémoire sur des nouvelles cristallisations du Feldspath (s. Pini 1779) **I 1.** 247$_{7M}$ **II 7.** M 111 213$_{111}$
- Memoria mineralogica sulla montagna (s. Pini 1783) **I 1.** 242$_{11M}$ **II 7.** M 111 211$_8$

Piragoff, Boris Finder eines großen Stückes Gold
II 8B. M 71 104$_{28}$

Planche, Louis Antoine (1776–1840). Chemiker, Pharmakologe in Paris
Werke:
- Résultats de l'analyse de la poussière jaune du houblon (s. Planche / Yves 1822) **I 9.** 332$_{20-21}$

Plank s. *Plenck, Joseph Jacob von*

Platon (Plato) (427–347 v. Chr.). Griech. Philosoph

I 3. $435_{29}.441_{29M}.443_{20M}$ **I 6.** 6_1.
$39_{28}.72_{8.26}.73_{24}.88_{28}.90_{13-14.18.37}$.
$91_{24.33.38}.92_{25}.110_{23}.113_{41}.125_{33}$.
$135_4.140_{24}.142_{16}.144_{32}.167_{4.37}$.
$184_{23}.197_{30-31}.292_6$ **I 7.** 10_{33} **I 8.**
$216_6.223_{30}$ **I 9.** $230_{11.13.31}$
II 5B. M9 30_{194} 41 151_{116} S7
248_{24} **II 6.** M4 $7_{29.30}$ 5 8_{11} S 11_{16}
10 13_2 14 15_{11} 26 30_{55} 41 52_{143} 45
55_{10} 53 69_8 71 101_{343} **II 7.** M45
75_{281} **II 10A.** M52 112_{39}
Werke:
- Auserlesene Gespräche (s. Platon / Stolberg 1796–1797) **I 3.** 231_{10-11Z}
- Phädon (s. Platon / Köhler 1769) **II 1A.** M1 $7_{169-8}202_.8_{203.209-213}$. $9_{245-247}$ (Pl.)$._{255-265}$
- Theaetetus (s. Platon, Tht.) **II 6.** M4 6_8
- Timaeus (s. Platon, Tim.) **I 6.** $7_{33-34}.72_{30-31}$ **II 4.** M72 86_6 **II 6.** M106 208_{65}

Playfair, John (1748–1819). Schott. Mathematiker und Geologe; Prof. der Mathematik und Natural Philosophy in Edinburgh
Werke:
- Illustrations of the Huttonian theory of the earth (s. Playfair 1802) **II 8B.** M72 106_{20-21} 95 151_{31-32}

Plée, Franz (François) (fl. 1827–1835). Kupferstecher in Paris
II 10B. M22.11 85_6

Plempius, Vopiscus Fortunatus (1601–1671). Prof. der Medizin in Leuven und Gegner Descartes
II 6. M106 $207_{44}.208_{68}$

Plenck, Joseph Jacob von (1738–1807). Mediziner; Prof. für Anatomie, Krankenpflege und Botanik an der Universität Ofen, später in Wien
Werke:
- Doctrina de morbis oculorum (s. Plenck 1777) **II 4.** M22 25_6

Plessing, Friedrich Victor Leberecht (1749–1806). Philosoph,
Religionswissenschaftler; 1788 Prof. der Philosophie an der Univ. Duisburg
I 1. 68_Z

Plictho s. *Rosetti, Giovanventura (Johannes Ventura)*

Plinius d. Ä. (Gaius Plinius Secundus) (23/24–79). Röm. Schriftsteller, Historiker, Naturforscher
I 6. $39_9.43_{30.37}.44_{15.32}.45_{7.27}$.
$46_4.38.47_{26.33.38}.48_3.49_{6.9.23}.50_7$.
$51_{13}.52_{5.19.26}.53_{8.25}.55_4.56_{1.38}$.
$57_{2.13-14.20.31}.58_{12.14.26.30.37}.59_{10}$.
$60_{21}.64_{1.8.22}.65_{23}$ **I 7.** 10_9 **I 11.** 63_{10}
II 7. M45 $75_{281-282}$ **II 9A.** M50
84_{26} **II 9B.** M33 37_{215}
Werke:
- Naturalis historia (s. Plinius maior, nat.) **II 4.** M74 93_{11} **II 10A.** M41 104_{22}

Plinius, Gaius Plinius Caecilius Secundus Minor (61/62–113/115). Röm. Politiker, Redner und Schriftsteller, Neffe von Plinius d. Ä.
Werke:
- Epistolarum (s. Plinius minor 1644) **II 1A.** M1 $6_{139-140}$
- Epistulae (s. Plinius minor, epist.) **I 9.** 274_{20}

Plotin (um 205 – um 270). Griech. Philosoph
I 3. 436_5 **I 4.** 18_{21-22}
Werke:
- Enneades (s. Plotin, enn.) **II 3.** M26 17_{2-5}

Plots Um 1806 Gutsherr auf Zedtwitz bei Hof
I 1. 289_{34Z}

Plutarch (Plutarchus) (um 46 – um 120). Griech. Biograph, Historiker, Philosoph
I 6. $1_{13.31.26.4_{6.14.25}.5_2}$ **I 9.** $274_{8(?)}$
I 11. 283_{35-37}
Werke:
- Lebens-Beschreibungen (s. Plutarch 1745–1754) **I 2.** 428_{30M} (Plutarch, Kimon III) **II 8A.** M11 20

- Moralia (s. Plutarch. mor.) **II 5B**.
  M 9 25₂₋₇.30₁₈₈₋₂₁₄ **II 6**. M 4 6₂₁₋₂₃
  5 8₇₋₈ S 11₁₋₂₇ M 9 12₁₋13₁₁ **II 9B**.
  M 51 55₃₁
- Opera omnia (s. Plutarch / Xylander 1620) **II 5B**. M 9 25₂₋₇.
  30₁₈₈₋₂₁₄ **II 6**. M 7 10

Poggendorf, Johann Christian
(1796–1877). Physiker: Apotheker-Lehre in Hamburg. Studium in
Berlin. 1824–1876 Hrsg. der Annalen der Physik. 1834 ao. Prof. in
Berlin. 1839 Mitglied der Berliner Akademie
II 8B. M 72 106₃₆

Pohl, Georg Friedrich (1788–
1849). Physiker: Gymnasiallehrer
in Stettin und Berlin. Prof. in Berlin und Breslau
II 1A. M S3 329₆₀₅
Rezensionen:
- Ohm: Die galvanische Kette (s. Pohl 1828) **II 1A**. M S3 315–330

Pohl, Johann Baptist Emmanuel
(1782–1834). Prof. der Medizin
und Botanik in Prag
I 2. 209₂₉ᴢ.210₂₋₄ᴢ (beiden).₆ᴢ.₈ᴢ.
234₁₂ᴢ.238₁₀.246₁₄.251₃ᴢ (Fremden).294₁₃ (Männer) **I 8**. 352₁₁.
353₅ (Männer) **I 11**. 222₁₅
II 10A. M 66 145₅ (Reisenden) 67
146₇ (Reisenden)

Poiret, Jean Louis Marie (1755–
1834). Geistlicher, Forschungsreisender und Botaniker
Werke:
- Leçons de Flore (s. Poiret / Turpin 1819–1820) **I 10**. 309₃₃–310₃
  (Turpin).313₄₋₅ (Turpin).₅

Poisson, Siméon Denis (1781–
1840). Mathematiker, Physiker:
Schüler von Laplace
II 1A. M S3 326₄₀₀

Poiteau, E. s. Panckoucke, Ernestine

Poiteau, Pierre Antoine (Alexandre?) (1766–1854). Franz. Botaniker und botan. Illustrator
II 10B. M 22.11 85₃ (Maler und Botaniker)

Werke:
- Flore Parisienne (s. Poiteau / Turpin 1808) **II 10B**. M 22.11 85₁₅₋₁₇

Polidoro da Caravaggio (Polydor)
(eigentl. Polidoro Caldara) (1495–
1553). Ital. Maler des Manierismus,
in Rom, Neapel und auf Sizilien tätig
I 4. 244₈.₂₃

Polignac, Melchior de (1661–
1742). Franz. Diplomat, seit 1704
Mitglied der Pariser Akademie.
1713 Kardinal. 1725 Gesandter in
Rom. 1732 Erzbischof von Auch
(im Südwesten Frankreichs)
I 5. 193₂₆ (Kardinals)₍?₎ **I 6**.
318₁₇.₂₀.₂₈.₃₅.319₉.₁₃.₁₆ **I 7**. 13₃₄
II 6. M 91 190₁₇ 92 191₂₁ 134
268₃₅ 135 269₇
Werke:
- Anti-Lucretius (s. Polignac 1748)
  I 6. 319₁₈.₂₁ **II 6**. M S3 184₁₃

Polinière, Pierre (1671–1734).
Mediziner und Prof. der Physik am
Collège d'Harcourt in Paris
I 6. 215₂₁
II 6. M 59 78₁₁₂

Pöllnitz, Karl Ludwig von (1692–
1775). Oberzeremonienmeister am
Hof Friedrichs II.
Werke:
- Amusemens des eaux de Spa
  (s. Pöllnitz 1734) **I 2**. 355₁₃ (Verfasser) **I 11**. 270₁₋₂ (Verfasser der Amusements)

Polydor s. Polidoro da Caravaggio (Polydor)

Polygnot (5. Jh. v. Chr.). Antiker Maler
I 6. 48₁₃.₁₉.₃₁.49₉.50₉.₁₉.₂₀.51₅.₁₉.58₁₇

Pompeius (Gnaeus Pompeius Magnus) (106–48 v. Chr.). Röm. Politiker und Feldherr; Gegenspieler Caesars
I 1. 139₂₇ᴍ **I 2**. 398₁₄ᴢ
II 7. M 94 187₁₀₂

Pontedera, Giulio (1688–1757).
Ital. Botaniker; Prof. in Padua.
Direktor des botan. Gartens dort
II 9A. M 50 84₂₇

Porsenna (Ende 6. Jh. v. Chr.). Etruskerkönig. Eroberer Roms 507 v. Chr.
II 6. M 79 179$_{758}$
Porta, Giambattista della (um 1538–1615). Ital. Naturforscher
I 6. 138$_{7-8}$.140$_{14}$.141$_{11}$.150$_{32}$. 156$_{21-22}$.247$_{35}$ **I** 7. 112$_{20}$ **I** 8. 185$_{27}$ **II** 6. M 39 47$_3$ 47 59$_{15}$ 118 224$_{17}$
Werke:
- De humana physiognomonia (s. Porta 1586) **I** 6. 141$_{21-22}$
- De refractione optices parte libri novem (s. Porta 1593) **II** 6. M 135 269$_{22}$
- L'arte del ricordare (s. Porta 1566) **I** 6. 141$_{22}$
- Magia naturalis (s. Porta 1558) **I** 6. 138$_{14-15}$.140$_{20.22-23.33}$ **II** 6. M 37 46$_{15}$ M 45 54–58

Portius Unbekannte Person in einem Bericht über ein besonders schweres Gewitter
II 2. M 9.38 202$_{25}$

Portio (Porzio), Simone (Portius, Simon) (eigentl. Simone Porta) (1496/97–1554). Ital. Gelehrter; Prof. der Philosophie
I 3. 396$_{29M}$ **I** 6. 110$_{37-38}$.123$_{10}$. 124$_{11}$.127$_{21}$
Werke:
- De coloribus libellus (Übers., Komm., s. Theophrastus / Aristoteles / Portius 1549)
- De coloribus oculorum (s. Portius 1550) **II** 6. M 135 269$_{13-14}$ 136 273$_{64-66}$

Portland, Herzogin von s. *Cavendish Bentinck, Margaret, Duchess of Portland*

Poseidonios (Posidonius) (135–51 v. Chr.). Griech. Philosoph (Stoa) und Geograph
I 1. 373$_{36}$.374$_{11-12}$ **I** 8. 61$_{3.13}$ **I** 11. 131$_{33}$.132$_6$

Poselger, Friedrich Theodor (1771–1838). Mathematiker und Physiker; seit 1817 Prof. an der allgemeinen Kriegsschule in Berlin.
seit 1825 Mitglied der Akademie der Wissenschaften
Werke:
- Der farbige Rand eines durch ein biconvexes Glas entstehenden Bildes (s. Poselger 1811) **I** 8. 204$_{2-3}$

Posselt, Johann Friedrich (1794–1823). Prof. für Mathematik und Astronomie in Jena. seit Juli 1819 Leiter der Jenaer Sternwarte sowie der Meteorologischen Stationen des Herzogtums Sachsen-Weimar-Eisenach
I 8. 321$_9$ (Dr. Fr. P.)
Rezensionen:
- Howard: The Climate of London (s. Posselt 1823) **I** 8, 320$_1$–321$_9$ **I** 8. 321$_{10}$ (Aufsatz) **II** 2. M 6.1 38$_1$

Pott, Johann Heinrich (1692–1777). Dt. Chemiker und Mediziner
Werke:
- Chymische Untersuchungen (s. Pott 1746–1751) **II** 7. M 45 75$_{310}$

Pourchot, Edmé (1651–1734). Prof. der Philosophie in Paris
I 6. 215$_{6.26}$

Prälat von Tepl s. *Reitenberger, Karl Kaspar*

Prange, Christian Friedrich (1756–1836). Prof. der bildenden Künste in Halle a. d. Saale
Werke:
- Farbenlexicon (s. Prange) **I** 3. 348$_{10M}$

Prätorius, Hieronymus (1595–1651). Theologe
I 9. 16$_{33-34}$ **I** 10. 323$_{38}$

Praxiteles (um 390 v. Chr.-um 320 v. Chr.). Griech. Bildhauer
I 6. 54$_{37}$.55$_{13}$

Preen, August Klaus von (1776–1822). Gutsbesitzer auf Dummerstorf bei Ribnitz. Mecklenburg. mecklenburg-schwerinischer Kammerherr
I 2. 107$_{21z}$.174$_{23z}$.253$_8$.255$_9$.256$_{34}$. 388$_{14}$.391$_1$ **I** 11. 223$_{29}$.225$_{30}$. 227$_{18}$.307$_3$.320$_{35}$

Presta, Giovanni (1720–1797). Mediziner und ital. Agronom aus Gallipoli. Werk zum Olivenanbau auf der Halbinsel Salento
Werke:
- Memoria su i saggi diversi di olio (s. Presta 1786) **II 9B**. M33 $34_{106-108,129}$

Preußen, König/Königin von. Siehe die Einträge unter den jeweiligen Vornamen

Preußen, Luise Königin von (geb. Prinzessin von Mecklenburg-Strelitz) (1776–1810).
I 2. 145_3 (Königin) **I 8**. 171_{12} (Königin)

Prévost, Louis Constant (1787–1856). Lehrer der Geologie an der École centrale des Arts et Manufactures, Paris
II 8B. M72 107_{74}

Prévost (Prevost), Pierre (1751–1839). Philosoph und Physiker; 1793 Prof. der Philosophie, 1810 bis 1823 Prof. der Physik an der Akademie in Genf
II 1A. M17 150_{61}
Werke:
- Exposé succinct d'une recherche expérimentale (s. Prevost 1807) **I 3**. 280_{13Z} (Nachricht).$_{17Z}$ (Aufsatz) **II 3**. M17 11
- Quelques remarques d'optique (s. Prevost 1813) **I 8**. 204_{14}

Priestley, Joseph (1733–1804). Britisch-amerikan. Theologe und Naturforscher; seit 1794 in Northumberland in Pennsylvania
I 3. 98_{13M} **I 6**. $365_{17,34}$ **I 7**. 34_{14} **II 1A**. M16 134_{58} **II 6**. M114 216_{13}
Werke:
- Geschichte und gegenwärtiger Zustand der Optik (s. Priestley / Klügel 1775–1776) **I 3**. 78_{TA}. $95_{17}–98_{29M}.241_{2M}.242_{15-16Z}$. $401_{16-17M}.457_{19-21M}.478_{32-33M}$ **I 4**. 7_{31} **I 6**. $360_{5-6}.365_{15,16}.367_{6-8,8}$ **I 7**. $15_{8}.30_{37}–31_{5}$ **II 6**. M74 117_{77-78} (Klügel) 112 215_{74-75} 113 216_{23-24} 115 224 133 $263_{174-179}$ M136 $275_{174}–276_{180}$
- History and present state of electricity (s. Priestley 1769) **II 4**. M42 53_{20-22}
- The history and present state of discoveries (s. Priestley 1772) **I 3**. $401_{7-9M,18M}$ **I 6**. 365_{27-29} **I 7**. 15_{4} **II 4**. M42 53_{8} **II 6**. M74 117_{75-76} 113 216_{23} 133 $263_{165-173}$
- Versuche und Beobachtungen (s. Priestley 1778–1780) **I 7**. $31_{32,35-37}$ **I 11**. 219_{16} **II 5B**. M113 323_{12} (Widerlegung)

Prieur-Duvernois, Claude Antoine (Prieur de la Côte d'Or) (1763–1832). Franz. Genie-Offizier, zeitweise auch Mitglied des Nationalkonvents
II 5B. M40 147_{15}

Privat de Molières, Joseph (1677–1742). Franz. Physiker und Mathematiker; Mitglied der Pariser Académie des Sciences und Prof. am Collège de France
II 6. M59 78_{113}

Prochazka (Prochatzka), Joseph Österreich. Polizeibeamter, Kreis- und Inspektionskommissar; seit 1808 Erster Kreiskommissar in Eger, Mai bis Aug. 1807 Aufenthalt in Karlsbad
I 1. 321_{20Z} **I 2**. $19_{14Z(?)}$

Proclos, Proklos (410–485). Spätantiker griech. Philosoph
I 9. 274_{9-11}

Prony, Gaspard Clair François Marie Riche de (1755–1839). Mathematiker, Wasserbauingenieur; Mitglied der Académie des Sciences in Paris
II 6. M115 223_{234}

Protogenes (4. Jh. v. Chr.). Griech. Maler
I 6. $56_{27,33}.59_{29}.60_{7}$

Proust, Joseph Louis (1755–1826). Franz. Chemiker und Apotheker;

Prof. der Chemie in Paris. Segovia und Madrid
II 4. M*26* 30₁₋₂₍?₎
Przystanowsky, Rudolph von
Werke:
- Ueber den Ursprung der Vulkane in Italien (s. Przystanowsky 1821) **II 8B.** M *72* 111₁₈₂₋₁₈₃

Ptolemäus, Claudius (Klaudios Ptolemaios) (etwa 90–160). Astronom, Geograph und Mathematiker in Alexandreia
II 5B. M*14* 54₉₀ **II 6.** M*28* 33₈ *34* 38₂₇,₃₁

Publilius Syrus (um 40 v. Chr.). Röm. Dichter
Werke:
- Sententiae (s. Publilius Syrus, Publil. Syr.) **I 9.** 274₁₉

Purkinje, Johannes Evangelista (Purkyně, Jan Evangelista) (1787–1869). Physiologe und Naturforscher; 1823 o. Prof. für Physiologie in Breslau
I 2. 348₂₆ **I 8.** 271₈.414₈ **I 9.** 344₈,₂₁,₃₄.345₁₆,₃₆.346₁₇,₃₆.347₂₂. 351₃₃₋₃₄.353₁₄
II 5B. M *71* 207₂ *74* 227₄₆ *95* 262₅₄ *106* 311₁₇₋₁₈ (Freunden) M *110* 317₁–318₁₄
Werke:
- Beiträge zur Kenntnis des Sehens in subjectiver Hinsicht (s. Purkinje 1819) **I 9.** 343₁₋₂,₆₋₇,₂₀. 343₁–352₃₇.344₃₃.345₁,₄,₁₅,₂₄. 346₁₉,₂₁.347₁₁.348₉,₁₈,₃₂.349₃,₃₀. 350₂₄,₂₇,₃₂,₃₇.351₅ **II 5B.** M *71* 207–208 M *72* 209–220 *73* 225₁,₆ *74* 227₄₆₋₄₇ M *76* 229–231 *84* 243₈ *88* 250₄₄ *147* 407₉₋₁₀ **II 10A.** M*64* 144₉
Manuskripte:
- Das Phänomen der Klangwellen **II 5B.** M*147* 407–416
- Etwas über farbige Dunsthöfe an Glasscheiben **II 5B.** M*104* 305–306

Pursh, Frederick (1774–1820). Dt.-amerik. Botaniker und Gärtner
Werke:
- Flora Americae septentrionalis (s. Pursh 1814) **II 10B.** M*14* 39

Pusch, Georg Gottlieb (1790–1846). Geologe; Prof. der Chemie und Hüttenkunde an der Bergakademie Kielce, Polen; später Bergrat und Chef des Berg- und Hüttendepartements in Warschau
I 2. 239₁₂z
II 8B. M*30* 49₃₋₆

Putsche, Karl Wilhelm Ernst (1765–1834). Theologe und landwirtschaftlicher Schriftsteller; 1796 Pfarrer in Wenigenjena bei Jena, seit 1817 auch Privatdozent an der philosoph. Fakultät
Werke:
- Versuch einer Monographie der Kartoffeln (s. Putsche / Bertuch 1819) **II 8B.** M*21* 36₀

Pyrrhon (um 360–270 v. Chr.). Griech. Philosph
I 6. 5₁₀.71₁₅

Pythagoras (um 570-um 496 v. Chr.). Griech. Philosoph und Mathematiker
I 3. 443₁₇M **I 6.** 1₃,₅,₁₂,₁₄,₂₀.12₁₇. 70₁₃ **I 7.** 9₃₆ **I 8.** 223₂₉₋₃₀
II 1A. M*1* 4₅₀ (Pyth.) *49* 246₁₅
II 6. M*4* 7₃₄ M*106* 208₅₁–207₅₁

Pythagoreer (Pythagoräer) Angehörige der philosophischen Schule des Pythagoras von Samos
II 1A. M*49* 246₁₅ **II 6.** M*4* 6₂₅.7₃₃ *5* 8₉ *8* 11₆

Quäker Ursprünglich der Spottname für eine religiöse Gruppe mit christlichen Wurzeln, die sich „Religious Society of Friends" nannte; sie wurde Mitte des 17. Jh. in England von George Fox gegründet. Zu ihren grundlegenden Prinzipien gehörten Nächstenliebe und Gleichwertigkeit der Menschen sowie eine luxusfeindliche Lebensweise
I 8. 287₃₃₋₃₅.288₃ (Freunde). 292₁₅₋₁₆.293₂₂ (Gesellschaft der Freunde).295₂₀

II 2. M*5.3* 28₂₆₋₃₀ („The Friends").31₁₅₄ (Society of Friends).32₁₈₆ („Friends")
Quercetanus (Joseph Duchesne) (1544–1609). Franz. Mediziner. Anhänger des Paracelsus
II 6. M *106* 208₇₇
Quintilian, Marcus Fabius (35–100 n. Chr.). Röm. Rhetor
Werke:
- Institutio oratoria (s. Quintilian. inst.) **II 1A**. M *1* 6₁₃₃₋₁₃₈ (X. 3)
Racknitz, Joseph Friedrich Freiherr zu (1744–1818). Schriftsteller. Komponist. Geologe: 1790 Hausmarschall in Dresden, von 1800 bis 1803 Hofmarschall mit der Direktion über die Kapell- und Kammermusik und das Theater
I 1. 290₂₈z **I 2**. 93₁₇.94₁₇ **I 8**. 27₄ **II 7**. M *101* 196₁
Werke:
- Briefe über das Carlsbad (s. Racknitz 1788) **I 1**. 351₅ (Briefe) **I 2**. 94₁₆₋₂₁ (Briefe) **I 8**. 28₃₋₉.383₂₇ (Briefe)
Radlof, Johann Gottlieb (1775-nach 1827). Prof. der dt. Sprache in Bonn
Werke:
- Zertrümmerung der großen Planeten Hesperus und Phaëton (s. Radlof 1823) **II 8B**. M *72* 105₁₋₂
Raffael (Raphael) (eigentl. Raffaello Sanzio / Santi) (1483–1520). Ital. Maler und Baumeister in Florenz und Rom
I 1. 286₁₇z **I 4**. 244₂ **I 6**. 60₉.92₃. 223₃₇ **I 9**. 352₁₆ **II 9A**. M *100* 148₃.149₄₁ **II 10A**. M *52* 112₃₂
Rafn, Carl Gottlob (1769–1808). Dän. Botaniker
Werke:
- Udkast til en Plantephysiologie (s. Rafn 1796) **I 9**. 329₃₃.330₃₇.₄₂
- Von dem Perkinismus (Hrsg.. s. Herholdt / Rafn 1798)

Ragosa Gräfliche Familie
I 1. 294₂₃M
II 8B. M *7* 11₃₉
Rahn, Johann Heinrich (1749–1812). Schweizer Mediziner und Mineraliensammler: Chorherr in Zürich
I 1. 267₁₂z.₁₉z
Ramdohr, Karl August (Beichlingen) Dr. med. zu Schloss Beichlingen in Thüringen
II 10A. M *2.3* 7₃₇₋₃₈ *2.12* 18₃₄
Rameau, Jean-Philippe (1683–1764). Franz. Musiker. Komponist und Musiktheoretiker: Begründer der musikalischen Harmonielehre
II 4. M *7* 14₃₃ **II 5B**. M *142* 395₃₇₋₃₈
Ramond de Carbonnières, Louis François Elisabeth (1753–1827). Franz. Botaniker und Reiseschriftsteller
II 2. M *9.13* 178₁₀
Werke:
- Sur l'état de la végétation au sommet du Pic du midi de Bagnères (s. Ramond de Carbonnières 1823) **I 11**. 315₄₋₅
Ramsden, Jesse (John) (1735–1800). Engl. Optiker und Instrumentenmacher: Schwiegersohn von John Dollond. seit 1786 Mitglied der Royal Society
I 11. 165₃₁
II 3. M *34* 28₉.₂₀ **II 5B**. M *114* 333₉₇.₉₉.₁₀₄ (er)
Ramée, Pierre de la (Petrus Ramus) (1515–1572). Franz. Philosoph und Mathematiker
I 8. 223₂₆
Werke:
- Dialectica (s. Ramus 1556) **II 10B**. M *20*. S 61₃
Raphael s. *Raffael (Raphael)*
Rappold, Samuel Friedrich Leipziger Kammerrat und Kaufmann. von 1688 bis zu seinem Konkurs 1702 Verleger in Ilmenau
I 1. 21₅M.₈₋₉M.22₅M

Raspail, François Vincent (1794–1878). Franz. Chemiker und Botaniker
II 10B. M22.10 83$_{11}$
Raspe, Rudolph Erich (1736–1794). Bibliotheksschreiber in Hannover, Prof. der Altertumskunde am Carolinum und Aufseher des kurfürstl. Antiquitätenkabinetts in Kassel, seit 1775 in England, vielseitiger Schriftsteller
Werke:
- Beitrag zur allerältesten und natürlichen Historie von Hessen (s. Raspe 1774) **II 8B**. M72 109$_{125-126}$
- Nachricht von einigen Niederhessischen Basalten (s. Raspe 1771) **I 2**. 164$_{22}$ **I 8**. 157$_{31}$

Ratke, Wolfgang
Werke:
- Kurtzer Bericht von der Didactica oder Lehrkunst Wolfgangi Ratichii (s. Ratke / Helwig / Jungius 1614) **II 10B**. M20.8 62$_{27-28}$

Rauch, Christian Daniel (1777–1857). Maler, Bildhauer in Berlin
I 2. 119$_{37Z}$

Rauh Major; Goethes Führer auf die Heuscheuer (1790)
I 1. 193$_{23Z}$

Raumer, Karl Georg von (1783–1865). Schüler von A. G. Werner, Prof. der Mineralogie 1811–1813 in Breslau, 1819–1823 in Halle, danach Prof. der Naturgeschichte in Erlangen
I 1. 321$_{14Z}$
Werke:
- Geognostische Fragmente (s. Raumer 1811) **II 8B**. M72 110$_{166}$

Raynal, Guillaume Thomas François (Abbé Raynal) (1713–1796). Franz. Theologe, Historiker und Politiker; Hrsg. der „Anecdotes Littéraires"
Werke:
- Melchior de Polignac (s. Raynal 1750) **I 6**. 318$_{29-30}$

Reade (Read), Joseph (†1856). Schott. Arzt, Naturforscher und Dichter; Mitglied des Royal College of Surgeons, London, der Royal Medical Society, Edinburgh, 1816 Annual President der Royal Physical Society of Edinburgh; Gegner Newtons
I 8. 361$_{30}$.362$_{6}$ (Beobachter)
II 5B. M26 123$_{26}$ 40 147$_{17}$ 43 160$_{27}$ 67 204$_{30}$
Werke:
- Experiments tending to prove (s. Reade 1814a) **II 5B**. M25 117$_{9}$
- Experiments to prove that the spectrum is not an image of the sun (s. Reade 1814b) **I 8**. 361$_{30}$–362$_{5}$ **II 5B**. M25 117–120

Réaumur, René Antoine Ferchault de (1683–1757). Franz. Jurist und Naturforscher; befasste sich mit Fragen der Physik, Zoologie (u. a. Entomologie) und Botanik, seit 1708 Mitglied der Pariser Académie des Sciences
I 6. 325$_{30}$ **I 9**. 330$_{17}$ **I 11**. 244$_{20}$
II 1A. M44 232$_{381}$ **II 2**. M$S.1$ 66$_{82.85-86.95}$ $S.6$ 108$_{3}$ 9.15 180$_{11-12}$
II 5B. M3 9$_{10-11}$

Reden, Friedrich Wilhelm Graf von (1752–1815). Direktor der schlesischen Bergwerke, nach 1802 preußischer Oberberghauptmann und Staatsminister
I 1. 201$_{12}$

Rees, Abraham (1743–1825). Mathematiklehrer in London, Geistlicher; Hrsg. einer Enzyklopädie
I 8. 295$_{23}$ (Herausgeber)
II 2. M5.3 33$_{242}$
Werke:
- The Cyclopaedia (s. Rees 1819–1820) **I 8**. 295$_{20}$

Regius, Henricus (Heinrich) (1598–1679). Niederl. Arzt und Philosoph
Werke:
- Philosophia naturalis (s. Regius 1654) **II 6**. M59 78$_{90}$

Regnault, Noël (1683–1762). Jesuit,
Prof. der Mathematik in Paris
I 6. 321_{28}
Werke:
- Entretiens physiques d'Ariste et
d'Eudoxe (s. Regnault 1755) I 3.
493_{10M} I 6. 303_{22-23} II 6. M *134*
268_{17}

Rehbein, Wilhelm (1776–1825).
Mediziner: 1816 Hofmedikus in
Weimar. 1822 Leibarzt des Großherzogs. Hausarzt Goethes
I 2. $117_{20Z}.277_{13Z}$

Reichard, Heinrich August Ottokar (1751–1828). Schriftsteller;
betreute 1780–1814 die Privatbibliothek des Herzogs von Sachsen-Gotha
II 6. M*61* 81

Reichel, Georg Christian (1717–
1771). Prof. der Medizin in Leipzig, dort Goethes Arzt
Werke:
- De vasis plantarum spiralibus
(s. Reichel 1758) II 9A. M*48* 80_{12}

**Reichenbach, Heinrich Gottlieb
*Ludwig*** (1793–1879). Mediziner,
Botaniker und Zoologe in Dresden
I 10. 312_{14}
Werke:
- Botanik für Damen. Künstler und
Freunde der Pflanzenwelt überhaupt (s. Reichenbach 1828) I 10.
$311_{20}-312_{26}.315_{17}-316_{10}.363_{14}$

Reichert, Johann Friedrich (um
1770–1831). 1793 Hofgärtner in
Belvedere, 1796 Handelsgärtner
in Weimar; Sohn des Johannes
Reichert
I 9. 241_{19}
II 10A. M*37* 98_{24} (Sohn)

Reichert (Reichard), Johann(es)
(um 1738–1797). 1777 Hofgärtner. 1793 Garteninspektor in Belvedere. Mitgestalter des Weimarer
Parks
I 9. $240_{8}.241_{15}$
II 9A. M*88* $132_{31,34}$ S9 135_4 *113*
172_1 II 10A. M*37* $98_{10-13,23}$

Reichetzer, Franz (geb. 1770). Bergrat in Wien
Werke:
- Anleitung zur Geognosie (s. Reichetzer 1812) I 2. 7_{7-8Z} II 8B.
M 72 111_{208}

Reiffenstein, Johann Friedrich
(1719–1793). Jurist und Altertumswissenschaftler aus Litauen,
seit 1762 in Rom
I 10. 336_9
II 10B. M*23.3* $95_{52}.96_{103}$ *23.13*
109_{20}
- Garten II 10B. M*23.10* 105_{16-21}

Reil, Johann Christian (1759–
1813). Mediziner; seit 1787 Prof. in
Halle a. d. Saale, ab 1810 in Berlin
I 1. 279_{14Z}
II 5B. M 72 220_{436}

Reineggs, Jakob (eigentl. Christian
Rudolf Ehrlich) (1744–1793).
Doktor der Medizin und Abenteurer; Reisen nach Russland und in
den Orient, gestorben in St. Petersburg; Verfasser von Beschreibungen des Kaukasus (postum veröffentlicht)
Werke:
- Von den Meerschaumenen und
andern türkischen Pfeifenköpfen
(s. Reineggs 1787) II 7. M *107*
$205_{3-9}.206_{38}.207_{113-114}$

Reinhard, Franz Volkmar (1753–
1812). Theologe; 1791 Oberhofprediger in Dresden
Werke:
- Kurze historische Darstellung der
gesammten kritischen Philosophie
(s. Reinhard 1801) II 1A. M*66*
$283-284_{(?)}$
Manuskripte:
- Kurze Vorstellung der Kantischen
Philosophie II 1A. M*66* 283–284

**Reinhard, Karl Friedrich (1809:
Baron, 1815:) Comte (Graf) von**
(eigentl. Charles Frédéric Reinhardt) (1761–1837). Diplomat
dt. Herkunft in franz. Diensten;
1808 Gesandter in Kassel, 1814

Staatsrat. Kanzleidirektor im Außenministerium. 1815 Gesandter beim Bundestag in Frankfurt. 1830–1832 in Dresden
I 3. 280$_{15Z}$.474$_{28Z}$
II 2. M 9.1S 182–184 II 4. M 6 6$_1$–13$_{284}$ II 5B. M 75 229$_{13}$
Manuskripte:
- Traduction de Mr. Reinhard / Couleurs physiologiques… [Übersetzung der Farbenlehre ins Französische] II 4, M 6 6–13
Reinhardt (Reinhard) In Mannheim
I 1. 292$_{27M}$
II 8B. M 7 10$_{13}$
Reinhold, Karl Leonhard (1758–1823). Philosoph: 1787–1794 Prof. in Jena. später in Kiel. Beiträge über die Kantische Philosophie im „Teutschen Merkur"; Schwiegersohn von Chr. M. Wieland
II 1A. M 14 111$_{35}$
Reißig, Kornelius (Cornelius) August Heinrich von (1781–1860). Erfinder mechanischer Geräte und Astronom; seit 1804 Prof. der Astronomie an der Sternwarte in Kassel. seit 1810 in St. Petersburg
II 5B. M 13 49$_1$–51$_{81}$
Reitenberger, Karl Kaspar (1779–1860). Abt des Prämonstratenserstifts Tepl in Marienbad
I 2. 185$_{17Z}$.197$_{38M}$ (Prälat).211$_{31Z}$ (Prälat).219$_{35}$ (Prälat).226$_7$ I 8. 252$_2$ (Prälat).259$_5$
II 8B. M 6 8$_{72}$ 10 18$_{81}$
Rembrandt (eigentl. Harmensz van Rijn) (1606–1669). Niederländ. Maler, Zeichner und Radierer
I 6. 64$_{30}$.229$_{33}$.230$_{32}$.334$_3$
Reni, Guido (1575–1642). Ital. Maler. Schüler der Carracci
I 4. 252$_{17}$ I 6. 229$_{7.12.19}$
Renner, Theobald (1779–1850). Arzt, Tierarzt; 1816 Prof. in Jena. Gründer und Direktor der Tierarzneischule
I 9. 170$_{9-10}$

Restout, Jean (1692–1768). Franz. Maler
I 6. 233$_{37}$
Reumont, Gérard (Gerhard)
Werke:
- Analyse des eaux sulfureuses d'Aix-La-Chapelle (s. Reumont / Monheim 1810) I 2. 61$_{7-9Z}$
Reupel s. *Riepl (Reupel), Franz Xaver*
Reuss (Reuß), Franz Ambrosius (1761–1830). Mediziner und Geologe: Badearzt in Bilin (Böhmen). studierte bei A. G. Werner in Freiberg. Verfasser geologischer und paläontologischer Werke über Böhmen
I 1. 350$_{18}$ (Mitarbeiter) I 2. 5$_{4Z}$.27$_{27Z}$.28$_{11Z}$.31$_{12-13}$.54$_{6Z.34Z}$. 173$_{12Z.25Z}$ I 8. 383$_3$ (Mitarbeiter)
I 11. 149$_{17}$
Werke:
- Chemisch-medizinische Beschreibung des Kaiser Franzensbades oder des Egerbrunnens (s. Reuss 1816) I 2. 209$_{20-21Z}$.211$_{21Z}$
- Lehrbuch der Mineralogie (s. Reuss 1801–1806) I 1. 321$_{2Z}$. 350$_{20-24}$ I 2. 164$_{24}$ I 8. 157$_{33}$. 383$_{4-8}$ II 8A. M 69 99$_{10-11}$
- Mineralogische Geographie von Böhmen (s. Reuss 1793–1797) I 1. 356$_{26-27Z}$ (Meinung).$_{31Z}$ (Auslegung) I 2. 5$_{8Z}$
- Orographie des Nordwestlichen Mittelgebirges in Böhmen (s. Reuss 1790) I 2. 61$_{17Z}$ II 8B. M 72 111$_{184}$
Reuß-Greiz, Heinrich XIV. Prinz von (1749–1799). General in österreich. Diensten. seit 1785 Gesandter in Berlin; Identifizierung unsicher
I 3. 112$_{22.27.34}$.113$_{18}$
Reynolds, Sir Joshua (1723–1792). Engl. Maler
I 6. 235$_{38}$
Rhode, Johann Gottlieb (1762–1827). Prof. der Geographie und der dt. Sprache an der Kriegsschule in Breslau

Werke:
- Beiträge zur Pflanzenkunde der Vorwelt (s. Rhode 1820) **I 2**. 199$_{162}$

Rhodius, Ambrosius (1577–1633). Astronom und Mathematiker; Dekan der Phil. Fak. in Wittenberg
Werke:
- Optica / De crepusculis (s. Rhodius 1611) **II 6**. M59 76$_{9-10}$ 135 269$_{26}$

Ribera, Guiseppe José (um 1590–1652). Span. Maler
I 6. 228$_{28}$

Riccioli, Giovanni Battista (1598–1671). Jesuit in Bologna. Gegner des Kopernikanischen Systems
Werke:
- Almagestum novum (s. Riccioli 1651) **I 6**. 192$_{30-31}$

Richard de Saint-Non, Jean Claude s. *Saint-Non, Jean Claude Richard de*

Richard, Louis Claude Marie (1754–1821). Franz. Botaniker und Forschungsreisender
I 10. 306$_6$
II 10B. M22.10 84$_{15}$
Werke:
- Analyse der Frucht und des Saamenkorns (s. Richard 1811) **I 10**. 300$_{22}$–301$_5$ **II 10B**. M22.2 75$_{16-17}$
- Mémoire sur une nouvelle famille des plantes: les Balanophorées (s. Richard 1822) **I 9**. 325$_{10-11.36}$. 327$_{4-11}$

Richardson, Sir John (1787–1865). Geologe in Irland
Werke:
- Account of the Whynn Dikes (s. Richardson 1810) **II 8B**. M72 110$_{161-162}$

Richelieu, Armand-Jean du Plessis (seit 1631:) Duc de (Kardinal Richelieu) (1585–1642). Franz. Kardinal und Staatsmann; Premierminister unter König Ludwig XIII.
I 8. 362$_{28}$

Richtenburg, Joachim
Werke:
- Optice de diversis luminis gradibus dimetiendis (Übers.. s. Bouguer 1762)

Richter, August Gottlieb (1742–1812). Chirurg; 1766 ao., 1771 o. Prof. in Göttingen. ab 1782 Großbritannischer Hofrat
I 1. 274$_{7z}$
Werke:
- Anfangsgründe der Wundarzneykunst (s. Richter 1782–1804) **II 4**. M22 25$_4$

Richter, Georg Friedrich (1691–1742). Prof. der Mathematik. Moral und Politik an der Univ. Leipzig
I 6. 289$_{19}$.291$_1$ **I 7**. 87 (ND: 75)$_2$
Werke:
- Defensio disquisitionis suae contra Jo. Rizzettum (s. Richter 1724) **I 6**. 289$_{31}$.290$_1$

Richter, Henriette Elisabeth (geb. Hoop) (um 1752–1831). Ehefrau von August Gottlieb Richter
I 1. 274$_{7z}$

Richter, Jeremias Benjamin (1762–1807). Philosoph. Chemiker. Mathematiker
II 1A. M16 137$_{180}$ 44 224$_{41-42}$. 226$_{128.138}$
Werke:
- Ueber die neuern Gegenstände der Chymie (s. Richter 1793) **II 1A**. M16 137$_{161-173}$

Riedesel zu Eisenbach auf Altenburg, Johann Hermann von (1740–1785). Reiseschriftsteller
Werke:
- Reise durch Sicilien und Großgriechenland (s. Riedesel 1771) **II 1A**. M1 10$_{287-290}$

Riemer, Friedrich Wilhelm (1774–1845). Altphilologe und Pädagoge; 1798/99 Privatdozent in Halle. 1801 Hauslehrer bei Wilhelm von Humboldt in Tegel und Rom. 1803–1808 Hauslehrer von

Goethes Sohn August, bis 1812 Hausgenosse und Sekretär Goethes, später Prof. am Gymnasium und seit 1814 Bibliothekar in Weimar: Mitarbeiter an der Herausgabe von Goethes Werken letzter Hand
I 2. 59$_{5Z}$.94$_{36}$.363$_{32Z}$ I 7. 10$_{23}$ I 8. 28$_{23}$
II 4. M*13* 18–19 *14* 19 *18* 23 M*24* 26–28 M*25* 28–30 *29* 32 M*31* 33–34 *34* 38$_{(?)}$ M*38* 43–46 M*39* 46–51 *41* 52 M*43* 54–57 M*54* 65–66 77 94 II 5B, M SS 250$_{35}$ 95 262$_{28}$ II 6. M*61* 81 II 10A. M2.5 10$_{13}$ II 10B. M*20*. S 62$_{31}$
- Berichterstatter I 2. 392$_{16-24Z}$
Werke:
- Der Ausdrück Trüb [Chromatik. Geschichtliches. 27] (s. Riemer 1822) I 8, 226–229
- Vorläufig aus dem Altertum (s. Riemer 1822) I 9, 260$_{26-30}$
Manuskripte:
- Der Ochse hat schon bey Homer... [Altphilologische Vermerke zum Thema Urstier] II 10A, M*41* 104
- Joseph Müller geb. 1727... II 8B, M*7* 10–14
- Nach Theophrast ist die Musik... [Notiz] II 5B, M*146* 406

Riemer, Karoline (Caroline) Wilhelmina Henrietta Johanna (geb. Ulrich) (1790–1855). 1809 Gesellschafterin Christiane von Goethes, von Goethe als Schreiberin herangezogen, seit 1814 verh. mit Friedrich Wilhelm Riemer
I 2. 6$_{30-31Z}$ (Frauenzimmer)

Riepl (Reupel), Franz Xaver (1790–1857). Mineraloge und Geologe: Fürstlich Fürstenbergischer Beamter, später Prof. am Polytechnikum in Wien
I 2. 117$_{14Z.32Z}$.123$_{12Z}$.151$_{19M}$ (Geolog)$_{(?)}$
II 8A. M*118* 153$_{2}$ (Oriktognost)$_{(?)}$ *117* 153$_{22}$ (Geolog)$_{(?)}$

Manuskripte:
- Geognostische Charte von Böhmen I 2. 117$_{33Z}$.123$_{13-15Z}$ II 8A. M*118* 153$_{3}$ II 8B. M*21* 36$_{3}$

Riese, von Adelsfamilie aus der Nähe von Frankfurt am Main; möglicherweise die Familie von Johann Jacob Riese (1746–1827), einem Jugendfreund Goethes
I 1. 255$_{33Z}$

Rigaud, Hyacinthe François Honoré Mathias Pierre André Jean (1659–1743). Franz. Maler
I 6. 233$_{30}$.234$_{9}$

Rinman, Sven Eric Reinhold (Rinmann, Swen) (1720–1792). Schwed. Mineraloge und Metallurg
Werke:
- Versuch einer Geschichte des Eisens (s. Rinman 1785) I 1. 192$_{3Z}$

Rio, Nicola da Mineralienhändler in Padua
II 8B. M*4* 5$_{6}$

Riolan (Riolanus), Jean (1539–1606). Möglicherweise auch der gleichnamige Sohn (1577–1657); beide Ärzte in Frankreich, zahlreiche Veröffentlichungen
II 9A. M*137* 221$_{80}$

Risner, Friedrich (†1580). Dt. Mathematiker
Werke:
- Opticae libri quatuor ex voto Petri Rami (s. Risner 1606) II 6, M*135* 269$_{23}$
- Opticae Thesaurus (Hrsg. und Komm., s. Alhazen 1572)

Ritgen, Ferdinand August (1787–1867). Mediziner in Gießen
I 9. 261$_{4}$.262$_{1}$.318$_{1-23}$
II 5B. M SS 251$_{50}$
Werke:
- Gemälde der organischen Natur in ihrer Verbreitung auf der Erde (Koautor, s. Wilbrand / Ritgen 1821)

Rittenhouse, David (1732–1796).
Werke:
- Explanation of an optical deception (s. Rittenhouse 1786) **II 6**. M78 159$_{23-24}$

Ritter, Johann Wilhelm (1776–1810). Physiker und Philosoph: 1796–1798 Student in Jena, dann Privatgelehrter in Weimar, Gotha und Jena. 1803 Privatdozent in Jena, seit 1805 in München. Mitglied der Bayerischen Akademie der Wissenschaften
I 3. 244$_{17Z,19Z}$ (Naturforscher).245$_{6,7Z,8Z}$.280$_{8Z}$.355$_4$.382$_{7Z,8Z,9-10Z,11Z}$ **I 7**. 28$_{21}$.34$_{15}$.35$_9$.36$_{33}$
II 1A. M44 236$_{512}$.237$_{587}$.M56 258–261 **II 4**. M70 82–85
Werke:
- Beweis, dass ein beständiger Galvanismus den Lebensprocess in dem Thierreiche begleite (s. Ritter 1798) **II 1A**. M23 158 24 160
- Über das Sonnenlicht (s. Ritter 1802) **I 7**. 34$_{34-35}$
- Versuche mit einer Voltaischen Zink-Kupfer-Batterie von 600 Lagen (s. Ritter 1803) **II 1A**. M83 319$_{164}$.328$_{538}$
- Versuche und Bemerkungen über den Galvanismus der Voltaischen Batterie (s. Ritter 1801) **I 3**. 502$_{2-3M}$ **II 1A**. M83 319$_{164}$.328$_{538}$
- Von den Herren Ritter und Böckmann (s. Ritter 1801) **I 7**. 34$_{34}$

Manuskripte:
- Galvanische Versuche von Johann Wilhelm Ritter **I 3**, 502–503$_M$
- Vertheilung Determination Manifestation… [zu Magnetismus, Elektrizität, Galvanismus] (Koautor, s. Goethe – Vertheilung Determination Manifestation…)
- [Aufzeichnungen zum Galvanismus] **II 1A**, M25 161–163
- [Zeichnungen zu „Beweis, dass ein beständiger Galvanismus den Lebensprocess in dem Thierreich begleite"] **II 1A**, M23 158
- [Zeichnungen zu elektrochemischen Versuchen wohl von Sommer 1801] **II 1A**. M38 210
- [Zeichnungen zu magnetischen und elektrochemischen Versuchen wohl von Sommer 1801] **II 1A**. M39 211

Ritter, Wilhelm von Wegebauinspektor in Prag
I 2. 278$_{32Z}$

Rizzetti, Giovanni (1675–1751). Ital. Gelehrter, Architekt
I 3. 98$_{11M}$.335$_{12M}$.493$_{24M,28M}$ **I 4**. 25$_{16}$ **I 5**. 108$_3$.141$_{16}$ **I 6**. 288$_{10}$.289$_{12,26}$.290$_{1,13,18,28}$.292$_{16,18}$.293$_{25,30}$.295$_{11,19}$.317$_{17,19}$.340$_{38}$.341$_{28}$.350$_{10}$.352$_{29}$.361$_{24}$.364$_6$ **I 7**. 13$_{14}$.87 (ND: 75)$_3$
II 4. M6 6$_{17}$ **II 6**. M71 103$_{425}$ 92 191$_{22}$ 111 212$_6$ 112 213$_7$.214$_{48}$ 114 216$_3$ 119 226$_{65}$ 120 228$_{48}$ 134 268$_{34}$
Werke:
- De luminis affectionibus specimen physico-mathematicum (s. Rizzetti 1727) **I 6**. 290$_{2-3,7}$.293$_{20}$.318$_{25-26}$ **II 4**. M57 68$_3$ **II 6**. M135 270$_{57-58}$
- De luminis reflexione (s. Rizzetti 1729) **I 6**. 290$_{5-6}$
- De luminis refractione (s. Rizzetti 1726) **I 6**. 290$_{4,5}$
- De systemate opticae Newtonianae et de aberratione radiorum in humore crystallino refractorum (s. Rizzetti 1724a) **I 6**. 292$_{17-18}$
- Excerpta e novo exemplari epistolae seu Dissertationis Anti-Newtonianae (s. Rizzetti 1724b) **I 6**. 289$_{34,35,35-36}$ **II 6**. M74 115$_{24}$
- Reise durch Italien (s. Rizzetti 1724) **I 6**. 289$_{23-24,24-25}$ **II 6**. M135 270$_{59}$
- Super disquisitionem G. F. Richteri, de iis quae opticae Newtonianae Jo. Rizzettus oposuit (s. Rizzetti 1724c) **I 6**. 289$_{32-33}$

Robertson (früher: Robert), Etienne Gaspard (1763–1837). Franz. Theologe; Prof. der Physik im Département de l'Ourthe, reiste als Fantasmagorist und Aëronaut durch Europa
I 4. 59$_9$ I 8. 200$_{33}$ (Luftschiffer). 201$_8$ (Aeronaut).$_{21}$
II 5B. M43 159$_8$
Werke:
- Bericht von der zweiten Luftfahrt zu Hamburg (s. Robertson 1804) I 8. 200$_{30-32}$.201$_{4-7}$

Rochon, Alexis Marie de (1741–1817). Franz. Geistlicher, Astronom und Physiker; 1787 Astronom-opticien der Marine, 1796 Direktor der Sternwarte zu Brest, Mitglied der Académie des Sciences in Paris
II 6. M115 223$_{234}$
Werke:
- Bemerkungen über die Erfindung der achromatischen Fernröhre und die Vervollkommnung des Flintglases (s. Rochon 1800) II 6. M116 223

Röderer, Johann Georg (1726–1763). Prof. der Geburtshilfe in Göttingen
I 6. 356$_{14}$

Roger II. von Sizilien (1095–1154). Aus normann. Adelsgeschlecht, ab 1105 Graf, ab 1130 erster König von Sizilien
II 9B. M33 36$_{195-196}$

Rohault, Jacques (1620–1675). Franz. Mathematiker, Physiker und Philosoph
II 6. M59 76$_{29}$
Werke:
- Physica (s. Rohault 1697) I 6. 302$_{22-27}$ II 6. M71 98$_{240-241}$ 83 184$_{1-2}$
- Traité de Physique (s. Rohault 1671) I 3. 493$_{1M(?)}$ I 6. 285$_2$.302$_{22}$ II 6. M71 98$_{240}$ 134 267$_7$

Rohde, Johann Philipp von (1759–1834). Militär, Physiker und Astronom; mehrere Jahre Lehrer an der Ingenieur-Akademie in Potsdam
Werke:
- Ueber die Polarisation des Lichts (s. Rohde 1819) I 8. 208$_{8-28}$

Rohr, Julius Bernhard von (1688–1742). Landkammerrat und Domherr in Merseburg
Werke:
- Compendieuse physicalische Bibliotheck (s. Rohr 1724) I 6. 345$_{30-31}$ II 6. M71 94$_{106-112}$ 72 109$_{15}$ 74 116$_{30}$

Roland de la Platière, Marie-Jeanne (Madame Roland; geb. Manon Philipon) (1754–1793). Politikerin, Schriftstellerin; Anhängerin der Franz. Rev., gehörte zur Partei der Girondisten, 1793 guillotiniert
II 1A. M73 302$_6$

Rolfink, Werner (1599–1673). Mediziner, Anatom, Botaniker in Jena
I 9. 163$_4$ I 10. 324$_1$

Romanelli, Giovanni Francesco (um 1610–1662). Ital. Maler
I 6. 233$_{26}$

Romé de l'Isle, Jean Baptiste Louis (1736–1790). Physiker und Mineraloge; Privatmann in Paris, Mitglied der Akademien von Erfurt, Berlin und Stockholm, Verfasser der ersten exakten Beschreibung der Kristallformen
I 10. 241$_{31}$.242$_2$ (jener Erste).372$_5$
Werke:
- Versuch einer Crystallographie (s. Romé de l'Isle 1777) I 1. 98$_{9M}$ II 7. M67 147$_3$

Römer, Olaus (1664–1710). Dän. Astronom; Prof. für Mathematik
I 11. 163$_{27}$

Rondet Mathematiker, stand in Kontakt mit Castel
II 6. M101 200$_{41}$

Röper, Johann August Christian (1801–1895). Dt. Botaniker in Basel
I 10. 306$_{15}$

Werke:
- Enumeratio Euphorbiarum (s. Röper 1824) **I 10**. 305$_{33}$.306$_{1-16}$

Rose, Valentin (1762–1807). Berliner Apotheker
II 5B. M*147* 408$_{37}$ (roosischen)

Rösel von Rosenhof, August Johann (1705–1759). Naturforscher, Maler, Kupferstecher: nach längeren Studienreisen lebte er in Nürnberg, erforschte kleinere Tiere und bildete sie ab
Werke:
- Historia naturalis ranarum nostratium (s. Rösel von Rosenhof 1758) **II 9A**. M*100* 149$_{19}$
- Monatlich herausgegebene Insecten-Belustigung (s. Rösel von Rosenhof 1746–1761) **I 10**. 179$_{17}$. 188$_{14}$

Rosenberg, Abraham Gottlob (†1746). Theologe: Pastor zu Mertschütz in Schlesien
Werke:
- Versuch einer Erklärung von den Ursachen der Electricität (s. Rosenberg 1745) **II 1A**. M*1* 10$_{285-286}$

Rosenstiel, Philipp Friedrich (1754–1832). Oberbergrat, Ilmenauer Gewerke
I 1. 201$_{13}$

Rosenthal, Gottfried Erich (1745–1814). Naturforscher: Bergkommissar in Nordhausen
I 3. 62$_{15-16}$
Werke:
- Theorie der Geschwindigkeit und Taschenspielerkunst (Koautor, s. Martius / Rosenthal 1791)
- Unterricht in der natürlichen Magie (Bearb., s. Martius / Rosenthal / Wiegleb 1779–1805)

Rosetti, Giovanventura (Johannes Ventura) (Plictho)
Werke:
- De arte de Tentori (s. Rosetti 1548) **II 4**. M*58* 69$_{7-10}$

Rosinus, Michael Reinhold
Werke:
- Tentamen de lithozois ac lithophytis olim marinis iam vero subterraneis (s. Rosinus 1719) **I 1**. 274$_{31-32Z}$

Rösler, Balthasar
Werke:
- Speculum metallurgiae politissimum (s. Rösler 1700) **I 2**. 110$_{17M}$
II 8A. M*93* 122$_{31}$

Rösler (Rößler), Gottlieb Friedrich (1740–1790). Mathematiker und Physiker: seit 1770 o. Prof. der Mathematik und Physik am Gymnasium in Stuttgart
Werke:
- Beyträge zur Naturgeschichte des Herzogthums Wirtemberg (s. Roesler 1788–1790) **I 2**. 164$_{24}$
I 8. 157$_{33}$

Ross, John (1777–1842). Engl. Polarforscher. Entdeckungsreise 1818 zur Westküste Grönlands
II 10B. M*1.3* 13$_{58}$.14$_{67}$.15$_{119}$

Roth, Christian Friedrich Wilhelm (1726–1807). 1783 als Kanzlist im Geheimen Consilium in Weimar
Manuskripte:
- Das Mineralreich nach dem Wernerschen System (1783) (Kalligraph, s. Werner)

Rousseau, Jean-Jacques (1712–1778). Franz.-schweiz. Schriftsteller und Philosoph: als Botaniker Vertreter einer natürlichen Pflanzen-Systematik
I 10. 203$_{22}$.327$_{26}$–329$_{33}$.330$_{7-22}$
II 10B. M*23.4* 98$_{20}$ *23.5* 99 *23.6* 100 M*23.7* 100–101 *23.8* 102
Werke:
- Fragments pour un Dictionnaire des termes d'usage en Botanique (s. Rousseau 1826) **I 10**. 330$_{19-20}$
- La Botanique (s. Rousseau 1822) **I 10**. 329$_{20-28}$
- Lettres élémentaire sur la botanique (s. Rousseau 1782) **I 10**. 328$_{33-37}$

Roux, Jakob Wilhelm Christian (1771 –1830). Maler, Zeichner. Stecher; 1813 Universitätszeichenlehrer in Jena. 1819 Prof. in Heidelberg
I 8. 94₁₇

Roxburgh, William (1751–1815). Schott. Arzt und Botaniker. 1793–1813 Direktor des botanischen Gartens in Kalkutta
II 10A. M27 87₄₃
Werke:
- Plants of the coast of Coromandel (s. Roxburgh 1795–1819) **I 9.** 326₃₁

Rozier, Jean-Baptiste François (1734–1793). Abbé aus Lyon. Agronom und Botaniker; Hrsg. der Zeitschrift „Observations sur la physique, sur l'histoire naturelle et sur les arts"
II 6. M108 209₁ **II 9A.** M84 126₄₂

Rubens, Peter Paul (1577–1640). Niederländ. Maler
I 4. 244₄ **I 6.** 229₃₂

Rudolphi, Johann Christian (1729–1813). Pfarrer und Gartenschriftsteller in Großröhrsdorf bei Meißen
Werke:
- Nelken-Theorie (s. Rudolphi 1787) **II 9A.** M65 110

Ruffo, Giordano (fl. 1250–1260). Ritter am Hof Kaiser Friedrich II.
II 10A. M62 140₇₋₈.141₁₆₋₁₇ (Verfasser).₂₂ (Verfasser)
Werke:
- Arte di conoscere la natura dei cavalli (s. Ruffo 1403) **II 10A.** M62 140₈–141₁₁

Rühle von Lilienstern, Johann Jakob Otto August (1780–1847). Offizier. Militärschriftsteller; 1807–1811 Prinzenerzieher in Dresden. Freund H. von Kleists
Werke:
- Reise mit der Armee im Jahre 1809 (s. Rühle von Lilienstern 1810–1811) **I 2.** 59₈Z

Rumar s. Rumohr (Rumar), Carl Friedrich Ludwig Felix von

Rumford, Sir Benjamin Thompson, Graf von (1753–1814). Naturphilosoph; Experimentator und Erfinder, wirkte in Amerika, London, München und Paris
I 3. 370₂₀M **I 4.** 49₁₄ **I 6.** 357₇ **I 7.** 34₁₅
II 1A. M44 233₄₂₀₋₄₂₉
Werke:
- An account of some experiments upon coloured shadows (s. Rumford 1794) **II 6.** M73 113₁₀₆₋₁₀₉
- Nachricht von einigen Versuchen über die gefärbten Schatten (s. Rumford 1795) **I 3.** 92₃₄–93₉Z. 370₂₀₋₂₂M

Rumohr (Rumar), Carl Friedrich Ludwig Felix von (1785–1843). Kunsthistoriker und Schriftsteller in Dresden; seit 1805 abwechselnd in Holstein und München. 1804 und später Reisen nach Italien
I 3. 278₅Z(?).279₂₇M (Der zweite)(?)

Runge, Friedlieb Ferdinand (1795–1867). Chemiker und Pharmakologe; Privatdozent an der Universität Berlin, dann Prof. für Technologie an der Univ. Breslau
Werke:
- Neueste phytochemische Entdeckungen (s. Runge 1820–1821) **II 10B.** M22.1 74

Runge, Philipp Otto (1777–1810). Maler und Kunstschriftsteller; u. a. in Kopenhagen, Greifswald, Dresden und Hamburg
I 1. 285₃₃Z **I 4.** 257₁₄–264₇ **I 6.** 356₃₂ **I 7.** 24₃₈
II 5B. M26 123₁₅ 75 229₁₂

Rupp, Heinrich Bernhard (1688–1719). Mediziner und Botaniker an verschiedenen Orten, zuletzt in Jena
Werke:
- Flora Jenensis (s. Rupp 1718) **I 9.** 16₃₆ **I 10.** 324₂₋₃

Rüppell, Eduard Wilhelm Peter Simon (1794–1884). Naturforscher am Frankfurter Senckenbergischen Museum. Forschungsreisender
Werke:
- Brief an K. C. v. Leonhard (s. Rüppell 1820) **I 2**. 300[18M]
II 8B. M39 67[99–101]
Russell, John Jurist
Werke:
- A tour in Germany (s. Russell 1824) **I 2**. 392[0M] **II 8B**. M59 95
Russland, Alexander I. Pawlowitsch von (1777–1825). Russ. Zar. Sohn Pauls I. (1754–1801), regierte Russland von 1801 bis 1825
II 8B. M71 104[4–41]
Ruysch, Rachel (1664–1750). Niederländ. Hofmalerin des Kurfürsten Johann Wilhelm von der Pfalz
I 10. 249[8]
Sabatier, Raphaël Bienvenu (1732–1811). Chirurg und Anatom in Paris
Werke:
- Traité complet d'anatomie (s. Sabatier 1775) **II 10A**. M24 83[21]
Sacchi, Andrea (1599–1661). Ital. Maler; Schüler von Albani in Rom
I 6. 232[34].233[2,3].235[28]
Sachse, Johann Christoph (1762–1822). Bibliotheksdiener in Weimar
Werke:
- Der deutsche Gilblas (s. Sachse 1822) **I 2**. 133[24–28M] **II 8A**. M112 148[2–6]
Sachsen (Kurfürstentum, Herrscherhaus)
I 1. 15[29–31M].18[36M] (Höfe). 19[2M,18–19M,34M].20[2M] (Hof).[7–8M]. 26[21M] (Dresdner Hof).27[37–38M]. 34[34M].37[18M].42[18–19M].91[12–13] (Sächsischen Häuser).111[1M,35–36M]. 210[3] (Häuser) **I 2**. 43[8] **I 8**. 148[2] (Landesherr)

Sachsen, Friedrich August III. von (1750–1827). Seit 1763 Kurfürst. 1806 als Friedrich August I. König
I 1. 91[19].198[35]
Sachsen, Johann Friedrich der Großmütige von (1503–1554). Von 1532 bis 1547 Kurfürst von Sachsen. Protestant und Hauptführer des Schmalkaldischen Bundes
I 8. 301[38]
Sachsen, Marie Amalie von (geb. Prinzessin von Pfalz-Zweibrücken-Birkenfeld-Bischweiler) (1752–1828). Seit 1769 verh. mit Friedrich August I., bis1806 Kurfürstin, von 1806–1827 Königin von Sachsen
I 2. 34[13] (Königin von Sachsen)
I 11. 152[10]
Sachsen-Coburg (Herzogtum, Familie)
I 1. 15[29M] (sächsische Häuser).[31M] (sächsische Häuser)
Sachsen-Coburg-Saalfeld (Herzogtum, Familie)
I 1. 18[36M].19[29M] (sächsische Häuser).32.27[37–38M].37[18M].42[18–19M]. 91[12–13] (Sächsischen Häuser).210[3] (Häuser)
Sachsen-Gotha und Altenburg (Herzogtum, Familie)
I 1. 15[29M] (sächsische Häuser).[31M] (sächsische Häuser).18[36M] (Höfe). 19[2M,23,33M].20[2M] (Hof).27[37–38M]. 37[18M].42[18–19M].91[12–13] (Sächsischen Häuser).111[32M].112[14M].171[1–2].210[3] (Häuser) **I 2**. 123[36–37Z]
Sachsen-Gotha und Altenburg, August Prinz von (1747–1806). General. Bruder von Herzog Ernst II.
I 3. 481[3Z,5Z] (Fürst) **I 6**. 423[16]
Sachsen-Gotha und Altenburg, Emil Leopold August von (1772–1822). Seit 1804 Herzog, zweiter Sohn von Herzog Ernst II., nach dem Tod seines Bruders Ernst 1779 Erbprinz

PERSONEN

I 11, 162₂₆ (Herzog von Gotha). 164₁₄ (Herzoge)
Sachsen-Gotha und Altenburg, Ernst II. Ludwig Herzog von (1745–1804). Regent seit 1772, seit 1774 Freimaurer. 1783 Illuminat
I 1. 91₂₁.110₂₇₋₂₈ₘ **I 2**. 428₄ₘ **I 6**, 423₁₃₋₁₄
Sachsen-Hildburghausen (Herzogtum, Familie)
I 1. 18₃₆ₘ (Höfe).19₂₉ₘ (sächsische Häuser).₃₂ₘ.27₃₇₋₃₈ₘ.37₁₈ₘ.42₁₈₋₁₉ₘ. 91₁₂₋₁₃ (Sächsischen Häuser). 112₆ₘ.11ₘ.15₋₁₆ₘ.210₃ (Häuser)
Sachsen-Meiningen (Herzogtum, Familie)
I 1. 18₃₆ₘ.19₂₉ₘ (sächsische Häuser).₃₀ₘ.27₃₇₋₃₈ₘ (Häuser). 37₁₈ₘ.42₁₈₋₁₉ₘ.91₁₂₋₁₃ (Sächsischen Häuser).210₃ (Häuser)
Sachsen-Weimar und Eisenach Herzogliche, seit 1815 Großherzogliche Familie
I 1. 15₂₉ₘ (Häuser).₃₁ₘ (sächsische Häuser).18₁ₘ.9₋₁₀ₘ.19₁₇ₘ.37ₘ. 21₃ₘ.4ₘ.12ₘ.22₁₅ₘ.24₂₅ₘ.25₁₁ₘ. 26₁₈ₘ.22₋₂₄ₘ.29ₘ.37ₘ.27₂₆ₘ.55₈ₘ. 91₁₂₋₁₃ (Sächsichen Häuser).210₃ (Häuser) **I 2**. 123₃₆₋₃₇z (Erhalter)
Sachsen-Weimar und Eisenach, Anna Amalia, Herzogin von (geb. Prinzessin von Braunschweig-Wolfenbüttel) (1739–1807). 1756–1758 verh. mit Herzog Ernst August II. Konstantin, bis 1775 Regentin. Mutter von (Groß-)Herzog Karl August
I 9, 240₃₃ **I 11**, 299₅
Sachsen-Weimar und Eisenach, Constantin (1758–1793). Offizier; Bruder von Karl August
I 9, 240₃₆
Sachsen-Weimar und Eisenach, Ernst August (1688–1748). Regierender Herzog. Erbauer von Schlössern in Belvedere und Dornburg
I 9, 239₉₋₁₀
II 10A, M37 98₃₋₄

Sachsen-Weimar und Eisenach, Karl August Herzog von (1757–1828). Seit 1775 Regent, 1815 Großherzog. Sohn von Herzogin Anna Amalia
I 1. 11₁z.₂₃z (wir).18₂₃ₘ.19₂₀ₘ. 21₂₆ₘ.26₃₂₋₃₃ₘ.27₁₀ₘ (Durchlaucht).₂₉ₘ (Serenissimo). 35₁₉₋₂₀ₘ.36₂₂ₘ.37₆ₘ.₁₁₋₁₂ₘ.₁₈₋₁₉ₘ. 38₁₆₋₁₇ₘ.₃₀₋₃₁ₘ.39₃₅ₘ.40₂₃₋₂₄ₘ. 42₁₇₋₁₈ₘ.63₈₋₉ₘ.₂₀.64₃₀₋₃₁ₘ (Herrn).₃₂ₘ (Herrn).65₁₁ₘ (Herrn). 66₃₀ₘ (Fürsten).₃₄ₘ.86₁₃₋₁₄ (Landesherr).₂₆₋₂₇ (Landesherr). 91₂₈.92₃₆₋₃₇ (Durchlaucht).109₃₃ₘ. 110₂₆ₘ.178₁₆ (Durchl.).184₂₄₋₂₆. 187₂₂.198₃₆.200₂₇₋₂₉.207₂₁. 209₃₁₋₃₂ (Herrn).₃₇ (Fürsten). 210₂₇ (Herrn).217₈ (Herrn).₃₃. 220ₜₐ (Herzog).225₁₅.234₂₆.252₂₉ₘ (Serenissimus).284₁₆₋₃₁ **I 2**. 3₃₁₋₃₂z (Serenissimus).7₂₄z (Durchlaucht). 10₂₁z (Herzog).18₂₉z (Herrschaft). 20₃₅z (Serenissimus).22₁₆z (Herrschaft).29₁₃z (Serenissimus). 52₂₃₋₂₄z (Serenissimus).81₃₁z.82₂₉z (Serenissimum).83₁z (Serenissimo).93₂₂ (Fürst).107₉z (Serenissimo).233₃₅z (Großherzog).₃₆₋₃₇z (Großherzog).245₂₀z (Fürst). 251₈z (Serenissimus).276₂₆z (Serenissimus).₃₄z.277₁₄z (Serenissimus).278₁₀z (Serenissimus).₁₆z (Fürst).₂₀z.316₅z (Großherzogl. Diamanten).364₁₂z (Serenissimus) **I 3**. 100₃₂z.111₁₂ (Herzog).447₂₈z **I 6**, 423₁₀ **I 8**, 27₉ (Fürst).73₃₃ **I 9**, 16₁.19₁₂.71₂₂. 169₁₀₋₁₁.₂₂.240₄.₂₉.241₁₇.₂₃₋₂₄.₃₂. 242₂.₁₁.243₁₇ **I 10**, 321₁₀.323₁₅. 326₃₆ (Fürst) **I 11**, 53₂₂ (Herzog).54₂ (Herzog).162₄ (Durchlaucht).₁₂.₁₈₋₁₉.166₅₋₆ (Stifters) **II 2**, M8.1 64₁₄ 8.2 72₃.85₅₁₆ 9.14 179₁ 9.25 191₂ **II 7**, M5 8₁₃(?) 7 9₁ **II 8A**, M43 66₂ (Serenissimi) **II 8B**, M18 26 25 44₆ 28 47₅₋₆ **II 10A**, M36 94₃₄ (Herzog)(?) 37 98₁₅.99₄₀ **II 10B**, M1.2 3₂₋₃.4₂₂₋₂₃.7₁₄₀₋₁₄₁

Sachsen-Weimar und Eisenach, Karl Bernhard von (1792–1862). Zweiter Sohn von Herzog Karl August und Luise. Herzog. niederländ. Generalmajor
I 2. 53$_{2Z}$

Sachsen-Weimar und Eisenach, Karl Friedrich von (1783–1853). Erster Sohn von Karl August und Luise. Erbprinz. seit April 1815 Erbgroßherzog. 1828 Großherzog
I 2. 6$_{9Z}$ (erbprinzlicher Auftrag). 7$_{10Z}$ (Erbprinz).28$_{Z}$ (Erbprinz). 10$_{18Z}$ (Erbprinzen).30$_{Z}$ (Erbprinz). 21$_{20Z}$ (Erbprinz).27$_{Z}$ (Erbprinz)

Sachsen-Weimar und Eisenach, Karl Friedrich von (Familie)
I 9. 241$_{33}$

Sachsen-Weimar und Eisenach, Luise Auguste Herzogin von (geb. Prinzessin von Hessen-Darmstadt) (1757–1830). Seit 1775 verh. mit Herzog Karl August. seit 1815 Großherzogin
I 2. 107$_{16-17Z}$ (von hoher Hand). 365$_{18Z.21Z}$ I 3. 279$_{34Z}$ (Damen). 415$_{34Z.35Z}$ (Durchlaucht) I 4. 1$_{1-33}$ I 6. 429$_{9.22}$ I 7. 3$_{9-10}$ I 9. 240$_{30}$

Sachsen-Weimar und Eisenach, Maria Paulowna (Pawlowna) Erbgroßherzogin von (geb. Großfürstin von Russland) (1786–1859). Schwester von Zar Alexander I. von Russland. seit 1804 verh. mit Erbprinz Karl Friedrich. 1815 Erbgroßherzogin. 1828 Großherzogin
I 2. 27$_{12Z}$ (Hoheit).$_{18Z}$ (Hoheit).$_{22Z}$ (Hoheit).29$_{10Z}$ (Herrschaften) I 11. 162$_{5}$ (Erbprinzessin) II 10B. M 24.21 126$_{6-7}$

Sachsen-Weimar, Wilhelm Ernst, Herzog von (1662–1728). Seit 1683 Herzog
I 9. 167$_{28}$

Sachsen-Zeitz (Herzogtum, Familie)
I 1. 15$_{29M.31M}$ (sächsische Häuser)

Saint-Ange, J. M. de
Rezensionen:
- Geoffroy de Saint-Hilaire: Principes de Philosophie zoologique (s. Saint-Ange 1830) I 10. 400$_{18-24}$

Saint-Non, Jean Claude Richard de (1727–1791). Abbé
Werke:
- Voyage pittoresque (s. Saint-Non 1781–1786) I 2. 271$_{15-30.33}$ I 8. 336$_{4-19.22}$

Saint-Simon, Louis de Rouvroy, Duc de (1675–1755). Franz. Schriftsteller
Werke:
- Mémoires complets (s. Saint-Simon 1829–1830) II 2. M 9.33 198–199

Salisbury, Richard Anthony (1761–1829). Engl. Botaniker und Gärtner
II 10A. M 27 86$_{31}$
Werke:
- The Paradisus Londinensis (s. Salisbury / Hooker 1805–1807) II 10A. M 27 86$_{12}$

Sallust (Gaius Sallustius Crispus) (86-um 35 v. Chr.). Röm. Geschichtsschreiber
I 6. 112$_{27}$
II 6. M 41 50$_{63}$

Salm-Reifferscheidt-Dyck, Joseph Franz Maria Hubert Ignaz Fürst und Altgraf zu (1773–1861). Amateur-Botaniker auf Schloss Dyck bei Düsseldorf
I 2. 261$_{35}$ I 8. 368$_{40}$

Salvini, Giovanni
Werke:
- Istruzione al suo fattore di campagna (s. Salvini 1775) II 9B. M 33 32$_{26-28}$

Salzwedel (Saltzwedel), Peter (1752–1815). Apotheker in Frankfurt a. M.. Besitzer einer Mineraliensammlung
I 2. 60$_{29Z}$

San Martino, Giovanni Battista da (1739–1800). Ital. Naturhistoriker

Werke:
- Opere (s. San Martino 1791–1795) **I 9.** 330₄₅.330₄₂–331₅

Sanctius s. *Savot, Louis (Lud. Savotius)*

Sandrart, Joachim von (1606–1688). Maler, Zeichner, Kupferstecher, Radierer und Kunstschriftsteller; Sammler und Kunsthändler in Nürnberg
I 3. 356₂₁ₘ
II 4. M *74* 92₂

Sandwich s. *Montagu, Edward, 1. Earl of Sandwich*

Sarto, Andrea del (eigentl. Andrea d'Agnolo di Francesco di Luca di Paolo del Migliore) (1486–1530). Ital. Maler und Zeichner; Schüler des Fra Bartolomeo
I 6. 223₃₇

Sartorius, Georg Christian (1774–1838). 1796 Baukonduktor in Jena, 1801 in Eisenach, 1804 Wegebauinspektor; gehörte zu den Beobachtern des meteorologischen Messnetzes Sachsen-Weimar-Eisenach
I 2. 200₅ᴢ
Werke:
- Geognostische Beobachtungen (s. Sartorius 1821) **I 2.** 304₅ₘ **II 2.** M *10.4* 208₅₈ **II 8B.** M *39* 70₂₀₈₋₂₁₁ *72* 109₁₄₂₋₁₄₃

Saussure, Horace Bénédict de (Horatius Benedictus) (1740–1799). Naturforscher in Genf; 1772 Prof. für Philosophie, unternahm die erste geologische Erkundung der Schweizer Alpen
I 1. 11₈ **I 3.** 80₁₀₋₁₁ (Naturforschers).448₅ᴢ **I 4.** 46₁₆ **I 8.** 272₁₀ **II 2.** M *8.3* 100₈₃₋₈₆ **II 3.** M *31* 19₁
Werke:
- Déscription d'un cyanomètre (s. Saussure 1791) **I 3.** 80ᴛₐ (Journal de Phisique).₁₅.₂₈₋₃₀.448₄₋₅ᴢ
- Reisen durch die Alpen (s. Saussure / Wyttenbach 1781) **II 7.** M *49* 93–101 **II 8B.** M *60* 96₁₋₃₈
- Relation abrégée d'un voyage à la cime du Mont-Blanc (s. Saussure 1787) **I 4.** 46₂₋₁₇ **I 6.** 419₁₄₋₁₅ **II 3.** M *28* 18₃(?)
- Über ein merkwürdiges Phänomen in der Meteorologie (s. Saussure 1799) **II 2.** M *9.21* 186₁₋₇
- Voyages dans les Alpes (s. Saussure 1779–1796) **I 1.** 98₁₀ₘ.242₁₀ₘ **II 7.** M *21* 37–38 M *66* 142₂₆–144₇₆ M *66* 144₁₀₃–145₁₂₇ *67* 147₄ *111* 211₇ **II 8B.** M *60* 97₄₂ *72* 109₁₃₅₋₁₃₆

Savérien, Alexandre (1720–1805). Franz. Mathematiker und Philosoph
Werke:
- Histoire des philosophes modernes (s. Savérien 1760–1768) **I 3.** 493₈ₘ **II 6.** M *118* 224₈ *134* 268₁₅

Savot, Louis (Lud. Savotius) (1579–1640). Franz. Mediziner, Naturforscher und Numismatiker
Werke:
- Nova-antiqua de causis colorum sententia (s. Savot 1609) **II 6.** M *59* 75₅ *135* 269₂₄₋₂₅

Scafe, John Besitzer einer Kohlemine in Northumberland
Werke:
- King Coal's levée, or geological etiquette (s. Scafe 1819) **I 2.** 331₁₀ᴢ.₁₂ᴢ.332₈.₂₉ **I 11.** 235₁.₂₀₋₂₁

Scaliger, Joseph Justus (1540–1609). Franz.-ital. Philologe; Prof. der schönen Wissenschaften in Leiden
II 1A. M *1* 6₁₄₁₋₁₄₂
Werke:
- Astronomicon (Komm., s. Manilius 1655)

Scaliger, Julius Cäsar (Giulio Cesare Scaligero) (1484–1558). Ital. Humanist, Arzt und Naturforscher
I 6. 111₂.125₇.₉.₁₉.127₂₁.137₁₃. 202₁₈ **I 7.** 11₁₁
Werke:
- Exotericarum exercitationum (s. Scaliger 1557) **I 6.** 125₂₈₋₂₉ **II 6.** M *13* 14₃ *38* 46₉₋₁₁ *43* 54₁ *106* 208₇₀

Scarpa, Antonio (1752–1832). Ital. Anatom und Chirurg; Prof. in Modena und Pavia. 1804 erster Wundarzt von Napoleon I.
Werke:
- Anatomicae disquisitiones de auditu et olfactu (s. Scarpa 1789) **II 10A**. M*2.18* 23₈

Schäffer, Jakob Christian (1718–1790). Theologe, später Naturforscher und Mechanikus
Werke:
- Entwurf einer[!] allgemeinen Farbenverein (s. Schäffer 1769) **II 6**. M*136* 272₅₉
- Fungorum qui in Bavaria et Palatinatu nascantur icones (s. Schäffer 1762–1774) **II 9A**. M*50* 86₁₁₀₋₁₁₁

Schall, Carl Friedrich Wilhelm (1756–1800). Geologe, Jurist
Werke:
- Oryktologische Bibliothek (s. Schall 1787) **I 1**. 242₄₋₅ₘ **II 7**. M*111* 211₃₋₄

Schaller, Jaroslaus (1738–1809). Böhmischer katholischer Theologe, Schul- und Privatlehrer, Topograph, seit 1775 in Prag
Werke:
- Topographie des Königreichs Böhmen (s. Schaller 1785–1791) **I 2**. 184₁₁₋₁₂z

Schardt, Friederike *Sophie* Eleonore von (geb. von Bernstorff) (1755–1819). Seit 1798 in Weimar, verh. mit Karl von Schardt (1744–1833); Teilnehmerin der Mittwochsvorlesungen
I 3. 279₃₄z (Damen)
II 3. M*25* 14–16

Schatz, Georg Gottlieb (1763–1795). Dichter, Übersetzer, Kritiker und Privatgelehrter in Gotha
I 6. 359₁₀

Scheele, Carl Wilhelm (1742–1786). Pharmazeut und Chemiker; 1765 Apothekergehilfe in Malmö, Stockholm und Uppsala. 1775 Provisor. 1777 Besitzer der Apotheke in Köping
II 1A. M*16* 134₅₈.135₈₅ *44* 237₅₇₇
Werke:
- Chemische Abhandlung von der Luft und dem Feuer (s. Scheele 1777) **I 7**. 34₁₁₋₁₂.₂₂₋₂₅ **II 1A**. M*16* 135₈₆.136₁₃₆

Scheffer, Johannes (1621–1679). Dt.-schwed. Gelehrter, Humanist
II 4. M*72* 87₂₃
Werke:
- Graphice (s. Scheffer 1669) **II 4**. M*72* 87₁₃

Scheffler, Johann Nikolaus (†1799). Gastwirt in Goslar
I 1. 6₁₀z

Scheibel, Johann Ephraim (1736–1809). Mathematiker, Physiker, Astronom; Gymnasialprof. und -rektor in Breslau
Werke:
- Einleitung zur mathematischen Bücherkenntnis (s. Scheibel 1769–1798) **II 6**. M*59* 76₂₂₋₂₄ M*136* 271–276

Scheidt (fl. 1790). Prof., Vorsteher einer mineralogischen Sammlung in Krakau
I 1. 194₄z

Scheiner, Christoph (1573–1650). Jesuit und Physiker, Astronom; Erforscher der Sonnenflecken. 1610–1617 Prof. für Mathematik in Ingolstadt. 1622 Rektor des Jesuitenkollegs in Neiße. 1624–1637 in Rom und Wien, danach wieder in Neiße; 1603 Erfinder eines Zeichengeräts zum Vergrößern und Verkleinern von Zeichnungen
II 6. M*75* 122₁₈₀ *77* 130₄₃
Werke:
- Oculus, hoc est, fundamentum opticum (s. Scheiner 1619) **I 6**. 218₇₋₈ **II 6**. M*59* 77₈₁

Schelhorn, Johann Georg (1694–1773). Theologe, Historiker, Bibliothekar

Rezensionen:
- Agrippa: De Incertitudine et vanitate omnium scientiarum et artium (s. Schelhorn 1725) **II 1A**. M*1* 6$_{144-145}$

Schelling, Friedrich Wilhelm Joseph (seit 1808:) von (1775–1854). Philosoph; 1798 Prof. in Jena. 1800 bis 1803 Hrsg. der „Zeitschrift für spekulative Physik". 1803 in Würzburg. 1806 in München, Mitglied der Akademie der Wissenschaften. 1808 auch Generalsekretär der Akademie der bildenden Künste. 1820 Prof. in Erlangen. 1827 Prof., Generalkonservator der wissenschaftlichen Sammlungen und Vorsitzender der Akademie der Wissenschaften in München; ab 1841 Prof. in Berlin **I 3**, 333$_{6Z}$.382$_{9-10Z}$.383$_{13Z}$.396$_{6Z}$ **I 6**, 423$_{26}$ **I 9**, 93$_{37}$ **I 10**, 300$_{18}$ **II 1A**. M*43* 221$_{34-35}$
Werke:
- Darstellung meines Systems der Philosophie (s. Schelling 1801) **II 1A**, M*40* 212–213 M*41* 217–218
- Entwurf eines Systems der Naturphilosophie (s. Schelling 1799) **I 3**, 330$_{30Z}$.384$_{23-24Z}$ **II 1A**. M*28* 167–168 *29* 170 *43* 220$_{1-19}$
- Ideen zu einer Philosophie der Natur (s. Schelling 1797) **I 3**. 305$_{9Z}$ (Buches).324$_{21Z}$ **II 1A**. M*19* 152–153
- System des transcendentalen Idealismus (s. Schelling 1800) **II 1A**. M*36* 203–207
- Von der Weltseele (s. Schelling 1798) **I 3**, 326$_{28Z}$ **II 10A**. M*2.18* 23$_5$
Manuskripte:
- I A B 1. A = B.... [Notizen und Zeichnungen zu Schellings Philosophie] (Koautor, s. Goethe – I A B 1. A = B....)

Schelver, Franz Joseph (1778–1832). Mediziner, Botaniker; 1803 Prof. und Direktor des Botanischen Gartens in Jena. 1807 Prof. in Heidelberg, 1811–1827 auch Direktor des Botanischen Gartens **I 9**, 210$_{9.20.33}$.211$_{30}$.212$_{5.15}$.235$_{7}$. 242$_{24}$.262$_{14}$ **I 10**, 301$_{29}$.302$_{2}$
Werke:
- Die Aufgabe der höheren Botanik (s. Schelver 1821) **I 9**, 263$_{15-20}$
- Kritik der Lehre von den Geschlechtern der Pflanze (s. Schelver 1812) **I 2**, 7$_{12-13Z}$ **I 9**, 211$_{10-11}$ (Neuerung).$_{15}$ (Verteidigung).$_{33}$ (Abhandlung) **I 10**, 301$_{20}$–302$_3$ **II 10A**, M*2.1* 4$_{14}$ *2.3* 6$_5$ *2.14* 20$_{10}$
- Lebens- und Formgeschichte der Pflanzenwelt (s. Schelver 1822) **I 9**, 262$_{17.22}$.262$_9$–263$_{20}$

Scherb, Martin Apotheker, Einhorn-Apotheke in Kassel
Werke:
- Problematische Materie einer leuchtenden Kugel (s. Scherb 1820) **II 10B**. M*1.3* 13$_{45-46}$

Scherer, Alexander Nicolaus (nach 1815:) von (1771–1824). Chemiker und Physiker; 1794 Privatdozent in Jena, Sekretär der dortigen Naturforschenden Gesellschaft, 1797 Bergrat und 1798 Lehrer in Weimar, 1800 Prof. in Halle a. S., dann u.a. in Potsdam und Berlin, 1803 Prof. in Dorpat, 1804 in St. Petersburg
Werke:
- Chemische Anzeige. / Mehrere Versuche haben uns gezeigt... (s. Scherer / Jäger 1794) **II 1A**. M*16* 139$_{234-235}$ (andere)
- Ueber das Leuchten des Phosphors im atmosphärischen Stickgas (s. Scherer / Jäger 1795) **II 1A**. M*16* 139$_{234-235}$ (andere)

Scherffer, Karl (1716–1783). Jesuit, Physiker und Mathematiker; lehrte Mathematik in Graz, seit 1751 an der Univ. Wien; Anhänger Newtons

I 3. 370_{10-13M} I 4. $25_{17}.29_8.58_{17}$ I 6. $357_{19.27}.358_{10.23}.386_8$ I 7. $14_{24}.16_5$ II 6. M 6 6_{18} 92 193_{77} 105 206_{51}
Werke:
- Abhandlung von den verbesserten Dioptrischen Fernröhren (Übers., s. Boscovich 1765)
- Abhandlung von den zufälligen Farben (s. Scherffer 1765) I 3. $335_{15M}.345_{33M}.358_{11M}.370_{10-13M}$ I 6. $357_{11-12}.359_6$
- De coloribus accidentalibus (s. Scherffer 1761) I 3. 400_{21-22M} II 6. M 74 117_{68} 133 $263_{147-151}$

Scheu, Fidelis (1780–1830). Badearzt in Marienbad
I 2. 186_{14-20Z}
Werke:
- Ueber Krankheits-Anlagen der Menschen (s. Scheu 1821) I 2. 186_{15-16Z}

Scheuchzer, Johann Jakob (1672–1733). Arzt und Gymnasialprof. in Zürich. Erforscher von Versteinerungen in Schweizer Gesteinen, die er für Überreste der Sintflut hielt
Werke:
- Kern der Natur-Wissenschaft (s. Scheuchzer 1711) I 6. 344_{35} II 6. M 74 115_7
- Museum Diluvianum (s. Scheuchzer 1716) I 2. 420_{3M} II 7. M 36 58_{10}
- Physica. oder Natur-Wissenschaft (s. Scheuchzer 1703) I 6. 344_{28-29} II 6. M 71 $91_{3-11}.92_{12-25.13-14}.93_{65}.98_{239}$ 72 108_8

Schickard (Schikhardt). Wilhelm (1592–1635). Astronom. Geograph und Mathematiker: Prof. in Tübingen
Werke:
- Liechtkugel (s. Schickard 1624) II 6. M 59 76_{30} 135 269_{28}

Schiffermüller, Ignaz (1727–1806). Biologe und Entomologe in Wien. Jesuit
Werke:
- Systematisches Verzeichniß der Schmetterlinge (Koautor. s. Denis / Schiffermüller 1776)
- Versuch eines Farbensystems (s. Schiffermüller 1772) II 3. M 5 4_{1-3} II 6. M 135 270_{-1} 136 $275_{171-173}$

Schiller. Louise Antoinette *Charlotte* (seit 1802:) von (geb. von Lengefeld) (1766–1826). Seit 1790 verh. mit Friedrich Schiller. Schwester von K. von Wolzogen
I 3. 279_{34Z} (Damen).280_{11Z} I 9. 82_{21}

Schiller. Johann Christoph *Friedrich* (seit 1802:) von (1759–1805). Dichter. Historiker: 1789–1799 Prof. für Geschichte in Jena. 1795–1797 Hrsg. der Monatsschrift „Die Horen", ab 1800 in Weimar: nähere Bekanntschaft mit Goethe 1794. von da an kritische Teilnahme an Goethes naturwissenschaftlichen Studien
I 1. $254_{26M}.255_{1M}(\text{dir}).\!_{3M}(\text{du})$ I 3. $93_{32Z}.231_{9Z}.244_{16Z}.268_{27Z}.271_{16Z}.272_{31Z}.274_{37Z}.277_{18Z.20Z.27Z}.302_{27Z}.317_{3Z}.330_{29Z.31Z.36Z.40}.331_{31Z.35Z}.332_{1Z.3Z.7Z.11Z.16Z.36Z.37Z}.333_{3Z.6Z.9Z.11Z.24Z}.334_{6Z}.383_{14Z.16Z.19Z.22Z}.384_{13Z.23Z.24Z.29Z.34Z.37Z}.386_{6Z}.387_{21Z.29Z.35Z.36Z.37Z}.396_{6Z}.487_{20Z}.490_{3Z.19Z}$ I 6. 428_{28} I 8. 189_{34} I 9. $79_{27}.79_1–83_{22}.80_{17}.81_{2.10.15.29-35}.82_{4.18-19}.93_2.175_{28}$ I 11. 163_{18} II 10A. M 44 106_{17}
- Verzeichnis der Knochen seines Skeletts II 10B. M 7 24–26
Werke:
- Die Horen (s. Die Horen (1795–1797)) I 9. $82_{20}.175_{30}$
- Die Räuber (s. Schiller 1781) I 9. $79_{21}.80_{14}$
- Don Carlos (s. Schiller 1787) I 9. 80_{19}
- Über Anmut und Würde (s. Schiller 1793) I 9. $80_{23}.81_{37-38}.93_9$

- Über die ästhetische Erziehung
  des Menschen (s. Schiller 1795)
  I 9. 93$_{7-8}$
- Über naive und sentimentalische
  Dichtung (s. Schiller 1795–1796)
  I 9. 93$_{16-17}$
- Wir stammen unser sechs Geschwister … (s. Schiller 1802) **I 7**,
  20$_{1-21}$ **II 5B**. M *93* 259$_{21}$

Schimmelmann, Charlotte Gräfin
(geb. von Schubart) (1757–1816).
Seit 1782 verh. mit dem dän.
Staatsmann Heinrich Ernst Graf
Schimmelmann
I 1. 286$_{29Z(?)}$

Schinkel, Karl Friedrich (1781–
1841). Architekt. Stadtplaner.
Maler und Zeichner in Berlin; seit
1810 in der preußischen Oberbaudeputation angestellt
II 5B. M *101* 292$_{11}$

Schkuhr, Christian (1741–1811).
Gärtner und Gartenschriftsteller in
Kassel und Wittenberg
Werke:
- Botanisches Handbuch
  (s. Schkuhr 1791–1803) **I 9**, 328$_3$

**Schlegel, August Wilhelm (seit
1815:) von** (1767–1845). Schriftsteller. Übersetzer. Literaturhistoriker; Bruder von Friedrich S.
und wie dieser einer der Protagonisten der dt. Romantik
I 9. 93$_{38}$

**Schlegel, Karl Wilhelm *Friedrich*
(seit 1815:) von** (1772–1829).
Schriftsteller. Literaturhistoriker;
Bruder von August Wilhelm S. und
wie dieser einer der Protagonisten
der dt. Romantik
I 9. 93$_{38}$

Schlegel, Paul Marquard (1605–
1652). Mediziner und Botaniker
I 9. 16$_{34}$ **I 10**. 324$_1$

**Schleiermacher, Ernst Christian
Friedrich Adam** (1755–1844).
Paläontologe; seit 1779 Geheimer
Kabinettssekretär in Darmstadt,
später Staatsrat. Direktor des Museums und der fürstlichen Bibliothek
I 2. 74$_{35-36Z}$ (Naturforschers) **I 10**,
388$_{22-23}$
II 4. M *69* 80$_{38-39}$

**Schlosser, Christian Friedrich
(Heinrich)** (1782–1829). Mediziner und Privatgelehrter in
Frankfurt a. M., 1818–1819
Gymnasialdirektor in Koblenz, seit
1826 Privatier in Rom; Neffe von
Goethes Schwager Johann Georg
Schlosser
I 2, 72$_{26Z}$
Manuskripte:
- Der Dynamismus in der Geologie
  II 8A. M *60* 85–88

Schlosser, Johann Georg (1739–
1799). Jurist. Schriftsteller und
Übersetzer; Goethes Schwager: seit
1769 Rechtsanwalt in Frankfurt
a. M., 1773–1794 markgräflichbadischer Hof- und Regierungsrat
in Karlsruhe. 1798 Syndikus in
Frankfurt am Main, 1773–1777
verh. mit Goethes Schwester Cornelia und seit 1778 mit Johanna
Catharina Sybilla Fahlmer
I 3. 117$_{15Z}$.461$_8$
Werke:
- Zweites Schreiben an einen jungen
  Mann (s. Schlosser 1798) **I 3**,
  490$_{21Z}$

Schlotheim, Ernst Friedrich Freiherr von (1764–1832). Paläontologe. Jurist; Staatsbeamter in Gotha; Oberhofmarschall. Vorstand
des herzogl. Museums
Werke:
- Beiträge zur Naturgeschichte der
  Versteinerungen (s. Schlotheim
  1813) **I 2**. 59$_{6Z.8Z}$

**Schlözer, August Ludwig (seit
1803:) von** (1735–1809). Historiker und Publizist; seit 1765
Prof. an der Akademie der Wissenschaften in St. Petersburg, ab 1769
in Göttingen
I 1. 85$_{TA}$.170$_{TA}$

Schmahling, Ludwig Christoph (1725–1804). Kircheninspektor und Oberprediger in Osterwieck im Harz. Verfasser naturkundlicher Schulbücher
Werke:
- Naturlehre für Schulen (s. Schmahling 1774) **I 6**. 349$_{37-38}$ **II 6**. M *71* 102$_{405-407}$ *72* 109$_{38}$

Schmalz, *Theodor* Anton Heinrich (1760–1831). Jurist; Prof. in Königsberg und Halle a. S., Direktor der dortigen Universität, von 1810–1811 Rektor der Universität zu Berlin
I 1. 279$_{14Z}$

Schmeller, Johann Joseph (1796–1841). Maler und Zeichenlehrer in Weimar; portraitierte eine große Zahl von Goethes Besuchern
I 2. 365$_{24Z}$

Schmid, Christian Wilhelm Friedrich (1739–1806). Bergkommissionsrat in Eisleben
II 7. M *15* 31$_{45}$

Schmid, Friedrich August (1781–1856). Bergamtsassessor in Altenberg
I 2. 29$_{3Z}$.42$_{8-9}$ **I 8**. 147$_{3-4}$ **II 8A**. M*41* 64

Schmidt, Franz (1752–1814). Seit 1719 Prof. der Naturlehre an der Prager Universität
II 5B. M *147* 407$_5$

Schmidt (Schmidius), Johann Andreas (1652–1726). Theologe. Kirchenhistoriker; seit 1683 Prof. der Philosophie in Jena, seit 1695 der Kirchengeschichte in Helmstedt, 1699 Abt in Marienthal, 1720 durch Schlaganfall fast völlig erblindet, schrieb eine Abhandlung über das Farbensehen der Blinden
Werke:
- Coecus de colore iudicans (s. Schmidt 1682) **I 6**. 346$_{17}$ **II 6**. M *71* 95$_{127-128}$ M *106* 206–208
- Luna in cruce visa (s. Schmidt 1681) **II 6**. M *106* 207$_{25-26}$
- Physica positiva (Praes., s. Böhmer 1702)

Schmidt, Johann Christian Lebrecht (1778–1830). Bergmeister in Bieber
Werke:
- Theorie der Verschiebungen älterer Gänge (s. Schmidt 1810) **I 2**. 72$_{25Z.28-30Z}$.77$_{15-16Z}$

Schmidt, Karl August (†1839). Arzt in Tennstedt
I 2. 84$_{5Z.11Z}$

Schmieder, Sigismund (1685–1717). Mediziner in Leipzig
II 9A. M *137* 222$_{96(?)}$

Schmitz, Karl Franz Ludwig (1788–1824). Assessor am Bergwerkskommissariat München
Werke:
- An K. C. v. Leonhard (s. Schmitz 1823) **II 8B**. M *72* 110$_{178}$

Schmucker, Johann Lebrecht (1712–1786). Mediziner in preußischen Diensten
I 9. 187$_{14}$

Schnabel, Johann Gottfried (Gisander) (1692 – um 1750). Schriftsteller und Hrsg. einer Zeitschrift
Werke:
- Wunderliche Fata einiger See-Fahrer (s. Schnabel 1731–1741) **I 11**. 350$_{11}$–351$_9$

Schneider Wegebauinspektor in Sandau
I 1. 27$_{15M}$ **I 2**. 186$_{23Z}$ **II 8B**. M *6* 9$_{113}$

Schneider (Schreiber), Heinrich Ludwig Carl (1778–1848). Um 1815 Bergkommissär und dann Bergwerksdirektor in Holzappel (Nassau). Bergrat, 1843 geheimer Hofrat
I 2. 73$_{11Z}$ (Schreiber)

Schneider, Johann Gottlob (1750–1822). Philologe in Straßburg, Frankfurt a.O., Breslau
I 9. 201$_{21}$
II 10A. M *41* 104$_{28-29}$

Werke:
- Cynegetica et Halieutica (Hrsg. und Komm., s. Oppian / Schneider 1813)

Schneider, Johann Joseph (1777–1855). Mediziner, Lokalhistoriker und Geograph, 1813 Medizinalrat und Physikus im Amt Großenlüder sowie Sekretär des Medizinalkollegiums der Provinz Fulda, 1817 Amtsphysikus in Fulda
Werke:
- Naturhistorische Beschreibung des diesseitigen hohen Rhöngebirges (s. Schneider 1816) **II 8A**. M 92 121_{16-17}

Schneider, Karl Ludwig (†1848). Bergrat
Werke:
- Besondere Erzvorkommen in taubem Gestein (s. Schneider 1824) **II 8B**. M 72 $109_{140-141}$

Schoek? Kaufmann in Gotha
II 8B. M 115 162_{1-2}

Schön, Heinrich Theodor von (1773–1856). Jurist, Beamter im preußischen Staatsdienst, 1816 Oberpräsident von Westpreußen in Danzig und 1823 Oberpräsident der beiden Provinzen Ost- und Westpreußen
II 5B. M 101 292_5

Schönau, Julius Wenzel *Johann Nepomuk* Ferdinand Wolfgang Franz de Paula von (1753–1821). Böhmischer Industrieller; 1805–1822 Steingutfabrikant in Dallwitz bei Karlsbad
I 1. 320_{12Z}

Schönbauer, Joseph Anton (1757–1807). Arzt, Naturforscher, Universitätslehrer in Budapest
Werke:
- Neue analytische Methode, die Mineralien zu bestimmen (s. Schönbauer 1805) **I 1**. 285_{24-30Z}

Schönburg-Hinter-Glauchau-Rochsburg, Ludwig Graf von (1762–1842). Offizier in preußischen Diensten; vielleicht 1813 in Teplitz
I 2. 29_{10Z} (Herrschaften)

Schongauer, Martin (eigentl. Martin Schön) (um 1440 od. 1445–1491). Elsässischer Maler und Kupferstecher
I 6. 222_{22-23}

Schopenhauer, Arthur (1788–1860). Philosoph; 1809 Student in Göttingen, 1811–1813 in Berlin, 1814 in Dresden, 1820 Privatdozent in Berlin, 1831 in Mannheim, 1833 in Frankfurt a.M.
I 2. 59_{5Z}
II 5B. M 26 123_2 43 159_{21} 75 228_5 92 256_{18} 95 262_{45}
Werke:
- Ueber das Sehn und die Farben (s. Schopenhauer 1816) **II 5B**. M 49 169_{61-65}

Schoppe, Julius (1795–1850). Zeichner und Maler
I 2. 376_{12} **I 11**. 298_2
II 8B. M 69 103_{22}

Schott, Kaspar (1608–1666). Jesuit, Mathematiker und Physiker; 1652–1655 Mitarbeiter Athanasius Kirchers in Rom, lehrte danach in Mainz und Würzburg
Werke:
- Magia universalis naturae et artis (s. Schott 1657) **II 6**. M 59 78_{91} 135 269_{39}

Schöttgen, Johann Christian (1687–1751). Polyhistor, Gymnasialdirektor in Dresden
Werke:
- Historie von Ober-Sachsen (s. Schöttgen / Kreysig 1730–1733) **I 1**. 32_{MA}

Schouw, Joachim Frederik (1789–1852). Dän. Botaniker, auf europäischen Sammelreisen bis 1840
Werke:
- Grundtraek til en almindelig Plantegeographie (s. Schouw 1822) **I 10**. $270_{25,26}$

Schrader, Johann Gottlieb Friedrich (1763-nach 1819). Optiker und Instrumentenbauer in Kiel
I 11. 165₃₂
Werke:
- Grundriß der Experimentalnaturlehre (s. Schrader / Gilbert 1804) II 1A. M*50* 249₍?₎

Schrader, Wilhelm (†1810). Salzamts-Aktuar in Allendorf an der Werra. 1800 Bergmeister bei der Saline Wilhelmsglücksborn bei Creuzburg
I 1. 275₈ᵤ

Schramm, Augustin Johannes (1773-1849). Lehrer am Gymnasium in Leobschütz
II 2. M S.*15* 121₁₁₃

Schreber, Daniel Gottfried (1708-1777). Jurist. Kameralist: 1760-1764 Prof. der Philosophie und Kameralwissenschaft in Bützow. 1764-1777 Prof. für Ökonomie, Polizei- und Kameralwissenschaft in Leipzig
Werke:
- Hennebergische Bergordnung (s. Schreber 1768) I 1. 40₂₇₋₂₈ₘ

Schreber, Johann Christian Daniel (1739-1810). Prof. der Medizin in Erlangen. u.a. Übers. und Hrsg. der Werke Linnés. 1791-1810 Präsident der Leopoldina
Werke:
- Genera plantarum. 8. Aufl. (Hrsg. und Komm., s. Linné / Schreber 1789-1791)
- Lithographia Halensis (s. Schreber 1758) II 7. M*45* 75₂₉₇₋₂₉₈

Schreiber, Bergkommissär s Schneider (Schreiber), Heinrich Ludwig Carl

Schreiber, Johann Gottfried (1746-1827). Nach dem Studium in Freiberg kursächsischer Markscheider im Erzgebirge (1773-1775) und Ilmenau (1776/1777), danach Inspektor der Silberbergwerke in Allémont in der Dauphiné und Leiter einer Bergschule in Moutiers
I 1. 26₃₇₋₂₇₁ₘ.43₁₄₋₁₆ₘ (Bergbeamter)
II 7. M*64* 137₁₃₋₁₆
Werke:
- Charte über einen Theil der Gebirge im Hennebergischen (s. Schreiber 1777) I 1. 32-33ₘ II 7. M*2* 5 I 1. 27₂₋₃ₘ.32₁₉ₘ (Charte).38₂₁ₘ (Karte) II 7. M*3* 6-7
Manuskripte:
- Bergmännische Erfahrungen II 7. M*3* 6
- Specification derer Stuffen, wo solche gebrochen. nach ihrer Benenntniß. u. Taxe des innerlichen Werths II 7. M*126* 236

Schreiber, Johann Gottfried (†1797). Bergbeamter: Berggeschworener. ab 1791 Bergmeister in Ilmenau
I 1. 27₁₁ₘ.35₃₄₋₃₅ₘ.64₁ₘ.65₂₂₋₂₃ₘ (Herrn Geschworner).87₁₋₂.₁₈₋₁₉ (Berggeschworener).90₆ (Berggeschworner)

Schreiber, Johann Gottfried (†1806). Steiger. Einfahrer und Geschworener in Ilmenau, Schwiegersohn von Bergmeister J. G. Schreiber
I 1. 199₆.₁₇₋₁₈ (Kunststeiger).200₂₀.202₃₀ (Kunststeiger).250₂₂ₘ

Schreibers, Karl Franz Anton (seit 1810): Ritter von (1775-1852). Mediziner. Naturforscher: 1806 Direktor des Kaiserlichen Naturalien-, physikalischen und astronomischen Kabinetts in Wien
I 2. 173₃₄ᵤ I 9. 169₂₄.₂₆.257₁₄
II 2. M*9.24* 189-190
Werke:
- Beyträge zur Geschichte und Kenntniß meteorischer Stein- und Metall-Massen (s. Schreibers 1820) I 2. 174₃₁ᵤ

Schrön, Heinrich Ludwig Friedrich (1799-1875). Zunächst Assistent an der Sternwarte in Jena

unter dem Leiter Johannes Friedrich Posselt, seit 1823 Leiter der Sternwarte und der Meteorologischen Anstalten des Großherzogtums Sachsen-Weimar-Eisenach **I 8.** 328$_{5-7}$.422$_{26}$ **I 11.** 240$_{20}$ (trefflichen Mitarbeiter).242$_3$.247$_{16}$. 248$_{14}$
II 2. M*2.5* 12$_{1-2}$ S. S 110 S.*10* 112 S.*18* 123 S.*26* 137 S.*27* 137 M*9.9* 148$_5$–157$_{349}$ *9.17* 182$_{12}$ *10.3* 206 M *10.4* 207–208 M *10.6* 209–211 M *10.7* 211–212
Werke:
- Die meteorologischen Anstalten (s. Schrön 1824) **I 8.** 421–422
- Tabelle mit Thermometerwerten (s. Schrön 1827) **II 2.** M S.*30* 141
- Vergleichende graphische Darstellung (s. Schrön 1823) **I 11.** 259$_{27}$

Manuskripte:
- Beantwortung der Frage: Was kann die Herren Edinburger bewogen haben, den 17 July und 15 Januar als Beobachtungstage anzuberaumen **II 2.** M S.*25* 134–136
- Bemerkungen die tägliche Oszillation des Barometers betreffend **II 2.** M*6.2* 39–42
- Bemerkungen über die Veränderungen des Barometerstandes **II 2.** M S.*24* 133–134
- Beobachtung u. Beschreibung der atmosphärischen Phaenomene von Ende Juny bis den 18. Septbr. 1823 (Koautor, s. John / Schrön Ms.)
- Der tiefe Barometerstand vom 20. Oktober 1825 **II 2.** M S.*20* 129–130
- Der zweite Komet vom Jahr 1825 **II 2.** M*2.6* 12–13
- Hoher Barometerstand am 6. Januar 1825 **II 2.** M S.*11* 112–113
- Hoher Barometerstand am 29. Januar 1825 **II 2.** M S.*12* 113–115
- Tiefer Barometerstand am 4 Febr. 1825 **II 2.** M S.*19* 126–128

Schröter (Schröder), Christian Friedrich (1791–1829). Anatomiediener in Jena seit 1810, Prosektor am Tierarznei-Institut in Jena seit 1819
I 9. 170$_{28}$
II 10B. M 7 26$_{58-59}$

Schubart, Johann Carl Friedrich (1789–1872). Pädagoge; Gymnasiast in Weimar. Student in Jena und Berlin. Lehrer und seit 1822 Gymnasialprof. in Berlin, 1844–1855 Direktor der Mädchenschule in Erfurt, vermutlich der Verfasser des ungedruckten Trauerspiels „Rosamunde" von 1812
I 2. 7$_{3Z}$ **I 9.** 267$_{28}$

Schubarth, Karl Ernst (1796–1861). Philologe, Ästhetiker, Pädagoge; 1817 in Leipzig, 1820 in Breslau, 1821–1824 in Berlin und dann bei Hirschberg lebend. 1826 Privat- und 1830–1860 Gymnasiallehrer in Hirschberg
II 5B. M 97 265$_{4-5}$ (Bekannten)

Schubert, Gotthilf Heinrich (seit 1853:) von (1780–1860). Mediziner, Naturforscher, Schriftsteller; Schüler von A. G. Werner; 1801 Student in Jena, 1803 Arzt in Altenburg, 1805 in Freiberg, 1806 in Dresden. Sommer 1807 Aufenthalt in Karlsbad. 1809 Direktor der Realschule in Nürnberg, 1816 Prinzenerzieher in Ludwigslust, 1819 Prof. in Erlangen, 1827 in München
I 1. 321$_{14Z}$.322$_{13Z}$
Werke:
- Ansichten von der Nachtseite der Naturwissenschaft (s. Schubert 1808) **I 2.** 300$_{31M}$ **II 8B.** M*39* 67$_{110}$

Manuskripte:
- [Astronomische Aufzeichnungen, Berechnungen und Zeichnungen] **II 2.** M*2.1* 7 M*2.2* 8–9 *2.3* 10(?)

Schübler, Gustav (1787–1834). Prof. für Botanik und Naturgeschichte in Tübingen
II 2. M 9.19 184$_4$ **II 8B.** M 72 109$_{144}$
Schultén, Nathanael Gerhard af (1750–1825). Astronom. Mathematiker; ab 1789 Mitglied der Schwedischen Akademie der Wissenschaften
II 8B. M 75 127$_{19}$
Schultes, Josef August (1773–1831). Botaniker in Landshut und München
Werke:
- Anthericum Sternbergianum Schult. (s. Schultes / Schultes 1830a) **I 10.** 229$_{12-13}$.231$_{29.32-33}$. 233$_{34}$
- Caroli a Linné. Systema vegetabilium (s. Schultes / Schultes 1830b) **I 10.** 229$_{12-13}$.231$_{26-28}$. 232$_{2-3}$.234$_{1-2}$
- Flora Capensis (s. Thunberg 1807–1820) **I 10.** 234$_1$

Schultes, Julius Hermann (1804–1840). Mediziner und Botaniker in Landshut. Sohn von J. A. Schultes
Werke:
- Anthericum Sternbergianum Schult. (Koautor. s. Schultes / Schultes 1830a)
- Caroli a Linné. Systema vegetabilium (Hrsg., s. Schultes / Schultes 1830b)

Schultz, Christoph Ludwig Friedrich (1781–1834). Jurist. Philologe; seit 1806 in Berlin. 1809 preußischer Staatsrat. 1819 Regierungsbevollmächtigter für die Universität. 1824/25 entlassen. 1825–1831 in Wetzlar, dann in Bonn
I 8. 94$_{17}$.271$_7$
II 2. M 13.2 219–220 **II 5B.** M 26 123$_{16}$ 43 159$_{18}$ 44 161$_3$ 74 227$_{31.41}$ (der verehrte Mann) 75 228$_3$ 92 255$_{14}$ 95 262$_{43.49}$.265$_4$ 98 280$_1$

Werke:
- Über physiologe Farbenerscheinungen (s. Schultz 1823) **I 8.** 296–304
- Ueber physiologe Gesichts- und Farben-Erscheinungen (s. Schultz 1816) **II 5B.** M 18 73–80 **II 5B.** M 74 227$_{35-36}$ SS 250$_{42-43}$ 95 262$_{51-52}$ 96 265$_{6-7}$ M 97 265–277
Manuskripte:
- Ältere Anti-Newtonianer **II 5B.** M 42 156–158
- Die Versuche des Prof. Lüdicke **II 5B.** M 32 137
- ich finde in meinen Papieren... [zu Pfaff und Lüdicke] **II 5B.** M 69 206
- II. Über physiologe Gesichts- und Farbenerscheinungen **II 5B.** M 41 148–153 **II 5B.** M 74 227$_{37}$ (Entwurf einer Fortsetzung)

Schulz, Christian (ca. 18. Jh.).
Werke:
- Handbuch der Physik (s. Schulz 1790–1794) **II 6.** M 71 106$_{537-540}$ 72 110$_{49}$

Schulze, Gottlob Ernst (Kognomen Aenesidemus) (1761–1833). Philosoph; 1788 Prof. für Philosophie in Helmstedt, 1810 in Göttingen
Werke:
- Aenesidemus (s. Schulze 1792) **II 1A.** M 14 110$_3$

Schulze, Johann Heinrich (1687–1744). Mediziner. Philologe; 1720 Prof. für Medizin und griech. Sprachen in Altdorf. 1732 Prof. für Arzneikunde, Beredsamkeit und Altertümer in Halle a. S.
Werke:
- Theses de materia medica (s. Schulze 1746) **II 1A.** M 1 3$_{26}$

Schumacher, Heinrich Christian (1780–1850). Jurist und Astronom; Prof. für Astronomie in Kopenhagen; Hrsg. der „Astronomischen Nachrichten"
II 2. M 2.6 13$_{57}$ 6.2 39$_{13}$ S. 15 117$_{22}$

Schütz, Christian *Wilhelm* (seit 1803:) von (gen. Schütz-Lacrimas) (1776–1846). Dramatiker und Publizist; 1807–1811 preußischer Landrat und Ritterschaftsdirektor in der Neumark, bis 1814 in Berlin, später auf seinen Gütern. Mai 1817 Aufenthalt in Jena, August bis September 1818 in Karlsbad, etwa 1820–1828 in Dresden lebend. Konversion zum Katholizismus, seit 1830 wieder in der Mark Brandenburg
I 1. 356$_{16Z(?)}$ I 2. 117$_{32Z}$ I 9. 227$_9$. 228$_{35}$–229$_{17}$.229$_{18}$.230$_{10}$
II 10A. M49 109$_3$
Werke:
- Zur intellectuellen und substantiellen Morphologie (s. Schütz 1821–1823) I 8. 343$_{15-23}$ I 9, 227$_7$–232$_{35}$.277$_1$–280$_{22}$

Schütze, Johann Stephan (1771–1839). Theologe, Schriftsteller; seit August 1804 vorwiegend in Weimar lebend
I 1. 320$_{8Z,18Z}$.321$_{13Z}$ I 2. 28$_{19Z}$

Schwartzkopf, Joachim von (1766–1806). Braunschweigischer und Mecklenburg-Strelitzscher Ministerresident in Frankfurt a.M.
I 1. 255$_{27Z}$

Schwartzkopf, Anna *Sophie* Elisabeth von (geb. von Bethmann-Metzler) (1774–1806). Seit 1796 verh. mit Joachim von S.
I 1. 255$_{28Z}$ (Frau)

Schweden, Christina von (1626–1689). 1632–1654 Königin
I 6. 160$_{12-13}$

Schweigger, Johann Salomo Christoph (1779–1857). Naturforscher; 1803–1816 Gymnasialprof. in Bayreuth und Nürnberg, 1817 Prof. der Physik und Chemie in Erlangen, 1819 Halle, seit 1811 Hrsg. des „Journal für Chemie und Physik"
I 2. 352$_{24}$ I 8. 14$_{13}$.9$_{17}$.117$_{14-15}$. 129$_{11}$ (Forscher).418$_5$

II 5B. M19 86$_{9-10}$ 43 159$_{20}$ 74 227$_{36}$ 97 265$_3$ II 8B. M72 110$_{17o}$
II 10A. M3.2 36$_{73}$

Schwerdgeburth, Karl August (1785–1878). Zeichner und Kupferstecher; seit 1805 in Weimar
I 2. 274$_{22}$ I 8. 339$_7$ I 9. 346$_{11-18}$
Manuskripte:
- I Linkes Auge… [Beobachtungen zu von Purkinje beschriebenen Erscheinungen] II 5B, M76 229–231
II 5B, M88 250$_{45}$ 95 262$_{54}$

Sckell, Johann Christian (1773–1857). Jüngerer Bruder von Johann Konrad S.; 1801–1803 von Herzog Karl August auf Bildungsreise geschickt. 1811 Hofgärtner und in weiter folgenden Ämtern in Belvedere
I 9. 241$_{27}$
Werke:
- Verzeichniss von in- und ausländischen Pflanzen zu Belvedere (Koautor, s. Sckell / Sckell 1816–1817)

Sckell, Johann Georg Christian (1721–1778). Aus Eisenach, Oberförster und Wildmeister in Troistedt bei Weimar
I 9. 15$_{10}$ I 10. 320$_{34}$

Sckell, Johann Konrad (1768–1834). Älterer Bruder von Johann Christian S.; Gärtner in Eisenach. Reisen in Holland und Deutschland, 1796 als Hofgärtner in Belvedere, 1807 Garten-Konduktor und Garten-Inspektor
I 9. 241$_{26}$
II 10A. M37 98$_{28}$
Werke:
- Verzeichniss von in- und ausländischen Pflanzen zu Belvedere (s. Sckell / Sckell 1816–1817)
I 10. 323$_{20}$ (Katalogen)

Sckell, Luis (1796–1844). Sohn von Johann Konrad S.; wird auf Reisen geschickt. Gartenkonduktor in Belvedere, später Hofgärtner in Eisenach
I 9. 241$_{28}$

Scopoli, Conte Giovanni Antonio (Johann Anton Scopoli) (1723–1788). Arzt und Naturforscher: aus Tirol, als Arzt u.a. in Cavalese und Venedig tätig
Werke:
- Principia mineralogiae (s. Scopoli 1772) **II 7**. M45 75$_{291}$

Scott, J.
Werke:
- An account of a remarkable imperfection of sight (s. Scott 1778) **II 6**, M136 272$_{38}$

Seckendorf, Caroline Freifrau von (geb. von Uechtritz) (1784–1854). Aus Gotha. Juni-Juli 1808 Aufenthalt in Karlsbad. Juli 1808 auch in Franzensbad. Frau von Ferdinand Bernhard von Seckendorf, 1812 geschieden
I 1. 354$_{28Z}$

Seckendorff (Seckendorf), Ferdinand Freiherr von Kursächsischer Kammerherr; Juni-Juli 1807 Aufenthalt in Karlsbad
I 1. 320$_{23-24Z(?)}$

Seckendorff-Gudent (Seckendorf), Christian Adolph von (1767–1833). Schriftsteller: Gutsbesitzer auf Zingst bei Querfurt, vorher Offizier in mecklenburgischen und kursächsischen Diensten. Juni-Juli 1807 Aufenthalt in Karlsbad
I 1. 320$_{23-24Z}$ (?)$_{(?)}$

Sedgwick, Adam (1785–1873). Prof. der Geologie in Cambridge, Präsident der Geological Society of London
II 8B. M72 109$_{120}$

Seebeck, Thomas Johann (1770–1831). Mediziner und Physiker: 1802 Privatgelehrter in Jena, 1810 in Bayreuth, 1812 in Nürnberg, seit 1818 in Berlin. Mitglied der Akademie der Wissenschaften. Entdecker der entoptischen Farbenfiguren (1813) und der Thermoelektrizität („Seebeck-Effekt", 1822)
I 3. 248$_{23Z.27Z.30Z.32Z.34Z.37Z.}$ 280$_{5Z.9Z}$ **I 7**. 25$_{35}$ **I 8**. 5$_{36}$.6$_{11}$ (verdienten Freund).14$_{30}$.15$_{3.7}$.18$_{12-13}$ (Doppelspatprisma).94$_{17}$.95$_{33}$.96$_{4}$. 122$_{28}$.203$_{11}$ (Freund).361$_{23}$
II 4. M16 22 55 66 **II 5B**, M26 123$_{18}$ 43 159$_{17}$ 55 181$_{5}$ 61 194$_{23}$ 75 228$_{4}$ 92 256$_{16}$ 95 262$_{44}$
Werke:
- Einige neue Versuche und Beobachtungen über Spiegelung und Brechung des Lichtes (s. Seebeck 1813) **II 5B**, M15 58–68 **I 8**. 12$_{6-7}$.13$_{16-17}$.14$_{30-37}$ **II 5B**. M19 86$_{9-10}$
- Geschichte der entoptischen Farben (s. Seebeck 1817) **I 8**, 11–15 **I 8**. 6$_{14}$ (Aufsatz)
- Ueber die ungleiche Erregung der Wärme im prismatischen Sonnenbilde (s. Seebeck 1819) **II 5B**, M93 259$_{13}$ (Berliner Vortrag)
- Von den entoptischen Farbenfiguren (s. Seebeck 1814) **II 5B**, M19 86–91 **I 8**. 13$_{40-41}$.14$_{20-24}$ (Abhandlung).$_{36-37}$
- Wirkung farbiger Beleuchtung (s. Seebeck 1810) **I 7**, 25$_{23}$–39$_{33}$ **I 7**. 17$_{6-14}$.24$_{12-13}$.25$_{33-34}$ **II 5B**, M15 58$_{13-17}$

Manuskripte:
- Hauptschnitt... [zur Doppelbrechung in Kristallen] **II 5B**, M23 111–113
- Hauptschnitte... [zur Doppelbrechung in Kristallen] **II 5B**, M22 108–109
- [Skizze einer Versuchsanordnung] **II 5B**, M24 116

Seeger, Johann Georg (um 1748–1802). Kanzlist in der herzoglichen Kriegskommission in Weimar. Rechnungsführer bei der gewerkschaftlichen Hauptkasse des Ilmenauer Bergbaus
I 1. 169$_{3}$.224$_{24}$

Seelen, Johann Heinrich von (1687–1762). Theologe und Pädagoge

Werke:
- Athenae Lubecenses (s. Seelen 1719–1722) **II 10B**. M*20*. 8 62₂₉

Seetzen, Ulrich Jasper (1767–1811). Unternehmer in Jever, daneben wiss. Arbeiten
Werke:
- Systematum generaliorum de morbis plantarum (s. Seetzen 1789) **II 9B**. M*12* 14₉

Segner, Johann Andreas von (1704–1777). Physiker, Mathematiker und Astronom; 1735–1755 Prof. der Mathematik und Physik an der Universität Göttingen, danach an der Universität Halle a. d. Saale
I 6. 351₂₅.₂₈
II 5B. M*5* 12₁₄
Werke:
- Einleitung in die Natur-Lehre (s. Segner 1746) **I 6**. 348₁₋₂ **II 5B**. M*5* 12₁₀₋₁₁ **II 6**. M*71* 97₂₀₁₋₂₀₇. 98₂₄₇ *72* 109₂₈ *74* 116₅₄ *135* 269₄₋₅

Seidel, Johann Heinrich (1744–1815). Botaniker; Direktor des botanischen Gartens in Dresden
I 10. 261₁₉.299₃₋₂₂
II 10B. M*22.13* 87₃ (Kunstgärtner)

Seidel, Philipp Friedrich (1755–1820). 1775–1788 Goethes Diener. 1785 auch Kameralkalkulator. 1789 Rentkommissar in Weimar, zuletzt Rentamtmann
I 3. 237₃z **I 11**. 299₆ (wohlbekannten Hand)

Seidensticker, Johann Anton Ludwig (1766–1817). Dt. Jurist; in Jena zunächst PD, von 1804–1816 Prof.
II 6. M*21* 25

Seidler, *Louise* Caroline Sophie (1786–1866). Malerin; zur Ausbildung 1810–1814 vorwiegend in Dresden, 1817 in München und 1818–1823 in Rom, seit 1823 in Weimar, bis 1829 Zeichenlehrerin der Prinzessinnen Maria und Augusta. 1824 auch Kustodin der Gemäldesammlung
II 5B. M*124* 354

Seiler, Burkhard Wilhelm (1779–1843). Mediziner; vornehmlich Anatom, in Erlangen und Wittenberg, seit 1814 Prof. in Dresden
Rezensionen:
- Nicati: Specimen anatomico-pathologicum (s. Seiler 1823) **I 9**. 356₄₋₁₄

Selb, Carl Joseph (1750–1827). Oberbergmeister in Wolfach im Kinzigtal, dann Direktor der Salzwerke in Dürrheim
I 2. 7₇z
II 8B. M*72* 109₁₃₉
Werke:
- Mineralogische Studien (Koautor, s. Leonhard / Selb 1812)

Selle, Christian Gottlieb (1748–1800). Schüler von C. F. Wolff. Mediziner in Berlin, Leibarzt Friedrichs II.
I 9. 188₇

Sellier, Louis (geb. 1757). Franz. Kupferstecher in Paris
II 10B. M*22.11* 85₅

Senckenberg, Heinrich Christian von (1704–1768). Jurist; Prof. in Göttingen, Regierungsrat in Gießen, Reichshofrat in Wien
Werke:
- Neue und vollständigere Sammlung der Reichs-Abschiede (s. Senckenberg 1747) **II 4**. M*58* 69₁₅₋₁₆

Senckenberg, Johann Christian (1707–1772). Stadtphysikus in Frankfurt a.M., Begründer der Senckenbergischen Stiftung
I 2. 65₆z **I 10**. 249₁₉₋₂₀
- Mineraliensammlung **I 2**. 65₁₁₋₂₇z

Senebier, Jean (1742–1809). Genfer Theologe, Bibliothekar und Naturforscher
I 3. 251₃M.₄M **I 7**. 39₁₆
Werke:
- Mémoires physico-chymiques (s. Senebier 1782) **I 3**. 127₅.

478₁₅M.₁₆M **I 7.** 34₁₄.₂₅₋₃₃.35₆.39₁₇₋₁₈
II 6. M*136* 271₆₋₇
Seneca, Lucius Annaeus (um 4
v. Chr.-65 n. Chr.). Röm. Philosoph und Dichter; der Stoa zugehörig. Erzieher von Kaiser Nero
I 6. 78₂₉.79₁₀.₂₂.81₁₆ **I 7.** 10₁₉
II 3. M*20* 12₅ **II 6.** M*21* 24⁻ *22*
25₁ *71* 97₂₁₈ *119* 225₂₅
Werke:
- De brevitate vitae (s. Seneca. brev. vit.) **I 9.** 274₂₆
- Naturales quaestiones (s. Seneca. nat.) **I 8, 61 I 1.** 373₂₈ (Stelle). 373₃₄–374₁₃ **I 9.** 280₂₃ **I 11.** 131₂₅. 131₃₁–132₇ **II 4.** M*66* 77₁₋₈ **II 6.** M*23* 25–27 *24* 28₁
- Opera omnia (s. Seneca / Lipsius 1658–1659) **II 5B.** M*10* 33₁₇₋₁₈

Senf (Senff) Oberbergrat in Bonn
I 2. 260₃₄.262₁ (Zeichner) **I 8.** 368₁₀.₄₃ (Zeichner)
Senff, Karl Friedrich (1776–1816). Mediziner in Halle a. d. Saale
II 9B. M*51* 54₂
Sennert, Daniel (1572–1637). Arzt und Chemiker: Prof. der Medizin in Wittenberg
II 6. M*106* 208₇₄
Werke:
- Epitome naturalis scientiae (s. Sennert 1633) **I 6.** 217₂₅₋₂₆ **II 6.** M*59* 76₃₂ *71* 105₅₀₈₋₅₁₂ *72* 108₁

Serbelloni (Zerbelloni), Giovanni Battista (1696–1778). Feldmarschall: Heerführer im Siebenjährigen Krieg. stand im Mai 1758 mit seinen Truppen bei Laun (Louny). später Kommandant von Mailand
I 1. 294₂₅M(?)
II 8B. M*7* 11₄₁(?)
Serres, Pierre Marcel Toussaint de (1783–1862). Prof. der Mineralogie in Montpellier
II 8B. M*72* 108₉₄
Severino, Marco Aurelio (Severinus, Marcus Aurelius) (1580–1656). Ital. Arzt und Chirurg
II 6. M*38* 47₂₀

Seyffer, Karl Felix von (1762–1822). Astronom: 1789–1804 ao. Prof. in Göttingen. 1805–1806 Ingénieur-Géographe im Hauptquartier Napoleons. danach im Dienst der bayrischen Regierung
I 3. 415₁₉Z
Shakespeare, William (1564–1616). Engl. Dichter und Dramatiker
I 8. 238₁₉.239₁₆₋₁₇ **I 9.** 16₂₃
II 2. M*5.2* 22₂₃.23₄₇
Werke:
- Heinrich IV. (s. Shakespeare. Heinrich IV.) **II 10B.** M*22.S* 82₄₆
- Macbeth (s. Shakespeare. Macbeth) **I 8.** 355₂₂ (Banquos Könige)

Sheldrake, Timothy
Werke:
- The method of painting practised in the Venetian school (s. Sheldrake 1798) **II 4.** M*73* 92₉₂₋₉₅
Short, James (1710–1768). Schott. Astronom und Instrumentenbauer: tätig in London. Mitglied der Royal Society
II 5B. M*114* 332₅₈
Sieglitz, Karl Mechaniker in Jena
II 2. M*2.6* 12₁₄
Sievers (Sivers), Heinrich (1626–1691). Schüler und Hrsg. der Werke von Jungius: ab 1675 Prof. der Mathematik am akadem. Gymnasium zu Hamburg
II 10B. M*20.3* 54₂₇₋₂₈
Werke:
- Geometria empirica. 5. Aufl. (Hrsg.. s. Jungius / Sievers 1688)
- Phoranomica. sive doctrina de motu locali (Hrsg.. s. Jungius / Sievers 1689)

Silberschlag, Johann Esaias (1721–1791). Theologe, Naturforscher und Techniker; Mitglied der Akademie der Wissenschaften zu Berlin. Oberkonsistorialrat. 1769–1784 Direktor der Realschule in Berlin. 1770 Geheimer Baurat

Werke:
- Von dem die Bilder verdoppelnden Doppelspath (s. Silberschlag 1787) **II 5B**. M 7 23₁₋₃

Simon Magus (auch Simon der Magier, Simon von Samarien oder Simon von Gitta gen.) Begründer einer Sekte (Simonianer). Häretiker, gilt als Urvater aller späteren Irrlehren; vgl. Apg. 8.9–13 u. 18–24
I 6. 235₃₀

Simonides von Koes (um 556 – um 467 v. Chr.). Griech. Lyriker
II 1A. M 69 290₃

Simonow (Simonov), Iwan (Ivan) Michajlovic (1794–1855). Astronom. Forschungsreisender; Prof. für Astronomie, Universitätsrektor, Direktor der kaiserlich-russ. Sternwarte in Kasan
I 11. 261₁₅₋₁₆ (Beobachter)
Werke:
- Beschreibung einer neuen Entdeckungsreise in das südliche Eismeer (s. Simonow 1824) **I 11**. 260₁₃₋₂₄ **II 2**. M 7.10 57–58

Sims, John (1749–1831). Engl. Arzt und Botaniker; Freund von William Curtis, dem Gründer des „Botanical Magazine" und nach dessen Tod sein Nachfolger als Hrsg.; er änderte den Namen in „Curtis's Botanical magazine"
Werke:
- Bryophyllum calycinum (s. Sims 1811) **II 10A**. M 27 86–87

Sinning, *Wilhelm* Werner Karl (1791/92–1874). Gärtner und Botaniker; 1819 Gärtner am Botanischen Garten der Universität Bonn (Poppelsdorf), ab 1839 Garteninspektor
II 10B. M 1.2 6₁₀₃

Skalník, Wenzel (Václav) (1776–1861). Böhmischer Gartenarchitekt; ab 1817 Leiter der Marienbader Gartenanlagen und öffentlichen Plätze
I 2. 136₂₆z.137₂z (Gärtner)

Skinner Seidenhändler in London
Werke:
- The whole process of the silkworm (Koautor, s. Hare / Skinner 1786)

Sloane, Hans (1660–1752). Botaniker; Oberarzt der engl. Armee und Leibarzt von König Georg II., von Newtons Tod bis 1740 Präsident der Royal Society
I 6. 294₂₀

Smith, Robert (1689–1768). Engl. Mathematiker und Physiker; seit 1716 Prof. der Mathematik an der Universität zu Cambridge
I 6. 352₁₀₋₁₁
II 6. M 92 193₆₈ *115* 218₄₆ *119* 226₄₄
Werke:
- A compleat system of opticks (s. Smith 1738) **I 3**. 399₁₃₋₁₄M **I 6**. 388₂₉ **II 6**. M 74 116₄₉ *105* 205₇ *133* 261₁₀₅₋₁₀₆
- Vollständiger Lehrbegriff der Optik (s. Smith / Kästner 1755) **II 5B**. M *18* 76₁₀₃ **II 6**. M *136* 274₁₃₁₋₁₃₅

Snape, Andrew (vor 1644–1683). Veterinärmediziner
Werke:
- The anatomy of an horse (s. Snape 1683) **II 9A**. M *100* 149₂₄

Snellius, Willebrord (1581–1626). Niederländ. Mathematiker und Astronom; ab 1613 Prof. der Mathematik in Leiden
I 3. 314₁₈z **I 5**. 100₂₄ **I 6**. 158₁₆.₂₃.₃₁.159₁₃.160₄.₁₀₋₁₁.₁₉.255₈. 259₃₀ **I 7**. 11₃₀
II 6. M *58* 75₈₁ *59* 76₄₀ *75* 125₂₆₀ 77 131₉₅

Soane, George (1790–1860). Engl. Schriftsteller
II 2. M 5.2 22₈ (gentleman)
Werke:
- In Honour of Howard (Übers., s. Goethe – In Honour of Howard)
- Lines by Goethe in Honour of Howard (Übers., s. Goethe – Lines by Goethe in Honour of Howard)

Soemmerring (Sömmering), Samuel Thomas (seit 1808:) von (1755–1830). Arzt. Anatom. Naturforscher; 1779 Prof. der Anatomie in Kassel. 1784 in Mainz. 1795 Arzt in Frankfurt a.M., 1804/05 in München. Mitglied der Bayerischen Akademie der Wissenschaften. 1820 wieder Arzt in Frankfurt
I 3. 89$_{27Z}$.90$_{30Z}$.92$_{14Z.26Z}$.93$_{15Z}$. 242$_{32Z}$.357$_{26M}$ I 6. 423$_{26}$ I 9. 12$_{16}$. 173$_{20}$.181$_{16}$ (Sammlung).201$_{20-21}$
I 10. 220$_{31}$.387$_{26}$–388$_{5}$.388$_{24}$ (Männer)
II 3. M2 3–4 II 9B. M46 50$_{6}$
II 10B. M25.2 139$_{43}$ 25.10 155$_{129}$
Werke:
- De foramine centrali limbo luteo retinae humanae (s. Soemmerring 1799) I 3. 90$_{25Z}$ (Aufsatz).93$_{16-17Z}$
II 5B. M41 150$_{73}$
- Über die körperliche Verschiedenheit des Mohren vom Europäer (s. Soemmerring 1784) II 9A. M12S 201$_{35-36(?)}$ II 10A. M2.1S 23$_{2}$
- Über die Lacerta gigantea der Vorwelt (s. Soemmerring 1816) I 2. 122$_{32-33Z}$
- Vom Baue des menschlichen Körpers (s. Soemmerring 1791–1796) I 3. 90$_{41-42Z}$ (Lehrbuch) I 9. 175$_{5-8}$
- Vom Hirn und Rückenmark (s. Soemmerring 1788) I 10. 387$_{28}$ (Arbeit*) II 9A. M87 131$_{6}$
Rezensionen:
- Elliot: Philosophical observations on the senses (s. Soemmerring 1780) II 3. M2 3$_{7-8}$ S 7$_{2-3(?)}$
Soherr, Maria Anna (geb. Kampers) (1788–1858). Seit 1808 Wirtin des Gasthauses „Zum weißen Roß" in Bingen
I 2. 60$_{11-12Z}$ (melancholische Wirtin)
Sokrates (469–399 v. Chr.). Griech. Philosoph

I 8. 231$_{4}$ I 9. 230$_{11}$
II 1A. M1 7$_{191}$.8$_{213}$.9$_{245.249-254.255-265}$
Solander, Daniel Carlsson (Charles) (1733–1782). Schwed.-engl. Botaniker
II 10A. M27 86$_{13}$
Solimena, Francesco (gen. Abbate Ciccio) (1657–1747). Ital. Maler in Neapel
I 6. 233$_{15.19-20}$.234$_{17}$
Solms, Friederike Caroline Sophie Alexandrine, Fürstin (geb. Prinzessin von Mecklenburg-Strelitz) (1778–1841). Jüngste Tochter des Herzogs Karl von Mecklenburg-Strelitz und seiner ersten Frau Friederike Caroline Luise von Hessen-Darmstadt, durch Heirat Prinzessin von Preußen, Prinzessin zu Solms-Braunfels und ab 1837 Königin von Hannover
I 1. 285$_{19Z}$
Sommer, Georg (1754–1826). Pfarrer in Königsberg, langjähriger Wetterbeobachter
I 11. 240$_{23}$
II 2. M6.2 39$_{4}$
Sonnenfels, Joseph von (um 1733–1817). Schriftsteller, Univ-Lehrer in Wien
I 1. 322$_{10Z}$
Sonneschmidt (Sonnenschmidt), Friedrich Traugott (1763–1824). Zunächst Berg- und Hütteninspektor in Spanien und Mexiko, dann Berginspektor in Ilmenau
I 2. 53$_{10Z}$.57$_{26M}$
II 8A. M48 73$_{88}$
Sorbière, Samuel Joseph de (1615–1670). Mediziner; bis 1650 Arzt in Holland, danach Schriftsteller in Paris, dort Sekretär der Akademie von Habert de Montmor, als solcher Kontakte zur Royal Society
I 6. 239$_{14}$.305$_{34-35}$
II 6. M79 163$_{168}$
Soret, Frédéric Jacob (1795–1865). Schweizer Naturforscher, Minera-

loge. Numismatiker und Politiker; studierte in Genf. 1822–1836 Prinzenerzieher in Weimar. 1824 Hofrat; 1836 ging er nach Genf und wirkte dort, teils in herausgehobenen Positionen, in den politischen Institititutionen (Repräsentierender Rat. Verfassungsrat)
I 2. 252$_{8Z}$.315$_{30Z}$.316$_{1Z}$.317$_{17}$. 329$_{28}$ I 8. 397–403.406$_{10}$
II 8B. M26 46 55 93$_{10}$ 68 102
II 10B. M11.5 36$_1$ M21.9 68–71
- Berichterstatter I 2. 331$_{11}$–332$_{7Z}$. 370$_{2-9Z}$
Werke:
- Catalogue raisonné des variétés d'amphibole et de pyroxène rapportées de Bohème par Goethe (s. Soret 1824) I 8. 397–403 I 2. 317$_{23}$.317–329 I 8. 406$_{16-17}$
- Versuch über die Metamorphose der Pflanzen (Übers., s. Goethe – Versuch über die Metamorphose der Pflanzen)
Manuskripte:
- Catalogue des Diamans cristallisés I 2. 251$_{17Z}$ II 8B. M28 47
Sorriot de l'Hoste, Andreas Freiherr (1767–1831). Österreich. General
I 2. 92$_{23Z}$ (Verfasser)
Werke:
- Carte générale orographique et hydrographique de l'Europe (s. Sorriot de l'Hoste 1816) I 2. 92$_{17-6Z}$.107$_{33Z}$.192$_{13}$–193$_{27}$. 200$_{15-16Z}$.277$_{11Z}$ I 8. 266$_{1-4}$ II 8B. M17 26$_{12}$
Sowerby, James (1757–1822). Engl. Maler, naturwissenschaftl. Illustrator, Botaniker und Mineraloge
II 5B. M40 147$_{17}$ 43 160$_{28}$
Werke:
- A new elucidation of colours (s. Sowerby 1809) I 2. 82$_{24Z}$ (Farbentafel)
Spallanzani, Lazzaro (Lazarus) (1729–1799). Ital. Naturforscher; Prof. in Modena und Pavia

I 2. 91$_{16M}$
II 8A. M 77 106$_{3-6}$
Werke:
- Viaggi alle due Sicile (s. Spallanzani 1792–1797) II 8B. M72 109$_{131}$
Spangenberg, August Gottlieb (1704–1792). Bischof der Herrnhuter Brüdergemeine, Nachfolger Zinzendorfs
I 2. 75$_{17-18Z}$
Spencer, John Charles Earl (1782–1845). Engl. Politiker
II 2. M8.6 108$_{6(?)}$
Sperling, Johann (1603–1658). Mediziner; Prof. in Wittenberg. Schüler Daniel Sennerts
Werke:
- Institutiones physicae (s. Sperling 1739) I 6. 217$_{28}$ II 6. M71 101$_{358-361}$ 72 108$_2$ 106 208$_{74-75}$
Spiegel von und zu Pickelsheim, Karl Emil (1783–1849). Seit 1815 weimarischer Hofmarschall
I 2. 3$_{16Z}$ (Obrist)
Spinoza, Baruch (Benedictus) de (1632–1677). Niederländ. Philosoph
I 2. 52$_{23Z}$ I 9. 16$_{23}$ I 11. 6$_1$
II 1A. M19 152$_{3-6}$ 36 203$_{11}$
Werke:
- Ethica ordine geometrico demonstrata (s. Spinoza / Paulus 1802–1803) II 1A. M61 274
Spinozismus Die Lehre Spinozas, zumeist verstanden als Pantheismus, eine philosophische Weltsicht, die Gott und Natur als eins versteht
II 1A. M1 6$_{126}$ 11 100$_{665}$
Spittler, Ludwig Timotheus (1752–1810). Historiker und Politiker; aus Stuttgart, Student in Tübingen, seit 1778 Prof. in Göttingen. 1797 Mitglied des Geheimen Ratskollegiums des reformfreudigen württembergischen Herzogs Friedrich Eugen, 1806 württemberg. Minister

Werke:
- Dissertatio physica de iride (Resp., s. Kies 1772)

Spix, Johann Baptist von (1781–1826). Zoologe; Museumsdirektor in München. 1817 Forschungsreise nach Brasilien
I 9. 186₁ (Männer) I 10. 208₃.₁₃.₂₄. 381₁₆ (Männer).382₅.403₈
II 2. M 7. S 50₇ II 10A. M 2. S 12₁ 66 145₅ (Reisenden) 67 146₇ (Reisenden)
Werke:
- Cephalogenesis (s. Spix 1815) I 9. 174₂₀.₂₃.357₂₅ I 10. 208₁–209₈ II 10A. M 2.4 9₂₉
- Geschichte und Beurtheilung aller Systeme in der Zoologie (s. Spix 1811) II 10A. M 2.4 9₃₀ 2.7 12₃ 2.18 23₇
- Reise in Brasilien (s. Spix / Martius 1823–1831) I 9. 382₁–₁₁ II 2. M 7. S 50₁₄

Sprat, Thomas (1636–1713). Bischof von Rochester; gehörte schon früh zu dem Kreise, aus dem die Royal Society hervorging
I 6. 238₁₆.₂₇.240₆.₁₇.243₁₃.249₂₇. 296₆
Werke:
- L'Histoire de la Société Royale de Londres (s. Sprat 1669) I 6. 238₂₅.240₁₀
- Observations on Monsieur de Sorbier's voyage into England (s. Sprat 1665) I 6. 239₁₄–₁₅
- The History of the Royal Society of London. 2 ed. (s. Sprat 1702) I 6. 238₂₀–₂₂ I 7. 12₂₆

Sprengel, Joachim Friederich (1726–1808). Lehrer, evangelischer Pfarrer; Realschule in Berlin
Werke:
- Das Altertum der grossen Steingerüste auf dem Brokken (s. Sprengel 1752) II 7. M 4 7₃–₄ (Denso)

Sprengel, *Kurt* Polycarp Joachim (1766–1833). Arzt und Botaniker; seit 1789 Prof. der Medizin in Halle a. S., seit 1797 auch der Botanik
Werke:
- Anleitung zur Kenntniß der Gewächse (s. Sprengel 1802–1804) I 3. 504₁₅M
- Geschichte der Botanik (s. Sprengel 1817–1818) I 9. 105₂–₃ I 10. 292₁₅.303₂₂–304₁₅
- Von dem Bau und der Natur der Gewächse (s. Sprengel 1812) I 9. 329₃₃

Städel, Anna Rosina (*Roisette*) Magdalena (geb. von Willemer) (1782–1845). Malerin und Zeichnerin; Tochter von Johann Jacob Willemer
I 2. 74₂–₃Z (Familie)

Stadelmann, Karl Wilhelm (eigentl. Johann Wilhelm Bindnagel) (1782–1844). Buchdruckergeselle aus Jena. 1814–1815 und 1817–1824 Goethes Diener (half beim Sammeln und Ordnen von Gesteinen), dann wieder in Jena, zuletzt im Armen- und Arbeitshaus
I 2. 76₃₂ (Begleiter).137₂₆Z.138₂₉Z. 186₅Z.₁₁Z.188₁Z.207₂Z.₃Z.₆Z.₇Z.₁₉Z. 208₃₀Z.210₁₄Z.₃₁Z (zu vier).₃₂Z. 211₂₂Z.₂₆Z.237₂Z (Diener).276₁₀Z. ₁₁Z.₁₉Z.₂₁Z.277₁₅Z.₁₉Z.₃₀Z.278₇Z.₁₁–₁₂Z. ₂₄Z.₃₁Z.₃₄Z.279₆Z.₉Z.₁₁Z.₁₃Z.₁₅Z.₁₆Z. ₁₇Z.283₇Z.₁₅Z.₃₈Z.284₅Z I 8. 323₃ (Diener) I 11. 169₃ (Begleiter)

Stahl, Georg Ernst (1659/60–1734). Arzt und Chemiker; 1687 Hofarzt in Weimar, 1694 Prof. der Medizin in Halle a. S., seit 1716 Leibarzt des preußischen Königs Friedrich Wilhelm I. in Berlin, vertrat die Phlogiston-Theorie
II 1A. M 16 134₅₅.135₉₃
Werke:
- Experimenta, observationes, animadversiones, chymicae et physicae (s. Stahl 1731) II 1A. M 16 134₃₁
- Physica subterranea (Hrsg., s. Becher / Stahl 1703)

- Specimen Beccherianum (s. Stahl 1703) **I 2.** 110$_{20M}$.424$_M$ **II 8A.** M*93* 122$_{34}$ *94* 125$_4$
- Über den Streit. Von dem so genannten Sylphyre (s. Stahl 1718) **II 1A.** M*16* 134$_{31}$

Stahl, Konrad Dietrich Martin (1770/71–1833). Mathematiker. Physiker; Studium in Helmstedt, 1799 Prof. für Philosophie in Jena, 1802 Gymnasialprof. in Coburg, 1806 in Landshut, 1826 in München
Manuskripte:
- §. 1 Erklärung der Mathematik überhaupt… **II 1A.** M*30* 171–187

Stahl, Philipp Ritter von Um 1800 österreich. Kreishauptmann in Ellbogen
Manuskripte:
- [Bericht über die Verbesserung des Karlsbades] **I 1.** 321$_{20-21Z(?)}$

Starcke, Johann Friedrich
Werke:
- Dissertatio physica de luce et coloribus (Resp., s. Gottsched 1701)

Stark, Augustin (1771–1839). Konrektor in Augsburg. Gründer der Augsburger Sternwarte
II 2. M*4.1* 17$_5$–18$_6$

Stark (Starck), Johann Christian d.Ä. (1753–1811). Arzt, Gynäkologe; 1779 Prof. in Jena, 1786 Hofrat und sachsen-weimarischer Leibarzt, 1803 Geheimer Hofrat, 1804 Direktor des Hebammeninstituts sowie Amts- und Stadtphysikus in Jena. Onkel von Johann Christian Stark d. J.
I 10. 298$_{9-33}$

Stark (Starcke, Starke), Johann Christian d.J. (1769–1837). Chirurg und Geburtshelfer; 1805 Prof. der Chirurgie, 1811 der Chirurgie und Geburtshilfe in Jena, 1812 auch Leibarzt in Weimar, Direktor mehrerer medizin. Anstalten und Amts-, Stadt- sowie Universitätsphysikus in Jena, 1809 Hofrat und 1816 Geheimer Hofrat; Neffe von Johann Christian d.Ä.
II 5B. M*26* 123$_{17}$

Stark(e), Eduard Heinrich (gen. Albert) (geb. 1802). Maler in Weimar. zeichnete für Goethe Pflanzen
II 10B. M*24.21* 126$_{3-4}$

Starke, Fr. Ch. s. Bergk, Johann Adam

Starke, Johann Christian Thomas (um 1764–1840). Maler und Kupferstecher bei Bertuch im Landesindustrie-Comptoir Weimar
I 2. 180$_{11Z.13Z.14Z}$.181$_{10M}$
II 8B. M*1* 3$_{20}$

Staudt (Stauf), Johann Kaspar (geb. 1710). Chemiker im Dienst des Fürsten von Nassau-Saarbrücken; Leiter eines Kohlen- und Alaunwerks in Sulzbach bei Saarbrücken
I 1. 3$_{10Z.11Z}$.4$_{18-19Z}$.4$_{26}$–5$_{16Z}$.5$_{17}$

Staunton, Sir George Leonard (1737–1801). Arzt und Diplomat; im Auftrag Großbritanniens in West- und Ostindien, offizielle Teilnahme an einer Gesandtschaftsreise nach China
Werke:
- Reise der englischen Gesandtschaft an den Kaiser von China (s. Staunton 1798–1799) **I 2.** 53$_{17-31M}$ **II 8A.** M*47* 70

Steffens, Henrich (Henrik, Heinrich) (1773–1845). Naturphilosoph, Mineraloge, Schriftsteller norwegischer Herkunft; 1798 Privatdozent in Jena, 1799 Student an der Bergakademie in Freiberg bei A. G. Werner, 1802 Privatdozent in Kopenhagen, 1804 Prof. in Halle a.S., 1811 in Breslau, 1832 in Berlin
I 9. 235$_7$
II 5B. M*75* 229$_{21}$
Werke:
- Beyträge zur innern Naturgeschichte der Erde (s. Steffens 1801) **II 7.** M*119* 230$_{(?)}$

- Farben-Kugel (Koautor, s. Runge / Steffens 1810)
- Grundzüge der philosophischen Naturwissenschaft (s. Steffens 1806) **II 4**. M68 79$_{1-31}$M69 80$_{1}$–81$_{67}$ **II 8B**. M39 67$_{129}$
- Handbuch der Oryktognosie (s. Steffens 1811–1824) **I 2**. 301$_{20-21M}$ **II 8B**. M72 110$_{160}$
- Über die Bedeutung der Farben in der Natur (s. Steffens 1810) **I 7**. 25$_{4-5}$ **II 10A**. M35 93$_{3}$

Stein zum Altenstein, Karl Siegmund Franz vom (1770–1840). Preußischer Politiker: 1808–1810 Finanzminister, 1813 Zivilgouverneur von Schlesien, 1817 bis 1838/40 Kultusminister
I 8. 14$_{12-13}$

Stein, Gottlob Friedrich (Fritz) Konstantin von (1772–1844). Sohn von Charlotte von Stein, 1783 bis 1786 Goethes Zögling, ausgebildet in weimarischen Diensten, später preußischer Domänenrat in Breslau
I 2. 187$_{11Z}$

Stein, Heinrich Friedrich Karl Freiherr vom und zum (1757–1831). Preußischer Staatsmann und Reformer
I 2. 73$_{18Z}$

Stein, Johann Friedrich Freiherr vom und zum (1749–1799). Preußischer Diplomat: Hof- und Landjägermeister, Obrist, seit 1787 außerordentlicher preußischer Gesandter am kurmainzischen Hof, älterer Bruder von Heinrich Friedrich Karl vom und zum Stein
I 3. 111$_{8}$

Stein, *Wilhelmine* Friederike Reichsfreifrau vom und zum (geb. Gräfin von Wallmoden-Gimborn) (1772–1819). Seit 1793 verh. mit Heinrich Friedrich Carl Reichsfreiherrn vom und zum Stein
I 2. 73$_{28Z}$

Steiner, Johann Ludwig (1711–1799). Optiker und Mechaniker in Zürich
I 6. 365$_{1}$
II 6. M114 216$_{6}$
Werke:
- Neue Entdeckungen betreffend die Refraction in Gläsern (Übers., s. Euler 1765)

Steinert, Georg Gottlieb (erw. 1726). Aus Großhartmannsdorf, Student in Leipzig
I 8. 221$_{5}$
Werke:
- De Bernardini Telesii philosophia. (Resp., s. Lotter 1726)

Steinhauser, *Benedict* Joseph (1778 oder 1779–1832). Böhmischer Prämonstratenserkaplan und Pädagoge: 1808 Prof. und seit 1811 Präfekt (Direktor) am Prämonstratensergymnasium in Pilsen
I 2. 208$_{12-13Z}$ (Präfekt)

Steininger, Johann (1794–1834). Gymnasiallehrer in Trier
II 8B. M72 109$_{145}$

Steno (Stenone), Nicolo (Nikolaus) (eigentl. Nils Stensen) (1638–1686). In Kopenhagen geb., nach Studien in Holland, Frankreich und Deutschland, Arzt in Padua und Florenz: konvertierte zum Katholizismus 1672. Prof. der Anatomie in Kopenhagen und später apostolischer Generalvikar für Niedersachen
Werke:
- De solido intra solidum naturaliter contento (s. Steno 1669) **I 1**. 242$_{6M}$ **II 7**. M111 211$_{5}$
- Prooemium demonstrationum anatomicarum (s. Steno 1673) **I 9**, **224$_{1-3}$**

Sternberg, Kaspar Maria Graf von (1761–1838). Theologe, Naturforscher, Botaniker, Geologe, Paläontologe: Domherr, bischöflicher Kammerrat für das Forstwesen in Regensburg, danach auf seiner Besitzung Brzezina, nördlich von

Prag; 1818 Mitgründer des Böhmischen Nationalmuseums in Prag. 1822 dessen Direktor
I 2. 136₃₆z.161₂.199₇M (Kohlenwerke).208₂z.₆z.₉₋₁₀z.₁₄z.₁₆z.₁₇₋₁₈z.₂₀ z.₂₃z.₃₄z.209₂₉z.₃₆z (Grafen).210₂₋₉z (Graf).21z.211₃₂z.213₁₇z.₂₃z.226₁₁. 234₇₋₈z.₁₈z.235₂₀z.₂₅z.237₁₁z.₁₇z. 238₁₀.248₂₅M.251₃z (Fremden). 285₉₋₁₀.₂₆ (Präsident).287₄ (Präsident).291₉₋₁₀.294₁₃ (Männer). 309₂₅ I 8. 167₃₈.259₈.330₂₆.332₇. 346₁₇.346₃₃–347₂₃ (Präsidenten). 348₁₃ (Präsidenten).352₁₀₋₁₁.353₅ (Männer).377₁₆.419₂ I 9. 323₇₋₈ I 10. 231₄₀.₄₃.232₇ I 11. 232₃. 295₁₈ (würdigen Freundes) II 5B. M 94 260₁ II 8A. M 118 154₅ II 8B. M 10 20₁₂₀ 19 28₂₈ 21 36₂ 30 49₂₀ 66 101₃ II 10A. M 66 145₁₃ II 10B. M S 27₂₂₋₃₄ 24.17 124₈
Werke:
- Anthericum comosum (s. Sternberg 1828) I 10. 229₉₋₁₃.231₃₁.₃₇. 233₃₃ II 10B. M 15 40–42
- Aus einem Schreiben des S. T. Hrn. Grafen Caspar von Sternberg (s. Sternberg 1810) I 8. 420₅₀₋₅₁
- Essai d'un exposé geognostico-botanique de la flore du monde primitif (s. Sternberg / Bray 1820–1826) II 10B. M S 27₂₈₋₂₉
- Rede des gewählten Präsidenten (s. Sternberg 1822) I 2. 285₂₈–286₁₃ (derselbe spricht) I 8. 346₃₆–347₂₃ (derselbe spricht)
- Rede des Präsidenten des böhmischen Museums Grafen Kaspar Sternberg (s. Sternberg 1823) I 2. 287₇₋₈ I 8. 348₁₇
- Reise durch Tyrol (s. Sternberg 1806) I 2. 210₁₂₋₁₃z.₁₇₋₁₈z
- Über die Gewitterzüge in Böhmen (s. Sternberg 1824) I 8, **419–420** II 2. M 1.5 6₅
- Versuch einer geognostisch-botanischen Darstellung der Flora der Vorwelt (s. Sternberg 1820–1838)

I 2. 136₃₆₋₃₇z.199₁₄₋₁₅z.226₁₀₋₁₂ I 8. 259₉ II 10B. M S 27₂₄₋₂₈

Stichling, Karl Gustav (1800–1831). Amtsaktuar in Dornburg
I 2. 370₃₁z

Stiedenroth, Ernst (1794–1856). Philosoph und Pädagoge in Göttingen, Berlin und Greifswald
I 9, 353₁₂.₂₆.368₁₇₋₁₈
Werke:
- Psychologie zur Erklärung der Seelenerscheinungen (s. Stiedenroth 1824–1825) I 9, 353₁₁₋₁₂.₁₆. 353₁–355₂₁.354₂₇.355₂₀₋₂₁ I 10. 226₂₋₂₆ II 10A. M 57 115–137 64 144₉₋₁₀ II 10B. M 3 22

Stirling, James (1692–1770). Schott. Mathematiker; Oxford-Stipendiat, lehrte ab 1725 in London. 1726 Mitglied der Royal Society. ab 1734 Arbeit für die Scotch Mines Company in Leadhills
II 6. M 119 226₄₆

Stobaeus (Stobaios, Stobäus), Johannes (5. Jh. n. Chr.). Aus Mazedonien. Verfasser einer Sammlung von Exzerpten von griech. Dichtern und Schriftstellern, wohl für den Unterricht seines Sohnes bestimmt
I 6, 2₂₉.3₃₀
Werke:
- Eclogae physicae et ethicae (s. Stobaios. ecl.) II 6. M S 12₃₁.₄₅ 9 13₁₂ M 106 206₁₀–207₂₀

Stöhr, August Leopold (geb. 1764). Kaplan in Karlsbad
Werke:
- Kaiser Karlsbad (s. Stöhr 1810) I 1, 376₁₄z

Stoiker Anhänger der Lehre der Stoa, einer antiken Philosophenschule
II 6, M 4 7₃₅ 34 38₂₄

Stolberg-Stolberg, Friedrich (Fritz) Leopold Graf zu (1750–1819). Diplomat, Schriftsteller und Übersetzer; 1772 Mitglied des Dichterbundes „Göttinger Hain", seit 1777 fürstbischöflich-olden-

burgischer Gesandter in Kopenhagen. 1781 Vizehofmarschall in Eutin. 1789 dän. Gesandter in Berlin. 1791 Kammerpräsident in Eutin
I 3. 231_{10Z}
Werke:
- Auserlesene Gespräche (Übers., s. Platon / Stolberg 1796–1797)
- Reise in Deutschland, der Schweiz, Italien und Sicilien (s. Stolberg 1794) **II 9B.** $M33$ $34_{104,113}$. $36_{180-181,202-203}$

Stolz, Johann Anton (1778–1855). Arzt in Außig, später in Teplitz
I 2. $5_{20Z}.28_{24Z}.29_{14Z}.34_{24}$. $54_{14-15Z,35Z}.78_{7Z}$ **I 11.** 152_{22}
II 8A. $M39$ $62-63$

Strass, Georges Frédéric (Georg Friedrich) (1701–1773). Goldschmied aus dem Elsass, nach seiner Straßburger Ausbildung in Paris tätig, erfolgreicher Hersteller von Edelstein-Imitaten
II 5B. $M114$ $334_{158-159}$ **II 6.** $M115$ 219_{73}

Streiber und Compagnie, Firma in Eisenach
II 4. $M59$ 70_{20}

Streitknecht Verwalter auf Burg Hassenstein bei Kaaden
II 8A. $M28$ 47_5

Stroganof, Comtesse de Besitzerin eines Platin-Bergwerks im Ural
II 8B. $M74$ 125_{4-5}

Stroganoff, Alexander Gregorewitsch Graf Russ. Staatsmann in St. Petersburg
I 2. 278_{35Z}

Strombeck, Friedrich Karl (seit 1812:) Freiherr von (1771–1848). Jurist; seit 1813 in Wolfenbüttel, dann am dortigen Oberappelationsgericht und 1843 dessen Präsident, Schriftsteller
I 2. $302_{3M,5M,23M}$
II 8B. $M39$ 68_{144}
Werke:
- Lehrbuch der Geologie (Übers., s Breislak 1819–1821)

Rezensionen:
- Veltheim: Bemerkungen über die Englische Pferdezucht (s. Strombeck 1820) **I 2.** 300_{14M} (Rezensent) **II 8B.** $M39$ 66_{95-97}

Struve, Heinrich (Henri) Christian Gottfried von (1772–1851). Diplomat, Mineraloge; russ. Ministerresident in Hamburg
I 1. $287_{29-30Z}.288_{31Z,34-35Z}.289_{2Z}$. $291_{25Z}.321_{34Z}$ **I 2.** $61_{9-10Z,10Z}.279_{19Z}$
II 8B. $M76$ $129_{77(?)}$
Werke:
- Beiträge zur Mineralogie und Geologie des nördlichen Amerika's (s. Struve 1822) **I 2.** 250_{2-10M}
II 8B. $M27$ $46-47$
Rezensionen:
- Breislak: Lehrbuch der Geologie (s. Struve 1820) **I 2.** 300_{15-16M} (Rezensent) **II 8B.** $M39$ 66

Studer, Bernhard (1794–1887). Geologe; Lehrer der Physik und Mathematik an der Akademie in Bern, seit 1834 Prof. der Geologie in Bern
II 8B. $M72$ 107_{58}

Sturch, John
Werke:
- Nachricht von der Insel Wight (s. Sturch 1781) **II 8B.** $M92$ 149

Sturm, Johann Christoph (1635–1703). Dozent in Jena, 1664 Pfarrer in Deiningen bei Öttingen, seit 1669 Prof. für Mathematik und Physik in Altdorf
I 7. 12_{11}
II 6. $M71$ $103_{450}-104_{469}$
Werke:
- Collegium experimentale, sive curiosum (s. Sturm 1676–1685) **II 6.** $M71$ $103_{453-454}$
- Iridis admiranda (s. Sturm 1699) **II 6.** $M71$ 103_{455}
- Physica electiva sive hypothetica (s. Sturm 1697–1722) **I 6.** $206_{26-28}.34_{619}$ **II 6.** $M59$ $79_{121-122}$ 71 $95_{129-131}.97_{219}.103_{452}.104_{461-462}$ 72 108_6

Sturm, Karl Christian Gottlob (Christoph Gottlieb) (1781–1826). Kameralist; Leiter eines landwirtschaftlichen Instituts in Tiefurt, seit 1807 Vorlesungen in Jena, ging 1819 nach Bonn
I 2, 7$_{1-2Z}$
II 10A, M2.8 12$_6$ II 10B, M1.2 7$_{144}$
Werke:
- Andeutungen der wichtigsten Racenzeichen bey den verschiedenen Hausthieren (s. Sturm 1812) II 10A, M2.18 23$_6$
- Beiträge zur Schafzucht und Wollkunde (s. Sturm 1824) I 10, 219$_{2-11}$
- Ueber die Schafwolle (s. Sturm 1812) I 2, 6$_{16Z.7Z}$ (Wollen-Kabinett)

Subeiroff, Amir Finder eines großen Stückes Gold im Ural, Russland
II 8B, M71 104$_{28}$

Suckow (Succow), Friedrich Joachim Philipp von (1789–1854). Offizier und Dichter; 1815 zeitweise Kommandant von Andernach, dort Begegnung mit Goethe
I 2, 73$_{22Z}$

Suckow (Succow), Georg Adolf (1751–1813). Physiker, Chemiker; Prof. in Heidelberg
Werke:
- Anfangsgründe der ökonomischen und technischen Chymie (s. Suckow 1789) I 1, 248$_{9M}$ II 7, M111 214$_{135}$

Sue, Jean Joseph, le Jeune (1710–1792). Anatom und Mediziner in Paris
I 9, 164$_{32}$
Werke:
- Traité d'ostéologie (Komm. und Illustr., s. Monro / Sue 1759)

Sueß, David Kunststeiger in Ilmenau in den Jahren 1791 bis 1793
I 1, 199$_{5.17-18}$ (Kunststeiger), 202$_{30}$ (Kunststeiger), 204$_{14}$

Sulzer, Friedrich Gabriel (1749–1830). Arzt in Gotha, Brunnenarzt in Ronneburg, 1784 sachsen-gothaischer Rat und Hofmedikus
I 1, 320$_{31Z}$.322$_{21-22Z}$.353$_9$.383$_{16}$
I 8, 385$_{29-30}$ I 11, 140$_{32}$
II 5B, M114 332$_{95}$.333$_{96}$ (er).$_{98}$ (seine).$_{103.104}$ (ihm)

Sulzer, Johann Georg (1720–1779). Philosoph und Ästhetiker; Prof. der Mathematik am Joachimsthaler Gymnasium in Berlin, 1763 an der Ritterakademie, seit 1776 Direktor der philosophischen Klasse der Preußischen Akademie der Wissenschaften
Werke:
- Allgemeine Theorie der schönen Künste (s. Sulzer 1771–1774) I 6, 416$_{19}$

Suter, Johann Rudolf (1766–1827). Schweizer Botaniker; Prof. in Bern
Werke:
- Flora Helvetica (s. Suter 1802) II 10A, M8 67$_{23-24}$

Sutor, Christoph Erhard (1754–1838). 1776–1795 Goethes Diener und Schreiber, auch Spielkartenfabrikant und Inhaber einer Leihbibliothek in Weimar
II 5B, M20 96$_{138}$

Swammerdam, Jan (1637–1680). Niederländ. Mediziner und Naturhistoriker; erforschte die Anatomie der Insekten
II 9A, M100 149$_{18}$ II 10A, M2.12 17$_{13}$
Werke:
- Historia insectorum generalis (s. Swammerdam 1669) II 9B, M28 25$_2$

Swedenborg, Emanuel (eigentl. Emanuel Svedberg) (1688–1772). Schwed. Mystiker und Theosoph, Chemiker und Physiker; von 1716 bis 1747 Assessor im schwed. Bergwerkskollegium, lebte dann in Holland und England
Werke:
- Prodromus principiorum rerum naturalium (s. Swedenborg

1754) **I 6.** 349_{15-16} **II 6.** M *71* 101_{377}–102_{396} *72* 109_{34}

Sylvius, Jacobus (Jacques Dubois) (1478–1555). Franz. Mediziner
Werke:
- Vaesani cuiusdam calumniarum in Hippocratis Galenique rem anatomicam depulsio (s. Sylvius 1551) **I 9.** 165_{15-27}

Tabor (um 1800?). Kammerat und Glasfabrikant
II 5B. M *114* 335_{187}

Tacitus (Publius Cornelius Tacitus) (um 55-um 120 n. Chr.). Röm. Geschichtsschreiber
I 1. 136_{17Z}
II 4. M *72* 87_{31}
Werke:
- Dialogus de oratoribus (s. Tacitus, dial.) **I 9.** 274_{21-22}

Tacquet, André (1612–1660). Jesuit, Mathematiker; Prof. in Löwen und Antwerpen
I 11. 281_{32}

Tanz Apotheker aus Reinerz
II 2. M S.*15* 120_{105}

Targioni Tozzetti, Giovanni (1712–1783). Arzt und Naturforscher; Prof. der Botanik in Florenz
II 8B. M *4* 5_{6-7}
Werke:
- Relazioni d'alcuni viaggi fatti in diverse parti della Toscana (s. Targioni Tozzetti 1768–1779) **I 1.** $242_{7-10M,32M}$ (Targ. I. 6.).243_{14M} (Targ. X. 247).$247_{18M}.248_{21-22M}$ (Targioni).249_{8-9M} (p. 27) **II 7.** M *111* $211_{6,28}.212_{47}.214_{122}$ M *111* 214_{152}–215_{153} **II 9B.** M*33* $32_{25,54-55}.33_{66}.34_{134}.35_{147-148,151,154}.37_{230}$

Tasse, Johann Adolph (Tassius, Johann Adolf) (1585–1654). Mathematiker in Hamburg. Hrsg. der Werke des Jungius
Werke:
- Geometria empirica (Hrsg., s. Jungius / Tassius 1642)

Tatti, Giovanni Ital. Agronom
Werke:
- Della agricoltura libri cinque (s. Tatti 1561) **II 9B.** M *33* $31_{14-15}.38_{262}$

Tavernier, Jean Baptiste (1605–1689). Franz. Juwelenhändler, Orientreisender. Soldat; 1625–1663 Reisen in Europa und Asien
I 2. $71_{30Z}.72_{3Z}$
Werke:
- Les six voyages (s. Tavernier 1712) **I 2.** $71_{30Z}.72_{3Z}$

Taylor, Brook (1685–1731). Mathematiker; zeitweise Sekretär der Royal Society in London
II 6. M *119* 226_{47}

Tebra s. Trebra, Friedrich Wilhelm Heinrich von

Teichmeyer, Hermann Friedrich (1685–1744). Prof. der Experimentalphysik in Jena, ab 1727 Prof. für Botanik, Chirurgie und Anatomie und Weimarscher Leibarzt
I 6. 345_{15}
Werke:
- Amoenitates philosophiae naturalis (s. Teichmeyer) **I 6.** 345_{4} **II 6.** M *71* 93_{79-84} *72* 109_{9} *74* 115_{12}
- Elementa philosophiae naturalis experimentalis (s. Teichmeyer 1733) **I 6.** 346_{34-35} **II 6.** M *71* 98_{264}–99_{269} *72* 109_{18} *74* 116_{37}

Telephanes (um 500 v. Chr.). Bei Plinius genannter, sonst unbekannter griech. Maler aus der Zeit der Perserkriege
I 6. $45_{7}.46_{4,37-38}$

Telesio, Antonio s. Thylesius, Antonius (Telesio, Antonio)

Telesio, Bernardino (Telesius, Bernardinus) (1508/10–1588). Ital. Philosoph; Edelmann aus Cosenza. Neffe und Schüler von Antonius Thylesius
I 6. $135_{1,19,31}$ **I 7.** 11_{19} **I 8.** $220_{11,18-32,29}$ (Werke).$221_{2}.222_{4}$ (Verfasser).$_{11}$ (Verfasser).$223_{12,16}$ (Mann).223_{18}–224_{31}

II 5B. M 77 232₇ (Kosentiners) S0 240₁ S1 241₁₋₂ **II 6**. M 38 46₁₇ 39 47₁ 118 224₁₈
Werke:
- De colorum generatione (s. Telesio 1570a) **I 6**. 135₃₆ **I 8**. 220₁₃₋₁₄ (Mannes).221₇₋₃₁ **II 5B**. M 14 52₁–57₁₈₁ 92 257₆₉₋₇₀ **II 6**. M 42 54₃₋₄
- De rerum natura iuxta propria principia (s. Telesio 1565) **I 8**. 224₅₋₇
- De rerum natura iuxta propria principia 2. Aufl. (s. Telesio 1570b) **II 5B**. M 14 52₁₀.55₁₂₅₋₁₂₆. 56₁₅₀₋₁₅₁
- Liber de iride (s. Telesio 1590a) **II 5B**. M 14 56₁₃₈
- Varii de naturalibus rebus libelli (s. Telesio 1590b) **II 6**. M 37 46₂₀ 135 269₂₁

Telesio, Diana (geb. Sersali) (†vor 1565). Ehefrau von Bernardino Telesio
I 8. 220₂₇ (Mutter)

Telesio, Tommaso (Telesius, Thoma) (†1568). Ab 1565 Bischof von Cosenza, Bruder des Bernardino Telesio
I 8. 220₂₅ (Bruder)

Temler (Temmler), Karl Heinrich Anton (1804–1837). Student der Mathematik, von Ende 1822 an bis Juni 1826 Gehilfe bei der Sternwarte und meteorologischen Station in Jena, ab 1834 Privatdozent in Jena
II 2. M 8.6 108₂₇–109₃₂.109₃₆.51 S.16 122₂ S.17 122₂

Tempeltey (Tempeldey), Friedrich Julius (1802–1870). Maler und Lithograph in Berlin
I 2. 376₁₃ **I 11**. 298₃

Temple, Edmond Südamerikareisender im Auftrag einer Bergwerksgesellschaft
Werke:
- Travels in various parts of Peru (s. Temple 1830) **II 2**. M 9.35 200

Teniers d. J., David (1610–1690). Flämischer Maler: Hofmaler in Brüssel und Mitbegründer der Akademie in Antwerpen
I 6. 229₃₆
II 4. M 73 91₇₆

Tentzel (Tenzel), Wilhelm Ernst (1659–1707). Polyhistor, Historiograph und Numismatiker
Werke:
- Saxonia Numismatica Linea Ernestinae et Albertinae (s. Tentzel 1714) **I 1**. 33ₘₐ

Terborch (Ter Borch, Terburg), Gerard (1617–1681). Niederländ. Maler
I 6. 229₃₇

Terenz (Publius Terentius Afer) (um 195–159 v. Chr.). Röm. Komödiendichter
I 6. 112₃₀.113₁₅.119₃₅
II 6. M 41 50₆₇.51₁₀₉

Terneaux (Tournon), Charles Henri (1807–1864). Franz. Historiker, Übersetzer und Diplomat; 1821 bis 1825 zur Erziehung und Ausbildung in Deutschland
I 2. 210₁₂Z.₁₆–₁₇Z (Reisende)

Tertullian (Quintus Septimius Florens Tertullianus) (um 160 – nach 220). Aus Karthago, Kirchenvater und Schriftsteller
II 9B. M 33 38₂₅₁₋₂₅₂

Tessier, Henri Alexandre (1741–1837). Franz. Abbé, Prof. für Agrikultur in Paris, Inspektor der Schäferei in Rambouillet
I 3. 251₃ₘ **I 7**. 39₁₇
Werke:
- Expériences propres à développer les effets de la lumière sur certaines plantes (s. Tessier 1783) **I 3**. 251₁₄ₘ **I 7**. 39₂₅₋₂₆

Thales von Milet (um 624 – um 546 v. Chr.). Griech. Naturphilosoph; in Faust II Vertreter des Neptunismus
I 2. 399₂₁Z.₂₄Z.₂₉Z.400₆Z.8Z.18Z.34Z. 401₁Z.402₁₈Z.403₁Z.₂₇Z.₃₃Z.404₁₈Z.₂₄Z
II 6. M 23 26₃₃.27₆₇

Themison Laodicensis (1. Jh. v. Chr.-1. Jh. n. Chr.). In Rom ansässiger griech. Arzt. Schüler des Asklepiades
II 1A. M *1* 3$_{21}$
Themistius (um 320–390). Rhetor und Philosoph in Byzanz
I 3. 369$_{10M}$ **I 6**. 105$_{32}$
Werke:
- In libros de anima paraphrasis (s. Themistius. an. par.) **I 6**. 106$_9$
Thenard, Louis Jacques (1777–1857). Chemiker: Prof. am Collège de France in Paris
II 4. M *55* 66$_{17}$
Theophrast (Theophrastos, Theophrastus) von Eresos (371/70–287/86 v. Chr.). Griech. Philosoph und Naturforscher: Schüler und Nachfolger des Aristoteles
I 3. 396$_{16M}$.397$_{14M}$.398$_{13M}$.438$_{11M}$.493$_{29-30M}$ **I 4**. 17$_{20}$ **I 6**. 2$_2$.3$_9$.4$_{15}$. 16$_{10}$.75$_{10}$.196$_{27}$.291$_{13}$ **I 10**. 304$_{20}$ **II 6**. M *5* 8$_{15-16}$.9$_{62-63}$ *16* 16$_1$ *56* 72$_{3-4}$ *59* 78$_{93}$ *106* 208$_{67}$ *133* 259$_{10-14}$.260$_{41.71}$ *134* 267$_{7-8}$
Werke:
- De coloribus libellus (s. Theophrastus / Aristoteles / Portius 1549) **I 1**. 274$_{8Z}$ **I 3**. 396$_{31M}$ **I 6**. 74$_{27}$.75$_6$.99$_{36}$.105$_{23-24}$.123$_{11.15-17.22.24-25}$.124$_{1.17}$.178$_{30-31}$ **I 7**. 10$_2$.11$_{10.11}$ **II 4**. M *72* 86$_5$ **II 6**. M *15* 15$_1$ *26* 28$_1$ *37* 45$_{13-14}$ *40* 48$_{3.21}$ *133* 259$_{23-27}$ *136* 273$_{63-64}$
- De lapidibus (s. Theophrastus. lap.) **I 8**. 231$_{10(?)}$ **II 5B**. M *60* 192$_{13}$–193$_{14}$
- De musica (s. Theophrastus. mus.) **II 5B**. M *146* 406$_1$
Thesallus Trallianus (Thessalos von Tralleis) (1. Jh.). Griech. Astronom
II 1A. M *1* 3$_{21}$
Thieriot (Thiriot), Nicolas Claude (1696–1772). Literat und Freund Voltaires
I 6. 321$_{14}$

Thomasius, Christian (1655–1728). Jurist und Philosoph: Prof. in Leipzig. seit 1690 in Halle
II 4. M *72* 86$_{8-9}$.87$_{16.24}$
Werke:
- De iure circa colores (s. Thomasius 1683) **II 4**. M *72* 86$_1$–89$_{105}$ **II 6**. M *132* 258$_7$
Thomson, Thomas (1773–1852). Schott. Chemiker: 1801–1811 in Edinburgh. dann in London. 1813–1820 Hrsg. der „Annals of Philosophy". 1817 Lektor. 1818–1841 Prof. in Glasgow
I 9. 332$_8$
Thon, Christian August (1754–1829). Jurist: Geheimer Assistenzrat. Oberkonsistorialdirektor in Eisenach. von 1814 bis zu seinem Tod Kanzler von Sachsen-Weimar-Eisenach und Chef der Landespolizeidirektion
I 1. 286$_{10Z.16Z}$.288$_{30Z}$
Thon, Theodor (1791–1838). Naturforscher in Jena: Hrsg. der Zeitschrift „Entomologisches Archiv" (1827 ff.: Ruppert 4182)
I 2. 6$_{8Z}$
Thunberg, Carl Peter (Karl Peter von) (1743–1828). Schwed. Botaniker in Uppsala
I 10. 232$_2$
Thurn und Taxis, Karl Alexander Fürst von (1770–1827). Bayerischer Generalpostmeister
I 2. 139$_{2Z.6Z}$ (Fürsten).$_{19-20Z}$.172$_{29Z}$. 249$_{23M(?)}$
II 8B. M *19* 29$_{52(?)}$ *24* 43$_{11-12(?)}$ *60* 97$_{44-45}$
Thylesius, Antonius (Telesio, Antonio) (1482–1533). Ital. Poet. Philosoph und Humanist: Onkel des Bernardino Telesio
I 6. 121$_{10.23}$ (Verfassers).$_{25}$.126$_{20}$. 127$_{21}$ (Männer) **I 8**. 223$_{20}$ (Oheim) **II 6**. M *42* 53$_1$
Werke:
- De coloribus (s. Thylesius 1545a) **I 6**. 122$_{8.16}$

- De coronis (s. Thylesius 1545b)
  I 6. 122₁.₁₆
- Libellus de coloribus (s. Thylesius 1537) **I 3.** 396₂₄₋₂₅ₘ **I 6.** 110₃₅. 111₇₋₈.121₁₁₋₁₂ **I 7.** 11₉ **II 6.** M*37* 45₉ *38* 46₄ *40* 48 M*41* 48–53 *133* 259₁₈₋₂₂
- Opuscula aliquot (s. Thylesius 1545c) **I 6.** 122₂₃₋₂₄

Tiberius (Claudius Nero Tiberius) (42 v. Chr. – 37 n. Chr.). Röm. Kaiser; von 14 bis 37 n. Chr. der zweite Kaiser Roms
I 3. 488₂₀ₘ
II 6. M*23* 27₆₅ *69* 90₂

Tibull (Albius Tibullus) (um 55 – etwa 19 v. Chr.). Röm. Dichter
I 6. 117₁₁

Tiedemann, Friedrich (1781–1861). Mediziner; Prof. der Anatomie und Zoologie in Landshut und ab 1816 in Heidelberg für Anatomie und Physiologie
I 2. 407₁₆ **I 10.** 381₁₆ (Männer). 382₅₋₆.403₈ **I 11.** 313₅
Werke:
- Amtlicher Bericht über die Versammlung deutscher Naturforscher und Ärzte (s. Tiedemann / Gmelin 1829) **I 2.** 407₁₃₋₁₆ **I 11.** 313₂₋₈

Tiedemann, Johann Heinrich (1742–1811). Hersteller optischer Geräte in Stuttgart
II 3. M*34* 28₂₂₋₂₃.30₁₀₃.31₁₄₀₋₁₄₁. 32₁₅₆.₁₆₁ **II 5B.** M*114* 335₁₈₇

Tilas, Daniel Freiherr von (1712–1772). Schwed. Geognost
Werke:
- Entwurf einer schwedischen Mineralhistorie (s. Tilas 1767) **II 7.** M*45* 75₂₉₉₋₃₀₀

Tilloch, Alexander (1759–1825). Engl. Ingenieur, Erfinder, Verleger; Begründer und 1798–1822 alleiniger Hrsg. des „Philosophical Magazine"
I 8. 290₁₅

Timaios Pythagoreischer Philosoph in Platos gleichnamigen Dialog; Existenz unsicher
I 6. 7₃₄.8₄

Timanthes (fl. um 400 v. Chr.). Griech. Maler aus Kythnos
I 6. 52₇.₃₆.53₁₁

Tintoretto (eigentl. Iacopo Robusti) (1518–1594). Ital. Maler, aus Venedig, Schüler von Tizian
I 4. 253₁₃ **I 6.** 227₁₈.₂₇

Tischbein, Johann Heinrich Wilhelm (1751–1829). Maler, Radierer; zunächst in Berlin, von 1780–1799 vorwiegend in Italien, begleitete Goethe durch Rom, die Campagna und nach Neapel, 1789 Direktor der Kunstakademie in Neapel, von 1799 bis 1801 in Kassel, Göttingen und Hannover, lebte später in Hamburg und seit 1808 in Eutin
I 1. 137₂₀z.142₂₉z.143₁₉z.144₁₆z
I 9. 665.₁₄.671.80₆

Titian *s. Tizian*

Titius, Johann Daniel (eigentl. Tietz) (1729–1796). Prof. der Mathematik und Physik in Wittenberg
Werke:
- Physicae experimentalis elementa (s. Titius 1782) **I 6.** 350₂₂₋₂₃ **II 6.** M*71* 105₅₁₈₋₅₂₇ *72* 109₄₄

Titius, Karl Heinrich (1744–1813). Arzt; 1768 Prof. am medizin.-chirurg. Kollegium, 1776 Inspektor des Naturalienkabinetts in Dresden
I 1. 286₂₀z.287₇z

Titus (Flavius Vespasianus Titus) (39–81 n. Chr.). Röm. Feldherr, von 79 bis 81 Kaiser
I 6. 60₂₉.62₁₀

Tizian (eigentl. Tiziano Vecellio) (um 1480–1576). Ital. Maler
I 4. 252₂₁.253₁₄ **I 6.** 223₃₄. 224₄.₁₆.₁₇.₁₈.₃₄.225₃₄.226₁₁.₂₃.227₁₉
II 10A. M*52* 112₃₂

Tobiesen, Ludolph Hermann (1771–1839). Aus Hamburg, seit 1817 Direktor der Navigations-

schule in Danzig, dann Marineastronom in Kronstadt
I 6. 351₆
Tode, Johann Clemens (1736–1806). Chirurg und Arzt; 1771 Hofmedicus und Mitglied des Collegium medicum in Kopenhagen. 1774 Prof., 1797 o. Prof. an der dortigen Universität
Werke:
- Von dem Perkinismus (Übers., s. Herholdt / Rafn 1798)

Tondi, Matteo (1762–1835). Ital. Mineraloge; Adjunkt von Dolomieu am Musée d'histoire naturelle in Paris, dann Prof. der Mineralogie in Neapel
II 8B. M 72 111₂₀₉

Torquatus, Lucius Manlius (fl. 1. Jh. v. Chr.). Röm. Politiker
I 6. 119₂₉

Torremuzza s. *Castelli, Gabriele Lancelotto Principe di Torremuzza*

Torricelli, Evangelista (1608–1647). Ital. Mathematiker und Physiker; Prof. an der Universität in Florenz
I 11. 75₁₉.76₃₄ (Torricellischen Röhre).181₁₆ (Physiker)
II 1A. M 16 138₁₉₆ II 2. M 11.3 214₄₇

Tourlet
Rezensionen:
- Opoix: Théorie des couleurs et des corps inflammables (s. Tourlet 1808) II 6. M 73 114₁₄₄

Tournefort, Joseph Pitton de (1656–1708). Franz. Botaniker und Forschungsreisender
I 10. 328₂₈₋₂₉
II 10B. M 23. S 102₁₈
Werke:
- Élémens de botanique (s. Tournefort 1694) I 9. 330₂₈

Tournon s. *Terneaux (Tournon), Charles Henri*

Tozzetti, Ottavio Targioni s. *Targioni Tozzetti, Giovanni*

Traber, Zacharias (1611–1679). Vermutl. österreich. Jesuit
Werke:
- Nervus opticus (s. Traber 1690) II 6. M 136 273₇₄₋₇₅

Tralles, Johann Georg (1763–1822). Mathematiker, Physiker; 1804 in Berlin, 1810 Prof. an der neu gegründeten Universität
I 11. 102₃

Trattinnick (Trattinick), Leopold (1764–1849). Österreich. Botaniker; 1809–1835 Kustos des Hof-Naturalienkabinetts in Wien
Werke:
- Thesaurus botanicus (s. Trattinick 1805–1819) I 9. 325₈₋₉

Trauttmannsdorf-Weinsberg, Graf von Österreich. Oberststallmeister
I 2. 280₃₄Z(?)

Trauttmannsdorf-Weinsberg, Graf von, dessen Bruder
I 2. 280₃₄Z (Bruder)

Trebra, Friedrich Wilhelm *Heinrich* von (1740–1819). Geologe und Bergbaubeamter; 1780 Vizeberghauptmann in Clausthal, 1801 Oberberghauptmann in Freiberg (Sachsen)
I 1. 35₂₉₋₃₀M.43₁₄₋₁₆M (Bergbeamter).201₁₂.288₂₅Z I 2. 6₁₄₋₁₅Z.23₁₄Z. 122₁₆M.153₃₈ I 8. 141₁₇
II 7. M 44 66(?) 54 121₁₅ 61 131₅ 60 131₉ II 8A. M 31 51₆₇₋₆₈ (meinen) 33 56 86 112₂ 101 134₅
- Berichterstatter I 1. 55₁₆₋57₁₉Z
Werke:
- Erfahrungen vom Innern der Gebirge (s. Trebra 1785) I 1. 69₁₈M. 83₁₄₋₁₅.₁₇₋₁₈ I 2. 23₁₆Z.23₂₅₋26₄M. 54₂₁Z.₃₅₋₃₆Z.202₂₁₋₂₂.₂₅₋₃₅.342₂₂₋₂₃. 424M I 8. 261₂₄₋₂₅.₂₈₋₃₇.395₂₋₃ I 11. 19₇.₉ II 7. M 52 105₅₀ 76 164 II 8A. M 31 50₅₃ M 32 53–54 94 125₇
- Mineraliencabinett (s. Trebra 1795) I 2. 57₄M.₂₃M II 8A. M 48 73₆₇.₈₄₋₈₅

Manuskripte:
- Die Achtermanns-Hoehe [Bericht mit Aquarellen] (Koautor, s. Ms. Lasius / Trebra)
- Einige wenige Bruchstücke, vom Äußern und Innern des Harzes **II 7**, M*23* 38–44
- Sie haben recht... [Entwurf Trebras zur Gründung einer Geologen-Gesellschaft] **II 7**, M*59* 127–130
- Uiber[!] das Ganze der so glücklich versuchten Erdbeschreibung **II 7**, M*29* 48–51
- [Anmerkungen zu Saussure: Voyages dans les Alpes] **II 7**, M*49* 93–101

Treiber, Johann Friedrich (1642–1719). Astronom, Historiker und Schulmann; 1669–1674 Rektor am Ruthenaeum in Schleiz, dann am Gymnasium in Arnstadt
Werke:
- Sub coeli auspicio exercitationem optico-astronomicam de figura et colore coeli apparente (s. Treiber 1668) **II 5B**, M*102* 294–299

Treviranus, Gottfried Reinhold (1776–1837). Arzt und Naturforscher in Bremen; Bruder von Ludolf Christian T.
I 10, 302$_{27,31}$
II 10A, M*2.8* 12$_{10}$
Werke:
- Biologie, oder Philosophie der lebenden Natur (s. Treviranus 1802–1822) **I 9**, 311$_{27}$
- Vermischte Schriften anatomischen und physiologischen Inhalts (s. Treviranus / Treviranus 1816–1821) **I 9**, 329$_{28-30}$.330$_{16,25,30-36}$. 331$_{8-11,15-16}$

Treviranus, Ludolf Christian (1779–1864). Mediziner und Botaniker; lehrte zunächst in Bremen, dann an den Universitäten Rostock (ab 1812), Breslau (ab 1816) und Bonn (ab 1830); Bruder von Gottfried Reinhold T.

Werke:
- Vermischte Schriften anatomischen und physiologischen Inhalts (Koautor, s. Treviranus / Treviranus 1816–1821)

Trinius, Karl Bernhard (1778–1844). Mediziner und Botaniker in St. Petersburg
Werke:
- De graminibus unifloris et sesquifloris (s. Trinius 1824) **II 10B**, M*1.2* 7$_{167-169}$ M*1.2* 9$_{208}$–10$_{212}$

Trippel Steinmetzmeister in Berlin
I 2, 375$_{23}$ **I 11**, 297$_{15}$
II 8B, M*69* 103$_{18}$

Troxler, Ignaz Paul Vital(is) (1780–1866). Arzt, Philosoph; studierte in Jena und Göttingen, Mediziner in Luzern, später Prof. der Philosophie in Basel
Werke:
- Blicke in das Wesen des Menschen (s. Troxler 1812) **I 9**, 247$_{22-26}$
II 10A, M*2.5* 10$_{11}$

Tschudi, Aegidius (1505–1572). Schweizer Politiker und Humanist
Werke:
- Chronicon Helveticum (s. Tschudi 1734–1736) **I 6**, 89$_8$

Tümpling s. *Wolf von Tümpling (Tumpling), Heinrich Gottlob*

Turnor, Edmund (1755/56–1829). Engl. Altertumsforscher, Schriftsteller und Politiker; 1786 Mitglied der Royal Society
Werke:
- Collections for the history of Grantham, containing memoirs of Newton (s. Turnor / Newton 1806) **II 6**, M*81* 182$_1$

Turpin, Pierre Jean François (1775–1840). Franz. Botaniker, Forschungsreisender und Illustrator
I 10, 309$_{25}$.310$_{29}$.311$_{3-7}$
II 10B, M*22.11* 85 *22.12* 86 M*22.13* 87–88
Werke:
- Abécédaire de flore (Illustr., s. Delachénaye / Turpin 1811)

- Flore médicale (Illustr., s. Chaumeton / Turpin 1814–1820)
- Flore Parisienne (Illustr., s. Poiteau / Turpin 1808)
- Icones plantarum Galliae rariorum (Illustr., s. Candolle / Turpin 1808)
- Leçons de Flore (Illustr., s. Poiret / Turpin 1819–1820)
- Mémoire sur l'inflorescence des graminées et des cypérées (s. Turpin 1819) **II 10B**. M 1.2 7$_{165-167}$
- Mémoire sur l'organisation intérieure et extérieure des tubercules du Solanum tuberosum et de l'Helianthus tuberosus (s. Turpin 1830) **I 10**. 309$_{29-33}$ **II 10B**. M 21.4 65$_{1-3}$ 21.9 68$_{17-24}$ 22.12 86$_{5-12}$ 22.13 87$_{10-17}$

Tyson, Edward (1650–1708). Engl. Mediziner; Arzt in London
Werke:
- Orang-outang or the anatomy of a pygmie (s. Tyson 1699) **II 9A**. M 100 149$_{22,28}$ 101 153$_4$

Ubelius, Johannes Leonhardus
Werke:
- De luce ac umbra (Resp., s. Kirchmaier 1660)

Uccello, Paolo (eigentl. Paolo di Dono) (1397–1475). Ital. Maler
I 4. 245$_2$

Uebelacker, Franz (Pater Franz Uibelaker) (fl. 1780er Jahre). Benediktiner in Petershausen (Schwaben), verließ den Orden, Privatmann in Wien, später in Freiburg i. Br.
Werke:
- System des Karlsbader Sinters unter Vorstellung schöner und seltener Stücke (s. Ubelacker 1781) **I 2**. 414$_{4-7}$ **I 11**. 323$_{25-27}$ **II 8A**. M 2 5$_{68-69}$

Uffenbach, Johann Friedrich von (1687–1769). Bürgermeister von Frankfurt am Main
I 11. 218$_{20}$ (Hausfreund)

Uibelaker s. *Uebelacker, Franz*

Ullmann, Johann Christoph (1771–1821). Mineraloge
II 8A. M 58 82$_{149}$

Ullmark, Henrik (Henricus) (1740–1771). Botaniker. Schüler von Carl von Linné
Werke:
- Prolepsis plantarum (Resp., s. Linné / Ullmark 1760)

Ulrich, *Karoline* Wilhelmina Henriette Johanna s. *Riemer, Karoline (Caroline) Wilhelmina Henrietta Johanna*

Unbekannt, aufmerksamer Naturfreund
I 9. 215$_{30}$

Unterberger, Christoph (1732–1798). Ital. Maler; aus Südtirol, seit 1758 in Rom
I 6. 235$_5$

Unzer, Johann August (1727–1799). Dozent der Medizin in Halle a. S., später Arzt in Hamburg
I 9. 201$_{20}$

Urban VIII. (urspr. Maffeo Barberini) (1568–1644). Papst von 1623 bis 1644
I 6. 231$_4$

Urban, Christian Gotthold August (1764–1827). Arzt in Creuzburg a. d. Werra
II 2. M 9.4 14$_5$

Usteri, Paul (1768–1831). Schweizer Staatsmann, Gelehrter und Schriftsteller
I 9. 103$_{10-16,19,24}$.108$_{20}$
Werke:
- Genera plantarum (Hrsg., s. Jussieu / Usteri 1791)

Utterodt (Utterod, Ütterodt), Georg Christoph von (†1705). 1684 Lehensträger des Sturmheider Grubenfeldes, seit 1687 Berghauptmann in Ilmenau
I 1. 16$_{37}$–17$_{1M}$

Vaget (Vagetius), Johann (1633–1691). Theologe; Hrsg. von Werken des J. Jungius
I 10. 289$_{28-30}$.296$_{21,25}$

Werke:
- Germania superior (Hrsg., s. Jungius / Vaget 1685)
- Isagoge phytoscopica (Hrsg., s. Jungius / Vaget 1678)
- Mineralia (Hrsg., s. Jungius / Vaget 1689)

Valenciennes, Achille (1794–1864). Franz. Zoologe; arbeitete am Muséum d'Histoire naturelle, besuchte Goethe 1826 gemeinsam mit Alexander von Humboldt
Werke:
- Histoire naturelle des poissons (Koautor, s. Cuvier / Valenciennes 1828–1849)

Valentini, Michael Bernhard (1657–1729). Arzt und Naturforscher; 1687 Prof. der Physik in Gießen
Werke:
- Amphitheatrum zootomicum (s. Valentini 1720) **II 9A**. M100 149_{15}
- Museum Museorum (s. Valentini 1704–1714) **I 2**. 420_{4M} **II 7**. M36 58_{11}

Valerius Asiaticus, Decimus (5 v. Chr. – 47 n. Chr.). Röm. Konsul im Jahr 46 n. Chr.
I 1. 374_{7-8} **I 8**. 61_{10} **I 11**. 132_3

Vallisnieri (Vallisneri), Antonio (1661–1730). Ital. Arzt und Anatom; Prof. in Padua
Werke:
- Esperienze, ed osservazioni intorno all'origine, sviluppi, e costumi di vari insetti (s. Vallisnieri 1713) **II 9B**, M28 25_1

Valmont de Bomare, Jacques-Christophe (1731–1807). Franz. Naturforscher
II 7, M45 75_{289}

Valtines Valtines legte Einspruch ein gegen Dollands Patentanspruch für die Erfindung achromatischer Gläser, da Chester Morehall diese lange zuvor schon entwickelt habe
II 6, M115 218_{41-42}

Vanderbourg, Martin Marie Charles de Boudens Vicomte de (Martin Marie Charles) (1765–1827). Franz. Schriftsteller und Übersetzer; als Emigrant ab 1794 in Deutschland bzw. im dän. Holstein, 1802 nach Frankreich zurückgekehrt
Werke:
- Woldemar (franz. Übers.) (Übers., s. Jacobi 1795/1796)

Varenius (Varen), Bernhard (1622–1650). Geograph
Werke:
- Geographia generalis (s. Varenius 1650) **II 6**, M82 183_{18}

Vargas Bedemar, Eduard Graf von s. *Grosse, Karl Friedrich August*

Varro, Marcus Terentius (116–27 v. Chr.). Röm. Staatsmann und Gelehrter
II 9B, M33 31_5
Werke:
- Res rusticae (s. Varro, rust.) **II 10A**. M41 104_{19}

Vasari, Giorgio (1511–1574). Maler und Kunstschriftsteller in Rom und Florenz
II 7. M109 210_8

Vaucher, Jean Pierre Étienne (1763–1841). Schweizer Theologe und Naturforscher, Botaniker in Genf
I 10. $317_{10}.318_1$
Werke:
- Histoire physiologique des plantes d'Europe (s. Vaucher 1830) **I 10**. 316_{11}–317_{11}

Vaughan Engländer, der mit Goethe jenen „Waßerlauf zu Andreasberg [befuhr], welcher die Waßer des Rehberger Grabens durch den Saagemühlenberg führt"
II 7. M44 66_{11}

Velazquez, Diego Rodriguez de Silva y (1599–1660). Span. Maler; Hofmaler Philipps IV.
I 6. $230_{27,30}$

Veltheim, August Friedrich Ferdinand (seit 1798:) **Graf von** (1741–1801). Geologe und Bergmann; 1768–1795 Vizeberghauptmann in Zellerfeld, danach auf Harbke bei Helmstedt
I 2. 94$_{19}$ I 8. 28$_6$
Werke:
- Etwas über die Bildung des Basalts (s. Veltheim 1787) I 2. 300$_{14M}$ II 8B. M39 66$_{96}$
- Grundriss einer Mineralogie (s. Veltheim 1781) I 2. 24$_{1M}$ II 8A. M32 53$_7$

Manuskripte:
- Memoire sur un Plan a suivre par le Departement des Mines de Sa Majesté le Roi de Prusse pour tous les objets qui ont rapport au regne mineral des differentes provinces
II 7. M78 165–166

Veltheim, Franz Wilhelm Werner von (1785–1839). Berghauptmann in Halle a. S.
II 8B. M72 110$_{176}$

Veltheim, Röttger von (Rüdiger Graf von Feldheim) (1781–1848). Majoratsherr auf Harbke, Pferdezüchter
Werke:
- Bemerkungen über die Englische Pferdezucht (s. Veltheim 1820) II 10A. M60 139

Vent, Johann Christoph Gottlob (1751–1822). Ingenieur-Offizier; Wasser- und Wegebauingenieur in Weimar
I 1. 226$_{9M}$
II 9B. M10 13$_{17}$

Venturi, Giovanni Battista (1746–1822). Ital. Physiker
Werke:
- Indagine fisica sui colori (s. Venturi 1799) II 6. M73 114$_{129-134}$ 74 117$_{98}$

Verdries, Johann Melchior (1679–1735). Physiker; Prof. für Physik und Medizin in Gießen

Werke:
- Physica sive in naturae scientiam introductio (s. Verdries 1728) I 3. 479$_{26M}$ II 6. M135 268$_2$

Vergil (Virgilius, Virgil) (Publius Vergilius Maro) (70–19 v. Chr.). Röm. Dichter
I 6. 111$_{30}$.112$_{41.43}$.113$_{1.10.16}$. 115$_{12.22}$.117$_{12}$.118$_{15}$.119$_{4.10}$
II 6. M41 49$_{28}$.50$_{83}$.51$_{89.102.110}$
Werke:
- Georgica (s. Vergil. georg.) I 9. 260$_{30}$ II 10A. M41 104$_{8.16-17}$

Verlohren, Heinrich Ludwig (1753–1832). Seit 1816 Offizier in sachsen-weimarischen Diensten. 1806 Agent und später Geschäftsträger u. a. der ernestinischen Höfe in Dresden
I 2. 29$_{19Z}$

Vermaasen, Jan (um 1600). Von ihm, der im zweiten Lebensjahr erblindete, berichtet Boyle in seiner Schrift „Experimenta et considerationes de coloribus", Pars I., Cap. III, § 11, daß er die Farben tastend unterscheiden könne; die Mitteilung verdankte Boyle Sir John Finch
I 6. 346$_{16}$
II 6. M71 95$_{125}$

Vernier, Pierre (1580–1637). Franz. Mathematiker; hier: das nach ihm benannte Messgerät (dt. Nonnius), das aufgrund einer Skala genauere Messungen durchzuführen erlaubte
II 2. M S.1 65$_{46}$ II 5B. M13 50$_{63}$

Veronese, Paolo (eigentl. Paolo Cagliari bzw. Caliari) (1528–1588). Ital. Maler
I 6. 227$_{18.26}$

Verrocchio, Andrea del (1436–1488). Ital. Bildhauer und Maler, Lehrer von Leonardo da Vinci
I 6. 223$_{8.20}$

Verschaffelt, Maximilian von (1754–1818). Maler und Architekt in Mannheim, Oberbaudirektor in

München, ab 1801 Oberbaudirektor in Wien
I 2. 271₁₂ **I 8.** 335₃₈
Vesalius (Vesal), Andreas (1514–1564). Aus Brüssel, Studium der Anatomie in Paris und Leiden, 1537 ging er nach Oberitalien, wo er in Padua, Venedig und Bologna Anatomie und Chirurgie lehrte, zahlreiche Sektionen durchführte und sein Hauptwerk verfasste, das 1543 in Basel erschien; 1544 wurde er Leibarzt Kaiser Karls V. in Pisa, 1559 ging er an den Hof Philipps II. in Spanien
I 9. 163₂₂.₂₂–₂₃.₂₈.₂₉.177₂₂
II 9A. M2 12₁₆₂
Werke:
- De humani corporis fabrica (s. Vesalius 1555) **I 9.** 158₁₈. 162₃₅–164₂₀.163₃₀.₃₅.164₆.165₁₉ **II 9A.** M2 11₁₅₂ (Anm.: Vesalius De humani corporis fabrica)

Vicq d'Azyr, Félix (1748–1794). Franz. Anatom; Studium in Paris, Mitglied der Académie des Sciences und Prof. am Jardin du Roi; vergleichende anatomische Studien der Wirbeltiere führten ihn vor Goethe zur Annahme eines Zwischenkieferknochens auch beim Menschen
II 9B. M46 50₈
Werke:
- Observations anatomiques sur trois singes appelés le mandrill, le callitriche et le macaque (s. Vicq d'Azyr 1780) **II 10A.** M24 82

Vieth, Gerhard Ulrich Anton (1763–1836). Pädagoge; ab 1786 Lehrer der Mathematik und des Französischen an der herzoglichen Hauptschule zu Dessau, ab 1799 deren Direktor
Werke:
- Vermischte Aufsätze für Liebhaber mathematischer Wissenschaften (s. Vieth 1792) **II 6.** M136 272₆₁₋₆₂

Villers, *Charles* François Dominique de (1765–1815). Franz. Schriftsteller; seit 1792 Emigrant in Deutschland, 1796 Student in Göttingen, dann in Lübeck lebend, 1811–1814 Prof. für franz. Literatur in Göttingen; von Goethe zuweilen Janus bifrons genannt
II 5B. M75 229₁₃
Vincent, François André (1746–1816). Franz. Zeichner und Maler
II 4. M55 66₂₁
Virgil s. *Vergil (Virgilius, Virgil)*
Vitellio (Vitello, Witelo) (ca. 1220-ca. 1278). Mönch; geb. in Schlesien, Studium in Paris und Padua; sein Hauptwerk „Perspectiva" bildete lange Zeit – bis zur Widerlegung durch Johannes Kepler – die Grundlage zum physikalischen Verständnis der Natur des Lichtes und des Sehvorgangs
I 6. 165₁₇₋₁₈
II 6. M31 34₂ 65 86₆₈.87₁₁₉ *106* 207₄₄.208₆₆
Werke:
- Peri optikēs (Perspectiva) (s. Vitellio 1535) **II 6.** M38 46₁

Vitet, Louis (1736–1809). Geistlicher und Mediziner; Arzt in Lyon, Prof. für Anatomie und Veterinärmedizin
Werke:
- Médecine vétérinaire (s. Vitet 1771) **II 9A.** M*100* 149₂₁

Vitruv (Vitruvius) (ca. 70–60 – ca. 10 v. Chr.). Röm. Schriftsteller
Werke:
- De architectura (s. Vitruvius, Vitr.) **I 1.** 132₁₀M **II 5B.** M*60* 193₁₆₋₁₇ **II 7.** M94 186₄₃

Vivarino, Bartolomeo (um 1432–1499). Ital. Maler
I 6. 222₃₃
Vogel s. *Fogel, Martin (Fogelius, Martinus)*
Vogel, Christian Georg Karl (1760–1819). 1782–1789 und später Schreiber und Sekretär

Goethes. 1789 Geheimer Kanzlist. 1794 Geheimer Botenmeister. 1802 Geheimer Kanzleisekretär in Weimar. 1815 Kanzleirat, Geheimer Sekretär und Schatullverwalter des (Groß-)Herzogs Karl August von Sachsen-Weimar und Eisenach
I 3. 114₁₁ I 9. 71₃₃
II 8A. M 97 130–131

Vogel, Heinrich August (1778–1867). Chemiker; 1802–1816 Konservator des physikalischen Kabinetts und Lehrer der Chemie am Lycée Napoleon in Paris, ab 1816 in München. Mitglied der Bayerischen Akademie der Wissenschaften, seit 1826 Prof. der Chemie in München
Werke:
- Versuche und Bemerkungen über die Bestandteile der Seeluft (s. Vogel 1822) II 10B. M 1.3 14₈₅

Vogel, Karl (1798–1864). Arzt in Weimar. 1827 Leibarzt und Hofrat. 1830 Goethes Mitarbeiter bei der Oberaufsicht über die Unmittelbaren Anstalten für Wissenschaft und Kunst
I 2. 364₂₈z

Vogel, Rudolf Augustin (1724–1774). Arzt; Prof. der Medizin in Göttingen. Mitglied der Leopoldina
Werke:
- Practisches Mineralsystem (s. Vogel 1762) II 7. M 45 75₂₉₀

Voght, Johann Kaspar Reichsfreiherr von (1752–1839). Kaufmann in Hamburg
I 1. 286₁₀z.₂₆z.289₁₉z

Voigt, Christian Gottlob d. Ä. (seit 1807:) von (1743–1819). Jurist und Staatsmann; seit 1766 als Verwaltungsbeamter im Dienste des Herzogtums von Sachsen-Weimar und Eisenach. 1807 Geheimer Oberkammerpräsident, von 1791 bis 1815 Mitglied des Geheimen Consiliums. 1815 Staatsminister und Präsident des Staatsministeriums; Goethes Amtskollege, insbesondere in der Oberaufsicht über die wissenschaftlichen Anstalten der Universität Jena
I 1. 63₁₉M.92₃₈.178₁₈.187₂₄.207₂₃. 217₃₅.225₁₇.234₂₈.283₃₂ I 2. 90₁₆z
I 11. 53₄
II 7. M 74 163 98 194₄ 115 227₃₀
Werke:
- Dritte Nachricht von dem Fortgang des neuen Bergbaues zu Ilmenau (Koautor, s. Goethe – Dritte Nachricht von dem Fortgang des neuen Bergbaues zu Ilmenau)
- Erste Nachricht von dem Fortgang des neuen Bergbaues zu Ilmenau (Koautor, s. Goethe – Erste Nachricht von dem Fortgang des neuen Bergbaues zu Ilmenau)
- Fünfte Nachricht von dem neuen Bergbau zu Ilmenau (Koautor, s. Goethe – Fünfte Nachricht von dem neuen Bergbau zu Ilmenau)
- Sechste Nachricht von dem Bergbaue zu Ilmenau (Koautor, s. Goethe – Sechste Nachricht von dem Bergbaue zu Ilmenau)
- Siebente Nachricht von dem Bergbaue zu Ilmenau (Koautor, s. Goethe – Siebente Nachricht von dem Bergbaue zu Ilmenau)
- Vierte Nachricht von dem Fortgang des neuen Bergbaues zu Ilmenau (Koautor, s. Goethe – Vierte Nachricht von dem Fortgang des neuen Bergbaues zu Ilmenau)
- Zweyte Nachricht von dem Fortgang des neuen Bergbaues zu Ilmenau (Koautor, s. Goethe – Zweyte Nachricht von dem Fortgang des neuen Bergbaues zu Ilmenau)
Manuskripte:
- [Auszug aus Palassou: Essai sur la minéralogie des Monts-Pyrénées]
II 7. M 69 150–151

Voigt, Friedrich Siegmund (1781–1850). Mediziner. Botaniker. Bergrat; seit 1807 Prof. der Botanik in Jena. Direktor der botanischen Anstalt und des botanischen Gartens. Vertreter von Goethes Metamorhposenlehre; Sohn von Johann Heinrich V.
I 2. 61$_{4Z}$ I 8. 205$_{2-3}$ (Manne).$_{15}$ (Freund) I 9. 242$_{24}$.318$_{29}$.319$_9$ I 10. 297$_{14}$ (Feunde).$_{27}$ (Freunde). 300$_{3-8}$.300$_{22}$–301$_{5}$.303$_{17-21}$. 306$_{17-30}$
II 8A. M*55* 77 II 10A. M*2.8* 12$_7$ II 10B. M*21.9* 69$_{42-43}$
Werke:
- Analyse der Frucht und des Saamenkorns (Hrsg. und Übers., s. Richard 1811)
- Catalogus plantarum (s. Voigt 1812) I 9. 242$_{24-25}$ II 10A. M*37* 99$_{47}$ (Letzterer)
- Die Farben der organischen Körper (s. Voigt 1816a) II 10A. M*2.1* 4$_{17}$ *2.3* 7$_{27-29}$ *2.9* 13$_{11-12}$ *2.14* 20$_{11}$ *3.1* 29$_{1-3}$ M*3.1 Anm* 33–34 M*3.2* 35$_1$–36$_{72}$ *18* 79$_{14}$ *40* 103$_3$
- Grundzüge einer Naturgeschichte (s. Voigt 1817) I 2. 300$_{20-21M.34M}$ I 10. 303$_{17-21}$ II 8B. M*39* 67$_{101-104.112}$
- Handwörterbuch der botanischen Kunstsprache (s. Voigt 1803) I 10. 300$_{5-6}$
- Lehrbuch der Botanik (s. Voigt 1827) I 10. 279$_{13-16}$ (V. B.).311$_{13-19}$
- System der Botanik (s. Voigt 1808) I 10. 300$_{6-7}$.304$_{9-10}$
- System der Natur und ihre Geschichte (s. Voigt 1823) I 9. 318$_{22-23}$.318$_{24}$–319$_{10}$
- Von der Uebereinstimmung des Stoffs mit dem Bau bey den Pflanzen (s. Voigt 1816b) II 10A. M*3.1* 29$_5$ M*3.2* 36$_{73}$–37$_{89}$

Manuskripte:
- (In demselben Jahre... [nicht gedr. Beitrag zu: Goethe: Wirkung dieser Schrift] II 10B. M*22.1* 74
- (In der Flora... [nicht gedr. Beitrag zu: Goethe: Wirkung dieser Schrift] II 10B. M*22.10* 83–84
- Bemerkungen über die Farben der Blüthen II 10A. M*3.1* 30–33
- Bronne... [nicht gedr. Beitrag zu: Goethe: Wirkung dieser Schrift] II 10B. M*22.2* 75
- Georg von Cüvier II 10B. M*25.10* 152–155

Voigt, Johann Bernhard Torfinspektor von Haßleben
I 9. 359$_{7-16}$

Voigt, Johann Gottfried (†1796). Chemiker. Schüler Grens, jung in Eisenach gestorben
I 3. 404$_{5M}$.508$_{15M}$
II 6. M*73* 111$_{26-35.36-44}$
Werke:
- Beobachtungen und Versuche über farbigtes Licht (s. Voigt 1796) I 3. 404$_{12M}$.508$_{26-27M}$.509$_{3M}$ II 6. M*73* 111$_{45}$–112$_{54(?)}$ *74* 117$_{93}$ *133* 266$_{260-174}$ *136* 271$_{10-12}$

Voigt, Johann Heinrich (1751–1823). Mathematiker. Physiker: Gymnasialprof. in Gotha, seit 1789 Prof. in Jena. 1786–1799 als Nachfolger Lichtenbergs Hrsg. des „Magazins für das Neueste aus der Physik und Naturgeschichte"; Vater von Friedrich Siegmund V.
I 3. 448$_{1Z.10-11Z}$ (Wohlgeb.) I 6. 421$_{14}$ I 8. 24$_{35}$.94$_{17}$
II 6. M*73* 112$_{77}$ II 8B. M*95* 151$_{33}$ II 9B. M*51* 54$_{11}$

Voigt, Johann Karl Wilhelm (1752–1821). Geologe und Mineraloge; nach dem Studium bei A. G. Werner in Freiberg seit 1780 zur Wiederaufnahme des Kupferschieferbergbaus in Ilmenau in Weimarerischen Diensten, vermittelte Goethe Werners Geognosie und Mineralogie und begann mit ihm die geologische Erkundung des Herzogtums Weimar-Eisenach. 1786 Bergsekretär, 1789 Bergrat, Verfasser von Schriften zur Geologie Mittel-

deutschlands, seit 1780 vom vulkanischen Ursprung des Basalts überzeugt und wichtigster Widersacher Werners im Streit zwischen Neptunisten und Vulkanisten; Bruder von Christian Gottlob Voigt d. Ä.
I 1. 13_{15}–14_{27}.27_{18M}.28_{31M}.30_{8M}. 68_{30M}.90_4 (Bergsekretär).92_{24-25}. 109_{31M}.127_{24Z}.149_{14M}.$197_{3,18}$. 199_{38}.204_{13}.230_{24}.238_{12}.250_{22M} (Bergrat).273_{1Z} **I 2.** 5_{7Z}.6_{4Z}. $53_{7Z,12Z}$.59_{12-13Z}.69_{27} (Bergrat).$_{32}$ (Bergrat).93_{22}.132_{4M}.253_6.256_7. 407_{26}.420_{14M} (Bergrat) **I 8.** 27_9 **I 11.** $167_{2-14,15}$ (Bergrats).$_{19}$ (Bergrat).223_{27}.226_{28}.227_{13}.313_{15} **II 7.** M33 55_{15} *52* 105_{34} *65* 140_5 *92* 184_1 *97* 193 *98* 194_{3-4} *105* 202_{51-52} *113* 220_2 *115* 227_{30} *127* 236 M*128* 236–237 **II 8A.** M*110* 145_5
- Mineraliensammlung **I 2.** 109_{17-18} **I 11.** 202_{17}
Werke:
- Drey Briefe über die Gebirgs-Lehre (s. Voigt 1786) **I 2.** 256_{28-31} (Hypothese... abdrucken) **I 11.** 277_{11-15} (Hypothese... abdrucken)
- Drey Briefe über die Gebirgs-Lehre für Anfänger und Unkundige (s. Voigt 1785) **I 1.** $94_{TA,12-13}$
- Geschichte des Ilmenauischen Bergbaues (s. Voigt 1821) **I 2.** 389_{20-21} **I 11.** 308_{10-11}
- Mineralogische Beschreibung des Hochstifts Fuld (s. Voigt 1783) **I 2.** 425_{5M} **II 8A.** M*92* 120_{14-15} *123* 161_5
- Mineralogische Reise nach Hessen (s. Voigt 1802) **II 8B.** M*72* 109_{124}
- Mineralogische Reisen durch das Herzogthum Weimar und Eisenach (s. Voigt 1782–1785) **I 1.** 35_{MA}.94_{7-8} **I 2.** 425_{4M} **II 7.** M*30* 52_2 *31* 53_{2-5} *65* 140_{4-19} **II 8A.** M*92* 120_{11-13} *123* 161_4
Manuskripte:
- Bergmännische Beobachtungen meiner Reise von Dresden über Meißen und Freyberg nach Töplitz **II 7.** M*9* 11

- Das Mineralreich nach dem Wernerschen System (1783) (Hrsg., s. Werner)
- Die jähen Felsen... [Gesteinarten und -schichten im Ilmtal bei Ettern] **II 7.** M*13* 28–29
- I. Kiesel-Arten... [Liste der Gesteine und Mineralien, die Voigt als Belegstücke von seiner Reise im Sommer 1780 mitbrachte] **II 7.** M*12* 25–27
- Meine Gedanken über das... [Stellungnahme zu Füchsel 1773] **II 7.** M*15* 30–32
- Mineralogische Beobachtungen... [Bericht Voigts über eine Reise, Sommer 1777] **II 7.** M*72* 154
- Mineralogische Reise **II 7.** M*11* 12–24
- Tiefer Martinröder Stollen **II 7.** M*15* 35–36
- Verzeichniß der vornehmsten Steinarten im Herzogthum Weimar **II 7.** M*31* 53–54
- Von Carlsbad nach Schlackewerda... [Vorschlag von J. K. W. Voigt für Reise von Karlsbad nach Freiberg] **II 7.** M*71* 153–154
- [Arten der Steinkohlen- und der Braunkohlen-Gattung] **II 7.** M*117* 229

Voitus, Johann Christoph Friedrich (1741–1787). Schüler von C. F. Wolff, später Mediziner in Berlin
I 9. 188_7
Volcher-Coiter s. *Coiter, Volcher*
Volckamer von Kirchensittenbach, Christoph Gottlieb (Volcamer, Christoph Gottlieb) (1676–1752). Architekt, Baumeister
Werke:
- Iridis admiranda (Resp., s. Sturm 1699)

Volkmann, Georg Anton (1664–1721). Arzt und Naturforscher
Werke:
- Silesia subterranea (s. Volkmann 1720) **II 7.** M*45* $75_{298-299}$

Volkmann, Johann Jakob (1732–1803). Reise- und Kunstschriftsteller
Werke:
- Historisch-kritische Nachrichten von Italien (s. Volkmann 1770–1771) **I 1.** $130_{2-29Z.5Z}.135_{31Z}.$ 136_{28Z}

Volkmar (fl. 1777). 1777 Gegenschreiber des Rammelsberger Erzbergwerkes
I 1. 61_6 (Zehent-Gegenschreiber)

Volta, Alessandro Giuseppe Antonio Anastasio (seit 1810:) Conte di (1745–1827). Ital. Physiker; Prof. an der Universität in Padua
I 11. 127_{11} (Voltaische Säule)
II 1A. M17 150_{55} 44 $235_{501}.237_{574}$ 56 $258_{15}.261_{110-111}$ 83 $318_{132-133.154}$
II 2. M4.1 17_{3-4} **II 4.** M70 82_{21}

Voltaire (eigentl. François Marie Arouet) (1694–1778). Franz. Schriftsteller und Philosoph
I 1. $311_{30.35}$ **I 6.** $319_{30.32}.320_{7.25}.$ $321_{2.13}.324_{20}.328_{17}$ **I 7.** 13_{37} **I 11.** $116_{5.10}$
II 5B. M42 157_{58} 78 236_{79} **II 6.** M83 184_{12} 91 190_{26} 92 192_{30-31} 95 196 132 258_6
Werke:
- Coquilles (s. Voltaire 1786) **I 1.** 2_{5Z}
- Elémens de la philosophie de Neuton (s. Voltaire 1738) **I 3.** $480_{8M(?)}$ **I 6.** $320_{28-29}.321_{22}$ **I 11.** 292_{22} **II 6.** M71 99_{270}–100_{309} 72 109_{23} 74 116_{47}
- Mahomet (s. Voltaire 1742) **I 1.** 279_{2Z}

Voltz, Philippe Louis (1785–1840). Inspecteur général des mines, Paris, Bergwerks-Oberingenieur in Straßburg
II 8B. M72 106_{44}

Voß, Johann Heinrich (1751–1826). Schriftsteller, Übersetzer, Philologe; seit 1772 Student der Theologie und Philologie in Göttingen, 1778 Schulrektor in Otterndorf (bei Cuxhaven), 1782 Rektor in Eutin, 1786 Hofrat, 1802 Privatgelehrter in Jena, 1805 Sinekure-Prof. in Heidelberg
I 3. $228_{4Z}.278_{5Z}$
II 10A. M57 132_{727}

Vossius, Isaac (1618–1689). Universalgelehrter in Stockholm, 1673 Kanonikus von Windsor
I 6. $160_7.185_{20}.191_{35}.192_{14.16}.$ 193_{32} **I 7.** 12_4
II 6. M55 71_{52} 58 75_{75} 71 $106_{545-546}$
Werke:
- De lucis natura et proprietate (s. Vossius 1662) **I 6.** $186_{4-5.8.16}.$ $187_{14.32}.189_{32}$ **II 6.** M71 $96_{165-166}$ (Tractat)

Vulkanisten Anhänger der z.B. vom älteren Leopold von Buch sowie Alexander von Humboldt vertretenen Theorie, dass die Erdkruste und die Sedimente suksessize Verfestigungen des noch flüssigen Erdkerns sind
I 1. 367_{19} **I 8.** 58_{30}
II 8B. M30 49_8 39 $68_{144.150}.$ 69_{166} M72 106_{25}–$107_{34}.109_{109}.$ 110_{150} 95 151_{28-29}

Vulliamy, Benjamin Lewis (1780–1854). Engl. Uhrmacher
I 11. 165_3

Vulpius, Christian August (1762–1827). Bruder von Goethes Lebensgefährtin und späterer Ehefrau Christiane; Jurist, Schriftsteller, Dramaturg und seit 1797 Registrator an der Bibliothek in Weimar, von 1786 bis 1788 Privatsekretär in Nürnberg, dann Privatgelehrter u.a. in Erlangen und Leipzig, seit 1790 in Weimar, 1800 Bibliothekssekretär, 1805 Bibliothekar, 1814 erster Bibliothekar; Hrsg. der Zeitschrift „Curiositäten der physisch-literarisch-artistisch-historischen Vor- und Mitwelt" (1811–1825)
I 2. 83_{4Z}
II 5B. M16 71

Vulpius, Christiane s. Goethe, Johanna Christiana (Christiane) Sophia von

Wagner, Carl Christian (fl. 1758). Aus Loevena Silesio (Löwen? in Schlesien). 1758 Baccalaureus der Medizin und Respondent
Werke:
- De vasis plantarum spiralibus (Resp., s. Reichel 1758)

Wagner, Johann Jakob (1775–1841). Philosoph, Mathematiker, Pädagoge: 1803 Prof. für Philosophie in Würzburg. 1809 Privatdozent in Heidelberg. 1815–1834 wieder Prof. in Würzburg
Werke:
- System der Idealphilosophie (s. Wagner 1804) **II 1A**. M43 220_{21}

Wagner, Johann Konrad (1737–1802). Kammerdiener des Herzogs Karl August, seit 1787 auch Kämmerer. 1796 Schatullier
I 1. 10_{8Z}

Wahlbom, Gustav
Werke:
- Von den Hochzeiten der Pflanzen (Resp., s. Linné / Wahlbom 1754)

Wahlenberg, Göran (1780–1851). Schwed. Naturforscher; Mediziner und Botaniker in Uppsala
I 11. $161_{27-28TA}$
II 2. M7. S 54_{186}

Wahrendorf Bergmeister in Friedeberg, Schlesien
II 7. M102 197_{22}

Waitz, Jacob Siegismund von (1698–1776). Naturforscher, Politiker
Werke:
- Abhandlung von der Electricität und deren Ursachen (s. Waitz 1745) **II 1A**. M1 $10_{279-280}$

Waitz, Johann Christian Wilhelm (1766–1796). Zeichner und Kupferstecher in Weimar, seit 1788 Lehrer an der Weimarer Zeichenschule, anatomische und botanische Zeichnungen für Goethe, u.a. die Abbildungen zur Zwischenkiefer-Forschung
I 9. 160_{23} (Künstlers).
$172_{15}–174_{11}.173_{12}$ **I 10**. 6_8
II 9A. M2 13_{221} (artificis)

Walch, Johann Ernst Immanuel (1725–1778). Philologe und Naturforscher; Prof. der Beredsamkeit und Dichtkunst an der Universität Jena, hinterließ ein umfangreiches Naturalienkabinett, das den herzoglichen Sammlungen in Jena einverleibt wurde
Werke:
- Das Steinreich (s. Walch 1769) **II 7**. M45 $75_{289-290}$ 54 121_{15}

Walker, Adam (1731–1821). Lehrer in England, Erfinder
Werke:
- A system of familiar philosophy in twelve lectures (s. Walker 1799) **II 8B**. M72 111_{200}

Wall, Martin (1747–1824). Chemiker; Prof. in Oxford
I 4. 27_{12}
II 4. M6 8_{69}

Waller, Richard (um 1650–1715). Naturforscher, Übersetzer, Illustrator; Mitglied und von 1691–1693 Sekretär der Royal Society
Werke:
- A catalogue of simple and mixt colours (s. Waller 1687) **II 6**. M79 $179_{757-762}$

Wallerius, Johan Gottschalk (Gottskalk) (1708–1785). Schwed. Chemiker und Mineraloge; Prof. der Chemie, Metallurgie und Pharmazeutik in Uppsala, stellte ein Mineralsystem auf chemischer Grundlage auf
II 7. M45 75_{285} 49 96_{151}
Werke:
- Meditationes de origine mundi (s. Wallerius 1779) **I 2**. 301_{30M}
II 8B. M39 68_{137}
- Systema mineralogicum (s. Wallerius 1772–1775) **II 7**. M49 94_{54}

Wallroth, Friedrich Wilhelm (1792–1857). Mediziner und Botaniker in Nordhausen
I 9. 330$_9$
Werke:
- Naturgeschichte des Mucor Erysiphe L. (s. Wallroth 1819) I 9. 329$_{30-32}$

Walter, Johann Gottlieb (1734–1818). Anatom in Berlin; Gegner von C. F. Wolff
I 9. 188$_4$
Werke:
- Mémoire sur le blaireau (s. Walter 1792) II 3. M 2 4$_{21-22(?)}$
- Von der Einsaugung und der Durchkreuzung der Sehnerven (s. Walter 1794) I 3. 99$_{8M}$.125$_8$

Ward, Seth (1617–1689). Engl. Astronom und Mathematiker; Bischof von Exeter und Salisbury. Gründungsmitglied der Royal Society
II 6. M 79 164$_{199-200}$ (Erzbischoff). 165$_{234-235}$ (Bisch.)

Watteau, Jean Antoine (1684–1721). Franz. Maler
I 6. 233$_{37}$

Webster, John White (1793–1850). Prof. der Chemie und Mineralogie. Harvard Univ. Cambridge, Nordamerika
II 8B. M 72 109$_{122}$

Wedel, Johann Adolf (1675–1747). Arzt; Prof. für theoret. Medizin, dann für Chemie und praktische Medizin an der Univ. Jena
Werke:
- Dissertatio physiologica de visione (s. Wedel / Din 1714) II 5B. M 18 74$_{56-57}$.76$_{103}$

Wedel, Otto Joachim *Moritz* von (1751 o. 1752–1794). Seit 1776 Kammerherr und Oberforstmeister in Weimar; mit Goethe und Karl August auf der Schweizer Reise 1779
I 1. 10$_{7Z}$ I 9. 15$_{11}$ I 10. 321$_1$

Wedgwood, Josiah (1730–1795). Engl. Keramikhersteller. 1763 Hoflieferant; 1768/69 Begründung der „Steingutmanufaktur" Etruria (heute: Stoke-on-Trent-Etruria)
II 1A. M 44 233$_{392}$

Weidler, Johann Friedrich (1692–1755). Mathematiker, Physiker, Astronom, Jurist und Philosoph; 1719 Prof. der höheren Mathematik und 1746 Prof. der Rechte an der Universität Wittenberg
Werke:
- Experimenta Newtoniana de coloribus (s. Weidler / Zwerg 1720) I 6. 346$_{31-32}$ II 5B. M 42 156$_2$–157$_{48}$ II 6. M 71 95$_{155-156}$ 74 115$_{19}$ 135 270$_{54}$

Weigel, Christian Ehrenfried (seit 1806:) von (1748–1831). Arzt, Chemiker, Botaniker; Prof. für Botanik und Chemie in Greifswald. 1790 Mitglied der Deutschen Akademie der Naturforscher Leopoldina
I 3. 77$_{TA}$.402$_{15M}$ I 6. 376$_{9-10}$
II 1A. M 25 162$_{24}$

Weinmann, Johann Anton (1782–1858). Dt.-russ. Gärtner zu Pawlowsk bei St. Petersburg
I 9. 323$_{39}$

Weinrich, Johann Michael (1683–1727). Pfarrer, Historiker
Werke:
- Kirchen und Schulen-Staat des Fürstenthums Henneberg (s. Weinrich 1720) I 1. 32$_{MA}$

Weise, Johann Christoph Gottlob (1762–1840). 1810 Ingenieur-Geograph in Weimar, 1817 Gartenbauinspektor, Verwalter der Militärbibliothek
I 2. 82$_{2Z}$ I 11. 178$_{31}$
Werke:
- Beschreibung einer Abart der gemeinen Buche (s. Weise 1805) II 9B. M 51 54$_{9-12}$

Weiss (Weiß), Christian Samuel (1780–1856). Physiker, Mineraloge, Kristallograph; Schüler von A. G. Werner, 1808 Prof. für Physik

in Leipzig, seit 1810 Prof. für Mineralogie und Direktor des Mineralogischen Museums der neu gegründeten Berliner Universität **I 2.** $117_{29-30Z.32Z}$. $118_{1Z.3Z.5Z.5-6Z.7Z}.120_{14Z}.123_{28Z}$ **I 5.** 129_{29} **I 8.** 204_{32} **II 5B.** M S 24_1 **II 8B.** M 72 108_{95}
- Berichterstatter **I 2.** $118_{12}-120_{14Z}$
- Schweizreise 1806 **I 2.** 118_{8Z}
- Systematik der Kristalle **II 8A.** M 98 132
Werke:
- Anfangsgründe der Physik (Übers., s. Haüy 1804–1805)
- Betrachtung eines merkwürdigen Gesetzes der Farbenänderung (s. Weiss 1801) **II 6.** M *136* 272_{56-57}

Welcker, Friedrich Gottlieb (1784–1868). Philologe und Archäologe; 1809 Prof. der griech. Literatur und Archäologie in Gießen, 1816 Prof. in Göttingen und 1819 in Bonn
Werke:
- Sappho von einem herrschenden Vorurtheil befreyt (s. Welcker 1816) **II 5B.** M S S 250_{30}

Welsch, Georg Hieronymus (1624–1677). Arzt in Augsburg, Wissenschaftler
Werke:
- Somnium vindiciani (s. Welsch 1676) **I 9.** $194_{37-38TA}$

Wenceslai s. *Deucer (Deucerius), Johann*

Wenderoth, Georg Wilhelm Franz (1774–1861). Botaniker, Direktor des botanischen Gartens in Marburg
Werke:
- Lehrbuch der Botanik (s. Wenderoth 1821) **I 9.** 236_{2-3}

Wenzel von Luxemburg (Wenzeslaus) (1361–1419). Ab 1363 als Wenzel IV. König von Böhmen und von 1376–1400 röm.-dt. König **I 2.** $419_{26M(?)}$

Werneburg, Johann Friedrich Christian (1777–1851). Mathematiker und Physiker; 1803 Privatdozent in Göttingen, 1805 Privatgelehrter in Hucheroda bei Eisenach, 1808 Lehrer für Mathematik am Pageninstitut in Weimar und 1812 am Gymnasium in Eisenach, 1814 suspendiert, 1818 bis 1825 Privatdozent und Prof. in Jena, dann in Stadtlengsfeld lebend
II 4. M 7 14–16 **II 5B.** M *43* 159_{22}

Werner, Abraham Gottlob (1749–1817). Geologe und Mineraloge; seit 1775 Lehrer an der Bergakademie Freiberg in Sachsen, wo er Generationen von Schülern (darunter J. K. W. Voigt und Alexander von Humboldt) seine Systematik der Mineralien und Gesteinsarten und seine neptunistische Geologie vermittelte; der einflussreichste dt. Mineraloge seiner Zeit
I 1. $192_{16Z}.201_{13}.277_{8}.288_{25Z}$. $289_{12Z.21Z}.291_{37Z}.292_{5Z}$. $322_{4Z.19Z.24Z.29-30Z}.325_{11Z}$. $326_{1Z.20-24Z.29-33Z}.327_{2-8Z}$. $355_{22Z}.356_{19Z}$ **I 2.** $4_{18Z}.107_{4Z}$. $110_{28M}.116_{31-32M}.164_{30}.174_{34Z}$. $176_{18Z}.233_{37Z}.302_{23M}.303_{5M}$. $304_{20M.26-27M.28M}.333_{19}.357_{22Z}.358_{2Z}$ (Mannes) **I 3.** 348_{9M} **I 8.** 158_5 **I 11.** $49_{11}.236_{11}$
II 7. M *112* 218_2 **II 8A.** M S 18–19 97 131_{33} *100* 134 **II 8B.** M *39* $69_{173}.70_{222-229}$ 72 $110_{171}.111_{205}$ 77 130_{4-8} *110* 159_8
- Lehre **I 2.** $257_8.358_{1Z}.393_{6-7}$ **I 11.** $228_8.235_{17}.305_6.311_{11}$
- Schule, Schüler **I 2.** $110_{23M.24M}$. $240_{10M}.332_{25}$ **II 8A.** M 95 127_{2-3} **II 8B.** M *30* 49_{30}
- System **I 1.** 284_{23-24} **I 2.** 65_{20Z} **I 11.** 53_{29-30}
- Wernersche Sozietät = Wernerian Natural History Society in Edinburgh **I 2.** 302_{17-18M} **II 8B.** M *39* $68_{157-162}$

Werke:
- Neue Theorie von der Entstehung der Gänge (s. Werner 1791) **I 2**, 72$_{33-35Z}$.73$_{2Z}$.77$_{14Z}$.109$_{24}$–110$_{20M}$. 111$_8$.123$_{1Z}$.424$_M$ **I 11**, 192$_5$ **II 8A**, M *93* 121–122 *94* 125 **II 8B**, M *72* 111$_{204}$
- Versuch einer Mineralogie (Übers. und Komm., s. Cronstedt / Werner 1780)
- Von den äußerlichen Kennzeichen der Foßilien (s. Werner 1774) **I 3**, 348$_{11-12M}$ **II 4**, M *62* 75 **II 7**, M *45* 76$_{339-341}$ **II 8A**, M *61* 88$_2$

Manuskripte:
- Das Mineralreich nach dem Wernerschen System (1783) **II 7**, M *45* 67–86

Werner, Johann Reinhard (fl. 1801) Rektor in Pyrmont
I 1, 274$_{19Z}$.276$_{23Z}$

Werner, Friedrich Ludwig *Zacharias* (1768–1823). Schriftsteller; 1793 preußischer Justizbeamter in Polen, 1805 Sekretär in Berlin, 1807–1809 u.a. in Wien, Weimar und in der Schweiz lebend, 1809–1812 vorwiegend in Rom, seit 1810 katholisch, 1814 Priesterweihe in Aschaffenburg, Kanzelredner u.a. in Wien
I 11, 126$_{17}$

West, Benjamin (1738–1820). Amerik. Maler; seit ca. 1763 in London, 1768 beteiligt an der Gründung der Royal Academy of Arts, 1772 Ernennung zum Historienmaler durch König George III., 1792 Präsident der Royal Academy
I 6, 236$_1$

Westermann, Alexander (1783–1824). 1809–1823 Brunnenkommissar des Mineralbrunnens in Niederselters
I 2, 73$_{7Z}$

Westfeld, Christian Friedrich Gotthard Henning (1746–1823). Kameralist und Mineraloge; Klosteramtmann in Wülfinghausen bei Hannover
I 6, 136$_6$.371$_4$ **I 7**, 152$_5$ **II 6**, M *114* 216$_{10}$

Werke:
- Die Erzeugung der Farben (s. Westfeld 1767) **I 3**, 504$_{18M}$ **I 6**, 368$_{18-19.24}$ **II 6**, M *74* 117$_{74}$

Westrumb, Johann Friedrich (1751–1819). Chemiker, Apotheker; 1799 Besitzer der Ratsapotheke in Hameln
II 1A, M *44* 230$_{288}$

Weyermüller, J. I. (?) Aus Leipzig. Hersteller von physikalisch-chemischen Wettergläsern
II 2, M *11.2* 213

Weyland, Friedrich Leopold (1750–1785). Student der Medizin in Straßburg, Arzt in Frankfurt a.M.; Begleiter Goethes auf einem Ausflug in das Unterelsass und nach Saarbrücken 1770
I 1, 1$_{4Z}$ (wir).2$_{26}$–5$_{38Z}$ (wir)

Whiston, William (1667–1752). Engl. Geistlicher; Kaplan des Bischofs von Norwich, 1701–1710 Prof. der Mathematik in Cambridge, zunächst als Vertreter, ab 1703 als Nachfolger Newtons, verlor 1710 seine Professur wegen einer Schrift gegen die Trinitätslehre
I 6, 303$_{29}$
II 6, M *119* 226$_{45}$

Werke:
- A new theory of the earth (s. Whiston 1696) **II 8B**, M *72* 106$_{12-13}$

Whitehurst, John (1713–1788). Uhrmacher, Mechaniker in Derby, später stamper of the legal moneyweights in London, Mitglied der Royal Society

Werke:
- The original state and formation of the earth (s. Whitehurst 1778) **II 8B**, M *72* 109$_{137-138}$

Widenmann, Johann Friedrich Wilhelm (1764–1798). Mineraloge und Montanist; Schüler von A. G. Werner, Prof. der Bergbau-

kunde an der Karlsschule in Stuttgart. Neptunist
Werke:
- Handbuch des oryktognostischen Theils der Mineralogie (s. Widenmann 1794) **I 2.** 422$_{18-22M}$ **I 3.** 348$_{15M}$ **II 7.** M*113* 222$_{65-67}$

Wied-Neuwied, Maximilian Prinz zu (1782–1867). Naturforscher. Forschungsreisender in Brasilien
II 10A. M*66* 145$_{11}$ *67* 146$_{13}$

Wiegleb, Johann Christian (1732–1800). Chemiker. Pharmazeut: Apotheker in Langensalza
I 3. 62$_{14-16}$
Werke:
- Anfangsgründe der Chemie (Hrsg.. s. Erxleben / Wiegleb 1784)
- Chemische Untersuchung des sogenannten Meerschaums (s. Wiegleb 1782) **II 7.** M*107* 200$_{39-41}$
- Unterricht in der natürlichen Magie (Vorrede. s. Martius / Rosenthal / Wiegleb 1779–1805)

Wieland, Christoph Martin (1733–1813). Dichter der dt. Aufklärung: seit 1772 in Weimar. bis 1775 als Erzieher Karl Augusts. 1773–1810 Hrsg. der Monatsschrift „Der Teutsche Merkur" (ab 1790: Der Neue Teutsche Merkur). 1797–1803 auf seinem Landgut in Oßmannstedt bei Weimar
II 7. M*115* 227$_{15-16}$

Wiemann, Johann Gottlieb (1790–1862).
I 2. 193$_{29}$.239$_{23-25M}$ **I 8.** 268$_{1-2}$ **I 11.** 340$_8$
Werke:
- Geognosie (Übers.. s. Aubuisson de Voisins 1821–1822)

Wilbrand, Johann Bernhard (1779–1846). Mediziner und Naturforscher: 1809 Prof. für Anatomie und Physiologe in Gießen. 1817 auch Leiter des Botanischen und Zoologischen Gartens
I 9. 235$_7$.262$_1$
II 5B. M*88* 251$_{50}$
Werke:
- Gemälde der organischen Natur in ihrer Verbreitung auf der Erde (s. Wilbrand / Ritgen 1821) **I 9.** 261$_{32}$.261$_1$–262$_8$.318$_{1-23.14-15.21}$ **I 11.** 251$_{4-5}$

Wildt, Johann Christian Daniel (1770–1844). Mathematiker. Physiker und Astronom: 1797–1811 und 1813–1817 ao. Prof. in Göttingen. in der Zwischenzeit Prof. der mathematischen Wissenschaften an der Artillerie- und Ingenieurschule in Kassel. seit 1817 Münzbuchhalter in Hannover
I 3. 334$_{24Z}$

Wilke, Johann (Johan) Carl (1732–1796). Physiker
II 1A. M*44* 227$_{156}$ (Levau)$_{(?)}$.237$_{563}$

Wilkens, M.
Werke:
- Ein Beytrag zu den gefärbten Schatten (s. Wilkens 1793) **I 3.** 78$_{TA.9}$

Wilkins, John (1614–1672). Bischof von Chester. Gründungsmitglied und erster Sekretär der Royal Society
II 6. M*79* 160$_{41}$ (Präsidenten)

Willdenow, Karl Ludwig (1765–1812). Botaniker: zunächst Apotheker in Berlin. ab 1810 dort Prof. für Botanik und Direktor des Botanischen Gartens in Schöneberg
Werke:
- Grundriss der Kräuterkunde (s. Willdenow 1792) **I 9.** 103$_{17-22}$.329$_{33}$ **I 10.** 285$_{14-20}$.292$_{14}$.293$_{15.17}$
- Species plantarum (Hrsg.. s. Linné / Willdenow 1797–1825)

Willemer, Johann Jakob (seit 1816:) von (1760–1838). Bankier und Schriftsteller in Frankfurt a.M.. Geheimer Rat. 1814 in Wiesbaden. seit Sept. 1814 in dritter Ehe verh. mit Maria Anna Katharina Therese Jung (s. Marianne von Willemer): Vater von Roisette Städel
I 2. 74$_{2-3Z}$ (Familie)

Willemer, Maria Anna (*Marianne*) **Catharina Therese** (seit 1816:) von (gen. Jung; geb. Pirngruber) (1784–1860). 1800 Pflegetochter, seit 1814 dritte Ehefrau von Johann Jacob Willemer; Autorin einzelner Gedichte des „West-östlichen Divan"
I 2. 74₂₋₃z (Familie)

Williamson, Joseph (1633–1701). Politiker, Staatsbeamter; 1677–1680 Präsident der Royal Society
II 6. M 79 175₅₈₂₋₆₀₁

Williamson, Thomas George (†1817). Engl. Offizier, Komponist und Schriftsteller, lebte über 20 Jahre in Bengalen, bevor er 1798 nach England zurückkehrte
Werke:
- Oriental field sports (s. Williamson 1807) I 9. 168₂₅

Wilson, Benjamin (1721–1788). Maler und Physiker
I 7. 31₁₉
Werke:
- A series of experiments relating to phosphori (s. Wilson / Beccari 1775) I 7. 28₂₀.31₆.₁₂.₁₅.₂₀
- Auszug aus Wilsons Erzählung (s. Wilson 1779) I 7. 31₁₁₋₁₃

Wilson, Horace Hayman (1786–1860). Orientalist, Sanskritist; in Diensten der East Indian Company u.a. in Kalkutta
Werke:
- The Mégha dúta or cloud messenger (Übers. und Komm., s. Calidasa 1814)

Wimmel, Philipp Heinrich (†1831). Steinmetzmeister in Berlin
I 2. 375₂₂ I 11. 297₁₄₋₁₅
II 8B. M 69 102₉.103₁₈

Winch, Nathanael John (1769–1838). Kaufmann in Newcastle on Tyne, Geologe
Werke:
- Geology of Northumberland and Durham (s. Winch 1816) II 8B, M 72 108₉₀

Winckelmann, Johann Joachim (1717–1768). Archäologe und Kunsthistoriker; 1748 bis 1755 Bibliothekar des Grafen Heinrich von Bünau in Nöthnitz bei Dresden, seit 1755 Archäologe in Rom, 1763 von Papst Clemens XIII. zum Präsidenten (Aufseher) der Altertümer in Rom ernannt, 1768 ermordet
I 9. 230₁₁.₁₃

Windischmann, Karl Joseph Hieronymus (1775–1839). Arzt, Naturforscher, Philosoph; Mediziner in Mainz, 1801 Hofmedikus in Aschaffenburg, 1803 Prof. für Philosophie und Universalgeschichte am Lyzeum Aschaffenburg, 1818 Prof. für Philosophie an der neu gegründeten Universität Bonn
Rezensionen:
- Goethe: Zur Farbenlehre (s. Windischmann / Link 1813) I 8. 204₁₂₋₁₃

Winkler (Winckler), Johann Heinrich (1703–1770). Prof. für griech. und lat. Sprachen in Leipzig, 1750 Prof. für Physik, auch Rektor der Universität Leipzig
I 6. 351₃₁.417₃₄ I 11. 219₁
Werke:
- Anfangsgründe der Physic (s. Winkler 1753) II 6. M 71 98₂₄₂
- Die Eigenschaften der Electrischen Materie und des Electrischen Feuers (s. Winkler 1745) II 1A, M 1 9₂₇₂₋₂₇₃.10₂₈₃₋₂₈₄
- Gedanken von den Eigenschaften, Wirkungen und Ursachen der Electricität (s. Winkler 1744) II 1A, M 1 9₂₇₂₋₂₇₃
- Institutiones mathematico-physicae (s. Winkler 1738) I 6. 347₂₄₋₂₅ II 6, M 71 107₅₇₈₋₅₈₆ 72 109₂₄

Winslow, Jacques-Bénigne (Jakob Benignus) (1669–1760). Anatom in Paris
Werke:
- Exposition anatomique de la structure du corps humain (s. Winslow 1732) I 9. 164₂₁₋₂₅

Witzleben, Georg Hartmann von (1766–1841). Geheimer Bergrat in Dürrenberg bei Merseburg
I 2. 86₈ I 11. 175₉
Wohnlich Dienstherr von J. F. Gülich in Augsburg
II 6. M *127* 254₉
Wolf s. *Wolff, Pius Alexander*
Wolf von Tümpling (Tumpling), Heinrich Gottlob (1757–1814). Kursächsischer Unterleutnant in Dresden, lebte später abwechselnd auf verschiedenen Gütern, u.a. in Kapellendorf bei Jena. 1805 Kammerherr. Juli-August 1806 und Juli-August 1808 Aufenthalt in Karlsbad
I 3. 280₁Z.8Z.9–10Z
Wolf, Christian Wilhelm *Friedrich August* (1759–1824). Altphilologe: 1783 Prof. in Halle a. S., seit 1807 Ministerialdirektor in Berlin, ab 1810 ebendort Prof. an der neu gegründeten Universität
I 6. 423₂₆ I 9. 72₈
Wolfart, Peter (1675–1726). Mediziner und Physiker
Werke:
- Amoenitatum Hassiae (s. Wolfart 1711) II 7. M*45* 75₂₉₅–₂₉₆
Wolff (Wolf), Caspar Friedrich, Familie
I 9. 73₃₅
Wolff (Wolf), Caspar Friedrich (1734–1794). Anatom und Physiologe: diente im Siebenjährigen Krieg als Feldchirurg und unterrichtete dort die Ärzte, ab ca. 1763 private Vorlesungen am Collegium medico-chirurgicum in Berlin. ab 1767 Prof. für Anatomie und Physiologie an der Akademie in St. Petersburg
I 2. 305₂₉M I 9. 72₈–₉.73₁–74₃₆. 74₁₄.₂₄–₂₅.75₁–77₁₉.77₂₀–78₃₈. 78₆.99₁₂.₁₄.18₇₄.₁₅.₁₇.₁₉.₂₄.₃₀.₃₃. 187₁–189₁₂ I 10. 214₃–252₈
II 8B. M*39* 71₂₅₉–₂₆₃ II 10A. M*2.12* 17₁₇ M 9 67–70 *13* 72 *44* 106₉

Werke:
- De corde Leonis (s. Wolff 1771) II 10A. M 9 69₄₇–₄₈
- De finibus partium corporis humani generatim (s. Wolff 1779b) II 10A. M 9 69₆₇–₇₀
- De foramine ovali (s. Wolff 1775) II 10A. M 9 69₅₃–₅₅
- De formatione intestinorum (s. Wolff 1767–1768) I 9. 74₃₂. 78₃₆ II 10A. M 9 68₃₂–₄₂ *10* 71
- De inconstantia fabricae corporis humani (s. Wolff 1778b) II 10A. M 9 69₆₁–₆₃
- De leone (s. Wolff 1770) II 10A. M 9 68₄₅–₄₆
- De ordine fibrarum cordis. Dissertatio I: De regionibus et partibus quibusdam, in corde (s. Wolff 1780b) II 10A. M 9 69₇₃–₇₅
- De ordine fibrarum cordis. Dissertatio III: De fibris externis ventriculi dextri (s. Wolff 1781b) II 10A. M 9 69₇₉–₈₀
- De ordine fibrarum cordis. Dissertatio IV: De fibris externis ventriculi sinistri (s. Wolff 1782) II 10A. M 9 69₈₁–₈₂
- De ordine fibrarum muscularium cordis. Diss. X. De strato secundo Fibrarum ventriculi sinistri. Pars I (s. Wolff 1788a) II 10A. M 9 70₉₈–₉₉
- De ordine fibrarum muscularium cordis. Dissertatio II: De textu cartilagineo cordis (s. Wolff 1781a) II 10A. M 9 69₇₆–₇₈
- De ordine fibrarum muscularium cordis. Dissertatio IX. De actione fibrarum mediarum ventriculi dextri (s. Wolff 1787) II 10A. M 9 70₉₆–₉₇
- De ordine fibrarum muscularium cordis. Dissertatio V: De actione fibrarum externarum ventriculi sinistri (s. Wolff 1783) II 10A. M 9 69₈₄–70₈₇
- De ordine fibrarum muscularium cordis. Dissertatio VI. De fibris

ventriculorum externis (s. Wolff
1784) **II 10A**. M 9 70₈₈₋₈₉
- De ordine fibrarum muscularium
cordis. Dissertatio VI. Pars poste-
rior. Ventriculus sinister (s. Wolff
1785a) **II 10A**. M 9 70₉₀₋₉₁
- De ordine fibrarum muscularium
cordis. Dissertatio VII. De stratis
fibrarum in universum (s. Wolff
1785b) **II 10A**. M 9 70₉₂₋₉₃
- De ordine fibrarum muscularium
cordis. Dissertatio VIII. De fibris
mediis ventriculi dextri (s. Wolff
1786) **II 10A**. M 9 70₉₄₋₉₅
- De ordine fibrarum muscularium
cordis. Dissertatio X. De strato
secundo fibrarum ventriculi si-
nistri. Pars II (s. Wolff 1790b)
II 10A. M 9 70₁₀₆₋₁₀₈
- De ordine fibrarum muscularium
cordis. Dissertio X. De strato
secundo fibrarum ventriculi sinis-
tri. Pars III (s. Wolff 1791) **II 10A**.
M 9 70₁₀₉₋₁₁₀
- De ordine fibrarum muscularium
cordis. Dissertio X. De strato
secundo fibrarum ventriculi sinis-
tri. Pars IV (s. Wolff 1792) **II 10A**.
M 9 70₁₁₁₋₁₁₂
- De orificio Venae coronariae
magnae (s. Wolff 1777) **II 10A**.
M 9 69₅₇₋₅₈
- De pullo monstroso (s. Wolff
1780a) **II 10A**. M 9 69₇₁₋₇₂
- De structura vesiculae felleae
leonis (s. Wolff 1774) **II 10A**. M 9
69₅₁₋₅₂
- De tela dicta cellulosa continuatio
secunda: cellulosa musculorum
(s. Wolff 1790a) **II 10A**. M 9
70₁₀₄₋₁₀₅
- De tela dicta cellulosa. Obser-
vationes continuatae: Cutis,
substantia subcutanea, adeps
(s. Wolff 1789a) **II 10A**. M 9
70₁₀₂₋₁₀₃
- De tela, quam dicunt, cellulosa
(s. Wolff 1788b) **II 10A**. M 9
70₁₀₀₋₁₀₁

- De vesiculae felleae (s. Wolff
1779a) **II 10A**. M 9 69₆₄₋₆₆
- Descriptio vesiculae felleae tigridis
(s. Wolff 1778a) **II 10A**. M 9
69₅₉₋₆₀
- Descriptio vituli bicipitis cui
accedit commentatio de ortu
monstrorum (s. Wolff 1772)
II 10A. M 9 69₄₉₋₅₀
- Ovum simplex gemelliferum
(s. Wolff 1769) **II 10A**. M 9 68₄₃₋₄₄
- Theoria generationis (s. Wolff
1759) **I 9**. 73₄₋₅.₂₇.74₃₀.187₈
II 10A. M 9 68₉₋₁₀
- Theorie von der Generation
(s. Wolff 1764) **I 9**. 73₁₂.74₃₁
II 10A. M *13* 72₂₄₋₂₇
- Über die Bildung des Darm-
kanals im bebrüteten Hühnchen
(s. Wolff / Meckel 1812) **I 9**.
74₂₀₋₂₂.₃₄.75₃₋₇₇₁₉.78₃₇₋₃₈
- Von der eigenthümlichen und
wesentlichen Kraft der vegetabi-
lischen sowohl als auch der
animalischen Substanz (s. Wolff
1789b) **II 10A**. M 9 70₁₁₃₋₁₁₅
Wolff, Christian (seit 1745:) von
(1679–1754). Mathematiker und
Philosoph; 1707 Prof. für Mathe-
matik in Halle a.S., 1723–1740 in
Marburg, seit 1740 wieder in Halle
a. Saale
I 6. 346₃₈.351₂₈
II 10A. M *57* 116₄₄₋₄₈₍?₎
Werke:
- Allerhand nützliche Versuche
(s. Wolff 1745–1747) **I 6**. 347₃₇
II 6. M *71* 92₃₃.97₂₃₅₋₂₃₆ *105*
205₁₀₋₁₁
- Vernünfftige Gedancken von den
Würckungen der Natur (s. Wolff
1723) **I 6**. 345₂₇₋₂₈.347₃₄₋₃₅ **II 6**.
M *71* 92₂₈₋₃₃ *72* 109₁₄.₂₇ *74* 115₂₃
Wolff, Friedrich (Benjamin)
(1766–1845). Chemiker, Überset-
zer; 1800–1831 Prof. der Mathe-
matik und Physik am Joachims-
thalschen Gymnasium in Berlin,
auch Prof. der Logik und Mathe-

matik an der medizin.-chirurg. Akademie
II 5B. M58 188$_{31}$ (Profeßor)
Werke:
- Anfangsgründe der Erfahrungs-Naturlehre (Übers., s. Biot / Wolff 1819)

Wolff, Johann Vater von Caspar Friedrich W.: Schneidermeister in Berlin
I 9. 187$_{3,34}$

Wolff, Pius Alexander (1782–1828). Schauspieler, Regisseur und Theaterschriftsteller; 1803–16 am Weimarer Hoftheater, danach in Berlin, seit 1805 verh. mit Amalia W.
I 2. 59$_{5Z}$

Wolfskeel von und zu Reichenberg, Christian Friedrich Karl Freiherr von (1763–1844). Jurist und Regierungsbeamter in Weimar, 1794 Kammerherr, 1803 Oberkonsistorialrat, 1807 Kanzler des Herzog- bzw. Großherzogtums Sachsen-Weimar-Eisenach
I 2. 29$_{19Z}$

Wolgemut, Michael (1434–1519). Maler, Zeichner und Holzschnitzmeister in Nürnberg. Lehrer von Albrecht Dürer
I 6. 222$_{23}$

Woltersdorf, Johann Lucas (1721–1772). Theologe, Mineraloge
II 7. M45 75$_{285}$

Wolzogen, Friederike Sophie Caroline Augusta Freifrau von (geb. von Lengefeld, gesch. von Beulwitz) (1763–1847). Schriftstellerin; Schwägerin Friedrich Schillers. 1784 –1794 verh. mit Friedrich Wilhelm Ludwig von Beulwitz, seit 1794 verh. mit Wilhelm von Wolzogen, 1809 verw., seit 1810 vorwiegend in Weimar, Bauerbach, auf ihrem Gut Bösleben bei Arnstadt und seit 1826 in Jena
I 3. 279$_{34Z}$ (Damen)

Woodward, John (1665–1728). Engl. Naturforscher, Geologe und Arzt; Prof. der Physik am Gresham College in London
Werke:
- An Attempt towards a natural history of the fossils of England II 7. M45 75$_{294-295}$

Woolman, John (1720–1772). Quäker, nordamerik. Schriftsteller und Prediger
I 8. 295$_{19}$

Wrangel, Fredrik Anton (1786–1842). Schwed. Botaniker
II 10B. M1.3 13$_{59}$.15$_{119-120}$

Wren, Christopher (1632–1723). Astronom, Architekt; Gründungsmitglied und von 1680–1682 Präsident der Royal Society
II 6. M79 164$_{183}$

Wucherer, Johann Friedrich (1682–1737). Seit 1717 Prof. der Physik und Theologie in Jena
Werke:
- Institutiones philosophiae naturalis (s. Wucherer 1725) I 6. 346$_{10-11}$ II 6. M71 94$_{113}$–95$_{158}$ 72 109$_{17}$ 74 116$_{32}$

Wünsch, Christian Ernst (1744–1828). Mathematiker und Physiker; 1784–1811 Prof. an der Universität in Frankfurt a.O.
I 3. 210$_2$.221$_{6M}$ (Verf.).223$_{10M}$. 224$_{8M,13M,16M,22M,34M}$.225$_{5M}$. 226$_{15M,33M}$.227$_6$.305$_{34Z}$.462$_{2M}$. 474$_{32Z}$ I 5. 174$_5$ I 7. 24$_{15}$ I 8. 202$_{20}$
II 6. M77 152$_{901}$
Werke:
- Versuche und Beobachtungen über die Farben des Lichtes (s. Wünsch 1792) I 3. 92$_{6Z}$.218$_{11}$–226$_{35M}$. 403$_{28-29M}$.509$_{13-14M}$ I 7. 82 (ND: 72)$_{3-18,20,25}$.90 (ND: 78)$_{1,11}$ II 4. M42 53$_{0,25}$ II 6. M73 112$_{55-66}$ 74 117$_{92}$ 133 266$_{250-259}$
- Visus phaenomena (s. Wünsch 1774) I 6. 388$_{33-34}$ II 3. M2 3$_1$ S 7$_1$

Württemberg, Friedrich Wilhelm Karl von (Wilhelm I. von Württemberg) (1781–1864). 1816 bis 1864 als Wilhelm I. der zweite König von Württemberg
I 2, 276$_{15–16Z(?)}$

Wyttenbach, Jakob Samuel (1748–1830). Pfarrer, Naturforscher und Sammler in Bern. Gründer der Schweizerischen Naturforschenden Gesellschaft
I 1, 10$_{11Z}$
Werke:
- Kurze Anleitung (s. Wyttenbach 1777:) I 1, 9$_{23–24Z}$
- Reisen durch die Alpen (Übers., s. Saussure / Wyttenbach 1781)

Xylander, Wilhelm (Guilielmus) (auch: Wilhelmus Xylander; gräzisiert aus Wilhelm Holzman) (1532–1576). Humanist, Gräzist; 1558 Prof. der griech. Sprache in Heidelberg, 1564–1565 Rektor der Universität Heidelberg
Werke:
- Opera omnia (Koautor, s. Plutarch / Xylander 1620)

Yakovlef Besitzer eines Platin-Bergwerks im Ural, Russland
II 8B, M 74 125$_{3–4}$

York (Adelsfamilie)
I 6, 243$_{14}$

Young, Thomas (1773–1829). Engl. Arzt, Physiker, Philosoph. Philologe; 1802 Mitglied der Royal Society, 1818 Sekretär des Board of Longitude. Entdecker der Interferenz und Vertreter einer Wellentheorie des Lichts
I 11, 287$_{9,22}$.288$_{15}$
II 5B, M 40 147$_{25}$
Werke:
- Ueber die Theorie des Lichts (s. Young 1811b) II 5B, M 61 194$_{7–11}$
Rezensionen:
- Goethe: Zur Farbenlehre (s. Young 1814) I 8, 204$_{28}$ II 5B, M 28 125

Yves (Ives), A. W.
Werke:
- Résultats de l'analyse de la poussière jaune du houblon (Koautor, s. Planche / Yves 1822)
- Sur le lupuline, principe actif du houblon (s. Ives 1821) I 9, 332$_{7–8,20–21}$

Zabarella, Giacomo (1533–1589). Ital. Philosoph; Prof. der Logik in Padua
I 3, 479$_{31M}$ I 6, 217$_{29}$
II 6, M 71 97$_{219}$.101$_{360}$.104$_{464}$

Zach, Franz Xaver Vitus Friedrich (seit 1765:) Freiherr von (Kürzel im Reichsanzeiger: a + b) (1754–1832). Astronom; 1787 Leiter der Sternwarte auf dem Seeberg bei Gotha, seit 1806 als Oberhofmeister der 1804 verw. Herzogin Charlotte vorwiegend in Italien und in Paris; Hrsg. der Zeitschriften „Monatliche Correspondenz zur Beförderung der Erd- und Himmelskunde" (1800–1813) und der „Correspondance astronomique, géographique, hydrographique et statistique" (1818–1826)
I 8, 203$_{19,36}$ I 11, 165$_{29}$.278$_2$.283$_{31}$ (vorzügliche Mann)
II 2, M 9.26 192$_1$ 9.27 193$_{2,5}$ II 3, M 34 31$_{144}$
Werke:
- Antwort auf Anfrage zu den achromatischen Objektivgläsern der Engländer (s. Zach 1794) I 3, 481$_{29–30M}$ II 3, M 34 27$_{30}$ (Reichs-Anzeiger, Nr. 152).30$_{103}$
- Auszug aus einem astronomischen Tagebuche (s. Zach 1801) I 11, 165$_{29–30}$
- Beantwortung einer optischen Anfrage (s. Zach 1795) II 3, M 34 32$_{178}$–34$_{238}$ I 3, 457$_{39M(?)}$.481$_{34–35M}$ (Nr. 14, Seite 121)
Rezensionen:
- Krusenstern: Recueil de mémoires hydrographiques (s. Zach 1825) II 2, M 9.26 192 M 9.27 193–194

Zahlbruckner, Johann (1782–1851). Botaniker; 1808 Ordnung der Naturaliensammlung von Erzherzog Johann von Österreich, ab 1818 dessen Privatsekretär, begleitete ihn auf vielen Reisen; Mitglied der Mineralogischen Gesellschaft in Jena
II 8A. M *72* 102 (Dahlbruckner)

Zahn, Johannes (1641–1707). Aus Karlstadt. Philosoph. Optiker. Astronom. Mathematiker. Schriftsteller. Erfinder optischer Instrumente. Prof. der Mathematik an der Universität Würzburg. Prämonstratenser-Chorherr im Kloster Oberzell, seit 1685 Propst im Kloster Unterzell
Werke:
- Oculus artificialis teledioptricus (s. Zahn 1702) **II 6**. M *136* 273$_{82-83}$

Zambeccari, Francesco Graf (1756–1812). Ital. Marineoffizier in span. und russ. Diensten, berühmter Ballonfahrer, fand bei einem Ballonabsturz bei Bologna den Tod
I 4. 58$_{33}$

Zamboni, Guiseppe (1776–1846). Ital. Prof. für Physik
II 2. M *9.24* 190$_{34-35}$

Zanon, Antonio (1696–1770).
Werke:
- Dell'agricoltura (s. Zanon 1763–1766) **II 4**. M *58* 69$_{11-13}$

Zanotti, Francesco Maria (eigentl. Francesco Maria Zanotti Cavazzoni) (1692–1777). Ital. Philosoph und Schriftsteller in Bologna
I 7. 30$_{11.22-28}$.32$_{30}$
Werke:
- De lapide Bononiensi (s. Zanotti 1728) **I 7**. 30$_{11-27}$

Zauper, Joseph Stanislaus (1784–1850). Pädagoge. Schriftsteller; Chorherr und Lehrer am Gymnasium der Benediktiner in Pilsen
I 2. 277$_{29Z.32Z}$

Werke:
- Grundzüge zu einer deutschen theoretisch-praktischen Poetik (s. Zauper 1821) **I 9**. 267$_{23-27}$
- Studien über Goethe (s. Zauper 1822) **I 9**. 267$_{23-27}$

Zechel, Johann Um 1813 fürstlich Claryscher Bergmeister in Graupen bei Teplitz. 1813 Begegnungen mit Goethe
I 2. 27$_{32Z}$ (Bergmeister).29$_{11Z}$ (Bergmeister)

Zedler, Johann Heinrich (1706–1751). Buchhändler und Verleger in Leipzig
Werke:
- Grosses vollständiges Universal Lexicon (s. Zedler 1732–1750) **II 10B**. M *20*. S 61–62

Zedwitz, Heinrich Albrecht Graf (1786–1849). Besitzer des Kammerbergs bei Eger
I 1. 368$_3$ (Grundbesitzer) **I 2**. 238$_{34}$ **I 8**. 59$_{14}$ (Grundbesitzer). 353$_2$

Zeidler, Melchior (1630–1686).
Werke:
- Exercitatio physica de quaestione an lumen sit corpus? (s. Zeidler / Hedenus 1656) **II 6**. M *135* 269$_{38}$

Zeiher, Johann Ernst (1720–1784). Mathematiker und Physiker; 1756–1767 Prof. der Mechanik an der Akademie der Wissenschaften zu St. Petersburg, dann Prof. der Mathematik an der Universität Wittenberg und seit 1776 Oberinspektor des kurfürstlichen physikalischen und mathematischen Salons in Dresden
I 6. 364$_{38}$
II 5B. M *112* 320$_{12}$ *114* 334$_{163}$
II 6. M *112* 214$_{62}$ *114* 216$_4$ (Zeyer)
Werke:
- Abhandlung von denjenigen Glasarten (s. Zeiher 1763) **II 5B**. M *12* 47–48 **II 6**. M *74* 117$_{69}$

Zelter, Karl Friedrich (1758–1832). Maurer- und Baumeister, Komponist, Dirigent und Musikpädagoge; 1800 Direktor der Singakademie in Berlin, 1806 Assessor, 1809 Prof. an der Akademie der Künste, 1807 Begründer einer Instrumentalistenschule und 1808 einer Liedertafel, 1823 auch Direktor des Instituts für Kirchenmusik und 1829 Musikdirektor der Universität
I 2. 59₁₈z I 3. 415₂₆z.444₂z
II 2. M *1.6* 7₁ *7.12* 61₁₅
Manuskripte:
- auth / plag... [Notenaufzeichnungen] **II 5B**, M *144* 402
- Mutation... [Notenaufzeichnungen] **II 5B**, M *144* 403–404
- Naturtöne des Waldhorns **II 5B**, M *140* 389
- ut re mi fa... [Notenaufzeichnungen] **II 5B**, M *143* 398–400
- [Schemata zur Metrik der Hexameter] **II 5B**, M *141* 391
- § 1 Wenn eine gespannte... [über die Tonarten] **II 5B**, M *142* 394–396

Zembsch, Andreas Pharmazeut und Chemiker; Schwager Sebastian Grüners in Eger
II 2. M 9.29 195

Zeno (335–263 v. Chr.). Antiker Philosoph. Begründer der Stoa
I 6. 4₂₄.71₃₇
II 6. M *4* 7₃₁–₃₂.₃₅.₅₃ § 11₂₃

Zenobia, Septimia (um 240 – nach 272). 267–272 Königin von Palmyra
I 8. 301₃₄

Zerbelloni s. Serbelloni (Zerbelloni), Giovanni Battista

Zeuxis (fl. um 400 v. Chr.). Griech. Maler und Tonbildner aus Herakleia
I 6. 51₂₆.₃₃.52₈.₂₂.₂₄.₂₇

Ziegler, Johanna Charlotte (Zieglerin, Unzerin; verh. Unzer) (1724–1782). Seit 1751 verh. mit dem Hamburger Arzt Johann August Unzer; populär-wiss. Schriften und Gedichte
Werke:
- Grundriß einer natürlichen Historie (s. Ziegler 1751) I 6. 348₂₁–₂₂
II 6. M *71* 101₃₇₁–₃₇₆ *72* 109₃₁

Ziegra, Constantin (1617–1691). Theologe und Physiker
Werke:
- Diatriba physico-experimentalis de coloribus (s. Ziegra 1688) **II 6**, M *135* 270₄₄

Zimmermann, Carl Friedrich (1713–1747).
Werke:
- Ober-Sächsische Berg-Academie (s. Zimmermann 1746) I 2. 424ᴍ
II 8A. M *94* 125₅

Zimmermann, Eberhard August Wilhelm (seit 1796:) von (1743–1815). Naturhistoriker und Forschungsreisender; Prof. in Helmstedt und Braunschweig
Werke:
- Geographische Geschichte des Menschen (s. Zimmermann 1778–1783) **II 9B**, M *40* 43₁–₂
- Specimen zoologiae geographicae, quadrupedum (s. Zimmermann 1777a) **II 10A**, M *5* 64

Zimmermann, Johann Georg (1728–1795). Arzt und philosophischer Schriftsteller; 1768 königl. Leibarzt in Hannover
Werke:
- Von der Erfahrung in der Arzneykunst (s. Zimmermann 1777b) **II 1A**, M *3* 28₁–₃

Zimmermann, Wilhelm Ludwig (1780–1825). Physiker und Chemiker in Gießen
Werke:
- Beiträge zur näheren Kenntniß der wäßrigen Meteore (s. Zimmermann 1824) **II 10B**, M *1.3* 14₇₉–₈₀

Zippe, Franz Xaver Matthias (1791–1863). Mineraloge; Muse-

umskustos, 1835 Prof. der Naturkunde in Prag, später in Wien
I 2. 279$_{32-33Z}$

Zipser, Christian Andreas (1783–1866). Geologe; Lehrer an der evang. Mädchenschule in Neusohl, Ungarn
II 8B. M30 49$_{1-19}$ 72 111$_{180}$
- Mineraliensammlungen, ungarische I 2. 239$_{29-30M}$

Zoffoli, Giacomo (1731–1785). Ital. Bronzegießer
I 2. 32; I 11. 150$_{10}$

Zöldner (Zeltner), Franz Xaver Kaufmann und Mineralienhändler aus Prag, um 1807 während der Kursaison in Karlsbad tätig
I 1. 325$_{2Z}$

Zückert, Johann Friedrich (1737–1778). Arzt in Berlin
II 7. M4 7$_{1-2}$
Werke:
- Die Naturgeschichte einiger Provinzen des Unterharzes (s. Zückert 1763) I 1. 7$_{25M}$ **II 7**. M4 7$_{1-2}$
- Die Naturgeschichte und Bergwercksverfassung des Ober-Hartzes (s. Zückert 1762) I 1. 7$_{24M,26M}$

Zwerg, Dithlef Gotthard (Zwergius, Detlev Gotthard) (1699–1757). Dän. Geistlicher, um 1720 Student in Wittenberg
Werke:
- Experimenta Newtoniana de coloribus (Resp., s. Weidler / Zwerg 1720)

Biblische, mythologische und fiktive Gestalten

Biblische, mythologische und fiktive Gestalten

Aaron Älterer Bruder des Mose
II 1A. M *70* 293₃₃
Abraham Stammvater Israels
I 6. 89₂₈ I 11. 351₇
Achill Griech. Heros, eine der Hauptgestalten in Homers ‚Ilias'
I 6. 53₁₂
II 5B. M *141* 391₁₀
Adam Nach bibl. Überlieferung der erste Mensch
I 8. 65₉ I 9. 11₇
Ajax In der griech. Mythologie ein Held des Trojanischen Krieges
I 6. 53₁₂,₁₄
Albert Julius Literarische Figur in J. G. Schnabels ‚Insel Felsenburg'
I 11. 351₇
Amor In der röm. Mythologie der Gott der Liebe
I 9. 69₂₀
Amphitryon In der griech. Mythologie König von Tiryns, Ziehvater des Herkules
I 6. 120₁₃
Anangke Personifikation des unpersönlichen Schicksals in ‚Urworte Orphisch'
I 9. 88₁
II 10A. M *26* 85₂
Antäus Riese aus der griech. Mythologie
I 1. 132₂₂ᶻ
Äon, Äonen Gottheit im hellenist. Pantheon; wörtlich: Ewigkeit
I 9. 88₁₈
Apollon (Apollo, Apoll) Gott des Lichts, der Heilkunst und der Künste in der griech. und röm. Mythologie
I 2. 396₂₀ᶻ I 6. 115₁₄
II 1A. M *42* 219₁₉
Apostel Die zwölf von Jesus ausgewählten Jünger
I 2. 228₂₇ (Jünger).312₂₃ I 8. 374₂₇₍?₎.407₁₇
Ariadne In der griech. Mythologie Tochter des Königs Minos von Kreta; sie führte Theseus mit einem Fadenknäuel aus dem Labyrinth
I 9. 128₃₅₋₃₆ I 10. 87₃

Ariman (Ahriman) Personifizierung des Zerstörerischen in der zoroastrischen Theologie
I 8. 225₂₄
Artemis Göttin der Jagd in der griech. Mythologie, ursprünglich als Zwillingsschwester des Apollo die Göttin des Mondes. Siehe auch Diana
I 8. 126₂₂
Athene (Athena, Pallas Athene) Griech. Göttin der Weisheit, der Kriegskunst und des Handwerks. Siehe auch Minerva
I 8. 216₉
Atlas Einer der Titanen in der griech. Mythologie
I 2. 395₂₅ᶻ
Banquo Literarische Figur in Shakespeares ‚Macbeth'
I 8. 355₂₂
Baubo In der griech. Mythologie tröstete sie die trauernde Demeter mit dem Hinweis auf die Wiederkehr von Empfangen und Gebären
I 9. 215₁₁
Bileam Heidnischer Seher im Alten Testament
I 5. 118₂₀.165₂₈
Camarupa Indische Gottheit des Gestaltwandels aus Calidasas Epos ‚Mégha dúta'
I 8. 234₂.235₂.238₈₋₉.239₈ I 9. 246₂₉ I 11. 194₁₋₄
II 2. M *5.2* 22₁₅.23₃₈,₅₇.24₇₈ *12* 217₉
Ceres Röm. Göttin des Ackerbaus und der Fruchtbarkeit
II 10A. M *3.S* 49₁₂₅
Charon (Charontis) In der griech. Mythologie der Fährmann in der Unterwelt
I 6. 111₃₀.113₉.115₂₄₋₂₅.119₁₀
II 6. M *41* 51₁₀₁
Charybdis Seeungeheuer aus der griech. Mythologie
I 6. 113₉
II 6. M *41* 51₁₀₁

Clytia (Klytia) Tochter des Oceanus, unglücklich verliebt in den Sonnengott; Verwandlung in den veilchenähnlichen Heliotrop
I 9. 106₁₆ I 10. 251₁₈

Daktyle Gestalten der griech. Mythologie; Entdecker und Bearbeiter der Metalle
I 2. 401₁₉z.404₁₉z

Dämon (Daimon) Personifikation der lebensbestimmenden Mächte in ‚Urworte Orphisch'
I 9. 87₂
II 10A. M26 85₂

Danaiden In der griech. Mythologie die Töchter des Danaos, deren Bestrafung darin bestand, in der Unterwelt Wasser in ein Gefäß ohne Boden zu schöpfen; daher ist sprichwörtlich eine Danaidenarbeit ein vergebliches Bemühen
I 11. 303₁₇

Daniel Prophet des Alten Testaments

Daphne Griech. Nymphe, Geliebte des Apoll; gemäß den ‚Metamorphosen' Ovids (I 452–567) wird sie auf der Flucht vor ihm in einen Lorbeerbaum verwandelt
I 10. 251₁₈

Diana In der röm. Mythologie Göttin der Jagd, des Mondes und der Geburt; siehe auch Artemis
I 2. 401₂₈z

Dioskuren Die Zwillingsbrüder Kastor und Pollux, Söhne des Zeus
I 9. 179₈
II 10B. M1.3 18₁₉₈

Dryade Waldnymphe der griech. Mythologie
I 10. 312₁

Elohim In der hebräischen Bibel, dem „Tanach", Allgemeinbegriff für Gott (Plural)
I 4. 256₂₃

Elpis Personifikation der Hoffnung in ‚Urworte Orphisch'
I 9. 88₁₀
II 10A. M26 85₂

Enceladus Einer der Giganten der griech. Mythologie
I 2. 403₂₃z

Endor, Hexe von Totenbeschwörerin, Figur in 1. Sam 28
II 5A. M9 23₄₃₇

Engel
I 2. 228₃₀.312₂₂.₃₁ I 8. 374₃₀(?).407₁₆.₂₅

Eros Personifikation der Liebe in ‚Urworte Orphisch'
I 9. 87₂₀
II 10A. M26 85₂

Falstaff Figur in Shakespeares Drama Heinrich IV.
II 10B. M22. S 82₄₆

Faune Altitalische Waldgötter
I 9. 12₃₈ I 10. 251₈

Faust, Heinrich Titelgebende Hauptfigur von Goethes Faustdramen
I 2. 359₁₅z.395₁z.405₂₅z.406₁₉z.24z
I 3. 410M.411M I 8. 188₂₃.₂₅.₂₉.189₁

Gaia Griech. Göttermutter und Personifizierung der Erde
I 1. 132₂₃z (Mutter Erde)

Gnome Zwerge, in bergmännischen Sagen die Bewahrer unterirdischer Bodenschätze
I 2. 361₂₇z.362₁₉z.367₄z.369₂₅z

Gott Der christliche Gott bzw. Gottheit, Schöpfer, Erhalter. Siehe auch Elohim
I 2. 79₁₂z.200₂₅z.345₇M.363₂z (Herr), 405₄z I 3. 228₂₃ I 6. 98₄, 99₉.100₆.104₁₉.129₂₉.₃₃.132₈.133₁₇.156₁₁.196₇.276₃₇ (Herrn), 293₂₉, 305₁₁₋₁₂ I 8. 4₁.187₄.236₂₅.237₂₅ (Father), 293₈.₁₃.294₂₇.295₂.296₈, 361₄ I 9. 64₁₀.95₃₃.97₅.98₁₂ (ewige Meistermann), 100₂.120₁₉.197₉, 233₈.235₂₈.296₃₆.333₃₆.341₃₁.353₃₅
I 10. 121₂₀ (Schöpfers), 131₂₀.227₁
II 5B. M107 314₆₅.₆₆.₆₈ II 6. M32 36₇₁ (Deus) 61 81₂ (Deum)

Götter Die griech. Götter
I 10. 251₉
II 6. M41 49₁₁

Greif Fabelwesen
I 2. 397₁z.₂₃z.404₁₉.₁₉z

BIBL., MYTHOL., FIKT. GESTALTEN 221

Habakuk Prophet des Alten Testaments
Harpyien Griech. Göttinnen des Sturms, Töchter des Thaumas und der Elektra
I 8, 225₂₁
Hekate Göttin der griech. Mythologie
I 2, 401₂₈Z
Helena Gestalt der griech. Mythologie und in Faust II
I 2, 403₉Z
Hephaistos In der griech. Mythologie Gott der Schmiedekunst
I 2, 176₂₀Z
II 6, M*41* 52₁₅₅ (Gemahl)
Herkules Göttlicher Held der griech. Mythologie
I 3, 0₈ I 6, 113₇.119₃₉,₄₁.120₄
II 6, M*41* 51₉₇·*50* 63₈₈ *51* 67₆₄
Hermaphrodit Mythologische Gestalt, Zwitterwesen zwischen Mann und Frau
I 3, 328₂₁ I 11, 41₂₈
Hermes Trismegistos Hypostase aus dem griech. Gott Hermes und dem ägyptischen Gott Thot; als Gründungsvater der Alchemie angesehen
I 6, 131₃₄,₃₅
Hermias Mythol. Gestalt
II 4, M*74* 93₁₁
Hesperiden Nymphen in der griech. Mythologie
I 11, 30₂₆ (Hesperischen Gärten)
Hetman der Kosaken Figur aus dem Schauspiel ‚Graf Benjowsky oder die Verschwörung auf Kamtschatka' (1794) von August von Kotzebue, ein sein intellektuelles Vermögen lediglich spielender Dummkopf
I 5, 69₃₆.126₂₅.132₂ I 6, 358₁₀
Hexen Aus Faust, Walpurgisnacht
I 3, 412ᴍ
Hiob Biblische Gestalt des Alten Testaments, deren Treue zu Gott mit schwerem Leid geprüft wird
I 9, 2₇
II 10A, M*1* 3₆

Homunkulus Künstlich geschaffener Mensch; Figur im ‚Faust'
I 2, 398₂₇Z.₂₉Z.399₁₅Z.400₂₈Z.₃₃Z.402₂₅Z.404₂₄Z
Horen In der griech. Mythologie Göttinnen der Jahres- und Tageszeiten, Türhüterinnen des Olymp, Töchter des Zeus und der Themis
II 2, M 7, S 53₁₃₉
Hyakinthos (Hyazinth) In der griech. Mythologie Geliebter des Gottes Apollo, der, durch einen Diskuswurf getötet, in eine Blume verwandelt wurde (Ovid, Metamorphosen X 162–219)
I 6, 115₁₇ I 9, 106₁₆ I 10, 251₁₈
Hymen Auch: Hymenaios, griech. Hochzeitsgott
I 9, 69₁
Ikarus Sohn des Dädalus; ihr Flug mit wachsverbundenen Federn führte zum Absturz, weil die Sonne das Wachs zum Schmelzen brachte
I 3, 95₂Z
Iphigenia In der griech. Mythologie die älteste Tochter von Klytämnestra und Agamemnon, König von Mykene
I 6, 53₆
Iris Griech. Göttin des Regenbogens, Tochter des Thaumas und der Elektra
I 6, XV₁₃,₁₆ I 8, 225₂₂
II 6, M*4* 6₈,₁₂,₁₈
Janus (bifrons) Altital. Gott, Schirmherr der Tore und Eingänge, Gott allen Anfangs, in bildlichen Darstellungen doppelgesichtig
Jesus Gemäß der christlichen Lehre der Sohn Gottes, der zur Erlösung der Menschheit gesandt wurde (Jesus Christus)
I 1, 254₃₀ᴍ₍?₎ I 2, 228₃₁ (Heiland),₃₅ (Christi).312₂₂.313₁ I 3, 409₉₂₁ᴍ (Herrn) I 8, 293₉.294₂₇.374₃₁₍?₎,₃₅₍?₎.407₁₆,₂₇ I 9, 352₂₅
II 2, M*5,3* 31₁₇₆.32₂₁₇ II 4, M 7 14₁₆
Jonas (Jona) Biblische Figur, Prophet des Alten Testaments

Joseph (von Nazareth)
I 9. 352_{26}
Judas Einer der 12 Apostel. Verräter
I 2. 228_{34} I 8. $374_{34(?)}$
Juno Röm. Göttin. Gattin des Göttervaters Jupiter
II 10B. M*23.11* 107_{30}
Jupiter Höchster Gott der röm. Mythologie: siehe auch Zeus
I 2. $268_{15}.360_{5Z}.396_{22Z}$ I 6. 114_{25}.
350_9 I 8. $230_{18}.333_6$
- Jupiter Ammon I 2. 34- I 11. 152_{5-6}
Kentauren (Zentauren) Mischwesen der griech. Mythologie aus Pferd und Mensch
I 2. 32_2 I 6. $61_{17.21}.118_6$ I 11. 150_5
König Nobel Figur in Goethes Epos 'Reineke Fuchs'
I 2. 206_1 I 8. 264_{36}
Livius Zenobias Neffe. Figur aus Calderon de la Barcas Drama „Die große Zenobia"
I 8. 301_{34}
Lucina Göttin der Geburt in der griech. Mythologie
I 8. 126_{35}
Luna Mondgöttin der Römer, die teils allein, teils in Verbindung mit dem Sonnengott Sol verehrt wurde
I 2. $360_{3Z.9Z}.401_{28Z}.402_{23Z}$ I 8. 230_{18}
Maria
I 9. 352_{25} (Mutter)
Mars Röm. Gott des Ackerbaus und des Krieges
I 2. 360_{4Z} I 8. 230_{15}
II 4. M134_{37}
Meduse, Medusa In der griech. Mythologie eine der Gorgonen: sie hat ein Schlangenhaupt und lässt Männer zu Stein werden
II 10B. M*23.11* 107_{32}
Memnon König der Äthiopier in der griech. Mythologie
I 1. 57_{31} I 11. 10_{27}
Mephistopheles Die Gestalt des Teufels in Goethes Faust-Dramen
I 2. $359_{18Z.28Z}.360_{23Z}.397_{29Z}$.
$398_{19Z}.399_{-Z.17Z}.404_{26Z}.405_{3Z}$.
$406_{1Z}.407_{4Z}$ I 3. 411_M

Merkur Röm. Gott des Handels, der Reisenden und Diebe
I 2. 359_{30Z} I 8. 230_{20}
Minerva Altröm. Gottheit. Schutzherrin des Handwerks und Gewerbes: später Übernahme der Athene (s. dort) zugeschriebenen Eigenschaften. Göttin der Weisheit und der Kriegsführung
I 6. $112_{16.23}.118_{15}$
II 6. M*41* $50_{50.57}$
Minotaurus Mischwesen aus Mensch und Stier im Labyrinth auf Kreta
I 2. 356_{16Z}
Moloch Feuergott der Ammoniter, Höllendämon
I 2. 406_{6Z}
Moses Prophet des Alten Testaments. führte im Auftrag Gottes die Israeliten aus der ägyptischen Sklaverei
I 1. 311_{13} I 11. 115_{20}
II 1A. M*70* 293_{33}
Musen In der griech. Mythologie Schutzgöttinnen der Künste und Wissenschaften
II 5B. M*141* 391_{10}
Myrmidonen Thessalische Krieger des Achill
I 2. 400_{24Z}
Myrrha Nach der griech. Mythologie liebt sie ihren Vater und gebiert ihm, in einen Baum verwandelt, den Adonis (Ovid, Metamorphosen X 298–514)
I 10. 251_{18}
Narziß In der griech. Mythologie ist er verliebt in sein Spiegelbild, wird in eine Narzisse verwandelt (Ovid, Metamorphosen X 298–514)
I 9. 106_{16} I 10. 251_{18}
Neptun Röm. Gott der Gewässer
I 2. $233_{6Z}.245_{24Z}$ I 6. 112_{16}
II 6. M*41* 50_{50}
Noya Name einer Schlange in der ceylonesischen Erzählung „Die Fabel von der Noya und Polonga"

(Knox: Ceylanische Reisebeschreibung. 59f.): von Lorenz Oken als Naja tripudians (Brillenschlange) bestimmt
II 10A. M*4* 63₅
Odysseus s. *Ulysses (Odysseus)*
Oreas Bergnymphe der griech. Mythologie
I 2, 398₇z
Orpheus Thrakischer Sänger der griech. Mythologie
I 1, 311₃ I 11, 115₁₀
Ossian Mythischer keltischer Held und fiktiver gälischer Barde mit einem von James Macpherson geschaffenen und mystifizierten Oeuvre
Pallas Athene Göttin der Weisheit in der griech. Mythologie *s. Athene (Athena, Pallas Athene)*
Pan Griech. Hirtengott
I 2, 362₂₀z I 10, 251₈
Parzen Schicksalsgöttinnen der röm. Mythologie
I 8, 355₈ I 9, 74₂₃
Pegasos (Pegasus)
Peleus König von Phthia, Vater des Achilles
II 5B, M *141* 391₁₀
Phöbus Griech. Phoibos. Beiname des Apollon; siehe auch dort
II 2, M 7, S 51₇₀.53₁₃₉ **II 6**, M *45* 57₁₀₁
Pluto Gott der Unter- und Totenwelt in der röm. Mythologie
I 1, 142₂₀₍?₎ I 2, 176₁₀z.245₂₉z I 6, 117₂₆
II 8B, M *70* 103₂
Plutus
I 2, 245₂₉z.361₇z
Polonga Name einer Schlange in der ceylonesischen Erzählung „Die Fabel von der Noya und Polonga" (Knox: Ceylanische Reisebeschreibung, S. 59f.)
II 10A, M*4* 63₅ (Bologna)
Poseidon In der griech. Mythologie Gott des Meeres
I 2, 176₁₉z

Prometheus Gehört in der griech. Mythologie zum Göttergeschlecht der Titanen. Er setzte sich über das Verbot des Zeus hinweg und brachte den Menschen das Feuer; auch gilt er als Menschenschöpfer.
I 3, 510₁₁z
Protesilaus Held der griech. Mythologie, der auf Bitten seiner Frau für kurze Zeit aus dem Totenreich zurückkehren durfte
I 8, 355₉
Proteus In der griech. Mythologie Meergott, der verschiedene Gestalten annehmen konnte
I 9, 126₇ I 10, 50₂₀.212₁₁.283₁
Pygmäen Fabelhaftes Zwergvolk des Alterthums, in Afrika wohnend, mit welchem die Kraniche Krieg führen sollten (Homer, Ilias)
I 2, 400₂₆z.401₁₆z.402₂₆z.404₆z.19z
Pygmalion Nach Ovid König von Zypern und ein geschickter Bildhauer: die von ihm geschaffene schöne Frauenstatue wird von Venus belebt
I 3, 510₁₀M
Pythia Griechische Seherin, Priesterin des Orakels in Delphi
II 1A, M*42* 219₂₁
Python Von Gaia geborener Drache, der in der Gegend von Delphi das Orakel der Gaia hütete; von Apoll getötet
II 6, M*45* 57₁₀₁
Roma Röm. Stadtgöttin
I 6, 67₂₈
Satan *s. Teufel*
Saturn Röm. Gott des Ackerbaus; fünfter Planet des Sonnensystems
I 2, 360₆z I 8, 230₁₉
Saul Nach bibl. Überlieferung um 1000 v. Chr. der erste König Israels
II 5A, M *9* 23₄₃₉
Seismos Figur in Goethes 'Faust II'
I 2, 395₃z.396₃z.404₁₆z

Semiramis In der griech. Mythologie Königin von Babylon und Schöpferin der „Hängenden Gärten"
I 6. 118$_5$
Serapis Ägyptisch-hellenistische Gottheit, zentrale Gottesgestalt im alten Ägypten
II 7. M90 181$_1$
Sibylle(n) (Sybille) In der griech.-röm. Antike ekstatische Seherinnen und Verkünderinnen
I 2. 179$_{34Z}$ **I 9.** 87$_8$
Sisyphos Gestalt der griech. Mythologie, deren Strafe in vergeblicher Arbeit besteht
I 6. 117$_{40}$ **I 11.** 350$_{20}$
Sol Röm. Sonnengott
I 2. 360$_{9Z}$ **I 8.** 230$_{17}$
Sphinxe Geflügelte Mischwesen der griech. Mythologie
I 1. 57$_{30}$ **I 2.** 395$_{9Z}$.396$_{2Z.28Z.35Z}$.398$_{2Z}$.404$_{17Z.23}$ **I 11.** 10$_{27}$
Tannhäuser Ritter, mittelalterliche Sagengestalt
II 1A. M1 3$_{11}$
Tellus Röm. Göttin der Erde
I 1. 378$_{7Z}$
Teufel Personifizierung des Bösen
I 1. 254$_{31M}$ **I 2.** 176$_{12Z}$.405$_{10Z}$.406$_{16Z.21Z}$ **I 6.** 102$_{24}$.105$_1$ **I 8.** 36$_{14}$
Thaumas Griech. Gott der Wolken und anderer Himmelserscheinungen
I 6. XV$_{13}$ **I 8.** 225$_{20}$
II 5B. M9 30$_{195}$ **II 6.** M2 5$_2$ 4 6$_{8.12}$
Theseus Held der griech. Mythologie, König von Athen, Nationalheld der Athener
I 6. 53$_{29}$

Triton In der griech. Sage Meereswesen aus Fisch und Mensch
I 10. 251$_8$
Tyche Personifikation des Zufalls in „Urworte Orphisch"
I 9. 87$_{11}$
II 10A. M26 85$_2$
Tyro (Tyros) In der griech. Mythologie Tochter des elischen Königs Salmoneus: Poseidon nahm die Gestalt ihres Geliebten an und zeugte mit ihr die Zwillinge Pelias und Neleus, die sie aussetzte
I 6. 120$_2$
Ulysses (Odysseus) In Homers Epen König von Ithaka, Heerführer beim Zug der Griechen gegen Troja: kehrte nach vieljähriger Abwesenheit und Irrfahrt nach Ithaka zurück
I 6. 53$_{12}$.111$_{25}$
II 6. M41 49$_{22}$
Venus Röm. Göttin der Liebe, zweiter Planet des Sonnensystems
I 2. 360$_{1Z}$ **I 6.** 114$_4$ **I 8.** 230$_{16}$
II 6. M41 52$_{155}$
Vulkan (Vulcanus) Röm. Feuergott, Gott der Schmiedekunst
I 2. 233$_{9Z}$ **I 6.** 114$_5$ (marito) **I 11.** 350$_{21}$
Wagner Famulus des Faust in Goethes gleichnamigen Dramen
I 2. 403$_{14Z}$ **I 3.** 410$_M$.411$_M$ **I 8.** 188$_{23.27.31}$.189$_6$
Zentauren s. *Kentauren (Zentauren)*
Zeus Göttervater in der griech. Mythologie. Siehe auch *Jupiter*
II 5B. M141 391$_3$

ORTE

Orte

Aarau Kleinstadt in der Nordschweiz
I 2. 384₁₅M
II 2. M *9.1S* 182₇ II 8B. M *S0* 133₂
Abaschin (Aboschin) Dorf zwischen Marienbad und Tepl
I 2. 185₃₆z
Abendstern s. *Venus (Planet)*
Aberdeenshire Gegend um Aberdeen, Schottland
II 8B. M *95* 151₂₈
Åbo (Turku) Stadt an der Südwestküste Finnlands
II 2. M *S.15* 117₂₁.118₃₀
Aboschin s. *Abaschin (Aboschin)*
Aburg Ort an der Donau zwischen Regensburg und Saal
I 1. 123₂₄z
Achaia Landschaft in Griechenland, auf der nordwestlichen Peloponnes
II 5B. M *141* 391₁₁
Achataragda Fluss in Sibirien
II 8B. M *95* 151₄
Achates (Drillo) Antike Bezeichnung des Flusses Drillo in Sizilien, der in seinem Oberlauf Acate genannt wird
I 1. 157₁z.164₉M
II 7. M *S6* 179₂₉ *94* 190₂₂₅
Acheron Fluss in Nordwestgriechenland, in der griech. Mythologie einer der fünf Flüsse der Unterwelt
II 6. M *41* 49₂₈
Achtermannshöhe Granitberg, südlich vom Brocken, Harz
I 1. 55₃₁z.56₁₃z.₁₆z I 2. 78₂₉M.79₆M (Berges)
II 8A. M *31* 49–51 *68* 97₁₄.98₂₃ (Berges)
Aci Castello (Jaci) Stadt an der Ostküste Siziliens, nördlich von Catania
I 1. 159₃z.₃₂z.160₃₁z
Adam Heber Grube s. *Schneeberg (Erzgebirge)*
Adenberg Berg südlich der Oker im Harz
I 1. 71₇M.₁₂M.84₁₂ I 11. 20₁
II 7. M *52* 107₉₃₋₉₇.₁₀₁₋₁₀₉ II 8A. M *31* 51₉₀

Adersbach Am Heuscheuergebirge in Nordost-Böhmen
I 1. 194₃z
II 7. M *102* 196₁₀₋₁₁
Adige Dt. Etsch, Fluss in Norditalien
I 1. 129₉z I 2. 355₂₄z
Adriatisches Meer
I 1. 131₅z.132₁₅M.242₁₉M.₃₅M.243₁₂M
II 7. M *111* 211₁₅.₂₉.212₄₄ *94* 186₄₇
Afrika
I 6. 83₄.91₃₁ I 9. 249₂₆ I 10. 201₃₄.202₁.₄₋₅.203₁₄.₃₂.221₂₈.₃₂. 222₇.₁₈₋₁₉.₂₅.₂₉.223₂.₆.₁₈₋₁₉.₂₄₋₂₅. 224₃₉
II 9A. M *91* 136₁₁
Ägäisches Meer (Ägäis, Aegeum mare)
I 1. 373₃₇ I 8. 61₃ I 11. 131₃₄
- Inseln I 1. 373₂₉₋₃₀ I 11. 131₂₆₋₂₇
Agrigent (Girgent, Girgenti) Stadt an der Südküste Siziliens
I 1. 155₁₁z.₃₂z.156₅z.₈z.164₃M.₅M
I 6. M 7 10₇ II 7. M *SS* 180₁₅ *94* 190₂₁₉₋₂₂₁ II 8B. M *96* 153₈ II 9A. M *30* 44₁
Ägypten (Egypten), ägyptisch
I 1. 57₂₇.58₈.159₂₈z.243₂₆₋₂₇.₂₆₋₂₇M.₂₈M.245₃₃M (Egitto).385₁₈.388₁ I 2. 5₇ (Egitto).34₄.97₇₋₈.333₇.386₃₀₋₃₁. 388₇.₈.392₂M (Egypte) I 4. 245₆
I 6. 91₃₂.131₁₂ I 10. 216₉.379₂.₆₋₇
I 11. 10₂₄.115.143₁.145₁₇.152₃. 184₁₋₂.235₃₅.306₃₂.₃₃.319₅₋₆
II 1A. M *35* 196₄₁ II 3. M *11* 8₂ II 4. M *67* 78₂ II 7. M *105* 203₆₉ II 8A. M *63* 94₁₄ *64* 95₁₆ II 8B. M *79* 133₂
Ahr Linker Nebenfluss des Rheins
I 2. 260₂₉₋₃₀ I 8. 368₇
Ahrensberg Nicht eindeutig
II 8A. M *31* 51₉₀
Ahrensklint (Arendsklint, Arendsberger Klippen) Granitklippen nördlich von Schierke im Harz
I 1. 72₂₅M.80₁₈M.₂₀M.83₁₉₋₂₀.₂₁. 84₃₂.₃₃₋₃₄ I 2. 339₂₄.341₈.₁₇.343₃₂
I 8. 392₁₁.393₃₀.394₁.396₇ I 11. 19₁₀₋₁₁.₁₂
II 7. M *52* 108₁₃₁ *56* 125₂₁₋₂₆

Ai Colli Hochebene bei Palermo auf Sizilien
I 1. 151$_{24M}$
II 7. M 84 175$_{53}$

Aich Bei Eger, Böhmen
I 2. 144$_{20M}$
II 8A. M *120* 157$_{78-79}$

Airolo Südlich des Gotthard im Schweizer Kanton Tessin
I 1. 269$_{36M}$.384$_{13}$ I 11. 141$_{29}$
II 7. M *114* 224$_{40}$

Albaner Berge (Albanische Vulkane) Vulkanische Berge südöstlich von Rom
I 1. 140$_{12-13Z}$ (Frascatanischen Vulkane)$_{12-13Z}$

Albano Südöstlich von Rom in den Albaner Bergen
I 1. 139$_{3M.9M.32M}$
II 7. M *94* 187$_{81.86.107}$

Albenreuth Südlich von Eger, Böhmen
I 2. 280$_{8Z}$.282$_{12Z}$.314$_{35}$.315$_{32Z}$ I 8. 409$_{22}$
II 8B. M *36* 55$_{2-5}$.56$_{30-39}$.57$_{59}$.59$_{149-155}$ *43* 84$_{9}$ *55* 93$_{12}$

Alcamo Stadt auf Sizilien
I 1. 154$_{5Z.16Z.26Z.32Z}$.162$_{29M}$.164$_{16-17M}$
II 7. M *94* 189$_{181}$.191$_{231}$

Aldingen Östlich von Villingen-Schwenningen in Württemberg
I 1. 259$_{11Z}$

Alendorff = Alendorf Bei Siegen an der Sieg, Westfalen
II 8A. M *59* 84$_{4}$

Alexandersbad Südlich von Wunsiedel, Fichtelgebirge
I 2. 134$_{25Z.27Z}$.135$_{5Z}$.144$_{24M}$.151$_{22M}$.172$_{6Z}$.189$_{18M}$.388$_{1}$ I 8. 77$_{12.16}$.171$_{1}$
I 11. 306$_{28}$
II 8A. M *116* 152$_{16}$ *117* 153$_{25}$ *119* 154$_{9.18}$ II 8B. M *3* 5$_{4}$
- Quelle, Heilquelle I 2. 135$_{5Z}$

Alexandrien (Alexandria) Von Alexander dem Großen 331 v. Chr. am westlichen Rand des Nildeltas gegründete Stadt in Ägypten
I 2. 388$_{9}$ I 11. 306$_{34}$

Allemont Blei-Silberbergwerk in der Dauphiné, östlich von Grenoble
I 1. 27$_{4M}$
II 7. M *64* 137$_{5-14}$ II 8A. M *125* 164$_{22}$ II 8B. M *113* 162$_{6}$

Allstedt (Allstädt) Südöstlich von Sangerhausen, Sachsen-Weimarische Enklave in Thüringen
I 1. 272$_{36Z}$ I 8. 421$_{35}$
II 2. M *S.22* 131$_{5}$ *S.27* 137$_{2}$ *S.30* 141$_{1}$ II 7. M *59* 130$_{130}$ *60* 131$_{1}$
- Meteorologische Anstalt I 8. 421$_{14}$
- Schloss I 8. 421$_{33}$

Alp Fluss im Schweizer Kanton Schwyz
I 1. 261$_{32Z.36Z.37Z}$

Alpen Siehe auch Kalkalpen
I 1. 124$_{22-23Z}$.242$_{0M}$ I 2. 239$_{0M}$.240$_{3-4M.13M.14M}$.257$_{28-29}$.384$_{22M}$.404$_{32Z}$ I 3. 83$_{26Z}$ I 6. 414$_{32}$ I 10. 333$_{1}$ I 11. 228$_{27}$
II 7. M *111* 211$_{3}$ *49* 93$_{25}$.95$_{98}$.97$_{180}$.99$_{269-270}$ *66* 143$_{49-68}$ *94* 186$_{42(?)}$ II 8A. M *62* 90$_{14}$.91$_{50}$.92$_{89-96}$ II 8B. M *60* 97$_{42}$ *72* 109$_{136}$
II 10B. M *1.3* 14$_{75}$.23.*11* 106$_{7}$ S 27$_{20}$
- Schweizergebirge I 1. 267$_{9Z.17Z}$ I 2. 393$_{14}$ I 11. 311$_{19}$ II 7. M *49* 98$_{216.224}$ (Gebirge) II 10B. M *1.3* 14$_{69}$

Alpirsbach Südlich von Freudenstadt im Schwarzwald, Bergbau
II 7. M *46* 89$_{77-78}$

Altai, Altaisches Gebirge Mittelasiatisches Hochgebirge an der Grenze zwischen Sibirien, der Mongolei und China
II 7. M *49* 93$_{26}$ II 8B. M *S5* 139$_{27.33}$ *S7* 141$_{6-9}$

Altalbenreuth Südlich von Eger, Böhmen
I 2. 277$_{3Z}$.280$_{15Z.28Z.34Z}$.283$_{27-28Z.38Z}$.314$_{5.17}$.315$_{2M.14M.16M}$.329$_{33-34}$ I 8. 408$_{32}$.409$_{5.25}$
II 8B. M *36* 57$_{51-86}$.58$_{131}$ *38* 63$_{1-18}$
- Sandgrube I 2. 314$_{9-10}$.315$_{19-20M}$ I 8. 408$_{36}$ II 8B. M *38* 63

Altdorf (Altorf, Schweiz) Südlich des Urner Sees im Schweizer Kanton Uri
I 1, 262$_{30Z.35Z}$.265$_{34Z}$.266$_{7Z}$
Altdorf (bei Nürnberg) Stadt bei Nürnberg
I 2, 352$_{1.8}$ I 6, 346$_3$ I 8, 417$_{16.23}$
II 6, M 71 94$_{96}$.103$_{451}$
Alte Lorbach Bergwerk bei Dillenburg, Nassau
II 8A, M 58 81$_{87-88.109}$
Alte Schanze s. *Marienbad*
Altenau An der Oker östlich von Clausthal-Zellerfeld im Oberharz; Bergbau auf Silbererze
I 1, 6$_{29Z}$.7$_{5Z}$
- Altenauer Glück (Erzgrube) I 1, 7$_{4Z}$
Altenberg (Altenberge) Im sächsischen Erzgebirge, südlich von Dresden; Zinnbergbau
I 2, 29$_{2Z}$.37$_1$.39$_{25.34}$.40$_{16}$.41$_{22}$ (Stadt).42$_9$.15.45$_{19}$.46$_8$.57$_{9M}$.64$_9$. 122$_3$.150$_{32M}$.154$_{2.25}$.428$_{12M}$ I 8, 141$_{19}$.142$_2$.144$_{23.32}$.145$_{14}$.146$_{17}$ (Stadt).147$_{4.10}$.151$_2$ I 11, 158$_{16}$. 200$_{23}$
II 7, M 124 235$_7$ II 8A, M 117 152$_5$ 38 61$_{7.12}$ 41 64$_{21}$ 45 68$_{58}$ 48 73$_{72}$ 49 74$_{16}$ 50 75$_9$
- Bergamt I 2, 41$_{20}$.43$_9$ I 8, 146$_{16}$. 148$_3$ II 8A, M 41 64$_{27-29}$
- Berggraben I 2, 39$_{23}$ I 8, 144$_{21}$
- Bergwerk, Stockwerk I 2, 57$_{21M}$
- Gewerkschaft, Gewerke, Gesellschaft I 2, 42$_{33.36}$.43$_{1.4}$ I 8, 43$_4$. 147$_{28.31.34}$
- Kirche I 2, 40$_{23-28}$.43$_{12}$ I 8, 145$_{20-25}$.148$_6$
- Mineraliensuite I 2, 48$_{15}$–49$_{28}$ I 11, 154$_{8}$–155$_{18}$ II 8A, M 125 164$_{13}$ 42 65
- Pochwerke I 2, 39$_{24}$.41$_{12.27}$.43$_{14}$. 45$_{29}$ I 8, 144$_{22}$.146$_{8.23}$.148$_{8}$.149$_{17}$
- Schmelzhütte I 2, 41$_{36}$ I 8, 146$_{30-31}$
- Zinnwerke I 2, 54$_{4Z.33-34Z}$
Altenkelker Berg bei Albenreuth, südlich von Eger, Böhmen
II 8B, M 36 59$_{160-161}$

Altenkirchen Südwestlich von Wetzlar, Nassau
I 2, 59$_{23Z}$
Altenmalscheid = Alte Malscheid Bergwerk bei Kirchen an der Sieg, südwestlich von wetzlar, Nassau
II 8A, M 58 80$_{67}$
Altenstein (bei Wetzlar) Südwestlich von Wetzlar, Nassau
I 8, 375$_{18}$
Altenstein (Meiningisches Amt) Ort südlich von Ruhla, Thüringer Wald
I 2, 229$_{18}$
II 8B, M 122 165$_2$
Althorn s. *Althorp*
Althorp Herrenhaus in Northamptonshire (Engl.). Stammsitz der Earls Spencer. Meteorolog. Messstation
II 2, M 8,6 108$_5$
Altona Stadt in Holstein, bei Hamburg
Altrohlau Nordwestlich von Karlsbad
- Porzellanfabrik I 2, 137$_{34Z}$
Altsattel (Altsatl) Dorf südwestlich von Karlsbad
I 2, 187$_{6Z}$
II 8A, M 19 42$_4$ II 8B, M 29 48$_{13}$
Altwasser Ortschaft zwischen Marienbad und Königswart
I 2, 207$_{16Z}$
II 8B, M 36 59$_{170-172}$.60$_{205-207}$
Alzey Amt
II 10B, M 34 160$_2$
Amazonas Fluss in Südamerika
II 2, M 7,8 50$_{8.17}$.(Strom).52$_{76}$ (Strom).53$_{125}$ (Strom)
Amerika
I 1, 318$_{19}$ (neuer Kontinent) I 2, 57$_{25M}$.200$_{27}$.251$_{21-22Z}$ (Neue Welt). 359$_{3M}$.384$_{4Z}$ I 4, 239$_{20}$ I 8, 260$_2$ I 10, 157$_{25.28}$.202$_6$.203$_{19}$ (beide Indien).349$_{29}$ I 11, 122$_{12}$ (neuen Kontinent).159$_1$ (neuen Welt).$_{15}$ (neuen Welt).161$_{2-3}$ (Weltteilen).$_{23TA}$ (der neuen Welt).181$_{25}$ (neuen Welt).201$_3$ (neuen Welt). 240$_{27}$

II 2. M*6.2* 41₉₉ II 6. M*47* 60₂₅
II 8A. M*48* 73₈₇ II 8B. M*40* 82₄ *74*
125₁₀.126₁₂ *76* 128₇ II 10A. M*69*
149₁₆.₂₄.150₃₂ II 10B. M*1.3* 14₇₆
- Gebirge I 1. 319₇.₁₅ I 11. 122₃₅.
  123₅.160₃₇
- Nordamerika I 2. 132₇ₘ.250₃.₅ₘ
  I 10. 200₃₃ (Weltteil) II 8A. M*110*
  145₈ II 8B. M*27* 46–47 *72* 109₁₂₃
  76 129₄₄₋₄₈ II 10B. M*34* 160₄₋₅
- Südamerika I 10. 200₃₃ (Weltteile).202₃₅ II 2. M *7. 8* 50₂ II 8A.
  M*12* 22₁₇₋₁₈.23₅₅ II 8B. M*4* 5₅
- Vulkane I 2. 296₁₁₋₁₂ₘ
Amerikanische Inseln
  I 2. 170₂₃ I 8. 163₃₅
Amsteg Dorf im Schweizer Kanton Uri
  I 1. 265₃₄z
Amsterdam
  I 6. 186₅.217₃₂.218₂.320₂₃.₂₉
- Zeichenakademie II 9A. M*142* 230₇₋₈
Anatolien Türkei
  II 7. M*107* 205₁₀
Ancoals Bei Chico, in Mexiko
  II 8B. M*68* 102₃
Anden Gebirgskette, südlicher Teil
  der Kordilleren
  I 2. 170₂₃ I 8. 163₃₅
  II 8B. M*33* 52₃₈
Andermatt Ursern an der Matt am
  Gotthard im Schweizer Kanton Uri
  I 1. 265₂₁z.₂₆z
  II 7. M*115* 227₂₁₋₂₂
- Halters Kabinett I 1. 265₂₁₋₂₂z
- Nagers Kabinett I 1. 265₂₁₋₂₂z
- St. Peter und Paul (Kirche) I 1.
  264₂₆₋₂₇z
- Zu den heiligen drei Königen
  (Gasthof) I 1. 265₂₇z
Andernach Stadt am Rhein, nördlich von Koblenz
  I 2. 73₂₂z
  II 8A. M*58* 80₃₈
Andreasberg s. *St. Andreasberg*
Annaberg Bergstadt im sächsischen
  Erzgebirge
  I 2. 423₄ₘ
  II 7. M*71* 154₁₁ *82* 172₅ *98* 193₂
  II 8B. M*116* 163₁

Ansbach Stadt in Franken
  I 2. 193₁₄ I 8. 266₃₆
  II 8A. M*58* 79₁₀
Antarktischer Pol s. *Südpol*
Antillen Inselgruppe in der Karibik
  II 2. M*9.13* 177₅
Antisana Vulkan in Ecuador
  I 11. 160₁₈
Antwerpen Stadt in Flandern
  I 6. 166₁₇ I 8. 316₂₅₋₂₆
Anzasca Fluss und Flusstal auf der
  italien. Seite des Monte-Rosa-Massivs in den Alpen
  I 1. 247₁₂₋₁₃ₘ
  II 7. M*111* 214₁₁₇
Apenninen Gebirgszug in Italien
  I 1. 135₃z.₁₉z.137₂z.₅z.₉ₘ.₁₃ₘ.₁₄ₘ.
  140₁₀z.242₂₈ₘ.248₂₃ₘ I 2. 394₈
  I 11. 312₁₃
  II 7. M*111* 211₂₄.215₁₅₄ *94*
  186₄₉₋₅₃
Apolda Ort in Thüringen
  II 7. M*12* 26₆₈
- Apoldaischer Steiger (Weg) II 7.
  M*12* 26₅₀₋₅₁
Appenzell Stadt und Kanton in der
  Schweiz
- Appenzeller-Gebirge II 2. M*9.18*
  183₁₃
Äquator
  I 9. 261₁₅₋₁₆ I 11. 161₂₂ₜₐ.251₈.
  260₁₀.261₃₃.262₂₁
  II 2. M *7.3* 44₁₂.₁₉.45₃₁.₃₅₋₃₆ *7.4*
  48₁₆ *7. 8* 50₂.₈.₁₃.₁₅.53₁₃₆.54₁₅₅.₁₈₀
  9.13 178₂₇ *9.17* 181₄ II 10B.
  M*1.3* 18₁₉₆
Arabien, Arabisch
  I 2. 34₄ I 3. 219₆ₘ I 6. 91₃₅.105₁₉.
  107₁ I 9. 315₃₈.371₂₅₋₂₆ I 11. 152₃
  II 6. M*27* 31₃₉
Aragona Bei Agrigento auf Sizilien
  II 7. M*88* 180₁₀
Arber, Großer Höchster Berg des
  Bayerischen Waldes
  I 8. 419₁₄
Arbesau Ort nordöstlich von Teplitz,
  Böhmen
  I 2. 34₁₆.₁₈.51₂₇ₘ I 11. 152₁₃
  II 8A. M*45* 68₄₄

Archangelsk Hafenstadt in Nordrussland
 II 2. M 8.6 109$_{36}$
Ardea Ort südlich von Rom. Italien
Arendsberg s. Adenberg
Arendsklint s. Ahrensklint (Arendsklint, Arendsberger Klippen)
 II 7. M56 125$_{26-31}$
Argentière Glacier d'. Gletscher am Massiv der Aiguille d'Argentière, südlich von Martigny im Schweizer Kanton Wallis
 II 7. M49 97$_{203}$
Arholzen Bei Holzminden
 I 1. 274$_{3Z}$
Ariccia Südöstlich von Rom in den Albaner Bergen
 I 1. 139$_{11M,18M}$
 II 7. M94 187$_{88-98}$
Arktischer Pol s. Nordpol
Ärmelkanal Meerenge zwischen Großbritannien und dem europäischen Kontinent
 II 2. M6.2 39$_{28}$ (Canal)
Armenien Gebirgsregion im Südkaukasus
 II 7. M107 208$_{144}$ 111 215$_{164}$
Arno Fluss in der ital. Provinz Toskana
 I 1. 242$_{31-32M}$.244$_{14M,16M}$.248$_{10M,11M}$.249$_{15M,17M,21M}$
 II 7. M111 211$_{28}$.214$_{142-143}$.215$_{178-183}$
Arnstadt Südlich von Erfurt, Thüringen
 I 2. 85$_{29}$ I 11. 174$_{28}$
Arnstein (Avestein) Kloster an der Lahn, zwischen Dietz und Nassau in Hessen
 I 2. 98$_{26}$.421$_{30M}$ I 11. 184$_{28}$
 II 7. M113 221$_{48}$
Artern an der Unstrut Stadt in Thüringen
 I 1. 272$_{9Z}$
 II 8A. M64 95$_{15}$
Arve Linker Nebenfluss der Rhone, Schweiz/Frankreich
 I 2. 385$_{2M}$.388$_{36}$.390$_{28}$ I 11. 307$_{23-24}$.320$_{26}$

 II 7. M49 95$_{84}$.97$_{195}$ II 8B. M 80 134$_{21}$
Arzberg Stadt im Fichtelgebirge
 I 2. 249$_{26M}$
 II 8B. M19 29$_{54}$
Asch (Aš) Ort in Böhmen, östlich von Rehau
 I 1. 323$_{18Z}$
 II 2. M9.9 171$_{868}$
Aschaffenburg Stadt in Unterfranken
 I 1. 353$_{11}$ I 8. 385$_{32}$
Ascherofen Lokalität am Gabelsbach südlich von Ilmenau
 II 7. M30 52$_2$ II 8A. M126 165$_1$
Asien (Asie)
 I 2. 303$_{18M}$ I 6. 91$_{34}$ I 10. 201$_{1-2}$.221$_{27}$.222$_{6,19-20,21,30,35,39}$.223$_{13,21,24,27}$.224$_{34}$ I 11. 181$_{30}$
 II 6. M23 27$_{65}$ 27 31$_{39}$ II 8B. M39 69$_{186}$ II 10A. M69 150$_{30,31}$
Athen Stadt in der Region Attika
 I 6. 49$_{10}$.51$_{11}$.92$_3$ I 9. 315$_{37}$ I 10. 402$_{21(?)}$
 II 9B. M33 33$_{74}$.36$_{194}$
- Parthenon I 9. 315$_{19-37}$
Äthiopien Ostafrika
 I 1. 57$_{26}$ I 9. 257$_{29}$.315$_9$ I 11. 10$_{22}$
Atlantis Sagenhafte Insel
 I 11. 181$_{28}$ (Insel)
Atlantischer Ozean (Atlantik)
 I 11. 181$_{26}$ (westlichen Ozean). 351$_4$ (große Meer)
 II 2. M7.8 50$_{13}$.53$_{126}$ (Meer) II 8B. M19 28$_{42}$ 7 11$_{14}$
Ätna (Etna) Vulkan auf Sizilien
 I 1. 156$_{5Z}$.158$_{11Z,13Z,32Z}$.159$_{5Z}$. 161$_{33M}$.162$_{8M}$ I 2. 170$_6$.393$_{20}$ I 8. 163$_{17}$ I 11. 160$_{32}$.311$_{25}$
 II 7. M94 188$_{153}$.189$_{160}$
- Baumzucht II 9A. M28 43$_3$
Attika Landschaft in Mittelgriechenland
 I 6. 65$_{25}$ I 8. 228$_{4-5}$ I 11. 236$_{28}$
Auerbach Im Vogtland, östlich von Plauen
 II 8B. M113 161$_3$
Augsburg Stadt in Schwaben, Bayern
 I 1. 195$_{2Z,5-6Z}$ I 2. 43$_2$ I 8. 147$_{35}$

II 2. M4.1 17$_{2-3}$.18$_6$ II 6. M127 254$_{4.7}$ II 10B. M20.8 61$_8$
Augusta (Agosta) Stadt auf Sizilien
II 7. M87 179$_7$
Aurora Bergwerk bei Dillenburg, nordwestlich von Wetzlar, Nassau
II 8A. M58 81$_{97}$
Auschowitz (Austowitz) Südöstlich von Marienbad, Böhmen
I 2. 219$_{20}$ I 8. 251$_{25}$
II 8A. M124 162–163 II 8B. M105 157$_3$ M20 33$_{110}$–34$_{110}$
Außig (Aussig) An der Elbe in Böhmen
I 1. 358$_{25}$ I 2. 4$_{2Z}$.5$_{20Z}$.28$_{23Z}$.29$_{13Z}$. 34$_{23}$.50$_{17M}$.51$_{10M}$.54$_{15Z.35Z}$ I 8. 50$_1$
I 11. 152$_{21}$
II 7. M9 11$_{11}$ II 8A. M38 61$_9$ 39 63$_{46}$ 45 67$_4$.68$_{29}$
Australien s. *Neuholland*
Auvergne Landschaft in Mittelfrankreich
I 2. 132$_{12M}$.167$_2$.170$_{24}$.209$_{35Z}$. 234$_{37Z}$.236$_{25Z}$.239$_{19M}$.266$_7$ I 8. 160$_{15}$.163$_{36}$.371$_{1,15}$
II 8A. M110 145$_{12}$ II 8B. M30 49$_9$ 33 52$_{37}$ 72 110$_{151}$
Avellino Stadt östl. von Neapel
II 9B. M33 36$_{177-178}$
Avestein s. *Arnstein (Avestein)*
Awatschen-Vulkan Auf der Halbinsel Kamtschatka
II 8B. M77 132$_{90}$
Azoren Inselgruppe im Atlantik
I 2. 169$_{37}$ I 8. 163$_{11}$
Babylon Antike Hauptstadt Babyloniens, am Euphrat
Bad Berleburg Stadt im Rothaargebirge, nordwestlich von Marburg
I 8. 229$_{17}$
Bad Köstritz s. *Köstritz*
Bad Kreuznach s. *Kreuznach*
Bad Lauterberg s. *Lauterberg*
Bad Nauheim Nördlich von Frankfurt am Main
Baden Großherzogtum, das heutige Baden-Baden
I 2. 88$_{21M}$.90$_{14Z.15Z}$.107$_{14Z}$ I 6. 390$_5$
II 8A. M75 103$_2$
- Gebirge II 2. M9.18 184$_{51}$

Baden-Baden In Schlackenwerth (Problem, ev. Familienname, nicht Baden-Baden in Baden)
I 1. 294$_{30M}$
II 8B. M7 11$_{44-45}$
Badstuben Berg Bei Wildemann im Oberharz
I 1. 69$_{15M}$
II 7. M52 105$_{47}$
Baffins-Bay Westlich von Grönland. Kapitän John Ross beobachtete dort das Phänomen des roten Schnees
II 10B. M1.3 13$_{57}$
Bagaria (Bagheria) Am Ostende der Bucht von Palermo auf Sizilien
I 1. 151$_{25M}$.152$_{20Z}$
II 7. M84 175$_{54}$
- Villa Valguarnera (Landschloss)
I 1. 152$_{21Z}$
Bahia Provinz in Brasilien
II 2. M7.8 53$_{145}$.55$_{196(?).202}$
Bahnholtz, Bahnholz s. *Ponholz (Bahnholtz, Bahnholz)*
Baikalsee Sibirien
II 8B. M85 139$_{29}$
Balduinstein An der Lahn, südwestlich von Limburg, gehörte bis 1806 zu Kurtrier
II 7. M37 59$_4$
Balingen Südlich von Tübingen am Fuße der Schwäbischen Alb
I 1. 259$_{5Z}$
Ballhausen Östlich von Bad Tennstedt in Thüringen
I 2. 85$_{35}$.86$_{15-16,22,28-29}$ I 11. 175$_{1,16,21,26}$
Balme Dorf im Schweizer Kanton Wallis, rechts der Arve
I 1. 11$_{22Z}$
- Höhle I 1. 11$_{24}$–12$_{18Z}$
Baltisches Meer (Mer Baltique) s. *Ostsee*
Bamberg Stadt in Oberfranken
II 1A. M42 219$_1$ II 2. M4.1 18$_{14}$
II 7. M117 229$_{5-6}$
Banda-Inseln Inselgruppe im Archipel der Südlichen Molukken, in der Bandasee, vulkanisch
I 2. 368$_{14Z}$

Barbara Bei Trier
II 7. M*37* 60₅
Bardello Nordwestlich von Varese, Norditalien
I 2. 108₁₀
II 8A. M*96* 127₅
Bardenitz südöstlich von Treuenbrietzen bei Potsdam
II 5B. M*86* 246₁₉
Bardolino Am Gardasee in Italien
I 1. 129₈ᴢ
Barenberg Berg bei Schierke im Oberharz, bei den Schnarcher-Klippen
I 1. 73₃ₘ **I 2.** 341₂₀ **I 8.** 394₄ **I 11.** 23₂₁
II 7. M*52* 108₁₄₃
Bärental Bei Bad Lauterberg im Harz
I 11. 21₂₈
Bärenwalde Dorf im Erzgebirge, im Rödelbachtal
Barge Kleinstadt im Piemont, Italien
I 1. 245₂₅ₘ
Bäringen Östlich von Plauen im Vogtland, Sachsen
I 1. 241₁₂ᴢ
Baron Friedrich Grube am Moschellandsberg
II 8A. M*69* 99₁₉
Baschberg s. *Bastberg*
Basel Hauptort des Schweizer Kantons Basel
I 1. 10₁₈ᴢ **I 6.** 122₁₇ **I 11.** 102₄
Bassano del Grappa Stadt in Venetien, nördlich von Padua
I 6. 227₁₈
Bastberg Bei Buchsweiler (Bouxviller) westlich von Hagenau im nördlichen Elsass
I 1. 1₃.₁₂ᴢ.2₁₅₋₁₆ᴢ
Bastnäs Erzbergwerk bei Riddarhyttan, Västmanland, Schweden
II 8B. M*85* 139₁₇
Bauerberg Zwischen Innerste und Bad Grund im Oberharz
I 1. 79₂₁ₘ
II 7. M*43* 65₁₀

Baumannshöhle Tropfsteinhöhle bei Rübeland im Harz
I 1. 65ᴢ.₆ᴢ.121₂ᴢ **I 2.** 342₃₀ **I 8.** 395₉
I 11. 24₂
II 7. M*42* 65₄₋₅
Baveno (Boveno) Am westlichen Ufer des Lago Maggiore in Norditalien
I 1. 247₆ₘ
II 7. M*111* 213₁₁₁
Bayern Kurfürstentum, seit 1806 Königreich
I 1. 121₁₈ᴢ **I 2.** 61₆ᴢ.204₃₀.227₃₄.244₇ₘ.248₃₀ₘ.249₉₋₁₀ₘ.312₉₋₁₀.315₃ₘ.316₁₆.₁₈ **I 6.** 89₉ **I 8.** 263₃₃.372₈.₁₁.373₃₄.407₃₋₄.421₂₆₋₂₇ **I 11.** 90₂
II 1A. M*35* 195₄.200₂₀₁ **II 8B.** M*19* 28₃₂.₄₀ *22* 40₁₀₆ *36* 56₁₉ *38* 63₂ *72* 111₁₈₆ **II 10A.** M*66* 145₁₀ *67* 146₁₂
Bayreuth Stadt in Oberfranken
I 1. 289₃₀ᴢ **I 2.** 354₇ₘ **I 3.** 477₁₄ₘ
II 1A. M*56* 261₁₄₁ **II 7.** M*70* 152₁₉₋₂₄ *74* 163₁₋₃ **II 8A.** M*102* 135₁₂ *104* 137₁
- Marksgrün **II 8B.** M*117* 163₂
- Marmorbrüche **I 2.** 353₂₅ₘ **II 8A.** M*102* 135₁
Bayreuther Fichtelgebirge / Fichtelberg s. *Fichtelgebirge (Fichtelberg, Fichtelberge)*
II 8B. M*122* 165₁
Beckenried Am Südufer des Vierwaldstätter Sees im Schweizer Kanton Unterwalden
I 1. 266₇ᴢ.₁₇ᴢ
Bel Aria In der Toskana
I 2. 108₂₉ₘ
II 8A. M*96* 128₂₃
Belgrad Stadt an der Mündung der Save in die Donau im Norden der Balkanhalbinsel
II 7. M*107* 208₁₄₃
Belitz Südlich von Potsdam
I 2. 428₁₇ₘ
II 8B. M*98* 154₁
Belvedere Lustschloss bei Weimar
I 1. 152₂₂ᴢ **I 2.** 82₁₃ᴢ.372₂₂ₘ **I 9.** 239₁₅₋₁₉.₁₇.240₈.₁₁.₂₈.241₁₁.₁₆.₂₆.₃₄₋₃₅.₃₈.242₂₄₋₂₅.243₁₉.₃₁ **I 10.** 257₂.259₃ **I 11.** 304₉.₁₉

II 2. M *8.30* 141$_2$ **II 7.** M *11* 18$_{240}$.
22$_{361}$ **II 9A.** M *88* 132$_{24}$ **II 10A.**
M *30* 89-M *37* 98–99
- Botanische Anstalt **I 9.** 242$_{29-30}$
  I 10. 323$_{18}$
- Chaussee **I 10.** 358$_{12}$ **II 7.** M *11*
  20$_{318-319}$ **II 8B.** M *73* 118$_{30-37}$
  II 10B. M *24.16* 123$_{16}$ *24.17* 123$_3$
  24.18 124$_2$
- Garten **I 9.** 241$_{31}$.242$_7$ **I 10.** 231$_7$.
  358$_{14}$ **II 10B.** M *24.17* 123$_4$ *24.18*
  124$_4$
- Menagerie **I 9.** 239$_7$
- Schloss **I 9.** 241$_{32}$ **II 10A.** M *37* 98$_5$

Belvedere (Zwätzen) s. *Zwätzen (Zwetzen)*

Bendorf Am Rhein, zwischen Koblenz und Neuwied
II 7. M *37* 60$_5$

Benediktbeuern (Benediktbayern) Abtei in Oberbayern
I 1. 124$_{15Z}$

Benshausen Ort an der Lichtenau südwestlich von Zella-Mehlis am Thüringer Wald
I 2. 422$_{34M}$
II 7. M *113* 222$_{75}$

Beraun Linker Nebenfluss der Moldau, Böhmen
I 2. 185$_{37Z}$.215$_{13}$ **I 8.** 247$_{31}$.419$_{22}$

Berauner Kreis Um Beraun, südwestlich von Prag
I 8. 420$_6$

Berchtesgaden/Berchtoldsgaden Bayern
II 8A. M *12* 22$_{30}$

Beresoff = Beresowskoi? bei Jekaterinburg, Ural, Russland
II 8B. M *87* 140$_2$

Berg Herzogtum, seit 1806 Großherzogtum, rechts des Rheins
II 8A. M *58* 80$_{60}$

Berggieshübel s. *Gieshübel (Gießhübel, Berggießhübel; Sachsen)*

Berghaus, Berghäuser Lokalität südöstlich von Karlsbad, an der Straße nach Prag; s. Prager Straße
I 1. 107$_{27M}$
II 7. M *73* 158$_{151}$

Berka an der Ilm Südlich von Weimar
I 1. 14$_6$ **I 2.** 6$_{1Z.3Z.7Z.10Z}$.8$_{4M.33M}$ (Stadt).35$_M$ (Stadt).9$_{2M}$ (Stadt). 10$_{17Z.22Z}$.12$_{3Z.10Z.29Z}$.17$_{10-11Z}$ (Städtchen).16$_Z$ (Stadt).25-26$_Z$. 18$_{8Z}$ (Stadt).11$_Z$.20$_{3Z}$.22$_{1Z}$ (Städtchen).421$_{7M}$ **I 11.** 1$_{24}$
II 7. M *11* 17$_{184}$.18$_{224.232}$.23$_{429}$ *113* 221$_{33}$ *12* 254-6.27$_{85.94.103}$
- Badeanstalt **I 2.** 6$_{29Z}$.7$_{1-25Z}$.8$_{10M.21M}$. 9$_{13M.34M}$.10$_{32Z}$.13$_{4Z}$.15$_{14Z.20Z.25Z.38Z}$. 16$_{21-22Z}$.17$_{19Z.33Z}$.18$_{4Z.9Z.20Z.27Z}$. 20$_{37Z}$.21$_{2-3Z.12Z}$.22$_{7Z.21Z}$.23$_{21Z}$ (Heilbad).54$_{31Z}$
- Mineralquellen **I 2.** 15$_{21Z}$.16$_{32Z}$. 18$_{8Z}$.21$_{2Z}$
- Mineralwasser **I 2.** 7$_{19Z}$.11$_{7Z}$
- Schlossberg **I 2.** 10$_{28Z}$.12$_{12Z.22Z}$. 18$_{14Z}$.21$_{28Z}$
- Schwefelquellen **I 2.** 6$_{5Z.7-8Z.9-10Z.20Z}$.7$_{30M}$.8$_{4M}$ (Quellen). 10$_{23-24Z.31Z}$.13$_{13Z}$.14$_{1Z.12-13Z.23Z}$. 23$_{19Z}$.54$_{26Z}$
- Sumpf **I 2.** 14$_{14-15Z}$.15$_{36Z}$.16$_{6Z}$
- Teich **I 2.** 13$_{21Z}$.14$_{6Z}$.15$_{14Z.32Z}$.23$_{20Z}$

Berka an der Werra Südwestlich von Eisenach
I 1. 255$_{19Z}$

Berkshire Grafschaft im Süden Englands
I 8. 287$_{30-31}$
II 2. M *5.3* 28$_{25}$

Berlin Hauptstadt des Königreichs Preußen
I 2. 174$_{11Z}$.211$_{35Z}$.253$_3$.254$_{16}$. 315$_{30Z}$.316$_{4Z}$.375$_8$.376$_{18}$ **I 3.** 381$_{12M}$ **I 6.** 350$_{31}$.356$_{24}$.392$_4$ **I 8.** 214$_{24}$.271$_7$.316$_9$ **I 9.** 73$_{3.9}$.187$_{3.32}$. 188$_{33}$.189$_{12}$ **I 10.** 262$_{10}$.307$_4$.351$_{23}$ (Ort).366$_{3.31}$.367$_{20}$ **I 11.** 63$_{22}$. 102$_5$.223$_{24}$.225$_2$.242$_{14.18}$.296$_5$. 297$_{1.9}$.298$_7$
II 1A. M *44* 224$_{41}$ **II 2.** M *11.5* 217$_{14}$ *2.8* 15$_2$ *4.1* 18$_{14}$ *8.6* 108$_5$ *9.16* 181$_5$ *9.34* 199$_1$ **II 5B.** M *147* 407$_{14}$ *44* 161$_{4-5}$ 16$_{171}$ *74* 227$_{31}$ *75* 228$_3$ *88* 249$_7$ *92* 255$_{15}$.256$_{38}$ *93* 259$_{13}$ *95* 262$_{22.43}$ *99* 289$_{11}$ **II 8A.**

M 106 138–139 12 23$_{7-2}$ II 8B.
M69 102$_{3-8}$ II 10B. M24.4 113$_3$
24.9 117$_{15}$
- Akademie der Wissenschaften
  I 10. 199$_{23}$ II 6. M 101 200$_{51}$
- Gesellschaft Naturforschender
  Freunde zu Berlin I 8. 204$_{33}$
- Königliches Museum I 11. 297$_{24}$
  II 8B. M69 103$_{24}$
- Lutherstandbild, nahe der Marienkirche auf dem damaligen Neuen Markt I 2. 375$_{15}$ I 11. 297$_8$ II 8B. M69 102$_{10}$
- Mausoleum Charlottenburg II 8B. M69 103$_{19}$
- Medizinisches Kollegium I 9. 187$_{38}$
- Museen I 10. 372$_{18}$
- Philomatische Gesellschaft I 8. 204$_{37}$
- Schloss Charlottenburg II 8B. M69 103$_{16}$
- Schlossbrücke I 2. 375$_{17}$ I 11. 297$_{10}$ II 8B. M69 103$_{11}$
- Versammlung deutscher Naturforscher und Ärzte 1828 I 10. 339$_3$.343$_8$.351$_{21}$ I 11. 296$_5$ II 10B. M24.3 112$_2$ (Vortrag) 24.4 112$_3$ (Vorträge) 24.9 117$_{15}$ (Vorlesungen) 35 161$_{27}$

Bern Hauptort des Schweizer Kantons Bern
I 1. 10$_{10Z}$
II 7. M 105 202$_{67}$

Bern (Kanton) Kanton im Westen der Schweiz mit gleichnamigem Hauptort
I 2. 366$_{2-3Z}$
II 10A. M 8 67$_{21}$

Berneck Östlich von Kulmbach
I 2. 204$_{30}$ I 8. 263$_{32}$

Bernhardsberges s. St. Bernhard

Bernhardsfelsen Am linken Ufer der Tepel in Karlsbad s. Karlsbad (Carlsbad)

Bernkastel Ort an der Mosel
II 8A. M69 99$_{30}$

Bernstädtisches Fürstentum, Bernstadt Südöstlich von Oels, Schlesien
II 8B. M 12 22$_2$

Bernstein Nordöstlich von Wunsiedel, Fichtelgebirge
II 8B. M 117 163$_2$

Bertrich, Bad Südwestlich von Cochem an der Mosel
- Käsekeller I 2. 260$_{23}$ I 8. 368$_1$

Besigheim Nördlich von Stuttgart
I 1. 258$_{21Z}$

Bessigheim Besigheim am Neckar
II 2. M 9.18 183$_{33-35}$

Bethlehem In Pennsylvania, Nordamerika
II 8B. M 82 135$_{10}$

Bethmannisches Gut Nördlich von Frankfurt am Main
I 1. 255$_{28Z}$.256$_{11-12Z}$

Bethmanns Garten (Frankfurt am Main) s. Frankfurt a. M.

Bex Im Rhonetal, nördlich von Martigny, Schweiz: Salzbergwerk
II 8B. M 26 46$_8$

Bieber Südöstlich von Frankfurt a. M.
II 8A. M 58 81$_{76}$.83$_{173.185-186}$

Biebrich (Bieberich) Südöstlich von Frankfurt a. M. bei Wiesbaden. 1744–1840 Residenz der Fürsten von Nassau-Usingen und der Herzöge von Nassau
I 2. 59$_{33Z}$.60$_{5Z.22Z}$.64$_{19Z}$.71$_{26Z}$. 77$_{24Z}$
- Bibliotheken im Schloss I 2. 64$_{20Z}$
- Naturaliensammlungen im Schloss I 2. 64$_{21Z}$
- Schloss I 2. 64$_{20Z}$

Bielberg (Pöhlberg) Basaltberg im sächsischen Erzgebirge
I 8. 331$_{15}$
II 8B. M 116 163$_1$

Bielersee In der Schweiz
I 10. 328$_1$

Bietigheim Nördlich von Stuttgart
I 1. 258$_{23Z}$

Bilimbaief = Bilimbaewsk, westlich von Jekaterinburg, Russland
II 8B. M 74 125$_4$

Bilin/Pilin Südlich von Teplitz, Böhmen
I 1. 350$_{33.37}$ I 2. 3$_{30Z}$.27$_{8Z.16Z.27Z}$. 28$_{11Z.19Z.30Z.35Z}$.31$_7$.36$_{36M}$.54$_{4Z}$.

$11Z.34Z.$116$_{7M.34M.38M}$.249$_{17M}$ **I 8**, 383$_{17.21}$ **I 11**. 149$_{12}$
II 8A. M36 60$_{63}$ 38 61$_{13}$ 97 130$_{15}$. 131$_{40-43}$ **II 8B**. M19 29$_{47}$ 24 44$_{19.21}$ 29 48$_8$
- Biliner Stein. Biliner Fels **I 1**. 350$_{23}$ **I 2**. 28$_{12Z.14Z}$.31$_{18}$.54$_{7Z.34Z}$ **I 8**. 383$_7$ **I 11**. 149$_{12-13}$
- Grube (Bergwerk) **I 2**. 27$_{17Z}$

Bingen Am Zusammenfluss von Nahe und Rhein
I 2. 60$_{1Z.11Z}$.67$_{17Z}$.76$_{4Z}$
- Rochusberg **I 2**. 67$_{Z.17Z}$
- Rochuskapelle **I 2**. 59$_{35}$–60$_{1Z}$.60$_{12Z}$ **I 8**. 418$_{14}$ **II 8B**. M21 37$_{25(?)}$

Binger Loch Rheinstrudel. Ausspülung im Fels am Südufer des Rheins
I 2. 60$_{2Z}$

Bircken Berg Berg bei Albenreuth. südlich von Eger. Böhmen
II 8B. M36 59$_{160}$

Birke, Hohe Birke Bergwerk bei Glashütte. nördlich von Altenberg. sächsisches Erzgebirge
II 8A. M41 64$_{29}$

Birkenfeld Ehemaliges Fürstentum. nördlich der Nahe
II 8A. M69 98$_7$.99$_{28-29.39-40}$.100$_{50}$

Birkental An der Oker im Harz
I 11. 23$_{41}$
II 7. M49 99$_{262}$

Birona s. Birona

Birs Nebenfluss des Rheins im Schweizer Jura
I 1. 7$_{34}$

Birsch s. Birs

Bischhagen Dorf nordwestlich von Heiligenstadt. Thüringen
I 1. 273$_{18Z}$

Bissan (Pistau) Dorf östlich von Marienbad
I 2. 185$_{21Z}$

Bivona Nordwestlich von Agrigent. Sizilien
- St. Stefano **II 7**. M87 179$_5$ (Birona).$_{14}$

Blancken Wormke Linker Nebenfluss der Bode im Harz
I 1. 73$_{11M.27M}$ **I 11**. 25$_{29}$
II 7. M52 108$_{151}$.109$_{165}$ 56 125$_{43}$

Blankenburg Südwestlich von Halberstadt am nordöstlichen Harzrand
I 1. 55$_{29Z}$.78$_{30M}$.79$_{6M}$ **I 2**. 133$_{24-25M}$
I 11. 23$_{42}$.24$_{40}$
II 7. M40 62$_{25}$–63$_{37}$ 42 65$_{3-4.8}$
II 8A. M112 148$_2$ 30 Anm 49$_{(?)}$ 31 49$_{12}$

Bleialf In der Eifel. bei Prüm: gehörte zu Kurtrier
II 7. M37 60$_6$

Bleiberg [Eifel] Eifel
II 8A. M58 82$_{122}$

Bleiberg [Villach/Kärnten] Westlich von Villach. Kärnten
II 8A. M58 82$_{132}$

Bleifeld
I 11. 26$_{1(?)}$

Bleystadt/Bleistadt Nordöstlich von Eger. Böhmen. Bleibergbau
I 2. 231$_{22Z}$.283$_{19Z.22Z}$
II 2. M9.14 179$_7$ **II 8B**. M55 93$_{18}$

Blocksberg s. Brocken

Bockenheim Bei Frankfurt am Main
I 1. 256$_{11Z.15Z}$

Bocksberg Basaltberg bei Schönhof. nordwestlich von Podersam. Böhmen
I 1. 377$_{19Z}$

Bode (Bude) Linker Nebenfluss der Saale. am Brocken entspringend und bei Thale aus dem Harz tretend
I 1. 72$_{28M}$.73$_{5M.8M.14M}$.74$_{28M.33M}$. 75$_{9M.11M.15M.23M}$ (Fluss).$_{35M}$.76$_{38M}$. 78$_{4M.11M}$.79$_{8M}$.82$_{19M}$ **I 2**. 341$_{25.27.34}$. 342$_{1}$.343$_{34}$ **I 8**. 394$_{9.11.17.20}$.396$_9$
I 11. 24$_{23}$
II 7. M40 61$_{1-7}$.62$_{18-21}$ (Flusses).63$_{39}$ 52 108$_{134-155}$.110$_{199-229}$.111$_{239-268}$ 53 120$_{26}$ **II 8A**. M31 50$_{23.55}$
- Bodetal **I 1**. 80$_{23M}$.81$_{5M}$.84$_{26}$ **I 2**. 342$_5$ **I 8**. 394$_{24}$ **I 11**. 20$_{15}$ **II 7**. M53 118$_1$ **II 8A**. M86 114$_{67-68}$

Boden Südwestlich von Eger. Böhmen
I 2. 277$_{3Z}$.280$_{14Z.23Z.33Z}$.281$_{4Z.33Z}$. 283$_{37Z}$.313$_{24}$.314$_{17.22}$.315$_{2M.7M}$. 329$_{33}$ **I 8**. 408$_{13}$.409$_{5.9.25}$
II 8B. M36 56$_{34.41.57}$.58$_{102-120}$ 38 63$_{1-6}$ 55 93$_{12}$

Bodensee See im Alpenvorland, in der Grenzregion Deutschland, Österreich und Schweiz.
I 2. 76$_{8Z}$.192$_{33}$ I 8. 266$_{22}$
Bodisch Zwischen Braunau und Adersbach südlich des Waldenburger Gebirges in Nordböhmen
I 1. 194$_{1Z}$
Bodnerhöfer Anhöhe Östlich von Eger. Böhmen
II 8B. M36 60$_{212}$
Böffingsbay s. *Baffins-Bay*
Bogota, Rio Fluss bei Bogota (damals Santa Fé) in Kolumbien
I 1. 31$_{10M}$
II 7. M16 32$_{10}$
Bogouslaw/Boguslaw Gouvernement Orenburg, Russland
II 8B. M76 129$_{50}$
Böhmen Königreich
I 1. 102$_{11M}$.119$_{19M.21M.22M}$.
122$_{8Z.33-34Z}$.135$_{13Z}$.286$_{9Z}$.287$_{20Z}$.
292$_{21-22M}$.304$_{11}$.358$_{24}$ I 2. 4$_{11Z}$.
5$_{5Z.8Z.22Z}$.281$_{4Z}$.31$_{20}$.352$_{M}$.37$_{12}$.45$_{10}$.
46$_{5}$.54$_{33Z}$.75$_{31Z}$.78$_{9Z}$.115$_{26M.30M}$.
116$_{20M.34M.38M}$.117$_{14Z.33M}$.
118$_{3-4Z.5Z.6Z}$.123$_{10Z.33Z}$.135$_{32Z}$.
136$_{34Z}$.150$_{28}$.161$_{7}$.164$_{30}$.184$_{11Z}$.
193$_{18}$.200$_{26.32}$.201$_{9-10.16.19}$.202$_{13}$.
203$_{13.25}$.204$_{28-29}$.205$_{24}$.208$_{3Z}$.
212$_{5Z}$.215$_{2}$.222$_{2.5.22}$.224$_{31}$.225$_{5}$.
226$_{10}$.245$_{2M}$.246$_{13}$.250$_{19Z}$.251$_{6Z}$.
279$_{21Z}$.283$_{31Z}$.284$_{20Z.21Z.26.27-28}$.
285$_{20}$(Mutterland).286$_{21.24}$.287$_{18}$(Reiches).$_{38}$.
290$_{2}$.294$_{23}$.307$_{3-4}$(Königreich).
315$_{3M}$.316$_{9.10.17.18}$.317$_{28.31}$.331$_{1}$.
412$_{32}$.419$_{26M}$.426$_{24M}$ I 8. 49$_{36}$.
89$_{12}$.139$_{2}$.142$_{13}$.150$_{22.36}$.158$_{5}$.
168$_{5}$.247$_{20}$.253$_{19.22}$.254$_{5}$.256$_{14.26}$.
259$_{8}$.260$_{1.6.16.22}$.261$_{17}$.262$_{15.27}$.
264$_{25}$.267$_{5}$.329$_{17}$.330$_{21.24-25.31}$.
331$_{1.6.19}$.346$_{2.3-4.28}$(Königreich).
347$_{5}$(Mutterlande).$_{31}$.348$_{5.27}$(Reiches).349$_{10}$.351$_{17-18}$.353$_{14}$.
372$_{2.3.9.11}$.397$_{2.5}$.404$_{3-4}$(Königreich).410$_{27}$.419$_{1.8.18}$ I 9. 328$_{14}$
I 11. 108$_{18}$.149$_{23-24}$.195$_{23}$.222$_{14}$.
322$_{16}$

II 2. M1.5 6$_{5}$ 9.14 179$_{5}$ 9.16 181$_{6}$
9.9 152$_{128}$ II 5B. M114 333$_{130}$ 88
249$_{3}$ II 6. M115 220$_{137}$ II 7. M102
196$_{9}$ 11 18$_{214}$ 15 31$_{24}$ 70 152$_{1}$ 79
167$_{9}$ 80 170$_{111.112}$ II 8A. M111
147$_{1}$ 117 152$_{2}$ 2 3$_{3.7138}$ $30\,Anm$ 49
36 58$_{2}$ 39 62$_{5}$ 49 74$_{4.8.11.17.21}$ 86
112$_{1}$ 97 130$_{8-14.28}$.131$_{40-44}$ II 8B.
M16 25$_{2}$ 22 41$_{132}$ 33 51$_{2}$ 36 60$_{180}$
38 63$_{1-2}$ 43 84$_{7}$ 5 6$_{2-3}$ 55 92$_{4}$.93$_{14}$
6 8$_{96}$ 60 97$_{45}$ 7 10$_{4}$ 72 111$_{184}$
- Altertümer I 2. 285$_{22}$ I 8. 346$_{30}$
- Bäder I 8. 355$_{29-30}$
- Bergbau I 2. 201$_{3-7}$ I 8. 260$_{9-10}$
- Blaufarbenwerke I 1. 119$_{18M}$ II 7. M80 170$_{108-109}$
- Böhmisches Binnenmeer I 2. 316$_{24-25}$ I 8. 372$_{17-18}$
- Böhmisches Zentralmuseum I 9. 323$_{7}$
- Gebirge I 2. 58$_{22M}$.93$_{7}$ I 8. 5$_{19}$.25$_{3}$. 75$_{24}$.78$_{27-28}$.332$_{2}$
- Mineraliensuite II 7. M105 201$_{17}$
- Pseudo-Vulkane II 8A. M125 164$_{16}$
Böhmer-Wald/Böhmerwald
I 2. 307$_{3}$ I 8. 331$_{14}$.404$_{3}$.
419$_{9.10.36-37}$
II 2. M9.9 160$_{453}$.163$_{566.587}$.167$_{718}$
II 8B. M36 59$_{167}$
Böhmisches Erzgebirge s. *Erzgebirge*
Böhmisches Grenzgebirge s. *Böhmer-Wald/Böhmerwald*
Böhmisches Mittelgebirge
I 2. 61$_{7Z}$.115$_{28M}$
II 8A. M97 130$_{10}$
Bolca Dorf östlich von Verona s. *Monte Bolca*
Bollnbach Bergwerk bei Kirchen an der Sieg, Nassau
II 8A. M88 82$_{143}$
Bologna Italienische Universitätsstadt in der Emilia-Romagna
I 1. 129$_{18Z}$.132$_{18Z.24-25Z}$.134$_{21M}$.
135$_{29Z}$ I 2. 420$_{17M}$ I 3. 237$_{18Z.19Z}$.
238$_{28M}$.239$_{24M.25-26M}$.242$_{28Z}$.243$_{28Z}$.
338$_{2M}$.380$_{32M}$.493$_{25M}$ I 4. 253$_{34}$ I 6.
192$_{23.28.34}$.228$_{10}$.229$_{21-22}$.322$_{14}$ I 7.
30$_{32}$

II 5B. M 19 87$_{28}$ **II 7.** M 113 220$_6$ 94 186$_{56}$
- Accademia delle Scienze dell'Istituto di Bologna **I 3.** 241$_{1M.4M}$. 242$_{17Z}$.493$_{24M}$ **I 6.** 289$_{22}$ **I 7.** 32$_{31}$ **II 6.** M 119 226$_{64}$ 134 268$_{33}$

Bomshey (Bomshay) Nördlich von Elbingerode im Harz: Eisensteingrube
I 1. 73$_{21M}$ **I 11.** 25$_{30.38}$
II 7. M 52 108$_{160}$ 56 125$_{38}$

Bonn Stadt am Rhein
I 2. 288$_{33}$ **I 8.** 350$_{10}$ **I 10.** 234$_{30}$
II 8A. M 69 99$_{48}$ **II 10A.** M 2.7 12$_6$ 66 145$_{12}$
- Leopoldina **I 9.** 356$_{26}$ (Gesellschaft) **I 10.** 221$_{40}$ (Akademie).393$_{38}$–394$_1$ (Sozietät) **II 10A.** M 67 147$_{18}$
- Universität **II 5B.** M 77 233$_{25}$ (Akademie)

Bonscheuer/Bohnscheuer Bergwerk bei Mittelbach an der Aar, nordöstlich von Wiesbaden
II 8A. M 58 80$_{61-63}$ 59 85$_{21.24}$

Borfé Ungarn
II 8A. M 34 57$_{9-12}$

Borghese Zwischen Frascati und Tivoli östlich von Rom
I 1. 138$_{32M}$
II 7. M 94 187$_{79}$

Borschen Phonolith-Berg bei Bilin, südlich von Teplitz. Böhmen. Auch Biliner Fels (siehe dort)
I 2. 28$_{12Z}$

Bosporus Meerenge zwischen Europa und Asien. Verbindung zwischen Schwarzem Meer und Marmarameer
I 2. 301$_{32-33M}$
II 8B. M 39 68

Boston Stadt in Nordamerika
I 8. 328$_{20.26}$.329$_{16}$
II 2. M 8.17 122$_8$ **II 8B.** M 72 109$_{122}$

Botfuhre Bei Theusing, südöstlich von Karlsbad
II 8A. M 111 147$_2$

Bothstuhra Südöstlich von Theusing. Böhmen
I 2. 203$_{24}$ **I 8.** 262$_{26}$

Bottendorf An der Unstrut nordöstlich von Naumburg in Thüringen
I 1. 27$_{15M}$
II 7. M 10 11$_{2-7.9}$ 15 31$_{10.41}$ 31 54$_{28}$ 47 89$_9$ **II 8A.** M 125 163$_5$

Boveno s. *Baveno (Boveno)*

Bovey Bei Exeter. Devonshire. England
I 2. 103$_{22.24}$.104$_{14}$ **I 11.** 188$_{9.10.31}$

Bozen Stadt in Südtirol
I 1. 127$_{30Z}$.128$_{1Z.28Z}$
II 7. M 94 185$_{23}$

Brammenhof Bei Dreyhacken, südwestlich von Marienbad
I 2. 198$_{27M}$
II 8B. M 10 19$_{105}$ 6 8$_{87}$

Brand Südlich von Freiberg. Sachsen
I 2. 213$_{4Z.5Z}$.244$_{17M}$

Brandberg Erhebung im Kyffhäuser
II 7. M 60 131$_{4-7}$

Brandenburg s. *Mark Brandenburg*

Brandsol s. *Branzoll/Branzolo*
II 7. M 94 185$_{24}$

Branzoll/Branzolo An der Etsch bei Bozen
I 1. 128$_{1Z.29M}$

Brasilien/Brazil Südamerika
I 2. 107$_{23Z}$.209$_{31Z}$.234$_{12Z}$.242$_{20-21M}$. 246$_{1.3}$.251$_{7Z.20Z}$.387$_9$ **I 9.** 325$_6$. 380$_{5.21}$.382$_{32}$ **I 10.** 225$_{4.5}$ **I 11.** 63$_6$.222$_{1.4}$.319$_{20}$
II 2. M 7.8 53$_{141}$.54$_{185}$ **II 8B.** M 22 39$_{53}$ 55 93$_{23}$ **II 10A.** M 64 144$_{15}$ 66 145$_5$ 67 146$_{7-8}$ **II 10B.** M 8 26$_{2.15}$

Braubach Rechts des Rheins, südlich von Bad Ems
II 8A. M 59 84$_{12}$

Braunlage Südöstlich von Clausthal-Zellerfeld. Harz
I 1. 55$_{29Z.30Z}$
II 8A. M 31 49$_{13}$.51$_{70}$

Braunschweig (Herzogtum) Herzogtum
I 9. 371$_{27}$

Braunschweig (Stadt) Hauptstadt des Fürstentums Braunschweig-Wolfenbüttel, des späteren Herzogtums Braunschweig
I 1. 321$_{34-35Z}$ **I 10.** 367$_{35}$

II 5B. M *123* 353₂₃ (hiesigen)
II 10B. M *20*.5 56₁₅.57₄₀
Braunshausen Etwa 30 km südöstlich von Trier
II 7. M *37* 59₄
Bregenz Am Bodensee in Österreich
I 1. 267₁₈z
Breisgau (**Brisgau**) Landschaft in Baden
I 2. 31₁₉ **I 11**. 149₂₂
Breiten Bach, Großbreitenbach Südlich von Ilmenau im Thüringer Wald
II 7. M *65* 141₄₆₋₄₇
Breitenbrunn Bei Schwarzenberg im sächsischen Erzgebirge
I 2. 428₂₂ₘ
II 8B. M *108* 158₃
Breitengüßbach (**Giesbach**) Dorf nordwestlich von Bamberg
I 1. 268₁₆z
Breitenstein = Preitenstein südöstlich Theusing, Böhmen
I 2. 199₁₀ₘ.203₂₂ **I 8**. 262₂₄
II 8B. M *10* 20₁₂₃
Bremen Deutsche Hansestadt
I 6. 262₃₀ **I 11**. 165₂₉
II 3. M *34* 34₂₂₆
Bremerhöhe Westlich von Clausthal-Zellerfeld im Harz
I 1. 79₁₃ₘ
II 7. M *43* 65₁
Bremke Dorf zwischen Göttingen und Heiligenstadt
I 1. 273₁₈z
Brennender Berg Bei Dudweiler, südöstlich von Saarbrücken *s. Dudweiler*
Brenner Alpen-Pass
I 1. 125₁z.₄z.₂₃z.₂₉z.126₉z.127₄z.₁₁z. 128₁₁ₘ.₂₂ₘ
II 7. M *94* 185₉₋₁₀.₁₈
- Brennersee **I 1**. 125₃₀z
Brescia Stadt in der Lombardei
II 9B. M *33* 31₁₁
Breslau Stadt in der niederschlesischen Tiefebene
I 1. 194₅z **I 2**. 199₁₆z.284₁₆z **I 9**. 73₈.187₁₀.₁₄
II 2. M *8.13* 115₃ **II 4**. M *77* 94₉

- Schlesische Gesellschaft für vaterländische Cultur **II 2**. M *8.13* 115₁ **II 5B**. M *110* 318₁₅
Brest Hafenstadt in der Bretagne, Frankreich
- Marine-Observatorium **II 6**. M *116* 223
Brilon Ort in Westfalen
II 8A. M *58* 80₄₄
British and Foreign Bible Society
s. Großbritannien (Britannien)
Brix = **Brüx** Stadt in Böhmen, südwestlich von Teplitz
I 1. 377₂₇z **I 2**. 3₂₈z.52₁₂ₘ
II 8A. M *44* 66₂
Brocken Höchster Berg des Harzes
I 1. 6₃₂z.7₂₄ₘ.55₂₁z.₂₇z.72₂₃ₘ.82₈ₘ. 83₁₃.₁₆.₁₉.₂₄.84₃₁.257₁₉z.275₆z. 318₃₄ **I 2**. 341₆.₈.343₁₆.398₆z
I 3. 412₃₉₅₆ₘ **I 4**. 46₃₄ **I 8**. 393₃₀. 395₃₀ **I 11**. 19₆.₈.₁₀.₁₅.122₂₇. 160₃₃.315₁₅
II 7. M *23* 38₄.39₆.₄₁.₄₆.40₄₇₋₇₇. 41₉₂.₁₂₃.43₁₇₄.₁₈₄.₂₀₈.44₂₁₄ M *29* 48₂₇₋49₃₇ *4* 7₁ *52* 108₁₂₈ *53* 119₁₆ *56* 124₁₈.125₂₆
- Hexenaltar **I 2**. 341₆.343₂₉ **I 8**. 393₂₈.396₄ **II 7**. M *23* 40₆₆
- Teufelsaltar **I 1**. 7₂₀ₘ **II 7**. M *4* 7₃
- Teufelskanzel **I 1**. 7₂₀ₘ **I 2**. 341₆
I 8. 393₂₈ **I 11**. 315₁₆ **II 7**. M *23* 40₆₅.₆₅ *4* 7₃
Bronti (**Bronte**) Ort bei Catania, Sizilien
II 7. M *87* 179₁₀
Bruchberg Berg südwestlich vom Brocken im Oberharz
I 1. 7₉z
II 7. M *23* 40₇₈.₈₀.41₁₀₂.₁₀₉₋₁₁₈. 42₁₃₄₋₁₃₆.₁₅₄.₁₆₀.43₁₇₃.₁₉₆
Bruchsal Ort am westlichen Rand des Kraichgaus nördlich von Karlsruhe
II 9B. M *52* 57₁₂
Bruchstedt Dorf nordwestlich von Tennstedt, Thüringen
I 2. 84₂₅z.87₉ **I 11**. 176₇
- Bruchstedter Höhle **I 2**. 86₃₂ **I 11**. 175₃₀

Brückmanns Schacht Wohl im Stedtfelder Revier
II 7. M26 47₄
Brunnen Im Schweizer Kanton Schwyz
I 1. 262₁₅z
- Kirche I 1. 262₁₃z
Brunnersdorf Nördlich von Kaaden an der Eger. Böhmen
II 8A. M28 47₁
Brüssel
I 6. 160₁₂.166₁₆
II 2. M9.2 141₂
Brżezina/Brezezina Nordöstlich von Pilsen. Böhmen. Besitz und Schloss des Grafen Kaspar von Sternberg
I 2. 249₁₃M.14M I 8. 419₃.49
II 8B. M19 28₄₃₋₄₄
- Schloss I 8. 419₇₋₁₂
- Steinkohlenwerk I 2. 249₁₄M II 8B. M10 20₁₂₀ 19 28₄₄
Buch Dorf, nordwestlich von Aalen
I 1. 267₃₂z
Buchau Bei Neurode in Schlesien; Kohleabbau
I 1. 377₁₁z I 2. 3₁₄z.203₁₆ I 8. 262₁₈
II 7. M105 201₂₆
Büchenberg Bei Elbingerode im Harz: Tagebau auf Roteisenerz
I 1. 73₃₁M I 11. 23₃₉.25₂₈.32
II 7. M105 201₂₆ 52 109₁₆₈ 56 125₄₆
Buchfart s. *Puffarth (Buchfart)*
Buchfarther Weg Buchfarth an der Ilm. südlich von Weimar s. *Puffarth (Buchfart)*
Buchsweiler/Bouxwiller Stadt im Unterelsass
I 1. 1₃
- Fasanerie I 1. 1₈
- Schloss I 1. 1₅₋₆z
Buda Stadtteil von Budapest. westlich der Donau gelegen
I 6. 350₃₇
Bude s. *Bode (Bude)*
Budin An der Eger. südlich von Leitmeritz. Böhmen
I 2. 51₉M
II 8A. M45 68₂₈

Budweis/Budweiß Stadt in Südböhmen
I 2. 249₁₆M
II 2. M9.14 179₁₂.14 II 8B. M19 29₄₆
Buet Berg bei Vallorcine in den Franz. Alpen
II 7. M49 98₂₁₅.99₂₅₂₋₂₅₆
Buffartisches Schloss s. *Puffarth (Buchfart)*
Buffleben Salzvorkommen nördlich von Gotha. Thüringen
I 2. 364₁₄z.17z.24z
- Salzwerk I 2. 364₂₀z
Bühl Kanton Bern. Schweiz
I 2. 366₂z
Bulach Heute: Neubulach. Bergbauort im Nordschwarzwald
II 7. M46 89₇₉₋₈₄
Bunzlau = Jungbunzlau an der Iser in Böhmen
I 1. 304₇ I 2. 249₂₂M.24M.420₁₁M
II 7. M103 199₈ II 8B. M6 8₉₆
Bunzlauer Kreis Böhmen
I 1. 292₁₅M I 11. 108₁₄
II 8B. M19 29₅₂₋₅₃ 7 10₂
Burford Ort westlich von Oxford. England
I 8. 288₁₃
II 2. M.5.3 28₃₈
Bürgel Östlich von Jena
II 7. M12 25₁₂
Bürgerrödchen Lokalität am Ettersberg bei Weimar
II 7. M11 13₄₈
Burgstädter Zug Langgestreckter Zug erzführender Gänge bei Clausthal im Harz
I 11. 25₁₄.21
II 7. M23 42₁₅₄
Burgund Region in Frankreich
II 5B. M114 334₁₆₉
Buschwitz = Puschwitz. westlich von Podersam. Böhmen
I 1. 377₁₃z
Büttelborn An der Ilm bei Bad Berka in Thüringen
II 7. M12 25₂₈
Buttelstedt Nordöstlich von Weimar
II 7. M11 13₂₁

Buttstädt Nordöstlich von Weimar
II 7. M*11* 23$_{414}$.24$_{447}$
Buzfleth = Bützfleth an der Elbe, nördlich von Stade
II 8B. M*95* 152$_{36}$
Calais Französische Hafenstadt am Ärmelkanal
I 6. 243$_{36}$
Caltabellotta Nordöstlich von Sciacca, Sizilien
I 1. 155$_{22Z.31Z}$
Caltanisetta Sizilien
I 1. 156$_{7Z.21Z}$.157$_{3Z}$.162$_{21M}$.163$_{23M.33M.35M}$.164$_{1M}$
II 7. M*94* 189$_{173}$.190$_{205-206.215-218}$
Cambridge England
I 6. 241$_{29}$.253$_{34}$
II 3. M*34* 34$_{227}$ II 6. M*119* 226$_{45.66}$ 77 133$_{176}$ S*2* 183$_{4-5}$
Cammerberg s. *Kammerberg (Kammerbühl)*
Cammerberg s. *Kammerberg (Cammerberg)*
Campagna di Roma Landstrich zwischen Rom und den Albaner Bergen
I 1. 140$_{11Z}$.243$_{4M}$
II 7. M*111* 211$_{36}$
Campi Phlegraei = Phlegräische Felder, vulkanisches Gebiet, westlich von Neapel
I 1. 141$_{1Z.1}$ I 2. 269$_{31}$ I 8. 334$_{21}$
Campiglia Marittima Ort in der Toskana, Italien
I 1. 244$_{7M(?)}$
Campo moro Meeresbucht im Südwesten von Korsika
II 8A. M*74* 103$_{3-4}$
Camsdorf (**Kamsdorf**) Östlich von Saalfeld
II 7. M*22* 38$_{6}$
Canaan s. *Kanaan (Canaan)*
Canaan Cottage Ort in Schottland, in der Nähe von Edinburgh
II 2. M*8.14* 116$_{15}$ S.*17* 122$_{7}$
Canarische Inseln s. *Kanarische Inseln*
Cannstadt Im Württembergischen
II 3. M*34* 32$_{175.175}$ II 6. M*127* 254$_{3}$

Canstein Südöstlich von Marsberg
I 1. 230$_{30}$
Cap
II 9B. M*61* 70$_{2}$
Capella Hellster Stern im Sternbild Auriga (Fuhrmann)
I 11. 165$_{1}$
Capo di St. Alessio An der Ostküste Siziliens nördlich von Taormina
I 1. 162$_{15M}$
II 7. M*94* 189$_{167}$
Capra Stern im Sternbild Fuhrmann, auch capella genannt
II 6. M*23* 25$_{8}$
Caravaggio Italienische Gemeinde südlich von Bergamo
I 6. 228$_{17}$
Carl August Bergwerk bei Kirchen an der Sieg, Nassau
II 8A. M*58* 83$_{158}$
Carlsbad s. *Karlsbad (Carlsbad)*
Carlsglück Bergwerk bei Rheinbreitbach am Rhein, südlich von Bonn
II 8A. M*58* 79$_{26}$
Carrara Südöstlich von La Spezia, Italien; Marmorvorkommen
I 1. 245$_{17M}$ I 2. 133$_{20M}$
II 8A. M*70* 101$_{2}$
Carthagena Heute Cartagena, an der Karibik-Küste, Kolumbien
II 8A. M*12* 23$_{54}$
Cascade d'Arpenaz 200 m hoher Wasserfall bei Luziers, nördlich von Sallanches
I 1. 12$_{19-23Z}$
Caserta Nördlich von Neapel
I 2. 270$_{29}$ I 8. 335$_{18}$
II 7. M*88* 180$_{4}$
Castelfranco Veneto Norditalienische Stadt, westlich von Treviso
I 6. 223$_{30}$
Casteltermini Bei Agrigento auf Sizilien
II 7. M*88* 180$_{12}$
Castelvetrano Im Westen Siziliens
I 1. 154$_{31Z.32Z}$.162$_{29M}$
II 7. M*94* 189$_{181}$

Castro Giovanni Sizilien; heute Enna
I 1. 157₇Z.₁₁Z.₁₅Z.163₁M.₁₂M.₃₄M
II 7. M*94* 189₁₈₄.190₁₉₅.₂₁₆
Castronuovo Bei Palermo auf Sizilien: Marmorbrüche
II 7. M S S 180₄
Catalana
II 9A. M*28* 43₃
Catania Hauptstadt der gleichnamigen Provinz im Osten Siziliens, am Fuß des Ätna gelegen
I 1. 158₁₀Z.₁₄Z.160₁Z.161₃₀M I 9. 259₆
II 7. M*94* 188₁₅₀
- Museum des Benediktinerklosters
I 1. 159₃₀Z
Catinga Caatinga; Landschaft des Sertão im nordöstlichen Teil von Brasilien
II 2. M 7. S 55₁₉₉
Catlenburg s. *Katlenburg (Catlenburg)*
Cattolica Ort nahe Agrigent. Sizilien
II 7. M *87* 179₁₆ S S 180₁₃
Ceara Provinz in Brasilien
II 2. M 7. S 55₁₉₆
Cento Stadt in der Emilia-Romagna, nördlich von Bologna
I 6. 228₃₅
Cephalonia = Kephallenia. Insel vor der Westküste Griechenlands
I 2. 91₂₁M.₂₈M
II 8A. M 77 106₈.₁₄
- Katakomben I 2. 91₂₂M
Cerhowitz (Cherhovice, auch **Czerchowitz)** Nordöstlich von Pilsen, bei Radnitz (Radnice) in Böhmen
I 2. 136₃₅Z
- Steinbruch I 2. 248₂₄M II 8B. M *19* 28₂₇
Cerigo = Kythera. Insel vor der Südspitze der Peloponnes, Griechenland
I 2. 91₁₇M.₂₂M
II 8A. M 77 106₃.₉
Ceylon Insel im Indischen Ozean
I 10. 223₁ I 11. 63₆.₁₅

Cham Gemeinde im Kanton Zug am Zugersee
I 1. 267₃Z
Chamberi s. *Chambéry*
Chambéry Stadt in Savoyen
I 11. 240₂₆
II 2. M*6.2* 40₄₁-41₉₅
Chamonix, Chamounix Am Montblanc, Frankreich
I 2. 107₁₀Z.338₃₄ I 8. 391₂₂
II 7. M*49* 95₈₄
Champagne Landschaft im Nordosten Frankreichs
I 2. 425₁₈M I 9. 71₂₃
II 8A. M *123* 161₁₈
Charkov, Charkiw Stadt in Südrussland, heute Ukraine
II 2. M S.*16* 122₁₁ S.*6* 108₂₆
Charleston Stadt in den USA
II 2. M*4.2* 20₅₉
Charlottenburg s. *Berlin*
Chausseeholz Am Ettersberg, Lage eines Steinbruchs
II 7. M *11* 13₃₁
Chemnitz Stadt in Sachsen
I 1. 191₃₂Z I 11. 243₂
Cherbourg Stadt in der Normandie am Ärmelkanal
II 6. M *115* 221₁₈₀
Chessy Stadt nordwestlich von Lyon, Frankreich. Bergbau auf Kupfer
I 2. 6₂₂Z.60₂₈Z
II 8B. M *96* 153₉
Chico Bergwerksort in Mexiko
II 8B. M *68* 102₃-₁₀
Chile (Chili)
I 11. 161₂₅TA
II 8B. M *76* 128₇
Chimborasso (Chimborazzo) Vulkan in den Anden, Ecuador
I 11. 160₁₆.201₁₇
China, Chinesisch
I 2. 53₂₃M I 3. 16₅.356₂₀M I 4. 240₂₅
II 5B. M *100* 291₁₃ *20* 95₇₅ II 6. M *79* 164₁₈₈.180₇₈₈ II 8A. M *47* 70₆ *55* 77₁₈-₁₉ II 8B. M S *5* 139₃₁ II 9B. M *33* 36₁₉₂ II 10A. M *61* 140₂
II 10B. M *25.9* 150₂₅-₂₆
Chioggia s. *Chiozza (heute Chioggia)*

Chiozza (heute Chioggia) Fischerstädtchen im Süden der Lagune von Venedig
I 1. 130₃₄z.131₁₄z
Chomle Bei Radnitz, östlich von Pilsen, Böhmen
I 2. 243₃₂M
II 8B. M*22* 40₉₇
Chorin Nordwestlich von Freienwalde, Mark Brandenburg
II 8B. M*69* 102₉.103₁₃
Chotekischer Weg *s. Karlsbad (Carlsbad)*
Christiania (Oslo)
II 2. M S.*15* 117₂.118₃₀₋₃₁ S.*17* 122₅
Churpfalz-Bayern *s. Kurpfalzbayern (Churpfalz-Bayern)*
Chursachsen (Kursachsen) Fürstentum Sachsen *s. Sachsen*
Ciarre Unklar; möglich ist Sciarra: Lava-Zone bei Nicolosi am Ätna; oder auch Giarra: Ortschaft südl. von Taormina
II 7. M*94* 188₁₅₅
Civita Castellana Stadt nördlich von Rom, Italien
I 1. 136₁₉z.₃₂z.137₁₇M
II 7. M*94* 186₅₅
Clause / Clauseburg *s. Klause*
Clausthal Im nordwestlichen Oberharz; Bergbau und Bergakademie
I 1. 6₁₈z.7₅z.69₁₄M.186₁₆ **I 11.** 22₃.₁₂.₃₉.₄₄.23₁₅.25₆.₁₅.₂₂.₃₄
II 7. M*23* 41₈₈.42₁₃₄.₁₆₁₋₁₆₂ *44* 66₄ *52* 105₄₆
- Benedikte (Erzgrube) **I 1.** 6₂₄z
- Caroline (Erzgrube) **I 1.** 6₂₃z **I 11.** 25₆ **II 7.** M*23* 42₁₅₃ *54* 121₁₈
- Dorothee (Erzgrube) **I 1.** 6₂₃z **II 7.** M*54* 121₁₈₋₁₉
- Dorotheer Bau **I 11.** 22₂
- St. Johannes (Erzgrube) **II 7.** M*23* 42₁₅₀
- Steinbruch **I 11.** 22₁₆
Coburg Stadt in Oberfranken
I 1. 29₅M.₁₃M.194₁₉z **I 2.** 82₂₉z.₃₀z. 210₁₄z **I 6.** 307₂₇
II 7. M*33* 56₁₉₋₂₀
- Veste **I 1.** 29₈ **II 7.** M*33* 56₂₃₋₂₈
Cochl-See *s. Kochelsee*
Coimbra Stadt am Rio Mondego, Portugal
II 5B. M*102* 298₁₇₆₋₁₇₇
Colditz An der Zwickauer Mulde, südöstlich von Leipzig
II 8A. M*127* 166₁₂
Colli Euganei Hügel aus vulkanischem Gestein südwestlich von Padua
I 1. 130₈₋₉z.₁₄z.₁₉z.₂₉z.242₂₃₋₂₄M
II 7. M*111* 211₁₉
- Quellen, heiße **I 1.** 130₂₃z
Conde Bei Mons, Belgien
I 2. 61₁₉z
Conderau = Kondrau, südwestlich von Waldsassen, Fichtelgebirge
I 2. 212₂₃z
Conneticut Staat in Nordamerika
II 8B. M S*2* 135₁₄
Constanz Bergwerk bei Dillenburg, Nassau
II 8A. M*58* 81₁₀₅
Cordilleren *s. Kordilleren*
Cornwall (Cornwallis, Wallis) Halbinsel im Südwesten Englands
I 2. 57₂₅M.103₁₈.122₇.154₈.332₃₂
I 8. 141₂₄ **I 11.** 188₅.206₂₇.235₂₄
II 8A. M*105* 138₄ *48* 73₈₇ *50* 75₁₀ *55* 77₂₁
- Bergwerke **I 2.** 391₃₁M **II 8B.** M*67* 101₃
Coromandel Südöstliche Küste der indischen Halbinsel
I 9. 326₃₁
Corona Gestirn, Corona Borealis, die an den Himmel versetzte Krone der Ariadne
Correggio Stadt in der Emilia-Romagna, nordwestlich von Modena
I 6. 226₉
Corsica, Corsika *s. Korsika*
Corso, Via del Corso *s. Rom (Stadt)*
Cortona Stadt nordwestlich vom Trasimenischen See in der italienischen Provinz Toskana
I 1. 248₁₃M **I 6.** 60₈.231₄.232₃.₃₅
II 7. M*111* 214₁₃₈

Cosenza Hauptstadt der gleichnamigen italienischen Provinz
I 6. $114_{28}.117_{37}.119_{17}.121_{25}$ I 8. $220_{18.25.31}$
II 5B. M 77 232_7 II 6. M 42 53_1
Cospeta (Cospeda)
- Cospetaischer Steiger (Weg) II 7. M 12 26_{54-55}
Cotopaxi Vulkan. Ecuador
I 11. 160_{18}
Creutzburg Landkreis in Schlesien s. Kreutzburg (Creutzburg)
Creuzburg Ortschaft an der Werra nördlich von Eisenach
I 1. 275_{8Z} I 2. 364_{25Z}
II 2. M 9.4 145_7 II 7. M 20 37_2
- Saline I 1. 275_{8Z}
- Steinkohlenwerk I 1. 14_{24} I 11. 2_6
Croix-Rousse Ort nahe bei Lyon. heute ein Stadtteil
II 7. M 49 100_{311}
Cscherwenitza In Oberungarn
II 4. M 29 32_{23}
Culm Höchster Gipfel des Rigi-Gebirgstockes s. Kulm (Schweiz)
Culm (Kulm) Dorf nordwestlich von Aussig. bei Teplitz
- Schloss I 2. 34_{11} I 11. 152_9
- Schlosspark I 2. 34_9 I 11. 152_7
Cumana (Cuma) Stadt im Nordosten Venezuelas
II 2. M 9.8 147_6 II 8A. M 12 23_{48}
Cumberland Grafschaft im Nordwesten Englands an der Grenze zu Schottland
Cunnersdorf Südlich von Dresden
I 1. 192_{1Z}
Cuxhaven Stadt an der deutschen Nordseeküste. Elbmündung
II 2. M 8.25 135_{43}
Czerchowitz s. Cerhowitz (Cherhorice, auch Czerchowitz)
Czerlochin (Czernochin, Tschernoschin) Südöstlich von Marienbad
I 2. $307_{5-6.25}.329_{32}$ I 8. $404_{5.24}.409_{23-24}$
Daasdorf Westlich von Weimar
II 7. M 11 14_{63}

Dahle s. Thale
Daisbach Bei Wiesbaden
II 8A. M 58 82_{129}
Dallwitz (Dalwitz, Dalwiz) Nordöstlich von Karlsbad
I 1. $288_{3Z}.300_{16}.320_{8Z}.328_{28M}.332_{31}.334_{16}.344_{19.30}$ I 2. $4_{33Z}.128_{21M}.129_{19M}.172_{35Z}$ I 8. $30_7.31_{31}.41_{31}.42_7.43_9$ I 11. 104_{17}
II 8A. M 108 $141_{21.54}$ 13 26_{48} 14 31_{100} 2 11_{305}
- Kohlevorkommen I 1. 345_{32}
- Porzellanfabrik I 1. $288_{18Z}.320_{10Z}.324_{31Z}.354_{27Z}$ I 2. 139_{12Z}
- Steinkohlengruben I 1. $302_{8-9}.341_{34}$ I 8. 39_{10} I 11. 106_{13}
Dalmatien Küstenprovinz an der Adria
I 1. 124_{28Z}
II 2. M 9.24 190_{45}
Dammhaus Das Sperberhaier Dammhaus bei Clausthal
I 1. 7_{8Z}
Dänemark Nordeuropäisches Königreich
I 2. 174_{25Z} I 10. 237_{11}
Danzig Stadt an der Weichsel. unweit der Ostsee
I 2. $174_{11Z}.253_5.256_4$ I 11. $223_{26}.226_{25}$
II 2. M 8.6 $109_{34.49}$
Darmstadt Stadt in Hessen
I 1. $256_{34Z}.257_{3-4Z}$ I 2. $74_{11Z}.76_{30.31}$ I 11. $169_{1.2}$
- Großherzoglich Hessisches Museum I 2. $68_{29-30Z}.74_{12-19Z.20Z.21Z}$ I 9. $181_{12-13.13}$ I 10. 388_{21} II 10A. M 2.23 26_6
- Mineraliensuite II 7. M 105 201_9
Dart Mon = Dart Moor. Gebirge in Cornwall. England
I 2. $103_{24}.104_9$ I 11. $188_{10.26}$
Daun Östlich von Gerolstein. Eifel
II 8A. M 69 99_{13}
Davidskrone Bergwerk am Potzberg bei Kusel. Pfalz
II 8A. M 69 99_{26}
Delos Insel im Ägäischen Meer
I 2. 395_{20Z}

Delphi Stadt im antiken Griechenland, vor allem für ihr Orakel bekannt
II 1A. M42 219$_{20}$
Dembrinsk In Polen
I 2. 96$_{29}$.408$_{10}$ I 11. 183$_5$.313$_{33}$
Dennstedt (Denstedt) Nordöstlich von Weimar
I 2. 252$_{31}$ I 11. 223$_{17}$
II 7. M11 14$_{55}$
Département Haute Vienne Französisches Département in den nordwestlichen Ausläufern des Zentralmassivs, um Limoges, am Fluss Vienne
I 2. 57$_{30M}$.133$_{15M}$
II 8A. M51 75$_2$ II 8B. M44 85$_3$
- Zinnbergwerke II 8A. M52 76$_{1-2}$
Der getreue Friedrich (Bergwerksstollen) s. *Ilmenau*
Derbyshire Landschaft in Mittelengland
I 2. 105$_{30-32.31-32}$ (Grafschaft) I 11. 190$_{12.13}$ (Grafschaft)
Dessau Stadt an der Mulde
I 1. 321$_{15Z}$ I 2. 253$_1$.254$_{11}$ I 11. 223$_{22}$.224$_{35}$
- Park I 9. 239$_{33}$
Deutschland, Deutsch
I 1. 32$_{25-26M}$.60$_{19-20.24}$.66$_{31M}$. 85$_{22}$.158$_{21Z}$.201$_7$.227$_{7M}$ (Vaterland).$_{27M}$(Vaterland).235$_{16-17}$. 284$_5$.304$_{10-11}$ I 2. 93$_{21}$.106$_{1.9}$. 167$_{11}$.180$_{2Z.15Z.20Z.23Z}$.190$_{2.6.24}$. 191$_{31}$.192$_{26}$.199$_{25Z}$.202$_3$.210$_{22Z}$. 222$_7$.246$_4$.251$_{26Z}$.256$_2$.318$_6$.378$_{10}$. 385$_{31}$.386$_{3.23.30}$.387$_4$.390$_{6.31}$. 393$_{32.32}$ I 3. 10$_{34}$ (Vaterland).32$_{29}$. 59$_{35M}$.117$_{38}$.313$_{9Z.16Z.30Z.35Z}$.405$_{3M}$. 461$_{13Z}$.498$_{20M}$ I 4. 213$_{13}$.227$_{27}$. 239$_{34}$.240$_{10}$.243$_6$.258$_{33}$ I 5. 130$_4$. 193$_{33}$ I 6. 78$_{14.18}$.150$_{16}$.179$_{33.35}$. 222$_{22}$.234$_8$.236$_{32}$.238$_6$.289$_{18}$. 343$_{2.7.16}$.414$_{29}$ I 7. 14$_{15-16}$ I 8. 27$_8$. 160$_{24}$.178$_{27}$.208$_7$.241$_{2.4.21-22}$.242$_{28}$. 253$_{24}$.261$_7$.266$_{15}$.277$_7$.316$_{30}$.318$_8$. 397$_{13}$.421$_8$ I 9. 7$_{16}$.21$_{2}$.62$_4$.63$_{21}$. 65$_{33}$.73$_{12}$.74$_{16.19}$.78$_{38}$.79$_{17-18.26.34}$. 83$_{19-20}$.104$_{19}$.173$_{21}$.294$_8$.309$_3$.
316$_6$.369$_{16}$ I 10. 219$_{2-3}$.221$_4$. 285$_{7.27}$.299$_{24}$.302$_{5-6.17.26}$.310$_4$. 315$_{31}$.316$_5$.318$_{14}$.337$_{18}$ (Vaterland).$_{25}$.367$_{34}$.378$_5$.379$_{29}$.380$_{18.22}$. 381$_{9.16.18}$.382$_{2-3}$.383$_1$.397$_{29}$.403$_{6.10}$ I 11. 14$_{15.20}$.53$_{11}$.63$_{24}$.108$_{17-18}$. 190$_{26}$.222$_5$.226$_{22}$.295$_{16}$ (Vaterland).$_{23}$.296$_{10}$ (Vaterland).310$_6$. 311$_{36}$.312$_1$.318$_{9.14.32}$.319$_{4-5.15}$. 320$_{29}$.338$_1$.341$_6$.360$_{16}$.370$_{13}$ (Vaterland)
II 1A. M44 230$_{301}$ II 2. M S.1 66$_{80}$
II 3. M34 28$_{22.25}$.29$_{7-4}$.30$_{95.103}$. 31$_{135-139}$.32$_{161}$ II 4. M58 69$_6$ 72 87$_{31}$.88$_{58}$ II 5B. M102 297$_{122}$ 114 332$_{87.91}$.333$_{127}$.335$_{185}$.338$_{312}$ 40 147$_3$ 43 159$_{13}$ 46 165$_{10-11}$ 47 165$_{8.14}$ (Vaterland).166$_{18}$ 58 188$_{31.35}$ 67 203$_4$.204$_{14}$ 78 236$_{50-57}$ II 6. M105 205$_{14}$ 113 215$_{12}$ 129 255$_1$ 133 267$_{293}$ 71 92$_{15}$.94$_{102}$ 73 114$_{137}$ 77 140$_{450}$ 92 193$_{64-65}$ II 7. M104 200$_{12}$ 107 206$_{45}$ 3 6$_{15}$ II 8A. M106 139$_{16-21}$ II 8B. M113 161$_2$.162$_6$ 39 66$_{93}$.68$_{58}$.70$_{205}$ 67 101$_2$ 72 107$_{61}$.108$_{87}$.110$_{171}$
II 10A. M36 94$_{26}$ (Landsleute) 62 141$_{29}$ II 10B. M13 38$_1$ 21.9 70$_{67}$ (allemande).$_{86}$ (Allemagne).$_{88}$ (allemand) 22.10 84$_{13-14.18}$ 22.5 77$_{16}$ 23.3 95$_{58}$ 24.9 117$_4$ 25.1 132$_{158}$ 25.10 152$_{4.10-12}$ 25.9 150$_{21.27}$ S 27$_{21}$
- Naturdenker, Naturforscher, Naturphilosophen I 2. 164$_{22-23}$ I 8. 157$_{31-32}$ I 9. 118$_2$ I 10. 339$_2$.367$_{34}$. 381$_{24.28-29.34}$.382$_4$ II 1A. M16 136$_{126}$ II 5B. M77 233$_{19-20}$ II 10B. M22.12 86$_{13-16}$ 22.13 87$_{15}$ 25.2 139$_{19-20}$
Devonshire Landschaft auf der südwestlichen Landzunge Englands
I 2. 103$_{13.21}$ I 11. 188$_8$
- Bergwerke I 2. 105$_{19}$ I 11. 190$_1$
Dieppe Franz. Stadt in der Normandie, an der Mündung des Flusses Arques in den Ärmelkanal
I 11. 240$_{25}$
II 2. M6.2 39$_{29}$

Dietfurt An der Altmühl bei Treuchtlingen. Fränkische Alb
I 1. 194$_{29Z}$.195$_{33ZA}$
Diez (Dietz) Bei Limburg an der Lahn. Nassau
I 2. 98$_{25}$ I 11. 184$_{27}$
Dijon Stadt im östlichen Frankreich
I 6. 277$_{6}$
Dillenberg Bei Eger
I 2. 282$_{25Z}$
II 8B. M36 55$_{7}$.59$_{162}$
Dillenburg Nordwestlich von Wetzlar. Nassau
II 8A. M58 79$_{19}$.80$_{49-51}$.81$_{78.88-92.97.105.108-109}$ 66 96$_{8}$ II 8B. M83 135$_{4.5-6}$
Dingelstädt Nordwestlich von Mühlhausen im Eichsfeld
I 1. 68$_{4M}$
II 7. M52 104$_{3}$
Dinkelsbühl Ort südwestlich von Ansbach. Bayern
I 1. 268$_{7Z}$ I 2. 193$_{8}$ I 8. 266$_{31}$
Dippoldiswalde (Dipoldiswalde) Südlich von Dresden
II 8A. M127 166$_{6}$ 41 64$_{28}$
Dirschnitz s. *Tirschnitz*
Disentis Am Vorderrhein im Schweizer Kanton Graubünden
I 1. 267$_{22Z}$
Dittersbach Nordöstlich der Schneekoppe im Riesengebirge
I 1. 193$_{27Z}$
Doberan Nordwestlich von Rostock
II 8B. M75 127$_{7}$
Dockweiler Bei Daun. Eifel
II 8A. M69 99$_{13}$
Dole = La Dôle, höchster Berg des Schweizer Jura, nördlich von Genf
I 11. 160$_{33}$
Dölitz (Delitz, Deliz) Nordwestlich von Eger; Fundort eines fossilen Backenzahns vom Mammut
I 2. 209$_{8Z}$.231$_{29Z.31Z}$.244$_{28M}$.247$_{30M}$
II 8B. M19 27$_{5-6}$ 22 41$_{127-131}$
II 10A. M49 110$_{8}$
- Kalkbruch I 2. 250$_{32M}$
- Kalksteinbruch I 2. 288$_{6-7}$ I 8. 349$_{17-18}$

Dolmar Basaltkuppe nordöstlich von Meiningen
II 7. M29 50$_{03-04}$
Dôme du Goute Berg im Montblanc-Gebiet
I 2. 338$_{29.32}$ I 8. 391$_{17.20}$
Donau Fluss. Europa
I 1. 122$_{2Z.16Z}$.123$_{24Z}$.259$_{20Z.25Z.30Z}$
I 2. 193$_{4.12.17}$ I 8. 266$_{20.35}$.267$_{3}$. 419$_{21}$.420$_{30}$
II 2. M9.24 189$_{11}$
- Donautal I 8. 123$_{6Z}$
Donaukanal s. *Wien*
Donauwörth (Donauwerth) Stadt im nördlichen Schwaben, an der Donau
I 1. 194$_{29}$-195$_{1Z}$.195$_{4Z}$
Donnersberg (Böhmen) Bei Melischau/Millischau, südöstlich von Marienbad. Böhmen; auch Millischauer/Millschauer Berg
I 8. 331$_{27}$.419$_{16}$
Donnersberg (Kirchheimbolanden) Porphyrberg, südlich von Kirchheimbolanden. Pfalz
II 8A. M69 99$_{21-22}$
Doppelburg Forsthaus nördlich von Teplitz. Böhmen
I 2. 33$_{1}$ I 11. 151$_{3}$
Dörfel Südlich des Heuscheuergebirges in Schlesien
I 1. 193$_{24Z}$
Dorfsulza s. *Sulza (Sulze). Bad*
Dornburg An der Saale, nördlich von Jena
I 2. 82$_{34Z}$.123$_{6Z}$.370$_{30Z}$ I 10. 248$_{11}$. 250$_{5}$.258$_{6}$.262$_{26}$.266$_{13}$.270$_{3}$
II 2. M10.2 205$_{7}$ II 5B. M$12S$ 364$_{20}$ II 8B. M21 37$_{22}$
- Schlossberg, Schloss II 8B. M84 136–137
Dorndorf An der Saale, nördlich von Jena
- Mühle II 8B. M84 136$_{5}$
Dorothea Bergwerk bei Dillenburg. Nassau
II 8A. M58 81$_{108}$
Dorotheen-Aue Rechts der Tepl, im Süden von Karlsbad

I 8. 31₂₇
II 8A. M *108* 141₄₉₋₅₀ *120* 157₈₀
Dorpat Heute Tartu. Estland
I 8. 204₄
Döschnitz (Töschnitz) Südwestlich von Saalfeld. Thüringer Wald: Marmorbruch
I 1. 194₁₇ᴢ
II 7. M *105* 203₉₇ *128* 237₃ *65* 141₂₆₋₂₈ (daher)
Dosse Rechter Nebenfluss der Havel
I 9. 371₁₄
Dozheim Bei Wiesbaden
II 8A. M *58* 79₂₁₋₂₂
Drachau Südwestlich von Theusing. Böhmen
I 2. 203₂₃.207₃₂ᴢ I 8. 262₂₅
Drachenfels Trachytberg rechts des Rheins, südlich von Bonn
II 8A. M *69* 99₄₈
Drachtal *s. Trogtal (Drachtal)*
Dransberg Berg bei Dransfeld
II 7. M *44* 66₇
Dransfeld Stadt zwischen Göttingen und (Hannoversch) Münden
I 1. 275₁ᴢ.₃ᴢ
II 7. M *44* 66₇ *5* 8₁₂
- Basaltbrüche I 1. 275₃ᴢ
Dreihacken (Dreyhacken) Südwestlich von Marienbad. Kupfererzbergbau
I 2. 184₂₉ᴢ.198₂₈ₘ
II 8B. M *36* 60₁₉₃₋₁₉₆ *6* 8₈₅₋₉₄
- Bergwerk I 2. 198₂₄ₘ.224₁₉ I 8. 256₁ II 8B. M *10* 19₁₀₃₋₁₁₂ *6* 8₈₆
Dreikönigszug Bergbaugebiet am Potzberg bei Kusel. Pfalz
II 8A. M *69* 99₃₄₋₃₅
Dreikreuzberg *s. Karlsbad (Carlsbad)*
Dresden Hauptstadt Sachens
I 1. 175ₘ.22₁₂ₘ.26₂₁ᴢ.27₃ₘ.199₃ I 2. 26₉ᴢ.₁₁ᴢ.₁₂ᴢ.₁₈ᴢ.29₁₇ᴢ.₁₈ᴢ.₂₆ᴢ.30₉.₁₇. 43₁₁.277₁₂ᴢ I 8. 148₅.316₉ I 10. 261₂₀.299₃.367₃₅ I 11. 148₁₄.₂₁
II 5B. M *147* 407₁₂ *75* 228₅ *92* 256₁₉ *95* 262₄₅ II 7. M *22* 38₇ *9* 11₁.₄ II 8B. M *76* 129₇₈ II 10B. M *22.13* 87₃

- Botanischer Garten II 9B. M *62* 70
- Gewerke I 1. 23₃₇ₘ I 2. 43₃ I 8. 147₃₆
- Naturalienkabinett I 9. 181₉
  II 9A. M *98* 141₁
- Sammlung II 10A. M *2.23* 26₂
- Schiffsbrücke, Behelfsbrücke von 1813 I 2. 29₂₀ᴢ
Dreseburg *s. Treseburg*
Dresenhof = Triesenhof am Fuß des Kammerbergs bei Franzensbad
I 1. 359₁₁.368₂₅ I 8. 50₂₅.60₁
Drillo *s. Achates (Drillo)*
Dubbornskopf Berg südlich von Elbingerode im Harz
I 1. 74₂₂ₘ
II 7. M *52* 110₁₉₃
Dublin Stadt an der Ostküste Irlands
II 2. M *8.6* 108₂₅ *9.30* 196₃₄
Duckbornskopf *s. Dubbornskopf*
Duderstadt Im Eichsfeld
I 1. 7₁₉ᴢ.₂₀ᴢ.68₅ₘ
II 7. M *52* 104₄
Dudweiler Gemeinde im Sulzbachtal, nordöstlich von Saarbrücken. Steinkohlegruben
II 8A. M *69* 99₂₃
- Brennender Berg I 1. 2₂₅ᴢ.₂₅ᴢ.₂₇₋₂₈ᴢ. 3₂₇ᴢ.4₁ᴢ.₁₁ᴢ.5₂ᴢ.₇ᴢ II 8A. M *69* 99₄₁₋₄₄
- Steinkohlegruben I 1. 2₂₆ᴢ.3₁₈ᴢ
Duero *s. Rio Douro (Duero)*
Dunkendorf Südlich von Breslau nahe Schweidnitz
I 1. 193₁ᴢ
Dunsthöhle *s. Pyrmont, Bad*
Dürrmaul Südwestlich von Marienbad
I 2. 224₁₈ I 8. 255₃₇
Düsseldorf Stadt am Niederrhein
II 2. M *8.6* 108₅
Dux Südwestlich von Teplitz; Schloss des Grafen Waldstein
I 1. 377₂₉ᴢ
- Braunkohlengrube I 2. 49₂₉ I 11. 147₁
- Museen und Sammlungen im Schloss I 2. 31₃₅₋₃₆ I 11. 149₃₈₋₁₅₀₁
- Schloss I 2. 31₃₃ I 11. 149₃₆
- Steinkohlengruben I 2. 27₂₁ᴢ

Ebersdorf Bei Glatz in Schlesien; Steinkohlen
 II 7. M*105* 201_{27}
Eberstadt Bei Darmstadt
 I 1. 257_{4Z}
Eckartsberga (Eckartsberge) Östlich von Naumburg. Thüringen
 I 2. 252_{30} **I 11**. 223_{16}
 II 7. M*11* $23_{421-422}$
- Schloss **I 2**. 253_{31} **I 11**. 224_{19-20}

Ecker Nebenfluss der Oker im Harz
- Eckertal **I 1**. 72_{21M} **II 7**. M*52* 108_{126} *56* 124_{17}

Eckersdorf Bei Glatz in Schlesien; Steinkohlen
 II 7. M*105* 201_{27-28}
Economy Pennsylvania. USA
 II 8B. M S*2* 135_{7}
Edinburgh Schottland
 I 10. $369_6.378_{5-6}$
 II 2. M S.*14* 116_{16} S.*17* 122_8
 II 10B. M*24.9* 117_8
- Royal Society **II 2**. M S.*25* 134_2
- Wernerian Natural History Society **I 2**. $302_{17M.25M}$ (Gesellschaft)
 II 8B. M*39* $68_{157-163}$

Eger Stadt. Hauptort des Egerlandes in Böhmen
 I 1. $121_{17Z}.323_{14Z}.355_{22Z}.356_{24Z}. 357_{22.27}.359_{30}.369_{24M}.371_{11}.373_7$
 I 2. $134_{24Z}.135_{24Z}.136_{7Z.10Z.23Z}. 137_{4Z}.139_{26Z.29Z}.146_{21M}.151_{8M}. 159_{10.13.19}.173_{9Z.23Z}.183_{29Z}. 186_{24Z.26Z}.187_{21Z.26Z}.188_{10Z}.202_{16}. 203_3.205_{2.10Z.14Z.23Z}.208_{25Z}. 211_{21Z}.212_{21Z}.213_{13Z}.226_{25}.228_5. 230_{22Z.24Z}.231_{20Z.33Z}.232_{21SZ}.233_{1Z}. 234_{5Z}.235_{25Z}.238_{35}.241_{10M.14M}. 242_{34M}.247_{30M}.250_{27Z}.275_{1Z.4Z}. 279_{24Z}.283_{25Z}.288_{5.10}$ (Stadt). $307_7.312_9.313_9.315_{4M.22M.32Z}. 330_2.423_{13M}$ **I 8**. $49_{1.5}.51_5.77_{25.30}. 79_{1.6}.166_{8.10.17}.261_{20}.262_5.264_4. 349_{16.21}$ (Stadt). $353_3.372_{22}.374_5. 404_6.407_{3.34}.409_{27}$ **I 11**. $129_{11}. 131_5$
 II 1A. M *72* 301_2 **II 2**. M*9.14* 179_6 *9.29* 195_1 *9.9* $152_{14Z}.167_{-20}$
 II 5B. M*43* 160_{36} **II 8A**. M*117* 153_{13} *121* 158_5 *29* 48_2 *S6* 113_{57} *99* 133_{21} **II 8B**. M*17* 26_{13} *19* 27_5 *22* $38_{12.17}.39_{65}$ *36* $55_{1-3}.56_{50}.59_{148}$ *38* $63_{3.21}$ *43* 84_{10} *55* 93_{13} *6* $9_{123-126}$
 II 10A. M*49* 110_8
- Antoniusstatue **II 8B**. M*36* 56_{10}
- Apotheke **I 2**. 284_{22Z} **II 2**. M*9.10* 175_{1-2}
- Drei Linden (Wirtshaus) **II 8B**. M*36* 55_{3-8}
- Eger-Steg **I 1**. 330_{29M} **II 8A**. M*18* 41_1
- Gebirge **I 2**. 142_{30M} **II 8A**. M*120* 155_{24}
- Markt **I 2**. 232_{14Z}
- Obertor **I 2**. $280_{18Z}.284_{14Z}$
- Pfannkuchen-Quarz **I 2**. 280_{12Z}
- Quellen. Sauerbrunnen **I 2**. 229_{17} **I 8**. 375_{16} **II 2**. M*9.14* 179_9
- Schlossturm **I 2**. 242_{6M} **II 8B**. M*22* 38_{40}
- Zitadelle (Kaiserburg) **I 1**. 363_{27} **I 8**. 54_{38}
- Zur goldenen Sonne (Gasthof) **I 2**. $183_{33Z}.188_{9Z}.234_{8Z}.237_{31Z}$

Eger (Egerfluss) Fluss in Böhmen
 I 1. $106_{23M}.108_{32M}.121_{29Z}. 286_{11Z.13Z}.288_{2Z}.301_{26}.303_{13}. 322_{6Z}.334_{32}.336_{34}$ (Fluss). $341_{10.11}.343_{22}.346_{17}. 358_{26-27}$ (Fluss dieses Namens). $359_{27.30}$ (Fluss).$377_{25Z}.382_{26}$ **I 2**. $1_{22Z.27Z}.31_{22}.135_{1Z.38Z}.141_{27M}. 185_{36Z}.193_{21}.210_{29Z.35Z}.215_9.288_9. 290_5.316_{15.19}$ **I 8**. $32_9.38_{24.25}.40_{34}. 43_{32}.50_2$ (Fluss).$51_{2.5}$ (Fluss). $247_{27}.267_7.349_{20}.351_{20}.372_{8.12}. 419_{23.49}$ **I 11**. $105_{30}.107_{17}.140_8. 149_{25}$
 II 7. M*70* 152_8 *73* 160_{211} **II 8A**. M*115* 151_{23-24} *14* $37_{323-324}$ *17* 41_4 *2* $9_{231}.10_{244}$ *28* 47_6 *6* $17_{20-21.28}$
- Egertal **I 1**. $359_8.364_{23-24}$ **I 2**. 231_{34Z} **I 8**. $50_{22}.55_{34-35}$ **I 9**. 342_{16}
- Egerwiesen bei Fischern **I 2**. 125_8 **I 11**. 208_2

Egerbrücke s. *Karlsbad (Carlsbad)*
 II 8B. M*36* 56_{22}

Egerdistrikt, Egerkreis Verwaltungsbezirk und Landschaft um die Stadt Eger. Böhmen
I 1. 106$_{32M}$.358$_{25}$ I 2. 136$_{7Z}$.139$_{29Z}$. 140$_{5M}$.183$_{31Z}$.188$_{20}$.209$_{21Z}$.240$_{30M}$. 249$_{9M}$ I 8. 50$_1$.79$_{36}$.81$_{15}$.324$_{19}$ I 9, 260$_5$ I 11. 210$_{12}$.211$_6$.221$_5$ II 7. M 70 152$_{17}$ II 8A. M 113 149$_3$ II 8B. M 19 28$_{40}$ 36 56$_{23}$ 57 94$_2$
- Mineraliensuite II 8B. M 21 36$_4$ M 22 37–41

Egerischen Kammerberg s. Kammerberg (Kammerbühl)

Egerland s. Egerdistrikt, Egerkreis

Egitto s. Ägypten (Egypten), ägyptisch

Egraer Vulkan s. Kammerberg (Kammerbühl)

Egypten s. Ägypten (Egypten), ägyptisch

Ehrenberg Berg bei Ilmenau im Thüringer Wald
II 7. M 128 237$_3$ 29 48$_{21}$ 3 7$_{31-32}$ II 8A. M 126 165$_{8-10}$ 86 114$_{66}$

Ehrenfriedersdorf Bei Annaberg, sächsisches Erzgebirge, Zinnerzbergbau
I 2. 59$_{12Z}$.122$_6$.153$_{35-36}$.428$_{11M}$ I 8. 141$_{14}$ I 11. 206$_{26}$
II 7. M 124 235$_6$ 49 98$_{209}$ II 8A. M 49 74$_{5-6.12.22-23}$ 50 75$_9$ 58 80$_{65}$
- Mineraliensuite II 8A. M 125 164$_{14}$
- Mühlenstollen II 8A. M 49 74$_{19-20}$
- Zinnbergwerk I 2. 421$_{2-3M}$ II 7. M 113 221$_{27-29}$

Ehringsdorf Südlich von Weimar
II 7. M 11 21$_{328}$ 12 26$_{56}$

Eiben, Euben Basaltberg nördlich von Gersfeld in der Rhön
II 7. M 24 44$_{3.11-13}$

Eibenstock Stadt im sächsichen Erzgebirge
II 4. M 29 32$_{22-23}$

Eichwald Westlich von Teplitz, Böhmen
I 2. 32$_{36}$.37$_3$ I 8. 142$_4$ I 11. 150$_{38}$

Eifel Vulkanisches Bergland links des Rheins
II 7. M 37 60$_{6.9}$ II 8A. M 58 82$_{122}$ 69 99$_{38}$

Eilsen, Bad Bei Bückeburg
I 2. 7$_{32M}$.11$_{20Z}$
- Mineralwasser I 2. 11$_{12Z}$

Eimbeck (Einbeck) Ort in Niedersachsen
I 1. 273$_{29Z.32Z}$.274$_{1Z}$ I 2. 7$_{32M}$ II 7. M 23 43$_{182}$
- Zum Kronprinz (Gasthof) I 1. 273$_{33Z}$

Einbeck s. Eimbeck (Einbeck)

Einsiedel (Einsiedeln, Einsiedl; Böhmen) Nordöstlich von Marienbad
I 2. 51$_{12-13M}$.140$_{26M}$.153$_{19}$.186$_{24Z}$. 222$_{27}$.290$_{10.28}$ I 8. 140$_{36}$.254$_{10}$. 351$_{25}$.352$_7$
II 8A. M 114 150$_{17}$ 45 68$_{32}$ II 8B. M 6 9$_{113}$

Einsiedel (Einsiedeln, Kloster Einsiedeln; Schweiz) Gemeinde im Schweizer Kanton Schwyz, Benediktinerabtei Kloster Einsiedeln (Maria Einsiedeln)
I 1. 260$_{35Z}$.261$_{31Z}$ I 2. 206$_{10M}$ I 11. 251$_{20}$
II 2. M 9.18 183$_{20}$ II 8B. M 11 21$_{4-5}$

Eisack (Eiszack) Fluss in Tirol
II 8B. M 30 49$_{23}$ 31 51$_2$
- Eisacktal I 2. 240$_{1-2M.12M}$

Eisenach (Landesteil) Landesteil des Herzogtums Sachsen-Weimar-Eisenach
II 7. M 7 10$_{12}$ II 8A. M 63 94$_5$ II 8B. M 122 165$_2$ 72 109$_{143}$
- Gebirge II 7. M 7 10$_{6-7}$

Eisenach (Stadt) Im Herzogtum Sachsen-Weimar-Eisenach
I 1. 14$_{20}$.187$_{25M}$.189$_{6M}$.275$_{7Z.9Z}$ I 3. 404$_{6M}$.508$_{15M.28M}$ I 8. 421$_{29.40}$ I 10. 326$_7$ I 11. 2$_3$
II 2. M 10.2 205$_{10}$ 10.6 210$_{48.55}$. 211$_{58}$ S. 18 123$_2$ S. 30 141$_1$ S. 6 108$_9$ S. 8 110$_2$ II 4. M 59 70$_{20}$ II 6, M 133 266$_{261}$ 73 111$_{26.37}$ II 7, M 51 102$_2$ 7 9$_{2.4}$ II 8A. M 64 95$_3$ II 9A. M 88 132$_{41}$
- Herzögliche Gärten I 9, 18$_{18}$

Eisleben Westlich von Halle an der Saale; Bergbau auf Kupferschiefer
I 11. 24$_{41}$
II 7. M 15 31$_{42-45}$ 22 38$_6$ 23 39$_{36-37}$

Elba Mittelmeerinsel im Toskanischen Archipel, Italien
I 1. $245_{32M}.247_{17M}.249_{2M}$ I 2.
$123_{5Z}.133_{21M}.252_{10Z}$
II 7. M *111* $214_{121}.215_{164}$ II 8A.
M *70* 101_3 II 8B. M *21* 37_{28} *96* 152_4

Elbe Strom in Mitteleuropa
I 1. 121_{29Z} I 2. $4_{4Z}.26_{13Z.28Z.29Z.30Z}.$
$29_{14Z}.39_{30}.45_{16}.50_{26M}.193_{21}$ I 8.
$144_{28}.150_{28}.267_7$
II 8A. M *38* 61_4 *45* 67_{13} II 8B.
M *89* 144_{11} *95* 152_{36}

Elbingerode Östlich des Brocken im Harz
I 1. $6_{3Z.7Z}.68_{17-18M}.73_{7M.17M}.74_{21M}$
I 11. $23_{37}.25_{27}$
II 7. M *23* $40_{51}.43_{175}$ *52* $105_{16}.$
$108_{147.156}.110_{192}$ *56* 125_{34} II 8A.
M *31* $51_{70-71.77}$
- Kronprinz (Silbergrube) I 1. 73_{18M}
II 7. M *52* 108_{157} *56* 125_{34-35}

Elbogen (**Elnbogen, Ellbogen, Ellebogen**) An der Eger, südwestlich von Karlsbad
I 1. $126_{3Z.30Z}$ I 2. $55_{14M}.62_9.$
$117_{19-20Z}.118_{23Z}.121_4.128_{13M}.$
$129_{38}-130_{1M}.173_{30Z}.198_{7M}.211_{17Z}.$
$283_{3Z}.284_{19Z}.347_7$ I 8. $331_{17}.$
412_{24-25} I 11. $156_{19}.205_{23}$
II 2. M *9.9* 168_{761} II 8A. M *10S*
$140_{13}.142_{72}$ *48* 71_{13} *6* 17_{21} *86*
112_{15} *99* $133_{4.11}$ II 8B. M *10*
19_{86-87}
- Bezirk, Kreis I 1. 286_{30Z} I 2.
$152_{20}.205_{24}.290_{4.6}$ I 8. $80_{2-3}.$
$81_{14}.139_{33}.264_{25}.351_{19.21-22}$ I 11. 211_6
- Porzellanfabrik Gebrüder Haidinger I 2. $117_{15Z.26Z}.123_{16Z}.$
$129_{29-30M}.283_{4Z}$ II 8A. M *10S* 142_{64}
99 $133_{9-10.16-17}$
- Rathaus I 2. 283_{3Z}
- Todte Wiese II 8A. M *17* 41_6

Elend Südöstlich des Brocken im Harz
I 1. $55_{26Z.29Z}.72_{29M}.73_{5M}$ I 11. 23_{21}
II 7. M *44* 66_{24} *52* $108_{135.145}$ II 8A.
M *31* 51_{56}

Eleusis Stadt in Attika, nordwestlich von Athen
I 9. 280_{23}

Elfeld = Eltville am Rhein, westlich von Wiesbaden
I 2. $60_{3Z}.428_{25M}$
II 8B. M *58* 94_1

Elgersburg Nordwestlich von Ilmenau im Thüringer Wald
I 1. $31_{26M}.51_{2M}$ I 2. 52_{25}
II 7. M *128* 236_2-237_3 *17* 34_2 *18* 36_{19} *3* 6_8

Elici Hafen bei Valinco, Korsika
II 8A. M *74* 103_5

Ellenberg (**Helmberg**) Dorf nordwestlich von Ellwangen, Württemberg
I 1. 268_{4Z}

Ellwangen Württemberg
I 1. $267_{28Z.35Z}$ I 2. 193_8 I 8. 266_{30-31}

Elsass Region zwischen Kolmar und Straßburg an der linken Seite des Oberrheins
I 1. 1_{28}
- Unterelsass I 1. 1_1

Elster Fluss in Ost-Thüringen und Sachsen
I 2. 212_{7Z}

Empoli Am Arno, südwestlich von Florenz
I 1. 249_{19M} I 6. 227_{35}
II 7. M *111* 215_{181}

Ems, Bad Östlich von Koblenz
I 2. 73_{2Z}
II 8A. M *58* $79_{12}.80_{72}.82_{117}$
- Bergwerk II 8A. M *58* $80_{46-48.56}$
- Pfingstwiese II 8A. M *58* 81_{93}

Engelhaus (**Engelhausen**) Südöstlich von Karlsbad in Böhmen
I 1. $107_{23M}.108_{7-8M}.287_{3Z.13Z.16Z.23Z.}$
$_{37Z}.291_{19Z}.300_9.303_{22}.334_{21}.343_{30}.$
$344_{32}.346_{22}.350_{31.34}$ I 2. $129_{24M}.$
131_{28M} I 8. $31_{36}.41_4.42_9.43_{37}.$
$383_{15.17}.419_{15}$ I 11. $104_{10}.107_{26}$
II 7. M *73* $158_{147.164}$ II 8A. M *10S*
$142_{59-61}.143_{130}$ *14* 31_{104} *2* 11_{303} *4*
14_2 *7* 18 *86* 113_{41-44}
- Mineraliensuite I 2. 59_{13Z}

Engelsberg Schlossberg von Engelhausen in Böhmen
I 1. 108$_{2M}$
II 7. M 73 158$_{159}$
Engelskrone Bergwerk bei Altenau im Oberharz
I 1. 7$_{4Z}$
Engen Im Hegau in Südbaden
I 1. 260$_{3Z}$.267$_{25Z.26Z}$
Enger Weg Verengung des Bodetals im Harz
I 1. 76$_{38M}$
II 7. M 52 111$_{268}$
England, Englisch
I 1. 12$_{25M}$ **I 2.** 81$_{31-32Z}$.105$_2$. 107$_{27-28Z}$.154$_{10}$.174$_{32Z.37Z}$.255$_{15}$. 332$_{9.20.31}$.334$_{10.27}$ **I 3.** 228$_{12Z}$. 404$_{35M}$ **I 4.** 102$_{22}$.104$_8$.227$_{27}$. 240$_{10}$ **I 5.** 193$_{13}$ **I 6.** 62$_{12}$.95$_{24}$. 96$_3$.235$_{37}$.236$_{5.12.13}$.238$_{6.8.11.19}$. 239$_{13}$.241$_9$.242$_{17}$.243$_{9.15}$.244$_2$. 245$_{17}$.246$_1$.250$_{26-27}$.263$_{37}$.273$_{15-16}$. 283$_{26}$.288$_{28}$.289$_{20}$.294$_{21}$.296$_{4.8}$. 302$_{32}$.305$_{33.35}$.306$_{30}$.319$_2$.320$_{15}$. 324$_{4.11.14-15.15}$.328$_9$.334$_{30}$.351$_{18}$. 362$_{38}$.423$_{17}$ **I 7.** 12$_{29}$.14$_1$.22$_{23}$ **I 8.** 65$_8$.67$_{2-3}$.96$_{14}$.141$_{26}$.187$_{10}$.287$_{34}$. 318$_{3.5.9.34}$.361$_{29}$ **I 9.** 242$_{11}$.264$_{35}$. 369$_{15.24-25}$.371$_{28}$ **I 10.** 328$_2$.343$_{25}$. 368$_{22}$.370$_{30}$ **I 11.** 63$_{25}$.180$_{12}$. 189$_{21-22}$.219$_{13}$.225$_{36}$.235$_{2.12.23}$. 236$_{38}$.237$_{16}$.280$_{31}$.360$_{18}$
II 1A. M 44 225$_{80}$.230$_{274}$. 233$_{395-387}$ 69 290$_1$ **II 2.** M 5.3 28$_{27}$ **II 3.** M 34 274$_4$.28$_{27}$. 30$_{92.104}$.31$_{129.136-137.142}$.32$_{152-159}$. 33$_{219}$ **II 5B.** M 100 291$_{19}$ 114 332$_{89.90-91}$.333$_{107.114.114-115.122.132}$. 334$_{140.151.153.173}$.335$_{181}$ 40 147$_{16}$ 43 160$_{25}$ 60 193$_{33.41}$ **II 6.** M 100 199$_6$ 112 213$_{16}$ 113 215$_{11}$ 115 219$_{103-104}$.220$_{137}$.221$_{167}$.222$_{193.207}$ 119 226$_{35}$ 120 228$_{34}$ 133 267$_{287}$ 77 133$_{165}$ (Landsleute).141$_{461}$ 79 163$_{169}$.176$_{643}$ 90 189$_{1.16}$ (Nation).22 91 190$_{8.14}$.191$_{27}$ 92 191$_{4.7}$. 192$_{30.38-51}$ 98 198$_{1-2}$ **II 7.** M 104 200$_{12}$ 32 54$_2$ 96 193$_2$ **II 8A.** M 105 138$_5$ 50 75$_{10}$ 55 77$_{13}$ **II 8B.** M 72 109$_{119}$ **II 9B.** M 46 50$_{10}$ **II 10A.** M 27 87$_{42}$ 37 99$_{40}$ 57 116$_{73}$ 60 139$_1$ **II 10B.** M 1.2 7$_{150}$ 20. S 61$_{20}$ 24.3 112$_{10}$ S 26$_{14}$
- Kreidegebirge **II 7.** M 11 19$_{266-267}$
- Parlament **II 10A.** M 36 93$_5$

Engler Gebirge Teil des sächsischen Erzgebirges
II 7. M 29 49$_{42}$
Ennert Bergrücken bei Oberkassel, südöstlich von Bonn
I 2. 264$_5$ **I 8.** 369$_{51}$
Enteweiher Bergbaugebiet bei Kirchen an der Sieg, Nassau
II 8A. M 58 79$_{25}$
Entrévernes Ortschaft in den franz. Alpen, westlich des unteren Teils des Lac d'Annecy
II 2. M 10.2 205$_{19}$
Enz Nebenfluss des Neckar
I 1. 258$_{21Z.24Z}$
Eppelsheim Gemarkung im Amt Alzey
II 10B. M 34 160$_{1-2}$
Erbenhausen Ort in der Rhön, südlich von Kaltennordheim
II 7. M 19 37$_8$
Erbenheim Südöstlich von Wiesbaden
II 8A. M 66 96$_4$
Erbisdorf Ort bei Freiberg, Sachsen. Silberbergbau
- Alter grüner Zweig (Freiberger Zeche) **I 2.** 428$_{10M}$

Erde (Planet)
I 1. 284$_6$ (Weltteile).305$_{1.8.21}$. 306$_4$.310$_{2-26.27}$.311$_{1.7.9.11.17.20}$. 312$_{3.7.8.13.31}$.313$_{4.10}$.314$_{19}$.315$_{10.13}$. 316$_{9.11}$.317$_{8.26}$.354$_3$.386$_7$ **I 2.** 57$_{24M}$.76$_{14Z}$.94$_8$.149$_{23}$.151$_{29}$.170$_{25}$. 171$_5$.177$_{7Z.9Z}$.190$_1$.249$_{2M}$.266$_{14}$. 296$_{21.27}$.298$_{10M}$ (Planet).300$_{29M}$ (Planet).303$_{26M}$.354$_{26}$.380$_{23Z.31Z}$. 381$_{1Z.10Z}$.384$_{6Z}$.390$_{22}$.392$_{21Z.23Z}$. 403$_{20Z}$ **I 3.** 51$_{4-5}$.307$_{13.17}$.447$_{18}$ **I 4.** 17$_{31}$ **I 6.** 88$_{30}$.90$_{18.30.34}$.98$_{29.30}$. 110$_{10}$.175$_{19.22.32.34}$.176$_{1.6}$. 310$_{2.5.7.12}$.322$_{35}$.330$_3$ **I 8.** 79$_{21.24}$. 84$_{10}$.85$_{26.28.36}$.93$_{16}$.139$_9$.163$_{37}$.

$164_{17}.201_{12.24}.236_{27.31}.237_{28.31}.$
$241_1.276_{37}.294_{10}.322_{14.16.19.23}.$
$325_{25}.327_2.329_{23(?)}.354_{12}.371_7$
I 9. $13_{31}.172_4.636.64_5.65_3.79_{32}.$
$81_6.83_{14}.87_3.97_2.140_{22}.172_2.$
$261_{3.29}.263_{13}.318_{2.7}.336_5.382_{14}$
I 10. $122_2.200_{14}.201_{2.8.15.22}.202_{35}.$
$203_{23.33}.204_{15}.217_{19}.313_{23}.327_7.$
333_{37} **I 11.** $53_{12}.109_{15}.110_{31}.111_1.$
$113_{16.20}.114_{7-31.32}.115_{8.14-18.24.27}.$
$116_{14.18.19.24}.117_{10.18.24}.118_{31}.$
$119_{30.32}.121_{19}.143_{26}.216_{31}.$
$230_{8.20-21}.246_2.247_{37}.248_{22}.249_{12}.$
$261_{15.20}.262_{25.29.35-36}.263_{18.29.33}.$
$264_{11}.267_{28}.269_{15}.271_{13}.305_{11}.$
320_{20}
II 1A. M 17 150_{62} 30 $186_{628-631}$
56 259_{49} M 56 $260_{95}-261_{127}$ 83
$320_{226}.321_{268.275}$ **II 2.** M 2.8 16_{12-24}
2.9 16_3 5.3 32_{204} 7.12 61_2 7.3
$44_{11.18}.46_{104}$ 7.4 $48_{1.13}$ (Planeten).$_{16}$ 7.8 $54_{158.177-178}$ (Planeten) 8.24 133_8 8.25 $135_{7.19-31}.136_{53}$
9.2 143_{57} **II 4.** M 70 85_{111} **II 5B.**
M 102 $296_{69.73.75-76}.297_{110.114}.$
$299_{192.193}$ 14 $53_{18}.56_{155}$ **II 6.** M 120
229_{62} 123 236_{90} 23 $26_{33.35}.27_{67}$
79 $173_{530}.175_{581-596}.181_{813-814}$ 82
183_{22} **II 8A.** M 14 32_{134} 48 73_{86}
60 86_{28} 9 $19_{8}.20_{30}$ **II 8B.** M 19
28_{34} 39 $65_{30}.67_{108}$ 72 $106_{19.30}$ 99
155_6 **II 10A.** M 69 149_{11} (Planet)
II 10B. M 1.3 12_5 21.9 71_{96}

Erdfälle Bei Holzhausen westlich von Pyrmont
I 1. 274_{15Z}

Erendberg = Erresberg. Berg bei Gerolstein. Eifel
II 8A. M 69 98_2

Erfurt Stadt am Südrand des Thüringer Beckens, im Tal der Gera
I 1. $13_{25}.32_{27M}.255_{8Z.15Z}$ **I 3.** 280_{7Z}
I 6. $348_{10.11}.349_{29}$ **I 11.** 1_{12}
II 7. M 11 $13_{20}.14_{67}$
- Roter Berg **I 1.** 30_{14} **II 7.** M 14 29_6
- Schottenkloster **II 6.** M 71 $96_{184-185}$

Erlbrunnen Am Tillberg, südöstlich von Eger. Böhmen
II 8B. M 36 59_{163}

Erpel Am Rhein, nördlich von Linz
II 8A. M 58 79_{20-31}

Erzgebirge Mittelgebirge im Grenzraum von Sachsen und Böhmen. Siehe auch Engler, Fastenberger und Jugler Gebirge
I 1. $116_{8M}.198_{37}$ **I 2.** 27_{30Z}
(Gebirge).28_{5Z} (Gebirge).$34_{20.23}.$
$35_{4M}.51_{33M}.58_{22M}.215_{19}.423_{12M}.$
428_{8M} **I 8.** $81_{15}.82_{15}.85_{18}.89_{4.11}.$
$248_1.331_{24}.419_{11.16.17}$ (Mittelgebirgs).$_{46}$ **I 11.** $152_{18.21}$ (Gebirge).211_{23}
II 2. M 9.9 $168_{762.768.808-810}.169_{808}$
II 7. M 105 202_{62} 29 49_{42} **II 8A.**
M 29 48_1 36 58_4 38 61_7 45 68_{50} 46
69_{11-12} 49 74_{10} 50 $75_{4.10}$
- Sächsisch-böhmisches **I 2.** 394_7
I 11. 312_{12-13}
- Sächsisches **I 1.** 91_8 **I 2.** 256_{21}
I 11. 227_{5-6} **II 7.** M 128 237_3 15
31_{22-23} 29 49_{30-41} 49 98_{208} (Sächs. Gneus Gebirge) **II 8A.** M 50 75_4

Eschenbach Stadt südöstlich von Ansbach. Mittelfranken; heute Wolframs-Eschenbach
I 1. 268_{10Z}

Eschwege An der Werra. Hessen

Esdremadura = Estremadura. Provinz in Portugal
II 8B. M 46 86_{1-2}

Espenthor Bei Karlsbad
I 2. 124_{24M}
II 8A. M 107 139_{14}

Espiritu Santo Stadt in Brasilien
II 2. M 7.8 53_{145}

Essex Grafschaft im Osten Englands
I 8. 291_3
II 2. M 5.3 30_{119}

Este Bei Padua am Fuße der Colli Euganei
I 1. $130_{15Z}.196_{10Z}$

Este, Gebirge von s. *Colli Euganei*
Etna s. *Ätna (Etna)*
Etrurien s. *Hetrurien*
Etsch s. *Adige*

Ettern (Öttern) Südlich von Weimar
II 7. M 11 $19_{259}.20_{282-283}$ 12 $25_{24}.$
$26_{41.46}$ 13 $28_{1.8}$

ORTE 253

Etternischer (Ötternischer) Steinbruch Im Ilmtal südlich von Weimar
I 1. 11$_{17-18Z}$.14$_3$ I 2. 83$_{7Z(?)}$ I 11. 1$_{21}$

Ettersberg Höchste Erhebung nördlich von Weimar
I 1. 13$_{18.27.31}$ I 2. 358$_{6Z}$.371$_{23-24M}$. 372$_{12M}$ I 8. 73$_{34-35}$.421$_{37}$ I 11. 1$_{5.14.18}$.196$_{21-22}$.251$_{30.32}$.304$_{19}$ II 2. M S.*2* 88$_{619}$ II 7. M *11* 12–16. 22$_{364-368.381}$.23$_{412}$.24$_{442}$ *12* 25$_{16.30}$. 26$_{48-49.59}$.27$_{100}$ II 8B. M *73* 118$_{7.29}$

Ettersburg, Schloss Auf dem Ettersberg, nördlich von Weimar
I 9. 240$_{33}$
II 7. M *11* 16$_{145}$

Ettersburger Forst Bei Weimar
II 9B. M*51* 54$_{10}$

Etterwinden Am Westrand des Thüringer Waldes
I 1. 189$_{12M}$
II 7. M*51* 103$_{31}$

Euganeische Gebirge s. *Colli Euganei*

Eule = Jílové, südlich von Prag
II 8B. M *105* 157$_1$

Europa, Europäisch
I 1. 284$_{5-6}$ (europäische Reiche). 318$_{19}$ (alter Kontinent) I 2. 107$_{33}$. 192$_{13}$–193$_{27}$.200$_{16Z}$.227$_{33-34}$. 239$_{17M}$.251$_{22Z}$ (Alte Welt).303$_{17M}$. 359$_M$ (Kontinent).388$_{28}$ I 4. 239$_{25}$ I 6. 321$_{23}$.325$_{31}$.329$_{35}$ I 8. 266$_7$. 373$_{33-34}$ I 9. 188$_{31}$ I 10. 201$_{25.29}$. 400$_{20}$ I 11. 53$_{11}$.122$_{12}$ (alten Kontinent).159$_1$ (alten Welt).$_{15}$ (alten Welt).160$_{28}$ (alten Welt).161$_{2-3}$ (Weltteile).201$_3$ (der alten Welt). 260$_8$.295$_3$ (europäische Literatur). 307$_{16}$
II 2. M 7. S 50$_{19}$ *9.20* 185$_7$ *9.24* 189$_7$ II 5B. M*114* 334$_{152}$ II 6. M*115* 218$_{55}$ *27* 31$_{40}$ *90* 189$_8$ II 7. M*15* 31$_{17}$ II 8A. M*12* 23$_{65}$ II 8B. M*120* 165$_2$ *27* 47$_7$ (unsrigen).$_{12}$ (der Alten) *30* 49$_7$ *39* 69$_{186}$ *95* 151$_{28-29}$ (Continent) II 9B. M*38* 42$_{24}$ II 10B. M*4* 22$_7$

- Gebirge I 1. 319$_{5.14}$ I 11. 122$_{33}$. 123$_4$.160$_{38}$ (alten Welt)
- Nordeuropa I 2. 387$_{11}$ I 9. 323$_{42}$ I 11. 319$_{21-22}$

Eutin Residenzstadt des Fürstbischofs von Lübeck, ab 1803 Teil des Großherzogtums Oldenburg
II 10A. M*57* 132$_{727}$

Euxy Armenien
II 7. M *107* 208$_{143}$

Exeter Landschaft im Südwesten Englands
I 2. 103$_{21}$ I 11. 188$_8$

Eyach Nebenfluss des Neckars bei Balingen
I 1. 259$_{5Z}$

Fabriano Stadt in der italienischen Provinz Ancona, nordöstlich von Perugia
I 6. 221$_{34.38}$

Falecia Westnordwestlich von Mailand in den Südalpen
I 1. 247$_{14M}$
II 7. M *111* 214$_{119}$

Falkenau An der Eger, westlich von Karlsbad
I 2. 208$_{27Z}$.210$_{29Z.34-35Z}$.283$_{20Z}$ I 9, 328$_{14}$.342$_{3.16}$
II 8B. M*24* 43$_4$ *29* 48$_{13}$

Falkenlust Jagdschloss bei Brühl zwischen Köln und Bonn, seit 1807 Eigentum und seit März 1807 Wohnsitz von Karl Friedrich und Christine Friederike Reinhard

Falkenstein Am Donnersberg, südwestlich von Kirchheimbolanden, Pfalz
II 8A. M*58* 83$_{182}$

Farmleiten, Hohe (Farnleiten, Farmleuten, Hohenfarbenleuten) Granitberg südlich des Schneebergs im Fichtelgebirge
I 1. 103$_{30M.34M}$.104$_{19M}$.106$_{1M}$
II 7. M *73* 156$_{49-54.76}$ (Pfarrenleit). 159$_{182}$

Farnleuth s. *Farnleiten, Hohe (Farnleiten, Farmleuten, Hohenfarbenleuten)*

Faröerinseln (Farö-Inseln) Inselgruppe im Nordatlantik zwischen Britischen Inseln, Island und Norwegen
I 2. 174$_{26Z}$
Fassa Thal (Fassatal, Fassa Gebirg u. ä.) In den Südtiroler Alpen, südöstlich von Bozen
I 2. 100$_{27M}$.101$_{1M}$.102$_{7M}$.107$_{18Z}$. 240$_{2M,12M}$
II 8A. M 57 115$_2$ 90 118$_1$ 91 119$_1$
II 8B. M 30 49$_{23}$ 31 51$_2$
Fastenberger Gebirge Teil des Erzgebirges bei Johanngeorgenstadt
II 7. M 29 49$_{43}$
Favara Ort auf Sizilien bei Agrigent
II 7. M 88 180$_{20}$
Fechenbach Südlich von Darmstadt
I 1. 257$_{4Z}$
Felß Thal Südlich von Engelhausen, links der Tepl, bei Karlsbad
II 8A. M 7 18
Felsenkeller Gast- und Logierhaus in Ilmenau *s. Ilmenau*
Felsobanya Bergstadt in den Karpathen, Ungarn (Rumänien)
II 8A. M 34 56$_{7-8}$
Fichtelberg Berg im sächsichen Erzgebirge
I 1. 359$_{24}$ I 8. 50$_{36-37}$ I 11. 211$_6$
II 7. M 105 203$_{7-4}$ 70 152$_{1-3}$ 79 166$_8$
- Mineraliensuite II 7. M 105 201$_{10}$. 202$_{44}$
Fichtelgebirge (Fichtelberg, Fichtelberge) Mittelgebirge in Oberfranken
I 1. 102$_{11M}$.105$_{29M}$.106$_{17M}$.359$_{35-36}$. 382$_{27}$ I 2. 58$_{13M,18M}$.144$_{26}$.153$_{34}$. 193$_{16}$.215$_{18}$.279$_{28Z}$.316$_{25}$.425$_{12M}$. 426$_{23M}$ I 8. 51$_{10}$.75$_{24}$.79$_{34}$.89$_{9-10,16}$. 141$_{13}$.171$_2$.247$_{36}$.267$_2$.324$_{18}$. 331$_{12}$.372$_{18}$ I 11. 140$_9$
II 2. M 9.9 160$_{454}$.161$_{489}$.163$_{566}$
II 7. M 74 163$_{2-3}$ II 8A. M 123 161$_{12}$ 46 69$_{3-4}$ 86 112$_{16}$.114$_{61,65}$
II 8B. M 122 165$_1$ 33 51$_2$
- Mineraliensuite I 2. 252$_{6Z}$ II 8A. M 125 164$_{19}$

Fichtelsee Moorsee östlich vom Ochsenkopf im Fichtelgebirge
I 1. 106$_{19M}$
II 7. M 70 152$_4$
Fiesole Bei Florenz
I 1. 248$_{33M}$.249$_{13M}$ I 2. 108$_{12M}$ I 6. 221$_{27,37}$
II 7. M 111 215$_{159,176}$ II 8A. M 96 127$_7$
- Berg I 1. 248$_{19-20M}$ II 7. M 111 214$_{151}$ (Monte)
Figline di Prato Am Arno, südöstlich von Florenz
I 1. 248$_{12M}$ I 2. 108$_{24M}$
II 7. M 111 214$_{137}$ II 8A. M 96 127$_{18}$
Filzteich, Großer Im Gebiet der Erzgruben von Schneeberg im Erzgebirge
I 1. 116$_{17M}$.118$_{19M}$
II 7. M 80 167$_7$.169$_{73}$ 83 172$_2$
Finbo Bei Falun, Schweden
II 8B. M 85 139$_{19,24}$
Fingalshöhlen Grotten mit Basalthöhlen an der Küste der Hebriden-Insel Staffa
I 2. 335$_{2-3}$ I 11. 237$_{29}$
Finneberg (Firneberg) = Virneberg, bei Rheinbreitbach am Rhein
II 8A. M 58 79$_{29}$.80$_{53,68}$ M 58 80$_{73}$–81$_{75}$.81$_{79}$
Finnegebirge Zwischen Unstrut und Ilm nordöstlich von Weimar („Die Finne")
II 7. M 11 22$_{390}$.23$_{418,420}$.24$_{442}$
Finnland Nordeuropäisches Land
II 8A. M 78 108$_{14}$
Fischbach Östlich von Eisenach
I 1. 14$_{24}$ I 11. 2$_6$
Fischbach, Rhön Ort nordwestlich von Kaltennordheim
II 7. M 19 37$_6$
Fischern Westlich von Karlsbad
I 1. 286$_{14Z}$.299$_{21}$.303$_{14}$.332$_{30}$. 343$_{22}$.344$_{18}$ I 2. 2$_{18Z}$.125$_{7,25}$. 128$_{19M}$.131$_{24M}$ I 8. 30$_6$.40$_{34}$.41$_{30}$ I 11. 103$_{20}$.107$_{18}$.208$_{1-17,19}$.211$_{30}$
II 8A. M 108 141$_{19}$.143$_{127}$
Fladungen Stadt im Norden Bayerns, östlich von Fulda
I 8. 421$_{27}$

Flinsberg, Bad Im Isergebirge in Schlesien
II 2. M S.13 115$_{13}$ S.15 118$_{48}$ S.17 122$_5$ **II 7.** M 102 197$_{20.20}$
- Kobaltwerk **II 7.** M 102 197$_{20}$
- Mineralische Quelle **II 7.** M 102 197$_{21}$

Flintshire Bezirk im Nord-Osen von Wales
I 2. 422$_{31M}$
II 7. M 113 222$_{73}$

Florenz Stadt in der Toskana, Italien
I 1. 245$_{18M.19M}$.248$_{9M.17M.26-27M}$ **I 2.** 352$_{15}$ **I 6.** 123$_{19}$.220$_3$.222$_{27}$.226$_{30}$. 227$_{37}$.416$_{30}$ **I 8.** 273$_{36}$.316$_{21.26}$. 417$_{30}$ **I 10.** 366$_{26}$.367$_{5.33}$
II 7. M 111 214$_{141}$ **II 8B.** M 4 5$_7$
II 9B. M 33 31$_{16}$ **II 10A.** M 2.12 17$_{13}$
- Akademie, Malerschule **I 6.** 223$_{7-8}$. 227$_{29}$.228$_1$.304$_{34-35}$
- Basilica di San Lorenzo **I 1.** 247$_{27-28M}$ **II 7.** M 111 214$_{127-128}$
- Berge **I 1.** 242$_{29-30M}$ (Anhöhen).$_{30M}$ **II 7.** M 111 211$_{25-26}$
- Galerie **I 6.** 231$_{34-35}$
- Giardino di Boboli (Boboli-Garten) **I 1.** 248$_{19-20M}$ **II 7.** M 111 214$_{144-145}$
- Palazzo Pitti **I 1.** 248$_{29M}$
- Piazza della Santissima Annunziata **I 1.** 247$_{24-25M}$ **II 7.** M 111 214$_{125-126}$
- Ruinen **I 2.** 350$_{13}$ **I 8.** 415$_{32}$
- San Francesco di Paola **I 1.** 248$_{23-24M}$ **II 7.** M 111 214$_{148-149}$
- Santa Margherita a Montici **I 1.** 248$_{21-22M}$ **II 7.** M 111 214$_{146-147}$

Florenz (Großherzogtum) s. Toskana

Flörsheim Am Main, zwischen Wiesbaden und Frankfurt
I 2. 60$_{23Z}$
II 8A. M 58 79$_5$

Floßberg (Flußberg) Nordöstlicher Hang des Lindenbergs südlich von Ilmenau im Thüringer Wald
II 7. M 30 52$_7$

Floßgraben Bei Ilmenau
I 1. 111$_{11M}$

Flüelen Im Schweizer Kanton Uri
I 1. 262$_{30Z}$

Fondi Stadt an der Via Appia, südöstlich von Rom
I 1. 140$_{7Z.18Z}$

Fontainebleau Stadt südöstlich von Paris
I 2. 6$_{12Z}$

Forno Unklar; wohl Lokalität bei Frascati
I 1. 138$_{32M}$
II 7. M 94 187$_{78}$

Fort Saint-Jean Erste Stadtbefestigung Lyons vom Beginn des 16. Jh.
II 7. M 49 100$_{314}$

Fortuna Zinnbergwerk im Erzgebirge
II 8A. M 49 74$_{10}$

Fraischland (Fraischgebiet) Landschaft an der bayerisch-böhmischen Grenze, südöstlich von Eger
I 2. 315$_{2M}$
II 8B. M 38 63$_1$

Franciskusstrom Rio São Francisco, Fluss im Osten Brasiliens
II 2. M 7.8 55$_{227}$

Franckenhain (Frankenhain) s. Frankenheim (Rhön)

Franken
I 1. 256$_{8Z}$

Frankenheim (Rhön) Zwischen Meiningen und Fulda, eine der Stationen des meteorologischen Messnetzes Sachsen-Weimar-Eisenach
I 8. 421$_{25}$ **I 11.** 247$_{22}$.252$_8$
II 2. M 10.4 207$_{2-7.24.29}$.208$_{55}$ S.22 131$_1$ S.23 132$_2$ (Frankenhain) S.27 137$_3$ S.30 141$_2$ S.6 108$_{23}$

Frankenscharrer Hütte Clausthaler Silberhütte im Innerste-Tal im Harz
I 1. 79$_{14M.18M}$
II 7. M 43 65$_{2.6}$

Frankenstein Südöstlich von Reichenbach und nördlich vom Eulengebirge in Schlesien
II 7. M 102 196$_4$

Frankfurt a. M. Stadt am Main, südöstlich des Taunus
I 1. 255$_{26Z.29Z}$ (Stadt).
256$_{5Z.7Z.24Z.30Z}$.292$_{26M}$ I 2. 60$_{25Z}$.
65$_{4Z}$.74$_{1Z}$.81$_{24Z}$.91$_{9Z}$.225$_{29}$.421$_{31M}$
I 3. 0$_{10}$.81$_{17Z}$ I 6. 334$_{28}$ I 8. 257$_{11}$
I 10. 319$_{30}$
II 2. M9.18 183$_{38}$ 9.25 191$_{26}$
II 7. M113 221$_{48}$ II 8B. M 7 10$_{12}$
II 10A. M2.8 12$_5$ II 10B. M23.1
92$_{33}$ (Stadt)
- Eschenheimer Tor I 1. 255$_{30Z}$
- Garten von Simon Moritz Bethmann I 2. 59$_{24-25Z}$
- Mineralienkabinett I 2. 65$_{5Z}$
- Museen I 2. 68$_{30Z}$
- Senckenbergisches Stift I 2. 65$_{5-6Z}$ (Bibliothek).$_{6Z}$ I 10. 249$_{18-19.19-20}$
Frankreich, Französisch
I 1. 10$_{19Z}$.60$_{22}$.137$_{33Z}$.227$_{7M}$ (Feind).309$_{27M}$ (französische Konsul).355$_{5-6Z}$ I 2. 57$_{29M}$.164$_{19.28}$.
390$_{19}$.392$_{5M}$.394$_{1-2}$.408$_{13}$ I 3.
89$_{29Z}$.111$_2$.230$_{12}$.313$_{12Z.14Z}$.405$_{1M}$.
460$_{10}$.505$_3$ I 4. 37$_5$.151$_{11}$.163$_{31}$.
165$_{24}$.182$_{4-5}$.213$_{25}$.225$_{14}$.227$_{29}$.
232$_{2-4.9}$.240$_9$ I 5. 130$_4$.136$_{30}$ I 6.
150$_{16}$.172$_{13}$.230$_{17}$.233$_{30}$.234$_1$.
236$_{20.29}$.238$_6$.241$_{10}$.277$_{13}$.289$_{21}$.
305$_{29.30}$.306$_2$.309$_{12}$.311$_{26-27}$.
316$_{3.12}$.318$_{33}$.319$_8$.320$_9$.321$_{25}$.
324$_{10.11.14-15.16-17.21.23}$.328$_{9-10}$.
329$_{20-21}$.333$_{28}$.334$_{29.30}$.342$_{23}$.343$_1$.
352$_{30.31-32}$.364$_{34}$.365$_{3.10-11}$.373$_3$.
388$_{33}$.392$_{37}$.422$_{38}$ I 7. 14$_1$ I 8.
11$_{11}$.14$_{44}$.95$_{31-32}$.96$_{12}$.157$_{28-29}$.
158$_2$.207$_{2.29.35}$.208$_{30}$.274$_{22}$.
275$_{20-21}$.276$_{21}$.277$_{9-10}$.289$_5$ I 9.
19$_{5-6}$.242$_{11}$.294$_{8-9}$.309$_6$.369$_{15}$ I 10.
263$_{24-25}$.268$_{32}$.302$_{23}$.308$_{33}$.309$_1$.
310$_{16.19}$.315$_{32}$.318$_{17-21}$.326$_{27-28}$.
337$_{28}$.343$_{26}$.371$_{35}$.373$_6$.380$_{15.22}$.
382$_{1-2}$ (Nachbarn).$_{18-19.19.36}$.
385$_{16-17}$.391$_{26}$.398$_{7-8.32.36}$ I 11.
14$_{18}$.63$_{24}$.78$_{20}$.219$_{18}$.276$_{3.35-36}$.
280$_{30.31.34}$.302$_{28}$.312$_7$.313$_{34-35}$.
320$_{17}$.349$_3$
II 1A. M73 302$_{15}$ 79 309$_4$.310$_{29.55}$
83 326$_{453-454.478}$.327$_{524}$ II 2. M5.3

29$_{61}$ S.1 66$_{81}$ 9.33 198$_5$ (ganze Königreich) II 3. M34 28$_{32}$ II 4.
M61 72$_{46}$ 67 78$_2$ 72 87$_{36}$ 73 91$_{36}$
II 5B. M114 334$_{146.166.166-167.170}$ 40
147$_9$ 43 160$_{30}$ 55 181$_7$ 58 188$_{26-28}$
60 193$_{30.41}$ 67 203$_3$ 77 233$_{21}$ 78
236$_{56.62}$ 94 260$_9$ 95 261$_{15}$ II 6.
M100 199$_5$ 112 214$_{63}$ 113 215$_{15}$
114 216$_{19}$ 115 219$_{103-105}$.220$_{121}$.
221$_{166}$.222$_{190.200.218}$.223$_{225-255}$ 133
267$_{289}$ 71 98$_{251}$ 79 164$_{174-175}$ 90
189$_3$ M91 190-191 M92 191-193
98 198$_1$ 99 198$_2$ II 8A. M51 75$_1$
58 79$_{11.16-17}$ 76 105$_{14}$ II 8B. M113
162$_6$ 26 46$_6$ 55 93$_{24}$ 76 129$_{44}$
79 133$_5$ II 9B. M49 52$_{13}$ 56 66$_9$
II 10A. M37 99$_{40}$ II 10B. M21.7
66$_4$ 21.9 69$_{57}$.70$_{69-70.76}$ 22.10
83$_{10}$.84$_{20}$ (Landsmann) 22.15
89$_1$ 22.16 91$_1$ 24.3 112$_{10}$ 24.9
117$_4$ 25.10 152$_{7-8.23}$ (Staat) 25.9
150$_{23-27}$
- Kreidegebirge II 7. M11 19$_{267}$
- Südfrankreich I 11. 161$_{25TA}$
Franzenbrunner Moor s. Franzensbad (Franzenbrunn, Franzensbrunn, Fr. Brunn u. ä.)
Franzensbad (Franzenbrunn, Franzensbrunn, Fr. Brunn u. ä.)
Nördlich von Eger, Böhmen
I 1. 323$_{14Z.14Z}$.354$_{24Z}$.355$_{32M}$.
356$_{11M.23Z}$.357$_{27}$.359$_{21}$.360$_2$ I 2.
160$_{16}$.186$_{25Z}$.187$_{10Z}$.202$_{15}$.209$_{35Z}$.
210$_{2Z.16Z}$.211$_{21-22Z}$.229$_{19}$.230$_{33Z}$.
231$_{32Z}$.233$_{2-3Z}$.244$_{21M}$.275$_{21Z}$.
313$_{9-10}$ I 8. 49$_5$.50$_{34}$.51$_{14-15}$.167$_{14}$.
261$_{19}$.375$_{18-19}$.407$_{34}$
II 8A. M111 147$_4$ 24 45 II 8B.
M22 41$_{120}$ 36 56$_{26}$
- Franzensbrunner Moor I 1.
358$_{30.38}$.359$_{7-8.26}$.364$_{24}$ I 8.
50$_{5-6.14.21}$.51$_1$.55$_{35}$
- Lusthäuschen I 1. 356$_{9M}$.357$_{29}$.
359$_{18}$.360$_{8-9.13}$.362$_{37}$.367$_4$.369$_{22}$
I 8. 50$_{31}$.51$_{21.26}$.54$_{11}$.58$_{15}$.60$_{36}$
II 8A. M24 45$_{13}$
Französische Akademie s. Paris
Frascatanische Vulkane s. Albaner Berge (Albanische Vulkane)

ORTE 257

Frascati Südöstlich von Rom
I 1. 138$_{28M.31M}$
II 7. M 94 186$_{75}$.187$_{78}$
Frauenberg Gebirge in Böhmen
I 8. 419$_{15}$
Frauenbreitungen An der Werra am nordwestlichen Rand des Thüringer Waldes
I 1. 13$_{5M}$
II 7. M 32 54$_{13-14}$
Frauenprießnitz Ort in Thüringen, in der Nähe von Dornburg
II 2. M 10.7 211$_5$.212$_{8-12}$
Frauenstein (bei Wiesbaden) Dorf westlich von Wiesbaden
- Nürnberger Hof (Ausflugslokal)
I 2. 72$_{21-22Z}$
Frauenstein (Erzgebirge) Ort zwischen Freiberg und Teplitz
II 7. M 9 11$_{10}$ II 8A. M 41 64$_{25}$
Freibach Hauptquellbach der Ilm. Thüringer Wald
I 1. 54$_{29M}$
Freibächer Teiche (auch: Rödelteiche) Bei Stützerbach südwestlich von Ilmenau: Speicher für die Bewässerung des Ilmenauer Bergbaus
I 1. 17$_{32M}$.46$_{18M}$.54$_{29M.31M}$.55$_{1M}$. 110$_{2M}$ (Teiche).111$_{10M}$.176$_{21-22}$
Freiberg (Freyberg; Sachsen) Sitz der Verwaltung der sächsischen Bergwerke, Bergakademie seit 1765 und Bergbau (v.a. Silber)
I 1. 27$_{19M}$.35$_{32M}$.118$_{14M}$.191$_{33Z}$. 204$_{15}$.205$_1$.288$_{24Z}$.321$_{15Z}$ I 2. 423$_{4M}$.428$_{9M}$
II 7. M 124 235$_4$ 71 154$_{11}$ 72 154$_{1-3}$ 80 169$_{68}$ 82 172$_5$ 9 11$_{2.10}$ 98 193$_2$ II 8A. M 31 51$_{72}$ II 8B. M 72 110$_{170}$ 90 145$_{27}$
- Freiberger Schule, Bergakademie
I 1. 304$_{14}$.312$_{10}$ I 2. 93$_{21}$.253$_{13}$ I 8. 27$_8$ I 11. 108$_{21}$.116$_{21}$.224$_3$
- Grüner Zweig (Grube) II 7. M 124 235$_5$
- Kurfürstliches Oberbergamt I 1. 199$_4$ II 8B. M 89 143-144
- Rath Steinbruch II 7. M 105 203$_{72}$

- Schmelz-Administration I 1. 118$_{11M}$ II 7. M 80 169$_{65}$
Freiburg im Breisgau Stadt im Westen des Schwarzwaldes
I 1. 259$_{26Z}$ I 2. 31$_{19}$ I 11. 149$_{22}$
Freiheits-Grütli s. *Rütli*
Freisen Südöstlich von Idar-Oberstein an der Nahe, Pfalz
II 8A. M 69 99$_{29}$
Freundschaft Bergwerk bei Kirchen an der Sieg, Nassau
II 8A. M 58 83$_{183}$
Friedberger Warte Nördlich von Frankfurt am Main bei Brockenheim
I 1. 256$_{13Z}$
Friedeberg Südöstlich von Görlitz in Schlesien
I 1. 194$_{6Z}$
II 7. M 102 197$_{19-22}$ II 8A. M 19 42$_1$
Friedrichroda (Friedrichrode) Südwestlich von Gotha
I 1. 28$_{22M.23M.26M}$.208$_7$
II 7. M 33 55$_{7-8.11}$ II 8A. M 63 94$_{6-7}$ 64 95$_{4..9}$
- Herzog-Ernst-Stollen I 1. 28$_{24M}$
II 7. M 33 55$_8$
Friedrichsthal Glashütte nordöstlich von Saarbrücken
I 1. 5$_{18-19Z}$
Frittlingen Östlich von Villingen-Schwenningen in Südbaden
I 1. 259$_{9Z}$
Frose Südöstlich von Halberstadt: Fundort eines fossilen Stier-Skelettes, Urstier
I 9. 255$_4$.257$_{17}$
II 10A. M 39 102$_1$
Fuldische Lande = Fuldaische Landesteile
I 2. 425$_{5M}$
II 8A. M 123 161$_5$
Funckenstein Südlich von Karlsbad, rechts der Tepl
II 8A. M 7 18
Fürfeld Ort in Württemberg, Neckarkreis
I 1. 258$_{9Z}$

Fürstenberg Fürstentum, umfasste den östlichen Schwarzwald und den Oberlauf der Donau
 II 7. M47 89$_{10}$
- Gebirge, Bergbau II 7. M61 131$_{1,4}$
- Mineraliensuite II 7. M64 137$_{10-12}$

Fürstenvertrag Grube in Schneeberg *s. Schneeberg (Erzgebirge)*

Fürstenwalde An der Spree, östlich von Berlin
 I 2. 375$_{30}$.376$_{11,18}$.378$_{17}$ I 11. 297$_{21-22}$.298$_{2,8}$.310$_{13}$
 II 8B. M69 103$_{20}$

Fürth Stadt in Mittelfranken
 I 1. 255$_{19Z}$

Furthammer Im Fichtelgebirge
 I 1. 106$_{26}$
 II 7. M70 152$_{11}$

Füssen Stadt im Ostallgäu an der Grenze zu Österreich
 I 1. 195$_{10Z}$

Gabe Gottes Erzgrube *s. Johanngeorgenstadt*

Gaberndorf Nordwestlich von Weimar
 II 7. M11 14$_{80,87}$.15$_{98}$

Gabhorn Südöstlich von Karlsbad
 II 8A. M6 17$_{32}$

Gakenbach Im Raum von Limburg an der Lahn, Nassau
 II 8A. M58 82$_{120}$

Galgenberg (bei Karlsbad) *s. Karlsbad (Carlsbad)*

Galgenberg (bei Waltsch) *s. Waltsch (Walsch)*

Galizien
 I 2. 52$_{18M}$
 II 8A. M44 66$_{8}$ II 8B. M21 37$_{13}$

Gallipoli Süditalien, Hafenstadt in Apulien
 II 9B. M33 34$_{129}$

Gardasee (Lago di Garda) Im mittleren Norditalien
 I 1. 128$_{33M}$
 II 7. M94 185$_{27}$

Garonne Fluss, Frankreich
 II 8A. M12 23$_{65}$

Gasthof „Hafer" Zwischen Karlsbad und Engelhausen
 I 1. 287$_{26-27Z}$

Gefell Nordnordöstlich von Hof, im Vogtland
 I 1. 323$_{23Z}$

Gefrees Im Fichtelgebirge, östlich von Kulmbach
 II 8B. M117 163$_{3}$

Gehag (Gehaag) Südlich von Eger, Böhmen
 II 8B. M36 56$_{18}$

Geisberg Berg im Norden von Wiesbaden
 I 2. 72$_{31Z}$

Geising Zwischen Zinnwald und Altenberg, sächsisches Erzgebirge
 I 2. 39$_{32}$.41$_{28}$ I 8. 144$_{30}$.146$_{24}$
- Geisingsberg I 2. 40$_{20}$ I 8. 145$_{18}$

Geisleden Ort südöstlich von Heiligenstadt
 I 1. 273$_{12Z}$

Gelmerode (Gelmeroda) Südlich von Weimar
 I 1. 271$_{29Z}$.276$_{34}$ I 11. 49$_{3}$
 II 7. M11 17$_{170-171}$

Gelmeroder Berg
 II 7. M11 17$_{180}$.21$_{346-348}$ 12 25$_{31}$. 26$_{34,44,61}$.27$_{80,108}$

Gelmeröder Schlucht Fundort von Fossilien bei Gelmeroda, südlich von Weimar
 I 2. 372$_{5-6M,14M}$.375$_{6M}$
 II 8B. M73 118$_{23,31}$.121$_{126-127}$

Gelmeröder Weg (Gelmeröder Chaussee) Straße von Weimar nach Gelmeroda
 I 2. 371$_{25M}$.372$_{10M}$
 II 8B. M73 118$_{9,26-27}$

Gelnhausen Nordöstlich von Hanau
 I 2. 60$_{37Z}$ I 10. 365$_{3}$

Genf Stadt am Ausfluss der Rohne aus dem Genfer See
 I 1. 10$_{15Z,18Z,29Z}$ I 2. 317$_{17}$.392$_{1M}$
 I 6. 238$_{26}$ I 8. 406$_{10}$
 II 2. M10.2 205$_{14}$ S.6 108$_{8,20,21}$
 II 7. M49 94$_{58,72}$ II 8B. M60 97$_{40}$

Genfer See
 I 2. 377$_{9-21}$.384$_{33M}$.385$_{16-17,23}$.388$_{30}$. 390$_{23,30}$ I 11. 307$_{18}$.309$_{5,8}$ (Sees)$._{11}$ (Sees)$._{15}$ (See)$.317_{29}$.318$_{2}$.320$_{21,28}$
 II 8B. M50 134$_{19}$

Genua (Genova) Stadt in Ligurien. Italien
I 1. 244$_{35M}$.247$_{32M}$ I 11. 278$_2$
II 7. M 111 214$_{130}$ II 9B. M 33 32$_{52}$.35$_{148}$
- Berge I 1. 242$_{27M}$ II 7. M 111 211$_{23}$
Gera (Geraberg) Dorf nordwestlich von Ilmenau
- Massemühle I 2. 52$_{24Z}$
Gera (Fluss) Nebenfluss der Unstrut) In Thüringen
I 1. 255$_{10Z}$
Gera (Stadt) In Thüringen
I 1. 355$_{12Z.13-14Z.15Z}$.374$_{17}$ I 2. 202$_4$
I 8. 261$_7$ I 11. 132$_{11}$
II 8A. M 64 95$_{14.22}$
Gernrode Südlich von Quedlinburg. Nordostrand des Harzes
II 7. M 42 65$_3$
Gerolstein An der Kyll. Eifel
II 8A. M 69 98$_3$
Gersau Bezirk und Gemeinde am Fuss der Rigi und am Vierwaldstätter See im Kanton Schwyz. Schweiz
I 1. 266$_{25Z}$
Gersdorf Ortschaft zwischen Dresden, Meißen und Freiberg
II 7. M 9 11$_9$
Gersfeld Südöstlich von Fulda in der Rhön
II 7. M 105 203$_{94}$ 24 44$_{6-9}$.45$_{22}$ 65 140$_{25}$
Gertshausen (Gerthausen) In der Rhön, östlich von Erbenhausen
II 7. M 19 37$_9$
Gesellschaft des Vaterländischen Museums in Böhmen s. Prag
Gethsemane (Garten Gethsemane) Bei Pograd, südwestlich von Eger
I 2. 228$_{26}$.312$_{20}$ I 8. 374$_{25-26}$. 407$_{14}$
Geyer (Geier, Geiger) Bei Annaberg im sächsischen Erzgebirge; Zinnerzbergbau
I 2. 153$_{35}$ I 8. 141$_{14}$
II 7. M 105 202$_{61}$ II 8A. M 49 74$_{18}$ 50 75$_{10}$
Ghierto s. Ponte del Ghiereto

Giant's Causeway Damm aus Basaltsäulen an der Küste Nordirlands
I 2. 260$_{30-31}$ I 8. 368$_8$
II 8B. M 72 110$_{161-162}$
Giardino di Boboli In Florenz s. Florenz
Gibacht/Giebacht Südwestlich von Marienbad
I 2. 204$_{22}$ I 8. 263$_{24}$
II 8B. M 6 9$_{121}$
Giebichenstein (Gibichenstein) Siedlung bei Halle an der Saale
I 1. 279$_{9Z.12Z.17Z}$
II 7. M 29 48$_{12}$
Gieren (Giehren) Südlich Friedeberg und nördlich des Isergebirges in Schlesien
II 7. M 102 197$_{19}$
- Carl (Grube) II 7. M 105 202$_{38}$
Giesbach s. Breitengüßbach (Giesbach)
Gießen Stadt in Hessen
I 9. 318$_3$ I 10. 286$_{12.25}$.291$_{32}$
II 10A. M $2.S$ 12$_5$ II 10B. M 20.2 53$_3$ $20.S$ 61$_1$
Gieshübel (Gießhübel, Berggießhübel; Sachsen) An der Gottleuba, südlich von Pirna. Sachsen
I 2. 30$_{18}$ I 11. 148$_{22}$
II 8A. M 38 61$_{14}$ 41 64$_{23-24}$
Gießhübel (Thüringen) Heute: Gießübel, nordöstlich von Schleusingen im Thüringer Wald
II 7. M 23 41$_{108}$
Giredo s. Ponte del Ghiereto (Giredo)
Girgenti s. Agrigent (Girgent, Girgenti)
Giuliana Nördlich von Sciacca auf Sizilien
II 7. M 86 178$_{26}$ SS 180$_5$
Giuliano Monte San Giuliano bei Trapani, Sizilien
II 7. M 87 179$_{21}$
Glaris Stadt in den Schweizer Alpen
II 2. M $9.1S$ 183$_{21}$
Glarus Schweizer Kanton
- Gebirge I 2. 132$_{27}$ I 11. 213$_9$

260 ORTE

Glasberg (Clasberg) Bei Engelhausen, südöstlich von Karlsbad
I 1. 287$_{3-4Z.15Z}$
II 8A. M 7 18
Glashütte An der Müglitz nördlich von Altenberg, sächsisches Erzgebirge
II 8A. M41 64$_{29}$
Glatz (Glaz) Stadt an der Neisse und Grafschaft in Schlesien
II 2. M S.13 115$_{14}$ II 7. M105 201$_{23-25}$ II 8A. M125 164$_{23}$
- Mineraliensuite II 7. M105 201$_8$
Gläzer Gebirge
I 8. 420$_{13}$
Glöcklein (Glöckner) Granitberg südöstlich von Ruhla im Thüringer Wald
I 1. 189$_{16M}$
II 7. M51 103$_{35}$
Glücksbrunn Bei Schweina im Thüringer Wald
II 7. M124 235$_{8-9}$ 23 39$_{37}$ II 8A. M63 94$_9$ 64 95$_7$
Gmünd s. Schwäbisch-Gmünd
Gnade Gottes Erzgrube s. Johanngeorgenstadt
Goldener Esel Bergwerk auf Gold-Arsenerze bei Reichenstein in Schlesien
I 1. 193$_{15Z}$
II 7. M105 201$_{20}$
Goldgrube Lokalität an der Fulda in der Rhön; Basaltgang in Sandstein
II 7. M24 44$_5$
Goldlauter Nordöstlich von Suhl im Thüringer Wald
I 1. 32$_{7M}$.111$_{14M}$
II 7. M17 34$_{15}$
Golfolina Schlucht; Arno-Durchbruch durch den Monte Albano zwischen Florenz und Empoli
I 1. 248$_{34M}$.249$_{14M}$
II 7. M111 215$_{160.177}$
- Monte della Golfolina I 1. 248$_{18-19M}$ II 7. M111 214$_{150-151}$
Göpfersgrün Bei Wunsiedel im Fichtelgebirge
I 1. 105$_{5M}$
II 7. M73 157$_{98}$

Görlitz Stadt an der Lausitzer Neiße
- Naturforschende Gesellschaft zu Görlitz II 5B. M134 368$_{11}$
Goroblagodatsk Im Ural, nördlich von Jekaterinburg
II 8B. M74 125$_6$–126$_{30}$
Göschenen Nördlich von Andermatt im Schweizer Kanton Uri
I 1. 264$_{25Z}$
Göschwitz Südlich von Jena
I 1. 241$_{6Z}$
Gosel (Goßel, Goßl) Bei Altalbenreuth, südlich von Eger, Böhmen
I 2. 280$_{19Z.31Z}$.313$_{12}$ I 8. 408$_1$
II 8B. M36 56$_{50.58100}$
- Gasthaus I 8. 408$_2$
Goslar
I 1. 6$_{10Z}$.69$_{25M.33M}$.79$_{27M}$.80$_{6M}$ I 2. 344$_{14}$ I 8. 396$_{26}$ I 11. 24$_{19}$
II 7. M52 106$_{55.63}$ II 8A. M31 51$_{88}$
- Klause I 2. 343$_7$.344$_{12}$ I 8. 395$_{21}$.396$_{24}$ I 11. 24$_{18.36}$
- Sandkuhle (Sandgrube) I 1. 70$_{8M}$ II 7. M55 122$_{38}$
- Schieferbruch II 7. M55 122$_{20-29}$
- Steinbruch I 11. 23$_{17}$ II 7. M55 122$_{17}$
Gosport Stadt in England
II 2. M S.17 122$_8$
Gotenburg = Göteborg, Schweden
I 2. 378$_{27}$ I 11. 310$_{22}$
Gotha Stadt in Thüringen, Residenzstadt des Herzogtums Sachsen-Gotha-Altenburg, ab 1826 des Herzogtums Sachsen-Coburg und Gotha
I 1. 28$_{17M}$ I 2. 364$_{17Z}$.421$_{6M}$.428$_{4M}$
I 6. 343$_{20}$.349$_{37}$ I 9. 64$_3$
II 2. M9.13 178$_{33}$ II 5B. M3 8$_1$
II 6. M104 204$_1$ 136 272$_{46}$ 61 81 71 107$_{574}$ II 7. M113 221$_{32}$ 33 55$_{2-4}$ II 8A. M63 94$_{11}$ 64 95$_{1.10}$
II 8B. M115 162$_2$
- Herzögliches Museum II 6. M 77 145$_{631}$
Gothland (Götaland) Südlichster Landesteil von Schweden
II 8A. M30 Anm 49

Gottesberg Bei Waldenburg in Schlesien
II 7. M *102* 197₁₅
Gottesgab (Bozí Dar) Nördlich von Karlsbad
I 8. 419₁₁
Gotthard Gebirgsmassiv in den Schweizer Alpen und Passhöhe. Übergang ins Tessin und nach Italien
I 1. 124₂₉z.263₂₀z.265₇z.266₃₅z. 268₂₀M.₂₃M.₂₅M.₂₆M.269₅–₆M.₇–₈M.₁₀M. ₁₁M.₁₂M.₁₃M.₁₄M.270₃₀M.287₃₁z.318₃₅
I 2. 613z.80₃₁.192₃₁ I 8. 266₂₀ I 11. 122₂₈.160₃₂.171₂₉
II 2. M S.*25* 136₄₈ II 7. M *114* 223₂–224₂₃.225₇₀ M *115* 226₁–227₈
- Hospiz I 11. 160₃₂
Göttingen Universitätsstadt an der Leine, südwestlich des Harzes
I 1. 273₈z.₂₃z.₂₄z.₃₀z.274₂₉z. 275₁z.₂z.₁₀z I 3. 82₈z.334₁₉z.335₃M. 338₃₄M.389₂₆M.415₁₈z.435₇z.492₃₂M
I 6. 347₁₀.348₂.349₃₇.351₁₄.₁₇. 368₁₉.418₁₄.427₂₄ I 8. 217₂₅ I 10. 326₃₅
II 5B. M *92* 256₂₇ II 6. M *134* 267₂ *71* 100₃₂₇ *74* 116₅₅ II 7. M *23* 43₂₀₂ *44* 66₁.₆
- Akademie der Wissenschaften I 2. 390₆ I 11. 320₄–₅
- Museum II 6. M *77* 145₆₃₂ II 10A. M *38* 101₂₀
- Universität II 6. M *74* 116₄₃
- Universitätsbibliothek I 3. 82₃₇z. 242₁₉z II 6. M *135* 268₁
- Zur Krone (Gasthof) I 1. 273₂₃z
Grabmal des Pompeius Römische Grabanlage aus republikanischer Zeit bei Albano an der Via Appia, südlich von Rom. Auch als Grab der Horatier und Curiatier identifiziert
I 1. 139₂₇M
II 7. M *94* 187₁₀₂
Grädenhagensberg Westlich von Büchenberg bei Elbingerode im Harz
I 1. 74₁₅M

Gräditz Südöstlich von Schweidnitz in Schlesien
I 1. 193₂z
Graditz Östlich von Torgau. Hauptgestüt
I 9. 371₁₈
Grafengrün Am Tillberg, westlich von Marienbad
I 2. 198₂₃M
II 8B. M *10* 19₁₀₂ 6 8₈₄
Gräfenhagensberg Westlich von Büchenberg bei Elbingerode im Harz
II 7. M *52* 109₁₈₆
Gramling *s. Ober-Gramling*
Grandpré Ort in Frankreich, südöstlich von Vouziers
I 3. 114₅
Grantham Ortschaft in Lincolnshire. Schulort Newtons
II 6. M *82* 183₃
Grasebach Bei Meißen in Sachsen
II 7. M *105* 203₈₂
Graslitz (Graßlitz) Ort in Böhmen, nordwestlich von Karlsbad
II 2. M *9.14* 179₇ *9.15* 180₁
Grättenig Kreis Birkenfeld, nördlich der Nahe, Pfalz
II 8A. M *69* 99₃₉
Graubünden Schweizer Kanton
I 2. 393₁₅ I 11. 311₂₀
II 10A. M S 67₂₂
- Gebirge I 2. 132₂₇–₂₈ I 11. 213₉
Graupen Nordöstlich von Teplitz. Zinnbergbau
I 2. 27₁₁z.₃₂z.29₁₀z.33₆.₁₈ (Bergstädtlein).52₃M.56₁₄M.₂₉M.₃₄M.64₁₁. 121₃₆.154₁ I 8. 141₁₇ I 11. 151₈.₁₉ (Bergstädtlein).158₁₈.206₁₉
II 7. M *9* 11₁₄ *98* 193₂ II 8A. M *45* 68₅₆ *48* 72₄₄.₅₈–₆₁ *49* 74₈
- Bergbau I 2. 33₉ I 11. 151₁₁
- Grube Regina (Zinnbergwerk) I 2. 27₁₁z.33₁₂ I 11. 151₁₄
- Mineraliensuite II 8A. M *125* 164₁₁
- Schloss I 2. 33₇ I 11. 151₉
- Zinnwerke I 2. 54₄z.₃₃z
Grauwinkel (Grawinkel) Bei Tennstedt, Thüringen
I 2. 85₂₈ I 11. 174₂₇

Graziosa Insel der Azoren-Gruppe
I 2. 169$_{37}$ I 8. 163$_{11}$
Greenwich Im Südosten Londons
II 6. M *119* 226$_{44}$
- Observatorium I 8. 320$_{35-36}$

Greifenberg (Greiffenberg) Südöstlich von Lauban in Schlesien
I 1. 192$_{7Z}$
II 7. M *102* 197$_{18}$

Greifenstein Bei Friedeberg in Schlesien
II 7. M *102* 197$_{21}$

Greifswald Stadt an der Ostsee zwischen den Inseln Rügen und Usedom
I 8. 339$_{23}$ I 9. 323$_4$

Griechenland, Griechen
I 2. 32$_9$.76$_{11Z}$.170$_{24}$.270$_{18}$.302$_{12M}$
I 3. 356$_{19M}$.396$_{17M}$ I 6. 47$_2$.57$_{25}$
I 7. 9$_{36}$ I 8. 163$_{36}$.228$_{16}$.335$_7$ I 9. 62$_{16}$.93$_{11}$.278$_{37}$ I 10. 158$_3$.394$_{22}$
I 11. 78$_5$.150$_{12}$.351$_{27}$.352$_1$
II 5B. M *102* 295$_{34.35}$ *41* 149$_{36}$ *77* 233$_{10}$ *92* 257$_{60}$ *95* 262$_{59}$ II 6. M *133* 259$_{11.22}$ *20* 24$_4$ *23* 26$_{22}$.27$_{76}$ *26* 29$_{35}$ *41* 49$_{25.34}$.53$_{164}$ *51* 67$_{79}$ *53* 69$_{15-16}$
II 7. M 89 181$_7$ 95 192$_{1-2}$ II 8A. M *120* 156$_{56}$ II 8B. M *39* 68$_{151}$.71$_{277}$
II 9B. M *38* 42$_{23}$ II 10A. M *2.24* 27$_{11}$

Grindelwald Ort in den Schweizer Alpen
II 2. M *9.1S* 183$_9$

Grindelwalder Berge Nordrand der Berner Alpen
II 2. M *9.1S* 183$_{9.28}$

Groitzsch Südlich von Leipzig
I 2. 365$_{34Z}$

Groningen Stadt im Norden der Niederlande
- Naturhistorisches Museum I 10. 223$_{28}$

Grönland (Greenland)
I 2. 124$_2$.378$_5$ (grönländische Natur) I 11. 310$_1$ (grönländische Natur)
II 8A. M *103* 136$_1$ *105* 138$_6$

Groß Aga Nördlich von Gera. Thüringen
II 8B. M *103* 156$_1$

Groß-Rudestedt Nördlich von Erfurt
I 1. 13$_{13-14M}$.272$_{35Z}$ I 9. 256$_{22}$
II 7. M *32* 55$_{24-25}$

Groß-Schlottenbach = Großschlattengrün, südwestlich von Marktredwitz. Fichtelgebirge
I 2. 212$_{27Z}$.244$_{14M}$
II 8B. M *22* 40$_{114}$

Großbritannien (Britannien)
I 2. 53$_{21}$.91$_{28M}$ I 3. 233$_6$ I 6. 95$_7$
I 10. 312$_{29}$
II 2. M 7.3 46$_{77}$ II 6. M *32* 34$_3$
II 8A. M *47* 70$_4$ 77 106$_{14}$
- British and Foreign Bible Society
I 8. 295$_8$ II 2. M *5.3* 33$_{232-233}$

Großen Kromsdorf (Großencromsdorf, Großcromsdorf) Nordöstlich von Weimar
II 7. M *11* 14$_{53-56}$

Großenried Pfarrdorf und Gemeinde in Mittelfranken
I 1. 268$_{9Z}$

Großheringen (Heringen) a. d. Saale Südwestlich von Naumburg. Thüringen
I 2. 370$_{32Z}$
- Saline I 2. 371$_{4Z}$
- Schule I 2. 371$_{3Z.9Z}$

Großkamsdorf (Großcamsdorf) Östlich von Saalfeld in Thüringen
II 7. M *65* 140$_{18}$

Großromstedt Bzw. Kleinromstedt. östlich von Weimar: Grabhügel: Ausgrabung von Gebeinen und Artefakten
II 10A. M *16* 74$_2$

Großrückerswalde Dorf in Sachsen
I 2. 428$_{8M}$

Grossensalz
I 2. 428$_{23M}$
II 8B. M *10S* 158$_4$

Grottensee Bei Königswart. südöstlich von Eger. Böhmen
I 2. 279$_{31Z}$
II 8B. M *57* 94$_7$

Grube Einhorn Bergwerk im Sächsischen Erzgebirge
I 1. 91$_{7-8}$

ORTE 263

Grund, Bad Bergstadt am Westrand des Harzes
I 1. 79$_{12M.22M}$ I 2. 202$_{27}$.342$_{18}$ I 8. 261$_{29}$.394$_{37}$ I 11. 23$_{20}$.24$_{11.14}$.25$_{17}$ II 7. M23 43$_{179.190}$
- Magdeburger Stollen I 1. 79$_{26M}$ I 11. 24$_{11}$.25$_{16-17}$ II 7. M43 65$_{15}$
Gründelwald s. *Grindelwald*
Grüne Hoffnung Stolln Bergwerk bei Sayda, nordöstlich von Oberhan, sächsisches Erzgebirge
II 8A. M41 64$_{26}$
Grünenberg Granitberg südlich von Karlsbad
I 1. 107$_{32M}$
II 7. M73 158$_{156}$ II 8A. M86 113$_{41}$
Grünenplan Glasmacherort in Niedersachsen
II 5B. M114 335$_{189}$ (Grüneblaue)
Grüner Zweig (Grube) s. *Freiberg (Freyberg; Sachsen)*
Grünlaß (Grünlas) Südwestlich von Karlsbad
I 2. 137$_{9Z.10Z}$.162$_{30}$ I 8. 169$_{29}$
Grütli s. *Rütli*
Guhrau Preuss. Landkreis in Schlesien (1816–1945)
II 2. M S.13 115$_8$ S.15 120$_{85}$ S.17 122$_8$
Guinea Region in Westafrika
II 6. M79 176$_{040}$ II 8A. M62 91$_{57}$
Gulsengebürge Bei Kraubath, Steiermark, Österreich
II 8A. M72 102$_{4.11}$
Gumpelstadt Bei Barchfeld am Nordwestrand des Thüringer Waldes
I 1. 189$_{10M}$
II 7. M51 103$_{29}$
Guntersfelde (Günthersfeld) Dorf mit Eisen- und Hammerwerk, südöstlich von Ilmenau
I 2. 53$_{4Z}$
- Eisen- und Hammerwerk (Hammer) I 2. 53$_{4Z}$
Güte Gottes Grube Im Kinzigtal (Schwarzwald)
II 7. M46 87$_{25}$.88$_{42.52-53.71-72}$

Haag (Grafenhaag) = Den Haag, Niederlande
I 6. 277$_9$ I 9. 180$_2$
Habakladrau Südöstlich von Marienbad
I 2. 224$_{15}$ I 8. 255$_{34}$
Habelschwerdt Ort in Schlesien, südlich von Glatz
II 7. M102 196$_8$
Haberstein Granitfelsen südwestlich von Alexandersbad im Fichtelgebirge
I 1. 105$_{2M}$
II 7. M73 157$_{94-95}$
Habichtswald Basaltberge, westlich von Kassel
II 8B. M122 165$_2$
Hachelbach Bergwerk bei Dillenburg, nordwestlich von Wetzlar, Nassau
II 8A. M58 81$_{92}$
Hachenburg (Hochenburg) Im Westerwald, Nassau
I 2. 115$_{23-24M}$
II 8A. M58 80$_{43}$.82$_{138}$.83$_{171}$ 97 130$_7$
Hagensdorf Bei Kaaden, Böhmen
II 8A. M28 47$_2$
Hahnstein = Hohnstein, nördlich von Königstein, sächsische Schweiz
II 8A. M127 166$_9$
Hainberg Östlich von Göttingen
I 1. 274$_{31Z}$.275$_{10Z.14Z.22Z}$
Hainleite Höhenzug bei Sondershausen
II 7. M62 132$_3$
Halberstadt Stadt im nördlichen Harzvorland, zwischen Braunschweig und Halle
I 2. 199$_{21Z}$ I 9. 255$_4$ I 11. 24$_{20}$
II 7. M23 39$_6$ II 8B. M111 161$_1$
II 10A. M38 100$_4$ 39 102$_2$
Halle a. S. Universitätsstadt an der Saale
I 1. 278$_{27Z}$.279$_{9Z.14Z.16Z}$ I 2. 86$_2$. 180$_{20Z}$.210$_{11Z.20Z}$ I 5. 173$_{24}$ I 6. 348$_{22.25}$.350$_{29}$.395$_{34}$.425$_{35}$ I 7. 79 (ND: 69)$_{21}$ I 8. 328$_{21.35}$ I 9. 73$_4$. 74$_{22}$.187$_7$ I 11. 175$_{4.8}$.271$_1$

II 2. M *10.2* 205$_4$ II 3. M *34* 28$_{34}$
II 5B. M *60* 192$_4$ II 6. M *101* 200$_{50}$
- Gesellschaft zur Beobachtung von Gewittern I 8. 330$_{16}$ (Gesellschaft)
- Mineralienkabinett von Leysser I 1. 279$_{17Z}$
- Pädagogium der Franckeschen Stiftungen I 3. 474$_{34Z}$
- Saline I 1. 378$_{1Z}$ II 7. M *23* 43$_{186}$
- Sternwarte II 2. M *8.2* 79$_{273}$

Hamarby Gutshof südöstlich von Uppsala. 1758 von Carl von Linné erworben
I 8. 190$_{27}$

Hamburg Norddeutsche Hafenstadt an der Elbmündung
I 2. 117$_{5M}$.249$_{12M}$.250$_4$ I 4. 59$_9$ I 7. 24$_{38}$ I 8. 200$_{32}$.419$_4$ I 9. 65$_{33}$ I 10. 285$_3$.287$_{26}$.294$_{24}$
II 2. M *4.1* 18$_{14}$ II 6. M *73* 113$_{120}$
II 8A. M *97* 131$_{49}$ II 8B. M *19* 28$_{42}$
II 10A. M *2.7* 12$_5$ *2.8* 12$_4$ II 10B. M *20.1* 52$_{11}$ *20.2* 53$_{7-11}$ *20.3* 54$_{28}$ *20.5* 57$_{42-43}$ *20.8* 61$_{20}$ (Stadt)
- Gymnasium I 10. 293$_{7-8}$ II 10B. M *20.3* 53$_{5-6}$ *20.4* 55$_{21}$ *20.8* 61$_{18}$

Hamm Bei Hachenburg im Westerwald. Nassau
I 2. 115$_{23M}$
II 8A. M *58* 80$_{43}$.82$_{137.148}$.83$_{171}$ *97* 130$_7$

Hammer = Pirkenhammer. südlich von Karlsbad
I 1. 286$_{32Z}$.287$_{1Z}$.291$_{18Z}$.303$_{27}$. 322$_{11Z}$.332$_{11}$.343$_{34}$.346$_{25}$ I 2. 128$_{10M.12M}$.131$_{31M}$.196$_{12M}$.217$_{27}$ I 8. 29$_{26}$.41$_8$.44$_2$.81$_{33}$.250$_6$ I 11. 107$_{31}$
II 8A. M *108* 140$_{11-13}$.143$_{133}$ II 8B. M *10* 17$_{24-25}$ *20* 31$_{37}$

Hampton Court Königliches Schloss im Südwesten von London
I 9. 371$_{28}$

Han tschu fu = Han-tschu-fu (Hangzhou). Stadt in China
I 2. 53$_{17-18M}$
II 8A. M *47* 70$_{1-2}$

Hanau Östlich von Frankfurt am Main
I 2. 59$_{14Z}$.60$_{31Z}$.65$_{28-33Z}$.68$_{31Z}$
II 8A. M *58* 83$_{186}$

Hannover Stadt an der Leine. am Südrand des norddeutschen Tieflandes
II 8A. M *31* 51$_{62}$

Hanskühnenburg Quarzitfelsen auf der Höhe des Bruchbergs im Oberharz
I 1. 72$_{19M}$ I 2. 342$_{26}$ I 8. 395$_5$ I 11. 17$_{18}$.24$_{29.33}$
II 7. M *52* 108$_{124}$ *56* 124$_{10}$

Hard Basaltvorkommen bei Karlsbad
I 1. 303$_{19}$.343$_{30}$.346$_{21}$ I 2. 131$_{27M}$. 144$_{18M}$ I 8. 41$_4$.43$_{36}$ I 11. 107$_{23}$
II 8A. M *108* 143$_{129}$ *120* 157$_{76}$

Hardisleben Nördlich von Weimar bei Buttstädt
II 7. M *11* 23$_{414}$ *12* 26$_{65.71}$

Harkolf s. *Charkov, Charkiw*

Harmony Nordamerika
II 8B. M *82* 135$_4$

Hartenberg (Hardenberg; Harz) Bei Elbingerode
I 1. 73$_{33M}$ I 2. 208$_{27Z}$.211$_{5-6Z.10-11Z}$. 283$_{18Z}$
II 7. M *52* 109$_{169-170}$ *56* 125$_{47}$
- Bergschloss I 2. 211$_{12Z}$

Hartenberg (Hartenstein; Böhmen) Ort und Schloss bei Falkenau. westlich von Karlsbad
I 2. 423$_{15M}$
II 2. M *9.14* 179$_{6-7}$ II 8B. M *5* 6$_{3(?)}$ *6* 9$_{119}$
- Schloss I 2. 423$_{16M}$ II 8A. M *29* 48$_{3-4}$

Harz Mittelgebirge im nördlichen Teil Deutschlands
I 1. 6$_{1Z}$.55$_{21-22Z}$.55$_{16}$–57$_{19Z}$. 56$_{22Z}$.61$_{28}$.68$_1$–83$_{9M}$.97$_{33}$.123$_{26Z}$. 150$_{17M}$.154$_{19Z}$.198$_{13}$.257$_{22Z}$.261$_{3Z}$. 321$_{37Z}$ I 2. 23$_{16Z}$.61$_{11Z}$.78$_{12M.24M}$. 149$_{28}$.150$_{15}$.186$_{7Z}$.202$_{20.23}$.256$_{22}$. 339$_{23.33}$.340$_{34}$.425$_{6M.8M.13M}$.426$_{22M}$ I 4. 46$_{33}$ I 8. 261$_{23.26}$.392$_{10.20}$. 393$_{19}$ I 11. 14$_{23}$.17$_{24}$.21$_{22.32}$.22$_{23}$. 23$_{2.20}$.24$_{11.14}$.216$_{35}$.217$_{23}$.227$_6$
II 7. M *102* 197$_{40}$ *15* 31$_{22}$ M *23* 38–44 *44* 66$_2$ *47* 89$_8$ *52* 104$_1$. 106$_{78}$ *55* 122$_{34}$ *62* 132$_{19}$ *64* 136$_2$. 137$_8$ *79* 166$_7$.167$_{14}$ *84* 174$_7$

II 8A. M 123 161$_{6-13}$ 125 164$_{32}$ 31 50$_{31-32}$.51$_{84}$ 68 97$_9$ 69 99$_{20}$ **II 8B**, M 15 24$_6$ 33 51$_1$
- Oberharz **I 2**. 344$_8$ **I 8**. 396$_{20}$
- Salzwerke **II 7**. M23 43$_{181}$
- Vorderharz **I 1**. 272$_{11Z}$ **II 5B**, M 88 250$_{27}$ **II 8B**, M 16 25$_9$

Harzburg Heute Bad Harzburg, südöstlich von Goslar
I 9, 371$_{27}$
II 7, M23 43$_{187}$
- Julius-Halle (Salzwerk) **II 7**. M23 43$_{183}$

Haslau Nordwestlich von Eger, Böhmen
I 2. 187$_{19Z}$.188$_{18}$.411$_{10Z}$ **I 11**. 221$_4$
- Egeranbrüche **I 2**. 187$_{20Z}$.188$_{17}$ (Brüche).210$_{2-3Z}$ **I 11**. 221$_3$ (gangbaren Brüche)
- Schlossberg **I 2**. 188$_{26-27}$.189$_9$ **I 11**. 221$_{12,28}$
- Steinbrüche **I 2**. 237$_{18Z}$

Haßleben Nördlich von Erfurt, Thüringen
I 9, 359$_4$
II 10A. M38 100$_6$ 39 102$_1$
- Torfbruch **I 2**. 199$_{17M}$
- Torfmoor **I 9**. 256$_{22}$

Hassenstein Burgruine bei Kaaden, Böhmen
II 8A. M28 47$_{3,7}$

Hattingen Südlich von Tuttlingen in Württemberg
I 1. 259$_{29Z,34Z}$

Hauenstein Nordöstlich von Schlackenwerth, nordöstlich von Karlsbad
II 8B. M29 48$_1$

Hauptmannsdorf Westlich von Braunau am Heuscheuergebirge in Nordost-Böhmen
I 1. 193$_{27Z}$

Haus Valguarneri s. *Bagaria (Bagheria)*

Hausdorf Bei Glatz in Schlesien; Kohleabbau
II 7, M 105 201$_{28}$

Haute Vienne s. *Département Haute Vienne*

Havanna Hauptstadt Kubas
II 8A. M 12 23$_{46}$

Hechingen An der Schwäbischen Alb in Württemberg
I 1, 258$_{33Z}$

Heidelberg Stadt am Neckar
I 1. 257$_{9Z,29Z,32Z}$ **I 2**. 246$_{23}$ **I 3**, 117$_{14}$.461$_{10Z}$ **I 11**. 240$_{29}$.313$_3$
II 2. M6.2 42$_{118}$ **II 5B**. M92 256$_{43}$
II 8A. M59 84$_{11}$.85$_{22-23}$ **II 10B**, M22.2 75$_2$
- Versammlung deutscher Naturforscher und Ärzte 1829 **I 2**. 407$_{14}$ **I 10**, 231$_{21}$ **I 11**, 313$_{2-3}$

Heilbronn Stadt am Neckar nördlich von Stuttgart
I 1. 258$_{12Z}$

Heiligenkreuz Westlich von Plan, Böhmen
II 8B. M36 60$_{175}$

Heiligenstadt In Thüringen, südöstlich von Göttingen, heute Heilbad Heiligenstadt
I 1, 273$_{12Z}$
II 2. M9.16 181$_4$

Heiliger Damm Strandwall aus kristallinen Geröllen bei Doberan, nordwestlich von Rostock, Mecklenburg
I 2, 254$_9$.378$_{12}$.386$_7$.388$_{19}$ **I 11**. 224$_{34}$.307$_8$.310$_8$.318$_{18}$
II 8B, M 75 127$_7$

Heilingsfelsen = Hans Heilingsfelsen, Granitfelsen an der Eger zwischen Aich und Elbogen südwestlich von Karlsbad
I 2. 144$_{20-21M}$
II 8A. M 120 157$_{78-79}$

Heinrichsberg Bei Jena
I 9, 170$_{25,30-31}$

Heinrichsgrün Ort in Böhmen
II 2, M9.14 179$_7$

Helmershausen Westlich von Meiningen vor der Rhön
II 7, M 19 37$_{10}$

Helmstädt (Helmstedt) Östlich von Braunschweig
I 6. 219$_8$
II 10B, M20.2 53$_5$ 20.5 56$_{15}$ (Helms).$_{39}$ 20.8 61$_{17}$

266 ORTE

Hemisphäre
- nördliche **II 2**. M 7.3 45_{43}
- südliche **II 2**. M 7.3 45_{43}

Hemsbach Nördlich von Weinheim
 I 3. 267_{26Z}

Henneberge (Grafschaft Henneberg) Seit 1583 erloschenes Geschlecht; Landschaftsbezeichnung für ein Gebiet zwischen Rhön und Thüringer Wald
 I 1. $15_{29-30M, 31-32M}.16_{1M}.19_{7M}.$
 $26_{26-27M}.32_{15M, 21M}.35_{24M}.39_{14-15M}.$
 $40_{27-28M}.111_{14-15M}$
 II 7. M 11 $18_{226-227}$
- Bergwerke **I 1**. 34_{33M}
- Gebirge **II 7**. M 2 5_{2-3}

Heraclea Lucania Antike griechische Kolonie am Golf von Tarent
 I 6. 51_{26}

Herblingen Nordöstlich von Schaffhausen in der Schweiz
 I 1. 260_{17Z}

Herculaneum Antike Stadt am Golf von Neapel, beim Ausbruch des Vesuv am 24. August 79 n. Chr. zerstört
 I 4. 243_{36-37} **I 6**. $60_{25, 29-30}.61_5.62_{16}.$
 68_1

Hermannstein Porphyrfelsen rechts der Ilm oberhalb Kammerberg und östlich von Ilmenau im Thüringer Wald
 I 1. 32_9
 II 7. M 17 35_{17}

Herrensegen Grube Im Kinzigtal (Schwarzwald)
 II 7. M 46 $87_{21-22}.88_{48}$

Herrmannsteiner Wand s. Hermannstein

Herrngrün Bei Litowitz westlich von Prag
 I 2. 131_{37M}
 II 8A. M 108 144_{138}

Herzberg Nordöstlich von Göttingen am Südrand des Harzes
 II 7. M 23 $39_{19, 23, 26}$

Herzog-Ernst-Stollen s. Friedrichroda (Friedrichrode)

Heselberg = Hesselberg. Berg an der Wörnitz, östlich von Dinkelsbühl, Mittelfranken
 II 8A. M 58 79_{10}

Hessen
 I 4. 239_{20}
 II 8B. M 72 $109_{124-126}$

Hessen-Darmstadt Großherzogtum
 I 10. 388_{6-7}
 II 7. M 105 202_{41-42}

Hetrurien Auch: Etrurien; antike Landschaft in Italien, heute: Toskana
 II 9B. M 33 37_{214}

Hettstädt Nördlich von Eisleben am Unterharz
 I 1. 222_1
 II 7. M 120 231_{15}

Heuchelheim Dorf nördlich des Ettersberges und nördlich von Weimar
 II 7. M 11 $13_{49}.22_{365-368}$

Heugendorf Vielleicht: Haindorf, nördlich des Ettersbergs und südwestlich von Buttstädt
 II 7. M 11 22_{373}

Heuscheuer Gipfel des Heuscheuergebirges westlich von Glatz
 I 1. 193_{25Z}
 II 7. M 102 196_{10}

Heygendorf, Heygdendorf Südlich von Allstädt in Thüringen
 II 7. M 12 $26_{39, 64}$

Heymische Mühle Bei Ilmenau im Tal der Ilm
 I 1. $110_{1M, 6-7M}.111_{37M}.113_{1M, 3-5M}.$
 $171_{2-11}.173_{13}.176_8.184_{16-17}.186_{10}$

Hiebichenstein s. Hübichenstein (Hiebichenstein)

Hildburghausen An der Werra südlich des Thüringer Waldes
 I 1. $29_{3M, 4M}$ **I 6**. 349_{16}
 II 7. M 33 56_{18}

Hilders Östlich von Fulda
 I 8. 421_{27}

Hildesheim Alte Bischofsstadt südöstlich von Hannover
 II 7. M 23 43_{177}

Himalaya (Himalaja)
 I 8. 324_7 **I 9**. 261_{22} **I 11**. 201_{17}

ORTE 267

Himmelreich In der Böhmischen Schweiz, bei Eger
II 8A. M *113* 149₄
Hirschberg Ort im Riesengebirge. Schlesien
I 1, 192₈z
II 2. M *13*.2 220₃₉ II 7. M *102* 197₁₇₋₁₈
Hirschhörner Granitfelsen nach heute üblicher Bezeichnung am Königsberg, südwestlich des Brockengipfels
II 7. M *23* 40₆₅
Hirschkopf Berg im Thüringer Wald bei Ilmenau
I 1, 55₇ₘ
Hirschler Teich Wasserteich für den Betrieb der Grube Carolina westlich von Clausthal im Harz
II 7. M *54* 121₂₀
Hirschsprung, Hirschensprung Aussichtsberg am linken Tepelufer oberhalb von Karlsbad *s. Karlsbad (Carlsbad)*
Hirschstein Ruine einer Burg der Familie von Hirschstein, auf einer Felsklippe am Großen Kornberg bei Kirchenlamitz
I 2, 134₃₃₋₃₄z
Hoberg Bei Rohlau, nordwestlich von Karlsbad
I 2, 124₁₇ₘ (Hohberg)
II 8A. M *107* 139₇
Hochdorf *s. Hohdorf (Hohendorf; bei Karlsbad)*
Hochheim Am Main, zwischen Wiesbaden und Frankfurt
II 8A. M *58* 79₅,₉
Hochwald, Hochwalder Berg Nördlich von Tirschenreuth am Fichtelgebirge
I 2, 282₂₇z
II 8B. M *36* 59₁₅₃
Hof Stadt in Oberfranken
I 1, 102₂₀ₘ.103₁ₘ.289₂₄z.323₂₁z.₂₃z. 353₁₅.375₂ I 2, 134₂₈z I 8, 76₂₃. 385₃₅ I 11, 132₃₄
II 7. M *73* 155₉.₂₄
- Marmorbruch I 1, 289₂₅z
- Zum Hirschen (Gasthof) I 8, 77₆₋₇

Hohberg *s. Hohenberg an der Eger*
Hohdorf (Hochdorf; bei Marienbad) Südwestlich von Marienbad
I 2, 185₁₃z.219₁₉₋₂₀.224₁₀ I 8, 251₂₄₋₂₅.255₃₀
II 8B. M *20* 33₁₀₉₋₃₄₁₁₀ 6 9₁₀₁₋₁₀₂
Hohdorf (Hohendorf; bei Karlsbad) Nordöstlich von Karlsbad
I 1, 109₁₂ₘ.₁₄ₘ.288₃z.₇z.₁₀z.302₁₈. 342₂₇.345₃₆ I 2, 4₃₄z.138₃₃₋₃₄z. 139₁₄z.142₆ₘ₍?₎.161₁₁ I 8, 401.43₁₃. 85₁₆.168₉ I 11, 106₂₁₍?₎
II 7. M *73* 160₂₂₄ (Wodorf).₂₂₆
II 8A. M *120* 155₁₋156₂₈ 2 11₃₀₅
S6 113₃₆₍?₎.₅₄₋₅₅
- Gebirge I 1, 289₃z.291₂₉z
Hohe Birke *s. Birke, Hohe Birke*
Hohehäusel =Hoihäuser, nördlich von Franzensbad bei Eger. Böhmen
I 1, 359₅.368₂₃ I 8, 50₁₉.59₃₄
II 8A. M *23* 44₁
Hohenberg an der Eger Burg im Fichtelgebirge, östlich von Wunsiedel, westlich von Eger. Böhmen
I 2, 124₁₇
- Schloss I 1, 359₃₇ I 8, 51₁₂
Hoheneiche (Hocheneich) Südlich von Saalfeld im Thüringer Wald
I 1, 29₃₅ₘ
II 7. M *33* 56₄₈
Hohenfarnleuthen *s. Farmleiten, Hohe (Farnleiten, Farmleuten, Hohenfarbenleuten)*
Hohenheim Südlich von Stuttgart, inzwischen Teil der Stadt
I 1, 258₂₈z
Hohenkrähen Vulkanberg bei Engen im südbadischen Hegau
I 1, 267₂₅z
Hohentwiel Vulkanberg bei Singen im südbadischen Hegau
I 1, 267₂₅z
Hohenzollern Schloss bei Hechingen in Württemberg
I 1, 258₃₅z
Hoher Bogen (Hohenbogen) = Hoher Berg, Berg, Bergrücken im Böhmerwald
I 8, 419₁₄

Hoher Hagen (Hauer Hohn) Basaltkuppe westlich von Göttingen bei Dransfeld
I 1. 275$_{4Z}$
Höhle der heiligen Rosalia Höhle am Monte Pellegrino *s. Monte Pellegrino*
Holland Teil der Niederlande, oft als Bezeichnung für die Niederlande insgesamt verwendet
I 2. 41$_6$ I 3. 405$_{3M}$ I 4. 164$_{30}$ I 8. 146$_2$.318$_{25-26}$ I 10. 249$_{32}$.380$_{17}$
I 11. 352$_{25}$
II 4. M60 70$_{5,8}$ II 5B. M60 193$_{42}$
II 6. M133 267$_{291}$ 90 189$_4$
Hollerter Zug (Hollerts Zug) Erzgänge bei Kirchen an der Sieg. Nassau
II 8A. M58 82$_{141,147,150}$.83$_{164}$
Höllkopf Südlich von Ruhla im Thüringer Wald
I 1. 189$_{17M,18M}$
II 7. M51 103$_{35-36}$
Hollwand *s. Höllkopf*
Holzapfel *s. Holzappel (Holzapfel)*
Holzappel (Holzapfel) Bei Diez an der Lahn, Nassau
I 2. 73$_{10Z}$.77$_{12Z}$
II 8A. M58 80$_{64}$.82$_{125,127-128}$.83$_{177-179}$
- Blei-, Silber- und Zink-Bergwerk „Grube Holzappel" I 2. 73$_{11Z}$ (Schmelze)
Hopfgarten Dorf westlich von Weimar
I 1. 13$_{20,25}$.272$_{4Z}$ I 11. 1$_{7-12}$
II 7. M11 14$_{61,64,75}$ 12 25$_{81}$.27$_{100}$
Horgen (Horchen) Am Südufer des Züricher Sees
I 1. 270$_{5M}$
II 7. M114 225$_{47}$
Horhausen Südwestlich von Limburg an der Lahn, gehörte bis 1806 zu Kurtrier
II 7. M37 59$_3$
Horn (Hornberg) Basaltberg bei Elbogen, südwestlich von Karlsbad
I 2. 126$_{23}$-127$_{29}$.131$_{33M}$.138$_{1Z,12Z}$. 139$_{23Z}$.151$_{5M}$.173$_{29Z}$ I 8. 88$_{14}$. 89$_{5,12}$.165$_1$-166$_5$.331$_{17}$

II 8A. M108 144$_{135}$ 116 152$_8$ 117 153$_{10}$ 119 154$_{15}$ 122 160$_3$ 99 133$_{22}$
Horschowitz Bei Schönbach, Lausitzer Gebirge, westlich von Reichenbach, Böhmen
I 2. 249$_{24M}$
II 8B. M19 29$_{53}$
Hoschenitz Bei Brüx, südwestlich von Teplitz, Böhmen
I 2. 52$_{11M}$
II 8A. M44 66$_1$
Hospental (Hospital) Nördlich des Gotthardpasses
I 1. 264$_{36Z}$.265$_{20Z}$
- Goldener Löwe (Gasthaus) I 1. 264$_{33Z}$
- Post I 1. 264$_{34Z}$
- Turm I 1. 264$_{27Z}$
Hospital *s. Hospental (Hospital)*
Hottelstedt Nordöstlich von Weimar
II 7. M11 13$_{20}$
Hottelstedter Ecke Nordwesthang des Ettersberges bei Weimar
II 7. M11 13$_{13}$.14$_{75-79,82-83}$ 12 27$_{74}$
Hradischt Berg bei Schloss Březina, Böhmen
I 8. 419$_{12,20}$
Hubertsburg
II 4. M29 32$_{17,22}$
Hübichenstein (Hiebichenstein) Felsen aus Devonkalk bei Bad Grund am Harz
I 1. 79$_{25M}$ I 2. 202$_{20}$.342$_{17}$ I 8. 261$_{23}$.394$_{36}$ I 11. 24$_{14}$
II 7. M43 65$_{14}$
Hundesbach Bei Hundsdorf
I 2. 212$_{22}$
Hundsdorf Südlich von Eger
I 2. 212$_{21-22}$
Hüsterloh Ort in Goethes Epos Reinecke Fuchs
I 2. 206$_2$ I 8. 265$_1$
Hutberg, Großer Am rechten Okerufer im Harz
I 1. 70$_{23M}$
II 7. M52 107$_{85}$ 55 122$_{45}$
Hütten Gemeinde im Kanton Zürich, Schweiz
I 1. 261$_{15Z}$

ORTE 269

Hyaden Auch Regengestirn oder Taurus-Strom genannt, ein offener Sternhaufen im Sternbild Stier
Hygiasquelle s. *Karlsbad (Carlsbad)*
Iberg Devonischer Riffkalk nördlich von Bad Grund im Harz
I 1. 79$_{24M}$ **I 2.** 202$_{20}$.342$_{17}$ **I 8.** 261$_{29}$.394$_{36}$ **I 11.** 254$_{1}$.26$_{2.16.37}$ **II 7.** M*43* 65$_{13}$
Ibla Major s. *Paterno*
Ichstedt Östlich von Bad Frankenhausen am Kyffhäuser, Thüringen
I 2. 85$_{32}$ **I 11.** 174$_{31}$
Idar = Idar-Oberstein, an der Nahe, Pfalz
II 8A. M*69* 100$_{53}$
Idstein Nördlich des Taunus, Nassau
II 8A. M*59* 85$_{17}$
Iglau Mähren
I 1. 355$_{4Z}$.374$_{32}$ **I 11.** 132$_{26}$
Ilfeld Nördlich von Nordhausen am Südrand des Harzes
I 1. 6$_{2Z}$
Illinois Staat in Nordamerika
II 8B. M*82* 135$_{4}$
Ilm Nebenfluss der Saale
I 1. 13$_{21}$.14$_{1}$.31$_{17M}$.43$_{23M}$.46$_{23M}$.53$_{6M}$. 54$_{13M}$.91$_{1}$.170$_{16}$.171$_{1.30}$.172$_{32}$.272$_{29Z}$ **I 2.** 6$_{1Z}$.7$_{30}$.10$_{17}$.12$_{16Z}$.23$_{19}$.371$_{9Z}$ **I 9.** 239$_{30}$.240$_{27-28.38}$.254$_{34}$ **I 11.** 1$_{8.19}$ **II 7.** M*105* 203$_{83}$ *11* 12$_{4-5}$. 13$_{16.19}$.14$_{51.53}$.17$_{185}$.18$_{216.225}$.19$_{257}$. 20$_{307.310.318}$.21$_{337-339}$ *12* 25$_{7}$.27$_{95}$ *13* 28$_{1}$ *16* 33$_{15}$ **II 10A.** M*16* 74$_{5}$
Ilmenau Im Thüringer Wald
I 1. 15$_{9-10M}$.18$_{9M}$.26$_{29M}$.27$_{6M.12-13M}$. 30$_{23M}$.31$_{15M.24M}$.32$_{21M}$.33$_{13M}$.35$_{35M}$. 41$_{10M}$.48$_{21M}$.53$_{16M.28M}$.63$_{21M}$. 66$_{38}$–67$_{1}$.67$_{15M}$.86$_{23}$.87$_{17.22}$.92$_{11}$. 115$_{15M}$.172$_{6}$.177$_{6-7}$.178$_{12}$.198$_{38}$. 199$_{6.14}$.200$_{1}$.205$_{26}$.206$_{12}$.208$_{1.11.12}$. 209$_{24-25}$.220$_{TA}$.224$_{33}$.227$_{2M}$. 230$_{23.29.31-32}$.232$_{27}$.235$_{19}$.236$_{1}$. 237$_{16.26}$.253$_{31M}$.271$_{22Z}$ **I 2.** 52$_{20Z}$. 59$_{13Z}$.69$_{5Z.9Z.18}$.80$_{13}$.109$_{7}$.253$_{6}$. 256$_{7}$.351$_{14}$ **I 3.** 226$_{1M}$.480$_{17M}$ **I 8.** 329$_{4}$.416$_{31}$.421$_{22}$.422$_{11}$ **I 9.** 238$_{3}$ **I 10.** 364$_{14}$ **I 11.** 33$_{26}$.167$_{4.6}$.171$_{12}$. 184$_{10}$.202$_{7}$.223$_{27}$.226$_{28}$.247$_{18.22}$

II 2. M*10.2* 205$_{16}$ *S.10* 112$_{4}$ *S.18* 123$_{2.13}$ *S.22* 131$_{8}$ *S.27* 137$_{3}$ *S.30* 141$_{2}$ *S.8* 110$_{2}$ *9.36* 200$_{2}$ **II 7.** M*128* 237$_{3.4}$ *14* 29$_{15}$ *16* 33$_{14}$ *2* 5$_{7}$ *23* 39$_{32.37}$ *25* 46$_{11}$ *29* 48$_{22}$ *3* 6$_{6-7.12}$ *31* 53$_{8}$.54$_{19.23.26-27.32}$ *65* 140$_{6}$
II 8A. M*86* 114$_{66-68}$ **II 8B.** M*21* 37$_{18-20}$ *24* 43$_{6}$
- Bergamt **I 1.** 33$_{17M}$.36$_{30M}$. 86$_{34}$–87$_{19}$.87$_{23-25}$.92$_{23}$.236$_{6}$. 250$_{23-24M}$ **I 2.** 53$_{13Z}$
- Bergbau **I 1.** 15$_{14M}$.15$_{2}$–28$_{3M}$.18$_{14M}$. 21$_{35M}$.22$_{6M.10}$.23$_{33M}$.32$_{14}$–55$_{15M}$. 35$_{3M.13M}$.38$_{12M.32M}$.40$_{35M}$.63$_{10M.17M}$. 64$_{12}$–67$_{36M}$.85$_{12}$–94$_{19}$.111$_{16-17M.19M}$. 115$_{16}$–116$_{6}$.168$_{19}$–178$_{18}$. 178$_{21}$–187$_{24}$.196$_{11}$–207$_{23}$. 207$_{24}$–217$_{35}$.219–225. 230$_{18}$–240$_{32}$.250$_{4}$–254$_{25M}$ **I 2.** 149$_{24}$.393$_{10}$.425$_{7M}$ **I 11.** 216$_{32}$. 311$_{15}$ **II 7.** M*126* 236$_{6}$ *25* 46 *29* 48$_{14}$ *59* 130$_{128}$ **II 8A.** M*123* 161$_{7}$
- Bergwerk **I 1.** 15$_{25M}$.16$_{36M}$.18$_{25M}$. 20$_{10-11M}$.22$_{3M}$.26$_{13-14M.24-25M}$.36$_{32M}$. 39$_{5M}$.47$_{8-9M}$.48$_{4M}$.50$_{17M}$.63$_{4}$–67$_{36M}$. 86$_{12}$.90$_{11}$.94$_{10}$.112$_{23M}$.171$_{4.10}$. 177$_{3.29}$.181$_{31}$.182$_{5}$.185$_{16}$.197$_{15}$. 199$_{8}$.200$_{31-32}$.201$_{8}$.205$_{27}$.207$_{16.31}$. 208$_{33}$.209$_{1-2.3.10-11}$.210$_{1.13.33}$. 211$_{13.22.36}$.213$_{14.30}$.214$_{34}$.215$_{24}$. 216$_{9.35}$.217$_{26}$.221$_{23-26-27}$.222$_{32}$. 224$_{12}$.225$_{5.11}$.225$_{18}$–226$_{27M}$. 228$_{2M}$.229$_{2M.38M}$.230$_{6-7M}$.231$_{32.37}$. 232$_{8.23.28}$.233$_{22}$.234$_{8.14-15}$.238$_{13}$. 239$_{12}$.250$_{8M.9M.29M}$.251$_{1M.10M.19M.29M}$ **I 2.** 389$_{20}$.407$_{26}$ **I 11.** 313$_{15}$ **II 7.** M*25* 46$_{25}$
- Das nasse Ort (Stollen) **I 1.** 88$_{12-13.29-38}$.93$_{18}$.169$_{27}$.254$_{6M}$
- Der getreue Friedrich (Stollen) **I 1.** 51$_{22M}$.88$_{17-18}$.93$_{19}$.254$_{8M.9-10M}$ **II 3.** M*3* 7$_{27-28}$ **II 7.** M*3* 7$_{27-28}$
- Felsenkeller (Gasthaus) **I 2.** 53$_{14-15Z}$
- Flöz **I 1.** 16$_{18M}$.27$_{16M}$.176$_{27}$.177$_{16}$. 178$_{8.25.31}$.180$_{4-11.16.36}$.181$_{19.27}$. 185$_{22.29}$.190$_{7}$.204$_{27.29.31}$.205$_{11}$. 214$_{32.38}$.215$_{15}$.216$_{7}$.219$_{10}$.220$_{TA}$. 221$_{10-14.22}$.222$_{21.36}$.223$_{30}$.224$_{14}$.

225$_{34}$.226$_{2M}$.228$_{19M}$.232$_{31}$.233$_{21.31}$
I 11. 34$_4$ II 7. M31 54$_{30}$
- Forsthaus I 2. 52$_{23Z}$
- Gebirge I 1. 15$_{4M}$.39$_{8M}$.40$_{32-33M}$.
  86$_{18}$.94$_{15}$.196$_{17}$ II 7. M25 46$_{6.27}$
  II 8B. M77 130$_{13}$
- Getreidemagazin I 1. 91$_{38}$.200$_{35}$
- Gewerkschaft I 1. 91$_{25}$.92$_{27}$.
  111$_{20M}$.115$_{20}$.168$_{25}$.184$_{19}$.187$_{11-12}$.
  196$_{33}$.197$_{13.19}$.201$_5$.203$_{21}$.206$_{22.31}$.
  207$_{1-2.10}$.209$_{4.9}$.210$_{10.28}$.211$_{16.25}$.
  212$_{1.11.22.31}$.213$_{10}$.214$_{7-8}$.215$_{31-32}$.
  216$_{16-17.33}$.220$_5$.224$_{2.37-38}$.228$_{35M}$.
  229$_{38M}$.230$_{25}$.231$_{1.12.35-36}$.232$_{4-5.25}$.
  233$_{36-37}$.234$_{17-18}$.235$_{3.7.16.26.31}$.
  236$_{22.29.32-33}$.237$_{2.19.29}$.250$_{10M}$.
  252$_{8M}$
- Gott hilft gewiß (Schacht) I 1.
  51$_{19M}$.52$_{18M}$
- Gottes Gabe (Schacht) I 1. 52$_{24M}$
- Hammer (Eisenhüttenwerk) I 2.
  52$_{26Z}$
- Johannisschacht I 1. 39$_{24M}$.
  44$_{10M.20-38M}$.45$_{1-30M}$.51$_{25M.29M}$.52$_{20M}$.
  54$_{17M}$.90$_{31}$.113$_{24M}$.169$_{29.33}$.170$_5$.
  172$_4$.176$_{20}$.177$_{15}$.178$_{31}$.180$_{4.14}$.
  185$_{35}$.205$_4$.208$_{15}$.219$_{10}$.240$_{12}$.
  254$_{7M.10-11M}$
- König David (Schacht) I 1. 254$_{4M}$
- Neuer Johannes (Schacht) I 1.
  63$_{33M}$.65$_{24M}$.66$_{8M}$.88$_{3-15.31-38}$.89$_{10.28}$.
  90$_{28}$.93$_{7.12.15-16.20}$.169$_{25}$.171$_{14}$.
  175$_{8-9}$.176$_{11}$.183$_{2-3}$.196$_{18}$.202$_{11-12}$
- Neuhoffnungsschacht I 1. 24$_{20M}$.
  45$_{29M}$.52$_{33-34M}$.53$_{4M.10-11M.14-15M}$
- Oberer Stollen I 1. 93$_{18}$
- Pfaffenteiche I 1. 54$_{36M}$
- Poch- und Waschwerk I 1.
  253$_{19-20M}$
- Porzellanfabrik I 1. 115$_{11M}$ I 2.
  53$_{14Z}$
- Rathaus I 1. 42$_{15M}$.87$_{12}$.208$_{24}$
- Ratssteinbruch I 1. 385$_{35}$ I 2. 97$_{21}$
  I 11. 143$_{18}$.184$_{17}$
- Rödergang I 1. 94$_{3-4}$
- Schlackenhalde I 2. 53$_{8Z}$
- Schneckenhügel I 11. 167$_6$
- Schulzental I 1. 54$_{9M}$
- Steinbruch I 2. 69$_{20}$ I 11. 167$_8$

- Steingründchen I 1. 54$_{2M}$
- Tiefer Stollen I 1. 93$_{21}$.207$_6$.
  208$_{15-16}$.240$_7$
- Treppenschacht I 1. 52$_{27M}$.53$_{9M.11M}$
- Wilhelm Ernst (Schacht) I 1.
  52$_{19-20M.33M}$.53$_{3M.9M}$.54$_{1M.25M}$.170$_{17}$
  II 7. M3 7$_{27}$
- Zechenregister I 1. 169$_5$
- Zollteich I 1. 54$_{27M}$

Ilsenburg An der Ilse am Nordrand
des Harzes
  I 1. 6$_{10Z}$

Imisee s. *Immensee*

Immensee Am Zuger See im Schweizer Kanton Schwyz
  I 1. 268$_{29M}$
  II 7. M114 224$_9$

Impruneta Gemeinde in der Provinz
Florenz. Italien
  I 1. 245$_{9M.10M.12M.13M.14M}$

Imsbach Am Donnersberg. südwestlich von Kirchheimbolanden. Pfalz
  II 8A. M58 83$_{181}$

Indiana Staat in Nordamerika
  II 8B. M82 135$_5$

Indien
  I 1. 311$_{13}$ I 8. 238$_8$.239$_8$ I 9.
  168$_{24.25-26}$.254$_{30}$ I 10. 202$_{19}$.203$_{19}$
  I 11. 115$_{20}$.194$_2$ (indische Gottheit).195$_{17}$
  II 1A. M44 237$_{567}$ 76 305$_4$ II 2.
  M5.2 22$_{15}$.23$_{38}$ S.24 134$_{46}$

Indischer Ozean
  I 1. 240$_{28}$
  II 2. M6.2 42$_{109}$

Inn Nebenfluss der Donau
  I 1. 125$_{10Z}$

Innsbruck Stadt in Tirol im Inntal
  I 1. 121$_{13Z}$.125$_{3Z.8Z}$.128$_{10M}$
  II 7. M94 185$_{7-8}$

Inselsberg Berg im nordwestlichen
Thüringer Wald
  I 1. 14$_{27}$ I 11. 2$_9$

Institut de France s. *Paris*

Irland
  I 2. 75$_{4Z}$.260$_{31}$ I 8. 287$_{32}$.368$_8$
  II 2. M5.3 28$_{26}$ II 8A. M105 138$_7$

Isar
  I 1. 123$_{31Z}$.124$_{2Z}$ (Fluss).$_{9Z}$

ORTE 271

Isargebirge
I 8. 419$_{19}$.420$_{13}$
Ischia Vulkanische Insel vor Neapel
I 1. 139$_{36M}$.149$_{1M.7M}$ I 2. 420$_{28-29M}$
II 7. M113 220$_{18}$ 94 187$_{110}$.
188$_{137-142}$ II 8B. M96 152$_6$ II 9B.
M33 37$_{219.220}$
- Berg II 7. M94 188$_{143}$
- Ufer II 7. M94 188$_{144}$
Island Insel im Atlantischen Ozean im Nordwesten Europas
I 2. 249$_{19M}$.420$_{19M}$ I 8. 115$_{12-13}$
II 7. M113 220$_8$ II 8B. M19 29$_{49}$
72 106$_{25}$
Isle de Bourbon = Réunion, zu Frankreich gehörende Insel im Indischen Ozean, östlich von Madagaskar
I 2. 328$_{36}$ I 8. 403$_{31}$
Isle de France
II 2. M5.5 35$_2$
Islington s. *London*
Ismannsdorf Südöstlich von Ansbach in Mittelfranken
I 1. 268$_{11Z}$
Israel Am östlichen Rand des Mittelmeeres gelegen
II 5B. M72 215$_{251-252}$
Italien, Italienisch
I 1. 58$_7$.60$_{21}$.121$_{11Z}$.136$_{28Z}$.137$_{22Z}$.
242$_{2M.5M}$ I 2. 75$_{29Z}$.122$_{31Z.32Z}$.
164$_{28}$.425$_{16M}$ I 3. 7$_7$.54$_{27M}$.362$_{29M}$.
402$_{21M}$.405$_{3M}$.498$_{21M}$ I 4. 232$_4$.
240$_{12}$.243$_5$ I 6. 47$_2$.121$_{26}$.231$_3$.
233$_{14}$.235$_{25}$.236$_{31}$.238$_6$.289$_{22.23}$.
294$_{21}$.322$_{34}$.333$_{33}$.342$_{25-26.27}$.
414$_{30}$.417$_{24}$.428$_{15}$ I 7. 32$_{16}$ I 8.
158$_3$.223$_{18}$.316$_{29}$ I 9. 21$_9$.62$_3$.79$_{15}$.
80$_{15}$.175$_{33}$.309$_{22}$ I 10. 157$_{28.34}$.
201$_{23.31}$.205$_4$.287$_{12-13}$.358$_{28}$.369$_{10}$.
370$_{1.13-14.25.29}$.371$_7$ I 11. 114.14$_{17}$.
27$_3$ (schönen Lande).200$_{25}$.212$_8$.
257$_7$.280$_{31.34}$.
II 2. M8.2 95$_{874}$ II 4. M15 21$_{60}$
II 5B. M58 188$_{10}$ II 6. M113 215$_{13}$
119 226$_{65}$ 129 255$_2$ 133 264$_{212}$.
267$_{291}$ 135 270$_{59}$ 41 50$_{84}$ 73 114$_{138}$
91 190$_{25}$ II 7. M105 202$_{46}$.203$_{85}$
106 204 111 211$_4$.213$_{79}$ 29 51$_{102}$

49 97$_{200}$ 94 185$_{3-6}$ II 8A. M123
161$_{16}$ 20 42$_3$ II 8B. M72 111$_{183}$
II 9B. M33 33$_{75}$.36$_{201}$.37$_{249}$ II 10A.
M44 106$_5$ II 10B. M1.3 14$_{73}$.16$_{127}$
20.8 61$_9$ 21.9 69$_{32}$ 23.13 108$_4$
23.2 93$_{21}$ (Reise) 23.3 96$_{78.91.100}$
- Gebirge I 2. 76$_{10-11Z}$
- Mineraliensuite II 8A. M125 164$_{35}$
- Oberital. Seen II 7. M111 211$_{10}$
- Vulkane II 7. M29 50$_{63-65}$
Itzgrund Talkessel südlich von Coburg in Oberfranken
I 1. 194$_{24Z.26Z}$
Jablunka Südöstlich von Ostrau, Mähren
I 2. 193$_{23}$ I 8. 267$_9$
Jaci s. *Aci Castello (Jaci)*
Janigg = Janegg, westlich von Teplitz, Böhmen
I 2. 28$_{2Z}$
Japan
I 2. 53$_{23M}$
II 8A. M47 70$_6$
Jauer Ort in Niederschlesien
II 2. M13.2 219$_{22}$
Jekaterinburg s. *Katharinenburg (Katherinburg, Ekatherinenburg)*
Jena Universitätsstadt in Thüringen im Saaletal
I 1. 28$_{4M}$.241$_{5Z}$.254$_{29M}$.284$_{18}$.299$_4$.
376$_{6Z}$.388$_{12}$ I 2. 6$_{2Z}$.10$_{14M.34Z}$.
23$_{10Z}$.61$_{3Z}$.68$_{33Z}$.81$_{21Z.24Z.33Z}$.
82$_{3Z}$.21Z.25Z.27Z.28Z.83$_{4Z}$.92$_{16M}$.95$_7$.
102$_{19M}$.103$_{11}$.106$_{17}$.109$_{22}$.
146$_{17M.33M}$.150$_{26}$.199$_{17Z}$.200$_{2Z}$.
233$_{36Z}$.253$_{28}$.279$_{13Z}$.289$_{33}$.316$_{5Z}$.
421$_{23M}$ I 3. 102$_{11}$.245$_{7Z}$.266$_{23M}$.
270$_{3M}$.271$_{17Z.22M}$.272$_{29Z}$.273$_{4M}$.
275$_{1M}$.277$_{32Z}$.278$_{5Z}$.280$_{5Z.15Z}$.
303$_{25Z}$.326$_{24Z.25Z}$.330$_{20Z.27Z}$.331$_{31Z}$.
332$_{11Z.12Z.37Z}$.333$_{14Z}$.334$_{8Z}$.342$_{27M}$.
358$_{5M}$.359$_{19M}$.360$_{18M}$.387$_{37Z}$.389$_{1Z}$.
405$_{9M}$.502$_{3M}$ I 6. 345$_{4.22}$.346$_{11.35.37}$.
418$_{14.35-36}$.419$_{7.22}$ I 7. 17$_7$.241$_3$.25$_{34}$
I 8. 7$_{19}$.24$_{37}$.45$_{14}$.75$_{15}$.95$_6$.136$_{33}$.
184$_{13}$.258$_{1.16}$.328$_{21.35}$.351$_{13}$.422$_{11.25}$
I 9. 6$_{22}$.10$_{38}$.12$_{26}$.16$_{36}$.17$_{11}$.18$_{27}$.
81$_{10}$.119$_5$.154$_4$.166$_{32}$.168$_{28}$.173$_{17.38}$.
179$_9$.218$_{37}$.242$_{25}$.243$_{31}$.256$_{28}$.

$318_{25.26}.360_3$ **I 10**. $169_{21}.195_{29}.$
$213_7.298_5.304_{10}.324_{3.23}.326_{11.35}.$
372_{23} **I 11**. $53_{24}.103_2.145_{28}.162_{7.22}.$
$163_{19}.165_{35-36}.187_{14}.190_{33}.197_{14}.$
$198_{34}.199_{25}.201_{35}.202_{22}.217_{33}.$
$219_{14}.224_{17}.247_{17}.300_{12}$
II 1A. M33 191_1 **II 2**. M10.2 205_8
10.4 $207_{5-13.29}.208_{55.59}$ 10.6 211_{64}
10.7 212_{13} 12 218_{14} 2.6 13_{55} 5.7
37_5 S.1 70_{234} S.10 112_3 S.11 113_{25}
S.12 115_{47} S.18 $123_{2.13}$ S.19 126_6.
128_{85} S.2 78_{247} S.20 130_{45} S.22
131_8 S.23 132_5 S.24 134_{50} S.25
136_{59} S.26 137_1 S.27 137_2 S.29
139_2 S.30 141_1 S.6 109_{33-34} S. 8
110_2 9.3 144_{31} (Stadt) 9.31 197_4
9.9 $150_{80.82}$ **II 5B**. M26 123_5 62
198_{59} **II 6**. M133 267_{297} 71 105_{507}
II 7. M12 $26_{51.57}.27_{73.90.103}$ 31 54_{33}
35 58_3 59 130_{117} **II 8A**. M121
$158_{15.15}$ 55 77_{23-24} 63 94_{22-23} 64
$95_{1.21}$ 77 107_{33} 79 108_{12} 84 111_4
88 117_4 89 118_4 **II 9A**. M 88 132_{44}
II 9B. M49 52_1 **II 10A**. M37 99_{47}
39 102_2 7 66_{1-2} **II 10B**. M21.9
69_{41} 25.10 155_{135}
- Berge **II 7**. M12 26_{68}
- Bibliothek **II 5B**. M20 93_4
- Botanische Anstalt **I 9**. 12_{35}
- Botanischer Garten **I 2**. $6_{9Z}.408_{20}$
  I 9. $210_{10-11}.242_{21-22}$ (Fürstengarten).243_{20-30} **I 11**. 314_8 **II 10B**. M23.3 94_5
- Büttners Bibliothek **I 9**. 19_{11-12}
- Eckturm **I 11**. 314_7
- Engelgatter **I 2**. 421_{24M} **I 11**. 163_{21} **II 7**. M113 221_{44}
- Graben-Allee **I 9**. 216_7
- Hausberg **II 5B**. M84 243_3
- Markt **I 11**. 163_{20}
- Mineraliensuite **I 2**. 425_{14M} **II 8A**. M123 161_{14}
- Museen, Sammlungen, Kabinette
  I 2. $6_{19Z.24Z}.253_{29}$ **I 9**. 167_8. $169_{20.34}.170_{35}.171_{2.3}.254_{35}$ **I 10**. 372_{30} **I 11**. 162_1–$166_{14}.165_{35}$ **II 6**. M77 145_{625} **II 7**. M105 202_{53} 54 121_{14} **II 8B**. M90 144_{19} **II 10A**. M26 85_{10}

- Museum (Schloss) **I 1**. $283_{30.34}$
  (mineralogische Teil).324_{3Z} **I 2**. $7_{19Z}.61_{16-17Z.16-17Z.17Z}.91_{4Z}$ (Anstalt). $107_{10Z}.134_{20M}.173_{36Z}.200_{5Z}$ **I 9**. $173_9.260_{24}$ **I 10**. 221_{20} **I 11**. $53_{2.6}$ (mineralogische Teil).224_{18} **II 5B**. M62 197_{27} **II 10A**. M16 75_{20}
- Naturforschende Gesellschaft **I 9**. 81_{12} **II 1A**. M16 $133_{1(?)}.138_{213(?)}$ **II 10A**. M7 66_{4-5}
- Neutor (südl. Stadttor) **I 11**. 163_{21}
- Pulverturm **I 2**. 408_{20-21} **I 11**. 314_8
- Schillersches Gartenhaus **I 11**. $163_{17-18}.164_{11.17.23}.165_{15}$ (Garten).19 (Gartens)
- Schloss **I 1**. $283_{30}.284_{22.38}$ **I 9**. 171_5 **I 11**. $53_{2.28}.54_{8-9}$
- Schlossbibliothek **I 1**. 285_7 **I 10**. 292_{33-34} **I 11**. 54_{15-16}
- Schlossgarten **I 9**. 242_{20}
- Sozietät für die gesamte Mineralogie zu Jena **I 1**. $284_{1-2.3.10.16-17}$ (Institut).$_{32.34.35-36}.299_{3-4}.304_{26}.$ $353_{10.33}.368_{18}$ **I 2**. $3_{425-26}.61_{3Z.4Z}.$ 82_{3Z} (Kabinett).103_{19} (Kabinett). $105_{34}.106_6.115_{14Z}.157_3$ (Sammlung).414_{10} **I 8**. $59_{29}.154_{14}.$ $385_{31}.386_{15}$ **I 11**. 53_7 (Sammlungen).$_{9.16.22}.54_{3.5.6-7}.103_2.108_{33}.$ $152_{23}.188_6$ (Kabinett).$190_{15}.323_{30}$ **II 8A**. M112 148_{23}
- Sternwarte **I 2**. 61_{18Z} **I 8**. $257_{20}.258_{13-14}.327_{30-31}.328_8.$ $421_{16.46}$ **I 11**. $162_{1.15.27}.163_{13.23}.$ $164_{6.10.12.35}.165_{15.18.22}.166_6.247_5$ **II 2**. M10.5 209_2 10.7 212_{10-11} 12 217_{11} 2.5 12_1 S.18 123_{4-5} S.2 $74_{62-63}.85_{519-520}.86_{543-548}$ S.28 138_3 S.8 110_{4-5}
- Tanne (Gasthaus) **I 8**. 323_1 **II 2**. M1.1 $3_{11.13}$
- Universität **I 2**. 123_{35-36Z} (Akademie) **I 9**. 16_{31-32} **I 10**. 323_{36} **I 11**. $162_{11}.163_{13}$ (Akademie)
- Universitätsbibliothek **I 10**. 292_{33-34}
- Veterinär-Schule **I 9**. $170_{9.23}.171_5$

Jena-Priesnitz
  II 10A. M6 65_{17}

Jersey s. *Chessy*

Jerusalem
I 6. 89₂₂
II 1A. M*14* 112₅₈.₈₆

Joachimsthal Ort nordöstlich von Karlsbad im böhmischen Erzgebirge. Silberbergbau
I 1. 109₁₈M.119₂₃M.288₃₂Z.320₆Z
I 2. 32₃₃.118₄Z.292₈.423₁₆M I 11. 150₃₅
II 2. M*9.14* 179₇ II 7. M*65* 141₄₁ *71* 154₄.₇ *72* 154₈ *73* 159₁₆₇ *80* 170₁₁₃ II 8A. M*29* 48₄ II 8B. M*29* 48₁₂
- Hüttenverwaltung I 2. 292₇₋₈ I 8. 377₄₅₋₄₆
- Mineraliensuite II 7. M*105* 201₆.₁₆
- Oberberggericht I 2. 292₇ I 8. 377₄₅₋₄₆

Johanngeorgenstadt Im sächsischen Erzgebirge: Erzbergbau
II 7. M*29* 49₃₉
- Gabe Gottes (Bergwerksschacht) I 1. 109₂₆M II 7. M*73* 159₁₇₃
- Gnade Gottes (Bergwerksschacht) I 1. 109₂₇M II 7. M*73* 159₁₇₄

Johannisberg Weinberg im Rheingau
I 2. 68₇Z.₁₁Z
II 9A. M*115* 179₂₀₆₋₂₀₇

Johannisschacht s. *Ilmenau*

Judenbach Nördlich von Sonneberg am Südhang des Thüringer Waldes
I 1. 194₁₈Z

Jugler Gebirge Teil des sächsischen Erzgebirges
II 7. M*29* 49₄₂

Julius-Halle (Juliushall) s. *Harzburg*

Jung Bunzlau s. *Bunzlau*

Jungfer Bergwerk im Gebiet von Siegen, Nassau
II 8A. M*58* 84₁₈₇

Jungfrau, Jungfrauhorn Berg im Berner Oberland, Schweiz
I 11. 160₃₁
- Jungfrau-Gletscher I 2. 384₁₃M
II 8B. M*80* 133–134

Jupiter (Planet) Größter Planet unseres Sonnensystems
I 1. 306₁₇.313₁ I 2. 1₂₉Z I 11. 109₂₈.117₁₅.212₁₀.267₅.349₂₅
II 5B. M*84* 243₄.₁₄ II 6. M*71* 103₄₂₃

Jupitermonde
II 5B. M*102* 295₄₄ *114* 336₂₂₇
II 6. M*71* 103₄₂₃

Jura Gebirgszug des Franz. und Schweizer Jura, der sich in einem Bogen nordnordöstlich zwischen Rhone und dem Rhein bei Basel hinzieht
I 1. 10₁₇Z.₁₉Z
II 7. M*49* 97₁₇₀ II 8B. M*91* 146₂₀

Kaden (Kaaden) An der Eger, zwischen Karlsbad und Teplitz, Böhmen
I 2. 34₃₁ I 11. 152₂₈
II 8B. M*29* 48₁₀

Kahla (Kahle) An der Saale in Thüringen
I 1. 102₁₃M
II 2. M*9.9* 150₈₁ II 7. M*73* 154₂

Kahlenberg Berg bei Zinnwald im böhmischen Erzgebirge
I 2. 42₄ I 8. 146₃₇

Kairo (Cairo)
II 4. M*67* 78₇

Kaiser-Steimel Möglicherweise die Grube Steimel südlich von Siegen, in der Eisenerz abgebaut wurde
I 2. 115₂₀₋₂₁M
II 8A. M*58* 81₈₀₋₈₆ *97* 130₅

Kaiserlich-Alexandrowsches Bergwerk s. *Tsarevo-Alexandrofsk*

Kaiserslautern (Kayserslautern) Pfalz
II 8A. M*59* 84₉ *69* 99₁₆₋₁₉.₂₇

Kaiserwald Nördlich von Marienbad
I 2. 290₃ (Gebirgsrücken) I 8. 351₁₈–251₁₈ (Gebirgsrücken)

Kalabrien Südlichste Region des ital. Festlandes
II 9B. M*33* 34₁₀₃.₁₁₂.₁₃₀

Kalenberg Ehemaliges Herzogtum um Hannover
I 11. 26₃₈₋₃₉

Kalkalpen Gebirgszüge nördlich und südlich der Zentralalpen. u. a. Karwendel
I 1. 125$_{24Z.24Z}$.126$_{13Z.13Z}$
Kalkutta
I 10. 212$_{33}$ I 11. 195$_{22}$
II 2. M 9.13 177$_5$ II 10A. M 27 87$_{42}$ (Calcutta)
Kalte Küche Lokalität am Ufer der Ilm im Weimarer Park
II 7. M 11 21$_{330-331}$
Kalten-Nordheim Am Nordostrand der Rhön
I 2. 422$_{13M}$
II 7. M 113 222$_{62}$ 19 36$_2$.37$_6$ 29 51$_{99}$
Kaltensontheim (Kaltensundheim) In der Rhön. südlich von Kaltennordheim
II 7. M 19 37$_9$
Kaltenwestheim Am Nordostrand der Rhön
II 7. M 19 37$_6$
Kamenahora Berg südöstlich von Theusing. Böhmen
I 2. 203$_{24}$ I 8. 262$_{26}$
Kammer Kleine Ortschaft am Kammerberg
I 1. 357$_{26}$ I 8. 49$_4$
Kammerberg (Cammerberg) An der Ilm. westlich von Ilmenau. Steinkohlebergbau
I 1. 55$_{8M}$
II 7. M 128 236$_2$ II 8B. M 24 43$_5$
- Steinkohlenflöz II 7. M 31 54$_{29-31}$
- Steinkohlenwerke I 1. 27$_{13-14M}$
Kammerberg (Kammerbühl) Basaltkuppe zwischen Eger und Franzensbad
I 1. 355$_{29Z.33M}$.356$_{24Z}$. 357$_{22}$–369$_{23}$.373$_{6.17-18.31-32}$ I 2. 5$_{6Z}$ (Egraer Vulkans).139$_{28Z.30Z}$. 151$_{8M}$.159$_{10}$–161$_6$.173$_{9Z.23Z}$. 208$_{26Z}$.209$_{14Z.34Z}$.231$_{32Z}$. 234$_{32Z.36Z}$.235$_{24Z.35Z}$.238$_8$–239$_8$. 241$_{14M}$.251$_{4Z}$.281$_{27Z}$.294$_{14}$.329$_{29}$. 330$_{1.21}$ I 8. 49$_1$–60$_{37}$.166$_8$–168$_4$. 352$_{9.12}$.353$_6$.409$_{27}$.410$_{10}$ I 11. 131$_{4.14.28}$

II 1A. M 72 301$_2$ II 5B. M 43 160$_{36}$ II 8A. M 116 152$_9$ 117 153$_{13}$ 119 154$_{13-16.16}$ 24 45 99 133$_{21}$
II 8B. M 22 38$_{17}$–39$_{48}$ 23 43$_1$ 43 84$_{10}$ 55 93$_{13}$
Kammerbühl s. *Kammerberg (Cammerberg)*
Kammerlöcher Am Fuße des bei Stützerbach gelegenen Kammerberges
I 2. 52$_{24Z}$
Kamtschatka Halbinsel. Nordost-Asien
II 8B. M 77 132$_{90}$
Kanaan (Canaan) Im alten Testament das Land westlich des Jordan. für die Juden das Gelobte Land
I 11. 351$_7$
Kanarische Inseln Inselgruppe im östlichen Zentralatlantik
I 2. 170$_{19-20}$ I 8. 163$_{31}$ I 10. 157$_{23-24}$
II 8B. M 72 106$_{40}$
Kap der Guten Hoffnung An der Südspitze Afrikas
I 10. 234$_7$
II 2. M 9.26 192$_{15}$ (Cap) 9.27 194$_{19}$ (Cap)
- Vorgebirge I 10. 231$_{42-43}$ II 9B. M 62 *Anm* 70 II 10B. M 15 40$_{12}$
Kapnik = Kapnik Banya. Nordost-Ungarn. heute Slowakei
II 8A. M 34 57$_{21}$
Kappelberg Heute: Kapellenberg. bei Schönberg in Sachsen. nordwestlich von Franzensbad
I 1. 359$_{38}$ I 2. 212$_{6Z.9Z.18Z}$ I 8. 51$_{12}$
- Kapelle I 2. 212$_{10Z}$
Käpplesberg Bei Struth. nördlich von Suhl. Thüringer Wald
I 2. 109$_{13}$ I 11. 202$_{13}$
Kapstadt (Capstadt) Südafrika
II 8A. M 55 77$_3$
Karl August Stollen In Stedtfeld bei Eisenach s. *Stedtfeld*
Karlsbad (Carlsbad) Kurort in Böhmen. an der Mündung der Tepl in die Eger

ORTE 275

I 1. 106₁₅₋₁₆M.107₁M.₂₃M.108₁₃M.₁₆M. 121₁₃Z.₁₅Z.154₁₉Z.241₂₉Z.₃₄Z.281₁. 285₁₀Z.₁₂Z.286₉Z.287₁Z.290₄Z.₁₅Z. ₁₈Z.₂₀Z.294₁₂M.₃₃M.₃₆M.₃₇M.₃₈M.295₃M. ₈M.₁₀M.₁₄M.₁₇M.296₇M.298₅M.₁₁M. 299₄.303₃₆.304₁₂.320₂.321₂₁Z. 323₈Z.324₆Z.325₁₁Z.327₉M.₁₃M. 330₂₈M.331₃.₆M.₁₆M.₂₀.₂₉.333₂₅₋₂₆. 334₃₂.338₁₈.341₇.344₁₂.₁₆.347₁₇. 348₃₁.354₂₃Z.355₂₅Z.356₃₃Z.359₂. 369₂₅₋₂₆.371₁₂.372₂₅.375₁₂.376₉Z. ₁₃Z.₂₁Z.₂₇₋₂₈Z.377₈Z.382₂₆.383₁₄. 384₃₂.388₁₆₋₁₇ **I 2.** 1₂Z.₄Z.2₆₋₇Z.₂₈Z. 3₂Z (tiefe Stadt).₁₄Z.4₆Z.5₁₀Z.₂₄Z. 19₁₄Z.20₁₁Z.21₃₅Z.48₂₅.55₁₄M.62₉. 80₅.93₁₄.₂₈(Orte).94₇.₂₂(Ort). 117₁₀–118₉Z.118₁₁Z.₁₇Z.₁₉Z.₂₃Z.₂₅Z. 124₂₄M.125₂₃.126₂₂.₂₅.128₈M.129₇M. ₃₅M.130₁₃M.132₁₈M.134₂₄Z.137₃Z.₁₁Z. 140₁₈Z.₃₂Z.146₂₀M.151₁₁M.152₁₆M. 159₁₉.172₅Z.₂₁Z.181₁₉.₂₂.182₃₁. 186₃₀₋₃₁Z.196₉M.₁₂M.198₇M.202₁₅. 204₁₈.205₂₅.210₅Z.214₂₀.215₉.₁₇.₂₂. ₂₉.216₁₈.217₂₇.237₁₅Z.275₂Z.283₁Z. 311₃₄M.347₆₋₇.412₂₂₋₂₃.413₄.₈.₁₄. 414₅.415₁₇.416₃₅.420₃₁M.425₁₇M
I 3. 280₁Z **I 8.** 27₂₉.27₁–28₃₁.28₃₃. 29₇.31₁₋₂.32₉.35₃₃.38₂₁.41₂₄.₂₈. 50₁₆.80₁.₁₀.81₁₁₋₁₂.102₁₆.139₂₉. 152₁₀.154₂₃.165₃.166₁₇.195₃₂. 202₂₅.244₄.₇.245₁₄.247₄.₂₇.₃₅. 248₃₋₄.₁₁.₃₇.250₅.261₁₉.263₂₀.264₂₆. 381₁₇.412₂₄ **I 9.** 17₂₀.18₄.71₃₄ **I 10.** 26₁₈.324₃₂.325₉ **I 11.** 52₁₇.103₃. 108₇.₁₉.129₁₂.130₂₄.133₆.140₈.₃₀. 142₁₆.145₃₂.154₁₈.156₁₉.171₅. 208₁₇.209₁₄.210₁₁.322₆₋₇.₁₉.₂₃.₃₀. 323₂₆.324₃₅.326₁₀
II 2. M *9.9* 168₇₄₇.₇₅₆.₇₆₀.169₇₈₀
II 4. M *12* 18₁ **II 5B.** M *20* 97₁₇₉ *43* 160₃₈ **II 7.** M *113* 220₂₀ *71* 153₁ *72* 154₂₋₄.₇.₁₀ *73* 158₁₂₇.₁₄₇. 159₁₉₃₋₁₉₅ **II 8A.** M *1* 3₂ *2* 3₃ *107* 139₁₄ *108* 140₁₀.141₄₃.142₆₉.₈₃ *111* 147₁₄ *114* 149₉.150₂₂ *116* 152₅ *117* 153₁₆ *119* 154₁₂ *121* 158₄ *123* 161₁₇ *13* 25₂ *14* 30₇₅. 31₁₁₉.34₂₀₃₋₂₃₂(Stadt).37₃₂₀ *15* 39₂.40₁₀ *17* 41₁₀M *1* 3₂ *2* 3₃.4₁₉.

7₁₂₈.₁₃₀.₁₅₁.₁₅₆(Stadt).9₂₃₁(Stadt). 10₂₇₁.11₂₈₁ *25* 45₂ *3* 12₂₋₃.13₁₂.₂₂. 14₅₁ *4* 14₂ *48* 71₁₃ *6* 17₃₂₋₃₃ *86* 112₃₋₇ M *86* 112₁₈–113₂₁.113₄₆. 114₅₈ *99* 133₂₄ **II 8B.** M *10* 17₂₂₋₂₄.19₈₇ *118* 163₈ *123* 166₁ *20* 31₃₆₋₃₇ *48* 87₁₋₄ M *7* 11₂₈–14₁₄₄ *72* 107₆₄ M *90* 144–145 *97* 153 **II 10B.** M *23.3* 94₉
- Brunnen (Sprudel), unterhalb der Kirche St. Maria Magdalena **II 8B.** M *47* 86₁₋₅
- Allee **II 8A.** M *2* 7₁₃₈
- Alte Wiese **I 2.** 418₂₅ **I 11.** 327₂₆
- Andreasgasse **II 8A.** M *3* 13₄₂₋₄₅
- Andreaskapelle **I 1.** 330₃M **I 2.** 158₁ **I 8.** 155₁₂ **II 8A.** M *13* 27₉₂ *14* 36₂₉₆
- Apotheke **II 2.** M *9.10* 175₁₃
- Bernhard(s)felsen **I 1.** 107₁M. 336₂₅₋₂₆.337₂₅ **I 2.** 138₁₇Z.₂₁₋₂₂Z. ₂₅Z.₂₉Z.151₁M.155₁₄₋₁₅.₂₈.157₇.₃₄₋₃₅. 172₂₄Z **I 8.** 34₃.35₂.152₂₅.153₁. 154₁₈.155₇₋₈ **I 7.** M *73* 158₁₂₈₋₁₃₆ **II 8A.** M *116* 152₇ *117* 153₇ *119* 154₁₄ *14* 34₂₂₅₋₂₂₆ *2* 4₁₈.8₁₆₁ *4* 14₄₋₅.15₁₇₋₂₁ *86* 112₁₀₋₁₄
- Böhmischer Saal **II 8A.** M *2* 7₁₃₈
- Brunnen (Sprudel), unterhalb der Kirche St. Maria Magdalena **I 1.** 285₁₃Z.₁₇Z.286₁Z.₈Z.₂₆Z.287₂₉Z.288₂₃Z (beide Brunnen).297₂₁M (Sprudel). 298₃M (Sprudel).₁₉M.322₂₆Z.₃₄Z (Sprudel).323₂Z (Sprudel).337₃₆ (Sprudel).338₂₆.340₃ (Sprudel). 345₁₀.376₅Z.₇₋₈Z.₁₁Z.₂₁Z **I 2.** 2₁Z.₁₂Z. 4₈Z.₁₆Z.158₄.₂₅.283₁₂Z.₂₉Z.311₃₅M. 312₃M.416₉₋₁₀ (Sprudelprodukten).₂₈.417₂₆.419₈ **I 11.** 325₂₃₋₂₄ (Sprudelprodukten).326₅.₃₃.327₄₁ **II 8A.** M *2* 5₆₁ (Marienbade) **II 8B.** M *7* 12₆₁–14₁₃₉ *8* 15₅₋₇.₂₂
- Brunnen, Quellen, Sprudel **I 1.** 107₄M.₇M.285₂₂Z.298₇M.300₂₁₋₂₂. 304₂₁.337₁₋₂ (warme Brunnen). 339₃₁.₃₂ **I 2.** 4₁₇Z.5₁₆Z.₂₈₋₂₉Z.11₃₇Z. 93₁₆.151₂₋₃M.154₃₁₋₃₂.157₁₂.₂₆. 158₈.₃₁.415₃₁.416₃.419₈ **I 8.** 27₃. 34₁₃ (warme Wasser).₁₄.37₈₋₉.152₆.

ORTE

$155_{15.19}$ **I 11**. $104_{22-23}.108_{27-28}$.
$325_{11.17}.327_{42}$ **II 2**. M 9.14 179_{10}
II 7. M 73 $158_{131-134}$ **II 8A**. M 117
153_8 14 34_{219} 2 4_{40} **II 8B**. M 7
$13_{134-142}$
- Chotekischer Weg. auf Veranlassung des Grafen Rudolph Chotek angelegter Waldweg **I 2**. 137_{16Z}. 138_{2Z}
- Dorotheenaue **I 1**. $299_{29}.328_{26M}$. 344_{29} **I 2**. $129_{14M}.144_{23M}$ **I 8**. 42_6 **I 11**. 103_{28} **II 8A**. M 13 26_{46} 2 $7_{147.155}$
- Dreieinigkeitssäule **II 8A**. M 2 6_{91}
- Dreikreuzberg **I 1**. $299_{22}.330_{1M}$. 340_5 **I 2**. $155_2.158_2$ **I 8**. $37_{19}.83_{11}$. $152_{12}.155_{13}$ **I 11**. 103_{21} **II 8A**. M 13 27_{90} 14 $34_{204}.35_{268}.36_{295}$ M 6 $16_{13}-17_{19}.17_{31.46}$
- Egerbrücke **I 1**. $300_{14}.341_{22}$ **I 2**. 138_{16Z} **I 8**. 38_{36} **I 11**. 104_{15} **II 8A**. M 14 $37_{326-327}$
- Findlater-Obelisk. Findlaters Säule **I 8**. 81_{13} **I 11**. 211_{21}
- Fleischerbrücke **I 1**. 322_{36Z}
- Galgenberg **I 1**. $303_{26}.320_{26Z}$. $330_{4M}.340_{12}.341_9$ **I 2**. 130_{25M} **I 8**. $37_{26}.38_{23}$ **I 11**. 107_{30} **II 8A**. M 108 142_{94} 13 27_{93} 14 $36_{296}.37_{322}$ 2 9_{235}
- Gebirge **I 1**. 359_{24} **I 2**. $154_{35}.412_{19}$ **I 8**. $50_{37}.81_{34-35}.419_{10}$ **I 11**. 211_9. 322_{2-3} **II 8A**. M 14 30_{50} 2 $4_{15-16.20}$. $7_{128-129.139.147.158}.8_{160}.9_{229}$ 3 14_{52}
- Geweihdiggasse **I 2**. $417_4.418_{20}$ **I 11**. $326_{16}.327_{21-22}$
- Goldene Krone (Gasthaus) **I 1**. 289_{20Z}
- Harfe (Kapelle „Maria hinter der Harfe") **I 1**. 298_{14M}
- Hirsch(en)sprung (Berg am linken Teplufer) **I 1**. $285_{16Z}.291_{6-7Z}$. $299_{31}.336_{32}$ **I 2**. 155_1 **I 8**. 34_9. $86_{31}.102_{22}.152_{11}$ **I 11**. 103_{30} **II 8A**. M 14 $34_{205-211}$
- Hirschensteinfelsen **II 8A**. M 2 4_{18}. $7_{132.136.156-157}.8_{160}$ 4 14_3
- Hospital (am Neubrunnen) **I 1**. 336_{37-38} **I 2**. 138_{17Z} **I 8**. 34_{14} **II 8A**. M 14 34_{214}

- Hygiasquelle **I 2**. $416_5.418_{38}$ **I 11**. $325_{19}.327_{35}$
- Johannisbrücke **I 1**. $323_{5-6Z}.336_{37}$ **I 2**. 416_{34-35} **I 8**. 34_{14} **I 11**. 326_{10} **II 8A**. M 14 $34_{213-214}$
- Karlsbrücke **I 1**. $4_{23Z}.321_{14Z}$ **I 2**. $137_{30Z}.138_{4Z}$ **II 8A**. M 2 $7_{131.146}$
- Kirche **I 8**. 155_{18} **II 8B**. M 90 144_{21}
- Kirchengasse **I 2**. 417_{19-20} **I 11**. 326_{27}
- Komödienhaus **I 1**. 298_{5M} **I 2**. $415_{33}.418_{28}$ **I 11**. $325_{13}.327_{28}$ **II 8B**. M S 15_8
- Kreuzgasse **I 1**. $298_{21M}.330_{2M}$ **II 8A**. M 13 27_{91} **II 8B**. M S 15_{24}
- Lorenzkapelle **II 8A**. M 14 34_{202}
- Lusthäuschen **I 2**. 160_{14} **I 8**. 167_{12}
- Maria-Magdalenen-Kirche **I 1**. $339_{2.28}$ **I 2**. $158_7.413_{23}.417_{6.22.33}$. $418_{1-2.7.33-34}$ **I 8**. 36_{17} **I 11**. 323_6. $326_{17.29}.327_{2.7.11.32}$ **II 8A**. M 3 13_{13}
- Markt **I 1**. 337_{20} **I 2**. 417_{29} **I 8**. 34_{36} **I 11**. 326_{35} **II 8A**. M 14 34_{222}
- Marktbrunnen (Mineralquelle) **I 1**. 338_{22} **I 8**. 35_{37}
- Mineraliensuite **I 1**. $285_{14Z}.320_{17Z}$. 323_{33-34Z} **I 2**. $48_{32}.138_9.139_{3Z}$. 172_{28Z} (Sammlung).173_{30-37Z}. $213_{15Z}.412_{24}$ **I 8**. 380_4 **I 11**. 154_{25}. 322_8 **II 7**. M 105 $201_{4.15}$ **II 8A**. M 125 164_{30} 16 40_{1-2}
- Mineralquelle am Rathaus **II 8B**. M S 15_{10}
- Mühlbad (links der Tepl) **I 1**. 337_{25} **I 2**. 155_{13} **I 8**. $35_2.152_{24}$ **II 8A**. M 14 34_{225}
- Mühlbadbrücke **I 2**. 158_{35-36} **I 8**. 156_9
- Mühlbadgasse **I 2**. 417_{24} **I 11**. 326_{31}
- Mühlwehr **I 1**. 337_{16} **I 2**. 158_{28} (Wehr) **I 8**. 34_{31}
- Neubrunnen (Mineralquelle) **I 1**. $285_{13Z.22Z}.286_{8Z.26Z}.287_{29Z}.288_{23Z}$ (beide Brunnen).$_{27-28Z}.321_{1Z}$. $322_{37}-323_{1Z}.337_{13.36}.357_{18Z}$ **I 2**. $1_{14Z}.5_{12Z.25Z}.95_{31}.157_{15.19-20}.158_{36}$. 416_{32} **I 8**. $34_{28}.35_{13}.44_{24}.154_{26.30}$. 156_{9-10} **I 11**. 326_8 **II 8A**. M 14 35_{245} 6 17_{17-18}

- Posthof. Posthaus (Gasthof) **I 2**. 130_{37M} **II 8A**. M3 13_{14}
- Poststraße **I 1**. 296_{20-21M} **II 8B**. M7 13_{99}
- Prager Straße (Pragerweg) **I 1**. $287_{16Z}.320_{18}$ **I 2**. $2_{7Z}.117_{12Z}.129_{1M}$. $137_{27Z}.138_{23Z}.158_{1}$ **I 8**. 84_{18-19}. $87_{13}.155_{12}$ **II 8A**. M14 34_{217}
- Rathaus **I 1**. $297_{11M}.298_{7M}.337_{18}$ **I 2**. $417_{17}.419_{10}$ **I 8**. 34_{33} **I 11**. $326_{24-25}.327_{43-44}$ **II 8A**. M14 34_{220} 2 $4_{17}.6_{88}.7_{157.159}$ 3 13_{19} 4 14_{4} **II 8B**. M7 13_{124}
- Ritter **I 1**. 298_{9M} **II 8B**. MS 15_{12}
- Säuerling (Brunnen) **I 1**. 355_{30Z} **I 2**. $5_{26Z}.130_{36M}.131_{1M}$
- Schlossberg **I 1**. $289_{16Z}.291_{15-16Z}$. $292_{8Z}.299_{23}.322_{30Z}.336_{33}.339_{36}$. $340_{13}.341_{8}.343_{34}.346_{25}$ **I 2**. 131_{31M}. $172_{23-24Z}.419_{13}$ **I 8**. $34_{10}.37_{13.27}$. $38_{22}.41_{8}.44_{2}.81_{12}$ **I 11**. 103_{22}. $211_{20}.328_{2}$ **II 8A**. M14 $34_{212}.37_{321}$ 2 $8_{199}.9_{206.211}$ 3 14_{47} 4 15_{26}
- Schlossbrunnen, Mineralquelle und Rundpavillon mit Trinkbrunnen **I 1**. $285_{22Z}.298_{35M}.320_{23.29Z}$. $321_{18Z}.337_{19-20}.338_{21}$ **I 2**. 419_{17} **I 8**. $34_{35}.35_{36}$ **I 11**. 328_{6} **II 8A**. M14 34_{221} 2 $6_{102}.8_{163}$ 4 14_{6-7}. 15_{33-54} 6 16_{1-12} **II 8B**. MS 16_{36}
- St. Andreas, ehemalige Friedhofskirche **I 2**. 138_{23Z}
- Stadtbrunnen **I 1**. 298_{36M} **II 8B**. MS 16_{37}
- Tepl-Brücke **I 2**. $127_{35M}.413_{24}$ **I 11**. 323_{8}
- Weißer Hirsch (Gasthaus) **I 1**. $376_{10Z.23Z}$
- Wildenthal **II 8A**. M2 $3_{5}.5_{74-75}$
- Zu den drei Fasanen (Gasthaus) **I 2**. $417_{19}.418_{29-30}$ **I 11**. 326_{27}. 327_{29-30}
- Zu den drey goldenen Sternen (Gasthaus) **I 2**. $138_{21Z}.155_{13-14.19}$ **I 8**. $152_{24-25.29}$
- Zum Falken (Gasthaus) **I 2**. 418_{19-20} **I 11**. 327_{21}
- Zum halben Mond (Gasthaus) **I 2**. 419_{7} **I 11**. 327_{41}
- Zum Römer (Gasthaus) **I 2**. 417_{4} **I 11**. 326_{15-16}
- Zum Römischen Kaiser (Gasthaus) **I 1**. 286_{28Z}
- Zum Samson (Gasthaus) **I 2**. 417_{24} **I 11**. 326_{30}
- Zur Eiche (Gasthaus) **I 2**. $418_{25.31-32}$ **I 11**. $327_{25-26.31}$
- Zur eisernen Türe (Gasthaus) **I 2**. 418_{1} **I 11**. 327_{7}
- Zur Giraffe (Gasthaus) **I 2**. 417_{28} **I 11**. 326_{35}
- Zur Stadt Weimar (Gasthaus) **I 2**. 419_{12-13} **I 11**. 328_{1}

Karlsruhe
I 2. 74_{4Z} **I 6**. 350_{1} **I 8**. $328_{20.35}$. 329_{16} **I 9**. 372_{5} **I 10**. 231_{19} **II 2**. M10.2 205_{5} S.13 115_{14-15} M$S.6$ $108_{28}-109_{35}$
- Botanischer Garten **I 2**. 74_{5Z}
- Großherzogl. Garten **I 10**. 231_{14}. 233_{7}
- Naturalienkabinett (Schloss) **I 2**. 74_{6Z}

Kärnten
II 8A. M$5S$ 82_{132}

Karpaten Hochgebirge im östlichen Europa
I 2. $52_{18M}.193_{22-23}.421_{17-18M}$ **I 8**. 267_{9} **II 7**. M113 221_{41} **II 8A**. M2 10_{253} 44 66_{8}

Kasan Stadt in Russland
II 2. M$S.16$ 122_{5}

Kassel
I 6. $66_{4}.343_{16}$ **II 7**. M5 $81_{.16}$ **II 8A**. M59 85_{28-29}
- Sammlungen **I 9**. 173_{19} **I 10**. 220_{31} **II 9A**. M11 26_{8}

Kasseler Ley(berg) Bergrücken am Rhein bei Oberkassel (Bonn)
I 2. $261_{17.24-25}.264_{8-9}$ **I 8**. $368_{25-26.31-32}.369_{54-55}$

Kastalische Quelle Quelle am Fuß des Parnassos in Griechenland

Kastilien Landschaft in Spanien
I 11. 63_{6}

Katalonien Region im Nordosten Spaniens
I 2. 276_{17Z}

278 ORTE

Katharinenberg Südöstlich von Wunsiedel im Fichtelgebirge
I 1. 103$_{22M}$
II 7. M 73 155$_{38-42}$
Katharinenburg (Katherinburg, Ekatherinenburg) = Jekaterinburg, am Ostabhang des Ural, Russland
II 8B. M 74 126$_{18}$ 76 129$_{58}$ 77 131$_{43-47}$ M 87 140$_{2}$-141$_{5}$.141$_{18}$
- Goldwäschen II 8B. M 77 132$_{78}$
Katlenburg (Catlenburg) Ort südwestlich von Osterode
II 7. M 44 66$_{5-6}$
Katzhütte An der Schwarza im östlichen Thüringer Wald
II 7. M 65 141$_{34}$
Kaukasus Hochgebirge zwischen Schwarzem und Kaspischem Meer
II 7. M 49 93$_{25}$
Kautenbach Etwa 40 km nordöstlich von Trier; bei Kautenbach, heute Stadtteil von Traben-Trarbach, fließt der gleichnamige Wasserlauf durch ein enges Tal in die Mosel
II 7. M 37 60$_{5}$
Kempten Am Rhein (Bingen)
I 2. 60$_{14Z}$.68$_{2Z}$
Kensington Westlich von London (heute: Stadtteil), mit Kensington Palace und Kensington Gardens
II 10A. M 36 93$_{4}$
Ketschauischen Steiger Weg von Kätschberg am rechten Flussufer in das Tal der Ilm, östlich von Buchfart und südlich von Weimar
II 7. M 12 25$_{3}$
Kidron Bach bei Pograd, südwestlich von Eger, Böhmen
I 2. 227$_{19}$ (Bach).$_{28,35}$.312$_{16}$ I 8. 373$_{19}$ (Bach).$_{28,35}$.407$_{10}$
Kielbusch Lokalität bei Meißen in Sachsen s. *Meißen*
Kilmes Lokalität bei Karlsbad
II 8A. M 6 17$_{32}$
Kiltschik Ort in Anatolien; Meerschaumvorkommen
II 7. M 107 205$_{9-10}$

Kinnitz Nordwestlich von Aussig, Böhmen
I 2. 34$_{15}$ I 11. 152$_{13}$
II 8A. M 38 61$_{17}$
Kinsberg Burg Altkinsberg, Schlossruine bei Pograd, südwestlich von Eger, an der Wondrab, Böhmen
I 2. 209$_{3-4Z}$.227$_{28}$.229$_{29}$ I 8. 373$_{28}$. 375$_{28}$
II 8B. M 55 92$_{5}$
Kinzig Fluss im Schwarzwald, der bei Offenburg in den Rhein mündet; Bergbau, zahlreiche Gruben
- Kinzigtal II 7. M 64 137$_{4,10}$
Kirchardt Südöstlich von Heidelberg
I 1. 258$_{7Z}$
Kirchen An der Sieg, südwestlich von Siegen
II 8A. M 58 79$_{25}$.80$_{67}$.81$_{107,111}$. 82$_{126}$ M 58 82$_{142}$-83$_{165}$.83$_{176,184}$
Kirchenlamitz Im Fichtelgebirge
I 1. 103$_{6M}$ I 2. 134$_{31-32Z}$
II 7. M 73 155$_{28}$
Kirchheimpolanden = Kirchheimbolanden, Pfalz
II 8A. M 69 99$_{21}$
Kirschen? Ort, vermutlich zwischen Krummhübel und Schneekoppe
II 7. M 102 197$_{16}$
Klarenthal Dorf und ehemalige Klosteranlage westlich von Wiesbaden
- Papiermühle I 2. 72$_{19Z}$
Klause Sandsteinfelsen bei Goslar s. *Goslar*
Klebelsbergischer Hof s. *Marienbad*
Klein Kniegnitz Ort am Zobtenberge in Schlesien
II 2. M 8.13 115$_{10}$ 8.15 119$_{57}$ 8.17 122$_{5}$
Klein-Ballhausen Bei Bad Tennstedt, Thüringen s. *Ballhausen*
Klein-Brembach Nördlich des Ettersberges bei Weimar
I 1. 14$_{11}$ I 11. 1$_{29}$
II 7. M 11 22$_{395-396}$ 12 25$_{10}$.26$_{65-66}$. 27$_{88}$

ORTE 279

Klein-Schmalkalden Nördlich von Schmalkalden
I 1. 28$_{29M}$
II 7. M33 55$_{13}$
Klein-Vargula Bei Bad Tennstedt, Thüringen
I 2. 86$_{30}$ I 11. 175$_{28}$
- Sandsteinbruch I 2. 84$_{34Z}$
Kleiner Brocken Anhöhe auf der Nordflanke des Brockens
I 1. 72$_{21-22.21-22M}$.79$_{10M}$
II 7. M23 40$_{47-77}$.41$_{92.101}$ 40 63$_{40-41}$ 52 108$_{126}$ 56 124$_{17}$
Kleinpriesen Bei Bad Tennstedt, Thüringen
I 2. 116$_{17-18M}$
Kleonai Antike griech. Stadt südwestlich von Korinth
I 6. 47$_{20}$
Klingsteinfelsen Phonolithberg bei Engelhausen, südöstlich von Karlsbad
I 1. 287$_{19Z}$.291$_{21Z}$
Kloster Arnstein Bei Nassau s. *Arnstein (Arestein)*
Kloster Michaelstein Kloster zwischen Wienrode und Timmenrode, südöstlich von Blankenburg am Harz
I 2. 133$_{25}$ I 11. 23$_{29-30(?)}$
II 8A. M112 148$_{3}$
Kloster Veßra Gemeinde in Thüringen
I 1. 34$_{15M}$
Klostergrab Stadt nordwestlich von Teplitz, Böhmen
I 2. 28$_{2Z}$.32$_{25}$.56$_{31M}$ I 11. 150$_{27}$
II 7. M9 11$_{10}$ II 8A. M48 72$_{59-60}$
- Bergwerke I 2. 32$_{29}$ I 11. 150$_{31}$
Knollen Berg bei St. Andreasberg
I 11. 25$_{39}$
Kobesmühle (**Kobeshügel**) An der Rohlau, einem linken Nebenfluss der Eger, nordwestlich von Karlsbad, Basaltvorkommen
I 1. 303$_{9}$.343$_{15}$.346$_{13}$ I 2. 125$_{24}$-126$_{22}$.125$_{24}$-126$_{22}$.126$_{8}$. 131$_{23M}$ I 8. 40$_{27}$.43$_{28}$.44$_{8-9}$

I 11. 107$_{13}$.208$_{32}$.208$_{18}$-209$_{14}$. 208$_{18}$-209$_{14}$.211$_{30-31}$
II 8A. M108 143$_{126}$
Koblenz
I 2. 73$_{21Z.22Z.25Z.30Z}$.123$_{35Z}$.174$_{7Z}$
I 3. 115$_{22}$
II 7. M37 60$_{6}$
Koburg s. *Coburg*
Kochberg Gut der Familie von Stein bei Rudolstadt in Thüringen
I 2. 420$_{16M}$
II 7. M113 220$_{5}$
Kochelsee See in Oberbayern
I 1. 124$_{18Z.19Z}$
Kohlhof = Kohlhau, Südlich von Karlsbad
II 8A. M7 18
Kohlhöhe Ort bei Jauer in Niederschlesien
II 2. M13.2 219$_{22}$
Koliwan Im Altaigebirge, Sibirien
II 8B. M76 128$_{4}$ 85 139$_{33}$ 87 141$_{6-9}$
Kollmann Zwischen Brenner und Bozen in Südtirol
I 1. 127$_{17Z.20Z.28Z}$.128$_{23M}$
II 7. M94 185$_{19-21}$
Köln Stadt am Rhein zwischen Bergischem Land und Eifel
I 1. 292$_{30M.32M}$.294$_{1M}$ I 2. 73$_{19Z}$ I 6. 66$_{4}$ I 10. 215$_{8}$
II 8B. M7 11$_{15-18}$
Kolomea Am Pruth, Südost-Polen
I 2. 52$_{18M}$
II 8A. M44 66$_{8}$
Koloseruck Böhmen, nicht identifiziert
II 8B. M29 48$_{6.9}$
Kolossai In der Antike eine Stadt in der Troas
I 6. 119$_{15}$
Komet Auch: Harfstern, Schwanzstern
I 1. 31$_{32.21}$.319$_{26}$ I 11. 117$_{16}$.118$_{1}$. 123$_{15}$.369$_{30}$
II 2. M2.4 11$_{2.5}$ 2.6 12$_{8}$ M2.6 12-13 2.7 15 9.2 143$_{56}$ II 6. M23 26$_{15}$ (Cometae).27$_{75.77.79.81}$ II 10B. M1.3 16$_{147}$

Konderau s. *Conderau*
Kongsberg Süd-Norwegen. Silbererz-Bergbau
II 8A. M62 92$_{66}$
Konia Ort in Anatolien
II 7. M107 205$_{10}$
Königsberg Preuss. Provinzhauptstadt im Südosten der Halbinsel Samland
I 3. 92$_{6Z}$ I 9. 96$_6$ I 10. 272$_4$. 305$_{10.10-11}$ I 11. 240$_{23}$
II 2. M6.2 39$_{.12}$ II 6. M 77 152$_{001}$ II 10A. M2.7 12$_4$ $2.$ S 12$_3$
Königsberg (Brocken) Granitkuppe des Brockenmassivs im Südwesten des Gipfels
II 7. M57 126$_1$
Königsee (Königsee) Östlich von Ilmenau im Thüringer Wald
II 7. M65 141$_{36-37}$
Königshof Bei Elbingerode im Harz
I 1. 73$_{6M}$
II 7. M52 108$_{146}$
Königshütte Eisenhütte bei Bad Lauterberg im Harz s. *Lauterberg*
Königskrug Bei Braunlage. Harz
II 8A. M31 49$_{13}$.50$_{52-53}$
Königstein Bergfestung an der Elbe nahe Pirna
I 2. 27$_{5-6Z}$
Königswald Nördlich von Aussig an der Elbe gelegen
II 8A. M38 61$_8$
Königswart Metternichscher Besitz. südöstlich von Eger. Böhmen
I 1. 359$_{26}$ I 2. 123$_{32Z}$.207$_{11Z}$.218$_{22}$. 279$_{32Z}$ I 8. 51$_1$.324$_{17}$.331$_{16}$
II 8B. M20 32$_{77-78}$ 36 59$_{168}$ 57 94$_8$
- Königswarter Berg I 1. 359$_{27}$ I 8. 51$_2$
- Mineralquellen I 2. 207$_{13Z}$
- Zinngrube I 2. 207$_{14Z}$
- Zum Bären (Gasthof) I 2. 207$_{11Z}$
Konstantinopel
II 9B. M33 36$_{193}$
Kopenhagen
I 6. 350$_{20}$.388$_{35}$ I 8. 220$_6$
II 1A. M44 227$_{178-179}$.229$_{234}$ II 5B. M92 256$_{37}$

Korbitz Bei Meißen
II 8B. M24 44$_{22}$
Kordilleren Siehe auch Anden
I 1. 319$_1$ I 4. 31$_{10}$ I 11. 122$_{30}$
II 7. M49 93$_{25}$
Korinth
I 2. 269$_5$ I 6. 45$_{28}$.53$_{23}$ I 8. 333$_{32}$ I 9. 308$_{25}$
Kornberg Bei Schwarzenbach. südlich von Hof. Fichtelgebirge
I 2. 134$_{30Z}$
Kornhaus Westlich von Schlan. Böhmen
I 2. 204$_{15-16}$ I 8. 263$_{17-18}$
Korsika
I 1. 244$_{2M}$.245$_{35M}$ I 2. 82$_{4Z.6-7Z}$. 83$_{5Z}$.91$_{7Z}$.420$_{33M}$.421$_{36M}$
II 7. M113 220$_{22}$
Kosemitz Bei Frankenstein in Schlesien
II 8B. M114 162$_7$
Kösen Solbad an der Saale. südlich von Naumburg. Thüringen
I 1. 272$_{14Z}$
Kössein (Kossein) An der Kösseine entspringender Bach. bei Brand. fließt durch Marktredwitz
I 2. 213$_{3-4Z}$
Kosten Nordwestlich von Teplitz. Böhmen
I 2. 52$_{16M}$
II 8A. M44 66$_6$
Köstritz Nördlich von Gera: ab 1926: Bad
I 9. 18$_{29}$ I 10. 326$_{12}$
II 8B. M103 156$_2$
- Reußische Naturaliensammlung
I 9. 18$_{30}$ I 10. 326$_{13-14}$
Kötschau
Kranichfeld Südwestlich von Weimar
II 7. M11 18$_{223.225-226}$
Kraubath Steiermark. Österreich
II 8A. M72 102$_4$
Krautheim Nördlich von Weimar
II 7. M11 22$_{365.373}$ 12 25$_{30}$.26$_{04}$
Krefeld/Crefeld Stadt am Niederrhein
II 8B. M83 135$_9$

Kremnitz Nordungarn; heute Slowakei
I 2. 239$_{22M}$
II 8B. M30 49$_{11-12}$

Kreutzburg (**Creutzburg**) Landkreis in Schlesien; später: Kreuzburg
II 2. M S.13 115$_5$ S.15 119$_{68}$ S.17 122$_6$

Kreuzberg Berg in der Rhön, nordöstlich von Bad Brückenau

Kreuzburg Ort bei Eisenach s. *Creuzburg*

Kreuzebra Gemeinde in Thüringen, südöstlich vom Heilbad Heiligenstadt
I 1. 273$_{12Z}$

Kreuzgarten Südlich von Gersfeld in der Rhön
II 7. M24 44$_9$

Kreuznach Südwestlich von Mainz; ab 1924: Bad
I 9. 117$_{23}$

Krieglach An der Mürz im österreich. Landesteil Steiermark
I 2. 421$_{33M}$
II 7. M113 221$_{49}$

Kristallberg Bei Lügde südlich von Pyrmont in Westfalen. Vorkommen von Quarzkristallen
I 1. 274$_{19Z}$.276$_{21Z.24Z}$

Kritzschelberg Bei Bilin, südlich von Teplitz. Böhmen
I 2. 116$_{34M}$
II 8A. M97 131$_{39-42}$

Kronach (**Kranach**) Östlich von Coburg in Oberfranken
II 7. M64 138$_{74-84}$

Krummau Auch: Krumau, Böhmisch Krummau, Krumau an der Moldau; Stadt südwestlich von Budweis, Südböhmen (Tschechien)
I 2. 249$_{16M}$ I 8. 419$_8$
II 8B. M19 29$_{46}$

Krummhübel (**Krumm Hübler**) Unter der Schneekoppe im Riesengebirge
II 7. M102 197$_{16}$

Kuhberg Am Bodetal zwischen Rübeland und Wendefurt im Harz
I 1. 75$_{26M}$
II 7. M52 110$_{232}$

Kuhlager Südlich des Adenberges im Harz
I 1. 72$_{3M}$
II 7. M52 107$_{110}$

Kulm (**Schweiz**) Höchster Gipfel des Rigi-Gebirgsstockes
II 2. M9.18 183$_{19}$

Kupfersuhl Südlich von Eisenach im Thüringer Wald
I 1. 14$_{25}$ I 11. 2$_7$
II 7. M S 10$_4$

Kurpfalzbayern (**Churpfalz-Bayern**)
I 3. 507$_{25M}$

Kursachsen s. *Sachsen*

Küßnacht Am Nordufer des Vierwaldstätter Sees im Schweizer Kanton Schwyz
I 1. 266$_{21Z}$.268$_{28-29M}$ I 2. 377$_{29}$
I 11. 309$_{24}$
II 7. M114 224$_8$
- Zum Engel (Gasthof) I 1. 266$_{30Z}$

Küttelstal Am Westrand des Harzes
- Gipsbrüche I 2. 344$_9$ I 8. 396$_{21}$

Kuttenberg Ort in Böhmen
II 2. M9.14 179$_{12.13}$ II 8B. M105 157$_2$

Kuttenplan Nördlich von Plan, Böhmen
I 2. 224$_{18}$ I 8. 255$_{37}$
II 8B. M36 59$_{171}$

Kydriz (**Kiedrich**) Heute: Kiedrich am Rhein, westlich von Wiesbaden (Rheingau)
I 2. 428$_{25M}$
II 8B. M58 94$_1$

Kyffhäuser Bergrücken südlich des Harzes
I 1. 272$_{12Z}$ I 2. 88$_{34M}$
II 7. M60 131$_{2-8}$ II 8A. M75 104$_{12}$
- Mühlsteinbrücken II 7. M60 131$_5$

La Flèche Gemeinde in Frankreich
- Collège de Henry IV II 1A. M79 309$_2$

La piadola (La Piattola) Auf der Insel Elba
I 2. 133$_{21M}$
II 8A. M 70 101$_3$
La Rochelle Stadt an der franz. Atlantikküste
II 2. M 8.25 136$_{49}$
Laach s. Maria Laach (Abtei Laach, Laach)
Laacher See Bei Maria Laach
I 2. 73$_{23Z}$ (See).75$_{9Z.16Z}$
Lago Albano See bei Albano südöstlich von Rom in den Albaner Bergen
I 1. 139$_{1M.25M.26M}$
II 7. M 94 187$_{80.100-101}$
Lago di Garda s. Gardasee (Lago di Garda)
Lago Maggiore Nach dem Gardasee der zweitgrößte der oberitalienischen Seen
I 1. 247$_{6M}$
II 7. M 111 213$_{111}$ (Lago M.)
Lagunen s. Venedig
Lahn Rechter Nebenfluss des Rheins
I 2. 73$_{13Z}$.77$_{18Z.29Z}$.78$_{1Z}$.98$_{25}$.107$_{6Z}$
I 11. 184$_{27}$
II 7. M 37 60$_{6.8}$ II 8A. M 58 80$_{72}$
Lakedämonier Spartaner
I 7. 82 (ND: 72)$_{32-33}$
Lamego Stadt im Norden Portugals, östlich von Porto
I 6. 382$_1$.385$_{19}$
II 6. M 124 243$_{173}$
Lancaster Stadt an der Küste im Nordwesten Englands
II 6. M 115 218$_{45}$ (Leucaste)
II 8B. M 82 135$_8$
Landeck Ort in Schlesien, südlich von Glatz
II 7. M 102 196$_7$ 105 201$_{20-21}$
II 8B. M 72 111$_{191}$
Landgrafenstein s. Markgrafenstein
Landhäuser Revier Im Gebiet des Kupferschiefervorkommens von Richelsdorf (Hessen)
II 7. M 64 137$_{18}$
Landres In Lothringen, westlich von Thionville
I 3. 114$_5$

Landshut (Landeshut) Südöstlich von Hirschberg in Schlesien
II 7. M 102 197$_{15}$.198$_{60}$
Landskrone Landskron an der Ahr, nahe der Mündung in den Rhein
I 6. 180$_6$
II 8A. M 58 82$_{119.124}$
- Felsenhöhle bei der Kapelle I 2. 260$_{29}$ I 8. 368$_7$
Lange Hecke s. Langhecke (Lange Hecke)
Langelsheim Ort nördlich von Clausthal
II 7. M 44 66$_4$
Langen Südlich von Frankfurt am Main
I 1. 256$_{27Z.28Z.33Z}$
Langenbogen Dorf nordwestlich von Halle an der Saale
- Braunkohlenwerk I 1. 279$_{10Z}$
Langenbrück Westlich von Weiden, Oberpfalz
I 2. 249$_{27M}$
II 8B. M 19 29$_{55}$
Langensalza Nordwestlich von Erfurt, Thüringen
I 2. 7$_{32M}$.11$_{21Z}$.86$_{23}$.87$_{34}$ I 11. 175$_{22}$.176$_{28-29}$
Langenstein Nördlich von Blankenburg am Harz
I 11. 24$_{20.37-38}$
II 7. M 42 64$_2$.65$_8$
- Alte Burg I 2. 343$_5$ I 8. 395$_{19}$
Langerhau Berg südwestlich vom Rehberg, südwestlich von Eger
II 8B. M 36 59$_{159}$
Langewiesen (Langwieße) Zwischen Ilmenau und Königsee im Thüringer Wald
II 7. M 65 141$_{40-44}$
Langhecke (Lange Hecke) Dorf und Tal zwischen Oberselters und Blessenbach im Taunus; Eisen-, Blei- und Schiefergewinnung
I 2. 73$_{5Z.8Z}$
II 8A. M 58 79$_{18}$ 59 85$_{14}$
- Bleigrube I 2. 73$_{6Z}$
- Eisenhütte I 2. 73$_{5Z}$
- Schieferbrüche I 2. 73$_{6Z}$

Lappland
 II 2. M 7. S 54₁₆₅ **II 8A.** M59 85₂₉ (samischen) **II 10A.** M5 64₆
- Schwedisches Lappland **I 11.** 161₂₇ₜₐ

Larhausen Bei Wolfstein, nordwestlich von Kaiserslautern, Pfalz
 II 8A. M59 84₈

Laricia s. *Ariccia*

Lauban Östlich von Görlitz in Schlesien
 I 1. 192₆ᵤ

Lauchstädt, Bad Badeort bei Merseburg
 I 1. 278₂₇ᵤ.₂₉ᵤ.₃₀ᵤ.279₃₂.388₁₆ **I 2.** 20₁₁ᵤ **I 11.** 51₁₄.145₃₁
- Steinbruch **I 11.** 51₂₅

Lauenstein Westlich von Hildesheim bei Elze
 I 11. 26₃₈

Laufen Schloss am Rheinfall bei Schaffhausen in der Schweiz
 I 1. 260₂₄ᵤ.₃₁ᵤ

Lauffen Am Neckar südlich von Heilbronn
 I 1. 258₁₆ᵤ

Laun An der Eger, Böhmen
 I 1. 294₂₅ₘ
 II 8B. M 7 11₄₁

Laurette s. *St. Laurette*

Lausanne Am Genfer See im Schweizer Kanton Waadt
 I 1. 10₂₀ᵤ

Lautenthal Nordnordwestlich von Clausthal-Zellerfeld im Oberharz
 I 11. 25₂₆.26₅.₂₃
- Lautenthals Glück (Grube) **I 11.** 25₂₄.₂₅.26₂₃
- Schwarze Grube **I 11.** 26₅

Lauterbach Südwestlich von Karlsbad
 I 2. 125₅ₘ
 II 8A. M*107* 140₂₉ *111* 147₁₀

Lauterberg Nordwestlich von Nordhausen am Südrand des Harzes; ab 1906: Bad Lauterberg
 I 1. 7₁₆ᵤ.68₉ₘ **I 11.** 21₂₈.26₂₄₋₂₅
 II 7. M*23* 39₁₁.₁₆.₁₉₋₂₀.₄₁.40₇₉.
 42₁₆₇.₁₆₈₋₁₆₉ *52* 104₈.105₁₂₋₂₀

- Flussgrube **I 11.** 26₂₄
- Königshütte (Eisenhütte) **I 1.** 7₁₇ᵤ. 68₁₃ₘ.₁₇ₘ.₂₁ₘ

Lauterbrunnen Tal und Ortschaft südlich von Interlaken im Schweizer Kanton Bern
- Pfarrhaus **I 1.** 9₁₆ᵤ.10₇ᵤ

Lautschin = Loucen, südöstlich von Bunzlau, Böhmen
 I 2. 249₂₂ₘ
 II 8B. M *19* 29₅₂

Leer
 II 9A. M *138* 224₆

Leicester Grafschaft in England
 II 9B. M *48* 51₂

Leiden (Leyden)
 I 7. 31₃₈

Leier (Leiersberg, Leiersteig) Weg von Wünschelburg auf die Heuscheuer im Heuscheuer-Gebirge in Schlesien
 I 1. 193₂₄ᵤ.₂₅

Leihpolzdorf s. *Leupoldsdorf*

Leina Südwestlich von Gotha in Thüringen
 I 1. 28₁₇ₘ.₂₀ₘ
 II 7. M *33* 55₂₋₄

Leine Nebenfluss der Aller in Niedersachsen
 II 7. M *23* 43₂₀₂

Leipzig
 I 1. 21₅ₘ.22₅ₘ.284₁₈.294₃₇ₘ
 I 2. 30₁₁ **I 6.** 289₂₀.291₁.292₁₇.
 345₃₀.350₂₃.376₁₀.388₃₄.396₂.
 417₃₄₋₃₅ **I 8.** 200₆ **I 9.** 30₃₃.255₁₋₂.
 256₃₅.261₁₂.293₃₂.₄₀ **I 10.** 319₃₅
 (Städten) **I 11.** 53₂₄.148₁₆.219₁
 II 2. M *11.2* 213₂₁ **II 7.** M *115*
 227₁₃ **II 8B.** M 7 11₅₀ **II 10B.**
 M *23.1* 92₃₃ (Städten)
- Messe **I 1.** 25₁₇ₘ
- Universität **II 5B.** M *80* 240₇ (hiesiger)

Leisnig An der Zwickauer Mulde nordöstlich von Rochlitz in Sachsen
 I 1. 191₃₁ᵤ

Leith Ort in Schottland
 II 2. M *8.14* 116₁₆ *8.17* 122₈

Leitmeritz Ort und Kreis in Böhmen,
an der Elbe
I 2. 35₁–36₃₆ₘ.39₁₁ **I 8.** 144₁₀
II 2. M9.14 179₁₃.₁₅ **II 8A.** M35
57₄–₅M36 58–60 3S 61M39
62–63
Lena Fluss in Sibirien
II 8B. M76 128₁₇
Leobschütz Ort in Schlesien
II 2. MS.13 115₁₂ S.15 121₁₁₃
S.17 122₆–₇
Leonforte Bei Catania auf Sizilien
II 7. MSS 180₂₂
Leopold Grube im Schwarzwald
II 7. M46 88₅₇.₇₄–₇₆ 61 132₈
Leopoldina, Akademie der Naturforscher s. *Bonn*
Lerbach Nordöstlich von Osterode
im Oberharz
I 1. 68₁₈ₘ
II 7. M52 105₁₇
- Weintraube (Grube) **I 11.** 25₃₆
Lerchenköpfe Granitklippen östlich vom Kommunion-Torfhaus im Oberharz
I 1. 7₃z.72₁₇ₘ
II 7. M52 108₁₂₃ 56 124₆
Lessau/Leßa Nordöstlich von Karlsbad
I 1. 109₁₃ₘ (Lossau).
288₃z.₄z.₁₀z.₃₁z.302₂₅.321₂₅z.
342₁₄.₂₇.346₂ **I 2.** 5₃z.138₃₄z.
139₁₄z.141₂ₘ.144₁₅ₘ.161₁₁.162₁₈.
172₃₅z.204₁₈ **I 8.** 39₂₈.431₇.85₁₆.
168₉.169₁₇.263₂₀ **I 11.** 106₂₇
II 7. M71 153₂ 72 154₄ 73 160₂₂₅
II 8A. M115 150₁ 120 157₇₃ 14
37₃₃₉ 2 10₂₄₄.11₃₀₄.₃₀₅
- Gebirge **I 1.** 289₃z.291₂₉z
Leupoldsdorf Nahe Marktleuthen im Fichtelgebirge
I 1. 103₂₅ₘ.₂₇ₘ.₂₈ₘ.105₃₀ₘ.₃₃ₘ
II 7. M73 156₄₅–₄₈ (Leihpolzdorf)
Leutra Nebenfluss der Saale bei Jena
I 11. 163₂₂.164₁₈
II 7. M12 26₅₇
Levante Mittelmeerländer östlich von Italien
II 9B. M33 37₂₄₈

Lewin Am Heuscheuer-Gebirge in Schlesien
II 7. M102 196₉
Libethen Bergstadt bei Neusohl. Ungarn
II 8A. M34 56₃–₅
Libkowitz Östlich von Buchau. Böhmen
I 1. 377₁₁–₁₂z **I 2.** 3₁₄z.₁₇z.₂₀z.₂₃–₂₄z
Libyen
- Tempel des Jupiter Ammon **I 2.** 34₇ **I 11.** 152₅–₆
Lichtenberg Schloss bei Zabern (Saverne) im Elsass
I 1. 1₂₆z **I 3.** 477₁₃–₁₄ₘ
II 7. M19 36₂
Lichtenfels Stadt in Oberfranken, nördlich von Bamberg
I 1. 268₁₈z
Lichtenwald Im böhmischen Erzgebirge, nordwestlich von Teplitz
II 8A. M38 61₁₅
Lichtowitz s. *Littwitz*
Licu kiu Inseln (Liu-liu-Inseln) = Riu Kiu Inseln Zwischen Formosa und Japan gelegene Inselgruppe
I 2. 53₂₃ₘ
II 8A. M47 70₆
Lide s. *Lügde (Lide)*
Liebenau Südlich von Reichenberg. Böhmen
I 1. 292₁₅ₘ.₂₂ₘ.294₁₈ₘ.304₇ **I 2.**
412₃₂ **I 11.** 108₁₄.322₁₆
II 8B. M7 10₂–₄.11₃₄
Liebeneck Bei Mühlbach, westlich von Eger. Böhmen
I 2. 280₁₀z
Liebenstein Westlich von Eger. Böhmen
I 1. 106₃₁ₘ.369₂₄ₘ.373₁₄–₁₅.375₉–₁₀
I 2. 186₂₈z **I 11.** 131₁₂.133₃–₄
II 7. M70 152₁₆ **II 8A.** M25 45
II 8B. M6 9₁₁₆
- Einsiedelei **I 1.** 359₃.369₂₅ₘ.375₁₁
I 8. 50₁₇ **I 11.** 133₅ **II 8A.** M25
45₂.₆
- Mühle **I 1.** 369₂₈ₘ.375₁₀ **I 11.** 133₄
II 8A. M25 45₄
- Schloss **I 1.** 106₃₁–₃₂ₘ

ORTE 285

Lieur Saint Bei Melun, Frankreich
II 8A. M 12 22_{33}
Ligurien Region im Nordwesten Italiens
II 9B. M 33 35_{159}
Lilien-Kuppe Bergwerk bei Altenau im Oberharz
I 1. 7_{5Z}
Lilienstein Sandsteinfelsen in Sachsen
I 2. 27_{6Z}
Lima Stadt in Peru
II 8A. M 12 23_{59}
Limbach Bei Steinheid im Thüringer Wald
I 2. 29_{26Z}
II 7. M 33 56_{36-37}
- Sandsteinbruch I 1. 29_{23M}
Limburg An der Lahn, Nassau
I 2. $73_{4Z.5Z.8Z}$
II 8A. M 58 $82_{121.134-135}$
Limmerick Irland
II 8A. M 105 138_6
Limoges Département Haute Vienne, Frankreich
II 8B. M 26 46_2
Lincolnshire Grafschaft im Osten Englands
I 10. 371_6
Lindebach Bergwerk bei Bad Ems, an der Lahn
II 8A. M 58 $80_{72}.82_{116-117}$
Lindenberg Porphyrberg südlich von Ilmenau
I 1. 53_{22M} I 2. 42_{129M}
II 7. M 113 221_{47} 31 53_8
Lingua grossa (Linguaglossa) Ort auf Sizilien, nahe Catania
II 7. M 87 179_{10}
Linz Am Rhein, gegenüber der Ahrmündung
I 2. 260_{26} I 8. 368_4
II 8A. M 58 $79_{14-15.31}$
Lipari, Liparische Inseln, Liparen Nördlich von Sizilien
II 8B. M 72 $109_{133-134}$
Lippe-Detmold Fürstentum um Detmold und Bad Pyrmont
I 1. 274_{21Z} (im Lippischen)

Lissabon Portugal
I 2. $249_{3M}.335_{28}$ I 8. 387_{24} I 11. 218_{19}
II 2. M 9.11 175_1 9.37 201_1 II 6. M 79 $163_{152-153}$ II 8B. M 19 28_{35}
Littwitz = Litowitz, westlich von Prag, Böhmen
I 2. 131_{36M}
II 8A. M 108 144_{138}
Livorno Hafenstadt am Ligurischen Meer in Italien
I 1. 242_{31M}
II 7. M 111 211_{27}
Loch Lokalität in der Gegend von Eger, Böhmen
II 8A. M 113 149_3
Loddington Dorf in der englischen Grafschaft Leicestershire
II 9B. M 48 51_2 (Lonington)$_{(?)}$
Löfflers Hammer An der Ilm, westlich von Ilmenau
I 1. 31_{16M}
II 7. M 16 33_{15} II 8A. M 126 165_5
Loh (Lohe) Bei Siegen
I 1. 208_{10}
Loire Fluss in Frankreich
II 8A. M 69 99_{45}
Loire inférieure Département in der Bretagne, Nordwestfrankreich
I 2. 133_{16M}
II 8B. M 44 85_4
Lombardei
I 6. $226_{25.37-38}$ I 9. 242_{12}
II 9B. M 33 35_{144} II 10A. M 37 99_{41}
London
I 1. 245_{6M} I 2. $91_{15M}.154_7$ I 6. $197_{14}.238_{22}.239_{24}.240_{13}.241_{12.16.24}.$
$242_{11.15}.262_{30-31}.270_{16}.284_{15}.$
$292_{20}.295_5.303_{10.28}.335_{6-7}.336_{12}.$
$365_{29}.373_{15}$ I 8. $141_{23}.287_{4.18.20}.$
$289_{11}.290_{2.9.33}.292_{15}.295_9.$
$320_{20.35.38}$ (Hauptstadt)$.328_{20.26}.$
329_{16} I 9. 264_{28} I 10. $312_{29}.369_{11}.$
370_{36}
II 1A. M 69 290_1 (Metropolis).
291_{18} (metropolis) II 2. M 10.2
205_3 5.3 $27_{4.14.15}.29_{66.88.93}.30_{113}.$
$31_{153}.33_{233}$ 8.17 122_8 8.25 135_{45}

II 3. M*34* 30₉₇ II 4. M*58* 68₅
II 5B. M*114* 333₉₆ II 6. M*115*
218₃₄ *119* 226₅₁ *120* 228₃₉ II 8B.
M*91* 146₁₇
- Askesian Society I 8. 290₈ (philosophische Gesellschaft).₁₈
II 2. M*5.3* 29₉₂ (Philosophical Society).₁₀₁
- Ball's Pond. Islington II 10A. M*27* 87₄₆
- Bow Street I 10. 370₈
- Brooks Sammlung I 10. 223₃₀
- Cholera I 10. 369₄
- Geological Society of London I 2. 303₁₋₂ₘ II 8B. M*39* 69₁₇₀
- Gesellschaft des Gartenbaus (Royal Horticultural Society) I 9. 242₁₈ II 10A. M*37* 99₄₄
- Gresham College II 6. M*79* 160₃₃
- Hospitäler I 10. 369₁₄,₃₀
- Linnean Society I 8. 289₃₁ II 2. M*5.3* 29₈₂
- Oldy Bayley I 10. 371₂₆
- Palace of Westminster II 6. M*115* 218₄₁₋₄₂
- Royal College of Physicians II 6. M*79* 161₆₁₋₆₂
- Royal Society I 5. 86₂₆ I 6. 203₃₄. 238₁₀,₁₄₋₁₅.254₁₃₋₁₄,₁₅.284₁₋₂,₁₀. 289₃₆.305₃₄ I 7. 12₂₃₋₃₁,₃₆ I 8. 292₁₋₂.362₂₉₋₃₀ (Londner Verein) II 1A. M*70* 293₆₂₋₆₄ II 2. M*5.3* 31₁₄₄ II 3. M*12* 9₃ *34* 34₂₂₅₋₂₂₆ II 5B. M*114* 332₅₈ II 6. M*115* 218₅₅₋₅₈ *119* 226₄₃ *76* 128₂₆₋₂₇ *77* 133₁₈₄.147₇₁₆.152₈₇₆ M*79* 159–181 *80* 182₄ *82* 183₁₄₋₁₅,₂₄.184₃₀ *90* 189₁₅ (Academie) *91* 190₆ *92* 191₄,₁₀
- St. Paul I 10. 370₇₋₈
- Universitäten II 6. M*79* 161₆₅₋₆₆
Longwy In Lothringen
I 3. 111₁₁
Loreto Wallfahrtsort südöstlich von Ancona in Italien
I 1. 242₃₆ₘ
II 7. M*111* 211₃₀
Loretto Südlich von Eger. Böhmen
II 8B. M*36* 56₂₄

Lorrano Bei Siena. Italien
I 2. 108₂₈
II 8A. M*96* 128₂₂
Lossau *s. Lessau/Leßa*
Löwenberg Ort in Schlesien
II 2. M*8.13* 115₇
Löxdorfer Berg Südwestlich des Rehbergs, südwestlich Eger
II 8B. M*36* 59₁₅₉
Lübeck
I 10. 285₂₄.296₁₉
II 10B. M*20.1* 52₉₋₁₀ *20.2* 53₂ *20.5* 56₃₁ *20.8* 61₁
Lucca Stadt in der Toskana, nordöstlich von Pisa
II 9B. M*33* 31₁₄
Luchsburg *s. Luisenburg (Luchsburg)*
Lüdge Südlich von Pyrmont
II 8A. M*70* 101₄ (Lide)₍?₎
Ludwigsburg Nördlich von Stuttgart
I 1. 258₁₁Z.₁₆Z
II 2. M*9.18* 183₃₂ II 6. M*127* 254₃
Ludwigshütte Eisenhüttenwerk bei Altenbrak an der Bode im Harz
I 1. 75₃₇ₘ
II 7. M*52* 111₂₄₁
Lügde (Lide) Südlich von Bad Pyrmont
I 1. 274₁₉Z.276₂₁Z,₂₄Z I 2. 133₂₂ₘ
Luisenburg (Luchsburg) Granitklippen bei Alexandersbad im Fichtelgebirge
I 1. 104₂₆ₘ,₃₈ₘ.106₄ₘ I 2. 135₆Z. 137₂₀Z,₂₃Z.144₂₈.144₂₄–146₁₆. 151₂₂ₘ.387₃₃ I 8. 171₄.171–172₂₈
I 11. 306₂₇
II 7. M*73* 156₈₁ (Luchsburg). 157₉₃ (Luchsburg).159₁₈₆ II 8A. M*116* 152₁₇ *117* 153₂₅
Luna Antike römische Kolonie am nördlichen Rand von Etruria
II 9B. M*33* 37₂₁₄
Lund Stadt im Süden Schwedens
II 10B. M*1.3* 15₁₁₆
Lüneburger Heide
II 7. M*23* 41₉₆₋₉₇

Lunigiana Historische Region in Italien, teils in der Toskana, teils in Ligurien gelegen
II 9B. M33 $34_{133-134.139}.35_{161}$. $36_{186.212}.37_{231.233}.38_{254}$

Lüttich Zentrum des Fürstbistums Lüttich, am Zusammenfluss von Ourthe und Maas
I 6. $270_{17}.271_{36}.273_{16}$

Lützendorf Nordwestlich von Weimar
I 1, 12_{30M} **I 11**. 251_{30}
II 7, M32 54_7

Luxburg s. *Luisenburg (Luchsburg)*

Luxemburg
I 3. 114_{18}

Luzerner See Schweiz
I 2. 377_{27} **I 11**. 309_{23}

Lyon Stadt an der Rhone in Frankreich
II 7. M49 100_{310} 66 145_{118}

Maastricht (Mastricht, Maestrich) Niederlande
II 8A. M30 *Anm* 49 **II 8B**. M113 162_6

Macasoli Fluss in der Nähe von Girgenti (heute Agrigento), Sizilien
I 1. 155_{22Z}

Maderaner Tal Rechtes Seitental der Reuss bei Amsteg im Schweizer Kanton Uri
I 1. 263_{18Z}

Madonia (Madonie) Gebirgskette an der Nordküste Siziliens
II 7. M87 179_{20}

Madrid
I 6. $381_{8.9}$
II 6. M124 246_{293} **II 8A**. M12 23_{41}

Magdeburg Stadt an der Elbe
I 11. 76_{36}
II 1A. M53 252_{16}

Magdeburg (Bistum) Region und Verwaltungseinheit im Königreich Preußen
II 7. M78 166_6

Magdeburger Stollen s. *Grund, Bad*

Magnisi (Halb-) Insel nahe Augusta, Sizilien
II 7. M87 179_7

Mähren
I 1. 355_{4Z} **I 2**. 193_{21} **I 8**. 267_8
II 8B. M36 56_{35-36}
- Gebirge **I 8**. 420_{13}

Mailand
I 1. 247_{14-15} **I 6**. 121_{28} **I 8**. 220_{19}
- Collegium Helveticum **I 1**. 247_{13-14M} **II 7**. M111 213_{114}
- Observatorium **II 2**. M9.2 143_{61-62}
- Seminar **II 7**. M111 213_{115}

Main Nebenfluss des Rheins
I 1. $103_{37M}.106_{21M}$ **I 2**. $64_{17Z}.68_{32Z}$. $74_{10Z}.193_{11.15}.225_{29}$ **I 6**. 334_{28} **I 8**. $257_{11}.266_{34}.267_1$
II 2. M4.1 17_1 **II 7**. M70 152_6 73 156_{57}

Mainz Stadt an der Mündung des Mains in den Rhein
I 1. 292_{30M} **I 2**. $73_{33Z}.76_{2Z.3Z}$ **I 3**. $89_{27Z}.111_7.117_{12}.125_3.461_{9Z}$ **I 6**. 350_{35} **I 9**. 71_{24}
II 8A. M58 80_{52} **II 8B**. M7 11_{15}
- Bibliothek **I 2**. 73_{34-35Z}

Malacca (Malaka) Malayische Halbinsel, Malaysia
I 2. 154_{10} **I 8**. 141_{27}
II 8A. M105 138_5 55 77_{10}

Malcesine Gemeinde in Italien, Provinz Verona, Distrikt Bardolino
I 1. 129_{1Z}

Malscheid Bergwerk im Raum von Kirchen an der Sieg
II 8A. M58 82_{126}

Malsjö Bei Sala, westlich von Uppsala, Schweden
II 8B. M85 139_{36}

Malta (Maltha)
I 2. 91_{23M} **I 6**. 381_4
II 6. M124 $244_{211-212}$
- Paulsgrotte **I 2**. 91_{24-25M} **II 8A**. M77 106_{9-11}

Manchester Stadt im Nordwesten England
I 8. 289_3
II 2. M5.3 28_{59}

Manebach Westlich von Ilmenau
I 1. $54_{1M.7-8M}.55_{9M}.91_{17}.113_{18M}$. 170_{26} **I 2**. $53_{2Z}.110_{30M}$
II 7. M3 7_{23} **II 8A**. M100 134_3

288 ORTE

- Steinkohlenwerk **I 1.** 113₁₃ₘ
- Teich **I 1.** 54₂₄ₘ

Mannheim (Manheim) Stadt an der Mündung des Neckars in den Rhein
I 1. 292₂₆ₘ.₂₉ₘ
II 2. M *8.25* 135₄₆ **II 8B.** M 7 10₁₂–11₁₄
- Steingasse **I 1.** 292₂₈ₘ **II 8B.** M 7 10₁₃

Mansfeld Westlich von Halle: Bergbau auf Kupferschiefer
I 1. 40₃₀–₃₁ₘ
II 7. M *128* 237₄
- Flöz **II 7.** M *29* 50₇₃

Mansfeld (Grafschaft)
II 7. M *120* 231 *15* 32₅₀ *31* 54₂₁

Mantua Stadt in der Lombardei (Italien)
I 1. 322₂z
- Botanischer Garten **I 10.** 359₃₂

Marathon Nordöstlich von Athen
I 6. 49₁₁

Maremma Sumpfige Küstenstriche in Italien, speziell im Toskanischen
I 1. 244₈ₘ

Maria Einsiedeln *s. Einsiedel (Einsiedeln, Kloster Einsiedeln; Schweiz)*

Maria Laach (Abtei Laach, Laach) 1802 säkularisierte Benediktinerabtei nordwestlich von Koblenz in der Eifel. 1093 gestiftet
I 2. 73₂₃z

Mariakulm (Maria Culm) Wallfahrtsort nordöstlich von Eger in Böhmen
I 1. 121₁₀z.359₂₅ **I 2.** 135₃₅z. 141₃₃ₘ.231₃₂z **I 8.** 50₃₈.89₈
II 8A. M *115* 151₂₇–₂₈

Mariaschein Nördlich von Teplitz, Böhmen
I 2. 33₃₁ **I 11.** 151₃₁
II 8A. M *38* 61₁₃–₁₄
- Kirche **I 2.** 33₃₄ **I 11.** 151₃₄

Marie Terese Grube im Schwarzwald?
II 7. M *46* 88₅₆

Marienbad Badeort in Böhmen
I 2. 134₂₄z.136₈z.₉z.₁₁z.₂₄z.137₁₆z. 138₁₀z.140₉ₘ.₃₃ₘ.151₁₆ₘ.153₂₂. 183₂₇z.184₁z.₇z.₃₃z.188₁₀z.195₁₉ₘ. 206₁₄z.₂₇z.213₁₇z.₃₀z.214₁₇–226₂₃. 227₁₆.228₂₃.229₁₉.230₃₃z.242₃₄ₘ. 275₁z.276₂z.₃z.279₂₆z.290₂₇. 300₂ₘ.307₂₅.308₃₆.309₂₆.315₃₁z. 336₃₂ **I 8.** 78₄.141₁.247₁.₈.248₁₄. 250₃₂–₃₃.251₂₂.253₆–₇.₃₁.254₁₅. 258₃₁–₃₂.323₁₃.₁₅.352₆.373₁₇. 374₂₃.375₁₉.388₂₉.404₂₄ **I 11.** 232₄
II 2. M *10.1* 204₁ *8.6* 108₂₂ *9.9* 158₃₈₃.160₄₆₃.167₇₁₉ **II 8A.** M *114* 149–150.150₂₄ *116* 152₁₁ *117* 153₂₀ *119* 154₁₇ **II 8B.** M *10* 16–20 *118* 163₆ *17* 26₆ M *20* 30–35 *22* 39₆₅.40₁₁₂–₁₁₃ *36* 55₄. 56₂₆ *39* 66₈₅ M *6* 6–10
- Alte Schanze **I 2.** 207₁₅z
- Apotheke **I 2.** 184₁₈z.195₂₆ₘ. 197₅ₘ.217₁₇.218₃₅ **I 8.** 249₃₂.251₄ **II 8B.** M *10* 17₇.18₅₃ *20* 31₁₉.₂₅–₂₆. 33₉₁
- Badehaus **I 2.** 206₂₉z.310₃₆ **I 11.** 233₁₃ **II 8B.** M *20* 31₃₉.34₁₃₇
- Chaussee nach der Flaschenfabrik **I 2.** 220₁₂–₁₃.₁₆ **I 8.** 252₁₆–₁₇.₁₉–₂₀
- Gebirge **I 2.** 200₁z
- Granitbrüche **I 2.** 184₁₈z
- Hammerhof (Gasthof) **I 2.** 185₁₈z. 197₆ₘ.218₂ **I 8.** 250₁₇ **II 8B.** M *10* 18₅₄ *20* 32₅₁ *6* 7₄₄
- Kapelle **II 8B.** M *20* 31₄₄
- Klebelsbergischer Hof **I 2.** 195₂₃ₘ. 216₂₄–₂₅.217₁₆–₁₇ **I 8.** 249₅–₆.₃₁ **II 8B.** M *10* 16₄–17₅ *20* 31₂₅
- Klebelsbergisches Haus **I 2.** 184₂₀z.185₁₀z (Türe).207₁₇z
- Kreuzbrunnen **I 2.** 137₁z (Brunnenhaus).184₂₇z (Brunnen).₂₇z (Brunnen).196₅ₘ.206₃₀z (Brunnen).207₁₆z (Brunnen).217₃₄–₃₅. 222₂₉.276₃₆z (Brunnen).291₁₇ **I 8.** 250₁₁–₁₂.254₁₂.377₂₂ **II 8A.** M *124* 162₉–163₃₇
- Krugfabrik (Flaschenfabrik) **I 2.** 184₂₄z.185₈–₉z.₁₉z.207₃₁z.208₁₀z. 291₁₇.307₂₇ **I 8.** 377₂₂.404₂₅ **II 8B.** M *20* 34₁₄₇
- Marienbader Tal **I 11.** 304₆

ORTE

- Marienbrunnen, Marienquelle **I 2**, 185$_{4Z}$.219$_{6,23}$.309$_{22-23,29}$.310$_{36}$. 311$_{23}$.337$_{15}$ **I 8**, 251$_{12,28}$.389$_{13}$ **I 11**, 232$_{1,7}$.233$_{13,35}$ **II 2**, M *9.14* 179$_{10}$ **II 8A**, M *119* 154$_{10-11}$ **II 8B**, M*20* 33$_{98}$M*20* 33$_{113}$–34$_{113}$M*20* 33$_{126}$–34$_{130(?)}$
- Mineraliensuite **I 2**, 139$_{27Z}$. 207$_{20-21Z}$.208$_{6Z,12Z,19-20Z,23-24Z}$. 250$_{20Z}$.276$_{6Z}$.277$_{19Z}$.310$_{1,5}$.337$_8$ **I 8**, 389$_6$ **I 11**, 232$_{11,16}$
- Mühle **I 2**, 207$_{2Z}$.217$_{25}$ **I 8**, 250$_3$ **II 8B**, M *10* 18$_{59}$ *20* 31$_{34}$ *6* 7$_{46}$
- Promenade **II 8B**, M *10* 16$_3$ *6* 8$_{73-74}$
- Pyramide **II 8B**, M*20* 32
- Regenstaich (großer Teich) **I 2**, 185$_{20Z}$
- Sandbruch hinter dem Amtshaus **I 2**, 218$_{30}$ **I 8**, 250$_{38}$ **II 8B**, M*20* 33$_{87}$
- Schlucht über dem Kreuzbrunnen **I 2**, 217$_{34}$ **I 8**, 250$_{11-12}$ **II 8B**, M *10* 17$_{17-18}$ *20* 31$_{45}$
- Steinbruch **I 2**, 219$_{1,8}$ **I 8**, 251$_{8,14}$ **II 8B**, M *10* 17$_{7,28}$.18$_{52}$ *20* 31$_8$.33$_{94}$
- Tepler Straße **I 2**, 207$_{26Z}$.224$_6$ **I 8**, 255$_{26}$ **II 8B**, M *10* 18$_{66}$ *20* 32$_{75-83}$. 33$_{94-106}$ *6* 7$_{56-58}$
- Tiergarten **I 2**, 222$_{36}$ **I 8**, 254$_{18}$
- Zum Schwan (Gasthaus) **I 2**, 217$_{25}$ **II 8B**, M*20* 31$_{34}$

Marienberg (Aussig) Berg bei Aussig an der Elbe, Böhmen
I 2, 50$_{17M,26M}$.57$_{22M}$
II 8A, M*45* 67$_{13-16}$
- Nordwestlicher Steinbruch **II 8A**, M*45* 67$_{8-9,18-19}$
- Östlicher Steinbruch **II 8A**, M*45* 67$_{3-5,12}$

Marienberg (Rheinbreitbach) Berg bei Rheinbreitbach am Rhein
II 8A, M*58* 81$_{104}$

Marienberg (Sachsen) Stadt südöstlich von Chemnitz am sächsischen Erzgebirge; Erzbergbau, Bergbau auf Silber
I 1, 27$_{1M}$ **I 2**, 423$_{4M}$.428$_{5M}$
II 7, M *71* 154$_{11}$ *S2* 172$_5$ **II 8A**, M*48* 73$_{84}$

- Bergamtsrevier **II 7**, M *105* 203$_{76}$
- Gruben **II 7**, M *126* 236$_{5-6}$
- Unvermutet Glück (Grube) **II 7**, M *124* 235$_1$

Marienborn Im Südwesten von Mainz
I 3, 129$_{32M}$.136$_{18M}$
II 8A, M*58* 80$_{52}$

Marienburg Ordensburg am Fluss Nogat
II 5B, M *101* 292$_{1-13}$

Marienfeld Bei Mies, östlich von Pilsen, Böhmen
I 2, 249$_{18M}$
II 8B, M *19* 29$_{48}$

Marienfels Südöstlich von Nassau
II 8A, M*59* 85$_{30}$

Marienquelle Quelle in Marienbad s. *Marienbad*

Mariport s. *Maryport (Mariport)*

Mark Brandenburg Region und Verwaltungseinheit im Königreich Preußen
I 2, 376$_{29,37}$ **I 11**, 298$_{19,26}$
II 7, M *78* 166$_6$ **II 8B**, M*69* 102$_{5-8}$

Markgrafenstein Granitblöcke auf den Rauenschen Bergen, südlich von Fürstenwalde an der Spree
I 2, 375$_{30}$.376$_{10,24}$.378$_{17}$.386$_2$.388$_4$ **I 11**, 297$_{22}$.298$_{1,13}$.306$_{30}$.310$_{12-13}$. 318$_{13}$
II 8B, M*69* 103$_{21}$

Markleiden s. *Marktleuthen (Markt-Leuthen)*

Markneukirchen Östlich von Adorf am Elstergebirge im Vogtland
I 1, 241$_{13Z}$

Marksuhl Südwestlich von Eisenach
I 1, 255$_{19Z,22Z}$

Marktleuthen (Markt-Leuthen) Südlich von Hof im Fichtelgebirge
I 1, 103$_{10M,36M}$ **I 2**, 134$_{34Z}$
II 7, M *73* 155$_{31}$ (Markleiden), 156$_{55}$ **II 8A**, M*56* 114$_{60}$

Marktredwitz Fichtelgebirge s. *Redwitz*

Markusturm s. *Venedig*

Marmormühle (Harz) Lokalität im Harz bei Blankenburg
II 7, M *40* 63$_{32}$

Mars (Planet)
I 11. 267$_5$.349$_{25}$
Marseille Franz. Hafenstadt am Mittelmeer
I 1. 309$_{17M}$
II 2. M2.6 12$_4$ II 8A. M12 22$_{39}$ 76 105$_6$
Martigny (Martinach) Im Rhonetal im Schweizer Kanton Wallis
II 7. M105 203$_{78}$
Martinach s. *Martigny (Martinach)*
Martinröder Stollen Zur Entwässerung der Ilmenauer Schächte: Mundloch in Martinrode
I 1. 31$_{30M}$ (Stollen).35$_{12M}$.39$_{28-29M}$.46$_{29M}$.50$_{30M}$.86$_7$.88$_{16-28}$.93$_{14}$.169$_{28-29}$.172$_{20-21}$.174$_{33}$.182$_{27-28}$.202$_{3-4}$.253$_{30M}$
II 7. M17 34$_6$ M18 35–36 2 5$_8$
Marx Semmler Stolln s. *Schneeberg (Erzgebirge)*
Maryport (Mariport) In Cumberland (Nordwestengland)
Maschau Bei Podersam. südlich von Saaz. Böhmen
I 2. 117$_{12Z}$
Masfeld Heute: Unter- und Obermaßfeld an der Werra südlich von Meiningen am Thüringer Wald
I 1. 29$_{2M}$
II 7. M33 56$_{17}$
Massel Bei Trebnitz. nördlich von Breslau. Schlesien
I 2. 200$_{12Z}$
II 8B. M12 22$_{2-3}$
Masserano Fürstentum nordwestlich von Mailand um Biella
I 1. 247$_{16M}$
II 7. M111 214$_{120}$
Mattstedt Östlich von Weimar. nahe Apolda
I 1. 272$_{17M}$
II 7. M11 13$_{15}$ 117 229$_{6-7}$ 128 237$_4$
Matzersreuther Berg Südwestlich vom Rehberg. südwestlich von Eger. Böhmen
II 8B. M36 59$_{158-159}$
Mautdorf Bei Tachau. südwestlich von Marienbad
II 8B. M36 60$_{192}$

Meckesheim Südöstlich von Heidelberg
I 1. 258$_{4Z}$
Mecklenburg
I 2. 61$_{7Z.10Z}$.174$_{23Z}$.253$_4$.254$_{22}$.255$_{8.28}$.391$_1$ I 11. 223$_{25}$.225$_{8.29}$.226$_{12}$.320$_{34-35}$
II 8B. M122 165$_2$ 75 127$_7$
- Fabriken I 2. 255$_{29}$ I 11. 226$_{13}$
Mehlis Inzwischen Zella-Mehlis. westlich von Ilmenau
I 2. 422$_{33M}$
II 7. M113 222$_{75}$
Meierei Antisana Am Vulkan Antisana. bei Quito. Ecuador
I 11. 160$_{18}$
Meiningen (Meinungen) An der Werra. südlich vom Thüringer Wald
I 1. 29$_{1M.2M}$ I 2. 91$_{3Z}$.421$_{12M}$.428$_{13-14M.15M}$ I 3. 280$_{8Z}$
II 7. M124 235$_{8-10}$ 33 55$_{16}$.56$_{17}$
II 8B. M122 165$_2$
Meißen
I 3. 346$_4$
II 5B. M69 206$_2$ II 7. M105 202$_{60}$.203$_{82.89}$ 9 11$_{2.4.5.6.7.12}$ II 8B. M24 44$_{23}$ 89 144$_{11}$
- Meißnisches Erzgebürge II 8B. M94 150$_2$
Meleda (Mljet) Insel an der dalmatischen Küste
II 2. M9.24 190$_{40}$
Mellingen Dorf südöstlich von Weimar
I 9. 254$_{34}$
II 7. M11 19$_{259}$.20$_{282.307}$ II 10A. M38 100$_3$
Melnik An der Elbe. südlich von Prag
I 2. 249$_{1M}$
II 8B. M19 28$_{33}$
Melnitchnaia Fluss bei Goroblagodatsk. im Ural. nördlich von Swerdlowsk
II 8B. M74 126$_{31}$
Melün = Melun. nördlich von Paris. Frankreich
II 8A. M12 22$_{33}$

Mendeberg Berg bei Linz. am Rhein
I 2. 260_{25-26} I 8. 368_4
Mendola (Mentola) Pass. südwestlich von Bozen. Südtirol
I 2. $240_{2M.13M}$
II 8B. M*30* 49_{24} *31* 51_2
Mennig s. *Niedermendig (Niedermennich)*
Meronitz Bei Bilin. südlich von Teplitz. Böhmen
I 2. 36_{36M}
II 8A. M*36* 60_{63} *38* $61_{13.18}$ II 8B. M*29* 48_7
Merseburg An der Saale
I 1. 272_{14Z}
Messina Sizilien
I 1. $161_{1Z}.162_{15M.17M.26M}.163_{22M}$
II 7. M*94* $189_{167-178}.190_{204}$
- Strand I 1. 160_{24Z}
Messinghütte Zwischen Goslar und Oker im Harz
I 1. $70_{18M}.71_{12M}$
II 7. M*44* 66_{25} *52* $107_{81.97}$
Meteor Hier: nur als astronomische Erscheinung. nicht jedwede atmosphärische Erscheinung
I 2. 332_{1Z} I 8. 288_{37} I 11. 117_{31}
II 2. M*2.4* $11_{3-4.5}$ *5.3* 28_{57} II 6. M*123* 236_{87}
Mexiko (Mexico, Mexique)
I 11. 160_{19}
II 8A. M*12* 23_{61-63} *64* 95_5 II 8B. M*115* 162_1 68 102
Meyerhof Bei Teplitz. Böhmen
II 8A. M*40* 63_2
Miask Miass. westlich von Tscheljabinsk. Ural
- Bergwerk II 8B. M*77* 130_{13-14}
Michaelstein s. *Kloster Michaelstein*
Michelbach An der Aar. nordöstlich von Wiesbaden
II 8A. M*58* $80_{62}.82_{139}.83_{168-169}$
Michelsberg Nördlich von Plan. Böhmen
I 2. $198_{22M}.221_4$ I 8. 252_{37}
II 8B. M*10* 19_{100} *20* 35_{169} *6* 8_{83}
Micuipampa Stadt in Peru
I 11. 160_{19}

Mies Bergstadt. westlich von Pilsen. Böhmen
I 2. $198_{36M}.249_{18M}.278_{2Z}$ I 8. $419_{23.49}$
II 8A. M*125* 164_{14} II 8B. M*10* 19_{113} *19* 29_{48} *55* 93_{17} *6* 8_{95}
Mietau (Mitau) Kurland
II 7. M*96* 193_4
Migasi Zeche. in der Nähe von Teplitz. Böhmen
I 2. 52_{17M}
II 8A. M*44* 66_7
Milet Antike Stadt an der Westküste Kleinasiens
I 6. 116_{36}
Millischau Südöstlich von Marienbad. Böhmen
I 2. 224_{15} I 8. $255_{35}.331_{27}.419_{17}.420_5$
Millischauer/Millschauer Berg s. *Donnersberg (Böhmen)*
Miltitz, bei Meißen
II 7. M*9* 11_6
Minas Geraës Provinz in Brasilien
II 2. M*7.8* $54_{193}.55_{196}$
Missouri Staat in Nordamerika
II 8B. M*67* 101_1
- Bleiminen I 2. 391_{29M}
Misterbianco Bei Catania auf Sizilien
I 1. 162_{0M}
II 7. M*94* 189_{161}
Mittelberg Bergwerk bei Kirchen. an der Sieg
II 8A. M*58* $81_{110}.82_{150}$
Mittelmeer (Mittelländisches Meer)
I 1. 155_{0Z} (Meer).$20_{Z.33Z}.160_{23Z}.165_{30Z}.166_{27-28Z}.168_{12Z}.243_{5M}$ (Meer).309_{28M} I 2. $267_{19M}.272_{38}.274_{29}$ I 8. $337_{25}.339_{15}$ I 10. 202_2
II 7. M*94* $189_{158-177}.190_{228}$ II 8A. M*76* 105_{15} II 8B. M*33* 54_{18} *34* 54_{12-13} II 9B. M*33* 38_{256}
Mittelsdorf In der Rhön. zwischen Kaltensontheim und Kaltenwestheim
II 7. M*19* 37_{8-9}
Mittenwald Ort in Oberbayern. östlich von Garmisch-Partenkirchen
I 1. 123_{28Z}

292 ORTE

Mitterteich Südöstlich von Marktredwitz. Fichtelgebirge
I 2. 212$_{23Z}$
Moabiter Antikes Volk östlich des Toten Meers
I 8. 301$_2$
Mola di Gaëta Ort an der Via Appia, das heutige Formia
I 1. 140$_{20Z}$
Moldau Fluss in Böhmen
I 2. 51$_{14M}$.193$_{21}$.290$_5$ I 8. 267$_7$. 351$_{20}$.419$_{48}$.420$_5$
II 8A. M45 68$_{33}$
Moldauer Erzrevier
I 2. 201$_{11}$ I 8. 260$_{17}$
Molfetta Stadt am Adriatischen Meer. Italien. Provinz Bari delle Puglie. Distrikt Barletta
I 2. 420$_{18M}$
II 7. M113 220$_7$ (Mofetta)
Molimenti Westlich von Enna auf Sizilien
I 1. 157$_{26Z}$.163$_{1M,12M}$
II 7. M94 189$_{184}$.190$_{195}$
Molukken-Inseln Indonesische Inselgruppe
I 10. 212$_{33}$
II 10A. M27 87$_{42}$ (Moluccas)
Mömpelgard (Montbéliard)
I 10. 379$_{28}$
II 10B. M25.10 152$_2$
Mond (Planet)
I 2. 37$_{20}$.402$_{29Z}$.404$_{1Z}$ I 3. 29$_{8}$.31$_{34}$.69$_{9,12}$.99$_{2M}$.147$_{10M}$. 358$_{17-18M,19M}$ I 4. 17$_{30}$.28$_{20,22}$ I 6. 5$_{21}$.23$_{17}$.79$_{26}$.118$_2$.380$_{26}$ I 7. 26$_{24}$ I 8. 77$_{8,33}$.78$_{35}$.86$_{31}$.92$_{19}$. 101$_{16}$.105$_{36}$.124$_{34}$.126$_{20,30-31,32}$. 142$_{21}$.236$_4$.237$_4$.320$_{50,52}$.321$_{2-3}$ (Planet).322$_{11}$ I 11. 245$_{26,37}$. 246$_{34}$.267$_{31}$
II 2. M2.6 12$_{20}$.13$_{40}$ 4.2 20$_{66,76}$ M 8.2 81$_{350}$–82$_{379}$ M 8.2 85$_{524}$–86$_{540}$.88$_{612}$ II 5B. M114 336$_{226-227}$ 14 54$_{88}$ II 6. M123 235$_{79}$ 47 60$_{22}$ 75 122$_{146}$ 79 162$_{125}$
Monheim Nördlich von Donauwörth in Bayern
I 1. 195$_{ZA}$

Moningen s. *Monheim*
Monreale Südwestlich von Palermo auf Sizilien
I 1. 152$_{24Z}$.154$_{6Z}$.164$_{16M}$
II 7. M94 191$_{231}$ (Montreal)
Mons Im Hennegau (Hainaut). Belgien
I 2. 61$_{19Z}$
Monsummano Gemeinde in Italien. Provinz und Distrikt Lucca
I 1. 244$_{11M}$
Mont Blanc Südlich von Chamonix
I 1. 318$_{36}$ I 2. 338$_{27,30}$.344$_{24M}$. 394$_{10}$ I 3. 80$_{15,28}$ I 4. 46$_3$ I 6. 419$_{15}$ I 8. 272$_{20}$.391$_{15,18}$ I 11. 122$_{29}$. 160$_{30}$.312$_{15}$
II 3. M28 18$_3$ II 7. M49 97$_{176-177}$
II 8B. M2 4$_1$ 49 87$_6$
Mont Cenis (Monte Cenisio) Bergmassiv der Grajischen Alpen (Savoyen)
I 6. 365$_5$
II 5B. M114 334$_{168}$ II 6. M112 214 115 220$_{134}$
Mont Maudit Felsenreihe an der östlichen Schulter des Montblanc
I 2. 338$_{29}$ I 8. 391$_{17}$
Mont Salève Höhenrücken südlich des Genfer Sees
II 8B. M60 96$_{13}$.97$_{40}$
Mont-Serat (Mont Serrat) Berg nordwestlich von Barcelona. Spanien
II 8A. M12 23$_{45}$
Montalcino Gemeinde in Italien. Provinz und Distrikt Siena
I 1. 244$_{21M}$
Montauro Gemeinde in Italien. Provinz und Distrikt Catanzaro
I 1. 244$_{28M}$
Monte Baldo Nordwestlich von Verona am Ostufer des Gardasees
I 2. 422$_{3M}$
II 7. M113 222$_{54}$
Monte Berio s. *Monti Berici*
Monte Bolca Erhebung bei Verona. Fossillagerstätte
I 1. 242$_{24M}$ I 2. 74$_{7Z}$
II 7. M111 211$_{20}$

Monte Cavo Südöstlich von Rom; höchste Erhebung der Albaner Berge
I 1. 139₃₃M
II 7. M 94 187₁₀₈
Monte Circello = Monte Circeo, südöstlich von Rom; Küstengebirge bei Terracina
I 1. 140₁₄Z
Monte della Verrucola In der Toscana
I 1. 248₁₄M
II 7. M 111 214₁₃₉
Monte grande s. *Punta bianca*
Monte Nuovo 1538 entstandener Vulkankegel westlich von Neapel bei Pozzuoli
I 1. 165₁₆M I 2. 269₃₅ I 8. 334₂₅
II 7. M 89 181₁₅
Monte Pellegrino Bei Palermo auf Sizilien
I 1. 151₂₇₋₂₈M.152₄M.₇Z.163₁₉M.₃₀M
II 7. M 84 175₅₆.₆₂ 94 190₂₀₁.₂₁₂
- Höhle der heiligen Rosalia I 1. 152₁₈Z
Monte Rosso Seitenkegel des Ätna, nördlich von Catania auf Sizilien
I 1. 159₂₀Z.160₁₀Z.₁₁Z (Gipfel).₁₂Z (dem roten Berge).₁₉Z (Krater). 162₇M
II 7. M 94 189₁₅₉
Monte Santo Berg in der brasilianischen Provinz Bahia
II 2. M 7. S 55₂₀₂
Monte Sedece Zwischen Vicenza und Este
I 1. 196₅M.₉Z
II 7. M 100 195₂₂
Monte Somma Alter Kraterrand des Vesuvs s. *Vesur*
Monteallegro (**Monte Allegro**) Nordwestlich von Agrigento auf Sizilien
I 1. 155₂₉Z.164₂₃M
II 7. M 94 191₂₃₇
Montecchio maggiore Bei Vicenza, Italien
II 8B. M 96 152₅

Montepulciano Hauptort des gleichnamigen Distrikts in der Provinz Siena, Italien
I 1. 244₃₄M
Monti Berici Bergmassiv südlich von Vicenza
I 1. 129₂₇M.195₁₂M.₁₇M.₂₂M
II 7. M 100 194–195 94 185₃₂₋₃₃
- Madonna del Monte (Kirche) II 7. M 100 195₂₇
Montreal s. *Monreale*
Morgenstern s. *Venus (Planet)*
Moschellandsberg (**Muschel-Landsberg**) = Landsberg bei Obermosches, westlich von Kirchheimbolanden, Pfalz
II 8A. M 69 99₁₅₋₁₉.₃₁
- Vertrauen zu Gott (Grube) II 8A. M 69 99₁₅
Mosel Nebenfluss des Rheins
II 8A. M 69 99₄₆
Moskau Zentrum Russlands
I 9. 104₆.286₁₁
II 8B. M 76 129₇₆ 77 130₂ 85 140₄₅₋₄₆
Muglbach Bach am Tillberg, südlich von Eger, Böhmen
II 8B. M 36 59₁₆₃
Müglitz Linker Nebenfluss der Elbe, bei Dresden mündend
I 2. 29₂₄Z
Mühlbach (**Albenreuth**) Bach bei Albenreuth
II 8B. M 36 59₁₅₅
Mühlbach (**Eger**) Westlich von Eger, Böhmen
I 2. 275₃₅Z.280₇Z.₁₀Z
Mühlbach (**Marienbad**) Bei Marienbad in Böhmen
I 1. 105₂₈M I 2. 222₃₆ I 8. 254₁₈
II 7. M 73 157₁₂₀
- Alaunsiederei I 1. 105₂₈M
Mühlenbach Bei Käsmark, Zips, Ungarn (heute Slowakei)
II 8B. M 110 159₉
Mühlgraben An der Bode bei Wendefurt im Harz
I 1. 75₃₀M
II 7. M 52 111₂₃₅

Mühlhausen An der Unstrut im nördlichen Thüringen
I 1. 68$_{4M}$ I 8. 200$_{6-7}$
II 7. M52 104$_3$
Mühllache Linkes Nebenflüsschen der Saale
II 2. M9.3 144$_{32}$
Mühltal Linkes Nebental der Saale bei Jena
I 2. 252$_{29}$.253$_{26-27}$ I 11. 223$_{15}$. 224$_{15}$
II 2. M9.3 144$_{19-21}$ II 7. M11 23$_{432}$
Mukberg, Muckberg s. *Muppberg (Muckberg, Mukberg)*
München Haupt- und Residenzstadt Bayerns
I 1. 123$_{22Z.29Z}$ I 2. 209$_{37Z}$ I 7. 25$_1$ I 8. 117$_{14}$.201$_{33}$.273$_{11}$ I 11. 295$_{19}$. 333$_{29}$
II 1A. M35 202$_{286}$ II 2. M4.1 17$_2$. 18$_9$ II 5B. M126 358$_{30}$ 75 229$_{16}$
II 10B. M24.4 113$_3$ 24.9 117$_{15.16}$
(Orte)
- Bayerische Akademie der Wissenschaften I 11. 90$_2$ II 1A. M56 258$_{1-2}$
- Versammlung deutscher Naturforscher und Ärzte 1827 I 10. 339$_{2-3}$. 343$_7$.351$_{21}$ I 11. 295$_{19-20}$

München (Ilm) An der Ilm, südlich von Berka in Thüringen
I 2. 9$_{12M}$.18$_{19Z}$
II 7. M11 18$_{222.225}$ 12 25$_5$
Münchholzhausen Westlich von Weimar
I 2. 252$_{28}$.253$_{21}$ I 11. 223$_{14}$.224$_{10}$
Münchner Enge Bei München, südlich von Bad Berka, Thüringen
I 2. 12$_{11Z}$
Münden Ort am Zusammenfluss von Fulda und Werra nordöstlich von Kassel (heute: Hannoversch Münden)
II 7. M5 8$_{16}$
Münster (Moutier) Südsüdwestlich von Basel im Schweizer Kanton Bern
I 1. 7$_{30Z}$

Münster (Westfalen)
I 3. 116$_{38}$
Munzig Westlich von Dresden
II 7. M105 203$_{88}$ 9 11$_{7.8.9}$
Muppberg (Muckberg, Mukberg) Nordwestlich von Coburg
I 1. 29$_{15M}$
II 7. M33 56$_{30}$
Murano Nordöstlich von Venedig
I 8. 316$_{23}$
Museo di Benedetto s. *Catania*
Museum Pio Clementinum s. *Vatikan*
Mutter Gottes Fundgrube Bergwerk bei Berggießhübel, sächsisches Erzgebirge
II 8A. M41 64$_{23}$
Mythen Gebirgsmassiv im Schweizer Kanton Schwyz
I 1. 261$_{37}$–262$_{1Z}$
Naab Linker Nebenfluss der Donau, im Fichtelgebirge entspringend
I 1. 106$_{21M.22M}$ I 8. 419$_{22}$
II 7. M70 152$_{6-7}$ (Nabe)
Nab Fluss in der Oberpfalz, Bayern
I 2. 193$_{16}$ I 8. 267$_3$
Nabe s. *Naab*
Nahe Linker Nebenfluss des Rheins
I 9. 117$_{23}$
Nantes An der Loire-Mündung, Frankreich
II 8A. M69 99$_{45}$
Napf Berggipfel in den Emmentaler Alpen, Schweiz
II 8B. M55 93$_{21(?)}$
Narni Südwestlich von Terni in der italienischen Provinz Umbrien
I 1. 136$_{20Z}$
Nassau (Herzogtum)
I 2. 72$_{12Z}$
II 8A. M57 78$_6$ 58 79$_{18}$ II 8B. M21 37$_{16}$
- Bergwerke I 2. 59$_{21-22Z}$ II 7. M105 202$_{55}$
Nassau (Stadt) Im Lahntal gelegen
I 2. 73$_{9Z.10Z.13Z.15Z.16Z.26Z.27Z}$.98$_{25}$
I 11. 184$_{27}$
- Adler = Zum Anker (Gasthof) I 2. 73$_{17Z}$
- Schloss Stein I 2. 73$_{17Z}$ (Anlagen)

ORTE 295

Nauroth (Naurott) Nördlich von Wiesbaden
II 8A. M*59* 85₂₀ *66* 96₁
Neapel (Königreich) Staat in Süditalien, 1302–1816. Siehe auch Sizilien, beide Sizilien
I 1. 243₁₃M
II 7. M*111* 212₄₅
Neapel (Stadt) Stadt in Kampanien, Italien, am Golf von Neapel
I 1. 138₁₉Z.140₆Z.141₂Z.142₁₈Z. 144₃₃Z.145₁₁Z.₁₂Z.148₁₂M.153₃₆Z. 158₂₉Z.165₁Z.₂₃Z.166₆Z.168₉Z. 256₃₂Z I 2. 71₂₁Z.268₁₂ I 6. 57₁₂. 65₃₃.135₃₆.140₃₀.233₈.342₇ I 8. 220₂₉.333₃ I 9. 21₁₃.79₅ I 11. 27₂
II 1A. M*2* 22₁ II 7. M*94* 187₁₁₆
- Laconda Moriconi, Vico delle Campane (Goethes Wohnung) I 1. 167₂₆Z
- Molo I 1. 165₂₈Z.166₂Z.167₂₂Z.168₁Z
Neckar Nebenfluss des Rheins
I 1. 258₂Z.₁₇Z.₂₁Z.259₂₄Z I 2. 68₃₂–₃₃Z I 9. 254₈
II 2. M*9.18* 183₃₅
Neckarberge *s. Schwäbischer Jura*
Neckargemünd Stadt in Baden, am Einfluss der Elsenz in den Neckar
I 1. 258₃Z
Nehausen Heute: wahrscheinlich Großneuhausen, nordwestlich von Buttstädt in Thüringen
II 7. M*11* 24₄₄₀
Neisse (Neiße, Nysa) Stadt in Oberschlesien, heute Polen
II 2. M 8.*13* 115₉ S.*15* 120₉₇ S.*17* 122₆
Nembach? Ort in Schlesien, nahe Frankenstein
II 7. M*102* 196₄
Nemi Südöstlich von Rom in den Albaner Bergen
I 1. 138₂₉M.139₄M I 2. 75₂₈Z
II 7. M*94* 186₇₆.187₈₃
Nenndorf, Bad Westlich von Hannover
I 2. 7₃₂M.11₂₀Z I 8. 304₅
Nerike (Närke) Historische Provinz in Schweden, Fundort von organ. Schleimen
II 10B. M*1.3* 13₅₉₋₆₀

Nertschinsk Russland
I 3. 476₈M.478₃M
II 8B. M 76 129₇₀₋₇₁ S5 139₃₁ S7 141₁₆₋₁₇
Neschtomitz = Nestwitz nordöstlich von Aussig, Böhmen
I 2. 51₃M
II 8A. M*45* 67₂₃
Nettuno Ort am Tyrrhenischen Meer, südlich von Rom
Neu Glück Grube im Schwarzwald
II 7. M*46* 88₃₉.₅₄
Neu Spanien *s. Mexiko (Mexico, Mexique)*
Neu-Jersey *s. Chessy*
Neualbenreuth Südlich von Eger, Böhmen
II 8B. M*36* 56₃₈
Neuchâtel (Neuenburg) Stadt in der Westschweiz, im 18. Jh. unter der Herrschaft Preussens
I 2. 410₁₉Z
- Lac de Neuchâtel (Neuenburgersee) I 2. 410₂₁Z (See)
Neudeck nördlich von Karlsbad
II 8A. M*17* 41₆
Neudorf Südlich von Marienbad
II 8B. M*36* 59₁₇₃–60₁₇₄
Neue Hoffnung Bergwerk im Raum von Teplitz, Böhmen
I 2. 52₁₇M
II 8A. M*44* 66₇
Neuer Johannes Bergwerksschacht *s. Ilmenau*
Neugrün (Neugruen) Bei Rohlau, nördlich von Karlsbad
I 2. 124₁₆M
II 8A. M*107* 139₆
Neuhauß Südlich von Sonneberg; Sachsen-Meiningensches Amt; heute: Neuhaus-Schieschnitz
I 1. 29₁₇M
II 7. M*33* 56₃₂
Neuhausen (Neuhaus) Dorf zwischen Rehau und Schönbach bei Asch, Grenzübergang nach Böhmen
I 1. 323₁₈Z
II 2. M*9.16* 181₆.₈

Neuheide Südwestlich von Glatz
I 1. 193₂₃z
Neuhoffnungsschacht s. *Ilmenau*
Neuholland Bezeichnung für Australien im 17. bis 19. Jahrhundert
I 9. 116₃ I 10. 397₄₋₅
- Vorgebirge II 9B. M *62 Anm* 70
Neukirch s. *Neunkirchen*
Neukirchen s. *Markneukirchen*
Neumarkt (Neumarck, Egna) Südlich von Bozen in Südtirol
I 1. 128₂z
Neunkirchen Nordöstlich von Saarbrücken
I 1. 5₂₄z.₃₇z
Neuprem s. *Neugrün (Neugruen)*
Neurode Ort in Schlesien, nordwestlich von Glatz
II 2. M *S.13* 115₆ II 7. M *102* 196₁₁₋₁₂
Neusohl An der Gran, Bergstadt, Ungarn (heute Slowakei)
I 2. 239₁₁M
II 8B. M *30* 49₁
Neustadt An der Orla in Thüringen
I 1. 102₁₃M.₁₄M.₂₀M
II 7. M *73* 154₂₋₃.155₉
Neustadt (Schneeberg) s. *Neustädtel*
Neustadt an der Dosse Nordwestlich von Berlin, Friedrich-Wilhelms-Gestüt
I 9. 371₁₄
Neustädtel Südöstlich von Zwickau bei Schneeberg im sächsischen Erzgebirge
II 7. M *S3* 172₆ II 8B. M *SS* 142₂₈₋₆₆
- Adam Heber Fundgrube II 8B. M *SS* 143₆₃
- Daniel (Grube) II 8B. M *SS* 142₂₈
- Gesellschafter Zug II 8B. M *SS* 142₃₂₋₃₆.143₅₇₋₅₈
- Neuglücker Tagesschacht II 8B. M *SS* 143₆₀
- Sauschwart Fundgrube II 8B. M *SS* 142₃₄.143₅₆
- St. Anna (Grube) II 7. M *S3* 172₄ II 8B. M *SS* 142₂₇

Neuweilnau Westlich von Usingen, Nassau
II 8A. M *5S* 80₄₅
Neuwerk An der Bode südöstlich von Elbingerode im Harz
I 1. 75₂₂M
II 7. M *52* 110₂₂₈
Neuwied Am Rhein, nördlich von Koblenz
I 2. 77₃₀z
Neviansk Nördlich von Jekaterinburg, Ural
II 8B. M *74* 125₃
New Hampshire Stadt in den USA
II 2. M *4.2* 19₃₉
New Jersey Früher Bundesstaat der United States of America
II 10B. M *14* 39₈
New York
I 11. 337₄
II 8B. M *S2* 135₁₂
Nicolaus Bergwerk bei Dillenburg, Nassau
II 8A. M *5S* 81₈₉
Nicolosi Am Südhang des Ätna auf Sizilien
I 1. 160₁₁z.162₁M
II 7. M *94* 188₁₅₄
Nidda Mündet westlich von Frankfurt in den Main
I 1. 255₃₂z
Niederhausen Bei Bad Kreuznach
I 9. 117₂₃
Niederlande
I 4. 244₃ I 6. 229₂₉.230₁₋₂.₅₋₆.₁₄₋₁₅. 231₂₈.234₅.₁₉₋₂₀ I 9. 242₁₁₋₁₂ I 10. 249₇
II 6. M *113* 215₁₃ 75 122₁₇₆ 77 129₃₈ 79 172₄₈₅ II 8B. M *113* 162₇
II 10A. M *37* 99₄₀
Niedermendig (Niedermennich) Eifel
I 2. 73₂₄₋₂₅z.75₁₆z
II 8A. M *5S* 80₃₉₋₄₁
- Basaltsteinbruch I 2. 73₂₄₋₂₅z (Rheinischen Mühlsteine)
Niedermennich s. *Niedermendig (Niedermennich)*

Niederroßla Nordwestlich von Apolda in Thüringen
II 7. M*11* 13₁₅
Niklasberg (Nickelsberg) Nordwestlich von Teplitz, Böhmen
I 2. 28₆z.51₂₅M.₂₆.52₁₅M.₁₆M.56₃₀M
II 8A. M*44* 66₅₋₆ *45* 68₄₂₋₄₃ *48* 72₅₈
- Bergwerke I 2. 32₂₉.201₁₁ I 8. 260₁₇ I 11. 150₃₁
Nikolajefskisches Bergwerk Bei Koliwan, Altaigebirge im Süden Sibiriens
II 8B. M *76* 128₄
Nil Strom in Afrika, mündet in Ägypten ins Mittelmeer
I 6. 79₃₇.80₃
II 6. M*23* 26₄₅.₄₆.27₆₉
Nillingen Stadt in der Schweiz
II 2. M*9.18* 183₂₇
Ninive Mesopotamische Stadt am Tigris, im heutigen Irak
Nisi Fluss auf Sizilien
I 1. 161₇z.₁₄z
II 7. M*87* 179₈
Nizza Ort an der franz. Mittelmeerküste
II 5B. M *82* 241₃
Nollendorf Nördlich von Aussig an der Elbe, Böhmen
I 2. 34₁₄₋₁₅ I 11. 152₁₂
Nordamerika s. *Amerika*
Nordhausen Am Südrand des Harzes
II 7. M*23* 43₁₇₁
Nördlicher Wendekreis
II 2. M*7.10* 57₁₄ *7.8* 50₅
Nordpol
I 11. 46₂₀ (arktischen Pol). 47₂₈.₃₂₋₃₄.59₂.₁₃ (Weltpole).161₂₈TA (Polen).350₂₉
II 10B. M*1.3* 14₆₇
Norike s. *Nerike (Närke)*
Normandie Region im Norden Frankreichs
I 10. 379₃₇
Northamptonshire Grafschaft in England
II 2. M *8.6* 108₅

Northeim Nördlich von Göttingen
I 2. 6₂₁z.11₂₇z.19₃₄z
- Schwefelquellen I 2. 11₂₄z
Northeim (Nordheim) Ort westlich von Osterode
II 7. M*44* 66₆
Norwegen Land auf der Skandinavischen Halbinsel
I 1. 322₁z.325₈z I 2. 257₂₅.267₁₄M I 6. 187₅ I 11. 228₂₃
II 8B. M*34* 54₈₋₉ *72* 108₁₀₆.110₁₆₈
- Schären I 2. 378₁₃ I 11. 310₉
Nossen Westlich von Dresden, Sachsen
I 2. 29₂₆z
Nubien Trockengebiet am Nil in Nordafrika
I 11. 351₃
Nürnberg Stadt in Franken, an der Pegnitz
I 1. 292₂₃N I 2. 193₁₄.352₂₆ I 3. 266₈M I 6. 206₂₈ I 8. 267₁.318₂₀. 418₆ I 9. 169₁₈.286₁₉
II 5B. M *75* 228₄ *92* 256₁₆₋₁₇ *95* 262₄₄ II 8B. M *7* 10₁₀
- Gewerke I 2. 43₃ I 8. 147₃₆
Nürnberger Hof s. *Frauenstein (bei Wiesbaden)*
Nußhardt Granitberg südlich des Schneebergs im Fichtelgebirge
I 1. 104₁₅M.₁₉M
II 7. M *73* 156₇₁₋₇₅
Nynetaguilsk = Nishnij Tagil, nördlich von Jekaterinburg, Ural
II 8B. M *74* 125₈₋126₃₅
Nyon (Neuss) Am Genfer See im Schweizer Kanton Waadt
I 1. 10₂₀z
Ober-Glogau Ort in Schlesien
II 2. M*8.13* 115₁₁ *8.15* 121₁₂₃ *8.17* 122₆
Ober-Gramling Dorf westlich von Tepl. Böhmen
I 2. 185₃₅₋₃₆z
II 8B. M *6* 9₁₀₃
Ober-Lohma Bei Franzensbad, nördlich von Eger
I 1. 360₁₋₂ I 8. 51₁₄
Ober-Pörlitzer Höhe s. *Pörlitz*

Oberdorf In der Nähe von Franzensbad, bei Eger, Böhmen
II 8A. M23 44$_5$
Oberemmel An der Mosel bei Bernkastel
II 8A. M69 100$_{51}$
Oberharz s. *Harz*
II 8A. M31 50$_{39-40}$
Oberingelheim (Ingelheim) Stadt zwischen Bingen und Mainz
I 2. 60$_{17Z}$
Oberingen s. *Obringen*
Oberkassel Rechts des Rheins, südlich von Bonn
I 2. 259$_2$.260$_{21}$.261$_{2,13}$ I 8. 367$_{2,49}$. 368$_{13,22}$
Oberkotzau Oberfranken, Bayern
I 2. 134$_{29Z}$
Oberlausitz Landschaft zwischen Görlitz, Bautzen und Zittau, östlich von Dresden
I 1. 22$_{1-2}$
Oberndorf Böhmen
I 2. 232$_{17Z}$
Oberpfalz Bayern
I 2. 227$_{32-33}$ I 8. 373$_{32}$
II 8B. M117 163$_1$ 122 165$_1$ 36 55$_6$
- Gebirge I 8. 419$_{46-47}$
Oberreußen (Oberreißen) Nördlich des Ettersberges und nördlich von Weimar
II 7. M11 23$_{413}$
Oberroßla Nordöstlich von Weimar
I 3. 244$_{16Z}$
Oberschlema Bei Schneeberg, sächsisches Erzgebirge
II 8B. M88 141$_4$–142$_{20}$
Obersteiermark Österreich
II 8A. M72 102$_4$
Oberstein An der Nahe, Pfalz
I 2. 421$_{26M}$
II 7. M113 221$_{45}$
Oberweckelsdorf Am Heuscheuergebirge in Nordost-Böhmen
I 1. 194$_{2Z}$
Oberweimar Südlich von Weimar
II 7. M11 20$_{314}$.21$_{357}$.22$_{361}$
- Steinbruch I 2. 82$_{13-14Z}$

Oberweyd (Oberweid) Ort in der Rhön südwestlich von Kaltennordheim
II 7. M19 37$_7$
Oberwiesenthal
II 7. M72 154$_{7-8}$
Oberwinter Links des Rheins, nördlich von Remagen
I 2. 260$_{10}$.299$_{13M}$ I 8. 367$_{40}$
II 8B. M39 66$_{63}$
Obringen Dorf nördlich von Weimar
II 7. M11 13$_{21}$.22$_{368}$
Ochsenkopf Granitberg im Fichtelgebirge
I 1. 103$_{38M}$.104$_{3M,10M}$
II 7. M73 156$_{57-67}$ II 8A. M86 114$_{64}$
Odenwald Mittelgebirge, rechtsrheinisch zwischen Heidelberg und Darmstadt gelegen
I 2. 80$_6$ I 11. 171$_6$
Oder Fluss, Mark Brandenburg
I 2. 376$_{34}$ I 11. 298$_{23}$.310$_{12}$
Oder (Harz) Fluss im Harz, vom Bruchberg südlich fließend
II 7. M23 39$_{42}$
- Oderbrücke II 7. M23 40$_{7-4}$. 41$_{102,109,113}$ II 8A. M31 49$_{13}$.50$_{20-25}$
Oderberg An der alten Oder, Mark Brandenburg, östlich von Eberswalde
I 2. 375$_{27}$ I 11. 297$_{19}$
II 8B. M69 103$_{12-19}$
Oderbrüche Niederung an der Oder bei Oderberg
I 2. 378$_{16}$
Oderbrückhaus Am Oderteich nördlich von St. Andreasberg im Oberharz
I 1. 55$_{26Z,28Z,30Z}$
II 7. M23 40$_{56}$
Oderteich (Oderteiche) Stausee nördlich von St. Andreasberg im Oberharz
I 4. 46$_{38}$
Oderteichdamm Am Stausee Oderteich nördlich von St. Andreasberg im Oberharz
I 1. 56$_{26Z}$

Oels Ostnordöstlich von Breslau, Schlesien
II 8B. M*12* 22₂

Oelsnitz Südlich von Plauen, Vogtland
I 1. 294₁₅M.₁₈M
II 8B. M*7* 11₃₀₋₃₄

Oeningen *s. Öhningen (Öningen, Oeningen)*

Ohio Staat in Nordamerika
I 9. 249₂₁.250₅₋₆ I 10. 223₂₄
II 8B. M*82* 135₅

Öhningen (Öningen, Oeningen) Am Ausfluss des Rheins aus dem Bodensee, südwestlich von Radolfzell, bei Konstanz
I 2. 74₇z.204₁₄ I 8. 263₁₆

Ohrdruf Am Thüringer Wald, südlich von Gotha
I 2. 85₂₉ I 11. 174₂₈

Ohrsberg Bei Linz am Rhein
II 8A. M*58* 79₁₅

Oker Fluss im Harz, vom Bruchberg nordwärts fließend
I 1. 6₁₄z.70₁₈M I 2. 342₉.343₃₆ I 8. 394₂₈.396₁₁ I 11. 23₄₁
II 7. M*113* 222₇₄ *44* 66₂₅ *49* 99₂₆₂ *52* 107₈₁ *55* 122₄₁

- Okertal I 1. 71₉M.83₂₅.₂₆ I 2. 342₇.₁₆.344₄ I 8. 394₂₆.₃₅.396₁₆ I 11. 19₁₆.₁₇.23₁₂.₃₂ II 7. M*52* 107₉₅ *55* 123₆₈ II 8A. M*31* 51₈₆₋₉₀

Okzident das Abendland, der Westen
II 6. M*26* 28₈

Olah Pian Bei Mühlenbach, unweit Käsrnark, Zips, Ungarn (heute Slowakei)
II 8B. M*110* 159₈

Ölberg Bei Pograd, südwestlich von Eger
I 2. 209₃z.228₁₄.₂₅.230₃₀z.242₃₃M. 312₁₇ I 8. 374₁₄.₂₅.407₁₁
II 8B. M*22* 39₆₄ *55* 92₅

Ombrone Nebenfluss des Arno westlich von Florenz
I 1. 248₁₃₋₁₄M.₁₅M
II 7. M*111* 214₁₄₅₋₁₄₆

Oppurg Östlich von Pößneck, Thüringen
I 2. 202₆ I 8. 261₉

Orenburgisches Gouvernement Ural, Russland
II 8B. M*71* 104₁₀ *76* 129₅₁

Oreto (Orete) Fluss südlich von Palermo in Sizilien
I 1. 149₂₀z.150₁z (Flusse).₁₂M. 163₈M.₁₁M.164₁₀M.₁₈M.₁₉M
II 7. M*84* 174₂ *94* 189₁₉₁. 190₁₉₄.₂₂₆.191₂₃₂₋₂₃₃

Orient
I 2. 350₂₆ I 8. 318₁₄₋₁₅.416₇₋₈ I 9. 369₉
II 1A. M*35* 199₁₈₉ II 6. M*26* 28₇
II 8B. M*7* 10₈.₁₃ II 10A. M*69* 150₃₆

Orinoko Fluss in Südamerika
I 10. 202₃₈

Orion (Sternbild)
II 2. M*2.4* 11₄

Orla Rechter Nebenfluss der Saale, Thüringen
I 2. 202₉.206₂₀z I 8. 261₁₃

Oslo *s. Christiania (Oslo)*

Ossa ? Berggruppe im östlichen Thessalien
I 2. 396₁₅z

Ossa Berg (Osser Berg) Berg an der bayrisch-böhmischen Grenze
I 11. 239₁₅

Ossegg Dorf mit Zisterzienserkloster nordwestlich von Teplitz, Böhmen
I 2. 32₁₀.₂₅.34₂₁.51₂₉M.₃₂M I 11. 150₁₃.₂₇.152₁₈
II 8A. M*45* 68₄₉

- Kirche I 2. 32₁₅ I 11. 150₁₇

Osterburg In Weida, südlich von Gera

- Schloss I 8. 421₂₀

Osterlamm Fundgrube Bergwerk bei Dippoldiswalde, südlich von Dresden
II 8A. M*41* 64₂₈

Osterode Am westlichen Harzrand
I 1. 68₂₇M.₃₀M.69₁M.123₂₆z I 2. 343₁₂.₁₇ I 8. 395₂₇.₃₁ I 11. 22₁₂.₃₉.₄₄.23₁₅.24₂₁.₂₆.25₃₄

II 7. M23 39₁₁.₁₆–₁₇.₄₂.40₈₀.42₁₅₃.
43₁₇₀–₁₇₁ *44* 66₅ *52* 105₂₅–₃₅
Österreich
I 2. 46₁₂.136₅Z.271₈ **I 3.** 113₁₄ **I 8.**
151₅
II 10A. M 66 145₉ 67 146₁₁
Ostheim Östlich der Rhön
II 7. M *19* 37₇
Ostindien
I 9. 323₅.326₁₇
- Diamantminen **II 6.** M 79 173₅₀₉–₅₁₀
Ostpreußen Region und Verwaltungseinheit im Königreich Preußen
II 7. M 78 165₅
Ostsee
I 2. 83₁₂.255₃₈.256₂₁.388₁₈.₂₃ **I 11.**
173₇.226₂₀–₂₁.227₅.307₇.₁₂
II 8B. M 75 127 **II 10A.** M *16* 75₂₃
II 10B. M *1.3* 14₈₄.17₁₉₅
Otahiti s. *Tahiti (Otahiti)*
Otricoli Nördlich von Rom nahe Terni
I 1. 136₂₄Z.242₃₃M
II 7. M *94* 185₇.186₅₅
- Tiberbrücke **I 1.** 137₁₇M
Ottaiano Am nordwestlichen Fuß des Vesuvs
I 1. 145₁₃Z
Ötternischer Steinbruch s. *Etternischer (Ötternischer) Steinbruch*
Ouralikha Fluss im Ural bei Goroblagodatsk
II 8B. M *74* 126₂₇
Outka Fluss im Ural bei Nishnij Tagil
II 8B. M *74* 126₃₆
Oxford England
I 6. 144₄.239₂.241₁₂.₂₃.₂₉.242₁₀.
262₃₃.284₂₂.295₅ **I 8.** 288₁₃.362₂₉
II 2. M *5.3* 28₃₈–₃₉ **II 3.** M *34* 33₂₁₆
II 6. M *119* 226₄₆ 79 160₂₃
Paderno (Paterno) Südlich von Bologna
I 1. 132₂₄Z.134₂₂M **I 3.** 237₁₉Z
II 7. M *94* 186₅₇
Padua Stadt am Rand der Poebene, westlich von Venedig
I 1. 130₁Z.₂Z.₂₈Z (Stadt).132₇M **I 8.**
220₂₂ **I 10.** 286₃₀.287₁₁.288₁₁.
292₁.294₁₉

II 8B. M *4* 5₆ **II 9A.** M SS 133₈₀
II 10B. M *20.2* 53₄ *20.5* 56₁₈
(Patavii).₃₀.57₄₀ *20. S* 61₉ *20.9*
62₁₀
- Botanischer Garten **I 9.** 115₅ **I 10.**
253₄.333₇ **II 10B.** M *23.3* 96₈₄
- Gebirge **I 1.** 132₆M **II 7.** M *94*
186₃₉
- Observatorium **I 1.** 130₁₅Z.₂₅Z
Palästina An der südöstlichen Küste des Mittelmeeres gelegen
I 6. 131₁₃
- Gebirge **I 2.** 76₁₁Z
Palästrina (Palestrina, Pellestrina) Südlich an den Lido von Venedig anschließende Insel
I 1. 130₃₄Z.131₂₃Z.132₁₆M
II 7. M *94* 186₄₈
Palazzo Pitti In Florenz s. *Florenz*
II 7. M *111* 215₁₅₄
Palazzuola Am Albaner See südöstlich von Rom
I 1. 139₂M
II 7. M *94* 187₈₀
Palermo Stadt auf Sizilien
I 1. 149₁₇Z.₁₉Z.151₂₄M.152₁₉Z.₂₃Z.
153₅Z.164₁₃M.₂₀M.₂₁M
II 7. M S *84* 175₅₃ *94* 191₂₂₉.₂₃₄–₂₃₅
II 9B. M *33* 36₁₉₈
Palma Südöstlich von Agrigento auf Sizilien
II 7. M SS 180₁₄.₁₈
Panicale Ort in Umbrien, Italien, nördlich von Perugia
I 6. 221₉
Paola Hauptort des gleichnamigen Distrikts in der Provinz Cosenza, Italien, am Tyrrhenischen Meer
I 1. 248₂₃–₂₄
Papiermühle s. *Klarenthal*
Pará (Provinz) Provinz in Brasilien
I 11. 261₃₂
II 2. M 7. S 50₁₅
Pará (Stadt) Stadt in der gleichnamigen Provinz
II 2. M 7. S 55₂₄₁
Paris
I 2. 210₁₂Z.317₁₈.392₁₃M **I 3.** 82₂₈.
251₁₄ **I 6.** 123₂₅.181₁₃.217₃₄.228₆.

ORTE 301

$239_{19}.241_{11}.269_{19}.277_7.295_{16}$.
$318_{30}.322_{15}.328_4.335_{19}.336_{11.25}$.
$341_8.349_8.352_{28}.371_{16}.373_{5.14.15.16}$.
376_{13} **I 8**. $301_{36}.406_{10}$ **I 10**. 371_{33}.
$372_{13}.376_{9-10}.379_{38}.380_2$ (Hauptstadt) **I 11**. 240_{24}
II 1A. M 81 312_1 **II 2**. M 4.1
17_3 M 6.2 40_{42}–41_{97} **II 5B**. M 147
408_{16} **II 6**. M 115 219_{69} 71 98_{255}
II 8A. M 12 22_{28}–$23_{41}.23_{70}$ **II 10B**.
M 22.11 85_3 25.10 $152_7.153_{60}$
- Académie des Sciences. Französische bzw. Pariser Akademie **I 2**. 394_{12} **I 6**. 341_{32-33} **I 7**. 13_{26-27} **I 8**. $275_{25.31}.362_{28}$ (das französische stille Konventikel) **I 10**. $373_{2-3.6-7}$. 380_8 (Institut).$_{38}$ (Institut). 400_{30}–$401_2.401_{7-14.18}$ (Sitzung).$_{37}$. 402_8 (Session).$_{13-14}$ (Sitzung).$_{30}$ **I 11**. $63_{19}.312_{17}$ **II 6**. M 101 200_{34} 115 $217_{4-5}.218_{57}.219_{101}.220_{112}$. 223_{235} 59 78_{99} 91 190_7 92 191_{3-19} **II 10B**. M 25.1 130_{62} 25.10 $152_{17-18.23}.154_{119}$ 25.2 139_2 25.8 149_2
- Académie française **II 6**. M 92 191_{4-5}
- Akademie im Hause Montmors **II 6**. M 79 $163_{136(?).146-147}$ 92 191_{7-8}
- Collège de France **I 10**. 380_{15}
- École polytechnique **I 10**. 380_{7-10}
- Île Saint-Louis. Kirche **II 2**. M 9.33 198_6
- Institut de France **I 8**. 6_{14} (Institut).$11_{5-6}.14_{8.11.15.18.26}$ **II 6**. M 115 $217_3.220_{139-159}.222_{189}.223_{233}$ 116 223_5
- Jardin des Plantes. Jardin du Roi **I 10**. $373_{27}.378_{34-35}.384_{15}$
- Königliche Bibliothek **I 8**. 14_{24}
- Königliches Kabinett **I 10**. 383_{16-18}
- Mont-Martre **II 10B**. M 25.10 153_{53}
- Morgue (Leichenschauhaus) **I 10**. 371_{34}
- Muséum d'Histoire Naturelle **I 10**. 379_{14} **II 10B**. M 25.10 154_{102}
- Société d'Histoire Naturelle **II 10B**. M 25.10 152_{29}

Parkenstein Parkstein. Basaltberg westnordwestlich von Weiden. Oberpfalz, Bayern
II 8B. M 117 163_1
Parma
I 6. 389_3
Parnass Gebirgsmassiv in Zentralgriechenland; in der antiken Mythologie Sitz der Musen
I 2. 396_{18Z}
Paros Griechische Insel der Kykladengruppe
I 1. 138_{1Z}
Passau Stadt in Ostbayern am Zusammenfluss von Donau, Inn und Ilz
I 2. $147_{2M}.420_{24M.34M}$ **I 8**. 419_8
II 7. M 113 $220_{13.24}$ **II 8A**. M 121 158_{18}
- Gebirge **I 8**. 419_{47}
Paterno Sizilien
I 1. 158_{5Z}
Paterno (Paderno bei Bologna)
s. *Paderno (Paterno)*
Paulisches Werk Bergwerk bei Alendorf bei Siegen an der Sieg, Westfalen
II 8A. M 59 84_{3-4}
Paulsgrotte Auf der Insel Malta
s. *Malta (Maltha)*
Pavia Stadt in der Lombardei, südlich von Mailand
I 1. 242_{18M} **I 3**. 480_{10}
II 7. M 111 211_{14}
Pegasus (Sternbild)
II 2. M 2.4 11_{4-5}
Pegau = Peggau, nördlich von Graz, Österreich
I 2. 365_{34Z}
Pelion Gebirgszug in Mittelgriechenland
I 2. $396_{15Z(?)}$
Pelm Bei Gerolstein, Eifel
II 8A. M 69 99_{14}
Pempelfort Am Rhein, inzwischen Stadtteil Düsseldorfs
I 3. 116_1
Pennsylvanien Pennsylvanien, Staat in Nordamerika
II 8B. M 82 135_7

Pereneire Auvergne, Frankreich
I 2. 266$_7$ I 8. 371$_1$
Perm Westlich des Ural, Russland
II 8B. M 74 126$_{19}$ S 7 141$_{10-15}$
- Kupfergruben II 8B. M 77 132$_{82.87}$
Pernambuco Provinz in Brasilien
II 2. M 7. S 53$_{145}$.55$_{196}$
Persien
I 3. 356$_{19M}$
II 7. M 107 205$_4$
Peru Im westlichen Südamerika gelegen, bis zum Beginn der 1820er Jahre unter spanischer Kolonialherrschaft
I 1. 31$_{1M}$ I 2. 200$_{28}$ I 8. 260$_2$
II 2. M 9.35 200$_1$ II 7. M 16 32$_1$
Perugia Hauptstadt der gleichnamigen Provinz in der Region Umbria, Italien
I 1. 135$_{18Z}$
Pest (Pesth) Stadtteil von Budapest, Ungarn
I 1. 285$_{26Z}$
Petersberg Bei Halle an der Saale
I 1. 279$_{15Z}$
II 5B. M 114 334$_{163}$
Petersburg (Sankt Petersburg) Ab 1712 Hauptstadt des Russischen Zarenreichs
I 6. 364$_{38}$ I 8. 272$_{19}$ I 9. 73$_{14-15.21}$.189$_{4.6}$.323$_{39}$ I 10. 372$_{10-11}$ I 11. 286$_4$
II 1A. M 44 224$_{43}$ II 2. M S.16 122$_7$ S.25 135$_{41}$ II 3. M 34 28$_{31-32}$
II 6. M 115 223$_{225}$ II 8B. M 74 126$_{38}$ II 10A. M 2.12 17$_{17}$ 9 67$_4$
- Akademie der Wissenschaften
I 9. 73$_{19}$ I 10. 252$_8$ I 11. 286$_{2.4}$.288$_{21.33.39-40}$.289$_{23}$ (die Sozietät). 290$_{19}$.291$_{3.36}$.292$_{23}$.294$_{30}$.343$_{14}$
II 5B. M 117 345$_{11.28}$ 118 347$_{4.35}$ 119 349$_5$ (Sozietät).$_{17-18}$ 120 349$_1$ 12 48$_{47-48}$ 119 349$_5$ (Sozietät).$_{17-18}$ 120 349$_1$ 122 352$_6$.5 16$_{169}$ 95 263$_{69-70}$ II 6. M 101 200$_{57}$ II 10A. M 9 67$_4$.68$_{8.14.25}$
- Ober-Berg-Kollegium II 8B. M 71 104

Peterswalde = Peterswald, im böhmischen Erzgebirge, nördlich von Aussig
I 2. 30$_{18}$ I 11. 148$_{22-23}$
Petralia Ort auf Sizilien
II 7. M 87 179$_{13}$ (Pietra lea)
Petschau (Petschkau) = Pettschau, südlich von Karlsbad
I 1. 383$_{14}$ I 2. 51$_{12M}$.122$_{18M}$.136$_{30Z}$.140$_{27M}$.196$_{28M}$.197$_{25M}$.207$_{35Z}$.218$_{17}$.219$_{11}$ I 8. 250$_{31}$.251$_{17}$ I 11. 140$_{29}$
II 8A. M 101 134$_7$ 114 150$_{18}$ 45 68$_{30-32}$ II 8B. M 10 17$_{39}$.18$_{70}$ 20 32$_{74}$.33$_{104-107}$ 29 48$_{11}$ 36 59 6 7$_{35.58}$
Petzoldsgrund Im Zinnwalder Revier
- Seifenwerke I 2. 39$_{21-22}$
Pfaffenrieth Bei Waldsassen, Fichtelgebirge
II 8B. M 57 94$_{3-5}$
Pfaffenteiche s. *Ilmenau*
Pfalz
I 6. 343$_{11}$
II 8A. M 58 82$_{151}$.83$_{170}$ 59 84$_7$.85$_{15}$
- Grenzgebirge I 8. 419$_9$
Pfeffelbach Südlich von Idar-Oberstein, Pfalz
II 8A. M 69 98$_7$
Pferdskopf (Pferdekopf) Basaltberg nördlich von Gersfeld in der Rhön
II 7. M 105 203$_{94}$ 24 44$_2$ 65 140$_{24}$
Pforzheim
II 6. M 127 254$_3$
Philadelphia Pennsylvania, Nordamerika
II 8B. M 82 135$_{11}$
Philippinen Archipel im westlichen Pazifischen Ozean; bis Ende des 19. Jh. unter spanischer Kolonialherrschaft
I 9. 323$_{19}$.326$_6$
Phlegräische Felder s. *Campi Phlegraei*
Photendorf s. *Vordorf*
Piauhy (Piauí) Provinz in Brasilien
II 2. M 7. S 55$_{196}$
Piazza (Piazza Armerina) Ort auf Sizilien
II 7. M 87 179$_{4.18}$

Piazza del Popolo Platz in Rom
s. Rom (Stadt)
Pic de Midi Berg in den Pyrenäen
I 11. 315₅
Pico del Teide, auch Teyde Vulkan auf Teneriffa
I 10. 202₅ I 11. 160₃₁ (Pic)
Piemont Im Nordwesten der Apenninhalbinsel gelegen
I 10. 370₂₈
Pietra della Santa Am Monte Pellegrino bei Palermo auf Sizilien
I 1. 152₁₄z
Pietra lea *s. Petralia*
Pilatus Berg in der Nähe des Vierwaldstädter Sees
II 2. M 9.18 183₁₅₋₁₇
Pilsen Böhmen
I 2. 208₁₃.215₁₃.226₁₄ I 8. 247₃₁. 259₁₂
II 2. M S.6 108₁₈.₂₁ II 8B. M 36 55₅ 6 9₁₁₀
Pilsener Kreis
I 2. 136₃₅z.203₁₉.224₁₂.225₆. 243₂₆M.₂₈M.277₃₀z.290₃₋₄.307₅. 330₁₇ I 8. 255₃₂.256₂₇.262₂₀₋₂₁. 351₁₉.404₅.410₆.419₃
II 8B. M 22 40₉₁₋₁₀₄
Pindos Grenzgebirge in Nordgriechenland, zwischen Epiros und Thessalien
I 2. 398₁₂z
Pinios (Pineius) Fluss in Thessalien, Griechenland
I 2. 403₂₂z
Piriac Am Atlantik, nordwestlich von St. Nazaire, Frankreich
I 2. 133₁₆M
II 8B. M 44 85₃
Pirna An der Elbe, südöstlich von Dresden
I 2. 26₂₆z.₂₇z.52₂M
II 8A. M 45 68₅₅
- Dom I 2. 26₂₉z
- Sonnenstein (Schloss) I 2. 27₃z.₄z
Pisa Stadt in der Toskana, am Arno gelegen
I 1. 242₃₁M I 6. 220₄ I 8. 316₂₆
II 7. M 111 211₂₇

Pissevache Wasserfall bei Martigny im Schweizer Kanton Wallis
II 7. M 105 203₇₈₋₇₉
Pistoia Hauptort des gleichnamigen Distrikts in der Provinz Florenz, Italien
I 1. 244₁₂M
Pithecusa *s. Ischia*
Pittsburg Pennsylvania, Nordamerika
II 8B. M S2 135₆
Plainejou Berg in den Savoyer Alpen
II 7. M 21 38₁₉
Plaistow Stadtteil im Osten von London (Borough of Newham)
I 8. 320₃₅
- Laboratorium I 8. 290₁ II 2. M 5.3 29₈₆₋₈₇
Plan Südlich von Marienbad, Böhmen
I 2. 221₅.224₁₇.307₂₉.₃₀ I 8. 252₃₈. 255₃₇.404₂₇₋₂₈
II 8B. M 20 35₁₇₀ 36 59₁₇₁
Planet Himmelskörper
I 1. 319₂₃ I 11. 123₁₂.246₃₄.267₃₁
II 1A. M 30 187 S3 319₁₉₀.320₂₂₆
II 2. M 2.3 10 II 5B. M 102 295₄₃
II 6. M 123 236₈₉ 45 58₁₄₃ S2 183₂₁ II 10B. M 1.3 16₁₄₇
Platani Fluss bei Agrigento in Sizilien
I 1. 155₂₃z.162₃₀M.163₉M.₂₇M. 164₁₁M.₂₂M
II 7. M 94 189₁₈₂.₁₉₂.190₂₀₉.₂₂₇. 191₂₃₆
Plattenberg Berg westlich vom Kammerberg bei Eger, Böhmen
I 1. 106₃₁M
Plauen Stadt im Vogtland
I 1. 241₁₀z I 2. 428₁₈M
II 7. M 125 235₃
Po Fluss im Norden Italiens
I 1. 242₁₇M.₁₈M.₂₃M
II 7. M 111 211₁₃₋₁₉
Podelwitz
Podersam Pohorsam südlich von Saaz, Böhmen
I 2. 3₁₅z.117₁₃z.203₁₄ I 8. 262₁₆

Podhora Podhornberg. Basaltkuppe, östlich von Marienbad
I 2. 185$_{32Z}$.214$_{32}$.221$_7$. 222$_{2,7-8,12,13}$.224$_{11}$ I 8. 247$_{16}$. 253$_{2,19,24-25,29,30}$.254$_2$ (Berg).255$_{30}$. 419$_{15}$
II 8B. M6 9$_{102}$

Podhorn-Berg s. *Podhora*

Podsedlitz Südöstlich von Bilin, südlich von Teplitz. Böhmen
II 8A. M38 61$_{18}$

Pograd (Pokrat, Pokrath) Südwestlich von Eger. Böhmen
I 2. 208$_{26Z}$.209$_{2Z,7Z}$.213$_{20Z}$.226$_{24,32}$. 227$_{26}$.242$_{17M}$.249$_{9M}$.277$_{5Z,9Z}$.312$_{11}$. 316$_{31}$ I 8. 372$_{21}$.373$_{26}$
II 8B. M19 28$_{39-40}$ 22 39$_{50-67}$ 36 56$_{12,22}$ 55 92$_5$

- Eisengruben I 2. 209$_{2-3Z}$.226$_{31}$. 230$_{23Z,28Z}$.312$_{13-14}$ I 8. 372$_{28,29}$. 407$_{7-8}$
- Tongrube I 2. 209$_{3Z}$

Pöhlberg s. *Bielberg (Pöhlberg)*

Pohorsam s. *Podersam*

Pole (der Erde)
I 11. 263$_1$
II 1A. M56 260$_{106}$.261$_{110}$ II 2. M7.3 44$_{12,19}$.45$_{31,59}$ 7.4 48$_{17}$
II 10B. M1.3 18$_{196}$

Polen
I 2. 30$_{18}$.96$_{29}$.408$_6$.420$_{27M}$ I 11. 148$_{23}$.183$_5$.313$_{29}$
II 7. M113 220$_{16}$

Polnisch Wartenberg Ort in Schlesien
II 2. M8.13 115$_4$

Pommern Region und Verwaltungseinheit im Königreich Preußen
II 7. M78 165$_5$

Pompeji Am südöstlichen Fuß des Vesuvs bei Neapel
I 1. 144$_{34Z}$.148$_{14M,22M}$ I 6. 60$_{26,29}$. 61$_5$.62$_{16}$
II 5B. M60 193$_{31}$ II 6. M19 23$_6$ 23 27$_{64}$ II 7. M94 187$_{117}$.188$_{125}$

Ponholz (Bahnholtz, Bahnholz) Ortschaft nördlich von Regensburg
I 1. 122$_{10Z}$

Ponte del Ghiereto (Giredo) Siedlung zwischen Bologna und Perugia
I 1. 135$_{2Z}$

Pontinische Sümpfe Küstenlandschaft nördlich von Terracina, südlich von Rom
I 1. 140$_{13Z,15Z}$.243$_{7M}$
II 7. M111 211$_{39}$

Pontremoli Ort in der Toskana, nordwestl. von Florenz
II 9B. M33 35$_{167}$.36$_{184}$.38$_{259}$

Pontus Gebiet südlich des Schwarzen Meers
I 6. 57$_{11}$
II 9B. M33 38$_{251}$

Poppen Südwestlich von Karlsbad
I 2. 137$_{6Z}$.141$_{32M}$
II 8A. M115 151$_{27}$

Pörlitz Nördlich von Ilmenau
I 1. 13$_4$
II 7. M32 54$_{13}$
- Oberpörlitzer Höhe I 1. 93$_{27}$

Portland Insel im Ärmelkanal
I 10. 328$_5$

Porto Porto Alegre, Stadt im Süden Brasiliens an der Mündung mehrerer Flüsse in den Atlantik
II 2. M7.8 53$_{145}$

Porto d'Anzio Ort am Tyrrhenischen Meer, südlich von Rom

Porto Venere Südlich von La Spezia, Italien
I 1. 245$_{9M}$

Portsmouth (USA) Stadt in den USA
II 2. M4.2 20$_{63}$

Portsoy Ort an der Küste Schottlands
II 8B. M95 151$_{26}$

Portugal
I 2. 312$_{5M}$ I 10. 157$_{29,30}$.379$_{11}$
I 11. 181$_{32}$
II 8B. M47 86$_7$

Pößneck Östlich von Saalfeld in Thüringen
I 1. 241$_{5Z,7Z}$.289$_{23Z}$ I 2. 202$_{3,6}$. 206$_{18Z}$ I 8. 261$_{7,9}$
II 8A. M30 *Anm* 49

Potosi Silberlagerstätte in Bolivien
I 1. 287$_{32Z}$

Potsberg = Potz Berg, bei Kusel, Pfalz
II 8A. M 69 99$_{26-27.35}$
Potsdam Südlich von Berlin. Residenzstadt Friedrich II.
I 2. 253$_{1.2}$.254$_{12.16}$.428$_{17M}$ I 11. 223$_{22.23}$.224$_{36}$.225$_1$
II 8B. M 98 154$_1$
Powlowsk Bei St. Petersburg
I 9. 323$_{39}$.324$_{20}$
Pozzuoli Westlich von Neapel
I 1. 141$_{3Z}$ I 2. 268$_{26}$ I 8. 333$_{17}$.336$_{21}$
II 7. M 89 181 II 8B. M 55 93$_{30}$
- Tempel des Jupiter Serapis (Macellum) I 1. 165$_{2M.15M}$ I 2. 267$_{7M}$. 268$_{2M.15}$.268$_{25}$−271$_2$.271$_{18}$.273$_{17}$. 273$_{26}$−274$_4$ I 8. 333$_6$.333$_{16}$−335$_{29}$. 336$_7$.338$_{4.12-28}$ II 5B. M 88 251$_{48}$
II 7. M 90 181−183 II 8B. M 16 25$_{12}$ 34 54 35 55$_3$
Prachiner Kreis Prachin in Südböhmen
I 2. 248$_{30M}$
II 8B. M 19 28$_{31-32}$
Pradelles In den Montagnes du Velais, südlich von Le Puy, Frankreich
I 2. 265$_{27}$ I 8. 370$_{44}$
Prag In der Frühen Neuzeit die Hauptstadt Böhmens
I 1. 292$_{19M.23Z}$.324$_{14Z.16Z}$.325$_{2Z}$ I 2. 51$_{14M}$.249$_{12M.13M}$.278$_{33Z}$.279$_{12Z.21Z}$. 286$_{21}$ (Hauptstadt).307$_7$.310$_4$ I 6. 180$_7$ I 8. 271$_8$.347$_{31}$ (Hauptstadt). 404$_6$ I 11. 232$_{15}$
II 2. M 2.6 12$_4$ 9.14 179$_2$ 9.15 180$_{3.23}$ 9.16 181$_1$ II 5B. M 104 305$_{5-11}$ (Brücke).306$_{47}$ 147 408$_{19}$
II 8A. M 117 153$_{23}$ 118 154$_4$ 38 61$_2$ 45 68$_{33}$ 86 113$_{41}$ II 8B. M 105 157$_5$ 19 28$_{42-43}$ 7 10$_{7-10}$ II 10B. M 8 26$_9$ (dortigen).$_{13}$
- Böhmisches Zentralmuseum I 9.323$_7$
- Botanischer Garten II 10B. M 8 26$_1$
- Gesellschaft des Vaterländischen Museums in Böhmen I 2. 284$_{25}$−288$_{26}$.289$_{14}$ I 8. 346$_{2.16.23}$ (Sozietät).346$_1$−349$_{12}$.350$_{27}$
II 10A. M 67 147$_{19}$
- Gräflich Salmischer Garten
II 10B. M 8 26$_8$

- Sternwarte I 2. 214$_{30-31.34}$ I 8. 247$_{14-15.18}$
- Vaterländisches Museum in Böhmen I 2. 151$_{20M}$ (Sammlung). 241$_{3M}$.250$_{35Z}$.279$_{20-21Z}$.283$_{33Z}$. 285$_1$.286$_{9.38}$.288$_{29}$.289$_{14}$ I 8. 346$_9$. 347$_{19}$.348$_9$.350$_{6.27}$ II 8B. M 22 38$_5$
Prager Straße (Pragerweg) Zwischen Karlsbad und Engelhausen in Böhmen
I 1. 107$_{23M.27M}$.108$_{25M}$
II 7. M 73 158$_{147-152}$.160$_{204}$ II 8A. M 108 141$_{36}$
Prager Weg s. *Prager Straße (Pragerweg)*
Prato (Toskana) Stadt nordwestlich von Florenz am Fluss Bisenzio
I 1. 245$_{11M.15M.16M}$
Preußen
I 1. 289$_{36Z}$ I 2. 30$_{14.73\text{\tiny{10Z}}}$.255$_{33-34}$. 388$_{20}$ I 3. 280$_{7Z}$ I 9. 71$_{22-23}$.369$_2$. 378$_{34}$ I 11. 148$_{18-19}$.226$_{16-17}$.307$_9$
II 7. M 1 5$_{72.73}$ 78 165$_2$.166$_{9.13-18}$
II 10A. M 64 144$_{12}$
- Kultusministerium I 8. 342$_{15}$ (Unterrichts-Behörde)
Prieborn Südöstlich von Strehlen, Schlesien
I 1. 322$_{17Z}$.325$_{25Z}$ I 2. 200$_{9-10Z}$
Priesnitz = Preßnitz, nordöstlich von Kaaden, böhmisches Erzgebirge
I 2. 51$_{8M}$
II 8A. M 45 67$_{27}$
Priester und Leviten Grube in Schneeberg s. *Schneeberg (Erzgebirge)*
Priewetitz Bei Radnice, nordöstlich von Pilsen, Böhmen
I 2. 243$_{27M}$
Priwetitz Bei Radnice, nordöstlich von Pilsen, Böhmen
II 8B. M 22 40$_{93}$
Prüm Westlich von Gerolstein, West-Eifel
II 8A. M 69 98$_3$.99$_{13-14}$
Przibram = Pribram, östlich von Pilsen, Böhmen
I 2. 185$_{6Z}$.199$_{1M}$
II 8B. M 10 19$_{114-116}$

Puffarth (Buchfart) Dorf an der Ilm südlich von Weimar
II 7. M 11 $19_{243.250.276}$
- Buchfarter Weg I 2. 371_{25M} II 8B. M 73 118_9
- Buffartisches Schloss (Ruine) I 1. 11_{17Z}
- Puffartscher Steiger II 7. M 11 19_{244} 12 $25_{3.24.30}.26_{45-46.53}$

Punta bianca Auf Sizilien bei Agrigent
- Monte grande II 7. M 55 180_{19}

Putschirn Gemeinde in Böhmen
I 2. 124_{25M}
II 8A. M 107 139_{15}

Puy-les-Vignes (Puy des vignes) Berg im Département Haute Vienne, bei St. Leonard
I 2. $57_{31M.33M}$ (Gipfel des Berges). 58_{1M} (Berge)

Puzzuol (Puzzol) s. *Pozzuoli*

Pyrenäen
I 2. $394_{7}.420_{33M}$ I 11. $312_{13}.315_{5}$
II 2. M 9.13 178_{10} II 7. M 113 220_{23} M 69 150–151 II 10B. M 1.3 14_{69}

Pyrmont, Bad Kurbad im Weserbergland
I 1. $273_{8Z}.274_{6Z.16Z}.275_{1Z}.276_{13Z}$
I 2. $11_{37Z}.20_{18Z}$ I 3. 435_{6Z}
- Dunsthöhle (Dunstgrube) I 1. $274_{8Z.11Z.27Z}.275_{32Z.33Z}$

Quedlinburg Stadt an der Bode im nordöstlichen Harzvorland
I 2. 343_{8} I 8. 395_{22}

Querbach Nördlich des Isergebirges in Schlesien; Kobalterze und Blaufarbenwerk
II 7. M 102 197_{19}
- Maria Anna (Kobaltgrube) II 7. M 105 202_{31-39}

Querfeld s. *Gersfeld*

Querfurt (Kreis) Stadt im südöstlichen Harzvorland
II 7. M 10 11_{10}

Quito Ecuador
I 2. $170_{18.24}$ I 8. $163_{30.35}$ I 11. 160_{19}

Quitschenberg Zwischen Torfhaus und Brocken im Harz
I 1. 72_{21M}
II 7. M 52 108_{126} 56 124_{13-17}

Rabenstein (Böhmen) Bei Theusing. Böhmen
II 8A. M 111 147_{2}

Rabenstein (Bayern) Bei Bodenmais. Bayerischer Wald
II 8B. M 26 46_{5}

Rachel Berg im Bayerischen Wald
I 8. 419_{14}

Radnitz Nordöstlich von Pilsen. Böhmen
I 2. $136_{35Z}.243_{25M.27M.32M}$
II 8B. M 22 40_{90-104}
- Sternbergische Kohlenwerke I 2. $199_{7-8M}.208_{19-20Z}.234_{19Z}$ (Kohlenbergwerke)

Rakonitz Westlich von Prag
I 2. 203_{14} I 8. 262_{16}
- Rakonitzer Kreis I 2. $203_{17}.204_{9}$ I 8. $262_{18}.263_{11}.420_{6}$

Ramberg Berg im Gebiet von Kirchen an der Sieg
II 8A. M 55 83_{155}

Ramersdorf Bei Oberkassel, südlich von Bonn
I 2. 261_{13} I 8. 368_{22}

Rammelsberg Südlich von Goslar; Bergbau auf Silbererze
I 1. $61_{2Z}.69_{17-22M}.70_{24M}.79_{27M}.80_{1M}$
I 2. 344_{14} I 8. 396_{26} I 11. $23_{18}.25_{45}.26_{6}$
II 7. M 52 $105_{49}.107_{86-87}$ 55 $122_{17.46}$ II 8B. M 95 151_{19}

Ramsla Dorf nördlich des Ettersberges bei Weimar
II 7. M 11 $22_{365-367.370}$ 12 $25_{10}.26_{48}$

Rapazzo Sizilien
I 1. 159_{34Z}

Rastenberg (Rastenburg) Am Gebirgszug „Die Finne" westlich von Naumburg an der Saale
II 7. M 11 $23_{417.419.424}$ (Stadt).$431-434$ (Stadt).24_{446} 12 27_{103}
- Quellen, Brunnen II 7. M 11 23_{434}–24_{441}

Ratiborschitz = Ratiboritz bei Tabor. Südböhmen
I 2. 211$_{8Z}$
Ratsch Berg in Böhmen
I 8. 419$_{20}$
Rauchloch Basaltsteinbruch auf dem Rückersberg bei Oberkassel, südlich von Bonn
I 2. 261$_{35-36}$.262$_{36}$.263$_{1.28}$.264$_8$ I 8. 368$_{40}$.369$_{15.17.39-40.54}$
Rauensche (Rauhische Berge) Rauener Berge, südlich von Fürstenwalde
I 2. 375$_{29-30}$.376$_{11.22-23}$ I 11. 297$_{21}$. 298$_{1.12}$
II 8B. M 69 103$_{20}$
Rauenstein Nordwestlich von Sonneberg im Thüringer Wald: Sachsen-Meiningensches Amt
I 1. 29$_{18M}$
II 7. M 33 56$_{32}$
Rauhe Alb = Schwäbische Alb
I 2. 193$_7$ I 8. 266$_{30}$
Rauhensteig Dorf in Oberfranken, bei Wunsiedel
I 1. 103$_{14M}$
Ravenna Stadt an der Adria, östlich von Bologna
I 1. 242$_{21M.35-36M}$
II 7. M 111 211$_{17.29}$
Reading In Pennsylvania, Nordamerika
II 8B. M 82 135$_9$
Real del Monte Bergwerksort in Mexiko
II 8B. M 68 102$_{5-6}$
Real del Oro Bergwerksort in Mexiko
II 8B. M 68 102$_8$
Realp Dorf im Urserental, Kanton Uri, westlich des St. Gotthard
I 1. 265$_{16Z}$
Rednitz = Regnitz, linker Nebenfluss des Main, bei Bamberg mündend
I 2. 193$_{14-15}$ I 8. 267$_1$
Redwitz Gemeinde in Oberfranken
I 2. 206$_{16Z}$.212$_{19Z}$.244$_{6M}$.252$_{6Z}$
II 2. M 10.2 205$_{17}$ S.6 108$_{2.11-17.20.21}$ II 8B. M 22 40$_{105-117}$

Regalbuto (Realbuto, Regalmuto, Regalmonto) Bei Catania auf Sizilien
II 7. M 87 179$_6$ S 8 180$_{3.21}$
Regen Fluss in Ostbayern und Tschechien.
I 8. 419$_{22}$
Regensburg Stadt an der Donau
I 1. 121$_{14Z}$.122$_{11Z.36Z}$.123$_{13Z.23Z}$. 292$_{23M}$ I 2. 53$_{32-33Z}$.212$_{24Z}$ I 6, 345$_{34}$ I 7, 25$_3$ I 10. 303$_{11}$ I 11. 77$_1$
II 2. M 10.2 205$_{13}$ II 8B. M 7 10$_{10}$
Regenstauf (Regenstauff) Nördlich von Regensburg, in der Oberpfalz
I 1. 122$_{13Z}$.123$_{2Z}$
Regenstein Felsen aus Kreidesandstein bei Blankenburg am Harz
I 2. 342$_{36}$.343$_3$ I 8. 395$_{15.17}$ I 11. 24$_{39}$
Rehau (Rheau) Südöstlich von Hof, Fichtelgebirge
I 2. 134$_{31Z}$.140$_{2M}$
II 8A. M 113 149$_1$
Rehauer (Reauer, Réauer) Wald In Oberfranken
I 1. 323$_{19Z}$
Rehberg Berg südwestlich von Eger in Böhmen
I 2. 280$_{14Z.22Z}$.281$_{4Z.7Z}$.313$_{21}$. 314$_4$.315$_{5M}$.329$_{29.32-33}$.330$_{15}$ I 8. 408$_{10.31}$.409$_{24}$.410$_4$
II 7. M 23 41$_{121.126}$.43$_{173}$ II 8B, M 36 56$_{49}$–57$_{54}$.58$_{94.107}$.59$_{135-160}$ 3S 63$_3$
Rehberger Graben Bewässerungsgraben, nördlich von St. Andreasberg, Harz; leitete das Wasser aus dem Oderteich zu den Andreasberger Gruben
I 1, 56$_{27-28Z}$.84$_{11M.14-20M}$ I 2, 78$_{11M.30M}$ I 11, 19$_{35}$.20$_{3-9}$
II 7. M 44 66$_{12}$ II 8A. M 68 97$_{15}$
Rehberger Klippe Am Rehberger Graben, Harz
I 1, 55$_{19Z}$.56$_{28-29Z}$
II 7. M 44 66$_{24}$ 56 124$_6$ II 8A. M 31 51$_{72}$
Reichen Nördlich von Bamberg
I 1. 268$_{17}$

Reichenbach Südöstlich von Schweidnitz in Schlesien
I 1. 193_{2Z}
II 8A. M69 $98_{7-9}.99_{28}$
Reichenberg Ort in Böhmen
II 2. M9.16 181_6
Reichenhausen Ort in der Rhön, gehört heute zu Erbenhausen
II 7. M19 37_8
Reichenstein Östlich von Glatz; Gold-Arsen-Lagerstätte
I 1. 193_{14Z}
II 7. M102 196_4
- Arsenikwerk II 7. M102 196_5
Reichenstrost Bergwerk auf Gold-Arsenerze bei Reichenstein
II 7. M105 201_{20}
Reichmannsdorf Südwestlich von Saalfeld im Thüringer Wald
I 1. 29_{34-35M}
II 7. M33 56_{47-48}
Reichweiler s. Reichenbach
Reims Stadt in Frankreich
II 10A. M17 77_4
Reinerz Ort in Schlesien, westlich von Glatz
II 2. M8.13 115_{14} 8.15 120_{105}
8.17 122_7 II 7. M102 196_0
Reinhardsbrunn (**Rheinhardsbrunn**) Herzogliches Lustschloss südwestlich von Gotha im Thüringer Wald
I 1. 28_{22M}
II 7. M33 55_{6-7}
Reinhausen Ortschaft südlich von Göttingen
I 1. 273_{14Z}
- Sandsteinfelsen I 1. 273_{20Z}
- Zum Mohren (Gasthaus) I 1. 273_{17Z}
Reinlitz Nordöstlich von Aussig an der Elbe, Böhmen
I 2. $50_{34M}.51_{4M}$
II 8A. M45 $67_{20.23}$
Resina An der Küstenstraße westlich des Vesuv
I 1. 141_{16Z}
Reuss Fluss im Schweizer Kanton Uri, am Gotthard entspringend; Nebenfluss der Aare, durchfließt den Vierwaldstätter See
I 1. $263_{9Z.27Z.29Z}.264_{4Z.33Z}$ I 11. 194_{27}
Reußisches Gebiet Um Schleiz, Thüringen
I 1. 289_{37Z}
Rhein
I 1. $257_{6Z}.259_{23Z.26Z.27Z}.$
$292_{29M.31M.32M}.294_{1M}$ I 2. $59_{32Z}.$
$64_{17Z}.67_{13Z}.68_{24Z}$ (Flusses)$_{.32Z}.$
$71_{16Z}.73_{24Z}.74_{10Z}.82_{22Z}.91_{9Z}.192_{34}.$
$193_{3.11}.259_2.261_{5.11.16-17.29}.267_{4.5.6}.$
352_{34} I 3. $460_{23?}$ I 8. $266_{23.26.34}.$
$367_2.368_{16.21.25.35}.371_{12.13.14}.$
418_{13-14} I 10. $23_3.313_4.388_{18}$
II 2. M9.18 183_{36} II 8A. M58 $79_{32}.$
$80_{38.40}$ II 8B. M39 66_{62} 7 11_{14-18} 72 111_{193}
Rheinbreitbach (**Rhein-Breitenbach**) Am Rhein, nördlich von Linz
I 2. $67_{11Z}.71_{19-20Z}.115_{17M.18M}$
II 8A. M58 $79_{27-29}.80_{54-55.68.73}.$
$81_{79.102-104.112}.82_{130-131}.83_{160}$ 97 130_{2-3} II 8B. M21 37_{14}
Rheine Westfalen
II 8B. M24 43_7
Rheinfall Bei Schaffhausen in der Schweiz
I 1. $260_{22Z.29Z.32Z}$ I 3. $267_{32Z}.268_{3Z}$
Rheingau Kulturlandschaft etwa nördlich von Rüdesheim, Weinanbau
I 2. $76_{1Z.4Z}$
Rheinland
I 2. $260_{16}.281_{7Z}$ I 8. 367_{45}
II 8B. M72 111_{189}
- Basaltberge I 2. $260_{5.8-9.33}.299_{12M}$
I 8. $367_{36.39}.368_{10}$
- Steinbrüche I 2. 260_{33} I 8. 368_{10}
Rheinland-Westfalen
I 2. 259 I 8. 367_3
II 8B. M72 109_{141}
Rheintal
I 1. 2_{20Z} I 2. $74_{30Z}.261_{21}$ I 8. 368_{29}
Rhön (**Rhöngebirge**) Deutsches Mittelgebirge, zwischen Hessen (Fulda) und Thüringen (Meiningen) gelegen
I 2. 200_{6Z} I 8. 421_{25} I 11. $242_2.$
252_8

ORTE 309

II 7. M24 45$_{20-22}$ 29 48$_{11}$ 65 140$_{25}$
II 8A. M63 94$_4$ 64 95$_2$
Rhone Entspringt im Schweizer Kanton Wallis, durchfließt den Genfer See und mündet bei Arles ins Mittelmeer
I 2. 390$_{29}$ I 11. 320$_{26}$
II 7. M49 95$_{89}$ (Rohne)
Richelsdorf Östlich von Bebra in Hessen. Kupferschieferbergbau
II 7. M64 137$_{6,17}$
Richterswil Am Züricher See im Schweizer Kanton Zürich
I 1. 260$_{36Z}$
II 2. M9.18 183$_{20}$
Riegelsdorf = Richelsdorf, bei Bebra. Kupferschieferbergbau
I 2. 351$_{5-6}$ I 8. 416$_{23-24}$
Riesendamm = Giant's Causeway. Damm aus Basaltsäulen an der Küste Süd-Irlands *s. Giant's Causeway*
Riesengebirge Höchster Teil der Sudeten, einem Gebirgszug zwischen Schlesien und Böhmen
I 1. 194$_{5Z}$ I 2. 58$_{22M}$.154$_3$.413$_2$
I 8. 141$_{20}$.331$_{34}$.419$_{18}$.420$_{12}$ I 11. 322$_{17-18}$
II 7. M105 203$_{80}$ II 8A. M46 69$_{11-12}$
Riesi Bei Caltanisetta auf Sizilien
II 7. M88 180$_{23}$
Riga Stadt im Baltikum (Lettland), an der Mündung der Düna in die Ostsee
I 8. 204$_4$
Rigi Bergstock zwischen dem Zuger- und Luzerner See
I 1. 266$_{8Z}$
Rijswijk Gemeinde östlich von Den Haag. Niederlande
II 6. M91 190$_{14}$ 92 192$_{47}$
Rio de Janeiro Stadt in Brasilien
II 2. M7.10 58$_{30}$ 7.8 53$_{145-146}$.54$_{192}$
Rio de la Plata Linker Nebenfluss des oberen Rio Magdalena in Kolumbien
I 1. 31$_{12M}$
II 7. M16 33$_{11}$

Rio Douro (Duero) Fluss in Spanien und Portugal
I 2. 335$_{32}$ I 8. 387$_{27-28}$
II 8B. M46 86$_2$
Rio São Francisco *s. Franciskusstrom*
Ritzebühler Grund Bei Ilmenau
I 1. 53$_{25-26M}$
Rocca di papa Ort in Latium, südöstl. von Rom
II 9B. M33 35$_{168}$
Rochelle *s. La Rochelle*
Rochlitz An der Zwickauer Mulde in Sachsen
I 1. 191$_{30Z}$
Rochus-Kapelle Bei Bingen am Rhein *s. Bingen*
Rochusberg Bei Bingen *s. Bingen*
Roda Westlich von Ilmenau
I 1. 51$_{9-10M.15M}$.54$_{33-34M.37M}$ I 2. 52$_{25Z}$
II 7. M3 6$_7$
Rodach Nordwestlich von Coburg
I 1. 194$_{22Z}$
Rödelteich (Rödelteiche) *s. Freibächer Teiche (auch: Rödelteiche)*
Rödichen (Rodichen, Rödchen) Südwestlich von Gotha am Thüringer Wald
I 1. 28$_{21M}$
II 7. M11 13$_{50}$ 12 25$_{16}$ 33 55$_{5-6}$
Roehl *s. Rachel*
Roehl s. Rachel
Roggendorf (Rockendorf) Nördlich von Marienbad, Böhmen
I 2. 290$_7$ I 8. 351$_{22}$
- Eisenhammerwerk I 2. 290$_{7-8}$. 291$_7$ I 8. 351$_{22-23}$.377$_{14}$
Rohlau (Fluss) Linker Nebenfluss der Eger, nordwestlich von Karlsbad
I 2. 125$_{25}$ I 11. 208$_{19}$
Rohlau (Rolau) Ort nordwestlich von Karlsbad
I 2. 124$_{12M.14M.16M.17M.28M.30M}$. 125$_{2M.6M}$
II 8A. M107 139-140
Röhrsdorf Ort bei Meißen
II 9A. M65 110$_3$

Rokitzan (Rokizan) Östlich von Pilsen. Eisenerzbergbau
I 2. 186₉₋₁₀Z.204₃.226₁₅.291₁₁ I 8. 259₁₃.263₅.377₁₇
II 8B. M6 9₁₁₁
Rolle Am Nordufer des Genfer Sees nordöstlich von Genf
I 1. 10₂₀Z
Rollenstein s. *Rudolfstein (Rudolphsstein, Rollenstein?)*
Rom (Reich)
I 1. 8₂Z.363₂₈ I 2. 6₁₈Z.73₃₅Z.229₃₄. 273₉ I 3. 356₁₉M I 4. 240₂₄ I 8. 55₁.228₁₆.301₇.337₃₄.375₃₃ I 9. 165₂₅₋₂₇
II 6. M23 26₄₀.27₅₁ 26 29₃₂ 41 50₇₀.52₁₄₉ 53 69₁₆
Rom (Stadt)
I 1. 57₃₃.135₁Z.136₁₇Z.137₁₈Z.₁₉Z. 138₁₆Z.₂₂Z.₂₇M.139₆M.₁₆M.₂₉M.140₃M. 167₂₉Z.₃₀Z.168₈Z I 2. 230₁₉ I 3. 237₃Z.266₃Z I 4. 245₁₀ I 6. 62₉.₁₄. 65₃₃.67₂₈.₃₃.81₁₀.231₄.232₁₂.235₁. 236₃₄.342₃₂.352₁₂.428₁ I 8. 133₃. 220₁₉.₂₄.376₁₈ I 9. 21₁₉.63₁₋₂.66₅. 90₁₅ I 10. 334₃₇.335₂₅.336₂.₃₁ I 11. 10₂₉.278₂
II 2. M 8.25 136₅₀ II 6. M 19 23₇ 92 193₆₇ II 7. M 105 203₆₉ 107 208₁₂₉ 94 186₇₄.187₈₄.₉₂.₁₀₄ II 8A. M12 23₇₀ 59 85₂₆ II 9B. M33 33₆₇. 37₂₂₀ II 10A. M2.24 27₁₂ 57 132₇₂₄ II 10B. M 1.2 5₅₇ 23.11 107₂₆ (Abscheiden).₄₀ 23.3 95₅₁.96₁₀₁
- Corso. Via del Corso I 3. 266₁M
- Gebirge I 1. 243₃M II 7. M 111 211₃₅
- Kapitol I 1. 139₅M II 7. M 94 187₈₃
- Neronischer Palast (Domus Aurea, Esquilin) I 1. 138₁₀Z
- Piazza del Popolo I 3. 266₂M
- Pius-Klemens-Museum (Pio Clementino) II 9A. M30 44₆
- Sixtinische Kapelle I 9. 117₁₂
- Villa Malta II 10B. M23.11 107₄₃ (Ort)
- Villa Medici I 3. 265₂₉M I 9. 66₂₅

Römhild Südöstlich von Meiningen
II 7. M29 50₆₃

Ronneburg Bei Gera. Thüringen
I 1. 353₉.383₁₇ I 8. 385₃₀ I 11. 140₃₂
II 5B. M114 332₉₅ II 8A. M63 94₈ 64 95₆

Roßdorf Östlich von Darmstadt
- Basaltsteinbruch I 2. 76₃₃ I 11. 169₄.₁₄

Rossereit (Rossenreith) = Rossenreuth, nordwestlich von Franzensbad. Böhmen
I 1. 359₅.368₂₄ I 2. 243₂M I 8. 50₁₉.59₃₅
II 8A. M23 44₂ II 8B. M22 39₆₉–40₈₉
- Steinbrüche I 2. 233₃₋₄Z

Rostock
I 10. 286₁₆
II 10B. M20.2 53₆ 20.5 56₂ 20.8 61₉

Roßtrappe Granitfelsen im Bodetal bei Thale im Harz
I 1. 77₁₇M.78₁₀M.80₃₁M.81₅M. 83₂₈.₂₉.₃₂.84₁₋₁₀.₂₁₋₂₅.257₁₈Z I 2. 78₃₁M.342₂.₃.343₃₄ I 8. 394₂₁.₂₂.396₉ I 11. 19₁₉.₂₀.₂₃.₂₅₋₃₄.20₁₀₋₁₄.24₃₈
II 7. M40 61₇ 41 64₂ 42 64₂ 52 112₂₉₀₋₂₉₁ 53 118₁ II 8A. M68 97₁₅ 86 114₆₈

Rotenburg (Rothenburg an der Saale) Nordwestlich von Halle (Saale); seit 1772 Ort eines preußischen Oberbergamtes
I 1. 208₈₋₉
II 7. M 102 198₈₂ (Rodenburg) 60 131₄

Roter Berg Vor Erfurt s. *Erfurt*
Roter Kamm. Rothenkamme Erzvorkommen bei Schneeberg. sächsisches Erzgebirge
II 8B. M88 141₃

Rotes Meer
I 8. 301₁₀

Rothenburg ob der Tauber Bayern
I 2. 193₁₀ I 8. 266₃₂₋₃₃

Rothenstein Südlich von Jena
I 2. 206₁₉Z

Rouen Stadt in der Normandie. Frankreich
- Akademie II 6. M 123 236₉₄

ORTE 311

Rovereto (Roveredo) Südlich von Trento (Trient) im Trentino
I 1. 128₃₁M
II 7. M *94* 185₂₆
Rozzolino Fluss in Sizilien
I 1. 159₃₄z
Rübeland An der Bode südöstlich von Elbingerode im Harz
I 1. 75₂₀₋₂₁M.78₃₂M I 11. 23₄₂.₄₄.₄₅. 25₃₃.₃₅.₄₄
II 7. M *40* 62₂₇ *42* 65₄ *52* 110₂₂₇
II 8A. M *31* 51₇₇
- Marmorbrüche I 11. 23₃₅₋₃₆
Rubitz Bei Gera, Thüringen
I 1. 374₁₇ I 11. 132₁₁
Rubitz (Rupitz) Dorf bei Gera, heute Stadtteil
I 1. 355₁₄z
Rückersberg Basaltberg bei Oberkassel am Rhein, südlich von Bonn
I 2. 259₁₋₂.260₂₀.261₁.₁₉.₂₅.263₅.₃₄. 264₁₇.265₆.₃₀.266₉₋₁₀.267₂.₃
I 8. 367₁.₄₈.368₁₃.₂₇.₃₂.369₂₁.₄₄. 370₄₋₅.₂₇.₄₆.371₃.₁₀.₁₁
- Steinbruch I 2. 261₃₄ I 8. 368₃₉
Rüdesheim Rechts des Rheins, gegenüber von Bingen
I 2. 59₃₄z.60₁₀z.67₇z
Rudolfstein (Rudolphsstein, Rollenstein?) Granitberg nördlich des Schneekopfs im Fichtelgebirge
I 1. 104₂₀M
II 7. M *73* 156₇₂₋₇₃
Rudolstadt A. d. Saale, Thüringen
I 2. 420₁₅M
II 7. M *102* 198₅₇.₈₂ *113* 220₄
Rügen
I 2. 123₄z I 4. 257₃₃
II 8A. M *30 Anm* 49
Ruhla (Ruhl, Ruhle) Im nordwestlichen Thüringer Wald
I 1. 28₂₃M.189₁₄M.₁₅M.277₆ I 11. 49₉
II 7. M *33* 55₈ *51* 103₃₃₋₃₄
- Mineralbrunnen I 1. 14₂₁₋₂₂ I 11. 2₄
Ruhle s. *Ruhla (Ruhl, Ruhle)*
Rumpl/Steinmühle Am Tillberg, südöstlich von Eger, Böhmen
II 8B. M *36* 59₁₆₂
Rupitz s. **Rubitz**

Russland (Russisches Reich)
I 2. 30₁₃₋₁₄.97₁₉.122₂₈M.192₂₅ I 8. 266₁₄ I 9. 74₁₃ I 11. 148₁₈.184₁₄. 261₁₅₋₁₆
II 5B. M *116* 343₁ II 8A. M *101* 135₁₆ II 8B. M *21* 37₁₁.₂₁ M *74* 125–126 *76* 129₄₇
Rütli Bergwiese bei Brunnen am Vierwaldstätter See im Schweizer Kanton Uri
I 1. 262₂₁z.₂₆z
Saagemühlenberg s. *Sägemühlenberg (Saagemühlenberg)*
Saal An der Donau südwestlich von Regensburg
I 1. 123₂₅z
Saalborn Östlich von Bad Berka in Thüringen
II 7. M *11* 18₂₁₇
Saale
I 1. 272₂₈z.₂₉z I 2. 407₂₈₋₂₉ I 3. 384₁₃z I 8. 75₂₀.421₁₈ I 11. 313₁₇₋₁₈
II 7. M *73* 155₂₇ II 8B. M *84* 137₃₈–138₇₆ II 10A. M *16* 74₅
- Quelle I 1. 106₂₇M II 7. M *70* 152₁₂
Saalfeld An der Saale, in Thüringen
I 1. 29₃₅M.194₁₇z
II 7. M *33* 56₄₈
Saalgrund = Saaletal
I 1. 103₅M
Saaltal
I 2. 134₂₉z.202₁₀ I 8. 261₁₃
Saar
I 1. 5₂₆z
Saarbrücken
I 1. 1₂
II 8A. M *69* 99₂₄
Saaz (Saatz) An der Eger, Böhmen
I 1. 294₂₅M.377₂₄z I 2. 315z.₂₄z.₂₇z. 117₁₃z.203₁₇ I 8. 262₁₉
II 8A. M *99* 133₂₀ II 8B. M *7* 11₄₁
Sabiner Land = Sabina, Gebiet in Mittelitalien östlich des mittleren Tiberlaufs
I 1. 243₂M
II 7. M *111* 211₃₄
Sachsa, Bad Am südlichen Harzrand
II 7. M *23* 42₁₆₉

Sachsen Kurfürstentum, mit Hauptstadt Dresden und Messestadt Leipzig, seit 1806 Königreich
I 1. $26_{13-14M}.34_{34M}.40_{30M}.91_8.$
$289_{36-37Z}.294_{13M}.324_{37Z}$ **I 2.** $4_{9Z}.$
$30_{10}.37_{13}.40_{18}.46_{4.6.10}.93_{21}.164_{30}.$
$333_{20}.365_{35Z}.423_{1M}.426_{25M}$ **I 3.**
477_{28M} **I 8.** $27_8.50_{30-37}.142_{13}.145_{16}.$
$150_{21-22.36.38}.151_{3-4}.158_5.301_{38}$
I 11. $148_{14}.195_{23}.236_{11}$
II 5B. M S S 250_{38} **II 7.** M *105*
203_{7-4} *128* 237_4 *15* 31_{24} *47* 89_{6-7}
49 $96_{151-152}$ *70* 152_1 *71* 154_{10} *79*
167_{10} *82* 172_1 **II 8A.** M *125* 163_2
39 62_7 **II 8B.** M *115* 162_3 *16* 25_{11}
7 11_{29}
- Gebirge **I 11.** 210_{12} **II 7.** M *22*
38_{2-3}

Sachsen-Coburg Ernestinisches Herzogtum
I 1. 34_{34}

Sachsen-Coburg-Gotha Herzogtum im westlichen Thüringen
I 6. $423_{14.16}$

Sachsen-Gotha Fürstentum in Thüringen, mit Haupt- und Residenzstadt Gotha
I 1. 34_{34}

Sachsen-Gotha-Altenburg Ernestinisches Herzogtum
I 1. $54_{12M}.91_{17}.186_{9-10}$ **I 11.** $162_{26}.$
164_{14}

Sachsen-Hildburghausen Ernestinisches Herzogtum
I 1. 34_{34}

Sachsen-Lauenburg Reichsunmittelbares Fürstentum
I 8. 316_8

Sachsen-Meiningen Ernestinisches Herzogtum
I 1. 34_{34}

Sachsen-Saalfeld (Sachsen-Coburg-Saalfeld) Ernestinisches Herzogtum
I 1. 34_{34}

Sachsen-Weimar-Eisenach Ernestinisches Herzogtum
I 1. $13_{17-18.26-27}$ (Territorio).$35_{21M}.$
$39_{15M}.54_{2M.4M}.66_{30M}.94_8.271_{20Z}.$
272_{29-30Z} (unser Territorium) **I 2.**
425_{4M} **I 4.** 1_2 **I 6.** 423_{10} **I 7.** 3_{9-10}
I 8. 421_{18} (Großherzogtum).$_{21}$
(Großherzogtum).$_{26}$ (Großherzogtum).$_{27-28}$ (Großherzogtum).$_{30-31}$
(Großherzogtum) **I 9.** $169_{11}.$
239_2-244_{12} **I 11.** $1_{4-5.13}$ (Territorio)
II 2. M S.*2* 72_4 (Landen) S.*21*
130_6 (Großherzogl.) S.*22* 131_{4-5}
(Großherzoglichen Landen) **II 7.**
M *11* 12_2 *2* 5_3 *31* 53_{1-3} **II 8B.** M *28*
47_6
- Meteorologische Anstalten
I 8. $421_{1-2.11-12}$ **II 2.** M S.*10*
112_{3-4} M S.*2* $72-95$ S.*22*
131_8 M S.*3* $98-102$

Sachsen-Zeitz Herzogtum
I 1. 34_{34}

Sachsenburg An der Unstrut südlich des Kyffhäuser
II 7. M *62* 132_{17}

Sachsenhäuser Berg Am Südufer des Mains bei Frankfurt
I 1. $256_{8Z.23-24Z}$

Sächsische Schweiz
I 2. 26_{24Z}
II 8A. M *127* 166_9

Sächsisches Erzgebirge s. *Erzgebirge*

Sacy Ort auf einer Anhöhe bei Reims; Fundort eines monstrosen Schädels
II 10A. M *17* 77_5

Sägemühlenberg (Saagemühlenberg) Im Nordwesten von St. Andreasberg im Oberharz
II 7. M *44* $66_{12-13.26}$

Salemi Westsizilien
I 1. 155_{4Z}

Salève s. *Mont Salève*

Sallanches Im Arvetal nordwestlich des Mont Blanc
I 1. 11_{21Z}

Salso Fluss auf der Insel Sizilien
I 1. $157_{8Z}.162_{13M.23M.24M.31M}.163_{17M.}$
$_{21M.28M.31M}.164_{2M.7M}$
II 7. M *94* $189_{165-185}.190_{199.203.210.}$
$_{213.218.223}$

Salzbrunn Ort in Oberschlesien
II 2. M *13.2* 220_{32}

ORTE 313

Salzburg Österreich
II 8A. M *12* 22₂₁
Salzderhelden Salzwerk an der Leine südlich von Einbeck in Niedersachsen
I 1. 273₃₁z.₃₁z
II 7. M*23* 43₁₈₂
Salzdetfurt Salzwerk südöstlich von Hildesheim
II 7. M*23* 43₁₈₂
Salzgitter Ort südwestlich von Braunschweig
- Salzwerke II 7. M*23* 43₁₈₃
Salzthal Vielleicht Salzdahlum, südlich von Braunschweig
- Salzwerke II 7. M*23* 43₁₈₃
Salzungen An der Werra. Thüringen
I 1. 189₆M
San Francesco di Paola s. *Florenz*
San Martino Kloster westlich von Monreale bei Palermo auf Sizilien
I 1. 152₂₇z.153₃z (Kloster).156₂₃z
San Oreste (Soracte) Berg westlich des Tiber nördlich von Rom
I 1. 137₁₋₇z
San Paolo Fluss im Osten Siziliens
I 1. 157₁₉z.₂₇z.₃₃z (Fluss)
San Pietro in Volta (San Piero in Volta) Ort auf der Insel Pellestrina in der Lagune von Venedig
I 1. 131₂₃z
Sandau Nordwestlich von Marienbad
I 2. 184₅z.₆z.186₂₃z.189₁₆M.196₂₄M. 202₁₇.203₃.₈.204₂.218₁₃.228₆.₂₂. 243₄M.307₃₁ I 8. 78₁₁.250₂₇.261₂₀. 262₅.₁₀.263₃.374₆.₂₂.404₂₈
II 8B. M*10* 17₃₆ *20* 32₇₀ *22* 39₇₁ *3 5*₃ *36* 59₁₇₂.60₂₀₇ *6* 7₃₃.9₁₁₄
Sandberg Berg bei Grünlaß, südwestlich von Karlsbad
I 2. 137₁₀z.162₃₀ I 8. 169₂₉
Sandbrincken (Sandbrinken) An den Stiefmutterklippen östlich des Okertals im Oberharz
I 1. 72₇M.₁₁M
II 7. M*52* 107₁₁₃₋₁₁₈
Sandkuhle Sandgrube bei Goslar
s Goslar
Sanesische s. *Siena*

Sangerberg Nördlich von Marienbad
I 2. 196₂₇M.218₁₇.277₂₃z.278₃₂z. 290₁₁.₃₃.291₁₃.293₁₈.₁₉ I 8. 250₃₁. 351₂₆.377₄.₁₉.378₃₅.₃₆
II 8B. M*10* 17₃₉ *20* 32₇₃₋₇₄ *6* 7₃₅
- Mineraliensuite I 2. 278₁₀z.₃₅z. 279₂z
- Silberbergwerk I 2. 277₂₃₋₂₄z (Werk).₃₅z.279₃₋₄z.₁₅z
- St. Amalien (Silberzeche) I 2. 290₃₂ I 8. 377₃ II 8B. M*55* 92₆
Sankt Petersburg s. *Petersburg (Sankt Petersburg)*
Sant'Agata Südlich von Sessa Aurunca in Campania. Italien
I 1. 140₁₉z
Santa Lucia Stadtteil von Neapel
I 1. 159₃₀z
Santa Margherita a Montici s. *Florenz*
Santa-Fé Bei Carthagena. Kolumbien
II 8A. M*12* 23₅₅
Santiago de Compostela
I 2. 179₁₈z
Santorin (Thera) Südlichste der griech. Kykladeninseln
II 7. M*95* 192₁₀
São Paulo Stadt in Brasilien
II 2. M*7.8* 53₁₄₆.54₁₉₂
Saône Nebenfluss der Rhone in Frankreich
II 7. M*49* 100₃₁₁
Sardinien Insel im Mittelmeer
II 7. M*21* 38₁₈
Sasso moro Berg in Italien
I 1. 249₄M (Sasso morto)(?)
II 7. M*111* 215₁₆₇ (Sasso morto)(?)
Sattles (Satteles) Nordöstlich von Karlsbad
I 2. 131₃₂M
II 8A. M*108* 144₁₃₄
Saturn (Planet)
I 1. 319₂₅ I 11. 123₁₄
II 2. M*4.2* 19₁₅₋₁₆ II 6. M*79* 164₁₈₄
Sauerbronnen Mineralquelle in Schönwald südöstlich von Hof
I 1. 106₂₈M
II 7. M*70* 152₁₃

Säuerling (Säuerl) Sauerbrunnen in Karlsbad s. Karlsbad *(Carlsbad)*
Savoyen Département Haute Savoie, Frankreich
I 2, 252$_{9Z}$.385$_{16}$ I 10, 370$_{19,22,25}$
I 11, 317$_{29}$
II 8B, M33 51$_{2-3}$
- Gebirge I 1, 11$_{2Z}$ I 2, 388$_{32}$.393$_{14}$, 394$_9$ I 11, 307$_{20}$.311$_{19}$.312$_{14-15}$
Sázawa Fluss in Böhmen
I 2, 51$_{16M}$
II 8A, M45 68$_{34}$
Scalinata Lokalität an den Monti Berici südlich von Vicenza
I 1, 195$_{24M}$
II 7, M100 195$_8$
Schadendorf Südlich von Bad Lauchstädt
I 1, 279$_{4Z}$
Schafberg s. *Waltsch (Walsch)*
Schafberg Berg bei Waltsch, zwischen Karlsbad und Rakonitz, Böhmen
I 2, 204$_{11}$
Schaffhausen Hauptstadt des Kantons Schaffhausen in der Schweiz
I 1, 259$_{14Z}$.260$_{17Z,21Z}$.267$_{24Z}$ I 3, 267$_{29Z}$
Schafhausen In der Rhön, östlich von Erbenhausen
II 7, M19 37$_9$
Schalkau Nordwestlich von Sonneberg am südlichen Rand des Thüringer Waldes; Sachsen-Meiningensches Amt
I 1, 29$_{17M}$
II 7, M33 56$_{32}$
Scharding s. *Schirnding*
Scharfenberg Granitmassiv südlich von Meißen in Sachsen
II 7, M66 142$_8$
Scharfenstein Ruine bei Kiedrich am Rhein, westlich von Wiesbaden
I 2, 428$_{25M}$
II 8B, M58 94$_2$
Scharfenstein (Meißen)
II 7, M9 11$_5$
Scharzfeld Am Westrand des Harzes
I 11, 24$_{10,21}$

Scharzfelser Höhe (Scharzfelder Höhle) Einhornhöhle bei Scharzfeld am Harz
I 1, 68$_{21M}$
II 7, M52 105$_{20}$
Scharzfelser Schloss Ruine bei Scharzfeld
I 1, 68$_{26M}$
II 7, M52 105$_{24-25}$
Scheba Südlich von Eger, Böhmen
II 8B, M36 56$_{18}$
Schellerhau Westlich von Altenberg, sächsisches Erzgebirge
II 8A, M41 64$_{22}$
Schemnitz Bergstadt im slowakischen Erzgebirge, Ungarn (heute Slowakei)
I 2, 239$_{21-22M}$
II 8A, M34 56$_4$.57$_{22}$ II 8B, M30 49$_{11-12}$
- Glashütte II 8A, M34 57$_{13-17}$
- Stephanien-Schacht (Stephans Schacht) I 2, 59$_{16Z}$ II 8A, M56 77$_4$
Scheppis-Eiland = Sheppey Island, Insel in der Themse-Mündung, England
I 2, 334$_{29-30}$ I 11, 237$_{18}$
Scheubenreuth = Scheibenreuth Östlich von Eger, Böhmen
II 8B, M36 60$_{208}$
Schichof (Schichov) Bei Bilin, südlich von Teplitz, Böhmen
I 2, 249$_{17M}$
II 8B, M19 29$_{47}$ 29 48$_8$
Schierke Südlich des Brocken im Oberharz
I 1, 55$_{26Z}$.72$_{28M}$.83$_{23}$ I 2, 341$_{20}$ I 8, 394$_4$ I 11, 19$_{14}$
II 7, M52 108$_{134}$
Schierstein Bei Wiesbaden
II 8A, M59 84$_2$
Schindorf s. *Schöndorf*
Schirnding Grenzort westlich von Eger
I 1, 105$_{13M}$ I 2, 135$_{36Z}$.136$_{3Z}$. 249$_{20M}$
II 7, M73 157$_{106}$ (Scharding)
II 8B, M19 29$_{54}$

ORTE 315

Schlackenwerda (Schlackenwerth, Schlackenwörth) Nordöstlich von Karlsbad in Böhmen
I 1, 288$_{5Z}$,294$_{30M}$ I 2, 131$_{26M}$, 138$_{3-4Z}$,139$_{14-15Z}$,141$_{3M}$,161$_{16}$, 162$_{16}$,204$_{19}$,283$_{13Z}$,413$_{7}$ I 8, 168$_{14}$, 169$_{15}$,263$_{20-21}$ I 11, 322$_{23}$
II 7, M 71 153$_{1}$,154$_{4}$ 72 154$_{4}$
II 8A, M 108 143$_{128}$ 17 41$_{4}$ 6 17$_{22-27,34-35}$ II 8B, M 7 11$_{45}$
Schlackenwerther Weg Weg von Karlsbad nach Schlackenwerth
I 8, 83$_{3-4}$,87$_{18-19}$
II 8A, M 115 150$_{2-3}$
Schlada (Schlade) Bei Franzensbad, Böhmen
I 2, 234$_{25Z}$,244$_{21M}$
II 8A, M 23 44$_{4}$ II 8B, M 22 41$_{120-126}$
Schladenwerth s. Schlaggenwalde (Schlackenwalde)
Schlaggenwalde (Schlackenwalde) = Schlaggenwald, Bergstadt südwestlich von Karlsbad; Zinnbergbau
I 1, 287$_{34Z}$,355$_{19Z}$ I 2, 62$_{13-14,26}$, 64$_{8-9}$,117$_{19Z}$,121$_{14,33}$,123$_{21Z}$, 125$_{5M}$,152$_{30}$,153$_{12,19,34}$,215$_{22}$
I 8, 140$_{8-9,29,36}$,141$_{13}$,248$_{4}$ I 11, 156$_{23,35}$,158$_{16}$,205$_{32}$,206$_{16}$
II 8A, M 107 140$_{29}$ 108 142$_{81-82}$ 111 147$_{5,11}$ 38 61$_{16}$ 49 74$_{3-4,7,21}$ 86 113$_{22-35}$ II 8B, M 104 157$_{3}$
- Hauptgasse I 2, 231$_{20Z}$
- Haus Anton Beschorners I 2, 117$_{21Z}$ (Haus)
- Mineraliensuite II 7, M 105 201$_{5,16}$ II 8A, M 125 164$_{10}$
- Rathaus I 2, 117$_{22Z}$
- Stockwerk I 2, 38$_{24}$,130$_{12M}$ I 8, 143$_{23-24}$
- Zinnwerk I 2, 140$_{28M}$ II 8A, M 114 150$_{19}$
Schlaggenwalder Weg Fahrweg von Karlsbad nach Schlaggenwald
I 8, 81$_{13}$
Schlan Nordwestlich von Prag
I 2, 51$_{10M}$,204$_{16}$ I 8, 263$_{18}$
II 8A, M 45 68$_{28}$

Schlangenberg Berg im Altai
II 8B, M 85 139$_{27}$
Schlegel Ort in Schlesien, nordwestlich von Glatz; Steinkohlenbergbau
II 7, M 102 196$_{12}$ 105 201$_{28}$
Schleiz Nordwestlich von Plauen
I 1, 241$_{7Z}$,323$_{23Z,25Z,31Z}$,353$_{15}$, 375$_{2}$ I 8, 75$_{14}$,76$_{22}$,385$_{35}$ I 11, 132$_{33}$
Schlesien Region und Verwaltungseinheit im Königreich Preußen
I 1, 28$_{14M}$,191$_{28Z}$,192$_{4Z}$,295$_{22M}$, 322$_{17Z}$,325$_{26Z}$ I 2, 45$_{9-10}$,61$_{15Z}$, 164$_{30}$,200$_{9Z}$,246$_{18-19}$,420$_{11M,34M}$ I 8, 158$_{5}$ I 9, 71$_{23}$ I 11, 222$_{19}$
II 2, M 8.15 118$_{32}$ 8.17 122$_{5}$ II 7, M 103 199$_{8}$ 105 203$_{80}$ 113 220$_{23}$ 78 166$_{6}$ II 8A, M 19 42$_{1}$ II 8B, M 12 22$_{1}$ 24 43$_{9}$ 7 12$_{70}$
- Mineraliensuite II 7, M 102 196–199 105 201$_{7,29}$ II 8A, M 125 164$_{26}$
Schleswig An der Schlei, südlich von Flensburg
I 6, 351$_{6}$ I 8, 316$_{2}$
Schleusingen Nördlich von Hildburghausen
I 1, 111$_{15M}$
Schlierbach Östlich von Heidelberg
I 1, 257$_{34Z}$
II 8A, M 59 84$_{10-11}$
Schloppenhof Südlich von Eger
I 2, 231$_{7Z}$
Schlossberg In Karlsbad s. Karlsbad (Carlsbad)
Schlossberg Bei Bad Berka s. Berka an der Ilm
Schlossberg Bei Haslau s. Haslau
Schlottenbach s. Groß-Schlottenbach
Schlottwitz Südlich von Dresden
I 1, 192$_{2Z}$
Schmalkalden Am Südwestrand des Thüringer Waldes. Siehe auch Klein-Schmalkalden
I 1, 28$_{27M,31M}$ I 2, 428$_{6M}$
II 7, M 105 203$_{73}$ 124 235$_{2-3}$ 33 55$_{11,15}$ 65 140$_{18,23}$

Schmiedeberg Südlich von Hirschberg am Riesengebirge
II 2. M 13.2 220$_{34}$ **II 7.** M 102 197$_{15}$
Schmiedefeld Nordöstlich von Dresden
I 1. 192$_{14Z}$
Schnapphahnsgrund Südlich von Elbingerode im Harz
I 1. 74$_{24M}$
II 7. M 52 110$_{194-195}$
Schnarcher Granitklippen südlich von Schierke im Oberharz
I 1. 72$_{32M}$ **I 2.** 341$_{19}$ **I 8.** 394$_{43}$ **I 11.** 61$_{18}$
II 7. M 52 108$_{137}$
Schneckenhügel Bei Ilmenau
I 2. 69$_{18}$
Schneeberg (Erzgebirge) Südöstlich von Zwickau im Erzgebirge; Kobaltbergbau
I 1. 104$_{18-19M}$.116$_7$−121$_{8M}$.119$_{20M}$. 199$_{14}$
II 4. M 29 32$_{23}$ **II 7.** M 80 167$_{4-20}$. 169$_{67}$.170$_{110}$ $S1$ 171$_{36}$ $S3$ 172$_{1-6}$ 9S 193$_2$ **II 8A.** M 125 163$_4$
- Adam Heber (Grube) **I 1.** 116$_{26-27M,32-33M}$ **II 7.** M 80 167$_{16-21}$ $S3$ 172$_{3-4}$
- Bergamts-Revier **I 1.** 119$_{14M}$ **II 7.** M 80 170$_{104}$ **II 8B.** M 93 150
- Bergfeld **I 1.** 116$_{13M}$
- Blaufarbenwerke **I 1.** 117$_{30M}$.118$_{6M}$. 289$_{10Z}$ **II 7.** M 80 168$_{55}$.169$_{60}$
- Fürstenvertrag (Grube) **I 1.** 116$_{26M,32M}$ **II 7.** M 80 167$_{16-21}$ $S1$ 171$_{24}$ $S3$ 172$_3$ **II 8B.** M $S S$ 143$_{67-77}$
- Gesellschaft (Grube) **II 7.** M $S3$ 172$_4$
- Kirche **I 1.** 116$_{30M}$
- König David (Grube) **II 7.** M $S3$ 172$_4$
- Lindenauer Grund (Grube) **II 7.** M $S3$ 172$_5$
- Marx Semmler Stolln **II 8B.** M $S S$ 141$_4$–142$_{25}$
- Obere Stollen **I 1.** 119$_{6M}$
- Priester und Leviten (Grube) **I 1.** 116$_{26M}$ **II 7.** M $S0$ 167$_{16}$ $S3$ 172$_3$
- Rappold (Grube) **II 7.** M $S3$ 172$_5$
- Sau Schwert? (Grube?) **II 7.** M $S3$ 172$_4$
- Silber **I 1.** 118$_{13M}$
- Sperling? (Grube?) **II 7.** M $S3$ 172$_5$
- Unterer Stollen **I 1.** 119$_{3M}$
- Weißer Hirsch (Grube) **II 7.** M $S3$ 172$_5$

Schneeberg (Fichtelgebirge) Höchster Berg des Fichtelgebirges
II 7. M 73 156$_{75}$
Schneeberge s. *Alpen*
Schneekopf Höchster Berg im Thüringer Wald, west-südwestlich von Ilmenau
I 8. 421$_{23}$
II 7. M 65 141$_{48-49}$
Schneekoppe Höchster Berg des Riesengebirges
I 1. 194$_{5Z}$ **I 11.** 160$_{33}$
II 7. M 102 197$_{16-17}$
Schneidemühle (Harz) Lokalität im Harz bei Blankenburg
II 7. M 40 63$_{30-31}$
Schneidemühle (Ilmtal) Bei Ilmenau s. *Heymische Mühle*
Schönau Südöstlich von Glatz (Schlesien)
II 7. M 105 201$_{20}$
Schönbach Nördlich von Eger, nahe der Grenze gegen Sachsen
I 1. 241$_{17Z}$ **I 2.** 249$_{25M}$
II 8B. M 19 29$_{53}$
Schönberg In Sachsen, nördlich von Eger
I 2. 208$_{27Z}$.212$_{1Z,3Z,16-17Z}$
II 8B. M 24 44$_{26}$
Schönbock = Schönbuch, bei Asch, nordwestlich von Eger, Böhmen
II 8A. M 23 44$_3$
Schönburg Ruine an der Eger, Böhmen
II 8A. M 28 47$_6$
Schöndorf Nordöstlich von Weimar, auf dem Ettersberg
I 8. 421$_{37}$ **I 11.** 247$_{18}$
II 2. M 10.2 205$_{12}$ $S.22$ 131$_8$ $S.30$ 141$_2$ $S.6$ 108$_7$ $S.S$ 112$_3$ **II 7.** M 11 145$_8$ 12 26$_{39}$
- Observatorium **II 2.** M $S.1$ 64$_{2-3,15}$. 65$_{34-35}$

ORTE 317

Schönenberg Wallfahrtsort nordwestlich von Ellwangen in Württemberg
I 1. 268$_{2Z}$
Schönfeld (Schlaggenwald) Bei Schlaggenwald, südlich von Karlsbad
II 8A. M*111* 147$_{11}$
Schönfeld (Teplitz) Nordwestlich von Teplitz
II 8A. M*38* 61$_{15}$ *41* 64$_{25}$
Schönhof Nordwestlich von Podersam, Böhmen
I 1. 377$_{14Z}$
II 4. M*17* 22$_1$
- Aussichtsturm (Schloss) I 1. 377$_{17Z}$ (gotischen Gebäude)
- Badehaus (Schloss) I 1. 377$_{18Z}$
- Meierei (Schloss) I 1. 377$_{18Z}$
- Weinberg (Schloss) I 1. 377$_{18Z}$
Schönnberg s. *Schönenberg*
Schönwald (Schönewald) Südöstlich von Hof und nördlich von Selb
I 1. 106$_{28M}$
II 7. M*70* 152$_{13}$
Schorte Nebenfluss der Ilm, südlich von Ilmenau, Thüringer Wald
I 1. 53$_{7,21M}$
II 7. M*3* 6$_{22}$
Schottland
I 2. 303$_{10M}$.407$_{19}$ I 3. 403$_{6M}$.481$_{29M}$
I 10. 368$_{23}$ I 11. 313$_7$
II 3. M*34* 29$_{7-2}$.32$_{184}$ II 6. M*133* 265$_{229}$ II 7. M*96* 193$_{2,6}$ II 8B. M*39* 69$_{177-178}$ *72* 108$_{84}$ (Ecosse)
Schreckenstein Ruine bei Aussig an der Elbe, Böhmen
I 2. 29$_{15Z}$
Schreibershau (Schreiberhau) Ort im Riesengebirge
II 7. M*102* 197$_{17}$
Schulenberg Nordwestlich von Zellerfeld im Oberharz
I 2. 344$_{7-8}$ I 8. 396$_{19-20}$ I 11. 23$_{22,27}$.26$_{8,27}$
- Juliane Sophia (Silbergrube) I 11. 26$_{8,26}$ II 7. M*54* 121$_{13(?)}$
Schurt Lokalität bei Ilmenau
II 8A. M*126* 165$_{15}$

Schüttenhofen An der Wattowa, südöstlich von Klattau, Böhmen
I 2. 51$_{15M}$
II 8A. M*45* 68$_{33}$
Schwabach Südlich von Nürnberg, Bayern
I 2. 193$_{14}$.354$_{11M}$ I 8. 266$_{36}$
II 8A. M*102* 135$_{15}$
Schwaben
I 1. 1$_{30Z}$.270$_{4M}$
II 7. M*114* 225$_{46}$
Schwäbisch-Gmünd Östlich von Stuttgart
I 1. 267$_{28Z}$
Schwäbischer Jura
I 1. 258$_{30Z}$
Schwabsberg Dorf südlich von Ellwangen in Württemberg
I 1. 267$_{33Z}$
Schwalbach Westlicher Vorort von Frankfurt am Main, Badeort mit Mineralquellen
I 2. 59$_{19Z}$
Schwandorf Oberpfalz
I 1. 122$_{10Z,13Z}$.123$_{2Z}$
Schwanen s. *Marienbad*
Schwansee Nördlich von Erfurt, Thüringen; herzogliches Jagdschloss bei Großrudestedt nahe Weimar
I 2. 85$_{10}$ I 11. 174$_9$
II 7. M*11* 13$_{20}$
Schwarzburg An der Schwarza, westlich von Saalfeld
II 7. M*31* 54$_{17}$ *65* 141$_{27}$
- Schloss II 7. M*35* 58$_{4(?)}$
Schwarzburg-Sondershausen Fürstentum in Thüringen
I 1. 53$_{18-19M}$
Schwarzburgische Schneidemühle An der Schorte westlich von Ilmenau
I 1. 31$_{20M}$
II 7. M*16* 33$_{18-20}$
Schwarzenbach Südlich von Hof
I 2. 134$_{30Z}$
Schwarzenberg Bei Schneeberg, sächsisches Erzgebirge
I 2. 428$_{21M}$
II 8B. M*108* 158$_2$

Schwarzenfeld Nördlich von Schwandorf in der Oberpfalz
I 1. 122$_{9-10Z}$

Schwarzes Meer Binnenmeer zwischen Kleinasien, dem Kaukasus und Osteuropa, über den Bosporus und die Dardanellen mit dem östlichen Mittelmeer verbunden
I 2. 303$_{14M}$
II 8B. M*39* 69$_{183}$

Schwarzwald Gebirgsregion im Südwesten Deutschlands
I 2. 193$_2$ I 8. 266$_{24-25}$
II 2. M*9.1S* 184$_{50}$

Schweden Im östlichen Teil der Skandinavischen Halbinsel gelegenes Königreich
I 1. 192$_{4Z}$ I 2. 257$_{24}$.267$_{14M}$.390$_2$.
391$_9$ I 6. 160$_{13}$.187$_{5-6}$ I 8. 316$_9$
I 11. 63$_{25}$.161$_{27TA}$.228$_{23}$.320$_2$.
321$_{7-8}$
II 1A. M*44* 230$_{274}$ II 8B. M*34*
54$_8$ M *S5* 138$_3$–139$_{20}$.139$_{36}$ II 10B.
M*1.3* 13$_{60}$

Schweidnitz Südwestlich von Breslau
I 1. 192$_{29Z}$.193$_{1Z}$ I 9. 187$_{13-14}$

Schweina Am Südwestrand des Thüringer Waldes
II 7. M 65 141$_{30-32}$ 97 193$_{1-2}$

Schweising (Schweißing) Gut von Baron Junker, Böhmen
I 2. 293$_{12}$ I 8. 378$_{29}$

Schweiz
I 1. 7$_{29}$–12$_{23Z}$.10$_{13Z.18Z}$.255$_{5Z}$.
267$_{12-13Z}$.270$_{4M}$.386$_{31-32}$ I 2.
107$_{11Z}$.118$_{8Z}$.425$_{15}$ I 3. 267$_{25-32Z}$
I 6. 89$_8$.236$_{12}$ I 8. 419$_{34}$ I 9. 175$_{33}$.
254$_{19}$ I 10. 157$_{34}$.337$_{28}$ I 11.
144$_{10-11}$.161$_{26TA}$
II 2. M*9.1S* 182$_5$ II 7. M*114*
225$_{46}$ II 8A. M*123* 161$_{15}$ II 8B.
M*33* 51$_2$ II 10A. M *S* 67$_{22}$
- Gletscher I 2. 132$_{19-20.22.29}$ I 11.
213$_{1-20}$
- Schweizerische Naturforschende Gesellschaft I 2. 132$_{21}$ I 11. 213$_3$
- Seen I 2. 378$_{1-2}$ I 11. 309$_{32}$

Schweizergebirge, Schweizer Alpen s. *Alpen*

Schwitzerhaken (Schwyzerhaken) s. *Mythen*

Schwyz Schweizer Kanton
I 1. 262$_{10Z}$

Sciacca Ortschaft an der Südküste Siziliens
I 1. 155$_{7Z.12Z}$
II 7. M *S7* 179$_3$
- Kloster I 1. 155$_{18Z}$
- Quellen, Bäder I 1. 155$_{13Z}$

Seeberg Granitberg südöstlich vom Schneeberg im Fichtelgebirge
I 1. 103$_{29M}$.106$_{1M}$ I 2. 187$_{19Z}$
II 7. M*73* 156$_{49}$.159$_{182}$

Seefelden ? Wahrscheinlich am Heuscheuergebirge in Schlesien
II 7. M*102* 196$_{10}$

Seegen Gottes Fundgrube Bergwerk bei Schellerhau, westlich von Altenberg, sächsisches Erzgebirge
II 8A. M*41* 64$_{22}$

Sefia s. *Sesia*

Segesta Ost-Sizilien
I 1. 154$_{17Z.27Z}$
- Hera-Tempel I 1. 154$_{22Z}$

Segovia Stadt in Spanien

Seguro In Brasilien
II 2. M 7. *S* 53$_{145}$

Seligenthal (Seeligenthal) Bei Schmalkalden im Thüringer Wald
II 7. M*105* 203$_{73}$ 65 140$_{23}$

Selitz Bei Hubertsburg
II 4. M*29* 32$_{17}$

Semur en-Auxois Westnordwestlich von Dijon in Frankreich
II 7. M*66* 145$_{120}$

Senckenberg-Stiftung und Gesellschaft s. *Frankfurt a.M.*

Senesische s. *Siena*

Seravezza Gemeinde in Italien, Provinz und Distrikt Lucca
I 1. 245$_{1M.2M.4M.5M.6M.7M}$

Serra di Falco (Serradifalco) Ort auf Sizilien
II 7. M *SS* 180$_7$
- Apa forte (Mine) II 7. M *SS* 180$_8$
- Tincone (Mine) II 7. M *SS* 180$_9$

ORTE 319

Sertão Region in der brasilianischen Provinz Bahia
II 2. M 7. S 53$_{148}$.55$_{195-196}$.201-202
Servoz Dorf an der Arve bei Chamonix in den Franz. Alpen
II 7. M 49 95$_{84}$
Sesia Linker Nebenfluss des Po, der in den Gletschern des Monte-Rosa-Massivs entspringt
I 1. 247$_{13M}$
II 7. M 111 214$_{118}$
Sestola = Sesto, im Apennin zwischen Modena und Lucca, Italien
I 2. 108$_{11M}$
II 8A. M 96 127$_{6}$
Seyda = Sayda, nordwestlich von Oberhan, sächsisches Erzgebirge
II 8A. M 41 64$_{26}$
Sibirien
I 10. 223$_{25}$
II 8B. M 74 125$_{2}$ 76 128$_{19}$ 95 151$_{5}$ 96 152$_{2}$
Sichersreuth Südlich von Wunsiedel im Fichtelgebirge
I 1. 103$_{19M}$
II 7. M 73 155$_{39-40}$
Siderocapse Ort in Griechenland: Silberbergbau
II 7. M 95 192$_{6}$
Siebeln Ort bei Ehrenfriedersdorf im sächsischen Erzgebirge
II 7. M 49 98$_{208}$
Siebenbürgen Siebenbürgen, Landschaft, ehemals Ungarn, heute Rumänien
II 8B. M 110 159$_{9}$
Siebengebirge Rechts des Rheins bei Bonn
I 2. 261$_{4}$ I 8. 368$_{15}$
II 8A. M 58 79$_{36-37}$
Siegen An der Sieg, Nassau
I 1. 208$_{10}$ I 2. 421$_{15-16M}$
II 7. M 113 221$_{40}$ II 8A. M 58 80$_{57-58}$.81$_{99-101}$.82$_{119,123-124}$.83$_{162-163}$.84$_{187}$ 59 84$_{6}$
- Eisenzeche I 2. 115$_{22M}$ II 8A. M 97 130$_{6}$
Siehdichfür Südwestlich von Marienbad, Böhmen
I 2. 204$_{22}$ I 8. 263$_{24}$

Siemerode Dorf nördlich von Heiligenstadt, Thüringen
I 1. 273$_{18Z}$
Siena Stadt im Zentrum der Toskana
I 1. 242$_{34M}$.244$_{29M,30M,31M,32M,33M}$.245$_{27M}$.248$_{12M}$ I 6. 220$_{3}$
II 7. M 111 211$_{29}$.214$_{144}$ II 9B. M 33 32$_{53}$.35$_{149}$
Sihl Nebenfluss der Limmat südlich von Zürich
I 1. 261$_{19Z,22Z,25Z}$.269$_{20M}$
Sikyon Antiker Stadtstaat auf der nördlichen Peloponnes
I 6. 53$_{17}$
Silberberg Felsenfestung nördlich von Glatz; Silberbergbau
I 1. 193$_{3Z}$
Silbitz Ort in Thüringen, östlich von Eisenberg
I 1. 193$_{13Z}$
Silkerode Dorf nördlich von Duderstadt
I 1. 7$_{18Z}$
Simplon Alpenpass, Schweiz
I 2. 192$_{31}$ I 8. 266$_{20}$
Sinai Halbinsel zwischen Mittelmeer und Rotem Meer, sie verbindet Afrika und Asien
I 2. 76$_{12Z}$
Sindelfingen Südwestlich von Stuttgart
I 6. 390$_{4}$
Sinsheim Am Neckar westlich von Heilbronn
I 1. 257$_{28Z}$.258$_{4Z,5Z}$
Sion (Sitten) Im Rhonetal im Schweizer Kanton Wallis
II 7. M 105 203$_{90}$
Sixt Dorf nördlich von Chamonix in den Franz. Alpen
II 7. M 49 97$_{188}$
Sixtinische Kapelle s. *Vatikan*
Sizilien (beide Sizilien) Gemeint ist zum einen die Insel Sizilien und zum anderen das südital. Festland mit Neapel
II 9B. M 33 36$_{191}$

Sizilien (Insel) Im Mittelmeer
I 1. $149_{16Z}.153_{6Z.16-17Z}.159_{27Z}$.
$161_{28M}.163_{13M.26M}.164_{13M}.167_{31Z}$.
246_{3M} I 2. $123_{5Z}.268_{12}.425_{16M}$ I 8.
333_3 I 9. $21_{13}.79_6.259_8$ I 10. 158_8.
334_{18} I 11. 300_6
II 7. M 84 174–175 M 85
176–177 M 86 178–179 M 87
179–180 88 180 M 94
188_{148}–191_{238} II 8A. M 123 161_{16}
II 8B. M 26 46_{10} II 9A. M 30 44_7
II 9B. M 33 $32_{51}.35_{146}.36_{196.204}$.
37_{248} S 11_{12} II 10B. M 23.11 107_{24}
23.3 95_{43}
Skandinavien
II 8B. M 75 127_5 II 10A. M 3.8
49_{106}
Skotoussa Thessalien. Griechenland
I 2. 403_{21Z}
Slataousk = Slatoust. Ural, westlich von Tscheljabinsk
II 8B. M 85 139_{42-43}
Smyrna Hafenstadt an der Ägäisküste, wichtiger Handelsplatz Kleinasiens; heute Izmir
I 1. 309_{27M}
II 8A. M 76 105_{14}
Sobernheim An der Nahe, westlich von Bad Kreuznach
II 8A. M 66 96_5
Soffie, Sophiagrube Ertragreiche Grube im Kinzigtal (Schwarzwald). Silber- und Kobaltvorkommen
II 7. M 46 $87_{6-16}.88_{44.50.59-70}$ 61 132_8
Solenhofen s. *Sollnhofen (Solnhofen)*
Solfatara Vulkanischer Krater bei Neapel
I 1. 165_{16M} I 2. 269_{37} I 8. 334_{27}
II 7. M 89 181_{15}
Solingen Ostsüdöstlich von Düsseldorf
Solinger Fläche um Augsburg
I 1. 195_{1Z}
Solling Buntsandsteinberge zwischen Weser und Leine nordwestlich von Göttingen
II 7. M 23 43_{202}

Sollnhofen (Solnhofen) A.d. Altmühl, fränkische Alb, Bayern
I 1. 195_{ZA}
Solotoustische Bergwerke Bei Goroblagodatsk, nördlich von Jekaterinburg
II 8B. M 71 104_9
Somma = Monte Somma *s. Vesur*
Sondershausen Nord-Thüringen
II 7. M 62 132_{1-2}
Sonne (Stern)
I 1. 319_{23} I 2. $37_{19.26}$ I 3. $29_8.31_{34}$.
$99_{2M}.358_{23M}.447_{17-18}$ I 4. 17_{31} I 7.
$27_{30}.28_{37}$ I 8. $142_{20.27}.322_{13}$ I 10.
259_{25} I 11. $123_{12}.214_4.248_{22}$
II 2. M 2.6 13_{52} 2.8 16_{8-25} 4.1
18_{16} 7.8 54_{178} M 8.2 81_{350}–82_{378}
8.24 133_{10} 8.25 $135_{7.10.20-33}$ 9.2
143_{59-60} II 5B. M 102 295_{51}.
296_{87-88} 107 $315_{112-114}$ 114 336_{226}
128 363_9 14 $53_{47}.54_{87-88}$ 57 186_{22}
II 6. M 123 235_{57}–236_{86} 45 57_{112}
65 $84_{21}.85_{54}.86_{93.99.101}$ 71 95_{136}.
$100_{323}.104_{478.487.492}.105_{520.525}$.
$106_{535}.107_{595}$ 75 $120_{105}.122_{146}$ 77
$134_{205-207}.136_{301-318}$
Sonneberg (Sonnenberg; Thüringen) Stadt im Süden des Thüringer Waldes; Oberamt
I 1. $29_{13-14M.16M.19M.34M}$
II 7. M 33 $56_{28-31.33.47}$ 65 141_{52-53}
Sonnenberg (Kirchen) Berg im Gebiet von Kirchen an der Sieg, Nassau
II 8A. M 58 83_{175}
Sonnenberg (St. Andreasberg) Nordnordwestlich von St. Andreasberg im Oberharz
II 7. M 23 $41_{114.120}$
Sonnenberg (Weimar) Anhöhe bei Hopfgarten, westlich von Weimar
II 7. M 11 16_{167}
Sonnenstein s. *Pirna*
Sonnenwirbel (Klínovec) Auch Keilberg genannt, höchste Erhebung des Erzgebirges
I 8. 419_{15}
Sontheim (Sondheim) vor der Rhön
II 7. M 19 37_{7-8}

ORTE 321

Söse Fluss im Südwestharz
II 7, M 23 39₄₂
Soukhovissimsk Platin-Bergwerk bei Nishnij Tagil, Ural
II 8B, M 74 126₂₂.₃₄₋₃₅
Soumelpur vermutlich Sonepur, am Mananadi, Indien
I 2, 81₁₀ I 11, 172₇
Soyhières (Saugeren) Dorf in der Schweiz, Kanton Bern, Bezirk Deisberg
I 1, 7₃₁z
Spa Badeort, südwestlich von Lüttich, Belgien
I 2, 355₁₃
Spanien
I 2, 107₃₄z.₃₇z.192₂₁.422₁₀M I 4, 175₃₅.240₁₂ I 6, 230₂₆ I 8, 266₁₀. 318₁₄₋₁₅ I 9, 117₈ I 10, 157₂₈.202₃ II 6, M 124 243₁₃₄ II 7, M 113 222₅₉
Spitzberg Bei Preßnitz, nordöstlich von Kaaden, Böhmen
I 2, 51₇M
II 8A, M 45 67₂₇
Spree Fluss, entspringt im Lausitzer Gebirge und mündet in Berlin in die Havel
I 2, 376₁₇.₂₈ (Flusses).₃₃ I 11, 298₇.₁₈ (Flusses).₂₂
II 5B, M 5 16₁₈₉
Sprendlingen (Sprenglingen) Südlich von Frankfurt am Main
I 1, 256₂₇₋₂₈z
St. Agata s. Sant'Agata
St. Andreas Kirche in Karlsbad s. Karlsbad (Carlsbad)
St. Andreasberg Oberharz: Erzbergbau
I 1, 7₉z.56₂z.28z.68₁₈M.84₁₁ I 11, 19₃₅.24₄₅.25₈.₃₉.26₉.₁₁.₁₃.₃₀.₃₂.₃₄.₃₆ II 7, M 23 41₈₉.₁₂₀.42₁₆₂.₁₆₇ 44 66₁₁ 52 105₁₇
- Abendröte (Grube) I 11, 26₉.₁₈
- Bergmannstrost (Grube) I 11, 26₃₁
- Catharina Neufang (Grube) I 11, 24₄₅.25₈.26₃₆
- Gebirge II 7, M 23 42₁₆₁
- Grube Prinz Maximilian I 11, 26₃₀

- Neuer König Ludwig (Grube) I 11, 26₁₀₋₁₁
- Rathaus I 1, 7₁₁z
- Samson (Silbergrube) I 1, 7₁₂z I 11, 26₁₃.₃₃
St. Anna Kloster bei Eger, Böhmen
I 1, 359₃₁₋₃₂.364₁₅ I 8, 51₆.55₂₆
St. Bernhard Berg bzw. Passhöhe zwischen Rhone- und Aostatal
I 8, 330₁ I 11, 240₁₁.247₂₅ (Bernhardsberg)
II 2, M 8.6 108₁₉
- Hospiz II 2, M 10.2 205₂₀ 8.6 108₁₀
St. Charles Im Staat Missouri, Nordamerika
II 8B, M 82 135₃
St. Gallen Stadt in der Schweiz
II 2, M 9.18 183₂₁.₄₀
St. Helena Insel im Atlantik
I 2, 112₁₄ I 11, 193₁₂
St. Jakob Ort (Grube?) im Schwarzwald, bei Wittich?
II 7, M 46 88₄₆
St. Johann, Abtei bei Zabern (Saverne) im Elsass
I 1, 1₂₃z
St. José del Oro Bergwerksort in Mexiko
II 8B, M 68 102₁₁₋₁₂
St. Joseph (Zeche) Ergiebige Grube im Kinzigtal (Schwarzwald)
II 7, M 46 87₂₀.88₆₇(?)
St. Laurette Nonnenkloster bei Kinsberg, Böhmen
I 2, 229₈.₃₀.242₃₂M.249₉M.313₆ I 8, 375₈.₂₉.407₃₁
II 8B, M 19 28₄₀ 22 39₆₃
St. Leonard (Saint-Léonard-de-Noblat) Département Haute Vienne, Frankreich
I 2, 57₃₁M
II 8A, M 51 75₃
St. Louis Im Staat Missouri, Nordamerika
II 8B, M 82 135₁
St. Paolo s. San Paolo
St. Peter s. San Pietro in Volta (San Piero in Volta)

St. Peterinsel Halbinsel im Bielersee, Schweiz
I 10, 328₁
St. Sandoux-Felsen Basaltfelsen bei Pereneire, Auvergne, Frankreich
I 2, 266₆,₂₅ₜₐ I 8, 371₁,₂₃
St. Ubin?
I 2, 428₂₄
II 8B, M*108* 158₅
St. Wenzel (Grube) Im Kinzigtal (Schwarzwald)
II 7, M*46* 87₃₀–₃₆.88₃₈,₄₅,₅₁,₆₄–₆₅ *61* 131₇
St. Wolfgang (Schacht) Bei Stockheim
II 7, M*64* 138₈₅
Stade Westlich von Hamburg
II 8B, M*95* 152₃₆
Staffa Insel vor der Westküste Schottlands, Hebriden
I 2, 265₃₇.335₂ I 8, 370₅₂ I 11, 237₂₉
II 7, M*96* 193₇ II 8B, M*25* 45₂₂–₂₅
Staffelstein Nördlich von Bamberg
I 1, 268₁₇z
Stahlberg Bei Schmalkalden, Bergbau auf Brauneisen und Eisenspat
II 7, M*65* 140₁₈
Stahlsruhe (Stallsruhe, Stalsruhe) vermutlich Stahlsbuche, im Süden von Karlsbad
I 1, 299₃₀ I 11, 103₂₉
Stalert (Stahlert) Bergwerk im Raum von Kirchen an der Sieg, Nassau
II 8A, M*58* 81₁₀₆–₁₀₇.82₁₄₅–₁₄₆
Stannern (Schammern) Südlich von Iglau, Mähren
I 1, 355₃z
Stans Südlich des Vierwaldstätter Sees
I 1, 262₂₁z.266₇z,₂₀z,₂₈z
Staubbach Wasserfall bei Lauterbrunnen südlich von Interlaken in der Schweiz
I 1, 9₁₅z.12₁₉z
Stauffenberg Basaltkuppe nördlich von Gießen
II 7, M*5* 8₁₅,₁₇

Stedtfeld Westlich von Eisenach; Fürstenstollen Karl August, Kupferschieferbergbau
II 7, M*26* 47₁ 7 9₄ 8 10₅
- Karl August Stollen II 7, M*26* 47₁ 27 47₃ 7 9₁
- Werk I 1, 14₂₁ I 11, 2₄
Steiermark Zentraler Teil Österreichs
I 2, 421₃₃ₘ I 3, 486₁₆ₘ
II 7, M*113* 221₄₉–₅₀
Steina Südöstlich von Bad Lauterberg am Südrand des Harzes
II 7, M*23* 42₁₆₉
Steinach Nördlich von Sonneberg im Thüringer Wald
I 1, 29₁₄ₘ,₃₄ₘ
II 7, M*33* 56₂₉,₄₇
Steinberg Südlich von Lauterbrunnen im Berner Oberland
I 1, 9₂₀z,₂₉z
- Steinbergsalp I 1, 9₂₈z.10₁z
Steingrün Bei Haslau, nordwestlich von Eger, Böhmen
I 2, 188₂₈–₂₉ I 11, 221₁₄
Steinheim Östlich von Frankfurt am Main bei Hanau
I 1, 256₂₁z
Steinhofen Ort am Nordrand der Schwäbischen Alb, mittlerweile Teil der Gemeinde Bisingen
I 1, 259₃–₄z
Steinmühle s. Rumpl/Steinmühle
Stephansschacht Bei Schemnitz, slowakisches Erzgebirge (früher Ungarn, heute Slowakei)
II 8A, M*56* 77₄
Stern, Sterne
I 3, 29₇.31₃₄
II 2, M*2.6* 13₄₇ 8,*2* 81₃₅₁–₃₅₃.86₅₃₀
II 5B, M*107* 315₁₀₉–₁₁₂ II 6, M*123* 235₅₇–₆₉ *23* 25₁₄.27₇₈ *35* 39₃₂ *45* 55₂₉.57₁₁₀ *65* 84₂₁ *71* 99₂₇₆ *75* 122₁₄₆
Sterzing Südlich des Brenner in Südtirol
I 1, 128₂₂ₘ
II 7, M*94* 185₁₈
Stetten Ort nördlich von Würzburg
II 7, M*19* 37₈

Stettin Stadt an der Mündung der Oder in die Ostsee (Stettiner Haff)
I 6. 392$_4$
Steudnitz Ort in Thüringen, in der Nähe von Dornburg
II 2. M10.7 211$_{3.6}$
Stiefelberg Berg bei Meronitz, südlich von Bilin, Böhmen
I 2. 36$_{36M}$
II 8A. M36 60$_{63}$
Stier (Sternbild)
II 2. M2.6 12$_{5,10,21}$
Stift Waldsassen Zisterzienserkloster St. Johannes s. *Waldsassen*
Stockheim Südöstlich von Sonneberg, nördlich von Kronach; Steinkohlebergbau
II 7. M117 229$_5$ 47 89$_{11}$ 64 138$_{73-83}$
Stockholm Stadt in Schweden
I 2. 234$_{11Z}$ I 8. 190$_{21}$
II 2. M8.25 135$_{42}$
Stolpen Basaltkuppe östlich von Dresden
I 1. 192$_{12Z,13-14Z}$
Stonsdorff Ort im Riesengebirge
II 2. M13.2 220$_{35}$
Stöschen Am Rhein bei Linz
II 8A. M58 79$_{14}$
Stotternheim Nördlich von Erfurt, Thüringen
I 2. 315$_{29Z}$.363$_{16Z}$.364$_{24Z,33Z}$. 365$_{18Z,19Z,23Z}$.366$_{11Z}$.419$_{21M}$
II 7. M6 9$_2$
- Saline I 2. 367$_{2Z}$
Strahl Nordwestlich von Teplitz, Böhmen
I 2. 56$_{31M}$
II 8A. M38 61$_{17}$ 48 72$_{59}$
Straßburg Stadt im Elsass
I 2. 392$_{13M}$ I 10. 215$_{8,11}$.319$_{35}$
II 2. M13.6 222$_4$ II 9B. M52 57$_{13}$
II 10B. M23.1 92$_{33}$ (Städten)
Stratford Im Osten Londons
II 2. M5.3 30$_{119}$
- Laboratorium I 8. 290$_{38}$–291$_3$
II 2. M5.3 30$_{117}$

Striegau Südlich von Liegnitz in Schlesien
I 1. 193$_{1Z}$
II 8B. M24 44$_{20}$
Struth Nördlich von Suhl, Thüringer Wald
I 2. 109$_{13}$ I 11. 202$_{13}$
Studnitz s. *Steudnitz*
Sturmheide Altes Kupferschieferbergwerk bei Ilmenau
I 1. 32$_{29M}$.39$_{26M}$.43$_{7-11M,19-20M}$.47$_{13M}$. 51$_{24M}$.52$_{15M,16M}$.53$_{33M,35M}$.54$_{15M,35M}$. 65$_{27-28M,32M}$.91$_2$.93$_{26}$.113$_{21M}$
II 7. M3 6$_{7,22}$
Stuttgart Stadt in Württemberg
I 1. 258$_{28Z}$ I 6. 390$_4$ I 9. 254$_4$
II 2. M9.18 183$_{30}$ II 3. M34 28$_{23}$. 31$_{141}$
Südamerika s. *Amerika*
Sudeten Gebirgszug zwischen Schlesien und Böhmen
I 2. 193$_{22}$ I 8. 267$_8$
Südlicher Wendekreis
II 2. M7.10 57$_{14}$.58$_{29}$ 7.8 50$_5$
Sudmer Berg Östlich von Goslar am Harz
I 11. 24$_{18}$
Südpol
I 11. 46$_{20-21}$ (antarktischen Pol). 47$_{28,32-34}$.59$_{2,13}$ (Weltpole).89$_{35}$. 161$_{28TA}$
II 1A. M56 260$_{98}$–261$_{120}$ (magnetische Nordpol) M56 260$_{98}$–261$_{121}$
Südsee Bezeichnung für den Südpazifik
I 10. 202$_{19}$
Südseeinseln
I 1. 273$_{25Z}$
Suhl Thüringer Wald
I 2. 69$_{2Z,11Z}$.109$_{12M}$ I 11. 202$_{12}$
Sulza (Sulze), Bad An der Ilm zwischen Apolda und Naumburg
I 1. 272$_{15Z}$ I 2. 371$_{9Z}$.419$_{24M}$
- Saline I 2. 370$_{29Z}$.371$_{9Z}$
Sumatra Insel im Indischen Ozean
- Zinnwerke I 2. 58$_{25M}$ II 8A. M53 76$_1$

Sundhausen Südlich von Gotha
I 1. 28$_{17M}$
II 7. M33 55$_2$

Susenburg (Suseburg) Felsklippe an der Bode südlich von Elbingerode im Harz
I 1. 74$_{22M.27M}$.75$_{7M}$.84$_{26}$ I 2. 341$_{25}$
I 8. 394$_9$ I 11. 20$_{15.23-26.39}$
II 7. M52 110$_{193-197.214}$

Syene Arabisch Assuan, Stadt am rechten Nilufer
I 1. 57$_{25}$ I 11. 10$_{22}$

Syrakus (Siracusa) Sizilien
I 1. 160$_{24Z}$.164$_{6M}$ I 2. 91$_{23M}$
II 7. M94 190$_{222}$ II 8A. M77 106$_9$

Szanto Ungarn
II 8A. M34 57$_{11}$

Szliaßtea Ungarn
II 8A. M34 57$_{14}$

Tabor Ort in Böhmen
II 2. M9.16 181$_{6.7}$

Tachau Südwestlich von Marienbad
II 8B. M36 59$_{167}$–60$_{193}$ 57 94$_{15}$
- Brunnenwiese II 8B. M36 60$_{190}$

Taganrog Stadt am Asowschen Meer in Russland
II 2. M 8.16 122$_9$ 8.6 108$_{26}$

Tahiti (Otahiti) Insel im Süd-Pazifik
I 4. 192$_{17}$

Talane Südwestküste von Korsika
II 8A. M74 103$_3$

Tannroda (Tannrode) An der Ilm südlich von Weimar
II 7. M11 18$_{222}$.23$_{422}$ 12 25$_{28}$

Taormina Stadt an der Ostküste Siziliens, am Monte Tauro
I 1. 162$_{5M.6M.14M.15M.17M.22M.25M.26M}$. 163$_{22M}$.164$_{12M}$
II 7. M 87 179$_{15}$ 94 189$_{157-158.166-178}$.190$_{204.228}$

Tarnowitz Nördlich von Beuthen in Polen
I 1. 194$_{8Z}$
II 7. M 105 202$_{37}$

Tarvisio Stadt im Nordosten Italiens, südwestlich von Villach
I 6. 290$_3$

Taubach Südöstlich von Weimar
II 7. M11 20$_{314.316}$.21$_{326}$

Teichenau Bei Schweidnitz in Schlesien
I 1. 192$_{29Z}$

Tein Bei Plan, südlich von Marienbad, Böhmen
I 2. 307$_{31}$.308$_{35}$ I 8. 404$_{29}$

Teltow Im Südwesten Berlins
I 10. 146$_9$.149$_{7-8}$

Teminitz Südlich von Eger, Böhmen
II 8B. M36 56$_{18}$

Tempel des Jupiter Ammon s. Libyen

Teneriffa Größte der Kanarischen Inseln
I 11. 160$_{31}$

Tennstedt, Bad Stadt in Thüringen, im Unstruttal, nordöstlich von Langensalza
I 2. 84$_{1Z}$.85$_1$–88$_{19}$.86$_{10}$ I 8. 198$_{8.13.19}$.200$_{7-16}$ I 11. 174$_1$–177$_{11}$. 175$_{11}$
II 5B. M43 159$_7$ 59 192$_2$ II 7. M 12 26$_{39}$
- Brunnen (Schwefelquelle) I 2. 84$_{4Z.8Z}$
- Gesellschaftshaus I 2. 84$_{5Z}$
- Kirche I 2. 86$_{12}$ I 11. 175$_{13}$
- Markt I 2. 86$_{14}$ I 11. 175$_{15}$
- Mühle, Mühlenteich I 8. 198$_{25}$. 199$_{37-38}$.200$_7$
- Sandsteinbrüche I 2. 84$_{12Z}$
- Tennstedter Flur I 2. 86$_{29-30}$ I 11. 175$_{27}$
- Tuffsteinbrüche I 2. 84$_{12Z.15Z}$
- Wenigen-Tennstedter Flur I 2. 84$_{21Z}$.87$_{27-28}$ I 11. 176$_{22-23}$

Tepel (Tepl, Töpel; Fluss) Rechter Nebenfluss der Eger in Böhmen
I 1. 107$_{6M.20M}$.108$_{15M.26M}$.286$_{4Z}$. 298$_{16M}$.329$_{16M.37M}$.330$_{11M}$.337$_2$ (Flusses).$_{11.13}$ (Fluss).339$_{38}$.341$_{7.10.22}$. 383$_{14}$ I 2. 2$_{12Z}$.5$_{15Z.28Z}$.127$_{34M}$.130$_{36M}$. 140$_{16M}$.157$_{30}$.158$_{12.13.26.33}$.185$_{36Z}$. 215$_8$.311$_{34M}$.416$_1$ I 8. 34$_{11}$ (Fluss).$_{17}$ (Fluss).$_{26.28}$.37$_{14}$.38$_{21.24.36}$.89$_{5.12}$. 155$_{3.23.24}$.156$_{6.10}$ (Fluss).247$_{26}$ I 11. 140$_{29}$.325$_{15}$
II 7. M73 158$_{133-144}$.159$_{194-200}$. 160$_{205}$ II 8A. M108 140$_{2-3}$. 143$_{104-105}$ 114 149$_{7-8}$ 13 27$_{70.89}$ M13

27_{100}–28_{103} M 14 34_{203}–35_{204}.
$37_{320-326}$ 2 $7_{130.137.156}$.9_{231} 3 13_{26-27}
$S6$ 112_{10} **II 8B**. M47 86_1 S 15_{19}
- Flussbett **I 1**. $337_{9.15}$ **I 8**. $34_{24.30}$
- Quellen **I 2**. 140_{31M}.153_{23} **I 8**. 141_1 **II 8A**. M114 150_{22}
- Tepeltal **I 1**. 287_{5Z} **I 8**. 81_{34}

Tepel (Tepl, Töpel; Stift) Prämonstratenserstift, östlich von Marienbad
I 1. 303_{24-25}.343_{32}.353_7 **I 2**. 122_{18M}.136_{30Z}.140_{18M}.185_{29Z}. 186_{14Z}.$197_{21M.38M}$.211_{31Z}.$214_{27.33}$. 215_7 (Stift).218_{19}.$219_{2.3.9}$.$222_{14.23}$. 224_{13}.279_{22Z}.290_{9-10}.291_{14}.310_{30}. 338_5 **I 8**. 41_6.$247_{11.17.25}$ (Stift). 250_{33}.$251_{9.10.15}$.253_{31}.254_7.255_{33}. $257_{12.22}$.$258_{16.17.20}$.329_9.331_{16}. 351_{25}.377_{19}.385_{28}.390_8 **I 11**. 107_{28}.233_6.239_4.240_9
II 2. M10.1 204_1 10.2 205_{18}
II 8A. M101 134_7 114 149_9 **II 8B**. M10 $18_{66.81}$ 20 32_{75-83}.33_{94-106} 5 6_3 6 8_{72}.9_{108}
- Eisenbergwerke **I 2**. 291_{18-19} **I 8**. 377_{23} (Stift)
- Gebirge **I 8**. 419_{10-11} **II 8B**, M36 59_{168}
- Kunst- und Naturalienkabinett (Museum) **I 2**. $213_{17Z.25Z}$.241_{4M}. 248_{27M}.250_{25Z} **II 8B**. M22 38_6
- Mineralienkabinett **I 2**. 226_9 **I 8**. 259_7
- Sternwarte **I 8**. 324_{25} **II 2**, M S.7 110_2

Teplitz (Töplitz) Badeort in Böhmen
I 1. $377_{8Z.30Z}$ **I 2**. 1_{2Z}.$3_{13Z.28Z}$. 5_{20Z}.19_{15Z}.26_{9Z}.27_{7Z}.$29_{6Z.18Z.29}$. 29_{30}–34_{35}.34_{27-28}.37_2.45_{15}.46_{17}. 50_{13M}.54_{3Z}.78_{8Z}.80_{13}.$115_{25M.30M}$. $116_{9M.12M.18M.19-20M.29M}$.$154_{22}$ **I 8**. 141_{38}.142_3.150_{27}.151_{11}.331_{24} **I 11**. 148_1–152_{31}.152_{24}.171_{12}
II 5B. M142 396_{79} **II 7**. M9 $11_{2.11.13.14}$ **II 8A**. M38 61_{4-14} 39 63_{47} 43 $66_{4.8}$ M97 130_8–131_{33}. 131_{33} **II 8B**. M5 6
- Garten **I 2**, 27_{9Z}
- Kalkgrube **I 2**, 27_{20Z}

- Kopfhügel **II 8B**. M5 6_8
- Mineralquellen **I 2**. 11_{37Z}.52_{9M} **II 2**, M9.14 179_{10} **II 8A**. M54 76_3
- Schlossberg **II 7**. M105 203_{93} **II 8B**. M5 6_6
- Schlosspark **I 2**. 30_5 **I 11**. 148_{10}
- Spitalberg **II 8B**. M5 6_8

Tequendama Wasserfall des Bogota, südlich der kolumbianischen Hauptstadt Bogota
I 1. 31_{10M}
II 7. M16 32_{10}

Terni In der italienischen Provinz Umbrien
I 1. $135_{23Z.27Z}$.136_{1Z}.137_{11M}
II 7. M94 186_{50}

Terracina An der Küste südlich von Rom
I 1. 140_{14Z}.243_{9M}
II 7, M111 212_{41}

Terranuova (Terra Nuova) Heute: Gela, an der Südküste Siziliens
I 1. 164_{3M}
II 7. M94 190_{219}

Teufelsbäder Zwei wassergefüllte Dolinen an der Straße von Herzberg nach Osterode am Harz
I 1. $68_{29M.33M}$
II 7. M52 105_{27-31}

Teufelsbrücke Brücke über die Reuss, im Schweizer Kanton Uri
I 1. 265_{28Z}

Teufelskrippe Schlucht an der Nordwestecke des Ettersberges bei Weimar
II 7. M11 14_{83}.16_{154}

Teufelslöcher Gipsvorkommen bei Jena
II 7. M31 54_{33}

Teufelsmauer Kreidesandsteinfelsen, nordöstlich von Thale am Harz
I 2. 343_8 **I 8**. 395_{22}

Teuschnitz Ort in Oberfranken, nördlich von Kronach

Teysing (Theising) = Theusing, südöstlich von Karlsbad
I 1. 303_{25}.343_{32}.353_7 **I 2**. 203_{22}
I 8. 41_6.262_{24}.385_{28} **I 11**. 107_{29}
II 8A. M111 147_3

Thale An der Bode am nordöstlichen Harzrand
I 1. 78$_{4M}$.258$_{14Z}$ I 2. 343$_8$ I 8. 395$_{22}$
I 11. 24$_{17.34}$
II 7. M40 61$_1$ 42 64$_2$
- Königsburg I 11. 24$_{34}$

Tharandt (Tharant) Südwestlich von Dresden
I 2. 26$_{19Z}$
II 8A. M127 166$_{4-5}$ (hiesiges)
II 8B. M24 44$_{24}$
- Badehaus I 2. 26$_{19-20Z}$

Thasos Nördlichste Insel des griechischen Archipels
I 6. 48$_{13}$

Theben Antiker Stadtsaat in Böotien, Griechenland
I 6. 54$_{10}$

Theisbergstegen Bei Kusel, Pfalz
II 8A. M69 100$_{49-50}$

Theising s. *Teysing (Theising)*

Themse Fluss in Südengland, verbindet London mit der Nordsee
I 10. 369$_{25}$

Theodors Erzlust Bergwerk bei Larhausen, nordwestlich von Kaiserslautern, Pfalz
II 8A. M59 84$_8$

Thessalien Region im nördlichen Griechenland
I 2. 402$_{7Z}$

Theusing s. *Teysing (Theising)*

Thiersheim Nordöstlich von Wunsiedel im Fichtelgebirge
I 1. 105$_{8M.9M.11M.13M.21M.22M}$. 106$_{10M.14M.15M}$ I 2. 135$_{31-32Z}$
II 7. M73 157$_{100-114}$.158$_{126-127}$

Thierstein Nördlich von Wunsiedel
II 7. M73 157$_{122-125}$

Thonon Am Genfer See, Schweiz
I 2. 389$_3$ I 11. 307$_{27}$

Thorn (Tourun) Stadt in Pommern, an der Weichsel
I 8. 341$_{12}$

Thum Stadt in Sachsen
I 2. 421$_{4M}$
II 7. M113 221$_{30}$

Thun Stadt im Schweizer Kanton Bern, nördlich des Thunersees
I 1. 9$_{14Z}$

Thüringen
I 1. 15$_{7M.21M}$.28$_{15}$–29$_{36M}$.30$_{2M}$. 32$_{22M}$.273$_{1-2Z}$ I 2. 12$_{4Z}$.73$_{31Z}$. 85$_{4.28}$.87$_2$.252$_{27}$.253$_{12}$.256$_{16}$. 363$_{17Z}$.393$_{11.24-25}$.419$_{32M}$.426$_{21M}$
I 8. 198$_{8.13}$.329$_{17}$ I 9. 359$_4$ I 11. 174$_{4.27}$.176$_2$.223$_{13}$.224$_2$.227$_1$. 251$_{36}$.311$_{16.29-30}$
II 4. M59 70$_{21}$ II 5B. M88 250$_{38}$ II 7. M105 202$_{66}$ (unserer Gegend) 23 43$_{171}$ 25 46$_{9.21}$ 50 101$_2$ 79 166$_{6}$.167$_{12}$ II 8A. M63 94$_{10.17-20}$ 64 95$_{8-25}$ II 8B. M15 24$_4$ 16 25$_{11}$
- Kalkflöz I 2. 87$_{7-8}$
- Mineraliensuite II 8A. M125 164$_{38}$
- thüringisches Kalkflöz I 11. 176$_6$

Thüringer Wald
I 1. 14$_{26}$.15$_{5M}$.28$_{25M}$.187$_{26M}$. 271$_{27Z}$ I 2. 58$_{13M}$.109$_{11}$.132$_{12-13M}$. 153$_{32}$.206$_{20Z}$.252$_{32-33.34}$.253$_{37}$. 421$_{9M.11-12M}$.422$_{33M}$.425$_{3M}$ I 8. 141$_{11}$.421$_{22.30}$ I 9. 241$_{12-14}$ I 10. 321$_8$ I 11. 2$_8$.202$_{11}$.223$_{18.20}$.224$_{25}$
II 7. M113 221$_{34-38}$ 128 237$_4$ 23 41$_{93.98}$ 25 46$_7$ 31 53$_{9-10}$ 33 55$_{10}$ 39 61$_1$ 47 89$_{13}$ 51 102$_3$ 65 140 97 193$_3$ II 8A. M110 145$_{12}$ 123 161$_3$ 46 69$_{4-9}$ 63 94$_{5.12}$ 64 95$_{3.12-13}$
II 8B. M33 51$_2$ II 10A. M37 98$_{21}$
- Mineraliensuite II 8A. M125 164$_{38}$

Thurnberg Österreich
II 8A. M72 102$_{12}$

Tiber Fluss, durchfließt Rom
I 1. 136$_{24Z}$.137$_{16M}$.242$_{34M.37M}$.243$_{6M}$
I 6. 118$_{17}$
II 7. M111 211$_{31.38}$ 94 186$_{54}$

Tiefengruben Dorf südlich von Weimar, bei Bad Berka
I 1. 28$_{7M}$
II 7. M11 18$_{212}$ 77 165$_3$

Tiefer Georg-Stollen Wasserlösungsstollen des Oberharzer Bergbaus
I 11. 26$_{21}$

Tiefurt Ortschaft, Schloss und Park östlich von Weimar
I 9. 240$_{33.36}$
II 7. M11 13$_{31-32}$.14$_{52-53.57}$ II 10B.
M1.2 7$_{143-144}$ 24.16 123$_{17}$ 24.17 123$_3$ 24.18 124$_3$

Tillberg (Tillener Berge, Dillenberg) Basaltkuppe, südöstlich von Blankenburg am Harz
I 1. 359$_{28}$ I 8. 51$_3$
II 8B. M36 59$_{153}$

Tilsit Stadt in Ostpreußen
II 2. M8.14 116$_1$ 8.17 122$_6$

Timaggio?
I 1. 244$_{13M}$

Timmenroda (Timmenrode) Südöstlich von Blankenburg am Harz
I 2. 133$_{26M}$
II 8A. M112 148$_4$

Tippelsgruen Bei Rohlau, nordwestlich von Karlsbad
I 2. 124$_{18M}$
II 8A. M107 139$_8$

Tirol
I 1. 195$_{11Z}$ I 2. 174$_{24Z}$.190$_7$.191$_{32}$. 219$_{34}$.239$_{32M}$.240$_{1M.12M.26M}$.252$_{7Z}$. 257$_{28}$.275$_{18Z}$.347$_8$.364$_{28Z}$.393$_{15}$. 420$_{21M}$ I 8. 241$_6$.242$_{29}$.252$_1$.412$_{26}$. 419$_{34}$ I 11. 78$_3$.228$_{26}$.311$_{20}$
II 7. M113 220$_{10}$ II 8A. M43 66$_3$
II 8B. M109 159$_1$ 20 33$_{124}$ 30 49$_{20-23}$ 31 51$_{1-2}$ 32 51· 96 152$_1$
- Gebirge I 1. 123$_{30Z}$.130$_{16-17Z}$

Tirschenreuth Nordöstlich von Weiden in der Oberpfalz
I 1. 121$_{28Z}$.122$_{1Z.3Z}$

Tirschnitz Nördlich von Eger
I 2. 232$_{17Z}$

Tivoli Östlich von Rom
I 1. 140$_{10Z}$ I 6, 67$_{27}$

Tobolsk Stadt an der Mündung des Tobol in den Irtysch in Russland
II 2. M8.16 122$_{13}$ S.6 108$_{26}$

Todtenstein Bei Friedeberg am Queis, nördlich des Isergebirges, Schlesien
II 8A. M19 42$_1$

Tofane Massive in den Dolomiten
II 9B. M33 37$_{227}$ (Tolfana)

Tolfa Westlich des Lago Bracciano nordwestlich von Rom
I 1, 149$_{10M.14M}$
II 7. M92 184$_1$ 94 188$_{145}$

Tolmarberg s. *Dolmar*

Töpel s. *Tepel (Tepl, Töpel; Fluss)*

Töppel s. *Tepel (Tepl, Töpel; Fluss)*

Torbole An der Nordspitze des Gardasees
I 1. 128$_{32M}$
II 7. M94 185$_{26}$

Torgau Stadt am westlichen Ufer der Elbe
I 9. 371$_{19}$

Toschnitz (Töschnitz) s. *Döschnitz (Töschnitz)*

Toskana Region in Mittel-Italien
I 1, 135$_{20Z}$.244$_{5M}$ I 2. 229$_{35-36}$ I 6. 222$_{25.26}$ I 8. 375$_{34(?)}$
II 7. M111 214$_{134}$ II 8B. M4 5$_5$
- Großherzogtum Florenz I 1. 248$_{4M}$
II 7. M111 214$_{140}$

Tottenham Green Bei London
I 8, 287$_{18}$
II 2. M5.3 27$_{14}$

Träba Berg bei Berka
II 7. M12 25$_4$

Trakehnen Im ehemaligen Ostpreußen, Königliches Hauptgestüt
I 9, 371$_8$

Trampe Bei Oderberg an der Oder, Mark Brandenburg
II 8B. M69 103$_{19}$

Transe = Drance, Fluss, in den Genfer See mündend
I 2. 385$_{2M}$.388$_{36}$ I 11. 307$_{24}$
II 8B. M80 134$_{21}$

Transfeld s. *Dransfeld*

Trebensdorf Nördlich von Eger, Böhmen
I 2. 232$_{18Z}$

Treitnitz Bei Eger, Böhmen
I 2. 202$_{16}$ I 8. 261$_{20}$

Treppensteig Am Treppenstein
I 2. 344$_1$ I 8. 396$_{13}$

Treppenstein Granitfelsen im Okertal, südlich von Oker im Harz
I 1. 83$_{26}$ I 2. 343$_{36}$ I 8. 396$_{11}$ I 11. 19$_{17}$
II 7. M52 107$_{89}$ 55 123$_{47}$

Treseburg An der Bode südwestlich von Thale im Unterharz
I 1. 76$_{10M.15M}$ I 11. 24$_{23}$
II 7. M52 111$_{250-254}$
Tresefurt s. *Treseburg*
Treuenbrietzen
II 5B. M86 246$_{19}$
Treunitz (Treinitz) Östlich von Eger. Böhmen
I 2. 184$_{3Z}$
II 8B. M36 60$_{209-211}$ 6 9$_{115}$
Trévoux Ort in Frankreich. nördlich von Lyon
I 6. 295$_{18}$.316$_9$
Trieb Zwischen Plauen und Falkenstein im Vogtland
I 1. 241$_{12Z}$
Trient (Trento) Stadt in Südtirol
I 2. 355$_{23Z}$.356$_{24Z}$
Trier Stadt an der Mosel
I 2. 73$_{29Z}$.230$_{17}$ I 3. 114$_{33}$ I 8. 376$_{16}$
II 7. M37 59$_{2,4}$.60$_9$ II 8A. M69 99$_{37}$.100$_{51-54}$
Troas Antiker Name der Landschaft um Troja. im nordwestlichen Anatolien. südlich der Dardanellen
I 6. 119$_{15}$
Tröbe Berg zwischen Ilmufer und Dorf Saalborn
II 7. M11 18$_{217}$
Trogtal (Drachtal) Östlich des Okertals und nordöstlich von Altenau im Oberharz
I 1. 72$_{15M}$
II 7. M52 107$_{121}$ 56 124$_4$
Troja Antike Stadt in Kleinasien
II 4. M74 92$_6$
Tropen Gebiet zwischen den Wendekreisen
I 11. 160$_{8,27}$
II 2. M7.12 61$_{12}$ 7.3 45$_{54}$ II 10B. M1.3 17$_{194}$
Trösta (Tröstau, Tröstein) Südwestlich von Wunsiedel im Fichtelgebirge
I 1. 106$_{26M}$
II 7. M70 152$_{11}$
- Zinnseifenwerk II 7. M70 152$_{11}$

Trzeblitz Bei Bilin. südlich von Teplitz. Böhmen
II 8A. M38 61$_{18}$
Tsarevo-Alexandrofsk Platin-Bergwerk bei Goroblagodatsk. nördlich von Jekaterinburg. Ural
II 8B. M71 104$_{4-21}$ 74 126
Tsarevo-Elisabeth Platin-Bergwerk bei Goroblagodatsk. nördlich von Jekaterinburg. Ural
II 8B. M74 126$_{29}$
Tschingelgletscher (Tschingelhorn) Bei Lauterbrunnen im Berner Oberland
I 1. 9$_{28Z.30Z.31Z}$
Tschogau In der Gegend von Teplitz. Böhmen
II 8A. M45 68$_{37-40}$
Tübingen Südlich von Stuttgart
I 1. 258$_{27Z}$ I 3. 326$_{35}$ I 6. 348$_7$
II 2. M9.19 184$_4$ II 10B. M25.10 152$_4$
Turin
I 1. 242$_{18M}$ I 7. 30$_{30}$
II 7. M111 211$_{14}$
Türkei
II 5B. M86 246$_{19}$
Turku s. *Åbo (Turku)*
Turmberg s. *Türnberg*
Turmrosenhofer Zug Erzgang bei Clausthal im Oberharz
II 7. M23 42$_{151}$
Turn Nördlich von Teplitz. Böhmen
- Kohlenwerk I 2. 27$_{24Z}$
Turnau An der Iser. südlich von Gablonz. Böhmen
I 1. 290$_{16Z}$ I 2. 413$_1$ I 11. 322$_{17}$
Türnberg Nördlich von Kirchenlamitz im Fichtelgebirge
I 1. 103$_{7M}$
II 7. M73 155$_{29}$
Tuttlingen An der Donau in Südwürttemberg
I 1. 258$_{32Z}$.259$_{15Z}$.267$_{24Z}$
Tyrrhenisches Meer Teil des Mittelmeers zwischen Sardinien. Sizilien und dem italienischen Festland
I 8. 301$_6$
II 7. M111 211$_{37}$

ORTE 329

Ulm Stadt an der Donau, am südöstlichen Rand der Schwäbischen Alb
I 6. 207$_5$.390$_2$
II 6. M127 254$_1$
Ungarn
I 2. 239$_{11M.13M.20M.28M}$.301$_{18M}$ I 4. 164$_{29}$ I 9. 257$_{12.14-15}$.258$_{8.24}$.315$_{17}$
I 11. 77$_{23}$
II 2. M9.39 203$_1$ II 4. M29 32$_{23}$ 60 70$_{2.8}$ II 7. M105 203$_{84}$ 80 168$_{49}$ II 8A. M34 56–57 II 8B. M118 163$_5$ 30 49$_{1-17}$ 39 67$_{127}$ 72 109$_{108}$.110$_{154}$.111$_{187}$ II 10A. M38 100$_{10}$.101$_{14}$ 39 102$_2$ 41 104$_{31}$
- Bergwerke I 2. 257$_{26-27}$ I 11. 228$_{25}$
- Mineraliensuite I 2. 239$_{29M}$
Unkel An Rhein, südlich von Bonn
II 8A. M58 79$_{32-34}$
- Steinbruch I 2. 260$_9$.299$_{12-13M}$ I 8. 367$_{39-40}$ II 8B. M39 66$_{62-63}$
Unstrut Nebenfluss der Saale in Thüringen
I 1. 255$_{10Z}$.272$_{28Z}$ I 2. 86$_{25}$.358$_{31Z}$
I 11. 175$_{24}$
II 7. M10 11$_{10}$
Unter-Gramling Dorf südlich von Marienbad
I 2. 185$_{21Z}$
- Schlucht I 2. 185$_{21Z}$
Unter-Lohma Bei Franzensbad, nördlich von Eger, Böhmen
I 1. 360$_{1-2}$ I 8. 51$_{14}$
Unterleidensdorf Nordwestlich von Teplitz, Böhmen
II 8A. M38 61$_{16}$
- Papiermühle I 2. 32$_{20}$ I 11. 150$_{22}$
Unterweyd (Unterweid) In der Rhön, südwestlich von Kaltennordheim
II 7. M19 37$_7$
Unvermutet Glück (Grube) s. *Marienberg (Sachsen)*
Uppsala Schwed. Stadt nördlich von Stockholm
I 8. 190$_{28}$
Ural Gebirgskette im mittleren Westen Russlands
I 10. 372$_{11}$
II 7. M49 93$_{25}$ II 8B. M74 125$_7$ 87 141$_{19}$

Urbino Stadt in Mittelitalien, südwestlich von Pesaro
I 6. 223$_{37}$.227$_2$
Uri Schweizer Kanton
I 1. 266$_{28Z}$
Urleben Östlich von Bad Tennstedt, Thüringen
I 2. 86$_{29}$.87$_{27}$ I 11. 175$_{27}$.176$_{22}$
- Sandsteinbrüche I 2. 84$_{22Z}$
Urner Tal (Ursner Tal), Urner Loch s. *Urserental*
II 7. M114 224$_{10-13.24}$
Urnshausen Ort in der Rhön, zwischen Kaltennordheim und (Bad) Salzungen
II 7. M19 37$_6$
Urseler (Thal) s. *Urserental*
Urseren an der Matt s. *Andermatt*
Urserental Hochtal im Schweizer Kanton Uri, nordwestlich des St. Gotthard
I 1. 264$_{25Z.26Z}$.266$_{4Z}$.268$_{30M.32M}$.269$_{1M.15M}$
Urspringen Ort zwischen Würzburg und Lohr am Main
II 7. M19 37$_8$
Ursula Grube im Kinzigtal (Schwarzwald)
II 7. M61 132$_8$
Usedom Ostsee-Insel
II 8B. M75 127$_{13-14}$
Usingen Westlich von Friedberg, Hessen
II 8A. M58 80$_{45}$
Utznach Beim Ostende des Züricher Sees im Schweizer Kanton Sankt Gallen
I 1. 261$_{17Z}$
Valdarno di Sotto (Castelfranco di Sotto)
I 1. 249$_{19-20M}$
II 7. M111 215$_{181}$
Valinco (Vallinco) = Valenco, Golf an der Südwestküste von Korsika
I 2. 82$_{4Z}$.83$_{5Z}$.91$_{6Z}$
II 8A. M74 103
Valladolid Yucata-Halbinsel, Mexiko
II 8A. M12 23$_{61}$

Vallée de Joux Hochtal im Juragebirge im Schweizer Kanton Waadt
I 1. 10$_{25Z}$
Valmy Gemeinde in Frankreich. Département Marne
I 1. 218$_{1Z}$
Valorsine Heute: Valorcine; nordöstlich von Chamonix in den Franz. Alpen
II 7. M49 97$_{194-195}$.100$_{289}$
Vatikan Regierungssitz der Päpste in Rom. Kirchenstaat
- Bibliothek I 6. 234$_{36-37}$
- Museum Pio Clementinum I 1. 159$_{27Z}$
- Sixtinische Kapelle I 9. 117$_{12}$
Vautry = Vaultry. Département Haute Vienne. Frankreich
- Bergwerk I 2. 133$_{15M}$ II 8A. M52 76$_{1-2}$ II 8B. M44 85$_3$
Veitsberg Bei Plauen
I 2. 428$_{18M}$
II 7. M125 235$_2$
Velletri Am Südrand der Albaner Berge bei Rom
- Museum I 1. 243$_{29M}$
Velletrische Vulkane (Velletrische Gebirge) Südlicher Teil der Albaner Berge bei Rom
I 1. 140$_{12-13Z}$.243$_{8-9M}$
II 7. M111 212$_{40-41}$
Venedig Stadt in Venetien. Italien
I 1. 130$_{32Z}$.131$_{7Z}$.132$_{1Z.7M}$.194$_{16Z}$. 242$_{20M}$.286$_{19Z}$ I 2. 356$_{15Z}$ I 3. 2$_{5Z}$ I 4. 241$_2$ I 6. 160$_{26}$.222$_{27-28}$. 223$_{2.29}$.224$_{32}$.225$_{19-20.26}$.226$_{5.31-32}$. 227$_{19.23}$.230$_7$.231$_{1.16.32}$.289$_{13}$.290$_3$. 322$_{12-13}$ I 8. 316$_{27}$ I 9. 309$_{27}$ I 11. 300$_9$
II 3. M30 19$_1$ II 4. M57 68$_2$ 58 68$_3$ II 5B. M100 290$_6$ 92 257$_{66}$ II 7. M111 211$_{16}$ 94 186$_{39}$ II 9B. M33 37$_{250}$
- Arsenal I 1. 131$_{13Z}$
- Lagunen I 1. 131$_{1Z.4Z.12Z}$
- Lido I 1. 131$_{14Z.22Z.25Z.27Z}$
- San Marco, Markusturm I 1. 130$_{26Z}$ I 9. 315$_{31-36}$

Venus (Planet) Synonyme: Morgenstern, Abendstern
I 2. 1$_{29Z}$ I 8. 86$_{31}$
II 2. M2.8 15$_{3}$–16$_{27}$
Verdun Lothringen. Frankreich
I3.111$_3$.113$_{31}$(Stadt).118-M18.199$_{16}$
Vereinigte Staaten von Amerika
I 2. 123$_{7Z}$.359$_{1M}$ I 10. 201$_{27-28}$
Verk-Issetsk Bergwerk nördlich von Jekaterinburg. Ural
II 8B. M74 125$_3$
Verkhotoursk Ural
II 8B. M74 126$_{18}$
Verona Stadt in Venetien im Nordosten Italiens
I 1. 129$_{18Z.21M.22M}$.130$_{31Z}$ I 2. 356$_{24Z}$
II 4. M63 76$_{12}$ II 7. M94 185$_{28}$ II 8B. M4 5$_4$
Vertrauen zu Gott (Grube) s. Moschellandsberg (Muschel-Landsberg)
Vesuv Aktiver Vulkan am Golf von Neapel
I 1. 30$_{7M}$.138$_{17Z.23Z}$.141$_{13Z}$. 141$_{15}$–142$_{16Z}$.142$_{17Z}$.145$_{4Z.10Z.14Z}$. 147$_{6Z}$.148$_{8M.20M.21M}$.166$_{15Z.20Z.23Z}$ (Berg).167$_{31Z}$.168$_{5Z.11Z}$ (Gipfel). 280$_{21}$ I 2. 170$_6$.393$_{20}$ I 6. 60$_{30}$ I 8. 163$_{18}$ I 11. 52$_6$.311$_{24}$
II 7. M30 52$_1$ 94 187$_{112}$.188$_{123-124}$ II 8B. M25 45$_{19}$ 95 151$_{11}$ 96 153$_7$
- Atrio del Cavallo (Senke zwischen dem zentralen Gipfel und dem Wall des Monte Somma) I 1. 142$_{34Z}$ (die Fläche)
- Kegelberg (Krater) I 1. 142$_{34Z}$. 143$_{3Z.17Z.26Z}$.167$_{10Z}$
- Monte Somma (Rand eines prähistorischen Einbruchkraters des Vesuvs) I 1. 142$_{35Z}$.143$_{17Z.29Z}$
Via Appia Römerstraße (Bau: 312 v. Chr.) von Rom nach Capua
I 1. 138$_{30M}$
II 7. M94 186$_{77}$
Vicenza Stadt in Oberitalien
I 1. 129$_{26M.29M}$.196$_{9Z}$
II 7. M94 185$_{34}$ II 8B. M4 5$_5$
- Gebirge I 1. 130$_{17-18}$

ORTE 331

Vicini s. *Vizini (Vizzini)*
Vierwaldstätter See Schweiz
I 1. 264$_{8Z}$.266$_{9Z}$ (See).$_{20-21Z.26Z}$ (See).$_{36-37Z}$ I 11. 194$_{27}$
Villa Medici Villa aus dem 16. Jahrhundert in Rom s. *Rom (Stadt)*
Villbach Ort im Spessart
II 8A. M 58 79$_{35}$
Villich Im Bergischen
II 8A. M 58 80$_{59-60.69}$
Vils Rechter Zufluss der Naab
I 8. 419$_{22}$
Vineta Sagenhafte, im Meer versunkene Stadt
II 8B. M 75 127$_{11-17}$
Visapur Königreich in Indien
I 2. 81$_9$ I 11. 172$_7$
Viterbo In Mittelitalien südöstlich vom Bolsena-See
I 1. 243$_{1M}$
II 7. M *111* 211$_{32}$
Vivarais Landschaft südlich von Lyon, Frankreich
I 2. 236$_{25Z}$.265$_{26}$ I 8. 370$_{43}$
Vizini (Vizzini) Ort auf Sizilien
II 7. M 87 179$_{18}$ (Vicini)
Vogesen (Vosges) Mittelgebirge in Ostfrankreich
I 1. 1$_{25Z}$
II 2. M *9.18* 183$_{36}$.184$_{50}$
Vogtland
I 1. 102$_{33M}$.294$_{14M}$ I 2. 202$_8$.421$_{4M}$ I 8. 261$_{12}$.421$_{20}$ I 9. 255$_9$.257$_{11.16}$. 258$_8$
II 7. M *113* 221$_{30}$ 73 155$_{22}$ II 8A. M 63 94$_{13}$ 64 95$_{11}$ 86 114$_{62}$ II 8B. M 7 11$_{30}$ II 10A. M 38 100$_{11}$ 39 102$_2$
- Gebirge I 8. 331$_{12-13}$ I 9. 17$_{38}$
- sächsiches I 2. 212$_{4-5Z}$
Vollersroda (Vollersrode) Bei Weimar
II 7. M *11* 18$_{240}$.19$_{244}$
Vollrads, Schloss Nördlich von Oestrich-Winkel in Hessen
I 2. 68$_{8Z}$
Volpersdorf Westlich von Frankenstein in Schlesien
II 7. M *105* 201$_{28}$

Volterra Hauptort des gleichnamigen Distrikts in der Provinz Pisa, Italien
I 1. 244$_{20M.22M.23M.24M.25M.26M}$. 245$_{23M.24M.26M}$
Vorarlberg Österreich
I 2. 192$_{31-32}$ I 8. 266$_{20}$
Vordorf Westlich von Wunsiedel im Fichtelgebirge
I 1. 104$_{23M}$
II 7. M 73 156$_{78-79}$ (Photendorf)
Wabash Im Staat Indiana, Nordamerika
II 8B. M 82 135$_4$
Waetka s. *Wjatka*
Walchensee (Walchersee) See in Oberbayern
I 1. 124$_{19Z}$
Waldeck Östlich von Jena
I 2. 96$_{32-33}$ I 11. 183$_8$
II 7. M *12* 25$_{12}$
Waldenburg Südwestlich von Schweidnitz in Schlesien
II 7. M *102* 196$_{11-14}$ M *102* 197$_{37}$–199$_{100}$
Waldenburger Revier Steinkohlerevier in Schlesien
II 7. M *102* 197$_{37}$–199$_{100}$
- Fuchsgrube II 7. M *102* 198$_{69-70}$
- Johannes Grube II 7. M *102* 198$_{69}$
Waldfisch Bei Salzungen am Westrand des nördlichen Thüringer Waldes
I 1. 189$_{11M}$
II 7. M *51* 103$_{30}$
Waldheim An der Zschoppau, Sachsen
I 2. 29$_{25Z.27Z}$
Waldmünchen Stadt in Bayern
I 11. 239$_{14}$
Waldsassen Ortschaft und Kloster südlich von Eger in der Oberpfalz, Fichtelgebirge
I 2. 212$_{23Z}$.245$_{1M}$
II 8B. M *22* 41$_{132-141}$ 57 94$_{3-4}$
- Stift (Kloster St. Johannes) I 1. 121$_{18Z}$
Wales England
I 6. 295$_4$

Wallendorf Östlich von Mersebug
I 1. 272$_{13Z}$
Wallhof Böhmisches Erzgebirge
I 2. 423$_{14M}$
II 8A. M29 48$_2$
Wallis s. *Cornwall (Cornwallis, Wallis)*
Wallis Schweizer Kanton
I 2. 384$_{19M}$
II 7. M105 203$_{77-78,91}$ II 8B. M80 134$_6$
Wallrabenstein Nördlich von Idstein, Nassau
II 8A. M59 85$_{17-18}$
Waltsch (Walsch) Südwestlich von Podersam, Böhmen
I 2. 204$_9$.250$_{26Z}$ I 8. 263$_{11}$
II 8B. M29 48$_{2-5}$ 6 9$_{108}$
- Galgenberg II 8B. M29 48$_4$
- Schafberg I 8. 263$_{13}$
Warmbad s. *Warmbrunn, Bad*
Warmbrunn, Bad Bei Hirschberg im Riesengebirge
II 7. M102 197$_{17}$ (Warmbad)
Warschau Stadt am rechten Weichselufer; heute Hauptstadt Polens
II 6. M136 271$_{18}$
Wartburg Burg bei Eisenach, eine der Stationen des meteorologischen Messnetzes Sachsen-Weimar-Eisenach
I 1. 255$_{17Z}$.275$_{9Z}$ I 8. 329$_4$.421$_{29}$.422$_{11}$ I 11. 247$_{18}$
II 2. M10.2 205$_{15}$ 10.4 207$_{26}$ 10.6 210$_{50,54}$.211$_{58-59}$ S.10 112$_3$ S.18 123$_{2,13}$ S.22 131$_8$ S.27 137$_3$ S.30 141$_2$ S.S 110$_2$
Wassen (Wasen) Im Reusstal, Schweizer Kanton Uri
I 1. 263$_{33Z,38Z}$.265$_{34Z}$
Wasseralfingen (Wasseralbing) Dorf nördlich von Aalen
I 1. 267$_{29Z}$
- Hoher Ofen (Eisenverhüttung) I 1. 267$_{29Z}$
Webicht Wäldchen im Osten von Weimar
II 7. M11 22$_{361}$
Wedern Kreis Birkenfels, Pfalz
II 8A. M69 99$_{39}$

Weende Dorf im Norden Göttingens, heute Stadtteil
I 1. 273$_{30Z}$
Weggis Am Vierwaldstätter See in der Schweiz
I 1. 266$_{9Z}$
Weheditz Bei Karlsbad
I 2. 1$_{27Z}$.4$_{35Z}$
Weida Südlich von Gera
I 8. 421$_{20}$
II 2. M10.2 205$_{11}$
- Meteorologische Anstalt I 8. 421$_{14}$
Weiden Oberpfalz
I 1. 122$_{9Z}$
Weilbach Zwischen Wiesbaden und Frankfurt
- Schwefelquellen I 2. 60$_{24Z}$
Weilburg An der Lahn südwestlich von Wetzlar
- Mineraliensuite II 7. M105 201$_{11}$.202$_{48}$
Weimar Stadt in Thüringen an der Ilm
I 1. 14$_7$.36$_{29M}$.50$_{24M}$.85$_{16}$.91$_{31}$.92$_{25,35}$.115$_{19}$.116$_6$.137$_{30Z}$.168$_{20}$.178$_{15,22}$.187$_{21}$.196$_{16}$.207$_{20,29}$.208$_{5,6}$.217$_{32}$.219$_4$.225$_{14}$.230$_{21,27,28}$.234$_{25}$.236$_1$.237$_{11}$.255$_{8Z}$.273$_{5Z}$.274$_{28Z}$.276$_{19Z,34}$.278$_{30Z}$.283$_{26Z}$.284$_{16}$.347$_{15}$.372$_{21}$ I 2. 6$_{21Z}$.7$_{20Z,27Z}$.9$_{11M}$.18$_{17Z}$.23$_{20Z}$.57$_{27M}$.59$_{4Z}$.61$_{1Z}$.69$_{16}$.76$_{35}$.79$_{20Z}$.81$_{21Z,23Z}$.82$_{1Z,10Z}$.83$_{33}$.90$_{11M}$.93$_{6Z}$.97$_{5,14,20,31}$.98$_{20}$.99$_5$.100$_{24}$.109$_{1,10}$.117$_{9M}$.133$_8$.138$_{39Z}$.180$_{3Z}$.181$_{15M}$.182$_{15}$.213$_{21Z,25Z}$.253$_{10,24}$.258$_{38}$.317$_{14}$.331$_9$.353$_3$.357$_{15}$.358$_{6Z,17Z,29Z}$.371$_{14M,16M,25M}$.372$_{20M}$.375$_{4M}$.389$_5$.404$_{13Z}$.421$_{38M}$ I 3. 5$_{12}$.64$_{5Z,9Z}$.82$_{4Z}$.86$_{1Z}$.90$_{19Z}$.92$_{14Z,26Z}$.93$_{15Z,32Z}$.94$_{4Z,17Z}$.226$_{35M}$ (W.).231$_{9Z}$.242$_{13Z,32Z}$.248$_{12Z}$.268$_{27Z}$.279$_{29Z}$.280$_{11Z}$.297$_{23Z}$.302$_{29Z}$.305$_{1Z}$.308$_{27}$.331$_{31Z}$.332$_{12Z,28Z,36Z,38Z}$.333$_{25Z}$.387$_{19-20Z,37Z}$.415$_{8Z,26Z,31Z,34Z}$.416$_{3Z}$.435$_3$.509$_{29Z}$ I 4. 1$_{31}$ I 8. 20$_8$.241$_3$.244$_{34}$.291$_{33}$.380$_2$.406$_7$.421$_{38,39}$ I 9. 15$_{2-3,9,21}$.16$_{3-4}$.17$_{10}$.18$_{26}$.80$_{17-18}$.181$_{18-20}$.239$_{30}$.240$_{12}$.

ORTE

$241_{10.19}.243_{35}.250_{14}.256_{24}.295_{15}.$
360_5 **I 10.** $192_5.196_2.214_{10}.215_{31}.$
$219_{12}.229_{33.37}.259_{38}.260_{12}.293_4.$
$296_{13}.320_{25-26.33}.322_{14-15.36}.324_{22}.$
$326_9.350_6.351_{15}.362_{18}.364_{10.12.34}.$
$365_1.366_5$ **I 11.** $1_{25}.40_{38}.49_3.130_{20}.$
$161_{20}.162_{22}.166_1.167_2.169_6.173_{24}.$
$178_{3.29}.183_{34}.184_{8.15.25}.185_{11}.$
$186_{33}.202_{1.10}.213_{20}.219_5.220_4.$
$223_{31}.224_{13}.229_{37}.238_{14}.243_{28}.$
$247_{17}.251_{30}.272_{18}.283_{38}.286_{10}.$
$300_{21}.304_{21}.305_{27}.306_{21}.307_{28}.$
$315_{24}.331_{14}.336_{22}$
II 1A. M9 79_{21} (hier) **I 2.** M10.2
205_9 10.3 206_1 12 218_{16} 5.3 30_{139}
6.2 42_{126} 7.10 58_{31} 7.3 47_{113} $S.10$
112_3 $S.22$ 131_8 $S.30$ 141_1 $S.6$
$108_{7.23}.109_{39}$ $S.9$ 111_1 9.24 189_4
9.25 191_1 9.27 194_{24} 9.28 194_{15}
9.7 146_2 9.9 150_{79} **II 5B.** M101
292_{14} 131 366_{20} 20 94_{21} 29 127_{39}
55 182_{28} 75 229_6 79 239_{14} 92
256_{21} (allhier) 95 262_{46} (allh.) *Erg*
1 $371_{27.52}$ (W.) **II 6.** M74 117_{101}
II 7. M11 $13_{18}.14_{58.17.171}.20_{316}$
113 222_{53} 115 227_{19} 12 25_{17} 35
58_2 59 130_{117} 65 140_7 98 194_4
II 8A. M123 161_4 2 $11_{286-287}$ 43
66_1 48 73_{89} 63 94_{1-21} 64 95_{1-23} 75
105_{50} 97 131_{52} **II 8B.** M1 3_{23} 25
44_6 4_{52} 73 118_{36} M73 $118-121.$
121_{125} 84 136_2 **II 9B.** M51 54_{10}
II 10A. M16 74_{1-2} 18 79_{19} 33 92_8
37 $98_{20.25.37}.99_{53}$ 38 101_{21} **II 10B.**
M2 21_{50} 20.8 62_{31} 22.13 88_{53} 23.3
94_1 23.7 101_{36} 24.21 126_5 24.4
113_{14} 24.6 115_{15} (W.) 25.3 143_{11}
25.8 149_7 7 26_{60}

- Ackerwand, Straße in Weimar hinter Goethes Garten und Wohnhaus **I 11.** 304_{11}
- Apotheke **I 10.** 322_{16}
- Bibliothek **I 9.** 241_{34-35} **II 2.** M10.5 209_3 $S.30$ 141_1
- Duks-Garten **I 10.** 207_3
- Goethes Garten **I 10.** 207_{1-4}
- Goethes Haus **II 10B.** M23.3 97_{111}
- Großherzogliche Bibliothek **I 2.** 271_{12-13} **I 8.** 336_1
- Haupt-Auditorium **II 8B.** M25 45_{15}
- Hausgarten **II 10B.** M35 $161_{11}-162_{11}$
- Hoffmannsche Buchhandlung **I 1.** 94_{TA}
- Hofkonditorei **II 8B.** M25 45_{26}
- Industrie Comptoir **I 2.** $180_{5Z.14Z}.$ 210_{23Z} **I 8.** 422_{16}
- Küchengarten **II 10A.** M37 98_{37}
- Mittwochsgesellschaft **II 9B.** M58 $67-68$
- Museum, Kunst- und Naturalienkabinett **I 9.** $167_{8.28}.284_2$ **II 7.** M105 202_{53-54} **II 10A.** M2.23 26_4
- Naturalien-Tausch- und Handelsbüro **II 8B.** M121 165_{1-2}
- Parkanlagen **I 9.** $240_{25}.241_{24}.$ 242_{10} **I 10.** 253_9
- Promenade **II 7.** M11 21_{330}
- Residenzhaus **II 7.** M11 21_{322}
- Schanze **II 7.** M11 20_{319}
- Schießhausloge **I 10.** 150_3
- Schlittschuhbahn **I 9.** 18_{31-32} **I 10.** 326_{15-16}
- Steinbrüche **I 2.** $82_{16Z.17Z}$
- Theater **I 3.** 95_{7Z}
- Wilhelmsburg **II 7.** M11 $20_{284-285.294}$
- Zeichenschule (Freie Zeichenschule) **I 2.** 83_{2Z}

Weißenbacher Schieferbruch Bei Dillenburg, nordwestlich von Wetzlar, Hessen
II 8B. M53 135_5

Weisenguldenhard Bergwerk im Gebiet von Kirchen an der Sieg, Nassau
II 8A. M58 $83_{156-157}$

Weißensee Nordwestlich von Sömmerda, Thüringen
I 2. $85_9.86_{11.18}.87_{34}$ **I 11.** $174_9.$ $175_{12.18}.176_{29}$

Weisenstädter Teich See bei Weißenstadt im Fichtelgebirge
I 1. 106_{24M}
II 7. M70 152_9

Weißenstein Berg bei Gefrees, Fichtelgebirge
II 8B. M117 163_3

Weißenthurn = Weißenturm, links des Rheins, nördlich von Koblenz
I 2. 73_{25Z}
Weisstritz (Weisteritz) Südlich von Schweidnitz in Schlesien
II 7. M *105* 202_{34}
Weiterdingen Nordwestlich von Singen in Südbaden
I 1. 260_{14Z}
Wele Südlich von Glatz bei Habelschwerd in Schlesien
II 7. M *102* 196_{68}
Wellendingen Südlich von Rottweil in Württemberg
I 1. 259_{7Z}
Wellmich Am Rhein, ca. 30 km von Koblenz; das Amt Wellmich gehörte bis 1806 zu Kurtrier
II 7. M *37* 60_{6}
Welschingen Ort in Südbaden, mittlerweile Teil der Stadt Engen, nordöstlich von Schaffhausen
I 1. 260_{13Z}
Welschland
I 10. 202_{3}
Wendefurt An der Bode westlich von Thale im Unterharz
I 1. 75_{30M,35M}
II 7. M *52* 111_{235–239}
Wendlinghausen Nordöstlich von Detmold
I 1. 274_{21Z}
Wenigen-Tennstedter Flur s. *Tennstedt, Bad*
Wenigenjena Bei Jena
II 7. M *12* 27_{75}
Wernberg Südlich von Weiden in der Oberpfalz
I 1. 122_{9Z}
Wernigerode Am Nordrand des Harzes
I 1. 6_{8Z}.74_{3M}
II 7. M *52* 109_{169–176}.56 125_{58}
- Berge I 1. 73_{33M}
Wernigeröder Feuersteine Granitklippen bei Schierke im Harz
I 1. 72_{27M,34M} I 2. 339_{24–25}.341_{23}
I 8. 392_{11}.394_{7}
II 7. M *52* 108_{133,139}

Wernsdorf Westlich von Teplitz, Böhmen
I 2. 28_{2Z}
Wertitz An der Eger, bei Karlsbad
I 1. 288_{3Z}
Weser Fluss im Nordwesten Deutschlands
I 1. 274_{5Z}
Wesseln Nordöstlich von Böhmisch-Leipa, Böhmen
I 2. 51_{2M}
II 8A. M *45* 67_{22}
Wessingen Südwestlich von Hechingen in Württemberg
I 1. 259_{1Z}
West Point Im Staat Connecticut, Nordamerika
II 8B. M *82* 135_{13}
Westerwald Rechtsrhein. Teil des Rhein. Schiefergebirges
I 2. 67_{9Z}.71_{12}.82_{22Z,27Z}.91_{9Z}.171_{29}
I 9. 103_{31}
II 8A. M *65* 95_{5}
- Bergwerke I 2. 64_{31Z}.68_{29Z}
Westfalen Region und Verwaltungseinheit im Königreich Preußen
II 7. M *78* 166_{6} II 8A. M *58* 80_{44}
Westindien Historische Bezeichnung für die in der Karibik gelegenen Inseln
I 9. 323_{5}
Westpreußen Region und Verwaltungseinheit im Königreich Preußen
II 7. M *78* 165_{5}
Wettin Stadt nordwestlich von Halle an der Saale
I 1. 279_{11Z}
- Steinkohlenwerk I 1. 279_{11Z}
Wetzlar An der Lahn, Nassau
I 2. 77_{29Z}
Weyda, Weyden s. *Weiden*
Weyer Vermutlich östlich von Limburg an der Lahn, heute ein Ortsteil von Villmar
II 7. M *37* 60_{6} II 8A. M *58* 82_{134}
Wieliczka Südlich von Krakau, Polen
- Salzbergwerk I 2. 185_{11Z}

Wien
I 1. $287_{8Z}.322_{9Z}.355_{10Z}$ I 2. $81_{34Z}.$
$82_{38Z}.92_{27Z}.173_{35Z}$ I 6. $349_{10}.$
357_{12} I 8. $195_{32}.328_{21.35}.329_{17}$ I 9.
$169_{23.29}.257_{14}$
II 2. M10.2 205_6 8.25 136_{47} 8.6
108_9 M 8.6 $108_{28}–109_{35}$ 9.16 181_4
9.24 189_{15} (Stadt) II 8B. M19
28_{41} 6 6_{16} II 10B. M8 26_{15}
- Donaukanal II 2. M9.24 189_{10-11}
- Kaiserliches Kabinett I 1. 296_{10M}
II 8B. M7 12_{91}

Wienroda = Wienrode, südöstlich von Blankenburg am Harz
I 2. 133_{20M}
II 8A. M112 148_{3-4}

Wiesbaden Stadt am Rhein, gegenüber von Mainz gelegen
I 2. $59_{18Z}.60_{17Z.23Z.28Z}.64_{27Z}.68_{28Z}.$
$71_{18Z}.75_{10Z}$
II 8A. M58 $79_{4.22-23}.80_{62}.82_{140.152}.$
$83_{169}.84_{189}$ 59 $85_{20.25-26}$
- Allee I 2. 72_{18Z}
- Bibliothek I 2. $61_{18Z}.72_{5Z}$
- Kalksteinbruch I 2. 60_{19Z}
- Kursaal I 2. $59_{20Z}.71_{30Z}.72_{8Z.26Z}$
- Mühltal I 2. 60_{19Z}
- Schützenhof (Badehaus und Theater) I 2. $59_{19Z}.72_{3Z}$
- Stadtmauer I 2. 59_{18-19Z}
- Steinbruch I 2. $59_{18Z.20Z}.72_{6Z.8Z}$

Wiesenmühle Südöstlich von Weimar bei Magdala
II 7. M12 26_{41}

Wiesental Ort nordöstlich der Rhön
II 7. M19 37_6

Wight Insel vor der Südküste Englands
II 8B. M92 149_{2-5}

Wildemann Nordwestlich von Zellerfeld, Harz
I 1. 69_{9M} I 2. 342_{28} I 8. 395_7 I 11. 24_{27}
II 7. M52 105_{46}

Wildenbär Bergwerk im Raum von Siegen an der Sieg, Nassau
II 8A. M58 81_{99}

Wildenplatz Heute: Wildenhagen, Lokalität nördlich des Trogtals im Oberharz
I 1. 72_{15M}
II 7. M52 107_{121} 56 124_4

Wildenthal s. Karlsbad (Carlsbad)

Wilhelmsthal Herzogliches Jagdschloss südlich von Eisenach
I 1. $188_{8M}.189_{6M.13M}$
II 7. M51 $103_{14.32}$

Wilny (Wiluj, Vilui) = Wiljui, Fluss in Sibirien
II 8B. M95 151_5 96 152_1

Windberg Basaltberg bei Kaltennordheim in der Rhön
II 7. M29 51_{99}

Windsbach Südöstlich von Ansbach in Mittelfranken
I 1. 268_{13Z}

Winkel Am Rhein, östlich von Bingen
I 2. 68_{17Z}

Winterberg In Südböhmen
I 8. 419_9

Winterberg (Harz) Berg westlich von Schierke, Harz
II 8A. M31 $50_{55}–51_{56}$

Winterthur Nordöstlich von Zürich, Schweiz

Winzerla (Winzerle) Ort bei Jena
I 11. 164_{35}
- Meridianzeichen I 11. $163_{11}.$
164_{36-37}

Wischkowitz Südwestlich von Marienbad
I 2. $184_{26Z}.185_{25Z}.198_{15M}.220_{25.27}.$
$221_2.243_{25M.34M}.244_{1M.3M}.249_{20M}$
I 8. $252_{21.23.25}$
II 8B. M10 19_{95-96} 19 29_{50} 20
$34_{153-168}$ 22 40_{90-104} 6 $8_{80-82}.9_{103-105}$
- Kalkbrüche I 2. 185_{25Z}

Wisterschan Südöstlich von Teplitz
II 8A. M40 63_1

Wittenberg Stadt an der Elbe
I 6. $217_{25.28}.345_{14-15}$ I 11. 219_{22}
II 6. M58 75_{76} 59 79_{127}

Wittichen, Wittigen Westlich von Alpirsbach im Nordschwarzwald, Bergbau auf Kobalterze, Farbenfabrik
II 7. M46 87_3 (hiesigen).27 (hiesigen) 64 $137_{4.10}$
- Blaufarbenwerke II 7. M61 132_9

Witzelrode (Witzelroda) Westlich von Schweina am Westrand des nördlichen Thüringer Waldes
I 1. 189$_{9M}$
II 7. M51 103$_{28}$

Witzleben Ort in Thüringen, östlich von Arnstadt
I 1. 54$_{4-5M, 11-12M}$

Wjatka Alte Bezeichnung für die Stadt Kirov, Russland
II 2. M 8.16 122$_{14}$ 8.6 108$_{26}$

Wodorf s. *Hohdorf (Hohendorf; bei Karlsbad)*

Wohlfahrtshausen s. *Wolfratshausen (Wohlfahrtshausen)*

Wohlsborn Nordöstlich von Weimar
II 7. M11 23$_{413}$

Wohnsiedel s. *Wunsiedel*

Wolffstein = Wolfstein, nordwestlich von Kaiserslautern
II 8A. M59 84$_{9}$

Wolfgang s. *St. Wolfgang (Schacht)*

Wolfgang (Grube; Schwarzwald) Grube bei Alpirsbach
II 7. M46 89$_{77, 83}$

Wolfratshausen (Wohlfahrtshausen) Südlich von München
I 1. 124$_{7Z, 11Z}$

Wolfsberg Basaltkuppe bei Czerlochin, nordöstlich von Mies, Böhmen
I 2. 277$_{30Z}$.278$_{8Z, 12Z, 15Z, 16Z, 26Z, 31Z}$. 279$_{16Z, 17Z, 18Z, 20Z, 21Z, 23Z}$.307$_{1, 32}$. 315$_{32Z}$.317$_{2, 4}$.329$_{29, 31}$.330$_{7}$ I 8. 404–406.409$_{23, 32}$
II 8B. M37 62 43 84$_{8}$ 45 86 55 93$_{9}$
- Mineraliensuite I 2. 278$_{29Z}$

Wolgast Am Westufer des Peenestroms in Vorpommern
I 4. 257$_{31}$

Wolkenburg Berg im Siebengebirge, südlich von Bonn
II 8A. M58 79$_{36}$

Wollin Ostsee-Insel
II 8B. M75 127$_{17}$

Wolmuthausen (Wohlmuthausen) In der Rhön, östlich von Erbenhausen
II 7. M19 37$_{9}$

Woltawa Fluss in Süd-Böhmen
I 2. 248$_{28M}$
II 8B. M19 28$_{30}$

Wondrab (Wondra) Rechter Nebenfluss der Eger, südöstlich von Eger, Böhmen
I 2. 212$_{22Z}$.227$_{27, 31}$.316$_{17}$ I 8. 372$_{10}$.373$_{27, 31}$
II 8B. M24 44$_{25}$ 36 56$_{16-19}$ 55 92$_{5}$

Wörth, Schlösschen Am Rheinfall bei Schaffhausen in der Schweiz
I 1. 260$_{24Z}$

Wünschelburg Nordwestlich von Glatz in Schlesien
I 1. 193$_{25Z}$

Wunsiedel Fichtelgebirge
I 1. 103$_{16M, 25M}$.104$_{23M, 31M}$.105$_{3M}$. 106$_{10M}$ I 2. 135$_{4Z, 27-29Z}$.172$_{6Z}$
II 7. M73 155$_{37}$.156$_{45}$ (Wohnsiedel).$_{79}$ (Wohnsiedel).157$_{96, 122}$
II 8A. M86 113$_{57}$
- Berge I 1. 359$_{36}$ I 8. 51$_{11}$
- Katharinenkirche I 1. 103$_{17M}$

Württemberg
I 2. 61$_{6Z}$.193$_{1}$ I 8. 266$_{23-24}$ I 9. 369$_{8-9}$.372$_{8}$ I 10. 379$_{28}$
II 7. M46 89$_{78-82, 86}$ (Herzogtumes)
II 9A. M64 109$_{5}$ II 10A. M64 144$_{13}$

Würzburg Stadt in Unterfranken im mittleren Maintal
I 1. 292$_{23M, 25M}$.294$_{3M, 6M}$
II 8B. M7 10$_{10}$–11$_{22}$

Yelkina Bei Gorobiagodatsk, Ural, nördlich von Jekaterinburg
II 8B. M74 126$_{30-31}$

Ytterby Bei Stockholm, Schweden
II 8B. M85 138$_{3}$–139$_{14}$

Zabern (Saverne) Im Unterelsass
I 1. 1$_{21Z}$

Zackenfall Wasserfall bei Schreiberhau im Riesengebirge
II 7. M102 197$_{17}$

Zakynthos Eine der Ionischen Inseln Griechenlands
I 10. 157$_{30}$
II 7. M95 192$_{7}$ (Zante)

Zankberg Berg in der Nähe des Tillbergs, südöstlich von Eger, Böhmen
II 8B. M36 59$_{161}$

Zapfendorf Nördlich von Bamberg
I 1, 268$_{16Z}$
Zaplau Ort bei Guhrau in Schlesien
II 2, M S.13 115$_8$ S.15 120$_{85}$ S.17 122$_6$
Zbirow Im Berauner Kreis, nördlich von Prag
I 2, 248$_{24M}$
II 8B, M 19 28$_{27}$
Zellerfeld Oberharz
I 1, 35$_{30M}$.69$_{25M}$ I 11, 23$_{23}$.24$_{33}$. 25$_{12,13,23}$
II 7, M 23 41$_{88}$.42$_{135,162}$.43$_{180,210}$ 52 106$_{55}$ 54 121$_{16}$
- Buschsegen (Grube) I 11, 25$_{20,26\tau}$
- Glücksrad (Grube) I 11, 25$_{13}$
- König David (Grube) I 11, 23$_{25}$
- Ring und Silberschnur (Grube) I 11, 25$_{18}$
- St. Joachim (Grube) I 11, 25$_{12}$
Zentralamerika s. *Amerika*
Zerchowitz s. *Cerhowitz (Cherhovice, auch Czerchowitz)*
Zettlitz (**Zetlitz**, **Zedlitz**) Nördlich von Karlsbad
I 1, 302$_{23}$ I 11, 106$_{25}$
II 8A, M 14 37$_{336}$ 6 17$_{29}$
Zettwitz (**Zedtwitz**) Dorf und Gut nördlich von Hof (Saale)
I 1, 102$_{29M}$.289$_{34Z}$
II 7, M 73 155$_{17}$ (Zettliz)
Ziegelhausen Östlich von Heidelberg
I 1, 257$_{33Z}$
Ziegenberg Berg bei Suhl, Thüringer Wald
I 2, 109$_{12}$ I 11, 202$_{12}$
Ziegenhain (**Ziegenhayn**) Bei Jena, Stammsitz der Familie der Bauernbotaniker Dietrich
I 9, 17$_1$ I 10, 324$_{12}$
II 10A, M 6 65$_{15}$
Ziegenkopf Aussichtsberg südwestlich von Blankenberg am Harz
I 1, 78$_{31M}$
II 7, M 40 62$_{26}$
Ziegenrücken Granitfelsen am Okertal im Oberharz
I 1, 70$_{21M}$ I 2, 344$_4$ I 8, 396$_{16}$
II 7, M 52 107$_{83}$ 55 122$_{44}$

Zimmern Niederzimmern, westlich von Weimar
I 1, 13$_{20}$ I 11, 1$_7$
II 7, M 11 13$_{19}$
Zimpan Bergwerksort nördlich der stadt Mexiko, Mexiko
II 8B, M 68 102$_{13}$
Zingelgletscher (**Zingelhorn**) s. *Tschingelgletscher (Tschingelhorn)*
Zinnwalde (**Zinnwald**) Zinnlagerstätte, böhmisches Erzgebirge
I 2, 25$_{2M}$.29$_{1Z,4Z,9Z}$.37$_{1,11}$.40$_{17}$.45$_9$. 46$_5$.48$_{16}$.51$_{17-18M}$.56$_{33M,35M}$.64$_{11}$. 122$_1$.150$_{32M}$.154$_{2,22,24}$ I 8, 141$_{18,38}$. 142$_{1,12}$.145$_{14-15}$.146$_{37}$.150$_{21,37}$
I 11, 154$_9$.158$_{18}$.206$_{21}$
II 8A, M 117 152$_5$ 125 164$_{12}$ 32 53$_{25}$ 38 61$_{11}$ 42 65$_{17}$ 43 66$_{4-8}$ 45 68$_{35}$ 48 72$_{60-62}$ 49 74$_{17}$ 50 75$_9$
- Gasthof I 2, 37$_{21}$.42$_7$ I 8, 142$_{22}$, 147$_2$
- Kahler Berg I 2, 42$_4$
- Mineraliensuite I 2, 47$_7$ I 11, 153$_1$–154$_7$
- Reicher Trost (Zinngrube) I 2, 44$_{36}$.47$_4$ I 8, 150$_{13}$
- St. Michael (Grube) I 2, 47$_{2Z}$
- Vereinigt-Zwitterfeld (Zinngrube) I 2, 37$_{31}$.44$_{15,23,36}$.47$_2$ (Stollens)$_4$ I 8, 142$_{32}$.149$_{26,34}$.150$_{12-13}$ I 11, 153$_2$ (Stollens)
- Zinnwerke I 2, 54$_{4Z,33Z}$
Zirwitz Bei Arbesau, nordöstlich von Teplitz, Böhmen
I 2, 51$_{27M}$
II 8A, M 45 68$_{44}$
Zlirow s. *Zbirow*
Zobtenberg Ślęza, höchste Erhebung in der niederschlesischen Tiefebene
II 2, M S.15 119$_{57}$
Zollteich s. *Ilmenau*
Zosche Bei Brüx, südwestlich von Teplitz, Böhmen
I 2, 52$_{12M}$
II 8A, M 44 66$_1$
Zschopau Südöstlich von Chemnitz, Sachsen
I 2, 51$_{20M}$

Zug Schweizer Kanton um den Zuger See
  I 1. 266₂₀z
  II 2. M *9.1S* 182₇
Zuger See Schweiz
  I 1. 266₃₇z.₃₈z
Zürich Stadt in der Schweiz, am Ausfluss der Limmat aus dem Zürichsee
  I 1. 267₇z.₁₀z
  II 7. M *115* 227₁₂
- Eschers Kabinett **I 1.** 267₈z.₁₆z
- Rahns Kabinett **I 1.** 267₁₂z.₁₉z
Züricher See
  I 1. 269₃₇M.270₁M.₅₋₆M **I 2.** 206₁₂M
  II 7. M *114* 224₄₁–225₄₇ **II 8B.**
  M *11* 21₆₋₇
Zuzenhausen Ortschaft südlich von Heidelberg, Richtung Sinsheim
  I 1. 258₄z

Zwanenburg Ort in der Nähe von Amsterdam
  II 2. M *S.25* 135₄₄
Zwätzen (Zwetzen) Nördlich von Jena
  I 2. 82₈z.146₁₇M
  II 8A. M *121* 158₂ *122* 160₁
- Belvedere (Heiligenberg) **I 2.** 82₈z
- Flaschenfabrik **I 2.** 174₂z
Zwoda (Zwota, Zwotau; Stadt) Zwodau an der Eger, bei Falkenau, westlich von Karlsbad
  I 1. 121₁₅z.241₂₉z.₃₄z.341₁₂ **I 2.** 137₆z.₈z.141₃₂M.146₃₀M.205₂₅. 210₂₇z **I 8.** 38₂₆.264₂₅
  II 2. M *9.14* 179₇ *9.9* 168₇₋₄₂ **II 8A.** M *111* 147₄ *115* 151₂₇ *121* 158₁₂ *14* 37₃₂₅
Zwota (Zwoda; Fluss) Zwotau, Fluss in Westböhmen
  I 2. 210₂₉z.₃₅z.211₁₆z

Mineralien, Fossilien und Farbstoffe

Mineralien, Fossilien und Farbstoffe

Hinweis: Die den Einträgen beigefügten Erläuterungen sind nicht als Identifikationen im Sinne heutiger Systematik zu verstehen (zu der es bisweilen Abweichungen gibt), sondern als Hinweise auf Zuordnungen und Synonyme, die Goethe aus seiner Zeit kannte (und bisweilen kritisch veränderte). Hierfür wurden Nachschlagewerke herangezogen, die sich in Goethes Bibliothek nachweisen lassen bzw. von Personen stammen, mit denen Goethe in engem Kontakt stand. Sofern sich Erläuterungen und Synonyme aus den Goetheschen Quellen selber ergaben, sind diese aufgeführt (q).

Achat (Agat) Nach Werner als „Anhang" den Kieselarten (dem Heliotrop?) zugerechnet. Siehe auch Geoden *W I, 67*
I 1. $150_{26M}.153_{20Z.23Z.36Z}.164_{9M}.$
$191_{30Z.33Z}.245_{27M}$ **I 2.** $111_{1M}.147_{30}.$
$198_{10M}.216_{13}.351_{31}.410_{26M.31M}.$
$413_{20}.414_{8-9}.420_{12M}.421_{23M.25M}$ **I 8.**
$248_{32}.417_{13}$ **I 11.** $323_{3.29}$
II 7. M 11 18_{216} 12 25_4 45 67_{24} 48
90_{15} 65 141_{48} 84 174_{18} 85 176_4.
177_{34} 88 180_2 (Agata)$_5$ (Agatha)
M 94 $190_{225}-191_{230}$ 103 199_9 113
$221_{44.45}$ **II 8A.** M 75 104_{13} (agatifere) 100 134_6 121 159_{44} **II 8B.** M 6
8_{75} 10 19_{90} M 54 $91-92$ 90 144_{16}
- Korallen-Achat (Korallenähnliche Gestalt) **I 1.** 191_{33Z}
- Regenbogen-Achat **I 3.** $146_{30M}.$
346_{33M}
- Trümmerachat **I 2.** $98_3.351_{27}.$
$410_{22M.23M}$ **I 8.** 417_9 **I 11.** 183_{18}

Achatjaspis (Agath-Jaspis) Nach Werner dem Jaspis zugeordnet, dieser den Kieselarten *W III, 5*
II 8A. M 69 99_{29}

Acidum Siehe auch Säure
I 6. 281_{16} **I 7.** $6_{11}.16_{10}$
II 3. M 24 14_1

Ackererde *s. Dammerde*

Adamas Siehe auch Diamant *LA II 7, 4q*
II 7. M 1 4_{50}

Adlerstein Aetit, Eisenniere. Siehe auch Pseudo-Ätit *Reuss 28–29*; vgl. *Zappe 134*
I 2. 126_6 **I 11.** 208_{30}
II 10A. M 69 149_{10}

Adularia (Adular) Im Wernerschen Mineralsystem dem Feldspath zugeordnet, dieser dem Kieselgeschlecht *W III, 6*
I 1. $76_{17.17M}.265_{11Z.13Z}.271_{1M}.$
$328_{27M}.334_{14}$ **I 4.** 145_{24} **I 8.** $31_{29}.$
130_{24}
II 7. M 52 111_{257} 101 196_1 114
225_{71} **II 8A.** M 2 7_{151} 13 26_{47} 14
31_{99} 69 99_{14}

Aerolith D. h. Luftstein, nennt Goethe Meteoriten, da er annimmt, dass sie in einer prägnanten (schwangeren) Atmosphäre durch Kondensation von Staubteilchen entstehen *LA II 8A, 735 Erl*
I 1. 273_{27Z} **I 2.** $127_{24-25}.132_{16M}$ **I 8.**
165_{37}
II 8A. M 110 145_{15}

Aetit, Ätit *s. Pseudo-Ätit, falscher Ätit* Siehe auch Adlerstein

Afterkristalle Pseudomorphosen, durch Umwandlung entstandene Kristalle *Vgl. LA II 7, 223 Erl; Zappe 6*
I 2. 422_{30-31M}
II 7. M 113 222_{73}

Agaricus saxatilis Siehe auch Bergmilch *Reuss 171*
II 7. M 107 $207_{111-112}$

Agat (Agate) *s. Achat (Agat)*

Agd Lat. (Vok.): Gagates; Zappe: Agtstein = Bernstein. Siehe auch Gagates, Bernstein *LA II 7, 5q; Zappe 1804, 7*
II 7. M 1 5_{71}

Ägyptenstein Ägyptische Breccie *s. Breccie GWB; LA I 11, 143–145*

Aiguilles Rouges Granit? *LA II 7,*
9Sq
II 7. M49 $98_{210-211}$
Alabaster Nach Werner dem Gipsstein zugeordnet. Siehe auch Gipsstein. dichter *W I, 70*
I 1. $14_{10}.30_{21M}.244_{20M.21M.22M.23M.24M.25M.26M.27M.28M}$ **I 2.** 350_{26} **I 11.** 1_{28}
II 7. M11 $15_{101-102}.22_{375.397}.23_{407}$
12 26_{63} *14* 29_{13} *31* 54_{32} *45* 70_{112} *48*
91_{61} *85* $176_6.177_{41}$ (Albatres) *87*
179_{19} *106* 204_3 **II 8A.** M59 85_{20}
Alabaster, Orientalischer Reuss verzeichnet Albâtre oriental s. Kalksinter *Reuss 366*
I 8. 416_{7-8}
Alabastrite (Alabastrides) Dichter Gips. Siehe auch Fraueneis *Reuss 366*
II 7. M 85 177_{48}
Alaun In Goethes Mineraliensammlung den Vitriolischen Salzen zugeordnet. Siehe auch Assos *LA II 7, 91q*
I 1. $2_{27Z}.3_{4Z.9Z.16Z.33Z}.4_{29Z}.30_{33M}.105_{28M}$ **I 2.** 427_{18M} **I 4.** 177_6 **I 6.** 131_{21} **I 10.** 24_{26}
II 3. M35 34_{2-5} **II 4.** M50 61_{14} *56* 67_9 **II 7.** M14 30_{24} M48 $91_{71}-92_{71}$
73 157_{120} *107* 208_{129} **II 8A.** M98 132_7 **II 8B.** M29 48_{10}
Alaunerde Nach Werner zunächst den Vitriolischen Salzen zugeordnet. später (W II) den Tonarten. schließlich (W III) der Braunkohle *W I, 70; W II, 376; W III, 15*
I 3. $468_{32M}.469_{2M.22M}$ **I 4.** 160_7
II 4. M49 61_{30} *50* 62_{58} **II 7.** M5 $85_{6-6.11}$ *45* 70_{141} **II 8B.** M114 162_4
II 9B. M33 37_{227}
Alaunschiefer Nach Werner zunächst den Vitriolischen Salzen zugeordnet. später (W II. W III) den Tonarten. mit den Unterarten gemeiner und glänzender A. *W I, 70; W II, 376; W III, 8*
I 1. $3_{24Z}.30_{14M}.246_{14M.21M}$
II 7. M14 29_6 *45* 70_{140} *87* 179_{12}
(Schisto Aluminoso) *111* $213_{85.92}$

II 8A. M63 94_{13} *64* 95_{11} *69* 99_{41-44}
II 8B. M118 163_3
Alaunstein Nach Werner zunächst den Vitriolischen Salzen zugeordnet. später (W II. III) den Tonarten *W I, 70; W II, 376; W III, 8*
I 1. $149_{10M.15M}$
II 7. M45 70_{142} *92* 184_5 *94*
$188_{145-146}$
Alberese Kalkstein um Florenz *LA II 7, 218 Erl*
I 1. $244_{16M}.248_{16M}$
II 7. M111 214_{148}
Alcalische Erde *s. Erde, Alcalische*
Alkali, Alkalien Siehe auch Base. Basen: Kali. Kalien
I 3. $376_{27M}.377_{5M.13M.20M}.378_{7M.9M.14M}.430_{26}.463_{37}.482_{10M.11M}.483_{12M}.484_{21M}.485_{35M.42M}.487_{10.10M}.503_{7M}.504_{21M}.513_{11M}$ **I 5.** 179_{11} **I 6.** $184_{17}.281_{16}$ **I 7.** 611.16_{10} **I 8.** $177_{33}.340_{11}$ **I 11.** 99_{29}
II 1A. M1 5_{75} **II 3.** M22 13_2 *23* 13_{3-7} *24* 14_1 *25* $16_{66.77}$ *27* 17_8 **II 4.**
M47 $59_{9.18}$ *70* $83_{70-71}.84_{80}$ **II 5B.**
M130 365_8 **II 6.** M56 72_{12} *58* 73_{23}
128 254_2 **II 8A.** M2 4_{33} *4* 15_{40}
II 10A. M3.3 37_6 *3.4* $38_{8.14}$ *3.15*
59_{14}
Alkali, mineralisches Siehe auch Natron *Zappe 1804, 10*
I 1. $286_{5Z}.358_{33}$ **I 3.** 487_{5-6M} **I 8.** 50_9
II 7. M87 179_9 *112* 219_{19}
Allanit Wahrscheinlich aus Grönland stammendes Mineral. bestehend v. a. aus Kieselerde. Eisenoxyd. Tonerde. Cereroxyd. Kalkerde. Siehe auch Cerin *Zappe 1817, I, 31, 214*
II 8B. M85 139_{16}
Almandin Violblauer Spinell. violblauer echter Granat *Reuss 31*
I 2. $140_{24M}.153_{22}.197_{31M.32M.35M}.219_{27.28.29.30.31.32.34.37-38}.220_{1.2.3.5}.254_{31}.255_{2-6}.310_{20.24.25.28}.337_{4.30.34.35}.338_2.347_8$ **I 8.**
$140_{38}-141_{1}.251_{32.33.34.35.36.37}.252_{1.4.6.7.8.10}.389_{3.29.33}.390_{1.5}.412_{26}$
I 11. $225_{17.23-24.27}.232_{31.35}.233_{1.4}$

MINERALIEN

II 8A. M114 150_{15} **II 8B.** M6
$8_{66}.9_{100.120-121}$ 10 18_{76-79} M20
$33_{117}-34_{134}$

Almizadir Arabisch für Salmiak *GWB*
I 6. 131_{31}

Alpenkalk(-stein)
I 2. $191_{14}.192_{32}.201_{28}.$
$240_{3-4M.13M.14M}.257_{28-29}$ **I 8.** $242_{11}.$
$260_{32}.266_{21}$ **I 11.** 228_{27}
II 8A. M62 $90_{14}.91_{50}.92_{89-96}$ **II 8B.**
M1 $3_{28}.4_{39}$ 30 49_{25} 31 51_{3-4}

Aluminium
II 8B. M76 128_{26-27}

Alzebric Terminus technicus der arabischen Alchemie, entspricht Schwefel *GWB I, 440*
I 6. 132_1

Amalgam „Natürlich Amalgam(a)" ist nach Werner eine Quecksilberart, in W III unterschieden in halbflüßiges N. A. und festes N. A. Siehe auch Blei Amalgam und Zinn Amalgam *W I, 72; W II, 381; W III, 17*
II 7. M45 72_{185} 63 $134_{48-63}.$
135_{89-93} (amalgame) **II 8A.** M69
99_{17} **II 8B.** M21 36_9

Amausa Email, künstliche Edelsteine aus Glas, Glaspasten oder farbige Metallegierungen *GWB I, 442*
II 5B. M100 291_{17}

Ambra (Amber) Siehe auch Bernstein *Reuss 174*
I 6. 401_{10}

Amethyst Nach Werner dem Quarz zugeordnet, dieser den (gemeinen) Kieselarten *W I, 67; W II, 374; W III, 4*
I 1. $103_{12M}.302_{8.26}.341_{37}.342_{15-16}.$
345_{33} **I 2.** $125_{5M}.186_{11Z}.198_{12M}.$
$217_{21.22}.220_{12.20}.308_{12}$ **I 3.** $253_{20M}.$
463_{27} **I 8.** $39_{13.29}.43_{10}.249_{36}.250_1.$
$252_{16}.405_8$ **I 11.** $20_{33}.106_{13.28}.170_5$
II 4. M61 72_{64} **II 7.** M45 67_{14} 73
155_{33} **II 8A.** M14 $37_{339-340}$ 26 46_1
59 84_7 69 100_{53} 107 140_{29} **II 8B.**
M6 $8_{77.99}$ 10 19_{92} 20 $31_{31}.34_{146-148}$
24 44_{26}

Amiant Nach Werner dem Asbest zugeordnet, dieser den Talkarten *W I, 69; W II, 377; W III, 10*
I 1. $287_{32Z}.323_{27Z}.375_6$ **I 2.** $188_{32}.$
$223_{11.12}.290_{28}$ **I 8.** $254_{30.31}.352_8$
I 11. $132_{38}.221_{17}$
II 7. M45 69_{75} 69 151_{35} $S5$ 176_{27}
II 8A. M20 42_1 **II 8B.** M77
131_{45-46}

Ammoniak Siehe auch Ammonium, Salmiak *Zappe 1804, 14; Zappe 1817, I, 41*
I 8. 340_5
II 10A. M3.3 $37_3.38_{13}$ 3.5 $41_2.$
43_{45} 3.7 45_6

Ammoniaksalz
I 6. $400_{20.35}$
II 3. M34 30_{87}

Ammoniten Auch Posthorn; versteinte, vielkammrige, in der Windung um den Mittelpunkt abnehmende Schnecken. Siehe auch Ammonshorn im Tierregister *Zappe 1817, I, 42*
I 1. 277_{14} **I 2.** 372_{4M} **I 11.** 49_{18}
II 8B. M73 118_{22} $S3$ 135_6

Ammonitenmarmor Gemeiner dichter Kalkstein. Siehe auch Kalkstein, Dichter *Reuss 32*
II 8A. M104 137_1

Ammonium Siehe auch Ammoniak *Zappe 1817, I, 41*
I 9. 332_{26}
II 4. M55 66_{11-12}

Ammoniumchlorid
I 1. 148_{2-3Z}

Amphibiolithen Versteinerte Amphibien *Zappe 1817, I, 42-43*
II 8A. M30 48_{11}

Amphibol Hornblende *GWB I, 451q*
I 2. $108_{22M}.317_{27}.318_{5.20.29}.$
$319_{12.19.28}.320_{3.12.24}.321_{1.8.18.25.31}.$
$322_{1.5.10.14.22.29.34}.323_{5.23}.$
$324_{1.22.29.36}.325_{10.18.35}.$
$326_{3.17.27}.327_{7.14}$ **I 8.**
$397_{2.12.24.31.47}.398_{4.12.22.29.38.50}.$
$399_{5.13.18.23.27.30.34.37.44}.$
$400_{1.6.12.26.38}.401_{2.14.23.29.43.46}.$
$402_{6.14.26.32}$

Analcim (Analzim) Nach Werner eine Kieselart *W III, 6*
I 2. 101₁₀M.102₁₁M
II 8A. M *90* 118₁₁ *91* 119₁₃

Anatron Verschiedene Bedeutungen: Salpeter, natürliches Mineralalkali oder salzhaltiger Schaum bei der Erhitzung von Glas. Siehe auch Salpeter *LA I 6, 131q; Reuss 178; Zappe 1817, I, 46*
I 6. 131₃₀₋₃₆

Andalusit Nach Werner eine Kieselart *W III, 6*
I 2. 275₁₇Z.282₂₈Z
II 8B. M *55* 93₁₆ *57* 94₉

Anthrakonit Werner verzeichnet Anthrokolith als Kalksteinart, den Luftsauren Kalkgattungen zugerechnet *W III, 11*
I 2. 249₂₂M
II 8B. M *6* 8₉₆ *19* 29₅₂

Anthrax *s. Kohle*

Anthrazit Siehe auch Kohlenblende *Zappe 1817, I, 50*
I 2. 289₁₇.₁₉.₂₇ I 8. 350₃₀.₃₂.351₇
II 8A. M *69* 99₂₅

Antimonium Nach Werner eine Hauptgruppe der Metallarten (IV. Klasse). Siehe auch Spießglanz, Spießglas *W I, 74*
II 7. M *45* 74₂₅₈ *63* 134₇₀ (antimoine)

Antimonphosphor Eine der von Osann entdeckten und hergestellten Leuchtsteinarten *LA II 5B, 330 Erl*
II 5B. M *113* 323₃₄.324₆₀₋₆₇.₆₈ (Ersterer).₇₁.₈₀ (entdeckten Phosphore).325₉₀.₉₁₋₉₂.₁₀₉.326₁₅₄.₁₆₈₋₁₆₉

Antophyllit Nordisches Mineral, aufgrund seiner nelkenbraunen Farbe so genannt *Zappe 1804, 15*
II 8A. M *72* 102₁₀

Apatit Nach Werner den Phosphorsauren Kalkgattungen zugeordnet *W II, 378; W III, 12*
I 2. 55₃₅M.63₃₀.105₂₁.153₈.234₂₄Z.427₂₁M I 8. 140₂₅ I 11. 158₁.190₃
II 8A. M *48* 72₃₂ *50* 75₇ *58* 80₆₅ *98* 132₄ *106* 138₁₂

Äpfelsäure
I 9. 332₂₇

Aphrit Siehe auch Schieferspat oder Schaumerde *Zappe 1817, I, 59*
I 1. 374₁₆ I 11. 132₁₀

Aplom Siehe auch Granat *Zappe 1817, I, 59*
I 2. 411₂₄Z
II 8B. M *96* 152₂

Apyr Apyrite nennt Hausmann einige unschmelzbare Schörle; Apyr bei Goethe wohl Beiname des Augit, weil er unschmelzbar ist *Zappe 1817, I, 61; LA I 11, 231q*
I 2. 309₃ I 11. 231₃

Aquamarin (Berggrüner) Topas, edler Beryll. Siehe auch Beryll, Topas *Reuss 32*
II 8A. M *26* 46₃

Aragonit, Arragon Werner verzeichnet Arragon als Kalkart, den Luftsauren Kalkgattungen zugeordnet und unterschieden in gemeiner und stänglicher Arragon *Reuss 33; W III, 11*
I 2. 51₂₀M.₃₄M
II 8A. M *40* 63₃₋₄ *45* 68₃₇₋₄₀.₅₁
II 8B. M *29* 48₄₋₇

Arbor Dianae *s. Dianenbaum*

Argentum Nach Werner eine Hauptgruppe der Metallarten (IV. Klasse). Siehe auch Silber *LA II 7, 3q; W I, 72*
II 7. M *1* 3₂₆.4₃₇ *45* 72₁₉₀ II 8B. M *112* 161₁

Arsenicalisches Silber (Arsenik-Silber) Nach Werner eine Silberart *s. Silber, Arsenicalisches (Arsenik-S.) W III, 18*

Arsenik, Arsenicum Nach Werner eine Hauptgruppe der Metallarten (IV. Klasse) *W I, 74; W II, 386; W III, 25*
I 1. 118₁₆M.193₂₀Z.270₂₈M I 2. 32₃₁.45₃₃.63₃₂ I 3. 148₁₁M.149₄₀M.482₃₉M.₄₁₋₄₂M.483₄₂M.₄₄M.484₃₄M.₃₅M.487₁₅M.₁₆M I 4. 164₂₀ I 8. 149₂₁.289₁₆ I 11. 25₇.87₁₇.150₃₃

II 1A. M 77 305₁ **II 2.** M 5.3 29₆₉
II 4. M 56 67₆ **II 6.** M 115 219₉₁
II 7. M 9 11₈ 23 42₁₆₅ 45 74₂₇₃.
86₇₁₀ 48 92₁₀₂ 80 169₇₀ 102 196₅
112 219₄₀ 114 225₆₈ **II 8A.** M 62
91₃₈₋₄₀
- Arsenik-Ordnung (nach Werner)
II 7. M 122 233₄₀
- Bergbau **II 7.** M 105 201₁₉
Arsenik, Gediegener Nach Werner
eine Arsenikart *W I, 74; W II, 386;
W III, 25*
II 7. M 45 74₂₇₄ **II 8B.** M 29 48₁₂
Arsenik-Kalck, Natürlicher Nach
Werner eine Arsenikart *W I, 74*
II 7. M 45 74₂₇₅
Arsenikkies Nach Werner eine Arsenikart: in W II. III unterteilt in gemeiner A. und Weiserz. Siehe auch Mis-pickel *W I, 74; W II, 386; W III, 25*
II 7. M 45 74₂₇₇ **II 8A.** M 50 75₇
Asbest Nach Werner eine Talkart, die Bergkork, Amianth und Gemeinen Asbest umfasst, in W II und III zudem Bergholz *W I, 69; W II, 377; W III, 10*
I 1. 193₂₀z.323₂₇z.₂₈z.353₁₉.₂₁.375₆
I 8. 130₃₀.386₁.₃ **I 11.** 132₃₈
II 7. M 45 69₇₃₋₇₆ 48 91₄₂ 85 176₂₇
II 8A. M 20 42₁ 111 147₇ **II 8B.**
M 109 159₅
Asbest, Gemeiner Nach Werner dem Asbest zugeordnet, dieser den Talkarten *W I, 69; W II, 377; W III, 10*
II 7. M 45 69₇₆
Aschenzieher Siehe auch Turmalin. Trip *Bergmänn. Wb. 32*
I 11. 63₃
Asphalt Erdpech *Reuss 35*
I 6. 56₂₁.63₁₅
Assos Arabisch, Alaun. Siehe auch Alaun *GWB*
I 6. 131₁₉.₂₀
Astroiten Fossile Sternkorallen. Siehe auch Stricke *LA II 7, 497 Erl*
I 1. 274₃₁z
Äthiops Äthiops mineralis, schwarzes Quecksilbersulfid. Siehe auch

Mineralischer Mohr. Quecksilbermohr *Zappe 1804, 28*
I 4. 161₃₄
Ätzkali
I 8. 340₆
Ätzstein Höllenstein, wundheilend *Grimm WB I, 597*
I 3. 484₂₇M.485₄₄M
Augit Nach Werner eine Kieselart, unterschieden in körnicher, blätricher, muschlicher und gemeiner Augit. Siehe auch Pyroxen *W III, 1–2*
I 1. 303₂₉.321₃₀z.343₃₄.346₂₆.
377₁₉z **I 2.** 35₂₃₋₂₅M.₂₈M.361M.20M.
101₉M.102₅M.11M.14M.15M.131₃₄M.
141₃₀M.184₃₁z.308₁₆.₂₁.₃₀.
309₁.₁₀.₁₁₋₁₂.₁₃.₁₅.315₁₅M.317₅.
318₆.330₁₃.420₂₁M.427₃₀M **I 8.** 41₈.
44₃.397₁₃.405₁₂.₁₇.₂₆.₃₁.410₃ **I 11.**
107₃₂.231₁.₁₀.₁₁.₁₂.₁₅
II 7. M 108 209₂ 113 220₁₀ **II 8A.**
M 2 10₂₄₃ (Auguit) 20 42₃ 36
59₂₂.₂₇.₃₁.60₄₉ 63 94₄ 64 95₂ 69
98₂₋₃ 90 118₉ 91 119₁₂ 90 119₁₇
91 120₂₈₋₂₉ 98 132₅ 108 144₁₃₆
115 151₂₅₋₂₇ **II 8B.** M 37 62₁₂ 38
63₁₄ 43 84₁₆ 55 93₁₀ 96 152₁ 114
162₂ 116 163₁ 119 164₄
Auripigment Rauschgelb *Reuss 36*
I 5. 133₈
Aurum Nach Werner eine Hauptgruppe der Metallarten (IV. Klasse). Siehe auch Gold *LA II 7, 3q; W I, 72*
I 3. 147₂₀M.482₃₆M **I 6.** 117₈
II 7. M 1 3₂₅.4₃₅.₄₁
Aventurin, Aventurinquarz Rötlichbraune Abänderung des Quarzes von einem gold- oder messinggelben Schimmer, der vermutlich durch mehrere Risse und Sprünge, wodurch der durchfallende Lichtstrahl sich verschiedentlich bricht, verursacht wird *Zappe 1804, 30*
II 7. M 85 177₆₀ **II 8A.** M 69 99₄₅
II 8B. M 119 164₄
Aventurin, Künstlicher Gelblich- oder rötlich-grüner Glasfluss mit

eingestreuten Messingspänen *Zappe 1804, 31*
I 2. 241₂₂₋₂₃M
II 8B. M*22* 38₂₄
Axinit Nach Werner eine Kieselart. Siehe auch Thumerstein *W III, 3*
I 2. 428₂M
II 8A. M*98* 132₂₃
Azoc Alchemist.: Quecksilber *GWB*
I 6. 132₁₆.₁₈
Azot Bestandteil des Karlsbader Sprudels, Stickgas *GWB*
II 2. M*9.2* 143₅₂
Bandjaspis Nach Werner dem Jaspis zugeordnet, dieser den Tonarten; in W III den Kieselarten *W I, 68; W II, 375; W III, 5*
I 2. 78₂₃.97₁₅.155₃₆.351₁₄.352₁₅. 421₂₉M I 8. 153₉.416₃₁.417₃₀
II 7. M*45* 68₃₄ *65* 140₂₅ *113* 221₄₇
II 8A. M*63* 94₁₅ *68* 97₈
Bardellone Schwarzer Tonschiefer, in den Bergen von Fiesole, bei Florenz *LA II 8A, 128, nach Brocchi*
I 2. 108₁₀
II 8A. M*96* 127₅
Bardiglio s. Bordiglio / Bardiglio
Barium Gemäß Osann neben Schwefel und schwefelsaurem Baryt ein Bestandteil des bononischen Phosphor *LA II 5B, 324q*
II 5B. M*113* 324₇₆
Baryt, Barit Nach Werner ein eigenes Geschlecht der Erdichen Foßilien, das Witherit und Schwerspath umfasst, letzterer enthält neun Arten; in W II „Schwerarten" genannt *W III, 13; vgl. Reuss 37*
I 2. 35₁₄M.327₉ I 8. 402₂₇
II 5B. M*113* 324₇₆₋₇₇.325₁₂₃.328₂₄₆ *147* 409₅₇ II 8A. M*36* 59₁₄ *58* 83₁₈₅
- Baryt-Ordnung (nach Werner)
II 7. M*122* 233₁₀
Barytochalzit
II 8A. M*66* 96₆
Barytphosphore Siehe auch Phosphore, Bononische und Schwerspat, Bologneser
I 7. 26₈.₂₉.28₇.33₈₋₉

Barytwasser
II 4. M*55* 66₁₂
Basalt Nach Werner zunächst eine Talkart, später (W II, III) eine Tonart. Siehe auch Fleckenbasalt *W I, 69; W II, 376; W III, 8*
I 1. 30₈M.102₁₆M.106₁₄M.109₁₃M. 128₃₁M.129₂₅M.₃₁M.132₁₅M.158₂₂Z.₃₂Z. 189₃₀.₃₁M.190₂.₅.₇.₁₁.₁₃.₁₄.₂₃.₂₇.₃₀.₃₈. 191₂.₅.₉.₂₁.₂₂.192₁₂Z.193₁₃Z. 195₁₅M.₂₃M.₂₅₋₂₆M.₂₉M.₃₀M.196₁M.₄M. 242₃₃M.243₂₈M.246₂.₁₀M.248₁M. 249₃₀.256₁Z.₁₃Z.₁₄Z.₂₈Z.286₁₃Z. 287₄Z.₁₅Z.291₁₇Z.303₁₂.₁₆.₁₉.₂₇.312₁₅. 323₂₆Z.₂₇Z.343₂₃.₂₅.₃₀.₃₃.₃₅.346₁₉.₂₁.₂₅. 353₁₆.366₁₇.₂₅.369₂₃.₂₉M.375₈. 377₁₁Z.₁₃Z.₂₁Z.₂₄Z I 2. 219Z.3₁₇Z.₂₄Z. 28₂₁Z.29₁₅Z.₂₃Z.35₂₂M.₂₇M.₂₈M.₃₀M.₃₁M. 36₉M.51₃M.₂₁M.₃₄M.52₁M.95₁₇.₁₈.₂₂. 101₄M.₅M.102₉M.125₁₂.₂₇.126₈.₁₆.₂₈. 131₂₇M.₃₁M.₃₃M.₃₄M.132₇M.136₄Z. 138₁Z.₁₂Z.139₂₄Z.140₃₄M.141₃₀M. 144₂₀M.151₅M.₇M.164₁₈.₂₁.₃₁.165₆. .₁₃.₁₆.₁₉.₂₃.₂₅.₂₉₋₃₀.₃₄.₃₇.164₄.₆.₃₄.₃₈. 168₁.₂₂.₃₂.₃₄.169₃.₆.₁₁.₁₄.₂₁.₃₂.₃₄.₃₇.₃₈. 170₂.₇.₈.173₂₉Z.176₁₂Z.185₃₅Z. 187₈Z.191₃₆.194₃₁.212₂₆Z.213₅Z. 221₇.222₁.₁₆.₂₀.231₁₁Z.234₂₇Z.₂₈Z. 235₁₅Z.259₆.260₆.₁₄.₃₅.261₃.₂₀. 262₅₋₆.263₅.₃₁.264₅.₁₇.265₆.₈.₁₈.₃₁. 266₆₋₇ (Amas basaltique).₁₃.₁₈. 281₂₆Z.₂₇Z.₃₄Z.282₄Z.₁₄Z.283₁₄Z. 297₂₆M.299₁₈M.301₃₂M.308₁₅. 330₈.334₃₇.359₆M.420₁₇M. 421₂₇M I 8. 40₃₅.₃₇.41₄.₇.₉.43₃₄.₃₆. 44₂.₃.₉.₁₀.₁₄.57₂₈.60₃₇.157₂₋₃.₂₇.₃₀. 158₆.₁₉.₂₆.₂₈.₃₂.₃₆.159₁.₆.₁₀.₁₃.₁₈.₂₀. 160₁₀.₁₄.161₁₅.₃₄.162₅.₈.₁₅.₁₈.₂₃.₂₆.₃₂. 163₆.₈.₁₁.₁₂.₁₃₋₁₄.₁₉.₂₀.165₅. 242₃₃.253₂.₁₈.₃₃.254₄.269₆. 367₇.₃₇.₄₄.368₁₂.₁₄.₂₈.₄₇.369₂₁.₄₂.₅₂. 370₄₋₅.₂₇.₂₈.₃₇.₄₇.371₆.₆.₁₇.385₃₆. 405₁₁.409₃₃ I 11, 371–38₃₃. 107₁₆.₂₀.₂₃.₃₁.116₂₆.133₂.208₆.₂₁.₃₂. 209₈.237₂₆
II 7. M*3* 7₂₃.₂₉ *5* 8₃ (No. 1 u. 2.).₈.₁₁ *9* 11₁₂ *15* 31₂₃ *22* 38₅ *23* 43₁₉₈ *24* 44₅.₅₋₁₀ *29* 51₉₈ *30* 52₂ *31* 53₁₂ *38* 60₇ *45* 69₈₆ *48* 91₄₈ *65* 140₁₉

MINERALIEN   347

72 154₅ 73 155₅.158₁₂₆.160₂₂₅ 94
185₂₆.₃₁.₃₆.186₄₇ 100 195₈₋₂₉ 102
196₇ 111 213₈₁.214₁₃₁ 113 220₆.
221₄₆ II 8A. M2 10₂₅₈ (Passalt)
6 17₃₅ 7 18 20 42₁ 25 45₅ 34 56₆
36 59₂₁₋₂₉.₃₉ 38 61₁₆ 39 62₂₉ 45
67₂₃.68₃₈.₅₁₋₅₄ 56 77₁ 58 79₃₂.₃₅ 86
113₄₁ 90 118₄ 91 119₉ 99 133₂₂
106 138₁₄ M 108 143₁₂₈-144₁₃₆
110 145₈ 114 150₂₄ 115 151₂₅₋₂₇
117 153₁₀₋₁₁ 120 157₇₈ 122 160₂₋₄
II 8B. M 1 4₃₄.₄₅ 6 9₁₀₂.₁₂₅ 13 221₋₈
33 52₂₅ 36 58₁₀₃.60₁₇₆ 37 62₇₋₁₉ 39
66₆₂₋₆₇.68₁₃₈₋₁₃₉ 43 84₁₇ 55 92₃ 72
110₁₅₃.₁₇₉.111₁₉₂ 95 151₂ 116 163₁
117 163₁
- Basalt(stein)bruch I 1. 275₃z I 2.
259₁ I 8. 367₁ II 7. M5 8₁₉
- Basaltbreccie I 2. 361₉M II 8A.
M36 60₄₈
- Berge, Gebirge, Felsen I 1.
190₄₋₅.243₁M.267₂₄z.286₃₆z I 2.
260₅.₈₋₉.₃₃.266₁₇.299₁₂M.330₂₅.₃₀
I 8. 57₃₅₋₃₇.367₃₆.₃₉.368₁₀.371₁₆.
410₁₄.₁₉ II 7. M5 8₁₅ 23 43₂₀₃ 29
50₅₉.₆₅₋₆₆ 102 197₂₁ 111 211₃₃
- Kugel-Basalt, Basaltkugel I 1.
192₁₇₋₁₈z.303₁₃.343₂₃₋₂₄.346₁₇ I 2.
35₂₃M.102₉M.131₃₂M.265₂₀₋₂₁.₂₄₋₂₅.
266₂ I 8. 40₃₅₋₃₆.43₃₂.370₃₉.₄₂.₅₄
I 11. 107₁₇ II 8A. M91 119₁₀ 108
144₁₃₄
- Liebensteiner Basalt I 1. 373₁₄₋₁₅.
375₉₋₁₀ I 11. 131₁₂.133₃₋₄
- Platten-Basalt. Tafel-Basalt I 2.
35₂₃M.265₇.₁₇ I 8. 370₂₈.₃₆
- Säulen-Basalt, Basaltsäule I 1.
249₂₆ I 2. 35₂₃M.265₇.299₂₁M I 8.
370₂₈.₅₁ II 7. M29 50₆₀ 44 66₇
II 8B. M39 66₇₀
Basalt-Porphyr Nach Reuss eine
Trappformation in der Klasse der
Flözgebirgsarten. Siehe auch Drachit. Trapp-Porphyr *Reuss 26*
II 8A. M90 118₅
Basalthornblende Nach Reuss:
Basaltblende = basaltische Hornblende *Reuss 38*
I 2. 282₁₃z

II 8A. M36 59₂₂₋₂₃.60₅₀ 45 67₂.₂₁
58 79₃₆ II 8B. M36 57₈₉
Basaltjaspis
II 8B. M 117 163₁
Basalttuff Bei Reuss der Trappformation unter den Flötzgebirgsarten zugerechnet *Reuss 26*
I 2. 36₁₈M
II 8A. M36 60₄₇
Base, Basen Siehe auch Alkali
II 5B. M 104 307₇₇ II 10A. M 3.4
38₆ 3.11 53₅
Beinbruch Begriff von L. D. Hermann für baumartig verzweigte Konkretionen aus Kalk in Sand.
Siehe auch Ossifragus *LA II 8B, 22q*
II 8B. M 12 22₆
Belemniten Fossilien im Unteren oder Mittleren Jura *LA II 7, 461*
I 1. 268₁₇z.275₂₉z
II 8A. M58 79₁₀ 59 84₁₂ II 8B.
M 111 161₁
Bergblau Farbe auf mineralischer Basis *GWB*
I 3. 204₉ I 5. 133₉.167₄.₁₂.₁₇ I 6. 59₁₁
Bergbutter Nach Werner den Vitrilischen Salzen zugeordnet; in W III dem Schwefelsäure-Geschlecht *W I, 70; W II, 379; W III, 14*
II 7. M45 70₁₃₉ II 8A. M63 94₂₀
64 95₂₀
Bergfett s. Bergöl, Bergfett
Bergharze Nach Werner eine Hauptgruppe der „Brennlichen Wesen" (III. Klasse); in W II, III „Erdharze" genannt. Siehe auch Bitumina
W I, 71; W II, 379; W III, 15-16
II 7. M45 71₁₅₆
Bergholz Nach Werner dem Asbest zugeordnet, dieser den Talkarten
W II, 377; W III, 10
I 2. 420₂₂M
II 7. M 113 220₁₁ II 8B. M 109 159
Bergkork Nach Werner dem Asbest zugeordnet, dieser den Talkarten
W I, 69; W II, 377; W III, 10
I 2. 221₁ I 8. 252₃₄
II 7. M45 69₇₄ 85 176₂₈ (Liege Fossile) II 8B. M20 34₁₆₀

Bergkristall Nach Werner dem Quarz zugeordnet. dieser den (gemeinen) Kieselarten; in den Quellen oftmals nur Kristall genannt. Siehe auch Kristall. Zitrin *W I, 67; W II, 374; W III, 4; Reuss 54*
I 1. 189[20M].276[26Z].302[15].342[2-3]. 345[34] **I 2.** 45[4].48[6.12.13].124[27M]. 128[33M].133[19M].137[26Z].189[10].276[35Z]. 421[5M] **I 3.** 98[4M].431[8].464[38M] **I 4.** 145[14].157[23] **I 8.** 11[15.16.22].39[16-17]. 43[11].150[17] **I 11.** 100[4].106[18-19]. 153[34].154[5.6]
II 5B. M*15* 61[111.127.134].62[156].67[373] *19* 88[97-101] M *19* 89[144]–90[147] M *19* 90[165]–190[178] *22* 108[3-4] **II 7.** M*11* 18[213] *12* 25[6] *45* 67[15] *113* 221[31]
II 8A. M*62* 91[29] *70* 101[1] *71* 101[6-7] *99* 133[6] *107* 139[17] *108* 141[31]

Bergleder Bergkork *Reuss 40*
I 2. 249[20-21M]
II 8B. M*19* 29[51]

Bergmilch Nach Werner eine Kalkart. zunächst (W I) den Kalkarten „im engern Verstande". dann den „Luftsauren Kalkgattungen" zugeordnet. Siehe auch Agaricus saxatilis *W I, 69; W II, 377; W III, 10*
II 7. M*45* 69[93] *107* 205[24]

Bergöl, Bergfett Nach Werner als Bergfett den Bergharzen zugeordnet *W I, 71*
I 2. 108[13M] **I 6.** 401[10]
II 7. M*45* 71[158] **II 8A.** M*96* 127[8]

Bergseife Nach Werner eine Tonart *W I, 68; W II, 376; W III, 9*
II 7. M*45* 68[60] *108* 209[10] **II 8A.** M*63* 94[5] *64* 95[3] **II 8B.** M*114* 162[5]

Berlinerblau Blaue Eisenerde *Zappe 1804, 50*
I 3. 137[31M].138[15M].149[6M].196[14-15]. 197[5].252[7M.10-11M.14M.18M.22M.25M.29M] .253[2M.7M.11M.14M.17M.21M.25M.28M.32M. 36M].254[1M.3M].255[19M.23-24M].271[27M]. 272[2M.17M.37Z].432[12].448[17.25]. 463[2.5.6.35].469[4M.35M].472[23M]. 486[20M] **I 4.** 162[3-4].163[26].175[17] **I 11.** 101[4]

II 1A. M*44* 227[183] **II 3.** M*33* 23[73] **II 4.** M*50* 61[9] *56* 68[42] *61* 72[66-68] **II 5B.** M*6* 21[59] **II 7.** M*45* 78[400]

Bernstein Nach Werner den Bergharzen zugeordnet. in W II Erdharze genannt. dort unterteilt in weißer B. und gelber B.; dieselbe Unterteilung findet sich in W III. allerdings dem „Resin-Geschlecht" zugeordnet. Siehe auch Ambra. Amber *W I, 71; W II, 380; W III, 16*
I 2. 61[3Z].52[18M].422[12M].426[3M] **I 3.** 99[13M].345[9M] **I 4.** 27[13] **I 8.** 127[31-32]. 128[3].272[14].363[16] **I 9.** 317[8-9.10] **I 11.** 66[13.15.36].70[6]
II 5B. M*2* 7[1] *53* 178[62.65] **II 7.** M*1* 5[71-72] *45* 71[169] *113* 222[61] **II 8A.** M*44* 66[8] **II 8B.** M*42* 84[1]

Beryll (Beril) Nach Werner eine Kieselart. untergliedert in gemeinen und schörlartigen B.; später (W III) in edlen und gemeinen Beril (schörlartiger B. = Piknit). Siehe auch Aquamarin *W I, n.r.; W II, 374; W III, 3*
II 7. M*48* 90[8] **II 8A.** M*3* 14[53] *19* 42[6] *41* 64[15-18] *42* 65[13] **II 8B.** M*21* 37[12] *26* 46[1] *77* 131[37-39] *87* 141[17] *114* 162[2] *119* 164[1]

Bimsstein (Bimstein) Nach Werner zunächst (W I) eine Talkart. dann (W II) eine Tonart. schließlich (W III) eine Kieselart. dort unterschieden in glasichen. gemeinen und porphirartischen Bimstein. Siehe auch Rapili (Rapilli) *W I, 69; W II, 376; W III, 5*
I 1. 136[35Z].148[22M] **I 2.** 75[22Z].169[20]. 241[26M].299[30M].310[26].311[17].337[36] **I 8.** 162[32].390[2] **I 11.** 233[2.30]
II 7. M*21* 37[6.6] (pierreponce) *45* 69[90] *94* 188[125] **II 8A.** M*34* 57[15.17] **II 8B.** M*22* 38[27] *39* 66[78]

Birnstein *s.* Bernstein

Bittererde Reuss: schwefelgesäuerte B. = natürliches Bittersalz *Reuss 42*
I 2. 13[33Z] **I 4.** 157[24]
II 8A. M*124* 162[3.14].163[23] **II 8B.** M*109* 159[6]

Bittersalz, Natürliches Bittersalz Nach Werner den Vitriolischen Salzen zugeordnet; später (W III) dem Schwefelsäure-Geschlecht *W I, 70; W II, 379; W III, 14*
I 2. 11$_{15Z}$ I 3. 468$_{32-33M}$
II 7. M35 58$_7$ 45 70$_{143}$ *112* 218$_9$
II 8A. M63 94$_{23}$ 64 95$_{21}$

Bitumen Nach Werner sind „Bergharze, Bitumina" die erste Gruppe der Brennlichen Wesen (III. Klasse) *W I, 71*
I 1. 246$_{19-20M}$.272$_{6Z}$ I 2. 88$_3$.104$_{18}$. 108$_{19M}$ I 11. 176$_{32-33}$.188$_{35}$
II 1A. M17 149$_{22}$ (Erdharz) II 7. M10 12$_{12}$ *11* 21$_{342-343}$ *12* 27$_{106-108}$ *31* 54$_{23-28}$ 45 71$_{156}$.86$_{708}$ 64 138$_{64}$ 87 179$_{13(?)}$ II 8A. M2 10$_{254}$ (Piteminesischen) 58 79$_{28}$ 69 99$_{25}$ 96 127$_{14}$ II 8B. M26 46$_{10}$

Bitumina Nach Werner eine Hauptgruppe der „Brennlichen Wesen" (III. Klasse). Siehe auch Bergharze *W I, 71*
II 7. M45 71$_{156}$ 48 92$_{78-84}$

Blätterkohle Nach J. K. W. Voigt der Steinkohle zugeordnet *LA II 7, 229q*
II 7. M117 229$_3$

Blätterschiefer
II 8A. M58 79$_{13-15}$

Blauholz Farbstoff
II 4. M58 70$_{18}$

Blausäure 1782 zuerst von Carl Wilhelm Scheele aus Berliner Blau hergestellt und als dessen Farbstoff betrachtet *GWB*
I 3. 375$_{20M}$.377$_{6M}$.378$_{17M}$.379$_{23M}$
II 3. M5 5$_{16}$

Blaustein Dichter grauer Kalckstein von splittrigen schimmernden Bruche und beygemengten Kalkspath Körnern; Reuss: (in Thüringen) körniger Kalkstein; Zappe: Hornschiefer *LA II 7, 13q; Reuss 43; Zappe 1804, 59*
II 7. M11 13$_{35}$.14$_{87}$.16$_{131-133.147}$. 19$_{251}$.23$_{419.427}$.24$_{443}$ *12* 25$_{15.22}$. 26$_{58}$

Blei Nach Werner eine Hauptgruppe der Metallarten (IV. Klasse). Siehe auch Plumbum sowie Phosphor- und Wasserblei *W I, 73; W II, 384; W III, 22*
I 1. 15$_{11M}$.39$_{11M}$.221$_{38}$.226$_{19M}$. 233$_{15}$.238$_{18.20}$.242$_{36M}$.282$_{8Z}$ I 2. 32$_{32}$.71$_{21Z}$.72$_{2Z}$.73$_{6Z}$.105$_{26}$.209$_{7-8Z}$. 382$_{17Z}$.391$_{29M}$.423$_{3M}$ I 3. 39$_{12.14}$. 52$_{3-4.6}$.148$_{23M.27M.30M.33M}$.149$_{24M}$. 252$_{28M}$.254$_{21M}$.255$_{2M.29M}$.378$_{4M}$. 457$_{23M.26M}$.463$_{14}$.469$_{4M}$.482$_{17M}$. 486$_{2M.9M}$ I 4. 152$_{34}$.157$_{30}$.160$_{18}$. 161$_{8.32}$ I 6. 139$_{11}$.332$_{35}$ I 7. 114 (ND: 96)$_6$.114$_7$ I 8. 134$_{23}$.230$_{19-20}$ I 9. 281$_{5.19}$.285$_4$ I 10. 398$_{29}$ I 11. 25$_{37}$.72$_{19}$.77$_{15}$.87$_{17}$.127$_9$.150$_{34}$. 190$_{7-8}$
II 1A. M44 224$_{53}$.225$_{80-85}$.226$_{106}$ 53 252$_{21}$.253$_{33.62}$ II 3. M33 23$_{7-6}$ II 5B. M12 48$_{64}$ *100* 291$_{15}$ *114* 334$_{157}$ II 6. M45 57$_{95}$ II 7. M1 3$_{29}$. 4$_{37}$ *23* 41$_{91}$ *25* 46$_{12-13}$ 45 73$_{235}$ 48 92$_{96}$ 54 121$_6$ 63 134$_{71}$ (plomb) 82 172$_3$ *111* 211$_{31}$ *112* 219$_{31}$ *120* 231$_{18}$ II 8A. M58 81$_{97}$ 62 92$_{85-93}$ II 8B. M21 37$_{15}$ 67 101$_1$ 76 128$_{22}$ 82 135$_2$

- Blei-Ordnung (nach Werner) II 7. M122 233$_{31}$

Blei Amalgam
II 5B. M100 291$_{15}$

Blei, kohlensaures
II 5B. M147 409$_{68}$

Blei, phosphorsaures
I 2. 61$_{5Z}$ I 3. 148$_{34-35M}$

Bleierde, Gelbe Nach Werner eine Bleiart, untergliedert in zerreibliche G.-B. und verhärtete G.-B.; in W III nur Bleierde (ohne Farbangabe) *W II, 384; W III, 22*
II 8A. M58 82$_{134}$

Bleierde, Graue Nach Werner eine Bleiart; in W II unterteilt in zerreibliche G.-B. und verhärtete G.-B.; in W III nur Bleierde (ohne Farbangabe) *W I, 73; W II, 385; W III, 22*
II 7. M45 73$_{244}$

Bleierde, Grüne Grün-Bleyerz: Werner verzeichnet neben Gelbe- und Graue-Bleierde noch Rothe-Bleierde (in W III nur Bleierde, ohne Farbzusatz), anders als Reuss unterscheidet Werner zwischen Bleierz und Bleierde *Reuss 44; W II, 384–385; W III, 22*
II 8A. M*58* 82$_{134}$

Bleierz Werner verzeichnet Blau-, Braun-, Weis-, Grün-, Schwarz-, Roth- und Gelb-Bleierz; in W III zudem Vitriol-Bleierz und Bleierde (unterteilt in verhärtete und zerreibliche) *W II, 384; W III, 22*
I 11. 25$_{10.13}$
II 7. M *9* 11$_{5.8}$ *37* 60$_5$ **II 8A.** M*58* 82$_{115}$ *62* 92$_{70}$

Bleierz, Braun Nach Werner eine Bleiart *W II, 384; W III, 22*
I 2. 231$_{23-24Z}$
II 8A. M*58* 82$_{129-130}$

Bleierz, Gelb Nach Werner eine Bleiart *W II, 384; W III, 22*
II 8A. M*58* 82$_{132-133}$

Bleierz, Grün Nach Werner eine Bleiart *W I, 73; W II, 384; W III, 22*
I 3. 486$_{12M}$ **I 11.** 25$_{14}$
II 7. M*45* 73$_{241}$ **II 8A.** M*58* 82$_{127-128}$

Bleierz, Rot Nach Werner eine Bleiart *W I, 73; W II, 384; W III, 22*
II 7. M*45* 73$_{242}$ **II 8B.** M*87* 140$_{2-3}$

Bleierz, Schwarz Nach Werner eine Bleiart *W I, 73; W II, 384; W III, 22*
II 7. M*45* 73$_{239}$ **II 8A.** M*58* 82$_{126}$ *69* 99$_{30}$

Bleierz, Weiß Nach Werner eine Bleiart *W I, 73; W II, 384; W III, 22*
II 7. M*45* 73$_{240}$ **II 8A.** M*58* 82$_{125}$
- phosphorsaures **II 8A.** M*58* 82$_{131}$

Bleiglanz Nach Werner eine Bleiart mit zwei Unterarten: gemeiner B. und Bleischweif; in W III zudem mulmicher B. *W I, 73; W II, 384; W III, 22*
I 1. 116$_{28M}$.121$_{4M}$.179$_{33}$.220$_{30}$. 221$_{8.10}$ **I 2.** 198$_{27M.28M}$.199$_{2-3M}$. 427$_{18-19M}$ **I 11.** 22$_{2.4}$.24$_{44}$. 25$_{3.5.9.16.18.19.21.23}$
II 7. M*23* 39$_{31}$ *45* 73$_{236}$ *65* 141$_{33.41}$ *80* 167$_{18}$ *81* 171$_{34}$ *105* 202$_{34.37}$ **II 8A.** M*42* 65$_{17}$ *58* 81$_{96}$. 82$_{118.120.123}$ *59* 85$_{13}$ *62* 92$_{86-91}$ *98* 132$_9$ **II 8B.** M *6* 8$_{87-88}$ *10* 19$_{105.115}$ *88* 142$_{15-16}$

Bleiglanz, Gemeiner Nach Werner eine Unterart von Bleiglanz *W I, 73; W II, 384; W III, 22*
II 7. M*45* 73$_{237}$

Bleikalk Reuss: phosphorsaurer B. = Grün-Bleyerz *Reuss 45*
I 4. 202$_5$ **I 6.** 364$_{35-36}$
II 1A. M*44* 235$_{479}$ **II 6.** M*112* 214$_{59}$

Bleiocher, Gelbe Nach Werner eine Bleiart; nach Krünitz Synonym zu Bleiweiß *W I, 73; Krünitz*
II 7. M*45* 73$_{243}$

Bleioxyd
II 5B. M*114* 334$_{137.141.164}$ **II 6.** M*115* 219$_{73}$ (l'oxide de plomb)$_{86}$ (oxide de plomb)

Bleioxyd, arseniksaures
II 8B. M *76* 129$_{71}$

Bleioxyd, kohlensaures
II 5B. M*147* 409$_{59-60}$

Bleischweif Nach Werner eine Unterart von Bleiglanz *W I, 73; W II, 384; W III, 22*
II 7. M*45* 73$_{238}$

Bleispat Siehe auch Bleierz, Weiß *Reuss 45*
I 2. 231$_{22Z}$.278$_{2Z}$.283$_{22Z}$
II 8B. M*55* 93$_{17}$

Bleispat, Grüner Siehe auch Bleierz, Grün *Reuss 49*
II 8A. M*59* 85$_{13}$

Bleispat, Weißer Siehe auch Bleierz, Weiß *Reuss 46*
II 8A. M*59* 85$_{13}$

Bleiweiß Reuss: natürliches, Weiss-Bleyerz; Krünitz: Bleyocher. Siehe auch Bleyocher *Reuss 46; vgl. Krünitz*
I 3. 254$_{21M}$.255$_{2M}$ **I 4.** 157$_{30}$. 161$_{26.33}$.175$_5$ **I 6.** 54$_{32}$.55$_5$.58$_{22}$ **I 8.** 222$_{38}$
II 1A. M*44* 227$_{165}$ **II 3.** M*33* 23$_{77}$
II 4. M*56* 67$_7$

Bleizucker Entsteht durch Auflösung von Blei in Essigsäure *Zappe 1817, I, 152*
I 3. 121₇ₘ I 6. 362₁₄

Blende Nach Adelung ist „vornehmlich eine glänzende Bergart Blende welche ein mit Eisen und Schwefel vererzter Zink ist"; von Werner und Reuss dem „Zinkgeschlecht" zugerechnet; in W II, III unterteilt in gelbe, braune und schwarze Blende. W III unterscheidet die braune wiederum in blätriche, strahliche und fasriche. Siehe auch Horn-, Kohlen- und Zinkblende *Adelung I, 1065; W II, 385; W III, 23; Reuss 23*
I 1. 307₁₂ I 2. 199₃ₘ I 11. 262₉.
110₃₀
II 7. M 54 121₁₃ *105* 202₃₉ II 8A. M 6 17₃₅ II 8B. M *10* 19₁₁₆ SS 142₁₅

Blende, Braune Nach Werner eine Zinkart; in W II, III der Blende zugeordnet *W I, 74; W II, 385; W III, 23*
I 11. 25₂₄
II 7. M 45 74₂₅₃ II 8A. M 58 83₁₇₇₋₁₇₉

Blende, Gelbe Nach Werner eine Zinkart; in W II, III der Blende zugeordnet *W I, 74; W II, 385; W III, 23*
II 7. M 45 74₂₅₅ II 8A. M 58 83₁₇₅

Blende, Rote Nach Werner eine Zinkart; in W II, III nicht angeführt *W I, 74; vgl. W II, 385; W III, 23*
II 7. M 45 74₂₅₆

Blende, Schwarze Nach Werner eine Zinkart; in W II, III der Blende zugeordnet *W I, 74; W II 385; W III, 23*
II 7. M 45 74₂₅₄

Bleu turquin Name für einen „bläulichten Kalkstein", den Saussure an der Arve entdeckte *LA II 7, 97q*
II 7. M 49 97₁₉₈

Blutlauge Blausaure Lauge aus verkohltem Blut *Grimm WB 2, 186*
I 3. 255₁₉ₘ. 483₁₄ₘ. 484₃ₘ.₁₁ₘ. 485₁₄ₘ

Bohnerz Nach Werner dem Thon-Eisenstein zugeordnet, dieser dem Eisen. Siehe auch Toneisenstein *W III, 21*
II 8A. M 58 82₁₅₂

Bol, Bohl Nach Werner eine Talkart *W I, 68; W II, 377; W III, 9*
I 1. 249₁ₘ (Bolo).₂ₘ (Bolo)
II 7. M 45 68₆₅ *48* 91₃₇ *111* 215₁₆₃
II 8A. M 58 80₆₄ *64* 95₁₃
- Bolo Armeno II 7. M *111* 215₁₆₄

Bolo s. *Bol, Bohl Reuss 421*

Bologneser Phosphore, Bologneser Stein, Bologneser Spat *s. Phosphore, Bononische*

Bonifaciuspfennige, Bonifatiuspfennige Eine andere Bezeichnung für Trochiten; genannt nach dem Vorkommen bei einer Bonifatiuskapelle bei Günserode i. d. Hainleite, südöstlich Sondershausen; nach Reuss Glieder von versteinerten Encrinitenstielen. Siehe auch Trochiten *LA II 7, 132–133 Erl.; Reuss 47*
II 7. M 62 132₁₄

Bononische Phosphore, Bononischer Stein *s. Phosphore, Bononische*

Borax Werner verzeichnet in W II als einzige Art unter den boraxsauren Kalkgattungen „Boracit". Borrezea *Vgl. W II, 378; W III, 12; GWB*
I 3. 149₃₀ₘ
II 6. M *115* 219₈₇₋₈₈

Bordiglio / Bardiglio Marmor bzw. körniger Kalkstein; Reuss verzeichnet B. di Carrara und B. di Serravezza *GWB; Reuss 107, 421*
I 1. 245₂.₅ₘ

Borreza Siehe auch Borax *GWB*
I 6. 131₃₃

Bouteillenstein Grüne und braune als Schmucksteine verwandte Gläser aus der Gegend von Budweis in Böhmen und Trebitsch in Mähren *LA II 8B, 802 Erl*
I 2. 204₁₅ I 8. 263₁₇

Branderze Brandschiefer (mit Quecksilber und Zinnnober) = Kupfer-

branderz. Siehe auch Quecksilber-Branderz *Reuss 47*
I 1. 32_{4M}
II 7. M*17* 34_{13}
Brandschiefer Nach Werner eine Tonart *W I, 68; W II, 376; W III, 8*
I 1. 246_{30M} **I 2.** $104_{18}.137_{10Z}.162_{31}.205_7.210_{32Z}$ **I 8.** $169_{29-30}.264_9$
I 11. 188_{35}
II 7. M*45* 68_{47} *111* 213_{100}
Braun Bleierz s. *Bleierz, Braun*
Braunkiesel Reuss verzeichnet braunen Kies als Synonym von Leberkies *Reuss 92*
II 8A. M*2* 11_{284} **II 8B.** M*21* 37_{19}
Braunkohle Bei Reuss der Steinkohle untergeordnet; in W III ein eigener Eintrag unter dem „Erdharz-Geschlecht", bituminöses Holz, Erdkohle, Alaunerde, Pappierkohle, Moorkohle und gemeine Braunkohle umfassend; J. K. W. Voigt führt es unter der Braunkohlen-Gattung an *Reuss 20; W III, 15; LA II 7, 229q*
I 1. $109_{7-8M}.247_{1M}.272_{2Z}.279_{10Z}.302_{14,16}.308_{25}$ **I 2.** $36_{4-5M,5M,5M}.49_{29}.110_{31M}.123_{18Z}.162_{9-10}.227_{14}.249_{8M}.250_{31Z}.331_3.426_{5M}$ **I 8.** $169_8.340_4.373_{14-15}.410_{29}$ **I 11.** $106_{18,20}.112_{14}.147_1$
II 7. M*73* $160_{219-220}$ *111* 213_{106} *117* 229_{14} **II 8A.** M*2* $10_{252,254,256,270}$ (Brand...kohle)(?).$_{274}$ (Brandkohlen)(?). 36 $59_{34-35}.58$ $79_{8,13}.80_{59,69}$ 99 133_{10-19} *100* 134_4 *127* 166_{11-12} **II 8B.** M*19* $28_{39}.42$ 84_3 *103* 156_3 **II 10A.** M*69* 149_{7-8}

- Braunkohlen-Gattung (J. K. W. Voigt) **II 7.** M*117* 229_{9-17}

Braunspat Nach Werner eine Kalkart, den Luftsauren Kalkgattungen zugeordnet; in W III unterschieden in fasrichen und blätrichen Braunspath *W II, 378; W III, 11*
I 2. $422_{5M,6M}$
II 7. M*113* 222_{55-57} **II 8A.** M*58* $80_{47,56-58}.82_{120}$ **II 8B.** M*88* $142_{50}.143_{71}$

Braunstein Nach Werner zunächst eine Tonart, dann eine Hauptgruppe der Metallarten, schließlich dem Mangan-Geschlecht zugeordnet *W I, 68; W II, 386; W III, 24*
I 1. $32_{10M}.53_{18M}.241_{11Z}$ **I 2.** $50_{26M}.108_{13M}.422_{32M}$ **I 3.** $141_{29M}.253_{24M}.254_{28M}.378_{26M,31M}.463_{28}.513_{10M}$ **I 4.** 168_{2-3} **I 11.** 26_1
II 1A. M*25* $162_{32}.163_{42,61}$ **II 7.** M*2* 5_{12} *17* 35_{18} *30* 52_8 *45* 68_{55} *48* 90_{29} *65* 141_{39} *112* 219_{38} *113* 222_{74} **II 8A.** M*45* 67_{14} *58* 83_{167} *62* 92_{94} *96* 127_8 **II 8B.** M*21* 37_{18}

- Braunstein-Ordnung (nach Werner) **II 7.** M*122* 233_{37}

Braunsteinerz, Graues Nach Werner dem Braunstein zugeordnet, dieser den Metallen; in W III ist Grauer Braunstein dem Mangan-Geschlecht zugeordnet und unterteilt in strahlicher, blätricher, dichter und erdicher *W II, 386; W III, 24*
II 8A. M*58* 83_{171} *69* 99_{39}

Braunsteinerz, Rotes Nach Werner dem Braunstein zugeordnet, dieser den Metallen; in W III als Rother Braunstein dem Mangan-Geschlecht *W II, 386; W III, 24*
II 8A. M*34* 57_{21}

Braunsteinerz, Schwarzes Nach Werner dem Braunstein zugeordnet, dieser den Metallen; in W III als Schwarzer Braunstein dem Mangan-Geschlecht *W II, 386; W III, 24*
II 8A. M*64* 95_{24}

Braunsteinkalk Mangankalk, wohl auch blättriges Schwarz-Braunsteinerz *Zappe 1817, I, 195*
II 1A. M*16* 135_{68} *25* 162_{38} **II 8B.** M*95* 151_{14} *110* 159_7

Breccie Diejenigen Steinarten, welche aus Trümmern verschiedener anderer Steine zusammengekittet sind; Benennung von dem im Gemenge vorwaltenden Gesteine. Siehe auch Kalk-, Kiesel-, Quarz- und Trappbreccie sowie Puddingstone *Zappe 1817, I, 197; vgl. Zappe 1804, 85*

I 1. $97_{31}.150_{8Z}.151_{18M}.162_{20M}.$
$163_{29M}.244_{32M}.246_{24M}.247_{30M}.$
$261_{1Z.4Z.16Z.20Z}.269_{32M.37M}.270_{1M}.$
$279_{19.22.28}.288_{8-9Z}.301_{24.36}.302_{1}.$
$303_{26}.308_{11}.320_{26Z}.329_{14-15M}.$
$330_{5M.6M}.340_{15}.345_{20}.385_{2.3.12.14}$
I 2. $96_{11}.107_{9Z}.165_{5}.217_{15-16}.$
$226_{27}.227_{4}.246_{11}.255_{14}.352_{33}.$
$353_{4M.13M}$ **I 8.** $37_{29}.42_{35}.158_{18}.$
$249_{30-31}.372_{24}.373_{5}.418_{12-13}$ **I 11.**
$17_{22}.22_{4}.51_{2-4.10}.105_{28-29}.106_{5.6}.$
$107_{30}.111_{28}.142_{18.19.27.30}.144_{16}.$
$145_{18}.182_{16}.222_{12}.225_{35}$
II 7. M 84 $174_{36}-175_{40}.175_{45}$
85 176_{8} 94 $189_{172-178}.190_{211-213}$
102 198_{66} 106 204_{2} 111 214_{129}
114 $224_{38.41}.225_{43}$ **II 8A.** M 13
$27_{68.94-95}$ 14 $32_{155}.35_{276}$ 75 104_{10}
115 151_{17} 121 158_{34} **II 8B.** M 20
31_{24} 52 91_{8} 55 93_{19} 88 142_{17}
- Ägyptische Breccie **I 1.** $140_{2M}.$
$245_{33M}.385_{18}.388_{1}$ (Ägyptenstein)
I 2. $5_{7Z}.97_{7-8}$ **I 11.** $143_{1}.145_{17}$
(Ägyptenstein).184_{1-2} **II 7.** M 91
184_{1} (Breccia d'Egitto)
- Pseudo-Breccie **I 1.** $386_{38}.388_{2}$
- Urbreccie **I 2.** $68_{6Z}.353_{5M}$ **II 8B.**
M 52 90_{1}
Brennliche Wesen (Mineralien) Im
Wernerschen Mineralsystem die III.
Klasse *W I, 71; W II, 379*
II 7. M 45 71_{155} 48 92_{77} 112 219_{20}
122 233_{20}
Broccatello (Brokatmarmor) Reuss
unterscheidet B. di Maremma und
B. di Spagna, beide gemeiner dichter Kalkstein (vierfärbig), sowie B.
rosso, (rother) Porphyr (mit gelbem Feldspathe) *Reuss 422*
I 1. 244_{29}
Bronzino Venetianische Marmorart
Binzer IV, 372
I 1. $129_{23M(?)}$
II 7. M 94 185_{29}
Bronzit Nach Hauy als eine Varietät
des Smaragdit identifiziert, bei Ullman und Hoffman als blättrige Art
des Anthophyllit *Zappe 1817, I, 198*
II 8B. M 18 26_{3}

Bufonites Versteinerungen von
Fischzähnen. Siehe auch Krötenstein *GWB*
I 1. 13_{24} **I 11.** 1_{10}
II 8A. M 30 49_{12-13}
Buntkupfererz Nach Werner eine
Kupferart *W II, 382; W III, 18; vgl.
Reuss 21*
II 8A. M 58 81_{99}
Butyrum Antimonii Spießglanzbutter. Siehe auch Spießglanz, Spießglas *Krünitz (Spießglanzbutter)*
I 6. 400_{25-26}
II 3. M 32 20_{1-8} 34 30_{81}
Caeruleum Siehe auch Kupferlasur
Reuss 206
II 5B. M 60 193_{16}
Calcara Grün-, blau- und schwarzfarbiges Glas; Nebenprodukt beim
Kalkbrennen auf Sizilien *Borch
1778, 210-212*
I 1. $151_{22M}.152_{31Z}.153_{28Z}$ (Glasfluß).164_{21M}
II 4. M 47 59_{17} 63 76_{15} **II 7.** M 84
175_{49-51} 94 191_{235}
Calcidon (Calcedon) s. *Chalcedon
(Calcedon)*
Calcium
II 5B. M 113 $324_{72.73.77-78}$
Calciumcarbonat
I 2. 327_{8}
Calciumsulfat
I 8. 402_{28}
Calomel
II 5B. M 147 409_{60}
Cancrinit
II 8B. M 85 139_{38}
Cantonscher Phosphor s. *Phosphor,
Cantonscher*
Carbo s. *Kohle*
Carneol, Carniol s. *Karneol (Carneol)*
Causticum antimoniale An der
Textstelle Synonym zu Butyrum
Antimonii *LA I 6, 400q*
I 6. 400_{25}
Cererit Reuss verzeichnet Cerites =
Wachsachat oder Wachsopal *Reuss
212*
II 8A. M 62 91_{33}

Cerin Siehe auch Allanit *Zappe 1817, I, 214*
II 8B. M 85 139$_{16}$

Cerium Bzw. Cererium: Metall. 1803 entdeckt *LA II 1A, 306 Erl*
II 1A. M 77 305$_{15}$ (Curium)

Ceroxyd
II 8B. M 85 139$_{22}$

Chabasie (Chabasin, Chabasit) Würfelzeolith *GWB*; rgl. *LA I 2, 101*
I 2. 101$_{13M}$.102$_{12M}$.427$_{23M}$
II 8A. M 90 119$_{12}$ *91* 120$_{18}$ 98 132$_7$

Chalcedon (Calcedon) Nach Werner eine Kieselart, die Gemeinen Calcedon und Carniol umfasst (zunächst in der Gruppe der Gemeinen Kieselarten) *W I 67; W II, 374; W III, 4*
I 1. 245$_{23M.24M}$.288$_{5Z}$.304$_9$.339$_{14}$. 342$_{16.20-21}$.346$_3$ **I 2.** 685$_Z$.89$_{3M}$. 101$_{13M}$.102$_{13M}$.174$_{17Z}$.197$_{1M}$.216$_{13}$. 217$_{18}$.351$_{30}$.408$_{3.8.28}$.410$_{27M}$.413$_{19}$. 420$_{19M}$ **I 8.** 362$_{9}$.39$_{30.32}$.43$_{18}$.248$_{32}$. 249$_{33}$.417$_{12}$ **I 11.** 108$_{16}$.313$_{20.31}$. 314$_{14-15}$.323$_3$
II 7. M *11* 19$_{261.265.272}$ *12* 25$_2$ *45* 67$_{20}$ *48* 90$_{13}$ *107* 206$_{5-7}$ *113* 220$_8$
II 8A. M *2* 10$_{246}$ *26* 46$_2$ *58* 80$_{53}$. 81$_{7-4.113}$ *69* 99$_{28}$ *75* 104$_{14-15}$ *90* 119$_{14}$ *91* 120$_{23}$ **II 8B.** M *10* 18$_{50}$ *20* 31$_{28}$ *54* 91$_5$

Chalcedon, Gemeiner Nach Werner dem Calcedon zugeordnet, dieser den (gemeinen) Kieselarten *W I, 67*
II 7. M *45* 67$_{21}$

Chalybs Siehe auch Stahl *LA II 7, 4q*
II 7. M *1* 4$_{38}$

Chamäleon Stoffe und Flüssigkeiten mit farbändernden Eigenschaften *GWB*
I 8. 197$_{22-23}$

Chamäleon, mineralisches Eine Masse aus der Schmelzung des Braunsteins mit fixem Salpetersalz, welche nach der Auflösung die Farbe schnell verändert *Krünitz*
I 3. 251$_{33M}$.374$_{11-12M}$.378$_{5M.20M}$. 379$_{19M}$.513$_{13M}$ **I 4.** 168$_2$

II 3. M *23* 13$_{1-12}$ *24* 14$_6$ **II 4.** M *47* 59$_{13}$ **II 5B.** M *6* 21$_{63}$ **II 6.** M *59* 77$_{70-71}$

Chamiten Zweischalige Conchiten mit gleichschaligen Teilen ohne „Ohren", versteinte Gienmuscheln *Zappe 1817, I, 241*
I 2. 371$_{34M}$
II 8B. M *73* 118$_{17}$

Chiastolith Porphyrartiger Tonschiefer *LA I 11, 142q*
I 1. 384$_{19}$ **I 11.** 142$_1$

Chlorinsodium Siehe auch Meersalz *LA II 8A, 162q*
II 8A. M *124* 162$_7$

Chlorit Nach Werner eine Tonart, unterschieden in Chlorit-Erde, gemeinen Chlorit und Chlorit-Schiefer; in W III zusätzlich in blätrichen Chlorit *W II, 376; W III, 8*
I 1. 269$_{22M.27M.32M.34M}$.270$_{9M}$ **I 2.** 107$_{28}$.122$_9$ **I 11.** 206$_{29}$
II 7. M *108* 209$_8$ *114* 224$_{30-39}$
II 8A. M *50* 75$_7$ *58* 80$_{61}$ **II 8B.** M *114* 162$_5$

Chloriterde Nach W dem Chlorit zugeordnet, dieses den Thonarten *W II, 376; W III, 8*
II 7. M *108* 209$_9$ *114* 225$_{50}$

Chloritschiefer Nach Werner dem Chlorit zugeordnet, dieser den Tonarten *W II, 376; W III, 8*
I 1. 246$_{22M}$ **I 2.** 122$_9$.147$_{17M.19M}$
I 11. 206$_{29}$
II 7. M *111* 213$_{93}$ **II 8A.** M *58* 79$_{21}$ *121* 158$_{32-33}$ **II 8B.** M *115* 163$_3$

Chlorsilber
II 8B. M 87 141$_{8-9}$

Chrom (Chromium) Nach Werner eine Hauptgruppe unter den Metallarten (IV. Kl.), die Nadelerz und Chromokker umfasst. Siehe auch Eisenchromerz *W III, 26; Zappe 1804, 117*
I 1. 287$_{30Z}$
II 1A. M 77 305$_{10}$ **II 8A.** M *62* 91$_{30}$ (Chrono)(?) *72* 102$_3$ **II 8B.** M *76* 128$_{26}$

- **Chrom-Ordnung** (nach Werner)
II 7. M *122* 233$_{44}$

MINERALIEN 355

Chromeisen Werner verzeichnet Chrom-Eisenstein, dem Eisen zugeordnet *W III, 20*
I 2, 81$_{33Z}$

Chrysoberyll Gold-Beryll, aus der Kiesel-Ordnung *Zappe 1817, I, 127*
II 8B, M114 162$_2$ 119 164$_1$

Chrysolith Nach Werner eine Kieselart *W II, 373; W III, 1*
I 2, 118$_{3-4Z}$,123$_{33Z}$,427$_{28M}$ I 3, 328$_{14}$ I 11, 41$_{21}$
II 7, M29 51$_{106}$ 86 178$_8$ II 8A, M26 46$_3$ 98 132$_5$

Chrysopras, Krysopras Nach Werner zunächst (W I) eine Talkart, dann eine Kieselart *W I, 69; W II, 374; W III, 5*
I 2, 421$_{14M}$
II 7, M45 69$_{71}$ 48 91$_{40}$ 113 221$_{39}$
II 8A, M26 46$_4$ 62 92$_{82}$

Cinabre (Cinnabre) s. *Zinnober*

Cincum Nach Werner eine Hauptgruppe der Metallarten (IV. Klasse). Siehe auch Zink *W I, 74*
II 7, M45 74$_{251}$

Cipolini Italien. Name für einen antiken Marmor *LA II 7, 97q*
II 7, M49 97$_{200}$ 89 181$_{7-8}$

Clay s. *Letten*

Coal s. *Kohle*

Cobaltum Nach Werner eine Hauptgruppe der Metallarten (IV. Klasse). Siehe auch Kobalt *W I, 74*
II 7, M45 74$_{263}$

Cochenille s. *Karmin, Kochenille*

Coelestin Nach Werner dem „Stronthian-Geschlecht" zugeordnet, unterschieden in fasrichen, strahlichen, schaalichen und säulenförmichen Cölestin *W III, 13*
I 2, 82$_{34Z,35Z}$,83$_{6Z}$,123$_{6Z}$,153$_{20}$ I 8, 140$_{37}$
II 8B, M21 37$_{22}$ 26 46$_7$ (Celestine)

Commovit eig. Conmorit, Konnarit; Willemseit; glimmerähnliches Phyllosilikat. Siehe auch Conmorit *GWB (Konnarit)*
I 2, 36$_{3M}$

Conit Isländisches Fossil von graulichweißer Farbe *Zappe 1804, 127*
I 2, 249$_{19M}$
II 8B, M19 29$_{49}$

Conmorit Konnarit; Willemseit; glimmerähnliches Phyllosilikat. Siehe auch Commovit *GWB (Konnarit)*
II 8A, M36 59$_{32}$

Coralliolithen Versteinerte Korallen *LA II 8A, 96q*
I 2, 71$_{15M}$
II 8A, M65 96$_8$

Cremor Reuss verzeichnet C. calcis / thermarum / thermis supernatans = Kalkrahm *Reuss 221*
I 1, 306$_{32}$ I 11, 110$_{13}$

Crowan Engl. Gestein, Mischung aus Ton, Glimmer, Quarz und Zinn *LA II 8a, 77q*
II 8A, M55 77$_{13}$

Crystall s. *Kristall, Kristalle*

Crystallum Siehe auch Kristall *LA II 7, 5q*
II 7, M1 5$_{73}$ (Crystallus)

Cuprum Nach Werner eine Hauptgruppe der Metallarten (IV. Klasse). Siehe auch Kupfer *LA II 7, 3q; W I, 72*
II 7, M1 3$_{28}$ 45 72$_{200}$

Curcuma Gelber Farbstoff der Kurkumawurzel. Siehe auch den Eintrag im Register Pflanzen *LA II 5 B/1, 23 Erl*
I 3, 378$_{10M}$,432$_{13}$ I 4, 165$_3$ I 11, 101$_5$
II 3, M24 14$_5$ II 5B, M6 21$_{56}$

Curium s. *Cerium*

Cyanit Nach Werner eine Talkart *W II, 377; W III, 10*
I 1, 270$_{17M}$ I 2, 51$_{11M}$,421$_{4M}$,428$_{2M}$
II 7, M113 221$_{27}$ 114 225$_{57}$ II 8A, M45 68$_{30}$ 98 132$_5$ 111 147$_8$ II 8B, M18 26$_4$ 29 48$_{11}$

Cyanos Siehe auch Saphir *Reuss 230*
II 5B, M60 192$_{13}$

Dachgestein Verschiedene Bedeutungen: Brandschiefer, gemeiner dichter Kalkstein, verhärteter Mergel, Basalt (in Hessen), Schieferton *Reuss 55*

II 7. M *10* 12₁₃ *29* 50₇₃ *31* 54₃₀₋₃₁ *65* 140₁₃
Dachschiefer Siehe auch Tonschiefer *Reuss 55*
I 2. 73₆ᴢ
II 7. M *7* 10₉ *52* 107₉₁ *77* 165₈
II 8A. M*58* 79₁₈₋₁₉ *66* 96₈ *122* 160₆
Dammerde Erdreich und Geröll auf dem festen Gestein über Tage. Siehe auch Erde. Erden *Bergmänn. Wb. 129*
II 7. M *7* 10₉ *10* 12₁₁ *11* 13₄₅. 21₃₂₉.23₄₀₀ *12* 26₃₈ *13* 29₃₃ *30* 52₅ *52* 107₉₈ *64* 137₂₀.138₅₆ *73* 157₉₉. 160₂₁₈₋₂₂₂ *120* 231₂ **II 8A**. M*39* 63₄₅ **II 8B**. M *73* 119₄₂₋₄₆
Demant, Demantkristalle s. *Diamant, Demant*
Dendrit Baumsteinartige Zeichnungen *Reuss 55*; vgl. *Bergmänn. Wb. 51 (Bäumgenstein)*
I 1. 268₁₂ᴢ **I 2**. 61₃ᴢ
II 7. M *12* 25₂₇₋₂₈ *62* 132₄ *85* 177₆₃ (Dentrites)(?) **II 8A**. M*58* 83₁₆₈₋₁₇₀
Diamant, Demant Nach Werner eine Kieselart, zunächst (W I) in der Gruppe der Edelsteine, schließlich (W III) ein eigenes Geschlecht bildend. Siehe auch Adamas *W I, 67; W II, 373; W III, 1*
I 2. 71₃₀ᴢ.81₁₀.118₁ᴢ.123₂₈ᴢ. 242₂₀₋₂₁ᴍ.246₁₀.251₁₆ᴢ.252₁₁ᴢ. 309₂₀.315₃₀ᴢ.316₅ᴢ.₆ᴢ.427₁₈ᴍ **I 8**. 119₂₀.217₃₀ **I 11**. 172₁₀.222₁₁. 231₂₀
II 3. M*22* 13₃ **II 5B**. M *19* 87₅₉ *76* 230₃₆ **II 6**. M *79* 173₅₀₉ *115* 219₇₀.₇₄.₈₃₋₈₄.₈₉ **II 7**. M *1* 4₅₁ *45* 67₇ *48* 90₆ **II 8A**. M*98* 132₃ **II 8B**. M*22* 39₅₃ *28* 47₂
- Demant-Ordnung (nach Werner)
II 7. M *122* 232₄
- Diamantglanz **I 1**. 387₂₆ (Demantglanze) **I 11**. 145₅ (Demantglanze)
Diamantspat, Demantspath Nach Werner eine Tonart, später eine Kieselart *W II, 375; W III, 3*
I 1. 245₃₅ᴍ
II 7. M *108* 209₁ **II 8B**. M *119* 164₃

Dianenbaum Silberbaum, Arbor Dianae: das Werk eines chemischen Prozesses, einer chemischen Operation, durch welche man eine baumförmige Zusammenfügung der Silbertheilchen veranlaßt, die anfänglich in der Salpetersäure aufgelöset waren *Krünitz (Silberbaum)*
I 11. 127₁₃
II 1A. M*44* 227₁₇₇₋₁₇₉ **II 7**. M*63* 133–135
Diorit Siehe auch Grünstein *GWB*
I 2. 247₁₃ **I 8**. 357₂₅
Disciten Zweischalige Conchiten, rund mit "Ohren" am Schoß; versteinerte Jakobsmuscheln *Zappe 1817, I, 241; LA II SB, 125 Erl*
I 2. 371₃₂ᴍ
II 8B. M *73* 118₁₅
Dolerit Grobkörnige Basaltvarietät *GWB*
I 2. 247₁₃ **I 8**. 357₂₅
Dolomit Nach Werner eine Kalkart, den Luftsauren Kalkgattungen zugerechnet *W III, 11*
I 2. 240₄ᴍ.₆ᴍ.₁₅ᴍ.₁₇ᴍ.₂₇ᴍ.257₂₉.261₃
I 11. 228₂₇
II 8B. M*30* 49₂₅₋₂₇ *31* 51₄₋₆ *32* 51₈ *72* 106₃₆ *96* 153₇
Domit Trachytisches Lavagestein des Puy de Dôme in der Auvergne *GWB*
I 8. 368₁₄
II 8A. M *122* 160₈
Doppelkristalle s. *Zwillingskristalle*
Doppelspat Verdoppelnder Kalkspath *Reuss 56*
I 2. 54₃₇ᴢ.62₁₁.422₁₅ᴍ **I 3**. 431₇
I 8. 6₁₅₋₁₆.11₁₆.₃₃.16₂₈₋₂₉.17₁₈.₂₂.₂₄. 18₃.₁₂₋₁₃.₂₅.₂₇.₂₉.₃₅.₃₇.19₁.₂₂.₂₄₋₂₅.₃₄. 114₁₆.117₃₅.204₂₄ **I 11**. 100₃.156₂₀₋₂₁
II 5B. M *15* 58₁₈₋₁₉.59₂₆.60₈₇. 63₂₁₂₋₂₁₃.64₂₂₈ *19* 88₈₈₋₈₉ *53* 177₄₃₋₄₄ **II 7**. M *113* 222₆₃
Drillingskristalle
I 1. 299₂₈ **I 11**. 103₂₇
Dysodil (**Dysodit**) feinschiefriges Faulschlammgestein (Blätterkohle) *GWB*
II 8B. M *26* 46₉

Ebur fossile Fossiles Elfenbein *LA II 7, 602 Erl*
I 1. 277$_{8-9}$ **I 11.** 49$_{12}$
Echiniten Versteinerte Seeigel *Reuss 56; Zappe 1817, I, 264*
I 2. 372$_{13M}$ **I 9.** 253$_9$.288$_{40}$.292$_{30}$
II 8B. M *73* 118$_{30}$
Edelsteine Nach Werner eine der beiden Artgruppen unter Kieselarten *W I, 67*
I 1. 243$_{20M}$ **I 2.** 80$_{29}$.81$_{2.7.13.30Z}$. 82$_{36Z}$.107$_{23Z}$.246$_5$.251$_{7Z.9-10Z}$. 315$_{30Z}$.413$_{18}$ **I 3,** 477$_{9M.36M}$ **I 11.** 171$_{1.28.34-35}$.172$_{5.10}$.222$_6$.323$_{1-2}$. 351$_{30}$
II 4. M61 74$_{147}$ **II 5B.** M *103* 302$_{111}$ (Gemmarum) **II 6.** M*45* 57$_{105-108}$.58$_{141.144}$ **II 7.** M*45* 67$_{6-11}$ 48 90$_{5-8}$ **II 8B.** M 7 10$_{8.13}$
Egeran Nach Werner eine Kieselart. Siehe auch Vesuvian, Idokras *W III, 3*
I 2. 187$_{20Z.24Z}$.188$_{15.34}$.189$_{10}$.210$_{3Z}$. 237$_{19Z}$.411$_{19Z.23Z}$ **I 11,** 221$_{1.19}$
II 8B. M *17* 26$_{11.13}$
Eisen Nach Werner eine Hauptgruppe der Metallarten (IV. Klasse), die in W II 14, in W III 19 Gattungen umfasst. Siehe auch Ferrum sowie Chrom- und Titaneisen *W I, 73; W II, 383; W III, 20–22*
I 1, 2$_{27Z}$.5$_{10Z}$.15$_{13M}$.32$_{12M}$.68$_{15M}$. 73$_{26M.29M}$.79$_{16M}$.84$_2$.137$_{13M}$.192$_{3Z}$. 242$_{36M}$.267$_{20-21Z}$.271$_{12M}$.273$_{28Z}$. 282$_{10Z}$.286$_{6Z}$.301$_{13}$.303$_8$.329$_{27M}$. 330$_{29M}$.337$_{29}$.339$_7$.378$_{10Z}$ **I 2,** 40$_{10}$. 45$_{34}$.49$_{6.14}$.53$_{24M}$.56$_{1M}$.58$_{4M}$ (Fer arséniaté)$_{(?)}$.9$_M$ (fer arsenical)$_{(?)}$.59$_{21Z}$. 60$_{9Z}$.63$_{21.25.27}$.72$_{12Z}$.73$_{5Z.6Z}$.115$_{22M}$. 121$_{23}$.153$_1$.186$_{18Z}$.209$_{7Z}$.213$_{19Z}$. 221$_{11}$.226$_{31}$.227$_{2.14}$.230$_{24Z.27Z}$. 233$_{23Z.24Z}$.234$_{31Z}$.242$_{18M.22M}$.248$_{1M}$. 249$_{8M}$.291$_{7.19.27-28}$.292$_2$.293$_{22}$. 338$_{12}$.342$_{33}$.362$_{13Z}$.369$_{19Z}$.423$_{2M}$. 427$_{9M.16M}$ **I 3,** 90$_{11Z}$.149$_{1M.10M.37M}$. 252$_{12M}$.253$_{1M.10M.20M.35M}$.254$_{6-7M.22M}$. 255$_{3M.26M}$.328$_{10}$.329$_{20.22}$.430$_1$. 463$_{9.20.26.37-38}$.469$_{3M}$.483$_{14M}$. 486$_{13M}$.504$_{19M}$ **I 4,** 36$_{17}$.49$_{26}$.151$_9$.
158$_{16.22}$.159$_{15.32.33}$.161$_{14.26.32}$. 217$_{14.23}$ **I 6,** XVI$_{1.11}$.22$_{15}$.139$_{12}$. 391$_1$ **I 8,** 35$_{6.25-26}$.36$_{22}$.140$_{18}$.145$_8$. 149$_{23}$.185$_{22}$.230$_{15}$.259$_{13}$.372$_{28}$. 373$_{3.15.18}$.377$_{14.23.30.41}$.378$_{39}$.390$_{15}$. 395$_{12}$ **I 9,** 203$_{11}$.260$_{17.18}$.281$_{6.13-14}$. 282$_{12}$.283$_{33}$ **I 10,** 364$_2$ **I 11,** 19$_{26}$. 22$_{29}$.25$_{31.40}$.41$_{17}$.43$_{2.3}$.47$_{3.8.12.13.21}$. 48$_{4.16}$.58$_{10.13.24}$.59$_{3.5.12.21.23}$. 60$_{5.16.19}$.61$_{3.14.15}$.62$_{11.12.22.24}$.65$_{28}$. 71$_3$.87$_{17}$.89$_{33}$.99$_2$.105$_{17}$.107$_{12}$. 124$_{4.7.8.10.29.35}$.125$_{17.19.21.22}$.154$_{34}$. 155$_{2.6}$.157$_{31.34.36}$.206$_6$
II 1A. M *20* 154 *26* 164$_1$ (fer) *41* 218$_6$ *44* 224$_{44}$.227$_{180.181-182}$. 232$_{370.388}$.233$_{420-421}$ *50* 248$_4$ **II 3.** M*33* 23$_{72.74}$ **II 4.** M*46* 58$_7$ *47* 59$_{14-18}$ *55* 66$_{4-16}$ *56* 67$_{17-20}$ *61* 73$_{91}$ *70* 83$_{66}$ M*70* 83$_{49-84_{80}}$ **II 5B.** M*104* 307$_{71}$ *113* 326$_{155}$ **II 6.** M*41* 52$_{155}$ *45* 57$_{94}$ *79* 177$_{674-676}$ *123* 234$_{40}$ **II 7.** M*1* 3$_{30}$.4$_{39.66}$ *5* 8$_{12}$ *17* 35$_{20}$ *23* 41$_{111}$.43$_{176}$ *25* 46$_{14}$ *43* 65$_4$ *45* 73$_{215}$ *46* 87$_{17.21}$ *48* 92$_{95}$ *52* 105$_{14}$.109$_{164-166}$ *80* 168$_{44}$ *82* 172$_2$ *87* 179$_5$ (ferro).$_7$ (ferruginosa) *94* 186$_{52}$ *104* 200 *111* 211$_{31}$ *112* 219$_{30}$ *114* 226$_{81}$ *120* 231$_4$
II 8A. M*2* 5$_{56.71.77}$.7$_{148}$.9$_{204.208.212}$ *4* 15$_{23-27}$ *13* 27$_{80}$ *14* 33$_{189}$ *18* 41$_1$ *47* 70$_6$ *48* 72$_{34}$ *62* 90$_4$.91$_{48}$.92$_{92}$ *69* 100$_{52}$ *121* 158$_{31}$ **II 8B.** M*5* 6$_4$ *6* 7$_{22}$ *19* 27$_8$.28$_{39}$ *20* 35$_{178}$ *21* 37$_{16.28}$ *22* 39$_{51-55}$ *36* 56$_{12-18}$.60$_{184}$ M *76* 128$_{11-129_{45}}$ *88* 142$_{53}$ *93* 150$_1$ *109* 159$_6$
- Bergwerk **II 7.** M*105* 202$_{55}$
- Eisen-Ordnung (nach Werner) **II 7.** M*122* 233$_{30}$
- Hufeisen **I 11,** 60$_9$.62$_{15}$.125$_3$
- Magnetstein, magnetisches Eisen **I 11,** 47$_{36}$.60$_{22}$.89$_{29}$.90$_6$ **II 1A.** M*56* 258.259$_{47}$.260$_{69-72}$

Eisen, Gediegen Nach Werner eine Eisenart *W I, 73; W II, 383; W III, 20*
II 7. M*45* 73$_{216}$ **II 8A.** M*62* 90$_{14}$
Eisen, schwefelsaures
I 3, 431$_{27}$ **I 11,** 100$_{24}$

Eisenblüte Ein weiser, zackiger, wie ein Corallengewächs gewachsener Sinter *Bergmänn. Wb.* 148; ähnlich *Reuss* 57
I 3. 486₁₆ₘ

Eisenchromerz Siehe Chrom *Zappe 1804, 117*
II 8A. M 72 102₅₋₉

Eisenerde, Blaue Nach Werner eine Eisenart; in W III unterteilt in zerreibliche, verhärtete und kristallisirte B. E. *W I, 73; W II, 384; W III, 21*
II 7. M45 73₂₃₁ II 8B. M 95 152₄₀₋₄₁

Eisenerde, Grüne Nach Werner eine Eisenart; in W III unterteilt in zerreibliche, dichte und fasriche G. E. *W II, 384; W III, 22*
II 8A. M58 83₁₆₀

Eisenerz Siehe auch Eisenstein *GWB*
I 2. 198₃₆ₘ I 11. 60₁₄
II 7. M49 96₁₆₁ II 8A. M58 82₁₃₆
II 8B. M 6 8₉₅.₉₁₁₀ *10* 19₁₁₃

Eisenglanz Nach Werner eine Eisenart; in W II untergliedert in gemeinen E. und Eisenglimmer; in W III ist ersterer unterschieden in dichter und blätricher *W I, 73; W II, 383; W III, 20*
I 2. 49₁₆.57₁₇ₘ.61₅z.69₂z.₁₁z.105₂₁. 153₆.198₃₅ₘ.427₂₃ₘ I 8. 140₂₃ I 11. 155₈.190₃
II 7. M45 73₂₂₀ 65 141₄₂₋₄₄ II 8A. M41 64₂₋₁₀ 42 65₄₋₉.₁₄ 48 73₇₉ 50 75₈ 98 132₅ II 8B. M 6 8₉₄ *10* 19₁₁₁₋₁₁₂ 87 141₁₉

Eisenglimmer Nach Werner dem Eisenglanz zugeordnet, dieser dem Eisen *W II, 383; W III, 20*
I 2. 49₈.₁₈.₁₉.₂₀.₂₁.347₁₀ I 8. 412₂₈
I 11. 154₃₆.155₉.₁₀.₁₁.₁₂
II 7. M65 141₄₆₋₄₇

Eisengranaten Grüner, gemeiner Granat *Reuss* 58
I 1. 241₂₆z I 2. 347₉ I 8. 412₂₇
II 8B. M57 94₅

Eisenjaspis Sinopel *Reuss* 58
II 8B. M36 60₁₈₄ 57 94₁₅

Eisenkalk Kristallisirter gemeiner Eisenglanz *Reuss* 58
I 1. 329₂₉ₘ I 4. 159₃₄.166₂₅.167₈₋₉
I 11. 105₈
II 8A. M*13* 27₈₂ II 8B. M 95 151₁₁₋₁₄ *110* 159₆

Eisenkies Gemeiner Schwefelkies - Arsenikkies *Reuss* 58
I 1. 273₂₈z

Eisenkies, Magnetischer Nach Werner eine Eisenart; W II verzeichnet Magnetischer-Kies W III Magnet-Kies unter Eisen *W I, 73; W II, 383; W III, 20;* vgl. *Reuss* 58
II 7. M45 73₂₃₃

Eisenkiesel Nach Werner eine Kieselart *W III, 4*
I 2. 102₆ₘ.₁₃ₘ
II 8A. M41 64₂₂ 69 99₂₆.100₄₉ 90 119₁₉ 91 120₂₂ II 8B. M*114* 162₂

Eisenlaub Begriff sonst nicht belegt *GWB*
I 11. 25₄₅

Eisenmohr Siehe auch Eisenstein, Magnetischer *Reuss* 59
II 8A. M58 83₁₆₂

Eisenocker Werner unterscheidet rothe Eisenokker, dem Roth-Eisenstein zugeordnet, und braune Eisenokker, dem Braun-Eisenstein zugeordnet *W II, 383*
I 1. 119₃₃ₘ.301₃₅.329₃₃ₘ.335₃₆. 336₆.₁₈ I 2. 35₈ₘ.₁₅ₘ.143₂₃ₘ.147₂₈ₘ. 156₂₅ I 4. 163₁₇ I 8. 33₁₃.₂₁₋₂₂.₃₂. 153₃₈ I 11. 25₁₀.106₄
II 7. M65 141₃₅ *80* 170₁₂₃ *105* 202₃₇ II 8A. M 2 8₁₇₀.₁₈₃₋₁₈₅ *4* 14₁₁₋₁₅ *13* 27₈₆ *14* 33₁₈₃.₁₉₉₋₂₀₀ 36 59₈.₁₅ *59* 84₅ *120* 156₄₆ *121* 159₄₂ II 8B. M36 60₁₉₀₋₁₉₁ 76 128₂

Eisenopal Jaspopal. Siehe auch Opal-Jaspis *Zappe 1817, I, 285, 472*
II 8B. M36 60₁₈₄

Eisenoxid
I 2. 155₂₁.289₂₀.₂₉ I 8. 152₃₁.350₃₃. 351₁ I 9. 332₂₉ I 11. 60₁₄ (verkalktes Eisen)

II 5B. M *147* 409$_{60.66-67}$ **II 6**, M *115* 219$_{86}$ (oxide rouge) **II 8B**, M *76* 128$_{32}$ *77* 132$_{68-70}$

Eisenoxid, arseniksaures
II 8B, M *76* 129$_{68}$

Eisenphosphat
I 2, 105$_{25}$ **I 11**, 190$_{7}$

Eisenpocherz Nach Werner eine Eisenart *W I, 73*
II 7, M *45* 73$_{234}$

Eisenrahm Werner unterscheidet Braunen und Roten Eisenrahm; siehe die nachfolgenden Einträge *Vgl. auch Reuss 22*
I 11, 25$_{40.42}$

Eisenrahm, Brauner Nach Werner eine Unterart des Braunen Eisensteins *W I, 73; W II, 383; W III, 20*
II 7, M *45* 73$_{226}$ **II 8A**, M *63* 94$_7$ *64* 95$_9$

Eisenrahm, Roter Nach Werner zunächst eine Unterart von Eisenglanz, dann (W II) von Roth-Eisenstein *W I, 73; W II, 383*
II 7, M *45* 73$_{221}$

Eisensand Nach Werner eine Unterart von Magnetischem Eisenstein *W I, 73; W II, 383; W III, 20*
II 7, M *45* 73$_{219}$ **II 8A**, M *62* 92$_{102}$ **II 8B**, M *91* 146$_{20}$ (Iron Sand) *110* 159$_{10}$

Eisenstein Das Mineralsystem von Werner führt unter der Hauptgruppe Eisen (IV. Klasse), verschiedene Arten von Eisenstein an; siehe die nachfolgenden Einträge. Siehe auch Eisenerz sowie Braun-Gelb-, Rasen-, Ton- und Tontropfeisenstein *W I, 73*
I 1, 53$_{25M.32-33M}$.68$_{17M}$.73$_{11M-36M}$. 74$_{1M-14M}$.79$_{1M.4M}$.119$_{31-32M}$.154$_{9Z}$. 164$_{16M}$.241$_{25Z}$.343$_{16}$.346$_{14}$ **I 2**, 28$_{36Z}$.49$_{9.23}$.53$_{5Z}$.73$_{8Z}$.81$_{33Z}$.105$_5$. 209$_{2-3Z}$.226$_{15}$.226$_{35}$-227$_1$.227$_8$. 230$_{25Z}$.242$_{30M}$.290$_{9.12}$.291$_{12.14-15.28}$. 292$_{18}$.293$_{23}$.312$_{13-14}$.342$_{33}$. 421$_{15M}$.422$_{35M}$.427$_{1M}$.428$_{6M.8M}$ **I 8**, 351$_{24.27}$.373$_{1-2}$.377$_{18.20.31}$.378$_{2.40}$. 395$_{12}$.407$_{7-8}$ **I 11**, 23$_{14}$.25$_{28-43}$.

26$_{37}$.47$_1$.58$_5$.61$_{7.9}$.62$_{17}$.124$_3$. 155$_{1.14}$.189$_{24}$
II 7, M *2* 5$_{12}$ *24* 44$_{14-15}$ *40* 63$_{33-35}$ *52* 105$_{16-18}$.108$_{151-161}$.109$_{164-185}$ *56* 125$_{53}$ *64* 138$_{63}$ *65* 140$_{17}$ *94* 191$_{231}$ *113* 222$_{75-76}$ *124* 235$_{2-4}$ **II 8A**, M *58* 79$_{24}$ *59* 84$_3$ *62* 92$_{96}$ **II 8B**, M *22* 39$_{62}$ *24* 44$_{25}$ *36* 56$_{13}$ *76* 128$_{32}$

Eisenstein, Blättriger Nach Reuss synonym mit Gemeinem Magnet-Eisenstein *Reuss 61*
II 8A, M *59* 85$_{24}$

Eisenstein, Brauner (Brauneisenstein) Bei Werner eine Eisenart mit zunächst drei Unterarten: Dichter [B.-]E., Brauner Eisenra[h]m und Brauner Glaskopf), in W II. III zusätzlich braune Eisenokker bzw. okricher Braun Eisenstein *W I, 73; W II, 383; W III, 21*
I 2, 226$_{30}$.242$_{19M}$ **I 8**, 372$_{26}$.373$_9$
II 7, M *45* 73$_{224}$ **II 8A**, M *56* 77$_1$ *58* 81$_{106.110}$.82$_{116-149}$ *62* 90$_{13-14}$ *63* 94$_6$ *64* 95$_4$ **II 8B**, M *22* 39$_{52}$ *117* 163$_{1-2}$

Eisenstein, Dichter (dichter Braun-Eisenstein) Nach Werner eine Unterart des Braunen Eisensteins *W I, 73; W II, 383; W III, 21*
II 7, M *45* 73$_{225}$

Eisenstein, Gemeiner Magnetischer Nach Werner eine Unterart des Magnetischen Eisensteins *W I, 73; W II, 383*
I 8, 120$_{29}$ **I 11**, 25$_{35.46_3}$ (gewisse Eisensteine).61$_6$
II 1A, M *75* 304$_1$ **II 7**, M *45* 73$_{218}$

Eisenstein, Knospiger
II 8A, M *59* 85$_{21.24}$

Eisenstein, Lichter roter Nach Werner eine Unterart von Eisenglanz *W I, 73*
I 2, 147$_{29M}$ **I 11**, 25$_{29}$
II 7, M *45* 73$_{223}$

Eisenstein, Magnetischer (Magnet-Eisenstein) Nach Werner eine Eisenart, die Gemeinen (Magnet-) E. und Eisensand umfasst. Siehe auch Eisenmohr *W I, 73; W II, 383; W III, 20*

II 7. M*45* 73₂₁₆ **II 8A.** M*58* 83₁₆₂ 62 90₇

Eisenstein, Roter (Roth-Eisenstein) Nach Werner eine Eisenart. untergliedert in rother Eisenrahm. dichter R.-E.. rother Glaskopf und rothe Eisenokker (W III: okricher R. E.) *W II, 383; W III, 20*
II 8A. M*58* 83₁₆₈ *63* 94₁₂ *64* 95₁₂ *121* 159₄₃

Eisenstein, Schwarzer (Schwarz Eisenstein) Nach Werner ist Schwarz Eisenstein dem Eisen-Geschlecht zugeordnet und unterteilt in dichter Sch. E. und fasricher Sch. E.. oder schwarzer Glaskopf. Siehe auch Glaskopf. Schwarzer *W III, 21*; vgl. *Reuss 22*
II 8A. M*58* 83₁₆₄

Eisenstein, Spaetiger (Späthiger) Nach Werner eine Eisenart *W I, 73; W II, 383; W III, 21 (Spath-Eisenstein)*
I 2. 427₆ₘ
II 7. M*45* 73₂₂₈ *80* 170₁₂₁ *104* 200₃₋₄ *113* 221₃₉ **II 8A.** M*58* 82₁₁₈.83₁₅₄₋₁₅₈.₁₇₃.₁₈₅ *62* 90₁₂₋₁₃
II 8B. M*117* 163₂

Eisenstein, Stänglicher Siehe auch Toneisenstein. Stänglicher *Reuss 60*
I 2. 52₁₁ₘ.131₁₈ₘ.141₁₈ₘ.₂₀ₘ.173₄z. 283₁₄z **I 8.** 40₂₈.43₂₉
II 8A. M*44* 66₁ *108* 143₁₂₁ M*115* 150₁₄–151₁₆

Eisenstein, Tonartiger Nach Werner eine Eisenart. in W II unterschieden in: stänglicher T.-E.. linsenförmig körniger T.-E.. Röthel, gemeiner T.-E.. Eisenniere und Bohnerz *W I, 73; W II, 383–384*
II 7. M*45* 73₂₂₉ *111* 213₉₈ **II 8A.** M*58* 79₁₆ *62* 90₁₁

Eisentitan Klaproths Name für Nigrin bzw. Siderotitan. Siehe auch Nigrin. Siderotitan *LA II SB, 159q*
II 8B. M*110* 159₇

Eisenton Nach Werner eine Tonart *W III, 8*

I 1. 346₂₆
II 7. M*65* 141₃₅₋₃₆ **II 8A.** M*39* 62₃₃

Eisenvitriol Natürliches (Eisen-) Vitriol *Reuss 61*
I 2. 427₂₃ₘ **I 3.** 463₁₆ **I 11.** 89₃₆
II 8A. M*98* 132₆

Elektron Griech. für Bernstein; davon abgeleitet die an geriebenem Bernstein wahrgenommene Erscheinung der Elektrizität als Anziehungskraft *GWB*
I 3. 441₂₁ₘ
II 8B. M*85* 139₃₂

Emaille Schmelz oder Schmelzglas *Krünitz*
I 2. 288₂₆ **I 3.** 469₁₉ₘ **I 8.** 317₂₄. 350₃

Emerande Siehe auch Smaragd *Reuss 378*
II 8B. M*26* 46₁₋₄

Emeri s. *Schmergel (Schmirgel)*

Encriniten, Enkriniten Versteinerungen von Seelilien *Zappe 1804, 138*
I 2. 372₈ₘ.₁₁ₘ **I 9.** 289₁₇
II 8A. M*30 Anm* 49 **II 8B.** M*73* 118₂₅.₂₈

Enthomolithen Versteinerungen von Insekten *LA II SA, 49q*
II 8A. M*30* 49₁₄

Erbsenstein Nach Werner eine Unterart von Kalkstein. Siehe auch Pisolith *W I, 69; W II, 378; W III, 11*
I 1. 301₂₁.339₂₆.345₁₈ **I 2.** 415₃₃. 418₂₉ **I 8.** 37₃.42₃₃ **I 11.** 105₂₅. 325₁₃.327₂₉
II 7. M*45* 69₁₀₂ *72* 154₆₋₇.₉ **II 8A.** M*2* 4₄₅.6₁₁₅

Erd- und Steinarten (Erdige Mineralien) Die erste Klasse des Wernerschen Mineraliensystems *W I, 67*
II 7. M*45* 67₄ *48* 90₃ *122* 232₄

Erde, Alcalische Nach Werner den Mineralischen Salzen zugeordnet *W I, 71*
II 7. M*45* 71₁₅₃

MINERALIEN

Erde, Bituminöse Nach Werner den Bergharzen (Bitumina) zugeordnet; in W II ist „Bituminöse Holzerde" dem Bituminösen Holz zugeordnet *W I, 71; W II, 380*
II 7. M45 71$_{168}$ 48 92$_{84}$

Erde, Erden Siehe auch Acker-, Alaun-, Alcalische, Bitter-, Blei-, Chlorit-, Damm-, Eisen-, Gelb-, Gewächs-, Gips-, Grün-, Holz-, Kalk-, Kiesel-, Kölnische, Mergel-, Porzellan-, Salpeter-, Schaum-, Schwefel-, Schwer-, Talk-, Ton-, Walk-, Ytter und Ziegelerde
I 3. 131$_{34M}$
II 1A. M17 149$_{22}$ 46 244$_{12}$ 56 261$_{117}$ **II 3.** M9 8$_{12}$ **II 4.** M51 63$_{28}$ 52 64$_{14}$ 63 76$_{2,10-11}$ **II 6.** M2 5$_{12}$ 41 53$_{173}$ **II 7.** M24 44$_{13}$–45$_{21}$ 32 54$_{11}$,55$_{23}$ 33 56$_{21}$ 34 57 63 133$_{9}$ (terreuses) 88 180$_{23}$ (Terra) **II 8A.** M14 34$_{235-236}$ 43 66$_7$ 80 109$_1$ 115 150$_1$ 116 152$_6$ **II 8B.** M71 104$_{22}$ 85 139$_{23}$

Erdharze Nach Werner eine Hauptgruppe der III. Klasse (Brennliche Wesen) *W II, 379*
II 7. M112 219$_{21}$

- Erdharz-Ordnung (nach Werner)
II 7. M122 233$_{22}$

Erdkobalt, Brauner Nach Werner eine Kobaltart *W I, 269; W II, 386; W III, 25*
II 7. M45 74$_{269}$

Erdkobalt, Gelber Nach Werner eine Kobaltart *W I, 74; W II, 386; W III, 25*
II 7. M45 74$_{270}$ 46 89$_{76}$ (Gelber Kobold)(?)

Erdkobalt, Schwarzer Nach Werner eine Kobaltart; in W II, III untergliedert in schw. Kobeltmulm und verhärteter [W III: fester] Sch. E. *W I, 74; W II, 386; W III, 25*
II 7. M45 74$_{268}$ 46 88$_{71-72}$ (Erdk.)

Erdöl (Steinöl) Nach Werner den Bergharzen (Bitumina) zugeordnet, später (W II, III) „Erdharze" genannt *W I, 71; W II, 380; W III, 15*
I 2. 298$_{19M}$ (Steinöl),299$_{25M}$ (Steinöl)
II 1A. M9 79$_{26}$ **II 7.** M45 71$_{159}$ 48 92$_{79}$ **II 8B.** M39 65$_{38}$,66$_{74}$

Erdpech Nach Werner den Bergharzen (Bitumina) zugeordnet, später (W II, III) „Erdharze" genannt; W II unterscheidet zähes E. oder Bergtheer, erdiges E. und schlackiges E.; ersteres wird in W III „elastisches Erdpech" genannt *W I, 71; W II, 380; W III, 15*
I 2. 301$_{28M}$ **I 6.** 57$_{16}$ **I 11.** 25$_{16,40,43}$
II 7. M45 71$_{160}$ 48 92$_{80}$ 102 198$_{80}$

Erdphosphor Siehe auch Phosphore, Bononische *GWB*
I 7. 28$_{17-18}$,29$_{19,26}$

Erdschlacke Reuss verzeichnet Lava ähnliche Erdschlacken *Reuss 27*
I 1. 303$_{5,8}$,343$_{3,4,13}$,346$_{8,9,13}$ **I 2.** 36$_{9M}$ **I 11.** 107$_{9,12}$
II 8A. M36 59$_{39}$ 39 62$_{38}$ 40 63$_4$ 58 80$_{41}$

Erdschwärze Siehe auch Silberschwärze *LA II 8B, 834 Erl*; vgl. *W III, 18, Reuss 21*
I 2. 293$_{29}$ **I 8.** 379$_3$

Erz, Erze
I 1. 238$_{24}$ **I 2.** 98$_{29}$ **I 11.** 24$_{43}$,61$_5$ (Minern),185$_2$
II 1A. M9 79$_{26}$ 16 134$_{54-55}$ 25 162$_{34}$ **II 6.** M12 14$_6$ 45 57$_{93}$ **II 7.** M8 10$_3$ 10 12$_{14,16}$ 46 88$_{42-58}$ 52 107$_{86-87}$ 55 122$_{46}$ 60 131$_7$ 65 140$_{11}$ 80 168$_{36}$ 81 171$_{10,26}$ 105 202$_{41}$ M116 228$_5$–229$_{13}$ **II 8A.** M32 53$_{10}$ 33 56$_2$ 62 90$_9$ 79 108$_1$ 94 125$_5$ **II 8B.** M30 49$_{11-12}$ 68 102$_{13}$ 72 107$_{71}$

- Schalerz **I 1.** 221$_6$,226$_{17M}$ **II 7.** M7 10$_{10}$

Essigsäure
II 1A. M44 224$_{53}$,226$_{106}$ **II 7.** M63 133$_{16-22}$ (vinaigre)

Étain s. *Zinn (Zin)*

Etternscher (Etterichscher) Stein In Weimar gebräuchlicher Name für den isabellgelben lockren Kalkstein aus der Gegend bei Ettern im Ilmtal *LA II 7, 20q*
II 7. M11 20$_{298}$ 13 28$_8$

Fahlerz Nach Werner eine Kupferart
W II, 382; W III, 18
I 2. 427$_{19M}$ I 11. 25$_{19}$
II 7. M 8 10$_5$ 46 89$_{79-82}$ 64 138$_{66}$
II 8A. M 58 80$_{57}$.81$_{95}$.82$_{124}$ 98
132$_{11}$ II 8B. M 88 142$_{14}$
Faserkiesel Nach Werner eine Kieselart *W III, 5*
I 2. 51$_{14M}$
II 8A. M 45 68$_{33}$
Fassait Name von Johann Georg Lenz für einen Tiroler Zeolithen *Zappe 1817, I, 311*
II 8B. M 114 162$_4$
Feldspat Nach Werner eine Tonart, die Gemeinen Feldspat, Labradorstein und Mondstein (inkl. Adularia) umfasst; in W III eine Kieselart mit den Unterarten: Adular, Labrador, glasischer Feldspath, gemeine Feldspath, Hohlspath und dichter Feldspath *W I, 68; W II, 375; W III, 6-7*
I 1. 62$_{12.20}$.78$_{8M}$.83$_{16.20.28}$.84$_{3.31}$.
96$_{18}$.97$_{13}$.103$_{11M}$.104$_{5M.7M.8M.9M}$.
105$_{23M}$.106$_{25M}$.107$_{22M}$.108$_{18M.20M}$.
128$_{13M}$.196$_{6-7M}$.244$_{2M}$.247$_{16M.21M}$.
257$_{11Z}$.264$_{32Z}$.265$_{13Z}$.270$_{3M}$.
271$_{8M}$.287$_{17Z}$.288$_{18Z}$.290$_{25Z}$.299$_{25}$.
300$_{4.11.15.18.19.32}$.307$_{31}$.315$_{35}$.
316$_4$.320$_{13Z}$.327$_{17M}$.328$_{23M.31M}$.
331$_{25}$.332$_{27-28}$.333$_{33}$.334$_{10.23.24.26}$.
340$_9$.344$_{16.29.30.33}$.349$_{14}$.350$_{13}$.
352$_{33}$.359$_{1-2}$.382$_{11.12-13.14-15.28}$.
383$_{22.29}$.384$_{14}$ I 2. 1$_{17-18Z}$.28$_{32Z}$.
34$_{17}$.35$_{8M.33M}$.41$_{37-38}$.48$_{19.20.24.34}$.
49$_1$.51$_{2M.5M.11M.27-28M}$.55$_{15M}$.
61$_{27}$.62$_{9.36}$.80$_{32.33}$.85$_{33}$.89$_{2M.8M}$.
95$_{29}$.96$_{18}$.97$_{16}$.104$_4$.108$_{27M}$.
117$_{16Z.20-27Z}$.118$_{20Z.22Z}$.119$_{9Z}$.
120$_{26.27.30.31-32}$.121$_{2.5.9.12.19}$.
122$_{13M.20M.25-26M}$.123$_{17Z}$.
124$_{17M.18M.21M}$.128$_{4M.6M.9M.21-22M}$.
129$_{13M.18M.19M.27M}$.130$_{2M}$.144$_{23M}$.
147$_{23M.25M}$.152$_{10.17M.22}$.153$_{13}$.155$_{20}$.
157$_{22-23.24}$.167$_{6.8-9}$.186$_{30Z}$.188$_{2-3Z}$.
197$_{27M}$.212$_{28Z}$.217$_{26-27}$.218$_{8.20.21}$.
219$_{25.26}$.220$_{15}$.223$_6$.243$_{6M.33M}$.
244$_{12M.15M}$.245$_{10M}$.253$_{33-34}$.255$_4$.

256$_5$.310$_{10}$.311$_{26}$.337$_{3.21}$.414$_{15}$.
420$_{30M.32M}$.421$_{32M}$.427$_{30M}$ I 4. 157$_{25}$
I 8. 29$_3$.304$_{23}$.319$_{25.38}$.321$_{3-4}$.
372$_3$.412$_8$.42$_{6.7.10}$.44$_{22}$.50$_{15-16}$.
130$_{23}$.139$_{23.30.34}$.140$_{30}$.146$_{32-33}$.
152$_{30}$.154$_{33-34.35}$.160$_{20.22}$.250$_{4-5.22}$.
251$_{30.31}$.252$_{19}$.254$_{25}$.381$_{38}$.382$_{36}$.
385$_{16}$.389$_{2.19}$ I 11. 9$_{22.30}$.161$_{2.17}$.173.
19$_{8.11.19.27}$.21$_{10.30}$.22$_{13}$.23$_7$.103$_{24}$.
104$_{5.12.16.19.20.34}$.111$_{14}$.119$_{20.25}$.
139$_{26.27.29}$.140$_{10}$.141$_{3.9.29}$.152$_{15}$.
154$_{12.13.17.27.29}$.156$_{6.19}$.157$_9$.
171$_{30.31}$.174$_{32}$.182$_{23-24}$.184$_{11}$.
188$_{22}$.205$_{11.12.15.16.21.24.28.30}$.206$_2$.
224$_{22}$.225$_{25-26}$.226$_{26}$.232$_{22}$.234$_3$.
323$_{35}$
II 7. M 3 61$_4$ 23 41$_{96.98}$ 40 61$_4$
45 68$_{42-45}$ 46 87$_{2.24.31}$ 48 90$_{23}$
49 94$_{46-79}$.95$_{95-104}$.96$_{136.152}$.98$_{218}$.
99$_{275-285}$.100$_{306}$ 52 111$_{253}$ 69
151$_{23}$ 70 152$_{10}$ 72 154$_5$ 73 155$_{32}$.
156$_{62-66}$.157$_{115}$.158$_{145}$.159$_{197-199}$
86 178$_{3-6.25}$ 94 185$_{11}$ 100 195$_{24}$
111 214$_{116-123}$ 113 220$_{19-20.21}$.
221$_{49}$ 114 225$_{45.77}$ II 8A. M 2
7$_{141.148.151.153}$.10$_{268}$ 3 14$_{53}$ 6 17$_{37}$
13 25$_6$.20$_{43-51}$ 14 29$_{14-47}$.30$_{62.81}$.
31$_{90-111}$.32$_{126-130}$ 31 50$_{26}$ 36 59$_7$
45 67$_{22.25}$.68$_{30.44-45}$ 55 77$_{15}$ 69
99$_{47}$ 73 103$_1$ 75 104$_{13-14.18-19}$
78 108$_{3-13}$ 86 112$_{5.18}$.114$_{60}$ 96
128$_{21}$ 98 132$_3$ 99 133$_{9.12}$ 101
134$_{2M}$ 101 134$_{8-135_{14}}$ 106 138$_{12}$
107 139$_{7-11}$ 108 140$_{8-11}$ M 108
140$_{6-142_{74}}$ 111 147$_{10}$ 120 157$_{80}$
121 158$_{37-39}$ 126 165$_{10}$ II 8B.
M 6 7$_{40.57-73}$.9$_{118}$ 10 18$_{71-72}$ M 20
31$_{35-32_{77}}$.33$_{115}$ 21 37$_{20}$ 22 39$_{73}$.
40$_{98-116}$.41$_{140}$ M 85 138$_{3-139_{14}}$.
139$_{23.42}$ 90 145$_{29}$ 118 163$_5$
Feldspat, Gemeiner Nach Werner dem Feldspat zugeordnet, dieser den Tonarten, später (W III) den Kieselarten (dort in frischer und aufgelöster g. F. unterschieden) *W I, 68; W II, 375; W III, 6*
II 7. M 45 68$_{43}$ II 8A. M 36 59$_{30-31}$
Feldspatspiegel
II 8A. M 108 141$_{53}$

Ferrum Eisen; nach Werner eine Hauptgruppe der Metallarten (IV. Klasse). Siehe auch Eisen *LA II 7, 3q; W I, 73*
I 6. 114$_5$.115$_{6,8}$
II 7. M *1* 3$_{29}$.4$_{39,65}$ 45 73$_{215}$

Fettquarz Gemeiner Quarz (von muschlichem Bruche) *Reuss 66*
I 1. 334$_{19}$ I 2. 147$_{13M}$.197$_{9M}$.408$_3$
I 8. 31$_{34}$ I 11. 313$_{26}$
II 8B. M *10* 18$_{56}$

Feueropal In hell- bis dunkelrotem Glanz widerscheinender Opal *GWB*
II 8A. M *64* 95$_5$ II 8B. M *18* 26$_2$ *115* 162$_1$

Feuerstein Nach Werner eine Kieselart, zunächst in der Gruppe der Gemeinen Kieselarten. Siehe auch Flint *W I, 67; W II, 374; W III, 4*
I 1. 150$_{27M}$.154$_{21Z}$.155$_{23Z}$.161$_{25Z}$.163$_{6M}$.164$_{8M,26Z,28Z}$.259$_{3Z}$.260$_{19-20Z}$
II 5B. M *114* 334$_{143-144}$ II 7. M *11* 19$_{261,265,266,272}$ *12* 25$_2$ *44* 66$_{24}$ *45* 67$_{19}$ *48* 90$_{12}$ *84* 174$_{19}$ *85* 177$_{52}$ (Silex cretacés) *87* 180$_{23-24}$ (Selce) *94* 189$_{189}$ M *94* 190$_{224}$–191$_{230}$ II 8A. M *63* 94$_{11}$ *64* 95$_{10}$ II 8B. M *72* 106$_{24}$

Fichterz Nach Werner eine Kupferart *W I, 72*
II 7. M *45* 72$_{208}$

Filz Volkstüml. Bezeichnung für Torf s. *Turf (Torf) LA II 7, 169q*

Fleckenbasalt
II 8A. M *58* 79$_{34}$

Flimmer s. *Glimmer Reuss 67; Bergmänn. Wb. 182*

Flindern Dünne Metallblättchen, meist Blattgold, Flitter *LA II 5 B, 23*; vgl. *Bergmänn. Wb. 182*
II 5B. M *6* 20$_{23}$

Flint, Flintestein Siehe auch Feuerstein *Reuss 67; Bergmänn. Wb. 182*
I 2. 334$_{27,28}$ (Kobold) I 11. 237$_{16,17}$ (Kobold)
II 5B. M *114* 334$_{143}$ II 7. M *69* 151$_{30}$

Flinze (**Flinz**) Erzarmes Gestein. Terminus in Okens mineralogischem System *GWB*
I 1. 375$_{34Z}$

Fluß Nach Werner zunächst (W I) als einziger Eintrag den Flussarten (Subgruppe zu Kalkarten) zugerechnet, unterschieden in Dichter F. und Flussspat; später den Flusssauren Kalkgattungen zugeordnet, mit denselben Unterarten und Flusserde *W I, 70; W II, 378, W III, 12*
II 7. M *45* 70$_{123}$

Fluß, Dichter Nach Werner dem Fluss zugeordnet, dieser den Flussarten, ab W II den Flusssauren Kalkgattungen *W I, 70; W II, 378; W III, 12*
II 7. M *45* 70$_{124}$

Flußarten Flußarten gehören im Wernerschen System zur Hauptgruppe der Kalkarten in der I. Klasse (Erd- und Stein-Arten); einzige Art ist Fluß mit den Unterarten „Dichter Fluß" und „Flußspat" *W I, 70*
II 7. M *45* 70$_{122}$ *48* 91$_{64-65}$ *112* 218$_{13}$

Flußsäure In Flußspat, Calciumflorit *LA II 8A, 727*
I 2. 121$_{27}$ I 7. 33$_9$ I 11. 206$_{10}$
II 8A. M *48* 72$_{31}$

Flußspat Nach Werner eine Unterart zu „Fluß", dieser die einzige der „Flußsauren Kalkgattungen" *W II, 378; W III, 12*
I 1. 117$_{12M}$.244$_{1M}$.267$_{18Z}$ I 2. 35$_{8M}$.487$_{8,9}$.49$_{20,25-26}$.51$_{17M}$.55$_{34M}$.63$_{30}$.153$_8$.167$_3$ (Spath fusible) I 3. 346$_{34M}$.476$_{3M}$.477$_{1M,13M,20M,27M,35M}$.478$_{3M}$ I 8. 140$_{25}$.160$_{17}$ (Spath fusible) I 11. 26$_{24}$.153$_{35}$.154$_{1,2}$.155$_{11,15}$.158$_1$
II 5B. M *15* 65$_{279}$ *113* 323$_{37}$ II 7. M *45* 70$_{125}$ *46* 88$_{54,69}$ *48* 91$_{65}$ *80* 168$_{33}$ *85* 176$_{30}$ (Spath fusible). 177$_{49}$ (Spaths fusibles refractaires) II 8A. M *36* 59$_8$ *42* 65$_{14}$ *45* 68$_{35}$ *48* 72$_{31}$ *50* 75$_7$ *126* 165$_{15}$ II 8B. M *88* 141$_{9-12}$

Fraueneis Nach Werner zunächst (W I) eine Gipsart (Subgruppe zu

**Kalkarten), dann den Vitriolsauren Kalkgattungen zugeordnet. Siehe auch Alabastrite *W I, 70; W II, 378; W III, 12; Reuss 366
I 1.** $132_{32Z}.134_{23M}.155_{29Z}$ **I 2.** 12_{23Z} **I 3.** 431_9 **I 4.** 145_{24} **I 8.** $109_{30}.113_{18}$ **I 11.** $26_{5-6}.100_5$ **II 5B.** $M48\ 167_{24}\ 53\ 177_{42}$ **I 7.** $M11\ 15_{101-102}.23_{410}\ 12\ 27_{74}\ 45\ 70_{115}\ 48\ 91_{62}\ 94\ 186_{58}$

Frauenglas Fraueneis *Reuss 68; Bergmänn. Wb. 187; GWB*
I 1. 14_{10} **I 11.** 1_{28}

Fungiten Fossile Schwammarten *LA II 8B/2, 802; II 7, 60 Erl.: "Pflanze, insbes. Alge"*
I 2. 202_{30} **I 8.** 261_{32}
II 7. $M37\ 60_9$

Gabbro Reuss verzeichnet Gabro und vermutet Serpentin oder Nephrit *Reuss 69, 424*
I 1. 245_{9M}

Gadolinit Ytterbit. Siehe auch Yttererde *Zappe 1804, 160*
II 8B. $M85\ 139_{10-13}$

Gagates Lat. (Vok.), Agd: Reuss: Gagat = schlackiges Erdpech, Pechkohle. Siehe auch Agd *LA II 7, 5q; Reuss 69*
II 7. $M1\ 5_{70}$

Galestro (Galestri) *s. Mergel, Verhärteter Reuss 425*

Galmei (Gallmey) Nach Werner dem Zink zugeordnet. Siehe auch Zinkspat *W I, 74, W II, 385; W III, 23; Reuss 165*
I 2. $279_{5Z}.422_{29M}$
II 7. $M45\ 74_{257}\ 113\ 222_{72}$ **II 8B.** $M76\ 129_{68}$

Gammarrholithen Versteinerungen von Krebsen *LA II 8A, 49q*
II 8A. $M30\ 49_{15}$

Gelb Bleierz *s. Bleierz, Gelb*

Gelb-Erde Nach Werner eine Tonart *W II, 376*
II 7. $M108\ 209_{11}$

Gelbeisenstein Gelber Eisenocker *GWB*
I 2. 264_{34-35} **I 8.** 370_{19}

Gelf In Ungarn (silberhaltiger) Kupferkies *Reuss 70*
I 1. 376_{2Z}

Gelliges Gestein *s. Klingstein*

Geoden Achat in rundlichen Stücken. Siehe auch Achat *Reuss 70*
II 8A. $M90\ 119_{16}$

Gestellstein Gemisch von Quarz, Glimmer, Speckstein und Ton; dient als Gestell im Hochofen. Siehe auch Saxum fornacum *Bergmänn. Wb. 221*
I 1. 246_{17M}
II 7. $M49\ 96_{151}\ 111\ 213_{88}$

Gewächserde *s. Dammerde*

Gips (Gyps) Nach Werner zunächst eine Kalkart, die Gipserde, Gipsstein, Fraueneis, Schwererspat und Leberstein umfasst, in W II und III den „Vitriolsauren Kalkgattungen" zugerechnet und Gipserde, dichten G., blättrigen G. und fasrigen G. umfassend, in W III zudem Schaum-Gips. Siehe auch Sparkalk, Strahlgips *W I, 70; W II, 378; W III, 12; Reuss 142*
I 1. $30_{12M}.32_{1M,2M,2M}.50_{34M}.68_{28M,28M,35M}.88_8.93_7.133_{5Z,14Z}.134_{15Z,28M}.155_{5Z,29Z}.156_{10Z,12Z,16Z,30Z}.163_{16M}.169_{36}.180_{29}.196_{25}.219_{19,26}.246_{26M}.388_{10,10}$ **I 2.** $12_{6Z,20Z,22,24Z}.13_{22Z}.53_{26M}$(Whashi)$._{27M}.60_{11Z}.80_{17}.86_{22,24}.87_3.117_{72Z}.162_{25}.185_{15Z}.249_{27M}.333_{32}$ (Gypsum)$._{37}$ (Gypsum)$.334_{17}$ (Gypsum)$.343_{12,17}.344_9.347_4.364_{33Z}.368_{8Z}.419_{22M}.422_{8M}.427_{30M}$ **I 8.** $11_{15}.12_{30}.113_{19,23}$ (Plättchen)$._{32}$ (Blättchen)$.169_{24}.395_{27}.396_{21}.412_{22}$ **I 9.** 342_{27} **I 11.** $24_{26}.26_{38}.145_{25,26}.171_{16}.175_{21,23}.176_3.236_{22}$ (Gypsum)$._{27}$ (Gypsum)$.237_6$
II 1A. $M44\ 231_{320}$ **II 5B.** $M15\ 62_{169}\ 22\ 108_3$ **II 7.** $M2\ 5_9\ 3\ 6_6\ 6\ 9_3\ 10\ 12_{11}\ 11\ 15_{98,-129}.16_{154}.22_{374-397}.23_{401-407}.24_{+45}\ 12\ 26.27_{87,98}\ 14\ 29_4\ 17\ 34_{9-10}\ 18\ 36_{6-12}\ 23\ 39_{15-17}.43_{170}\ 30\ 52_6$ (gypsum) $31\ 54_{33}\ 39$

$61_{3,7}$ 44 66_5 48 91_{60-63} 52 105_{26-33} 60 131_3 64 137_{24-30} 65 140_{13-15} 85 $176_{8,9}.177_{46}$ 92 184_3 94 186_{63}. $190_{198-199}$ 111 213_{96} 113 222_{58} 120 231_4 **II 8A**. M41 64_{20} 47 70_8 (Whashi).$_9$ 66 96_3 98 132_6 99 133_{19} 106 139_{20} **II 8B**. M19 29_{55} 24 43_9 72 106_{38} 96 153_8
- Alabasterartiger **II 7**. M11 $15_{101-102}$
- Gipsarten (System Werner) **II 7**. M12 $26_{62}-27_{77}$ 45 $70_{109-121}$ 112 218_{12}

Gipserde Nach Werner den Gipsarten zugeordet, diese den Kalkarten, ab W II den Vitriolsauren Kalkgattungen *W I, 70; W II, 378; W III, 12*
II 7. M45 70_{110} **II 8A**. M63 94_{18} 64 95_{18}

Gipsspat Fraueneis - Schwerspath *Reuss 80*
I 1. $134_{29M}.192_{11Z}$
II 7. M2 5_{11} 46 88_{66} 94 186_{64}
II 8A. M58 80_{59}

Gipsstein Nach Werner eine Gipsart (Subgruppe zu Kalkarten) *W I, 70*
II 7. M45 70_{111} **II 8A**. M6 17_{34}

Gipsstein, Blättriger Nach Werner zunächst (W I) eine Unterart von Gipsstein, später von Gips *W I, 70; W II, 378; W III, 12*
II 7. M45 70_{113}

Gipsstein, Dichter Nach Werner zunächst (W I) Gipsstein zugeordnet, später Gips; in W I Synonym zu Alabaster. Siehe auch Alabaster *W I, 70; W II, 378; W III, 12*
II 7. M45 70_{112}

Gipsstein, Fasriger Nach Werner zunächst (W I) Gipsstein zugeordnet, dann Gips *W I, 70; W II, 378; W III, 12*
II 7. M45 70_{114} **II 8A**. M63 94_{21} 64 95_{23}

Glaise Franz.: Goethe übersetzt: Ton. Siehe auch Ton *LA II 7, 37q*; vgl. *Reuss 381*
II 7. M21 37_5

Glanzkobalt Nach Werner dem Kobalt zugeordnet *W II, 386; W III, 25*
II 8A. M58 84_{187}

Glanzkohle Nach Werner in W II der Steinkohle zugeordnet; in W III dem Graphit-Geschlecht und unterschieden in muschlige G. (eigentl. G.) und schiefrige G. (Kohlenblende); J. K. W. Voigt ordnet sie der Braunkohle zu *W III, 16; LA II 7, 229q*
I 1. 193_{9Z}
II 7. M102 198_{79} 117 229_{12}
II 10A. M69 149_7

Glaserz Nach Werner eine Silberart *W I, 196; W II, 381; W III, 18*
I 1. 116_{25M} **I 2**. 427_{19M}
II 7. M45 72_{196} 80 167_{15} **II 8A**. M98 132_{10} **II 8B**. M88 142_{41}

Glaserz, Sprödes (Spröd-Glaserz) Nach Werner eine Silberart *W I, 197; W II, 381; W III, 18*
II 7. M45 72_{197}

Glaskopf Werner verzeichnet Braunen, Roten und Schwarzen Glaskopf; siehe die nachfolgenden Einträge *W I, 73; W II, 383; W III, 20*
I 2. 293_{25} **I 3**. $149_{3M}.486_{17M}$ **I 8**. 378_{42} **I 11**. $25_{39,40}$
II 7. M37 59_3 **II 8A**. M59 84_3
II 8B. M76 129_{69}

Glaskopf, Brauner Nach Werner dem Braunen Eisenstein zugeordnet *W I, 73; W II, 383; W III, 21*
II 7. M45 73_{227}

Glaskopf, Roter Nach Werner zunächst (W I) dem Eisenglanz zugeordnet, später dem Roth-Eisenstein *W I, 73; W II, 383; W III, 20*
II 7. M45 73_{222}

Glaskopf, Schwarzer Nach Werner dem Schwarz Eisenstein zugeordnet (identisch mit fasrichem Schwarz Eisenstein). Siehe auch Eisenstein, Schwarzer *W III, 21*
II 7. M65 141_{35-37} **II 8A**. M59 84_5

Glaubersalz Werner verzeichnet „Natürliches Glaubersalz" unter dem Schwefelsäure-Geschlecht *W III, 14*

I 1. 286_{6Z} **I 2.** $11_{14-15Z}.13_{33Z}$ **I 3.** $191_{11}.376_{13M}$
II 8A. M124 $162_{6}.163_{18.27}$
Glet, Glete Verm. Bleiglätte *LA II 8A, 43 Erl*
II 8A. M21 43_7
Glimmer Nach Werner eine Tonart, die in W I Gemeinen Glimmer und Grünen Glimmer umfasst. Siehe auch Eisen-. Kupfer- Rubin- und Uranglimmer *W I, 68; W II, 376; W III, 8; Reuss 100*
I 1. $62_{12.19}.76_{1M}$ (Flimmern)$_{(?)}$. $78_{9M}.84_{3.9}.96_{19}.97_{2.15}.102_{28M}$. $103_{4M.13.13M}.104_{8M}.108_{20M}.109_{22M}$. $148_{28M.30M.31M.32M.34M}.249_{6M}.263_{25Z}$. $269_{9M}.270_{22M}.300_{12.16}.315_{34}.316_{5}$. $328_{31M}.333_{33}.334_{27.28-29.33.37}$. $340_8.342_{12}.346_{30M}.347_{1M}.350_{13}$. $352_{36}.353_1.382_{36}.383_{8.10.33}$. $384_{2.4}$ **I 2.** $36_{1M}.38_{15-16.23}.44_{30}$. $47_{17.20.21.22.23.25.26.30}.48_{1.7.10}.49_{27}$. $51_{12M.17M}.61_{27}.62_{14.21.23.27.34.36}$. $80_{8.10}.89_{19M.19-20M}.95_{28}.120_{32}$. $121_{2.6.12.14.17.19}.122_{14M.19M.21M}$. $128_{6M.15M}.129_{33M.36M}.130_{3M.11M}$. $147_{11M}.152_{10.25.26.30.33.34}.153_{13}$. $157_{22}.160_{21-22}.196_{5M}.205_{12-13}$. $217_{7.26.35}.218_{38}.219_{12}.241_{32M}$. $242_{13M.23M}.243_{20M.21M.22M.23M}.244_{9M}$. $245_{10M}.249_{18M}.310_7.332_{35}.337_{3.17}$. $420_{31M}.428_{18M.19M}$ **I 4.** 157_{24} **I 8.** $11_{15.22}.12_{30}.31_9.32_{4.10.14}.37_{22}.39_{26}$. $44_{21}.109_{30}.110_{19}.113_{10.11-12.21}$. $139_{23-24}.140_{3.5.9.12.30}.143_{16.22}.150_7$. $154_{33}.167_{20}.250_{4.12}.251_{7-18}.264_{14}$. $382_{36}.385_{19.22}.389_{2.15}$ **I 11.** $9_{22.29}$. $16_{12.31}.17_6.19_{27.33}.21_{36}.104_{13.17}$. $119_{19.26}.140_{17.23.25}.141_{13.18.19}.153$ $10.14.15.16.17.19.20.24.29.35.154_3.155_{17}$. $156_{6.23.30.31-32}.156_{35}-157_1.157_{7.9}$. $171_{8.10}.205_{17.21.25.30.32.35}.206_2$. $232_{18}.235_{26-27}$
II 4. M42 54_{41} **II 5B.** M15 $61_{111-118}.62_{169}$ 22 108_3 34 141 35 141 62 $197_{12-13.26}.198_{48-49}$ **II 7.** M3 6_{13} 5 8_8 11 22_{371} 12 26_{48}. 27_{99} 23 $41_{94.99}$ 31 53_7 40 61_{4-5} 45 68_{51-53} 46 87_{2-18} 48 90_{28} 49 94_{59-63}.

$95_{96-100}.96_{129-161}.98_{210.220}.99_{249.279}$. $100_{306.316}$ 52 105_{15} (Glimmrich) 64 $138_{68-69.71}$ 69 $150_8.151_{17}$ (micacées) 72 154_5 73 155_{16-33}. $156_{65}.159_{169.199}$ 85 177_{54} (Mica) 105 203_{90} 107 206_{60} 111 215_{169} 113 220_{21} 114 $224_{18}.225_{62}$ 125 235_1 **II 8A.** M2 7_{145} 6 17_{32} 13 26_{51} 14 $30_{82}.31_{111-121}.35_{272}$ 17 41_{22} 22 43_2 23 44_2 (Gl.) 22 44_8 36 $59_{23.31}$ 42 65_{17} 45 $68_{30.35}$ 49 $74_{9.20.22}$ 50 75_6 55 77_{14} 69 98_4 75 104_{28} 99 133_{11} 101 134_{4-10} 106 138_{12} 108 $140_{8-15}.142_{60-84}$ 121 158_{27} **II 8B.** M6 $6_{14}-7_{23}.7_{37.48-49}.9_{117}$ 10 17_{18} 19 29_{48} M20 $31_{15-33_{93}}$ 21 37_{21} 22 $38_{32}.39_{40-56}.40_{85-108}.41_{140}$ 36 58_{104} 57 94_{12-13} 77 131_{18-43} 85 $139_{7.19}$ 88 $143_{64.75}$ 102 156_4 118 163_6
- Glimmerblättchen **I 1.** 340_{26-27} **I 2.** $47_{24}.86_{19-20}$ **I 8.** $237.382_{2-3}.109_{32.33}$. $110_{1.5}$ (Blättchen).$_{8.14-15.26.28.30.34}$. $111_{13.15.19.29.32}.112_{5.18.30}.113_{14}$ **I 11.** $21_{33-34.38}.153_{18}.175_{19}$ **II 4.** M42 54_{46} **II 5B.** M15 $64_{251-259}$ 33 139_1 48 167_{23} 53 177_{41} 62 $197_{17.28}$ (Plättchen).$_{38}$ (Blätter). 198_{40-58} **II 7.** M49 97_{199} 69 151_{23} **II 8A.** M59 85_{22} **II 8B.** M36 57_{57}
- Glimmerkugel **II 8B.** M20 $32_{86}-33_{89}$
- Glimmerkugeln **I 2.** 109_8. $117_{27-28Z}.120_{34.35}.121_{4.7}.123_{25-26Z}$. $130_{6M}.218_{29.31}$ **I 8.** $250_{37}.251_1$ **I 11.** $202_8.205_{18.19.23.20}$ **II 8A.** M27 46_3 99 133_{12}
- Glimmernester **I 1.** $335_{10}.344_{35}$ **I 2.** 130_{14-15M} **I 8.** $32_{25}.42_{12}$
- Glimmersand **I 1.** 265_{7Z} **I 2.** $139_{31-32Z}.159_{34}.160_{4.16-17.25}.242_{15M}$ **I 8.** $166_{32}.167_{2.14-15.23}$

Glimmer, Gemeiner Nach Werner dem Glimmer zugeordnet *W 1, 68* **II 7.** M45 68_{52}
Glimmer, Grüner Nach Werner Glimmer zugeordnet: W II verzeichnet: „Chalkolit. (sonst Grünglimmer)" *W 1, 68; W II, 376* **II 7.** M45 68_{53}

Glimmerschiefer Nach Reuss (Werner) eine „Urgebirgsart" (Kl. I) *Reuss 25, 73*
I 1. $103_{17M.18M.22-23M}.105_{16M}.106_{11M}.125_{31Z.35Z}.126_{4Z.22Z.26Z.32-33Z.34Z}.127_{13-14Z.14-15Z.17Z}.128_{14M.17M.20M}.161_{7-8Z}.162_{17-18M}.188_{27M.30M}.189_{8M.17M}.193_{17Z}.241_{23Z.27Z}.242_{35M}.246_{15M}.263_{15-16Z}.264_{29Z.36Z}.264_{38}-265_{1Z}.266_{1Z}.268_{32M}.269_{1M}.355_{36M}.359_{6.11-12.28.33}.361_{4-5.11.16-17.25.28.31}.362_{13.35}.364_{38}-365_{1}.365_{3.26}.366_{5.18}.367_{9}.368_{25.26.27.29.33.35}.369_{1.5.6.8.13}.383_{35}$
I 2. $51_{15M.25M}.89_{11M.11M}.144_{22M}.146_{21M}.147_{15M}.159_{17}.160_{8}.165_{3}.173_{14Z}.191_{11}.211_{12Z}.219_{10}.226_{32-33}.229_{14}.241_{16M.17M.19M.27M.28M.30M}.242_{11M}.244_{23M.25M}.294_{28}.310_{27}.338_{1}.347_{9}.420_{20-27M}$ **I 8.** $50_{20.25-26}.51_{3.8}.52_{17-18.24.29-30.38}.53_{3.6.20}.54_{9}.56_{11-12.13-14.37}.57_{16.29}.58_{20}.60_{1.2.3.5.9.11.16.20.21.22.27}.158_{16}.166_{15}.167_{6}.242_{8}.251_{16}.353_{20}.372_{29-30}.375_{14}.390_{4}.412_{27}$ **I 11.** $141_{15}.233_{3}$
II 7. M51 $103_{27.35-48}$ 65 140_{9} 73 $155_{38-42}.157_{104.123}$ 94 $185_{12-16}.189_{169-170}$ *111* $211_{30}.213_{86}$ *113* 220_{17-18} *114* 224_{12-13} **II 8A.** M24 45_{4-5} 28 47_{7} 39 62_{13} 45 $68_{34.42}$ 50 75_{5} 62 $91_{28.45}.92_{74}$ 75 104_{21} 99 133_{21} *106* 138_{10} *120* 157_{79} *121* $158_{5.30}$ **II 8B.** M6 $7_{54}.9_{120}$ *20* 33_{103} *22* $38_{18-30}.39_{44}.41_{122-126}$ *36* $56_{31.40}.60_{194}$ 88 $141_{3}.142_{19-24}.143_{76}$ *102* 156_{3} *110* 159_{10} *118* 163_{1}

Gneis, Gneus Nach Reuss (Werner) eine „Urgebirgsart" (Kl. I). Siehe auch Kupfergneis *Reuss 25, 73*
I 1. $14_{9}.28_{30M}.61_{22}.97_{9}.103_{14M.23M.26M.30M}.105_{33M}.109_{20M}.124_{32Z}.126_{2Z.3Z.28Z.29Z}.128_{11M.12M.24M}.157_{9Z}.162_{12M}.188_{19M}.193_{15Z}.246_{11M}.263_{11Z}.265_{34Z}.269_{4M.7M.9M.11M}.270_{23M}.346_{28M.29M}.347_{8M}.350_{17.22.23.26.27}.352_{32}.353_{11}.355_{35M}.359_{5}.368_{24}.383_{6.20.31}$ **I 2.** $28_{9Z.15Z}.29_{21Z}.32_{30Z}.33_{10}.34_{20.35-7M.33M}.51_{33M}.52_{3M.15M}.55_{11M.16M.20M}.56_{16M}.57_{7M}.$ $62_{18.34}.63_{7}.70_{27}.80_{7}.86_{13}.100_{14}.121_{15.16.37}.122_{18M.23M}.140_{6M.24M.27M}.153_{18.21}.164_{31}.165_{3}.176_{8Z}.185_{24Z}.191_{10}.197_{13M.14M.17M.20M.22M.29M.32M}.198_{25M}.218_{28}.219_{1.3.8.10.11.28.29}.220_{26}.224_{7}.225_{1}.233_{4Z.21Z.26Z}.243_{15M.16M.19M.20M.21M}.244_{12M}.252_{31}.254_{31}.290_{26}.309_{23}.310_{30}.333_{2.3}.337_{24}.338_{4}.387_{9}$ **I 8.** $50_{19}.59_{35}.140_{35.38}.158_{6.16}.242_{7}.250_{36}.251_{8.10.14.16.17.33.34}.252_{22}.255_{27}.256_{22}.278_{11}.352_{6}.383_{1.6.7.10.11}.385_{15.32}.389_{23}.390_{7}$ **I 11.** $1_{27}.14_{18}.16_{38}.140_{21}.141_{1.11}.150_{32}.151_{12}.152_{17}.156_{27}.157_{7.18}.168_{4}.171_{7}.175_{14}.186_{23}.205_{33.34}.206_{20}.223_{17}.225_{17}.233_{6}.235_{29.31}.319_{20}$
II 7. M9 $11_{10.12}$ *22* 38_{4} *33* 55_{14} 49 $96_{152}.98_{208}$ *51* 103_{24} *65* $140_{9.23}$ 66 144_{108} 69 151_{17} 72 154_{5} 73 155_{35-43} (Kneiß).$156_{46-50}.159_{168.181}$ (Kneis) 94 $185_{9-11.20}.189_{104}$ *102* 197_{38} (Kneis) *105* $202_{63}.203_{71-80}$ *111* 213_{82} *114* $224_{15}.225_{63}$ *125* 235_{4} **II 8A.** M22 $43_{1}-44_{10}.44_{16}$ *24* 45_{3} *27* 46_{1} *36* $59_{7.30}$ *38* 61_{6-8} *39* 62_{12} *44* 66_{5} *45* $68_{50.56}$ *48* $71_{10.15.19}.72_{45}.73_{69}$ *49* 74_{22} *50* 75_{5} *86* 113_{30} *101* $134_{7.11}$ *106* 138_{9} *113* 149_{4} *114* $150_{15.18}$ **II 8B.** M6 $7_{49}-8_{67}.8_{85}.9_{100}$ *10* $18_{61-76}.19_{104}$ *13* 22_{3-9}M20 $32_{85}-33_{119}.34_{154}$ *22* 40_{82-111} *36* $56_{29-45}.58_{93.104}.60_{178-202}$ *43* 84_{15} *110* 159_{10} *118* 163_{1}

- Porphyrartiger Gneis **I 1.** 383_{4} **I 11.** 140_{20}

Gneis-Granit/Granit-Gneis „Der Gneis ruhet gewöhnlich auf Granit, wovon er oft auch ganze Blöcke in sich enthält". Er geht in Granit über, „sobald er ein krystallinisch körniges Gefüge annimmt" *Zappe 1804, 194; Zappe 1817, I, 390, vgl. 402*
I 2. $195_{2.3}.200_{17Z.19Z.20Z}$

Gneus, Gneuß s. *Gneis, Gneus*

Goethit Von Johann Georg Lenz 1806 in die mineralog. Terminologie aufgenommener Name für

rubinroten Eisenglimmer. Siehe auch Rubinglimmer. Pyrosiderit *GWB; Zappe 1817, I, 396; LA I 2, 171–172q*
I 2. 171$_{26.31}$ **I 9.** 103$_{32}$

Gold Nach Werner eine Hauptgruppe der Metallarten (IV. Klasse): in W II umfasst sie Gediegen-Gold und Nagiakererz: W III ebenso aber ohne Nagiakererz. Siehe auch Aurum sowie Katzengold *W I, 72; W II, 381; W III, 17*
I 1. 33$_{28M}$.106$_{29M}$.282$_{3Z}$.378$_{8Z}$
I 2. 179$_{30Z}$.245$_{31Z}$.248$_{29M}$.281$_6$. 296$_{14M}$.360$_{10Z}$.362$_{11Z}$.367$_{15Z}$. 397$_{2Z.21Z.24Z}$ **I 3.** 147$_{15M}$.252$_{12M.12M}$. 254$_{12M.18M.32M}$.417$_{28}$.463$_8$.469$_{20M}$. 480$_{27M}$.482$_{22M.26M.32M.33M.36M}$. 483$_{21M.27M.29M.34M.36M.39M.4}$ $_{1M.44M}$.484$_{4M.11-12M.13M.15M}$. 485$_{5M.7M.16M.21M.23M.25M.26M}$ **I 4.** 53$_{22}$. 160$_{19}$.161$_{35}$.164$_{19}$.226$_{12}$.227$_7$ **I 5.** 133$_9$ **I 6.** 22$_{15}$.43$_{18}$.68$_{25}$.74$_8$.129$_{32}$. 132$_4$.391$_1$ **I 8.** 15$_{4-5}$ (Medaille). 17$_{17.19.20}$.196$_{16}$.230$_{17}$ **I 10.** 372$_{11}$ **I 11.** 562$_9$.63$_{14}$.68$_{3-5}$.70$_{34}$.87$_{18.32}$. 303$_3$
II 1A. M*21* 155$_3$ *25* 162$_{30}$ *44* 224$_{22-25}$.237$_{591-592}$ *50* 248$_{13}$ **II 2.** M *S.1* 68$_{172-177}$ S.*2* 75$_{115.117.120}$ **II 4.** M*50* 61$_{27}$ *70* 83$_{63}$ **II 5B.** M*20* 98$_{202}$ *76* 231$_{56}$ **II 6.** M*45* 57$_{97}$ *79* 173$_{529}$ **II 7.** M*1* 3$_{25}$.4$_{35.42}$ *45* 72$_{177}$. 78$_{415}$ *48* 92$_{90}$ *63* 134$_{51}$ (or fin) 135$_{99}$ (or) *70* 152$_{14}$ *72* 154$_6$ *112* 219$_{26}$ **II 8A.** M.*55* 77$_7$ *62* 91$_{52-61}$. 92$_{102}$ **II 8B.** M *7* 11$_{31}$ *19* 28$_{31}$ *25* 45$_{12}$ *71* 104$_{4-45}$ *74* 125$_3$ (d'or) *77* 132$_{7-8}$ *105* 157$_1$

- Gold-Ordnung (nach Werner) **II 7.** M*122* 233$_{26}$

Gold, Gediegen Nach Werner dem Gold zugeordnet: in W II, III sind unterschieden: goldgelbes G.-G., meßinggelbes G.-G. und graugelbes G.-G *W I, 72; W II, 381; W III, 17*
II 7. M*45* 72$_{178}$ **II 8B.** M *71* 104$_{14-24}$ *77* 132$_{77-80}$ *87* 141$_{4-5}$

Gold, Hohes gediegenes Nach Werner dem Gold zugeordnet *W I, 72*
II 7. M*45* 72$_{179}$

Gold, Lichtes gediegenes Nach Werner dem Gold zugeordnet *W I, 72*
II 7. M*45* 72$_{180}$

Goldkalk Krünitz unterscheidet zwei Bedeutungen: 1.kalziniertes Gold. 2. Erdart. die zuweilen Gold bei sich führt *Krünitz*
I 3. 482$_{36M}$.483$_{40M}$

Goldsalz Reuss: natürlicher Salmiak; Grimm: Doppelsalze des Goldchlorids mit Natriumchlorid *Grimm WB; Reuss 74*
I 7. 38$_{38}$.38$_{38}$–39$_1$.39$_{11}$

Granat Nach Werner zunächst eine Talkart. später eine Kieselart. schließlich (W III) unterschieden in gemeiner und edler Granat. Siehe auch Almandin. Aplom. Eisengranat *W I, 69; W II, 374; W III, 2; Zappe 1817, I, 59*
I 1. 106$_{30M}$.139$_{17M}$.148$_{17}$.269$_{36M}$. 270$_{19M.20M}$.359$_{26}$.384$_{14}$ **I 2.** 1$_{11Z}$. 27$_{29Z}$.31$_{16.20.25}$.36$_{33M}$.54$_{11Z.34Z}$. 102$_{6M.15M}$.208$_{22Z}$.282$_{26Z}$.307$_{29}$. 347$_8$.411$_{24Z}$.420$_{23-24M.25M}$.427$_{18M}$
I 8. 51$_4$.404$_{27}$.412$_{26}$ **I 11.** 23$_7$. 141$_{11.29}$.149$_{20.23-24.28}$
II 4. M*61* 72$_{64-73}$ **II 7.** M*45* 69$_{83}$ *48* 91$_{46}$ *49* 96$_{158}$.98$_{222}$ *70* 152$_{15}$ *72* 154$_6$ *94* 186$_{54}$.187$_{86.92-93}$.188$_{118-120}$ (Granaden)(?) *105* 202$_{33}$.203$_{7-4}$ $_{13-14.16}$ *114* 224$_{40}$.225$_{59-60}$
II 8A. M*43* 66$_3$ *90* 119$_{18}$ *91* 120$_{30}$ *98* 132$_5$ *106* 138$_{12}$ **II 8B.** M*5* 6$_3$ *6* 8$_{71}$ *68* 102$_8$ *88* 143$_{59-61}$ *102* 156$_4$

- granatartig. -farbig **I 1.** 164$_{18TA}$
II 7. M*73* 158$_{162}$ *94* 191$_{232}$

Granat, Gemeiner Nach Werner dem Granat zugeordnet. Siehe auch Granat. Grüner *W III, 2; vgl. Reuss 75*
II 8A. M*36* 60$_{59-61}$

Granat, Grüner Siehe auch Granat. Gemeiner *Reuss 75*
II 8A. M*64* 95$_{25}$ *126* 165$_8$

MINERALIEN

Granisella Orientale (?)
I 1. 245$_{29M}$
Granit Nach Werner eine „uranfängliche Gebirgsart". Siehe auch Schrift- und Urgranit *LA II 7, 90q*
I 1. 14$_{9.31}$6M.14M.56$_{1Z.5Z.34Z}$.
57$_{7Z.17Z}$.57$_{20}$–63$_{2}$.58$_{14}$.61$_{22-23.29.34}$.
70$_{21M}$.71$_{3M.8M.15M.23M}$.72$_{9M.12-13M.34M}$.
73$_{8M}$.75$_{2M.4M}$.76$_{5M.32M.33-34M}$.
77$_{2M.4M.14-15M.17M.24-28M}$.
78$_{5M.7M.34M}$.81$_{5M}$.82$_{8M.16M}$.
83$_{12.29-30}$.84$_{8.12.14.16.27.31}$.94$_{27}$.
95$_{6}$.96$_{15.30-36.35}$.97$_{1.2.6-8.9.15.34M}$.
99$_{16}$–100$_{8}$.100$_{17}$–101$_{11}$.103
$_{7M.10M.15M.20M.26M.33M.36-37M.38M}$
.104$_{6M.11M.15M.22M.33M}$.105$_{23M}$.
106$_{19M.24M}$.107$_{5M.10M.12M.14M.16M.20M.24M.32M}$.108$_{12M.15M.18M.19M.22M.28-29M.3}$
$_{1M}$.116$_{14M.16M.32M}$.118$_{20M}$.120$_{6M.27M}$.
121$_{2M.3M}$.122$_{3Z.5Z.25Z.26Z.30Z}$.124$_{31Z}$.
126$_{2Z.7Z.29Z.35Z}$.127$_{1Z}$.128$_{23M.33M}$.
137$_{14M}$.138$_{12Z}$.139$_{9M.19M}$.140$_{26Z}$.
148$_{20M}$.157$_{8Z}$.159$_{33Z}$.161$_{5Z}$.162$_{12M}$.
188$_{17M.26M}$.189$_{16M}$.192$_{13Z.17Z.28Z}$.
241$_{11Z.34Z}$.243$_{17M}$.245$_{28M.32M.34M}$.
246$_{10M}$.247$_{5M.12-14M.19M}$.
257$_{10Z.16Z.20Z.23Z.31Z}$.262$_{10Z}$.
263$_{9Z.25Z.28Z.38Z}$.264$_{11Z.13Z.14Z.22Z.32Z}$.
265$_{4Z.17Z}$.266$_{32Z}$.268$_{23M.25M.26M.28M}$.
270$_{3M}$.281$_{1.9Z}$.286$_{11Z.34Z}$.
287$_{16-17Z.25Z}$.288$_{13Z}$.291$_{6Z.7Z.17Z.21Z}$.
299$_{21.25.29.32}$.300$_{9.11.15.23.25.26.27.34}$.
305$_{11}$.306$_{35}$.315$_{32}$.316$_{1.17}$.320$_{20Z}$.
327$_{11M.16M.21M}$.328$_{7M.13M.16M.28M}$.
329$_{17M.20M.21M.32M.34M}$.331$_{22.29}$.
332$_{5.10.13.30.32}$.333$_{25-26.31}$.
334$_{11.17.21.33}$.335$_{1.9.12.19.23.27.34}$.
340$_{7.8}$.342$_{31.38}$.343$_{23}$.344$_{12.14.16.1}$
$_{8.19.21.22.24.26.35.36.37}$.345$_{3.4}$.346$_{28M}$.
347$_{4M.5M.13M}$.348$_{31}$.349$_{4.5.8.15-16.19}$.
350$_{29}$.351$_{15.17.20.25.26.33}$.
355$_{34M}$.359$_{1}$.368$_{23}$.369$_{25M.30M}$.
370$_{17.20.30}$.375$_{12}$.377$_{11Z}$.378$_{18M}$.
379$_{20M.25M.29M.31M}$.380$_{4M.9M.13M.14M}$.
381$_{3M.8M.10M.11M}$.382$_{25.31}$.383$_{5}$ I 2.
1$_{6Z}$.2$_{19Z.25Z}$.3$_{17Z}$.4$_{21Z}$.23$_{14-15Z}$.35$_{6M}$.
48$_{25}$.53$_{17M.31M}$.55$_{3M.14M}$.58$_{12M}$.61$_{23}$.
62$_{3.22}$.63$_{20}$.70$_{26}$.76$_{12Z}$.78$_{21M.31M}$.
79$_{8Z}$.80$_{5}$.86$_{11.12}$.88$_{25M}$.89$_{7-8M}$.94$_{14}$.

95$_{28}$.99$_{28}$.100$_{10.18}$.103$_{26}$.104$_{3.7.9}$.
105$_{24}$.109$_{7.8}$.111$_{26}$.117$_{28Z}$.118$_{24Z}$.
120$_{15.17.34}$.121$_{1.5.14.31}$.122$_{8.11M.14M}$.
123$_{23Z.24Z}$.124$_{12M.14M.31M.32M}$.125$_{9}$.
127$_{33M}$.128$_{9M.14M.19M.21M.24M.27M}$.
129$_{8M.16M.20M.31M.33M.35M}$.
130$_{1M.6M.14M.38M}$.134$_{31Z.32Z}$.
135$_{9Z.20Z.22Z}$.137$_{19Z}$.138$_{19Z}$.
140$_{2M.5M.23M.34M}$.142$_{20M}$.143$_{35M.36M}$.
144$_{1M.13M}$.145$_{6.18.24-25}$.146$_{9.20M}$.
151$_{2M.6M.34}$.152$_{18M.38}$.153$_{9.12.14.21}$.
154$_{28}$.155$_{1.19.37}$.156$_{3.5.8.11.16}$.
157$_{25.27.31.37}$.158$_{15}$.159$_{2}$.164$_{31}$.
165$_{2.24}$.166$_{38}$.166$_{38}$–167$_{1}$.172$_{23Z}$.
175$_{24}$.176$_{7Z}$.184$_{6Z.18Z.21Z}$.186$_{31Z}$.
189$_{18M}$.191$_{10}$.192$_{32}$.193$_{2.16.18.19.22}$.
194$_{30}$.195$_{20M.29M}$.196$_{6M.10M.15M.19M.23M.25M.33M.38M}$.197$_{4M.7-8M.13M.14M.18M}$.
198$_{11M}$.203$_{10.12}$.209$_{16Z}$.
212$_{1Z.11Z.27Z}$.216$_{9.21.31}$.217$_{1.4.14.26}$.
218$_{4.5.12.14.27.29.34}$.228$_{17.22}$.
233$_{4Z.8Z.17Z.20Z.25Z.27Z}$.243$_{4M.14M.17M}$.
244$_{9M.14M}$.247$_{13}$.252$_{27.28}$.253$_{9.19.34}$.
254$_{30}$.256$_{6.35}$.257$_{12}$.290$_{26}$.299$_{29M}$.
300$_{4M}$.307$_{30}$.309$_{23}$.310$_{7.8.9.12}$.
312$_{20}$.333$_{1.13}$.337$_{17.18.19.22}$.
338$_{6}$.339$_{17}$.341$_{15.19.28.31.36}$.
342$_{1.6.7}$.343$_{16.37}$.344$_{2}$.346$_{14}$.
347$_{4.8}$.370$_{6Z}$.375$_{8.9.26-27.29}$.
376$_{14-15.31}$.377$_{3.13-14}$.378$_{9.10-11.25}$.
383$_{26Z.29Z.32Z}$.385$_{12.31-32}$.386$_{27}$.
387$_{9.27}$.388$_{13}$.390$_{36}$.392$_{5M}$.393$_{12}$.
409$_{18}$.410$_{20Z}$.418$_{26}$.420$_{30M.33M}$.
427$_{3M}$.428$_{17M}$ I 8. 27$_{36}$.28$_{35}$.
29$_{7.20.25.28}$.30$_{6.8}$.31$_{1-2.7.26.32.36}$.
32$_{10.17.24.27.34.38}$.33$_{4.11}$.37$_{21.22}$.
40$_{4.12.35}$.41$_{24.26.28.30.31.33.34}$.
42$_{1.3.12.13.14.18.19}$.44$_{21}$.50$_{15}$.
59$_{34}$.139$_{14.31}$.140$_{17.26.29.31.38}$.
152$_{3.11.29}$.153$_{9-10.14.16.19.22.27}$.
154$_{36.38}$.155$_{4.10.25}$.156$_{13}$.
158$_{6.15.37}$.160$_{14.14-15}$.171$_{15.34-35}$.
172$_{21}$.242$_{7}$.248$_{27}$.249$_{2.11.17.20.29}$.
250$_{4.18.20.26.28.35.37}$.251$_{3}$.262$_{12.14}$.
266$_{21.25}$.267$_{2.4.5.9}$.269$_{5}$.278$_{10}$.
352$_{5}$.357$_{25}$.374$_{17.22}$.381$_{17.22.29.31.32}$.
382$_{1-2.5}$.383$_{13.37}$.384$_{1.4.9.9-10.16}$.
389$_{15.16.17.21}$.390$_{9}$.392$_{4}$.393$_{37}$.
394$_{3.12.15.19.20.25.26}$.395$_{30}$.396$_{12.14}$.

404₂₈.407₁₄.411₃₀.412₂₂ **I 11.**
1₂.₇.9₈.₃₂.10₁₅.₁₉.11₁₁.14₁₇–₁₉.₂₅.₂₉.
15₂.16₉.₂₂–₃₇.₃₈.17₆.19₅.₂₀–₂₁.₃₂.
20₁.₃.₅.₁₆.52₁₇–₂₁.103₁₉.₂₀.₂₄.₂₈.₃₁.
104₉.₁₂.₁₆.₂₅.₂₇–₂₉.105₂.110₁₆.
119₁₇.₂₂.128₁₆.₁₉.₂₈.133₆.140₇.₁₃.₂₁.
141₁.154₁₈.156₂.₁₃.₃₁.157₃₀.
168₃.171₅.175₁₂.₁₃.186₆.₁₉.₂₇.
188₁₂.₂₄.₂₆.190₆.192₂₂.202₇.204₂₀.
205₂.₃.₁₈.₂₀.₂₄.₃₂.206₁₄.₂₈.208₃.
223₁₃.₁₄.₃₀.224₉.₂₃.225₁₆.226₂₇.
227₁₉.228₁₁.232₁₈.₁₉.₂₀.₂₃.235₂₉.
236₅.297₁.₂.₁₈.₂₁.298₄.₂₀.₂₉.305₉.
306₂.₂₂.307₂.309₂.₉.310₅.₆–₇.₂₁.
311₁₇.316₁₇.317₂₅.318₉.319₂–₃.₂₀.
320₃₃–₃₄.327₂₇.337₂₅.339₅.350₂₈
II 1A. M*33* 192₁₃ **II 2.** M *7. 8* 55₂₀₅
II 7. M*9* 11₄.₆.₈.₁₁–₁₃ *11* 18₂₀₉ *12*
25₁₀ *16* 32₆.33₁₃ *22* 38₄ *23* 40₇₁.
41₉₂–₉₃.₉₆.₁₀₀.₁₁₀–₁₂₆.42₁₃₀.₁₃₈ *29*
48₉.₁₉.₂₅.49₂₈.₃₈.₄₂–₄₇.50₅₁.₅₄–₅₅ *31*
53₇ *40* 61₂–₃.63₂₈ *44* 66₁₀–₁₇.₂₅–₂₇ *46*
87₁–₂₃.88₅₉–₆₀.₇₀ *48* 90₁₆ *49* 93₃–₃₇.
94₄₂–₇₇.95₁₀₉.96₁₂₅–₁₅₃.97₁₉₆.98₂₀₇–₂₄₃.
99₂₈₁.100₂₉₃–₃₀₅.₃₁₈.101₃₂₉ *51* 103₂₂
52 107₈₃–₁₂₀.108₁₃₉.₁₄₈.110₂₀₉–₂₁₁.
111₂₄₆.₂₇₀.112₂₇₉–₃₀₀ *53* 118₁.
119₁₆.120₂₄ *55* 122₄₂ *56* 124₂.₁₃
60 131₄ *62* 132₅ *65* 140₈M*66*
142–145 *67* 147₁ *68* 149₇ *69*
150₁₆M*69* 150–151 *70* 152₄.₉
72 154₅ *71* 154₈ *73* 155₂₉–₄₁.
156₄₆–₇₈.157₈₈.₁₁₅.158₁₃₁–₁₅₆.
159₁₉₃–₂₀₁.160₂₀₈–₂₁₀ *80* 167₇.₂₁.
169₇₄ *81* 171₃.₂₅.₃₂–₃₃ *85* 176₃.
177₅₃(?) *94* 185₁₉.₂₇.186₅₃.187₉₅–₉₆.
188₁₂₃.189₁₆₄ *99* 194₃ (Gr) *104*
200₃M*105* 202₅₉–203₆₉ *106* 204₃
111 213₈₁.₁₁₀.₁₁₄.214₁₁₆ (Derselbe).₁₁₉–₁₂₂ *113* 220₁₉.₂₃ *114* 224₄–₈.
225₄₅ **II 8A.** M*2* 4₁₆.₂₂.7₁₃₃ (dieses
Steines).₁₃₄–₁₃₇.₁₄₁–₁₄₄.₁₄₈.₁₅₄.₁₅₇.
8₁₆₀.₁₆₇.₁₆₈.₁₇₀–₁₉₁.₁₉₇.₁₉₈.
9₂₀₂.₂₂₈.₂₃₀.₂₃₄.₂₃₈.11₂₈₈ *3* 13₄₂.
14₄₇.₅₂.₅₃–₅₄M*4* 14₁–15₃₆ *6* 16₁₃.
17₃₁ *9* 19₁₂–₁₃M*13* 25–28 *14*
29₁₁–₂₉.30₄₉.₇₅–₈₀.31₉₄–₁₂₄M*14*
32₁₅₇–33₁₇₇.34₂₀₆.35₂₇₁–₂₇₃.36₂₉₈ *17*
41 *23* 44₁ (Gr.) *22* 44₁₁–₁₄.₂₁ *24* 45₂

25 45₆ *31* 50₂₀–₅₄.51₆₉.₈₇.₉₁–₉₂ *36*
59₆ *38* 61₆–₉ *39* 62₁₁ *46* 69₃ *47* 70₁₃
48 71₂.₁₃ *50* 75₅ *55* 77₁₅ *59* 84₁₀
60 85₃ *59* 85₂₂M*60* 86₂₉–87₅₁M*60*
87₆₆–88₇₄ *62* 90₅.₁₉–₂₂.91₃₁.₄₅.
92₇₄ *68* 97₆.₁₆ *75* 103₅.104₁₈ *78*
108₁₄M *86* 112₅–113₂₅.114₅₈–₆₄
99 133₂–₃ *101* 134₁–₅ *106* 138₇–₈
107 139₂–₅.₂₁–₂₂M*108* 140₁–143₁₀₅
113 149₁–₃ *114* 150₁₄.₂₄ *116*
152₁₈ *117* 153₇.₁₁ *120* 155₁₄.
156₅₇–₅₉.157₇₁ *121* 158₄ **II 8B.**
M*1* 3₂₅.4₃₆ *3* 5₄M*6* 6₄–8₇₅.8₉₇–₉₈.
9₁₁₇M*10* 16₂–18₀.19₉₁ *13* 22₂–₈ *15*
24₈M*20* 31₇–33₉₂M*22* 39₇₁–40₁₁₄
26 46₂–₅M*36* 59₁₇₂–60₁₉₃ *39*
66₇₇.₈₇M*69* 102₅–103₂₁ *72* 108₈₀–₉₅
75 127₄ *77* 130₁₂ *79* 133₄M*88*
141₅–142₂₅.143₆₂–₇₇ *91* 146₂₇ *95*
151₂₆–₂₇.₃₃ *98* 154₁ *99* 155₇ *110*
159₉ *118* 163₆–₈

- Gebirge **I 1.** 78₁₂M.100₉.
101₁₃–102₉ **I 2.** 172₇z **I 8.** 171₂₈
I 11. 17₂₆.119₂₉.188₂₁ **II 7.** M*2* 5₁₀
3 6₁₃ *29* 50₅₀.₅₈ *40* 61₈ *66* 142₁₄
68 149₁ **II 8A.** M*2* 4₂₀.7₁₂₉ *14*
34₂₃₂ *47* 70₁

- Granitklüftung (Abb.) **II 8B.**
M*100* 155

- Kristallisierter Granit **I 2.** 120₂₅.
122₁₅M **I 8.** 412₂₅ **I 11.** 205₁₀ **II 8A.**
M*25* 45₂

- Porphyrartiger Granit **I 1.** 347₁₀M.
382₂₄.383₂₀–₂₁ **I 2.** 128₁₆M **I 11.**
140₆ **II 8A.** M*22* 44₁₈

Granitell Wird in der zeitgenössischen Mineralogie unterschiedlich
bestimmt *Reuss* 77, rgl. 381
II 7. M*69* 151₂₉

Granitin (?) Gemenge aus Feldspath und Quarz - Glimmerschiefer?
Reuss 77
I 1. 31₂₁–₂₂M
II 7. M*16* 33₁₉–₂₀

Granitone Gemenge aus vielem Feldspathe und wenig Glimmer. (quarzloser) Aftergranit *Reuss* 77, 425
I 2. 108₂₄M.₂₈M.₂₉M
II 8A. M*96* 127₁₈.128₂₂

MINERALIEN 371

Granulit Von Goethe vorgeschlagener Name für ein „merkwürdiges Gestein", das er weder zum Granit noch zum Porphyr rechnen wollte *LA I 1, 84q*
I 1, 84$_{29}$ **I 11**, 20$_{18}$

Graphit Nach Werner den „Brennlichen Wesen" (III. Klasse) zugeordnet, mit dem einzigen Eintrag „Graphit"; in W III daneben „Glanzkohle" und „Mineralische Holzkohle" umfassend und selbst in „schuppichen" und „dichten G." unterschieden *W II, 380; W III, 16*
I 2, 421$_{37M}$
II 7, M*112* 219$_{23}$ *113* 222$_{52}$ **II 8B**, M*26* 46$_{2-5}$

Graugiltigerz *s. Weißgülden (Erz) (Weisgiltigerz) Reuss 77*

Grauwacke, Graue Wacke Nach Reuss (Werner) eine „Übergangsgebirgsart" (Kl. II) *Reuss 25*
I 1, 61$_{28}$.68$_{13M.16M.22M.31M.35M.}$ 69$_{8M.10M.12M.13M.}$73$_{7M.20M.}$79$_{18M.23M.}$ 84$_{12-13.14-15.}$97$_{33.}$99$_{10.}$161$_{4Z.}$ 246$_{23M.}$261$_{3Z.8Z.}$321$_{25Z.}$381$_{8M}$
I 2, 71$_{9M.}$78$_{21M.28M.}$89$_{10M.}$102$_{8M.}$ 165$_{3-4.32.}$333$_{18.}$342$_{28.}$344$_{7}$ **I 8**, 158$_{16-17.}$159$_{8.}$395$_{7.}$396$_{19}$ **I 11**, 14$_{23.}$17$_{24.}$18$_{33.}$20$_{1-2.3-4.}$21$_{33.37.44.}$ 22$_{1.6.15.18.19.20-22.24.}23_{2.27.}24_{32.}$ 25$_{10.19.}$236$_{10}$
II 7, M*23* 39$_{19.}$42$_{140.147.158.164.}$ 44$_{211-212}$ *43* 65$_{7.12}$ *44* 66$_{4}$ *52* 105$_{12-45.}$108$_{147.159}$ *56* 125$_{37}$ *65* 140$_{10}$ *111* 213$_{93}$ **II 8A**, M*31* 50$_{38-43.}$51$_{64-66}$ *58* 79$_{30.}$82$_{129}$ *60* 88$_{71}$ *65* 95$_{2}$ *68* 97$_{5-6.12}$ *91* 119$_{3}$
II 8B, M*19* 28$_{28}$ *83* 135$_{5}$

Grauwacken-Schiefer Nach Reuss (Werner) der Grauwacke zugeordnet, diese den „Übergangsgebirgsarten" (Kl. II) *Reuss 25*
I 2, 89$_{10M.13-14M}$
II 8A, M*75* 104$_{20-23}$

Greisen Granit (ohne Feldspath) *Reuss 78*
I 2, 38$_{20.}$45$_{2.}$47$_{9.25.}$48$_{11.}$55$_{22M.}$ 56$_{5M.}$57$_{18M.}$63$_{5.33.}$70$_{27.}$121$_{19.}$

153$_{17}$ **I 8**, 140$_{34.}$143$_{20.}$150$_{15}$ **I 11**, 153$_{3.19.}$154$_{4.}$157$_{16.}$158$_{3.}$168$_{4.}$206$_{2}$
II 8A, M*48* 71$_{21-22.}$72$_{37.}$73$_{80}$ *86* 113$_{29}$

Gres Franz.; Goethe übersetzt: „Wetzstein ohngefähr". Siehe auch Sandstein *LA II 7, 37; Reuss 381*
I 2, 88$_{28M.}$89$_{24M.}$408$_{7}$ **I 11**, 313$_{30}$
II 7, M*21* 37$_{7}$ **II 8A**, M*75* 104$_{8.32}$

Grobkohle Nach J. K. W. Voigt der Braunkohle zugeordnet *LA II 7, 229q*
II 7, M*117* 229$_{15}$

Grossular Nach Werner eine Kieselart *W III, 2*
I 2, 81$_{35Z}$

Grün Bleierz *s. Bleierz, Grün*

Grünerde, Grüne Erde Nach Werner eine Tonart *W I, 68; W II, 376; W III, 9*
I 2, 83$_{20.}$102$_{4M.14M.}$422$_{3M}$ **I 11**, 173$_{11}$
II 7, M*45* 68$_{59}$ *48* 91$_{32}$ *113* 222$_{54}$ **II 8A**, M*90* 119$_{16}$ *91* 120$_{27-28}$

Grünholz
I 2, 82$_{35Z}$

Grünporphyr
II 8B, M*118* 163$_{4-5}$

Grünsalz Steinsalz (in Würfel kristallisiert) *Reuss 78*
I 1, 192$_{10Z}$

Grünspan Kupfergrün *Reuss 78*
I 3, 148$_{22M.}$204$_{9.}$484$_{44}$ **I 5**, 166$_{20-21.23.}$167$_{6.12.17}$ **I 6**, 410$_{17}$
II 4, M*56* 67$_{4}$

Grünstein Unspezifische Bezeichnung für dunkle aus Hornblende oder Serpentin bestehende Gesteine. Siehe auch Diorit *LA II 8A, 705 Erl; vgl. Reuss 78; GWB*
I 1, 246$_{14M}$ **I 2**, 35$_{21M.}$48$_{28.}$83$_{16.}$ 146$_{25M.}$147$_{15M.}$165$_{31-32.}$290$_{14.}$334$_{38}$ **I 8**, 159$_{7-8.}$351$_{29}$ **I 11**, 154$_{21.}$173$_{8.}$ 237$_{27}$
II 7, M*111* 213$_{85}$ **II 8A**, M*2* 10$_{250.251}$ *36* 59$_{20}$ *39* 62$_{28}$ *106* 138$_{14}$ *121* 158$_{8.30}$ **II 8B**, M*20* 34$_{157}$

- Urgrünstein **I 1**, 323$_{25Z.}$353$_{16}$ **I 2**, 102$_{8M}$ **I 8**, 385$_{36}$

Gryphite (Griphite) Fossile Zweischaler *LA II 7, 30 Erl*
I 1. 30_{18M}
II 7. $M14\ 29_{10}$
Gypsum *s. Gips (Gyps)*
Haarsalz Nach Werner den Vitriolischen Salzen zugeordnet: in W III dem Schwefelsäure-Geschlecht *W II, 379; W III, 14*
II 8A. $M58\ 80_{69}$
Haarsilber Gediegen Silber: das „in dünnen Fäden aus dem Gestein gewachsene" Silber *Reuss 81; Bergmänn. Wb. 248*
II 7. $M46\ 88_{65}$
Haarvitriol In Goethes Mineraliensammlung den Vitriolischen Salzen (nach Werner) zugeordnet *LA II 7, 92q*
II 7. $M48\ 92_{72}$
Haematit Rother Glaskopf *Reuss 81*
II 7. $M87\ 179_6$ (Hematite)
Halbopal Nach Werner dem Opal zugeordnet, dieser den Tonarten: in W III den Kieselarten. Siehe auch Weltauge *W II, 375; W III, 4; Reuss 161*
II 4. $M29\ 32_{10}$ **II 8A.** $M34\ 57_{11}$
Halde Salzerze als zweite Untergruppe der Kalkerze in Okens mineralogischem System *GWB*
I 1. 375_{35Z}
Hallith Nach Werner eine Ordnung (Geschlecht) aus der I. Klasse, die nur Kryolith umfasst *W III, 13*
- Hallith-Ordnung (nach Werner)
II 7. $M122\ 233_{12}$
Harngeist Spiritus urinae *GWB*
I 6. 219_2
Haüyn (Hauyne) Bezeichnung, die Brünn-Neergard einem neu entdeckten Fossil gab, zu Ehren von René-Just Haüy: Gismondi nannte es Latialit, Nose Saphirin *Zappe 1817, I. 441*
II 8A. $M58\ 80_{39}$
Heliotrop Nach Werner eine Kieselart, zunächst in der Gruppe der Gemeinen Kieselarten. Siehe auch Jaspis, Grüner *W I, 67; W II, 374; W III, 5*
I 2. $102_{2M,14M}$
II 7. $M45\ 67_{23}\ 48\ 90_{14}\ 85\ 177_{57}$
II 8A. $M90\ 119_{15}\ 91\ 120_{25}$ **II 8B.** $M119\ 164_3$
Helmintholithen Versteinerungen von Würmern *LA II 8A, 49q*
II 8A. $M30\ 49_{16}$
Holz, Bituminöses Nach Werner den Bergharzen (Bitumina) zugeordnet, in W II Erdharze genannt, dort unterschieden in gemeines B. H. und B. Holzerde; in W III der Braunkohle zugeordnet *W I, 71; W II, 380; W III, 15*
II 7. $M45\ 71_{104}\ 48\ 92_{82}\ 117\ 229_{10}$
II 8B. $M95\ 152_{43-44}$
Holz, Verkieseltes Von Goethe im Anhang zu den Kieselarten (nach Werner) angeführt *LA II 7, 90q*
II 7. $M48\ 90_{15}$
Holz, versteintes (mineralisiertes) Holzstein *Reuss 83*
I 1. 247_{2M} **I 2.** $36_{6M},82_{29Z,30-31Z},88_{16},242_{28M,29M},312_{14-15},420_{27,27M},428_{26,26M}$ **I 8.** $43_{17,27}$ **I 11.** 177_9
II 7. $M12\ 25_5\ 14\ 30_{21}\ 65\ 141_{49}\ 73\ 160_{217}\ 85\ 176_{10}\ 105\ 201_{26}\ 111\ 213_{107}\ 113\ 220_{16}$ **II 8B.** $M22\ 39_{60-61}\ 29\ 48_{13}\ 36\ 56_{14}\ 58\ 94_3$
Holzerde, Bituminöse Nach J. K. W. Voigt der Braunkohle zugeordnet *LA II 7, 229q*
II 7. $M117\ 229_{17}$
Holzkohle Werner verzeichnet im „Graphit-Geschlecht" „Mineralische Holzkohle" *W III, 16*
I 2. $35_{15M},36_{5-6M}$
II 8A. $M36\ 59_{15,35}$ **II 8B.** $M76\ 128_{38}$
Holzopal Nach Werner dem Opal zugeordnet, dieser denTonarten: in W III den Kieselarten *W II, 375; W III, 4*
I 2. 36_{15M}
II 8A. $M36\ 59_{44}\ 39\ 63_{42}$ **II 8B.** $M18\ 26_2$
Holzstein Nach Werner eine Kieselart, später in dieser Mineralien-

gruppe dem Hornstein zugeordnet *W II, 374*; *W III, 4*
I 1. 302$_{25.37}$ **I 2.** 36$_{32M}$ **I 11.** 106$_{27}$. 107$_4$.
II 8A. M*14* 37$_{338}$ *36* 60$_{60}$ *69* 99$_{25}$. 100$_{49}$

Holzzinn Kornisch-Zinnerz *Reuss 84*
I 2. 105$_{28}$ **I 11.** 190$_{10}$
II 8A. M*55* 77$_9$

Honigstein Nach Werner den Erdharzen zugeordnet, später dem Resin-Geschlecht *W II 380*; *W III, 16*
I 2. 73$_{31-32Z}$.427$_{25M}$
II 8A. M*64* 95$_{15}$ *98* 132$_3$

Hornblende Nach Werner zunächst (W I) eine Talkart, später eine Tonart, dort unterschieden in gemeine H., Hornblendschiefer und basaltische H., in W II zudem: labradorische H. *W I, 69*; *W II, 376*; *W III, 8*
I 1. 77$_{10-11M}$.84$_8$.109$_{13M}$.260$_{7Z.15Z}$. 269$_{36M}$.271$_{10M}$.307$_{10}$.315$_{36}$.347$_{7M}$
I 2. 35$_{24-25M}$.361$_M$.41$_{38}$.50$_{15M}$.51$_{1M}$. 80$_{32.34}$.90$_{7M.7M}$.96$_{18}$.109$_{14}$.197$_{26M.34M}$. 219$_{19.22.24.25.26.27.30.31}$.220$_{3.25}$. 244$_{1M.2M.5M}$.255$_4$.282$_{15Z}$.291$_{35}$.310$_{20}$. 318$_5$.330$_{17}$.333$_{15}$.337$_{30}$.427$_{30M}$ **I 8.** 146$_{33}$.251$_{24.27.29.30.31.32.35.36}$.252$_{8.21}$. 377$_{37}$.389$_{29}$.397$_{12-13}$.410$_6$ **I 11.** 19$_{32}$. 21$_{20}$.110$_{28}$.119$_{21}$.171$_{30.31}$.182$_{24}$. 202$_{14}$.225$_{25}$.232$_{31}$.236$_7$
II 7. M*16* 33$_{19}$ *45* 69$_{78}$ *48* 91$_{44}$ *52* 112$_{284-288}$ *73* 160$_{225}$ *85* 176$_{26}$ (Ps. de Corne) *105* 203$_{68}$ *114* 224$_{40}$. 225$_{70}$ **II 8A.** M*22* 44$_{14}$ *36* 59$_{31}$ *75* 105$_{46}$ *78* 108$_{4-8}$ *98* 132$_4$ *106* 138$_{10-12}$ *126* 165$_{18-20}$ **II 8B.** M*6* 7$_{59}$–8$_{69}$.9$_{100-103}$ *10* 18$_{71-78}$M*20* 33$_{109}$–34$_{134}$.34$_{153}$ *22* 40$_{100-104}$ *36* 57$_{56-57.90}$.58$_{104}$ *55* 93$_{10}$ *114* 162$_7$

- Hornblende-Kristalle **I 1.** 384$_{14}$ **I 2.** 36$_{21M}$.308$_{16.30}$.313$_{38}$–314$_1$.314$_{7.29}$. 317$_{5-6}$.330$_{9.11}$ **I 8.** 405$_{12.26.31-32}$. 408$_{27-28.33-34}$.409$_{16.33-34}$.410$_1$ **I 11.** 141$_{30}$

- Hornblendegang **I 1.** 271$_{3.9M}$ **II 7.** M*114* 225$_{73.78}$

- Hornblendekugeln **I 2.** 109$_{1.2.8-9}$ **I 11.** 202$_{1.2.8}$

Hornblendeschiefer Nach Werner der Hornblende zugeordnet, diese den Tonarten. Siehe auch Roches feuilletées *W II, 376*
I 1. 246$_{16M}$ **I 2.** 243$_{33-34M}$.307$_{27.29}$
I 8. 404$_{25.27}$
II 7. M*111* 213$_{87}$ **II 8A.** M*55* 77$_{17}$
II 8B. M*22* 40$_{98-99}$ *118* 163$_{1-2}$

Hornblendwacke Pochwacke *LA II 8B, 142q*; *Zappe 1804, 356*
II 8B. M*88* 142$_{53}$

Hornerz Nach Werner eine Silberart *W I, 72*; *W II, 381*; *W III, 18*
II 7. M*45* 72$_{194}$ **II 8A.** M*62* 92$_{70}$

Hornerzschwärze Nach Werner eine Silberart; W II, III verzeichnen „Silberschwärze". Siehe auch Silberschwärze *W I, 72*
II 7. M*45* 72$_{195}$

Hornmergel Von J. F. L. Hausmann verwendete Bezeichnung für verfestigten Roggenstein *LA I 2, 134q*
I 2. 134$_{13-14}$
II 8A. M*112* 148$_{18-19}$

Hornschiefer, Hornsteinschiefer Hornstein in Gestalt des Schiefers; gemäß Reuss Synonym zu gemeinem Kieselschiefer *Adelung II, 1292*; *Reuss 86*
I 1. 108$_{4M.5M.9M}$.127$_{ZA}$.188$_{31M}$
II 7. M*9* 11$_{13}$ *15* 31$_{24}$ *46* 87$_{21.29-32}$. 88$_{47}$ *51* 103$_{49}$ *65* 140$_{24}$ *73* 158$_{161-162}$.159$_{165}$ *105* 203$_{92-94}$
II 8A. M*86* 113$_{42}$

Hornsilber Gemeines Hornerz *Reuss 85*; *Krünitz (Hornerz)*
I 3. 245$_5$.248$_{39Z}$.252$_{17M}$.337$_{36M}$. 380$_{30M}$.478$_{14M.18M.20M}$.484$_{37M}$. 487$_{18M}$ **I 4.** 201$_4$ **I 7.** 34$_{19.27}$.35$_1$. 35$_{17}$–36$_{12}$.36$_{15.26.31}$.371$_{11-22.28-33.31}$. 38$_{37}$
II 5B. M*20* 95$_{97}$ *95* 262$_{30}$ **II 8B.** M*85* 139$_{26}$

Hornstein Nach Werner eine Kieselart, zunächst in der Gruppe der Gemeinen Kieselarten; in W III umfasst er splitrichen und muschlichen H. sowie Holzstein *W I, 67*; *W II, 374*; *W III, 4*

I 1. $61_{27}.69_{2M.6M}.107_{5M.10M.12M.14M.16M.17M.18M.22M}.108_{26M.31M}.$
$117_{10M}.120_{11M.28M}.150_{4Z}.$
$155_{20-21Z}.158_{7Z}.188_{16M}.193_{22Z}.$
$291_{7Z}.300_{23.25.26.27.29.33.35}.$
$329_{7M.18M.21M.23M.25M.32M.34M}.$
$335_{11.15.21.22.26.34.36}.336_{14}.340_{6}.$
$344_{37}.345_{3.4.9}.351_{15.19.27}.355_{29Z}$
I 2. $1_{18Z}.5_{20-27Z}.78_{28M}.83_{6Z}.96_{16}.$
$130_{34-35M}.131_{1M}.138_{19Z}.144_{15M}.$
$155_{23.38}.156_{3.4.7}.157_{23.33}.165_{31-32}.$
167_6 (Roche de corne)$.172_{24Z}.$
$217_{19}.220_{15}$ **I 8.** $32_{26.30.36.37}.$
$33_{3.11.13.29}.37_{20}.42_{14.18.19.24}.152_{33}.$
$153_{11.13.14.15.18}.154_{34}.155_{6}.159_{7-8}.$
160_{19-20} (Roche de corne)$.249_{34}.$
$252_{19}.383_{37}.384_{3.11}$ **I 11.** $14_{22}.$
$22_{7.37.39}.104_{25.27.28.29.31}.105_{1.3}.$
182_{22}
II 7. M*11* $18_{210}.21_{333}$ *12* 25_{11} *45*
67_{18} *48* 90_{11} *49* $95_{83}.96_{157}.98_{221}.$
$100_{293-302}$ (Roche de corne) *51*
103_{21} *52* 105_{36-40} *64* $137_{41}.138_{78(?)}$
65 $141_{39-40.43}$ *73* $158_{132-140}.$
$160_{205-210}$ *80* 168_{31} *81* $171_{8.27}$
85 176_{18} (Pierres de Roche)
II 8A. M*2* $8_{170-178.186}$ *4* 14_{13} M*13*
$26_{62}-27_{87}$ M*14* $32_{158}-33_{196}.$
$35_{270-274}$ *34* 57_{18} *58* $80_{55}.81_{74.103}$
68 97_{12} *75* 104_{24} (Petrosilex) *86*
112_{11-12} *108* $143_{103-106}$ *120* 157_{73}
II 8B. M*5* 6_7 *6* 8_{98} *10* 18_{50} *20* 31_{29}
24 44_{22} *85* 139_{27} *88* $141_{2}.142_{35-67}$
118 163_{7}
- Pierre Arenaires (Hornsteinart auf Sizilien nach Borch) **II 7.** M*85* 176_{20}
- Pierre de Roche Agregées (Steinart auf Sizilien nach Borch) **II 7.** M*85* $176_{20(?)}$
- Pierres Argilleuses (Hornsteinart auf Sizilien nach Borch) **II 7.** M*85* 176_{19}

Hornsteinporphyr Nach Reuss (Werner) dem Porphyr zugeordnet, dieser den „Urgebirgsarten" (Kl. I) *Reuss 25*
I 2. 35_{10M}
II 8A. M*36* 59_{10} *39* 62_{20} *40* 63_5

Hyacintus Siehe auch Hyazinth *LA II 7, 4q*
II 7. M*1* 4_{53} **II 8A.** M*26* 46_1

Hyalith (Hialit) Nach Werner eine Kieselart *W III, 4*
I 2. $59_{24Z}.81_{25Z.26Z}.91_{9Z}.204_{10}$ **I 8.** 263_{12}
II 8A. M*34* 56_6 **II 8B.** M*29* 48_2

Hyazinth Nach Werner zunächst eine Talkart, dann eine Kieselart, später eine Zirkonart. Siehe auch Hyacintus *W I, 69; W II, 373; W III, 1*
I 1. 161_{31M} **I 2.** $+27_{25M}$ **I 3.** 328_{14}
I 11. 41_{21}
II 7. M*1* 4_{53} *29* $51_{101.107}$ *45* 69_{84}
73 157_{103} *94* 188_{151} **II 8A.** M*98* 132_4 **II 8B.** M*77* 130_{4-15}

Hydrargyrium Nach Werner eine Hauptgruppe der Metallarten (IV. Klasse). Siehe auch Quecksilber *W I, 72*
II 7. M*45* 72_{183}

Hydrogen Siehe auch Wasserstoff *GWB*
II 4. M*55* 66_8 *69* 81_{61} M*70* 82_6-84_{108} **II 8B.** M*40* 82_8

Hypersten Labradorische Hornblende *Zappe 1817, 1, 469*
II 8B. M*18* 26_3

Hysterolithen Venussteine *Reuss 86*
I 2. 71_{9M}
II 7. M*37* 60_{7-8} **II 8A.** M*65* 95_2

Ichthiolithen Versteinerungen von Fischen *LA II 8A, 49q*
II 8A. M*30* 49_{12}

Ichthyospondylithen Versteinerungen der Rückenwirbel von Fischen *LA II 8A, 49q*
II 8A. M*30* 49_{13}

Idokras Wohl ein Synonym zu Vesuvian. Siehe auch Vesuvian, Egeran
I 2. 237_{18Z}

Ilyn (Jlyn) Schmelzbarer Thonstein *GWBq*
I 2. $165_{30}.169_{18}$ **I 8.** $159_6.162_{30}$
II 8A. M*122* 160_9

Indig Blauer pflanzlicher Farbstoff, aus den Indigofera-Arten gewonnen *LA II 5 B/1, 23*

I 3. $45_{34}.138_{15M}.197_{5.6}.378_{16M}.$
469_{35M} **I 4.** $95_{25}.169_3.175_{17.23.28}.$
189_5 **I 5.** $133_8.179_{26.28}.181_{27}$ **I 6.**
$59_7.65_{37}$
II 4. M50 61_{9-16} 58 69_{3-6} **II 5B.**
M6 21_{59} 20 95_{72-77} 30 136 **II 6.**
M123 237_{154} **II 7.** M45 78_{399}

Iridium Metall, zuerst 1804 beim Aufschluß von Platinerzen entdeckt; chem. Element *LA II 1A, 306 Erl*
II 1A. M77 306_{16}

Itacolumit (Itakolumit) Biegsames Quarzgestein *LA I 2, 246q*
I 2. 246_{17} **I 11.** 222_{18}
II 8B. M55 93_{23}

Jade Gemeiner Nephrit *Reuss S7, 383*
I 1. $264_{29Z}.269_{15M}$ **I 2.** 108_{22M}
II 7. M21 37_{12} 49 $94_{68-72}.96_{129}$ 85 177_{59} 114 224_{24} **II 8A.** M2 11_{293}

Jaspis Nach Werner eine Tonart (W III Kieselart), die Egyptischen J., Band J. und Gemeinen J. umfasst; in W II zudem Porzellan-J., in W III darüber hinaus Opal-J., Agath-J.. Siehe auch Basalt- und Eisenjaspis *W I, 68; W II, 375; W III, 5*
I 1. $56_{1-2Z}.68_{19M}.69_{2M.5M}.74_{5M}.$
$97_{12.17}.102_{27M}.123_{18Z}.140_{25Z}.$
$150_{4Z.9Z.13M.20M}.152_{21Z}.154_{2Z.30Z}.$
$162_{28M}.163_{5M}.243_{26M}.245_{25M(?)}.$
$246_{3M}.260_{15Z}.269_{25M}.281_{19Z}.$
$335_{18}.382_{3.11}$ **I 2.** $78_{27M}.102_{3M.14M}.$
$122_{25M.28M}.138_{19Z}.140_{25M}.146_{33M}.$
$155_{34}.197_{2M}.216_{13}.217_{18}.413_{20.20}$
I 8. $32_{33}.153_7.248_{32}.249_{33}$ **I 11.**
$17_{3.8}.22_{41}.23_{26}.25_{27.28}.139_{19.26}.$
$184_{10}.323_{3.4}$
II 4. M63 76_5 **II 7.** M3 6_5 44 66_{23} 45 68_{32} 48 90_{20} 52 $105_{18.36-39}.$
109_{178} 71 153_2 72 154_6 73 155_{16} 84 $174_{3-9.12-16}.175_{45}$ 85 $176_6.$
177_{33} 94 $189_{179.188}$ 114 224_{32}
II 8A. M2 $10_{245.263.264}$ 26 46_1 68 97_{12} 86 113_{38} 90 119_{15} 91 120_{26} 101 135_{13-15} 114 150_{16} 121 158_{15}
II 8B. M6 7_{39} 20 31_{27} 75 127_4 88 $141_2.143_{57}$ 118 163_7

- Jaspisartiges Gebirge **II 7.** M2 5_{11} 3 7_{24}

Jaspis, Ägyptischer Nach Werner dem Jaspis zugeordnet, dieser den Tonarten; in W III den Kieselarten *W I, 68; W II, 375; W III, 5*
II 7. M45 68_{33} **II 8A.** M63 94_{14} 64 95_{16}

Jaspis, Gemeiner Nach Werner dem Jaspis zugeordnet, dieser den Tonarten; in W III den Kieselarten *W I, 68; W II, 375; W III, 5*
II 7. M45 68_{35}

Jaspis, Grüner Heliotrop *Reuss S7*
I 2. 97_8 **I 11.** 184_2
II 4. M63 76_4 **II 8A.** M69 99_{20}

Jaspis-Ton *Vgl. Zappe 1804, 234–238*
I 2. $124_{30M.32M}$
II 8A. M13 27_{76} 14 $33_{171-173}$ 107 $139_{20-22}.140_{25}$

Jaspisschiefer Jaspisartiger Kieselschiefer *GWB*
I 1. $72_{16-17M}.73_{4M}.99_5.150_{17M}$ **I 11.** 18_{28}
II 7. M44 66_{27-28} 52 $108_{122.143-144}$ 84 174_7 85 176_5 **II 8A.** M31 $51_{58.70}$

Jenit Auch Ilvait, Lepor; Werner: Lievrit. Siehe auch Lievrit *Zappe 1817, I, 474–475*
II 8B. M119 164_4

Jlyn *s. Ilyn (Jlyn)*

Juwelen *s. Edelsteine*

Kali, Kalien Gemäß Zappe Synonym mit Alkali; chemische Bezeichnung für Laugensalze. Siehe auch Ätzkali *Zappe 1817, II, 4*
I 2. 6_{5Z} **I 8.** $134_{19}.316_{35}$ **I 9.** 332_{27-28} **I 11.** 127_{14}
II 1A. M44 224_{54} **II 4.** M55 66_{13-14} **II 5B.** M60 193_{32} 64 201_3 112 320_{13} **II 8A.** M73 103_{2-3}

Kalk, Kalkstein „Kalk" ist nach Werner eine Hauptgruppe der Erd- und Stein-Arten (I. Klasse); in W II und III sind folgende Kalkgattungen unterschieden: Luftsaure, Phosphorsaure, Flussaure,

Vitriolsaure und Boraxsaure; Kalkstein ist im System Werners eine Kalkart. die zunächst den Kalkarten „im engern Verstande", dann den „luftsauren Kalkgattungen" zugeordnet ist. Siehe neben den nachstehenden Lemmata auch Terrae calcareae sowie Alpen-. Blei-. Braunstein-. Eisen-. Gold-. Metall-. Muschel-. Quecksilber-. Spar-. Titan-. Ur-. Zink- und Zinkkalk sowie Bayreuther Marmor. Blaustein. Bordiglio / Bardiglio. Mehlbatzen und Etterichscher Stein *W I, 69–70; W II, 377–378; W III 10–12*

I 1. 10_{23-24}Z.11_{29}Z.$12_{22Z.25Z.28M.31M.}$ $29_{2M.3M.18M.}30_{22M.27M.}51_{1M.}$ $68_{10-11M.12M.14M.22M.23M.34M.}$ $70_{12M.}73_{7M.36M.}74_{16-17M.}75_{17M.}$ $77_{36M.}79_{1M.2M.}97_{21.}119_{28M.30M.}$ $123_{24-25Z.26Z.}124_{26Z.27Z.}125_{32-33Z.}$ $126_{6Z.19Z.24Z.26Z.34Z.}127_{13Z.15Z.18Z.}$ $128_{10M.16M.17M.20M.21M.30M.}$ $129_{24M.28M.29M.30M.}130_{30Z.}$ $132_{8M.11M.16M.}135_{25Z.28Z.}137_{9M.13M.}$ $139_{34M.}140_{8Z.16Z.25Z.}150_{8Z.9Z.10Z.32M.}$ $151_{18M.}152_{11Z.13Z.28Z.}154_{11Z.18Z.24Z.}$ $155_{5Z.10Z.20Z.22-23Z.24Z.}$ $156_{10Z.12Z.14Z.18Z.20Z.29Z.}$ $157_{3Z.5-6Z.21Z.33Z.}158_{7Z.8Z.}161_{2Z.22Z.}$ $163_{18M.25M.}164_{1M}(K.)._{8M.}192_{26Z.}$ $194_{29Z.}195_{ZA.9-10Z.11Z.12M.13M.18M.20M.22M.}196_{7M.}241_{19Z.}244_{8M}$(Rosso di Maremma)$_{(?).11M}$(Rosso misdicato)$_{(?).12M}$(Nero detto polveroso)$_{(?).13M}$(Paesino di Timmaggio)$_{.15M}$(Verde della quericolo) $_{(?).30M}$(Brocatello giallo)$._{30M}$(Giallo puro di Siena)$._{31M}$(Tigrato di Siena)$._{34M}$(Nero e bianco di Montepulciano)$_{(?).}245_{1M}$(Affricano di Seravezza)$_{(?).6M}$(Mischio di Seravezza)$_{(?).7M}$(Altro mischio di Seravezza)$_{(?).8M}$(Nero e giallo di Portvenere)$._{14M}$(Altro mischio dell'Impruneta) $_{(?).26M}$(Pietra stellaria)$.247_{31M.}$ $248_{16M.}249_{6M.}255_{19Z.}256_{8Z.26Z.}$ $258_{8Z.15Z.22Z.25Z.}259_{2Z.5Z.15-16Z.31Z.}$ $260_{2Z.11Z.19Z.26Z.27Z.30Z.}261_{16Z.34Z.}$ $262_{2Z.14Z.}263_{5Z.}265_{35Z.}266_{3Z.}$ $267_{30Z.}269_{19M.}270_{27M.28M.}276_{29Z.}$ $277_{21.}278_{3.}279_{30.}281_{16Z.}300_{34-35.}$ $301_{1-2.4.}303_{16.}305_{17.20.}307_{22.}$ $308_{7.16.}329_{28M.35M.}330_{29M.}335_{32.}$ $336_{3.}337_{28.}343_{25.}346_{19.}351_{37.}$ $352_{6.12.18.}374_{17-18.18-19.28-29.30.}$ 380_{17M} **I 2.** $2_{7Z.}11_{14Z.}13_{22Z.29Z.}$ $25_{17M.}27_{1Z.}52_{2M.}53_{28M.31M.}55_{34M.}$ $59_{5-6Z.}63_{30.}68_{19Z.}71_{15M.}87_{11.}$ $91_{24M.}92_{7M.}96_{30.}100_{15.}102_{8M.}$ $108_{18M.}111_{27.}121_{26.}125_{20.}153_{7.}$ $156_{12-13.25.28.}157_{11.12.}158_{21-22.}$ $162_{25.}165_{4.}166_{4.}169_{36.}184_{26Z.}$ $185_{27Z.}188_{32.}198_{18M.23M.}201_{33.}$ $202_{7.14.20.}209_{9Z.}220_{26.32.34.36.}221_{6.}$ $225_{3.}232_{2Z.5Z.7Z.22Z.}240_{3M.}243_{31M.}$ $244_{3M.29M.}249_{19M.}253_{27.}288_{14.16.}$ 327_{9} (Chaux sulfatée)$.342_{12.17.}$ $344_{6.}347_{4.}351_{24.}368_{7Z.}374_{22M.}$ $419_{22M.}421_{5M.}426_{8M}$ **I 3.** $83_{36-37Z.}$ $147_{17M.}149_{36M.}237_{20Z.}255_{14M.}$ $409_{5M.}486_{16M}$ **I 4.** 157_{29} **I 8.** $33_{9.18.}$ $35_{5.}40_{37.}42_{22.}43_{34.}140_{24.}153_{23.36.}$ $154_{1.21-22.23.}155_{32-33.}158_{17.}159_{18.}$ $163_{10.}169_{24.}198_{32-33.}252_{22.27.29.31.}$ $253_{1.}256_{23.}261_{3.10.18.28.}349_{25.27.}$ $384_{20.26.28-29.33.}385_{1.}394_{31.36.}396_{18.}$ 402_{27} (Chaux carbonatée)$.412_{22.}$ 417_{6} **I 9.** $112_{30.}288_{39-40.}289_{36.38.}$ $332_{27.28.}342_{26}$ **I 11.** $23_{33.35.43.}$ $24_{8.16.20.}25_{16.38.}261_{7.}34_{8.}49_{25.}50_{9.}$ $51_{11.}105_{5-6.}107_{20.}111_{5.24.}112_{5.}$ $132_{12.22.}158_{1.}164_{22.}165_{11.}176_{9.}$ $183_{6.}186_{24.}192_{23.}206_{9.}208_{14.}$ $221_{17.}224_{16}$

II 1A. M*44* $231_{319-321.342.}232_{369}$
II 4. M*63* 76_{1} **II 5B.** M*113* $323_{43.44.45.}324_{70.72-78.}328_{249.250.251}$
114 333_{117} **II 6.** M*45* 57_{87} **II 7.**
M*2* 5_{11} *3* $6_{6.6}$ *6* 9_{3} *9* 11_{11} *10*
$12_{12.13}$ *11* $13_{32.38.44.}14_{65.67.}15_{94-120.}$
$16_{154.158.}17_{177.}18_{230.}19_{247-272.}$
$20_{286-310.}21_{325.333.341.}22_{369-384.}$
$23_{422.431}$ *12* $25_{15.20.27.29.}26_{38.40-54.}$
$27_{89.96}$ *13* $28_{3-6.16}$ *14* 29_{14} *13*
29_{22-32} *14* 30_{20} *18* 36_{10-15} *22* 38_{5}

MINERALIEN

23 $39_{15-17}.43_{170.175.178.187.191}$ 29
50_{64-65} 32 54_{2-8} 33 $56_{17-18.33}$ 39
$61_{6.8}$ 40 63_{32-33} 44 66_{5-7} 45 69_{95}
46 87_{15} 48 $91_{50-68.54}$ 49 93_{27}.
$97_{166-174.196-202}.98_{204-213}.99_{257-260}$ 52
$105_{10-32}.106_{75}.108_{147}.109_{172.187-190}$.
$110_{224}.112_{307}$ 54 121_{8} 55 122_{31} 56
125_{55} 59 128_{34} 60 131_{3} 62 132_{19}
64 137_{26} 65 $140_{10.15-16}$ 69 151_{32}
70 152_{23} 80 $170_{118-119}$ 84 175_{45}
85 $176_{12.14}.177_{36}$ (Calcaire).$_{39}$
(Pierres a Chaux) 87 179_{17} (calcarea).180_{23} (Calcarea) 94 185_{35}.
$186_{41-44.48-52}.187_{109}.190_{200-210}$ M 94
$190_{224}-191_{230}$ 99 194_{3} M 100
$194_{3}-195_{7}.195_{25-28}$ 102 197_{24-33}.
198_{77} 107 $205_{11}.206_{52}$ 111
$214_{130.148}.215_{169}$ 113 221_{31} 114
$224_{27}.225_{67}$ 120 231_{7} **II 8A**. M 2
$8_{187}.9_{204.208.212}$ 4 $14_{12}.15_{17-27}$ 9
$19_{22}.20_{29}$ 13 $27_{81.88}$ 14 36_{284} 18
41_{1-2} 23 44_{5} 45 68_{55} 47 70_{10} 48
72_{31-32} 50 75_{6} 58 79_{4-6} 60 87_{54}
62 92_{90} 65 96_{8} 77 $106_{10}.107_{25}$ 91
119_{2} 96 127_{12-13} 106 139_{20-21} 124
163_{38} 127 166_{9} **II 8B**. M 5 6_{5} 6
$87_{9-84}.9_{104.115}$ 10 $19_{98-99.102}$ 12 22_{5}
19 $27_{6}.29_{49}$ M 20 $34_{154}-35_{171}$ 22
$40_{96.101}.41_{127-138}$ 24 43_{13} 29 48_{3} 30
49_{24} 36 $60_{184-191}$ 68 102_{8} 72 106_{35}
84 137_{52} 91 146_{16} (Calcaire).$_{19-24}$
95 151_{3} **II 9A**. M 97 140_{12} **II 9B**.
M 33 33_{96} **II 10B**. M 1.3 $13_{60}.15_{128}$

- Berge. Gebirge **I 1**. $12_{4M}.30_{17M}$.
$68_{4M}.136_{22Z}.137_{3Z}.152_{27Z}.153_{3Z}$.
$154_{32Z}.154_{33}-155_{1Z}.162_{19M}.163_{6M}$.
$164_{14M}.259_{19Z}$ **I 2**. $76_{11-12Z}.84_{25-26Z}$.
147_{4M} **II 7**. M 2 5_{9} 7 10_{9} 11 17_{187}.
$18_{218.226}.22_{360}$ 12 27_{105} 14 29_{9} 23
43_{189} 29 50_{67} 32 54_{1} 49 99_{245} 52
104_{3-4} 62 132_{8} 64 $137_{21}.138_{66}$ 94
$189_{170-171.190-199}.191_{230}$ 105 203_{95}

- Flözkalkstein **I 1**. $258_{5Z}.262_{16Z}$.
$266_{28Z}.277_{13}$ **I 2**. $12_{7Z}.35_{19M.22M.32M}$.
$36_{29M}.87_{7-8.10}.334_{26.27}.371_{20M}.393_{12}$
I 11. $176_{6.7}.237_{15.16}.311_{17}$ **II 7**.
M 7 10_{13} 12 25_{2} 62 132_{4} **II 8A**.
M 36 $59_{18.21.29}.60_{58}$ 39 62_{26} 47 70_{13}
II 8B. M 73 118_{5}

- Jurakalk **I 2**. $191_{24}.201_{28}.394_{5}$ **I 8**.
$242_{20}.260_{32}$ **I 11**. 312_{11} **II 8B**. M 1
$4_{34.44}$
- Kalk(stein)bruch **I 1**. 70_{11M} **I 2**.
$60_{19Z}.185_{25Z}.232_{20Z}.244_{28M}.247_{31M}$.
$250_{32Z}.288_{6.8}$ **I 8**. $349_{17.19}$ **II 7**,
M 52 106_{74}
- Kalk-Ordnung (nach Werner) **II 7**.
M 122 233_{9}
- Kalkarten (System Werner) **II 7**.
M 12 $25_{14}-26_{61}$ M 45 $69_{91}-70_{128}$
112 218_{10}
- kalkartig **I 1**. $116_{33M}.179_{32}.193_{17Z}$
I 2. $92_{5M}.245_{8M}$ **I 10**. 205_{9-10} **II 7**,
M 39 61_{4} 52 109_{164} 56 125_{42} 64
$137_{34}.138_{62.64}$ 80 167_{22} **II 8A**.
M 77 107_{23}
- Kalkgrube **I 2**. $27_{20Z}.232_{2Z.29Z}$
- Kalkofen. Kalkbrennen **I 1**. 153_{27Z}.
$192_{22Z}.289_{26Z}.330_{30-31M}$ **I 2**. 50_{5-6}.
104_{33-34} **I 11**. $147_{12}.189_{15}$ **II 5B**.
M 113 328_{245} **II 7**. M 11 13_{34}

Kalk-Kohlen vgl. Zappe 1817, II, 5
(1. Sp. unterer Teil)
I 1. $193_{6Z.7Z}$
II 7. M 102 198_{76}

Kalkbreccie
I 1. $148_{18M}.151_{10M}.152_{12Z}$
II 7. M 84 $174_{36}-175_{40}$ 94 188_{121}
II 8B. M 24 44_{18}

Kalkerde Nach Reuss mit Ton vermischte Mergelerde: Reuss verzeichnet ferner gemeine K. (Bergmilch) und glänzende talkähnliche K. (Geraer Talkerde). Siehe auch Bergmilch. Talkerde. Mergelerde *Reuss* 89
I 1. 286_{5Z} **I 3**. $254_{1M}.463_{34}.468_{33M}$.
$469_{1-2M}.472_{34M}$ **I 4**. $157_{24}.190_{5}$ **I 7**.
$33_{9.12}$
II 7. M 11 22_{379} 12 26_{33-37} 34 57_{12}
120 231_{5} **II 8A**. M 124 $162_{4.15}$.
163_{24} **II 8B**. M 95 151_{10-13} 109 159_{6}

Kalkmergel Mergel *Reuss* 89
I 2. 249_{27M}
II 8B. M 19 29_{55}

Kalkphosphor Aus Kalk erzeugter Leuchtstein. Siehe auch Phosphor, Cantonscher *LA 1* 7, 26q
I 7. $26_{17}.33_{31}$

Kalkschiefer Verhärteter Mergel *Reuss 90*
I 2. 204$_{12-13}$.250$_{25Z}$ I 8. 263$_{14-15}$ II 7. M*11* 19$_{252}$

Kalksinter Nach Werner (W II) als „strahlig- und fasriger Kalkstein oder Kalksinter" dem Kalkstein zugeordnet, in W III als fasricher Kalksinter dem fasrichen Kalkstein. Siehe auch Sinter, Sprudelstein *W II, 378; W III, 11*; vgl. *Reuss 145*
I 1. 338$_{2,20}$.339$_{22}$.345$_{10,11,12}$ I 2. 94$_{8}$.416$_{28}$.417$_{3,25}$.418$_{18,20-27,35}$ I 4. 245$_{9}$ I 8. 27$_{30}$.35$_{17,35}$.36$_{37}$.42$_{25,26,27}$
I 11. 24$_{1,3,5-7}$.326$_{5,15,32}$.327$_{20,27,33}$ II 8A. M*2* 8$_{169,189-191}$ 5*8* 79$_{12,30-32}$ 59 85$_{25,26}$

Kalkspat Nach Werner dem Blättrigen Kalkstein zugeordnet *W I, 69; W II, 378; W III, 11*
I 1. 69$_{11M,12-13M,29M}$.745$_{M,8,8M}$.752$_{7M}$. 76$_{13M}$.79$_{2M}$.80$_{13M}$.102$_{30M}$.117$_{11M}$. 120$_{12M,29M}$.128$_{14-15M}$.134$_{10Z}$.152$_{14Z}$. 159$_{32Z}$.193$_{18Z}$.244$_{43M}$.249$_{3M(?)}$.291$_{8Z}$. 300$_{30}$.303$_{18}$.329$_{26M,29M,31M,33M}$. 335$_{35}$.336$_{1,6}$.343$_{29}$.345$_{5,6,7,8}$. 346$_{21}$.352$_{1}$ I 2. 35$_{21M,25M,29M}$. 36$_{2M,23M}$.50$_{15M,21M,29M,31M}$.69$_{25,30}$. 102$_{2M,13M,15M}$.125$_{19}$.131$_{27M}$.144$_{18M}$. 156$_{10,19-20}$.199$_{3M}$.220$_{38}$.243$_{29M}$. 244$_{4M}$.249$_{20M}$.350$_{27}$.352$_{7}$.354$_{2M}$. 419$_{12}$.421$_{25M}$.427$_{23M}$ I 4. 145$_{23}$ I 8. 11$_{14,24,40-41}$.12$_{24}$.16$_{2}$–20$_{10}$. 33$_{12,16,21}$.41$_{3}$.42$_{20,21,23}$.43$_{36}$.96$_{3}$. 108$_{26,34-35}$.109$_{30}$.153$_{21,30-31}$.252$_{33}$. 384$_{22}$.416$_{8}$.417$_{22}$ I 11. 22$_{2,4-25}$. 23$_{37,38,39,43}$.24$_{9,23,24,44}$.251$_{3,21,24}$. 26$_{7,8,9,10,12,14,16,31,33,36}$.105$_{4}$.107$_{22}$. 167$_{13,18}$.169$_{30}$.208$_{13}$.328$_{1}$
II 1A. M*44* 226$_{130}$ II 4. M*43* 55$_{44}$ II 5B. M*15* 58$_{20}$.61$_{106-127}$.63$_{203-209}$. 65$_{281}$.67$_{373-380}$ *19* 88$_{79,93-94}$.89$_{109}$ *22* 108$_{3-5}$ *23* 112 II 7. M*11* 13$_{33-34}$. 16$_{135,148}$ *12* 26$_{58}$ *23* 42$_{164-165}$ *30* 52– *40* 63$_{33}$ *45* 69$_{99}$ *46* 87$_{29}$.88$_{43-69}$ *48* 91$_{54}$ *52* 105$_{45}$.106$_{59}$.109$_{178-181}$. 111$_{233}$ *55* 122$_{24}$ *65* 141$_{29}$ *73* 155$_{18}$ *80* 168$_{32}$ *81* 171$_{9,28}$ *85* 176$_{5,7}$.

177$_{44}$ (Spath Calcaire) *86* 178$_{20-21}$ (spath calcaire) *94* 185$_{12}$ *98* 193$_{1}$ *111* 215$_{165(?)}$ *113* 221$_{45}$ II 8A. M*2* 8$_{194-198}$.10$_{241,250,258}$ *13* 27$_{79-86}$ *14* 33$_{182,186}$ *34* 57$_{22}$ *36* 59$_{20,24,27,31}$. 60$_{52}$ *45* 67$_{2,8,16-17}$ *58* 80$_{49-52}$.81$_{91}$ *90* 119$_{14}$ *91* 120$_{20,32}$ *98* 132$_{3}$ *102* 135$_{7}$ *106* 138$_{12}$ *108* 143$_{129}$ *120* 157$_{76}$ II 8B. M*10* 19$_{116}$ *19* 29$_{50}$ *20* 34$_{165}$ *22* 40$_{94,103}$ *60* 96$_{5}$ *85* 139$_{29,35}$ *88* 142$_{37}$

Kalkstein, Bituminöser Stinkstein? *LA II 7,* 231*q*
II 7. M*120* 231$_{5}$

Kalkstein, Blättriger Nach Werner dem Kalkstein zugeordnet *W I, 69; W II, 378; W III, 11*
II 7. M*45* 69$_{97}$

Kalkstein, Dichter Nach Werner dem Kalkstein zugeordnet. Siehe auch Ammonitenmarmor. Marmor *W I, 69; W II, 377; W III, 11*; vgl. *Reuss 32*
I 1. 246$_{15M}$ I 11. 23$_{31,45}$.24$_{15,17}$. 105$_{2-3}$.132$_{11-12,23}$
II 7. M*11* 20$_{302}$ *45* 69$_{96}$ *84* 174$_{24-35}$ *107* 206$_{48}$ *111* 213$_{86}$

Kalkstein, Dünn und krumschaliger Nach Werner dem Kalkstein zugeordnet *W I, 69*
II 7. M*45* 69$_{101}$

Kalkstein, Faseriger Nach Werner dem Kalkstein zugeordnet: in W II abweichend: strahlig- und fasriger Kalkstein oder Kalksinter; in W III mit den Unterarten gemeiner fasricher Kalkstein und fasricher Kalksinter *W I, 69; W II, 378; W III, 11*
I 1. 134$_{19-20Z}$
II 7. M*45* 69$_{100}$

Kalkstein, Körniger Nach Werner dem Blättrigen Kalkstein zugeordnet *W I, 69; W II, 378; W III, 11*
I 1. 352$_{7-8}$
II 7. M*45* 69$_{98}$

Kalkstein, uranfänglicher s. *Urkalk*
Kalktuff Nach Werner eine Kalkart unter den Luftsauren Kalkgattungen *W III, 11*

MINERALIEN

I 1, $152_{20Z}.158_{9Z}.162_{10M}$ **I 2**, $60_{23Z}.208_{22Z}.371_{21Z}.372_{19M.25M.30M}$, $373_{4M.16M}$ **I 10**, 205_3
II 7, $M 10$ 12_{13} 94 189_{162} **II 8B**, $M 73$ $118_{5-6.35}.119_{40-70}$
- Kalktuffsand **I 2**, $373_{11M.17M}$ **II 8B**, $M 73$ 119_{63-72}

Kalzinierte Knochen In G.s Liste von „Gebirgsarten" den „aufgeschwemmten" zugeordnet *LA II 7, 213q*
I 1, 247_{3M} **I 4**, 67_{31}
II 7, $M 111$ 213_{108}

Kaolin Siehe auch Porzellanerde *Reuss 91*
I 2, $53_{25M}.89_{1M}$
II 8A, $M 47$ 70_7 75 104_{13}

Karmin, Kochenille Roter Farbstoff, gewonnen aus Schildläusen
I 3, $204_9.271_{28M}.272_{1M.4M.15M.21Z}$, $273_{35M}.274_{18M}.277_{11M.14M}.375_{23M}$, $378_{7M}.469_{20M}.471_{22M}.480_{18M}$ **I 4**, $54_{32}.55_3.231_{13..35}$
II 4, $M 35$ 40_{59} 50 $61_9.62_{58}$ 58 69_{3-15} 60 70_7 $M 61$ $71_{18-74_{161}}$ 62 75_{3-4} **II 5B**, $M 20$ 95_{72} **II 6**, $M 123$ $237_{153-154}$ 124 248_{377} **II 7**, $M 45$ 78_{403} **II 8B**, $M 1$ $3_{25}.4_{36}$

Karneol (Carneol) Nach Werner dem Calcedon zugeordnet, dieser den (gemeinen) Kieselarten; in W III unterschieden in gemeiner und fasricher K. *W I, 67; W II, 374; W III, 4*
I 1, $150_{25M}.246_{4M}.292_{22M}.304_9$ **I 2**, $96_{15}.97_{17}.102_{1M.13M}$ **I 11**, 108_{16}, $182_{21}.184_{12}$
II 7, $M 45$ 67_{22} 48 90_{13} 84 174_{17}
II 8A, $M 26$ 46_2 90 119_{15} 91 120_{24}
II 8B, $M 7$ 10_4

Kascholong (Kocholong) Halbverwitterter bzw. milchweißer Chalcedon *Reuss 51; LA II 8B, 164 Erl*
II 8B, $M 119$ 164_3

Katzenauge Nach Werner zunächst (W I) eine Tonart, später eine Kieselart *W I, 68; W II, 375; W III, 5*
I 8, 130_{29}
II 7, $M 45$ 68_{41} 48 90_{22}

Katzengold Glimmer *Reuss 91*
I 2, 178_{17Z}

Kemmelkohle Nach J. K. W. Voigt der Steinkohle zugeordnet *LA II 7, 229q*
II 7, $M 117$ 229_6

Kern Nach Reuss ein Synonym für Spateisenstein *Reuss 92*
II 8A, $M 90$ 118_8

Kies, Kiesel Nach Werner eine Hauptgruppe der Erd- und Steinarten (I. Klasse). Siehe auch Siliceae, Kieselerde sowie Braun-, Eisen-, Faser- und Quarzkiesel *W I, 67; W II, 373–375; W III, 1–7*
I 1, $28_{20M}.73_{28M}.76_{13-14M.16M}$, $105_{31M}.122_{27Z}.123_{32Z}.124_{1Z.5Z.10Z}$, $128_{31M}.129_{12Z.15Z}.136_{25Z}$, $154_{29Z.33Z}.155_{2Z.9Z}.158_{9Z}$, $195_{4Z.7Z.9Z}.255_{16Z}.268_{12Z}.276_{29Z}$, $279_5.280_7.315_{51}.380_{16M}.385_{23-24}$, $387_3.388_{26}$ **I 2**, $53_{31M}.88_{14-15.33M}$, $90_{2M}.111_{2M}.226_{27}.249_{19M}.255_{20}$, $375_5.395_{27Z}.421_{7M}$ **I 3**, 484_{8M}, 485_{10M} **I 8**, 372_{24} **I 9**, $248_{12}.254_{34}$
I 11, $23_{3.5}.34_9.112_{11}.119_{16}.143_{6.7}$, $144_{20}.146_5.177_8.226_5$
II 5B, $M 114$ 334_{144} **II 7**, $M 1$ 4_{61} 12 25_8 21 37_{14} 24 44_{14} 29 $51_{105-107.110-112}$ 33 55_5 45 67_5 46 87_{32} 49 $96_{138}.98_{222}$ 52 109_{165}, $111_{253-256}$ 56 125_{43} 63 133_{27} (cailloux) 73 159_{178} 94 185_{26} 113 221_{33} **II 8A**, $M 47$ $70_{5.13}$ 60 87_{53} 62 90_{12} 69 100_{52} 75 $104_{11-12.42}$ 86 113_{48} 100 134_7 **II 8B**, $M 19$ 29_{49} 88 143_{59} 95 151_{21}

- Kiesel-Ordnung (nach Werner)
II 7, $M 122$ 232_6

- Kieselarten (System Werner) **II 7**, $M 12$ 25_{1-13} 45 67_{5-24} 48 90_4 112 218_6

Kieselarten, Gemeine Nach Werner eine der beiden Hauptgruppen unter den Kieselarten *W I, 67*
II 7, $M 48$ 90_{9-14}

Kieselbreccie
I 1, $140_{26Z}.249_{13M}.262_{31Z}$
II 7, $M 85$ 176_{13-14} 111 215_{176}

MINERALIEN

Kieselerde Terra silicea. Quarzerde: Grund. oder Elementarerde. die sich nicht künstlich zerlegen lässt. Siehe auch Kies. Kiesel *Zappe 1817, II, 38;* vgl. *Zappe 1804, 260 (Kiesel)*
I 2. $61_{25}.78_{25M}.86_6.224_{37}.408_{29}$ I 3. 468_{32M} I 4. 157_{23} I 8. 256_{20} I 9. 332_{24} I 11. $26_{17}.156_4.175_{7-8}.314_{16}$ II 1A. M44 233_{404} II 4. M29 32_{18} 55 66_3 II 7. M5 8_{11} 107 206_{69} II 8A. M36 60_{58} 68 97_{10} 73 103_2 124 $162_{2.13}$ II 8B. M76 128_{26} 77 132_{65} 95 151_{9-12} 109 159_5

Kieselsäure
I 2. 408_{30} I 11. 314_{17}

Kieselschiefer Nach Werner eine Kieselart. unterschieden in gemeinen K. und Lidischen Stein *W II, 374; W III, 4*
I 1. $246_{19M}.257_{21Z}.307_{34}.308_{22}.323_{20Z}$ I 2. $29_{28Z}.36_{28M}.78_{28M}.83_{29}.89_{15M}.146_{22M}.147_{1M.6M.22M}.165_{30-31}.342_9.350_5$ I 8. $159_7.394_{28}.415_{24}$ I 9. $216_{9.16}$ I 11. $111_{17}.173_{20}$
II 7. M108 209_3 111 213_{90} II 8A. M36 60_{57} 68 97_{12} 75 104_{24} 121 158_{6-36} II 8B. M36 60_{179} SS $142_{33-48}.143_{65}$

Kieseltuff Kieselsinter *Zappe 1817, II, 45*
II 8B. M114 162_3

Killas Engl. Gestein. Ton- oder Hornblendeschiefer: zinnhaltig *LA II 8A, 77q*
II 8A. M55 77_{16-17}

Klingstein Franz. Phonolith: nach Werner eine Tonart: graues. dichtes Gestein. das beim Anschlagen klingt *W III, 8; LA II 8A, 637 Erl*
I 1. $287_{19Z}.291_{21Z}.303_{22}.343_{30}.346_{22}.350_{32.35-36}$ I 2. $3_{31Z}.28_{15Z}.29_{15-16Z}.31_{11}.35_{30M}.50_{34M}.54_{7Z}.131_{28M}.144_{19M}.165_{31}$ (Phonolith) I 8. $41_4.43_{37}.159_7$ (Phonolith). $383_{16.19}$ I 11. $107_{26}.149_{15-16}$
II 7. M84 $175_{64(?)}$ II 8A. M21 43_{11} (gelliges Gestein) 36 59_{28} 39 62_{32} 45 $67_{2-3.20-21}$ 108 143_{130} 120 157_{77}

Kobaldschwärze
II 8B. M SS 142_{44}

Kobalt (**Kobold. Kobelt**) Nach Werner eine Hauptgruppe der Metallarten (IV. Klasse). Siehe auch Cobaltum sowie Erd-. Glanz-. Spießkobalt und Safflor *W I, 74; W II, 386; W III, 25*
I 1. $109_{27M}.116_{27M}.117_{6M}.118_{9M.15M.17M}.119_{20M.22M}.120_{15M.29M}.282_{14Z}$ I 2. $105_{22}.292_{12.32.33}.294_{3.4}.428_{13M.15}$ I 3. $149_{27M}.253_{20M}.254_{27M}.255_{8M}.378_{30M}.463_{26}$ I 8. $377_{49}.378_{14.15}.379_{13.14}$ I 11. $87_{17}.190_{3-4}$
II 1A. M77 305_4 II 4. M55 66_{18-19} 61 73_{100} II 5B. M60 $193_{25-26.29.41}$ II 7. M S 105 7 10_{11} 23 42_{165} 45 74_{263} (Kobelt) 46 $87_{5.14.19}$ (K.). 88_{60} (K.)$_{.68}$ (K.)$_{.70}$ (K.) 48 92_{101} 61 132_9 64 138_{70-72} 72 154_6 73 159_{174} 80 $167_{17}.168_{27}.169_{62-71}.170_{110.112}$ 81 $171_{12.27}$ 105 $202_{31.38}$ 112 219_{36} 124 235_{10} II 8A. M58 83_{180} 62 $91_{41}.92_{75-78}$ II 8B. M77 131_{58} SS 142_{37-43} 93 150_1
- Kobold-Ordnung (nach Werner)
II 7. M122 233_{39}

Kobaltbeschlag Nach Werner eine Kobaltart: in W II. III dem Rothen-Erdkobelt zugeordnet *W I, 74; W II, 386; W III, 25*
II 7. M45 74_{271} 46 87_{19} (K.) II 8B. M SS 142_{46}

Kobaltblüte (**Koboldsblüte. Kobeltblüthe**) Nach Werner eine Kobaltart: in W II. III dem Rothen-Erdkobelt zugeordnet *W I, 74; W II, 386; W III, 25*
II 7. M45 74_{272} 46 88_{52} (K.).89_{77} 124 235_8

Kobaltkönig In der Metallurgie auch Kobaltspeise genannt. der regulus cobalti: Produkt des Schmelzprozesses *LA II 1B, 1221 Erl; Krünitz*
I 11. 61_{19}

Kobold s. Kobalt (Kobold. Kobelt)
Kochenille s. Karmin. Kochenille

Kochsalze, Küch-Salz-Saeuern Nach Werner eine Hauptgruppe der Salzarten (II. Klasse), später (W II) „Kochsalzsaure Salze", dann (W III) „Kochsalzsäure-Geschlecht" genannt, letzteres unterschieden in Natürliches Kochsalz und Natürliches Salmiak *W I, 70; W II, 379; W III, 14*
II 4, M70 83$_{73}$ II 7, M45 71$_{146}$ 48 92$_{74}$ 112 219$_{18}$
- Kochsalzsaure-Ordnung (nach Werner) II 7, M122 233$_{17}$

Kohle Sieh auch Blätter-, Braun-, Glanz- Grob-, Holz- Kalk-, Kemmel-, Letten- Pech-, Ruß-, Schiefer-, Stangen-, Stein- und Worrkohle *Reuss 95*
I 1, 4$_{12Z.21-22Z.22-23Z}$.32$_{3M}$.192$_{19Z}$. 193$_{4Z.5Z}$.233$_{26}$.272$_{4Z}$.281$_{22Z}$. 301$_{32}$.302$_{7.8.10.12.13}$.308$_{5}$.325$_{15Z}$. 341$_{35.38}$.342$_{2.3}$.345$_{31.35}$.371$_{13}$ I 2, 27$_{24Z}$.49$_{30.35}$.50$_{2-10}$.88$_{18}$.103$_{22-23}$. 104$_{16.20.22.31}$.105$_{2.4.7.11}$.110$_{29M.32M}$. 124$_{33M}$.131$_{8M.9M}$.143$_{16M}$.161$_{20}$. 162$_{17.19.22.25.31}$.173$_{14Z}$.199$_{8M}$. 204$_{8}$.208$_{19Z}$.226$_{13}$.234$_{19Z}$.248$_{26M}$. 249$_{14M}$.291$_{5}$.294$_{28}$.331$_{10Z}$ (Coal), 332$_{8}$ (Coal).$_{30}$ (coal).333$_{3}$ (coal). 334$_{9}$ (Coal).393$_{22}$.426$_{6.13M}$ I 3, 70$_{12}$.113$_{16.43}$.141$_{21M}$.192$_{28}$.193$_{35}$. 205$_{10}$.431$_{26}$.448$_{22}$.472$_{33M}$.476$_{4M}$. 477$_{15M}$ I 4, 36$_{20}$.151$_{31}$.158$_{6.11}$ I 6, 18$_{19}$.19$_{14}$.21$_{12}$.66$_{6}$.113$_{14}$ (anthrax).$_{14}$ (carbo).$_{16}$ (carbo).$_{18}$ (carbonem).$_{20}$ (carbo).$_{22}$ (carbonibus).$_{24}$ (carbone).189$_{15}$ I 7, 26$_{11}$. 28$_{8}$ I 8, 39$_{11.15-17}$.43$_{8.12}$.168$_{18}$. 169$_{16.18.21.24.30}$.259$_{11}$.263$_{10}$.353$_{20}$. 377$_{12-13}$ I 9, 359$_{15}$ I 10, 207$_{12}$ I 11, 78$_{29}$.88$_{5-6}$.100$_{23}$.106$_{1.12.13.14.16.17}$. 111$_{22}$.129$_{13}$.147$_{2-3.7.9.10.15}$.177$_{10-11}$. 188$_{9.33}$.189$_{1.3.13.22.23.26.30}$.235$_{1}$ (coal).$_{22}$ (Coal).$_{30}$ (Coal).236$_{37}$ (Coal).311$_{26}$
II 1A, M25 162$_{28-33}$.163$_{42}$ 44 228$_{210}$ II 4, M46 58$_{3}$ II 5B, M100 291$_{15}$ 104 307$_{62}$ 113 325$_{120-121}$ II 6, M41 51$_{107.113.116.119}$ II 7, M11 17$_{170.173}$.21$_{346}$ 12 27$_{107}$ 87 179$_{14-15}$ (Carbon) 102 197$_{50}$.198$_{50.65.73-80}$. 199$_{98}$ 105 201$_{27}$ 118 230$_{3}$ II 8A, M2 11$_{297}$ 99 133$_{16}$ 100 134$_{2.5}$ 107 140$_{23}$ 108 143$_{113-114}$ 120 156$_{40}$ II 8B, M19 28$_{29}$ 33 52$_{14}$ 76 128$_{26-42}$ 91 146$_{23}$ (Coal)

Kohlenblende Nach Reuss eine Art des Graphitgeschlechts; unverbrennliche Steinkohle. Siehe auch Anthrazit *Reuss 20; Zappe 1804, 272; Zappe 1817, II, 50*
II 7, M108 209$_{6}$ II 8A, M64 95$_{22}$

Kohlensäure Nach Werner gehört das „Kohlensäure-Geschlecht" zu den „Salzichen Foßilien"; es umfasst lediglich Natürliches Mineral-Alkali *W III, 14*
I 2, 11$_{10Z}$ I 8, 340$_{11}$ I 9, 332$_{25}$
II 4, M55 66$_{6}$ II 5B, M147 409$_{59-68}$
II 8A, M54 76$_{2}$ M124 162$_{3}$-163$_{38}$
II 8B, M49 87$_{5}$ II 10A, M3.6 45$_{9}$
- Kohlensaure-Ordnung (nach Werner) II 7, M122 233$_{15}$

Kohlenschiefer Brandschiefer *Reuss 95; Zappe 1804, 273*
I 2, 252$_{4Z}$

Kohlenstoff *Vgl. Zappe 1804, 274 (Kohlenstoffsäure); vgl. Zappe 1817, II, 55 (Kohlensäure)*
II 1A, M16 135$_{102}$.136$_{113}$.138$_{220}$ 40 213$_{23}$ II 8B, M91 146$_{23-24}$ (Carboniferous) II 9B, M44 46$_{3}$ II 10A, M3.2 35$_{4}$ II 10B, M1.3 14$_{88}$

Koks
I 1, 193$_{9Z}$
II 7, M102 198$_{85}$ (Coaks)

Kölnische Erde Auch Kölnische Umber; Bituminöse Holzerde mit einer geringen Quantität Eisenoxyd; Brennmaterial und Farbpigment *Zappe 1817, II, 198–199*
I 3, 472$_{24M}$

Konchiolioten Petrifizierte Muschel- oder Schneckenschale als Bestandteil von Gesteinen; hiervon unterschieden weren Krustazeen *GWB; LA II SB, 118q*
II 8B, M73 118$_{13}$

Konglomerat Steinmasse aus größeren und kleineren Stücken mehrerer Gebirgsarten verbunden durch tonigen Zement *Zappe 1817, II, 242*
I 1. $303_{24}.320_{26Z}.325_{21Z}.340_{16}.$
$341_{25}.342_{29}.343_{31}.345_{22.28.36}.$
$348_7.362_{14}.370_{30}.384_{31}.388_{27}$
I 2. $67_{22-23Z}.96_{11}.143_{4M.17-18M.24M}.$
$144_{2M}.165_{4-5}.169_{21-22}.227_{7.11}.$
$242_{19M.25M.27M}.255_{24}.315_{19M}$ I 8.
$37_{30}.39_{21}.40_3.41_5.42_{37}.43_{5.13}.53_{27}.$
$158_{17}.162_{33}.373_{8.12}.380_{29}$ I 11.
$51_{5.20.21}.107_{28}.128_{28}.142_{15.20.23}.$
$146_6.182_{15}.226_8$
II 7. M *102* 197_{42} II 8A. M*2* $9_{236}.$
11_{292} (Congl.) *106* 138_{14} II 8B.
M*22* 39_{52-59} *36* $56_{11-18}.58_{103-104}$ *38* 63_{18}

Königsgelb Ein bestimmter, goldgelber Farbton *Krünitz (Königsfarbe)*
I 3. 149_{16M}

Königswasser Aqua regia. Aqua regis. Eau régale; Mischung aus Salpeter- und Salzsäure; auch Gold-Scheidewasser *Krünitz*
I 3. $197_3.482_{9M.37M}.$
$483_{10M.25M.38M.43M}$

Kopal Nach Werner den Bergharzen zugeordnet *W I, 71*
II 7. M*45* 71_{170}

Korund Bei Reuss dem Tongeschlecht in der Klasse der Erden und Steine (einfache Fossilien) untergeordnet *Reuss 16*
II 8B. M*76* 129_{67}

Korundporphyr Gesteingefüge mit Einsprenglen aus Korund *GWB*
II 8B. M*76* 129_{56}

Krebsaugen Steinartige Verhärtung, welche die Krebse im Magen haben *Krünitz*
I 2. 28_{19Z}
II 1A. M*1* 5_{76}

Kreide Nach Werner eine Kalkart, zunächst (W I) den Kalkarten „im engern Verstande", dann den „Luftsauren Kalkgattungen" zugeordnet *W I, 69; W II, 377; W III, 10*
I 1. $12_{25M}.30_{31M}.218_{31Z.33-34Z}$ I 2.
$191_{25}.425_{18M}$ I 3. $193_{33}.205_8$ I 4.
$244_{29.31}.252_{12}$ I 5. 167_{19} I 6. $45_{32}.$
$57_9.65_{22}.113_{24}$ I 8. $222_{38}.242_{22}$
II 1A. M*44* $225_{77}.229_{265}$ II 5B.
M*147* $409_{60.63}$ II 7. M*11* 19_{267} *14*
30_{23} *32* 54_2 *45* 69_{94} *48* 91_{53} II 8A.
M*123* 161_{18} II 8B. M*1* 4_{46} *72*
106_{24}

Kreide, Schwarze Nach Werner eine Tonart *W I, 68; W II, 376*
II 7. M*45* 68_{48} *48* 90_{25}

Kreuzkristall Siehe auch Kreuzstein *Reuss 97*
II 8A. M*120* 157_{69-70}

Kreuzstein Nach Werner eine Kieselart. Siehe auch Kreuzkristall *W III, 6; vgl. Reuss 97*
I 2. $179_{18Z}.427_{26M}$
II 7. M*108* 209_5 II 8A. M*98* 132_{10}

Kristall, Kristalle Oft Synonym für Bergkristall; daneben sehr weitreichende Bedeutung. Siehe auch After-, Berg-, Doppel-, Drillings-, Kreuz- und Zwillingskristalle *Reuss 97–98*
I 1. $189_{26M}.384_{30}$ I 2. $47_{19}.63_{17}.$
$80_{12}.119_{14Z}.120_{24}.128_{25M.26M.32M}.$
$324_5.407_{1Z}$ I 3. $98_{2M.4M}.191_{10}.$
$299_{27.35.36}.484_{23M}$ I 11. $25_{11}.$
$26_{4.10.31}.62_{33}.64_3.103_{26.34}.104_1.$
$132_{18.24}.142_{13-14}.149_{29-30}.153_{13}.$
$157_{27}.171_{11}.205_8$
II 4. M*43* 57_{109} II 5B. M*14*
56_{150} *19* $89_{127-198}$ *103* 302_{111} *114*
$333_{130}.334_{141}.335_{190}$ II 6. M*45*
57_{104} *115* $219_{83.89}.220_{137}$ M*115*
$221_{168}–222_{183}$ II 7. M*1* 5_{7-4} *11*
16_{149} *34* $57_{7.14-16}$ *46* 88_{52} *49* 94_{50}
55 123_{52} *63* 133_{21} *65* $141_{31.44}.$
85 177_{35} (Crystaux) *94* $187_{90.96}.$
$188_{129-135}.191_{234}$ *107* $206_{58.62.71}$
113 220_{17-19} *114* $225_{49.75-76}.$
226_{84} II 8A. M*2* $7_{153}.9_{230}.10_{243.252}.$
11_{289} (Sp. St. Cr.)$_{301}$ *13* $25_{7.19-29}.$
26_{35-41} M*14* $28_2–31_{87}.30_{62}.32_{127-130}$
25 45_2 *45* 68_{44-45} *49* 74_{13} *51* 75_{17}
62 90_{13} *66* 96_3 *69* $98_2.99_{26}$ *90*
119_{17} *91* 120_{28} *99* $133_{12.19}$ *108*

$141_{25-31}.144_{136}$ *115* 151_{25-27} **II 8B**,
M *10* 19_{98-99} *20* $31_{31.36}.34_{136.163}$ *55*
93_{10} *57* 94_{10-11} *76* 129_{62-66} M *77*
$130_{16}-131_{36}$ *102* 156_6
- Systematik nach C. S. Weiß **II 8A**,
M *98* 132

Krötenaugen Bei Weimar: gemeiner dichter Kalkstein (mit vielen Versteinerungen) *Reuss* 97
II 7, M *11* 14_{87} *12* 25_{18-19}

Krötensteine Fossile Haifischzähne. Siehe auch Bufonites. Krötenauge *LA II 7*, *578 Erl*; *II 8A*, *719 Erl*
I 1, 13_{30} **I 2**, 105_{30} **I 11**, $1_{17}.190_{12}$
II 7, M *85* 177_{66} (Yeux de Serpent)

Krustazeen Krebstiere, bezeichnet hier eine Gruppe von Versteinerungen; August von Goethe zählt hierzu Encriniten, Trochiten und Echiniten und setzt diese den Konchilioliten gegenüber *LA II 8B*, *118q*
I 2, 372_{7M}
II 8B, M *73* 118_{24}

Krysopras *s. Chrysopras, Krysopras*

Kubizit (**Cubizit**) Zappe verweist auf Analcim und Chabasin *Zappe 1817, II, 247*
I 2, $35_{24-25M}.36_{2M.3M}.50_{20-32M}$
II 8A, M *36* $59_{22.32-33}$ *45* $67_{7-8.17-18}$

Kuhriemen (**Kuhreihn**) Eisenhaltige Kalksteinarten, die als Zuschlagstoff auf den Eisenhütten verwendet werden, um das Schmelzen in Fluss zu bringen *LA II 7*, *64q (Lasius 1789)*
I 1, $73_{22M.25M}.74_{13M}.79_{3M}$
II 7, M *40* 63_{34} *52* $108_{161}.109_{164.185}$
56 125_{39-42}

Kupfer Nach Werner eine Hauptgruppe der Metallarten (IV. Klasse), die in W II 14, in W III 24 Gattungen umfasst. Siehe auch Cuprum sowie Phosphor- und Schwarzkupfer *W I, 72; W II, 382; W III, 18*
I 1, $15_{12M.15M}.23_{18M}.32_{3-4M.5M.8M}.$
$33_{21M}.34_{17M.24M}.39_{9M.10M.26M}.$
$53_{20M.24M}.73_{19M}.111_{12M}.121_{4M}.$
$177_{6-7.13}.180_{19}.220_{31}.222_2.$
$233_{15}.238_{18.21}.242_{35M}.282_{5Z}$
I 2, $53_{23M}.59_{30-31Z}.60_{8Z}.81_{26Z}.$
$108_{30M}.115_{19M.19-20M}.121_{24}.$
$198_{26M.33M.34M}.423_{3M}$ **I 3**, $148_{12M}.$
$252_{21M}.254_{15M.36M}.255_{12M}.417_{28}.$
$463_{11}.469_{44MA}.482_{24M}.483_{23M.24M}.$
$484_{39M.43M}$ **I 4**, $126_{23}.151_{19}.160_{20}.$
$161_8.162_3$ **I 5**, $19_{10}.133_9$ **I 6**, $23_1.$
$25_{17}.139_{11-12}.219_2.332_{35}.335_{12}.$
391_2 **I 7**, 14_9 **I 8**, 230_{16} **I 10**, 398_{29}
I 11, $25_{37}.33_{26}.56_{29}.71_3.86_7.87_{18}.$
206_7
II 1A, M *44* $227_{163.180}$ *50* 248_{19}
II 2, M *9.16* 181_{11} **II 4**, M *47*
59_{16-8} *50* 61_{16} **II 5B**, M *60* $192_3.$
193_{18-21} *110* $318_{5.8-9}$ **II 6**, M *124*
247_{334} **II 7**, M *1* 3_{29} *2* 5_{10} S *10*$_5$
7 10_{11} *10* 11_{2-7} *17* 34_{12} *23* $39_{24}.$
42_{168} *25* $46_{12-13.16}$ *31* 54_{24} *37*
59_4 *45* $72_{200}.78_{402}$ *48* 92_{94} *52*
108_{158} *56* 125_{36} *64* 138_{65} *81*
171_{34} *82* 172_4 *87* 179_{17} (rame)
105 $202_{31.36}$ *111* 211_{31} *112* 219_{29}
120 231_{17} **II 8A**, M *47* 70_6 *58*
$80_{70}.81_{97-98}$ *62* $91_{44}.92_{70}$ *69* $99_{18}.$
100_{51} *96* 128_{24} **II 8B**, M *6* 8_{86} *77*
$132_{82.86-87}$

- Kupfer-Ordnung (nach Werner) **II 7**, M *122* 233_{29}
- kupferartig **I 2**, 293_8 **I 8**, 378_{25}

Kupfer, Arseniksaures (**arsenikalisches**) Reuss verzeichnet Kupfer, arsenikalisches = Olivenerz *Reuss 98*
I 2, 58_{5M} (Cuivre arséniaté)
II 8A, M *34* 56_{3-5} *51* 75_{10} (Cuivre arséniaté)

Kupfer, Gedigen Nach Werner eine Kupferart *W I, 201; W II, 382; W III, 18*
II 7, M *45* 72_{201} **II 8A**, M *58*
$80_{71}-81_{76}.81_{83}$ *69* 98_5 *97* 130_4
II 8B, M *87* 141_{13-14}

Kupfer, Phosphorsaures Siehe auch Phosphorkupfer *Zappe 1817, II, 260*
I 2, 71_{20Z}
II 8B, M *21* 37_{14}

Kupfer, Salzsaures Kupferhornerz. Siehe auch Salzkupfererz *Zappe 1817, III, 10*
I 2. 6$_{21-22Z,27-28Z}$

Kupfererz Kupfer vererzt mit Schwefel und Säuren oder zu einem erdigen Zustand mit Sauerstoff verbunden; nach Zappe fallen darunter verschiedene Formen des Olivenerz. Siehe auch Bunt- und Salzkupfererz *Zappe 1804, 283*
II 5B. M60 193$_{14}$ **II 7.** M61 132$_9$ 102 198$_{82}$ **II 8A.** M62 91$_{47}$ **II 8B.** M6 8$_{92}$ 10 19$_{110}$ 36 60$_{199}$

Kupfererz, Bunt Nach Werner eine Kupferart *W I, 72*
II 7. M45 72$_{205}$

Kupfererz, Roth Nach Werner eine Kupferart, in W II, III unterschieden in dichtes, blättriges und haarförmiges R.-K. *W I, 72; W II, 382; W III, 19*
II 7. M45 72$_{202}$ **II 8A.** M58 81$_{78-85}$ 97 130$_4$ **II 8B.** M77 132$_{81-83}$ 87 141$_{15}$ 96 153$_9$

Kupfererz, Weiß Nach Werner eine Kupferart *W I, 72; W II, 382; W III, 18*
II 7. M45 72$_{207}$

Kupferglas (Kupferglanz) Nach Werner eine Kupferart, die in W II, III unterschieden ist in dichtes und blättriges K. *W I, 72; W II, 382; W III, 18 vgl. Bergmänn. Wb. 314*
II 7. M45 72$_{204}$ 46 88$_{73}$ **II 8B.** M87 141$_7$

Kupferglas (Kupferglanz), Blättriger Nach Werner dem Kupferglas zugeordnet, dieses dem Kupfer *W II, 382; W III, 18; vgl. Reuss 21*
II 8A. M58 81$_{101}$

Kupferglas (Kupferglanz), Gemeiner Werner unterscheidet innerhalb des Kupfers zwischen dichtem und blättrigem Kupferglas *W II, 382; W III, 18; vgl. Reuss 21*
II 8A. M58 81$_{100}$

Kupferglimmer Siehe auch Glimmer *Reuss 100*
II 8B. M77 132$_{84}$

Kupfergneis
II 8B. M36 60$_{201}$

Kupfergrün Nach Werner eine Kupferart; W II, III verzeichnen daneben auch Eisenschüßig-Kupfergrün, unterteilt in erdiges und schlackiges E.-K. *W I, 73; W II, 382; W III, 19*
I 2. 198$_{32M}$ **I 11.** 26$_{24}$
II 7. M45 73$_{213}$ **II 8A.** M58 80$_{71}$, 81$_{78,81,89-90}$ **II 8B.** M6 8$_{91}$ 10 19$_{109}$ 36 60$_{201-202}$ 88 141$_{9-14}$

Kupferkies Nach Werner eine Kupferart *W II, 382; W III, 18*
I 1. 116$_{29M}$ **I 2.** 48$_{28,63_{31-32}}$,198$_{31M}$ **I 11.** 25$_{6,19}$,154$_{21}$
II 7. M45 72$_{206}$ 65 141$_{38}$ 80 167$_{18}$ **II 8A.** M38 61$_{14-15}$ 41 64$_{23}$ 50 75$_{7-8}$ 58 80$_{46,57}$,81$_{87-93}$,83$_{154-155}$
II 8B. M6 8$_{90}$ 10 19$_{108}$ 88 142$_{21}$

Kupferlasur Nach Werner eine Kupferart, in W II, III in erdige und strahlige K. unterteilt. Siehe auch Caeruleum *W I, 73; W II, 382; W III, 19; Reuss 206; vgl. Krünitz*
I 2. 60$_{28Z}$,293$_{9-10}$ **I 3.** 148$_{19M}$, 484$_{43M}$ **I 8.** 378$_{27}$
II 5B. M60 193$_{15}$ **II 7.** M45 73$_{210}$ **II 8A.** M58 81$_{104-105}$,82$_{134}$ 59 85$_{13}$ **II 8B.** M21 30$_8$ 87 141$_{12}$

Kupfernickel Nach Werner zunächst (W I) eine Kobaltart; später dem Nickel zugeordnet *W I, 74; W II, 386; W III, 24*
II 7. M45 74$_{266}$

Kupfernickelocher Nach Werner eine Kobaltart *W I, 74*
II 7. M45 74$_{267}$

Kupferoxyd
I 2. 289$_{20,30}$ **I 8.** 350$_{33}$,351$_{10}$
II 5B. M60 193$_{32,36-37}$

Kupferschiefer Bituminöser Mergelschiefer (mit eingesprengtem Kupferkiese, Kupfergrün, erdiger Kupferlasur, Silberglanz) *Reuss 102*

MINERALIEN 385

I 11. 33₁ (Schiefer).₇ (Schiefer).₂₆
II 7. M3 6₄.₁₀ 7 9₄ 10 11₁₀.12₁₇
17 34₁₁₋₁₂ 31 54₂₆ 120 231₃₋₄.₈₋₁₁
II 8A. M62 92₈₀
Kupferschlackenerz Nach Werner eine Kupferart *W I, 73*
II 7. M45 73₂₁₄
Kupferschwärze Nach Werner eine Kupferart *W I, 73; W II, 382; W III, 18*
II 7. M45 73₂₀₉ II 8A. M58 81₁₀₂
Kupfervitriol (Kupfer-) Vitriol *Reuss 102*
I 2. 428₂ₘ
II 8A. M58 80₆₇₋₆₈ 98 132₄
Kupferwasser Zeitübliche Bezeichnung für minderwertiges Kupfervitriol oder auch für Eisenvitriol *GWB; vgl. Reuss 102*
II 3. M35 34₅
Kupferziegelerz Nach Werner eine Kupferart *W I, 72*
II 7. M45 72₂₀₃
Kyanit s. *Cyanit*
Labrador(stein) Nach Werner dem Feldspat zugeordnet, dieser den Tonarten, später (W III) den Kieselarten. Siehe auch Schillerspat *W I, 68; W II, 375; W III, 6; vgl. Reuss 131*
I 8. 130₂₄
II 5B. M86 245₈ II 7. M45 68₄₄
II 8B. M119 164₄
Lackmus Aus bestimmten Flechten-Arten gewonnener blauvioletter Farbstoff
I 3. 378₁₂ₘ.432₁₆ I 11. 101₈.127₁₆
II 3. M23 13₁₁₋₁₂ 24 14₃ II 5B. M6 21₅₈
Lapis electricus Karl von Linnés Bezeichnung für den Turmalin s. *Turmalin LA I 11, 63q*
Lapis judaicus Judenstein (nach Paracelsus) *LA II 1A, 16q*
II 1A. M1 5₇₆
Lapis lydius Schwarzer dichter Kalkstein (nach Plinius); auch: lydischer Stein - Basalt *Reuss 263*
I 2. 147₅ₘ
II 8A. M121 158₂₁

Lapis lyncis Luchsstein (nach Paracelsus) *LA II 1A, 16q*
II 1A. M1 5₇₆
Lapis spongiae Schwammstein (nach Paracelsus) *LA II 1A, 16q*
II 1A. M1 5₇₆
Lapis suillus Stinkstein *Reuss 264*
II 7. M87 179₁₈
Lapis theamedes Der Eisen abstoßende Stein (nach Plinius) *LA II 11, 58q; vgl. LA II 1B, 1219–1220 Erl*
I 11. 58₂₅
Lapislazuli In Goethes Mineraliensammlung den Zeolitharten zugeordnet, diese den Kalkarten (nach Werner) *LA II 7, 91q*
I 1. 153₃₂ᴢ.243₃₄ₘ.246₅ₘ I 6. 59₁₂
II 7. M48 91₆₈
Lasurstein, Lasur Nach Werner zunächst (W I) eine Zeolithart (Subgruppe zu Kalkarten), später eine Kieselart *W I, 70; W II, 375; W III, 6*
II 4. M30 33₁ II 7. M45 70₁₂₈ 64 138₆₇
Lato Alchemist.: Kupfer bzw. eine Kupferverbindung, Messing *GWB*
I 6. 131₂₅.132₁.₅.₉.₁₅.₁₈
Laugensalz Mineralisches, natürliches Mineralalcali *Reuss 103*
I 3. 252₁₀ₘ I 6. 401₅ I 10. 183₁₈.₂₃
I 11. 33₁₆
II 1A. M25 162₁₆₋₃₄.163₅₅ 44 226₁₂₆ II 4. M70 83₇₁
Lava Werner verzeichnet zunächst (W I) unter den Talkarten Lavaglas und Lavaschlacke; später (W II) unter den Tonarten Lava, schließlich (W III) unterschieden in schlackenartige und schaumartige Lava *W I 69; W II, 376; W III, 9*
I 1. 61₂₁.109₁₁ₘ.₁₅ₘ.129₂₇ₘ.₃₄ₘ. 130₂₈ᴢ.132₇ₘ.136₂₅ᴢ.₃₀ᴢ.₃₅ᴢ.₃₆ᴢ. 137₁₆ₘ.138₂₅ᴢ.₂₈ₘ.₃₁ₘ. 139₆ₘ.16ₘ.35–36ₘ.141₁₈ᴢ.₂₀ᴢ.₂₄ᴢ.₃₃ᴢ. 142₅ᴢ.144₁₇ᴢ.₃₁ᴢ.145₁₂ᴢ.₂₆ᴢ.₂₉ᴢ. 146₂₁ᴢ.147₂ᴢ.₈ᴢ.₁₂ᴢ.₁₃ᴢ.₁₈ᴢ.₂₃ᴢ.148₆ᴢ. ₉ₘ.₁₁ₘ.₁₂ₘ.₁₄ₘ.₁₅ₘ.₂₅ₘ.₂₆ₘ.149₂ₘ.₃ₘ.

$155_{25Z}.156_{4Z}.158_{5Z.8Z.11Z.15Z.29Z.32Z}.$
$159_{22Z}.160_{5Z.9Z}.161_{30M}.162_{3M.5M.6M}.$
$163_{3M.4M}.164_{22M}.165_{26Z.32Z}.$
$166_{4Z.12Z.21Z}.167_{18Z.33Z}.168_{11Z}.$
$189_{31}.190_{13.15}.191_{11-12}.249_{30}.280_{25}.$
286_{14Z} **I 2.** $75_{26Z}.159_{31}.160_{1.2.36}.$
$164_3.166_{37}.169_{14.16.18}.170_5.$
$236_{6Z.34Z.37Z}.237_{1Z.7Z}.239_1.245_{18Z}.$
$300_{3M}.301_{6M.7M}.311_{17}$ **I 8.** $157_{12}.$
$160_{13}.162_{26.30}.163_{17}.166_{29.33.34}.$
167_{33} **I 11.** $14_{17}.37_{5.19.21.34}.38_{19}.$
$52_{10}.233_{30}$
II 7. M23 43_{198} 29 $50_{83}.$
$51_{102.104-113}$ 48 91_{48-49} 73
$160_{223-227}$ 94 $185_{32.38}.186_{40.54}$ M94
$186_{75}-187_{92}.187_{113-117}.$
$188_{118-119.150-155}.189_{157.185-186}.$
191_{236} **II 8A.** M2 $10_{266-269}$ 19 42_5
69 98_4 86 113_{36-38} **II 8B.** M23
43_1 25 45_{20} 36 $56_{42}.57_{90}.58_{111-130}$
39 $66_{86}.67_{117}$ 72 $108_{75}.111_{183}$ 95
151_{15}
- Lavaarten (Slg. Gioini?) **II 7.**
  M86 178–179
Lavaglas Nach Werner eine Talkart
W I, 69
II 7. M45 69_{88} 94
$187_{84-90.98(?).110-115}.188_{127-130.127-135.}$
$_{138-141}.189_{158}$
Lavaporphyr
II 8B. M96 152_6
Lavaschlacke Nach Werner eine
Talkart *W I*, 69
II 7. M45 69_{89}
Lazulith (**Lasulith**) Von Reuss dem
Kieselgeschlecht in der Klasse der
Erden und Steinen unter den einfachen Fossilien zugeordnet *Reuss*
16
II 8B. M114 162_{3-4}
Leberstein Nach Werner eine Gipsart (Subgruppe zu Kalkarten) *W I*,
70
II 7. M45 70_{121} 64 138_{60} 85 177_{50}
(Pierres Hepatites)
Lehm (**Leimen**) Bei Werner als
„Leim" dem „Gemeinen Thon"
zugeordnet. Siehe auch Leimen
W III, 7

I 1. $28_{20M}.29_{7M}.30_{4M}$ (Limus).$68_{4M}.$
$69_{3M}.133_{2Z}.135_{21Z}.171_{36}.179_{14-15}.$
$277_{23}.366_5$ **I 2.** 36_{10M} (Lehmton).
$133_{21M}.168_{23}.175_{22}.372_{31M}$ **I 8.**
$57_{16}.161_{36}$ **I 11.** $49_{27}.204_{18}$
II 1A. M44 228_{211} **II 5B.** M20
95_{95} **II 7.** M11 $16_{132}.20_{307}$ 30 52_5
(Limus) 33 $55_4.56_{21}$ 52 $104_4.$
105_{37} 64 138_{57} 65 140_{15} 118 230_4
II 8A. M39 63_{39} (Lehmton).$_{45}$ 70
101_3 **II 8B.** M36 $57_{78-79}.60_{208}$ 73
119_{46}
Leimen Lehm. fette Erde *s. Lehm*
(Leimen) Krünitz
Lemonit Vermutlich Limonit (Wiesenerz) *Vgl. Zappe 1817, II, 144*
II 8A. M34 57_{22}
Lepidokrokit Rubinglimmer *GWB*
I 2. 71_{27Z}
II 8A. M58 82_{149}
Lepidolith Nach Werner eine Tonart
W III, 8
I 1. 332_{34} **I 8.** 30_{10}
II 8A. M14 30_{51} **II 8B.** M18 26_3
Letato (?) Ital.: unklar
I 1. 245_{12M}
Letten Töpferthon: nach Reuss
(Werner) den „Flötzgebirgsarten"
(Kl. III) zugerechnet. Siehe auch
Clay. Lettenschiefer *Reuss 26,*
104–105; Zappe 1817, II, 140
I 1. $12_{26M.31M}.13_{2M.9M}.29_{5M}.32_{1M}.$
$68_{6M}.109_{7M}.134_{22M.28M.31M}.171_{36}.$
$195_{13M}.246_{29M}$ **I 2.** $49_{32.33}.162_{17-18}.$
$290_{19}.373_{1M.12M}.376_{25}.395_{27Z}$ **I 8.**
$169_{16}.351_{34}$ **I 9.** 359_9 **I 11.** $147_{4.5}.$
298_{15}
II 7. M11 $17_{195}.19_{252}.21_{325.340-341}.$
$23_{399-400}$ 12 26_{68} 13 29_{33} 17 34_9
32 $54_{3.4}$ (Clay).$55_{18.19}$ (Clay) 33
56_{20} 39 $61_{7.8}$ 46 88_{40-41} 52 104_5
64 $137_{23-30}.138_{59-60.64-65}$ 73 160_{219}
94 $186_{57.63.66}$ 100 195_{28} 102 198_{76}
111 213_{99} **II 8A.** M4 15_{22} **II 8B.**
M36 $55_{8}.59_{137}.60_{211-214}$ 73 $119_{52.64}$
- Letten-Arten **II 7.** M12 27_{78-97}
Lettenkohle Nach J. K. W. Voigt der
Steinkohle zugeordnet: der Name
trägt dem Umstand Rechnung,

dass „sie beständig mit Letten vermengt ist" *LA II 7, 229q*
II 7. M *117* 229$_{5-6}$
Lettenschiefer Siehe auch Letten *Zappe 1817, II, 140*
II 7. M *11* 15$_{114}$
Leuchtstein Siehe auch Phosphore, Bononische
I 3. 240$_{18-19M}$.241$_{5M.19M}$.243$_{28Z}$. 244$_{4Z.30M.33M.36-37M}$.245$_{2M}$. 478$_{17-18M.26-27M}$ **I 7.** 25$_{29}$.26$_{5.6-7}$. 27$_{4-14.21.25.27}$.28$_{9.11.31.38}$.29$_{10.14}$. 30$_{18.31}$.31$_{25}$.33$_{8.11}$.36$_{22}$.38$_{32}$
II 3. M *12* 9$_4$ **II 6.** M *79* 172$_{499-503}$ *80* 182$_5$
Leucit (Leuzit) Nach Werner eine Kieselart *W III, 2*
I 2. 420$_{28M}$
II 7. M *113* 220$_{17}$
Leutrit Ein mergeliger Sandstein aus der Gegend von Leutra bei Jena; phosphoresziert, wenn er mit einem Federkiel gestrichen wird *Zappe 1817, II, 143*
II 8A. M *63* 94$_{22}$
Lievrit Nach Werner eine Kieselart. Siehe auch Jenit *W III, 3*; *Zappe 1817, I, 474-475*
I 2. 427$_{18M}$
II 8A. M *98* 132$_6$
Limus Töpferthon s. *Lehm (Leimen) Reuss 265*
Lituiten Versteinerte Bischofsstäbe *Reuss 105*
I 2. 71$_{14M}$
II 8A. M *65* 96$_7$
Ludus Helmontii Verhärteter Mergel (von würflig abgesonderten Stücken). Siehe auch Mergel, Verhärteter *Reuss 266*
I 2. 353$_{24M.26-27M}$
II 8A. M *102* 135$_2$
Lumekella (Lumachello, Lumachelles) Reuss verzeichnet Lumachellen(marmor) = gemeiner, dichter Kalkspat (mit Versteinerung) *Reuss 106, 427*
I 3. 466$_{44}$-467$_{1M}$
II 7. M *85* 176$_8$.177$_{43}$

Lunaria Gemäß Borch auf Sizilien vorkommende Versteinerungen von Zähnen *Borch 1778, 205*
II 7. M *85* 177$_{68}$
Macigno Eine ital. Sandsteinart *LA I 1, 24Sq*; vgl. *Reuss 427*
I 1. 196$_{6M}$.248$_{11M.15M.17M}$
II 7. M *100* 195$_{23}$ *111* 214$_{136.140.149}$. 215$_{158}$
Madreporiten, versteinte Madreporen Versteinerte Sternkorallen *Reuss 106*
I 1. 164$_{7M}$ **I 2.** 69$_{3Z.7Z}$.202$_{7.30}$ **I 8.** 261$_{11.32}$
II 7. M *84* 175$_{59}$ *94* 190$_{223}$ **II 8A.** M *30 Anm* 49
Magnes Siehe auch Magnet *LA II 7, 4q*
II 7. M *1* 4$_{63}$
Magnesia alba Weiß-Braunsteinerz *Reuss 267*
II 7. M *34* 57$_{10}$
Magnesit Entspricht in Werners System der „reinen Talkerde" *Zappe 1817, II, 149*
II 8A. M *72* 102$_8$
Magnesium Braunstein *Reuss 268*
II 5B. M *147* 409$_{60.63}$ **II 8B.** M *77* 132$_{67-70}$
Magnet Siehe auch Magnes
I 1. 318$_{13}$ **I 3.** 56$_{34}$.328$_{8.20.25}$.329$_{20}$. 441$_{21M}$.512$_{13M}$ **I 7.** 3$_{14}$ **I 11.** 41$_{5.15.28}$. 42$_2$.43$_2$.46$_{31.33}$.47$_{7.8}$.48$_{1.12.20}$.56$_2$. 58$_3$.59$_{1.17.31-32.35.36}$.60$_{1.4.6.27.34}$. 61$_{10.16.20.21.26}$.62$_{13.20.21}$.63$_{20}$.65$_{24.26.30}$. 66$_{3.21}$.67$_{3.6.13}$.71$_{28}$.72$_8$.86$_1$. 89$_{30}$.90$_{1.3.4}$.122$_6$.124$_{2.24.25.30.32}$. 125$_{4.21.23.28.31}$.126$_{4.13}$.207$_{35}$
II 1A. M *17* 150$_{60}$ *20* 154 *37* 209$_4$ *40* 212$_{11}$ *41* 218$_{28}$ *45* 242$_{22.32}$ *46* 243$_3$M *56* 258-261 *75* 304$_3$ *83* 319$_{162.172.184}$.320$_{237}$.328$_{543-551}$ **II 4.** M *70* 82$_{17-26}$.84$_{96}$ *79* 95$_{13}$ **II 5B.** M *104* 307$_{71}$ **II 6.** M *49* 61$_{14}$ *79* 169$_{358}$.173$_{515}$.179$_{736}$ *130* 256$_5$ **II 7.** M *1* 4$_{64}$ *52* 108$_{138-140}$ **II 8B.** M *110* 159$_{10}$
Magnetstein Gemeiner Magneteisenstein *Reuss 106*

I 11. 46₃ (gewisse Eisensteine).
47₁.₃₆.60₂₆.61₃₃.124₂₇.125₂₄.₃₄
II 1A. M*37* 209₁₋₂ **II 6.** M *79*
161₈₉

Malachit Nach Werner eine Kupferart, unterschieden in fasriger und dichter M. *W II, 382; W III, 19*
I 2. 71₂₁z
II 7. M*46* 88₇₃₋₇₆ *64* 138₆₆ **II 8A.** M*58* 81₁₀₆₋₁₀₉.₁₁₄ **II 8B.** M*21* 37₁₁ *76* 128₂ *87* 141₁₀₋₁₁

Malacolit Siehe auch Sahlit *Zappe 1804, 314, 383*
II 8B. M *85* 139₃₅

Malakkazinn Eine Art des ostindischen Zinns, von der Halbinsel Malacka (Malaysia) *Krünitz 241, 407 u. 421 (Zinn)*
I 2. 154₁₀
II 1A. M*44* 230₂₈₁₋₂₈₂ **II 8A.** M*55* 77₁₀

Malakolith Auch Sahlit, Baikalith. Diopsid *Zappe 1817, II, 163–164*
II 8B. M *119* 164₄

Malm Aus dem Schwed. entlehnte Bezeichnung Lorenz Okens für Metalloxyd, Metallkalk *GWB*
I 1. 376₁z

Malziana Ein vulkanisches Produkt aus der Gegend von Rom (Kaminbau) *LA I 1, 139q; II 7, 187q*
I 1. 139₂₉M
II 7. M*94* 187₁₀₄₋₁₁₄

Mandelstein Reuss unterscheidet verschiedene Arten von M.: in der Tabelle „gemengter Fossilien" den „Übergangsgebirgsarten" (Kl. II) zugerechnet *Reuss 25, 106*
I 1. 102₃₀M.195₂₅M.₂₈M.246₁₂M. 261₁₃z.269₁₈M.303₁₂.₁₅.₁₇. 343₂₄.₂₈.₃₅.346₁₈.₂₀.377₂₀z **I 2.** 35₂₆₋₂₇M.36₉M.50₁₆M.101₃M.102₉M. 125₁₇.₁₈.₂₂.131₂₆M.165₃₁₋₃₂.170₁. 283₁₅z **I 8.** 40₃₆.41₂.₉.43₃₃.₃₅. 159₈.163₁₃ **I 11.** 107₁₆.₁₉.₂₁.169₁₆. 208₁₀₋₁₁.₁₂.₁₆
II 7. M*44* 66₅ *73* 155₁₈ *100* 195₁₁₋₁₄ *111* 213₈₃ *114* 224₂₆
II 8A. M*36* 59₂₅.₃₉ *39* 62₃₀ *45* 67₂₋₃ *90* 118₃ *91* 119₈ *106* 138₁₅ *108* 143₁₂₈ **II 8B.** M*96* 152₅

Mangan Nach Werner eine Hauptgruppe unter den Metallarten (IV. Klasse) *W III, 24*
II 1A. M *77* 305₅
- Schwarz Manganerz **II 8A.** M*63* 94₁₀ *64* 95₈

Marcasit Nach Werner eine Kupferart *W I, 73*
II 7. M*45* 73₂₁₁ *SS* 180₁₁

Marcasit, Faseriger Nach Werner eine Kupferart *W I, 73*
II 7. M*45* 73₂₁₂

Marmaros Siehe auch Marmor *LA II 7, 4q*
II 7. M *1* 4₆₁

Marmor Nach Reuss gemeiner, dichter Kalkstein, nach Zappe der „politurfähige"; in Italien umfasst der Begriff M. auch andere politurfähige Steinarten. Siehe auch Kalk, Kalkstein, Ammonitenmarmor, Broccatello, Cipolini, Ruinenmarmor *Reuss 107; Zappe 1804, 244; vgl. LA I 1, 244–246*
I 1. 30₂₆₋₂₇M.₃₁M.31₁₃M.73₆M.₉M.₉₋₁₀. 74₂₁M.₂₂M.75₁₆M.78₃₃M.₃₆M.₃₇M.79₄M. 105₃M.₁₁M.106₁₀M.128₂₂M.129₂₂. 130₃₀z.138₁z.₁₃z.139₂₆M.140₂₆z. 148₁₉M.153₂₀z.₂₃z.154₂₂z.155₂₃z. 157₉z.165₁₀₋₁₁M.194₁₇z.243₃₀M. 244₇M.₇M.245₄M.₁₇M.281₃₀z **I 2.** 59₃₀z.71₁₅M.96₂₁.₂₄.₃₁.₃₂₋₃₃.133₂₀M. 135₂₉z.157₅.198₁₄M.₂₁M.221₄. 269₁₀.₁₂.270₁₂.₁₈.₂₉.334₈.342₁₂.₃₁. 350₇₋.₂₈.352₁.₈.₁₅.354₁M.420₂₃M **I 4.** 245₇₋₈ **I 8.** 154₁₆.252₃₇.334₁.₃. 335₁.₇.₁₈.394₃₁.395₁₀.415₂₆.416₉. 417₁₆.₂₃.₃₀ **I 9.** 66₂₄ **I 11.** 23₄₀.₄₂. 182₂₇.₃₀.183₇.₈.₁₅.236₃₆
II 1A. M*33* 192₁₄ M*44* 223₁₇₋₂₂₄₂₂ **II 5B.** M *14* 56₁₅₀
II 7. M *14* 30₂₀.₂₃ *16* 33₁₂ *22* 38₅ *23* 43₁₇₅ *38* 60₆ *40* 63₂₈₋₃₁.₃₅ *49* 97₁₉₈₋₂₀₀.99₂₆₂ *52* 108₁₄₆₋₁₄₉. 110₁₉₂₋₁₉₃.₂₂₃ *63* 133₃₃ (marbre) *65* 140₁₁.141₂₆₋₂₈ *69* 151₂₀₋₂₁ *85* 176₈.177₄₀ (Marbres) *SS* 180₄

MINERALIEN

(marmo giallo) *94* 185$_{18,28}$.187$_{101}$. 188$_{122}$ *105* 203$_{96}$ *106* 204$_{1-3}$ *113* 220$_{12}$ **II 8A**. M*65* 96$_8$ *70* 101$_2$ *102* 135$_6$ *126* 165$_2$ **II 8B**. M*6* 8$_{79-83}$ *10* 19$_{94-100}$ *20* 35$_{169}$ *68* 102$_{12}$ **II 9B**. M*33* 34$_{141}$
- Liste toskanischer Marmorarten
I 1, 244–246$_M$
- Marmorbruch **I 1**, 78$_{35M}$.127$_{11Z}$. 289$_{25Z}$ **I 11**, 23$_{35-36}$ **II 7**, M*40* 63$_{30}$

Marmor, Bayreuther Aus der Region von Bayreuth, verwendet als Kondensator *LA II 1A*, 261q
I 2, 353$_{25M}$
II 1A, M*56* 261$_{141}$ **II 7**, M*70* 152$_{19-24}$ **II 8A**, M*102* 135$_1$

Marne s. Mergel Reuss 386

Massicot Gebranntes Bleyweiß von pfirsichgelber, citronengelber oder goldgelber Farbe. Bleygelb *Adelung III, 103*
I 3, 148$_{28M}$.486$_{7M}$ **I 4**, 161$_{33}$.163$_{19}$. 175$_5$
II 5B, M*6* 21$_{51}$

Mauersalz Nach Werner den Mineralischen Salzen zugeordnet *W I*, 71
II 7, M*45* 71$_{152}$

Meeresschlamm zusammengebacken Von Goethe in die Liste von „Gebirgsarten" aufgenommen, die er auf seiner italienischen Reise sammelte: mit dem Zusatz: „wohl die neueste Steinart" *LA II 7*, 186q; vgl. *W III*, 9: Meerschaum als Talkart
I 1, 132$_{13(?)}$
II 7, M*94* 186$_{46}$

Meersalz Siehe auch Chlorinsodium *LA II 8A*, 162q
II 4, M*70* 83$_{73}$ **II 7**, M*85* 177$_{70}$ (acide marin) **II 8A**, M*124* 162$_7$. 163$_{17,26}$

Meerschaum Wurde zur Pfeifenherstellung verwendet, Vorkommen bei Eskischehir in Anatolien. Siehe auch Spuma marina *LA II 7*, 205q, 209 Erl
II 7, M*107* 205

Meerwasser Nach Werner den Küch-Salz-Saeuern (Klasse der Salzarten) zugeordnet; in W III als „Seesalz" dem Natürlichen Kochsalz zugeordnet. Siehe auch Meersalz *W I, 71; W III, 14*
II 7, M*45* 71$_{149}$

Mehlbatzen (Mehlpatz) „Schicht sehr zerklüfteten Kalckstein, von feinem Korne matten erdigen Bruche, und theils isabellgelber, theils blaulicht grauer Farbe" *LA II 7, 13q*
I 1, 30$_{17M}$
II 7, M*11* 13$_{41}$.14$_{65,87}$.16$_{132}$. 19$_{251-252,264}$.20$_{303,304}$ *12* 25$_{22,25}$ *14* 29$_9$ *62* 132$_4$

Mehlzeolith Erdiger Zeolith *Zappe 1817, II, 173*
II 8B, M*114* 162$_3$

Menacerz Werner verzeichnet in der Klasse der Metalle die Hauptgruppe Menak, darunter auch Braun und Gelb Menak-Erz *W III*, 26
I 2, 50$_{21M}$.51$_{2M}$
II 8A, M*45* 67$_{8,21}$
- Menak-Ordnung (nach Werner)
II 7, M*122* 233$_{45}$

Menakanit Reuss verweist auf Manakonit (Mänekan): Werner verzeichnet Menak. Siehe auch Menacerz *Reuss 109, 107*
II 7, M*109* 210$_6$

Menilit Nach Werner eine Kieselart, die braunen und grauen Menilit umfasst *W III*, 5
I 2, 275$_{18Z}$.279$_{28Z,31Z}$
II 8B, M*57* 94$_7$ *96* 152$_3$ *114* 162$_3$

Mennig(e) Sehr lebhaft pomeranzenrother Farbenkörper, welcher eigentlich eine rothe Bleyasche ist, und durch eine starke Calcination aus dem Bleye oder Bleyweiße erhalten wird *Krünitz*
I 1, 156$_{23Z}$ **I 3**, 148$_{29M}$.204$_8$.469$_{5M}$. 486$_{8M}$ **I 4**, 95$_{25}$.163$_{19}$.202$_3$.225$_{26}$. 228$_{10}$ **I 5**, 133$_8$.164$_{23,25,26}$.165$_{7,9,14}$. 166$_{20}$.167$_{4,8}$.178$_2$.181$_{27}$.184$_{28}$. 185$_{1,3,13,15,35}$.186$_3$ **I 6**, 58$_{16}$

MINERALIEN

II 3. M33 23_{77} **II 5B.** M6 21_{54} 12 48_{66} 114 334_{142}

Mennigersteine (Menninger Stein) Traß (= eine Art Tuffwacke, Tuff) *Reuss 109; vgl. Krünitz (Traß)*
I 2. $75_{23Z.26Z}$

Mercurius (Merkur) Siehe auch Quecksilber *Reuss 275*
I 1. 282_{13Z} **I 6.** $128_{32}.198_{18}.218_{23}$
I 11. $246_{26}.260_{3}$
II 5B. M104 307_{62} **II 6.** M56 72_{9} 58 73_{18}

Mergel Nach Werner zunächst (W I) eine Kalkart „im engern Verstande", dann den „Luftsauren Kalkgattungen" zugerechnet; in beiden Fällen in Mergelerde und verhärteten Mergel unterschieden. Siehe auch Marne, Horn- und Kalkmergel *W I, 69; W II, 378; W III, 11*
I 1. $30_{12-13M.20M}.246_{18M}.274_{22Z}.$
$276_{27Z}.330_{17M}$ **I 2.** $36_{33M.35M}.170_{1.6.}$
$232_{3Z.5Z.7Z.22Z}.334_{6.29}$ **I 8.** $163_{13.18}$
I 11. $236_{34}.237_{18}$
II 7. M11 $13_{44}.15_{110}.19_{251}.21_{340-341}$
12 $27_{83.96}$ 14 $29_{5.12}$ 21 $37_{3.3}$ (marne) 45 69_{105} 48 91_{58} 65 140_{15} 111 213_{89} **II 8A.** M14 $35_{250-251}$ 36 60_{61-62}

Mergel, Verhärteter Nach Werner dem Mergel zugeordnet. Siehe auch Ludus Helmontii *W I, 69; W II, 378; W III, 11; vgl. Reuss 266*
I 2. 108_{15M} (galestro)
II 7. M45 69_{107} 87 179_{17} (Pietra turchina) 120 231_{7-8} **II 8A.** M63 94_{17} 64 95_{17} 96 127_{10} (Galestro)

Mergelerde Nach Werner dem Mergel zugeordnet *W I, 69; W II, 378; W III, 11*
II 7. M45 69_{106} 120 231_{6} **II 8A.** M63 94_{17} 64 95_{17}

Mergelschiefer Verhärteter Mergel *Reuss 109*
I 1. 150_{30M}
II 7. M84 174_{22} 85 176_{11}

Mergelschiefer, Bituminöser Nach Werner zunächst (W I) eine Kalkart „im engern Verstande", dann den „Luftsauren Kalkgattungen" zugerechnet *W I, 69; W II, 378; W III, 11*
II 7. M31 54_{23-28} 45 69_{108} 48 91_{59} 111 213_{90} 120 231_{8}

Mesolith
II 8B. M29 48_{1}

Mesotyp Siehe auch Zeolith, Nadelzeolith *Gallitzin 296*
I 2. $36_{2M}.101_{8M.11M}.102_{12M}$
II 8A. M36 59_{32} 90 $118_{8}.119_{12}$ 91 119_{16}

Messing Siehe auch Orichalcum *LA II 7, 3q; Krünitz (Orichalcum)*
I 1. $6_{14-15Z}.70_{18M}.71_{12M}$ **I 3.** $98_{36M.37M}.378_{2M}$ **I 4.** 161_{8} **I 6.** $410_{15.16}$ **I 8.** 134_{28-29} **I 11.** $77_{13}.86_{13}$
II 1A. M44 227_{162} 53 $252_{7.17-23}$
II 2. M8.1 68_{169} 8.2 75_{112} **II 5B.** M20 98_{202} 55 181_{10} **II 7.** M1 $3_{28}.4_{40}$ 44 66_{25}

Metall, Metalle Metallarten bilden im Wernerschen Mineralsystem die IV. Klasse. Siehe auch Metallum *W I, 72–74; W II, 380–386; W III, 17–26*
I 1. $95_{21}.193_{12Z}.220_{27}.281_{32Z}.$
$305_{23}.307_{25}.314_{18}.316_{15}.380_{15M}$
I 2. $55_{12M}.58_{12M}.60_{4Z}.63_{22}.64_{7}.67_{9Z}.$
$70_{11Z}.80_{20}.100_{16}.113_{18}.121_{22.34}.$
$133_{16M}.153_{4.5}.251_{8Z}.362_{7Z}.380_{17Z}.$
$382_{11Z}.389_{28}$ **I 3.** $253_{38M}.255_{22M}.$
$328_{31.33}.375_{8M}.432_{5.6}.469_{5M}.476_{19M}$
I 11. $15_{13}.33_{4.5.19}.34_{1.5.10}.42_{9.11.0}.$
$59_{10}.61_{4}.62_{2.5}.69_{22}.71_{14}.86_{2.10.11}.$
$87_{8.11}.88_{4}.89_{7-33}.100_{31.32}.111_{8}.$
$118_{27}.119_{36}.124_{12}.126_{20}.127_{15.17}.$
$136_{11}.157_{32}.158_{15}.171_{19}.186_{25}.$
$203_{30}.206_{5.17}.308_{17-18}$
II 1A. M16 $134_{55}.138_{215}$ 17 149_{22} M25 $162_{5}-163_{55}$ 44 $225_{74-93}.227_{170-171}.229_{267}.230_{305}.$
$231_{335}.232_{387}$ M53 $254_{78}-354_{78}$ 83 328_{558} **II 3.** M9 7_{10} 33 $23_{71}.$
24_{136} 34 29_{79} **II 4.** M43 54_{6} 46 58_{6} 50 61_{15-25} 51 63_{19} 52 64_{10} 63 76_{2} 70 83_{62} **II 5B.** M6 21_{50} 18 79_{234} 20 98_{197} 60 193_{27} 104 307_{73} 147

408₃₇ **II 6**. M*45* 57₉₂ *79* 176₆₃₃
97 197₅ **II 7**, M*1* 3₁₆.₂₂.₄₃₂ *59*
128₃₈ M*63* 133–135 *85* 177₆₁ *109*
210₁ *111* 212₄₈ *114* 226₈₀ **II 8A**,
M*9* 19₁₇.20₃₃ *46* 69₃ *48* 71₁₁ *60*
87₄₁.₅₂.88₇₂ M*62* 90–93 **II 8B**,
M*10* 20₁₁₈ *71* 104₁₀₋₁₁ **II 9A**, M*1* 3₁₆₋₁₇
- Gediegen **I 2**, 427₁₉M **II 8A**, M*98* 132₁₂
- Metallarten (System Werner) **II 7**, M*45* 72₁₇₆ *48* 92₈₉ *112* 219₂₄
- Metallische Ordnungen/Substanzen (nach Werner) **II 7**, M*122* 233₂₄

Metallkalk Durch Kontakt mit atmosphärischer Luft, Säure oder Feuer veränderte Metalle. Siehe auch Metalloxyd *Zappe 1817, II, 186–187*
I 2, 140₇M **I 3**, 131₃₄M.252₈M.254₄M. 375₁₉M.20M.378₁₈M.28M.431₁₆.463₃.₃₅
I 4, 67₂₉.157₂₇.159₂₄.169₁₄ **I 6**, XV₃₅.178₁₂ **I 7**, 34₁₃ **I 8**, 177₂₉.₃₈. 195₂₁.317₆ **I 11**, 100₁₄
II 1A, M*16* 135₆₇ *44* 231₃₃₉. 237₅₉₃₋₅₉₄ **II 3**, M*5* 5₁₄ *14* 10₁ **II 4**, M*43* 54₁₄ *49* 61₃₀ *51* 63₂₈ *52* 64₁₄ *7873* 94₁ **II 8A**, M*113* 149₅

Metalloxyd Siehe auch Metallkalk *Zappe 1817, II, 186–187*
I 7, 25₂₉₋₃₀.38₄
II 5B, M*114* 333₁₃₅.₁₃₆

Metallum Siehe auch Metall *LA II 7, 3q*
II 7, M*1* 3₁₅.₂₂.4₃₂₋₃₃ **II 9A**, M*1* 3₁₄

Meteorit, Meteorstein Siehe auch Aerolith
I 1, 304₂₉Z.₃₅Z.313₁₇.₁₈.355₂₋₁₀Z. 374₃₂₋₃₇ (atmosphärischen Steinen) **I 2**, 82₁₅Z.283₃Z.428₂₈Z
I 11, 117₃₂.132₂₆.243₁₂.₂₂
II 2, M*7.8* 55₂₀₂ **II 5B**, M*3* 8₂ *88* 250₁₁ **II 6**, M*23* 25₇ **II 8A**, M*11* 20₁ *105* 138₆ **II 8B**, M*16* 25₅ *76* 129₄₉₋₅₂

Mezzojuso Bei Palermo auf Sizilien *LA II 7, 659 Erl*
II 7, M*87* 179₁₉

Miemit Körniger Bitterspat, aus Miemo (Toskana) *Zappe 1817, II, 191*
I 2, 81₃₅Z
II 8A, M*63* 94₉ *64* 95₇ **II 8B**, M*29* 48₆

Mineralien, Listen
- Gebirgsarten **II 7**, M*111* 213₇₇₋₁₀₈
- Steinkohlen- und Braunkohlen-Gattungen nach J.K.W.Voigt **II 7**, M*117* 229
- System Abraham Gottlob Werners **II 7**, M*45* 67–86 M*112* 218–219 M*122* 232–233
- Verzeichnis Mineraliensammlung (ält. Kat.) **II 7**, M*48* 90–92

Mineralisch Salz *s. Salz, Mineralisch*

Mineralischer Mohr Siehe auch Äthiops, Quecksilbermohr *Reuss 110; Zappe 1804, 28*
I 3, 149₁₄M.486₃₈M

Minern *s. Erz, Erze Vgl. LA II 1B, 1221 Erl*

Mispickel (Mis-Pickel) Siehe auch Arsenikkies *LA II 7, 74q; vgl. Reuss 110*
II 7, M*45* 74₂₇₇ *105* 202₃₆.₃₉

Mittelsalz Kalkartiges, natürliches Bittersalz *Reuss 110*
I 3, 484₄₋₅M.35–36M.485₁₈M.487₁₇M

Molybdän Nach Werner eine Hauptgruppe der Metallarten (Klasse IV) mit Wasserblei als einziger Zuordnung; W III verzeichnet zudem Molibdan-Silber unter den Silberarten *W II, 386; W III, 25; vgl. W III, 18*
I 2, 562M.63₂₉ **I 11**, 157₃₈
II 1A, M*77* 305₆ **II 7**, M*112* 219₃₉
II 8A, M*41* 64₁₃₋₁₄ *48* 72₃₄ *50* 75₈
- Molybdan-Ordnung (nach Werner) **II 7**, M*122* 233₄₁

Mondstein Nach Werner dem Feldspat zugeordnet, dieser den Tonarten *W I, 68; W II, 375*
II 7, M*45* 68₄₅ **II 8A**, M*3* 14₅₃

Monstein Soll heißen: Moor-Steine *LA II 8A, 719 Erl*
I 2, 104₃₋₄.105₂₁ **I 11**, 188₂₂.190₃

Moor-Braunkohle Nach Werner ist Moorkohle der Braunkohle zugeordnet *W III, 15*
II 8A. M*36* 59$_{34-35}$
Moroxit Bei Plinius Morochites; auch Spargelstein, aber nicht identisch mit dem ebenfalls so genannten muschligen Apatit *Zappe 1804, 329*
II 8B. M*85* 139$_{28}$
Mortrione Feinkörnige und weniger feste Art des Macigno-Sandsteins *LA II 7, 218 Erl; vgl. I 1, 249q*
I 1. 249$_{11M}$
II 7. M*111* 215$_{174}$
Muschelkalk (Muschelkern, Muschelgestein) Reuss verzeichnet Muschelkalkstein = gemeiner dichter Kalkstein, verhärteter Mergel *Reuss 112*
I 1. 1$_{14Z}$.213$_{Z}$.30$_{15M}$.27$_{M,31-32M}$.150$_{11Z}$.151$_{15M,26M}$.155$_{33Z}$.156$_{8-9Z}$.157$_{14Z}$.163$_{32M}$.259$_{8Z}$.311$_{31}$ **I 2.** 26$_{22Z}$.86$_{34}$.87$_{2,25}$.89$_{35M,35M}$.191$_{23}$.201$_{28}$.202$_{11}$.364$_{43Z}$ **I 8.** 242$_{20}$.260$_{31}$.261$_{15}$ **I 11.** 49$_{17}$ (Flözkalk).116$_{5-6}$.175$_{32}$.176$_{2,21}$
II 7. M*11* 21$_{334}$ *14* 29$_{7-9}$.30$_{20,23}$ *23* 43$_{191-193}$ *84* 175$_{42-44,54-55}$ *94* 190$_{214-223}$ **II 8A.** M*64* 95$_{13}$ *69* 99$_{37,38}$ *75* 104$_{40}$ **II 8B.** M*1* 4$_{31,42}$
- Berge, Gebirge **I 1.** 30$_{11M}$ **II 7.** M*14* 29$_3$
Nadelzeolith Nach Werner dem Faser-Zeolith zugeordnet; der Zeolith gehört zum Kieselgeschlecht *W III, 6*
I 2. 101$_{8M,11M}$.102$_{12M}$
II 8A. M*90* 118$_{8}$.119$_{12}$ *91* 119$_{16}$
Nagelfluh Gesteinsformation in der Schweiz, durch Zement verbundene Felsenstücke *Zappe 1817, II, 213*
I 1. 386$_{31-32}$.387$_{11}$ **I 11.** 144$_{11,28}$
Nagyager Erz (Nagiakererz) Nach Werner zunächst (W II) dem Gold zugeordnet, später (W III) dem Silvan-Geschlecht *W II, 381; W III, 24*
I 2. 422$_{4M}$
II 7. M*113* 222$_{55}$

Naphta Nach Werner den Bergharzen zugeordnet, später „Erdharze" genannt *W I, 71; W II, 379*
II 7. M*45* 71$_{157}$
Natrolith Nach Werner eine Kieselart *W III, 6*
I 2. 36$_{2M}$.50$_{15M,32M}$
II 8A. M*36* 59$_{31-32}$ *45* 67$_{2-18}$
Natron Siehe auch Alkali, mineralisches und Soda *Krünitz*
I 11. 127$_{14}$
II 4. M*55* 66$_{3,13}$ *70* 83$_{72}$ **II 5B.** M*60* 193$_{18-19,36}$ *114* 333$_{117}$ **II 8A.** M*124* 162$_5$
Nautiliten Cochliten mit gewundener Schale; versteinerte Kammerschnecken *Zappe 1817, I, 234 (Cochlit)*
I 2. 372$_{5M}$
II 8B. M*73* 118$_{23}$
Nephrit Nach Werner eine Talkart; in W III unterteilt in gemeinen N. und Beilstein. In W II der Vermerk: „wird von einigen Neuern Jade genennt" *W I, 68; W II, 377; W III, 9*
I 1. 193$_{19Z}$.273$_{26Z}$.328$_{11M}$.330$_{7M}$.333$_{29-30}$ **I 8.** 31$_5$
II 7. M*45* 68$_{62}$ *48* 91$_{35}$ **II 8A.** M*13* 26$_{33}$.27$_{96}$ *14* 30$_{79}$ **II 8B.** M*18* 26$_2$
Nickel Nach Werner eine Hauptgruppe der Metallarten (IV. Klasse), die in W II zwei, in W III drei Gattungen umfasst. Siehe auch Kupfernickel *W II, 386; W III, 24*
I 1. 116$_{28M}$.120$_{16M,29M}$ **I 3.** 253$_{16M}$.254$_{26M}$.255$_{7M}$
II 1A. M*77* 305$_3$ **II 7.** M*80* 167$_{17}$ *81* 171$_{13,27}$ *112* 219$_{37}$ **II 8A.** M*62* 92$_{78}$ **II 8B.** M*88* 142$_{31}$ *93* 150$_1$
- Nickel-Ordnung (nach Werner)
II 7. M*122* 233$_{38}$
Nickelocker Nach Werner dem Nickel zugeordnet *W II, 386*
II 8A. M*58* 80$_{48}$.81$_{76}$ **II 8B.** M*88* 142$_{31}$
Nickelsalpeter
I 3. 463$_{24}$
Niello
I 2. 6$_{29Z}$

Nigrin Von Reuss dem Manakgeschlecht in der Klasse der Metalle bei den einfachen Fossilien zugeordnet. Siehe auch Eisentitan. Siderotitan *Reuss 24; LA II 8B, 159q*
II 8B, M*110* 159

Nitrum Nach Werner eine Hauptgruppe der Salzarten (II. Klasse). Siehe auch Salpeter *W I, 71*
II 7, M*45* 71$_{144}$

Nosin, Nosian (Nosean) Ein 1808 von Karl Wilhelm Nose entdecktes Mineral, das dieser zunächst Spinellan nannte. Siehe auch Spinellan *LA I 2, 392q*
I 2, 392$_{13M}$
II 8B, M*63* 99$_2$

Obsidian Nach Werner eine Kieselart, später unterschieden in durchscheinenden und durchsichtigen Obsidian *W II, 375; W III, 5*
I 2, 53$_{10-11Z,12Z}$.118$_{6Z}$.169$_{19}$.325$_{34}$. 420$_{28M}$.421$_{17M}$ **I 8**, 162$_{31}$.401$_{42}$
II 7, M*86* 178$_{23}$ (Pierres obsidiennes) *113* 220$_{17}$.221$_{41}$ **II 8B**, M*18* 26$_{2-3}$ *77* 132$_{88-93}$

Ocker, Ocher Metallische Erde, je nach Metall von verschiedener Farbe; Krünitz unterscheidet Eisenocher, Kupferocher und Bleiocher. Siehe auch Eisen- und Nickelocker sowie Blei-, Kupfernickel- und Wismutocher *Krünitz*
I 1, 152$_3$ **I 2**, 125$_{2M}$.419$_{16}$.422$_{32M}$ **I 3**, 149$_{4M}$.469$_{3M,35M}$.471$_{27M}$. 486$_{18M,19M}$ **I 6**, 45$_{32}$.48$_{32}$.57$_{10}$.65$_{25}$. 66$_2$ **I 8**, 43$_{3-4}$ **I 11**, 328$_5$
II 3, M*33* 23$_{76}$ **II 7**, M*12* 27$_{84}$ *45* 78$_{396}$ **II 8A**, M*2* 8$_{169,172-197}$.10$_{248,249}$ *14* 36$_{314}$ *58* 83$_{162}$ *107* 140$_{26-27}$

Oculus mundi Teils gemeiner Opal, teils Halbopal. Siehe auch Opal, Weltauge *Reuss 293, 161*
II 6, M*79* 163$_{141}$

Oleum vitrioli Siehe auch Schwefelsäure, Vitriolöl, Vitriolsäure *Krünitz*
II 4, M*56* 68$_{44}$

Olivenerz Nach Werner eine Kupferart *W II, 382; W III, 19*
II 8A, M*58* 81$_{110}$

Olivin Nach Werner eine Kieselart *W III, 1*
I 2, 35$_{23-25M}$.362$_{2M}$.51$_{3M}$.52$_{1M}$.237$_{7Z}$. 242$_{3M,5M}$.281$_{27Z}$.420$_{17M}$
II 7, M*113* 220$_6$ **II 8A**, M*36* 59$_{22}$. 60$_{51}$ *38* 61$_{16}$ *45* 67$_{23}$.68$_{54}$ *58* 79$_{34-35}$ *69* 99$_{13}$ **II 8B**, M*22* 38$_{36-38}$ *36* 57$_{56}$. 58$_{104}$ *119* 164$_3$

Onyx (Gestreifter) Chalcedon *Reuss 115*
I 1, 339$_{14}$ **I 8**, 36$_{29}$
II 8A, M*2* 5$_{80}$.6$_{108}$ *4* 15$_{51}$ *26* 46$_2$
II 8B, M*119* 164$_2$

Opal Nach Werner eine Tonart (W III Kieselart), die Edlen O., Gelben O., Gemeinen O. und Pechstein umfasst; W II und III unterscheiden abweichend: edler O., gemeiner O., Halb-O. und Holz-O. Siehe auch Oculus Mundi, Weltauge, Eisen-, Feuer und Perlmutteropal *W I, 68; W II, 375; W III, 4; Reuss 161*
I 1, 245$_{16M}$ **I 2**, 53$_{10}$.174$_{26Z}$.249$_{16M}$. 279$_{33Z}$ **I 3**, 226$_{3M}$.255$_{1M}$.376$_{4M}$. 466$_{44M}$ **I 4**, 67$_{23}$
II 4, M*29* 32$_{9-13}$ **II 7**, M*45* 68$_{36-40}$ *48* 90$_{21}$ **II 8B**, M*19* 29$_{47}$ *96* 152$_4$

Opal, Edler Nach Werner dem Opal zugeordnet, dieser den Tonarten; in W III den Kieselarten *W I, 68; W II, 375; W III, 4*
II 7, M*45* 68$_{37}$

Opal, Gelber Nach Werner dem Opal zugeordnet, dieser den Tonarten *W I, 68*
II 7, M*45* 68$_{38}$

Opal, Gemeiner Nach Werner dem Opal zugeordnet, dieser den Tonarten: in W III den Kieselarten *W I, 68; W II, 375; W III, 4*
II 7, M*45* 68$_{39}$ **II 8B**, M*24* 44$_{20}$ *29* 48$_{8-9}$ *114* 162$_7$

Opal-Jaspis Nach Werner eine Kieselart. Siehe auch Eisenopal *W III, 5; Zappe 1817, I, 472*

I 2. 116$_{33M,35M,36M,37M}$
II 8A. M34 57$_{9-10}$ 97 131$_{39-43}$
Operment Gelbes Rauschgelb *Reuss 115*
I 5. 167$_{6,9,10}$
Orichalcum Siehe auch Messing *LA II 7, 3q*
I 6. 117$_8$
II 7. M1 3$_{27}$.4$_{39}$
Orleans Pflanzenfarbstoff, gewonnen aus dem Gemeinen Orleanbaum, Bixa Orellana. Wurde neben anderen Substanzen zur Herstellung von Berliner Blau verwendet *Dietr. II, 236–237*
I 3. 432$_{14}$ **I 4.** 165$_3$ **I 11.** 101$_6$
Ornitholithen Versteinerungen von Vögeln *LA II 8A, 48q*
II 8A. M30 48$_{10}$
Orseille Aus der gleichnamigen Flechte gewonnener Columbin-Farbstoff *Krünitz*
II 4. M58 70$_{18}$
Orthoceratiten Vielkammerige Cochliten, gebogene Lituiten *Reuss 116*
I 2. 71$_{13M}$
II 8A. M58 79$_{19}$ 65 96$_6$ 66 96$_8$
Osmazome (?)
I 9. 332$_{26}$
Osmium Metall, zuerst 1804 beim Aufschluß von Platinerzen entdeckt; chem. Element *LA II 1A, 306 Erl*
II 1A. M77 306$_{17}$
Ossifragus Begriff bei Anselm von Bodt für baumartige Kalkformen in Sand. Siehe auch Beinbruch *LA II 8A, 22q*
II 8B. M12 22$_6$
Oxygen (Oxygenium) Bezeichnung für Sauerstoff, die 1779 Antoine Lavoisier für das 1774 von Joseph Priestley und ein Jahr zuvor von Carl Wilhelm Scheele entdeckte neue Element vorschlug
II 1A. M16 136$_{112-121}$ **II 4.** M55 66$_7$ 69 81$_{61}$M70 82$_6$–84$_{108}$ **II 8B.** M77 132$_{64}$

Palladium Metall, zuerst 1803 aus Platinerz gewonnen; chem. Element *LA II 1A, 306 Erl*
II 1A. M77 305$_{13}$
Parnarzetto Toskan. Marmorsorte *LA I 1, 245q*
I 1. 245$_{3M}$
Pecherz Krünitz kennt drei Bedeutungen: 1) Kupferpecherz, 2) Uranerz (Pechblende), 3) Eisenpecherz; W II verzeichnet „Pechblende", W III „Eisen-Pecherz" unter Eisen *Krünitz; vgl. W II, 384; W III, 21*
II 7. M46 88$_{75}$ 105 202$_{35}$
Pechkohle Nach J. K. W. Voigt der Braunkohle zugeordnet *LA II 7, 229q*
II 7. M117 229$_{11}$
Pechstein Nach Werner dem Opal zugeordnet, dieser den Tonarten; in W III als separate Kieselart geführt *W I, 68; W II, 375; W III, 5*
I 1. 196$_{2M,3M}$.303$_{23}$.343$_{31}$.346$_{23}$
I 2. 35$_{21M}$.36$_{30M}$.169$_{19}$.186$_{5Z,8Z,12Z}$. 221$_{8,9,10,11,14,15}$.222$_{20}$.223$_{12,14,18,21}$. 277$_{15Z}$.290$_{27}$.421$_{30M}$ **I 8.** 41$_5$.43$_{38}$. 162$_{31}$.253$_3$.254$_{9,30,33}$.255$_{2,5}$.352$_7$
I 11. 107$_{27}$
II 7. M9 11$_7$ 45 68$_{40}$ 48 90$_{21}$ 100 195$_{19-20}$ 113 221$_{48}$ **II 8A.** M2 10$_{242}$ 36 59$_{20,60}$.60$_{59}$ **II 8B.** M6 9$_{106-107}$ 20 35$_{176-182}$ 24 44$_{24}$ (Bechstein)
Pectiniten Zweischalige Conchiten, rund mit „Ohren" am Schloß; versteinerte Kammmuscheln *Zappe 1817, I, 241*
I 1. 157$_{6Z}$ **I 2.** 87$_{15}$.371$_{35M}$ **I 11.** 176$_{13}$
II 8B. M73 118$_{18}$
Peperin Verm. Peperino. Vulkanische Tuffart mit zahlreichen Kristallen, Glimmer, Melanit und Augit *Zappe 1817, II, 249–250*
I 1. 139$_{24M,26M,27M,28M}$
II 7. M94 187$_{99-103}$
Peridot (Ins Graue „schielender") Topas *Reuss 117, 398*
I 2. 329$_{21}$ **I 8.** 403$_{47}$

MINERALIEN

Perlmutt Innere Schale der Perlenmuscheln; auch als Teil von Trivialbezeichnungen für ähnliche glänzende Steine verwendet *Krünitz; Zappe 1817, II, 252*
I 3. 146$_{31M}$.467$_{1M}$ I 4. 127$_{30}$.192$_{12}$
II 5B. M 6 20$_{24}$ II 8B. M 77 132$_{85-58}$

Perlmutteropal Cacholong; von Karsten (1808) als Perlmutter-Opal den Opalarten zugeordnet *Zappe 1817, II, 252; I, 209*
II 8B. M 18 26$_2$

Perlstein Nach Werner eine Kieselart *W III, 5*
I 2. 169$_{19}$.239$_{15-16M}$ I 8. 162$_{31}$
II 8A. M 34 57$_{13-14.17-19}$ II 8B. M 30 49$_6$

Persio Ein blaues Farbenmaterial *Krünitz*
II 4. M 58 69–70

Petrosilex Kieselschiefer *LA I 2, 89q; vgl. Reuss 297*
I 2. 89$_{15M}$.167$_6$ I 8. 160$_{20}$

Petuntse (Petusu) Gemeiner Feldspath, Flussspath (der Chinesen); zur Porzellanherstellung verwendet *Reuss 117*
I 2. 53$_{25M.29M}$
II 8A. M 47 70$_{7.11}$

Phlogiston Ein von den Chemikern angenommener Grundstoff der verbrennlichen Körper *Krünitz; vgl. LA II 1B, 1137 Erl*
I 1. 119$_{30M}$ I 3. 232$_{31}$ I 6. 392$_{34}$
I 11. 29$_2$.30$_{38}$
II 1A. M 2 23$_{28}$ M 16 133–139
II 4. M 29 32$_{20}$ II 6. M 123 235$_{52-53}$
II 7. M 80 170$_{120}$

Phonolith s. Klingstein *Krünitz*

Phosphor Von griech. phosphóros, „lichttragend"; die Bezeichnung ist abgeleitet von der im 17. Jh. entdeckten besonderen Eigenschaft, bei der Reaktion mit Sauerstoff zu leuchten. S.a. die folgenden Einträge sowie Antimon-, Baryt-, Erd-, Kalk-, Realgar- und Strontianphosphor *Krünitz*
I 2. 55$_{35M}$.63$_{31}$.298$_{21M}$.348$_{12}$ I 3. 99$_{5M}$.140$_{10M}$.141$_{15M}$.237$_{22Z}$.238$_{2M}$. 239$_{10M.15M.20-21M.24M.27M.32M.34M}$. 240$_{2-3M.5M.27M}$.241$_{7M.10M.12M.38M}$. 248$_{18Z.19Z}$.468$_{29M}$.475$_{25Z}$.476$_{16M}$
I 4. 64$_{18-19}$.200$_{27}$ I 7. 26$_{7.12.20.26}$. 27$_{2.35}$.28$_{22.26.29}$.29$_{5.17.22}$. 30$_{23.33-34}$.31$_{1.11}$.32$_{12.13.20-21.28-29}$. 33$_{15.21.36-37}$ I 8. 296$_{17.18.20.22.23.28}$. 297$_{22.26.35.40.44}$.298$_{3.9-10.11.16-17}$. 301$_{24.29.53-54}$.302$_{7.17-18.22}$. 302$_{51}$–303$_1$.303$_{16-17.19.28}$.413$_{29}$
II 1A. M 16 134$_{54}$.135$_{89.102}$.137$_{154}$. 138$_{188.191-196.215}$.139$_{227-229.237-247}$ 44 237$_{577}$ II 2. M 7.8 55$_{221}$
II 5B. M 41 152$_{139}$ 72 212$_{119}$. 215$_{253-254}$ M 113 322–328.324$_{68}$
II 8B. M 39 65$_{39}$ 76 128$_{26-34}$

Phosphor, Cantonscher Aus gebrannten Austernschalen nach Vorschrift von John Canton hergestellter Kalkphosphor. Siehe auch Kalkphosphor *LA I 7, 26q*
I 3. 238$_{11M}$.240$_{12M}$.241$_{26M}$.242$_{29Z}$
I 7. 29$_3$
II 5B. M 113 323$_{14.41}$.324$_{77.81}$. 325$_{91-99}$.326$_{168}$

Phosphor-Blei Kann je nach Farbe oder Struktur sehr unterschiedliche Mineralien meinen *vgl. Zappe 1817, II, 258*
I 2. 115$_{18M}$
II 8A. M 97 130$_3$

Phosphore, Bononische Als Bologneserspat bzw. Bologneserstein nach Werner eine Unterart von Schwerspat. Siehe auch Barytphosphore, Erdphosphor Leuchtstein und Schwerspat, Bologneser *W I, 70; W II, 379; W III, 13; GWB; vgl. Meyers Großes Konversations-Lexikon III (1905), 184*
I 1. 132$_{28Z}$ (Fosfori).134$_{1-9Z}$ (gedachte Steine).387$_{17}$ I 3. 238$_{3M.28M}$.242$_{28Z}$.243$_{28}$.244$_{21Z}$. 338$_{2M}$.380$_{32M}$.476$_{15M}$.478$_{21M}$ I 4. 179$_{35}$.200$_{24}$ I 6. 155$_6$ I 7. 27$_{19}$. 29$_{2.30}$.30$_{2.12.31-32}$.32$_{7-8}$.33$_{25}$ I 11. 144$_{34}$

II 5B. M 113 323$_{36.41}$.324$_{75-76.81}$.
325$_{11-12.91.118}$ (Stein).$_{121-122}$.
326$_{167.169}$.327$_{171}$ (blauen) **II 7.**
M 45 70$_{120}$

Phosphorkupfer Siehe auch Kupfer. Phosphorsaures *Zappe 1817, II, 260*
I 2. 115$_{17M}$
II 8A. M 58 80$_{53}$.81$_{112}$ 97 130$_2$

Phosphorsäure Zu finden in verschiedenen thierischen Bestandtheilen und dem daraus bereiteten Phosphor, auch Knochensäure genannt *Krünitz*
I 1. 278$_{18}$ **I 2.** 63$_{31}$.121$_{28}$ **I 3.** 484$_{13M}$.485$_{6M.25M}$.486$_{12M}$ **I 11.** 158$_2$.206$_{11}$
II 1A. M 16 134$_{54}$.139$_{244}$ **II 8A.** M 48 72$_{32}$ 58 82$_{131}$ **II 8B.** M 21 37$_{14.15}$ 76 128$_{31-35}$

Phosphorwasserstoff
II 10B. M 1.3 124.$_{26-27}$

Phrenit s. *Prehnit*

Pierre ollaire Franz. s. *Topfstein*

Pierre ponce Franz. s. *Bimsstein (Bimstein)*

Pierres meulieres Mühlsteine?: in Borchs Beschreibung der sizilianischen Gesteinsarten eine eigene Klasse *Borch 1778, 39*
II 7. M 85 176$_{24}$

Pietra bigia
I 1. 248$_{36M}$.249$_{12M}$
II 7. M 111 215$_{162.175}$

Pietra Cerro Die Oberfläche der pietra bigia *LA II 7, 215q*
I 1. 249$_{12M}$
II 7. M 111 215$_{175}$

Pietra forte (in Toscana) (Toscana:) verhärteter Mergel: (Voigt:) Kalktuff *Reuss 431*
I 1. 248$_{15M.32M}$
II 7. M 111 214$_{140}$.215$_{158}$

Pietra serena Verhärteter Mergel *Reuss 431*
I 1. 245$_{19-20M}$.248$_{35M}$.249$_{5M}$
II 7. M 111 215$_{161.168}$

Pietra stellaria Gemeiner dichter Kalkstein *Reuss 432*
I 1. 245$_{26}$
II 7. M 85 177$_{67}$ (Pierre stellaire)

Pinit Nach Werner eine Tonart *W III, 8*
I 1. 286$_{12Z}$
II 8A. M 2 7$_{142.144}$.11$_{284.285}$ **II 8B.** M 114 162$_5$

Pisolith Siehe auch Erbsenstein *Reuss 118*
I 1. 297$_{21M.33M}$.298$_{5M}$.330$_{26M}$ **I 2.** 419$_9$ **I 11.** 327$_{42}$
II 8A. M 2 4$_{45}$.6$_{115.116}$.7$_{123}$ 13 28$_{113}$
II 8B. M 7 13$_{135}$ 8 15$_{1-9}$

Plasma Von Reuss zusammen mit dem Heliotrop in der Sippschaft des Quarzes dem Kieselgeschlecht in der Klasse der Erden und Steine unter den einfachen Fossilien zugeordnet *Reuss 16*
II 8B. M 119 164$_3$

Platina, Platin Nach Werner eine Hauptgruppe der Metallarten (IV. Klasse): sie umfasst nur den Eintrag Platina, später (W II. III) Gediegen-Platin *W I, 72; W II, 380; W III, 17*
I 2. 296$_{15}$ **I 3.** 197$_3$.
482$_{4M.17M.20M.22M.24M}$.
483$_{5M.21M.23M.25M}$ **I 4.** 161$_{35}$ **I 11.** 61$_{15}$.87$_{18}$
II 1A. M 44 229$_{257-261}$ 50 248$_{23}$ 77 305$_2$ **II 4.** M 70 83$_{63}$.84$_{80}$ **II 7.** M 45 72$_{181-182}$ 48 92$_{91}$ 112 219$_{25}$ **II 8A.** M 62 92$_{102}$ **II 8B.** M 40 82$_8$ M 74 125–126

- Platin-Ordnung (nach Werner)
II 7. M 122 233$_{25}$

Plumbum Nach Werner eine Hauptgruppe der Metallarten (IV. Klasse). Siehe auch Blei *LA II 7, 3q; W I, 73*
II 7. M 1 3$_{29}$.4$_{37}$ 45 73$_{235}$

Polierschiefer Von Reuss dem Tongeschlecht in der Klasse der Erden und Steine unter den einfachen Fossilien zugeordnet *Reuss 16*
II 8B. M 114 162$_4$

Porfido s. *Porphyr Reuss 432*

MINERALIEN

Porphyr Von Goethe im Anhang zu den Kieselarten (nach Werner) angeführt; nach Reuss (Werner) den „Urgebirgsarten" (Kl. I) zugerechnet. Siehe auch Basalt, Grün-, Hornstein-, Korund-, Lava-, Quarz-, Syenit-, Ton- und Trapp-Porphyr *LA II 7, 90q; Reuss 25*
I 1. $28_{14M.20M.29M}.31_{18M}.$
$32_{9M}.75_{2M.14M.20-21M}.84_{28}.$
$93_{2}.97_{14.18}.99_{11.13}.108_{24M}.$
$124_{31Z}.127_{20-21Z.28Z.30Z}.$
$128_{1Z.2Z.25M.26M.27M.29M}.132_{7M}.$
$138_{13Z}.140_{26Z}.188_{18M.32M}.191_{31Z}.$
$243_{22M}.245_{36M}$ (Porfido losso orientale).$_{37M}$ (Porfido verde orientale).$246_{26M}.257_{2Z.21Z}.261_{4Z}.279_{29}.$
$281_{30Z}.299_{25-26}.322_{32Z}.325_{20-21Z}.$
$329_{14-15M}.332_{8}.335_{31}.340_{10.14-15}.$
$345_{19}.348_{9}.371_{4}.375_{25-26.26}.$
$381_{10M.14}.382_{2.8.21.23.32-33.35}.$
$383_{32-35}.384_{22-23}.385_{4-5.35}.388_{9.15}$
I 2. $26_{23Z}.41_{36}.44_{20}.47_{8}.48_{16}.49_{1-2}.$
$51_{1M.26M}.52_{15M.17M}.56_{30M}.57_{7M.20M}.$
$59_{16Z}.71_{3-4}.78_{20M.27M}.80_{12.17.17}.$
$83_{14}.85_{30.33}.88_{27M.31M}.97_{21.23}.98_{3}.$
$101_{5M}.102_{8M}.107_{8Z}.111_{27}.120_{24}.$
$122_{4.24M}.146_{34M}.147_{21M.23M}.156_{6}.$
$165_{3.24.32}.167_{7}.169_{21}.175_{33Z}.$
$191_{19}.196_{38}-197_{1M}.198_{10-11M}.$
$217_{6.8-9.15-16}.239_{9M}.240_{1M.11M.27M}.$
$255_{1.24-25}.257_{17.28}.333_{6}.338_{6}.$
$341_{25-26}.346_{34}.347_{19}.370_{6Z}.$
427_{3M} **I 4.** 245_{8} **I 8.** $29_{23}.33_{8}.$
$37_{24.28-29}.42_{34}.146_{31}.149_{31}.153_{17}.$
$158_{16.37}.159_{8}.160_{21}.162_{33}.242_{16}.$
$249_{22.23-24.30}.380_{31}.390_{9}.412_{16}.$
413_{1} **I 11.** $17_{5.9}.18_{34}.19_{1}.20_{17}.$
$21_{3.22.27.29}.22_{14}.51_{11}.103_{24-25}.129_{4}.$
$139_{1.18.24}.140_{2.5.6.14.16}.141_{1-31}.$
$142_{6.21.30}.143_{17}.145_{15.24-25.24-25}.$
$153_{2}.154_{9.29}.168_{8}.171_{11.16.16}.$
$173_{5-6}.174_{29.32}.183_{17-18}.184_{16.18}.$
$192_{23}.204_{29}.205_{8-9}.206_{24}.225_{23}.$
$226_{9}.228_{15.26}.235_{34}$
II 1A. M44 225_{73} **II 4.** M63 76_{6} **II 5B.** M43 160_{41} **II 7.** M9 $11_{6.7.12}$ 11 $18_{209}.21_{333}$ 12 25_{10} 15 31_{24} 16 33_{16} 17 35_{17} 22 38_{4} 23 $39_{21}.42_{137}$ 29 $48_{10.20}.50_{62}$ 31 $53_{9.11}$ (Dergleichen).$_{12}$ (Dergl.).$_{14-15}.$
54_{20} 33 $55_{5.13}$ 39 $61_{3.6}$ 48 90_{16} 49 $96_{131-141}$ 51 $103_{23.50}$ 52 $110_{209-227}$ 65 140_{8-9} 73 160_{203} 85 176_{4} 86 178_{5} 94 $185_{21-24}.186_{40}$ 99 194_{3} 104 200_{3} 105 203_{81-85} 106 204_{3} 111 213_{97} **II 8A.** M2 8_{194} (Porfir).$_{195}$ (Porfir).9_{232} (Porfirstein).$_{233}$ (Porfir).10_{246} (Porfir). 11_{293} 13 27_{68} 14 $32_{149-150}.35_{275-276}$ 31 $51_{63.77}$ 34 57_{15} 39 62_{17} 44 66_{5-6} 45 $67_{21}.68_{43}$ 48 $72_{59}.73_{70.82}$ 56 77_{2} 58 79_{36} 60 88_{73} 62 $90_{20}.$
$92_{102-103}$ 68 $97_{5.12}$ 75 104_{8-10} 91 119_{5} 101 135_{12} 106 138_{13-15} 108 141_{16} 121 158_{35-37} 126 165_{1-5}
II 8B. M1 $4_{29.40}$ 5 6_{7-9} 6 $7_{38-41}.$
8_{76} 10 $18_{49}.19_{90}$ 20 $31_{23.33}$ (ähnliches) 30 49_{22} 31 51_{1} 32 51_{7} 68 102_{3-13} 72 $109_{107}.110_{155-156}$ 75 127_{4} 76 129_{61} 88 142_{21} 108 158_{1}
- Kugelporphyr **II 8A.** M39 62_{19}
Porphyrschiefer Nach Reuss (Werner) den „Urgebirgsarten" (Kl. I) zugerechnet *Reuss 25, 119*
I 1. $246_{25M}.350_{22-23.25.32}$ **I 8.** $383_{6.9.16}$
II 7. M111 213_{96} **II 8A.** M121 158_{16}
Porzellanerde Nach Werner eine Tonart. Siehe auch Kaolin *W I, 67; W II, 375; W III, 7*
I 1. $83_{17}.302_{22}.324_{37Z}.328_{3M}.$
$342_{11-12}.344_{24}$ **I 2.** $51_{30M}.85_{33}.$
89_{27M} (Argile à porcelaine).$_{27M.28M}.$
$124_{28M.33M}.128_{5M.26M}.147_{2M}.203_{29}.$
$218_{15}.245_{4M}.337_{11}$ **I 8.** $30_{2.27}.42_{1}.$
$250_{29}.262_{31}.389_{9}$ **I 11.** $106_{24}.$
174_{32}
II 7. M45 67_{27} 48 90_{18} **II 8A.** M2 9_{237} 6 17_{29} (Borzelan) 13 25_{25} 14 $30_{67-68}.37_{335}$ 45 68_{47} 73 103_{3} 75 104_{34} (Argille à porcelaine).$_{35}$ 86 113_{48-49} 107 139_{18-19} M108 $140_{6}-142_{6}.141_{26}$ 121 158_{18} **II 8B.** M20 32_{72} 22 41_{134}
- weiße **I 1.** $332_{25}.333_{13}$ **II 8A.** M14 29_{45}

Porzellanjaspis Nach Werner dem Jaspis zugeordnet, dieser den Tonarten; in W III den Kieselarten *W II, 375; W III, 5*
I 1. 288$_{11Z}$.302$_{36}$.303$_{6,7}$.343$_{6,7}$. 346$_{10,11}$.355$_{27Z}$ I 2. 36$_{12M}$.69$_{4Z,8Z}$. 115$_{29M,31M,32M}$.116$_{4-5M,6M,8M,12M}$. 131$_{19M}$.137$_{8Z}$.141$_{8M,10M,12M}$. 142$_{2M,3M,13M,14M,15M,35M}$.144$_{22-23M}$. 161$_{22}$.162$_{20}$.173$_{2Z}$ I 8. 40$_{18,19}$. 43$_{25,26}$.168$_{20}$.169$_{18-19}$ I 11. 107$_{3,10,11}$
II 8A. M2 10$_{204}$ 36 59$_{41}$ 40 63$_4$ 39 63$_{40}$ 69 99$_{23}$ 97 130$_{11-22}$ 108 143$_{122}$ 115 150$_{6-8}$.151$_{32-33}$ 120 155$_{8-26}$.157$_{80}$ II 8B. M6 9$_{121-122}$

Porzellanton Porzellanerde, unächter Töpferton *Reuss 119*
I 2. 86$_{20}$ I 8. 39$_{26}$ I 11. 19$_0$.175$_{20}$

Porzevera (Pozzevera) s. Serpentin *Reuss 432*

Pottasche Ein weißes, gemeiniglich bläuliches, calcinirtes alkalisches Salz, welches aus gemeiner Holz- oder Pflanzenasche ausgelaugt wird *Krünitz*
I 8. 318$_{13-14}$
II 1A. M44 227$_{181}$ II 3. M24 14$_5$ II 4. M56 68$_{42}$ II 5B. M114 333$_{117,136}$.334$_{143}$ II 6. M115 219$_{87}$ (potasse)

Prasem Nach Werner dem Quarz zugeordnet, dieser den (gemeinen) Kieselarten *W I, 67; W II, 374; W III, 4*
I 2. 189$_4$.428$_{22M}$ I 11. 221$_{24}$
II 7. M45 67$_{17}$ II 8B. M108 158$_3$ 119 164$_2$

Prehnit Nach Werner eine Kieselart, später unterschieden in fasrichen und blätrichen Prehnit *W I, n.r.; W II, 375; W III, 6*
I 2. 102$_{1M,13M}$
II 8A. M69 98$_8$ 90 119$_{13}$ (Phrenit) 91 120$_{19}$ (Brehnit)$_{(?)}$ II 8B. M18 26$_3$

Pseudo-Ätit, falscher Ätit Wohl Basalt in kugeligen Absonderungsformen *LA I 11, 208q; II 8A, 637 Erl*
I 1. 303$_{10}$.343$_{16}$.346$_{15}$ I 2. 95$_{15}$. 126$_{5,15}$ I 8. 40$_{28-29}$.43$_{30}$.44$_7$ I 11. 107$_{14}$.208$_{30}$.209$_7$
II 8A. M122 160$_5$

Puddingstone (Puddingstein, Poudingstein) Von Goethe im Anhang zu den Kieselarten (nach Werner) angeführt: Reuss: Breccie - Conglomerat von Feuerstein- Kieselschiefer- und Quarzgeschieben mittelst eines kieslichen Kittes *LA II 7, 90q; Reuss 120*
I 1. 385$_{22}$.388$_4$ I 2. 255$_{15,23}$ I 11. 143$_5$.145$_{20}$.225$_{36}$.226$_8$
II 7. M48 90$_{15}$ 49 96$_{135-137}$. 99$_{276-277}$.100$_{288}$

Purpur Aus Schnecken gewonnener Farbstoff *Krünitz*
I 5. 167$_9$

Purpur, Mineralischer Auch Cassius Goldpurpur: Goldniederschlag durch Zinn *Krünitz (Präcipitat)*
I 3. 254$_{16M}$.255$_{18M}$

Pyrit Reuss verzeichnet Pyrites = Schwefelkies. Siehe auch Schwefelkies *Reuss 310*
I 2. 105$_6$.332$_{30}$ I 11. 189$_{25}$.235$_{22}$
II 7. M49 99$_{276}$ 85 177$_{62}$ (Piriteuses) II 8B. M75 127$_4$

Pyrochlor
II 8B. M85 139$_{41}$

Pyrop Reuss verzeichnet Pyropus = Spinell – edler Granat *Reuss 311*
I 2. 36$_{25M,30M,33M}$ I 6. 42$_{39}$
II 8A. M36 60$_{54,59-61}$ 38 61$_{19}$
II 8B. M24 44$_{18}$

Pyr(rh)osiderit Siehe auch Rubinglimmer. Goethit *LA I 2, 171–172q*
I 2. 115$_{22M}$.172$_1$ I 9. 103$_{36}$
II 8A. M97 130$_6$

Pyrosmaragd (Von Nertschinskoy) (violetter) Flussspath *Reuss 120*
I 3. 347$_{1M}$.476$_{8M}$.478$_{6M}$

Pyroxen Augit *GWB (Amphibol)*
I 2. 317$_{27}$.318$_{4,6}$.321$_{23}$.325$_{14}$. 327$_{17,18,29,30}$.328$_{3,10,13,30}$. 329$_{1,7,10-17,19}$ I 8. 397$_{2,12,13}$. 399$_{10}$.401$_{26}$.402$_{35,36,45,46}$. 403$_{3,9,12,24,26,32,37,44,45}$

MINERALIEN

Quarz Nach Werner eine (gemeine) Kieselart, die Ametyst, Bergkristall, Gemeinen Quarz und Prasem umfasst, in W II zudem rosenroten Quarz, in W III Milch Quarz. Siehe auch Aventurin-, Fett- und Rosenquarz *W I, 67; W II, 374; W III, 4*
I 1. $61_{26.28}.62_{12.20}.69_{2M}.70_{6M}.$
$72_{9M}.73_{14M}.74_{24-25M.25M.36M}.$
$75_{7-8M.10M.17M.31M.32M}.76_{12M.19M.23-24M}.$
$77_{12M.16M.26M.32-35M}.78_{7M}.80_{13M}.83_{31}.$
$84_{17.25.30}.95_{8}.96_{18}.97_{12.19.26-27}.99_{3}.$
$103_{3M.12M.27M}.104_{9-10M}.105_{30M.31M}.$
$106_{9M}.107_{30M}.108_{21M}.109_{23M.25M}.$
$117_{6M}.120_{9M.28M}.121_{24Z}.123_{16Z}.$
$125_{32Z}.126_{22Z}.128_{14M}.140_{26Z}.$
$154_{3Z.18Z.24Z}.155_{20Z}.156_{25Z}.157_{25Z}.$
$162_{18M.27M}.164_{19M}.188_{14.15M.28M}.$
$189_{14M.18.22M.27M}.241_{19-20Z}.$
$246_{27M}.247_{31M}.260_{6Z.15Z.16Z}.$
$261_{27Z.36Z}.263_{28Z}.264_{37Z}.265_{12Z}.$
$269_{21M.36M}.270_{26M}.271_{2M.4M}.$
$277_{23}.281_{16Z}.286_{12Z}.287_{14Z.18Z}.$
$288_{6Z.8Z.13Z.16.16Z.19Z}.290_{1Z}.$
$300_{33}.301_{24.26.27.29-30.33.35-36}.$
$302_{7.10.11.13.43}.305_{15}.307_{29.30.32}.$
$315_{33}.316_{3}.320_{20-21Z}.322_{17Z}.$
$323_{16Z.17Z}.325_{25Z}.333_{32}.334_{23.24}.$
$336_{14}.340_{6.8.25.28.31}.341_{24-25.31.36.38}.$
$342_{12.23.29.35.37}.345_{23.24.27.29.31}.346_{5}.$
$350_{10}.356_{3M}.359_{11}.361_{28}.362_{35}.$
$367_{9}.368_{25.26.35}.369_{6.12}.370_{33.34}.$
$377_{25-26Z}.382_{36}.383_{36.36}.384_{3-4.26.27}.$
388_{16-17} **I 2.** $1_{22Z}.3_{20.24-25Z.31Z}.$
$23_{32M}.34_{17}.35_{25M}.38_{10.18.22.24}.$
$44_{30}.47_{16.19.21.30}.48_{1.3.4.7.24.30.31}.$
$49_{12.12.21}.51_{11M.17M.30M.31M}.53_{22M.29M}.$
$55_{20M}.57_{32M}.61_{2}.62_{21.27.34}.$
$67_{24Z.25Z}.68_{2Z.3Z.14Z}.72_{8Z.22Z}.80_{32.34}.$
$83_{17.20}.86_{19}.88_{17.32-33M}.89_{17M.23M}.$
$102_{5M.13M}.105_{10.23}.115_{23M}.120_{28.30}.$
$121_{2.12.17.19}.124_{17M.22M.25M}.128_{6M}.$
$129_{10M.17M.27M.28M}.130_{10M.33-34M}.$
$135_{5Z}.141_{22M.23M.26M}.142_{16M}.$
$143_{3M.6M.13M.13M.14M.20M.22M.27M}.$
$144_{5M.6M.14M}.146_{22M.26M.29M}.$
$147_{1M.11M.16M.20M.22M.26M}.152_{10.30.32}.$
$153_{13}.169_{36}.183_{32Z}.184_{4Z.6Z.7Z}.$
$188_{31}.189_{3.11.14M.16M}.196_{18-19M.31M}.$
$197_{11M.26M}.203_{4.5.9.12}.207_{27Z}.216_{35}.$
$218_{6.8.9.18.21.25}.219_{19.24.31.38}.220_{8.11}.$
$223_{8}.226_{29}.241_{20M.21M.24M.25M}.$
$242_{13M}.243_{14M.18M.24M}.244_{17M}.$
$245_{0M.10M}.246_{18}.248_{4M}.255_{4.22}.$
$275_{36Z}.280_{12Z}.289_{19.28}.290_{17.24}.$
$293_{28.35.36}.294_{7}.308_{8.12.13}.$
$310_{12.31-32}.311_{27}.313_{22-23.27}.314_{19}.$
$330_{16}.334_{3}.337_{5.12.22}.338_{7.9}.$
$342_{12.13}.352_{33.35.36}.407_{29.32}.418_{26}.$
$420_{23M}.422_{36-37M}.427_{21M}.428_{18M}$
I 8. $31_{8.38}.32_{1.33}.37_{20.23}.38_{1-2.4.7}.$
$38_{38}-39_{1}.39_{7.12.14.26.35}.40_{3.9.11}.$
$42_{38}.43_{1.4.6.8.20}.50_{25}.53_{5}.54_{9}.58_{20}.$
$60_{1.2.11.21.26}.134_{19}.139_{23}.140_{9.11.30}.$
$143_{11.18.22.24}.150_{6}.163_{10}.249_{15}.$
$250_{21.22.23.32}.251_{29.36}.252_{5.12.15}.$
$254_{27}.262_{6.7.11.14}.316_{35}.350_{32}.$
$351_{8.32}.352_{4}.372_{25}.379_{2.9.10.17}.$
$382_{33}.389_{4.10.21}.390_{10.12}.394_{31.32}.$
$405_{4.8.9}.408_{11.16}.409_{6}.410_{5}.$
$418_{13.15.16}$ **I 11.** $9_{22.30}.14_{22.24.15}.154_{.}$
$16_{12}.17_{3.10.16-17.18}.18_{26}.19_{22.20}$
$6.14.19.21.24.25.28.29.30.32.35.37.21_{1-4}$
(dergleichen).$_{10.13.27.30.38.41.43.45}$
(Quarztrum).$22_{4.6.13.24.31}.$
$23_{31.33}.24_{29.30.34.39.41}.25_{5.19.25.27}.$
$26_{19.26.29.37}.105_{1.28.30.31.34}.$
$106_{2.4-5.12.14.15.17}.107_{2}.111_{12.13.15}.$
$119_{18.24}.128_{31.32}.140_{17}.$
$141_{15-16.19}.142_{10.11}.145_{32}.152_{15}.$
$153_{10.13.15.24.29.31.32.35}.154_{17.23-24}.$
$155_{4.4.12}.156_{5.29}.157_{1.7}.169_{34}.$
$171_{30.32}.173_{9.11.17}.175_{19}.177_{10}.$
$189_{29}.190_{5}.205_{12-13.15.21.30.35}.206_{2}.$
$221_{16.23}.222_{19}.225_{26}.226_{9}.232_{23}.$
$233_{8}.234_{4}.236_{30}.313_{18.21}.327_{27}$
II 7. *M 2* 5_{11} *3* 6_{13} *11* 18_{209} *12*
25_{11} *23* 41_{127} *40* 61_{4} *46* $87_{2.24.31}.$
$88_{57.76}$ *48* 90_{10} *49* $94_{46-78}.95_{95-104}.$
$96_{149-160}.98_{219}.99_{275-279}.100_{305.316}$
51 $103_{19-20.33-46}$ *52* $105_{36}.106_{70}.$
$107_{116}.108_{153}$ *64* 137_{40-42} *65*
$141_{33.38.41}$ *66* 144_{106} *69* 150_{7} *73*
$155_{25-33}.156_{47.66}.157_{92.108}.158_{154}.$
$159_{169-200}$ *80* 168_{27} *81* $171_{6.27.33}$
85 $176_{3.13.31}$ *87* 180_{23} *94* $185_{12}.$
$189_{170.179}.191_{233}$ *105* $202_{31.34.38.63}$
111 $213_{98}.214_{130}$ *113* $220_{12}.$

222_{77} *114* $224_{29.40}.225_{66.72-74}$ *125*
235_1 **II 8A**. M*2* $7_{145.150}.9_{232.234}$.
$10_{252.255.256.268}.11_{297}$ *9* 19_{19} *14*
$30_{82}.31_{101-109}.32_{126-130}.33_{197}.35_{270}$.
$36_{305-309}.37_{328-337}$ *19* 42_4 *24* 45_7 *28*
47_7 *31* 51_{64} *32* 53_6 *45* $68_{30.35.46-47}$
47 $70_{5.11}$ *48* 71_{19} *49* 74_{8-21} *51*
75_4 *50* 75_6 *55* 77_{15} *58* 80_{43-71}.
$81_{90.93.103.113}.82_{129-130}.83_{154.170.183}$
69 98_6 *71* 101_{3-7} *75* $104_{11.26.31}$
78 108_{4-5} *86* $113_{29.35.45-48}.114_{59}$
90 119_{18} *91* 120_{21} *97* 130_7 *98*
132_3 *99* 133_{13-14} *101* 134_2 *106*
138_{11} *107* 139_{7-15} *108* 140_8 M *108*
$141_{46}-142_{80}.143_{102}$ *111* 147_{11}
115 151_{18-24} *120* 155_{11} M *120*
$156_{29}-157_{72}$ M *121* 158_6-159_{44}
II 8B. M*3* 5_{1-3} *6* $7_{25-59}.8_{98}$ M *10*
$17_{15}-18_{71}$ *19* 27_{11} *20* 31_{20} M *20*
$32_{50}-34_{152}$ *22* $38_{22-26}.39_{46}$.
$40_{79-89.117}.41_{133-140}$ *36* $56_{40}.57_{61}$.
$58_{93}.60_{201}$ *43* 84_{16} *57* 94_{10-13} *76*
$128_{6-8}.129_{65}$ *77* 132_{78-80} *85* 139_{23}
88 $141_{3.9}.142_{35-51}.143_{72}$ *97* 153_1
114 162_7
- Nach Werner **II 7**. M*45* 67_{13-17}
- Porphyrartiges Quarzgestein **I 1**.
  384_{24} **I 8**. 394_{9-10} **I 11**. 142_8
- quarzartig, quarzhaft, quarzig **I 1**.
  $71_{6-7M.17M}.72_{18M}.74_{23M.35M}.75_{16M.28M}$.
  $75_{37}-76_{1M}.76_{6M.32M}.77_{7-8M}.83_{27}$.
  $84_{24}.105_{16M}.109_{3M.15-16M}.269_{12M}$.
  388_{21} **I 2**. $155_{27}.165_{35}.196_{2M}.217_{13}$.
  $218_1.243_{16M}.255_{16}$ **I 8**. 152_{36}.
  $159_{11}.249_{28}.250_{16}$ **I 11**. $19_{18}.20_{13}$.
  $146_1.226_1$ **II 7**. M*52* $107_{92-93.102}$.
  $108_{123}.110_{194-224}.111_{234-263}$.
  $112_{279-305}$ *55* 123_{51} *56* 124_9 *69*
  150_{16} (quarzeux) *73* $160_{215.227}$ *114*
  224_{21} **II 8A**. M*75* 104_{32} *115* 150_5
- Quarzgänge **I 1**. $121_{3M}.268_{26-27M}$
  I 2. $28_{9Z}.32_{30}.47_{28}.49_3.98_{28.31}$.
  $146_{28M}.147_{4M.14M.17M.19M.30M}.243_{13M}$.
  $248_{1M}.308_6.310_{10}.337_{21}.349_{3.6.11}$
  I 8. $389_{19}.405_2.414_{20.23.28}$ **I 11**.
  $150_{32}.153_{22}.154_{31}.184_{29}.185_4$.
  232_{22} **II 7**. M*60* 131_6 *114* 224_7
  II 8B. M*19* 27_8
- Urquarz **I 2**. $86_{15.18-19}$ **I 11**. $175_{16.18}$

Quarz, Fasriger Siehe auch Quarz, Gemeiner *Reuss 121*
II 8A. M*63* 94_{13} *64* 95_{11}

Quarz, Gemeiner Nach Werner dem Quarz zugeordnet, dieser den (gemeinen) Kieselarten. Siehe auch Fettquarz *W I*, 67; *W II*, 374
II 7. M*45* 67_{16} **II 8A**. M*36* 59_{23}

Quarz-Porphyr Nach Reuss (Werner) den „Urgebirgsarten" (Kl. I) zugerechnet, dort dem Porphyr *Reuss 25, 121*
I 2. 147_{10M}
II 8A. M*121* 158_{26}

Quarzbreccie
I 1. $269_{30M.31M}.302_{18}.303_2.342_6$ **I 8**.
39_{20} **I 11**. $106_{21}.107_6$
II 7. M*114* 224_{36-37}

Quarzkiesel Gemeiner Quarz - Bergkristall (in Geschieben) *Reuss 121*
I 11. 49_{26}

Quecksilber Nach Werner eine Hauptgruppe der Metallarten (IV. Klasse), die in W II, III Gediegen-Q., Natürlich-Amalgam, Q.-Hornerz, Q.-Lebererz und Zinnober umfasst. Siehe auch Mercurius, Hydrargyrium *W I*, 72; *W II*, 381; *W III*, 17
I 1. $177_{14}.306_{13.20}.313_{25}$ **I 2**. 113_{18}.
348_8 **I 3**. $148_{10-11M}.149_{12M}.253_{6M}$.
$254_{23M}.255_{4M}.317_{10Z}.374_{3-4M}.463_{18}$.
$485_{28M}.486_{34M.45M}$ **I 4**. $161_{26-27.33}$
I 6. $326_4.400_{34}.401_4$ **I 7**. 384_4 **I 8**.
$22_6.23_{21}.107_{24}.230_{21}.324_{25-26}$.
$325_{20}.326_{21}.413_{25}$ **I 9**. 336_{39} **I 11**.
$70_{20-21}.75_{20.22}.76_{14}.77_{22}.87_{18}$.
$90_{11-12}.109_{24}.110_2.118_5.203_{30}$.
$240_{12}.246_{10.15}.247_{32-33}.254_{23}$
II 1A. M*44* $224_{23-24.44}.227_{178}.231_{313}$.
$232_{384-385}.234_{433}$ *53* $252_{11-13}.253_{28.43}$
II 3. M*33* 23_{78} *34* 30_{87} **II 4**. M*70*
$83_{65}.84_{81}$ **II 5B**. M*48* 167_{12} *100*
291_{15} **II 6**. M*45* 57_{98} *79* $162_{110-111}$.
164_{17} **II 7**. M*45* 72_{183} (Hydrargyrium) *46* 88_{73} ([Symbol]).89_{79-82}
48 92_{92} *63* 133_{13} (mercure).134_{48-70} (mercure).135_{90-98} (mercure) *112*
219_{27} **II 8A**. M*62* 92_{07} *69* 99_{18}

MINERALIEN 401

- Barometer **I 8**, 197$_{12}$.322$_1$ **I 11**, 256$_{8-9}$.257$_{31-37}$.258$_3$.259$_3$.260$_5$ **II 2**. M 7.*10* 57$_{5,7-8}$ 7.*11* 59$_2$ *8.1* 65$_{34-71}$.66$_{94}$ *8.2* 73$_{48.56.61}$.74$_{65}$ 9.*9* 149$_{19}$ 9.*15* 180$_{10-11.13.21}$ 9.*26* 192$_7$ (Mercure) 9.*27* 193$_{13}$
- Quecksilber-Ordnung (nach Werner) **II 7**, M *122* 233$_{27}$
- Thermometer **II 2**. M *8.1* 66$_{80.89.102}$

Quecksilber, Gediegen Nach Werner eine Quecksilberart *W I*, 72; *W II*, 381; *W III*, 17
II 7. M*45* 72$_{184}$ **II 8A**. M*69* 99$_{17.31-32}$

Quecksilber-Branderz Nach Werner eine Quecksilberart *W I*, 72
II 7. M*45* 72$_{188}$

Quecksilber-Hornerz Nach Werner eine Quecksilberart *W I*, 72; *W II*, 381; *W III*, 17
II 7. M*45* 72$_{186}$

Quecksilber-Lebererz Nach Werner eine Quecksilberart, in W II. III unterschieden in dichtes und schiefriges Q.-L. *W I*, 187; *W II*, 381; *W III*, 17
II 7. M*45* 72$_{187}$

Quecksilberglas
II 7. M*46* 88$_{75}$

Quecksilberkalk (Rother natürlicher:) mit Sauerstoff verbundenes Quecksilber *Reuss 122*
I 3. 486$_{37M}$
II 1A. M *16* 135$_{67-68}$.136$_{140}$.137$_{151}$
II 3. M*32* 20$_6$

Quecksilbermohr Der natürliche mineralische Mohr. Hydrargyrum aethiops mineralis. Siehe auch Äthiops. Mineralischer Mohr *Krünitz; Zappe 1804, 28*
II 5B. M *147* 409$_{61.70}$

Quecksilberoxyd
I 7. 38$_{7.11.18-19}$

Quercitron Rinde von Quercus tinctoria, benutzt als gelber Färbstoff *Krünitz*
II 4. M*56* 67$_{25}$

Rädersteine Eine andere Bezeichnung für Trochiten. Siehe auch Trochiten *LA II 7, 132q; LA II 8B, 118q; Reuss 413*
I 2, 372$_{11M}$
II 7. M*62* 132$_{15}$ **II 8B**. M *73* 118$_{28}$

Rapili (Rapilli) Reuss: Rapillo, ital.: vulkanische Asche - Bruchstücke von Bimsstein. Siehe auch Bimsstein *LA I 1, 148q; II 7, 189q; Reuss 433*
I 1, 148$_{22}$ **I 2**, 236$_{5Z.7Z}$
II 7, M*94* 188$_{125}$

Raseneisenstein Nach Werner eine Eisenart, in W II. III untergliedert in Morasterz, Sumpferz und Wiesenerz *W I*, 73; *W II*, 384; *W III*, 21
I 1, 246$_{35M}$.343$_{18}$ **I 8**, 40$_{30}$.43$_{31}$
II 7. M*45* 73$_{230}$ *111* 213$_{105}$ **II 8A**, M*62* 90$_{15}$

Rauchtopas (Nelkenbraunes) Bergkristall *Reuss 123*
I 1, 270$_{10M}$ **I 3**, 432$_4$ **I 4**, 159$_{19}$ **I 6**, 39$_{38}$ **I 11**, 100$_{30}$
II 4, M*31* 34$_{21}$ **II 7**, M *114* 225$_{51}$
II 8B, M *87* 141$_{18}$ *119* 164$_2$

Rauchwacke (Im Mansfeldischen:) Gemeiner dichter Kalkstein *Reuss 123*
I 1, 374$_{19}$ **I 11**, 132$_{13}$
II 7, M*23* 39$_{25}$ *39* 61$_9$ *64* 137$_{25}$
II 8B, M *72* 106$_{39}$

Rauschgelb Nach Werner eine Arsenikart, in W II. III unterschieden in gelbes und rothes Rauschgelb. Siehe auch Realgar. Schwefelarsenik *W I*, 74; *W II*, 386; *W III*, 25
II 4. M*61* 72$_{48-51}$ **II 7**, M*45* 74$_{276}$

Realgar Rothes Rauschgelb. Siehe auch Rauschgelb *Reuss 123*
II 5B, M *113* 323$_{44-45}$.324$_{52.57}$ (demselben).$_{59}$ (Schwefelmetall).$_{63.67}$.328$_{250}$

Realgarphosphor Eine der von Osann entdeckten und hergestellten Leuchtsteinarten *LA II 5B, 330 Erl*
II 5B, M *113* 323$_{34}$.324$_{67.68}$ (der zweite).$_{73.80}$ (entdeckten Phosphore).325$_{90.91-92.109}$.328$_{233-234}$

MINERALIEN

Resin-Asphalt Verm. Retin-Asphalt, ein Harz, das sich als Einsprengsel in Braunkohle finden lässt *Zappe 1817; II, 303*
I 2. 104_{28-29} **I 11.** 189_{10}

Rhodium Metall, zuerst 1803 aus Platinerz gewonnen; chem. Element *LA II 1A, 306 Erl*
II 1A. M 77 305_{14}

Roche de corne Franz. s. Hornstein *LA II 7, 100q; Reuss 405*

Roches feuilletées Franz. (Saussure:) Gneis - Glimmerschiefer *Reuss 405*
II 7. M49 $97_{196}.98_{206}.99_{278}.100_{315-324}M66$ $144_{107}-145_{114}$

Rogenstein (Roggenstein) Nach Werner zunächst eine Kalkart „im engern Verstande", dann (ab W II) dem dichten Kalkstein zugeordnet *W I, 69; W II, 377; W III, 11*
I 1. 246_{17M} **I 2.** 134_{11M}
II 7. M45 69_{103} 48 91_{56} 111 213_{88}
II 8A. M63 94_{16} 112 148_{15}

Roosisches Metallgemisch Nach Valentin Rose benannte Legierung aus Wismut, Blei und Zinn *LA II 5B, 418 Erl*
II 5B. M147 408_{37}

Rosen, Bologneser (?)
I 2. 420_{17M}
II 7. M113 220_6

Rosenquarz Werners Mineralsystem verzeichnet „rosenrothen Quarz" unter „Quarz", dieser gehört zu den Kieselarten *W II 374*
I 2. $123_{31-32Z}.218_{23}$
II 8B. M20 32_{79}

Rosenspat (Im Joachimsthal) = Rose von Jericho (tafelartig krystallisirter Kalkspath); von G. aber auch in die Liste von „Gebirgsarten" aufgenommen, die er auf seiner italienischen Reise sammelte *Reuss 125; LA II 7, 186q*
I 1. 134_{36M}
II 7. M94 186_{71}

Rotgültig, Rotgülden (Erz) (Rothgiltigerz) Nach Werner eine Silberart; in W II, III unterschieden in dunkles R. und lichtes R. *W I, 72; W II, 381; W III, 18*
I 1. $109_{26M}.116_{26M}.220_{32}$ **I 2.** $292_{29,32}.427_{23M}$ **I 3.** $484_{34M}.487_{15M}$ **I 8.** $217_{28}.378_{11,14,14}$ **I 11.** $24_{44}-25_2.25_{3,9}$
II 7. M23 42_{166} 45 72_{198} 73 $159_{173(?)}$ 80 167_{15} **II 8A.** M98 132_4

Roth Bleierz s. Bleierz, Rot

Röthel (Röthelkreide, Röthelstein, Rothstein) Bei Reuss dem Toneisenstein im Eisengeschlecht untergeordnet *Reuss 21; vgl. Zappe 1817, II, 315*
II 4. M61 $74_{154-161}$

Rotliegendes s. Totliegend/Rotliegend (rotes totes Liegendes)

Rubin Nach Werner eine Kieselart *W I, n.r.; W II, 374; W III*
I 4. 262_{33}
II 4. M61 72_{62} **II 7.** M1 4_{51-52} 45 67_8

Rubinglimmer Siehe auch Pyrosyderit, Goethit *Zappe 1817, I, 396; LA I 2, 171-172q*
I 2. 171_{35} **I 9.** 103_{35}

Rubinus Siehe auch Rubin *LA II 7, 4q*
II 7. M1 4_{51}

Ruinenmarmor Gemeiner dichter Kalkstein, verhärteter Mergel *Reuss 126*
I 2. $350_{13}.351_4$ **I 8.** $415_{32}.416_{22}$

Rußkohle Nach J. K. W. Voigt der Steinkohle zugeordnet *LA II 7, 229q*
II 7. M117 229_{4-5}

Sachrum Saturni Krünitz verweist von Saccharum saturni auf Blei-Zucker, Blei-Salz *Krünitz 129,285; 5, 722*
II 4. M56 67_{12}

Safflor Der „reinste und beste" Kobold. Siehe auch Kobalt *LA II 7, 169q*
I 1. 118_{9M}
II 7. M80 169_{63}

Sahlit Nach Werner eine Kieselart. Siehe auch Malacolit *W III, 2; Zappe 1804, 383*
II 8A. M106 138_{13}

Sal minerale Nach Werner eine Hauptgruppe der Salzarten (II. Klasse). Siehe auch Salz, Mineralisch *W I, 71*
II 7, M45 71_{151}
Salia vitriolata Nach Werner eine Hauptgruppe der Salzarten (II. Klasse). Siehe auch Salze, Vitriolische *W I, 70*
II 7, M45 70_{137}
Salmiak Ein salzsaures Salz in drei Arten (gemein, muschlich, vulkanisch). Siehe auch Ammoniak *Zappe 1804, 14, 384–285*
I 1, 5_2 I 3, 484_{43M}
II 1A, M44 $236_{553-554}$ II 2, M11.1 212_{3-4}
Salmiak, Natürliche Nach Werner den Küch-Salz-Saeuern bzw. den kochsalzsauren Salzen bzw. dem Kochsalzsäure-Geschlecht zugeordnet *W I, 71; W II, 379; W III, 14*
II 7, M45 71_{150}
Salpeter Nach Werner eine Hauptgruppe der Salzarten (II. Klasse), später (W II) Salpetersaure Salze, dann (W III) Salpetersäure-Geschlecht genannt, mit dem einzigen Eintrag „Natürlicher Salpeter". Siehe auch Nitrum *W I, 71; W II, 379; W III, 14*
I 1, 131_{3M} I 2, 420_{18M} I 3, 148_{38M}. 463_{18}.487_{5M} I 6, 131_{31}.401_{18}
II 1A, M16 135_{66} 44 231_{344}. $236_{553-554}$ II 2, M11.1 212_4 II 3, M36 35_3 II 4, M47 59_{16} 56 67_{11}
II 5B, M147 408_{42} II 7, M32 55_{24} 34 $57_{5,15}$ 45 71_{144} 48 92_{73} 112 219_{17} 113 220_7
Salpeter Erde Nach Werner dem Salpeter (Klasse der Salzarten) zugeordnet *W I, 71*
II 7, M45 71_{145}
Salpetersäure Nach Werner gehört das „Salpetersäure-Geschlecht" zu den „Salzichen Foßilien"; es umfasst lediglich Natürlichen Salpeter. Siehe auch Scheidewasser *W III, 14; Zappe 1817, III, 37*

I 1, 193_{11Z} I 3, $252_{17M,21M}$. $253_{6M,13M,16M}$.463_{11}. $484_{2-3M,20M,24M,32M}$.$485_{2M,33M,37M}$. $487_{2M,14M}$ I 6, 405_{36}.410_{16} I 7, 38_{27} I 10, 183_{16} I 11, 33_{16}
II 1A, M16 139_{242} 25 $163_{45,56}$ M44 223_{19}–224_{22}.224_{58}.226_{130} II 3, M36 35_4 II 7, M34 57_{10} II 10B, M1.3 14_{82-83}
- Salpetersaure-Ordnung (nach Werner) II 7, M122 233_{16}
Salz, Mineralisch Nach Werner eine Hauptgruppe der Salzarten, die in W II „Alkalische Salze" heißt, zugeordnet ist nur „Natürliches mineralisches Alkali"; letzteres in W III dem „Kohlensäure-Geschlecht" zugeordnet. Siehe auch Sal minerale *W I, 71; W II, 379; W III, 14*
II 7, M45 71_{151} 48 92_{76} (Min. Alkali)
Salz, Salze (Salzige Mineralien) Nach Werner die zweite Klasse im Mineralsystem; in W III „Salziche Foßilien". Siehe neben den nachfolgenden Lemmata auch Ammoniak-, Bitter-, Glauber-, Gold-, Grün-, Haar-, Koch-, Laugen-, Mauer-, Meer-, Mittel-, und Steinsalz *W I, 70; W II, 379; W III, 14*
I 1, 28_{13M}.95_{21}.273_{32Z}.275_{8Z}. $296_{3M,5M,7M}$.297_{35}.$378_{1,1Z,15Z}$ I 2, 158_{21}.185_{10Z}.209_{32Z}.210_{17Z}. 316_{2Z}.333_{37}.$363_{12Z,15Z,19Z}$. $364_{4Z,7Z,12Z,20Z,30Z}$.$365_{5,10Z}$. 367_{2Z}.370_{29Z}.$371_{4Z,9Z}$. $419_{21M,29M}$.428_{23M} (Sel).$_{24M}$ I 3, $374_{19M,20M,23M,32M}$.463_{12}.485_{6M}. 487_{2-3M} I 4, 157_{13}.202_{15} I 6, 128_{32}. 131_{30-36}.178_{12}.198_{17}.218_{24}.325_4. 370_{16}.400_{19} I 8, 155_{32} I 11, 15_{13}. 29_2.33_{12}.236_{27}
II 1A, M16 135_{66} 17 149_{22} 35 196_{73}.201_{254} 44 224_{45}.$226_{121-125}$. 227_{163}.228_{186}.231_{335}.$236_{553-554}$ 50 248_{7-8} 56 $261_{113-114}$ II 2, M11.1 212_9 II 3, M9 8_{11} 33 23_{71} II 4, M63 76_2 70 83_{69}.84_{82} II 5B, M14

56_{163} **II 6.** M56 $72_{9,12}$ 58 $73_{17,23}$
II 7. M6 9_2 23 $43_{181-186}$ 34 $57_{4,16}$
35 58_4 49 $94_{50}.95_{112}$ 63 133_9
(salines).$_{22-31}$ (sel) 77 165_9 86
178_{24} (salines).$_{27}$ SS 180_{1-21} (Sale)
122 233_{14} **II 8A.** M2 5_{74} 58 80_{66}
II 8B. M20 $34_{154}-35_{169}$ 79 133_2
105 157_3 104 157_5 108 158_{4-5}
II 9B. M33 33_{98} **II 10B.** M1.3
14_{81}
- Salzarten (System Werner) **II 7.**
  M45 70_{136} 48 91_{69} 112 219_{15}
- Schibiker Salz (eine von drei Salzarten bei Wieliczka) **I 1.** 192_{9z}

Salze, Vitriolische Nach Werner eine Hauptgruppe der Salzarten (II. Klasse): in W III „Schwefelsäure-Geschlecht". Siehe auch Salia vitriolata *W I, 70; W II, 379; W III, 14*
II 7. M45 70_{137} M48 $91_{70}-92_{72}$
112 219_{16}

Salzkupfererz Salzsaures Kupfer. Kupferhornerz *Zappe 1817, III, 10* **II 8B.** M76 128_5

Salzsäure
I 3. $252_{24M}.253_{24M,27M,31M}.254_{1M}.$
$463_{28,30,32,34}$ **I 6.** $400_{21,24,32}.401_4.$
$403_{34}.404_{1,8-9,15}.405_{36}.407_{9,15,17}.$
410_{15} **I 10.** $183_{14}.195_{22}$
II 1A. M16 139_{243} 44 $224_{36}.227_{176}$
50 248_{11} **II 3.** M1 3_2 32 $20_{3,7}$ **II 4.**
M47 59_{16} 55 66_{11} 70 83_{72} **II 6.**
M115 219_{85} (l'acide muriatique)
II 10A. M3.3 $37_2.38_{12}$ 3.5 $41_2.$
43_{45} 3.7 45_4

Salzsohle Nach Werner den Küch-Salz-Saeuern (Klasse der Salzarten) zugeordnet *W I, 71*
II 7. M45 71_{148}

Sand, Sandstein Nach Reuss (Werner) ist Sandstein den „Flötzgebirgsarten" (Kl. III) zugerechnet. Sand den „Aufgeschwemmten Gebirgsarten" (Kl. IV): im Wortgebrauch sind sie aber nicht immer eindeutig unterschieden. Siehe auch Eisen- und Zinnsand *Reuss 26, 127–128*

I 1. $131_M.14_6.28_{21M,24M,27M}.$
$29_{4M,8M,13M,14M,18M}.30_{29M}.50_{33M}.$
$68_{12M}.69_{33M}.70_{2M,8M,8M,15M}.72_1.$
$77_{32M}.78_{2M,31M}.79_{6M}.93_{10}.102_{13M}.$
$121_{15Z}.132_{30Z}.154_{15Z,28Z}.155_{4Z}.$
$156_{32Z}.158_{1Z}.163_{10M}.194_{17Z,18Z,19Z}.$
$220_{30}.241_{7Z,30Z}.246_{21M}.247_{31M}.$
$248_{17M}.255_{22Z}.257_{5Z,35Z,36Z}.258_{29Z}.$
$259_{11Z}.261_{20Z}.264_Z.266_{38Z}.268_{3Z}.$
$269_{20M}.270_{5M}.273_{13Z,20Z}.274_{4Z}.$
$275_{30}.279_{7Z,30,32,34}.280_5.281_{20Z}.$
$301_{25}.302_{19}.305_{20}.308_{16}.322_{6Z,17Z}.$
$332_{15}.340_{24}.342_9.345_{37,38}.377_{13Z}.$
$388_{14,18}$ **I 2.** $6_{1Z}.12_{4Z}.13_{21-22Z}.$
$26_{22Z,24Z}.27_{1Z}.29_{15Z,21Z,23Z}.34_{16,19}.$
$35_{22M,31-32M}.38_{21}.47_{10,26}.48_3.50_{34M}.$
$51_{6M,9M,27M,29M,32M}.60_{16Z}.86_{2Z}.87_{3,27}.$
$89_{24M}.105_4.108_{7M}$ (arenario).$131_{36M}.$
$133_{14M,23M}.137_{9Z}.141_{21M,26-27M}.$
$142_{21M}.143_{32M}.144_{3M}.146_{33M}.$
$165_{4,24}.169_{22}.187_{6Z,12Z}.200_{9-10Z}.$
$204_{7,27}.205_{29}.206_{21Z}.238_{20,23-24}.$
$242_{13M}.246_{19-20}.248_{25-26M}.282_{14Z}.$
$314_{10}.315_{20M}.333_{27-28,29,30,38}.334_{17}.$
$342_{26,36}.343_7.344_{12}.368_{9Z}.376_{29}.$
$395_{27Z}.408_{1,8-9,9,17,32}.426_{11M,15M}$
I 8. $29_{30}.37_{38}.39_{22-23}.43_{14,15}.$
$143_{20-21}.158_{17,37-38}.162_{33-34}.167_5.$
$263_{9,29}.264_{29}.352_{21,25}.395_{5,15,21}.$
$396_{24}.408_{36-37}$ **I 9.** $342_{22,23,24}.$
359_{16} **I 10.** 24_3 **I 11.** $1_{24}.23_{29}.$
$24_{16,28,29,32,34,35,36,37,42}.51_{12,14,16}.$
$105_{29}.106_{22}.112_5.145_{30,34}.$
$152_{14,17}.153_{4,20,31}.164_{18,27-28}.$
$165_2.175_{25}.176_{3,22}.189_{23}.222_{20}.$
$236_{18-19,19-20,26,28}.237_6.298_{19}.303_{1,3}.$
$313_{23,31,32}.314_{4,19}$
II 1A. M44 $225_{89}.229_{244}$ **II 5B.**
M60 193_{18} 64 201_3 SS 250_{28-29}
114 $333_{117,135}.334_{142,145}$ **II 7.**
M11 $14_{60}.16_{157}.17_{184,193,197}.18_{228}.$
$19_{247,251}.21_{323}.23_{421-422,429}$ 12
$26_{45,47}.27_{84,93-94,98-105}$ 14 29_{16} 18
36_{21} 23 $41_{100,106}.43_{193-195}$ 32 54_{11-12}
33 $55_{6,8-11}.56_{19,23-28,32}$ 39 $61_{4,8,9,9}$
40 $62_{26}.63_{37}$ 44 66_6 46 87_{31} 49
$96_{124}.97_{171}.99_{257-276}.100_{288,314}$ 52
$105_{11}.106_{63-78}.107_{108}.112_{303-310}$ 55
122_{34-36} 62 132_{20} 63 133_{28} (sable).

MINERALIEN

135_{81-94} (sable) *64* $137_{34.41}.$
$138_{45.57-58.62}$ *65* 140_{14} *69* 151_{37}
73 154_2 *85* $176_{10.22}$ (des Gres)
94 $186_{57}.190_{193-197}.191_{234}$ *102*
$197_{44}.198_{67}$ *111* $213_{91.92}.214_{130}$
114 $224_{28}.225_{47}$ *118* 230_1 *120*
$231_{7.9}$ **II 8A**. M*2* 6_{117} *9* 20_{28-29} *14*
$36_{303-304}$ *31* $51_{57.88}$ *36* $59_{21.29}$ *38*
$61_{17.20}$ *39* 63_{45} *45* $67_{20.26}.68_{28.44-49}$
58 82_{152} *62* $90_{12}.91_{32}$ *69* 99_{34} *70*
101_4 *75* 104_{32} *86* 113_{51} *96* 127_{2-6}
(arenaria) *106* 138_{14} *108* 144_{138}
111 147_4 *112* 148_1 *115* $151_{17.22}$
120 $155_{15}.156_{53-62}$ *127* 166_{6-8}
II 8B. M*6* 9_{124} *12* 22_5 *16* 25_{10} *19*
28_{28} *22* 39_{46-48} *36* $55_{8-9}.57_{64-68}.$
60_{211} *38* 63_{19} *44* 85_2 *55* 93_{22} *75*
127_3 *78* 133_1 *91* $146_{19.21-24}$ (Sandstone) *92* 149_3 **II 10B**. M*1.3* 12_{26}

- Berge. Gebirge. Felsen **II 7**. M*24* 44_{8-10} *33* 56_{30} *40* 62_{24} *52* $112_{293-294}$ *62* 132_{5-9} *64* 138_{79} *111* 214_{152}
- Eisenschüßiger Sand (Heydensand) **II 7**. M*23* 41_{111}
- Flözsandstein **I 2**. 35_{14M} **II 8A**. M*36* 59_{14} *39* 62_{23}
- kalkiger **II 7**. M*85* 177_{47} (Moellon refractaire)
- Macigno **I 1**. 248_{33M} **II 7**. M*111* 214_{150}
- Quadersandstein **I 2**. $191_{21}.192_{33}.193_9$ **I 8**. $242_{18}.266_{22.31-32}$ **II 8B**. M*1* $4_{33.43}$ **II 10A**. M*69* 149_8
- Sand(stein)gebirge **I 1**. $29_{16M}.30_{15M}.77_{21M}.78_{29M}.194_{26Z}.248_{21M}$ **I 2**. $35_{15-16M}.407_{31}$ **I 11**. 313_{19-20} **II 7**. M*2* 5_{13} *3* 6_{12} *11* $17_{187}.18_{208.222.230}$ *14* 29_7 *102* 197_{39} **II 8A**. M*36* 59_{15}
- Sandstein von Sestola **I 2**. 108_{11M}
- Sandstein. bunter **I 2**. $191_{22}.193_{9-10.13.15}.202_{10-11}.205_5.339_{28}$ **I 8**. $242_{19}.261_{14}.264_7.266_{32.36}.267_2.392_{15}$ **II 5B**. M*88* 250_{26} **II 7**. M*62* 132_6 **II 8B**. M*1* $4_{30.41}$ *16* 25_9
- Sandstein. roter **I 1**. $29_{1M}.68_{5M}.256_7.268_{5-6Z}.274_{2Z}$ **I 2**. $53_{30M}.191_{17}.193_{1.6}.203_{13}.257_{17}$ **I 8**. $242_{14}.262_{15}.266_{24.29}$ **I 11**. 228_{16} **II 7**. M*33* 55_{16} *52* 104_{4-5} *60*

131_{4-5} **II 8A**. M*47* 70_{12} **II 8B**. M*1* $3_{27}.4_{38}$
- Sandsteinbruch **I 1**. 29_{22M} **I 2**. $84_{12Z.21-22Z.34Z}.408_{13-14}$ **I 11**. 313_{35} **II 7**. M*33* 56_{36}
- Ursandstein **I 1**. 385_1 **I 11**. 142_{17}

Sandaliolith Fossile Pantoffelmuschel *LA II SA, 100 Erl* **II 8A**. M*69* 99_{38}

Sandalit Fossile Koralle *LA II 7, 60q* **II 7**. M*37* 60_8

Sanderz Sandstein (mit eingesprengten Metallkalken oder Erzen) *Reuss 127*
I 1. $93_{3-4}.180_{19}.185_{21}.187_7.220_{29}.221_{3.30}.222_{7.9.15}.226_{16M}.231_7.233_{8.11.12-13}.238_{15}$ **II 7**. M*7* 10_{10} *23* 39_{35} *31* 54_{25} **II 8A**. M*58* 82_{121}

Sandschiefer (Schiefriger) Sandstein *Reuss 128* **II 7**. M*11* $23_{421.433}$

Sanidin Von Karl Wilhelm Nose so benannter „krystallisirter glasiger Feldspath" *LA II 8B, 100 Erl; SA, 99q* **II 8A**. M*69* 99_{47}

Saphir Nach Werner eine Kieselart. Siehe auch Saphirus und Cyanos *W II, 374; W III, 2; Reuss 230* **II 4**. M*61* 74_{142} **II 7**. M*1* 4_{52} *45* 67_{10} **II 8A**. M*26* 46_1 **II 8B**. M*119* 164_1

Saphirquarz Wassersaphir *Zappe 1817, II, 20* **II 8B**. M*119* 164_2

Saphirus Siehe auch Saphir *LA II 7, 4q* **II 7**. M*1* 4_{51}

Sardonyx Gemeiner Chalcedon und Karneol (in Stufen. Lagen oder Flecken abwechselnd) *Reuss 129* **II 8A**. M*2* 10_{246} **II 8B**. M*119* 164_2

Sarkolith Kristallförmiges Fossil innerhalb der porösen Lava am Montecchio-Maggiore bei Vicenza *Zappe 1817, III, 21* **I 2**. $101_{10M}.102_{11M}$ **II 8A**. M*90* 118_{11} *91* 119_{14}

Sasso corno Gesteinsart, weniger hart und nicht gut zur Bearbeitung geeignet *LA I 1, 249q; II 7, 215q*
I 1. 249_{10M}
II 7. M*111* 215_{173}

Sasso morto ? Gesteinsart; möglicherweise auch der Berg Sasso moro gemeint; siehe Geographisches Register
I 1. 249_{4M}
II 7. M*111* 215_{167}

Sasso porcino Gesteinsart von Siena; evtl. identisch mit dem sog. „Schweinestein" und damit auch dem Stinkstein *LA I 1, 244q; vgl. Reuss 136*
I 1. 244_{33M}

Sauerstoff *Zappe 1817, III, 22*
I 3. 504_{22M}
II 1A. M*16* $136_{112-121}$ M*25* 162_{23}–163_{60} *40* 213_{23} *44* 228_{198}. $231_{339}.235_{474-475}.236_{513}.237_{579-581}$
II 5B. M*89* $253_{8,11}$ *113* 326_{153}
II 8A. M*62* $91_{40,46}$ II 9B. M*44* 46_5

Saugschiefer Nach Haberle eine Steinart, die „sich in Gesellschaft des Polirschiefers bey Kutschlin in Böhmen findet und diesem zur Unterlage dienet" *Zappe 1817, III, 23*
I 2. 36_{15M}
II 8A. M*36* 59_{44} *39* 63_{42}

Säure, Säuren Siehe auch Acidum sowie Apfel-, Blau-, Essig-, Fluss-, Kiesel-, Kohlen-, Phosphor-, Salpeter-, Salz-, Schwefel- und Vitriolsäure
I 3. 430_{26} I 11. $78_{16,18,24}.99_{29}$
II 1A. M*16* $136_{112-115}$ *25* 162_{7-21}. 163_{50-52} *44* $226_{120-142}$ II 3. M*22* 13_2 *25* $16_{65,77}$ *33* 23_{7-4} II 4. M*47* 59_{9-1} *55* 66_{10} *70* $83_{70}.84_{80}$ II 5B. M*104* 307_{77} *113* 327_{183} *130* 365_8
II 6. M*128* 254_2 (acidum) II 10A. M*3.3* 37_5 *3.2* 37_{83} *3.4* $38_{6,9,14}$ *3.11* 53_5 *3.15* 59_{13}

Saxum fornacum So nennt Wallerius den Gestellstein. Siehe auch Gestellstein *LA II 7, 96q*

II 7. M*49* 96_{151} II 8A. M*51* 75_9 (Fer arseniaté).$_{14}$ (fer arsenical)

Saxum metalliferum Porphyrart aus Ungarn *LA II 7, 203q*
II 7. M*105* 203_{84}

Scapolit, Scapulith Auch Rapidolith, unterschieden in pinitartig, stangensteinartig und talkartig *Zappe 1804, 397–398*
II 8B. M*85* 139_{34}

Schaumerde Glanzerde, Schaumkalk. Siehe auch Aphrit *Zappe 1804, 402; vgl. W III, 11; Zappe 1817, I, 59*
I 1. $355_{13-14Z}.374_{16}$ I 11. 132_{10}
II 8A. M*64* 95_{14}

Scheel, Scheelin (Scheelium) Nach Werner eine Hauptgruppe unter den Metallarten (IV. Klasse), unterteilt in Schwerstein und Wolfram. Siehe auch Tungstein *W II, 386; W III, 26*
I 2. $58_{6M}.121_{25}.153_7$ I 8. 140_{24}
I 11. 206_8
II 7. M*112* 219_{41} II 8A. M*51* 75_{11} (Schelix calcaire) 62 91_{26}
- Scheel-Ordnung (nach Werner)
II 7. M*122* 233_{42}

Scheidewasser Siehe auch Salpetersäure *Zappe 1817, III, 37*
II 4. M*56* 67_{19}

Schiefer In Reuss' (Werner) Tabelle „gemengter Fossilien" finden sich unterschiedliche Schieferarten, die verschiedenen Gebirgsarten (Kl. I–III) zugeordnet sind. Siehe auch Alaun-, Blätter-, Brand-, Chlorit-, Dach-, Glimmer-, Grauwacken-, Hornblend-, Horn-, Jaspis-, Kalk-, Kiesel-, Kohlen-, Kupfer-, Letten-, Mergel-, Polier-, Porphyr-, Sand-, Saug-, Talk-, Ton-, Übergangs-, Ur- und Wetzschiefer *Reuss 25–26*
I 1. $3_{34Z,37-38Z}.28_{12M}$. $30_{24M,24M,24-25M,30M,30M}.31_{13M,23M}.61_{29}$. $69_{18M,25M}.70_{19M,10M,15M,18M,23M}$. $73_{5M,6M,9M,18M,21M,23M,35M}$. $74_{16M,26M,28M}.75_{11-12M,18M,26M,30M,33M}$.

$76_{23M.25M}.77_{2M.3M.16M}.79_{1M}.80_{6M}.$
$83_{33}.84_{21.22.25}.102_{16M.18M}.103_{20M}.$
$116_{19M}.120_{7M.27M}.121_{2M.5M}.133_{8Z}.$
$219_{31}.220_{26}.221_{5.16.34.38}.222_{2.11.15}.$
$231_{7}.233_{3.7.10.12}.238_{15}.246_{20M}$ **I 2**,
$36_{9-10M}.104_{6}.105_{9.23}.108_{10M}$ (Schisto). $165_{24}.169_{21}.191_{13}.192_{32}.$
$193_{1.7.9.13.18.22}.201_{24}.202_{8}.205_{32}.$
$206_{11M}.225_{2}.257_{15}.300_{4M}.333_{5}.$
341_{28} **I 6**, 22_{18} **I 8**, $158_{37}.162_{33}.$
$193_{30}.242_{10}.256_{23}.260_{28}.261_{12}.$
$264_{32}.266_{21.24.29.30.32.36}.267_{4.8}.$
394_{11-12} **I 11**, $14_{24}.19_{24}.20_{10.11.14.36}.$
$21_{42}.22_{18.21.24.38}.23_{3.6.13.19.27.41}.24_{24}.$
$25_{5}.33_{1.7}.34_{1.8}.188_{24}.189_{28}.190_{5}.$
$228_{15}.235_{32}$
II 7, M 8 104 *10* $12_{14.15}$ *14*
$30_{17.18.22}$ *16* $33_{12.21}$ *22* 38_{4} *23*
$39_{31.32}.42_{139.158.167}.43_{174}$ *29* $49_{43}.$
$50_{54.70}$ *40* 63_{32} *44* $66_{5.9-23}$ *46*
87_{24-28} *49* 93_{23-26} *52* $106_{51-55}.$
$107_{82.96}.108_{145-160}.109_{162.172.187-190}.$
$110_{197-232}.111_{235-271}.112_{274}$
(Sch. Gestein)$_{(?).289}$ *54* 121_{8}
55 $122_{12-17.41}.123_{69}$ *56* $124_{3}.$
125_{35-51} *64* 137_{38} *65* $141_{38.52}$
69 150_{9} (Schiste) *73* $155_{5-6.41}$
80 167_{9} *81* $171_{4.25.32}$ *85* 176_{29}
(Schistes ou Ardoises) *86* 178_{18}
(Schystes) *102* 198_{82} **II 8A**, M*31*
$50_{39-42}.51_{58.66.87.92}$ *69* 100_{52} *106*
138_{14} **II 8B**, M*1* $32_{6}.43_{7}$ *11* 21_{6}
20 31_{17-19} M*20* $33_{123}-34_{123}$ *22*
$41_{133-139}$ *36* 58_{101} *39* 66_{87} *91* 146_{23}
(Shale)
- Flöz **I 1**, $15_{16M}.61_{27}.93_{5.13}.185_{21}.$
$187_{6}.196_{17}.219_{24}.220_{23.25}.221_{3}.$
305_{19} **I 11**, 14_{23} **II 7**, M*25* 46_{16} *29*
50_{75} *39* 61_{6} *65* 140_{12} **II 8A**, M*9*
20_{26}
- schiefrig **I 1**, $102_{31M}.108_{9-10}.$
$109_{22M}.116_{33M}.117_{2}.150_{28M}.303_{4}.$
$343_{2}.346_{7}$ **I 2**, $35_{7}.83_{17}.98_{30-31}.$
$162_{28}.188_{30}.195_{32M}.217_{10.12}.223_{6-7}.$
$245_{3M.7M.9M}.310_{9}.349_{7}$ **I 8**, $43_{22}.$
$169_{27}.249_{25.27}.251_{38}.254_{25-26}.389_{17}$
I 11, $21_{17-18}.22_{28}.173_{8}.185_{3}.221_{15}.$
232_{20} **II 7**, M*11* 21_{343} *14* 29_{12} *51*
103_{48} *73* $155_{19}.158_{163}.159_{165.169}.$

160_{219} *80* 167_{22-23} *84* 174_{20} *94*
$185_{17}.186_{59-62}$ *111* 215_{172} *114*
224_{41} **II 8A**, M*97* 131_{32} *120* 155_{17}

Schiefer-Braunkohle Nach Werner und Reuss sind Schieferkohle und Braunkohle der Steinkohle zugeordnet *W II, 380; Reuss 20*
I 2, 36_{4-5M}
II 8A, M*36* 59_{34-35}

Schiefer-Lehmton Evtl. Schieferton. Siehe auch Schieferton
II 8A, M*36* 59_{39}

Schieferkohle Nach Werner in W II der Steinkohle zugeordnet, in W III der Schwarzkohle (Steinkohle?) *W II, 380; W III, 16*
I 2, 51_{4M}
II 7, M*117* 229_{2} **II 8A**, M*45* 67_{24} *99* 133_{18}

Schieferschlacke
II 8B, M*95* 151_{16}

Schieferspat Nach Werner eine Kalkart, den Luftsauren Kalkgattungen zugerechnet. Siehe auch Aphrit *W II, 378; W III, 11; Zappe 1817, I, 59*
II 8A, M*41* 64_{26}

Schieferton Nach Werner dem Gemeinen Ton zugeordnet, dieser den Tonarten; nach Reuss (Werner) zudem der „Steinkohle" zugerechnet, diese den „Flötzgebirgsarten" (Kl. III) *W I, 67; W II 375; W III, 7; Reuss 26*
I 1, $133_{5Z.6Z.21-22Z.33Z}.246_{13M}.$
269_{26M} **I 2**, $34_{28}.102_{8M}.104_{18}.$
$142_{7M.16M}.162_{8}$ **I 8**, 169_{7} **I 11**,
$152_{25}.188_{34-35}$
II 7, M*45* 67_{31} *48* 90_{19} *111* 213_{84}
114 224_{33} **II 8A**, M*39* $62_{35}.63_{38}$
91 119_{4} *120* 155_{3-13} **II 8B**, M*118* 163_{2}

Schieferweiß Ein feines Bleiweiß *Krünitz*
I 3, 148_{26M}

Schikau Chin. für Speckstein. Siehe auch Speckstein *LA II 84, 71 Erl*
I 2, 53_{26M}
II 8A, M*47* 70_{8}

Schillerspat W III verzeichnet Schillerstein unter den Talkarten: Reuss: labradorische Hornblende. Labradorstein. Siehe auch Labrador(stein) *W III, 9; Reuss 131;* vgl. *Zappe 1804, 406, 229*
II 8A. M*4* 14$_2$
Schirrle Schirl = Schörl *s. Schörl(e) Bergmänn. Wb. 463*
Schiste *s. Schiefer Reuss 406–407*
Schistes graniteux ou quarzeuxmicacées Franz.: Gesteinsart bei Palasson. Voigt vermutet Gneis. der Kommentar übersetzt Glimmerschiefer *LA II 7, 151q Erl*
II 7. M*69* 150$_{16}$–151$_{17}$
Schmaragd *s. Smaragd (Schmaragd)*
Schmeerstein Siehe auch Speckstein *Reuss 132*
I 1. 105$_{5M}$
II 7. M*73* 157$_{98}$
Schmergel (Schmirgel) Nach Werner eine Eisenart: in W III eine Kieselart. Siehe auch Emeri *W I, 73; W II, 384; W III, 3*
I 2. 1$_{10Z}$
II 7. M*21* 37$_4$ (Emeri) *45* 73$_{232}$
Schneidestein Reuss: Topfstein und viele weitere Bedeutungen: Zappe: Gemenge aus gem. Speckstein und Glimmer mit weiteren Beimischungen *Reuss 132; Zappe 1804, 406*
I 1. 246$_{24M}$
II 7. M*111* 213$_{95}$
Schörl(e) Alte Bezeichnung der Bergleute für verschiedene Mineralien von prismatischem Habitus, erst von Werner auf Turmalin beschränkt. Werner verzeichnet zunächst (W I) Stral- und Stangenschörl unter den Talkarten. dann (W II) schwarzen und elektrischen Schörl (Turmalin) unter den Kieselarten. schließlich (W III) unter den Kieselarten ohne weitere Differenzierung. Siehe auch Turmalin sowie Stangen-. Strahl- und Titanschörl *LA II 7, 9 Erl; W I, 69; W III, 3*

I 1. 62$_{13}$.77$_{10M, 11-12M, 13M}$.83$_{23,29,31}$. 108$_{21M}$.139$_{10M}$.147$_{14Z}$.148$_{35M,35M}$. 162$_{7M}$.265$_{14Z}$.270$_{21M}$.287$_{17Z}$. 300$_{14,17}$.328$_{35M}$.334$_{38}$.344$_{36}$ **I 2.** 35$_{8M}$.120$_{34}$.130$_{14M}$.218$_{21}$.318$_{5}$. 420$_{21M}$ **I 8.** 32$_{15}$.42$_{13}$.397$_{12}$ **I 11.** 9$_{23,25}$.19$_{14,20,22}$.21$_{30}$.62$_{30,31}$.104$_{15,18}$. 205$_{18}$
II 7. M*5* 8$_{10}$ *23* 41$_{127}$.42$_{131}$ *29* 51$_{101-102, 108}$ *48* 91$_{43}$ *49* 94$_{46-76}$. 96$_{129-156}$.98$_{222}$ *52* 112$_{284-286}$ *73* 159$_{200}$ (Scherrl) *86* 178$_{7,18,25}$ *94* 187$_{86}$ (Scherl).188$_{136}$.189$_{159}$ *113* 220$_{10}$ *114* 225$_{61}$ **II 8A.** M*2* 7$_{150}$ (Schirrle) *13* 26$_{55}$ M*14* 31$_{117}$–32$_{130}$.32$_{157-158}$ *19* 42$_1$ *36* 59$_8$ *41* 64$_{15-18}$ *42* 65$_{13}$ *50* 75$_7$ *86* 113$_{20-21}$ *106* 138$_{12}$ *108* 142$_{84}$
II 8B. M*6* 9$_{117-120}$ *20* 32$_{64,77}$ *21* 37$_{12}$ *114* 162$_2$
- Stangenschörl **I 1.** 300$_{11}$ **I 11.** 104$_{12}$

Schraubensteine (Verwitterte) Entrochiten *Reuss 134*
I 2. 71$_{10M}$ **I 11.** 25$_{44}$
II 8A. M*58* 79$_{17}$ *65* 95$_3$
Schriftgranit Reuss verzeichnet Schrifterz bzw. Schriftgold. im Mineralsystem dem Gold zugeordnet: Zappe verzeichnet Tellur-Schrifterz = Charaktergold *Reuss 20, 134; Zappe 1804, 486*
I 1. 287$_{18Z}$.291$_{20Z}$.300$_{10}$.328$_{30M}$. 334$_{25}$.344$_{32}$ **I 2.** 69$_{5Z,9Z}$.117$_{27Z}$. 120$_{28,29-30}$.124$_{16M}$.129$_{24M,25M,29M}$. 157$_{24}$.196$_{34M,35M}$.216$_{13}$.218$_{26,27,28}$. 346$_{14}$ **I 8.** 32$_2$.42$_9$.130$_{24}$.154$_{35}$. 248$_{31-32}$.250$_{34,35,36}$.411$_{30}$ **I 11.** 205$_{13,14}$
II 8A. M*13* 26$_{50}$ *14* 31$_{108-110}$ *99* 133$_9$ *107* 139$_6$ *108* 142$_{59-64}$
II 8B. M*6* 7$_{37}$ M*10* 17$_{44}$–18$_{46}$ M*20* 32$_{60}$–33$_{93}$ *77* 131$_{43-44}$ *95* 151$_{27}$ (pierre graphique)
Schwarz Bleierz *s. Bleierz, Schwarz*
Schwarzgüldenerz Silberschwärze. Silberglanzerz. Siehe auch Silberschwärze *Reuss 135*
II 8A. M*58* 81$_{96}$

Schwarzkupfer Fahlerz (= nach Werner eine Kupferart). Siehe auch Fahlerz *Reuss 135*
I 1. $33_{19M}.177_{2.9}.187_{14}$
II 7. M*120* 231_{17} **II 8B.** M*6* 8_{93} *10* 19_{111}

Schwefel Nach Werner eine Hauptgruppe der „Brennlichen Wesen" (III. Klasse). Siehe auch Sulphura *W I, 71; W II, 380; W III, 15*
I 1. $32_{8Z}.141_{7Z}.147_{16Z}.148_{3Z}.$
$155_{14Z.15-16Z}.387_{22}$ **I 2.**
$6_{1Z.5Z.7-10Z.20Z}.7_{30M}.10_{1M.23-24Z.31Z}.$
$11_{24Z}.12_{21Z}.13_{13Z}.14_{1Z.8Z.12-13Z.23Z}.$
$15_{27Z}.16_{29Z}.17_{1Z}.23_{19Z}.45_{33}.54_{26Z}.$
$60_{24.24Z}.63_{32}.105_{6-7}.162_{22-23}$ **I 3.**
$147_{18M}.148_{37M}.149_{22M.38M}.374_{4M}.$
$479_{4M}.482_{30M}.483_{33M}.484_{31M}.$
$486_{6M}.487_{8M.15M}$ **I 4.** $164_{20}.$
$180_{27-28}.189_{18}$ **I 6.** $21_{12}.22_{35}.$
$129_{4.7.9}.132_{1.6}.187_{15.18.20.25}.$
$188_{2.17.21.27.38}.189_{7.8.15.20.26}.$
$190_{5.6.13}.198_{15.17}.218_{23-24.27}.282_{17}.$
$325_{3.11}$ **I 8.** $149_{21}.169_{21-22}.199_{10-11}.$
200_8 **I 9.** 332_{29} **I 11.** $26_{38}.33_{11}.$
$145_1.189_{25-26}$
II 1A. M*16* $134_{54}.135_{102}.138_{215}$
II 2. M*9.16* 181_{13} **II 3.** M*32* 20_6
II 4. M*55* 66_{4-16} *63* 76_4 **II 5B.**
M*113* $324_{70.76.78}.325_{103}.326_{153}$
II 6. M*56* $72_{9.11}$ *58* $73_{18.22}$ **II 7.**
M*11* 18_{236} *45* $71_{171}.78+13.86_{709}$ *48*
92_{85-88} *85* 176_9 *88* 180_{6-21} (Solfe/Solfo) *102* $198_{57-58.81-83}$ **II 8A.** M*2*
$9_{204.209}$ *4* 15_{23} *58* 82_{123} *62* $91_{38.48}.$
$92_{88.91}$ **II 8B.** M*36* 60_{192}
- Schwefel-Ordnung (nach Werner)
II 7. M*122* 233_{21}
- Schwefelarten (System Werner)
II 7. M*112* 219_{22}

Schwefel, Gediegener Siehe auch Schwefel, Natürlicher *Reuss 136*
II 8B. M*21* 37_{13}

Schwefel, Gemeiner Nach Werner ist „gemeiner Natürlicher Schwefel" dem Natürlichen Schwefel untergeordnet. Siehe auch Schwefel, Natürlicher *W II, 380; W III, 15*
II 8A. M*63* 94_{19} *64* 95_{19}

Schwefel, Natürlicher Nach Werner dem Schwefel zugeordnet; in W II unterschieden in gemeinen N. S. und vulkanischen N. S.; in W III zusätzlich in kristallinen N. S. und Mehl-Schwefel. Siehe auch Schwefel, Gemeiner und Schwefel, Gediegener *W I, 71; W II, 380; W III, 15*
II 7. M*45* 71_{172} *48* 92_{86} *87* 179_{16} (Zolfo)

Schwefel, vulkanisch Nach Werner ist der vulkanische Natürliche Schwefel dem N.S. zugeordnet; in W III unterschieden in muschlichen und erdichen *W II, 380; W III, 15*
II 7. M*48* 92_{87}

Schwefel-Erde Nach Werner dem Schwefel zugeordnet *W I, 71*
II 7. M*45* 71_{173}

Schwefelantimon
II 5B. M*113* $323_{45}.324_{53-72}.$
$328_{248-249}$

Schwefelarsenik Rauschgelb *Zappe 1817, III, 60*
II 5B. M*113* 324_{73-74}

Schwefelgeist Siehe auch Schwefelsäure *Krünitz*
I 6. 325_8

Schwefelkies Nach Werner zunächst (W I) dem Schwefel zugeordnet, dann dem Eisen, dort mit den Arten gemeiner Sch., Strahlkies und Leberkies, in W II zudem Haarkies, in W III Kam- und Zellkies. Siehe auch Pyrit *W I, 71; W II, 383; W III, 20*
I 1. $69_{32M}.73_{13M}.80_{16M}.133_{6Z.18Z.23Z}.$
$134_{27M}.179_{33}.191_{26}.218_{19Z.21Z}.$
$220_{31}.261_{28Z}.269_{21M}.270_{28M}.$
$291_{8Z}.300_{32}.329_{25M}.336_{13}.345_9.$
352_{18} **I 2.** $1_{20Z}.49_{12-13.33-34}.50_3.$
$81_{3-4}.155_{26}.156_9.157_{33}.198_{28M.29M}.$
$199_{3-4M}.220_{33}$ **I 8.** $33_{28}.42_{24}.152_{35}.$
$153_{20}.155_6.252_{28}.385_1$ **I 11.** $23_{13}.$
$25_{2.29.30}.26_{22.31}.38_{32}.104_{34}.147_{5-6.9}.$
$155_{4-5}.172_{1-2}$
II 7. M*11* 21_{344} *39* 61_{7-8} *45* 71_{174}
48 92_{88} *52* $106_{62}.108_{153}$ *55* 122_{26}

65 141$_{33,41}$ 94 186$_{62}$ 114 224$_{29}$.
225$_{68}$ **II 8A.** M2 8$_{169,200}$.9$_{212}$ 4
14$_{12}$.15$_{27}$ 6 17$_{29}$ 13 27$_{78}$ 14 33$_{195}$
41 64$_{25}$ 58 80$_{56}$.81$_{97}$ 62 90$_{7}$ 69
99$_{34}$ **II 8B.** M5 6$_{4}$ 6 8$_{88-89}$ 10
19$_{106,116-117}$ 20 34$_{160}$ SS 142$_{42}$
Schwefelleber Entsteht aus der Verbindung des Schwefels mit Laugensalzen und einigen alkalischen Erden. als gelber Bodensatz bei Vulkanen und in Schwefelwässern *Zappe1804, 416*
I 3. 149$_{20M}$.484$_{7M,25M}$.485$_{20M,38M}$
II 1A. M25 163$_{41}$
Schwefelmetalle Nach Zappe ist Schwefel ein verbreitetes „Fossil", das selten ungebunden auftritt, oftmals dagegen in einer Verbindung mit Metallen *Zappe 1804, 414*
II 5B. M113 323$_{43-44}$.324$_{59,63}$. 328$_{246-247,253}$
Schwefelsäure Im Wernerschen Mineralsystem ist das „Schwefelsäure-Geschlecht" verzeichnet. Siehe auch Oleum vitrioli, Schwefelgeist, Vitriolöl, Vitriolsäur *W III, 14; Krünitz*
I 1. 286$_{6Z}$ **I 2.** 13$_{30Z}$ **I 4.** 158$_{21}$. 159$_{15-16}$.175$_{30}$.180$_{25}$
II 1A. M16 134$_{53}$ 25 163$_{56}$ 44 227$_{180}$ **II 3.** M10 8$_{1}$ (Säure)
II 5B. M147 409$_{57}$ **II 8A.** M124 162$_{6}$
- Schwefelsaure-Ordnung (nach Werner) **II 7.** M122 233$_{18}$
Schwefelsilber
II 8B. MS7 141$_{8-9}$
Schwefelwasserstoffgas Auch: Schwefelleberluft, hepatische Luft; Bestandteil des Berkaischen Mineralwassers *Zappe 1817, III, 63; LA I 2, 11q*
I 2. 11$_{8Z}$ (hepatisch).$_{10Z}$
Schwearten Nach Werner eine Hauptgruppe in der I. Klasse (Erd- und Steinarten); in W III „Barit-Geschlecht" genannt *W II, 379*
II 7. M112 219$_{14}$

Schwererde, Schwerspaterde Nach Werner eine Unterart von Schwerspat *W I, 70; W II, 379; W III, 13*
I 4. 157$_{24-25}$ **I 11.** 34$_{9}$
II 7. M45 70$_{117}$
Schwererspat/Schwerspath, Dichter Nach Werner eine Unterart von Schwerspat *W I, 70; W II, 379; W III, 13*
II 7. M45 70$_{118}$
Schwerspat, Schwererspat Nach Werner zunächst (W I) den Gipsarten zugerechnet, diese den Kalkarten; in W II neben Witherit den „Schwerarten" zugeordnet, in W III „Barit-Geschlecht" genannt *W I, 70; W II, 379; W III, 13*
I 1. 133$_{33Z}$.134$_{11Z}$.387$_{27,33,36-37}$
I 2. 48$_{10,11}$.82$_{19Z}$.102$_{10M}$.427$_{28M}$
I 3. 237$_{25Z,29Z}$ **I 11.** 24$_{27}$.26$_{2-4,30}$. 145$_{6,12,14}$.154$_{3,4}$
II 5B. M113 325$_{112-113,122-123}$ **II 7.** M45 70$_{116}$ 46 87$_{16,35}$.88$_{49-50,62-65}$ 48 91$_{63}$ 64 138$_{48-49}$ 65 141$_{39}$
II 8A. M2 10$_{240}$ 41 64$_{28-29}$ 98 132$_{4}$ 126 165$_{13}$ **II 8B.** M5 6$_{7-9}$
Schwerspat/Schwererspat, Blättriger Nach Werner eine Unterart von Schwerspat; W III verzeichnet fasricher Schwerspat *W I, 70; W II, 379; rgl. W III, 13*
II 7. M45 70$_{119}$ 46 88$_{39-40}$
Schwerspat, Bologneser Nach Werner dem Schwerspat, dieser dem Barit-Geschlecht zugeordnet. Siehe auch Phosphore, Bononische und Barytphosphore *W III, 13*
I 1. 132$_{24-25Z}$.133$_{27Z}$ (gesuchten). 134$_{21M,30M}$ **I 3.** 237$_{19Z}$.239$_{25-26M}$
II 7. M94 186$_{56,65-72}$
Schwerspat, Stänglicher / Stangenspat Nach Werner dem Schwerspat zugeordnet, dieser dem Barit-Geschlecht *W III, 13*
II 8A. M91 119$_{10}$
Schwerstein Nach Werner Scheel (Scheelium) zugeordnet *W II, 386; W III, 26*
I 2. 47$_{17}$ **I 11.** 153$_{11}$

Scorien Im „Verzeichnis sizilianischer Steinarten" unter „Vulkanische Produkte" angeführt: „mit Schörl vom Monte Rosso" *LA I 1, 162q*
I 1, 162$_M$
II 7, M94 189$_{159}$
Seifen Wohl: erzhaltiges Geröll (Sand, Letten, Schutt) aufgeschwemmten Landes; das Erz (z.B. Zinnstein) wurde in „Seifenwerken" aus dem Geröll ausgewaschen *Vgl. Zappe 1817, III, 67*
I 1, 308$_{20}$ I 11, 112$_9$
II 8B, M19 28$_{30}$
- seifenartig II 7, M107 206$_{60}$
- Seifenwerk I 2, 71$_6$.105$_{28}$ I 11, 168$_{10}$.190$_{10}$ II 7, M73 156$_{51.70}$
- Steinseifen II 7, M102 197$_{16}$

Seifenzinn, Seifenzinnstein Siehe auch Zinnstein *Reuss 138*
II 7, M73 159$_{182-183}$ (Zinnseifen)
II 8A, M105 138$_{4-5}$

Selenit Nach Werner eine Kieselart *W III, 2*
I 2, 333$_{33}$ I 8, 130$_{30}$ I 11, 236$_{23}$
II 7, M34 57$_{11}$

Serpentin Nach Werner eine Talkart; in W III umfasst er gemeinen und edlen Serpentin (letzterer als muschlicher und splitricher) *W I, 68; W II, 377; W III, 9*
I 1, 72$_{28M}$.79$_{7-8M}$.140$_{25Z}$. 245$_{11M.13M}$ (Verde duro dell'Impruneta)$_{(?).15M(?).16M.38M}$.246$_{30M}$. 261$_{34-35Z}$.323$_{29Z}$.375$_5$ I 2, 108$_{23M}$. 140$_{26M}$.153$_{19}$.186$_{24Z}$.221$_{8.9}$. 222$_{26.27}$.223$_{10}$.290$_{28}$.293$_{18.21}$.333$_{12}$. 420$_{25M}$ I 8, 140$_{36}$.253$_4$.254$_{9.10.29}$. 352$_8$.378$_{35.38}$ I 11, 21$_{22}$.61$_{13}$.62$_{18}$. 132$_{37}$.236$_4$
II 7, M22 38$_5$ 45 68$_{66}$ 48 91$_{38}$ 52 108$_{134}$ 69 151$_{32-35}$ 85 177$_{56}$ 106 204$_3$ 111 213$_{100}$ 113 220$_{16}$ 121 232$_1$ II 8A, M62 92$_{81}$ 106 138$_{14}$ 111 147$_6$ 114 150$_{17}$ II 8B, M6 9$_{113}$ 20 35$_{174-176}$ 72 107$_{72-73}$
- Humboldtischer Serpentin I 11, 61$_{17}$.62$_{19}$

- Pozzevera di Genova (edler Serpentinstein) I 1, 244$_{35M}$ (Porzevera)

Serpentino Antiko Ophit – grüner Hornsteinporphyr. Siehe auch Serpentino verde antico, Verde antico *Reuss 434*
II 7, M40 63$_{38}$

Serpentino verde antico Dunkelgrüner Porphyr mit blaßgrünen Punkten. Siehe auch Serpentino Antiko, Verde antico *LA II 7, 85q*
II 7, M87 179$_{21}$ 105 203$_{86}$

Siberit Roter Schörl *Zappe 1817, III, 72*
I 1, 287$_{31Z}$

Siderotitan Klaproths Name für Nigrin bzw. Eisentitan. Siehe auch Eisentitan, Nigrin *LA II 8B, 159q*
II 8B, M110 159$_{7-8}$

Sienit s. Syenit (Sienit) *Reuss 139*
Sienitporphyr s. Syenit-Porphyr
Silber Nach Werner eine Hauptgruppe der Metallarten (IV. Klasse), die in W II neun, in W III zehn Gattungen umfasst. Siehe auch Argentum sowie Chlor-, Haar-, Horn- und Schwefelsilber *W I, 72; W II, 381; W III, 18*
I 1, 15$_{16M}$.23$_{18M}$.33$_{11M.21M.23M}$. 34$_{17M.24M}$.39$_{10M}$.56$_{3Z}$.73$_{19M}$.109$_{27M}$. 111$_{12M}$.116$_{20M.25M}$.118$_{12M.13M}$.120$_{14M}$. 177$_{2.10}$.180$_{19}$.221$_{37}$.222$_3$.226$_{19M}$. 233$_{15}$.238$_{19.22}$.282$_{5Z}$.287$_{32Z}$.378$_{8Z}$
I 2, 13$_{26Z}$.28$_{9Z}$.32$_{31}$.105$_{22}$.277$_{35Z}$. 279$_{3Z.15Z}$.281$_{6Z}$.289$_{17.19-20.21-22.25.31}$. 290$_{18.30.32}$.292$_{4.17-18.30.33}$. 293$_{8.24.26.27.28}$.360$_{10Z}$.382$_{17Z}$. 423$_{2M}$ I 3, 147$_{1M}$.148$_{1M.8M.10M}$. 252$_{17M}$.253$_{7M.34M}$.254$_{13M.35M}$.378$_{3M}$. 382$_{15M}$.417$_{28}$.423$_{13}$.463$_{10.18.33}$. 482$_{23M}$.483$_{22M.37M}$.484$_{16M.20M.26-27M.30M.32M.34M.35M}$.485$_{30M.33M.44M}$. 487$_{4M.8M.11M.14M.16M}$.502$_{5M}$.503$_{3M}$
I 4, 126$_{8.22}$.127$_{32}$.153$_{1.2}$.160$_{16}$. 161$_{8}$.244$_{32}$ I 5, 133$_9$ I 6, 22$_{15}$. 23$_2$ I 8, 15$_6$.17$_{17.20.20}$.196$_{29}$.230$_{19}$. 350$_{30.32-33}$.351$_{1-2.5.11.33}$.377$_{3.3.43}$. 378$_{2.12.15.26.41.43}$.379$_{1.2}$ I 11, 25$_{5.36}$.

$33_{26}.34_7.56_{29}.58_6.71_2.86_4.87_{8.18}.$
$92_{10}.127_8.150_{33}.190_4$
II 1A. M25 163_{61-62} 44 $227_{177}.$
237_{593} **II 4.** M43 55_{45} 70 82_{22}
II 5B. M6 $20_{22.32}$ 27 125_2 104
307_{61} **II 6.** M45 57_{97} **II 7.** M1 $3_{27}.$
4_{38} 2 5_{10} 9 11_5 23 $41_{91}.42_{102}.166$
25 46_{16} 29 $50_{52.56}$ 45 72_{190} 46
$87_{5-14.36}.88_{60.61-68.70}$ 48 92_{93}
52 108_{158} 56 125_{36} 63 133_{15-24}
(argent).134_{51} (argent fin)$._{67-69}$
(argent).135_{75-99} (argent) 72
154_6 73 159_{174} 80 $167_{15}.169_{66-67}$
81 171_{11} 82 172_2 112 219_{28} 120
231_{18} 127 236_1 **II 8A.** M14 31_{115}
58 $81_{97}.82_{115-116}$ 62 92_{65-79} 69 99_{18}
II 8B. M57 94_{12} 88 $142_{37.44}$ 93
150_1 **II 10A.** M65 144_1
- Silber-Ordnung (nach Werner)
  II 7. M122 233_{28}
- Silberbergwerk **II 7.** M95 192_5
Silber, Arsenicalisches (Arsenik-S.)
Nach Werner ein Silberart W1, 72;
WII, 381; WIII, 18
II 7. M45 72_{193}
Silber, Gedigen Nach Werner eine
Silberart, in W III unterschieden in
gemeines und güldiches G. S. W1,
72; WII, 381; WIII, 18
II 7. M45 72_{191} 46 $87_7.88_{68}$ **II 8B.**
M87 141_6
Silber, Gültig Nach Werner eine Silberart W1, 72
II 7. M45 72_{192}
Silber, salpetersaures
I 3. 483_{37M}
II 10B. M1.3 14_{82-83}
Silber, salzsaures
I 7. $34_{19}.37_{6.23}$
II 8B. M85 139_{26}
Silber, schwefelsaures
I 8. 196_{23}
Silbererz Reuss 140–141; vgl. Zappe 1804, 429
II 7. M61 132_9 80 167_{11} **II 8A.**
M62 92_{70-71}
Silberschwärze Nach Werner eine
Silberart: W I verzeichnet Hornerzschwärze. Siehe auch Hornerzschwärze. Schwarzgüldenerz,
Erdschwärze W II, 381; W III, 18;
Reuss 21, 135
I 2. $293_{31.33.34.36}.294_{2.7}$ **I 8.**
$379_{5.7.8.10.12.17}$
Silex Siehe auch Kiesel LA II 7, 4q
II 7. M1 4_{61} 49 94_{71} 85 177_{32}
II 8A. M65 95_3
Siliceae Nach Werner eine Hauptgruppe der Erd- und Stein-Arten
(I. Klasse). Siehe auch Kies, Kiesel
W1, 67
II 7. M45 67_5
Silvan Nach Werner eine Hauptgruppe unter den Metallarten
(IV. Klasse) W III, 24
- Silvan-Ordnung (nach Werner)
  II 7. M122 233_{36}
Sinter Fasriger Kalkstein. Siehe auch
Kalksinter. Sprudelstein Reuss 90,
142, 145
I 1. $107_{18M}.290_{22Z}.339_{19}.352_9$ **I 2.**
$86_{35-36}.88_{2.6.8}.92_{5M}.157_4.205_{18}.$
$350_{14}.414_5$ **I 8.** $35_{38}.36_{6.34}.154_{15}.$
$264_{20}.384_{30}.415_{33}$ **I 11.** $175_{33}.$
$176_{31-32}.177_{1.3}$
II 7. M73 158_{143} (Sünder)(?) 107
205_{25} (Sinterung).207_{112} **II 8A.**
M2 $4_{42.5_{40-48.51}}$ (Nro 1) 3 $12_7.$
$13_{17.33}$ 86 114_{58}
- sinterartig **II 7.** M107 $206_{50}.$
$207_{100-102}$
Smalte Lazulit Reuss 142
II 5B. M60 193_{22-25}
Smaragd (Schmaragd) Nach Werner eine Kieselart, zunächst der
Gruppe der Edelsteine zugeordnet.
Siehe auch Smaragdus W1, 67;
WII, 374; WIII, 3
I 3. $267_{28Z}.328_{14}.428_{33}.477_{9M}.478_{5M}$
I 6. $42_{40}.117_{34}$ **I 11.** $41_{21}.97_{30}$
II 4. M61 74_{143} **II 7.** M1 4_{53} 29
51_{106} 45 67_9 48 90_7 **II 8A.** M26
46_2 **II 8B.** M119 164_1
Smaragdit Nach Blumenbach Smaragdspath (...) und sonst noch
schwerer Feldspath genannt: von
grasgrüner und haarbrauner Farbe
Zappe 1804, 440

I 2. 197₃₅M.219₃₄ **I 8.** 252₁
II 8B. M6 8₇₀ 10 18₇₈ 18 26₃ 20 33₁₂₄
Smaragdus Siehe auch Smaragd. Schmaragdus *Reuss 331*
II 7. M1 4₅₂
Soda Mineralalkali, Natrum, eine Pflanzenasche, die man von Meer- oder Seepflanzen gewinnt. Siehe auch Alkali, mineralisches und Natron *Krünitz*
I 8. 316₃₅
II 8A. M124 162₅₋₆.₁₆.163₂₅
Sonnenstein Avanturin, Adular oder Saphir. Siehe auch Aventurin *Zappe 1817, III, 86; LA II 8B, 164q*
II 8B. M119 164₅
Sparkalk Siehe auch Gips *Reuss 142*
II 7. M11 15₁₀₀
Spath fusible *s. Flussspat Reuss 409*
Speckstein Nach Werner eine Talkart. Siehe auch Schmeerstein *W I, 68; W II, 377; W III, 9; Reuss 132*
I 1. 127₃₀Z.₃₁Z.128₂₇M.159₂₈Z. 287₂₅Z.₂₆Z.300₄.₆.320₁₉Z.328₁₂M.₁₅M. 333₃₆.334₅.344₂₆ **I 2.** 35₂₅M. 144₁₃₋₁₄M.421₃₅₋₃₆M **I 8.** 31₁₂.₁₉₋₂₀. 42₃₋₄ **I 11.** 104₅.₇
II 7. M45 68₆₃ 48 91₃₄ 94 185₂₃ 107 206₆₄ 113 222₅₁ **II 8A.** M2 9₂₃₀. 11₂₈₉ (Sp. St. Cr.) 13 26₃₂₋₃₆ 14 30₈₅ 36 59₂₃ 49 74₁₇ 50 75₆ 86 113₅₇ 120 157₇₁ **II 8B.** M88 141₆.143₇₇
Spießglanz, Spießglas Nach Werner eine Hauptgruppe der Metallarten (IV. Klasse); W III verzeichnet zudem Spiesglanz-Silber als Silberart. Siehe auch Antimonium *W I, 74; W II, 385; W III, 23*; vgl. *W III, 18*
I 2. 186₇Z **I 3.** 253₃₁M.254₃₀M. 255₁₁M.463₃₂.482₃₀₋₃₁M.483₃₄M **I 11.** 87₁₈
II 1A. M44 230₂₈₇ **II 4.** M60 70₁₁ **II 7.** M45 74₂₅₈ 48 92₁₀₀ 87 179₈ (Antimonio) 112 219₃₅ **II 8A.** M62 91₆₂ 69 99₁₈
- Spießglanzbutter **I 4.** 202₆₋₇ **II 3.** M32 20₁₋₈

- Spiesglas-Ordnung (nach Werner) **II 7.** M122 233₃₅
Spießglas *s. Spießglanz, Spießglas*
Spießglas, Gediegen Nach Werner eine Spießglasart *W I, 74; W II, 385; W III, 23*
II 7. M45 74₂₅₉
Spießglaserz, Graues Nach Werner eine Spießglasart; in W II, III unterteilt in dichtes, blätriges, strahliges G.-Sp. und Federerz *W I, 74; W II, 385; W III, 23*
II 7. M45 74₂₆₀₋₂₆₁
Spießglaserz, Rotes Nach Werner eine Spießglasart, in W III unterschieden in gemeines R. Sp. und Zundererz *W I, 74; W II, 385; W III, 23*
II 7. M45 74₂₆₁₋₂₆₂
Spießkobalt (Speiskobold), Grauer Nach Werner eine Kobaltart *W I, 74; W II, 386; W III, 25*
II 7. M45 74₂₆₄ **II 8A.** M58 81₇₆. 83₁₈₁₋₁₈₃
Spießkobalt (Speiskobold), Weißer Nach Werner eine Kobaltart: in W III unterschieden in dichten, fasrichen und gestrikten W. Sp. *W I, 74; W III, 25*
II 7. M45 74₂₆₅ **II 8A.** M58 83₁₈₅
Spinell Nach Werner eine Kieselart *W III, 2*
I 2. 427₁₈M
II 4. M61 73₉₇ **II 8A.** M98 132₄
Spinellan Siehe auch Nosin *LA I 2, 392q*
I 2. 392₁₅M
II 8B. M63 99₄
Sprudelstein, Sprudelsinter In Goethes Mineraliensammlung den Kalkarten (nach Werner) zugeordnet. Siehe auch Kalksinter, Sinter *LA II 7, 91q; Reuss 145*
I 1. 290₂₀Z.295₂₃M.₂₄₋₂₅M.298₅M.₁₁M. 299₆.301₈.₁₄₋₁₅.₁₁.304₁₃.330₂₁M.₂₄M. 339₈₋₉.345₁₃ **I 2.** 1₉Z.₂₈Z.94₇.182₂₃. 413₁₆.415₂₄.₂₉.416₁₄.₃₃.417₈.₃₂ **I 8.** 27₂₉.36₂₃₋₂₄.42₂₈.245₅₋₆ **I 11.** 103₅.105₁₂.₁₈₋₁₉.₂₂.108₂₀.322₃₂. 325₂.₈₋₉.₂₈.326₉.₁₉.327₁

II 7. M48 91_{54} 72 154_6 **II 8A.** M3 12_{2-3} 4 15_{38} 13 $28_{108-112}$ **II 8B.** M7 12_{67-82} 8 15_{9-31} 48 87_4 90 144_{14-15}. 145_{45}

Spuma marina Siehe auch Meerschaum *LA II 7*, $205q$, 209 *Erl*
II 7. M107 205_1

Staarsteine Versteinertes Holz (von Palmbäumen) *Reuss 145*
II 10A. M69 149_9

Stahl Gereinigtes und dadurch gehärtetes, feiner und elastischer gemachtes Eisen. Siehe auch Chalybs *Krünitz*
I 1. $3_{20Z}.46_{32M}.342_{33}$ **I 2.** 70_{9Z}. $182_{29}.427_{9M.16M}$ **I 3.** $124_{26M}.149_{10M}$. $378_{20M}.379_{17M}.431_{15.22}.486_{20M.22M}$ **I 4.** $124_{26}.125_{30}.127_{24.26}.136_{28}$. $140_{29}.151_{29,33}.152_{3.3-4.5}.154_{0.8}$. $160_{18}.161_{7.17}.164_{8-9}.166_{17}.175_4$ **I 8.** $17_{17.21.21}.40_7.245_{11}$ **I 9.** 314_5 **I 11.** $21_{12}.60_{19}.62_{14}.83_{20}.90_5.100_{13.19}$
II 5B. M6 20_{21} 20 $98_{203-208}$ 147 412_{181} **II 7.** M1 4_{39} 104 200_{7-14}
II 8A. M66 96_2 **II 8B.** M76 129_{42}

- Magnetischer Stahl **I 11.** 60_{26}
II 1A. M56 $258_8.259_{62-63}.260_{70-73}$

Stangen-Schörl, Electrischer Nach Werner dem Stangenschörl zugeordnet, dieser den Talkarten: in W II ist der elektrische Schörl dem Schörl zugeordnet, dieser den Kieselarten *W I, 69; W II, 374*
II 7. M45 69_{82}

Stangen-Schörl, Schwarzer Nach Werner dem Stangenschörl zugeordnet, dieser den Talkarten: in W II ist der schwarze Schörl dem Schörl zugeordnet, dieser den Kieselarten *W I, 69; W II, 374*
II 7. M45 69_{80}

Stangen-Schörl, Weißer Nach Werner dem Stangenschörl zugeordnet, dieser den Talkarten *W I, 69*
II 7. M45 69_{81}

Stangenkohle Nach J. K. W. Voigt der Braunkohle zugeordnet *LA II 7, 229q*
II 7. M117 229_{13}

Stangenschörl Nach Werner eine Talkart, die Schwarzen, Weißen und Electrischen St. umfasst *W I, 69*
II 7. M45 69_{70-82} 48 91_{45} **II 8A.** M59 $84_{10}.85_{22}$

Stannum Nach Werner eine Hauptgruppe der Metallarten (IV. Klasse). Siehe auch Zinn *W I, 74*
II 7. M1 $3_{27-28}.4_{38}$ 45 74_{245}

Steatit Siehe auch Speckstein *Reuss 146*
II 7. M49 $94_{69}.96_{159}$

Steinkohle Nach Werner den Bergharzen (Bitumina) zugeordnet, in W II den Erdharzen, dort unterschieden in Glanzkohle, Pechkohle und Schieferkohle; in W III ist der „Schwarzkohle" zugeordnet: Pech-, Stangen-, Schiefer-, Kännel-, Blätter- und Grobkohle *W I, 71; W II, 380; W III, 16*
I 1. $3_{18Z}.4_{14Z}.5_{9-10Z}.13_{25}$. $30_{13-14M}.21M.32_{4M.6M.8M}.42_{7M}.246_{25M}$. $271_{21Z.26Z}.288_{15-16Z}.308_1$ **I 2.** $34_{27-28}.51_{9M}.108_{12M}.117_{16Z}.126_8$. $159_{24-25}.160_{12}.165_4.166_{5-6.20}$. $173_{1Z}.292_2.330_{26}.331_{2-3}.383_{3Z}$
I 4. 262_{7-9} **I 6.** 401_{10} **I 8.** 158_{17}. $159_{19.34}.166_{23}.167_{10}.377_{41}.410_{15.29}$
I 11. $1_{12}.111_{18}.152_{24}.208_{32}$
II 5B. M114 $333_{118.119}$ **II 7.** M3 7_{23} 9 11_{11} 11 $14_{68}.21_{343}$ 12 26_{34}. $27_{79-81.107}$ 14 $29_{5.12-13}$ 17 34_{11-16} 31 54_{29-31} 45 71_{161} 48 92_{81} 64 138_{75-84} 111 213_{95} **II 8A.** M2 $10_{270}.11_{276}$ 4 15_{53} 38 61_{15} 39 62_{36} 41 64_{25} 45 68_{28} 96 127_7 **II 8B.** M1 $4_{29.40}$ 72 106_{22}

- Gebirge **II 7.** M2 5_{13} 47 89_{11} 64 $138_{73.83}$ **II 8B.** M91 146_{23}
- Gruben, Werke **I 1.** $2_{26Z}.14_{24}$. $27_{13-14}.55_{7M.8M.9M.10M}.113_{13M}.279_{11Z}$. 341_{33-34} **I 2.** 27_{21Z} **I 8.** 39_{9-10} **I 11.** 2_6 **II 7.** M102 196_{13} 105 201_{24}
- Steinkohlen-Gattung (J. K. W. Voigt) **II 7.** M117 229_{1-6}
- Steinkohlenflöz **I 1.** $30_{34M}.32_{5M}$. $271_{28Z}.289_{14Z}.292_{6Z}.330_{17M}$ **I 2.** 36_{4M} **II 7.** M14 30_{25} 65 140_{12}

MINERALIEN

II 8A, M 13 28_{106} 14 35_{250} 36 59_{34} 39 62_{34}

Steinkohle, Fette Nach Werner eine Unterart von Steinkohle: W II unterscheidet abweichend in Glanzkohle, Pechkohle und Schieferkohle *W I, 71; W II, 380*
II 7, M 45 71_{162}

Steinkohle, Harte Nach Werner eine Unterart von Steinkohle: W II unterscheidet abweichend in Glanzkohle, Pechkohle und Schieferkohle *W I, 71; W II, 380*
II 7, M 45 71_{163}

Steinmark Nach Werner eine Tonart *W I, 68; W II, 376; W III, 9*
I 2, $49_{10.14.23-24}.63_{32}.121_{29}$ **I 11**, $155_{2.6.14}.206_{12}$
II 7, M 11 17_{205} 12 27_{86} 23 41_{126} 45 68_{56-58} 48 91_{31} **II 8A**, M 41 64_{7-10}

Steinmark, Festes Nach Werner dem Steinmark zugeordnet, dieses den Tonarten *W I, 68; W II, 376*
II 7, M 45 68_{58}

Steinmark, Zerreibliches Nach Werner dem Steinmark zugeordnet, dieses den Tonarten *W I, 68; W II, 376*
II 7, M 45 68_{57}

Steinöl s. *Erdöl (Steinöl) Reuss 147*

Steinsalz Nach Werner den Küch-Salz-Saeuern bzw. den Kochsalzsauren Salzen bzw. dem Kochsalzsäure-Geschlecht zugeordnet; unterschieden werden in W II, III blättriges und fasriges Steinsalz *W I, 71; W II, 379; W III, 14*
I 1, 246_{27M} **I 2**, $363_{6Z}.364_{14Z}.365_{20Z}.366_{18Z}.393_{27}.419_{30M}.427_{18M}$
I 11, 311_{32}
II 5B, M 15 $62_{168}.65_{279}$ **II 7**, M 45 71_{147} 48 92_{75} 111 213_{97} **II 8A**, M 98 132_8 **II 8B**, M 72 $106_{38}.107_{53}$

Stickstoff Stickluft, phlogistische Luft *Krünitz (Luft, Stick-)*
I 3, $475_{25Z}.504_{22M}$
II 1A, M 16 138_{210} 40 213_{24} **II 9B**, M 44 46_6
- gewässerten und gekohlen **II 10B**, M 1.3 14_{89}

Stilbit Haüy; bei Werner Blätter- oder Strahlzeolith *Zappe 1804, 470; Zappe 1817, III, 128*
I 2, $101_{12M}.102_{12M}$
II 8A, M 90 119_{13} 91 119_{17}

Stinkstein Nach Werner zunächst (W I) eine Kalkart „im engern Verstande", dann den „Luftsauren Kalkgattungen" zugeordnet *W I, 69; W II, 378; W III, 11*
I 1, $50_{33M}.93_9.24_{616M}$ **I 2**, $69_{15.17.28}.420_{15M}$ **I 11**, 167_{1-22}
II 7, M 11 20_{299} 12 26_{60} 18 35_3 23 39_{39-40} 39 61_{8-9} 44 66_5 45 69_{104} 48 91_{57} 64 137_{32} 65 140_{13} 85 177_{50} (Pierres suiles)(?) 111 213_{87} 113 220_4 120 231_6

Strahlgips Fasriger Gips *Reuss 148*
I 2, 122_{3Z}
II 7, M 11 22_{378}

Strahlschörl Nach Werner eine Talkart *W I, 69*
II 7, M 45 69_{77}

Strahlstein Nach Werner eine Talkart, unterschieden in gemeinen, glasartigen und asbestartigen St.; in W III zusätzlich in körnichen Strahlstein *W II, 377; W III, 10*
I 1, 270_{24M} **I 2**, $102_{10M}.293_{20}$ **I 8**, 378_{37}
II 7, M 114 225_{04} **II 8A**, M 91 119_8 **II 8B**, M 88 143_{65}

Straß Unechte Diamanten *LA II 5B, 334q*
II 5B, M 114 $334_{157-158}$ **II 6**, M 112 214_{58} (Pierres des strasses) 115 219_{71}

Strontian, Strontianit Im Wernerschen Mineralsystem als Geschlecht eine Hauptgruppe innerhalb der ersten Klasse, zugleich eine Art in diesem, unterschieden in strahlichen und feinkörnichen St. *W III, 13; vgl. Zappe 1804, 476; Zappe 1817, III, 141*
I 2, $28_{21Z}.51_{35M}$ **I 7**, $26_{12}.33_{9.12}$
II 8A, M 45 68_{52}
- Strontian-Ordnung (nach Werner) **II 7**, M 122 233_{11}

Strontianphosphor „Strontian phosphorsciret in feinem Pulver auf der Kohle mit einem purpurfarbnen Schein" *Zappe 1817, III, 142 (Strontian)*
I 7. 26$_{30}$.28$_{9-10}$
II 8B. M26 46$_7$ (Strontiane Sulfatée)
Stünck Gestein Bituminöser Kalk. Mittlerer Zechstein. Gesteinsschicht im Bottendorfer Kupfer-Flötz-Gebirge *LA II 7, 12q*
II 7. M10 12$_{12}$
Succinit *s. Bernstein*
Succin, Succinum Siehe auch Bernstein *Reuss 344*
I 8. 216$_{37}$
II 7. M1 5$_{70}$
Sulphur Nach Werner ist „Schwefel, Sulphura" eine Hauptgruppe der „Brennlichen Wesen" (III. Klasse). Siehe auch Schwefel *W I, 71*
I 6. 128$_{32}$
II 7. M45 71$_{171}$ II 9B. M33 37$_{224}$
Syenit (Sienit) Nach Reuss/Werner eine Urgebirgsart; nach Zappe dunkelgrün, aus Hornblende, Feldspath, Quarz *Reuss 25; Zappe 1804, 477*
I 1. 57$_{25}$.192$_{16Z}$.246$_{12M}$.257$_{2Z}$.307$_9$. 315$_{36}$.347$_{7M}$ I 2. 35$_{9M}$.83$_{5Z}$.91$_{6Z}$. 103$_{27}$.104$_6$.105$_{20}$.109$_{8,13}$.152$_5$. 165$_2$.243$_{27M}$.247$_{13}$.333$_{13}$.420$_{34M}$. 421$_{1M}$ I 8. 139$_{19}$.158$_{15}$.357$_{25}$ I 11. 10$_{22}$.110$_{27}$.119$_{21}$.188$_{12,24}$.190$_8$. 202$_{8,13}$.236$_5$
II 7. M111 213$_{83}$ 113 220$_{23}$
II 8A. M22 44$_{15-21}$ 36 59$_9$ 39 62$_{15}$ 106 138$_{10}$ II 8B. M22 40$_{93}$ 68 102$_{11}$
- antiker II 7. M113 220$_{24}$
- Porphyrartiger Syenit (Übergangsform zwischen Syenit und Porphyr) I 1. 384$_{5,12}$ I 11. 141$_{21-28}$
- syenitartig I 1. 269$_{4M}$ II 7. M114 224$_{15}$

Syenit-Porphyr Gemenge aus Feldspath, Glimmer und gemeiner Hornblende; Übergangsform zwischen Syenit und Porphyr *Reuss 150; Zappe 1817, III, 145*
I 2. 41$_{37}$ I 8. 146$_{32}$
II 8A. M42 65$_{16}$ 7S 108$_{1-12}$
Synstein (?) Evtl. Synonym zu Schmeerstein *Vgl. LA II 7, 157q*
I 1. 105$_5$
II 7. M73 157$_{98}$
Tafelspat Unterschiedliche Bedeutungen möglich *Vgl. Reuss 150, Zappe 1804, 498*
II 7. M46 88$_{37}$
Talk Nach Werner eine Hauptgruppe der Erd- und Stein-Arten (I. Klasse), zudem ist es eine spezifische Talkart in dieser Gruppe, die Talkerde. Gemeinen T. und Topfstein umfasst: W II und III unterscheiden abweichend: erdichen, gemeinen und verhärteten T. *W I, 68; W II, 377; W III, 9–10*
I 1. 128$_{27M}$.249$_{6M}$.263$_{20-21Z,28Z}$. 269$_{3M,13M,19M}$.271$_{13M}$.307$_{23}$ I 2. 36$_{30-31M}$.55$_{36M}$.63$_{22}$.137$_{26Z}$ I 4. 157$_{24}$ I 11. 26$_{20,20}$.61$_{13}$.111$_5$.157$_{31}$
II 4. M63 76$_{16}$ II 7. M45 68$_{61}$ (Talcae)$_{67-70}$ 4S 91$_{33,39}$ 8S 177$_{55}$ 94 185$_{23}$ 111 215$_{168}$ 114 224$_{21,22,27}$.226$_{82}$ II 8A. M2 9$_{238}$ 36 60$_{59}$ 72 102$_9$ 106 138$_{12}$ 121 158$_{20}$ II 8B. M6 6$_{4-6}$ 36 60$_{192}$ 77 132$_{59-61}$ 118 163$_{3-4}$
- Talk-Ordnung (nach Werner) II 7. M122 232$_8$
- Talkarten (System Werner) II 7. M45 68$_{61}$–69$_{90}$ 112 218$_8$
- talkig, talkartig I 1. 107$_{26M}$.162$_{16M}$. 268$_{30M}$.269$_{12M}$.273$_{26Z}$.333$_{27}$ I 2. 63$_{29-30}$.128$_{27M}$.165$_{35}$ I 8. 31$_3$.159$_{11}$ I 11. 21$_{17,21}$.158$_1$ II 7. M65 141$_{33}$ 73 158$_{150}$ 94 189$_{168}$ 107 206$_{51-69}$ 114 224$_{10}$ II 8A. M14 30$_{7-6}$ 5S 79$_{23}$ 10S 141$_{27}$
Talk, Gemeiner Nach Werner dem Talk zugeordnet, dieser den Talkarten *W I, 68; W II, 377; W III, 10*
II 7. M45 68$_{69}$ II 8B. M77 131$_{48-53}$

Talkerde Nach Werner in W I und W II (erdiger Talk) dem Talk zugeordnet, dieser den Talkarten; in W III als „Reine Talkerde" direkt unter den Talkarten *W I*, *68*; *W II*, *377*; *W III*, *9*
II 7, M*45* 68₆₈ II 8A, M*48* 72₃₃

Talkschiefer In Reuss' Tabelle „gemengter Fossilien" dem Thonschiefer zugeordnet, dieser den „Urgebirgsarten" *Reuss 25*
I 1, 246₂₃M
II 7, M*111* 213₉₄, *114* 224₁₄ II 8B, M*118* 163₃

Tantal, Tantalum Ein neues Metall, 1802 durch Anders Gustav Ekeberg in Upsala entdeckt *Vgl. Zappe 1804, 483*
II 1A, M 77 305₁₂ II 8A, M*62* 91₃₀

Tartarucca Borch zufolge eine bestimmte, nur auf Sizilien vorkommende Steinart *Borch 1778, 192*
II 7, M 85 177₅₈

Tartarus chalybeatus Eisenweinstein *LA II 1A, 20 Erl*
II 1A, M*1* 9₂₆₈

Tellur Ein eigenes Metall von zinnweißer ins Bleigraue fallender Farbe *Zappe 1804, 484*
II 1A, M 77 305₁₁ II 8A, M*62* 91₅₉

Terebratuliten Zweischalige, runde Conchiten mit ungleichen Teilen, versteinerte Schnabelaustern (Anomia) *Zappe 1817, I, 241*
I 2, 372₂M
II 7, M*37* 60₈ II 8B, M*73* 118₂₀

Terra di Siena Farbpigment, benannt nach der Erde bei Siena in der Toskana
I 3, 472₂₃₋₂₄M

Terrae argillaceae Nach Werner eine Hauptgruppe der Erd- und Stein-Arten (I. Klasse). Siehe auch Ton *W I, 67*
II 7, M*45* 67₂₅

Terrae calcareae Kalkarten; nach Werner eine Hauptgruppe der Erd- und Stein-Arten (I. Klasse) *W I, 69*
II 7, M*45* 69₉₁

Thallit Eine Benennung des Epidots (Haüy) oder Pistacits (Werner); lange für eine „Abänderung" des Strahlsteins gehalten *Krünitz; Zappe 1817, III, 155; vgl. Zappe 1804, 487*
II 8A, M*106* 138₁₃

Tharandtit Eine Art Bitterspath, die man im Kalkstein bei Schweinsdorf unweit Tharant in Sachsen findet *Krünitz*
II 8A, M*127* 166₄

Thumerstein Nach Werner eine Kieselart. Siehe auch Axinit *W II, 374; Zappe 1804, 496*
I 1, 270₁₅M
II 7, M*114* 225₅₅

Tinkar Tinkal? (Borax, auch: boraxsaures Soda) *Zappe 1804, 497*
I 6, 131₃₃

Titan Metall, 1794 von Klaproth zuerst im sogenannten roten Schörl aus Ungarn entdeckt. Siehe auch Menakanit *Krünitz; LA II 7, 210 Erl*
I 1, 267₂₀Z I 2, 237₃₆Z,238₂Z
II 1A, M 77 305₉ II 8A, M*62* 91₂₈

Titaneisen Manakonit *Reuss 153*
I 2, 303₂₂M
II 8B, M*39* 69₁₉₀

Titanit Verbindung von Kieselerde und Kalkerde mit Titanoxid *Krünitz*
I 1, 270₁₄M,271₁₄M I 2, 420₂₄M,34M, 422₁₀M
II 7, M*113* 220₁₃,₂₄,222₅₉ *114* 225₅₄,226₈₃

Titankalk Nadelstein *Reuss 153*
II 8B, M*110* 159₆

Titanschörl Nadelstein *Reuss 153*
II 8A, M*69* 98₆

Toffstein s. Tuff, Tuffstein

Ton Nach Werner eine Hauptgruppe der Erd- und Stein-Arten (I. Klasse). Siehe auch Terrae argillaceae, Eisen-, Granit-, Jaspis-, Lehm-, Porzellan- und Schieferton sowie Steinmark *W I, 67–68; W II, 375–376; W III, 7–9*

I 1. 12_{27M} (Clay).$29_{3M.12M.18M}$. $56_{35Z}.57_{18Z}.72_{27M}.73_{9M}.75_{27M}$. $97_{2.11.15.19.22-24.25}.99_1.103_{16M.32M}$. $105_{18M.31M.32M}.106_{3M}.122_{27Z}$. $132_{29Z}.133_{9Z.30Z}.134_{15Z.24M}$. $152_{1M.3-4M.12Z.31Z}.154_{15Z}.188_{10M.25M}$. $194_{22Z.26Z}.195_{22M}.241_{6Z}.259_{11Z}$. $262_{7-8Z.14Z}.266_{28Z}.267_{4Z}.268_{3Z}$. $269_{25M}.277_{17.19}.288_{5Z.10Z.20Z}$. $302_{20.34}.303_{29}.305_{20}.307_{30}.308_{16}$. $315_{31}.329_{22M}.335_{16-17}.341_{16.20}$. $342_{9-11.23.30-32}.345_{2.38}.346_{1.4}$. $356_{4M}.361_{26}.362_{12}.369_{13.14.33M}$. $370_{33.34}.377_{12Z}.380_{16M}.387_{24}$
I 2. $3_{19-20Z.31Z}.12_{6Z.20Z.22Z.24Z}$. $23_{32M}.35_{14M}.36_{11M.34M}.38_{25}.50_{10}$. $61_{25}.78_{25M}.86_{6.25}.87_3.103_{30.32}$. $104_6.105_{5.9}.108_9$ (argillacea). $115_{25M.27M}.116_{2M}.124_{15M.21M.30M.33M}$. $125_{15.21}.127_{19}.133_{22M}.138_{2Z}$. $141_{13-15M.34M}.142_{25M.36M}.143_{2M}$. $146_{30M}.147_{3M.26M}.156_{7-8}.162_{27-28}$. $169_{19}.173_{15Z.33Z}.174_{7Z}.184_4$. $209_{3Z.20Z}.224_{37}.229_{17}.230_{30Z.32Z.34Z}$. $231_{1Z.4Z.10Z}.242_{9M.22M.23M.32M.35M}$. $313_7.334_{29.31.34}.351_{25}.365_{36Z}$. $368_{8Z}.421_{28M}.426_{2M.15M}.428_{19M}$
I 3. $266_{2M}.338_{3M}.375_{24M}$ **I 4.** 157_{23}
I 8. $32_{31-32}.38_{30.34}.39_{23-25.35}.40_{3-4}$. $42_{17}.43_{15.16.19}.53_{1.25}.60_{27.28}.143_{24}$. $153_{18-19}.159_7.162_{30-31}.169_{26}.256_{20}$. $375_{16.17}.407_{32}.417_7$ **I 9.** $359_{9.12.16}$
I 10. 205_{11} **I 11.** $163_{1}.172_{6.10.13-16}$. $34_7.49_{21.23}.106_{23}.107_{1.32}.111_{13}$. $112_5.119_{16}.128_{31.32}.145_3.147_{16}$. $156_4.169_{14}.175_{8.23}.176_3.188_{16.17.24}$. $189_{24.28}.208_{9.15}.237_{18.20.23}$
II 1A. $M44$ $231_{323}.233_{392-398}$ **II 4.** $M63$ 76_7 **II 5B.** $M60$ 193_{32} 114 333_{128} **II 7.** $M5$ 8_{10} 11 $17_{205}.20_{292}$. 21_{343} 12 $25_4.26_{67}.27_{84}$ 13 $28_{4.9}$ 21 37_5 23 40_{63} 33 $56_{17.27.32}$ 39 61_9 45 86_{720} 48 90_{17} 49 99_{245} 51 103_{43} 52 $108_{133.149}.109_{189}.111_{233}$ 65 140_{15} 69 $151_{19.36}$ 73 155_{37}. $157_{111}.159_{178-184}$ 84 175_{60-61} 87 179_{3-4} (Argilla)$_{(?).20}$ (Argilla) 94 186_{59-62} 100 195_7 113 221_{46} 118 230_5 120 $231_{4.5}$ 125 235_4 **II 8A.**

$M2$ 10_{261} (Tonne).11_{292} 9 19_{21}. 20_{28} 14 37_{332} 24 45_8 25 45_8 32 53_6 36 $59_{14.40}.60_{62}$ 55 77_{14-15} 59 84_{12} 60 87_{52} 68 97_{10} 70 101_4 73 103_4 96 127_3 (argillacea) 97 $130_{8-9.17}$ 107 $139_{5.11.20}$ 115 $150_{5.10}.151_{29-30}$ M 120 $155_{19}-156_{28}$ 121 $158_{12-14}.159_{40}$ **II 8B.** $M21$ $37_{13}M22$ $38_{42}-39_{66}$ 36 $56_{25}.57_{68}$ 71 105_{40} 91 146_{17-19} (Clay)

- Gebirge. Gebirgsart **I 1.** 78_{28M}. 387_{22} **I 2.** 314_{30} **I 8.** 409_{17} **I 11.** $144_{38}-145_1$ **II 7.** $M40$ 62_{23} 49 95_{82-83}
- Ton. kalkiger **II 7.** $M11$ $13_{44}.15_{110}$
- Ton-Ordnung (nach Werner) **II 7.** $M122$ 232_7
- Tonarten (System Werner) **II 7.** $M45$ $67_{25}-68_{60}$ 112 218_7
- tonig. tonartig **I 1.** $69_{9M.12M}.72_{20M}$. $103_{25M}.108_{22-23M}.109_{9M}.149_7$. $154_{13Z}.188_{9M}.246_{28M}.299_{32-33}$. 377_{25Z} **I 2.** $38_{35}.141_{7-8M}.143_{12M}$. $144_{10M}.165_{35}.226_{34-35}.242_{12M}.311_{26}$ **I 8.** $143_{34-35}.159_{11}.372_{31}-373_1$ **I 9.** 342_{20} **I 11.** $20_{28}.21_{32}.22_{26.41}$. $103_{31-32}.234_3$ **II 5B.** $M113$ $325_{113-114}$ **II 7.** $M31$ 53_{14} 49 95_{112} 51 103_{15} 52 $105_{43-45}.108_{125}.110_{218}$ 56 124_{12} 73 $156_{45-52}.158_{150}.159_{201}$. 160_{221} 94 188_{142} 102 198_{80} **II 8A.** $M58$ 79_3 86 $112_9.113_{52-53}.114_{59}$ 120 157_{74}

Ton. Gemeiner Nach Werner eine Tonart. die Töpferton. verhärteten T. und Schieferton umfasst: später (W III) Leim. (erdichen und schiefrichen) Töpferthon. bunten T. und Schieferthon *W I, 67; W II, 375; W III, 7*
II 7. $M45$ 67_{28-31} 48 90_{19}
Ton. Verhärteter Nach Werner dem Gemeinen Ton zugeordnet. dieser den Tonarten *W I. 67; W II. 375* **II 7.** $M45$ 67_{30} 114 224_{32} **II 8A.** $M121$ 158_{19}
Ton. Vulkanischer
II 8A. $M86$ 113_{39}

Toneisenstein Nach Werner eine Eisenart, unterteilt in Röthel, stänglichen, linsenförmich körnichen, schaalichen, jaspisartichen und gemeinen T-E, Eisen-Niere und Bohnerz. Siehe auch Bohnerz *W III, 21; Reuss 22*
I 1. $246_{28M}.288_{6Z}.346_{16,16}$ **I 2.** 34_{31-32} **I 11.** $25_{44}.152_{28}$
II 8A. M58 $82_{151-152}$ 115 150_{11}
- Werners **I 2.** 116_{31-32M} **II 8A.** M97 131_{33-34}

Toneisenstein, Gemeiner Nach Werner eine Unterart des Toneisensteins *W III, 21; Reuss 22*
I 2. $36_{14M}.116_{13M}$
II 8A. M36 59_{42-43} 39 63_{41} 97 130_{23}

Toneisenstein, Schuppiger Nach Reuss innerhalb des Eisengeschlechtes dem Toneisenstein untergeordnet *Reuss 22*
I 2. 116_{25-27M}
II 8A. M97 131_{32}

Toneisenstein, Stänglicher Nach Werner eine Unterart des Toneisensteins. Siehe auch Eisenstein, Stänglicher *W. III, 21; Reuss 22, 60*
I 2. $36_{13M}.116_{15M,17M,19M}$
II 8A. M36 59_{42-43} 39 63_{41} 97 130_{24-27} 115 150_{11-14}

Tonerde, Reine Nach Werner den Tonarten zugeordnet *W I, 67; W II, 375; W III, 7*
II 4. M29 32_{19} 55 $66_{3,18-19}$ 63 76_{3}
II 7. M45 67_{26} **II 8A.** M69 100_{52} 73 103_{2} 107 140_{23-24} **II 8B.** M76 129_{63} 77 132_{66} 95 151_{10-13}

Tonporphyr Bei Reuss innerhalb der Urgebirgsarten dem Porphyr untergeordnet *Reuss 25*
I 2. $35_{11M,33M}.59_{15Z}.88_{27M,28M}.147_{24M}$
II 8A. M36 $59_{11,30}$ 39 62_{18} 56 77_{2} 58 79_{24} 69 99_{47-48} 75 104_{7-8} 121 158_{38-39} **II 8B.** M118 163_{2}

Tonschiefer Nach Werner eine Tonart; Schieferton ist dagegen dem Gemeinen Ton zugeordnet. Siehe auch Dachschiefer sowie Über- gangs- und Urtonschiefer *W I, 68; W II, 375; W III, 8; Reuss 55*
I 1. $3_{29Z}.29_{20M,23M,36M}.74_{34M}.78_{6M,30M,37M}.81_{3M}.97_{11,16}.99_{6}.102_{14M,20-21M,30M}.103_{1M}.105_{12M,13M,15M}.106_{13M}.121_{24Z}.150_{5Z,19M,30-31M}.161_{4Z}.194_{18Z}.241_{7Z,14Z,17Z}.246_{18M}.257_{3Z}.290_{1Z}.307_{33}.323_{20Z,28Z,29Z}.353_{21}.375_{6}.384_{16}$ **I 2.** $3_{23Z}.29_{21-22Z,22Z,28Z}.35_{12M}.68_{1Z,14-15Z}.71_{13M}.77_{20Z}.78_{27M}.83_{16}.90_{5M,5M}.98_{28,30}.107_{5Z}.108_{16M}.135_{4Z}.146_{26M}.147_{20M,27M}.165_{3,30-31}.166_{3}.201_{33}.204_{11}.228_{21}.229_{30-31,37}.231_{3Z}.243_{29M}.245_{5M,6M}.280_{20Z,22Z,24-25Z}.281_{8-9Z,9Z,15Z}.307_{31}.308_{1,20,26}.313_{20,26}.314_{19}.315_{5-6M,7M}.330_{4,7-8,15,25-26}.333_{22}.341_{30-31}.342_{33}.349_{3,10}.350_{4}.427_{3M}.428_{26-27M}$ **I 8.** $158_{16}.159_{17}.261_{3}.263_{13}.374_{21}.375_{29,30}.386_{3}.394_{14}.395_{12}.404_{29}.405_{16,19-20}.408_{9,17}.409_{6,29-30,32}.410_{4,14-15}.414_{20,27}.415_{23}$ **I 9.** 216_{8} **I 11.** $17_{2,7}.18_{29}.21_{9}.22_{7-13,15,17,20,32-34,42}.23_{9-11,17,20,24,25,28,29}.24_{11-12}.26_{12-13}.111_{16}.132_{37}.173_{8}.185_{1,3}.188_{24}.236_{13}$
II 7. M9 $11_{8,9,13}$ 23 39_{18}, $41_{103-104,107}.42_{137,163}$ 29 48_{20} 31 $54_{17,19}$ (Dergl.) 33 $56_{34-37,49}$ 40 $61_{3}.62_{25}.63_{31}$ 41 64_{9} 45 68_{46} 48 90_{24} 52 110_{204} 64 138_{60} 65 140_{9-10} 69 $150_{9}.151_{27-34}$ 73 $154_{3}.155_{9-24}$. $157_{105-108,125}$ 84 $174_{10-11,22}$ 85 176_{7} 104 200_{3} 105 $203_{77,87-90}$ 111 213_{89} **II 8A.** M31 $51_{77-78,91}$ 36 59_{12} 39 $62_{14,22}$ 50 75_{5} 55 77_{16-17} 58 82_{127} 59 85_{16-17} 65 96_{6} 68 97_{12} 75 105_{44} 86 114_{62} 96 127_{11} (Schisto argilloso) 121 $158_{9-11,34}$. 159_{41} **II 8B.** M22 $40_{94}.41_{134-136}$ 36 $56_{29-31}.57_{62}.58_{92-108}.59_{137-141}$ 37 62_{10-19} 38 63_{5-6} 43 84_{16} 58 94_{4} 83 135_{4} 88 142_{27-52} 95 151_{22}
- Porphyrartiger Tonschiefer **I 1.** 384_{15} **I 11.** 141_{31-32}

Tontropfeisenstein
II 8B. M57 94_{3}

MINERALIEN

Topas Nach Werner eine Kieselart, zunächst der Gruppe der Edelsteine zugeordnet. Siehe auch Rauchtopas *W I, 67; W II, 374; W III, 3*
I 1. $246_{31M}.292_{22M}$ **I 2.** 189_{10}. $421_{1M}.427_{28M}$
II 7. M29 $51_{101.107}$ 45 67_{11} 48 90_8 111 213_{101} 113 221_{27} **II 8A.** M26 46_3 50 75_7 98 132_3 **II 8B.** M7 10_4 87 141_{16} 113 161_3 119 164_1

Topazolith Begriff von Bonvoisin für einen Edelhartstein, sonst auch gelber Granat oder Succinit *Krünitz*
I 2. 102_{10M}
II 8A. M91 119_0

Töpferschwärze Siehe auch Graphit *LA I 2, 422q*
I 2. 422_{1-2M}
II 7. M113 222_{53}

Töpferton Nach Werner dem Gemeinen Ton zugeordnet, dieser den Tonarten *W I, 67; W II, 375*
I 1. 302_{22} **I 11.** 106_{24}
II 7. M45 67_{29} **II 8A.** M14 37_{334}

Topfstein Nach Werner zunächst dem Talk zugeordnet, dieser den Talkarten; später (W III) den Tonarten. Siehe auch Pierre ollaire *W I, 68; W III, 8*
II 7. M10 12_{18} 45 68_{70} 49 94_{76} (pierre ollaire) **II 8B.** M114 162_5 118 163_4

Tophus Tuffstein *LA II 7, 20q*
I 1. $277_{28.36.37}$ **I 11.** $49_{32}.50_{5-6}$
II 7. M11 $20_{314.317}.21_{357}$ **II 9B.** M33 37_{225}

Torf s. *Turf (Torf)*

Totliegend/Rotliegend (rotes totes Liegendes) Reuss: Rothes todtes Liegendes = Breccie (aus Quarz-Thonschiefer- und Kieselschiefergeschieben) - (grobkörniger) thoniger Sandstein *Reuss 125*
I 1. $31_{25M.28M}.34_{7M}.61_{26}.93_3.97_{31}$. $99_{11-12}.123_{15Z.19Z}.187_{25M}.188_{20M}$. $219_{24}.255_{18Z}.256_{26Z}.279_{8Z}.308_{10}$. $385_{6.7.13.36-37}.386_{37}$ **I 2.** 53_{32-33Z}. $68_{2-3Z}.85_{31}.88_{29-30M}.96_{11}.97_{24}$.
$203_{20}.393_{11}$ **I 8.** 262_{22} **I 11.** 14_{21}. $17_{22}.18_{35}.24_{3}.34_{6}.111_{27}.142_{22.23.29}$. $143_{18-19}.144_{16}.174_{29-30}.182_{14}$. $184_{19}.311_{16}$
II 7. M10 12_{17} 15 31_9 17 34_{1-4} 23 39_{35} 31 54_{21} 39 $61_{0(?)}$ 51 102_2. 103_{38} 52 $108_{149-150(?)}.109_{189}$ 64 138_{40-48} 65 140_{11-12} 105 201_{24}
II 8A. M75 104_9 **II 8B.** M88 $141_{6(?)}$

Trachyt Siehe auch Trapp-Porphyr *LA II 8A, 160q*
II 8A. M122 160_{10} **II 8B.** M72 110_{153}

Tramezzuolo Feinkörnige Art der Pietra Serena (Sandstein) *LA II 7, 218 Erl*
I 1. 249_{9M}
II 7. M111 215_{172}

Trapp, Trappformation Gemengte Gebirgsart aus Hornblende, Quarz und Feldspath; gemäß Reuss (Werner) ist Trappformation eine Flötzgebirgsart (Kl. III) mit verschiedenen zugeordneten Gesteinsarten, darunter Basalt und Wacke *Zappe 1804, 506; Reuss 26*
I 1. $246_{32M}.322_{32Z}.375_5$ (Urtrapp)
I 2. $35_{5M.18M.19M.20M}.36_{7M}.51_{6M.7M}$. $76_{30.36}.101_{1M.2M}.102_{7M.9M.17M}$. $111_{28.33}.112_8.165_3.167_7.176_1$ **I 8.** $158_{16}.160_{21}$ **I 11.** $132_{37}.169_{6-7}$. $192_{24.29}.193_7.204_{30}$
II 7. M111 213_{102} **II 8A.** M2 9_{229} (Tropformazion).10_{271} (Tropfmazion) 4 15_{55} 36 59_{18} 58 80_{64} 88 117_1 90 118_{1-2} 91 119_1 99 133_{23}
II 8B. M91 146_{26}

- Flöztrapp **II 8A.** M36 $59_{17.19.37}$ 39 $62_{27.36}$ 45 67_{26} 91 119_6

Trapp-Breccie Von Brocchi angeführte Gebirgsart des Fassa-Tals *LA II 8A, 118q*
I 2. $101_{7M}.102_{9M}$
II 8A. M90 118_7 91 119_{11}

Trapp-Porphyr Bezeichnung von K. W. Nose für Trachyt. Siehe auch Trachyt *LA II 8A, 160 Erl*
II 8A. M122 160_{10}

Trasit
I 11. 25_{33}

Trass (trace) Nach Werner eine Talkart; nach Zappe vulkanischer Tuff, Tuffwacke, Tuffstein mit Einsprengseln von Bimsstein, Tonschiefer und Hornblende, genutzt als Zement *W I, 69; Zappe 1817, III, 186*
I 1. $119_{28M}.132_{16M}$ I 2. 101_{6M}
II 7. M*45* 69_{87} *94* 186_{48} II 8A.
M *19* 42_5 *58* 80_{38} *90* 118_6

Travertin Zappe verzeichnet Travertino (Pietra Travertina), eine weiße, lichte, löcherige Kalksteinart, teils zum dichten, teils zum schaligen Kalkstein gerechnet *Zappe 1804, 508*
I 1. 137_{11M}
II 7. M*94* 186_{50}

Tremolit Nach Werner eine Talkart, unterschieden in asbestartigen, gemeinen und glasigen T. *W III, 10*
II 7. M*108* 209_{13} II 8B. M*36* 60_{191} S*5* 139_{17}

Trilobiten Vielschalige Conchiten, versteinerte Käfermuscheln *Zappe 1817, I, 241–242*
II 8B. M S*3* 135_7

Trip (Tripp) Beiname oder Synonym für Turmalin. Siehe auch Turmalin, Aschenzieher *LA I 11, 63q; Krünitz 158, 370*
I 11. 63_3

Trippel Nach Werner eine Tonart *W I, 68; W II, 376; W III, 7*
I 1. 132_{31Z}
II 7. M*45* 68_{50} *48* 90_{27} *108* 209_7
II 8A. M*63* 94_8 *64* 95_6

Trochiten Rädersteine; nach Reuss versteinerte Kräuselschnecken – einzelne Glieder der Räderkoralle. Siehe auch Bonifaciuspfennige. Rädersteine *LA II SB, 11Sq; Reuss 413*
I 2. 372_{11M}
II 7. M*62* $132_{4.10-11}$ II 8B. M *73* 118_{28}

Tropfstein In Goethes Mineraliensammlung den Kalkarten (nach Werner) zugeordnet *LA II 7, 91q*
II 7. M*48* 91_{54} S*5* 177_{42} (Stalactites)
II 8B. M*6* 8_{82} *10* 19_{98-99} *20* 34_{163}

Tuff, Tuffstein In Goethes Mineraliensammlung den Kalkarten (nach Werner) zugeordnet. Siehe auch Basalt- Kalktuff-, Kieseltuff und Tophus *LA II 7, 91q*
I 1. $14_{7}.30_{10M}.136_{34Z}.139_{28M}.246_{34M}.$
$273_{27-28Z}.278_{12.14}$ I 2. $84_{12Z.15Z}.87_{32}.$
$92_{1M}.174_{15-16Z}.314_{11.34-35}.334_{20}.$
374_{6M} I 8. $408_{38}.409_{21-22}$ I 9. 360_6
I 11. $1_{25}.50_{18}.176_{27}.237_9$
II 7. M *11* $20_{317}.21_{331.336.349.359}$ *12*
26_{50-57} *14* 29_2 *13* 29_{20} *29* 50_{81} *44*
66_7 *48* 91_{55} *49* $97_{185}.98_{205}$ *65* $140_{19}.$
141_{29-31} *94* 187_{103} (Tuffo) *111*
213_{104} II 8A. M*2* $4_{43..44}.5_{59}$ (Nrro 2)$._{65}$ (Nro 2)$._{79}.6_{103.106}.7_{126}$ *77* 107_{19}
II 8B. M*24* $43_{7.17}$ *73* $120_{95}.121_{122}$

- Tuf Coquilliere (von G. als Gebirgsart angeführt) II 7. M S*5* 176_{15}

- Tuffsand I 2. $372_{31M.33M}.373_{1M}.$
375_{1M} II 7. M*11* $21_{323-324.327}$ II 8B. M *73* 119_{46-52}

- Tufs argilleux (Gesteinsart auf Sizilien bei Borch) II 7. M S*5* 176_{23}

Tufs Coquillers Calcaires Bei Borch eine Kalksteinart auf Sizilien (Übers.: „kalkichte Muscheltuffe"); Reuss verzeichnet Tuf calcaire als fasrigen Kalkstein *Borch 1778, 133; Reuss 413*
II 7. M S*5* 177_{38}

Tungstein Weiß-Scheelerz. Siehe auch Scheel *Zappe 1804, 404*
I 2. $48_{5.6}.51_{17M}.56_{1M}.57_{19M}.63_{28}$
I 11. $153_{33.34}.157_{37-38}$
II 1A. M *77* 305_7 II 8A. M*45* 68_{35-36} *48* $72_{34}.73_{81}$

Turbith Gelber Quecksilberniederschlag; gelber Präzipitat *Krünitz (Präcipitat)*
I 3. $149_{15M}.484_{14M}.485_{2M}.486_{39M}$
I 4. $161_{34}.163_{19}$
II 5B. M*6* 21_{52}

Turf (Torf) Nach Werner den Bergharzen (Bitumina) zugeordnet *W 1, 71*
II 7. M*45* 71₁₆₅ *48* 92₈₃ *80* 169₇₅
- Filz (volkstüml. für Torf) II 7. M*80* 167₇.169₇₃₋₇₅

Turf, Harter Nach Werner dem Turf zugeordnet *W 1, 71*
II 7. M*45* 71₁₆₆

Turf, Lockrer Nach Werner dem Turf zugeordnet *W 1, 71*
II 7. M*45* 71₁₆₇

Türkis „Ein noch ziemlich problematisches Fossil, über welches sich die Meinungen theilen, und welches man bald für einen versteinten Zahn (Odontolith), bald für ein eigenes Mineral gehalten hat." *Zappe 1804, 512*
II 3. M*1* 3₆ II 8A. M*26* 46₄ *30* 49₁₃

Turmalin Nach Werner eine Kieselart, in W II identisch mit elektrischem Schörl. Siehe auch Schörl *W II, 374; W III, 3*
I 2. 105₂₁.318₂₂ I 3. 327₃₃. 328₁₃.₂₀.₂₆.354₃₂.512₁₅M I 7. 3₁₄ I 8. 397₂₆ I 11. 41₆.₂₀.₂₀.₂₈.42₃. 62₂₇–65₂₁.63₆.₆.₆.₁₅.₂₁ (Lapis electricus).65₂₄.₂₉–₃₁.66₃.₇.72₉.190₂ II 1A. M*45* 242₂₄ *46* 244₅ II 8A. M*30 Anm* 49
- Turmalinität I 2. 2₅z

Tutia Ofenbruch *Zappe 1817, I, 346 (Gallmey)*
II 5B. M*147* 409₅₉.₆₀

Übergangsschiefer
II 8B. M*72* 107₇₀

Übergangstonschiefer Von Reuss der Klasse der Übergangsgebirgsarten unter den gemengten Fossilien zugeordnet *Reuss 25*
II 8B. M*118* 163₄

Ultramarin Aus dem Lasurstein bereitete, glänzend blaue Farbe *Krünitz*
I 1. 265₃₇ I 5. 180₂₀.₃₃.181₆.₁₆.183₂ I 8. 317₃₀
II 4. M*55* 66₂₋₂₁ II 5B. M*60* 192₈

Umber, Umbra Nach Werner eine Tonart: Zappe unterscheidet zwei Arten: eine eisenhaltige Erde (Italien, Zypern), auch zum Malen genutzt, und eine Kohleart (Köln) *W III, 9; Zappe 1804, 513; rgl. Krünitz*
II 8A. M*58* 79₆

Ur- und Übergangsgranit Nach Goethes Vorstellung, dass am Ende der ältesten Granitepoche (Urgranite) Gesteine gebildet wurden, in denen einzelne Gemengteile wie Feldspat, Glimmer und Schörl sich verselbständigend hervortreten *LA II 8A, 636 Erl*
I 1. 299₂₀.300₈.316₈

Uran Nach Werner eine Hauptgruppe unter den Metallarten (IV. Klasse) *W III, 26*
II 1A. M*77* 305₈ II 8A. M*62* 92₇₂
- Uran-Ordnung (nach Werner)
II 7. M*122* 233₄₃

Uranglimmer Nach Werner dem Uran zugeordnet *W III, 26*
I 2. 293₃₄ I 8. 379₈

Uranit Siehe auch Uranglimmer *Krünitz*
I 2. 105₂₄ I 11. 190₆

Uranoxyd
I 2. 294₇ I 8. 379₁₇
II 8B. M*26* 46₃₋₅

Urbreccie s. Breccie

Urgrünstein In Gneus, Thonschiefer u.a. dergl. findet sich zuweilen Grünstein aus der Urzeit eingelagert *Krünitz*
II 8A. M*91* 119₇

Urkalk Zappe verzeichnet Urkalkstein als Synonym für körnigen Kalkstein; Werner kennt „uranfänglichen Kalkstein" in seiner Klassifikation der Gebirgsarten *Zappe 1804, 247, rgl. auch 19*
I 1. 152₄M.₂₂₇.246₂₈₋₂₉M I 2. 257₁₅. 333₃₀.334₄ I 11. 17₁₂.228₁₅. 236₂₁.₃₂
II 7. M*84* 175₆₂ *111* 213₉₉ II 8A. M*39* 62₁₆ *62* 90₆ *72* 102₁₁

MINERALIEN

Urschiefer
II 8A. M62 90$_8$ II 8B. M72 107$_{69}$. 108$_{75}$

Urtonschiefer
II 8B. M118 163$_2$

Variolith Im Wernerschen Mineralsystem dem dichten Feldspath zugeordnet, eine Art des Feldspaths, der zum Kieselgeschlecht zählt *W III*, *7*
I 2. 147$_{21M}$.243$_{29M}$
II 8A. M121 158$_{35}$ II 8B. M22 40$_{94-97}$

Verde antico Körniger Kalkstein und edler Serpentin. Siehe auch Serpentino verde antico, Serpentino Antiko *Reuss 437; Zappe 1817, III, 204*
I 1. 246$_{1M}$

Verde di Corsica duro *s*. Diamantspat, Demantspath *Reuss 437; vgl. Zappe 1817, III, 204*

Vermillon Siehe auch Zinnober *Krünitz*
II 4. M60 70$_6$

Vesuvian Nach Werner eine Kieselart. Siehe auch Idokras, Egeran *W III*, *2*
I 2. 102$_{15M}$.420$_{20M}$.427$_{25M}$
II 7. M113 220$_9$ II 8A. M91 120$_{31}$ 98 132$_6$ II 8B. M18 26$_2$ 95 151$_{1-11}$ 96 152$_1$

Visirgraupen Siehe auch Zinnstein *Reuss 158*
II 8A. M49 74$_5$

Vitriol Reuss unterscheidet natürlichen, Eisen-, Kupfer- und Zink-Vitriol sowie Mischformen *Reuss 158*
I 1. 79$_{36M}$ I 3. 463$_{38}$ I 6. 401$_{18}$. 402$_{12}$
II 1A. M44 227$_{163}$ II 4. M47 59$_{14}$ 56 68$_{39-41}$ II 5B. M100 290$_8$ II 7. M34 57$_{11}$ 55 122$_{10}$ 88 180$_{12}$ *102* 197$_{18}$ II 8B. M92 149$_1$

Vitriol, Natürlicher Nach Werner den Vitriolischen Salzen zugeordnet; in W III dem Schwefelsäure-Geschlecht *W I*, *70; W II*, *379; W III*, *14*
II 7. M45 70$_{138}$

Vitriolische Salze *s*. Salze, Vitriolische

Vitriolöl, Vitriolsäure Siehe auch Oleum vitrioli, Schwefelsäure *Krünitz*
I 3. 253$_{1M}$.10M.254$_{8M}$.255$_{31M}$. 484$_{21M}$.485$_{33M}$.486$_{37M}$ I 4. 175$_{17}$ I 6. 219$_4$
II 4. M46 58$_{10}$

Vulkanische Asche Von Reuss neben Lava und Bimsstein zu den „aechtvulcanischen" Gebirgsarten gerechnet *Reuss 27*
II 7. M94 187$_{109}$

Wacke Nach Werner zunächst (W I) eine Talkart, später eine Tonart. Siehe auch Grau-, Hornblend- und Rauchwacke *W I*, *69; W II*, *376; W III*, *8*
I 1. 246$_{11M}$.261$_{28Z}$ I 2. 35$_{28M}$.61$_{11Z}$. 77$_1$.101$_{2M}$.107$_{19Z}$.133$_{13M}$.165$_{32}$. 425$_{29M.30M}$ I 8. 159$_8$ I 11. 169$_{7.20}$
II 7. M22 38$_5$ 45 69$_{85}$ *102* 197$_{40}$ *111* 213$_{82}$ II 8A. M2 10$_{243}$ 36 59$_{27}$ 39 62$_{31}$ 58 79$_{26-28}$ 67 97 90 118$_2$ *107* 139$_{12}$ II 8B. M44 85$_1$

Wad Nach Karsten ein manganhaltiges Gestein; nach Hausmann Braunsteinformation mit Magnesium- und Eisenoxydhydrad *Zappe 1817, III, 211*
I 2. 422$_{32M}$
II 7. M113 222$_{74}$

Walkerde, Walckererde Nach Werner eine Talkart *W I*, *68; W II*, *377; W III*, *9*
II 7. M45 68$_{64}$ 48 91$_{36}$ *108* 209$_{12}$

Wasserblei Nach Werner zunächst eine Talkart, später (W II) dem Molybdän zugeordnet, einer Hauptgruppe der Metallarten *W I*, *69; W II*, *386*
I 2. 333$_{24}$ I 3. 253$_{27M}$.254$_{29M}$.255$_{9M}$ I 11. 236$_{15}$
II 7. M45 69$_{72}$ 48 91$_{41}$ II 8A. M42 65$_{11-12}$ 62 90$_{22}$.91$_{34}$

Wasserstoff Die leichteste von allen bekannten Gasarten. Siehe auch Hydrogen *Krünitz*

II 1A. M 16 135$_{102}$.136$_{114}$.138$_{219}$ 40 213$_{24}$ 44 236$_{413}$ **II 5B.** M 89 253$_{8-9.11}$ **II 9B.** M44 46$_4$

Wavellit (Wavelit) Nach Werner eine Kieselart $W\,III$, 3
I 2. 136$_{31Z}$.188$_{34}$.226$_{16}$.248$_{23M}$. 278$_{33Z}$ **I 8.** 259$_{14}$ **I 11.** 221$_{19}$
II 8B. M6 9$_{111}$

Wawelit Oberbegriff von Karsten. der Talkerde. Zeolith. Diaspor und Türkis umfasst *Zappe 1817, III, 215–216*
II 8B. M19 28$_{26-28}$ 55 93$_{15}$

Weinstein In der Chemie. so viel als saures weinsaures Kali *Krünitz*
I 4. 151$_{10}$
II 1A. M25 162$_{16-17}$ (Tart.) **II 3.** M1 3$_4$ **II 7.** M34 57$_8$ 63 133$_{31}$ (tartre)

Weiß Bleierz s. *Bleierz, Weiß*

Weißgülden (Erz) (Weisgiltigerz) Nach Werner eine Silberart $W\,I$, 72; $W\,II$, 381; $W\,III$, 18
I 2. 292$_{33}$.293$_{31}$.428$_{9M}$ **I 8.** 217$_{29}$. 378$_{14-15}$.379$_5$
II 7. M45 72$_{199}$ 124 235$_4$ **II 8A.** M58 81$_{95-96}$

Weißliegende Bezeichnung für hell gefärbte Sandsteine des Rotliegenden (in Thüringen) *LA II SA, 658 Erl*; vgl. *Zappe 1817, III, 223*
I 1. 303$_{24}$.343$_{31-32}$.346$_{24}$ **I 2.** 131$_{30M}$.203$_{18-23}$ **I 8.** 41$_6$.44$_1$. 262$_{20.25}$ **I 11.** 107$_{28}$
II 8A. M108 143$_{132}$ 111 147$_2$

Weißstein Werners Bezeichnung einer Gebirgsart. die hauptsächlich aus dichtem Feldspath besteht *Zappe 1817, III, 225*
I 2. 36$_{27M}$
II 8A. M36 60$_{56}$

Weltauge Teils gemeiner Opal. teils Halbopal. Siehe auch Oculus Mundi *Reuss 161, 293*
II 4. M29 32$_{9-22}$ **II 8B.** M119 164$_4$

Wernerit Bezeichnung mehrerer Mineralien nach dem berühmten Freiberger Mineralogen Abraham Gottlob Werner *Vgl. Zappe 1804, 528–529*; vgl. *Zappe 1817, III, 226*
I 1. 287$_{31Z}$

Wetzschiefer Nach Werner eine Tonart $W\,II$, 376; $W\,III$, 8
II 7. M 85 176$_{25}$ (P. a rasoirs) 111 213$_{91}$ **II 8A.** M69 99$_{20}$

Wetzstein Nach Werner eine Tonart (nicht aufgenommen wurden jene Stellen. wo klar der Gebrauchsgegenstand gemeint ist) $W\,I$, 68
II 7. M21 37$_7$ 45 68$_{49}$ 48 90$_{26}$

Whaschi (Washi) Chin. für Gips s *Gips (Gyps) LA II SA, 71 Erl*

Wismut, Gediegener Nach Werner eine Wismutart $W\,I$, 74; $W\,II$, 385; $W\,III$, 23
II 7. M45 74$_{248}$ **II 8A.** M58 83$_{173}$

Wismut, Wismumum Nach Werner eine Hauptgruppe der Metallarten (IV. Klasse). die in W II Gediegen-W., W.glanz und W.okker beinhaltet. in W III zudem Arsenik-Wismuth $W\,I$, 74; $W\,II$, 385; $W\,III$, 23
I 1. 116$_{28M}$.120$_{2M.17M.29M}$ **I 2.** 49$_{28}$. 294$_6$ **I 3.** 149$_{32M}$.253$_{13M}$.254$_{25M}$. 255$_{6M.28M}$.482$_{18M}$.483$_{16M.19M}$ **I 8.** 379$_{16}$ **I 11.** 87$_{17}$.155$_{18}$
II 7. M45 74$_{247}$ 48 92$_{98}$ 54 120$_4$ 80 167$_{17}$.170$_{127}$ 81 171$_{14.27}$ 112 219$_{33}$ **II 8A.** M42 65$_{16}$ 58 83$_{172}$ 62 92$_{75-76}$

- Wismuth-Ordnung (nach Werner) **II 7.** M122 233$_{33}$

Wismut-Salpeter
I 3. 463$_{22}$

Wismutglanz Nach Werner eine Wismutart $W\,I$, 74; $W\,II$, 385; $W\,III$, 23
II 7. M45 74$_{249}$

Wismutocher Nach Werner eine Wismutart $W\,I$, 74; $W\,II$, 385; $W\,III$, 23
II 7. M45 74$_{250}$

Wissmuthoxyd
II 5B. M114 334$_{137.138-139}$

Wolfram Nach Werner zunächst (W I) eine Tonart; später Scheel (Scheelium) zugeordnet $W\,I$, 68; $W\,II$, 386; $W\,III$, 26

MINERALIEN

I 2. $37_{34}.45_{34}.48_{1,2,3,4}.55_{36M}.$
$57_{19M,32M}.63_{28}.80_{20}.153_7$ **I 8.** $140_{24}.$
$142_{35}.149_{22}$ **I 11.** $153_{29,30,31,32}.$
$157_{37}.171_{19}$
II 7. $M45$ 68_{55} 48 90_{30} **II 8A.** $M48$
$72_{33}.73_{81}$ 51 75_4 50 75_8 86 113_{35}

Worrkohle Nach J. K. W. Voigt der Braunkohle zugeordnet *LA II 7, 229q*
II 7. $M117$ 229_{16}

Würfelzeolith Bei Reuss dem Zeolithen im Kieselgeschlecht untergeordnet *Reuss 16*; vgl. *Zappe 1804, 540*
II 8A. $M90$ 119_{12} 91 120_{18}

Yttererde 1794 bei Ytterby entdeckte Grunderde (auch Ytterbit, Gadolinit) *Zappe 1804, 535*
II 8B. $M85$ 139_{22}

Yttererde, phosphorsaure
II 8B. $M85$ 139_9

Ytterocerit
II 8B. $M85$ 139_{18-19}

Ytterotantalit Zappe verzeichnet „Yterotantal" als zum Tantal gehöriges Fossil, das Tantal, Ytter und Eisen enthält *Zappe 1804, 535–536*
II 8B. $M85$ 138_2–139_6

Zechstein Gemäß Zappe verhärteter Mergel; eigentl. „das Gestein, welches zu nächst am Gang anlieget" *Zappe 1804, 536*; vgl. *Reuss 164*; *Bergmänn. Wb. 613*
I 1. $31_{32M}.50_{34M}.93_{6,7-8}.179_{34-35,36}.$
$180_{12,15,29-30}.185_{23}.196_{26}.197_{21}.$
$219_{27}.220_{25}$
II 7. $M7$ 10_9 10 $12_{11,12,17}$ 17 34_8 18
36_{15} 39 61_6 64 137_{36} 120 $231_{3,8}$

Zeolith Nach Werner zunächst eine Zeolithart (Subgruppe zu Kalkarten), dann eine Kieselart, die schließlich unterschieden wird in Mehl-, Faser- (als gemeiner und Nadel-), Strahl- und Blätter-Zeolith. Siehe auch Mesotyp *W I, 70; W II, 375; W III, 6*
I 1. $159_{1Z,31Z}.160_{32Z,34Z}.196_{1M}.$
270_{29M} **I 2.** $35_{21M,24-25M}.51_{3M}.77_3.$
$101_{9M,13M}.102_{11M,12M}.334_{38}$ **I 11.**
$25_{1,2}.26_{36}.169_{10,35}.170_2.237_{27}$
II 7. $M45$ 70_{127} 48 91_{67} 85 177_{51}
86 178_{22} 96 193_7 100 195_{18} 114
225_{69} **II 8A.** $M34$ 57_{20} 36 $59_{20,22}$
45 67_{23} 90 118_{10} 91 119_{15} **II 8B.**
$M68$ 102_{10} 114 162_3

Zeolitharten Zeolitharten gehören im Wernerschen System zunächst zur Hauptgruppe der Kalkarten, zu ihnen gehören Zeolith und Lasurstein; später (W III) zu den Kieselarten. Siehe auch Zeolith *W I, 70; W III, 6*
II 7. $M45$ 70_{126} 48 91_{66-68}

Zeylanit Ceylanit, Zeylonit; Haüy: Pleonoaste *Zappe 1817, I, 214*
II 8B. $M119$ 164_3

Ziegelerde Töpferton *Reuss 164*
II 7. $M11$ 134_7

Ziegelerz Nach Werner eine Kupferart, unterschieden in erdiges und verhärtetes Z.. Siehe auch Kupferziegelerz *W II, 382; W III, 19*; vgl. *Reuss 21*
II 8A. $M69$ 100_{51}

Zink Nach Werner eine Hauptgruppe der Metallarten (IV. Klasse). Siehe auch Cincum *W I, 74; W II, 385; W III, 23*
I 1. 282_{14Z} **I 2.** 61_{19Z} **I 3.** $148_{17M}.$
$149_{35M}.253_{10M}.254_{24M}.255_{5M}.$
$382_{15M}.484_{11M,42M}.485_{13M}.502_{5M}.$
503_{3M} **I 4.** 160_{21} **I 10.** 398_{29} **I 11.**
$86_7.87_{8,17}.127_8$
II 1A. $M25$ 163_{60-61} 44 $227_{176}.$
$237_{590-594}$ 50 $248_{18,24}$ **II 4.** $M70$
$82_{21}.83_{62}.84_{80}$ **II 5B.** $M110$ $318_{4,7}$
II 6. $M123$ 234_{40} **II 7.** $M9$ 11_5
45 74_{251} 48 92_{99} 112 219_{34} **II 8A.**
$M58$ 83_{174} 62 92_{90-91}

- Zink-Ordnung (nach Werner) **II 7.**
$M122$ 233_{34}

Zinkblende Siehe auch Blende, Rote und Blende, Braune *Reuss 165*
II 8A. $M34$ 56_7

Zinkkalk, Natürlicher Nach Werner eine Zinkart *W I, 74*
II 7. $M45$ 74_{252}

Zinkoxyd In mineralischer Form als Kristalle; bei Hausmann Oberbegriff zu Zinkglas, Galmey, Zinkblüte und Zinkocker *Zappe 1817, III, 257*
II 5B. M *147* 409$_{59}$
Zinkspat Siehe auch Gallmei *Reuss 165*
II 8B. M 85 139$_{30}$
Zinkvitriol Natürlicher (Zink-) Vitriol *Reuss 165*
I 3, 463$_{20}$
Zinn (Zin) Nach Werner eine Hauptgruppe der Metallarten (IV. Klasse), die in W II, III Zinnkies, Zinnstein und Kornisch-Zinnerz umfasst. Siehe auch Stannum sowie Holz-, Malakka- und Seifenzinn *W I, 74; W II, 385; W III, 22*
I 1. 103$_{32M}$.106$_{1M,2M,26}$.282$_{8Z}$
I 2. 4$_{8-9Z,11Z}$.27$_{11-12Z,33Z}$.33$_{10,17}$. 38$_{29}$.39$_{19}$.41$_{25-26}$.42$_{19}$.43$_{23}$. 44$_{11,21,22}$.47$_{26,29}$.52$_{17M}$.53$_{11Z}$. 54$_{4Z,33Z}$.55$_{1M,13M,24M,25M,28M,31M}$. 56$_{5M,18M,18M,25M,29M,32M,36M}$. 57$_{8M,13M,22M,24M,25M,29M}$. 58$_{7M,9M,20M,25M}$.59$_{4Z}$.61$_{22}$.62$_{32}$. 63$_{9,10,13,15,19,26,33}$.64$_{3-4}$.70$_{24,25}$. 71$_{5}$.80$_{20}$.82$_{3Z}$.100$_{17}$.107$_{27-28Z}$. 120$_{16}$.121$_{21,31}$.122$_{4}$.133$_{15M}$. 140$_{28M}$.150$_{30M}$.153$_{3,10,26,31}$.154$_{10}$. 207$_{14Z}$.421$_{1-2M}$.423$_{3M}$.427$_{25M}$. 428$_{11M}$ I 3. 147$_{22M,24M}$.148$_{36M}$. 252$_{24M}$.254$_{18M,20M}$.255$_{1M}$.463$_{12}$. 469$_{19-20M,23M,44MA}$.484$_{2M,7M,10M}$. 485$_{3M,9M}$.486$_{24M}$ I 4. 160$_{18}$.161$_{8}$. 164$_{19}$ I 6. 25$_{16}$ I 8. 5$_{20}$.130$_{2,4}$. 140$_{20,26}$.141$_{5,10,20,27}$.142$_{34}$.143$_{17,29}$. 144$_{18}$.146$_{21}$.147$_{14}$.148$_{16}$.149$_{6,32,33}$. 230$_{18}$ I 11. 87$_{17}$.89$_{23}$.151$_{11-12,18}$. 156$_{1}$.157$_{5,20}$.158$_{11}$.168$_{1-10}$.171$_{19}$. 186$_{26}$.205$_{2}$.206$_{4,13,24}$
II 1A. M *44* 227$_{176}$.230$_{307}$.237$_{556}$
II 4. M *47* 59$_{19}$ II 5A. M *9* 23$_{475}$
II 5B. M *43* 160$_{37}$ II 6. M *45* 57$_{96}$ 79 174$_{565}$ *124* 247$_{333}$ II 7. M *1* 3$_{28}$.4$_{38}$ 3 7$_{23,31}$ 9 11$_{13}$ *45* 74$_{245}$ *48* 92$_{97}$ *54* 121$_{5}$ 63 134$_{71}$ (étain) 73 156$_{52}$ *82* 172$_{3}$ *87* 179$_{4}$ (Stanno) *102* 197$_{20}$ *112* 219$_{32}$ *113* 221$_{27}$
II 8A. M *35* 57$_{8}$ *44* 66$_{6}$ M *48* 71–73 *49* 74 *51* 75$_{1,12}$ *53* 76$_{1}$ *52* 76$_{2}$ *62* 90$_{19}$.91$_{26,34}$ *86* 113$_{28,35}$ *105* 138$_{4}$ *114* 150$_{19}$ *117* 152$_{3}$
II 8B. M *4* 5$_{5}$ *44* 85$_{3}$ (Etain) 55 93$_{24-25}$ *93* 150$_{1}$
- Zinn-Ordnung (nach Werner) II 7. M *122* 233$_{32}$
Zinn Amalgam
II 5B. M *104* 307$_{62}$
Zinngraupen Kristallisierter Zinnstein *Reuss 166*; vgl. *Zappe 1804, 549*
I 1. 287$_{33Z}$ I 2. 33$_{11}$.47$_{33}$.58$_{16M}$
I 11. 151$_{12}$.153$_{27}$.157$_{29}$
II 7. M *124* 235$_{6}$ II 8A. M *46* 69$_{6}$ *48* 72$_{29,47}$ *49* 74$_{3-22}$
Zinnkalk Zinnasche; entsteht beim Verbrennen von Zinn *Vgl. Zappe 1817, III, 261; Zappe 1804, 548*
I 3. 375$_{22M}$
Zinnkies Nach Werner eine Zinnart *W II, 385; W III, 22*
II 8A. M *55* 77$_{11-12}$
Zinnober Nach Werner eine Quecksilberart, in W II, III unterschieden in dunkelrother und hochrother Zinnober. Siehe auch Vermillon *W I, 72; W II, 381; W III, 17; Krünitz*
I 1. 282$_{12Z}$ I 2. 249$_{24M}$ I 3, 45$_{34}$. 149$_{17M,23M}$.374$_{4M}$.486$_{40M,43M}$ I 4. 95$_{24}$.163$_{19}$.164$_{29,31}$.225$_{26}$.228$_{10}$ I 5. 179$_{18,22}$.180$_{20,32}$.181$_{7,15,17}$.183$_{1,3}$ I 6. 49$_{7}$.58$_{16}$.355$_{17}$ I 7. 97 (ND: 85)$_{15}$
II 3. M *32* 20$_{5}$ *33* 23$_{79}$ II 4. M *60* 70 II 5B. M *6* 21$_{55}$ *147* 409$_{61,68}$ II 7. M *45* 72$_{189}$ *63* 134$_{68}$ (cinnabre), 135$_{90}$ (cinabre) *87* 179$_{9}$ (Zinnabari) II 8A. M *59* 84$_{8}$. 85$_{15}$ 69 99$_{15,31}$ II 8B. M *19* 29$_{53}$ *21* 36$_{10}$
Zinnober, Hochroter/Lichterroter Nach Werner dem Zinnober zugeordnet, dieser dem Quecksilber *W III, 17*
II 8A. M *69* 99$_{34}$

MINERALIEN

Zinnsand In Körnern vorkommender Zinnstein (Zinnwäsche) *Vgl. Zappe 1804, 549*
I 1. 103₃₁ₘ
II 7. M *73* 156₅₁

Zinnsolution
II 4. M*56* 67₁₃

Zinnstein Nach Werner zunächst (W I) die einzige Zinnart, später eine von dreien. Siehe auch Seifenzinn und Visirgraupen *W I, 74; W II, 385; W III, 22; vgl. Reuss 138, 158*
I 2. 37₃₃.38₁₇ **I 11.** 153₂₀.₂₃.
157₂₀₋₂₁.₂₃.₂₅.₃₅.158₃
II 7. M*45* 74₂₄₆ **II 8A.** M*41* 64₁₁
46 69₁₀ *48* 72₂₆.₃₇.₄₇ *49* 74₁₀.₁₃₋₁₄.₂₁
50 75 98 132₈

Zirkon Nach Werner eine Kieselart; später gemeinsam mit Hyazinth ein eigenes „Zirkon-Geschlecht" *W II, 373; W III, 1*
I 2. 427₂₅ₘ
II 8A. M*98* 132₄ **II 8B.** M *77*
130₃₋₅ *85* 139₄₂ *119* 164₁
- Zirkon-Ordnung (nach Werner)
II 7. M *122* 232₅

Zitrin Honiggelber Bergkristall *Reuss 54*
II 8B. M *119* 164₂

Zoisit Name Werners zu Ehren des Barons Zois, sonst Saulapit oder Illuderit *Zappe 1817, III, 270*
II 8B. M *117* 163₃

Zoolithen Versteinerungen von Säugethieren *LA II 8A, 48q; vgl. Reuss 362*
II 8A. M*30* 48₈

Zundererz Nach Werner dem Roth Spiesglaserz zugeordnet *W III, 23*
I 11. 25₅

Zwillingskristalle Mehrere, an- oder ineinander gewachsene Kristalle *Zappe 1817, III, 274*
I 1. 286₃₄₋₃₅z.290₂₅z.291₁₈₋₁₉z.
299₂₇₋₂₈.320₂₇z.327₁₉ₘ.₂₄ₘ.331₃₁.
332₂₄.352₃₄.382₂₈ **I 2.** 28₂₆z.₂₉z.
62₁₅₋₁₆.80₈.94₁₄.118₂₂z.120₂₅.
121₅₋₆.₉.₁₅.122₁₃ₘ.₂₀ₘ.123₁₉z.
128₉ₘ.₁₁ₘ.₁₇ₘ.₂₈ₘ.130₂ₘ.₇ₘ.
144₁₁₋₁₂ₘ.186₃₀z.188₂₋₃z.
196₁₀ₘ.₁₈ₘ.197₂₃ₘ.198₆ₘ.216₃₅.
217₃₁.219₁₁₋₁₂.283₄z.414₁₅ **I 8.**
11₁₂.₃₇.27₃₆.29₉.30₁.₂₂₋₂₃.249₁₅.
250₈.251₁₇₋₁₈.385₁₇ **I 11.** 52₁₈.
103₂₆₋₂₇.140₉₋₁₀.₂₂.156₂₅.171₈.
205₁₀.₂₄.₂₈.₃₃.323₃₅
II 7. M *103* 199₇ **II 8A.** M *13*
25₈.₁₃ *14* 29₁₈.30₆₄ *99* 133₄₋₅
101 134₃₋₈ *108* 140₁₁₋₁₂.141₁₇₋₂₉.
142₇₃₋₇₈ *120* 157₆₉₋₇₀ **II 8B,**
M *10* 17₂₉.19₈₇ *20* 31₈.₄₂.33₁₀₄ *90*
145₂₉
- Karlsbader **I 1.** 281₂ **I 2.** 2₆₋₇z.
118₁₁z.₂₅z.347₆₋₇ **I 8.** 412₂₄₋₂₅
II 8B. M *10* 17₂₃

Zwitter Nach Zappe der Name für besonders kleine Formen von „Abänderungskrystallen" des edlen Zinnsteins. Siehe auch Zinnstein *Zappe, 1817, III, 265–266*
I 2. 207₁₄z.428₁₂ₘ
II 7. M *124* 235₇ **II 8A.** M *41*
64₂.₁₂.₂₁ *42* 65₄₋₁₆ *49* 74₁₅₋₁₆.₁₉

Pflanzen

Pflanzen

Hinweis: Die den Einträgen beigefügten Erläuterungen sind nicht als Identifikationen im Sinne heutiger Systematik zu verstehen (zu der es bisweilen Abweichungen gibt), sondern als Hinweise auf Zuordnungen und Synonyme, die Goethe aus seiner Zeit kannte (und bisweilen kritisch veränderte). Hierfür wurden Nachschlagewerke herangezogen, die sich in Goethes Bibliothek nachweisen lassen bzw. von Personen stammen, mit denen Goethe in engem Kontakt stand. Sofern sich Erläuterungen und Synonyme aus den Goetheschen Quellen selber ergaben, sind diese aufgeführt (q).

Abies Lat. (Vok.): Tanne: Dietr. verweist auf Pinus (Abies) = Tannen-Fichte. Siehe auch Tanne, Pinus Abies *LA II 9A, 3q; Dietr. I, 29; VII, 227*
II 9A, M *1* 3$_{25}$
Abroma Abroma. Cacaomalve *Dietr. I, 29*
II 9A, M *88* 132$_{21}$
Abrus precatorius Honigerbse, Indianische Paternosterbohne mit abgebrochen gefiederten Blättern *Dietr. I, 32*
II 10A, M *3.2* 36$_{49-50}$
Acacia heterophylla Dietr. verweist von Acacia u.a. auf Mimosa; Mimosa heterophylla = Verschiedenblättrige Sinnpflanze *Dietr. I, 34; VI, 193*
II 9A, M *29* 44$_2$ **II 10B**, M *10* 29$_{10}$
Acacie *s. Akazie (Acatie)*
Acanthus (Akanth) Lat. (Vok.), Bären-Tatz; Dietr.: Bärenklaue. Siehe auch Bärenklau *LA II 9A, 5q; Dietr. I, 38*
II 9A, M *1* 5$_{109}$ *30* 44$_2$ **II 10A**, M *69* 150$_{38}$ **II 10B**, M *23.9* 103$_{5-7}$ *23.10* 105$_5$ *23.13* 108$_8$
Acanthus mollis Echte, ital. Bärenklaue *Dietr. I, 38*
I 10, 335$_{15}$
II 10B, M *23.14* 110$_2$
Acer Siehe auch Ahorn *LA II 9A, 4q; vgl. Dietr. I, 45*
II 9A, M *1* 4$_{37}$
Acer campestre Kleiner Feldahorn *Dietr. I, 49*
II 9A, M *115* 177$_{135}$

Acer monspessulanum Franz. Ahorn, Bergahorn *Dietr. I, 52*
II 9A, M *115* 176$_{89}$
Acer pseudo platanus Gemeiner weißer Ahorn *Dietr. I, 46*
II 9A, M *52* 93$_{38}$ *115* 177$_{134}$
Acer rubrum Der Nordamerikanische rothblühende Ahorn. Siehe auch Ahorn, Virginischer *Dietr. I, 48*
II 9A, M *122* 192$_{10}$ **II 9B**, M *58* 68$_{36}$
Achillea magna Große Schafgarbe mit Rainfarnblättern *Dietr. I, 69*
II 9A, M *118* 186$_{125}$
Achillea millefolium Gemeine Garbe, Schafgarbe *Dietr. I, 62*
II 9A, M *118* 186$_{137}$
Achillea nobilis Edle Schafgarbe *Dietr. I, 63*
II 9A, M *118* 186$_{128}$
Achillea ptarmica Siehe auch Bertram, deutscher *Dietr. I, 70; LA II 9A, 28q*
II 9A, M *13* 28$_{23}$,30$_{84}$
Achlya (aquatica) Gattung von Schimmel im Wasser *LA I 10, 237q*
I 10, 237$_{8,15}$,238$_3$
Achlya prolifera Nees v. Esenb. Schimmelart, die im Wasser auf faulenden tierischen und vegetabilischen Substanzen wächst *LA I 10, 238q*
I 10, 238$_{14,30}$,239$_{29,31}$
Ackeley *s. Akelei*
Ackermelisse Siehe auch Melissa Nepeta *LA II 9A, 30q; Dietr. VI, 83*
II 9A, M *13* 30$_{90}$

Ackermünze Siehe auch Mentha arvensis *LA II 9A, 30q;* Dietr. *VI, 101*
II 9A. M*13* 30₉₅

Aconitum (Akonitum) Siehe auch Eisenhut *Dietr. I, 90*
I 9. 39₁₇,₂₁

Aconitum napellus Wahrer Eisenhut. Siehe auch Sturmhut. Blauer *Dietr. I, 92; LA II 9A, 2Sq*
II 9A. M*13* 28₂₇ *53* 94₂₀ *11S* 187₁₅₅ **II 9B.** M*55* 62₈₀ **II 10A.** M*3.5* 42₆₆ *3.6* 45₃ *3.9* 50₃₀

Acrocomia sclerocarpa In Amerika genutzte Palmenart *LA II 10A, 149q*
II 10A. M*69* 149₂₅

Actaea spicata Ährentragendes Christophskraut *Dietr. I, 104*
II 9A. M*115* 177₁₃₇ *11S* 187₁₆₂

Adansonia digitata Siehe auch Affenbrotbaum *LA I 10, 201q*
I 10. 201₁₉₋₂₀

Adelsbeere Siehe auch Crataegus torminalis *LA I 10, 35Sq*
I 10. 358₁₅

Adoxa Moschatellina Gemeines Bisamkraut *Dietr. I, 124*
I 9. 299₁₇

Aegilops Gräsergattung bei Jussieu *Juss. 36*
II 9A. M*119* 188₁₃

Aegopodium Giersch. Geißfuß *Dietr. I, 130*
II 9A. M*137* 219₉

Aegopodium podagraria Gemeiner Giersch. Geißfuß. Zipperleinkraut *Dietr. I, 131*
I 9. 115₃₄
II 9A. M*52* 93₂₇

Aeschynomene sesban Ägypt. Aeschynomene *Dietr. I, 134*
I 10. 150₁₈,152₄₆₋₄₇,156₂₀

Aesculap, Größter Siehe auch Asclepias gigantea *LA II 9A, 2Sq;* Dietr. *I, 760*
II 9A. M*13* 28₂₉

Aesculus Hippocastanum *s. Esculus (Aesculus) Hippocastanum*

Aethusa cynapium Garten-Gleiße, Hundspetersilie *Dietr. I, 143*
I 10. 161₃₅

Affenbrotbaum Siehe auch Adansonia digitata *LA I 10, 201q*
I 10. 201₁₉₋₂₀
II 9A. M*50* 86₁₀₂

Agallochum Agallocheholz, Aloeholz; Dietr. verweist auf Excoecaria (Agallocha) = Blindbaum, Blendbaum, unächtes Adlerholz *LA II 9A, 117q;* Dietr. *I, 146; IV, 126*
II 9A. M*77* 117₈

Agapanthus umbellatus Doldenblütige Schmucklilie *Dietr. I, 146*
II 9A. M*29* 44₁

Agaricus campestris Champignon. Ehegürtel *Dietr. I, 151;* rgl. *Krünitz 10, 16S*
II 9A. M*115* 178₁₆₈

Agaricus fimetarius Mistschwamm. Krötenschwamm *Dietr. I, 152*
II 9A. M*115* 178₁₆₉

Agaricus quercinus Eichen-Blätterschwamm *Dietr. I, 154*
II 9A. M*115* 177₁₄₃

Agave Ananasgattung bei Jussieu *Juss. 57*
II 9A. M*119* 189₂₈

Aggregatae Taxon: 6. Ordnung bei Erxleben *Erxleben 469*
II 9A. M*43* 72₃₄

Aglei *s. Akelei*

Agrimonia Siehe auch Odermennig *Dietr. I, 166*
II 9A. M*1* 5₈₅

Agrimonia eupatoria Siehe auch Odermennig, Offizineller *LA II 9A, 29q;* Dietr. *I, 166*
II 9A. M*13* 29₅₈

Agrimonia sylvest. Siehe auch Gänserich (Gänserig) *LA II 9A, 5q;* rgl. *Dietr. I, 166, VII, 474*
II 9A. M*1* 5₈₆₋₈₇

Agrionatum Siehe auch Baldrian *LA II 9A, 5q;* rgl. Dietr. *X, 338 (Valeriana)*
II 9A. M*1* 5₈₈

Agriophylum Siehe auch Schwefelwurz *LA II 9A, 5q; vgl. Dietr. VII, 107*
II 9A. M*1* 5[89]
Agrioselinum Siehe auch Peterskraut. Wildes *LA II 9A, 5q*
II 9A. M*1* 5[90]
Agrostemma Rade. Raden *Dietr. I, 169*
I 9. 39[5]
Agrostemma coronaria Gartenrade. Kronrade. Sammtnelke *Dietr. I, 169*
II 9A. M*49* 81[7]
Agrostemma githago (Agrostemma chidago) Gemeine Rade. Siehe auch Kornrade *Dietr. I, 171*
II 9A. M*49* 81[6].82[43] *11S* 187[187]
Agrumen Sammelbezeichnung für die Früchte der Zitruspflanzen
I 9. 28[25]
II 9B. M*33* 38[253]
Ahorn Siehe auch Acer. Zuckerahorn *Dietr. I, 45*
I 9. 47[22].330[21]
II 9A. M*1* 4[37] 79 121[136] *S3* 125[7] *S4* 127[58]
Ahorn, Virginischer Siehe auch Acer rubrum *LA II 9B, 6S*
II 9B. M*5S* 68[37]
Aizoon Siehe auch Hauswurz. Sempervivum *LA II 9A, 5q; Dietr. I, 202, IX, 6S (Immergrün)*
II 9A. M*1* 5[92]
Akanth *s. Acanthus (Akanth)*
Akazie (Acatie) Acacia *Dietr. n.v.*
I 9. 116[3]
II 10A. M*23* 82[10]
Akelei Siehe auch Aquilegia *Dietr. I, 644*
I 9. 39[15]
II 9A. M 77 117[2] **II 9B.** M*51* 54[21] (Ancolie)
Akonitum *s. Aconitum (Akonitum)*
Akotyledonen Dietr.: „Acotyledones, nennt man die aufkeimenden Saamen, welche keine Saamenlappen haben, oder bey welchen das Kernstück ganz fehlt" *Dietr. I, 100; vgl. Batsch I, 199*

I 9. 108[21.21] **I 10.** 352[3]
II 9A. M*53* 94[2] *54* 97[28] *56* 102[5]
II 10B. M*23.4* 98[9]
Alant Wandtafel: Inula pratense mit unvollständiger deutscher Bezeichnung *LA II 9A, 29q*
II 9A. M*13* 29[54]
Alcea rosea Rosen-Alcee: Dietr. verweist von Alcea auf Althaea *Batsch II, 46; Dietr. I, 215*
II 9A. M*11S* 187[181]
Aletris Asphodelengattung bei Jussieu *Juss. 5S*
II 9A. M*119* 189[30]
Algae Aftermoose; Taxon bei Jussieu: Familie bei Batsch; 62. Ordnung bei Erxleben. Siehe auch Algen *Juss. S; Batsch II, 612; Erxleben 572*
II 9A. M*43* 71[26] *120* 190[1]
Alge, Algen Siehe auch Algae
I 9. 236[18] **I 10.** 234[19.31.33-34].237[12]
II 9A. M*121* 191[3] **II 10A.** M*2.3* 7[20] *3.2* 36[59] **II 10B.** M*1.3* 17[178]
- färbt Schnee rot **II 10B.** M*1.3* 14[68]
- Luftalge **II 10B.** M*1.3* 16[155]
Alisma Plantago (aquatica) Gemeiner Froschlöffel. Wasserwegbreit. Siehe auch Wasserwegrich *Dietr. I, 226; LA II 9A, 2Sq*
II 9A. M*13* 28[28] *11S* 183[21]
Alliaceae Taxon: Familie bei Batsch *Batsch II, 2S0*
II 9A. M*43* 71[13]
Allium Siehe auch Lauch, Porrum *Dietr. I, 234*
I 10. 353[11]
II 9A. M*35* 49[8.9] *39* 57[134] *54* 97[18] *117* 182[5] **II 9B.** M*6* 8[38.9.41] *S* 10[3]
II 10A. M*3.S* 49[106]
Allium canadense Kanadisches Lauch *Dietr. I, 250*
I 10. 162[29]
II 9A. M*115* 176[68]
Allium fistulosum Winterzwiebel *Dietr. I, 255*
II 9A. M*93* 138[2] *115* 176[69] *11S* 183[27] **II 9B.** M *S* 10[5-6]

Allium luxurians *Dietr. n.v.*
II 9A. M*35* 49$_{10}$ *39* 57$_{133.138}$
Allium Moly Wandtafel: Moly: *Dietr.*: Goldfarbenes Lauch. Molyknoblauch. Siehe auch Moly *Dietr. I, 252; LA II 9A, 2Sq*
II 9A. M*13* 28$_{13}$
Allium porrum Gemeines Lauch. Porre *Dietr. I, 234*
II 9A. M*115* 176$_{66}$
Allium scorodoprasum Rockbollen. Lauch. Schlangenknoblauch *Dietr. I, 240*
II 9A. M*115* 176$_{67}$ *118* 183$_{28}$
Allium senescens Grauwerdendes Lauch. Narcissenblättriges Lauch *Dietr. I, 246*
II 9A. M*115* 176$_{71}$
Allium ursinum Bärenlauch *Dietr. I, 251*
II 9A. M*70* 113$_{5}$ *115* 176$_{70}$
Allium vineale Ackerlauch. Weinlauch *Dietr. I, 245*
II 9A. M*115* 176$_{65}$
Alnus Siehe auch Erle. Betula alnus *LA II 9A, 3q; vgl. Dietr. I, 261; II, 202*
II 9A. M*1* 3$_{29}$
Aloe Aloe *Dietr. I, 261*
I 10. 203$_{7.10-11.15}$
II 9A. M*39* 56$_{120}$ *40* 64$_{19}$ II 10A. M*28* 88$_{9}$
Alpenpflanzen
II 10A. M*3.1 Anm* 33 II 10B. M*8* 27$_{20}$
Alphitomorpha macularis Wallroth Mehltau bei Hopfen gemäß Nees von Esenbeck. Siehe auch Erysiphe Humuli Decandolle *LA I 9, 330q*
I 9. 330$_{7}$
Alphitomorpha Wallroth Mehltau gemäß Nees von Esenbeck. Siehe auch Mucor Erysiphe *LA I 9, 330q*
I 9. 330$_{2}$.331$_{4}$
Alpinia Pflanzengattung der Cannae-Familie bei Jussieu *Juss. 71*
II 9A. M*119* 190$_{63}$

Alraune *Dietr.*: Atropa Mandragora = Alraun Tollkraut *Dietr. II, 78*
I 2. 360$_{26z}$
Alsine media Gemeine Vogelmiere *Dietr. I, 276*
II 9A. M*122* 192$_{32}$
Althaea (Althaen, Althea) Siehe auch Eibisch *Dietr. I, 282*
II 9A. M*1* 5$_{77}$ II 10A. M*3.2* 36$_{39}$ *3.13* 57$_{11.16}$
Amara dulcis Siehe auch Je länger je lieber *LA II 9A, 5q; vgl. Dietr. I, 300*
II 9A. M*1* 5$_{73}$
Amaranthe Amaranthus *Dietr. I, 300*
I 4. 187$_{5}$
II 9B. M*55* 63$_{123}$ II 10A. M*3.1 Anm* 31.34 *3.2* 35$_{19}$.36$_{04}$ *3.13* 56$_{6}$ *3.16* 60$_{11}$
Amaranthi Amaranthen. Taxon bei Jussieu: Familie bei Batsch *Juss. 98; Batsch II, 370*
II 9A. M*43* 71$_{25}$ *120* 190$_{7}$
Amaranthus Amaranth-Meyer *Dietr. I, 300*
II 9A. M*112* 170$_{46}$
Amaranthus Blitum Meyer-Amaranth. kleiner weißer Meyer *Dietr. I, 308*
I 10. 164$_{22}$
Amaranthus caudatus Geschwänzter Amaranth *Dietr. I, 312*
II 10A. M*22* 81$_{19}$
Amaranthus cruentus Blutiger oder bunter Amaranth *Dietr. I, 311*
II 9A. M*115* 177$_{141}$
Amaranthus polygonoides Knöttrichartiger Amaranth. vielseitiger Meyer *Dietr. I, 307*
II 9A. M*115* 177$_{142}$
Amaranthus sanguineus Blutrother Amaranth *Dietr. I, 308*
I 10. 155$_{9}$
II 9A. M*115* 177$_{140}$
Amaranthus tricolor Dreifärbiger Amaranth. Papageyenfeder. Tausendschönchen *Dietr. I, 302*
I 10. 156$_{10}$
II 9B. M*14* 16$_{2}$ *55* 62$_{110}$.63$_{132}$
II 10A. M*3.16* 60$_{12}$

Amarantus violaceus Gemeint sein könnte evtl. auch Agaricus violaceus = Violetter Blätterschwamm (Dietr. I, 151) *Dietr. n.v.*
II 9A, M*115* 177₁₄₃
Amaryllis Amaryllis, Narzissenlilie *Dietr. I, 316*
I 10, 203₃₀
II 9A, M*96* 139₁
Amaryllis formosissima Schönste Amaryllis, Jacobslilie *Dietr. I, 320*
II 9A, M*137* 220₄₄ *138* 225₄₀
Amaryllis spatha multiflora Mit vielblumiger Blumenscheide, mehrere Arten *Dietr. I, 325*
II 9A, M*22* 40₃₃
Ambrosinia Pflanzengattung der Aroideae-Familie bei Jussieu *Juss. 28*
II 9A, M*119* 188₂
Amentaceae (Amentacien) Kätzchentragende Pflanzen; Taxon: Familie bei Batsch; 18. Ordnung bei Erxleben *Dietr. I, 348*; *Batsch II, 339*; *Erxleben 490*
II 9A, M*43* 71₂₂ **II 9B**, M*58* 68₄₂
Amentum Kätzchen *Dietr. I, 348*
II 9A, M*27* 43₃
Amomum Auch: Pflanzengattung der Cannae-Familie bei Jussieu. Siehe auch Ingwer, Zingiber *Dietr. I, 358*; *Juss. 71*
I 10, 201₁₀
II 9A, M*112* 171₅₃ *113* 172₅ *119* 190₆₁
Amorpha fruticosa Strauchartige Amorpha, Bastard-Indigo *Dietr. V, 368*
II 9A, M*115* 176₉₁ **II 9B**, M*10* 12₃
Ampfer Wandtafel: Rumex lapatum mit unvollständiger deutscher Bezeichnung *LA II 9A, 29q*; *Dietr. VIII, 312*
II 9A, M*13* 29₄₁
Amygdalus Lat. (Vok.): Mandelbaum; Dietr.: Mandel-Pfirsche. Siehe auch Mandel *LA II 9A, 4q*; *Dietr. I, 371*

II 9A, M*1* 4₅₁ *50* 88₂₁₂ **II 10A**, M*3.1 Anm 33*
Anagallides Taxon: Familie bei Batsch *Batsch II, 493*
II 9A, M*43* 71₉
Anagallis Siehe auch Gauchheil *Dietr. I, 413*
II 9A, M*1* 5₈₉
Anagrien Anagyris (= Stinkbaum) gemeint? *Dietr. n.v.*; *I, 419*
I 10, 348₁₃
Anakardien Anacardium = Nierenbaum *Dietr. I, 406*
I 10, 204₃
Ananas Siehe auch Bromelia *Dietr. II, 286*
I 9, 112₂₇.242₉ **I 10**, 73₄
II 9A, M*62* 105₂₁ *72* 114₁
Andrachne Andrachne *Dietr. I, 434*
I 6, 31₁₇
Andromeda Andromeda *Dietr. I, 438*
I 10, 201₃₅
Andropogon Gräsergattung bei Jussieu *Juss. 35*
II 9A, M*119* 188₆
Anemone Windblume, Küchenschelle; Lat. Anemone *Dietr. I, 468*
II 9A, M*22* 39₆.40₁₉
Anemone hepatica Dreilappige Anemone, Leberblume. Siehe auch Hepatica nobilis. Herzkraut und Edel-Leberkraut *Dietr. I, 468 u. IV, 598*
II 9A, M*118* 187₁₈₂ *122* 192₂₇ *137* 220₃₅ **II 9B**, M*58* 68₂₀
Anemone nemorosa Busch-Anemone, weißer Waldhahnenfuß *Dietr. I, 491*
II 10A, M*3.6* 45₅
Anemone pulsatilla Violette Anemone, gemeine Küchenschelle *Dietr. I, 473*
II 9A, M*137* 220₃₃ **II 10A**, M*3.1 Anm 33*
Anethum foeniculum Fencheldill, gemeiner Fenchel, Fenchelkraut *Dietr. I, 498*
I 10, 162₁₂

Anethum graveolens Siehe auch Dill. Gemeiner *Dietr. I, 496; LA II 9A, 2Sq*
I 10. 160₂₂.162₁₃
II 9A. M*13* 28₂₅
Angelica sylvestris Wald-Angelik, wilde Engelwurz *Dietr. I, 502*
II 9A. M*11S* 187₁₆₁
Anocotyledones Überbegriff für Pflanzen mit zwei oder mehr Keimblättern (Di- und Polykotyledonen) *Vgl. LA II 9A, 36q; vgl. Batsch I, 199*
II 9A. M*19* 36₁₈
Anthemis arabica Arabische Kamille *LA I 10, 160q; Dietr. I, 542*
I 10. 160₁₁
Anthemis nobilis Römische Kamille, edle Camille *Dietr. I, 534*
II 9A. M*11S* 186₁₂₂
Anthericum Zaunblume, Spinnenkraut *Dietr. I, 547*
I 10. 230₇.231₁₀₋₁₁,₁₆.232₁,₁₅,₂₈,₄₁. 233₁₁,₂₄.259₁₀
II 10B. M*9* 28₂
Anthericum comosum Schopftragende Zaunblume *Dietr. I, 552*
I 10. 232₁₋₂.258₇–259₃₇
Anthericum comosum Sternbergianum (Schult.) Schopfige Zaunblume, Spinnenkraut; von Sternberg beschriebene neue Art, von Schultes in seine neue Ausgabe (1830) der „Systema Vegetabilium" aufgenommen (VII 2. 1693). Siehe auch Schopfige Zaunblume *LA II 10B, 40q, I 10, 231q*
I 10. 229₃₆–231₄.231₃₃.232₃₋₄,₁₃. 233₃₋₄,₃₃,₃₄
II 10B. M*15* 40–42
Anthericum divaricatum Beschrieben in: Jacquin 1797–1804. IV.414 *LA I 10, 25Sq; Dietr. n.v.*
I 10. 258₁₈₋₁₉
Anthericum Liliago Gemeine Zaunblume, Lilien-Zaunblume, gemeines Spinnenkraut *Dietr. I, 556*
I 10. 232₂₈

Anthericum ramosum Siehe auch Zaunblume, ästige *Dietr. I, 552*
I 10. 232₂₈
II 9A. M*11S* 183₂₆
Anthericum undatum Thunb. Beschrieben in: Thunberg 1807–1820. I.321 und Schultes/Schultes 1830. VII.1.470 *LA I 10, 234q; Dietr. n.v.*
I 10. 234₁
Anthistria Gräsergattung bei Jussieu *Juss. 35*
II 9A. M*119* 188₈
Anthoceros Nadelschorf, Hörnerschorf *Dietr. I, 568*
II 9A. M*50* 86₁₂₈
Antholyza Irisgattung bei Jussieu *Juss. 66*
II 9A. M*119* 189₄₇
Anthoxanthum odoratum Wohlriechendes Ruchgras *Dietr. I, 577*
II 9A. M*SS* 132₁₇
Antirrhinum Siehe auch Löwenmaul *Dietr. I, 589*
II 9A. M*53* 94₂₂
Antirrhinum linifolium Flachsblättriges Löwenmaul *Dietr. I, 612*
II 9A. M*11S* 184₅₄
Antirrhinum (Antirrhynum) majus Großes Löwenmaul, Garten-Löwenmaul. Siehe auch Löwenmaul *Dietr. I, 614; LA II 9A, 2Sq*
I 10. 158₅
II 9A. M*13* 28₃₁ *11S* 184₅₃
Antirrhinum triphyllum Dreiblättriges Löwenmaul *Dietr. I, 595*
I 10. 160₂₆
Apfel, Apfelbaum Lat. (Vok.): Malus: Dietr.: Pyrus Malus. Siehe auch Malus, Pyrus *LA II 9A, 4q; Dietr. VII, 708*
I 6. 29₃₃₋₃₄.35₂₀ I 8. 85₁
II 1A. M*35* 197₇₉₋₈₀ II 7. M*45* 78₄₀₉ II 8B. M*SS* 141₆ II 9A. M*1* 4₃₈ *14* 31₁₂ *15* 32₁₉ *56* 102₇ *S4* 126₁₄ *89* 135₄ *163* 255₆₃ II 10B. M*17*.2 43₇
Apfelsine Pomeranzenart *Krünitz 115, 54–55*
II 10A. M*3.13* 57₃₇

Aphrode Siehe auch Wolfsmilch. Euphorbia *LA II 9A, 5q; vgl. Dietr. IV, 67*
II 9A, M*1* 5$_{82}$

Aphyllantes Grasliliengattung bei Jussieu *Juss. 50*
II 9A, M*119* 189$_{53}$

Aphyllantes monspeliensis Zarte Nelkenlilie, Blattlose *Dietr. I, 624*
I 9, 299$_{16}$

Aphyteja Pilzmalve *Dietr. I, 625*
II 10A, M*51* 111$_{1}$

Aphyteja hydnora Afrikanische Pilzmalve *Dietr. I, 625*
I 9, 299$_{15}$
II 10A, M*51* 111$_{2(?)}$

Apium Eppig, Petersilie *Dietr. I, 626*
I 6, 31$_{17}$ I 10, 290$_{20}$

Apium graveolens Sellerie-Eppich, Zellerie. Siehe auch Sellerie *Dietr. I, 629*
I 10, 155$_{7}$

Apium petroselinum Petersilien-Eppig, gemeine Petersilie, Garten-Petersilie, Peterlein. Siehe auch Petersilie *Dietr. I, 626*
I 10, 162$_{11}$

Apluda Gräsergattung bei Jussieu *Juss. 38*
II 9A, M*119* 189$_{21}$

Apocineen Dietr.: Apocynae = Gewächse mit gedrehten Blumen (Contorten); Taxon bei Jussieu *Dietr. I, 633; Juss. 160*
I 10, 348$_{21}$

Apocynum ventum Venetianisches Apocynum *Dietr. I, 636*
II 9A, M*115* 174$_{21}$

Aprikose, Aprikosenbaum Malus armeniaca *LA II 9A, 4q; vgl. Dietr. VII, 563*
I 10, 320$_{10}$
II 9A, M*1* 4$_{42-43}$ II 10A, M*3.13* 57$_{36}$

Aquifolium Lat. (Vok.): Stechpalme; Dietr.: Ilex Aquifolium = Gemeine Hülse, Stechpalme. Siehe auch Stechpalme *LA II 9A, 3q; Dietr. V, 26*
II 9A, M*1* 3$_{24}$

Aquilegia Siehe auch Akelei *Dietr. I, 644*
II 9A, M*52* 92$_{5}$

Aquilegia vulgaris Gemeine Ackeley *Dietr. I, 644*
II 9A, M*52* 92$_{5}$

Araliae Taxon bei Jussieu *Juss. 241*
II 9A, M*120* 190$_{12}$

Arbustiva Taxon: 45. Ordnung bei Erxleben *Erxleben 545*
II 9A, M*43* 72$_{33}$ (Arbustirae)

Arbutus Lat. (Vok.): Hagbutte; Dietr.: Sandbeere, Erdbeerbaum. Siehe auch Hagebutte *LA II 9A, 4q; Dietr. I, 664*
II 9A, M*1* 4$_{31}$

Arbutus alpina Alpen-Sandbeere *Dietr. I, 669*
II 10A, M S 66$_{1}$

Arbutus Uva ursi Gemeine Sandbeere, Bärentraube *Dietr. I, 668*
II 10A, M S 66$_{2}$

Arctium lappa Gemeine Klette *Dietr. I, 672*
II 9A, M*115* 177$_{127}$

Arctotis Bärenohr *Dietr. I, 675*
II 9A, M SS 132$_{15}$

Areca catechu Gemeine Arekapalme, Pinagpalme, Katechupalme *Dietr. I, 686*
II 10A, M*69* 150$_{30}$

Arethusa Orchideengattung bei Jussieu *Juss. 74*
II 9A, M*119* 190$_{62}$

Argolasia Irisgattung bei Jussieu *Juss. 67*
II 9A, M*119* 189$_{53}$

Arillatae Taxon: Familie bei Batsch *Batsch II, 98*
II 9A, M*43* 71$_{9}$

Aristida Gräsergattung bei Jussieu *Juss. 34*
II 9A, M*119* 188$_{17}$

Aristolochia Siehe auch Osterluzei *Dietr. I, 710*
II 9A, M*1* 5$_{81}$ SS 133$_{51}$

Aristolochia arborescens Baumartige Osterluzey *Dietr. I, 711*
II 9A, M*115* 176$_{64}$

Aristolochia clematitis Gemeine Osterluzey *Dietr. I, 717*
II 9A. M *118* 183₃₂
Aristolochia frutescens Dietr. subsumiert unter A. sipho = Nordamerikan. Osterluzey. Heberblume *Dietr. I, 712*
II 9A. M *118* 183₃₃
Aristolochia macrophylla *Dietr. n.v.*
II 9A. M *137* 220₃₉
Aristolochia rotunda Runde Osterluzey *Dietr. I, 715*
II 1A. M *1* 9₂₆₇
Aristolochia sipho Nordamerikan. Osterluzey. Heberblume *Dietr. I, 712*
II 10A. M *3.12* 54₁₆
Aristolochiae (Aristolochien) Taxon bei Jussieu *Juss. 81*
II 9A. M *120* 190₅ *121* 191₁₅
Arnica Wolverley. Wolverleih *Dietr. I, 719*
II 9B. M *5* 7₁₇
Arnica montana Berg-Wolverley *Dietr. I, 719*
I 9. 17₃₇
II 9B. M *55* 61₄₈
Aroideae (Aroidées) Taxon (Familie) bei Jussieu *Juss. 28*; *Dietr. I, 722*
I 9. 327₆
II 9A. M *119* 188₁ *120* 190₂
Artemisia abrotanum Eberraute *Dietr. I, 726*
II 9A. M *115* 176₇₅ *118* 185₁₀₀
Artemisia absinthium Gemeiner Wermuth *Dietr. I, 730*
II 9A. M *118* 185₁₀₂
Artemisia Dracunculus Estragon *LA II 9A, 176q*; *Dietr. I, 732*
II 9A. M *115* 176₇₄ *118* 185₁₀₁
Artemisia pontica Römischer Wermuth *Dietr. I, 729*
II 9A. M *118* 185₁₀₃
Artemisia vulgaris Siehe auch Beifuß. Gemeiner *LA II 9A, 30q*; *Dietr. I, 730*
II 9A. M *13* 30₉₃

Arthropodium Wurde erst 1810 von Brown beschrieben. verwandt mit der Gattung Anthericum *Dietr. NN I, 391*
I 10. 232₃₈
Artischocke Cynara *Dietr. III, 482*
I 1. 138₁₁ᵤ
II 9A. M *92* 137₅ *138* 226₅₈ II 9B. M *33* 37₂₄₁.₂₄₇
Arum Aron. Zehrwurz *Dietr. I, 737*
I 9. 326₂₉.₃₉ I 10. 53₃₁.202₃₄.353₁₉
II 9A. M *31* 45₅ *39* 59₁₈₁₋₁₈₃ *88* 132₂₇ *112* 169₃ *113* 172₂ *121* 191₇
II 10B. M *23.13* 109₁₇ *24.11* 118₁₃
Arum campanulatum Glockenförmiger Aran *Dietr. NN I, 393*
I 9. 326₃₀
Arum dracunculus Schlangenkraut. langscheidiger Aron *Dietr. I, 737*
I 10. 150₂₄.153₁₅₋₁₆
Arum maculatum Gemeines Aron. Magenwurz. deutscher Ingber *Dietr. I, 742*
II 9A. M *118* 183₄
Asarum Haselwurz *Dietr. I, 755*
II 9A. M *88* 132₂₉
Asarum canadense Kanad. Haselwurz *Dietr. I, 756*
II 9A. M *115* 175₆₁
Asarum Europaeum Europäische Haselwurz *Dietr. I, 755*
II 9A. M *115* 175₆₀ *122* 192₃₁ *137* 219₄
Asarum virginicum Virginische Haselwurz *Dietr. I, 756*
II 9A. M *115* 175₆₂
Asclepias curassavica Orangenfarbene Schwalbenwurz *Dietr. I, 765*
II 9A. M *115* 180₂₂₈
Asclepias gigantea Riesenmäßige Schwalbenwurz. Siehe auch Aesculap. Größter *Dietr. I, 760*; *LA II 9A, 28q*
II 9A. M *13* 28₂₉ *115* 174₁₇ *118* 184₅₁
Asclepias syriaca Syrische Schwalbenwurz. Seidenpflanze *Dietr. I, 762*
II 9A. M *115* 174₁₆

Asclepias vincetoxicum Gemeine Schwalbenwurz *Dietr. I, 768*
II 9A. M *115* 174₁₈ *118* 184₅₂.185₈₅
Asparagi Spargelartige Pflanzen. Taxon bei Jussieu *Juss. 46*
II 9A. M *119* 189₃₉ *120* 190₃
Aspe s. Espe
Aspedium s. *Aspidium*
Asperifoliae Taxon: Familie bei Batsch: 39. Ordnung bei Erxleben *Batsch II, 413; Erxleben 533*
II 9A. M *43* 71₂
Asphodelen (Asphodeleen) Asphodeli. Taxon bei Jussieu *Juss. 58*
I 10. 232₂₄.233₁₀
II 9A. M *121* 191₉
Asphodeli Pflanzenfamilie bei Jussieu *Juss. 58*
II 9A. M *119* 189₂₉
Asphodelus luteus Gelber Asphodil *Dietr. I, 807*
II 9A. M *118* 183₂₃
Aspidium Siehe auch Polypodium *Dietr. VII, 438–440*
II 10A. M *8* 67₁₄
Asplenium rubra Dietr.: Asplenium = Streiffarn *Dietr. n.v.*
II 9A. M *122 Anm* 193
Asplenium Ruta muraria Mauer-Streiffarn. Siehe auch Mauerraute. Ruta muraria *Dietr. I, 815*
II 9A. M *122 Anm* 193
Asplenium trichomanoides Rother Streiffarn *Dietr. I, 813*
II 9A. M *115* 178₁₅₁ *118* 183₂
Aster Aster. Sternblume. Siehe auch Tripolium *Dietr II, 2*
II 9A. M *36* 50₁ *37* 51₁₁₋₁₃ **II 10A.** M *3.1 Anm* 33 *3.2* 35₂₈ *3.13* 57₂₉
Aster chinensis Chines. Aster *Dietr. II, 16*
I 10. 160₂₁.164₁₇₋₁₈
II 9A. M *118* 186₁₂₀
Aster grandiflorus Großblumiger Aster *Dietr. II, 9*
II 9A. M *118* 185₁₁₃
Aster novae angliae Neuenglischer Aster *Dietr. II, 9*
II 9A. M *115* 177₁₀₅

Aster novi belgii Neuholländischer Aster *Dietr. II, 15*
I 10. 348₂₆
Aster salicifolius Weidenblättriger Aster *Dietr. II, 14*
I 10. 348₂₆
Aster Tripolium Salzliebender Aster *Dietr. II, 5*
II 9A. M *118* 186₁₂₄
Astragalus galegiformis Siehe auch Tragant. Geißrankenförmiger *Dietr. II, 52; LA II 9A, 28q*
II 9A. M *13* 28₁₆
Astrantia Astrantie. Sterndolde *Dietr. II, 44*
II 9A. M *137* 219₂
Astrantia major Große Astrantie. große Sterndolde. große Sanikel *Dietr. II, 44*
I 10. 158₉
II 9A. M *118* 187₁₅₇.₁₇₁
Astrocaryum acaule Unklar: vermutlich eine Palmenart *Dietr. n.v.*
I 9. 380₃₀
Athamanta Cervaria Gemeine Hirschwurz. Siehe auch Hirschwurzel *Dietr. II, 49; LA II 9A, 29q*
II 9A. M *13* 29₄₄
Athamanta Meum Dietr. verweist auf Aethusa meum. Siehe auch Bärwurz *LA II 9A, 30q; Dietr. II, 54, I, 144*
II 9A. M *13* 30₉₁
Athamantha Oreoselinum Siehe auch Bergpetersilie *LA II 9A, 29q; Dietr. II, 50*
II 9A. M *13* 29₇₁
Atriplex portulacoides Portulak-Melde *Dietr. II, 70*
II 9A. M *118* 184₃₉
Atriplex portulacum Dietr. verzeichnet Atriplex portulacoides = Portulak-Melde *Dietr. II, 70*
II 9A. M *115* 176₉₂
Atropa Belladonna Siehe auch Wolfskirsche *LA II 9A, 29q; Dietr. II, 79*
II 9A. M *13* 29₆₈

Atropa physaloides Schluttenartiges Tollkraut *Dietr. II, 81*
I 10. 155₁₀
II 9A. M*11S* 185₈₁
Attalea compta Palmenart bei von Martius *Vgl. Dietr. VI, 630 (Palmaea)*
I 9. 381₁₁
Auricola ursi Siehe auch Bärenohr *LA II 9A, 5q; rgl. Dietr. II, 88*
II 9A. M*1* 5₁₀₈
Auricula *s. Primula Auricula*
Aurikel Dietr verweist von Auricula u.a. auf Primula. Siehe auch Primel, Primula, Schlüsselblume *Dietr. II, 88*
II 9A. M*92* 137₁₂ II 10A. M*3.13* 56₄
Ayenia pusilla Kleine Ayenie *Dietr. II, 111*
II 10A. M*34* 92₃
Balanophora Forster Nees von Esenbeck erwähnt diese von Forster beschriebene Gattung der Balanophoreen *LA I 9, 325q*
I 9. 325₅.₁₅
Balanophora, Balanophoreen Dietr.: Balanophora, Forst. und Juss. gen. Dieses ist eine Gattung mit getrennten Geschlechtern auf einer Pflanze. [...]. Siehe auch Langsdorffia Martius *Dietr. II, 133; Juss. 485; rgl. LA II 10A, 924*
I 9. 325₃₋₄.327₄.₈
Baldrian Siehe auch Agrionatum, Füllhorns Baldrian, Valeriana *LA II 9A, 5q; rgl. Dietr. X, 338 (Valeriana)*
II 9A. M*1* 5₈₈
Ballota (Balota) nigra Schwarze Ballote, schwarzer Andorn *Dietr. II, 134*
II 9A. M*11S* 184₇₃
Bambus Bambusa. Siehe auch Nastus *Dietr. II, 137*
I 10. 203₁₈
II 8A. M*69* 99₄₄
Banane Banana; Dietr. verweist auf Musa, Musa sapientum = Bananenbaum *Dietr. VI, 271*
I 10. 201₉.202₁₀

Banisteria, Banisterie Von Goethe als eine zu den Lianen zu rechnende Pflanzengattung erwähnt *Dietr. II, 140; LA I 10, 202q*
I 10. 202₃₆.204₆
II 2. M*7. S* 52₁₀₄
Banksien Banksia *Dietr. II, 148*
I 10. 203₃₄
Bären-Tatz *s. Bärenklau*
Bärenklau Siehe auch Acanthus *Dietr. I, 38*
II 9A. M*1* 5₁₀₉ (Bären-Tatz) II 9B. M*55* 60₂₇
Bärenohr Siehe auch Auricola ursi *LA II 9A, 5q; rgl. Dietr. II, 88*
II 9A. M*1* 5₁₀₈
Bärlapp Siehe auch Lycopodium *Dietr. V, 645*
II 1A. M*21* 155₅ II 5B. M*147* 408₃₆.412₁₉₇
Bärwurz Siehe auch Athamanta Meum, Vogelnest *LA II 9A, 30q; Dietr. II, 54, I, 144*
II 9A. M*13* 30₉₁
Basella rubra Rothe Beerblume *Dietr. II, 162*
II 9A. M*115* 180₂₄₂
Basilaea Asphodelengattung bei Jussieu *Juss. 59*
II 9A. M*119* 189₃₂
Basilienkraut Siehe auch Ocimum *Dietr. VI, 393; LA II 9A, 28q*
II 9A. M*13* 28⁷
Bauchpilze Ordnungen im System der Pilze, benannt nach der Form ihrer Fruchtkörper *LA II 10A, 923*
I 9. 324₂.₄.₁₀
Bauhinien Bauhinia *Dietr. II, 168*
I 10. 203₁.204₆
Baumwolle Gossypium *Dietr. IV, 448*
I 3. 515₆ₘ I 4. 159₈.169₂₄₋₂₅
II 1A. M*1* 10₂₉₀ II 3. M*37* 35₂₄
II 4. M*49* 61₃₀
Beeren *vermutlich nicht konsequent erfasst*
II 9A. M*62* 106₅₀
Beermelde Siehe auch Blitum *LA II 9A, 28q; Dietr. II, 247*
II 9A. M*13* 28₃₅

PFLANZEN 441

Behen, Gemeiner Siehe auch Cucubalus Behen *LA II 9A, 28q*; vgl. *Dietr. III, 437*
II 9A. M*13* 28₂₀
Beifuß, Gemeiner Siehe auch Artemisia vulgaris *LA II 9A, 30q*; *Dietr. I, 730*
II 9A. M*13* 30₉₃
Bellis (Belis) Lat. (Vok.): Gänseblu[me]; Dietr.: Masliebe. Siehe auch Gänseblume, Masliebe *LA II 9A, 5q*; *Dietr. II, 179*
II 9A. M*1* 5₈₂ **II 10A.** M*3.2* 35₃₇
Bellis major Wandtafel: Maaslieb (ohne Artepitheton). Siehe auch Maßliebe *LA II 9A, 29q*; vgl. *Dietr. II, 179–180*
II 9A. M*13* 29₅₀
Bellis perennis (Bellis hortensis) Ausdauernde Maßliebe, gemeine Gänseblume. Siehe auch Masliebe, Gänseblume *Dietr. II, 179*
II 9A. M*122* 192₃₀ **II 10A.** M*3.1* Anm 32
Berberis vulgaris Gemeine Berberitze *Dietr. II, 183*
II 9A. M*68* 111₅
Berberitze Berberis *Dietr. II, 183*
I 9, 212₂₈–213₅
Bergpetersilie Siehe auch Athamantha Oreoselinum *LA II 9A, 29q*; *Dietr. II, 50*
II 9A. M*13* 29₇₁
Bertholletia Gattung Bertholettia Humb. et Bonpl. oder die Art Bertholletia excelsa *Dietr. NN I, 527–528*
II 2. M*7.8* 51₃₈
Bertram, deutscher Siehe auch Achillea ptarmica *Dietr. I, 70*; *LA II 9A, 28q*
II 9A. M*13* 28₂₃.30₈₄
Bertramwurz Siehe auch Pyrethrum *LA II 9A, 5q*; *Dietr VII, 666*
II 9A. M*1* 5₉₈
Beta Siehe auch Mangold *Dietr. II, 192*
II 10A. M*3.1* Anm 31
Betonica officinalis Gemeine Betonien *Dietr. II, 195*
II 9A. M*118* 184₇₅

Betula Siehe auch Birke *LA II 9A, 4q*; *Dietr. II, 198*
II 9A. M*1* 4₃₆.₅₂
Betula alnus Gemeine Erle *Dietr. II, 202*
II 9A. M*122* 192₁₁
Bicornes Taxon: Familie bei Batsch: 44. Ordnung bei Erxleben *Batsch II, 509*; *Erxleben 543*
II 9A. M*43* 71₁₄
Bignonia radicans Wurzelnde Trompetenblume *Dietr. II, 221*
I 10, 253₂–255₃₈.333₈
Bignonia, Bignonie Trompetenblume; von Goethe als eine zu den Lianen zu rechnende Pflanzengattung erwähnt *Dietr. II, 209*; *LA I 10, 202q*
I 10, 202₃₆.204₁₃.253₂₇.254₂₈
Bignoniaceen Bignoniae, Les Bignones. Taxon bei Jussieu *Juss. 153*
I 10, 348₂₁
Bilsenkraut Lat. (Vok.): Symphoniaca; Dietr.: Hyoscyamus = Bilsenkraut. Siehe auch Bilsenkraut, Hyoscyamus *LA II 9A, 5q*; *Dietr. IV, 715*
II 9A, M*1* 5₉₇ **II 10A,** M*3.13* 57₁₄
Binsen Siehe auch Scirpus, Semsen *Dietr. VIII, 644*
I 1, 261₇z.₁₀z.341₂₆ **I 2,** 104₁₃ **I 8,** 39₂ **I 11,** 188₃₀
II 8A, M*14* 37₃₂₉ **II 9A.** M*27* 43₇ 39 56₁₁₇ **II 9B.** M*55* 60₃₈
Bipinnula Orchideen-Gattung bei Jussieu *Juss. 61*
II 9A. M*119* 190₆₁
Birke Siehe auch Betula *LA II 9A, 4q*; *Dietr. II, 198*
I 3, 113₄₂ **I 9,** 47₂₂.330₂₈ **I 10,** 321₁₆.363₁₅.₁₉.₂₈
II 1A. M*1* 10₂₈₈ **II 9A.** M*1* 4₃₆.₅₂ 137 220₂₆
Birne, Birnbaum Siehe auch Pyrus *LA II 9A, 4q*; *Dietr. VII, 676, 680*
I 1, 266₂₉z **I 2,** 30₂ **I 11,** 148₈
II 9A. M*1* 4₃₉ *15* 32₁₉ *84* 126₁₈ *89* 135₄ *163* 255₆₃ **II 9B.** M*2* 4
II 10B. M*17.2* 43₇

Bittersüß Auch: Alpenranken. Waldnachtschatten. Siehe auch Solanum Dulcamara *LA II 9A, 30q; Dietr. IX, 308*
II 9A. M13 30$_{88}$

Blasenbaum Dietr: Blasenstrauch. Colutea *LA II 9A, 127; Dietr. III, 242*
II 9A. M15 32$_{21}$ $S4$ 126$_{43}$

Blasia Blassie, eine Moosart *Dietr. II, 245*
II 9A. M50 86$_{121}$

Blattaria Siehe auch Schabenkraut. Verbascum Blattaria *LA II 9A, 5q; Dietr. X, 383*
II 9A. M1 5$_{83}$

Blaubeere Krünitz: Blaubeere = Heidelbeere; Dietrich: Vaccinium = Heidelbeere. Siehe auch Vaccinium *Krünitz 5, 623; Dietr. X, 317*
II 10A. M3.13 57$_{33}$

Blechnum Rippenfarrn *Dietr. II, 245*
II 10A. M8 67$_{13}$

Blitum Erdbeerspinat. Beermelde *Dietr. II, 247*
II 10A. M3.1 *Anm* 31.33

Blitum capitatum Aehrenblüthiger Erdbeerspinat. kopfförmige Beermelde *Dietr. II, 247*
I 10, 160$_{29}$
II 9A. M118 183$_{36}$

Blitum virgatum Gemeiner Erdbeerspinat, gemeine Erdbeermelde. Ruthenförmige Beermelde. Siehe auch Beermelde *Dietr. II, 248; LA II 9A, 28q*
II 9A. M13 28$_{35}$ 49 81$_{22}$

Blumenkohl s. Kohl
II 9B. M33 37$_{239}$ (Cavoli Fiori)

Blutbuche Gehört zur Fagus sylvatica *Dietr. IV, 136, 143*
II 10A. M3.5 40$_{31}$ 3.9 50$_{40}$ 3.14 58$_{25}$

Bobartia Gräsergattung bei Jussieu *Juss. 34*
II 9A. M119 188$_{16}$

Bocconia Bocconie *Dietr. II, 248*
II 9B. M51 54$_{19}$ (Boccone)$_{(?)}$

Bohne Siehe auch Phaseolus *Dietr. VII, 127*
I 3, 249$_4$.250 I 9, 9$_{2,4}$ I 10, 25$_{29}$, 45$_6$–46$_{30}$.145$_{5-6}$.146$_{12}$.147$_{2,33}$, 149$_{19,44-45}$.163$_{28}$.166$_{5,27}$.272$_{18}$.351$_{12}$
II 9A. M39 53$_{54}$.54$_{67}$.57$_{145}$ 54 99$_{71}$
II 9B. M8 11$_{12}$ II 10B. M24.16 122$_3$

Bohne, Türkische Lat. (Vok.): Phaseoli bras.; Dietr.: Phaseolus multiflorus. Siehe auch Phaseoli bras. *LA II 9A, 5q; Dietr. VII, 130*
II 9A. M1 5$_{80}$

Bohnenbaum Siehe auch Cytisus Laburnum *Dietr. III, 535*
II 10A. M3.12 54$_{12}$

Boletus igniarius Feuerschwamm *Dietr. II, 254*
II 9A. M115 178$_{160}$

Boletus suaveolens Wohlriechender Löcherschwamm. Siehe auch Fungus, Pilz, Schwamm, Löcherschwamm *Dietr. II, 255*
II 9A. M122 *Anm* 193

Boragineis Borragineae. Les Borraginées. Taxon bei Jussieu *Juss. 143*
II 10A. M3.2 36$_{66}$

Borago (Borrago) officinalis Gemeine Boretsche *Dietr. II, 264*
II 9A. M49 81$_{32}$.82$_{41}$

Bornia Fossile Pflanzengattung *LA II 8B, 101 Erl*
II 8B. M65 100$_{40-41}$

Brasilienholz Lat. (Vok.): Lignum brasilicum; Krünitz: Fernambuck-Holz, Brasilienholz, L. Brasilium o. Brasilianum. Siehe auch Lignum brasilicum *LA II 9A, 4q; Krünitz 12, 612*
II 9A. M1 4$_{62}$

Brassica Siehe auch Kohl *Dietr. II, 272*
II 9B. M10 12$_9$

Brassica campestris Feld-Kohl *Dietr. II, 272*
II 9A. M115 177$_{121}$

Brassica oleracea Siehe auch Kohl (gemeiner) *Dietr. II, 275*
I 10, 160$_{17}$

Braut in Haaren Siehe auch Nigella damascena, Schwarzkümmel *Dietr. VI, 370*
II 10A. M*3.13* 57$_{22}$

Brechwurzel, offizinelle Siehe auch Ipecacuanha medicinalis, Raiz preta und Cephaelis Ipecacuanha *LA I 10, 225q; vgl. Krünitz 6, 578; 30, 722*
I 10. 225$_{12-13}$

Broccoli romani Wohl: Der römische oder purpurrote Broccoli. L. Brassica italica purpurea, Broccoli dicta Juss. Fr. Brocoli romain *Krünitz 6, 714*
II 9B. M*33* 37$_{240}$

Brodbaum Artocarpus *Dietr. I, 754; Batsch II, 395*
II 9A. M*42* 70$_{20}$

Brombeere Siehe auch Rubus *LA II 9A, 4q; Dietr. VIII, 272*
II 9A. M*1* 4$_{58-59}$ **II 10A.** M*3.13* 57$_{31}$

Bromelia Siehe auch Ananas *Dietr. II, 286*
I 10. 73$_{4}$
II 10A. M*3.1 Anm* 31

Bromeliae, Bromelien Ananas-Familie. Taxon bei Jussieu *Juss. 56*
II 9A. M*119* 189$_{24}$ *121* 191$_{9}$

Bromus rubens Rothe Trespe *Dietr. II, 310*
I 10. 162$_{22}$

Bryonia Zaunrübe, Gichtrübe *Dietr. II, 324*
II 10B. M*24.18* 124$_{12}$

Bryophyllum calycinum Persoon (Syn. pl. I. 446): Kalanchoe pinnata; Besonderheit: aus dem Blatt wachsende Keimpflänzchen, „Goethe-Pflanze". Siehe auch Calanchoe pinnata, Cotyledon calyculata, Cotyledon pinnata, Cotyledon Umbilicus und Crassuvia floripendula *Dietr. n.v.; LA II 10A, 86q*
I 9. 116$_{10-11}$.219$_{6-15}$ **I 10.** 211$_{1}$–213$_{7}$.228$_{1-31}$.274$_{21}$.275$_{22}$
II 10A. M*27* 86 **II 10B.** M*10* 29$_{2}$.30$_{41}$ *18.1* 43$_{3-4}$ (gallicinum) *18.2* 45$_{26}$

Bryum murale Mauerknotenmoos *Dietr. II, 336*
II 9A. M*115* 178$_{150}$

Bryum squarrosum Bryum = Knotenmoos, Stammmoos *Dietr. n.v.; vgl. II, 328*
II 9A. M*115* 178$_{149}$

Buche Siehe auch Fagus *LA II 9A, 3q; Dietr. IV, 136*
I 1. 4$_{2Z}$.78$_{32M}$.255$_{18Z}$ **I 2.** 75$_{21Z}$. 358$_{28Z}$ **I 8.** 193$_{32}$ **I 9.** 111$_{33}$ **I 10.** 204$_{26}$.321$_{16}$
II 7. M*40* 62$_{27}$ **II 9A.** M*1* 3$_{28}$.4$_{57}$ 79 121$_{122}$ **II 9B.** M*33* 38$_{258}$ (Faggi) *51* 54$_{9}$ *55* 60$_{20}$ **II 10A.** M*36* 97$_{143}$
II 10B. M*24.11* 119$_{23}$
- Hainbuche **I 1.** 11$_{31}$

Buchsbaum Siehe auch Buxus *LA II 9A, 3q; Dietr. II, 389*
I 8. 191$_{30-31}$
II 9A. M*1* 3$_{25}$.4$_{58}$ *86* 130$_{23}$ *137* 220$_{46}$ *138* 225$_{42}$ **II 9B.** M*33* 37$_{234}$ (Bossolo)

Buchweizen Polygonum Fagopyrum *Dietr. VIII, 409; Batsch II, 381*
II 9A. M*53* 94$_{7}$ **II 9B.** M*33* 32$_{60}$. 35$_{152}$ *55* 62$_{97}$.63$_{126}$

Bulbine Dietr. verweist von Bulbine caulescens auf Anthericum frutescens = Strauchartige Zaunblume *Dietr. I, 558*
I 10. 232$_{38}$

Bulbus s. *Zwiebel- und Bulbengewächse*

Buphtalmum spinosum Dorniges Rindsauge *Dietr. II, 375*
II 9A. M*118* 186$_{116}$

Bupleurum Siehe auch Hasenohr, Hasenöhrlein *Dietr. II, 376, 382; LA II 9A, 28q*
II 9A. M*13* 28$_{3}$ **II 9B.** M*13* 16$_{8}$

Bupleurum difforme Zertheiltes Hasenöhrchen, verschiedenblättriges Hasenohr *Dietr. II, 377*
II 10B. M*10* 29$_{13}$

Bupleurum falcatum Sichelblättriges Hasenöhrchen *Dietr. II, 378*
II 9A. M*115* 177$_{116}$

Bupleurum rotundifolium Gemeines Hasenöhrchen. Durchwachs *LA II 9A, 28q; Dietr. II, 382*
II 9A. M*13* 28₄ *49* 81₉

Burmannia Ananasgattung bei Jussieu *Juss. 56*
II 9A. M*119* 189₂₅

Butomus Wasserlisch. Blumenbinse. Wasserviole *Dietr. II, 385*
II 10B. M*21.10* 72₇

Butomus umbellatus Doldenblüthiger Wasserlisch, gemeine Blumenbinse *Dietr. II, 385*
II 9A. M*118* 183₁₂

Buxbaumia aphylla Blätterlose Buxbaumie, gestielte Buxbaumie *Dietr. II, 389*
I 9. 299₁₅

Buxus Siehe auch Buchsbaum *LA II 9A, 3q; Dietr. II, 389*
I 6. 119₂₁
II 9A. M*1* 3₂₅.4₅₈

Byssi Taxon: Familie bei Batsch *Batsch II, 638*
II 9A. M*43* 71₂₈

Byssus Haar- oder Staubaftermoos *Dietr. II, 391*
II 6. M*16* 16₃

Byssus antiquitatis Alterthums-Byssus *Dietr. II, 391*
II 9A. M*122 Anm* 193

Byssus iolithos Veilchenbyssus *Dietr. II, 392*
II 6. M*16* 16₄

Byssus phosphorea Violetter Byssus, wächst in Gestalt violetter Haare an alten Baumstämmen, faulem Holze, und andern vegetabilischen Körpern *Dietr. II, 393*
II 10B. M*1.3* 17₁₇₅

Byssus purpurea Byssus = Haar- oder Staubaftermoos, Staub- und Fasergewächse *Dietr. n.r., II, 391*
II 9B. M*47* 51₅

Byssus velutina Tapetenbyssus (Byssus = Haar- oder Staubaftermoos) *Dietr. II, 393*
II 9A. M*115* 178₁₇₁

Cabomba Grasliliengattung bei Jussieu *Juss. 52*
II 9A. M*119* 189₅₈

Cacalia articulata Gegliederte Pestwurz *Dietr. II, 398*
I 9. 219₃

Cactus Auch: Fackeldistel. Siehe auch Indianische Feige *Dietr. II, 409*
II 9A. M*13* 28₂₁ *33* 46₈.47₁₉ **II 9B.** M*33* 36₁₇₉ **II 10B.** M*20.6* 58₉ *23.9* 103₂.₆ *23.10* 105₃.₃₀

Cactus cochenillifer (coccinelifera) Cochenillen-Fackelstiel *Dietr. II, 409*
I 10. 26₁₃

Cactus flagelliformis Peitschenförmige Fackeldistel. Rankendistel *Dietr. II, 410*
I 10. 26₁₂

Cactus opuntia Gemeine Fackeldistel, gemeine Opuntie. Siehe auch Indianische Feige. Opuntia *Dietr. II, 415*
I 10. 39₃₄.157₂₈.335₁₀
II 10B. M*23.13* 108₆

Caducae Taxon: Familie bei Batsch *Batsch II, 151*
II 9A. M*43* 71₂₀

Caesia R. Br. Von Robert Brown 1810 beschriebene Art *Dietr. n.r.*
I 10. 233₂₆

Calamariae Taxon: Familie bei Batsch; 57. Ordnung bei Erxleben *Batsch II, 323; Erxleben 566*
II 9A. M*43* 71₁₈

Calamites Fossiler baumartiger Schachtelhalm, von Brongniart 1828 beschrieben *LA II 8B, 101 Erl*
II 8B. M*65* 100₃₅₋₃₈

Calamus Rotang: Palmengattung bei Jussieu *Juss. 43; Dietr. II, 431*
II 9A. M*119* 189₂₈ **II 10A.** M*69* 150₃₁

Calanchoe pinnata Synonym für Bryophyllum calycinum, beschrieben von Persoon (Syn 1. p. 446).

Siehe auch Bryophyllum calycinum *LA II 10A, 86q; Dietr. n.r.*
II 10A. M27 86$_{16}$
Calcaratae Taxon: Familie bei Batsch *Batsch II, 217*
II 9A. M43 71$_{26}$
Calendula Siehe auch Ringelblume, Kalendel, Souci *LA II 9A, 5q, 28q; Dietr. II, 439*
I 4. 40$_{16}$
II 9A. M*1* 5$_{84}$ *13* 28$_{34}$ *138* 225$_{19}$
II 10A. M*3.5* 42$_{62}$ *3.8* 49$_{112}$ *3.9* 50$_{12}$
Calendula arvensis Acker-Ringelblume *Dietr. II, 440*
I 10. 160$_{32}$
Calendula Forskoliana Wohl eine nach dem schwed. Naturkundler Peter Forsskål benannte Art *Dietr. n.r.*
II 9A. M*49* 82$_{46}$
Calendula officinalis Gemeine Ringelblume *Dietr. II, 441*
I 10. 160$_{31}$
Caliciflorae, Calyciflorae Taxon: 47. Ordnung bei Erxleben *Erxleben 548*
II 9A. M*43* 72$_{32}$
Calla Calla, Drachenwurz, Schlangenkraut *Dietr. II, 444*
I 10. 346$_{34}$,361$_{21}$
II 9A. M*88* 132$_{27}$ **II 10A.** M*3.1 Anm* 33 **II 10B.** M*24.13* 121$_{5}$ *24.18* 124$_{8}$
Calla aethiopica Aethiopische Drachenwurz *Dietr. II, 444*
I 10. 353$_{15}$
II 10B. M*24.11* 118$_{12}$
Callitriche verna Frühlings-Wasserstern *Dietr. II, 453*
II 9A. M*115* 178$_{163}$
Callixene Gattung spargelartiger Pflanzen bei Jussieu *Juss. 47*
II 9A. M*119* 189$_{43}$
Caltha palustris Gemeine Kuhblume, sumpfliebende Dotterblume *Dietr. II, 458*
II 9A. M*49* 82$_{38}$

Calycanthemae Taxon: Familie bei Batsch; 46. Ordnung bei Erxleben *Batsch II, 148; Erxleben 546*
II 9A. M*43* 71$_{19}$
Campanula Siehe auch Glockenblume *Dietr. II, 470*
I 10. 290$_{22}$
Campanula americana Amerikan. Glockenblume *Dietr. II, 471*
II 9A. M*84* 127$_{50}$
Campanula persicifolia Pfirsichblättrige Glockenblume *Dietr. II, 487*
II 9A. M*118* 185$_{91}$
Campanula speculum Schönblühende Glockenblume, Venusspiegel *Dietr. II, 493*
I 10. 160$_{28}$
Campanula Trachelium Gemeine Glockenblume, halskrautartige Glockenblume *Dietr. II, 496*
II 9A. M*118* 185$_{92}$
Campanulatae, Campanaceae Taxon: Familie bei Batsch; 10. Ordnung bei Erxleben *Batsch II, 521; Erxleben 475*
II 9A. M*43* 71$_{16}$
Campher Camphorosma = Kampherkraut *Dietr. II, 500; Batsch II, 393*
II 1A. M*4* 29$_{8}$
Canirubus Lat. (Vok.): Hagrosen; Krünitz: Hagerose = Rosa canina. Siehe auch Hagrose, Heckenrose, Rosa canina *LA II 9A, 4q; Krünitz 21, 150*
II 9A. M*1* 4$_{70}$
Canna (Kanna) Blumenrohr; Cannae, Taxon bei Jussieu *Dietr. II, 508; Juss. 70*
I 9. 36$_{23}$ **I 10.** 72$_{29}$
II 9A. M*19* 36$_{15}$ *53* 94$_{17,30}$ *54* 98$_{63}$ *71* 113$_{3}$ *88* 132$_{27}$ *112* 171$_{53}$ *113* 172$_{5}$ *117* 182$_{13}$ *121* 191$_{11}$ **II 10A.** M*3.2* 36$_{51}$
Canna indica Indisches Blumenrohr *Dietr. II, 509*
II 9A. M*24* 42$_{1}$ *77* 117$_{7}$

Cannae Taxon (Familie) bei Jussieu *Juss. 70*
II 9A. M *119* 189₅₇
Capitatae Taxon: Familie bei Batsch: 13. Ordnung bei Erxleben (Compositae C.) *Batsch II, 545; Erxleben 482*
II 9A. M*43* 71₂₀
Capraria biflora Zweiblümige Herzblume *Dietr. II, 528*
II 9A. M*115* 180₂₃₈
Caprificus Lat. (Vok.): Wilderfeigenb.: Dietr.: Ficus = Feigenbaum. Siehe auch Feigenbaum, wilder *LA II 9A, 4q; Dietr. IV, 165*
II 9A. M*1* 4₃₆
Caprifoliae Taxon: 7. Ordnung bei Erxleben *Erxleben 470*
II 9A. M*43* 72₃₃
Capsicum arborescens Capsicum = Beißbeere *Dietr. n.r.; vgl. II, 532*
II 9A. M*115* 180₂₂₂
Capsicum Luteum Capsicum = Beißbeere *Dietr. n.r.; II, 532*
I 10. 156₁₈
Capucine s. *Kapuzinerkresse (Capucinerkresse)*
Capucinerkresse s. *Kapuzinerkresse (Capucinerkresse)*
Cardamine pratensis Wiesen-Schaumkraut. Wiesenkresse *Dietr. II, 544*
II 9A. M*137* 221₆₆ *138* 225₄₉
II 9B. M*20* 20₅
Carduus Distel *Dietr. II, 549*
II 9A. M*68* 111₄
Carduus acanthoides Bärenklauartige Distel *Dietr. II, 550*
II 9A. M*118* 186₁₂₆
Carduus acaulis Dietr. verweist auf Cnicus (acaulis) = Stengellose Kratzdistel *Dietr. II, 558; III, 206*
II 9A. M*118* 186₁₃₅
Carduus defloratus Abgeblühte Distel *Dietr. II, 552*
II 9A. M*118* 185₉₉
Carduus heterophyllus Distelart *Dietr. II, 558:* "Carduus heterophyllus, s. Cnicus"; *Dietr. III, 208:* "*Cnicus heterophyllus. Sprengel. Verschiedenblättriges Kratzkraut*"
II 9A. M*68* 112₂₃
Carduus marianus Schöne Distel. Mariendistel *Dietr. II, 553*
I 10. 161₂₉
II 9A. M*115* 176₁₀₄
Carduus nudus Dietr. und Batsch verzeichnen: Carduus nutans = Ueberhängende Distel: Bisamdistel *Dietr. II, 554. Batsch II, 550*
II 9A. M*118* 186₁₂₁
Carduus Syriacus Cnicus syriacus *Dietr. NI, 714*
I 10. 160₃₅
Carex Binsengrasgattung bei Jussieu. Siehe auch Riedgras *Juss. 31; Dietr. II, 558; LA II 9A, 28q*
II 9A. M*13* 28₂ *119* 188⁻
Carlina Eberwurz *Dietr. II, 582*
II 9B. M*55* 62₁₁₃
Carlina acaulis Stammlose oder kurzstenglige Eberwurz *Dietr. II, 583*
I 9. 112₃₀,₃₄
II 9A. M*118* 185₉₈
Carlina vulgaris Gemeine Eberwurz *Dietr. II, 584*
II 9A. M*118* 185₉₇
Carthamus tinctorius Gemeiner Saflor. färbender Saflor. wilder Safran. Siehe auch Saflor *Dietr. II, 597*
I 10. 150₃₀,154₁₈₋₁₉,160₁₄
Caryocar Caryocar *Dietr. II, 602*
II 2. M 7. S 51₃₈
C[aryoph.] Carthusior. Lat. (Vok.): Cartheuser N.: Dietr: Dianthus carthusianorum = Feldnelke. Karthäusernelke. Siehe auch Karthäusernelke *LA II 9A, 5q; Dietr. III, 595*
II 9A. M*1* 5₉₉
Caryoph. plum. Lat. (Vok.): Feder Nägl. [Federnelke]: Dietr.: Dianthus plumarius = Federnelke. Siehe auch Federnelke *LA II 9A, 5q; Dietr. III, 601*
II 9A. M*1* 5₉₈

Caryophyllata montana palustris Vermutlich andere Bezeichnung für Geum montanum. Siehe auch Geum *Dietr. II, 603; IV, 350*
II 9A. M*22* 40₂₀
Caryophylleae Taxon: Familie bei Batsch; 35. Ordnung bei Erxleben *Batsch II, 107; Erxleben 525*
II 9A. M*43* 71₁₂
Caryota Palmengattung bei Jussieu *Juss. 44*
II 9A. M*119* 189₃₁
Castanea Lat. (Vok.): Kastanie; Dietr. verweist auf Fagus (castanea). Siehe auch Kastanie *LA II 9A, 4q; Dietr. II, 632*
I 6. 113₂
II 9A. M*1* 4₃₄
Catimbium Pflanzengattung der Cannae-Familie bei Jussieu *Juss. 70*
II 9A. M*119* 189₅₈
Caucalis daucoides Möhrenartige Haftdolde *Dietr. II, 642*
II 9A. M*115* 177₁₀₈
Caucalis grandiflora Großblüthige Haftdolde *Dietr. II, 643*
II 9A. M*115* 177₁₀₄
Caucalis latifolia Breitblättrige Haftdolde *Dietr. II, 110*
II 9A. M*115* 177₁₁₀
Ceci Ital. s. Kicher (Kichererbse)
Cedrus, Ceder Lat. (Vok.): Cedern = Cedrus: Dietr. verweist von Cedrus auf Pinus (Cedrus) = Ceder-Fichte, die Ceder von Libanon *LA II 9A, 4q; Dietr. II, 653; VII, 232*
II 9A. M*1* 4₄₃
Celosia Siehe auch Hahnenkamm *Dietr. II, 663*
II 9A. M*112* 170₄₅ **II 10A**. M*3.1 Anm* 31.33.34
Celosia argentea Silberähriger Hahnenkamm *Dietr. II, 664*
II 9A. M*115* 180₂₂₅
Celosia cristata Gemeiner Hahnenkamm *Dietr. II, 667*
I 9. 114₁₁ **I 10**. 150₁₆.152₃₆₋₃₇.156₁₉
II 9A. M*115* 180₂₂₆ **II 10A**. M*22* 81₁₇

Celosia nodiflora Knotenblüthiger Hahnenkamm *Dietr. II, 670*
II 10B. M*9* 28₄
Celsia Celsie *Dietr. II, 673*
II 9B. M*3* 5₁₅
Celsia arctodes Dietr. nur: Celsia Arcturus = Gestielte Celsie *Dietr. II, 673*
II 9B. M*3* 5₁₅
Celtis australis Mittägiger Zürgelbaum *Dietr. II, 676*
II 9A. M*115* 176₉₀
Cenchrus Gräsergattung bei Jussieu *Juss. 35*
II 9A. M*119* 188₁₂
Centaurea atropurpurea Schwarzrothe Flockenblume *Dietr. N II, 141*
I 10. 348₂₅
Centaurea Benedicta Benedikten-Flockenblume, officinelle Benedikte, Cardobenedikten *Dietr. II, 686*
II 9A. M*115* 175₅₆
Centaurea Calcitrapa Sterndistel *Dietr. II, 688*
II 9A. M*115* 175₅₇ *118* 186₁₂₇
Centaurea centaureum Große Flockenblume, groß Tausendgüldenkraut *Dietr. II, 688*
II 9A. M*115* 175₅₃
Centaurea crupina Crupine-Flockenblume *Dietr. II, 690*
II 9A. M*15* 32₈ *16* 33₂
Centaurea cyanus Korn-Flockenblume, gemeine Kornblume *Dietr. II, 690*
II 9A. M*115* 175₅₄
Centaurea Jacea (iacea) Siehe auch Flockenblume, Gemeine *Dietr. II, 694; LA II 9A, 29q*
II 9A. M*13* 29₄₀ *115* 175₅₅ *118* 186₁₃₈
Centaurea montana Bergliebende Flockenblume, blaue Bergflockenblume *Dietr. II, 696*
II 9A. M*115* 175₆₁ *118* 185₁₀₆
Centaurea nigra Schwarze Flockenblume *Dietr. II, 698*
II 9A. M*115* 175₆₀

Centaurea orientalis Orientalische Flockenblume *Dietr. II, 698*
II 9A. M*115* 175₆₂
Centaurea phrygia Phrygische Flockenblume *Dietr. II, 699*
II 9A. M*115* 175₅₈
Centaurea salmantica Flockenblumenart *Dietr. II, 701*
II 9A. M*118* 186₁₂₃
Centaurea scabiosa Skabiosen-Flockenblume *Dietr. II, 702*
II 9A. M*115* 175₅₉
Centifolie Siehe auch Rosa centifolia *Dietr. VIII, 228*
I 9. 111₁₁.213₆₋₁₄
II 9B. M*55* 64₁₇₈ II 10A. M*3.9* 50₅ *3.13* 56₁₀ *3.16* 60₃₃
Cepa Dietr. verweist auf Allium cepa. Siehe auch Zwiebel- und Bulbengewächse *Dietr. II, 706*
II 9A. M*19* 36₁₇
Cephaelis (Cephaëlis) Kopfbeere *Dietr. II, 706*
I 10. 225₁₃.₂₀
Cephaelis Ipecacuanha (emetica Persoon) Bestimmung der Brechwurzel durch von Martius. Siehe auch Brechwurzel und Ipecacuanha *LA I 10, 225q*
I 10. 225₂₅
Ceramium Erwähnt in Gärtner: De fructibus I. XVIII *Dietr. n.v.*
II 9A. M*50* 86₁₁₉
Cerasus Dietr. verweist auf Prunus (Cerasus). Siehe auch Kirsche. Kirschbaum *LA II 9A, 4q: Dietr. II, 717*
I 6. 115₃₈
II 9A. M*1* 4₄₀ II 9B. M*33* 38₂₅₁
Cerealia (Cerealien) Getreidearten *Dietr. n.v.: LA II 9A, 32*
I 10. 52₁₀
II 9A. M*14* 30₇ *16* 33₁₄ SS 132₂₉
Cerinthe major Wachsblume *Dietr. II, 726*
I 10. 155₁₄
Cerreiche s. *Zerreiche*
Chaerophyllum paludosum Dietr. verzeichnet Chaerophyllum palustre = Chaer. hirsutum *Dietr. N II, 196*
II 9A. M*115* 175₄₉
Chaerophyllum sylvestre Gemeiner Kälberkropf, wilder Körfel *Dietr. II, 737*
II 9A. M*115* 175₄₈
Chaerophyllum symph. *Dietr. n.v.*
II 9A. M*115* 177₁₁₅
Chamaemelum Lat. (Vok.): R. Camillen: Dietr.: Anthemis nobilis = Römische Kamille. Siehe auch Kamille. R.[ömische] *LA II 9A, 5q: Dietr. I, 534*
II 9A. M*1* 5₁₁₀
Chamaerops Palmengattung bei Jussieu *Juss. 45*
II 9A. M*119* 189₃₇
Champignon *Dietr. n.v.*
I 9. 214₂₋₈ I 10. 210₃
Chara, Charen Armleuchter *Dietr. III, 2*
I 2. 373₉M.374₂₆M I 8. 199₁₀
II 8B. M*73* 119₆₁.120₁₁₃ II 9A. M*50* 87₁₅₄
Cheiranthus Cheiri Lackleucoje. Siehe auch Goldlack *Dietr. III, 7*
II 9A. M*118* 187₁₈₅ *122* 192₃₄
Cheiranthus helveticus Schweizerleucoje. Schweizerlack *Dietr. III, 12*
I 10. 150₃₅.154₁₄₋₁₅
Chelidonium glaucium Großblüthiges Schöllkraut, der gelbe gehörnte Mohn. Hornmohn *Dietr. III, 26*
II 9A. M*116* 182₂
Chenopodium glaucum Grauer Gänsefuß *Dietr. III, 36*
II 9A. M*115* 176₇₂
Chenopodium hybridum Stechapfelblättriger Gänsefuß. Bastartgänsefuß *Dietr. III, 37*
I 10. 155₈
Chenopodium vulvaria Stinkender Gänsefuß *Dietr. III, 42*
I 10. 164₂₄
Chloopsis Blume Wohl zuerst 1827 von Carl Ludwig Blume beschrieben *Dietr. n.v.*
I 10. 233₂₈

Chlorophytum *Dietr. n.v.*
I 10, 232$_{22,41}$.233$_{10-11,23,30}$.234$_7$
Chlorophytum Brehmeanum Schult *Dietr. n.v.*
I 10, 234$_8$
Chlorophytum dubium Schult. *Dietr. n.v.*
I 10, 234$_8$
Chlorophytum elatum R. Br. *Dietr. n.v.*
I 10, 234$_{7-8}$
Chlorophytum Ker. et R. Br. *Dietr. n.v.*
I 10, 232$_{18}$
Christusauge, Christauge Weißblättriger Alant. Siehe auch Inula Oculus Christi *LA II 9A, 29q*; *Dietr. V, 78*
II 9A, M*13* 29$_{53}$
Chrysanthemum corymbosum Wandtafel: flachenstrausförmige Wucherblume. Siehe auch Wucherblume, Doldentraubige *LA II 9A, 29q*; *Dietr. III, 70*
II 9A, M*13* 29$_{63-64}$ *11S* 185$_{104}$
Chrysanthemum Leucanthemum Gemeine weißblühende Wucherblume, große Gänseblume *Dietr. III, 72*
II 9A, M*11S* 186$_{134}$ II 10A, M*3.1* Anm 33
Chrysanthemum montanum Bergliebende Wucherblume *Dietr. III, 74*
II 9A, M*49* 81$_5$
Chrysitrix Binsengrasgattung bei Jussieu *Juss. 32*
II 9A, M*119* 188$_{13}$
Chrysocoma linoteris *Dietr.* verzeichnet Chrysocoma Linosyris = Flachsblättriges Goldhaar, deutsches Goldhaar *Dietr. III, 80*
II 9A, M*11S* 186$_{130}$
Cichoraceae Salatpflanzen, Taxon bei Jussieu *Juss. 188*
II 9A, M*120* 190$_{10}$
Cichorium (Cichorie, Zichorie) Wegwarte *Dietr. III, 90*
II 10A, M*3.13* 57$_{23}$

Cicuta virosa Giftiger Wasserschierling, giftiger Wütherich *Dietr. III, 96*
II 9A, M*11S* 187$_{167}$
Ciliatae Taxon: Familie bei Batsch *Batsch II, 105*
II 9A, M*43* 71$_{11}$
Cinchona Fieberrindenbaum *Dietr. III, 98*
I 11, 160$_{22}$
Cinna Gräsergattung bei Jussieu *Juss. 33*
II 9A, M*119* 188$_{15}$
Cipura Irisgattung bei Jussieu *Juss. 65*
II 9A, M*119* 189$_{45}$
Circaea Siehe auch Hexenkraut *LA II 9A, 29q*; *Dietr. III, 112*
II 9A, M*13* 29$_{70}$
Circaea alpina Alpen-Hexenkraut *Dietr. III, 112*
II 9A, M*11S* 187$_{164}$
Cissampelos smilacina Saffaparillartige Grieswurzel *Dietr. III, 115*
II 9A, M*116* 182$_6$
Cissus Klimme *Dietr. III, 116*
I 10, 260$_{13-29}$
Cistus Cistenrose *Dietr. III, 120*
I 10, 202$_3$
II 10A, M*3.8* 47$_{56}$
Cistus Helianthemum Gemeine Cistenrose, Sonnengürtel *Dietr. III, 129*
II 9A, M*49* 82$_{52}$ *11S* 187$_{179}$
Citrone s. Zitrone
Citrus Siehe auch Zitrone *LA II 9A, 4q*; *Dietr. III, 148*
II 9A, M*1* 4$_{71}$ *19* 36$_4$
Citrus aurantium Pomeranzen-Citrone, Pomeranzenbaum, Pomeranzen, Orange *Dietr. III, 149*
II 9A, M*52* 93$_{42}$
Clarkia pulchella 1813 von F. T. Pursh beschriebene Art *Dietr. n.v.*; *Batsch n.v.*
II 10A, M*22* 80$_2$ II 10B, M*26* 156$_1$
Clarkia viticella *Dietr. n.v.*
II 10B, M*24.12* 120$_{12}$

Clematis Waldrebe *Dietr. III, 168*
I 10. 351₁₂
Clematis cirrhosa Einfachblättrige Waldrebe *Dietr. III, 169*
II 9A. M*115* 175₃₈
Clematis crispa Krausblüthige Waldrebe *Dietr. III, 170*
II 9A. M*115* 175₃₆
Clematis erecta Aufrechte Waldrebe *Dietr. III, 170*
II 9A. M*115* 175₃₄
Clematis integrifolia Einfache Waldrebe *Dietr. III, 173*
II 9A. M*115* 175₃₅ *118* 187₁₇₀
Clematis orientalis Orientalische Waldrebe *Dietr. III, 174*
II 9A. M*115* 175₃₇
Clematis vitalba Gemeine Waldrebe *Dietr. III, 176*
II 9A. M*100* 148₆ *115* 175₃₂
Clematis viticella Ital. Waldrebe, blaue kletternde Waldrebe *Dietr. III, 176*
II 9A. M*46* 79₁₇ *115* 175₃₃
Cleome pentaphylla Fünfblättrige Cleome *Dietr. III, 181*
II 9B. M*51* 54₁₈
Cnicus oleraceus Genisterartiges Kratzkraut, Kohldistel *Dietr. III, 210*
II 9A. M*115* 177₁₂₅ *118* 186₁₁₉
Coadunatae Taxon: 19. Ordnung bei Erxleben *Erxleben 491*
II 9A. M*43* 72₃₀
Cobaea scandens Kletternde Cobaea *Dietr. N II, 333*
II 10A. M*3.13* 57₂₈ *3.20* 62₁
Cochlearia Armoracea Meerrettig *Dietr. III, 217*
II 9A. M*115* 176₉₈ *118* 187₁₆₃
Cochlearia Coronopus Schlitzblättriges Löffelkraut, Krähenfuß *Dietr. III, 223*
II 9A. M*115* 176₉₉
Cocos Cocosbaum, Cocospalme *Dietr. III, 226*
II 9A. M*19* 36₁₅
Cocos nucifera Gemeine Cocospalme, Cocosbaum *Dietr. III, 227*
II 10A. M*69* 149₂₄.150₃₀

Colchicum Zeitlose *Dietr. III, 236*
II 10B. M*21.10* 72₉
Collomia Eine der Familie der Polemoniazeen zugehörige Gattung *Dietr. NN III, 64*
I 10. 348₁₈
Columniferae Taxon: 32. Ordnung bei Erxleben *Erxleben 518*
II 9A. M*43* 72₃₁
Colutea Blasenstrauch *Dietr. III, 242*
I 9. 47₉
Commelina Commeline *Dietr. III, 250*
II 9A. M*54* 97₁₇ *117* 182₃
Compositae (Compositen) Systematischer Begriff, z.B. bei Rousseau und Laurenberg, zur Bezeichnung von Pflanzen mit zusammengesetzten Blüten *Krünitz (Pflanzensystem); vgl. LA II 10B/2, 994 Erl*
I 10. 329₉.348₁₃₋₁₄.349₈
II 10B. M*23.6* 100₄ *23.7* 101₂₅
Compositae nucamentaceae Taxon: 16. Ordnung bei Erxleben *Erxleben 487*
II 9A. M*43* 72₃₁ (Compos nucament.)
Compositae oppositifoliae Taxon: 15. Ordnung bei Erxleben *Erxleben 486*
II 9A. M*43* 72₃₂ (Com. oppositifol.)
Conferva (Conferve) Wasserfaden, Wasserhaarmoos *Dietr. III, 259*
I 10. 26₆.33₂₋₃.35₃₀.36₂₇.37₁₃.234₉
II 6. M*134* 267₇ II 9A. M*50* 86₁₁₄
Conferva reticulata Netzförmiger Wasserfaden *Dietr. III, 263*
II 9A. M*115* 178₁₆₇
Coniferae (Coniferen) Zapfentragende Pflanzen; Taxon: Familie bei Batsch; 17. Ordnung bei Erxleben (Nadelhölzer). Siehe auch Zapfenbäume *Dietr. III, 264; Batsch II, 333; Erxleben 488*
I 10. 73₅
II 9A. M*43* 71₂₁ II 9B. M*58* 68₄₅

Conium maculatum Siehe auch Schierling. Gefleckter *LA II 9A, 29q; Dietr. III, 265*
II 9A. M *13* 29₇₆
Consolida regalis Lat. (Vok.): Rittersporn; Dietr.: Delphinium Consolida = Feldrittersporn. Siehe auch Rittersporn *LA II 9A, 5q; Dietr. III, 581*
II 9A. M *1* 5₈₇₋₈₈
Contortae Taxon: Familie bei Batsch: 38. Ordnung bei Erxleben *Batsch II, 478; Erxleben 531*
II 9A. M *43* 71₆
Convallaria bifolia Zweiblättriges Maiblümchen, kleine Maiblume *Dietr. III, 272*
II 9A. M *115* 175₃₆
Convallaria majalis Gemeines Maiblümchen, gemeine Maiblume *Dietr. III, 273*
II 9A. M *115* 175₃₄
Convallaria Polygonatum Weißwurzmaiblümchen, Salomonssiegel *Dietr. III, 274*
II 9A. M *115* 175₃₅ *118* 183₂₉
II 9B. M *10* 12₁₀₋₁₁
Convolvolus Cneorum Candische Winde *Dietr. III, 283*
II 9A. M *89* 135₈₋₉
Convolvulus (Convolveln) Siehe auch Konvolvel und Winde *Dietr. III, 277*
II 9A. M *79* 119₆₈ **II 9B.** M *55* 63₁₂₂
II 10B. M *24.12* 120₃ *24.18* 124₁₃
Conyza squarrosa Gemeine Dürrwurz, Flöhkraut *Dietr. III, 308*
II 9A. M *118* 185₁₀₉
Corallina Korallmoos *Dietr. III, 311*
II 9A. M *50* 86₁₁₃
Corchorus aestuans Heißer Corchorus *Dietr. III, 312*
I 10. 150₁₅.152₂₈₋₂₉
Cordyline vivipara Dietr. verweist von Cordyline auf Dracaena und Yucca. Siehe Dracaena Draco und Yucca draconis Dietr. n.v.; vgl. *Dietr. N II, 411*
I 10. 231₁₅

Coreopsis Wanzenblume *Dietr. III, 320*
II 9A. M *112* 171₅₈
Coreopsis tripteris Dreiblättrige Wanzenblume *Dietr. III, 323*
II 9A. M *115* 177₁₃₁ *118* 186₁₃₁
Coriander s. Koriander (Coriander)
Coriandrum Siehe auch Koriander *LA II 9A, 29q; Dietr. III, 324*
II 9A. M *13* 29₇₂
Coriandrum sativum Gemeiner Coriander, Schwindelkörner, Wanzendill *Dietr. III, 324*
I 10. 161₃₀
II 9A. M *118* 187₁₆₈
Coris monspeliensis Blaue Erdkiefer, Heideblättrige Erdkiefer *Dietr. III, 327*
I 9. 299₁₆
Cornucopiae cucullatum Orientalisches Füllhorngras *Dietr. III, 330*
II 9A. M *49* 82₄₀
Cornus alba Weißer Hartriegel *Dietr. III, 330*
II 9A. M *118* 186₁₅₀
Cornus Amomum Bei Dietr. als Cornus sericea verzeichnet = Rostfarbiger oder blaubeeriger Hartriegel *Dietr. III, 333*
I 10. 158₂
Cornus sanguineus Roter Hartriegel, Beinholz *Dietr. III, 333*
II 9A. M *115* 179₁₈₂ *138* 225₂₇
II 9B. M S 11₂₅₋₂₆
Coronariae Taxon: 50. Ordnung bei Erxleben *Erxleben 553*
II 9A. M *43* 72₃₁
Coronilla coronata Gekrönte Peltschen, gelbe Kronwicke *Dietr. III, 337*
II 9A. M *115* 175₂₃
Coronilla Emerus Scorpions-Peltschen, Scorpionssenne *Dietr. III, 338*
II 9A. M *115* 175₂₅
Coronilla securidaca Beilkrautartige Peltschen, Beilcoronille *Dietr. III, 341*
II 9A. M *115* 175₂₆

Coronilla valentina Valentinische Peltschen *Dietr. III, 341*
II 9A. M*115* 175₂₄

Coronilla varia Buntes Peltschen, gemeine Kronwicke *Dietr. III, 342*
II 9A. M*115* 175₆₃

Corylus Lat. (Vok.): Hassel-Staude: Dietr.: Haselnuß, Zellernuß. Siehe auch Haselnuß *LA II 9A, 3q; Dietr. III, 347*
II 9A. M*1* 3₂₂

Corylus avellana Gemeine Haselnuß, Haselnußstaude, Haselstrauch *Dietr. III, 347*
II 9A. M*122* 192₁₄ **II 9B.** M*33* 36₁₇₈

Corymben Dietr. verzeichnet: Corymbiferae. So nennt man eine Klasse Pflanzen mit Doldentrauben; Jussieu verzeichnet Corymbium *Dietr. III, 349; Juss. 196*
I 10. 284₁₁

Corypha Palmengattung bei Jussieu: Schirmpalme *Juss. 44; Dietr. III, 351*
II 9A. M*119* 189₃₃ **II 10A.** M*69* 150₃₁

Corypha cerifera *Dietr. n.v.*
I 9. 381₁₉

Costus Kostwurz; von Jussieu der Familie (ordo) der Cannae zugeordnet *Juss. 71*
II 9A. M*119* 190₆₂

Cotyledon calyculata Synonym für Bryophyllum calycinum, beschrieben von Daniel Charles Solander. Siehe auch Bryophyllum calycinum *LA II 10A, 86q; Dietr. n.v.*
II 10A. M*27* 86₁₃

Cotyledon pinnata Synonym für Bryophyllum calycinum, beschrieben von Lamarck (Enc. 2, 141). Siehe auch Bryophyllum calycinum *LA II 10A, 86q; Dietr. N II, 444*
II 10A. M*27* 86₁₄.87₃₈

Cotyledonen s. *Kotyledonen*

Crassuvia floripendula Synonym für Bryophyllum calycinum, beschrieben von Philibert Commerson. Siehe auch Bryophyllum calycinum *LA II 10A, 86q; Dietr. n.v.*
II 10A. M*27* 86₁₇

Crataegus torminalis Dietr. verweist auf Pyrus torminalis = Elzbeer-Birne, Elsebeer. Siehe auch Adelsbeere *LA I 10, 358q; Dietr. III, 393; VII, 732*
I 10. 358₁₅

Crepis foetida Stinkender Pippau *Dietr. III, 398*
II 9A. M*49* 82₅₁

Crescentien Crescentia = Kürbisbaum, Calabassenbaum *Dietr. III, 401*
I 10. 204₉

Crespis biennis Zweijähriger Pippau *Dietr. III, 396*
II 9A. M*115* 175₃₉

Crespis foetida Stinkender Pippau *Dietr. III, 398*
II 9A. M*115* 175₄₁

Crespis pulchra Schöner Pippau *Dietr. III, 398*
II 9A. M*115* 175₄₀

Crocus (**Krokus**) Safran *Dietr. III, 409*
I 9. 43₂₉ **I 10.** 72₃₀
II 9B. M*57* 67₆ **II 10A.** M*3.1 Anm* 33 *3.13* 57₁₅ *3.19* 62₁.₁

Crocus vernus Siehe auch Frühlingssafran *Dietr. III, 409*
II 9A. M*137* 220₃₄ **II 9B.** M*58* 68₁₅

Croton Krebsblume *Dietr. III, 422*
II 10A. M*46* 108₁

Cruciferae Kreuzblütler: Taxon bei Jussieu *Dietr. n.v.; Juss. 263*
I 10. 349₉
II 10A. M*3.2* 36₆₉

Cryptogamen, Cryptogamia Klasse XXIV. des Linnéschen Pflanzensystems: die Bezeichnung („die im Verborgenen sich Paarenden" wie Moose, Flechten, Algen) schuf Linné 1735 zur Unterscheidung von den Phanerogamen, den sich „sichtbar paarenden" Blüten-

pflanzen vgl. auch Dietr. III, 436 mit Verweis auf Linn. Syst. plant. 1779, I, XXX-XXXII u.ö.
I 9, 327$_{13-14}$ I 11. 160$_{23}$
II 9A. M 23 41$_{26}$ II 10A. M 2.1 4$_{16}$ 2.3 7$_{22}$ 2.15 21$_{11.15}$ II 10B. M 1.2 4$_{17}$
Cucubalus Behen Aufgeblasener Taubenkropf, weißer Behen. Siehe auch Behen. Gemeiner Dietr. III, 437; LA II 9A, 2Sq
I 10, 160$_{18}$
II 9A. M 13 28$_{20}$ 49 81$_{10}$.82$_{42}$
Cucumis Gurke, Kukumer Dietr. III, 442
I 6. 111$_{32}$
Cucumis sativus Gemeine Gurke, gemeine Kukumer Dietr. III, 449
I 10. 162$_{14}$
Cucurbita Siehe auch Kürbis Dietr. III, 451
II 10A. M 3.1 Anm 33
Cucurbita Melopepo Melonenkürbis Dietr. III, 453
I 6. 111$_{31-32}$
Cucurbita verrucosa Warzenkürbis Dietr. III, 454
I 10. 151$_{3}$.154$_{27-28}$
Cucurbitaceae Kürbisgewächse; Taxon: Familie bei Batsch; 9. Ordnung bei Erxleben Batsch II, 515; Erxleben 473
II 9A. M 43 71$_{15}$
Cupressus Cypresse LA II 9A, 4q; Dietr. III, 460
II 9A. M 1 4$_{61.71}$
Curcuma Gelbwurz; auch: Pflanzengattung der Cannae-Familie bei Jussieu. Farben s. Mineralienregister Dietr. III, 465; Juss. 71
II 9A. M 112 171$_{54}$ 113 172$_{5}$ 119 190$_{66}$ II 10B. M 8 26$_{12}$
Curtisia faginea Buchsblättrige Curtisie, ein zierlicher Capstrauch Dietr. III, 466
II 9B. M 61 70$_{2}$
Cyanella Asphodelengattung bei Jussieu Juss. 60
II 9A. M 119 189$_{35}$

Cyanus (Cyane) Dietr. verweist auf Centaurea cyanus = Korn-Flockenblume, gemeine Kornblume. Siehe auch Kornblume, Centaurea cyanus Dietr. III, 471; II, 690
II 5B. M 77 232$_{9}$ (Kyanen) II 10A. M 3.8 49$_{123}$ 3.21 63$_{1}$
Cyclamen Lat. (Vok.): Erdapfel; Dietr.: Erdscheibe, Schweinsbrod. Siehe auch Erdapfel Dietr. III, 472; LA 9A, 5q
I 6, 119$_{15-16}$
II 9A. M 1 5$_{95}$
Cyclamen europaeum Europäische Erdscheibe, Schweinsbrod Dietr. III, 473
II 10A. M 8 66$_{3}$
Cyclamen persicum Persische Erdscheibe Dietr. III, 474
II 9B. M 3 5$_{3}$
Cymbidium Kahnlippe Dietr. N II, 527
I 10. 204$_{2}$
Cynanchum Creticum Dietr. n.v.
II 9A. M 118 185$_{78}$
Cynanchum erectum Aufrechter Hundswürger Dietr. III, 478
II 9A. M 112 170$_{43}$
Cynara (Cinara) Artischocke Dietr. III, 482
I 6. 120$_{28}$
Cynoglossum cheirifolium Siehe auch Hundszunge, Leukoienblättrige Dietr. III, 488; LA II 9A, 2Sq
II 9A. M 13 28$_{18}$
Cynoglossum officinale Gemeine Hundszunge, Venusfinger Dietr. III, 492
II 9A. M 49 82$_{39}$
Cynoglossum umphaloides (C. omphalodes) Frühlings-Hundszunge Dietr. III, 493
II 9A. M 118 184$_{56}$ 122 192$_{27}$
Cynomorium coccineum Scharlachrothes Cynomorium, Maltheserschwamm Dietr. III, 495
I 9, 327$_{2}$
Cynomorium Micheli Nees von Esenbeck erwähnt diese von Mi-

cheli beschriebene Gattung der Balanophoreen *Dietr. n.r.; LA I 9, 325q*
I 9, 325₅
Cynosurus cristatus Gemeines Kammgras *Dietr. III, 497*
II 9A, M *115* 176₉₇
Cyperoideae (Cypros) Les Souchets. Scirpeae. Binsengräser: Taxon (Familie) bei Jussieu *Juss. 30*
II 9A, M *119* 188₆ *121* 191₇
Cypresse Siehe auch Cupressus *LA II 9A, 4q; Dietr. III, 460*
I 10, 202₂₅₋₂₆
II 9A, M *1* 4₆₁,₇₁
Cypripedium calceolus Gemeiner Frauenschuh, Marienschuh *Dietr. III, 525*
II 9A, M *118* 183₈
Cytinus hypocistis Hypocist *Dietr. III, 530*
II 9A, M *115* 175₅₉
Cytisus Laburnum Gemeiner Bohnenbaum, Linsenbaum, Erbsenbaum *Dietr. III, 535*
II 10A, M *3, 8* 49₁₁₈
Damasonium Grasliliengattung bei Jussieu *Juss. 57*
II 9A, M *119* 189₅₇
Daphne alpina Alpen-Seidelbast *Dietr. III, 556*
II 10A, M *8* 67₄
Daphne Cneorum Rosmarinblättriger Seidelbast, Steinröschen *Dietr. III, 556*
II 10A, M *8* 67₅
Daphne Laureola Immergrüner Seidelbast, lorbeerblättriger Kellerhals *Dietr. III, 558*
II 9B, M *61* 70₁
Daphne Mezereum Gemeiner Seidelbast, Kellerhals *Dietr. III, 559*
II 9A, M *118* 183₃₅
Dattel, Dattelpalme Lat. (Vok.): Palma: *Dietr.*: Phoenix. Siehe auch Palma *LA II 9A, 4q; Dietr. VII, 165*
I 6, 28₁₅ I 9, 28₁₄,114₃₂ I 10, 48₁–49₃₅,335₃₇

II 9A, M *1* 4₅₂,₅₃ M *79* 118₁₈–119₄₀ *80* 122 II **10B**, M *23,9* 104₂₃ *23,10* 105₁₄ *23,11* 107₃₈
Datura (Daturen) Stechapfel *Dietr. III, 565*
II 10A, M *3,13* 57₁₇
Datura stramonium Siehe auch Stechapfel. Gemeiner *LA II 9A, 30q; Dietr. III, 567*
I 10, 155₆
II 9A, M *13* 30₉₄ *118* 185₈₈
Daucus carota Gemeine Möhre, gemeine Mohrrübe, Karotte *Dietr. III, 569*
II 9A, M *49* 81₂₄
Decandria Klasse X des Linnéschen Pflanzensystems *Linn. Syst. plant. 1779, I, XXX-XXXII u.ö.; Dietr. III, 574*
II 9A, M *23* 41₁₂
Delphinium Siehe auch Rittersporn und Consolida regalis *Dietr. III, 579*
II 9A, M *53* 94₂₂ II **10A**, M *3,1* Anm 33
Delphinium elatum Hoher Rittersporn *Dietr. III, 582*
II 9A, M *118* 187₁₅₆
Delphinium grandiflorum Großblütiger Rittersporn *Dietr. III, 582*
II 9A, M *53* 94₂₃
Dendrobium Baumwuchrer *Dietr. N II, 638*
I 10, 204₁₄
Diadelphia Klasse XVII des Linnéschen Pflanzensystems *Linn. Syst. plant. 1779, I, XXX-XXXII u.ö.; Dietr. III, 590*
II 9A, M *23* 41₁₉
Diandria Klasse II des Linnéschen Pflanzensystems *Linn. Syst. plant. 1779, I, XXX-XXXII u.ö.; Dietr. III, 592*
II 9A, M *23* 41₄
Dianella Gattung spargelartiger Pflanzen bei Jussieu *Juss. 47*
II 9A, M *119* 189₄₀
Dianthus Siehe auch Nelke *Dietr. III, 592*

II 9A, M*53* 94₁₁.₂₄ **II 10A**, M*3.2* 36₃₉
Dianthus Armeria Büschel-Nelke, wilde Nelke *Dietr. III, 594*
II 9B, M*33* 36₂₀₉
Dianthus carthusianorum Feldnelke. Siehe auch Karthäusernelke *Dietr. III, 595*
I 10, 158₁₄
II 9A, M*118* 187₁₈₈ **II 9B**, M*55* 61₅₂
Dianthus Caryophyllus Gartennelke *Dietr. III, 596*
I 10, 157₂₇
II 9A, M*118* 187₁₈₄
Dictamnus Siehe auch Diptam *Dietr. III, 606*
II 9A, M*1* 5₇₂
Dictamnus albus Weißwurzlicher Diptam. Aschenwurz *Dietr. III, 606*
II 9A, M*118* 187₁₈₀
Didinamia (Didynamia) Klasse XIV des Linnéschen Pflanzensystems *Linn. Syst. plant. 1779, I, XXX-XXXII u.ö.; Dietr. III, 608*
II 9A, M*23* 41₁₆
Digitaria Gräsergattung bei Jussieu *Juss.34*
II 9A, M*119* 188₃
Dikotyledonen Zweikeimblättrige Pflanzen *Vgl. Dietr. III, 606; Batsch I, 199*
I 9, 303₃₈.₃₈.330₂₆ **I 10**, 256₁₇. 273₁₅.₂₉.274₂₁-₂₇.275₂₀.276₁₉-₂₀. 346₂₀-₂₁.₂₃.347₁₀-₁₁.354₁₆-₁₇.356₂
II 9A, M*19* 36₁₉ *33* 46₈ **II 10A**, M*3.1 Anm* 31 *3.2* 36₆₃ **II 10B**, M*10* 29₃₃ *18.1* 43₂ *19.1* 49₃₁ *19.4* 51₆ *23.4* 98₁₄ *23.10* 105₄ *23.13* 108₆ *24.5* 114₁₁ *24.11* 118₁₄ *24.12* 120₂
- Apetalae (Blattlose) **II 10A**, M*3.2* 36₆₃
- Monopetalae (Einblättrige) **II 10A**, M*3.2* 36₆₅
- Polypetalae (Vielblättrige) **II 10A**, M*3.2* 36₆₈
Dilatris Irisgattung bei Jussieu *Juss. 67*
II 9A, M*119* 189₅₂

Dill, Gemeiner Siehe auch Anethum graveolens *Dietr. I, 496; LA II 9A, 28q*
II 9A, M*13* 28₂₅
Dinkel *Dietr.*: Triticum Spelta = Dinkel *Dietr. X, 206*
II 9B, M*33* 32₅₆ (Scanzola). 35₁₄₈ (Scanzola)
Dioecia Klasse XXII des Linnéschen Pflanzensystems *Dietr. III, 623*
II 9A, M*23* 41₂₄
Dioscorea Gattung spargelartiger Pflanzen bei Jussieu *Juss. 49*
II 9A, M*119* 189₄₇
Diosma Buccostrauch. Göttergeruch. Duftstrauch *Dietr. III, 629*
II 9B, M*62 Anm* 70 **II 10B**, M*8* 26₁₁
Dipsaceae Scabiosen-Familie. Taxon bei Jussieu *Juss. 216*
II 9A, M*120* 190₁₁
Dipsacus fullonum Eigentlich: D. fullonum var. sativus L.; Weberkarten, gebaute Karte. Karstendistel *Dietr. III, 640*
II 9A, M*118* 186₁₅₂
Dipsacus laciniatus Zerschlitzte Karten *Dietr. III, 641*
I 9, 52₁₇
Diptam (Dipdam) Siehe auch Dictamnus *Dietr. III, 606*
I 9, 219₂₈
II 9A, M*1* 5₇₂ **II 10A**, M*3.2* 36₅₁
Diptamnus s. Dictamnus
Disa Orchideen-Gattung bei Jussieu *Juss. 73*
II 9A, M*119* 190₆₀
Discoideae Taxon: Familie bei Batsch; 14. Ordnung bei Erxleben (Compositae D.) *Batsch II, 554; Erxleben 483*
II 9A, M*43* 71₂₁
Distel
I 8, 231₉ **I 9**, 52₁₄.330₁₆ **I 10**, 119₁₃.₁₆
II 9B, M*33* 36₂₀₃.37₂₄₃-₂₄₄ *55* 63₁₄₉
II 10A, M*3.2* 36₆₇ *3.8* 49₁₁₀
Dodecandria Klasse XI des Linnéschen Pflanzensystems *Linn. Syst.*

plant. 1779, I, XXX-XXXII u.ö.;
Dietr. III, 647
II 9A. M*23* 41₁₃
Dolichos Faseln *Dietr. III, 651*
II 9A. M*117* 182₉
Dolichos Lablab Siehe auch Fasel. Ägyptische *LA II 9A, 30q; Dietr. III, 655*
II 9A. M*13* 30₈₉
Dolichos purpureus Purpurrothe Faseln *Dietr. III, 659*
I 10. 150₂₃.153₁₂₋₁₃
Dornbusch Siehe auch Spinetum *LA II 9A, 3q*
II 9A. M*1* 3₂₇
Doronicum Pardalianches Größte Gemswurz *Dietr. III, 667*
II 9A. M*115* 177₁₂₈ *118* 186₁₃₂
Dorstenia Contrajerva Wurmtreibende Dorstenie, Contrajerva, peruvianische Giftwurzel *Dietr. III, 669, korr. N III, 22*
II 9B. M*55* 60₂₇
Dosten, Gemeiner Siehe auch Origanum vulgare *LA II 9A, 29q; Dietr. VI, 518*
II 9A. M*13* 29₇₃
Draba verna Frühblühendes Hungerblümchen, gemeines Hungerblümchen *Dietr. III, 677*
II 9A. M*70* 113₁
Drachenbaum Dracaena *Dietr. III, 679*
I 10. 230₃₃
Dracocephalum Moldavica Türkischer Drachenkopf, türkische Melisse *Dietr. III, 689*
II 9A. M*118* 184₆₁
Dracontium (Draconitum, Drakontien) Zehrwurz, Drachenwurz; auch: Pflanzengattung der Aroideae-Familie bei Jussieu *Dietr. III, 693; Juss. 29*
I 10. 204₄
II 9A. M*119* 188₃ (Draconitum)
Dracontium pertusum Durchbohrte Zehrwurz, kletternde Drachenwurz *Dietr. III, 693*
II 10B. M*10* 29₃₆

Drupiferae, Drupaceae Steinfrüchte, Steinobst; Taxon: Familie bei Batsch: 25. Ordnung bei Erxleben *Batsch II, 1; Erxleben 507*
II 9A. M*43* 71₂
Dumosae Taxon: 24. Ordnung bei Erxleben *Erxleben 504*
II 9A. M*43* 72₃₃
Duyten Aster Unklar *Dietr. n.r.*
II 9A. M*36* 50₅
Ebenholz Lat. (Vok.): Ebenus; Dietr. verweist von Ebenus cretica, Ebenholz, auf Anthyllis cretica. Siehe auch Ebenus *Dietr. III, 707; Dietr. N I, 262*
I 3. 448₁₅
II 3. M*29* 19₂ II 9A. M*1* 3₂₆
II 10B. M*27* 156₁
Ebenus Siehe Ebenholz *LA II 9A, 3q; rgl. Dietr. III, 707; Dietr. N I, 262*
II 9A. M*1* 3₂₆
Echinops sphaerocephalus Gemeine Kugeldistel *Dietr. III, 709*
II 9A. M*118* 185₁₁₅
Echium vulgare Gemeiner Natterkopf *Dietr. III, 724*
II 9A. M*49* 82₅₇ *118* 185₈₂
Edel-Leberkraut Lat. (Vok.): Hepatica nob.; Dietr. verweist von Hepatica auf Anemone. Anemone hepatica = Leberblume. Siehe auch Anemone hepatica. Hepatica nobilis *LA II 9A, 5q; Dietr. I, 468*
II 9A. M*1* 5₇₆
Efeu Siehe auch Hedera *LA II 9A, 3q; Dietr. IV, 513*
I 6. 29₃₂
II 9A. M*1* 3₂₃
Ehrenpreis Siehe auch Veronica *LA II 9A, 5q; Dietr. X, 411*
II 9A. M*1* 5₇₈
Ehrenpreis, Virginischer Siehe auch Veronica virginica *Dietr. X, 442; LA II 9A, 28q*
II 9A. M*13* 28₃₃
Ehrharta (Erharta) Gräsergattung bei Jussieu *Juss. 38 (Erharta)*
II 9A. M*119* 188₁₇

PFLANZEN 457

Eibe Lat. (Vok.): Taxus: Dietr.: Taxus baccata = Eibe. Siehe auch Taxus *LA II 9A, 4q*
II 9A. M*1* 4[34]
Eibisch Siehe auch Althaea und Eibisch *Dietr. I, 282*
II 9A. M*1* 5[77]
Eiche Siehe auch Quercus *LA II 9A, 3q; Dietr. VIII, 6*
I 1. 78[31M].141[12Z].267[32Z] **I 2.** 208[30Z,34Z,35Z].210[6Z].231[33Z].250[29Z]. 358[28Z].398[21Z] **I 9.** 359[12,19] **I 10.** 70[4,15,20].203[21].288[25-26]
II 7. M*40* 62[26] **II 9A.** M*1* 3[26],4[47] *40* 66[62] *115* 177[144] **II 9B.** M*51* 54[9] **II 10A.** M*3,8* 47[29] *36* 93[9]
II 10B. M*20,5* 57[46]
Eisenhut Siehe auch Aconitum *Dietr. I, 90*
I 9. 114[4]
II 10A. M*3,13* 57[29]
Eisenkraut, Offizielles Siehe auch Verbena officinalis *LA II 9A, 29q; Dietr. X, 398*
II 9A. M*13* 29[69]
Elaeagni Taxon bei Jussieu *Juss. 83*
II 9A. M*120* 190[6]
Elaeagnus (Eleagnus) angustifolia Schmalblättriger Oleaster. Siehe auch Ölbaum, schmalblättriger *Dietr. III, 731; LA II 9A, 28q*
I 10. 158[11]
II 9A. M*13* 28[14] *115* 176[95] *118* 184[41] **II 9B.** M*33* 34[111-112,120]
Elaeagnus crispa Krauser Oleaster *Dietr. III, 733*
II 9B. M*33* 34[123]
Elaeagnus glabra Glatter Oleaster *Dietr. III, 733*
II 9B. M*33* 34[126]
Elaeagnus latifolia Breitblättriger Oleaster *Dietr. III, 733*
II 9B. M*33* 34[122]
Elaeagnus multiflora *Dietr. n.v.*
II 9B. M*33* 34[124]
Elaeagnus orientalis Levantischer Oleaster *Dietr. III, 734*
II 9B. M*33* 34[121]

Elaeagnus pungens Stechender Oleaster *Dietr. III, 734*
II 9B. M*33* 34[128]
Elaeagnus spinosa Dorniger Oleaster *Dietr. III, 735*
II 9B. M*33* 34[127]
Elaeagnus umbellatus Doldenblüthiger Oleaster *Dietr. III, 735*
II 9B. M*33* 34[125]
Elais (Elaeis) melanococca Ölpalme, in Amerika genutzte Palmenart *LA II 10A, 149q; Dietr. n.v.*
I 9. 381[2]
II 10A. M*69* 149[26]
Elais (Elaeis) guineensis Guineische Oelpalme; in Amerika genutzte Palmenart *Dietr. III, 743; LA II 10A, 149q*
II 10A. M*69* 149[26]
Elate Palmengattung bei Jussieu *Juss. 44*
II 9A. M*119* 189[30]
Elementar-Algen Nach Nees von Esenbeck elementare organische Bildungen, ähnlich den Infusorien, aber mehr auf Wachstum als auf Bewegung ausgerichtet *LA II 10B, 15q; Vgl. Agardh 1825, 743–744*
II 10B. M*1,3* 15[101-102,129]
Elichrhyum s. *Elychrysum*
Elleborus s. *Helleborus*
Elychrysum Wohl: Strohblume: Dietr. verweist auf Xeranthemum und Gnaphalium *Dietr. III, 748; LA II 10A, 49q*
II 10A. M*3,8* 49[114]
Endivie Cichorium endiva *Dietr. III, 90*
II 9A. M*138* 226[57]
Enneandria Klasse IX des Linnéschen Pflanzensystems *Linn. Syst. plant. 1779, I, XXX-XXXII u.ö.; Dietr. III, 759*
II 9A. M*23* 41[11]
Ensatae Schwertlilien; Taxon: Familie bei Batsch: 54. Ordnung bei Erxleben *LA II 9A, 172; Dietr. III, 759; Batsch II, 271; Erxleben 560*
II 9A. M*43* 71[10] *112* 171[57] *113* 172[6]

Enzian Siehe auch Gentiana *Dietr.*
IV, 303
I 10. 321₃₇
II 10A. M*3.13* 57₂₆
Epidendron elongatum Verlängerter Schmarozbaum. verlängerte Vanille *Dietr. III, 764*
I 9. 330₃₅
Epilobium angustifolium Schmalblättriges Weidenröschen *Dietr. III, 771*
II 9A. M*49* 82₅₈
Epimedium alpinum Alpen-Sockenblume *Dietr. III, 776*
II 9A. M*118* 187₁₇₆
Epiphystis Gattung von Gräsern *Dietr. n.v.*
II 10B. M*1.2* 9₁₈₈
Equisetum Schaftheu. Siehe auch Schachtelhalm *Dietr. III, 777*
II 9A. M*63* 108₇₋₈
Erbse Siehe auch Pisum *Dietr. VII, 304*
I 2. 29₃₃.31₂₇ I 9. 350₂ I 11. 148₄. 149₃₀
II 7. M*45* 79₄₅₁ *63* 134₃₉ (pois)
II 8B. M*76* 129₅₂ II 9B. M*33* 32₅₈ (Piselle).35₁₅₀ (Piselle)
- erbsenförmig II 7. M*114* 225₇₈
Erdapfel Lat. (Vok.): Cyclamen: *Dietr.*: Cyclamen = Erdscheibe. Schweinsbrod. Cyclamen europaeum = Erdapfel. Siehe auch Cyclamen (europaeum). Kartoffel *LA II 9A, 5q; Dietr. III, 472–473*
I 10. 25₃₀.30₂₈.31₁₇.32₁₃
II 9A. M*1* 5₉₅
Erdbeeräpfel Wohl: Arbutus = Sandbeer. Erdbeerbaum *Dietr. I, 664; vgl. Krünitz 2, 380–382*
II 10A. M*3.13* 57₃₆
Erdbeere Siehe auch Fragum *LA II 9A, 3q*
II 7. M*1* 3₁₄₋₁₅ II 9A. M*1* 3₁₅.₂₉ *115* 174₆ II 10A. M*3.13* 57₃₁
Erica Siehe auch Heide *Dietr. III, 781*
II 9B. M*62* 70₂ II 10B. M*8* 26₁₁

Erica herbacea Krautartige Heide. fleischfarbene oder frühblühende Heide. Siehe auch Heide *Dietr. III, 797*
II 9B. M*58* 68₃₈
Erigeron acre (acer) Scharfes Flöhkraut. Berufkraut *Dietr. III, 828*
II 9A. M*118* 186₁₂₉
Eriken Ericaceen. Heidekrautgewächse mit der großen Gattung der Erica
I 9. 295₃₂
Eriocaulon Grasliliengattung bei Jussieu *Juss. 50*
II 9A. M*119* 189₅₀
Eriophorum polystachyon Siehe auch Wollgras. Vieljähriges *LA II 9A, 29q; Dietr. III, 840*
II 9A. M*13* 29₅₉
Erle Siehe auch Alnus *LA II 9A, 3q*
I 10. 203₂₁
II 9A. M*1* 3₂₉.4₄₈
Erodium gruinum Candischer Reiherschnabel *Dietr. IV, 6 [da: grunium]*
I 10. 359₁
II 10B. M*24.11* 119₂₅₋₂₆ *24.16* 123₁₅ *24.17* 124₁₅ *24.18* 125₁₇
Ervum lens *Dietr.*: Ervum = Erve. Linse: Ervum lens: Verweis auf Cicer = Linsen-Kicher. gemeine Linse *Dietr. IV, 14; III, 89*
II 9A. M*49* 81₁₉
Erygnium s. *Eryngium*
Eryngium Mannstreu *Dietr. IV, 15*
II 9B. M*55* 63₁₃₁
Eryngium (Eringium) planum Flachblättrige Mannstreu. Brackdistel *Dietr. IV, 19*
II 9A. M*118* 187₁₅₉
Eryngium maritimum Meerstrands Mannstreu. Seemannstreu. blaue Meerwurzel *Dietr. IV, 19*
II 9B. M*55* 61₅₇ (Erygnio)
Erysibe Mehltau. Siehe auch Mucor Erysiphe *LA I 9, 330q*
I 9. 330₁

Erysimum Alliaria Knoblauchduftiger Hederich. Knoblauchkraut. Knoblauchhederich *Dietr. IV, 21*
II 9A. M *115* 175$_{26}$
Erysimum Barbarea Stumpfblättriger Hederich. Barbenkraut. Winterkresse *Dietr. IV, 22*
II 9A. M *115* 175$_{27}$
Erysimum cheiranthoides Leucojenartiger Hederich. Schotendotter *Dietr. IV, 23*
I 10. 150$_{19}$.152$_{52-53}$
Erysimum hieracifolium Habichtskrautblättriger Hederich *Dietr. IV, 24*
II 9A. M *118* 187$_{189}$
Erysimum officinale Arznei-Hederich. Wegsenf *Dietr. IV, 25*
II 9A. M *115* 175$_{28}$ II 9B. M *51* 54$_{23}$
Erysiphe Humuli Decandolle Mehltau bei Hopfen. Siehe auch Alphitomorpha macularis Wallroth *LA I 9, 330q*
I 9. 330$_{7-8}$
Escallonia Escallonie *Dietr. IV, 37*
I 10. 203$_{35}$
Esche Siehe auch Fraxinus *LA II 9A, 4q*
I 9. 47$_{22}$.113$_{26-36}$.114$_7$ I 10. 68$_{12}$. 206$_7$.345$_{25.28}$.357$_{22}$
II 9A. M *1* 4$_{33}$ *84* 127$_{58}$ II 10B. M *29* 158$_1$
Esculus (Aesculus) Hippocastanum Gewöhnliche Roßkastanie. Siehe auch Roßkastanie *Dietr. I, 138*
I 10. 69$_{15}$
II 9A. M *84* 127$_{52.55.59}$
Espe Lat. (Vok.): Aspen = Populus; Dietr.: Populus tremula = Zitternde Pappel, gemeine Espe. Siehe auch Populus tremula *LA II 9A, 3q; II 9B, 6Sq; Dietr. VII, 460*
II 9A. M *1* 3$_{22}$ (Aspen).4$_{46}$ (Aspen)
II 9B. M *58* 68$_{44}$
Estragon Artemisia Dracunculus *LA II 9A, 176q; Dietr. I, 732*
II 9A. M *115* 176$_{74}$

Esula Dietr.: Euphorbia Esula = Gemeine Wolfsmilch. Siehe auch Euphorbia und Wolfsmilch *Dietr. IV, 78*
I 10. 179$_6$.180$_{30}$.183$_3$
Eucalyptus Schönmütze *Dietr. IV, 39*
I 10. 203$_{35}$
Eucomis punctata Punktirte Schopflilie *Dietr. IV, 44*
II 9A. M *95* 139$_1$
Eupator, Gefleckter Siehe auch Eupatorium maculatum *LA II 9A, 30q; Dietr. IV, 60*
II 9A. M *13* 30$_{96}$
Eupatorium maculatum Wandtafel: Gefleckter Eupator; Dietr.: Geflecktes Eupatorium. Walddoste. Siehe auch Eupator, Gefleckter *LA II 9A, 30q; Dietr. IV, 60*
II 9A. M *13* 30$_{96}$
Euphorbia cyparisias Cypressen-Wolfsmilch. Cypressen-Euphorbie *Dietr. IV, 75*
II 10A. M *3.1 Anm* 32
Euphorbia Lathyris Kreuzblättrige Wolfsmilch. Siehe auch Springkraut *Dietr. IV, 85; LA II 9A, 28q*
II 9A. M *13* 28$_{22}$
Euphorbia peplus Garten-Wolfsmilch *Dietr. IV, 94*
II 9A. M *122* 192$_{33}$
Euphorbia phosphorica Einzige blattlose Euphorbie *LA II 2, 55q; Dietr. n.v.*
II 2. M *7.8* 55$_{221-222}$
Euphorbiae Wolfsmilch-Familie. Taxon bei Jussieu *Juss. 423*
II 9A. M *120* 190$_{15}$
Euphorbien Wolfsmilchgewächse. Siehe auch Esula, Euphorbia und Wolfsmilch
I 10. 306$_8$
II 9A. M *84* 126$_{26}$ *89* 135$_{12}$ II 9B. M *8* 10$_2$ 7 10$_7$
Euphrasia odontites Rother Augentrost, rother oder brauner Zahntrost *Dietr. IV, 107*
II 9A. M *115* 177$_{118}$

Euterpe edulis Kohlpalme, in Amerika genutzte Palmenart *LA II 10A, 149q; Dietr. n.r.*
II 10A. M*69* 149₂₆₋₂₇
Euterpe oleracea Kohlpalme, in Amerika genutzte Palmenart *LA II 10A, 149q; Dietr. n.r.*
I 9. 380₃₅
II 10A. M*69* 149₂₆
Fächerpalme
I 9. 115₄ I 10. 333₁₄₋₁₅
Fagus Siehe auch Buche *LA II 9A, 3q; Dietr. IV, 136*
II 9A. M*1* 3₂₈.4₅₇
Fagus sylvatica hibrida Abart aus der Buche und Eiche im Ettersburger Forst bei Weimar *LA II 9B, 54q*
II 9B. M*51* 54₉
Faltenschwamm Siehe auch Helvella *Dietr. IV, 592*
I 10. 23₁₋₂
Farne, Farrenkräuter Siehe auch Filices *Dietr. IV, 177*
I 1. 261-z.302₂₇.308₂.381-M I 9. 45₂₀.114₂₈ I 10. 203₂₄.27-28.363₄.7 I 11. 106₂₉.111₁₉
II 8A. M*14* 37₃₄₀₋₃₄₁ *60* 88₇₀ II 9A. M*121* 191₄ II 10A. M*3.1 Anm 32* S 67₁₄
- baumartig II 10A. M*69* 149₁₀
Farren s. *Farne, Farrenkräuter*
Faseln, Ägyptische Siehe auch Dolichos Lablab *LA II 9A, 30q; Dietr. III, 655*
II 9A. M*13* 30₈₉
Feder Nägl. s. *Federnelke*
Federnelke Lat. (Vok.): Feder Nägl. = Caryoph. plum.: Dietr. verweist von Caryophyllus u.a. auf Dianthus (plumarius). Siehe auch Caryoph. plum. *LA II 9A, 5q; Dietr. III, 601*
II 9A. M*1* 5₉₈ (Feder Nägl.) *53* 9₄₂₄ *79* 119₆₆ II 9B. M*33* 36₂₀₈
Feige, Feigenbaum Siehe auch Ficus *Dietr. IV, 165; LA II 9A, 4q*
I 6. 66₃₃₋₃₄ I 10. 204₃₋₄
II 9A. M*1* 4₄₆

Feige, Indianische s. *Indianische Feige*
Feigenbaum, wilder Lat. (Vok.): Caprificus; Dietr.: Ficus = Feigenbaum. Siehe auch Caprificus, Feige. Ficus *LA II 9A, 4q; Dietr. IV, 165*
II 9A. M*1* 4₃₆
Fel terrae Wohl nicht-taxonomische Bezeichnung für Ergalle. Tausendguldenkraut; vgl.Dietrich: Chironia Centaurium *LA II 1A, 16; Dietr. III, 52–53*
II 1A. M*1* 5₇₅
Fenchel Anethum foeniculum *Dietr. I, 498*
II 9A. M*39* 58₁₄₈ (finochis) *47* 79₁
Fernambuk Auch: Fernebock, ein Brasilienholz, wurde zur Färberei, als Arznei und für rote Tinte verwendet. Siehe auch Lignum brasilicum *LA II 9A, 4q; Krünitz 12, 612*
II 3. M*35* 34₃ II 4. M*58* 70₁₈
Fernebock s. *Fernambuk*
Feuerlilie Lilium bulbiferum *Dietr. V, 463*
I 8. 190₃₂
II 9A. M*79* 120₇₈ II 9B. M*55* 63₁₂₄ II 10A. M*3.12* 54₃₁ *3.13* 57₁₃
Fevillea Feville *Dietr. IV, 164*
I 9. 38₂₄
Fichte Siehe auch Pinus *LA II 9A, 3q; Dietr. VII, 226*
I 1. 9₀z.113₅M.8M.262₂z.263₂₇z. 264₁z.267₃₂z I 2. 22₃₇z.40₁₉.60₁₆z. 135₅₁.205₃₀.211₁₄z.358₉z I 8. 145₁₇. 193₃₁.264₃₀.324₈ I 9. 32₁₂.376₁₉
I 10. 26₃
II 5B. M*6* 246₁₅ *93* 259₂₀ II 9A. M*1* 3₂₇.4₅₆ *15* 32₁₇ *40* 62₁
Ficus Siehe auch Feigenbaum *Dietr. IV, 165; LA II 9A, 4q*
II 9A. M*1* 4₄₆.59.59 *39* 60₁₉₁
Ficus stipulata Beblätterter Feigenbaum *Dietr. IV, 172*
II 9B. M*60* 69₅

Filago germanica Deutsches Filzkraut, gemeines Filzkraut *Dietr. IV, 174*
II 9A, M*49* 81₁₂

Filices Farne; auch: Taxon bei Jussieu; Familie bei Batsch, 60. Ordnung bei Erxleben. Siehe auch Farne. Farrenkräuter *Dietr. IV, 177; Juss. 18; Batsch II, 585; Erxleben 570*
I 10, 52₃₅.53₃₀
II 9A, M*39* 60₁₈₇ *43* 71₂₃ *120 190*₁

Fimbriatae Taxon: Familie bei Batsch *Batsch II, 126*
II 9A, M*43* 71₁₆

Flachs Siehe auch Lein und Linum *Dietr. V, 499*
I 4, 169₂₄₋₂₅

Flagellaria Gattung spargelartiger Pflanzen bei Jussieu *Juss. 47*
II 9A, M*119* 189₄₂

Flechten Siehe auch Lichen *Batsch II, 613; Dietr. n.r., vgl. aber V, 451*
I 3, 504₁₄ₘ I 4, 189₆ I 10, 202₂₈, 204₁

Flieder Syringa *Dietr. IX, 591*
II 10A, M*3.13* 57₂₂

Flockenblume, Gemeine Siehe auch Centaurea Jacea *Dietr. II, 694, LA II 9A, 29q*
II 9A, M*13* 29₄₀

Flöhkraut Auch: Gemeiner Knöterig, Flöhknöterig. Siehe auch Polygonum Persicaria *LA II 9A, 29q; Dietr. VII, 415*
II 9A, M*13* 29₆₇

Flora subterranea Fossile Pflanzen *LA I 10, 362q*
I 10, 362₂₅

Flußranunkel Wohl: Ranunculus aquatilis; vgl. Dietr.: R. capillaceus, R. fluviatilis *Dietr. VIII, 52, 57*
I 10, 291₁

Forscolia tenacissima Dietr. verzeichnet Forskohlea tenacissima = Eyförmige Forsköhlie *Dietr. IV, 189*
II 9A, M*115* 180₂₂₄

Fragum Lat. (Vok.): fragarum/fragorum: Dietr.: Fragaria. Siehe auch Erdbeere *LA II 9A, 3q; Dietr. IV, 192*
II 7, M*1* 3₁₃ II 9A, M*1* 3₁₃.₂₉₋₃₀

Fraxinus Siehe auch Esche *LA II 9A, 4q; Dietr. IV, 202*
II 9A, M*1* 4₃₃ *137* 221₅₉

Fraxinus ornus Blumentragende oder großblumige Esche *Dietr. IV, 206*
II 9A, M*52* 93₃₇ *70* 113₃ II 9B, M*55* 60₂₃

Fraxinus rotundifolia Rundblättrige Esche *Dietr. IV, 208*
II 9A, M*115* 177₁₀₆

Fritillaria Schachblume, Kronenblume *Dietr. IV, 211*
II 9B, M*8* 11₂₈ II 10B, M*2* 20₂₅

Fritillaria imperialis Auch: Büschlige Schachblume. Siehe auch Kaiserkrone *Dietr. IV, 212*
II 10A, M*3.6* 45₂

Fritillaria regia Dietr. verweist auf Eucomis regia, Königliche Schopflilie *Dietr. IV, 215, 44*
II 9B, M*3* 5₆

Frühlingsglocke Siehe auch Leucoium vernum *Dietr. V, 443*
II 9B, M*58* 68₁₃

Frühlingssafran Siehe auch Crocus vernus *Dietr. III, 409*
II 9B, M*58* 68₁₆

Fuchsschwanz Vermutl. Amaranthus caudatus, Geschwänzter Amaranth. Siehe auch Amaranthus caudatus *Dietr. I, 312*
II 10A, M*3.13* 56₇

Fucoides Hier: algenähnliche, fossile Pflanzenreste *LA II 8B, 101, Erl*
II 8B, M*65* 99₂₋₄

Fucus natans Schwimmender Tang, Sargasso *Dietr. IV, 231*
II 9A, M*115* 178₁₆₆

Fucus Selaginoides Selagoartiger Tang *Dietr. IV, 233*
II 9A, M*50* 87₁₅₂₋₁₅₃

Fuirena Binsengrasgattung bei Jussieu *Juss. 31*
II 9A, M*119* 188₈

Füllhorns Baldrian Siehe auch Valeriana cornucopiae *LA II 9A, 28q; Dietr. N III, 319*
II 9A. M *13* 28₂₆

Fumago Citri Nach Persoon: Pilzart. Ruß auf Orangenblättern *LA 10B, 4q*
II 10B. M *1.2* 4₁₂

Fungi Pilze. Schwämme: Taxon bei Jussieu; Familie bei Batsch: 63. Ordnung bei Erxleben. Siehe auch Pilze. Schwämme *Juss. 3; Batsch II, 622; Erxleben 574*
II 9A. M *43* 71₂₇ *120* 190₁

Fungus Siehe auch Pilz. Schwamm *LA II 9A, 3q*
II 7. M *1* 3₁₃ **II 9A**. M *1* 3₁₂ *50* 86₁₀₉,₁₁₀ **II 10A**. M *3.2* 36₅₉

Fungus typhoides coccineus melitensis Unter diesem Namen beschrieb Boccone gemäß Nees von Esenbeck das Cynomorium coccineum. Siehe auch Cynomorium coccineum *LA I 9, 327q; Dietr. III, 495–496*
I 9. 327₂₋₃

Gahnia Binsengrasgattung bei Jussieu *Juss. 31*
II 9A. M *119* 188₉

Galanthus Schneeglöckchen *Dietr. IV, 249*
II 9A. M *122* 192₁₇ **II 10A**. M *3.1 Anm 33*

Galanthus nivalis Gemeines Schneeglöckchen. Siehe auch Schneetropfe *Dietr. IV, 249*
II 9A. M *118* 183₁₄ *122* 191₂
II 9B. M *58* 67₁₀

Galaxia Irisgattung bei Jussieu *Juss. 64*
II 9A. M *119* 189₄₃

Galega officinalis Gemeine Geisraute. Geisklee *Dietr. IV, 256*
II 9A. M *115* 177₁₃₂

Galeopsis Ladanum Schmalblättriger Hohlzahn. Feldhohlzahn *Dietr. IV, 263*
II 9A. M *115* 177₁₁₃

Galeopsis Tetrahit Gemeiner Hohlzahn. Hanfnessel. Siehe auch Katzengesicht. Hanfartiges *LA II 9A, 30q; Dietr. IV, 263*
II 9A. M *13* 30₉₂ *115* 177₁₁₄ *118* 185₈₆

Galium album Smyrnaisches Labkraut *Dietr. IV, 265*
II 9A. M *118* 186₁₅₁

Galium verum Gelbes Labkraut. Siehe auch Labkraut. Wahres *LA II 9A, 29q; Dietr. IV, 278*
II 9A. M *13* 29₇₄

Gamander, Virginischer Siehe auch Teucrium virginicum *LA II 9A, 29q; Dietr. IX, 674*
II 9A. M *13* 29₈₀

Gänseblume Lat. (Vok.): Gänseblu[me] = Belis. Siehe auch Bellis perennis *LA II 10A, 32q; Dietr. II, 179*
II 9A. M *1* 5₈₂ **II 10A**. M *3.1 Anm 32*

Gänserich (Gänserig) Siehe auch Agrimonia sylvestris. Potentilla Anderina *LA II 9A, 5q; vgl. Dietr. I, 166, VII, 474*
II 9A. M *1* 5₈₆

Garcinia Mangostane *Dietr. IV, 281*
II 9A. M *39* 57₁₂₉

Gartenkresse Siehe auch Lepidium sativum. Kresse und Nasturtium *Dietr. V, 417; LA II 9A, 28q*
II 9A. M *13* 28₃₇

Gauchheil Siehe auch Anagallis *LA II 9A, 5q; Dietr. I, 413*
II 9A. M *1* 5₉₈₋₈₉

Gelbholz Morus tinctoria *Dietr. VI, 264*
I 3. 469₃₆M

Gelbrose Dietr. verzeichnet: Rosa lutea = Gelbe Rose *Dietr. VIII, 238*
II 10A. M *3.13* 57₁₈

Genista Ginster *Dietr. IV, 295*
I 6. 117₂₁

Genista candicans Weißblühender Ginster, franz. Ginster *Dietr. IV, 297*
II 9A. M *115* 176₈₆

Genista decumbens Gestreckter Ginster *Dietr. IV, 297*
II 10A. M 8 67₁₁
Genista Italica *Dietr. n.v.*
II 9A. M 115 176₈₅
Genista sagittalis Geflügelter Ginster, kleiner gelber Ginster *Dietr. IV, 300*
II 9B. M 55 60₃₂
Genista sibirica Sibir. Ginster *Dietr. IV, 300*
II 9A. M 49 81₂₀ 115 176₈₄
Genista tinctoria Färbender Ginster, gemeiner Färberginster *Dietr. IV, 300*
I 10. 158₁
Gentiana acaulis Stielloser Enzian *Dietr. IV, 304*
II 10A. M 3.6 45₇
Gentiana centaurium Bei Dietrich und Krünitz als Chironia centaurium verzeichnet, mit Verweis auf diese frühere Zuordnung zum Enzian. Siehe auch Tausendgüldenkraut *LA II 9A, 29q; Dietr. III, 52; Krünitz 181, 264*
II 9A. M 13 29₅₁
Gentiana ciliata Gefranzter Enzian *Dietr. IV, 307*
II 9B. M 5 7₄
Gentiana cruciata Kreuz-Enzian *Dietr. IV, 307*
II 9A. M 118 184₆₃
Gentiana pannonica Oestreichischer Enzian *Dietr. IV, 312*
II 10A. M 8 67₂₁
Gentiana utriculata Dietr. verzeichnet G. utriculosa = Bauchiger Enzian *Dietr. IV, 316*
II 9A. M 118 184₆₄
Gentiana verna Frühlings- Enzian *Dietr. IV, 316*
II 9A. M 118 184₆₂
Gentianae Taxon: Familie bei Batsch *Batsch II, 490*
II 9A. M 43 71₈
Gentianen, Gentiana Enzian(e), Gattung mit zahlreichen Arten. Siehe auch Enzian *Dietr. IV, 303–323*
I 9. 18₃.296₂₁ **I 10.** 261₁₂.349₉
II 10A. M 8 67₈
Georgina (Georgine, Georgia) Dahlie *Dietr. N III, 463*
II 10A. M 3.2 36₄₀ 3.13 56₇
Geranie
II 9A. M 61 105₁
Geranium Lat. (Vok.): Geranium Mosch., Siehe auch Storchschnabel *Dietr. IV, 325*
I 8. 191₂₉₋₃₀
II 9A. M 1 5₈₅ **II 10A.** M 3.12 54₃₀
Geranium acerum Dietr. verweist von Geranium acerifolium Cav. auf Pelargonium angulosum = Eckiger Kranichschnabel *Dietr. N III, 472; VII, 8*
II 9A. M 73 115₄
Geranium fulgidum Dietr. verweist auf Pelargonium fulgidum = Leuchtender Kranichschnabel, feuerrothes Pelargonium *Dietr. N III, 474; VII, 30*
II 9A. M 73 115₇
Geranium hispidum Dietr. verweist auf Pelargonium hispidum = Hackriger Kranichschnabel *Dietr. N III, 474; VII, 36*
II 9A. M 73 115₁₂
Geranium incanum Bestäubter Storchschnabel *Dietr. IV, 330*
II 9A. M 73 115₉
Geranium Palmatum Dietr. verweist auf Geranium anemonefolium = Anemonenblättriger Storchschnabel, rother Storchschnabel mit handförmigen ebenen Blättern *Dietr. N III, 475; VII, 326*
II 9A. M 73 115₃
Geranium Papilionaceum Dietr. verweist auf Pelargonium papilionaceum = Schmetterlingsblüthiger Kranichschnabel *Dietr. N III, 475; VII, 46*
II 9A. M 73 115₆
Geranium roseum *Dietr. n.v.*
II 9A. M 137 220₂₅

Geranium sanguineum Blutrother Storchschnabel, blutiger Storchschnabel *Dietr. IV, 337*
I 10. 348₁₁
II 9A. M *118* 187₁₇₈ II 10A. M *3.1 Anm 33*
Geranium striatum Gestreifter Storchschnabel *Dietr. IV, 339*
II 9A. M 73 115₁₀
Geranium theretistinum Geranienart *Dietr. n.r.*
II 9A. M 73 115₁₁
Geranium trifolium Dietr. verweist auf Erodium hymenodes = Dreitheiliger Reiherschnabel *Dietr. N III, 476; IV, 8*
II 9A. M 73 115₈
Geranium trilobum Geranienart *Dietr. n.r.*
II 9A. M 73 115₅
Gerste Hordeum *Dietr. IV, 676*
I 1. 255₁₉₂
II 9A. M *15* 32₃
Gesneria flacourtifolia Diese Art ist sonst nicht nachgewiesen *LA II 10B, 812*
I 10. 257₁₋₁₅
Gethyllis Narzissengattung bei Jussieu *Juss. 61*
II 9A. M *119* 189₃₇
Geum Mit dem Zusatz: Caryophyllata montana palustris: Dietr. verzeichnet Geum montanum = Berg-Geum. Siehe auch Caryophyllata montana palustris *Dietr. IV, 349, 350*
II 9A. M *22* 40₂₀
Geum urbanum Nelkenmerzwurz. Siehe auch Merzwurz *LA II 9A, 28q; Batsch II, 36; vgl. Dietr. IV, 352*
II 9A. M *13* 28₁₁
Gichtrose Lat. (Vok.): Poeonia: Dietr.: Paeonia officinalis = Gichtrose. Siehe auch Paeonia *LA II 9A, 5q; Dietr. VI, 626*
II 9A. M *1* 5₉₄
Gilia aggregata Gilienart *Dietr. n.r.; IV, 355*
II 10A. M *22* 81₈

Ginkgo biloba Dietr. verweist auf Salisburia adiantifolia = Ginkgobaum *Dietr. IV, 357; VIII, 368*
II 9B. M *66* 72
Gladiolus Siehe auch Schwertel *Dietr. IV, 359*
II 9A. M *1* 5₉₁
Gladiolus communis Gemeine Siegwurz *Dietr. IV, 362*
I 10. 162₂₇
II 9A. M *53* 94₁₂,₂₅ 79 119₆₀ *123* 193₃ II 9B. M *55* 63₁₂₀
Glaskraut, Officinelles Siehe auch Parietaria officinalis *Dietr. VI, 673; LA II 9A, 29q*
II 9A. M *13* 29₄₅
Gleditsia Dietr. verweist auf Gleditschia = Gleditschie *Dietr. IV, 374, 379*
I 10. 201₂₇
Globba Pflanzengattung der Cannae-Familie bei Jussieu *Juss. 71*
II 9A. M *119* 190₅₉
Glockenblume Siehe auch Campanula *Dietr. II, 470*
II 10A. M *3.13* 57₂₇
Glycine Apios Knollige Glycine, virginische Knollwicke, amerikan. Erdnuß *Dietr. IV, 392*
II 9A. M *138* 224₁₆
Glycyrrhiza glabra Gemeines Süßholz *Dietr. IV, 407*
II 9B. M *33* 36₂₀₂
Gnaphalium (Gnaphalien) Ruhrkraut *Dietr. IV, 409*
II 10A. M *3.8* 49₁₁₃
Gnaphalium dioicum Wandtafel: getrennte Ruhrpflanze: Dietr.: Zweihäusiges Ruhrkraut, Katzenpfötchen. Siehe auch Ruhrpflanze. Getrennte: Papierröschen *LA II 9A, 30q; Dietr. IV, 414; LA II 9A, 115q*
II 9A. M *74* 115₁ *118* 186₁₃₆
Gnaphalium margaritaceum Perlartiges Ruhrkraut, amerikan. Ruhrkraut *Dietr. IV, 419*
II 9A. M *118* 185₁₀₅
Gnidie Gnidia *Dietr. IV, 430*
I 10. 201₃₆

Goethia „Batsch [...] bildet eine Goethia [...]; sie erhielt sich aber nicht im System." *LA I 9, 103q*
I 2. 171$_{33}$ I 9, 103$_{28}$

Goldlack Siehe auch Cheiranthus Cheiri *Dietr. III, 7*
II 10A. M3.13 56$_3$

Goldlilie Lat. (Vok.): Lilium cruentum; Dietr.: Lilium bulbiferum. Siehe auch Lilium cruentum *LA II 9A, 5q; Dietr. V, 463*
II 9A. M1 5$_{92}$

Gomphrena Winterblume, Kugelamaranth *Dietr. IV, 435*
II 9A. M112 170$_{47}$ II 10A. M3.1 Anm 31

Gomphrena globosa Kugelrunde Winterblume, gemeiner Kugelamaranth *Dietr. IV, 437*
II 9A. M115 180$_{234}$ 139 227$_2$

Gorteria rigens Steife Gorterie, starrblättrige G., großblumige G. *Dietr. IV, 446*
II 9A. M112 170$_{49}$

Gossypium herbaceum Krautartige Baumwolle *Dietr. IV, 449*
II 9A. M115 180$_{221}$

Gramina Auch: Taxon (Familie) bei Batsch. Siehe auch Gräser *Batsch II, 298*
II 9A. M19 36$_{16}$ 43 71$_{17}$

Gramineae Gräser-Familie: Taxon bei Jussieu *Juss. 33*
II 9A. M119 188$_{14}$

Granatapfel Lat. (Vok.): Malus granata; Dietr.: Punica. Siehe Malus granate *LA II 9A, 4q; Dietr. VII, 663*
I 6. 29$_{9.16.30}$.35$_{19}$.119$_{31}$ (punicae)
II 9A. M1 4$_{60}$ (Granatbaum) 33 46$_{1-2}$ II 9B. M6 8$_{24}$

Gras, Gräser Siehe auch Gramina, Gramineae *Batsch II, 298*
I 1. 192$_{26z.27z}$ I 2. 104$_{13}$.205$_{11}$. 237$_{5z}$ I 8. 264$_{12-13}$ I 9. 52$_{17}$ I 10. 72$_1$.109$_{31}$.203$_{16.17.22}$.392$_7$ I 11. 188$_{29}$
II 1A. M11 90$_{275}$ 14 120$_{404}$ II 7. M45 78$_{408}$ 102 197$_{34}$ II 9A. M14 30$_7$ 39 56$_{119}$ 40 64$_{19}$ 94 138$_3$ 97 140$_{12}$ 121 191$_7$ II 10A. M3.1
Anm 31 3.2 36$_{58}$ 69 149$_{15}$ II 10B. M1.2 7$_{165}$.9$_{171-179.188-195}$.10$_{216-222}$ 1.3 12$_{31}$

Griesholz (Grießholz) Siehe auch Lignum nephriticum *GWB*
I 3. 226$_{11M}$

Grobhafer Unklar *Krünitz n.v.; Marzell n.v.*
II 9A. M137 219$_{18}$

Gruinales Taxon: 33. Ordnung bei Erxleben *Erxleben 522*
II 9A. M43 72$_{30}$ (Gruniales)

Grünhopfen s. Hopfen

Guaïacanae Taxon bei Jussieu *Juss. 173*
II 9A. M120 190$_9$

Guilandina Guilandine *Dietr. IV, 474*
I 4. 67$_{6-7}$

Guilandina dioica Dietr. verweist auf Gymnocladus = Schusserbaum. Esicot *Dietr. IV, 477, 480*
II 9A. M137 220$_{37}$

Guilielminia speciosa In Amerika genutzte Palmenart, mit nahrhaften Früchten *LA II 10A, 149q (Martius); Dietr. n.v.*
II 10A. M69 149$_{27-28}$

Gundelrebe Lat. (Vok.): Hedera terrestris; Dietr.: Glecoma hederacea = Gemeiner Gundermann, gemeine Gundelrebe. Siehe auch Hedera terrestris *LA II 9A, 5q; Dietr. IV, 373*
II 9A. M1 5$_{76}$

Gurke
I 3. 227$_{5.8}$ I 10. 46$_{27-28}$.146$_{14}$.149$_{48}$ II 6. M41 49$_{29.30}$ II 9B. M7 10$_1$
- Gurkensalat I 8. 202$_{20}$

Gurkuma s. Curcuma

Gustavia Gustavie *Dietr. IV, 478*
I 10. 204$_9$

Gynandria (Gynandrien) Klasse XX des Linnéschen Pflanzensystems *Linn. Syst. plant. 1779, I, XXX-XXXII u.ö.; Dietr. IV, 483*
I 10. 72$_{33}$

II 9A. M*23* 41$_{22}$ *137* 221$_{73}$ *138* 225$_{37}$ **II 9B**. M*55* 62$_{82}$

Haberwurzel Vermutlich: Haferwurzel s. *Haferwurzel*

Hafer Avena *Dietr. II, 88*
I 1. 255$_{20z}$ **I 10**. 166$_{13}$
II 9A. M*15* 32$_4$

Haferwurzel Krünitz: Tragopogon: Dietr.: Tragopogon porrifolius = Haferwurzel *Krünitz 21,93; Dietr. X, 89*
II 10A. M*3.13* 57$_{19}$

Hagebutte Lat. (Vok.): Arbutus: Dietr.: Arbutus = Sandbeere, Erdbeerbaum; Rosa canina = Hecken-Rose, Hahnbutten. Siehe auch Arbutus, Heckenrose, Rosa canina *LA 9A, 4q; Dietr. I, 664; VIII, 226*
II 9A. M*1* 4$_{31}$

Hagrose, Hagerose Lat. (Vok.): Canirubus; Krünitz: Rosa canina. Siehe auch Canirubus, Rosa canina *LA II 9A, 4q; Krünitz 21, 150*
II 9A. M*1* 4$_{70}$

Hahnenkamm Siehe auch Celosia *Dietr. II, 663*
I 9. 114$_{12}$
II 9B. M*61* 70$_1$

Hainbuche Lat. (Vok.): Ornus: Dietr.: Carpinus. Siehe auch Ornus *Dietr. II, 590*
II 9A. M*1* 4$_{31}$ (Heyn-Buche)

Halesia tetraptera Vierflügliche Halesie *Dietr. IV, 497*
II 9A. M*137* 219$_3$

Hamamelis Zaubernuß *Dietr. IV, 502*
II 9A. M*88* 132$_{18}$

Hanf Cannabis *Dietr. II, 513*
I 10, 305$_3$
II 9A. M*49* 82$_{62}$ **II 10B**. M*24.11* 118$_{16}$

Hartriegel Cornus. Siehe auch Cornus Amomum und Cornus sanguineus *Dietr. III, 330*
II 9A. M*100* 151$_{85}$

Hartwegia Siehe Hartwegia comosa
I 10. 233$_{9-31}$

Hartwegia comosa Nees von Esenbecks Namensvorschlag für Anthericum comosum (Schopftragende Zaunblume) setzte sich nicht durch. Siehe auch Anthericum comosum *LA II 10B, 784; Dietr. I, 552*
I 10. 233$_{32}$–234$_8$.234$_4$

Harzbaum (**Hartz-Baum**) Lat. (Vok.): Styrax: verschiedene Pinus-Arten wurden als Harzbaum bezeichnet *LA II 9A, 4q; vgl. Dietr. VII, 227, 246; Grimm WB 10, 521*
II 9A. M*1* 4$_{39}$

Haselnuss Siehe auch Corylus *Dietr. III, 347*
I 1. 11$_{31Z}$
II 1A. M*1* 10$_{290}$ **II 9A**. M*1* 3$_{22}$ (Hassel-Staude) **II 9B**. M*33* 36$_{177,182}$ (Nocciuole)

Hasenohr, Hasenöhrlein Siehe auch Bupleurum *Dietr. II, 376; LA II 9A, 28q*
II 9A. M*13* 28$_3$

Hauhechel Siehe auch Ononis *Dietr. VI, 439*
II 9A. M*1* 5$_{81}$

Hauswurz Lat. (Vok.): Aizoon: Dietr.: Sempervivum. Siehe auch Aizoon und Sempervivum *LA II 9A, 5q; Dietr. IX, 68*
II 9A. M*1* 5$_{92}$ (Hauß Wurtz) **II 9B**. M*51* 54$_1$

Heckenrose Siehe auch Rosa canina *Dietr. VIII, 226*
II 10A. M*3.16* 60$_{33}$

Hedera Siehe auch Efeu *LA II 9A, 3q; Dietr. IV, 513*
II 9A. M*1* 3$_{23}$.5$_{76}$

Hedera canadensis Kanad. Weinstock, auch Hedera quinquefolia gen.: Dietr. verweist von Hedera quinquefolia auf Vitis hederacea = Wilder Weinstock *LA II 9A, 153; Dietr. IV, 516; X, 515*
II 9A. M*100* 151$_{87}$

Hedera quinquefolia Dietr. verweist auf Vitis hederacea = Wilder

Weinstock. Jungfernwein *Dietr. IV,
516; X, 515*
II 9A. M *118* 187[155]
Hedera terrestris Lat. (Vok.): Gundelrebe; Dietr.: Glecoma hederacea
= Gemeiner Gundermann. Gundelrebe. Siehe auch Gundelrebe *LA II
9A, 5q; Dietr. IV, 373*
II 9A. M *1* 5[76–77]
Hedychium (Hedichium) Pflanzengattung der Cannae-Familie bei
Jussieu *Juss.* 72
II 9A. M *119* 190[68]
Hedysarum Hahnenkopf. Siehe
auch Süsklee *Dietr. IV, 523; LA II
9A, 2Sq*
II 9A. M *13* 28[9]
Hedysarum Alhagi Türkischer Hahnenkopf. türkischer Süßklee *Dietr.
IV, 524*
II 9A. M *115* 175[49]
Hedysarum coronarium Wandtafel: Hedyssaoum coronarium.
Siehe auch Kronen-Süßklee *LA II
9A, 29q; Dietr. IV, 530*
II 9A. M *13* 29[79] *115* 175[51]
Hedysarum gyrans Beweglicher
Hahnenkopf. drehender Süßklee
Dietr. IV, 535
II 9A. M *115* 175[50]
Hedysarum Onobrychis Futter-Hahnenkopf. gemeiner Süßklee.
Esparsett *Dietr. IV, 545*
II 9A. M *115* 175[52]
Heide Siehe auch Erica *Dietr. III,
781*
I 1. 261[10z] I 2. 104[13] I 11. 188[30]
II 9B. M *58* 68[39]
Heidekräuter
I 10. 201[34–35].202[1]
II 9B. M *62 Anm 70* **II 10B**. M *35*
161[17]
Heidelbeere Lat. (Vok.): Myrtillus; Dietr: Vaccinium Myrtillus =
Gemeine Heidelbeere. Siehe auch
Vaccinium *LA II 9A, 3q, 2Sq; Dietr.
X, 317, 324*
II 7. M *1* 3[15] **II 9A**. M *1* 3[15] *13*
28[10]

Helianthus altissimus Höchste
Sonnenblume *Dietr. IV, 562*
I 10. 348[25–26]
Helianthus annuus Jährige Sonnenblume. gemeine Sonnenblume
Dietr. IV, 563
I 10. 155[4]
Helianthus indicus Indianische
Sonnenblume. Zwerg-Sonnenblume *Dietr. IV, 566*
I 10. 162[5]
Helianthus tuberosus Knollige
Sonnenblume. Erdapfel. Erdbirn
Dietr. IV, 568
II 9A. M *115* 174[8] *118* 186[117]
Heliconia Heliconie; auch: Pflanzengattung der Musae-Familie bei
Jussieu *Dietr. IV, 569; Juss.* 69
I 10. 201[9–10]
II 9A. M *119* 189[55]
Helicteres Schraubenbaum *Dietr. IV,
571*
II 10B. M *8* 26[12]
Heliopsis laevis „Sonnenauge" *Vgl.
Dietr. II, 373; N III, 655*
I 10. 348[25.34]
Helleborus Lat. (Vok.): Nieß-Wurtz
= Elleborus; Dietr.: Nießwurz,
Christwurz. Siehe auch Nießwurz
Dietr. IV, 585
II 9A. M *1* 5[75] (Elleborus) *100*
148[5] *115* 174[5] *122* 191[3] *137*
220[28]
Helleborus foetidus Stinkende
Christwurz. stinkendes Nießwurzkraut. Siehe auch Nießwurz. Stinkende *Dietr. IV, 585*
I 10. 303[20–21]
II 9A. M *122* 192[37] **II 9B**. M *58* 68[22]
Helleborus hyemalis (hiemalis)
Winter-Christwurz. Siehe auch
Knobelblume *Dietr. IV, 586*
II 9A. M *122* 192[4.21.35] *137* 220[31]
II 9B. M *58* 68[26] **II 10A**. M *3.1
Anm 33*
Helleborus niger Schwarze Christwurz. schwarze Nießwurz. Siehe
auch Nießwurzel. schwarze *Dietr.
IV, 586*

II 9A. M *122* 192₃₃₋₃₄ **II 9B.** M*58* 68₃₀

Helleborus trifolius Kleinste Christwurz: kleine dreiblättrige Nießwurz *Dietr. IV, 588*
II 9A. M *122* 192₆₍?₎

Helleborus viridis Grüne Christwurz, grüne Nießwurz *Dietr. IV, 588*
II 9A. M *122* 192₃₆ *137* 220₃₂
II 9B. M*58* 68₃₄

Helonias Grasliliengattung bei Jussieu *Juss. 53*
II 9A. M *119* 189₁₉

Helosis guianensis Nees von Esenbeck bezieht sich auf eine von Richard beschriebene Art aus der Familie der Balanophoreen *LA I 9, 325q; Dietr. n.r.*
I 9. 325₃₆

Helosis Richard Nees von Esenbeck erwähnt diese von Richard beschriebene Gattung der Balanophoreen *LA I 9, 325; Dietr. n.r.*
I 9. 325₄

Helvella Glattschwamm. Siehe auch Faltenschwamm *Dietr. IV, 592*
I 9. 323₂₀₋₂₁.₂₈₋₂₉

Hemerocallis flava Gelbe Taglilie *Dietr. IV, 593*
II 9A. M *118* 183₂₄

Hemerocallis fulva Braunrothe Tagblume, feuerrothe Taglilie *Dietr. IV, 593*
II 9A. M*49* 81₁.82₄₄₋₄₅.₅₆

Hepatica nobilis Lat. (Vok.): Edel-Leber Kr[aut]: Dietr. verweist von Hepatica auf Anemone. Anemone hepatica = Leberblume. Siehe auch Anemone hepatica, Edel-Leberkraut *LA II 9A, 5q; Dietr. IV, 598, I, 468*
II 9A. M *1* 5₇₆

Hepaticae Taxon: Familie bei Batsch. Siehe auch Lebermoose *Batsch II, 609*
II 9A. M*43* 71₂₅

Heptandria Klasse VII des Linnéschen Pflanzensystems *Dietr. IV, 598*
II 9A. M*23* 41₉

Heracleum speciosum Bei Dietr. angeführt unter Heracleum pyrenaicum = Pyrenäisches Heilkraut *Dietr. N III, 664*
II 10B. M *18.3* 46₁₅ *19.2* 50₆

Heracleum sphondylium Gemeines Heilkraut, gemeine Bärenklau *Dietr. IV, 600*
II 9A. M *118* 187₁₇₂

Herba Siehe auch Kraut, Kräuter
I 6. 119₂₃
II 7. M *1* 3₁₁ **II 9A.** M *1* 3₁₁

Herbstrose Lat. (Vok.): Malva hor[tensis]: Dietr.: Althaea rosea = Stockrosen-Eibisch, große Garten-Malve. Herbstrose. Siehe auch Malva hortensis *LA II 9A, 5q; Dietr. I, 286*
II 9A. M *1* 5₇₈

Herreria Eine Pflanzengattung, die zuerst beschrieben wurde von Ruiz und Pavón (Fl. Peruv. Prodr., Tafel XXXV: Herraria) *Dietr. n.r.*
I 10. 230₇

Herzkraut Übersetzung für Anemone hepatica (Edel Leberkraut) in Riemers Mitschrift eines Vortrags von Goethe *LA II 9B, 68; Dietr. I, 468*
II 9B. M*58* 68₂₁

Hesperideae Taxon: Familie bei Batsch *Batsch II, 118*
II 9A. M*43* 71₁₄

Hesperis Siehe auch Nachtviole, Nacht-Veyl und Viola matrona *Dietr. IV, 614*
II 9A. M *1* 5₇₉

Hesperis matronalis Rothe Nachtviole, gemeine Matronalviole *Dietr. IV, 616*
II 9A. M *115* 175₄₅ *118* 187₁₅₇

Hesperis tristis Wahre Nachtviole, traurige Nachtviole *Dietr. IV, 617*
II 9A. M *115* 175₄₆

Hesperis verna Frühlings-Nachtviole *Dietr. IV, 619*
II 9A. M *115* 175₄₇

Hexandria Klasse VI des Linnéschen Pflanzensystems *Linn. Syst. plant.*

PFLANZEN

1779, I, XXX-XXXII u.ö.; Dietr. *IV, 621*
II 9A. M*23* 41$_8$
Hexenkraut Siehe auch Circaea *LA II 9A, 29q;* Dietr. *III, 112*
II 9A. M*13* 29$_{70}$
Heyn-Buche s. *Hainbuche*
Hibiscus Hibiscus. Siehe auch Eibisch Dietr. *IV, 621*
I 10. 201$_{16}$
Hibiscus cannabinus Hanfartiger Hibiscus Dietr. *IV, 623*
I 10. 156$_{12}$
II 9A. M*115* 180$_{230}$
Hibiscus esculentus Eßbarer Hibiscus Dietr. *IV, 626*
I 10. 150$_{17}$.152$_{40-41}$.156$_{13}$
Hibiscus Manihot Schwefelfarbener Hibiscus, Ibisch mit handförmigen Blättern Dietr. *IV, 629*
I 10. 156$_{11}$
Hieracium praemorsum Abgebissenes Habichtskraut Dietr. *VI, 650*
II 9A. M*118* 185$_{110}$
Hieracium tarax Art des Habichtskrauts; Dietr. verweist von Hieracium Taraxaci auf Apargia taraxaci = Lappländische Apargie *Batsch II, 538;* Dietr. *IV, 654; I, 623*
II 9A. M*118* 186$_{139}$
Hieracium umbellatum Doldenförmiges Habichtskraut Dietr. *VI, 653*
II 9A. M*118* 185$_{111}$
Himbeere Siehe auch Rubus idaeus *LA II 9A, 4q;* Dietr. *VIII, 278*
II 9A. M*1* 4$_{66-67}$ II 10A. M*3.13* 57$_{32}$
Hippophae (Hyppophae) rhamnoides Gemeiner Sanddorn Dietr. *IV, 661*
II 9A. M*118* 184$_{44}$
Hippuris Tannenwedel [Wasserpflanze] Dietr. *IV, 663*
II 9A. M*39* 56$_{101}$
Hippuris vulgaris Gemeiner Tannenwedel Dietr. *IV, 663*
I 9. 299$_{17}$
Hirschwurzel Siehe auch Athamanta Cervaria Dietr. *II, 49; LA II 9A, 29q*
II 9A. M*13* 29$_{44}$

Hirse Panicum; Dietr.: Panicum = Fennich; Panicum germanicum = Dt. Fennich, kleine Kolbenhirse *Grimm WB 3, 1518-1519;* Dietr. *VI, 644, 652*
I 2. 347$_{34}$ I 8. 413$_{15}$ I 10. 192$_{13}$
II 9B. M*33* 32$_{60}$ (Panico). 35$_{151}$ (Milio).$_{152}$ (Panico)
Holcus Gräsergattung bei Jussieu *Juss. 35*
II 9A. M*119* 188$_5$
Holcus Sorghum Sorghogras, indisches Honiggras, hohes Roßgras Dietr. *IV, 671*
I 10. 151$_5$.154$_{33-34}$.162$_{21}$
Holderbaum s. *Holunder (Hollunder)*
II 9A. M*115* 177$_{145}$ (Holder)
Holosteum umbellatum Gemeine Spurre, doldenförmige Sparre Dietr. *IV, 674*
II 9A. M*122* 192$_{26}$
Holunder (Hollunder) Siehe auch Sambucus Dietr. *VIII, 491*
II 9A. M*1* 3$_{24}$ II 10A. M*3.13* 57$_{34}$
Holz, nephritisches s. *Lignum nephriticum*
Hopfen Humulus Dietr. *IV, 690*
I 1. 241$_{34Z}$.268$_{11Z}$ I 9. 328$_{1.5-13.15.16}$. 329$_{6.7.24}$.330$_{8}$.331$_{22.39.39-40.41.43.44.45}$. 332$_{3.4.10.11.12.13.16.17.18}$. 342$_{1.4.18.23.25.34.38}$ I 10. 202$_{36-37}$
II 10A. M*54* 113$_{1.5}$ 55 114$_1$ 56 114$_1$ 64 144$_5$ II 10B. M*1.2* 3$_3$. 4$_{13.21.5}$$_{63.66}$
- Grünhopfen I 9. 342$_{12.21}$
- Rothopfen I 9. 342$_{12}$
Hordeum hexastichon Wintergerste Dietr. *IV, 677;* Batsch *II, 306*
I 10. 162$_{20}$ (hexastachion)
Hortensia (Hortensie) Japan. Rose Dietr. *IV, 680*
II 10A. M*3.13* 57$_{12}$
Houttuynia Pflanzengattung der Aroideae-Familie bei Jussieu *Juss. 29*
II 9A. M*119* 188$_4$
Huflattich (Huflattig) Siehe auch Tussilago *LA II 9A, 5q;* Dietr. *X, 243*
II 9A. M*1* 5$_{79}$

Humulus Lupulus Gebauter Hopfen, gemeiner Hopfen. Siehe auch Hopfen *Dietr. IV, 690*
II 10A. M*54* 113$_{2,5}$(Lupulin) *56* 114$_2$(Lupulin) *55* 114$_5$(Lupulin)
Hundszunge, Leukoienblättrige Siehe auch Cynoglossum cheirifolium *Dietr. III, 488; LA II 9A, 28q*
II 9A. M*13* 28$_{18}$
Hutpilz Ordnung im System der Pilze, benannt nach der Form ihrer Fruchtkörper *LA II 10A, 923 Erl*
I 9. 323$_{43}$.324$_4$
Hyacinthinae Taxon: Familie bei Batsch *Batsch II, 261*
II 9A. M*43* 71$_7$
Hyacinthus Siehe auch Hyacinthe *Dietr. IV, 692*
I 6. 115$_{12}$.119$_5$
II 10A. M*3.1 Anm* 33
Hyacinthus monstrosus Dietr. verzeichnet unter Hyacinthus comosus das Synonym Muscari monstrosum *Dietr. IV, 693*
I 10. 72$_9$
Hyacinthus Muscari Muscaten-Hyacinthe *Dietr. IV, 694*
II 9A. M*118* 183$_{22}$
Hyacinthus orientalis Gemeine Hyacinthe, Gartenhyacinthe *Dietr. IV, 694*
I 10. 162$_{28}$
Hyazinthe (Hyacinthe) Siehe auch Hyacinthus *Dietr. IV, 692*
I 9. 106$_{16}$
II 9A. M*137* 221$_{62}$ *138* 225$_{44}$
II 10A. M*3.2* 36$_{40}$ *3.6* 45$_1$ *3.13* 57$_{26}$ II 10B. M*21.10* 72$_{11}$
Hydrochariden Dietr.: Hydrocharis = Hydrogaris, Froschbiß *Dietr. IV, 704*
I 9. 327$_{6,8}$
Hydrocharides Taxon (Familie) bei Jussieu *Juss. 75*
II 9A. M*119* 190$_{65}$
Hydrocharis Pflanzengattung der Familie der Hydrocharides bei Jussieu *Juss. 76*
II 9A. M*119* 190$_{67}$

Hydroglossum iaponium Wohl für eine japanische Wasserpflanze; auf einer Liste von Treibhausgewächsen *GWB 4, 1458; Dietr. n.r.*
II 9B. M*60* 69$_4$
Hyoscyamus Siehe auch Bilsenkraut *Dietr. IV, 715*
II 10A. M*3.12* 54$_{10}$
Hyoscyamus niger Schwarzes oder gemeines Bilsenkraut, Tollkraut *Dietr. IV, 716*
I 10. 160$_{36}$.161$_{34}$
II 9A. M*49* 81$_{27}$
Hyoseris minima Kleinster Schweinsalat, kleines Krannichkraut, Sandendivien *Dietr. IV, 720*
I 10. 161$_{32}$
Hyperica Taxon: Familie bei Batsch *Batsch II, 115*
II 9A. M*43* 71$_{13}$
Hypericum Johanniskraut *Dietr. IV, 723*
II 9A. M*50* 88$_{175}$
Hypericum Ascyron Sibirisches Johanniskraut, großblumiges Hartheu *Dietr. IV, 726*
II 9A. M*115* 176$_{93}$ *118* 187$_{190}$
Hypericum hircinum Siehe auch Johanniskraut, Stinkendes *LA II 9a, 29q; Dietr. IV, 734*
II 9A. M*13* 29$_{77}$
Hypericum perforatum Gemeines Johanniskraut, durchbohrtes Johanniskraut. Siehe auch Hypericum perforatum *Dietr. IV, 740; LA II 9A, 28q*
I 10. 158$_{13}$
II 9A. M*13* 28$_{39}$
Hypnum bryoides Knotenmoosartiges Astmoos *Batsch, II, 607; Dietr. n.r.*
II 9A. M*115* 178$_{159}$
Hypnum filicinum Astmoosart; Batsch führt einige Arten an, diese nicht *Dietr. IV, 746; Batsch II, 607–608*
II 9A. M*115* 178$_{157}$
Hypnum squarosum Astmoosart; Batsch führt einige Arten an, die-

se nicht *Dietr. IV, 746; Batsch II, 607–608*
II 9A, M *115* 178₁₅₈
Hyssopus Siehe auch Isop *LA II 9A, 5q; Dietr. IV, 751*
II 9A, M *1* 5₈₀
Hyssopus officinalis Gemeiner Isop *Dietr. IV, 752*
II 9A, M *118* 184₇₄
Iberis mathioli Bauernsenf; benannt nach dem Autor der Erstbeschreibung, dem ital. Arzt und Botaniker Pietro Andrea Mattioli (1501–1577) *LA II 9A, 29q*
II 9A, M *13* 29₄₉
Iberis umbellata Doldentragender Bauernsenf, gemeine Schleifenblume *Dietr. V, 24; LA II 9B, 12*
I 10, 160₁₃
II 9B, M 8 11₃₇
Icosandria Klasse XII des Linnéschen Pflanzensystems *Linn. Syst. plant. 1779, I, XXX–XXXII u. ö.; Dietr. V, 25*
II 9A, M *23* 41₁₄
Ilex Lat. (Vok.): Stein-Eiche; Dietr.: Ilex = Stechpalme. Siehe auch Steineiche, Aquifolium *LA II 9A, 3q; Dietr. V, 26*
II 9A, M *1* 3₂₈.4₅₁ **II 9B**, M *33* 38₂₆₁ 55 60₂₅
Illecebrum lanatum Filzige Knorpelblume, wolliger Knorpelkelch *Dietr. V, 39*
II 9A, M *115* 180₂₄₁
Ilme *s. Ulme*
Impatiens Balsamina Gemeine Balsamine, Gartenbalsamine, Springkraut *Dietr. V, 46*
I 10, 151₈.154₄₇–₄₈
Imperialis Liliengattung bei Jussieu *Juss. 55*
II 9A, M *119* 189₂₃
Indianische Feige Lat. (Vok.): Opuntia; Dietr. verweist von Opuntia auf Cactus. Siehe auch Cactus *LA II 9A, 5q; Dietr. II, 409*
II 9A, M *1* 5₁₀₆.39 57₁₄₀

Indig Pflanzlicher Farbstoff. Farben s. Mineralienregister
Ingwer Siehe auch Amomum, Zingiber *Dietr. I, 358*
I 6, 157₂₅
Inula Alant *Dietr. V, 70*
Inula Helenium Wahrer Alant *Dietr. V, 75*
II 9A, M 88 133₇₉ *118* 185₁₀₇
II 9B, M *55* 61₄₅.₆₁–₆₂
Inula Oculus Christi Weißblättriger Alant. Siehe auch Christauge *LA II 9A, 29q; Dietr. V, 78*
II 9A, M *13* 29₅₃
Inula pratense Wandtafel: Alant (mit fehlendem Artepithet): unklar *LA II 9A, 29q; Dietr. n.v.*
II 9A, M *13* 29₅₄
Inula salicina I. salicifolia = Weidenblättriger Alant *Dietr. V, 80*
II 9A, M *49* 81₂₁
Inundatae Taxon: Familie bei Batsch: 48. Ordnung bei Erxleben *Batsch II, 383; Erxleben 549*
II 9A, M *43* 71₂₇
Ipecacuanha medicinalis Offizinelle Brechwurzel. Siehe auch Brechwurzel, Cephaelis Ipecacuanha und Raiz preta *LA I 10, 225q*
I 10, 225₈.₁₄
Ipomoea (Ipomaea) coccinea Scharlachrothe Trichterwinde *Dietr. V, 88*
I 10, 151₄.154₃₀–₃₁
Iriartea exorrhiza Palmenart bei von Martius *Vgl. Dietr. VI, 630 (Palmaea)*
I 9, 381₂
Iriartea ventricosa Palmenart bei von Martius *Vgl. Dietr. VI, 630 (Palmaea)*
I 9, 381₆
Irideen Irides, Les Iris = Taxon bei Jussieu *Juss. 64*
I 10, 349₆
Irides Iris-Familie, Taxon bei Jussieu *Juss. 64*
II 9A, M *119* 189₄₂

Iris Schwertlilie *LA II 9A, 546*
I 6. 30₁₂ I 9. 43₂₄ I 10. 72₃₀
II 9A. M*49* 82₅₉ *59* 104₁ *60*
104₂ (Triand. Mon. p. 88) *71* 113₄
75 116₅ *79* 120₇₇ *88* 133₆₂ *92*
137₁₁.₁₃ *121* 191₁₀ *137* 220₄₅ *138*
225₄₁ II 9B. M*6* 8₃₈ II 10A. M*3.2*
35₂₈ *22* 80₁
Iris germanica Deutscher Schwertel, die gemeine blaue Schwerdtlilie *Dietr. V, 104*
II 9A. M*118* 183₁₈ II 10A. M*3.5*
40₂₆.₄₂.₄₄ *3.9* 50₁₉.₃₁.₃₂ *3.13* 56₅
3.14 58₉.₁₄
Iris graminea Grasblättriger Schwertel, die kleine schmalblättrige Schwerdtlilie *Dietr. V, 105*
II 10A. M*3.14* 58₁₁.₁₈
Iris persica Persischer Schwertel, schöne Zwergiris *Dietr. V, 112*
II 9B. M*58* 68₁₄
Iris variegata Bunter Schwertel *Dietr. V, 125*
II 9A. M*118* 183₁₈
Isatis Siehe auch Waid *Dietr. V, 131*
II 5B. M*100* 290₅
Ischaemum Gräsergattung bei Jussieu *Juss. 35*
II 9A. M*119* 188₁₀
Isoetes Brachsenkraut *Dietr. V, 137*
II 9A. M*88* 133₅₄
Isoetes lacustris See-Brachsenkraut, Sumpf-Brachsenfarrn: fügt sich aufgrund ihrer Individualität nicht in ein hierarchisches Pflanzensystem *Dietr. V, 137; LA II 10A, 111 Erl*
I 9. 299₁₅
II 10A. M*51* 111₃
Isop (Jsop, Ysop) Siehe auch Hyssopus *Dietr. IV, 751*
II 9A. M*1* 5₈₀ II 9B. M*33* 36₂₀₇
Isopyrum fumarioides Erdrauchartiges Isopyrum *Dietr. V, 138*
I 10. 150₁₃.152₂₀₋₂₁
Iungermannia Jungermannie *Dietr. V, 161*
II 9A. M*50* 86₁₂₉
Iungermannia asplenioides Strichfarrnartige Jungermannie,

Milzkraut-Jungermannie *Dietr. V, 162*
II 9A. M*115* 178₁₅₃
Iungermannia (Jungermannia) difurcata *Dietr. n.r.*
II 9A. M*115* 178₁₅₄
Iungermannia pinguis Fette Jungermannie *Dietr. V, 167*
II 9A. M*115* 178₁₅₅
Iungermannia reptans Kriechende Jungermannie *Dietr. V, 165*
II 9A. M*122 Anm* 193
Iungermannia tamarisci Dietr. verzeichnet Iungermannia tamariscifolia *Dietr. V, 169*
II 9A. M*115* 178₁₅₆
Iuniperus (Juniperus) Siehe auch Wacholder *Dietr. V, 172*
II 9A. M*1* 4₃₂
Jakobsblume Auch: Jacobs-Kreuzkraut, Jacobskraut, das große Kreuzkraut. Siehe auch Senecio Jacobaea *LA II 9A, 29q; Dietr. IX, 93*
II 9A. M*13* 29₆₅
Jalappae Taxon: Familie bei Batsch: 5. Ordnung bei Erxleben *Batsch II, 500; Erxleben 468*
II 9A. M*43* 71₁₁
Jasmina Taxon: Familie bei Batsch: *Batsch II, 485*
II 9A. M*43* 71₇
Jasminum fruticans Strauchartiger Jasmin *Dietr. V, 7*
II 9A. M*118* 185₈₉
Je länger je lieber Nach Krünitz tragen verschiedene Pflanzenarten diesen Namen. Siehe auch Amara dulcis *LA II 9A, 5q; Krünitz 29, 309*
II 9A. M*1* 5₇₃₋₇₄ (Jelänger, ie lieb.)
Johannisbeere Siehe auch Ribes *LA II 9A, 4q; Dietr. VIII, 177*
I 9. 217₁₃.₁₄
II 9A. M*1* 4₅₄
Johanniskraut, Stinkendes Wandtafel: stinkende Johannispflanze. Siehe auch Hypericum hircinum *LA II 9a, 29q; Dietr. IV, 734*
II 9A. M*13* 29₇₇

Johannispflanze, durchstochne Siehe auch Hypericum perforatum *Dietr. IV, 740; LA II 9A, 28q*
II 9A. M*13* 28₃₉

Johanniswedel Siehe auch Spiraea Ulmaria *LA II 9A, 29q; Dietr. IX, 435*
II 9A. M*13* 29₅₇

Jonquille Wohl: Narcissus Jonquilla. Jonquillen-Narcisse *Dietr. V, 35, VI, 321*
II 9A. M*54* 97₁₇ *117* 182₂

Jsop *s. Isop (Jsop, Ysop)*

Judenkirsche Physalis *Dietr. VII, 194*
II 10A. M*3.2* 36₅₃

Juglans regia Gemeine Wallnuß *Dietr. V, 145*
II 9B. M*33* 35₁₇₂

Junci, Junceae Graslilien-Familie: Taxon bei Jussieu: Familie bei Batsch *Juss. 49; Batsch II, 289*
II 9A. M*43* 71₁₅ *119* 189₄₉

Juncus conblomeratus Kugelrispige Simse, glatte Knopfbinse *Dietr. V, 152*
II 9A. M*115* 177₁₂₄

Juncus pilosus Haarige Simse *Dietr. V, 156*
II 9A. M*118* 183₁₃

Kaempferia Kämpferie; auch: Pflanzengattung der Cannae-Familie bei Jussieu *Dietr. V, 234; Juss. 72*
II 9A. M*39* 56₁₀₂ *119* 190₆₇

Kaffee Coffea *Dietr. N II, 343*
II 9A. M*22* 40₃₆

Kaiserkrone Siehe auch Fritillaria imperialis *Dietr. IV, 212*
I 9. 113₂₃.114₄
II 10A. M*3.12* 54₄.₆.₂₂.₂₃

Kaktus Siehe auch Cactus
I 10. 25₁₅.29₁₀.31₉.38₅.202₆.₁₈
II 8B. M*24* 43₁₁

Kalanchoe Adansoni Von Michel Adanson in seinem Werk „Familles des Plantes" (II. 248) beschriebene Pflanze, die große Ähnlichkeit hat mit Bryophyllum calycinum *Dietr. n.v.*
II 10A. M*27* 86₉

Kalendel Ringelblume. Siehe auch Calendula *LA II 9A, 545*
I 8. 190₃₂ I 9. 32₃₀.33₁₇.47₂₅

Kamille Matricaria Chamomilla *Dietr. VI, 4*
II 9A. M*22* 40₂₃

Kamille, R.[ömische] Lat. (Vok.): Chamaemelum; Dietr.: Anthemis nobilis = Römische Kamille. Siehe auch Chamaemelum *LA II 9A, 5q; Dietr. I, 534*
II 9A. M*1* 5₁₁₀ (R. Camillen)

Kanna *s. Canna (Kanna)*

Kannenkraut Auch: Ackerliebendes Schaftheu, Schachtelhalm: Equisetum arvense *Dietr. III, 777*
II 9B. M*55* 61₄₉

Kapuzinerkresse (Capucinerkresse) Siehe auch Tropaeolum *Dietr. X, 215*
II 9A. M*138* 225₂₀ (capucine)
II 9B. M*51* 54₂₀ (capucine)

Kartäusernelke Lat. (Vok.): C[aryoph.] Carthusior; Dietr.: Dianthus carthusianorum. Siehe auch Caryophyllus Carthusior, Dianthus carthusianorum *LA II 9A, 5q; Dietr. III, 595*
II 9A. M*1* 5₉₉

Kartoffel Solanum tuberosum. Siehe auch Erdapfel *Dietr. IX, 338*
I 1. 261₁₄z.264₁₃z I 2. 135₂₆z I 9. 112₁₃.₁₈.₂₂.220₁₆ I 10. 28₁₁₋₁₂.31₉. 32₃₋₄.38₃₆.391.261₃₃.362₂₈
II 1A. M*44* 228₁₈₈ II 8B. M*21* 36₆
II 9A. M*42* 70₂₀ II 10A. M*3.12* 54₃₇₋₃₈ *3.13* 57₃₉ *3.15* 59₇ II 10B. M*24.18* 124₉

Kastanie Lat. (Vok.) Castanea; Dietr.: Fagus castanea = ächter Kastanienbaum. Siehe auch Castanea *LA II 9A, 4q; Dietr. IV, 137*
I 2. 30₄ I 10. 358₁₁ I 11. 148₁₀
II 6. M*41* 51₈₉₋₉₀ II 8A. M*55* 77₄ II 9A. M*1* 4₃₄ *79* 120₈₁ *100* 148₂ II 9B. M*33* 35₁₅₈ (Castagne).₁₆₅ (Castan.) *55* 62₇₈ II 10B. M*24.11* 118₂₂ *24.17* 123₂ *24.16* 123₁₆ *24.18* 124₂.₃ (Dergl.)

Kasuarinen Bäume mit schachtelhalmähnlichen Zweigen: Vorkommen: Südsee. Ostindien LA I 10, 202q
I 10. 202$_{18-19.24}$
Katzengesicht, Hanfartiges Wandtafel: Galeopsis tetrahit: Dietr.: G. T. = Gemeiner Hohlzahn. Hanfnessel. Siehe auch Galeopsis Tetrahit LA II 9A, 30q; Dietr. IV, 263
II 9A. M13 30$_{92}$
Katzenminze (Katzenmünze), Gemeine Siehe auch Nepeta Cataria LA II 9A, 30q; Dietr. VI, 347
II 9A. M13 30$_{83}$
Katzenminze (Katzenmünze), Italienische Siehe auch Nepeta italica LA II 9A, 28q; Dietr. VI, 350
II 9A. M13 28$_{36}$
Kicher (Kichererbse) Cicer Dietr. III, 87
II 9B. M33 32$_{57}$ (Ceci).35$_{149}$ (Ceci)
Kiefer Pinus sylvestis. Siehe auch Pinus Dietr. VII, 248
I 2. 82$_{14Z}$.205$_{27.30}$.280$_{20Z}$.313$_{17.20}$
I 3. 140$_{33M}$ I 8. 264$_{28.30}$.408$_{6.9}$ I 9. 219$_{20}$
II 9A. M15 32$_{18}$
Kiggellaria Kigellarie: Kiggellaria africana: Afrikan. Kiggellarie. baumartig Dietr. V, 244
I 9. 38$_{29}$
Killingia (Kyllingia) Binsengrasgattung bei Jussieu Juss. 32
II 9A. M119 188$_{11}$
Kirsche, Kirschbaum Lat. (Vok.) Cerasus: Dietr.: Prunus Cerasus = Gemeine Sauerkirsche. Siehe auch Cerasus LA II 9A, 4q; Dietr. VII, 574
I 1. 261$_{8Z}$ I 2. 30$_3$ I 6. 201$_{34}$ I 8. 84$_{38}$ I 11. 148$_8$
II 9A. M1 4$_{40}$ 92 137$_9$ II 10A. M3.13 57$_{35}$
Klatschmohn Siehe auch Klatschrose GWB
II 10A. M3.13 56$_9$
Klatschrose Siehe auch Klatschmohn. Papaver Rhoeas Dietr. VI, 667
II 10A. M3.8 49$_{120}$

Klee Trifolium Dietr. X, 128
I 1. 241$_{21Z}$ I 2. 29$_{32}$ I 11. 148$_4$
II 9B. M33 33$_{66}$ (Trifolio). 35$_{156}$ (Trifolio)
Klettenkraut Vermutlich: Galium Aparine. Kletterndes Labkraut. kleine Klette Dietr. IV, 265
II 3. M37 35$_9$ II 4. M47 59$_7$
Klytien Unklar: Dietr. verzeichnet Clutia = Clutie Vgl. Dietr. III, 199
I 9. 106$_{16}$
Knabenkraut Siehe auch Satyrium und Orchis LA II 9A, 5q; rgl. Dietr. VI, 480
II 9A. M1 5$_{96}$
Knobelblume Lat. (Vok.) Helleborus hyemalis: Dietr.: H. h. = Winter-Christwurz. kleine Nießwurz. kleine Winterwolfswurz. Siehe auch Helleborus hyemalis LA II 9B, 6Sq; rgl. Dietr. IV, 586
II 9B. M58 68$_{27}$
Knoblauch Dietr.: Allium sativum = gemeiner Knoblauch Dietr. II, 240
I 5. 180$_{6.8.11}$ I 7. 97 (ND: 85)$_{15}$
- Englischer Knoblauch II 9A. M39 57$_{143}$
Kohl Siehe auch Brassica sowie Blumenkohl, Römischer Kohl, Winter Schnittkohl Dietr. II, 272
II 9A. M137 220$_{21}$
Kohl, krauser
I 10. 23$_8$
Kohlpalme Siehe Euterpe oleracea und edulis LA II 10A, 149q
II 10A. M69 149$_{27}$
Kohlrabi
I 9. 112$_{26}$.117$_5$
II 9B. M55 61$_{55}$
Königskerze Siehe auch Verbascum Dietr. X, 382
II 10A. M3.13 57$_{20}$
Konvolvel Siehe auch Convolvulus und Winde Dietr. III, 277
I 10. 351$_{11}$.355$_{21.31}$.356$_4$
Koriander (Coriander) Siehe auch Coriandrum LA II 9A, 29q; Dietr. III, 324
II 9A. M13 29$_{72}$

PFLANZEN 475

Korn Dietr.: Secale cereale = Gemeiner Roggen, Korn *Dietr. IX, 35*
I 9, 117[24]
II 7, M *113* 222[58] II 9A, M *15* 32[2]
Kornblume Siehe auch Cyanus, Centaurea cyanus *Dietr. II, 690*
II 10A, M *3.12* 54[34] *3.13* 57[25]
Kornelkirsche Cornus mascula *Dietr. III, 332*
II 10A, M *3.13* 57[35]
Kornrade Auch: gemeine Rade. Siehe auch Agrostemma githago *Dietr. I, 171*
II 10A, M *3.13* 57[24]
Kotyledonen Von gr. „cotyle" Napf, Schälchen, kleiner Becher abgeleitet: „cotyledon", botanisch das Keimblatt. Siehe auch Dikotyledonen und Monokotyledonen *Vgl. Dietr. III, 365–366; Batsch I, 198*
I 3, 249[21,22–23,27,28,34],250 I 9, 25[28]–27[29],29[9],32[9–15],49[16],51[16],60[2]
I 10, 166[15,20,22],256[6,26],272[12,22], 273[14],290[27–35]
II 9A, M *14* 30[2],31[18,23] *16* 33[3] *17* 33[5] *16* 33[6] *17* 33[12,34][14] *18* 35[8] *19* 36[13,16] *33* 46[10] *39* 53[35] *49* 82[53] *50* 89[246] *51* 90[8] *53* 94[1,2] *54* 97[16,22,24,34,36],99[70,79] *56* 102[5] *88* 132[32],133[69] *93* 138[1] II 9B, M *2 4 6* 8[26,9,42,53] *58* 67[3] II 10B, M *10* 31[72] *18.1* 44[20] *18.2* 45[9,15] *18.3* 46[7–8] *23.10* 105[9]
Krapp Auch: Färber-Röthe, Grapp; Rubia tinctorum *Dietr. VIII, 271; GWB V, 703*
I 3, 378[11M],469[21M] I 4, 169[3], 175[24,36],189[5]
II 4, M *50* 61[12–19] *56* 67[24–35]
II 10A, M *3.12* 54[28]
Kraut, Kräuter Siehe auch Herba
I 1, 9[10Z] I 9, 18[10],112[18,20] I 10, 119[11],325[12] I 11, 22[22]
II 1A, M *35* 197[80] II 7, M *1* 3[11] *59* 128[31] II 8A, M *97* 130[0] II 9A, M *1* 3[11],57[2–112] *70* 113[2]
Kresse Siehe auch Nasturtium sowie Gartenkresse und Kapuzinerkresse

I 3, 249[4,10,12,30] I 10, 145[5,12,14,32], 146[13],148[2],149[30],166[2,6]
II 9A, M *115* 180[213]
Kresse, Spanische Siehe auch Tropaeolum majus *LA II 10A, 42q*
II 10A, M *3.5* 42[76] *3.9* 50[8]
Kreuzwurzel *s. Jakobsblume*
Krokus *s. Crocus (Krokus)*
Kronen-Süßklee (Krohnen Süsklee) Italien, Hahnenkopf, italien. Süßklee. Siehe auch Hedysarum coronarium *LA II 9A, 29q; Dietr. IV, 530*
II 9A, M *13* 29[79]
Kruzifere Kreuzblütler
Kryptogamen *s. Cryptogamen, Cryptogamia*
II 8A, M *37* 60[2]
Kuhblume *s. Löwenzahn*
Kürbis Siehe auch Cucurbita *Dietr. III, 451*
I 10, 461[4]
II 9A, M *48* 80[10] *88* 133[66] II 10A, M *3.1 Anm* 32 II 10B, M *10* 31[70] (courges)
Kurkuma *s. Curcuma*
Kyane *s. Cyanus (Cyane)*
Kyllingia *s. Killingia (Kyllingia)*
Labkraut, Wahres Auch: Gelbes Labkraut. Siehe auch Galium verum *LA II 9A, 29q; Dietr. IV, 278*
II 9A, M *13* 29[74]
Lackmus Pflanzlicher Farbstoff. Farben s. Mineralienregister
Lactuca Siehe auch Salat *Dietr. V, 276*
I 8, 231[9]
II 9B, M *10* 12[9]
Lactuca quercinifolia Dietr.: Lactuca quercina = Eichenblättriger Sallat *Dietr. V, 279*
I 10, 150[28],153[30–31]
Lactuca sativa Garten-Sallat, Lattich, Kopfsallat *Dietr. V, 280*
I 10, 150[26],153[22–23],155[11],164[13–16]
Lamium amplexicaule Stengelumfassender Bienensaug, ungestielte Taubnessel *Dietr. V, 297*
II 9A, M *122* 192[32]

Lamium laevigatum Glatter Bienensaug. glatte Taubnessel *Dietr.*
V, 298
II 9A. M*49* 81₂₉
Lamium Purpureum Rother Bienensaug. gemeine purpurrothe Taubnessel *Dietr. V, 301*
II 9A. M*122* 192₃₁
Langsdorffia Martius Nees von Esenbeck erwähnt diese von von Martius beschriebene Gattung der Balanophoreen. Siehe auch Balanophoreen *LA I 9, 325q*
I 9. 325₄,₂₅
Lantana involucrata Andornblättrige Lantane *Dietr. V, 305*
II 9A. M*115* 180₂₃₅
Lapsana communis Gemeiner Rainkohl *Dietr. V, 312*
II 9A. M*118* 185₁₁₄
Lapsana Rhagadioloides Dietr. verweist von Lapsana Rhagadiolus auf Rhagadiolus edulis = Gemeiner Sichelsalat *Dietr. V, 313; VIII, 105*
I 10. 155₁₃
Lärche (Lerche) Siehe auch Pinus Larix *Dietr. VII, 237*
I 10. 333₁
II 9B. M*55* 63₁₅₅.64₁₈₁
Laserkraut, Breitblättriges Siehe auch Laserpitium latifolium *Dietr. V, 319; LA II 9A, 29q*
II 9A. M*13* 29₄₈
Laserpitium latifolium Siehe auch Laserkraut, Breitblättriges *Dietr. V, 319; LA II 9A, 29q*
II 9A. M*13* 29₄₈
Latania Palmengattung bei Jussieu *Juss. 45*
II 9A. M*119* 189₃₅
Lathyrus Siehe auch Platterbse *Dietr. V, 330*
II 10B. M*18.3* 46₂₄
Lathyrus anticarpus Dietr. verzeichnet Lathyrus amphicarpos = Unterirrdische Platterbse *Dietr. n.v.: V, 331*
I 10. 256₂₄

Lathyrus aphaca Blattlose Platterbse. gelbe einjährige Platterbse *Dietr. V, 331*
II 10B. M*10* 29₁₆.30₅₁
Lathyrus furens *Dietr. n.v.*
I 10. 358₁₈
II 10A. M*3.5* 42₈₀ *3.9* 50₃₈ **II 10B**. M*23.14* 110₄ *24.16* 122₆ *24.18* 124₆ *24.17* 124₁₀ *24.19* 125₁
Lathyrus latifolius Breitblättrige Platterbse. große Waldküchern *Dietr. V, 335*
I 10. 158₆
Lathyrus odoratus Wohlriechende Platterbse *Dietr. V, 337*
I 10. 150₁₀₋₁₁.152₆₋₇.160₂₄.166₂₈
II 9A. M*115* 176₈₁
Lathyrus pratensis Wiesen-Platterbse. Siehe auch Wiesen-Platterbse *LA II 9A, 29q; Dietr. V, 339*
II 9A. M*13* 29₅₆
Lathyrus spec. BR: *Eintrag bezog sich auf Abbildungsverzeichnis in I 9, 383, wurde gelöscht*
Lathyrus tingitanus Afrikanische Platterbse. Siehe auch Platterbse. Tangerische *Dietr. V, 342; LA II 9A, 28q*
I 10. 162₇
II 9A. M*13* 28₃₂
Lathyrus tuberosus Knollige Platterbse *Dietr. V, 342*
II 9A. M*115* 177₁₂₀
Laubmoos Sammelbegriff für Moose mit Blättern im Unterschied zu Lebermoosen *Krünitz 94, 387*
I 10. 204₁
II 10A. M*3.1 Anm* 31
Lauch Siehe auch Allium *Dietr. I, 234*
II 7. M*45* 78₄₁₀ **II 8B**. M*76* 128₇ **II 10A**. M*3.8* 49₁₀₆
Laurus Siehe auch Lorbeer *Dietr. V, 346; LA II 9A, 4q*
II 9A. M*1* 4₄₈.₆₀
Lavandula dentata Gezähnter Lavendel *Dietr. V, 364*
II 9A. M*88* 133₅₇ **II 9B**. M*55* 62₉₈

Lavandula pinnata Gefiederter Lavendel *Dietr. V, 365*
II 9A, M*115* 180₂₃₆

Lavatera Lavatere *Dietr. V, 367*
I 3, 147₆₋₇ₘ I 10, 201₁₆
II 7, M*103* 199₆₍?₎

Lavatera arborea Baumartige Lavatere *Dietr. V, 368*
I 10, 160₂₀

Lavatera trimestris Garten Lavatere. Sommelpappel *Dietr. V, 372*
I 10, 155₁₇

Lebensbaum, Abendländischer Auch: Gemeiner Lebensbaum, amerikan. Lebensbaum. Siehe auch Thuja occidentalis *LA II 9A, 30q; Dietr. X, 13*
II 9A, M*13* 30₈₇

Lebermoose Taxon: Familie bei Batsch. Siehe auch Hepaticae *Batsch II, 609*
II 9A, M*121* 191₃

Legumen Hülsenfrucht
II 9A, M*19* 36₂₀

Leguminosae (Leguminosen) Hülsenfrüchtler; Taxon bei Jussieu; Familie bei Batsch *Juss. 381; Batsch II, 182*
I 10, 349₉
II 9A, M*43* 71₂₄ II 10A, M*3.2* 36₄₉,₇₀₋₇₁ II 10B, M*22.2* 75₁₆ *23.4* 98₁₆ *23.6* 100₁

Lein, Leinsamen Auch: Flachs; Linum. Siehe auch Flachs und Linum *Dietr. V, 499–511*
I 2, 225₂₅ I 8, 257₇ I 10, 25₂₄.26₂₁. 353₃₄
II 3, M*37* 35₂₄ II 9A, M*16* 33₆ *30* 44₁ II 10B, M*24.11* 118₁₅

Leindotter Myagrum *Dietr. VI, 279*
II 9A, M*137* 220₁₉

Lemna Wasserlinse *Dietr. V, 394*
II 9A, M*50* 86₁₂₀

Lemna minor Gemeine Wasserlinse, Entengrün, kleine Teichlinse *Dietr. V, 395*
II 9A, M*115* 178₁₆₅

Lentiscus Lat. (Vok.): Mastixbaum; Dietr: Verweis auf Pistacia = Pistacie, Mastixbaum. Siehe auch Mastixbaum *LA II 9A, 4q; Dietr. VII, 300*
II 9A, M*1* 4₃₅

Leontodon Siehe auch Löwenzahn *Dietr. V, 400*
II 10A, M*3.1 Anm 33*

Leontodon Taraxacum Gem. Löwenzahn, Kuhblume. Siehe auch Löwenzahn, Gemeiner *LA II 9A, 115q; Dietr. V, 402*
II 9A, M*74* 115₃

Leonurus Cardiaca Gemeiner Wolfstrapp, Herzgespann *Dietr. V, 404*
II 9A, M*115* 176₁₀₀ *118* 185₈₄

Leonurus crispus Krauser Wolfstrapp *Dietr. V, 404*
II 9A, M*118* 185₈₃

Leonurus sibiricus Sibirischer Wolfstrapp *Dietr. V, 405*
II 9A, M*118* 184₇₆

Lepidium latifolium Breitblättrige Kresse. Siehe auch Pfefferkraut *LA II 9A, 29q; Dietr. V, 413*
II 9A, M*13* 29₇₅ *115* 177₁₃₃ *118* 187₁₆₉

Lepidium sativum Siehe auch Gartenkresse *Dietr. V, 417; LA II 9A, 28q*
II 9A, M*13* 28₃₇

Lepidocaryum gracile Palmenart *Dietr. n.v.*
I 9, 381₁₇

Lepidodendron Schuppenbaum; fossile Gattung, *LA II 8B, 101 Erl*
II 8B, M*65* 100₅₋₁₀

Lepidofloyos Lepidophloios, Schuppenbaum; ausgestorbene Gattung *LA II 8B, 101 Erl*
II 8B, M*65* 100₁₂

Lepraria kermesina Gemäß Agardh von Baron Wrangel entdeckte neue Flechtenart, die den Schnee rot färbt *Agardh 1825, 741–742*
II 10B, M*1.3* 15₁₂₀

Leptomytus Ag. Nees von Esenbeck bezieht sich auf die von Agardh beschriebene Gattung Leptomitus (Systema Algarum, 49) *LA II 9A, 237q*
I 10, 237₄₁ₜₐ

Lerche s. *Lärche (Lerche)*
II 10A. M*3.1 Anm* 31

Leucoium graminea *Dietr. n.v.*
II 9A. M*118* 183₁₆

Leucoium (Leucojum) vernum Frühlings-Knotenblume, Merzenkelch, großes Schneeglöckchen. Siehe auch Frühlingsglocke *Dietr. V, 443*
II 9A. M*118* 183₁₅ *122* 192₁₅
II 9B. M*58* 67₁₂

L.[eucojon] album Lat. (Vok.): Weiser Veil. Siehe auch Veil. weißer *LA II 9A, 5q; Dietr. n.v.*
II 9A. M*1* 5₁₀₃

Leucojon luteum Lat. (Vok.): Nägelein; Krünitz: Nägelein = Nelke, Caryophyllus oder Dianthus. Siehe auch Nägelein. Nelke *LA II 9A, 5q; Krünitz 100, 637–638; Dietr. n.v.*
II 9A. M*1* 5₁₀₀₋₁₀₁

L.[eucojon] rubrum Lat. (Vok.): Rother Veil. Siehe auch Veil. Roter *LA II 9A, 5q; Dietr. n.v.*
II 9A. M*1* 5₁₀₂

L.[eucojon] violaceum Lat. (Vok.): Brauner Veil. Siehe auch Veil. Brauner *LA II 9A, 5q; Dietr. n.v.*
II 9A. M*1* 5₁₀₄

Levkoien (Lewkoyen, Leucoien) Leucoium. Knotenblume *Dietr. V, 440*
I 9. 220₁₁₋₁₄
II 10A. M*2.12* 17₂₃ *3.13* 57₂₅

Lianen Hier: die tropischen Rankpflanzen *LA I 10, 202q*
I 10. 202₃₄

Lichen Der auf Linné zurückgehende Gattungsbegriff – als selbständige Gruppe innerhalb der Kryptogamen – löst sich um 1800 auf. Siehe auch Flechte *Batsch II, 613; Dietr. n.v., vgl. aber V, 451, VII, 72*
I 2. 104₁₃ **I 11**. 188₃₀
II 9A. M*50* 86₁₁₂ **II 10A**. M*3.2* 36₆₀

Lichen glaucus Flechtenart: Batsch verzeichnet verschiedene Arten, diese nicht *Batsch II, 613–619; Dietr. n.v.*
II 9A. M*115* 178₁₅₂

Lichen saxatilis Steinflechte *Batsch II, 615; Dietr. n.v.*
II 9A. M*122 Anm* 193

Lichen sylvaticus Flechtenart: Batsch verzeichnet verschiedene Arten, diese nicht *Batsch II, 613–619; Dietr. n.v.*
II 9A. M*115* 178₁₅₃

Lichnis s. *Lychnis (Lichnis)*

Lichtröslein Bei Dietr. und Batsch verschiedene Lychnis-Arten als Marienröschen bezeichnet. Siehe auch Lychnis *LA II 9A, 28q; vgl. Dietr. V, 627, Batsch II, 113*
II 9A. M*13* 28₅

Licium europaeum s. *Lycium europaeum*

Licuala Palmengattung bei Jussieu *Juss. 45*
II 9A. M*119* 189₃₄

Lignum brasilicum Siehe auch Brasilienholz. Fernambuk *LA II 9A, 4q*
II 9A. M*1* 4₆₂₋₆₃

Lignum nephriticum Nieren- oder Griesholz, blaues Sandelholz. Siehe auch Griesholz *LA II 5B/2, 158 u. GWB online, Eintrag Griesholz*
I 8. 196₃₅₋₃₆
II 5B. M*100* 291₁₈₋₁₉ **II 6**. M*59* 77₇₀ *79* 177₆₅₆ *123* 235₇₇

Lignum quassiae s. *Quassia, Lignum quassiae*

Ligusticum Levisticum Gewöhnlicher Liebstöckel *Dietr. V, 456*
II 9A. M*118* 187₁₀₇

Lilia Lilien-Familie. Taxon bei Jussieu *Dietr. n.v.; Juss. 54*
II 9A. M*119* 189₂₁

Liliaceae, Liliaceen Liliengewächse: Lilia = Taxon bei Juss. *Dietr. n.v.; Juss. 54*
I 9. 118₂₉ **I 10**. 329₈
II 9A. M*50* 86₁₂₅ **II 10A**. M*3.2* 36₆₁ **II 10B**. M*23.5* 99₁₆ *23.7* 101₂₁

Liliago Dietr. verzeichnet Anthericum Liliago; s. dort *Dietr. I, 556*
I 10. 230₇

Lilie Siehe auch Lilia, Feuerlilie, Goldlilie, Schwertlilie
I 10. $202_9.203_{30}.230_6.258_{11}$
II 9A. M 121 191_9 138 225_{21} (Lys rouge) **II 10A.** M3.2 36_{51} 3.13 57_{18} **II 10B.** M24.20 125_6

Lilium bulbiferum Feuerlilie. Siehe auch Goldlilie *Dietr. V, 463*
II 9A. M 118 183_{25}

Lilium candidum Weiße Lilie, gemeine Gartenlilie *Dietr. V, 465*
II 10A. M22 81_5

Lilium convall. Lat. (Vok.): Majen Blü.; Dietr.: Convallaria = Maiblümchen. Siehe auch Maiblümchen *LA 9A, 5q; Dietr. III, 272*
II 9A. M 1 5_{97}

Lilium croceum Dietr. verweist auf Lilium bulbiferum = Feuerlilie, Goldlilie *Dietr. N IV, 383; V, 463*
II 10A. M3.1 *Anm* 33

Lilium cruentum Lat. (Vok.): Gold Lilien. Siehe auch Goldlilie *LA II 9A, 5q; Dietr. n.v.*
II 9A. M 1 5_{92-93}

Lilium Martagon Gelbwurzliche Lilie. Siehe auch Türkischer Bund *Dietr. V, 470; LA II 9A, 28q*
II 9A. M13 28_{12} 79 121_{132} **II 10A.** M3.12 54_{44-45}

Limodorum Tancarvillea (Tankervilliae) Tancarvillisches Limodorum, chinesischer Dingel *Dietr. V, 479*
I 9. 330_{32-33}

Linckia Linckie *Dietr. V, 486*
I 10. 24_8

Linde Siehe auch Tilia *LA II 9A, 3q; Dietr. X, 32*
I 2. 33_{35} **I 9.** $45_{15}.216_{7,36-37}.217_{2,4,6,11}.218_{8,12}.329_{25}.330_{20}$ **I 10.** 206_{12} **I 11.** 151_{35}
II 9A. M1 $3_{21}.4_{49}$ 39 60_{188} 92 137_{15} **II 10A.** M3.1 *Anm* 31 45 107_8 **II 10B.** M2 20_{34-43}

Linse Ervurm *Dietr. IV, 14*
I 10. 25_{28}
II 9B. M33 32_{63} (Lenti).35_{156} (Lenti)

Linsenbaum Siehe auch Cytisus Laburnum *Dietr. III, 535*
II 10A. M3.12 54_{24}

Linum Siehe auch Flachs und Lein *Dietr. V, 499*
II 9A. M 15 32_9

Linum Radiola Kleinster Flachs *Dietr. V, 505*
II 9A. M 118 184_{40}

Linum tenuifolium Feinblättriger Flachs, dünnblättriger Lein *Dietr. V, 508*
I 10. 162_1

Linum usitatissimum Gemeiner Flachs *Dietr. V, 508*
I 10. $150_{31}.153_{42-43}$

Liquiritia levistica Liquiritia = Süßholz *Dietr. N IV, 430*
II 9B. M 10 12_{10}

Liria Taxon: Familie bei Batsch *Batsch II, 275*
II 9A. M43 71_{11}

Lisimachiae Taxon bei Jussieu *Juss. 107*
II 9A. M 120 190_8

Lisimachskraut, Lysimachie Siehe auch Lysimachia *LA II 9A, 29q; Dietr. V, 66*
II 9A. M 13 29_{66}

Lithospermum officinale Gemeiner Steinsaame *Dietr. V, 535*
II 9A. M 118 184_{58}

Lithospermum purpureo-caeruleum Rother Steinsaame, der purpurblaue Steinsaame *Dietr. V, 536*
II 9A. M 118 184_{58}

Lobelia Erinoides Schmalstielige Lobelie *Dietr. V, 548*
II 9A. M 115 180_{240}

Löcherschwamm Siehe auch Boletus suaveolens *Dietr. II, 255*
I 9. 323_{43}

Lomentaceae Taxon: Familie bei Batsch *Batsch II, 209*
II 9A. M43 71_{25}

Lonicera Caprifolium Durchwachsene Lonicere, durchwachsenes

italien. Geißblatt. Je länger je lieber *Dietr. V, 671*
II 9A. M *115* 175₂₄ *115* 186₁₄₅
Lonicera Italica Lonicera = Lonicere (Heckenkirsche. Geißblatt) *Dietr. n.v.; vgl. V, 569*
I 10. 158₁₀
II 9A. M *115* 186₁₄₇
Lonicera Periclymenum Deutsche Lonicere, gemeines Geißblatt. Waldrebe *Dietr. V, 577*
II 9A. M *115* 175₂₃
Lonicera tatarica Tatarische Lonicere, schönste Heckenkirsche *Dietr. V, 581*
II 9A. M *115* 186₁₄₆
Lonicera Xylosteum Gemeine Lonicere, gemeine Heckenkirsche *Dietr. V, 582*
II 9A. M *115* 175₂₅
Lontarus Palmengattung bei Jussieu *Juss. 45*
II 9A. M *119* 189₃₆
Lopezia Mexicana Mexikan. Lopezie *Dietr. V, 584*
I 10. 156₂₂
Lorbeer. Lorbeerbaum Siehe auch Laurus *Dietr. V, 346; LA II 9A, 4q*
I 6. 29₃₂ **I 10.** 68₃₁.203₃₆
II 2. M 7.8 51₆₅ **II 9A.** M *1* 4₄₈.₆₀
Lotus Siehe auch Schotenklee *Dietr. V, 594; LA II 9A, 2Sq*
II 9A. M *13* 28₈
Lotus corniculatus Gemeiner Schotenklee *Dietr. V, 596*
II 9A. M *115* 175₅₀ **II 10A.** M *3.1* Anm 32
Lotus hirsutus Zottiger Schotenklee *Dietr. V, 599*
II 9A. M *115* 175₅₃
Lotus integrifolius Dietr. verzeichnet Lotus angustifolius = L. iacobaeus *Vgl. Dietr. V, 600*
II 9A. M *115* 175₅₈
Lotus jacobaeus (iacobaeus) Schwarzer Schotenklee. Jakobsklee *Dietr. V, 600*
II 9A. M *115* 175₅₇

Lotus ornithopodioides Vogelfußartiger Schotenklee *Dietr. V, 602*
II 9A. M *115* 175₅₄₋₅₅
Lotus rectus Calabrischer Schotenklee *Dietr. V, 604*
II 9A. M *115* 175₅₂
Lotus siliquosus Wiesen-Schotenklee. wiesenliebende Spargelerbse *Dietr. V, 604*
II 9A. M *115* 175₅₁
Lotus tetragonolobus Spargel-Schotenklee. Spargelerbse *Dietr. V, 605*
I 10. 162₂
II 9A. M *115* 175₅₆
Löwenmaul Siehe auch Antirrhinum (majus) *Dietr. I, 589; LA II 9A, 2Sq*
II 9A. M *13* 28₃₁ **II 10A.** M *3.5* 42₇₄.₇₅ *3.9* 50₂₀.₂₁
Löwenzahn Siehe auch Leontodon *Dietr. V, 400*
I 10. 359₁₄
Löwenzahn, Gemeiner Siehe auch Leontodon Taraxacum *LA II 9A, 115q; Dietr. V, 402*
II 9A. M *74* 115₃
Lunaria Mondviole *Dietr. V, 611*
II 9A. M *71* 113₅
Lupine Dietr.: Lupinus = Feigbohne. Wolfsbohne. Siehe auch Lupinus *LA II 9A, 5q; Dietr. V, 615*
II 9A. M *1* 5₉₀ **II 9B.** M *33* 33₆₄ (Lupini).35₁₅₇ (Lupini)
Lupinus Feigbohne. Wolfsbohne. Siehe auch Lupine *LA II 9A, 5q; Dietr. V, 615*
II 9A. M *1* 5₉₀
Lupinus albus Weiße Feigbohne. Wolfsbohne. großen Gartenlupine *Dietr. V, 615*
I 10. 162₈
Lupinus hirsutus Rauche Feigbohne. große blaue Wolfsbohne *Dietr. V, 618*
I 10. 160₃₃.162₃
Lupinus nootkatensis Nootkatische Feigbohne *Dietr. N IV, 492*
I 10. 349₃₀

Lupinus perennis Ausdauernde Feigbohne bzw. Wolfsbohne *Dietr. V, 621*
I 10, 349$_{30}$
Lupinus polyphyllus Von David Douglas im Nordwesten Amerikas neu entdeckte Art *LA I 10, 349q*
I 10, 349$_{28}$
Luridae Tollkräuter; auch: Taxon: Familie bei Batsch: 3. Ordnung bei Erxleben *Dietr. V, 624; Batsch II, 468; Erxleben 464*
II 9A. M*43* 71$_5$ II 10A. M*3.2* 36$_{66}$
Luzerne Auch: Schneckenklee; Medicago sativa *Dietr. VI, 22; vgl. Batsch II, 202*
II 9A. M*15* 32$_{14}$
Luziola Gräsergattung bei Jussieu *Juss. 38*
II 9A. M*119* 189$_{18}$
Lychnis (Lichnis) Siehe auch Lichtröslein *Dietr. V, 625; LA II 9A 2Sq*
II 9A. M*13* 28$_5$ II 9B. M*55* 61$_{52}$
II 10A. M*3.5* 42$_{64}$ *3.9* 50$_6$ *3.13* 57$_{11}$
Lychnis (Lichnis) chalcedonica Scharlachrothe Lychnis, brennende Liebe *Dietr. VII, 626*
II 9A. M*115* 176$_{102}$ *118* 187$_{186}$
Lychnis viscaria Siehe auch Pechnelke *Dietr. V, 630; LA II 9A, 2Sq*
II 9A. M*13* 28$_6$
Lycium europaeum Europäischer Bocksdorn, dorniger Jasmin *Dietr. V, 634*
I 10, 358$_6$
II 9A. M*49* 82$_{50}$ II 10B. M*24.15* 122$_5$ *24.16* 123$_{12}$
Lycoperdon Bovista Gemeiner Staubschwamm, Bovist *Dietr. V, 638*
II 9A. M*115* 178$_{170}$
Lycopodium (Lykopodium) Bärlapp, Kolbenmoos *Dietr. V, 645*
I 2, 348$_{21-22}$ I 8, 414$_{3-4}$ I 9, 219$_{24}$
II 9A. M*50* 86$_{131}$ II 9B. M*37* 41$_5$
Lygeum Gräsergattung bei Jussieu *Juss. 38*
II 9A. M*119* 189$_{20}$

Lysimachia Siehe auch Lisimachskraut *LA II 9A, 29q; Dietr. V, 66*
II 9A. M*13* 29$_{66}$
Lysimachia Nummularia Rundblättrige Lysimachie, Pfennigkraut *Dietr. V, 670*
II 9A. M*115* 177$_{130}$
Lysimachia punctata Punktirte Lysimachie, vierblättriger gedüpfelter Weiderich *Dietr. V, 670*
II 10A. M*22* 81$_{15}$
Mai-Rose Rosa cinamomea (Syn. Rosa majalis) *Dietr. VIII, 230*
II 2. M*9.39* 203$_{13}$
Maiblümchen, Maiblume Lat. (Vok.): Majen Blü. = Lilium convall.; Dietr.: Convallaria = Maiblümchen, Maiblume. Siehe auch Lilium convall. *LA II 9A, 5q; Dietr. III, 272*
II 9A. M*1* 5$_{97}$ (Majen Blü.)
Mais (Mays) Siehe auch Zea *Dietr. X, 600*
I 9, 213$_{22}$ I 10, 353$_{20}$
II 9B. M*6* 8$_{24}$
Malope trifida Dreitheilige Malope *Dietr. V, 706*
I 10, 348$_{34}$
Malus Lat. (Vok.): Apfel, Apfelbaum; Dietr.: Pyrus Malus = Apfelbaum *LA II 9A 4q*
II 9A. M*1* 4$_{38}$
Malus armeniaca Lat. (Vok.): Aprikosenbaum; Dietr.: Prunus armeniaca = Aprikose *LA II 9A, 4q; Dietr. VII, 563*
II 9A. M*1* 4$_{42-43}$
Malus aurea Lat. (Vok.): Pomeranze; Dietr.: Citrus Aurantium = Pomeranze. Siehe auch Pomeranze, Orange *LA II 9A, 4q; Dietr. III, 149*
II 9A. M*1* 4$_{64}$
Malus cydonia Lat. (Vok.): Quitte; Dietr.: Pyrus Cydonia = Quitte. Siehe auch Quitte, Pyrus *LA II 9A, 4q; Dietr. VII, 705*
II 9A. M*1* 4$_{50}$
Malus granata Lat. (Vok.): Granatbaum; Dietr.: Punica = Granat-

baum. Siehe auch Granatapfel *LA II 9A, 4q; Dietr. VII, 663*
II 9A. M*1* 4₆₀
Malus Persica Lat. (Vok.): Pfirsich. Pfirsischbaum; Dietr.: Amygdalus Persica = Pfirschenbaum. Siehe auch Pfirsich *LA II 9A, 4q; Dietr. I, 371*
II 9A. M*1* 4₄₄
Malva Siehe auch Malve *Dietr. V, 713*
I 6. 119₃₀
Malva altea Wandtafel: Siegmarswurzel; Dietr.: M. alcea = Schlitzblättrige Malve, Siegmarskraut. Siehe auch Siegmarswurzel *LA II 9A, 29q; Dietr. V, 714*
II 9A. M*13* 29₆₁
Malva hortensis Lat. (Vok.): Herbst-Rosen; Dietr.: Althaea rosea = Stockrosen-Eibisch, große Garten-Malve, Herbstrose. Siehe auch Herbstrose *LA II 9A, 5q; Dietr. I, 286*
II 9A. M*1* 5₇₈ (Malva hor.)
Malvaceae (Malvaceen) Malvenarten; Taxon bei Jussieu: Familie bei Batsch *Juss. 301; Batsch II, 39*
I 10. 348₁₄.₂₂.349₆
II 9A. M*43* 71₅ **II 10A.** M*3.2* 36₆₉₋₇₀
Malve Siehe auch Malva *Dietr. V, 713*
I 3. 147₇ₘ **I 4.** 187₁₅ **I 10.** 52₁₇.₂₀. 201₁₆.₂₃
II 10A. M*3.13* 56₂₋₃ *3.16* 60₃₈.₃₈.₃₉.₃₉.₃₉.₄₀.₄₃₋₄₄ **II 10B.** M*24.18* 124₁₅ *24.20* 125₄
Mandel, Mandelbaum Siehe auch Amygdalus *LA II 9A, 4q; Dietr. I, 371*
II 9A. M*1* 4₅₁
Mangold Siehe auch Beta *Dietr. II, 192*
I 10. 146₁₀.149₁₁
II 9A. M*115* 180₂₁₄ **II 9B.** M*4* 6₂₁
Manisuris Gräsergattung bei Jussieu *Juss. 39*
II 9A. M*119* 189₂₄
Mapania Binsengrasgattung bei Jussieu *Juss. 32*
II 9A. M*119* 188₁₂

Maranta Marante, gehört zu den Scitaminea; auch: Pflanzengattung der Cannae-Familie bei Jussieu *Dietr. V, 744; LA II 9A, 172q; Juss. 71*
II 9A. M*112* 171₅₂ *113* 172₅ *119* 190₆₄
Marcgravia Marcgravie *Dietr. V, 747*
II 9A. M*53* 95₃₄
Marchantia Marchantie *Dietr. V, 748*
II 9A. M*50* 85₇₇.86₁₂₇
Marchantia polymorpha Gemeine Marchantie, Steinleberkraut *Dietr. V, 749*
II 9A. M*115* 178₁₆₁
Marrubium Pseudodictamnus Dostartiger Andorn, falscher Diptam *Dietr. V, 757*
II 9A. M*118* 184₇₂
Martynia annua Batsch: Jährige Martynie; Dietr. verweist auf M. proboscidea = Langschnablige Martynie, Gemsenhorn, Elephantenrüssel *Batsch II, 461; Dietr. N IV, 582; V, 760*
II 9A. M*115* 180₂₂₀
Masculus Flos „eine männliche Blume, welche bloß Staubfäden aber keinen Stempel hat" *Dietr. V, 762*
II 9A. M*39* 60₁₉₁
Masholder Acer campestre, kleiner Feldahorn *Dietr. I, 49*
II 10A. M*3.1* Anm 31
Masliebe Wandtafel: Bellis major mit unvollständiger deutscher Bezeichnung. Siehe auch Bellis *LA II 9A, 29q; Dietr. II, 179*
II 9A. M*13* 29₅₀
Massonia Asphodelengattung bei Jussieu *Juss. 59*
II 9A. M*119* 189₃₄
Mastixbaum Lat. (Vok.): Lentiscus; Dietr. verweist von Lentiscus auf Pistacia = Mastixbaum. Siehe auch Lentiscus, Pistacia *LA II 9A, 4q; Dietr. VII, 300*
II 5B. M*20* 95₉₉ **II 9A.** M*1* 4₃₅
Matricaria Siehe auch Mutterkraut *Dietr. VI, 4*
II 9A. M*1* 5₁₁₁

Mauerraute Lat. (Vok.): Ruta muraria; Dietr: Asplenium Ruta muraria. Siehe auch Asplenium Ruta muraria *LA II 9A, 5q; Dietr. I, 815*
II 9A, M*1* 5₇₅ (Mauraute)
Maulbeere, Maulbeerbaum Siehe auch Morus *Dietr. VI, 260; LA II 9A, 4q*
I 10, 176₃₀
II 9A, M*1* 4₄₅ 79 121₁₂₃ **II 9B**, M*33* 36₁₈₅ (Mori o Gelsi)₍?₎ **II 10A**, M*3.13* 57₃₂
Mauritia Palmengattung bei Jussieu *Juss. 45*
II 9A, M*119* 189₃₈
Mauritia aculeata Palmenart bei von Martius *LA I 9, 381q; Dietr. n.r., vgl. Dietr. N IV, 591 (Mauritia)*
I 9, 381₁₄
Mauritia armata Palmenart bei von Martius *LA I 9, 381q; Dietr. n.r., vgl. Dietr. N IV, 591 (Mauritia)*
I 9, 381₁₁
Mauritia vinifera Palmenart bei von Martius *LA I 9, 381q; Dietr. n.r., vgl. Dietr. N IV, 591 (Mauritia)*
I 9, 381₉
Maus-Ohrlein Lat. (Vok.): Pilosella: Dietr.: Hieracium Pilosella = Einblümiges Habichtskraut, kleines gelbes Mausöhrchen. Siehe auch Hieracium Pilosella *LA II 9A, 5q; Dietr. IV, 643*
II 9A, M*1* 5₇₄
Mayaca Graslilicngattung bei Jussieu *Juss. 51*
II 9A, M*119* 189₅₅
Medeola Gattung spargelartiger Pflanzen bei Jussieu *Juss. 48*
II 9A, M*119* 189₄₅
Medicago falcata Sichelfrüchtiger Schneckenklee, gelbe bergliebende Luzerne. Siehe auch Sichelklee *LA II 9A, 29q; Dietr. VI, 15*
II 9A, M*13* 29₅₂ 49 81₂₈
Meerrettich (Meerrettig) Cochlearia Armoracea *Dietr. III, 217*
II 10A, M*45* 107₉ (Kren)

Meesia Meesie *Dietr. VI, 26*
II 9A, M*54* 97₁₇ (Meese)
Mehltau Krünitz führt 5 Bedeutungen an; hier: Nees von Esenbeck diskutiert historische Bestimmungen und Abgrenzung zu Russ und Honigtau *LA II 9A, 329–331; Krünitz 87, 599–601*
I 9, 329₂₀.330₁.₁.₈.₃₇.₃₈.₄₃.₄₅. 331₄.₃₈.₄₂
Melampyrum Wachtelweizen *Dietr. VI, 35*
II 9A, M*38* 51₂ 49 82₃₅
Melampyrum arvense Acker-Wachtelweizen, feldliebender Kuhweizen *Dietr. VI, 35*
II 9A, M*115* 175₃₀ **II 10A**, M*3.12* 54₄₁ *3.16* 60₁₅
Melampyrum nemorosum Hainliebender Wachtelweizen *Dietr. VI, 36*
II 9A, M*115* 175₃₁
Melampyrum pratense Wiesen-Wachtelweizen *Dietr. VI, 37*
II 9A, M*115* 175₃₂
Melanthia Taxon: Familie bei Batsch *Batsch II, 287*
II 9A, M*43* 71₁₄
Melanthium Graslilicngattung bei Jussieu *Juss. 53*
II 9A, M*119* 189₂₀
Melastoma, Melastomen Schwarzschlund *Dietr. VI, 44*
I 10, 203₃₅₋₃₆
Melde Atriplex *Dietr. II, 70*
II 10A, M*3.5* 40₂₄ *3.9* 50₃₉ *3.12* 54₁₄ *3.14* 58₄
Melianthus Honigblume *Dietr. VI, 71*
I 9, 39₂₈
Melissa Nepeta Siehe auch Ackermelisse *LA II 9A, 30q; Dietr. VI, 83*
II 9A, M*13* 30₉₀
Melone Siehe auch Cucurbita Melopepo *Dietr. III, 453*
II 10A, M*3.13* 57₃₇
Mentha arvensis Siehe auch Ackermünze *LA II 9A, 30q; Dietr. VI, 101*
II 9A, M*13* 30₉₅

Mentha perilloides Indische Münze *Dietr. VI, 108*
I 10. 150$_{30}$.153$_{39-40}$
II 9A. M *118* 184$_{62}$ (perilloides)
Mercurialis Bingelkraut *Dietr. VI, 116*
II 10A. M *3.15* 59$_{6,14-15}$
Mercurialis annua Jähriges Bingelkraut *Dietr. VI, 116*
II 9A. M *122* 192$_{29}$
Mercurialis perennis Dauerndes Bingelkraut *Dietr. VI, 117*
I 3. 378$_{13M}$
II 9A. M *122* 192$_{28}$
Merulius Von Persoon bestimmte Schwammgattung; von Linné u.a. unter Agaricus verzeichnet *Dietr. VI, 119*
I 9. 326$_{7,16}$
Merzbecher Siehe auch Leucoium vernum *Dietr. V, 443*
II 10A. M *3.13* 57$_{16}$
Merzwurz Nelkenmerzwurz. Siehe auch Geum urbanum *LA II 9A, 28q; Batsch II, 36*
II 9A. M *13* 28$_{11}$
Mesembrianthemum curtifolium (curvifolium?) Art der Mittagsblume; Dietr. verzeichnet M. curvifolium = Krummblättrige Zaferblume *LA II 9A, 115q; Dietr. N V, 27*
II 9A. M *73* 115$_1$
Mesembryanthemum cordifolium Herzblättrige Zaferblume. Mittagsblume *Dietr. VI, 126 (Mesembrianthemum)*
II 9B. M *55* 62$_{100}$
Mespilus Siehe auch Mispel *LA II 9A, 4q; Dietr. VI, 150*
II 9A. M *1* 4$_{57}$
Mespilus Cotoneaster Quittenmispel, Zwergquitte, kleine rothe Mispel *Dietr. VI, 150*
II 9A. M *115* 174$_9$
Mespilus Germanica Gemeine Mispel *Dietr. VI, 151*
II 9A. M *115* 174$_{22}$

Methonica Liliengattung bei Jussieu *Juss. 55*
II 9A. M *119* 189$_{22}$
Metrosideros Eisenmaß *Dietr. VI, 158*
I 10. 203$_{35}$
Milium amphicarpon Großsaamiges Hirsegras *Dietr. N V, 66*
II 10B. M *1.2* 9$_{210}$–10$_{211}$ *14* 39
Milium anticarpum Beiname einer Grasart; Dietr. verzeichnet M. amphicarpon = Großsaamiges Hirsegras *Dietr. N V, 66*
I 10. 256$_{25}$
Mimosa Sinnpflanze. Siehe auch Mimose *Dietr. VI, 185*
II 9A. M *117* 182$_{10}$
Mimosa acacia *Dietr. n.v.*
II 9A. M *117* 182$_{11}$
Mimosa Inga Süßfrüchtige Sinnpflanze. Zuckerbülsenbaum *Dietr. VI, 194; vgl. N IV, 96*
II 2. M *7.8* 52$_{103}$
Mimosa scandens Kletternde Sinnpflanze *Dietr. VI, 203*
II 9A. M *79* 118$_{8-17}$
Mimose Siehe auch Mimosa
I 10. 201$_{26,30}$
Mirabelle Lat. (Vok.): Mirobolanus; Dietr.: Prunus cerasifera = die große Mirabelle *LA II 9A, 4q; Dietr. VII, 574*
II 9A. M *1* 4$_{32}$
Mirabilis Jalape. Wunderblume *Dietr. VI, 216, 219*
II 9A. M *117* 182$_{14}$
Mirabilis Jalapa Gemeine Jalape. Jalappenwurzel *Dietr. V, 218*
I 10. 150$_{27}$.153$_{25-26}$
Mirabilis longiflora Langblühende Jalape. Wunderblume *Dietr. VI, 219*
II 9A. M *15* 32$_7$
Mirobolanus Lat. (Vok.): Mirabelle; Dietr.: Prunus cerasifera = die große Mirabelle *LA II 9A, 4q; Dietr. VII, 574*
II 9A. M *1* 4$_{32}$

Mispel, Mispelbaum Siehe auch Mespilus *LA II 9A, 4q; Dietr. VI, 150*
II 9A. M *1* 4$_{57}$
Mnium capillare Haarförmiges Sternmoos *Batsch II, 604; Dietr. n. v.*
II 9A. M *115* 178$_{162}$
Mohn Siehe auch Papaver sowie Klatschmohn *Dietr. VI, 664*
I 4. 39$_{37}$.187$_{22}$ **I 6.** 29$_{15.19}$.30$_1$ **I 9.** 37$_6$.46$_{28}$.117$_{15.16.17}$
II 9A. M *55* 132$_{41}$ **II 9B.** M *15* 17$_{17}$
II 10A. M *3.2* 36$_{69}$
Mohn, orientalischer Siehe auch Papaver orientale *Dietr. VI, 666*
I 3. 268$_{33Z}$ **I 4.** 39$_{20}$ **I 8.** 191$_{2.9}$
II 10A. M *3.5* 42$_{47}$ *3.9* 50$_{7.36}$ *3.13* 57$_{12}$
Möhre Daucus *Dietr. III, 568*
II 10A. M *3.13* 57$_{38}$ *3.15* 59$_5$
Moluccella spinosa Dorniger Trichterkelch, dorniges Herzkraut *Dietr. VI, 230*
II 9A. M *112* 170$_{42}$
Moly Goldfarbenes Lauch, Molyknoblauch. Siehe auch Allium Moly *Dietr. I, 252; LA II 9A, 28q*
II 9A. M *13* 28$_{13}$
Monadelphia Klasse XVI des Linnéschen Pflanzensystems *Linn. Syst. plant. 1779, I, XXX-XXXII u.ö.; Dietr. VI, 237*
II 9A. M *23* 41$_{18}$
Monandria Klasse I des Linnéschen Pflanzensystems *Linn. Syst. plant. 1779, I, XXX-XXXII u.ö.; Dietr. VI, 237*
II 9A. M *23* 41$_3$
Monarda Monarde *Dietr. VI, 237*
II 9B. M *51* 54$_{17}$ *55* 61$_{46}$
Monatsrose s. *Rosa damascena Krünitz 93, 205 u. Dietr. VIII, 231*
Monoecia Klasse XXI des Linnéschen Pflanzensystems *Dietr. VI, 242*
II 9A. M *23* 41$_{23}$
Monokotyledonen (Monocotyledonen) „Einkeimblättrige", im Gegensatz zu den Dikotyledonen

Vgl. Dietr. VI, 242; Juss. 25; Batsch I, 199
I 9. 108$_{24.24}$.325$_{14}$ **I 10.** 256$_{13}$.273$_{12}$. 276$_{17}$.283$_{26}$.341$_{33}$.352$_{32}$.353$_6$.356$_2$
II 9A. M *14* 30$_9$ *54* 97$_{26}$ *94* 138$_1$ *93* 138$_3$ *123* 193$_{11}$ **II 9B.** M *4* 6$_{24}$ *14* 17$_3$ *58* 67$_4$ **II 10A.** M *3.1 Anm* 31 *3.2* 36$_{61}$ *23* 82$_6$ **II 10B.** M *10* 29$_{33}$ *19.1* 49$_{30}$ *19.4* 51$_1$ *23.4* 98$_{10}$ *24.11* 118$_5$
Moos Siehe auch Musci, Laubmoos, Lebermoos
I 1, 9$_{9Z}$.59$_{29}$.60$_{19}$.80$_{25M}$.141$_{19Z}$. 156$_{19Z}$.282$_{3Z}$.363$_{37}$ **I 2,** 50$_{20M}$.213$_{31Z}$. 215$_{34}$.223$_2$.237$_{5Z}$.373$_{9M}$.374$_{28M}$ **I 8.** 55$_{10}$.248$_{16}$.254$_{21}$ **I 10,** 202$_{28}$.259$_{35}$. 321$_{28}$.330$_{16}$ **I 11,** 12$_{25}$.13$_{15}$.350$_{26}$
II 7. M *11* 21$_{351}$ (fossil) *55* 123$_{56}$
II 8A. M *45* 67$_7$ **II 8B.** M *73* 119$_{61}$. 120$_{115}$ **II 9A.** M *121* 191$_4$ **II 10A.** M *3.1 Anm* 32 *3.8* 47$_{35.37}$ **II 10B.** M *1.3* 17$_{176.178}$ *23.7* 101$_{33}$
Moraea fugax Dietr. verweist auf Iris edulis = Eßbarer Schwerdtel *Dietr. VI, 255; V, 101*
II 9A. M *60* 104$_{3-4}$ (Triand. monogyn p. 93)
Morchel Phallus *Batsch II, 624; Dietr. vgl. 119*
I 9. 323$_{20.29}$.324$_{15}$.326$_7$ **I 10.** 26$_{14}$
Morina persica Persische Morine *Dietr. VI, 257*
II 10A. M *22* 81$_{14}$
Morisonia Morisonie *Dietr. VI, 259*
II 9A. M *55* 133$_{49}$
Morus Siehe auch Maulbeerbaum *Dietr. VI, 260; LA II 9A, 4q*
II 9A. M *1* 4$_{45}$
Morus papyrifera Papiermaulbeerbaum *Dietr. VI, 262*
II 9A. M *79* 121$_{125-126}$
Mucor cespitosus Mucor = Schimmelschwamm *Vgl. Batsch II, 625, 637; Dietr. n. v.*
II 9A. M *115* 178$_{173}$
Mucor Erysiphe Lin. Mehltau. Siehe auch Erysibe und Alphitomorpha Wallroth *LA I 9, 330q*
I 9. 329$_{31}$.330$_1$

Multisiliquae Taxon: Familie bei Batsch: 28. Ordnung bei Erxleben *Batsch II, 77; Erxleben 511*
II 9A. M*43* 71₇ (Multisiliquosae)

Musa paradisiaca Gemeiner Pisang. Paradiesfeige *Dietr. VI, 270*
II 10B. M*24.17* 123₅

Musae Taxon (Familie) bei Jussieu *Juss. 68*
II 9A. M*119* 189₅₄ *120* 190₄

Musci Moose: Taxon bei Jussieu; Familie bei Batsch; 61. Ordnung bei Erxleben. Siehe auch Moos, Laubmoos, Lebermoos *Dietr. VI, 272; Juss. 13; Batsch II, 595; Erxleben 571*
II 9A. M*43* 71₂₄ *50* 86₁₃₀

Musen Siehe auch Musae
II 9A. M*121* 191₁₁

Muskatellerkraut Siehe auch Salvia Sclarea *Dietr. VIII, 478; LA II 9A, 28q*
II 9A. M*13* 28₃₀

Mutterkraut Siehe auch Matricaria *Dietr. VI, 4*
II 9A. M*1* 5₁₁₁

Myosurus Mauseschwänzchen *Dietr. VI, 290*
II 9A. M§§ 132₁₉

Myriophyllum Federkraut, Wassergarbe, Wasserfeder *Dietr. VI, 295*
II 9A. M§§ 133₅₅

Myristica Muskatennuß *Dietr. VI, 297, NV, 189*
II 9A. M*50* 87₃₈

Myrosma Pflanzengattung der Cannae-Familie bei Jussieu *Juss. 71*
II 9A. M*119* 190₆₀

Myrte (Myrthe) Siehe auch Myrtus *LA II 9A, 4q; Dietr. VI, 303*
I 10. 68₃₀.203₃₅
II 9A. M*1* 4₆₉ *86* 130₂₃ *138* 225₄₂

Myrtillus Lat. (Vok.): Heidelbeere; Wandtafel: Vaccinium; Dietr: Vaccinium (Myrtillus) = (Gemeine) Heidelbeere. Siehe auch Heidelbeere und Vaccinium *LA II 9A, 3q, 28q; Dietr. X, 317, 324*
II 7. M*1* 3₁₃₋₁₄ **II 9A.** M*1* 3₁₃

Myrtus Siehe auch Myrte *LA II 9A, 4q; Dietr. VI, 303*
II 9A. M*1* 4₆₉

Nabelkraut Lat. (Vok.): Umbilicus V.; Dietr.: Cotyledon Umbilicus = Gemeines Nabelkraut. Siehe auch Umbilicus V. *LA II 9A, 5q; Dietr. III, 364*
II 9A. M*1* 5₁₁₂

Nacht-Veyl (Nachtveilchen) s. Nachtviole, Nacht-Veyl

Nachtviole, Nacht-Veyl Lat. (Vok.): Nacht-Veyl = Viola matrona und Hesperis; Dietr.: Hesperis matronalis = Rothe Nachtviole, gemeine Matronalviole. Siehe auch Hesperis und Viola matrona *LA II 9A, 5q; Dietr. IV, 616; vgl. Krünitz 100, 316*
II 9A. M*1* 5₇₉.₁₀₅ **II 10A.** M*3.13* 57₁₅.₂₃

Nadelhölzer
I 10. 201₃₆.202₂₄.321₁₄₋₁₅
II 9A. M*27* 43₃ **II 9B.** M*55* 61₄₆. 63₁₅₄

Nägelein Lat. (Vok.): Leucojon luteum; Krünitz: Nägelein = Nelke, Caryophyllus oder Dianthus. Siehe auch Leucojon luteum *LA II 9A, 5q; Krünitz 100, 637–638*
II 9A. M*1* 5₁₀₀

Najade Naïades, Wasserpflanzen = Taxon bei Jussieu *Juss. 22*
II 9A. M*121* 191₄

Najas (Naias) Najade *Dietr. VI, 315*
II 9A. M*39* 56₁₀₂

Napaea hermaphrodita Dietr. verweist auf Sida Napaea = Virginische Sida, glatte Napaea *Dietr. VI, 317, IX, 173*
II 9A. M*137* 220₃₆

Narcissi Narzissen-Familie, Taxon bei Jussieu *Juss. 61*
II 9A. M*119* 189₃₆

Narcissus bicolor Zweifarbige Narcisse *Dietr. VI, 318*
II 9B. M*3* 5₅

Narcissus Jonquilla Jonquillen-Narcisse *Dietr. VI, 321*
II 10A. M*3.1 Anm* 33

Narcissus Poeticus Rothrandige Narcisse, weiße Dichternarcisse *Dietr. VI, 323*
II 9B, M3 5$_4$ **II 10A**, M3.5 40$_{22}$
3.9 50$_{22}$ 3.12 54$_2$ 3.13 57$_{14}$ 3.14
58$_{27}$ 3.16 60$_{22-23}$
Narcissus Pseudo-Narcissus Gemeine Narcisse, gelbe Merzblume, Merzbecher *Dietr. VI, 324*
I 10, 162$_{26}$
Nardus Gräsergattung bei Jussieu *Juss. 38*
II 9A, M119 189$_{19}$
Narthecium Grasliliengattung bei Jussieu *Juss. 53*
II 9A, M119 189$_{18}$
Narzisse Narcissus; Narcissi = Taxon bei Jussieu. Siehe auch Tazette *Dietr. VI, 317; Juss. 61*
I 9, 39$_5$.106$_{16}$ **I 10**, 63$_{25}$
II 9A, M81 123$_{18}$ M81 123$_{22}$–124$_{33}$ 82 124 115 178$_{179}$ 121 191$_{10}$ **II 9B**, M15 17$_{1,14}$
II 10A, M3.1 Anm 32
Nasturtium *Dietr.* verweist auf Sisymbrium Nasturtium = Quellenliebende Rauke, Brunnenkresse. Siehe auch Kresse *LA II 9A, 517 Erl; Dietr. IX, 258*
I 10, 41$_{31}$
II 9A, M15 32$_5$
Nastus Gräsergattung bei Jussieu *Juss. 39*
II 9A, M119 189$_{22}$
Nelke Siehe auch Dianthus sowie Federnelke, Kartäusernelke, Pechnelke und Steinnelke *Dietr. III, 592*
I 9, 45$_{1,5}$.55$_7$ **I 10**, 320$_9$.336$_{19}$
II 7, M45 78$_{411}$ **II 9A**, M22 40$_{22}$ 33 46$_6$ 53 94$_8$ 63 107$_1$ 65 110$_{1-2}$ 163 255$_{62}$ **II 10A**, M3.2 36$_{58}$ 3.13 56$_{3-4}$ **II 10B**, M23.9 103$_{11}$
- chinesische **II 10A**, M3.13 56$_5$
- durchgewachsene **I 9**, 54$_{16,18}$
  II 9A, M39 55$_{95}$ **II 10B**, M23.3 95$_{52}$.97$_{105}$ 23.9 103$_{9-10}$ 23.13 109$_{30}$
- Holländische Pikott **II 9A**, M64 109$_{4-25}$

- Monats Nelcke **II 9A**, M37 50$_1$ 36 50$_6$
- strauchartige **II 10B**, M23.9 104$_{29}$ 23.13 109$_{24}$

Nelumbium Pflanzengattung der Familie der Hydrocharides bei Jussieu *Juss. 76*
II 9A, M119 190$_{68}$
Nelumbo Nelumbium *Dietr. VI, 340*
II 9A, M88 132$_{27}$
Nepenthes Kannenträger *Dietr. N V, 231*
II 9A, M88 133$_{50}$
Nepeta Cataria Siehe auch Katzenminze, Gemeine *LA II 9A, 30q; Dietr. VI, 347*
II 9A, M13 30$_{83}$ 118 184$_{65}$
Nepeta Italica Siehe auch Katzenminze, Italienische *Dietr. VI, 350; LA II 9A, 28q*
I 10, 156$_{21}$.157$_{15}$
II 9A, M13 28$_{36}$ 118 184$_{57}$
Nephritisches Holz s. Lignum nephriticum
Nerium Siehe auch Oleander *Dietr. VI, 357*
I 9, 39$_5$
Nerium Oleander Siehe auch Oleander *Dietr. VI, 359*
I 10, 63$_{25}$
Nessel Urtica *Dietr. X, 276*
I 10, 355$_{11}$
Neuropteris Neuroptera, ausgestorbene Farnart *LA II SB, 101 Erl*
II 8B, M65 100$_{14-17}$
Nicotiana glutinosa Klebriger Taback *Dietr. VI, 365*
I 10, 164$_{23}$
Nicotiana paniculata Jungferntaback, rispenblüthiger Taback *Dietr. VI, 366*
I 10, 160$_{27}$
Nießwurz Siehe auch Helleborus *Dietr. IV, 585*
II 9A, M1 5$_{75}$
Nieswurz, Schwarzblümige Auch: Schwarzer Germer, Jungferschürze; Wandtafel: schwarzblümige weise Nieswurz. Siehe auch Ver-

atrum nigrum *LA II 9A, 30q; Dietr. X, 380*
II 9A. M *13* 30$_{82}$
Nießwurz, Stinkende Siehe auch Helleborus foetidus *LA II 9B, 68q*
II 9B. M*58* 68$_{23}$
Nießwurzel, Schwarze Siehe auch Helleborus niger *LA II 9B, 68q*
II 9B. M*58* 68$_{31}$
Nigella Nigelle. Schwarzkümmel *Dietr. VI, 370*
I 9. 39$_{17.19}$
II 9A. M*52* 92$_{3.3}$ *53* 94$_{14-15}$ *88* 132$_{33}$
Nigella damascena Wandtafel: Dasmascenischer Schwarzkümmel; Dietr.: Garten-Nigelle, Jungfer oder Braut in Haaren, Braut im Grünen. Siehe auch Schwarzkümmel, Dasmascenischer *LA II 9A, 29q; Dietr. VI, 370*
I 9. 46$_{13}$
II 9A. M*13* 29$_{47}$ *46* 78 *49* 82$_{41}$ *52* 92$_{1.15.23}$ *53* 94$_{20}$ **II 9B.** M*55* 61$_{57}$
II 10A. M*3.5* 42$_{81}$ *3.9* 50$_{41}$
Nigella hispanica Spanische Nigelle *Dietr. VI, 371*
I 10. 348$_{12}$
Nigella orientalis Morgenländ. Nigelle, gelbblühender Schwarzkümmel *Dietr. VI, 371*
I 9. 46$_{11}$
Nipa Palmengattung bei Jussieu *Juss. 44*
II 9A. M*119* 189$_{32}$
Nostoch Wohl: Erdgalle. Siehe auch Tremella Nostoc *Dietr. n.v.*
II 9A. M*115* 178$_{147}$
Nuss, Nussbaum Siehe auch Nux *LA II 9A, 4q*
I 1. 11$_{34z}$.257$_{32z}$.260$_{7z}$
II 9A. M*1* 4$_{49.69}$ *137* 220$_{48}$ **II 9B.** M*33* 35$_{171}$ (Noci) *55* 60$_{15}$
Nux Siehe auch Nuss *LA II 9A, 4q*
II 9A. M*1* 4$_{49.69}$ *19* 36$_{4}$
Nymphaea (Nymphäen) Seerose *Dietr. VI, 381*
II 9A. M*94* 138$_{4}$ *100* 150$_{45}$ **II 9B.** M*55* 62$_{84}$.63$_{133}$

Obstbäume Siehe auch Pomus
I 9. 331$_{14}$
II 2. M*9.39* 203$_{15-17}$ **II 9A.** M*84* 126$_{19}$ **II 10A.** M*3.8* 49$_{128}$ *36* 93$_{8}$
II 10B. M*24.18* 124$_{4}$
Ochroma Bleichwolle *Dietr. VI, 392*
I 10. 201$_{16}$
Ocimum (Ocymum) Siehe auch Basilienkraut *Dietr. VI, 393; LA II 9A, 28q*
II 9A. M*13* 28$_{7}$
Ocimum (Ocymum) frutescens *Dietr. n.v.*
II 9A. M*115* 180$_{243}$
Ocimum (Ocymum) peltatum *Dietr. n.v.*
II 9A. M*115* 180$_{237}$
Octandria Klasse VIII des Linnéschen Pflanzensystems *Linn. Syst. plant. 1779, I, XXX-XXXII u.ö.; Dietr. VI, 406*
II 9A. M*23* 41$_{10}$
Odermennig Siehe auch Agrimonia *Dietr. I, 166*
II 9A. M*1* 5$_{85}$
Odermennig, ofiz. [offizineller] Siehe auch Agrimonia eupatoria *LA II 9A, 29q; Dietr. I, 166*
II 9A. M*13* 29$_{58}$
Oenocarpus Bacaba In Amerika genutzte Palmenart *LA II 10A, 149q; Dietr. n.v.*
II 10A. M*69* 149$_{27}$
Oenocarpus Batana In Amerika genutzte Palmenart. Möglicherweise gemeint: Batava *LA II 10A, 149q; Dietr. n.v.*
II 10A. M*69* 149$_{27}$
Oenocarpus Batava Palmenart bei von Martius. Vgl. Dietr. VI, 630 (Palmaea) *LA I 9, 380q*
I 9. 380$_{30}$
Oenocarpus Distichus Palmenart bei von Martius. Vgl. Dietr. VI, 630 (Palmaea) *LA I 9, 380q*
I 9. 380$_{27}$
Oenothera Nachtkerze *Dietr. VI, 413*
II 9A. M*84* 127$_{47}$

PFLANZEN 489

Oenothera biennis Gemeine Nachtkerze *Dietr. VI, 414*
II 9A. M*SS* 133₈₂ **II 9B.** M*55* 61₇₂.₇₅.63₁₃₅
Oenothera fruticosa Staubige Nachtkerze *Dietr. VI, 416*
II 9A. M*84* 127₄₆
Oenothera longiflora Langblüthige Nachtkerze *Dietr. VI, 416*
I 10. 150₂₂.153₉–₁₀
Oenothera rosea Rosenrothe Nachtkerze *Dietr. VI, 420*
II 9A. M*115* 180₂₃₃
Ölbaum Siehe auch Olive und Elaeagnus *LA II 9B, 34q*
II 8A. M*74* 103₆ **II 9B.** M*33* 34₁₁₃–₁₁₆.₁₃₀–₁₃₁ M*33* 34₁₃₈–35₁₄₄
Ölbaum, schmalblättriger Siehe auch Elaeagnus angustifolia *Dietr. III, 731; LA II 9A, 28q*
II 9A. M*13* 28₁₄
Ölbaum, Wilder Siehe auch Oleaster *LA II 9A, 4q*
II 9A. M*1* 4₃₇ (Wilderoelb.)
Oleander Siehe auch Nerium Oleander *Dietr. VI, 359*
I 1. 161₆₂
Oleander nerium *s. Nerium Oleander*
Oleaster Lat. (Vok.): Wilderoelb. [aum]: Dietr.: Olea = Oelbaum. Siehe auch Olivenbaum, wilder *LA II 9A, 4q; Dietr. VI, 429*
II 9A. M*1* 4₃₇
Oleraceae Taxon: Familie bei Batsch: 41. Ordnung bei Erxleben *Batsch II, 364; Erxleben 537*
II 9A. M*43* 71₂₄
Oliva Lat. (Vok.): Olivenbaum; Dietr.: Olea europaea = Gemeiner Oelbaum, Olivenbaum *LA II 9A, 4q; Dietr. VI, 430*
II 9A. M*1* 4₄₇.₆₁
Olive, Olivenbaum Lat. (Vok.): Oliva; Dietr.: Olea europaea = Gemeiner Oelbaum, Olivenbaum. Siehe auch Oliva sowie Ölbaum und Olea *LA II 9A, 4q; Dietr. VI, 430*
I 6. 29₁₅

II 9A. M*1* 4₄₇.₆₁ **II 9B.** M*33* 33₆₉ (Olivi).34₁₃₂
Ölpalme Siehe auch Elais guineensis und melanococca *LA II 10A, 149q*
II 10A. M*69* 149₂₆
Olyra Gräsergattung bei Jussieu *Juss. 40*
II 9A. M*119* 189₂₃
Ononis Siehe auch Hauhechel *Dietr. VI, 439*
II 9A. M*1* 5₈₁
Ononis alopecuroides Fuchsschwanzartige Hauhechel *Dietr. VI, 439*
I 10. 151₆.154₃₆–₃₇
Ononis arvensis Dietr. verweist auf O. hircina = Stinkende Hauhechel, ackerliebende Hauhechel *Dietr. N V, 335; VI, 447*
II 9A. M*115* 177₁₂₂
Onopordon graecum Griech. Krebsdistel *Dietr. VI, 460*
II 10A. M*22* 81₁₃
Onopordum (Onopordon) arabicum Arabische Krebsdistel *Dietr. VI, 460*
II 9A. M*118* 186₁₁₈
Ophioglossum Natterzunge *Dietr. VI, 468*
II 9A. M*SS* 132₄₈
Ophrys Ragwurz *Dietr. VI, 472*
I 10. 72₃₂
Ophrys (Ophris) spiralis Dietrich verweist auf Neottia (spiralis) = Spiralförmige Neottie *Dietr. VI, 479; VI, 346*
I 10. 362₂₂
II 10B. M*24.11* 118₇ *24.13* 121₄ *24.18* 124₇ *24.17* 124₁₂
Ophrys (Ophris) insectifera Dietr. subsumiert unter Ophrys fusca = Braunlippige Ragwurz *Batsch II, 224; Dietr. N V, 350–351*
II 9A. M*118* 183₁₀
Ophrys (Ophris) myotis Dietr. verzeichnet Ophrys myodes = Fliegenartige Ragwurz, Insektentragende Ragwurz; im Nachtrag subsumiert unter Ophrys fusca = Braunlip-

pige Ragwurz *Dietr. VI, 476; N V, 350–351*
II 9A. M*118* 183$_{10}$
Ophrys (Ophris) ovata Dietr. verweist auf Epipactis (ovata) = Eyblättrige Sumpfwurz *Dietr. VI, 479; N III, 114*
II 9A. M*118* 183$_{9}$
Opuntia Siehe auch Cactus opuntia. Indianische Feige *LA II 9A, 5q*
II 9A. M*1* 5$_{106}$
Orange, Orangenbaum Siehe auch Pomeranze *Krünitz 105, 196*
I 9. 330$_{21}$ I 11. 30$_{22}$
II 10B. M*1,2* 4$_{6,10,19,27}$.5$_{48,82}$.6$_{102}$
Orchideae (Orchides) Orchis-Familie. Taxon bei Jussieu: Familie bei Batsch: 53. Ordnung bei Erxleben *Juss. 72; Batsch II, 220; Erxleben 558*
II 9A. M*43* 71$_{27}$ *120* 190$_{2}$ *119* 190$_{69}$
Orchideen
I 9. 118$_{29}$ I 10. 202$_{12,29}$.204$_{5}$. 317$_{20}$
Orchis Siehe auch Knabenkraut *Dietr. VI, 480*
I 10. 72$_{32}$
II 9A. M*121* 191$_{11}$ *123* 193$_{9}$
Orchis conopsea Schneckenartiges Knabenkraut, fliegenartige Orchis. Händleinblume *Dietr. VI, 484*
II 9A. M*115* 178$_{175}$ *118* 183$_{6}$
Orchis maculata Geflecktes Knabenkraut *Dietr. VI, 493*
II 9A. M*118* 183$_{7}$
Orchis militaris Kriegerisches Knabenkraut *Dietr. VI, 494*
II 9A. M*118* 183$_{5}$
Origanum Majorana Gemeiner Majoran *Dietr. VI, 515*
II 9A. M*118* 184$_{71}$
Origanum vulgare Wohlgemuth. Bergmajoran. Siehe auch Dosten. Gemeiner *LA II 9A, 29q; Dietr. VI, 518*
II 9A. M*13* 29$_{73}$ *118* 184$_{70}$
Orleans Pflanzenfarbstoff. Farben s. Mineralienregister

Ornithogalum Vogelmilch *Dietr. VI, 520*
II 9A. M*68* 111$_{3}$ *67* 111$_{4}$
Ornithogalum capense Dietrich verweist auf Eriospermum latifolium = Breitblättriger Wollensaame *Dietr. VI, 539, III, 342*
II 9A. M*88* 133$_{84}$
Ornithogalum luteum Gelbblüthige Vogelmilch. Siehe auch Vogelmilch. gelbe *Dietr. VI, 529*
II 9A. M*118* 183$_{19}$ II 9B. M*58* 67$_{8}$
Ornithogalum nutans Hängenblüthige Vogelmilch *Dietr. VI, 530*
II 9A. M*118* 183$_{20}$
Ornithogalum umbellatum Doldenblüthige Vogelmilch. Stern aus Bethlehem *Dietr. VI, 537*
I 10. 162$_{25}$
Ornus Lat. (Vok.): Heyn-Buche: Dietr.: Carpinus = Hainbuche. Weißbuche. Siehe auch Hainbuche *Dietr. II, 590*
II 9A. M*1* 4$_{31}$
Orobanche ramosa Aestige Sommerwurz *Dietr. VI, 549*
I 10. 151$_{2}$.154$_{24-25}$
Orontium Pflanzengattung der Aroideae-Familie bei Jussieu *Juss. 29*
II 9A. M*119* 188$_{5}$
Osmunda Traubenfarn *Dietr. VI, 565*
I 10. 53$_{30}$
II 9A. M*34* 48$_{1}$ *88* 132$_{47}$
Osterluzei (Osterlucey) Siehe auch Aristolochia *LA II 9A, 5q; Dietr. I, 710*
II 9A. M*1* 5$_{81}$
Oszillarien
I 10. 355$_{2}$.359$_{8}$
Othonna Lat. (Vok.): Othone = Syrisch Kraut: Dietr.: Othonna = Othonne: Dietr.: Sideritis syriaca = Syrisches Gliedkraut. Siehe auch Syrischkraut *LA II 9A, 5q; Dietr. VI, 577, IX, 195*
II 9A. M*1* 5$_{93}$ (Othone)
Otterwurz Lat. (Vok.): Serpentaria: Krünitz: Otterwurz = Natterwurz:

Dietr.: Polygonum Bistorta = Wiesen-Knöterig, Natterwurz. Siehe auch Serpentaria *LA II 9A, 5q; Krünitz 105, 701; Dietr. VII, 406*
II 9A. M*1* 5₈₃

Oxalis Lat. (Vok.): Sauerampfer = Oxalis s. Acetosa; Dietr.: Oxalis = Sauerklee; Dietr.: Rumex Acetosa = Gemeiner Ampfer, Sauerampfer. Siehe auch Sauerampfer *LA II 9A 5q; Dietr. VI, 587, VIII, 313; vgl. auch I, 59*
II 9A. M*1* 5₉₄₋₉₅ **II 9B**. M*4* 6₅
II 10A. M*3.5* 42₅₄ *3.9* 50₂₆

Oxalis corniculata Gehörnter Sauerklee *Dietr. VI, 593*
I 10. 155₁₆.164₂₀
II 9A. M*115* 177₁₂₉ *118* 184₆₀

Oxalis versicolor Bunter Sauerklee *Dietr. VI, 617*
II 10B. M*24.18* 124₁₆

Oxyacantha Lat. (Vok.): Weißdorn; Dietr.: Crataegus oxyacantha = Gemeiner Weißdorn. Siehe auch Weißdorn *LA II 9A, 4q; Dietr. III, 389*
II 9A. M*1* 4₄₄

Paeonia (**Poeonia**) Paeonie. Siehe auch Gichtrose *Dietr. VI, 625; LA II 9A, 5q*
I 4. 40₁₅ **I 8**. 191₂₉
II 9A. M*1* 5₉₄ **II 10A**. M*3.5* 40₃ *3.7* 45₂.₄ *3.9* 50₂ *3.10* 52₁₁ *3.13* 56₅ *3.14* 58₃

Paeonia officinalis Gemeine Paeonie. Pfingstrose *Dietr. VI, 626*
II 9A. M*118* 187₁₈₃

Palma, Palme Lat. (Vok.): Dattel; Dietr.: Palmaea = Palmen. Siehe auch Dattel-, Fächer-, Kohl-, Öl-, Sago-, Schirm- und Stechpalme *LA II 9A, 4q; Dietr. VI, 630; N V, 491*
I 2. 136₃₄z **I 3**. 7₂ **I 6**. 117₁.₄ **I 9**. 114₂₉.117₈.242₃.380₄.₁₈₋₁₉.₂₀₋₂₁. 380₁₋382₃₃.381₁₀.382₂₃ **I 10**. 72₁₃.₁₆.200₃₇.201₁₋₂.₂.₈.203₂₄.₂₆. 216₁₋218₃₈.217₁₈.₃₅.218₁₉.353₁
I 11. 160₂₀.₂₂

II 8A. M*37* 60₆ *69* 99₄₁ **II 9A**. M*1* 4₅₂.₅₃ *14* 31₁₆ *56* 102₇ *71* 113₇ *88* 132₂₅ *121* 191₈ **II 9B**. M*33* 37₂₁₄
II 10A. M*67* 147₂₃.₃₆.₄₃.₄₅M*69* 149–150 **II 10B**. M*10* 29₃₅ *23.3* 96₈₄

Palma Phoenix Palmengattung bei Jussieu; Dietr.: Phoenix = Dattelpalme *Juss. 43; Dietr. VII, 165; vgl. Batsch II, 238*
II 9A. M*79* 120₁₀₀ *119* 189₂₉

Palmae Taxon bei Jussieu; Familie bei Batsch: 59. Ordnung bei Erxleben (Palmengewächse) *Juss. 42; Batsch II, 236; Erxleben 568*
II 9A. M*43* 71₃ *119* 189₂₇ *120* 190₃

Pancratium Gilgen *Dietr. VI, 634*
I 10. 203₃₁

Pandanus Pandanus *Dietr. VI, 642*
II 10B. M*24.11* 118₇

Pandanus odoratissimus Wohlriechender Pandanus *Dietr. VI, 642*
I 10. 362₂₁

Panicum crus galli Hahnensporn-ähnlicher Fennich, hahnenfüßiges Fennichgras *Dietr. VI, 649*
I 10. 164₂₆

Panicum italicum Welscher Fennich, ital. Hirse, Kolbenhirse *Dietr. VI, 654*
I 10. 162₁₉

Pantoffelholz Korkeiche. Siehe auch Suber *LA II 9A, 4q; Dietr. VIII, 33; Krünitz 106, 389*
II 9A. M*1* 4₄₁ (Pantoffelholz) *137* 220₂₇ (Pantoffel Holzes)

Papaver Siehe auch Mohn *Dietr. VI, 664*
II 9B. M*55* 61₇₂₋₇₃ **II 10A**. M*3.1 Anm 33*

Papaver asiaticum Unklar; wahrscheinl. P. orientale *Dietr. n.v.*
II 9B. M*15* 17₁₅

Papaver orientale Orientalischer Mohn. Siehe auch Mohn, orientalischer *Dietr. VI, 666*
II 9A. M*49* 81₁₆ *115* 175₃₉ **II 10A**. M*3.12* 54₄₆

Papaver Rhoeas Wilder Mohn, rother Feldmohn, Klatschrosen. Siehe auch Klatschrose, Klatschmohn *Dietr. VI, 667*
II 9A. M49 81$_{13}$ 115 175$_{37}$
Papaver somniferum Garten-Mohn *Dietr. VI, 668*
I 10. 150$_{25}$.153$_{18-19}$.160$_{19}$
II 9A. M49 81$_{14}$ 115 175$_{38}$
Papierröschen Siehe auch Gnaphalium dioicum *LA II 9A, 115q*
II 9A. M74 115$_1$
Papilionaceae Taxon: 23. Ordnung bei Erxleben *Erxleben 500*
II 9A. M43 72$_{34}$
Pappel Siehe auch Populus *Dietr. VII, 452*
I 1. 258$_{7Z.34Z}$ **I 9.** 330$_{20}$ **I 10.** 358$_{28}$
Pariana Gräsergattung bei Jussieu *Juss. 40*
II 9A. M119 189$_{23}$
Parietaria officinalis Siehe auch Glaskraut, Officinelles *Dietr. VI, 673; LA II 9A, 29q*
II 9A. M13 29$_{45}$
Paris Einbeere *Dietr. VI, 674*
II 9A. M88 132$_{29}$
Paris quadrifolia Vierblättrige Einbeere *Dietr. VI, 674*
I 10. 72$_{27}$
Parnassia Parnassie *Dietr. VI, 676*
I 9. 38$_{22}$
Paspalum Gräsergattung bei Jussieu *Juss. 34*
II 9A. M119 188$_2$
Passerina, Passerine Vogelkopf *Dietr. VI, 683*
I 10. 201$_{35}$
II 10B. M8 26$_{11}$
Passiflora Siehe auch Passionsblume *Dietr. VI, 687*
I 10. 63$_{26}$.204$_6$
II 9A. M39 57$_{132}$ 112 169$_2$ 113 172$_1$ **II 10B.** M24.13 121$_{11}$
Passionsblume Siehe auch Passiflora *Dietr. VI, 687*
I 9. 38$_{29}$ **I 10.** 356$_{14}$
II 10B. M24.12 120$_9$ 24.18 124$_{11}$

Pastinaca sativa Gemeiner Pastinak *Dietr. VI, 706*
I 10. 150$_{33}$.154$_{6-7}$
II 9A. M118 187$_{156}$
Paullinia Paullinie; von Goethe als eine zu den Lianen zu rechnende Pflanzengattung erwähnt *Dietr. VI, 709; LA I 10, 202q*
I 10. 202$_{30}$.204$_{13}$
Pechnelke Siehe auch Lychnis viscaria *Dietr. V, 630; LA II 9A, 28q*
II 9A. M13 28$_6$
Pecopteris Fossiler Baumfarn *LA II 8B, 101 Erl*
II 8B. M65 100$_{19-21}$
Pelargonie Kranichschnabel; Pelargonium *Dietr. VII, 2*
II 9A. M76 116$_1$ **II 10A.** M3.1 *Anm 33*
Peloria Dietr. verweist auf Antirrhinum linaria = Gemeines Löwenmaul, Leinkraut *Dietr. VII, 70; I, 611*
I 9. 111$_{24}$
II 9B. M51 54$_{24}$
Pentandria Klasse V des Linnéschen Pflanzensystems *Linn. Syst. plant. 1779, I, XXX-XXXII u.ö.; Dietr. VII, 78*
I 10. 225$_{21}$
II 9A. M23 41$_7$
Pentapetes Pentapetes *Dietr. VII, 78*
I 9. 38$_{24}$
Pentapetes phoenicea Scharlachrothe Pentapetes *Dietr. VII, 79*
I 10. 156$_{14}$
II 9A. M115 180$_{229}$ **II 9B.** M4 5$_1$
Periploca graeca Griech. Schlinge, Indianische Rebe *Dietr. VII, 95*
II 9A. M115 174$_{22}$ **II 9B.** M55 62$_{89}$
Personatae Taxon: Familie bei Batsch; 2. Ordnung bei Erxleben *Batsch II, 448; Erxleben 460*
II 9A. M43 71$_4$
Perückenbaum Siehe auch Rhus Cotinus *Dietr. VIII, 163*
I 10. 257$_{30}$

PFLANZEN 493

Petersilie Siehe auch Apium petroselinum *Dietr. I, 626*
II 9A, M*22* 40₃₄
Petersilienkraut, Wildes Siehe auch Agrioselinum *LA II 9A, 5q*
II 9A, M*1* 5₉₀₋₉₁ (Wil. Peters. Kraut)
Peziza auricula Ohrschwamm. Judasöhrchen *Batsch II, 632*; *Dietr. n. v.*
II 9A. M*115* 177₁₄₅
Peziza lentifera Linsenschwamm *Batsch II, 632*; *Dietr. n. v.*
II 9A. M*115* 178₁₄₆
Pfeffer Piper *Dietr. VII, 254*
I 10, 25₂₅.26₂₂.32₃
II 1A. M*11* 86₈₀
Pfefferkraut Auch: Breitblättrige Kresse. Siehe auch Lepidium latifolium *LA II 9A, 29q*; *Dietr. V, 413*
II 9A. M*13* 29₇₅
Pfirsich, Pfirsichbaum Lat. (Vok.): Malus persica: Dietr.: Amygdalus Persica = Persische Mandel. Pfirschenbaum. Siehe auch Malus persica *LA II 9A, 4q*; *Dietr. I, 371*
I 10. 320₁₀
II 7. M*45* 78₄₀₅ **II 9A**. M*1* 4₄₄ *S4* 126₁₈ *S9* 135₄
Pflanzen (Urzeit)
I 2, 334₃₃₋₃₄.371₁₉M **I** 11, 237₂₂
Pflanzen, Listen
- Pflanzenliste (Gattungen, Arten: lat.) **II 9A**. M*117* 182
- Pflanzenlisten 1793 (lat.) **II 9A**. M*115* 174–180
- Systemat Pflanzenverzeichnis nach Jussieu (Gattungen, lat.) **II 9A**. M*119* 188–190
- Systemat. Pflanzenverzeichnis nach Batsch / Erxleben (Familien / Ordnungen, lat.) **II 9A**. M*43* 71–72
- Systemat. Pflanzenverzeichnis nach Jussieu (Familien, lat.) **II 9A**. M*120* 190
- Tabelle der Linnéschen 24 Pflanzenklassen (Syst. plant. 1779, I 30–32 u. ö.) **II 9A**. M*23* 41₁₋₂₆

- Verzeichnis von Pflanzenarten nach Jussieus System (lat.) **II 9A**. M*118* 183–188
- Vokabelliste des Kindes: Bäume (lat./dt.) **II 9A**. M*1* 3₂₁–4₇₁
- Vokabelliste des Kindes: Kräuter (lat./dt.) **II 9A**. M*1* 5₇₂₋₁₁₂
- Wandtafel von Goethe (lat./dt.) **II 9A**. M*13* 28–30
Pflaume, Pflaumenbaum Siehe auch Prunus *LA II 9A, 4q*; *Dietr. VII, 563*
I 9, 218₁₉.220₂.329₂₆
II 9A. M*1* 4₄₁ **II 10A**. M*3.13* 57₃₅
Pfrieme, Gemeine Wandtafel: besenförmige Pfrieme z. Heken. Siehe auch Spartium scoparium *LA II 9A, 29q*; *Dietr. IX, 396*
II 9A. M*13* 29₆₂
Phalangium Asphodelengattung bei Jussieu *Juss. 59*
II 9A. M*119* 189₃₁
Phalaris Gräsergattung bei Jussieu *Juss. 34*
II 9A. M*119* 188₁
Phalaris canariensis Kanarisches Glanzgras, Kanariensaamen *Dietr. VII, 116*
I 10. 150₂₉.153₃₃₋₃₄
Phalaris paradoxa Abgenagtes Glanzgras *Dietr. VII, 117*
I 10. 150₁₂.152₁₅₋₁₆
Phanerogamen Begriff von J.-F. B. Saint-Amans für Pflanzen mit Blüten und Samen
I 11. 160₂₃
II 8A. M*37* 60₃
Pharus Gräsergattung bei Jussieu *Juss. 39*
II 9A. M*119* 189₂₂
Phaseoli bras. Lat. (Vok.): Turckische Boh.[nen]; Dietr.: Phaseolus multiflorus = Türkische Bohne. Siehe auch Bohne, Türkische *LA II 9A, 5q*; *Dietr. VII, 130*
II 9A. M*1* 5₈₀
Phaseolus Siehe auch Bohne *Dietr. VII, 127*
II 9A. M*117* 182₈

Phaseolus vulgaris Schneidebohne *Dietr. VII, 135*
I 10, 162₁₀
Phasianus Siehe auch Fasan *LA II 9A, 6q*
Phellandrium aquaticum Gemeiner Wasserfenchel, der wasserliebende Pferdesaame. Siehe auch Wasserpferdesamen *Dietr. VII, 140*; *LA II 9A, 28q*
II 9A. M*13* 28₂₄
Philesia Gattung spargelartiger Pflanzen bei Jussieu *Juss. 47*
II 9A. M*119* 189₄₄
Phlomis nepetifolia Katzenmünzblättrige Phlomis *Dietr. VII, 155*
I 10. 150₂₁.153₆₋₇.160₁₆
Phlox Flammenblume *Dietr. VII, 159*
I 10. 348₁₀
Phormium Asphodelengattung bei Jussieu *Juss. 59*
II 9A. M*119* 189₃₃
Phormium tenax Zähe Flachslilie. Südsee-Flachs *Dietr. VII, 167*
I 10. 352₃₅–353₁
II 9B. M*60* 69₁
Phylica Phylica *Dietr. VII, 172*
II 10B. M*8* 26₁₁
Phyllago germanica *s. Filago germanica*
Phyllis nobla Schöne Phyllis *Dietr. VII, 193*
I 10, 157₂₃
Physalis Schlutte. Judenkirsche *Dietr. VII, 194*
II 9A. M*62* 106₅₂
Phyteuma spicata Aehrentragende Rapwurzel *Dietr. VII, 205*
II 9A. M*118* 185₉₃
Phytoconis purpurea Pilzart *Dietr. n. r.*
II 9B. M*47* 51₃₋₄
Picea Lat. (Vok.): Rothe-Danne: Dietr.: Pinus Abies (Syn. Pinus Picea) = Rothfichte. Siehe auch Rottanne *LA II 9A, 4q*; *Dietr. VII, 227*
II 9A. M*1* 4₃₅

Pietra fungaja Pilzstein. Überdauerungsform eines Pilzes. 1796 beschrieben von Jacquin
I 10. 205₁₋₁₅
Pikott, holländische *s. Nelke*
Pilosella Lat. (Vok.): Pilosella = Maus-Ohrlein: Dietr.: Hieracium Pilosella = Einblümiges Habichtskraut, kleines gelbes Mausöhrchen. Siehe auch Maus-Ohrlein *LA II 9A, 5q*; *Dietr. IV, 649*
II 9A. M*1* 5₇₄
Pilze Siehe auch Boletus, Fungus, Schwamm
I 9. 213₃₀.236₁₇.323₄,₁₄,₁₈,₃₈,₄₂. 324₂₀,₃₈.326₅₋₆,₁₇.331₃₁ I 10. 321₂
II 2. M 7. S 55₂₃₈ II 10B. M*1.2* 4₁₁
Pinguicula Fettkraut *Dietr. VII, 221*
II 9B. M*5* 7₈,₁₄
Pinguicula alpina Alpen-Fettkraut *Dietr. VII, 222*
I 10. 150₃₄.154₁₁₋₁₂
Pinguicula vulgaris Gemeines Fettkraut *Dietr. VII, 224*
II 9B. M*5* 7₅
Pinie Pinus Pinea *Dietr. VII, 244*
I 10. 201₃₁.335₃₅
II 9A. M*27* 43₄ *39* 57₁₃₉ *54* 99₇₀
II 10B. M*23.9* 103₃,₈,₁₇ *23.10* 105₇ *23.11* 107₃₄ *23.13* 108₁₄
- Pinienkerne I 10. 335₂₅
Pinus Fichte, Tanne, Kiefer. Siehe auch Fichte, Kiefer, Tanne *LA II 9A, 3q*; *Dietr. VII, 226*
I 6. 115₁₀ I 9. 27₅ I 10. 349₁
II 9A. M*1* 3₂₇,₄₅₆ *62* 105₂₁
Pinus abies Tannen-Fichte *Dietr. VII, 227*
II 9A. M*68* 111₁₀
Pinus Larix Lerchen-Fichte. Lerche. Siehe auch Lärche *Dietr. VII, 237*
II 9A. M*115* 179₁₈₁ *138* 225₂₆
Pinus sativa Bei Dietr. Synonym zu Pinus Pinea. Siehe auch Pinie *LA II 9A, 43G*; *Dietr. VII, 244*
II 9A. M*27* 43₄

PFLANZEN 495

Piperitae Taxon: Familie bei Batsch: 58. Ordnung bei Erxleben *Batsch II, 326; Erxleben 567*
II 9A. M43 71$_{19}$
Pirus s. *Pyrus*
Pisang Auch: Bakoves, Paradiesfeige; Musa *Dietr. VI, 269*
I 10. 25$_{14-15.14-15.17}$.28$_{27}$.37$_{31}$. 201$_{8.13}$.202$_{23}$ I 11, 160$_{22}$
II 8A. M37 60$_{6}$
Pistacia Pistacie, Mastixbaum. Siehe auch Terebinth *Dietr. VII, 300*
II 9A. M39 60$_{191(?)}$
Pisum Siehe auch Erbse *Dietr. VII, 304*
Pisum ervilia *Dietr. n.v.*
II 9A. M117 182$_{7}$
Piçaba In Amerika genutzte Palmenart, deren Blattstiele Taue liefert *LA II 10A, 149q; Dietr. n.v.*
II 10A. M69 149$_{29}$
Plantago media Mittler Wegetritt *Dietr. VII, 321*
II 9A. M118 184$_{49}$
Platane Platanus *Dietr. VII, 326*
II 9B. M55 60$_{15}$
Platterbse Siehe auch Lathyrus und Wiesen-Platterbse *Dietr. V, 330*
II 9B. M33 35$_{154}$ (Cicerchiole)
Platterbse, Tangerische Siehe auch Lathyrus tingitanus *Dietr. V, 342; LA II 9A, 28q*
II 9A. M13 28$_{32}$
Poa plana Poa = Rispengras; Dietr. verzeichnet viele Arten, aber nicht diese *Dietr. n.v.; vgl. VII, 346-363, N VI, 370-408*
II 9A. M49 82$_{47}$
Podocarpus Podocarpus *Dietr. N VI, 414*
I 10, 349$_{3}$
Poeonia s. *Paeonia (Poeonia)*
Pogonia Orchideengattung bei Jussieu *Juss. 74*
II 9A. M119 190$_{63}$
Poinciana Dietr. verweist auf Caesalpinia-Arten *Dietr. VII, 371; II, 424, 426*
II 9A. M117 182$_{12}$

Polemoniaceen Polemonia = Taxon bei Jussieu *Juss. 152*
I 10, 348$_{20}$.349$_{6}$
Polemonium album Polemonium = Sperrkraut *Dietr. n.v.; vgl. VII, 371, N VI, 423*
I 10, 158$_{12}$
Polemonium coeruleum Blaues Sperrkraut *Dietr. VII, 372*
II 9A. M118 185$_{94}$
Poliadelphia (**Polyadelphia**) Klasse XVIII des Linnéschen Pflanzensystems *Linn. Syst. plant. 1779, I, XXX-XXXII u.ö.; Dietr. VII, 379*
II 9A. M23 41$_{20}$
Poliandria (**Polyandria**) Klasse XIII des Linnéschen Pflanzensystems: Blumen mit vielen Staubfäden *Linn. Syst. plant. 1779, I 30-32; Dietr. VII, 379*
I 9. 76$_{13}$
II 9A. M23 41$_{15}$ II 10B. M11.2 34$_{6}$
Pollia Grasliliengattung bei Jussieu *Juss. 51*
II 9A. M119 189$_{56}$
Polianthes (**Polyanthes**) Narzissengattung bei Jussieu *Juss. 63*
II 9A. M119 189$_{40}$
Polygala Polygala, Kreuzblume *Dietr. VII, 382*
I 9, 40$_{7}$
II 9A. M88 133$_{77}$
Polygamia Klasse XXIII des Linnéschen Pflanzensystems *Linn. Syst. plant. 1779, I, XXX-XXXII u.ö.; Dietr. VII, 403*
II 9A. M23 41$_{25}$
Polygonum Knöterig *Dietr. VII, 403*
II 9A. M115 179$_{207}$ II 10A. M3.1 *Anm 31*
Polygonum aviculare Vogel-Knöterig *Dietr. VII, 405*
II 9A. M115 177$_{112}$
Polygonum Bistorta Wiesen-Knöterig, Natterwurz, Schlangenwurz *Dietr. VII, 406*
II 9A. M118 184$_{42}$

Polygonum Convolvulus Windender Knöterig *Dietr. VII, 407*
II 9A. M *115* 177₁₁₁.₁₃₉
Polygonum Fagopyrum Buchweizen-Knöterig, gemeiner Buchweizen *Dietr. VII, 409*
II 9A. M *49* 82₄₈
Polygonum Hydropiper Scharfer Knöterig. Wasserpfeffer *Dietr. VII, 412*
II 9A. M *118* 184₄₆
Polygonum orientale Tabacksblättriger Knöterig, der große morgenländische Knöterig. Siehe auch Wegetritt, Orientalischer *LA II 9A, 30q; Dietr. VII, 414*
I 10. 160₂₃
II 9A. M *13* 30₈₁ *118* 184₄₅
Polygonum Persicaria Gemeiner Knöterig. Flöhknöterig. Siehe auch Flöhkraut *LA II 9A, 29q; Dietr. VII, 415*
II 9A. M *13* 29₆₇
Polygonum tataricum Tatarischer Knöterig, tatarischer Buchweizen *Dietr. VII, 417*
I 10. 160₃₀ (Tartaricum).
162₆ (Tartaricum)
Polykotyledonen Vgl. Kotyledonen *Vgl. Batsch I, 199*
II 9A. M *14* 31₁₀ *19* 36₂₆
Polypodium Tüpfelfarrn. Engelsüß *Dietr. VII, 421*
II 8A. M *37* 60₅ II 10A. M *8* 67₁₃
Polytrichum commune Gemeiner Wiederthon, gemeines Haarmoos, Goldhaar *Dietr. VII, 442*
II 9A. M *122 Anm* 193
Poma Siehe auch Obstbäume
II 9A. M *19* 36₂₀
Pomeranze Lat. (Vok.): Malus aurea; Dietr.: Citrus Aurantium = Pomeranze. Siehe auch Malus aurea und Orange *LA II 9A, 4q; Dietr. III, 149; Krünitz 105, 196*
I 1. 140₂₁z
II 9A. M *7* 4₆₄ II 10A. M *3. 13* 57₃₈
Pomiferae, Pomaceae Kernobst: Taxon: Familie bei Batsch: 26. Ordnung bei Erxleben *Batsch II, 11; Erxleben 508*
II 9A. M *43* 71₃
Pommereulla (**Pommereullia**) Gräsergattung bei Jussieu *Juss. 39*
II 9A. M *119* 189₂₅
Pontederia Narzissengattung bei Jussieu *Juss. 63*
II 9A. M *119* 189₃₉
Populus Lat. (Vok.): Aspen: Dietr.: Pappel. Siehe auch Espe. Pappel *LA II 9A, 3q; Dietr. VII, 452*
II 9A. M *1* 3₂₂.₄₄₆
Populus alba Weiße Pappel *Dietr. VII, 452*
II 9A. M *122* 192₁₃
Populus tremula Zitternde Pappel, gemeine Espe, Aspenbaum. Siehe auch Espe *Dietr. VII, 460*
II 9A. M *122* 192₁₂ II 9B. M *58* 68₄₃
Porleria Dietr. verzeichnet im Nachtragsband Porliera, eine Pflanze aus Peru, ohne Übers. *Dietr. N VI, 474*
I 10. 201₂₇
Porrum Siehe auch Allium. Lauch *Dietr. VII, 461 (Syn. zu Allium)*
I 6. 119₃₂
II 9A. M *88* 132₄₃
Portulaca (**Portulacca**) **pallens** Portulaca = Portulac *Dietr. n.r.; vgl. VII, 464*
II 9A. M *115* 180₂₃₉
Portulaca patens Portulaca = Portulac *Dietr. n.r.; vgl. VII, 464*
I 10. 150₁₄.152₂₅₋₂₆
Potentilla fruticosa Strauchartiges Fingerkraut *Dietr. VII, 477*
II 9A. M *49* 81₂₆ *115* 175₂₇
Potentilla anserina Gänserich-Fingerkraut. Siehe auch Gänserich (Gänserig) *Dietr. VII, 474*
II 9A. M *115* 175₂₈
Potentilla argentea Silberblättriges Fingerkraut *Dietr. VII, 474*
II 9A. M *115* 175₃₁
Potentilla reptans Gemeines Fingerkraut *Dietr. VII, 483*
II 9A. M *115* 175₂₉

Potentilla verna Frühlings-Fingerkraut *Dietr. VII, 486*
II 9A, M *115* 175₃₀ *122* 192₂₅
Pothos Pothos *Dietr. VII, 490*
I 10, 202₂₉₋₃₀.204₄
II 10A, M *3.1 Anm* 31 **II 10B**, M *24.11* 118₉
Pothos capreolata *Dietr. n.r.*
II 9B, M *60* 69₃
Pothos crassinervia Dicknerviger Pothos *Dietr. VII, 491*
II 9B, M *60* 69₂
Preciae Taxon: 36. Ordnung bei Erxleben *Erxleben 528*
II 9A, M *43* 72₃₆
Preißelbeere *Dietr.*: Vaccinium Vitis idaea = gemeine Preuselbeere *Dietr. X, 328*
II 10A, M *3.13* 57₃₃
Prenante Japanischer Hasenlattig. Siehe auch Prenantes japonica *Dietr. VII, 499; LA II 9A, 28q*
II 9A, M *13* 28₁₅
Prenanthes japonica Japanischer Hasenlattig. Siehe auch Prenante *Dietr. VII, 499; LA II 9A, 28q*
II 9A, M *13* 28₁₅
Priapolit Wahrscheinlich Schwamm *LA II 7, 60 Erl.*
II 7, M *37* 60₉
Primel Schlüsselblume; Primula. Siehe auch Aurikel, Primula Auricula, P. veris und Schlüsselblume *Dietr. VII, 506*
II 9A, M *79* 119₅₅,₅₇ *81* 123₁₋₁₇.₂₀ *88* 132₃₅
Primula Auricula Aurikel Primel, Aurikel *Dietr. VII, 506*
II 9A, M *122* 192₃₅ **II 10A**, M *3.2* 36₃₉₋₄₀
Primula veris Frühlings Primel, gemeine Schlüsselblume. Siehe auch Schlüsselblume *Dietr. VII, 514*
II 9A, M *118* 185₈₀ **II 10A**, M *3.1 Anm* 32
Primulae Taxon: Familie bei Batsch *Batsch II, 499*
II 9A, M *43* 71₁₀

Proserpinaca Pflanzengattung der Familie der Hydrocharides bei Jussieu *Juss. 77*
II 9A, M *119* 190₆₉
Proteen Proteae = Taxon bei Jussieu: *Dietr.* verzeichnet Protea = Silberbaum, Silberfichte, mit einer Vielzahl von Arten *Juss. 87; Dietr. VII, 525–560, N VI, 554–576*
I 10, 203₃₄
II 9B, M *62 Anm* 70
Protococcus kermesinus Agardh Rundliches Schleimbläschen, Schnee rot färbend *LA II 10B, 13q*
II 10B, M *1.3* 13₅₆
Prunus Lat. (Vok.): Pflaumbaum: *Dietr.*: Prunus = Pflaume, Kirsche. Siehe auch Pflaume, Pflaumenbaum *LA II 9A, 4q; Dietr. VII, 563*
II 9A, M *1* 4₄₁
Prunus Lauro-Cerasus Lorbeerblättriger Kirschbaum, Kirschlorbeerbaum *Dietr. VII, 589*
II 9A, M *52* 93₄₁
Prunus sylvestris Lat. (Vok.): Schledorn: *Dietr.*: Prunus spinosa = Schlehendorn. Siehe auch Schlehdorn *LA II 9A, 4q; Dietr. VII, 597*
II 9A, M *1* 4₅₅₋₅₆
Psellium heterophillum (Pselium heterophyllum) *Dietr. n.r.*
II 10A, M *34* 92₂
Psoralea bituminosa Harzige Psoralea, gemeiner Harzklee *Dietr. VII, 608*
II 9A, M *112* 170₄₈
Pteris Saumfarrn, Flügelfarrn *Dietr. VII, 634*
II 10A, M *8* 67₁₃
Pteris serrulata Feingesägter Saumfarrn *Dietr. VII, 642*
II 10A, M *22* 81₇
Pulmonaria maculata Geflecktes Lungenkraut *Dietr. VII, 657*
II 9A, M *115* 177₁₃₇
Pulmonaria officinalis Gemeines Lungenkraut *Dietr. VII, 658*
II 9A, M *118* 184₅₅

Pulmonaria virginica Virginisches Lungenkraut *Dietr. VII, 659*
II 10A. M*3.6* 45₄

Putamineae Taxon: 31. Ordnung bei Erxleben *Erxleben 517*
II 9A. M*43* 72₃₂

Puya Ananasgattung bei Jussieu *Juss. 56*
II 9A. M*119* 189₂₆

Pyrethrum Lat. (Vok.): Bertram: Dietr: Bertramwurz *LA II 9A, 5q; Dietr. VII, 666*
II 9A. M*1* 5₉₈

Pyrola Siehe auch Wintergrün *Dietr. VII, 673*
II 9A. M*1* 5₁₀₇

Pyrola rotundifolia Rundblättriges Wintergrün *Dietr. VII, 674*
II 9A. M*118* 185₉₅ *122* 192₂₅

Pyrus Lat. (Vok.): Birn-Baum = Pirus: Dietr.: Pyrus = Birne, Apfel, Quitte: Pyrus communis = Gemeine Birne, Birnbaum. Siehe auch Birne *LA II 9A, 4q; Dietr. VII, 676, 680*
II 9A. M*1* 4₃₉ (Pirus) *50* 88₂₁₂

Quassia, Lignum quassiae Quassie, Quassia Linn.: das Holz wurde als Heilmittel verwendet *Batsch II, 136 u. 145; Krünitz*
I 8. 197₇.₂₂

Quecken Triticum repens *Dietr. X, 205*
I 10. 26₄

Quercus Siehe auch Eiche *LA II 9A, 3q; Dietr. VIII, 6*
II 9A. M*1* 3₂₆.₄₄₇

Quercus carolina *Dietr. n.v.*
II 9A. M*52* 93₃₉

Quirlblumen Pflanzen, deren Blüthen in einem Quirle stehen *Krünitz; vgl. Dietr. X, 445*
II 10A. M*3.2* 36₅₄

Quitte Lat. (Vok.): Malus cydonia: Dietr.: Pyrus Cydonia. Siehe auch Pyrus, Malus cydonia *LA II 9A, 4q; Dietr. VII, 705*
II 9A. M*1* 4₅₀

Rachen- und Maskenblumen Rachenblumen sind Blumen mit einer bestimmten, einem aufgesperrten Rachen ähnelnden Blütenform: mit Maskenblume könnte die Gattung Mimulus (Gauklerblume) gemeint sein *Krünitz 120, 271; GWB 5, 1478*
I 10. 329₈
II 10B. M*23.6* 100₂ *23.7* 101₂₃

Rade (im Korn) Vermutl. Kornrade s. Kornrade

Radiatae Taxon: Familie bei Batsch *Batsch II, 563*
II 9A. M*43* 71₂₂

Radieschen, Radisen Dietr. verzeichnet Radießchen verschiedener Formen unter Raphanus sativus *Dietr. VIII, 79–80*
I 10. 146₁₁.149₁₆
II 9A. M*16* 33₉.₁₁ *115* 179₁₈₄ *138* 225₂₈ II 10A. M*3.5* 42₄₉ *3.9* 50₃ *3.15* 59₁₁

Rafflesia *Dietr. n.v.; Batsch n.v.*
I 9. 325₁₇ I 10. 308₂₇

Raiz preta Bei Eschwege identisch mit der Ipecacuaha medicinalis. Siehe auch Brechwurzel. Ipecacuanha und Cephaelis Ipecacuanha *LA I 10, 225q*
I 10. 225₇.₁₈.₂₆

Rajania Gattung spargelartiger Pflanzen bei Jussieu *Juss. 49*
II 9A. M*119* 189₄₈

Ranunculaceae Vielschottige Gewächse, Taxon bei Jussieu: Dietr.: Ranunculus = Hahnenfuß *Juss. 256; Dietr. VIII, 44*
II 9A. M*120* 190₁₃ II 9B. M*58* 68₁₇ II 10A. M*3.2* 36₆₈–₆₉

Ranunculus acris Scharfer Ranunkel, der scharfe Hahnenfuß *Dietr. VIII, 45*
I 10. 158₁₅
II 10A. M*3.5* 40₁₁.₂₀ *3.9* 50₁₈.₂₄ *3.14* 58₂₃

- gelbe II 10A. M*3.14* 58₁₅

Ranunculus aquaticus Wasserhahnenfuß: Dietr. verweist auf Ranunculus heterophyllus *Dietr. N VII, 96; VIII, 59*
I 9. 29₂₆
II 9A. M*54* 98₄₉ II 10B. M*10* 29₃₄

PFLANZEN

Ranunculus asiaticus Garten-Ranunkel *Dietr. VIII, 47*
I 9, 44₁
Ranunculus bulbiferus Dietr. verzeichnet R. bulbosus = Knolliger Ranunkel, knolliger Hahnenfuß *Dietr. n.v.; VIII, 51*
II 9A, M*115* 187₁₇₅
Ranunculus bulbosus Knolliger Ranunkel, der knollige Hahnenfuß *Dietr. VIII, 51*
II 9A, M*54* 98₅₃
Ranunculus Ficaria Feigwarzen-Ranunkel, Scharbockskraut *Dietr. VIII, 54*
II 9A, M*49* 82₃₇ II 10A, M*3.1* Anm 33
Ranunculus fluviatilis Fluß-Ranunkel, der flußliebende Hahnenfuß *Dietr. VIII, 57*
I 10, 290₂₄
Ranunculus gramineus Grasblättriger Ranunkel, grasblättriger Hahnenfuß *Dietr. VIII, 58*
II 10B, M*10* 29₁₅
Ranunculus parvulus Kleiner Ranunkel *Dietr. VIII, 66*
II 9A, M*115* 187₁₇₄
Ranunculus repens Kriechender Ranunkel, der gemeine kriechende Hahnenfuß *Dietr. VIII, 69*
II 9A, M*54* 98₅₃
Ranunkel Ranunculus *Dietr. VIII, 44*
I 10, 320₈₋₉
II 9A, M*22* 39₃, 40₁₈
Rapatea Grasliliengattung bei Jussieu *Juss. 51*
II 9A, M*119* 189₅₄
Raphanus sativus Rüben-Rettig, zahmer Rettig, gebauter Rettig; hierunter verzeichnet Dietr. auch Radieschen mit verschiedenen Formen. Siehe auch Radieschen und Rettich *Dietr. VIII, 79*
I 10, 155₁₂
Ravenala Pflanzengattung der Musae-Familie bei Jussieu *Juss. 69*
II 9A, M*119* 189₅₆

Reifbirken Birken, die zur Herstellung von Reifstäben verwendet werden, z.B. für Bierfässer *Krünitz 5, 344; LA I 10, 363q*
I 10, 363₂₇
Reine Claude Edel-Pflaume
I 9, 216₂₂, 218₁₄
Reis Oryza *Dietr. VI, 560*
II 9A, M*16* 33₁₃
Remirea Gräsergattung bei Jussieu *Juss. 39*
II 9A, M*119* 189₂₆
Reseda Resede *Dietr. VIII, 93*
II 9A, M*100* 148₁₋₄
Reseda odorata Wohlriechende Resede, gemeine Gartenresede *Dietr. VIII, 97*
I 10, 160₁₅
Restio Grasliliengattung bei Jussieu *Juss. 50*
II 9A, M*119* 189₅₁
Rettich (Rettig) Raphanus. Siehe auch Radieschen *Dietr. VIII, 76; vgl. 79–80*
- Lange Rettich II 9A, M*115* 180₂₀₈
Rhabarber Rheum *Dietr. VIII, 120*
II 10A, M*3.2* 35₁₄₋₁₅
Rhamnus Alaternus Immergrüner Wegdorn *Dietr. VIII, 106*
II 9A, M*52* 93₄₀
Rhamnus cartharticus Gemeiner Wegdorn, Kreuzdorn *Dietr. VIII, 108*
II 4, M*47* 59
Rhamnus Poliurus (Paliurus) Dietr. verzeichnet Rhamnus Paliurus und verweist auf Zizyphus Paliurus = Geflügelter Judendorn *Dietr. VIII, 118; X, 615*
II 9A, M*39* 57₁₃₂
Rheum rhabarbarum Dietr. subsumiert unter Rheum undulatum = Krausblättriger Rhabarber *Dietr. VIII, 123*
II 9A, M*115* 184₄₃
Rhinanthus crista galli Gemeiner Klappertopf, behaarter Hahnenkamm, Klapperkraut *Dietr. VIII, 137*
II 9A, M*49* 82₃₄, 115 175₃₃

Rhizomorpha, Rhizomorphe Gattung von Schwämmen *Dietr. VIII, 142*
- leuchtende **II 10B**. M *1.3* 17$_{165,174}$
Rhododendron Alpbalsam. Rosenbaum. Schneerose *Dietr. VIII, 148*
II 10B. M *21.9* 68$_{12}$
Rhododendron ferrugineum Rostfarbiger Alpbalsam. rostfarbener Rosenbaum *Dietr. VIII, 151*
II 10A. M 8 67$_6$
Rhododendron hirsutum Gefranzter Alpbalsam. behaarter Rosenbaum *Dietr. VIII, 152*
II 10A. M 8 67$_7$
Rhoeadeae Taxon: Familie bei Batsch: 29. Ordnung bei Erxleben *Batsch II, 154; Erxleben 513*
II 9A. M *43* 71$_{21}$
Rhus coriaria Gerber Sumach. Schmack. Färberbaum *Dietr. VIII, 161*
II 9A. M *115* 174$_{13}$
Rhus cotinus Siehe auch Perückenbaum *Dietr. VIII, 163*
I 10. 257$_{16}$–258$_5$
Rhus glabra Unbehaarter Sumach. der glatte nordamerik. Essigbaum *Dietr. VIII, 167*
II 9A. M *115* 174$_{14}$
Rhus succedaneum Japan. Sumach. Lackbaum *Dietr. VIII, 173*
II 9B. M *61* 70$_3$
Rhus Toxicodendron *Dietr.* verweist auf Rhus radicans = Wurzelnder Sumach. Gift-Sumach. Giftbaum *Dietr. VIII, 170*
II 9A. M *115* 174$_{16}$
Rhus Vernix Werniß Sumach. Giftesche. Firnißbaum *Dietr. VIII, 175*
II 9A. M *115* 174$_{15}$
Rhytidolepis Fossiler Siegelbaum *LA II 8B, 101 Erl*
II 8B. M *65* 100$_{23-26}$
Ribes Siehe auch Johannisbeere. Stachelbeere *LA II 9A, 4q; Dietr. VIII, 177*
II 9A. M *1* 4$_{54}$

Riccia Riccie. Riccisches Aftermoos *Dietr. VIII, 186*
II 9A. M *50* 86$_{124}$
Ricinus Wunderbaum *Dietr. VIII, 189*
I 8. 216$_{33}$
II 9A. M *15* 32$_{13}$ 28 43$_4$ 48 80$_4$
Ricinus communis Gemeiner Wunderbaum. Große Purgierkörner. Brechkörner *Dietr. VIII, 190*
I 10. 150$_{20}$.153$_{3-4}$.273$_{24}$
Riedgras Auch: Segge. Siehe auch Carex *Dietr. II, 558; LA II 9A, 2Sq*
II 9A. M *13* 28$_2$
Ringelblume Siehe auch Calendula *LA II 9A, 5q, 2Sq; Dietr. II, 439*
I 6. 117$_{21}$.119$_{26}$
II 9A. M *1* 5$_{84}$ *13* 28$_{34}$ 138 225$_{19}$ (Souci) **II 10A**. M *3.13* 57$_{14}$
Ripogonum Gattung spargelartiger Pflanzen bei Jussieu *Juss. 47*
II 9A. M *119* 189$_{41}$
Rittersporn Lat. (Vok.): Consolida regal[is]: *Dietr.*: Delphinium Consolida = Feldrittersporn. Siehe auch Consolida regalis. Delphinium *LA II 9A, 5q; Dietr. III, 581*
II 9A. M *1* 5$_{87}$ *53* 94$_{22}$
Rivina brasiliensis Brasilianische Rivine *Dietr. VIII, 196*
II 9A. M *115* 180$_{223}$
Robinia inermis Variation der Robinia Pseudacacia = Gemeine Robinie. unächter Acacienbaum. virginischer Schotendorn *Dietr. N VII, 209, VIII, 204*
II 9B. M *66* 72$_1$
Robur Lat. (Vok.): Steineiche: *Dietr.*: Quercus Robur = Steineiche. Siehe auch Steineiche *LA II 9A, 4q; Dietr. VIII, 30*
II 9A. M *1* 4$_{42}$
Roggen Siehe auch Secale *Dietr. IX, 35*
I 10. 25$_{23}$.26$_{20}$
II 7. M *45* 79$_{452}$ **II 9B**. M *33* 35$_{147}$ (Segala)
Rohr Arundo *Dietr. I, 749*
I 10. 51$_{36}$
II 9A. M *39* 56$_{118}$ *121* 191$_{9(?)}$

Römischer Kohl Kohl = Brassica *Dietr. n.v.; vgl. II, 272*
II 9A. M115 180$_{209}$
Rosa Siehe auch Rose *LA II 9A, 4q; Dietr. VIII, 222*
II 9A. M1 4$_{53.70}$
Rosa acyphylla *Dietr. N VII, 234*
I 9. 305$_4$
Rosa alpina Alpen-Rose *Dietr. VIII, 224*
I 9. 305$_2$
Rosa arvensis Feld-Rose, kriechende Rose *Dietr. VIII, 225*
I 9. 305$_2$
Rosa canina Hecken-Rose, Hahnbutten, Hundsrose *Dietr. VIII, 226*
I 9. 296$_{31}$.304$_{38}$.305$_3$
II 9B. M33 37$_{236}$
Rosa centifolia Garten-Rose. Siehe auch Centifolie *Dietr. VIII, 228*
I 10. 157$_{26}$
II 10A. M3.5 42$_{58}$
Rosa cinamomea Zimmt-Rose, Mairose *Dietr. VIII, 230*
I 9. 305$_{1-2}$
Rosa collina Hügel-Rose *Dietr. VIII, 230*
I 9. 305$_4$
Rosa damascena Damascener-Rose, Monaths-Rose *Dietr. VIII, 231*
I 5. 187$_{21}$
II 9B. M55 64$_{160}$
Rosa dumetorum Hecken-Rose *Dietr. N VII, 242*
I 9. 305$_4$
Rosa glaucescens *Dietr. n.v.*
I 9. 305$_{3-4}$
Rosa pimpinellifolia Die stachlige Rose, die kleine Pimpinellrose *Dietr. VIII, 244*
II 9A. M115 176$_{96}$
Rosa rubiginosa Weinrose *Dietr. VIII, 246*
I 9. 305$_{2.2}$
Rosa salicina "Weidenrose, der Auswuchs, welcher sich aus den Blattknospen mehrerer Weidenarten, durch den Stich des Cynips salicis L. entwickelt; er hat gewöhnlich die Gestalt einer Rose oder Nelke und ist von rother Farbe". Siehe auch Weidenrose *Krünitz 236,70*
II 9A. M68 111$_9$
Rosaceae (Rosaceen) Rosengewächse; Taxon bei Jussieu *Juss. 370*
II 10A. M3.2 36$_{70}$
Rose Siehe auch Rosa *LA II 9A, 4q; Dietr. VIII, 222*
I 3. 7$_{36}$.54$_{30M}$.272$_{12M}$.276$_{15M}$ **I 4**. 55$_{6.25}$.187$_{15}$.189$_{18.20}$ **I 6**. 29$_{9-10}$. 53$_{30}$.116$_{23.36.39}$.228$_8$ **I 9**. 36$_{29}$. 54$_{8.14}$.55$_4$.111$_{13}$.213$_{10}$.245$_{17}$.296$_{29}$
I 10. 317$_{18}$
II 5B. M72 209$_{18}$ **II 9A**. M1 4$_{53.70}$ 22 40$_{21}$ 53 94$_{6.18.29}$ 56 102$_8$ 78 117$_1$ 79 119$_{70}$.120$_{113}$.121$_{116}$ 86 130$_4$ 88 132$_{39}$ 137 221$_{68}$ **II 10A**. M3.2 36$_{70}$ 3.5 40$_{30.32.40}$ 3.9 50$_{4.10.17}$ 3.12 54$_{25.26-27.47}$ 3.13 56$_{10}$ 3.14 58$_9$.17 3.16 60$_{21.25.30}$ **II 10B**. M11.2 34$_4$ 25.1 131$_{103}$
- durchgewachsene **I 9**. 53$_{23.26}$.111$_{12}$
I 10. 60$_{16}$.353$_{29-30}$ **II 9A**. M56 102$_9$ 79 119$_{74}$ **II 9B**. M55 64$_{161-178}$
II 10B. M24.11 118$_{22}$–119$_{23}$
Roßkastanie Siehe auch Esculus Hippocastanum *Dietr. I, 138*
I 8. 197$_{35-36}$ **I 10**. 68$_{11-12}$
Rosmarin Rosmarinus *Dietr. VIII, 256*
I 6. 401$_{14}$
Rospolei Wandtafel: Stachys anthryscus mit unvollständiger deutscher Bezeichnung: Dietr.: Stachys = Ziest, Roßpoley *LA II 9A, 29q; Dietr. IX, 442*
II 9A. M13 29$_{55}$
Rospolei, Teutscher Dietr.: Deutscher Roßpoley. Siehe auch Stachys germanica *Dietr. IX, 447; LA II 9A, 28q*
II 9A. M13 28$_{19}$
Rostratae Schnabelfrüchte; Taxon: Familie bei Batsch *Batsch II, 100*
II 9A. M43 71$_{10}$
Rotaceae Taxon: 37. Ordnung bei Erxleben *Erxleben 530*
II 9A. M43 72$_{35}$

Rothopfen s. *Hopfen*
Rottanne Auch: Rotfichte. Siehe auch Picea *LA II 9A, 4q; Dietr. VII, 227*
II 9A. M *1* 4₃₅ (Rothe-Danne)
Rottboella scabra Rottboella statt Rottboellia bei Trinius *Dietr. n.r.*
II 10B. M *1.2* 9₂₀₀₋₂₀₁
Rottbollia (Rottboellia) Gräsergattung bei Jussieu *Juss. 36 (Rotbollia)*
II 9A. M *119* 188₁₄
Rüben Krünitz verweist für rote Rüben auf Mangold *Vgl. Krünitz 83, 607*
I 1. 260₁₂₇ **I 10.** 146₉.149₇₋₈.256₁₉. 259₂₆₍?₎.260₂₋₁₁
II 9A. M *14* 31₁₂ 93 138₃ *137* 220₂₀ **II 9B.** M *2* 4 **II 10A.** M *3.13* 57₃₉ *3.15* 59₆
Rubus Vokalbelliste: Brombeere: *Dietr.*: Himbeere. Brombeere. Siehe auch Brombeere *LA II 9A, 4q; Dietr. VIII, 272*
II 9A. M *1* 4₅₈
Rubus fruticosus Strauchartige Brombeere *Dietr. VIII, 276*
II 9A. M *116* 182₈
Rubus idaeus Gemeine Himbeere. Siehe auch Himbeere *LA II 9A, 4q; Dietr. VIII, 278*
II 9A. M *1* 4₆₆
Rubus odoratus Wohlriechende Himbeere *Dietr. VIII, 281*
II 9A. M *49* 81₃₁
Rudbeckia laciniata Schlitzblättrige Rudbeckie *Dietr. VIII, 289*
II 9A. M *118* 186₁₃₃
Rudbeckia purpurea Purpurrothe Rudbeckie *Dietr. VIII, 290*
II 10A. M *3.1 Anm* 33
Rudbeckia triloba Dreilappige Rudbeckie *Dietr. VIII, 291*
II 9A. M *115* 177₁₃₆
Ruhrpflanze, Getrennte Siehe auch Gnaphalium dioicum *LA II 9A, 30q; Dietr. IV, 414*
II 9A. M *13* 30₈₅
Rumex Ampfer *Dietr. VIII, 312*
II 9A. M *79* 121₁₃₅ **II 9B.** M *55* 62₉₃ **II 10A.** M *3.1 Anm* 31

Rumex acetosa Gemeiner Ampfer. wiesenliebender Sauerampfer *Dietr. VIII, 313*
II 9A. M *115* 175₄₇
Rumex Acetosella Kleiner Ampfer. Schafampfer. kleiner ackerliebender Sauerampfer *Dietr. VIII, 314*
I 10. 157₃₃
II 9A. M *115* 175₄₈
Rumex acutus Spitzblättriger Ampfer *Dietr. VIII, 314*
II 9A. M *115* 175₄₃
Rumex alpinus Alpenliebender Ampfer. großblättriger Alpenampfer *Dietr. VIII, 315*
II 9A. M *115* 175₄₆
Rumex aquaticus Wasserampfer *Dietr. VIII, 316*
II 9A. M *115* 175₄₄
Rumex bucephalophorus Ochsenkopffrüchtiger Ampfer *Dietr. VIII, 317*
I 10. 155₅
Rumex crispus Krauser Ampfer *Dietr. VIII, 318*
II 9A. M *115* 175₄₂ *118* 184₃₇
Rumex lapatum Wandtafel: x ___ Ampfer: *Dietr.*: Rumex = Ampfer: *Dietr.* verweist von Lapathum auf Rumex. Siehe auch Ampfer *LA II 9A, 29q; Dietr. VIII, 312; V, 310*
II 9A. M *13* 29₄₁
Rumex Patientia Gemüse-Ampfer. gelinder Gartenampfer *Dietr. VIII, 323*
II 9A. M *115* 175₄₀
Rumex sanguineus Blutartiger Ampfer *Dietr. VIII, 324*
II 9A. M *115* 175₄₁ *118* 184₃₈
Rumex Scutatus Grauer Ampfer. der schildförmige Sauerampfer *Dietr. VIII, 325*
II 9A. M *115* 175₄₅
Runkelrüben *Vgl. Krünitz 83, 619*
I 10. 149₁₃.260₁₋₁₁
Ruscus Mäusedorn *Dietr. VIII, 330*
I 9. 45₁₇
Ruscus aculeatus Stachliger Mäusedorn *Dietr. VIII, 331*
II 9A. M *118* 183₃₀ *122* 192₂₃

PFLANZEN 503

Ruscus Hypophyllum Großblättriger Mäusedorn *Dietr. VIII, 332*
  II 9A. M122 192$_{24}$
Rüster Ulme *Krünitz 129, 68*
  I 9. 47$_{22}$
Ruta graveolens Gemeine Raute, Weinraute *Dietr. VIII, 336*
  II 9A. M118 187$_{160}$
Ruta muraria Lat. (Vok.): Maurauten; Dietr. verweist auf Asplenium Ruta muraria. Siehe auch Mauerraute, Asplenium Ruta muraria *LA II 9A, 5q; Dietr. I, 815*
  II 9A. M1 5$_{75}$
Sabina Lat. (Vok.): Sebenbaum; Dietr. verweist auf Juniperus Sabina = Sevenbaum. Siehe auch Sebenbaum *LA II 9A, 4q; Dietr. VIII, 347; V, 177*
  II 9A. M1 4$_{65}$
Saccharum Gräsergattung bei Jussieu *Juss. 34*
  II 9A. M119 188$_{4}$
Saflor (**Safflor**) Carthamus. Siehe auch Carthamus tinctorius *Dietr. II, 594, 597*
  I 3. 378$_{9M}$.432$_{15}$ I 4. 165$_{3}$ I 11. 101$_{7}$
  II 5B. M6 21$_{57}$
Safran Siehe auch Crocus *Dietr. III, 409*
  II 5B. M45 163$_{62}$
Sago-Palme Cycas *Dietr. III, 471; Batsch II, 242*
  I 9. 212$_{23-27}$
Sagus Rumphii Sagupalme, Moluckische Zapfenpalme *Dietr. VIII, 361*
  II 10A. M69 150$_{31}$
Sagus taedigera Sagus = Zapfenpalme *Dietr. n.v.; vgl. VIII, 361*
  I 9. 381$_{17}$
Salat Siehe auch Lactuca *Dietr. V, 276*
  II 9A. M14 31$_{12}$ II 10A. M3.2 36$_{67}$
Salat, Krauser Lactuca crispa *Dietr. V, 277*
  II 9A. M138 226$_{58}$

Salix Siehe auch Weide *LA II 9A, 3q; Dietr. VIII, 371*
  I 6. 112$_{39}$.113$_{1}$ I 10. 203$_{34}$
  II 9A. M1 3$_{23}$.4$_{55}$ II 10A. M8 67$_{10}$
Salix caprea Gemeine Sohl- oder Sahlweide *Dietr. VIII, 380*
  II 9A. M122 192$_{26}$
Salmacis Kommentar: Spirogyra, eine vielzellige Grünalge *LA II 10B, 1027*
  I 10. 359$_{9-10}$
  II 10B. M24.13 121$_{7}$
S[almacis?] nitida Vgl. Salmacis *Dietr. n.v.*
  II 10B. M24.13 121$_{8}$
Salsola Salzkraut *Dietr. VIII, 414*
Salsola perennis *Dietr. n.v.*
  II 9A. M30 44$_{3}$
Salvia Salbei *Dietr. VIII, 424*
  II 10A. M3.5 40$_{33}$.3.9 50$_{28}$.3.14 58$_{15}$
Salvia Aethiopis Ungarische Salbey *Dietr. VIII, 427*
  II 9A. M118 184$_{59}$ (aetiopis)
Salvia coccinea Scharlachrothe Salbey *Dietr. VIII, 440*
  II 9A. M115 180$_{231}$ (Salvie)
Salvia glutinosa Gelbe Salbey, die klebrige Europäische Salbey *Dietr. VIII, 448*
  II 9A. M116 182$_{1}$
Salvia Horminum Scharlach Salbey *Dietr. VIII, 452*
  II 9A. M49 82$_{36}$.79 120$_{102-103}$
  II 9B. M13 16$_{8}$.55 63$_{127}$ II 10A. M3.16 60$_{15}$
Salvia officinalis Gemeine Salbey *Dietr. VIII, 465*
  II 9A. M118 185$_{77}$
Salvia Sclarea Muskateller-Salbey. Siehe auch Muskatellerkraut *Dietr. VIII, 478; LA II 9A, 28q*
  I 10. 158$_{3}$
  II 9A. M13 28$_{30}$
Salvia verticillata Wirtelförmige Salbey *Dietr. VIII, 486*
  I 10. 158$_{4}$
  II 9A. M49 81$_{23}$.118 185$_{87}$
Samara Samare *Dietr. VIII, 489*
  II 9A. M62 106$_{56}$

Sambuci Taxon: Familie bei Batsch *Batsch II, 502*
II 9A. M*43* 71₁₂
Sambucus Siehe auch Holunder *Dietr. VIII, 491*
II 9A. M*1* 3₂₄
Sammtrose Rosa holoserica oder Agrostemma coronaria *Krünitz 135, 495; Grimm WB 14, 1751*
II 10A. M*3.13* 56₆ *3.16* 60₂₆₋₂₈
Samtblume, aufrechtstehende Siehe auch Tagetes erectus *LA I 10, 160q*
I 10. 160₁₂
Sanicula europaea Gemeiner Sanickel, berg- oder waldliebender Sanickel *Dietr. VIII, 503*
II 9A. M*115* 187₁₆₅
Santolina Chamae-Cyparissus Cypressenartige Heiligenpflanze. Gartencypresse *Dietr. VIII, 508*
II 9A. M*115* 186₁₂₀
Saponaria anglicana Saponaria = Seifenkraut *Dietr. n.v.; vgl. VIII, 517*
II 9A. M*68* 112₂₉
Saponaria officinalis Gemeines Seifenkraut, Seifenwurzel, Waschkraut. Siehe auch Seifenkraut. Offizinelles *Dietr. VIII, 519; LA II 9A, 29q*
II 9A. M*13* 29₄₂
Saponaria Vaccaria Ackerliebendes Seifenkraut, Kühkraut *Dietr. VIII, 520*
I 10. 151₁.154₂₁₋₂₂
II 9A. M*115* 177₁₀₇
Saprolegnia Wohl: Wasserschimmel; Nees von Esenbeck bezieht sich auf eine Beschreibung von Gruithuisen *LA I 10, 238; Dietr. n.v.*
I 10. 238₈
Sarazenie Dietr. verzeichnet: Sarracenia = Sarracenie *Dietr. VIII, 525*
I 9. 43₂₅
Sarmentaceae Taxon: Familie bei Batsch: 49. Ordnung bei Erxleben *Batsch II, 124; Erxleben 551*
II 9A. M*43* 71₁₅

Sassafras Dietr. verweist auf Laurus Sassafras = Sassafras-Lorbeer, Sassafrasbaum, Fenchelholz *Dietr. V, 359*
I 6. 401₁₂
Satureja montana Bergliebendes Pfefferkraut, Wintersaturey
II 9A. M*116* 182₅
Satyrium (Gattung) Bocksgeilen, den Orchideen zugerechnet. Siehe auch Knabenkraut. Orchis *LA II 9A, 5q; Dietr. VIII, 531, VI, 480*
II 9A. M*1* 5₉₆ (Satyrio)
Satyrium (Taxon) Taxon bei Linné, gehört zu den Gynandria
I 10. 72₃₂
Sauerampfer Lat. (Vok.): Oxalis s. Acetosa; Dietr.: Oxalis = Sauerklee; Dietr.: Rumex Acetosa = Gemeiner Ampfer, Sauerampfer. Siehe auch Oxalis *LA II 9A, 5q; Dietr. VI, 587, VIII, 313*
II 9A. M*1* 5₉₄
Saukraut Lat. (Vok.): Scrofularia: Dietr.: Solanum nigrum = Saukraut; Dietr.: Scrofularia = Braunwurz. Siehe auch Scrofularia *LA 9A, 5q; Dietr. IX, 20 u. 323*
II 9A. M*1* 5₈₄
Saxifraga Steinbrech *Dietr. VIII, 539*
II 10A. M*S* 67₂₀
Saxifraga sarmentosa Wuchernder Steinbrech *Dietr. VIII, 560*
I 10. 157₃₄
Saxifraga stolonifera *Dietr. n.v.*
II 9B. M*13* 15₂₋₃
Scabiosa alpina Alpenliebende Scabiose *Dietr. VIII, 568*
II 9A. M*115* 186₁₄₄
Scabiosa atropurpurea Schwarzrothe Scabiose, Gartenscabiose *Dietr. VIII, 571*
I 10. 348₉₋₁₀
Scabiosa, Scabiose *Dietr. VIII, 567*
II 9A. M*79* 120₁₀₂ II 9B. M*33* 36₂₀₇ II 10A. M*3.13* 56₄

Scabridae Taxon: Familie bei Batsch: 40. Ordnung bei Erxleben *Batsch II, 355; Erxleben 535*
II 9A. M*43* 71₂₃
Scandix odorata Wohlriechender Kerbel *Dietr. VIII, 594*
II 9A. M*118* 187₁₅₈
Scandix Pecten Langsaamiger Kerbel. Nadelkerbel *Dietr. VIII, 595*
II 9A. M*61* 105₂
Schabenkraut Lat. (Vok.): Blattaria; Wandtafel: Verbascum Blattaria. Siehe auch Blattaria. Verbascum Blattaria *LA II 9A, 5q, 29q; Dietr. X, 383*
II 9A. M*1* 5₈₃ *13* 29₇₈
Schachtelhalm Siehe auch Equisetum *Dietr. III, 777*
I 10. 202₂₀
Schafgarbe Siehe auch Achillea *Dietr. I, 62*
II 10A. M*3.13* 56₈
Schierling, Gefleckter Siehe auch Conium maculatum *LA II 9A, 29q; Dietr. III, 265*
II 9A. M*13* 29₇₆
Schildkraut, helmförmiges Auch: Gemeines Helmkraut. Sie auch Scutellaria galericulata *Dietr. IX, 31; LA II 9A, 28q*
II 9A. M*13* 28₃₈
Schilf Dietr. verzeichnet Arundo phragmites = Rohrschilf *Dietr. I, 750*
I 1. 302₂₇.341₂₆ I 8. 39₂ I 10. 203₃₁ I 11. 106₂₉
II 6. M*41* 50₈₁.51₈₈ II 7. M*11* 21₃₅₀ (fossil) II 8A. M*14* 37₃₃₀.₃₄₀
II 9A. M*16* 33₁₃₋₁₄ *84* 126₄₀
II 10A. M*3.1 Anm* 32
Schima *s. Sehima*
Schimmel Dietr. verzeichnet Mucor = Schimmelschwamm *Dietr. VI, 265*
I 10. 25₂₇.28₆.33₄.₇.₃₇.35₃₁.145₁₇. 147₈₋₉.148₁₁₋₁₂.₁₂.234₁₉.₂₅.₃₃₋₃₄. 236₆₋₇.₄₁.₄₃.₄₅.237₂.₁₂.₁₅.₂₂.₃₈
II 9A. M*139* 227₁₈ II 9B. M*36* 40₂

Schirmpalme Siehe auch Corypha *Dietr. III, 351*
II 9A. M*79* 120₉₉
Schirmpflanze Nicht identifiziert
II 10A. M*3.2* 36₅₈
Schizandra coccinea Dietr.: Schisandra coccinea = Scharlachfarbener Spaltbeutel *Dietr. 8, 601*
I 9. 299₁₇₋₁₈
Schizanthus pinnatus Gefiederte Schitzanthe *Dietr. VIII, 602*
II 10A. M*22* 81₆
Schlagkraut Siehe auch Teucrium Chamaepitys *LA II 9A, 30q; Dietr. IX, 675, I, 199*
II 9A. M*13* 30₈₆
Schlehdorn (Schledorn) Lat. (Vok.): sowohl Spinus als auch Prunus sylvestris; Dietr.: Prunus spinosa. Siehe auch Spinus, Prunus sylvestris *LA II 9A, 4q; Dietr. VII, 597*
II 9A. M*1* 4₃₈.₅₅
Schlüsselblume Siehe auch Aurikel, Primel. Primula Auricula und P. veris *LA II 10A, 32q; Dietr. VII, 514*
II 10A. M*3.1 Anm* 32
Schmetterlings-Blumen Papilionacea corolla, die Blume besteht aus vier Kronblättern und hat Ähnlichkeit mit einem Schmetterling *Dietr. VI, 669*
I 9. 40₂
Schmidtia utriculosa Zartes Scheidenblütengewächs *Dietr. n.r., vgl. N VII, 602; LA II 10A, 901 Erl.*
I 9. 299₁₅₋₁₆
Schneetropfe Gemeines Schneeglöckchen. Siehe auch Galanthus nivalis *Dietr. IV, 249*
II 9B. M*58* 67₁₁
Schopfige Zaunblume (Spinnenkraut) Auch: Schopftragende Zaunblume. Siehe auch Anthericum comosum *Dietr. I, 552*
II 10B. M*15* 40₄–42₄ (Zaunblume)
Schotenklee Siehe auch Lotus *Dietr. V, 594; LA II 9A, 28q*
II 9A. M*13* 28₈

Schraubenstein Siehe Register Mineralien
Schwamm, Schwämme Siehe auch Faltenschwamm, Löcherschwamm. Fungus. Pilz
I 9. 213$_{30}$.326$_{19}$ I 10. 31$_8$.205$_3$
II 2. M 7.S 55$_{238}$ II 7. M *1* 3$_{14}$
II 9A. M *1* 3$_{14}$ *121* 191$_3$ II 9B. M S 11$_{18}$ II 10A. M S 67$_{15}$
Schwarzdorn Prunus spinosa. Siehe auch Schlehdorn *Dietr. VII, 597*
I 8. 84$_{38}$
Schwarzkümmel, Dasmascenischer Siehe auch Nigella damascena *Dietr. VI, 370; LA II 9A, 29q*
II 9A. M *13* 29$_{47}$
Schwefelwurz Siehe auch Agriophylum *LA II 9A, 5q; vgl. Dietr. VII, 107 (Peucedanum officinale)*
II 9A. M *1* 5$_{89}$
Schweinsbohne Saubohne. Siehe auch Vicia Faba *Dietr. X, 463*
II 9A. M *54* 99$_{72}$ II 9B. M *33* 32$_{57}$ (Fave).35$_{149}$ (Fave)
Schwertbohnen Eine Spielart der Schneidebohne. Siehe auch Phaseolus vulgaris *Dietr. VII, 135–136*
I 10. 358$_{26}$
Schwertel Siehe auch Gladiolus *Dietr. IV, 359*
II 9A. M *1* 5$_{91}$
Schwertlilie Siehe auch Iris *Dietr. V, 104ff.*
II 10A. M *3.1 Anm* 33
Scilla Meerzwiebel *Dietr. VIII, 632*
II 9A. M *67* 111$_4$
Scilla amoena Schöne Meerzwiebel, Sternhyacinthe *Dietr. VIII, 632*
II 10A. M *3.1 Anm* 32
Scirpeae Taxon: Familie bei Batsch *Batsch II, 292*
II 9A. M *43* 71$_{16}$
Scirpus Siehe auch Semsen, Binse *LA II 9A, 2Sq; Dietr. VIII, 644*
II 9A. M *13* 28$_1$
Scitaminea, Scitamineae (Scytamineen) Taxon: Gewürzarten; Familie bei Batsch: 52. Ordnung bei Erxleben *LA II 9A, 170q, 172q;*

Dietr. n.v.; Batsch II, 226; Erxleben 556
I 10. 201$_9$
II 9A. M *43* 71$_{28}$ *112* 170$_{51}$ *113* 172$_3$
Scorzonera Haberwurz. Scorzonere *Dietr. IX, 10*
II 9A. M *115* 180$_{216}$
Scorzonera hispanica Garten-Haberwurz, spanische Scorzonere *Dietr. IX, 14*
I 10. 162$_9$
II 9A. M *115* 176$_{83}$ *118* 186$_{122}$
Scorzonera laciniata Zerschlitzte Haberwurz *Dietr. IX, 15*
II 9A. M *118* 186$_{123}$
Scorzonera tingitana Dietr. verweist auf Sonchus tingitanus = Tunetanische Gänsedistel *Dietr. IX, 20; IX, 374*
I 10. 150$_{32}$.154$_{3-4}$
Scrophularia Lat. (Vok.): Sau-Kraut: Dietr.: Braunwurz: Dietr.: Solanum nigrum = Saukraut. Siehe auch Saukraut *LA 9A, 5q; Dietr. IX, 20 u. 323*
II 9A. M *1* 5$_{84}$
Scrophularia sambucifolia Hollunderblättrige Braunwurz *Dietr. IX, 27*
II 9A. M *138* 226$_{55}$ *139* 227$_{13}$
Scutellaria galericulata Gemeines Helmkraut, gemeines Schildkraut. Siehe auch Schildkraut. Helmförmiges *Dietr. IX, 31; LA II 9A, 2Sq*
II 9A. M *13* 28$_{38}$
Sebenbaum Dietr.: Iuniperus Sabina = Stinkender Wacholder. Sadebaum, Sevenbaum. Siehe auch Sabina *Dietr. V, 177*
II 9A. M *1* 4$_{65}$
Sedum Sedum. Hauslaub *Dietr. IX, 40*
I 1. 156$_{17-18z}$
II 9A. M *27* 43$_2$ II 10A. M S 67$_{18}$
Sedum arborescens *Dietr. n.v.*
I 10. 166$_9$
Seepflanze
II 7. M *62* 132$_{12}$

Sehima Gräsergattung bei Jussieu *Juss. 35*
II 9A, M *119* 188₁₁

Seifenkraut, offizinelles Siehe auch Saponaria officinalis *LA II 9A, 29q; Dietr. VIII, 519*
II 9A, M *13* 29₄₂

Sellerie Sellerie-Eppich. Zellerie. Siehe auch Apium graveolens *Dietr. I, 629*
II 9B, M *33* 37₂₃₈ (Sedano Zeleri)

Semiflosculosae Taxon: Familie bei Batsch: 12. Ordnung bei Erxleben (Compositae S.) *Batsch II, 537; Erxleben 480*
II 9A, M *43* 71₁₈

Sempervirentes Taxon: Familie bei Batsch *Batsch II, 330*
II 9A, M *43* 71₂₀

Sempervivae Saftige Gewächse. Taxon bei Jussieu *Juss. 340*
II 9A, M *120* 190₁₄

Sempervivum Siehe auch Hauswurz *Dietr. IX, 68*
II 9A, M *88* 132₂₀ **II 10A**, M *8* 67₁₉

Sempervivum arboreum Baumartige Hauswurz *Dietr. IX, 69*
I 10, 157₃₀

Sempervivum tectorum Gemeine Hauswurz, Dachhauswurz *Dietr. IX, 72*
I 10, 157₃₂

Semprariae Taxon: 4. Ordnung bei Erxleben *Erxleben 466*
II 9A, M *43* 72₃₅

Semsen Krünitz: Binsengras. Siehe auch Binsen, Scirpus *LA II 9A, 28q; Krünitz 153, 187*
II 9A, M *13* 28₁

Senecio erucifolius Senfblättriges Kreuzkraut, raukenblättriges Kreuzkraut *Dietr. IX, 89*
II 9A, M *115* 177₁₁₉ (ericifolia) *118* 186₁₂₆ (erucaefolius)

Senecio Jacobaea Siehe auch Jakobsblume *LA II 9A, 29q; Dietr. IX, 93*
II 9A, M *13* 29₆₅

Senecio vulgaris Gemeines Kreuzkraut *Dietr. IX, 117*
II 9A, M *115* 178₁₆₄ *122* 191₁

Senticosae Taxon: Familie bei Batsch: 27. Ordnung bei Erxleben *Batsch II, 25; Erxleben 509*
II 9A, M *43* 71₃

Serapias Stendelwurz *Dietr. IX, 119*
I 10, 71₁₀.72₃₂
II 9A, M *137* 221₇₀ *138* 225₃₄

Serapias helleborine Wandtafel: x _____ Serapias; Dietr: Verweis von Helleborine auf Serapias = Stendelwurz *LA II 9A, 29q; Dietr. IV, 585, IX, 119*
II 9A, M *13* 29₄₆

Serpentaria Lat. (Vok.): Otterwurtz: Krünitz: Otterwurz = Natterwurz; Dietr.: Polygonum Bistorta = Wiesen-Knöterig, Natterwurz, Schlangenwurz. Siehe auch Otterwurz. Polygonum Bistorta *LA II 9A, 5q; Krünitz 105, 701; Dietr. VII, 406*
II 9A, M *1* 5₈₃

Serratula arvensis Acker-Schachte, Haberdistel, Felddistel *Dietr. IX, 131*
II 9A, M *118* 186₁₂₅

Serratula tinctoria Färber-Scharte; Dietr. verweist auf Carduus tinctorius = Färbende Distel, Färberschart *Batsch II, 549; Dietr. II, 556*
II 9A, M *118* 185₁₁₂

Seseli Hippomarathrum Pferde-Sesel, Roßdill *Dietr. IX, 142*
II 9A, M *115* 177₁₂₃ (Hypomaratrum)

Sesleria Gräsergattung bei Jussieru *Juss. 36*
II 9A, M *119* 188₁₅

Sichelklee Gelbe bergliebende Luzerne. Siehe auch Medicago falcata *LA II 9A, 29q; Dietr. VI, 15*
II 9A, M *13* 29₅₂

Sida Sida, Sammtpappel *Dietr. IX, 155*
II 10A, M *3.8* 47₅₉

Sida Abuliton Gemeine Sida, Sammtpappel *Dietr. IX, 156*

II 9A. M*112* 170₄₄ *118* 187₁₉₁ (Syda abutylon)
Sida indica Indische Sida *Dietr. IX, 170*
II 9A. M*115* 180₂₃₂
Siegmarswurzel Dietr.: Siegmarskraut. Siehe auch Malva alcea *LA II 9A, 29q; Dietr. V, 714*
II 9A. M*13* 29₆₁
Silene Silene. Leimkraut *Dietr. IX, 202*
II 9A. M*49* 81₁₁
Silene cretica Kretische Silene *Dietr. IX, 212*
I 10. 161₃₃
Silene fruticosa Strauchartige Silene *Dietr. IX, 213*
I 10. 158₈
Silene Muscipula Fliegenfangende Silene *Dietr. IX, 217*
I 10. 160₂₅
Silene noctiflora Nachtblühende Silene *Dietr. IX, 218*
I 10. 155₁₅
Siler Lat. (Vok.) = Wasserweide; Dietr.: Verweis auf Laserpitium; Laserpitium Siler = Gebräuchliches Laserkraut, Bergsiler. Siehe auch Wasserweide *LA II 9A, 4q; Dietr. IX, 229; V, 321*
II 9A. M*1* 4₄₀
Siliculosen (Siliculosa) Die erste Ordnung der XV. Klasse im Linneischen Pflanzensystem *Dietr. IX, 229*
I 10. 329₈
II 10B. M*23.7* 101₂₂
Siliquosa, Siliquosae (Siliquosen, Silicosen) Taxon: II. Ordnung der XV. Klasse des Linneischen Systems; Familie bei Batsch: 30. Ordnung bei Erxleben (Schotengewächse) *Dietr. IX, 229; Batsch II, 163; Erxleben 515*
I 10. 329₈
II 9A. M*43* 71₂₂ **II 10B.** M*23.5* 99₁₇ *23.7* 101₂₂
Silphium Asteriscus Sternblumenartige Silphie *Dietr. IX, 230*
II 9A. M*89* 134₁

Silphium connatum Verwachsene Silphie *Dietr. IX, 231*
II 9A. M*89* 134₂ *116* 182₄
Silphium Laserpitium Die auf antiken Münzen dargestellte kyrenaische Silphiumpflanze, die nicht mehr zu identifizieren ist, ist als eine Art von Laserpitium gedeutet worden *LA II 9A, 44 # Silphium = Silphie (Dietr. IX, 229); Laserpitium = Laserkraut (Dietr. V, 314)*
II 9A. M*30* 44₅
Silphium therebinthinaceum Therpenthinartige Silphie *Dietr. IX, 233*
II 10A. M*22* 81₉
Sinapis nigra Schwarzer Senf *Dietr. IX, 241*
I 10. 160₃₄
Singenesia s. *Syngenesia*
Sisymbrium amphibium Wasserliebende Rauke, gelber Wasserrettig *Dietr. IX, 249*
II 9A. M*54* 98₅₀
Sisyrinchium striatum Gestreifter Schweinerüssel *Dietr. IX, 270*
I 10. 348₁₁₋₁₂
Sium Sisarum Zuckerwurz-Merk, gemeine Zuckerwurz *Dietr. IX, 276*
II 9A. M*118* 185₉₁
Smilax Gattung spargelartiger Pflanzen bei Jussieu *Juss. 48*
II 9A. M*119* 189₄₆
Smyrnium Smyrnium *Dietr. IX, 294*
I 10. 290₁₉
II 10B. M*20.6* 58₆
Solandra capensis Bei Dietr. verzeichnet als Synonym zu Solandra scandens *Dietr. VIII, 208*
I 10. 156₁₅
Solanum Nachtschatten *Dietr. IX, 300*
I 1. 161₆₂
II 9A. M*50* 85₅₉ **II 9B.** M*33* 36₂₀₅
Solanum Dulcamara Alpenranken, Waldnachtschatten. Siehe auch Bittersüß *LA II 9A, 30q; Dietr. IX, 308*
II 9A. M*13* 30₈₈ *118* 184₆₀

Solanum marginatum Gerandeter Nachtschatten, blaßgrauer Nachtschatten *Dietr. IX, 320*
I 10, 157$_{25}$
Solanum Melongena Eyerförmiger Nachtschatten *Dietr. IX, 321*
I 10, 156$_{17}$
Solanum nigrum Gemeiner Nachtschatten, schwarzer Gartennachtschatten *Dietr. IX, 323*
I 10, 164$_{19}$
Solidago canadensis Canadische Goldruthe *Dietr. IX, 349*
II 9A, M115 176$_{101}$
Solidago mexicana Mexikan. Goldruthe *Dietr. IX, 354*
II 9A, M116 182$_3$
Sonchus Gänsedistel *Dietr. IX, 363*
II 9A, M79 120$_{112}$
Sonnenblume Siehe auch Helianthus *Dietr. IV, 562*
I 8, 191$_1$ I 9, 32$_{30}$
II 9A, M138 224$_{12}$.225$_{23}$ (tournesol) II 9B, M55 63$_{151}$ II 10A, M3.5 42$_{72}$ 3.9 50$_{16}$ 3.13 57$_{17}$
Sophora japonica Japan. Sophore *Dietr. IX, 377*
II 10A, M3.5 42$_{53}$ 3.9 50$_{13}$
Sorbus hybrida Bastard-Eberesche *Dietr. IX, 383*
II 9A, M79 121$_{120}$
Spargel Siehe auch Asparagus, Asparagi *Dietr. I, 784*
I 9, 117$_7$ I 10, 72$_{11}$.231$_1$
II 9A, M121 191$_8$
Spartium junceum Binsenartige Pfriemen, spanischer Pfriem *Dietr. IX, 391*
II 9A, M115 176$_{87}$
Spartium radiatum Gestrahlte Pfriemen *Dietr. IX, 395*
II 10A, M8 67$_{12}$
Spartium scoparium Wandtafel: besenförmige Pfrieme z. Heken; Gemeine Pfriemen, gemeines Besenkraut, Besenstrauch, Genster. Siehe auch Pfrieme, Gemeine *LA II 9A, 29q; Dietr. IX, 396*
II 9A, M13 29$_{62}$ 115 176$_{88}$

Spathaceae Taxon: 51. Ordnung bei Erxleben *Erxleben 555*
II 9A, M43 72$_{30}$
Sphaeria Hypoxilon Geweyförmiger Warzenschwamm *Batsch II, 633; Dietr. n. v.*
II 9A, M115 178$_{172}$ (Sphaerea hypoxylon)
Spilanthus oleraceus Kohlartige Fleckblume *Dietr. IX, 419*
II 9A, M112 170$_{50}$
Spina alba Siehe auch Weißdorn *LA II 9A, 4q*
II 9A, M1 4$_{33}$
Spinat Spinacia *Dietr. IX, 421*
II 9A, M22 40$_{35}$
Spinetum Siehe auch Dornbusch *LA II 9A, 3q*
II 9A, M1 3$_{27}$
Spinifex Gräsergattung bei Jussieu *Juss. 35*
II 9A, M119 188$_9$
Spinus Siehe auch Schlehdorn *LA II 9A, 4q*
II 9A, M1 4$_{38}$
Spiracea Ulmaria Siehe auch Johanniswedel *LA II 9A, 29q; Dietr. IX, 435*
II 9A, M13 29$_{57}$
Spiraea Aruncus Geisbart-Spierstaude, Geisbart, getrennte Spierstaude *Dietr. IX, 425*
II 9A, M115 174$_{17}$
Spiraea Filipendula Knollige Spierstaude, rother Steinbrech, Erdeichel. Siehe auch Steinbrech, Roter *Dietr. IX, 427; LA II 9A, 29q*
II 9A, M13 29$_{60}$ 115 174$_{20}$
Spiraea hypericifolia Johanniskrautblättrige Spierstaude *Dietr. IX, 428*
II 9A, M115 174$_{19}$
Spiraea opulifolia Schneeballblättrige Spierstaude *Dietr. IX, 429*
II 9A, M115 174$_{18}$
Spiraea Ulmaria Sumpfliebende Spierstaude, Scharlachkraut, Schärlei, Johanniswedel *Dietr. IX, 434*
II 9A, M115 174$_{21}$

Springkraut Kreuzblättrige Wolfsmilch. Siehe auch Euphorbia Lathyris *Dietr. IV, 85; LA II 9A, 28q*
II 9A. M*13* 28₂₂
Stachelbeere Siehe auch Ribes *Dietr. VIII, 177*
I 10. 168₂
Stachys anthryscus Wandtafel: Rosspolei. Artepithet fehlt in Übersetzung und konnte nicht identifiziert werden: unklar *LA II 9A, 29q; Dietr. n.v.*
II 9A. M*13* 29₅₅
Stachys germanica Deutscher Ziest. deutsche Roßpoley. Siehe auch Rospolei. Teutscher *Dietr. IX, 447; LA II 9A, 28q*
II 9A. M*13* 28₁₉ (Stachis)
Statice Armeria Gemeine Grasnelke *Dietr. IX, 490*
II 9A. M*118* 184₄₈
Statice speciosa Prächtige Grasnelke *Dietr. IX, 501*
II 9A. M*115* 180₂₂₇ **II 10A.** M*22* 81₁₆
Staubpilz Staubschwamm: Lycoperdon *Dietr. V, 637*
I 9. 331₃₃
Stechapfel, Gemeiner Siehe auch Datura stramonium *LA II 9A, 30q; Dietr. III, 567*
II 9A. M*13* 30₉₄
Stechpalme Siehe auch Ilex Aquifolium *LA II 9A, 3q; Dietr. V, 26*
II 9A. M*1* 3₂₄
Steinbrech, Rother Siehe auch Spiraea Filipendula *LA II 9A, 29q; Dietr. IX, 427*
II 9A. M*13* 29₆₀
Steineiche Lat. (Vok.): Robur; Dietr.: Quercus Robur. Siehe auch Robur *LA II 9A, 4q; Dietr. VIII, 30*
II 9A. M*1* 3₂₈,₄₄₂,₅₁ **II 9B.** M*33* 38₂₆₀ (Lecci).₂₆₁
Steinklee Siehe auch Trifolium melilotus *LA II 9A, 29q*
II 9A. M*13* 29₄₃
Steinnelke Vermutlich Dianthus caesius: graublättrige Nelke. Bergnelke. Felsennelke. fleischrohte Steinnelke *Dietr. III, 595*
II 10A. M*3.13* 56₉
Steinpilz *Dietr. n.v.; Batsch n.v.*
I 10. 25₂₀,₂₂,26₁₈
Stellatae Taxon: Familie bei Batsch: 8. Ordnung bei Erxleben *Batsch II, 505; Erxleben 471*
II 9A. M*43* 71₁₃
Sterculia Stinkbaum *Dietr. IX, 519*
I 10. 201₁₆
Sternblume Aster; gemäß Krünitz sind auch möglich: Alant (Inula) und Vogelmilch (Ornithogalum) *Dietr. II, 2; Krünitz 173, 363*
II 10A. M*3.13* 57₁₅
Storchschnabel Siehe auch Geranium *Dietr. IV, 325*
II 9A. M*1* 5₈₅ (Storck Schna.)
Strahlenblumen Bezeichnung einer Pflanzenfamilie bei Batsch *Batsch II, 563*
I 9. 32₂₉₋₃₀,33₁₆
Strelitzia Strelitzie *Dietr. IX, 547*
I 10. 201₁₆
II 10A. M*3.1 Anm* 31
Strohblumen Bezeichnung einer Pflanzenfamilie bei Batsch *Batsch II, 370*
II 10A. M*3.8* 49₁₁₃
Studentenblume Krünitz: Tagetes patula; Dietr.: T. p. = Gemeine Todtenblume. ausgebreitete Sammetblume *Krünitz 177, 6; Dietr. IX, 604*
II 10A. M*3.13* 56₂
Sturmhut, Blauer Siehe auch Aconitum napellus *LA II 9A, 28q; Dietr. I, 92*
II 9A. M*13* 28₂₇
Styrax Lat. (Vok.): Hartz-Baum; Dietr.: Storax. Siehe auch Harzbaum *LA II 9A, 4q; Dietr. IX, 574*
II 9A. M*1* 4₃₉
Suber Lat. (Vok.): Suber = Pantoffelholtz; Dietr: Quercus Suber = Kork-Eiche. Siehe auch Pantoffelholz *LA II 9A, 4q; Dietr. VIII, 33*
II 9A. M*1* 4₄₁

Succulentae Taxon: Familie bei Batsch: 34. Ordnung bei Erxleben *Batsch II, 93; Erxleben 523*
II 9A. M*43* 71₈
Süßklee Hahnenkopf. Siehe auch Hedysarum. Kronen-Süßklee *LA II 9A, 28q; Dietr. IV, 523*
II 9A. M*13* 28₉
Swertia Swertie *Dietr. IX, 581*
II 10A. M*8* 67₉
Swietenien Mahagonibaum: Swietenia *Dietr. IX, 583*
I 10. 203₂
Syda abutylon s. Sida Abuliton
Symphonia Drehblume *Dietr. IX, 585*
II 2. M*7*.S 51₃₇
Symphoniaca Lat. (Vok.): Bilsen Kraut: Dietr.: Hyoscyamus = Bilsenkraut. Siehe auch Bilsenkraut *LA II 9A, 5q; Dietr. IV, 715*
II 9A. M*1* 5₉₇
Symphytum Lat. (Vok.): Wallwurtz: Dietr.: Symphytum = Schwarzwurz; Krünitz: Wallwurz = Wallkraut = Symphytum officinale L., auch gemeine Schwarzwurzel, Beinwell und Schmeerwurz genannt. Siehe auch Wallwurz *LA II 9A, 5q; Dietr. IX, 586; Krünitz 233, 247*
II 9A. M*1* 5₉₆
Symphytum officinale Gemeine Schwarzwurzel, Beinwell *Dietr. IX, 586*
II 9A. M*115* 177₁₁₇
Syngenesia Klasse XIX des Linnéschen Pflanzensystems *Dietr. IX, 590*
II 9A. M*23* 41₂₁ (Singenesia)
Syringa nervea Syringa = Flieder *Dietr. n.v., vgl. IX, 591; Batsch II n.v.*
II 9A. M*115* 178₁₇₄
Syringa persica Persischer Flieder. Silberblüthe *Dietr. IX, 591*
I 10. 158₇
II 9A. M*123* 193₁
Syringodendron Fossile Pflanzengattung *LA II 8B, 101 Erl*
II 8B. M65 100₂₈₋₃₃

Syrischkraut Lat. (Vok.): Othone: Dietr.: Othonna = Othonne; Dietr.: Sideritis syriaca = Syrisches Gliedkraut. Siehe auch Othonna *LA II 9A, 5q; Dietr. VI, 577, IX, 195*
II 9A. M*1* 5₉₃
Tabak Siehe auch Nicotiana *Dietr. VI, 364*
I 4. 189₁₉ I 10. 231₄
II 7. M*45* 78₄₁₃ (tomback)
Tacca Narzissengattung bei Jussieu *Juss. 63*
II 9A. M*119* 189₄₁
Tagetes (Taygetes) Sammetblume. Siehe auch Todtenblume, Studentenblume *Dietr. IX, 601*
I 8. 191₁
II 9A. M*79* 121₁₃₇ 84 126₃₄ *138* 225₂₂ (l'Oeillet d'Inde Taygetes).₂₂
II 10A. M*3*.5 42₇₀.₇₆ *3*.8 49₁₁₂ *3*.9 50₁₁.₁₄
Tagetes (Taygetes) erecta Großblumige Todtenblume, die aufrechte Sammetblume. Siehe auch Samtblume. Aufrechtstehende *Dietr. IX, 602; LA I 10, 160q*
I 10. 160₁₂
II 9A. M*115* 180₂₁₀ *118* 186₁₁₉ *138* 225₅₀
Tamarindus Tamarinde *Dietr. IX, 610*
I 10. 201₂₇
Tamarindus indica Indische Tamarinde, Tamarindenbaum *Dietr. IX, 610*
I 9. 299₁₇
Tanacetum balsamitum Dietr. verweist auf Balsamita vulgaris; Batsch kennt Tanacetum Balsamita (Frauen-Münze) *Dietr. IX, 620; N I; Batsch II, 558*
II 9A. M*115* 176₁₀₃ *118* 185₁₀₈
Tanacetum vulgare Gemeines Wurmkraut, Rainfarrn *Dietr. IX, 619*
II 9A. M*118* 186₁₃₆
Tanne Lat. (Vok.): Abies; Dietr.: Pinus Abies = Tannen-Fichte. Siehe auch Abies, Pinus Abies *LA II 9A, 3q; Dietr. VII, 227*

I 1. 63$_{34M}$.268$_{5Z.12Z}$.338$_{24}$ **I 8.** 36$_1$
I 10. 202$_{25}$.342$_{28}$.395$_{34}$
II 9A. M*1* 3$_{25}$ *40* 63$_4$

Tapeinia Irisgattung bei Jussieu *Juss. 66*
II 9A. M*119* 189$_{49}$

Targonia Dietr. verzeichnet Targonia als Gattung der Familie der Lebermoose (Kryptogame) *Dietr. NN VIII, 554; vgl. Dietr. N IX, 21*
II 9A. M*50* 86$_{123}$ (Targonia)

Tausendgüldenkraut Siehe auch Gentiana centaurium *LA II 9A, 29q; Krünitz 181, 264; Batsch II, 491; Dietr. III, 52 (Chironia Centaurium)*
II 9A. M*13* 29$_{51}$

Tausendschön Amaranthus tricolor, dreifärbiger Amaranth, Papageyenfeder *Dietr. I, 302*
II 10A. M*3.1* Anm 33 *3.13* 56$_6$

Taxus Lat. (Vok.): Eibe; Dietr.: Taxus baccata = Eibe. Siehe auch Eibe *LA II 9A, 4q; Dietr. IX, 626*
II 9A. M*1* 4$_{34}$

Taxus baccata Gemeiner Taxus, Eibe *Dietr. IX, 626*
II 9B. M*58* 68$_{46}$

Taychettes Unklar
II 10A. M*3.5* 42$_{60(?)}$

Tazette Dietr. verzeichnet Narcissus Tazetta = Tazetten-Narcisse, Doldennarcisse, schöne Tazette *Dietr. VI, 325*
II 9A. M*115* 178$_{178}$ *137* 221$_{04}$ *138* 225$_{46}$ **II 9B.** M*15* 17$_{13}$ **II 10A.** M*3.16* 60$_{24}$

Teda,Taeda (Tree Teda) Dietr. verzeichnet Pinus Taeda = Dreinadliche Fichte, die virginische Weihrauchkiefer *Dietr. VII, 249*
II 9A. M*28* 43$_3$

Tee Thea *Dietr. IX, 688*
I 10. 265.39$_6$

Terebinth Baum Pistacia Terebinthus; Terpentin-Pistazie, der cyprische Terpentinbaum, Franz. Le Terebinte. Siehe auch Pistacia *Dietr. VII, 301*
II 9A. M*31* 45$_2$

Tetradinamia (Tetradynamia) Klasse XV des Linnéschen Pflanzensystems *Linn. Syst. plant. 1779, I, XXX–XXXII u.ö.; Dietr. IX, 645*
II 9A. M*23* 41$_{17}$

Tetrandria Klasse IV des Linnéschen Pflanzensystems *Linn. Syst. plant. 1779, I, XXX–XXXII u.ö.; Dietr. IX, 649*
II 9A. M*23* 41$_6$

Teucrium Botrys Halbwirtelblütiger Gamander, traubenartiger Gamander *Dietr. IX, 655*
II 9A. M*118* 184$_{68}$

Teucrium Chamaepitys Siehe auch Schlagkraut *LA II 9A, 30q; Batsch II, 440*
II 9A. M*13* 30$_{80}$

Teucrium montanum Bergliebender Gamander, Berg-Gamander *Dietr. IX, 663; Batsch II, 441*
II 9A. M*118* 184$_{69}$

Teucrium virginicum Siehe auch Gamander, Virginischer *LA II 9A, 29q; Dietr. IX, 674*
II 9A. M*13* 29$_{80}$

Thalia Pflanzengattung der Cannae-Familie bei Jussieu *Juss. 71*
II 9A. M*119* 190$_{65}$

Thalictrum Wiesenraute *Dietr. IX, 676; LA II 9A, 227*
I 10. 303$_{34}$
II 9A. M*138* 226$_{52}$

Thalictrum aquilegifolium Akeleyblättrige Wiesenraute *Dietr. IX, 677*
II 9A. M*115* 176$_{76}$ *118* 187$_{192}$

Thalictrum flavum Gelbe Wiesenraute *Dietr. IX, 679*
II 9A. M*115* 176$_{77}$

Thalictrum minus Kleines Thalictrum, Bergraute. Siehe auch Wiesenraute, kleine *Dietr. IX, 681; LA II 9A, 28q*
II 9A. M*13* 28$_{17}$ *115* 176$_{80}$

Thalictrum sibiricum Sibirisches Thalictrum (Wiesenraute) *Dietr. IX, 683*
II 9A. M*115* 176$_{79}$

Thalictrum tuberosum Knollige Wiesenraute *Dietr. IX, 685*
II 9A, M*115* 176₇₈
Thelymitra Orchideen-Gattung bei Jussieu *Juss. 73*
II 9A, M*119* 190₅₉
Themeda Gräsergattung bei Jussieu *Juss. 35*
II 9A, M*119* 188₇
Theobroma Cacao *Dietr. IX, 694*
I 10, 204₈
Therebinthinaceae Taxon: 21. Ordnung bei Erxleben *Erxleben 495*
II 9A, M*43* 72₃₅ (Terebinthin)
Thlaspi Täschelkraut *Dietr. X, 1*
II 9A, M*70* 113₂
Thlaspi Bursa pastoris Gemeines Täschelkraut, Hirtentasche *Dietr. X, 3*
II 9A, M*122* 192₂₈
Thryocephalum Binsengrasgattung bei Jussieu *Juss. 32*
II 9A, M*119* 188₁₀ (Tryocephalum)
Thuja Lebensbaum *Dietr. X, 11*
I 10, 202₂₅
II 9A, M*27* 43₂
Thuja occidentalis Gemeiner Lebensbaum, amerikan. Lebensbaum. Siehe auch Lebensbaum, Abendländischer *LA II 9A, 30q; Dietr. X, 13*
II 9A, M*13* 30₈₇
Thuja orientalis Chines. Lebensbaum, Virginischer Lebensbaum *Dietr. X, 14*
II 9B, M*58* 68₄₈
Thymian Thymus *Dietr. X, 18*
II 9A, M*86* 130₂₃
Thymus vulgaris Gemeiner Thymian, Gartenthymian *Dietr. X, 28*
II 9A, M*118* 184₆₁
Tigridia Irisgattung bei Jussieu *Juss. 64*
II 9A, M*119* 189₄₄
Tilia Siehe auch Linde *LA II 9A, 3q; Dietr. X, 32*
II 9A, M*1* 3₂₁,4₄₉ (Tilietum)
Tilia europaea Gemeine Linde, Sommerlinde *Dietr. X, 34*
II 9A, M*79* 121₁₂₈

Todtenblume Siehe auch Tagetes *Dietr. IX, 601, LA II 10A, 49*
II 10A, M*3.8* 49₁₁₃
Tordylium anthriscus Dietr. verweist auf Caucalis Anthriscus = Waldhaftdolde, Heckenkörbel, Bettelläuse *Dietr. X, 55; II, 641*
II 9A, M*115* 177₁₃₈
Tournesol s. *Sonnenblume*
Tradescantia Tradescantie *Dietr. X, 71*
II 10B, M*9* 28₃
Tradescantia discolor Violettblättrige oder zweifarbige Tradescantie *Dietr. X, 73*
II 10A, M*3.8* 47₅₄
Tragant (Traganth) / Tragantgummi Wirbelkraut; das Gummi wird wohl aus dem Kretischen Tragant (Astragalus Creticus) gewonnen *Krünitz (Tragant)*
I 7, 26₁₃
Tragant, Geißrankenförmiger Dietr.: Geißrautenartiger T., Siehe auch Astragalus galegiformis *Dietr. II, 52; LA II 9A, 28q*
II 9A, M*13* 28₁₆
Tragopogon Dalechampi Dietr. verweist von Tragopogon Dalechampii auf Arnopogon Dalechampii *Dietr. X, 92; N I; Batsch n.v.*
II 9A, M*115* 175₄₃
Tragopogon porrifolium Lauchblättriger Bocksbart, Haferwurzel *Dietr. X, 89; Batsch II, 542*
II 9A, M*115* 175₄₄ *118* 186₁₂₄
Tragopogon pratense Wiesen-Bocksbart *Dietr. X, 90 (T. pratensis); Batsch II, 543*
II 9A, M*115* 175₄₂
Trapa Wassernuß *Dietr. X, 92*
II 9A, M*88* 133₅₃
Traubenhyacinthe Hyacinthus Muscari, Muskaten-Hyacinthe *Dietr. IV, 694*
II 10A, M*3.13* 57₁₆₋₁₇,₂₇
Tremella Erdgallert; von Batsch unter die „Aftermoose" (Algae) gezählt *Dietr. n.v.; Batsch II 613*

I 10. 24₁₋₃₂.₃₁.25₂₋₁₃.₁₂
II 9A. M50 86₁₁₇
Tremella hemisphaerica *Dietr. n.r.*
II 9A. M115 178₁₄₇
Tremella Nostoc Gemeine Erdgallert. Nostoch: von einer texturlosen Haut umschlossene Schleimmasse *Batsch II 621; LA II 10B, 13q*
II 10B. M1.3 13₅₀₋₅₄ 21.10 72₄
Triandria Klasse III des Linnéschen Pflanzensystems *Linn. Syst. plant. 1779, I, XXX-XXXII u.ö.; Dietr. X, 98*
II 9A. M23 41₅
Tricoccae Taxon: 20. Ordnung bei Erxleben *Erxleben 493*
II 9A. M43 72₃₆
Trifolio Ital. *s. Klee*
Trifolium melilotus Dietr.: Verweis von Melilotus auf Trifolium = Klee. Dreiblatt: Batsch: Trifolium Melilotus officinalis = Gemeiner Steinklee. Siehe auch Steinklee *Dietr. X, 128; LA II 9A, 29q; Batsch II, 199*
II 9A. M13 29₄₃
Triglochin palustre Gemeiner Dreizack, sumpfliebende Salzbinse *Dietr. X, 175*
II 9A. M115 177₁₂₆
Trigonella Foenum graecum Gemeiner Kuhhornklee, Bockshorn, griech. Heu *Dietr. X, 178*
I 10. 161₃₁
Trihilatae Taxon: Familie bei Batsch: 22. Ordnung bei Erxleben *Batsch II, 130; Erxleben 498*
II 9A. M43 71₁₇
Trillium Dreiblatt *Dietr. X, 186*
I 10. 72₂₇
Tripetalae, Tripetaloideae Taxon: Familie bei Batsch: 55. Ordnung bei Erxleben *Batsch II, 243; Erxleben 561*
II 9A. M43 71₄
Tripolium Dietr. verzeichnet Aster Tripolium = Salzliebende Aster. Siehe dort *Dietr. II, 5*
I 2. 140₄ₘ
II 10A. M29 88₄

Tripsacum Löchergras *Dietr. X, 194*
II 9A. M54 97₁₇ 117 182₁
Triticum compositum Vielkörniger Weizen, ägyptisch-vielähriger Weizen, Wunderweizen, Wechselweizen. Siehe auch Weizen *Dietr. X, 198*
I 10. 162₁₇
Triticum polonicum Polnischer Weizen *Dietr. X, 203*
I 10. 162₁₈
Triticum repens Quecken-Weizen, kriechender Weizen, gemeine Quecken *Dietr. X, 205*
II 9A. M115 176₇₃
Trollius europaeus Europäische Trollblume *Dietr. X, 214*
II 9A. M115 175₂₉ 118 187₁₇₇
Tropaeolum Capucinerkresse. Siehe auch Kapuzinerkresse, Kresse *Dietr. X, 215*
II 9A. M138 225₂₀
Tropaeolum majus Große Capucinerkresse, indianische Kresse. Siehe auch Kresse, spanische *Dietr. X, 217*
I 8. 190₂₄.₃₁ I 10. 151₁₇.154₄₀₋₄₁
II 10A. M3.5 42₇₇
Tropaeolum minus Kleine Capucinerkresse *Dietr. X, 218*
II 10A. M3.1 *Anm* 33
Tropengräser
I 10. 203₂₀
Trüffel Lycoperdon Tuber *Dietr. V, 643*
I 10. 25₁₆.₁₇.205₅
Tuberose Pflanzengruppe *Krünitz 189, 174–175*
II 10A. M3.13 57₁₉
Tubiferae Taxon: Familie bei Batsch *Batsch II, 278*
II 9A. M43 71₁₂ (Tubiflorae)
Tulbagia Narzissengattung bei Jussieu *Juss. 62*
II 9A. M119 189₃₈
Tulipa Tulpe *Dietr. X, 226*
II 9A. M68 112₂₈ II 10A. M3.2 36₃₉
Tulipa Gesneriana Gemeine Tulpe, Gartentulpe, Tulipan *Dietr. X, 228*
I 10. 162₂₄

PFLANZEN 515

Tulipaceae Taxon: Familie bei Batsch *Batsch II, 267*
II 9A. M43 71$_8$
Tulpe *Dietr. X, 232*
I 9. 35$_{31}$ I 10. 283$_{28.34}$.317$_{19}$.320$_8$
II 9A. M53 94$_9$ 79 119$_{47}$.121$_{133}$
137 219$_{10}$ **II 9B.** M3 5$_{8-10}$ 51 54$_6$ 55 62$_{107}$.63$_{128}$ **II 10A.** M3.5 40$_{6.13.16.34.39}$ 3.9 50$_{9.15.23.33-34}$ 3.12 54$_{8.19.21}$ 3.14 58$_{7.7.10.14.16.21}$ 3.16 60$_{46.46.48.48.49}$ M3.16 60$_{50}$–61$_{53}$
- Gefüllte Tulpe **II 9A.** M137 220$_{40}$
- monstrose **II 10A.** M3.16 60$_{50.50}$
- wilde **II 10A.** M3.18 62$_1$

Tulpe, Wilde Tulipa sylvestris *Dietr. X, 232*
II 9A. M92 137$_8$

Tulpenbaum Liriodendron *Dietr. V, 521*
II 9B. M55 62$_{115}$

Türkischer Bund Siehe auch Lilium Martagon *Dietr. V, 470; LA II 9A, 28q*
II 9A. M13 28$_{12}$

Türkisches Korn Gemeiner Mais. Siehe auch Zea Mays *Dietr. X, 600*
I 9. 114$_{34}$ I 10. 43$_{30}$–45$_{30}$.49$_{30}$
II 9A. M15 32$_{10.11}$ **II 10B.** M20.6 58$_{11(?)}$

Tussilago Siehe auch Huflattich *LA II 9A, 5q; Dietr. X, 243*
II 9A. M1 5$_{79}$

Tussilago Petasites Großblättriger Huflattig. Pestilenzwurz. Pestwurzel *Dietr. X, 251*
II 9A. M137 219$_{13}$

Typhen Typhae. Taxon bei Jussieu *Juss. 30*
II 9A. M121 191$_7$

Ulme Rüster. Siehe auch Ulmus *LA II 9A, 3q; Dietr. X, 260*
I 10. 362$_2$
II 9A. M1 3$_{30}$.4$_{50}$ 15 32$_{16}$

Ulmus Siehe auch Ulme *LA II 9A, 3q; Dietr. X, 260*
II 9A. M1 3$_{30}$.4$_{50}$

Ulva (Linnei), Ulve Wassergallert; zur Familie der „Aftermoose" (Algae) gerechnet *Batsch II, 613, 621–622*

I 1. 301$_{11}$.338$_{32}$.345$_{12}$ I 2. 416$_{30}$
I 6. 112$_{39.45}$ I 8. 36$_9$.42$_{27}$ I 9. 326$_8$
I 11. 105$_{15}$.326$_7$
II 8A. M2 5$_{66.70}$ 3 13$_{23-26}$ 4 15$_{49-50}$
II 9A. M50 86$_{116}$

Umbellatae Schirmpflanzen. Doldengewächse: Familie bei Batsch: 11. Ordnung bei Erxleben *Batsch II, 48; Erxleben 477*
II 9A. M43 71$_6$

Umbellen Umbellatae = Familie der Schirmpflanzen *Batsch II, 48; vgl. Juss. 243; Dietr. n.v.*
I 10. 329$_9$
II 10B. M23.6 100$_3$ 23.7 101$_{24}$

Umbilicus V. Lat. (Vok.): Nabel Kraut; Dietr.: Gemeines Nabelkraut = Cotyledon Umbilicus. Siehe auch Nabelkraut *Dietr. III, 364; LA II 9A, 5q*
II 9A. M1 5$_{112}$

Uniola Gräsergattung bei Jussieu *Juss. 37*
II 9A. M119 188$_{16}$

Unkraut
I 10. 119$_{11}$.120$_9$

Urtica nivea Schneeweiße Nessel *Dietr. X, 289*
I 10. 348$_{25}$.349$_{17}$

Vaccinium Siehe auch Heidelbeere *LA II 9A, 28q; Dietr. X, 317*
II 9A. M13 28$_{10}$

Vaginales Taxon: Familie bei Batsch: 42. Ordnung bei Erxleben *Batsch II, 375; Erxleben 539*
II 9A. M43 71$_{26}$

Valeriana Calcitrapa Portugiesischer Baldrian *Dietr. X, 339*
II 9A. M115 174$_{10}$

Valeriana celtica Celtischer Baldrian *Dietr. X, 340*
II 9A. M115 174$_{14}$

Valeriana cornucopiae Wandtafel: Füllhorns Baldrian; Dietr. verweist auf Fedia cornucopiae = Sicilisches Schmalzkraut. Füllhornblüthige Fedie. Siehe auch Füllhorns Baldrian *LA II 9A, 28q; Dietr. N III, 319*
II 9A. M13 28$_{26}$

Valeriana dioica Kleiner Baldrian. der sumpfliebende Baldrian mit ganz getrennten Geschlechtern. Wiesenbaldrian *Dietr. X, 342*
II 9A. M *115* 174₁₁

Valeriana locusta (olitoria) Batsch verzeichnet Valeriana Locusta = Rapünzchen, Ackersalat *Batsch II, 528; vgl. Dietr. X, 357; N IX, 428; N III, 321*
II 9A. M *115* 174₁₅.180₂₁₇

Valeriana officinalis Gemeiner Baldrian. Katzen-Theriak-Wurzel *Dietr. X, 346*
II 9A. M *115* 174₁₂ *118* 186₁₄₁

Valeriana Phu Großer Baldrian. Gartenbaldrian *Dietr. X, 348*
II 9A. M *115* 174₁₃.176₈₂ *118* 186₁₄₂

Valeriana rubra Rother Baldrian *Dietr. X, 350*
II 9A. M *118* 186₁₄₃

Vallisneria Vallisnerie; auch: Pflanzengattung der Familie der Hydrocharides bei Jussieu *Dietr. X, 359; Juss. 75*
I 9. 38₂₄ I 10. 359₃₀.360₁.₃₂
II 9A. M *119* 190₆₆

Vanilla Orchideengattung bei Jussieu *Juss. 74*
II 9A. M *119* 190₆₄

Vanille Vanilla *Dietr. X, 363*
I 10. 202₁₃.204₂

Vaucheria
I 10. 240₁₇

Vaucheria aquatica Lyngb. Von Lyngbye beschriebene „Vegetation" „auf toten, im Wasser liegenden Fliegenleibern": Nees von Esenbeck sieht sie als zu der von ihm „Achlya" genannten Schimmelform gehörend an *LA I 10, 237q*
I 10. 237₁₀.₁₅.238₃₉.239₃₀₋₃₁

Veil, Brauner Lat. (Vok.): L.[eucojon] violaceum; Krünitz: Verweis von Veil auf Levkoje. Leucojum. Siehe auch L.[eucojon] violaceum *LA II 9A, 5q; Krünitz 203, 398*
II 9A. M *1* 5₁₀₄

Veil, Roter Lat. (Vok.): L.[eucojon] rubrum; Krünitz: Verweis von Veil auf Levkoje. Leucojum. Siehe auch L.[eucojon] rubrum *LA II 9A, 5q; Krünitz 203, 398*
II 9A. M *1* 5₁₀₂

Veil, Weißer Lat. (Vok.): L.[eucojon] album; Krünitz: Verweis von Veil auf Levkoje. Leucojum. Siehe auch L[eucojon] album *LA II 9A, 5q; Krünitz 203, 398*
II 9A. M *1* 5₁₀₃

Veilchen Synonym: Veil. Siehe auch Viola. Veil *Dietr. X, 481; vgl. Grimm WB 25,41*
I 3. 513₁₂M I 5. 133₉.178₃
II 3. M37 35₁₀ II 4. M47 59₅ II 7. M45 78₄₀₃ II 9B. M 8 11₂₄ II 10A. M*3.1* Anm 33
- gemeines II 10A. M*3.13* 57₂₈

Vepreculae Taxon: 43. Ordnung bei Erxleben *Erxleben 541*
II 9A. M*43* 72₃₄ (Vebrecutae)

Veratrum nigrum Wandtafel: schwarzblümige weise Nieswurz; Dietr.: Schwarzer Germer. Jungferschürze. Siehe auch Nieswurz. Schwarzblümige *LA II 9A, 30q; Dietr. X, 380*
II 9A. M*13* 30₈₂ II 10A. M*3.12* 54₁₈

Verbascum Siehe auch Königskerze. Blattaria *Dietr. X, 382*
II 9B. M*3* 5₁₆

Verbascum Blattaria Wandtafel: Schabenkraut; Dietr.: Veränderliche Königskerze. Mottenkraut. Siehe auch Schabenkraut *LA II 9A, 29q; Dietr. X, 383*
II 9A. M*13* 29₇₈ *115* 174₁₁

Verbascum nigrum Schwarze Königskerze *Dietr. X, 386*
II 9A. M*115* 174₁₀ *118* 184₆₆₋₆₇

Verbascum thapsoides Schmalblättrige Königskerze. Bastardwollkraut *Dietr. X, 391*
II 9A. M*115* 174₁₂

Verbascum Thapsus Gemeine Königskerze, Wollkraut, Fackelblume *Dietr. X, 391*
II 9A, M*115* 174₉ **II 10A**, M*22* 81₄
Verbena Eisenkraut *Dietr. X, 394*
II 9B, M*5* 7₈.₁₄
Verbena europea *Dietr. n. v.*
II 9B, M*5* 7₅
Verbena officinalis Gemeines Eisenkraut. Siehe auch Eisenkraut, Offizinelles *LA II 9A, 29q; Dietr. X, 398; Batsch II, 429*
II 9A, M*13* 29₆₉ (officinarum)
Vergißmeinnicht Myosotis *Dietr. VI, 286, 289*
II 10A, M*3.5* 42₅₅ *3.8* 49₁₀₂ *3.9* 50₂₇ *3.13* 57₂₄
Veronica Siehe auch Ehrenpreis *LA II 9A, 5q; Dietr. V, 411*
II 9A, M*1* 5₇₈
Veronica Arvensis Feldliebender Ehrenpreis *Dietr. X, 415*
II 9A, M*122* 192₂₉
Veronica hederaefolia Epheublättriger Ehrenpreis *Dietr. X, 423*
II 9A, M*122* 192₃₀
Veronica virginica Siehe auch Ehrenpreis, Virginischer *Dietr. X, 442; LA II 9A, 28q*
II 9A, M*13* 28₃₃ *118* 184₅₇
Verticillatae, Verticillatis Familile der Quirlblumen; Taxon: Familie bei Batsch: 1. Ordnung bei Erxleben *Dietr. n.v.; Batsch II 423; Erxleben 457*
II 9A, M*43* 71₃ **II 10A**, M*3.2* 36₆₆
Viburnum Lantana Wolliger Schneeball *Dietr. X, 449*
II 9A, M*118* 186₁₄₈
Viburnum Opulus Gemeiner Schneeball *Dietr. X, 451*
II 9A, M*118* 186₁₄₉
Vicia anticarpa Dietr. verzeichnet Vicia amphicarpa = Unterirdische Wicke *Dietr. X, 457*
I 10, 256₂₅
Vicia Faba Sau-Wicke, Saubohne, Pferdebohne, Bufbohne. Siehe auch Schweinsbohne *Dietr. X, 463-464*
I 9, 26₂₃ **I 10**, 256₂₈.272₁₆.274₈
II 9A, M*88* 132₃₂ *117* 182₆
II 10B, M*18.1* 43₄.44₉₋₁₄ *18.2* 45₁₂.₁₈ *24.17* 124₁₃
- Die purpurrothe Roß- oder Pferdebohne **II 10B**, M*18.1* 43₄₋₅
Vicia tectorum *Dietr. n. v.*
II 9A, M*49* 81₃₀
Vinca Sinngrün *Dietr. X, 477*
II 9A, M*86* 130₂₃ *137* 220₄₆ *138* 225₄₂ **II 10A**, M*3.13* 57₂₅
Vinca minor Kleines Sinngrün, Wintergrün *Dietr. X, 478*
II 9A, M*52* 93₃₃ *115* 174₁₉ *118* 185₇₉
Vinca pervinca Dietr. verweist von Pervinca auf Vinca: vgl. Synonym zu Vinca maior *Dietr. n. v.; vgl. X, 478*
II 9A, M*115* 174₂₀
Viola Siehe auch Veilchen *Dietr. X, 481*
I 6, 116₁₆
II 10A, M*3.2* 35₂₈
Viola flammea Zedler verzeichnet Viola flammea coloria calida (Dreyfaltigkeit-Blume) und Viola flammea scaligero (Caryophyllus hortensis) *Zedler 48, 1652; Dietr. n. v.*
I 6, 116₄₂
Viola matrona Lat. (Vok.): Nacht-Veyl; Krünitz verweist unter Nachtviole auf Viol-Matronal, Hesperis matronalis, letztere in Dietr.: Rothe Nachtviole, gemeine Matronalviole. Siehe auch Nacht-Veyl, Hesperis *LA II 9A, 5q; Krünitz 100, 316; Dietr. IV, 616*
II 9A, M*1* 5₁₀₅
Viola odorata Wohlriechendes Veilchen, Merzviole *Dietr. X, 491*
II 9A, M*118* 186₁₅₃ **II 10A**, M*3.1 Anm* 33
Viola tricolor Dreifarbiges Veilchen, Stiefmütterchen *Dietr. X, 496*
II 10A, M*3.5* 40₂₇ *3.9* 50₃₅ *3.12* 54₁₃.₄₃
- blaurothe **II 10A**, M*3.14* 58₈

Viscum album Weiße Mistel, gemeine weißbeerige Baummistel *Dietr. X, 502*
I 10. 238₁₇
Vitis Siehe auch Wein *Dietr. X, 514*
I 6. 115₄₃.116₂₀.₂₂.₂₇.₃₀
II 9B. M*33* 36₂₁₁(Vini).₂₁₂(Vino). 37₂₁₉(Vina).₂₂₄(vina).₂₂₉
Vogelbeere Dietr.: Sorbus aucuparia = Gemeine Eberesche. Vogelbeerbaum *Dietr. IX, 382*
I 9. 238₄₋₅
Vogelmilch, gelbe Siehe auch Ornithogalum luteum *Dietr. VI, 529*
II 9B. M*58* 67₉
Vogelnest Wandtafel: Athamanta meum = Bärwurz (Vogelnest): Dietr.: Athamanta Cervaria = Vogelnest *LA II 9A, 30q; Dietr. II, 49*
II 9A. M*13* 30₉₁
Wachendorfia Wachendorfie; auch: Irisgattung bei Jussieu *Dietr. X, 529; Juss. 67*
II 9A. M*54* 97₁₇ *117* 182₄ *119* 189₅₁
Wacholder Siehe auch Iuniperus *Dietr. V, 172*
I 10. 207₁₋₁₇.₂
II 9A. M*1* 4₃₂ *88* 132₄₀
Waid Isatis *Dietr. V, 131*
I 3. 378₁₄M.469₃₇M I 6. 59₉
Wallwurz Lat. (Vok.): Symphytum; Dietr.: Symphytum = Schwarzwurz; Krünitz: Wallwurz = Wallkraut = Symphytum officinale L., auch gemeine Schwarzwurzel. Beinwell und Schmeerwurz genannt. Siehe auch Symphytum *LA II 9A, 5q; Dietr. IX, 586; Krünitz 233, 247*
II 9A. M*1* 5₉₆
Wassermelone Cucurbita Citrullus *Dietr. III, 451*
II 6. M*41* 49₃₀
Wasserpferdesamen Siehe auch Phellandrium aquaticum *Dietr. VII, 140; LA II 9A, 2Sq*
II 9A. M*13* 28₂₄

Wasserpflanze Hydrocharides = Taxon bei Jussieu *Juss. 75*
II 9A. M*88* 133₈₀ *100* 150₄₄ *121* 191₁₁(?) *138* 225₃₇₋₃₈ II 9B. M*55* 60₈
Wasserwegrich Siehe auch Alisma plantago *LA II 9A, 2Sq; Dietr. I, 226*
II 9A. M*13* 28₂₈
Wasserweide Lat. (Vok.): Siler: Krünitz: Wasserweide = Salix pentandra. Siehe auch Siler *LA II 9A, 4q; Krünitz 235, 173, vgl. Dietr. VIII, 398*
II 9A. M*1* 4₄₀
Watsonia Irisgattung bei Jussieu *Juss. 66*
II 9A. M*119* 189₄₆
Wegetritt, Orientalischer Auch: Tabacksblättriger Knöterig, der große morgenländische Knöterig. Siehe auch Polygonum orientale *LA II 9A, 30q; Dietr. VII, 414*
II 9A. M*13* 30₈₁
Weide Siehe auch Salix *LA II 9A, 3q; Dietr. VIII, 371*
I 1. 276₃₅–277₁.277₂ I 9. 330₂₀
I 10. 67₁₄.203₃₃ I 11. 49₄,₆
II 6. M*41* 50₈₁.51₈₈ II 9A. M*1* 3₂₃. 4₅₅ *137* 221₄₉ II 9B. M*55* 60₁₅
II 10A. M*8* 67₁₀
Weidenrose Siehe auch Rosa salicina *Dietr. n.v.; Krünitz 236,70*
II 9A. M*54* 99₈₆
Wein, Weinbeere, Weinrebe, Weinstock Siehe auch Vitis *LA II 9A, 4q; Dietr. X, 514*
I 1. 141₁₇z.146₂₈z.257₃₂z.₃₆z. 258₂₀z.₂₃z.₂₄z.₂₈z.260₄z.₁₇z.269₃₈M. 377₁₈z I 2. 60₁₇z.68₁₀z.₁₂z.84₂₀z. 336₅.368₂₇ I 3. 112₂₃ I 4. 243₁₂
I 6. 20₂₅.28₁₅.30₁₄.52₂₇ I 8. 388₃
I 10. 26₁₅.202₃₇.255₁₈.260₁₅.₂₃. 261₁–271₁₀.274₂₈.320₁₀–₁₁.356₁₈.₂₄
II 6. M*45* 56₅₀ II 8A. M*51* 75₂(vignes) II 9A. M*1* 4₆₈ *71* 113₆ *72* 114₂ *100* 151₃₉ *115* 179₂₀₅ II 10A. M*3.2* 36₅₈ *3.13* 57₃₄ II 10B. M*1.2* 5₅₇₋₅₈ *17.2* 43₁ *22.10* 83₇(vigne) *24.11* 118₁₃ *24.12* 120₁₃.₁₆–₁₇ *24.13* 121₁₂ *24.18* 124₁₁ *25.1* 131₉₈(Vigne)

Weißdorn Lat. (Vok.): Oxyacantha und Spina alba; Dietr: Crataegus oxyacantha = Gemeiner Weißdorn. Siehe auch Spina alba. Oxyacantha *LA II 9A, 4q*; *Dietr. III, 389*
II 9A. M*1* 4$_{33.44}$ **II 9B**. M*33* 37$_{235}$ (Spini bianchi)
Weizen Siehe auch Triticum *Dietr. X, 198*
I 1. 154$_{15z}$.157$_{27z}$ **I 8**. 183$_{2}$ **I 9**. 212$_{30}$ **I 10**. 119$_{18}$
II 6. M*79* 163$_{141}$ **II 9A**. M*15* 32$_{1}$
II 9B. M*33* 32$_{50}$.35$_{146}$ (Grano)
Wicke Siehe auch Vicia *Dietr. X, 456*
I 10. 46$_{34}$.166$_{5}$
II 9A. M*15* 32$_{6}$ **II 9B**. M*33* 32$_{62}$ (Vecce).35$_{155}$ (Vecce) **II 10B**. M*10* 31$_{86}$ (vesces)
Wiesen-Platterbse Siehe auch Lathyrus pratensis *LA II 9A, 29q*; *Dietr. V, 339*
II 9A. M*13* 29$_{56}$
Wiesenraute, kleine Siehe auch Thalictrum minus *Dietr. IX, 681*; *LA II 9A, 28q*
II 9A. M*13* 28$_{17}$
Wildhafer Avena fatua *Dietr. II, 95*; vgl. Krünitz *239, 203*
II 9A. M*137* 219$_{17}$
Winde Siehe auch Convolvulus und Konvolvel *Dietr. III, 277*
II 10A. M*3.12* 54$_{39}$ **II 10B**. M*24.11* 118$_{8}$ *24.13* 121$_{2}$
Winter Schnittkohl Nach Krünitz Brassica oleracea viridis L. *Krünitz 239, 356*; vgl. *Dietr. II, 275–279* # *N 1?*
II 9A. M*115* 180$_{215}$
Wintergrün Siehe auch Pyrola *Dietr. VII, 673*
II 9A. M*1* 5$_{107}$
Winterkorn Dietr. verzeichnet Hordeum hexastichon = Wintergerste *Dietr. IV, 677*
I 2. 225$_{24}$ **I 8**. 257$_{6}$
Winterzwiebel Röhrenstieliges Lauch, Winterlauch. Siehe auch Allium fistulosum *Dietr. I, 255*
II 5B. M*1* 3$_{4}$ **II 9B**. M*22* 21$_{1}$

Witsenia Irisgattung bei Jussieu *Juss. 66*
II 9A. M*119* 189$_{48}$
Wohlgemuth s. *Dosten, Gemeiner*
Wolfskirsche Tollkraut. Siehe auch Atropa bella donna *LA II 9A, 29q*; *Dietr. II, 76*
II 9A. M*13* 29$_{68}$
Wolfsmilch Lat. (Vok.): Aphrode; Dietr.: Euphorbia = Wolfsmilch. Siehe auch Aphrode, Esula und Euphorbia *LA II 9A, 5q*; *Dietr. IV, 67*
I 10. 173$_{8}$
II 9A. M*1* 5$_{82}$ **II 10A**. M*3.1 Anm* 32
Wollgras, Vieljähriges Siehe auch Eriophorum polystachyon *LA II 9A, 29q*; *Dietr. III, 840*
II 9A. M*13* 29$_{59}$
Wucherblume, Doldentraubige Wandtafel: Chrysanthemum corymbosum = flachenstrausförmige Wucherblume; Dietr.: C. c. = Doldentraubige Wucherblume. Siehe auch Chrysanthemum corymbosum *LA II 9A, 29q*; *Dietr. III, 70*
II 9A. M*13* 29$_{63-64}$
Xanthorrhiza apiifolia Sellerieblättrige Gelbwurz *Dietr. X, 563*
I 9. 299$_{18}$
Xeranthemum Spreublume *Dietr. X, 564*
II 10A. M*3.8* 49$_{114}$
Xerophyta Ananasgattung bei Jussieu *Juss. 57*
II 9A. M*119* 189$_{27}$
Xiphidium Irisgattung bei Jussieu *Juss. 66*
II 9A. M*119* 189$_{50}$
Xyris Grasliliengattung bei Jussieu *Juss. 50*
II 9A. M*119* 189$_{52}$
Ysop s. *Isop (Jsop, Ysop)*
Zannichellia Zannichellie *Dietr. X, 590*
I 9. 43$_{29}$ (Zanichellia)
Zapfenbäume Siehe auch Coniferae Batsch *II, 333*; vgl. *Dietr. III, 264*
II 9B. M*58* 68$_{45}$

Zaunblume, ästige Siehe auch Anthericum ramosum *Dietr. I, 552*
II 10B. M*15* 41$_{48}$
Zea Mays Gemeiner Mais, türkisches Korn oder Weizen. Siehe auch Türkisches Korn *Dietr. X, 600*
I 10. 73$_{3-4}$.162$_{16}$
II 9B. M*33* 32$_{61}$.35$_{153}$ (Formentone) **II 10B.** M*24.11* 118$_{20}$
Zeder *s. Cedrus, Ceder*
Zentifolie *s. Centifolie*
Zerreiche Quercus cerris *Dietr. VIII, 12*
II 9B. M*33* 38$_{259}$ (Cerri)
Zingiber Siehe auch Ingwer, Amomum *Dietr. N X, 58*
II 9A. M*112* 171$_{52}$ *113* 172$_{5}$
Zirbelnuß (Zürbelnuß) Pinus Cembra *Dietr. VII, 234*
I 10. 333$_{2}$
II 9A. M*14* 31$_{11}$ **II 10B.** M*23.3* 96$_{81}$
Zitrone Siehe auch Citrus *LA II 9A, 4q; Dietr. III, 148*
I 6. 401$_{12-13}$ **I 10.** 68$_{31}$
II 7. M*45* 78$_{414}$ **II 9A.** M*1* 4$_{71}$
II 10B. M*1.2* 4$_{20}$

Zitterpappel *s. Espe*
Zuckerahorn Acer saccharinum *Dietr. I, 47*
I 9. 330$_{27-28}$
Zuckerrose Rosa gallica, Essigrose, die rothe Rose der Apotheker *Dietr. VIII, 233; Krünitz 127, 66-67*
II 10A. M*3.13* 56$_{8}$
Zwiebel- und Bulbengewächse Siehe auch Cepa
I 10. 52$_{9}$.63$_{15}$.72$_{23}$
II 1A. M*75* 304$_{2}$ **II 9A.** M*14* 31$_{14}$ *15* 32$_{15.20}$ *16* 33$_{3.4}$ *17* 34$_{52}$ *35* 49$_{8}$ *39* 56$_{113.116.118}$.57$_{135.143}$.58$_{163}$ *88* 132$_{42}$ *92* 137$_{10}$ *138* 224$_{17}$ **II 9B.** M*2 4 6 9*$_{45}$ *14* 17$_{4-5}$ *55* 61$_{55}$ *58* 67$_{4-5}$ **II 10A.** M*3.16* 59$_{2}$ **II 10B.** M*19.4* 51$_{4}$
Zwiefel *s. Zwiebel- und Bulbengewächse Grimm WB 32, 1153*
Zygophyllum Fabago Gemeines Doppelblatt, gemeine Bohnenkapper *Dietr. X, 627*
II 9A. M*49* 82$_{49}$ *137* 219$_{1}$
Zypresse *s. Cypresse*

TIERE

Tiere

Hinweis: Die den Einträgen beigefügten Erläuterungen sind nicht als Identifikationen im Sinne heutiger Systematik zu verstehen (zu der es bisweilen Abweichungen gibt), sondern als Hinweise auf Zuordnungen und Synonyme, die Goethe aus seiner Zeit kannte (und bisweilen kritisch veränderte). Hierfür wurden Nachschlagewerke herangezogen, die sich in Goethes Bibliothek nachweisen lassen bzw. von Personen stammen, mit denen Goethe in engem Kontakt stand. Sofern sich Erläuterungen und Synonyme aus den Goetheschen Quellen selber ergaben, sind diese aufgeführt (q).

Aal Muraena *Batsch T-M 526, 528*
 I 11, 90$_5$
Acantis Siehe auch Zeisig *LA II 9A, 6q*
 II 9A, M*1* 6$_{131}$
Acarus Hirundinis Herm. Acariden: Milben, deren charakteristische Arten nach dem Wirtstier benannt werden, hier nach der Schwalbe *LA II 10B, 11 Erl; Batsch T-M 648, 652 (Acarus)*
 II 10B, M*1.2* 6$_{128}$ 7$_{132}$
Achivi s. Schmetterling
Adler Siehe auch Aquila *LA II 9A, 6q*
 I 9, 127$_{17}$
 II 9A, M*1* 6$_{147}$ *12* 27$_{12}$ *91* 136$_1$
Affe Siehe auch Simia *LA II 9A, 5q; Batsch T-M 167*
 I 4, 196$_{34}$ **I 9**, 13$_4$.127$_{33}$.130$_1$. 139$_{11}$.154$_{18}$.157$_{37}$.159$_{25}$.164$_{27.31}$. 171$_{18}$.173$_2$.180$_{15.26}$.197$_{28}$.248$_{32\text{-}33}$. 364$_{16}$.366$_8$.367$_{35}$.377$_{18}$ **I 10**, 19$_9$ 20$_3$.74$_{19}$.80$_{29}$.85$_{16}$.91$_{11}$.92$_{24}$.100$_{33}$. 105$_{10}$.106$_{23}$.389$_{16.18}$.393$_{20}$
 II 2, M*7.8* 51$_{41}$ **II 9A**, M*1* 5$_{102}$ *3* 15$_{26\text{-}28}$ *6* 20$_{33}$ *10* 24$_4$ *11* 26$_{31}$ *12* 27$_{10\text{-}11}$ *91* 136$_{10.12}$ *98* 142$_{41}$. 143$_{70.85}$ *100* 149$_{29}$ *101* 153$_5$ *107* 161$_{119}$ *109* 165$_{48}$ *115* 180$_{219}$ *126* 196$_{10}$ *127* 197$_8$.198$_{41}$.199$_{57}$ *128* 201$_{30.36}$ *134* 214$_{16}$ *157* 248$_{41}$
 II 10A, M*2.4* 9$_{20}$ **II 10B**, M*31* 158$_1$
Agnus Siehe auch Lamm *LA II 9A, 6q*
 II 9A, M*1* 6$_{115}$
Ai Bradypus tridactylus, Dreifinger-Faultier. Siehe auch Bradypus und Faultier *Batsch T-M 165; LA II 10A, 861 Erl*
 I 9, 248$_{9\text{-}34.30}$
Alauda Siehe auch Lerche *LA II 9A, 6q; vgl. Batsch T-M 317*
 II 9A, M*1* 6$_{134}$
Alces s. Cervus alces
Alouatte Brüllaffe *LA II 10B, 138 Erl*
 II 10B, M*25.1* 132$_{149}$
Alucita, Federmotte s. Schmetterling
Ameise Formica. Siehe auch Imse *Batsch T-M 615; GWB*
 I 2, 361$_{33Z}$.397$_{6Z}$.404$_{18Z}$ **I 3**, 482$_{34M}$. 483$_{36M}$ **I 6**, 11$_{12.18}$ **I 10**, 165$_{21}$
 II 2, M*7.8* 52$_{73}$ **II 9A**, M*92* 137$_6$ *139* 227$_{11\text{-}12}$
Ammoniten Siehe Mineralienregister
Ammonshorn Ammonium *Batsch T-M 688*
 I 2, 84$_{26Z}$.86$_{32}$.87$_{12}$.88$_{11\text{-}12}$.334$_{23\text{-}24}$. 352$_{4\text{-}5}$.358$_{14Z}$ **I 8**, 417$_{19\text{-}20}$ **I 11**, 23$_{24}$.175$_{30}$.176$_{10}$.177$_6$.237$_{12\text{-}13}$
 II 8B, M*24* 43$_{10}$ **II 9A**, M*112* 170$_{26}$
Amphibien Amphibia: Klasse der Tiere nach Linné
 I 9, 127$_{18}$.136$_{22}$.137$_{14}$.138$_{35}$.148$_{37}$. 160$_{31}$.198$_9$.207$_{28}$ **I 10**, 22$_{31\text{-}32}$. 114$_{46}$.136$_{32}$
 II 2, M*9.24* 189$_{27}$ **II 8A**, M*30* 48$_{11}$ **II 9A**, M*2* 13$_{229}$ *107* 162$_{133}$ *109* 165$_{60}$ **II 9B**, M*32a* 29$_{19}$ **II 10B**, M*25.10* 155$_{130}$
Amphibiolithen Siehe Mineralienregister
Amsel Siehe auch Merula *LA II 9A, 6q; Batsch T-M 340*
 II 9A, M*1* 6$_{135}$

Anas Siehe auch Ente *LA II 9A, 7q;* vgl. *Batsch T-M 367, 376*
II 9A. M*1* 7$_{173}$
Anas segetum Saatgans *LA II 2, 190 Erl*
II 2. M*9.24* 189$_{25}$
Anneliden
II 10B. M*25.10* 154$_{88}$
Anser Siehe auch Gans *LA II 9A, 6q;* vgl. *Batsch T-M 276*
II 9A. M*1* 6$_{149}$
Antilope *Batsch T-M 130, 132*
I 9. 168$_{22-23}$.365$_{1-2}$
II 9A. M*98* 143$_{76.91}$ *99* 144$_{1}$.145$_{17}$
Aper Siehe auch Eber *LA II 9A, 6q*
II 9A. M*1* 6$_{136}$
Aplysia Gattung von Meeresschnecken *Linné/Gmelin 1788–1793, 1.6, 3103*
I 9. 293$_{16}$
Aquila Siehe auch Adler *LA II 9A, 6q*
I 6. 117$_{12}$
II 9A. M*1* 6$_{147}$
Aquila marina Siehe auch Fischadler *LA II 9A, 7q*
II 9A. M*1* 7$_{162}$
Arabische Buchstaben-Porcellane s. *Konchylien*
Ardea Siehe auch Reiher *LA II 9A, 6q;* vgl. *Batsch T-M 386*
II 9A. M*1* 6$_{133}$
Argus, der kleine s. *Konchylien*
Aries Siehe auch Widder *LA II 9A, 6q*
I 6. 117$_{17}$
II 9A. M*1* 6$_{128}$
Armadillo Gürteltier *GWB*
I 10. 116$_{24}$
II 9A. M*10* 24$_{8}$
Asina Siehe auch Eselin *LA II 9A, 6q*
II 9A. M*1* 6$_{148}$
Asinus Siehe auch Esel *LA II 9A, 5q*
I 8. 231$_{9}$
II 9A. M*1* 5$_{106}$
Assel Siehe auch Scolopendra *Batsch T-M 648*
II 9A. M*92* 137$_{3}$
Asterien Asterias. Siehe auch Seesterne *Batsch T-M 720*
I 9. 253$_{9}$.289$_{8}$

Astroiten Siehe Mineralienregister
Aszidien (Ascidien) Ascidia. Meerscheiden. Siehe auch Seescheiden *Batsch T-M 706*
I 9. 288$_{39}$
Ateles Klammeraffen, mit fast ganz verkümmerten Daumen *LA II 10B, 135 Erl*
II 10B. M*25.1* 128$_{9}$
Atropos s. *Schmetterling*
Attaci s. *Schmetterling*
Attagen Siehe auch Haselhuhn *LA II 9A, 7q*
II 9A. M*1* 7$_{158}$
Auerhahn Urogallus *LA II 9A, 7q*
II 9A. M*1* 7$_{159}$
Auerochse Siehe auch Urus *LA II 9A, 6q*
I 9. 254$_{14}$ *3 10.* 81$_{30}$
II 9A. M*1* 6$_{133}$ *98* 143$_{94}$
Auster Ostrea *Batsch T-M 707*
I 7. 26$_{16}$ I 8. 290$_{29}$
II 5B. M*113* 324$_{48.54.56-57.58.61.66}$. 325$_{102.104}$
Babirussa s. *Sus Babirussa*
Bachstelze Siehe auch Motacilla *LA II 9A, 7q*
II 9A. M*1* 7$_{158}$
Balanus Meereichel *Batsch T-M 717*
I 9. 289$_{13}$
Bandwurm s. *Wurm, Würmer*
Bär Siehe auch Ursus *Batsch T-M 195; LA II 9A, 5q*
I 1. 308$_{28}$ I 6. 33$_{32}$ I 9. 12$_{35}$.136$_{6}$. 172$_{38}$.364$_{23}$ I 10. 4$_{12}$.82$_{23}$.85$_{16}$.89$_{20}$
I 11. 112$_{17}$
II 9A. M*1* 5$_{107}$ *98* 142$_{37-38}$.143$_{88}$ *99* 146$_{44}$ *129* 207$_{136}$ *134* 215$_{45}$ *157* 247$_{19}$
Bastard, der zackige s. *Konchylien*
Belemniten Siehe Mineralienregister
Belluae Ordnung der Tiere bei Linné Vgl. *Batsch T-M 103, 105*
I 10. 8$_{18}$
II 9A. M*5* 19$_{18}$
Biber Castor *Batsch T-M 242*
I 9. 169$_{28}$.182 183.364$_{28}$.365$_{35}$. 375$_{37}$ I 10. 3$_{9.51.2.5.6}$.111$_{34}$.396$_{20}$
I 11. 315$_{18}$

II 9A. M*98* 142₃₄₋₃₅.₅₈.143₇₄ *129*
203₁₂.204₅₄.206₁₀₃.207₁₂₈.208₁₇₃
134 214₁₈
Bienen *Batsch T-M 615, 620*
I 9. 217₆.₁₀.₁₂ **I** 10. 165₂₀.288₁₄.₁₅.
294₁₂
- Arbeitsbienen **II 9B**. M*50* 53
- Drohnen **II 9B**. M*50* 53
Bimaculatae *s. Schmetterling*
Birkhahn Siehe auch Urogallus minor *LA II 9A, 7q*
II 9A. M*1* 7₁₆₈
Birkhenne Siehe auch Urogallina minor *LA II 9A, 7q*
II 9A. M*1* 7₁₇₀
Bison (Bisson) Bos Bison = Wisent *Batsch T-M 142*
II 10A. M*41* 104₂₇ (Bonasus).₃₀
- Thracischer **II 10A**. M*41* 104₂₅₋₂₇
Bivalve Zweiklappriges Schalentier oder Muschel *LA II 10A, 933 Erl*
I 9. 339₂₂
Bivalve Pinnigène Muschelgattung nach de Luc *LA II 8B, 97q*
II 8B. M*60* 96₁₄.97₄₁₋₄₄
Blattläuse Aphis *Batsch T-M 598*
I 9. 216₃₁.₃₈.217₃₄.328₂₅.330₆.₁₈.₂₁.
331₁₈.₁₉.₂₇
II 10B. M*1.2* 5₈₅.6₉₃₋₁₀₀
- Neffen (LA II 10A. 831) **I** 9. 219₃₁
Blutegel Hirudo *Batsch T-M 673*
II 10A. M*4* 63₂
Bock Siehe auch Hircus *LA II 9A, 6q*
I 9. 365₃ **I** 10. 11₃.94₃₁
II 9A. M*1* 6₁₃₀ *124* 194₂₂
Bohrmuscheln Siehe auch Pholas *Batsch T-M 709*
I 9. 289₃₁
Bombyx, Spinner *s. Schmetterling*
Bonasus *s. Bison (Bisson)*
Bonifaciuspfennige, Bonifatiuspfennige Siehe Mineralienregister
Bos Ochse. Siehe auch Auerochse, Kuh, Ochse, Rind, Stier *Batsch T-M 130; LA II 9A, 6q*
I 6. 115₄₄
II 9A. M*1* 6₁₂₀ *2* 11₁₁₇.₁₂₈ *5* 18₁₄ *98* 143₇₆
- Bos taurus (Hausrind) **I** 10. 8₁₃

- Camuri (Hörner einwärts) **I** 9. 260₂₇ **II 10A**. M*41* 104₇.₁₀
- Laevi (Hörner abwärts) **I** 9. 260₂₈.₂₈ **II 10A**. M*41* 104₁₀
- Licini (Hörner aufwärts) **I** 9. 260₂₉ **II 10A**. M*41* 104₁₁
- ἕλικες βόες (bei Homer krummhörnige Rinder) **I** 9. 260₂₇ (ἕλικες βόες)
Brachionus *s. Infusionstiere (Infusorien)*
Brachiopoden Armfüßer *LA II 10A, 894 Erl*
I 9. 289₂₁
Bradypus Faultier. Siehe auch Ai, Faultier, Unau *Batsch T-M 163, 165; LA II 10A, 861 Erl*
I 9. 247₁₇₋₂₆.₂₈
Bruta Ordnung der Tiere bei Linné Vgl. *Batsch T-M 102, 106*
I 10. 8₁
II 9A. M*2* 8₉.12₁₅₇.13₂₁₆ *5* 18₇
Bubalus Siehe auch Büffel *LA II 9A, 6q*
II 9A. M*1* 6₁₃₄
Bubones *s. Schmetterling*
Buccinum Schneckengattung. Kinkhorn *Batsch T-M 691*
I 9. 292₄
- Buccinum glaucum (Martini II. 16.25) **II 9A**. M*112* 170₃₂
- Buccinum testiculus (Martini II. 15.66) **II 9A**. M*112* 170₃₇
Büffel Siehe auch Bubalus *LA II 9A, 6q*
I 9. 168₂₄
II 9A. M*1* 6₁₃₄ *98* 143₉₃ *99* 145₃₇₋₃₈ *129* 207₁₂₅
Bufonites Siehe Mineralienregister
Bursaria *s. Infusionstiere (Infusorien)*
Butio Siehe auch Rohrdommel *LA II 9A, 7q*
II 9A. M*1* 7₁₆₃
Caballus Siehe auch Hengst *LA II 9A, 6q; vgl. Batsch T-M 145*
II 9A. M*1* 6₁₅₂
Calymene Fossile Muschelart *LA II 8B, 135q*
II 8B. M*83* 135₈

Camelus Siehe auch Kamel *LA II 9A, 5q; Batsch T-M 120*
  II 9A. M*1* 5$_{105}$
Canaria Siehe auch Kanarienvogel *LA II 9A, 7q; vgl. Batsch T-M 351*
  II 9A. M*1* 7$_{160}$
Canarienvogel *s. Kanarienvogel*
Caniculus Siehe auch Kaninchen *LA II 9A, 5q; vgl. Batsch T-M 235*
  II 9A. M*1* 5$_{110}$
Caninchen *s. Kaninchen (Caninchen)*
Canis Siehe auch Hund *LA II 9A, 5q; Batsch T-M 188*
  I 6. 114$_{21.24}$.115$_{32.34}$.117$_{16}$.119$_{41}$. 120$_{40}$ **I 9.** 164$_{2.16.20}$
  II 9A. M*1* 5$_{112}$ *2* 12$_{158}$ 98 143$_{72}$
Canis vulpes Siehe auch Fuchs *Batsch T-M 190–192*
  I 10. 8$_{25}$
  II 9A. M.5 19$_{24}$
Capra Siehe auch Ziege *LA II 9A, 6q; vgl. Batsch 121, 128;*
  I 8. 231$_{3}$
  II 9A. M*1* 6$_{129}$ *161* 253$_{10}$
Capron de l'Africa
  II 9A. M*91* 136$_{11}$
Cardium Herzmuschel *Batsch T-M 708*
  I 9. 291$_{4}$
Carduelis Siehe auch Stieglitz *LA II 9A, 6q*
  II 9A. M*1* 6$_{137}$
Carinaria Gattung der Kielschnecken *LA II 10A, 894 Erl*
  I 9. 292$_{37}$.293$_{4}$
Castrenses *s. Schmetterling*
Casuar *s. Kasuar (Casuar)*
Cephalopoden Kopffüßler. Weichtiere wie Kraken und Tintenfische *LA II 10B, 136 Erl*
  II 10B. M*25.1* 129$_{50}$.130$_{58}$
Cercaria *s. Infusionstiere (Infusorien)*
Cercopithecus Siehe auch Meerkatze *LA II 9A, 6q*
  II 9A. M*1* 6$_{119}$
Cerva Siehe auch Hindin. Reh *LA II 9A, 6q*
  II 9A. M*1* 6$_{115.116}$

Cervus Siehe auch Hirsch *LA II 9A, 6q; Batsch T-M 130*
  II 9A. M*1* 6$_{135}$ *5* 18$_{13}$
Cervus alces Batsch: Renn[tier]. Siehe auch Elen (Elend) *Batsch T-M 138; LA II 9A, 6q*
  II 9A. M*1* 6$_{149}$ *99* 145$_{18.27}$
Cervus capreolus Siehe auch Reh *Batsch T-M 136*
  I 10. 8$_{11}$
Cervus elaphus Siehe auch Hirsch *Batsch T-M 136*
  I 10. 8$_{12}$
Cetacea (Cetaceen) Walfische. Siehe auch Wal *Batsch T-M 103*
  I 9. 160$_{31}$
  II 9A. M*2* 13$_{229}$ *11* 26$_{32}$
Chama Gienmuschel *Batsch T-M 707*
- Chama cor **I 9.** 292$_{10}$
- Chama lazarus **I 9.** 292$_{9}$
- Chama pectinata **I 2.** 372$_{1M}$ **II 8B.** M*73* 118$_{19}$
Chamäleon Chamaeleon *Batsch T-M 456*
  I 4. 192$_{19}$ **I 6.** 178$_{21}$
Chamiten Siehe Mineralienregister
Chiton *s. Käfermuscheln*
Chrysaliden Schmetterlingspuppen. Siehe auch Puppe *GWB*
  I 10. 294$_{16}$
Cicade Zikade *Batsch T-M 597 (Cicada)*
  II 2. M *7.8* 50$_{26}$
Ciconia Siehe auch Storch *LA II 9A, 6q; vgl. Batsch T-M 391*
  II 9A. M*1* 6$_{139}$
Cinerifice *s. Schmetterling*
Cirrhopoden Rankenfüßler. niedere Krebse
  I 9. 289$_{21}$
- Cirrhopoda Goldf. **I 9.** 289$_{3}$
Coccus Schildläuse *Batsch T-M 598*
  I 4. 193$_{6}$
Cochenille Coccus Cacti und Coccus Ilicis; Schildläuse. die zum Färben benutzt wurden. Für den Farbstoff siehe auch Karmin. Kochenille

im Mineralienregister *Batsch T-M 602*
I 4. 231[13.35]
II 4. M *61* 74[145]
Colibri Amerikanischer Vogel *Krünitz*
II 2. M *7.8* 52[73]
Colpoda *s. Kolpoda (Colpoda)*
Columba Siehe auch Taube *LA II 9A, 6q; Batsch T-M 411*
I 6. 118[32]
II 9A. M *1* 6[143]
Columba fera Siehe auch Wildtaube *LA II 9A, 7q*
II 9A. M *1* 7[174]
Comites *s. Schmetterling*
Concha Siehe auch Muschel
II 7. M *1* 4[66] **II 9A.** M *127* 199[65]
Conchylien *s. Konchylien*
Conofasciculatae *s. Schmetterling*
Coralliolithen Siehe Mineralienregister
Corallium Siehe auch Koralle, Madrepora *LA II 7, 4q*
II 7. M *1* 4[67]
Cornix Siehe auch Krähe *LA II 9A, 6q*
II 9A. M *1* 6[126]
Coronula Seepockengattung
I 9. 289[13]
Corvus Siehe auch Rabe *LA II 9A, 6q; vgl. Batsch T-M 316*
II 9A. M *1* 6[128]
Cossi *s. Schmetterling*
Coturnix Siehe auch Wachtel *LA II 9A, 7q; vgl. Batsch T-M 417*
II 9A. M *1* 7[165]
Crokodil *s. Krokodil*
Cruciatae *s. Schmetterling*
Crustaceen Crustacea, Schalentiere *Batsch T-M 84*
I 9. 253[11]
Cuculus Siehe auch Kuckkuck *LA II 9A, 6q*
II 9A. M *1* 6[146]
Curruca Siehe auch Grasmücke *LA II 9A, 7q*
II 9A. M *1* 7[168]
Cyclidium *s. Infusionstiere (Infusorien)*

Cyclostoma Schneckengattung *LA II 10A, S94 Erl*
I 9. 292[3-4]
- Cyclostoma viviparum **I 9.** 292[20]
Dachs Siehe auch Melis *LA II 9A, 5q*
II 9A. M *1* 5[103]
Dammhirsch Cervus dama *Batsch T-M 137*
II 9A. M *99* 146[43]
Danai candidi *s. Schmetterling*
Dasypus Gürteltier *Batsch T-M 159*
I 9. 180[24] **I 10.** 8[4]
II 9A. M *5* 18[10] *126* 196[9] **II 10A.** M *2.4* 9[18]
Delphin Delphinus *Batsch T-M 256*
I 10. 115[13]
II 9A. M *10* 25[24] *12* 27[8] *127* 198[35]. 199[61-62] *159* 252[5]
Dickhäuter Gruppe der Säugetiere. Siehe auch Pachydermen *GWB*
I 9. 246[1].250[29] 251[22].314[29]
Didelphis Beuteltier *Batsch T-M 219*
I 10. 8[24]
II 9A. M *5* 19[23]
Discitas Noegerathii Fossile Muschelart *LA II SB, 135q*
II 8B. M *S3* 135[6-7]
Disciten Siehe Mineralienregister
Dohle Siehe auch Monedula *LA II 9A, 6q*
II 9A. M *1* 6[138]
Dompfaff Gimpel, Blutfink; Loxia Pyrrhula *Batsch T-M 349*
II 10A. M *3.1* Anm 34
Dromedar Kamel mit einem Höcker; Camelus dromedarius *Batsch T-M 122*
I 9. 182.183.183
II 9A. M *98* 143[78.97] *99* 147[74] *129* 204[54].206[103.121].207[128] *134* 215[33]
Eber Siehe auch Aper *LA II 9A, 6q*
II 9A. M *1* 6[136]
Ebur fossile Siehe Mineralienregister
Echiniten Siehe Mineralienregister
Echinus Siehe auch Seeigel, Spatangus *Batsch T-M 720*
I 9. 288[41].292[35]

Eichhörnchen (Eichhorn) Siehe auch Sciurus *LA II 9A, 6q; Batsch T-M 236*
I 9. 376$_{12}$ 377$_{12}$ **I 10.** 90$_{30}$.180$_{33}$. 395$_{29.33}$
II 9A. M *1* 6$_{116}$ *10* 25$_{14}$ *12* 27$_{23}$
Eidechsen Lacertae *Batsch T-M 437*
I 2. 122$_{33Z}$.334$_{22}$ **I 9.** 126$_{22}$.169$_{30}$
I 11. 237$_{11}$
II 9A. M *145* 235$_{7\text{-}4}$ *146* 238$_{92}$
Eingeweidewürmer *s. Wurm, Würmer*
Einhorn Siehe auch Monoceros *LA II 9A, 6q*
II 9A. M *1* 6$_{150}$
Einhornfisch „Gewisse Arten gehörnter, doch gemeiniglich nur mit Einem Horn bewaffneter, Fische, wie z. E. Meereinhorn, Narwall, Balistes aculeatus Sebae, Balistes tomentosus Linn., Balistes monoceros Linn." *Krünitz*
II 8A. M *30* 48$_{9}$
Eisbär Siehe auch Ursus maritimus *Batsch T-M 196*
I 10. 392$_{33}$
II 9A. M *11* 26$_{19}$
Eisvogel Siehe auch Halcyon *LA II 9A, 7q*
II 9A. M *1* 7$_{162}$
Elch *s. Elen (Elend)*
Elefant Siehe auch Elephas, Ohio-Elefant *Batsch T-M 153*
I 1. 308$_{26}$ **I 2.** 206$_{24Z}$.247$_{29M}$. 249$_{1M}$.373$_{21M.35M}$.375$_{5M}$ **I 6.** 83$_{6}$ **I 8.** 234$_{10}$.235$_{10}$ **I 9.** 130$_{4}$. 140$_{21}$.161$_{5}$.168$_{10}$.173$_{19\text{-}36}$.173$_{38}$ 174$_{7\text{-}5}$.199$_{7}$.249$_{26\text{-}28}$.281$_{5}$ 287$_{9}$. 284$_{9}$.285$_{25}$.286$_{29.32}$.375$_{23}$ **I 10.** 4$_{33}$.9$_{1}$ 10$_{6}$.77$_{15}$.80$_{28}$.220$_{5.31}$. 221$_{20.27.28.32.35}$.222$_{6.7.18\text{-}19}$. 19-20.21.25.29.30.35.39.223$_{2.13.18\text{-}19.21.24}$. 24-25.28-29.39.223$_{27}$ 224$_{13}$.224$_{34.39}$. 393$_{15}$ **I 11.** 112$_{15}$
II 8A. M *55* 77$_{6\text{-}7}$ **II 8B.** M *19* 27$_{4}$. 28$_{33}$ *73* 119$_{7\text{-}7}$.120$_{89}$.121$_{126}$ **II 9A.** M *1* 5$_{108}$ *10* 24$_{7}$ *11* 26$_{7\text{-}9}$ *98* 141$_{14}$. 142$_{39}$ *128* 201$_{14}$.202$_{41.51}$ *134* 215$_{53}$ *159* 251$_{2}$ **II 10A.** M *2.4* 9$_{23}$ *4* 63$_{1}$
II 10B. M *25.1* 132$_{157}$ *35* 162$_{38\text{-}39}$

Elen (Elend) Elch. Siehe auch Cervus alces *Batsch T-M 138; GWB*
I 2. 373$_{25M}$.374$_{9M}$
II 8B. M *73* 120$_{81.98}$ **II 9A.** M *1* 6$_{149}$ *98* 142$_{40}$.143$_{95}$ *129* 207$_{138}$ *134* 214$_{25}$
Elephas (Elephantus) Siehe auch Elefant *LA II 9A, 5q; Batsch T-M 153*
I 10. 8$_{6}$
II 9A. M *1* 5$_{108}$ *2* 14$_{242}$ *5* 18$_{11}$
Elster Siehe auch Pica *LA II 9A, 6q*
II 5B. M *76* 230$_{32}$ **II 9A.** M *1* 6$_{129}$
Enchelis *s. Infusionstiere (Infusorien)*
Engerling Bei Goethe: Schmetterlingslarve *GWB*
I 10. 189$_{10}$
Ente Siehe auch Anas *LA II 9A, 7q; rgl. Batsch T-M 367*
I 9. 127$_{18}$ **I 10.** 22$_{13\text{-}29.30}$
II 9A. M *1* 7$_{173}$ *12* 27$_{21}$
Entenmuschel Siehe auch Lepaden (Lepas) *Batsch T-M 717*
I 9. 339$_{21}$.341$_{7\text{-}8}$
Enthomolithen Siehe Mineralienregister
Equa Siehe auch Stute *LA II 9A, 6q*
II 9A. M *1* 6$_{151}$
Equites *s. Schmetterling*
Equus Siehe auch Pferd *LA II 9A, 6q; Batsch T-M 143*
I 6. 112$_{41.45}$.113$_{1.37}$.114$_{7.41}$.116$_{6}$. 117$_{2.5}$.118$_{4.11}$.119$_{34}$.120$_{40.41}$ **I 10.** 8$_{20}$
II 9A. M *1* 6$_{124}$ *2* 9$_{54}$.11$_{121.125.128.128}$ *5* 19$_{19}$
Erinaceus Siehe auch Igel *Batsch T-M 209*
II 9A. M *1* 5$_{104}$
- Erinaceus hystrix **II 9A.** M *127* 198$_{34}$.199$_{60}$
Eruca Siehe auch Raupe und Schmetterling *GWB*
II 10B. M *20.5* 56$_{4}$
- Eruca Boraginis (Jungius: Hist. verm.) **II 10B.** M *20.5* 56$_{20}$
- Eruca Esulae (Jungius: Hist. verm.) **II 10B.** M *20.5* 56$_{16}$

TIERE

- Eruca hesperidis (Jungius: Hist. verm.: Hesperis = Nachtviole) **II 10B**. M*20.5* 56₆
- Eruca hirsuta (Jungius: Hist. verm.: hirsutus = struppig. rauh) **II 10B**. M*20.5* 56₂₄
- Eruca Hystrix (Jungius: Hist. verm.: hystriculus/hystrix = dichthaarig. rauhhaarig) **II 10B**. M*20.5* 56₂₁₋₂₃.₂₇
- Eruca latitatrix (Jungius: Hist. verm.: latitatio = Sichverstecktshalten) **II 10B**. M*20.5* 56₁₁
- Eruca livida (Jungius: Hist. verm.: lividus = bleifarbig. bläulich) **II 10B**. M*20.5* 56₂₉
- Eruca raphani (Jungius: Hist. verm.: raphanus = Rettich) **II 10B**. M*20.5* 56₂₈
- Eruca rosacea glauca (Jungius: Hist. verm.: rosacea = rosenartig. glaucus = bläulich) **II 10B**, M*20.5* 56₁₃
- Eruca virgata (Jungius: Hist. verm.: virgatus = gestreift) **II 10B**. M*20.5* 56₁₄

Eschara Rindenkorallen. Siehe auch Leimrinde. Ringrinde *Batsch T-M 725; Krünitz (Korallen); LA II 8A 49q*
II 8A. M*30 Anm* 49

Esel Siehe auch Asinus *LA II 9A, 5q*
I 9. 352₂₆ **I 10**. 2₂₃
II 9A. M*1* 5₁₀₆ *107* 161₁₁₉ *109* 165₄₈

Eselin Siehe auch Asina *LA II 9A, 6q*
II 9A. M*1* 6₁₄₈

Esula Eigentlich: Sphinx Esulae *s. Schmetterling*

Etoile de mer Siehe auch Seestern *Krünitz (Seestern)*
II 10B. M*25.1* 132₁₅₇

Eule Siehe auch Nachteule. Noctua *LA II 9A, 7q; Krünitz (Eule); vgl. Batsch T-M 285*
I 3. 412₃₉₄₂ₘ **I 4**. 6₃₅ **I 8**. 216₉ (Vögel der Pallas).296₄₂
II 9A. M*1* 7₁₇₂

Euphorbiae *s. Schmetterling*

Falco Siehe auch Falke *LA II 9A, 6q*
II 9A. M*1* 6₁₅₀

Falke Siehe auch Falco *LA II 9A, 6q*
II 6. M*27* 32₇₃ **II 9A**. M*1* 6₁₅₀

Fasan Siehe auch Phasianus *LA II 9A, 6q*
II 9A. M*1* 6₁₄₄ (Faßan)

Fasciatae *s. Schmetterling*
Fasciati *s. Schmetterling*

Faultier Bradypus. Siehe auch Ai. Bradypus. Riesenfaultier *Batsch T-M 163; LA II 10A, 861 Erl*
I 9, 246₁

Feigen-Schnepfe Siehe auch Ficedula *LA II 9A, 7q*
II 9A. M*1* 7₁₆₄

Feldmaus
I 10, 3₉

Felis Siehe auch Katze *LA II 9A, 6q; Batsch T-M 180*
II 9A. M*1* 6₁₁₇ 9S 143₇₂

Felis Leo Siehe auch Leo. Löwe *Batsch T-M 186*
I 10. 8₂₈
II 9A. M*5* 19₂₅

Ferae Ordnung der Tiere bei Linné *Vgl. Batsch T-M 102*
I 10. 8₂₃
II 9A. M*5* 19₂₂ *91* 136₁₃

Ferkel Siehe auch Porcellus *LA II 9A, 6q*
II 9A. M*1* 6₁₃₂ (Fercklein)

Ficedula Siehe auch Feigen-Schnepfe *LA II 9A, 7q*
II 9A. M*1* 7₁₆₄

Fink Siehe auch Fringilla *LA II 9A, 6q; Batsch T-M 318*
I 11. 251₁₉
II 9A. M*1* 6₁₃₀

Fisch-Aar *s. Fischadler*

Fischadler Siehe auch Aquila marina *LA II 9A, 7q*
II 9A. M*1* 7₁₆₂ (Fisch-Aar)

Fische Klasse der Tiere nach Linné. Siehe auch Piscis *Batsch T-M 88*
I 1. 268₆z **I 2**. 204₁₃.₁₃.250₂₅.₂₅z. 334₂₂.371₂₇ₘ **I 3**. 111₂₅.₂₉.134₁₀ₘ. 504₈ₘ **I 4**. 189₂₂.192₈.₁₅.₁₇.₁₈ **I 8**, 263₁₅ **I 9**, 9.127₃.₁₅.136₂₂.138₃₅.

148$_{36}$.160$_{31}$.193$_{25}$.198$_{9.17}$.247$_{37}$.
261$_{25}$ **I 10.** 22$_{31}$.114$_{6}$.120$_{37.38}$.
121$_{3.16.26}$.122$_{16}$.136$_{30.33}$ **I 11.** 70$_{32}$.
89$_{13-14}$.237$_{11}$
II 2. M 7. S 52$_{78}$ 9. S 148$_{20}$ **II 5B.**
M 79 238$_{2}$ **II 6.** M 23 26$_{38}$ **II 7.** M *11*
18$_{238}$ 99 194$_{3}$ **II 8A.** M *3* 13$_{26}$ *30*
49$_{12}$ **II 9A.** M 27 43$_{8}$ *107* 162$_{134}$
109 165$_{61}$ *141* 229$_{3-4}$ *142* 230$_{13-14}$
145 235$_{78}$ *146* 238$_{97}$ **II 9B.** M *18*
19$_{1}$ **II 10A.** M 47 108$_{1}$ **II 10B.** M *1.3*
17$_{163}$ 25.*1* 131$_{127}$.132$_{136}$ (poissons)
25.*10* 153$_{47}$ *32* 159$_{1}$
- Fischbein **II 2.** M S.*1* 66$_{103}$ S.*2*
74$_{82.83-84}$
- versteinert **I 1.** 30$_{22M}$ **II 7.** M *14*
29$_{14}$ *23* 39$_{26}$ **II 8A.** M *39* 63$_{43}$ *58*
79$_{3}$ **II 8B.** M 6 9$_{108}$ *73* 118$_{10}$
Fischotter Lutra *Batsch T-M 201*
I 9. 364$_{24}$ **I 10.** 4$_{37}$
II 9A. M *12* 27$_{15}$ *124* 194$_{11.14}$ *125*
195$_{6.11.19-20}$ *127* 199$_{52}$
Fischschwülen Versteinerung *s. Fische*
Fledermaus Siehe auch Vespertilio
LA II 9A, 7q
I 2. 122$_{33Z}$ **I 9.** 136$_{6}$.368$_{8}$.377$_{18}$
II 9A. M *1* 7$_{161}$ *10* 24$_{5}$ *104* 155$_{1}$
Fliege Siehe auch Schmeißfliege. Stubenfliege *Vgl. Batsch T-M 540, 636*
I 2. 31$_{35}$.37$_{29}$ **I 3.** 421$_{18}$ **I 6.**
120$_{40}$ (muscarum) **I 7.** 97 (ND:
85)$_{13}$ **I 8.** 142$_{30}$ **I 9.** 214$_{10-25}$.219$_{31}$.
245$_{5.8}$ **I 10.** 229$_{28-29}$.234$_{9}$.234$_{14}$
237$_{6}$.237$_{7}$ 238$_{12}$.238$_{18}$.240$_{18}$ **I 11.**
82$_{35}$.149$_{37}$
II 5A. M *3* 5$_{50-51}$ **II 8A.** M *30* 49$_{14}$
II 9A. M 97 140$_{1}$ **II 10A.** M *33* 92
Fohlen *s. Pferd*
Fringilla Siehe auch Fink *LA II 9A, 6q; rgl. Batsch T-M 318*
II 9A. M *1* 6$_{130}$
Fringilla linaria Zirscherlein. Meerzeisig *Batsch T-M 354; rgl. LA II 2, 190 Erl*
II 2. M 9.*24* 189$_{23}$
Fringilla rosea Pallas Singvogel aus der Finkengruppe *LA II 2, 190 Erl*
II 2. M 9.*24* 189$_{21}$

Fringilla rostrata Siehe auch Kirsch-Fink *LA II 9A, 7q*
II 9A. M *1* 7$_{160-167}$
Fritillarii *s. Schmetterling*
Frosch Familie der Amphibien (Batrachi) und Gattung (Rana) innerhalb dieser Familie. Siehe auch Laubfrosch. Ochsenfrosch *Batsch T-M 437, 445*
I 4. 57$_{16}$ **I 9.** 126$_{25}$ **I 10.** 26$_{16}$.37$_{4}$.
136$_{32}$.194$_{2}$ 195$_{29}$.195$_{8.15}$ **I 11.**
88$_{28}$.89$_{11}$.127$_{5}$
II 1A. M *25* 162$_{4}$ 163$_{68}$ *50* 248$_{14}$
II 5B. M *25* 119$_{75}$ **II 9A.** M *145*
235$_{75}$ *146* 238$_{93}$ **II 10A.** M *28* 87$_{1}$
Fuchs Siehe auch Canis vulpes. Vulpes *Batsch T-M 190–192; LA II 9A, 5q*
I 9. 157$_{26}$ **I 10.** 3$_{20}$.16$_{1}$ 17$_{16}$
II 9A. M *1* 5$_{109}$ *11* 26$_{16}$ *91* 136$_{22}$
Fulica Siehe auch Wasserhuhn *LA II 9A, 7q; rgl. Batsch T-M 386*
II 9A. M *1* 7$_{155}$
Fungiten Siehe Mineralienregister
Galguli Vermutlich Galgulus. Goldamsel
I 6. 119$_{36}$
Gallinago Siehe auch Schnepfe *LA II 9A, 7q; rgl. Batsch T-M 397*
II 9A. M *1* 7$_{170}$
Gammarrholithen Siehe Mineralienregister
Gans Siehe auch Anser *LA II 9A, 6q; rgl. Batsch T-M 376 (Anas anser)*
I 8. 165$_{11}$
II 9A. M *1* 6$_{149}$ (Gantz) *126* 196$_{19}$
129 209$_{203.210}$ **II 9B.** M S 11$_{22}$
II 10A. M *14* 73$_{1-2}$
Gartenschnecke
I 2. 88$_{12}$.373$_{5M}$.374$_{22M}$ **I 11.** 177$_{7}$
II 8B. M 73 119$_{56}$.120$_{109}$
Gasteropoden (Gastropoden) Bauchfüßer *LA II 10A, S94 Erl*
I 9. 291$_{27.34-35}$.292$_{23}$.293$_{8.21}$
Gavia Siehe auch Kiebitz *LA II 9A, 6q*
II 9A. M *1* 6$_{145}$
Gehäuseschnecken
I 9. 293$_{5}$

Geier (Geyer) Siehe auch Vultur *LA II 9A, 6q*; vgl. *Batsch T-M 285*
I 1. 6₄z
II 9A. M *1* 6₁₅₂ (Geyer)
Geiß, Wilde Siehe auch Pygargus *LA II 9A, 6q*
II 9A. M *1* 6₁₁₈
Gemse Siehe auch Rupicapra *LA II 9A, 5q*; *Batsch T-M 134 (Capra Rupicapra L.)*
I 9. 169₂₈.365₁ I 10. 117₁₁.₃₅
II 9A. M *1* 5₁₁₁ *98* 143₇₆.₉₀ *99* 144₆.145₁₇
Geographicae *s. Schmetterling*
Giraffe Cervus camelopardalis *Batsch T-M 136*
I 9. 124₂₉.179₃₃.180₂.367₃₂
II 10A. M *2.4* 9₂₃ II 10B. M *25.1* 132₁₅₆
Glabratae *s. Schmetterling*
Glires Ordnung der Tiere bei Linné. Siehe auch Nagetiere Vgl. *Batsch T-M 102*
I 10. 8₁₄
II 9A. M *5* 18₁₅ *161* 253₈
Glis Siebenschläfer? Siehe auch Ratze *LA II 9A, 6q*; vgl. *Batsch T-M 238 (Sciurus Glis, Siebenschläfer)*
II 9A. M *1* 6₁₁₇
Gonium *s. Infusionstiere (Infusorien)*
Gorgonia Hornkorallen
II 8A. M *30 Anm* 49
Graculus Siehe auch Häher *LA II 9A, 6q*
II 9A. M *1* 6₁₄₂
Grasmücke Siehe auch Curruca *LA II 9A, 7q*
II 9A. M *1* 7₁₆₈
Grünling Vermutlich Grünfink (Viredo). Siehe auch Vireo *LA II 9A, 7q*
II 9A. M *1* 7₁₆₇
Grus Siehe auch Kranich *LA II 9A, 7q*
II 9A. M *1* 7₁₆₁
Gryphite (Griphite) Siehe Mineralienregister
Guckguck *s. Kuckuck*
Häher Siehe auch Graculus *LA II 9A, 6q*
II 9A. M *1* 6₁₄₂

Hai Squalus *Batsch T-M 489*
I 10. 115₁₄
Halcyon (Halcion) Siehe auch Eisvogel *LA II 9A, 7q*
II 9A. M *1* 7₁₆₂
Halliotis Seeohr, Meerohr. Siehe auch Konchylien (Meerohr) *Batsch T-M 690 (Haliotis)*; *LA II 10A, 894* Erl
I 9. 292₂
Hammel Siehe auch Vervex *LA II 9A, 6q*
II 9A. M *1* 6₁₄₀
Hänfling Auch: Flachsfink. Siehe auch Linaria *LA II 9A, 7q*
II 9A. M *1* 7₁₆₆
harmeles Hermelin?
II 9A. M *161* 253₆
Hase Siehe auch Lepus *LA II 9A, 6q*; *Batsch T-M 227*
I 6. 33₃₁ I 9. 141₉ I 10. 12₉ 13₁₄. 17₄.89₁₅
II 6. M *41* 53₁₇₆ II 9A. M *1* 6₁₁₃ *7* 21₁.22₁₄ *9* 23₄₋₆ *10* 25₁₃ *124* 194₁₆ *157* 248₂₇
Haselhuhn Siehe auch Attagen *LA II 9A, 7q*
II 9A. M *1* 7₁₅₈
Haushuhn
I 2. 18₃z.398₁₆z
Heckenschnecke
I 2. 374₂₃M
II 8B. M *73* 120₁₁₀₋₁₁₁
Heimchen Hausgrille *GWB*
II 2. M *7.8* 50₂₅
Heliconii *s. Schmetterling*
Helix Siehe auch Landschnecke *Batsch T-M 690*
I 9. 292₃.₂₂
Helmintholithen Siehe Mineralienregister
Hengst Siehe auch Caballus, Pferd *LA II 9A, 6q*
I 9. 371₈.₁₃.₁₈.₂₅₋₂₆.372₃₂ I 10. 13₂₀₋₂₁
II 9A. M *1* 6₁₅₂
Hepiali *s. Schmetterling*
Herkuleskäule Clava Herculis *s. Konchylien Mus. Bolt. 49, 68, 102*

Hindin Weiblicher Hirsch. Siehe auch Cerva *LA II 9A, 6q; Grimm WB*
II 9A. M*1* 6₁₁₅
Hippopotamus Siehe auch Nilpferd *Batsch T-M 143 (Flussochse)*
II 9A. M*98* 141₁ 99 146₆₀.147₆₅ *129* 203₂.204₄₉.207₁₄₆.208₁₅₅
Hircus Siehe auch Bock *LA II 9A, 6q*
II 9A. M*1* 6₁₃₀
Hirsch Siehe auch Cervus, Cervus elaphus *LA II 9A, 6q; Batsch T-M 130, 136*
I 2. 373₂₆ₘ.374₁₂ₘ **I 6.** 33₃₁ **I 10.** 2₂₃.82₂.92₁₅
II 8A. M*2* 5₇₃ *3* 13₂₇₋₂₈ **II 8B.** M*73* 120₈₂.₁₀₁ **II 9A.** M*1* 6₁₃₅ *10* 25₁₆ *98* 143₉₆ *99* 144₉.145₂₅ *100* 150₆₆ *127* 197₁₃ *157* 248₂₅ **II 10B.** M*34* 160₂₁
Hirundo Siehe auch Schwalbe *LA II 9A, 7q; vgl. Batsch T-M 318*
II 9A. M*1* 7₁₆₉
Hirundo rustica Siehe auch Rauchschwalbe *LA II 9A, 7q*
II 9A. M*1* 7₁₇₄₋₁₇₅
Histrix (Hystrix) Siehe auch Stachelschwein *LA II 9A, 6q; vgl. Batsch T-M 242 (Stacheltier)*
II 9A. M*1* 6₁₃₈
Holosericeae *s. Schmetterling*
Homo Siehe auch Mensch *Batsch T-M 167*
II 9A. M*5* 19₃₀
- homo (vs. animal) **II 10A.** M*5* 64₁₂
Hornisse Vespa crabro: größte Wespenart *Krünitz*
I 10. 294₁₃
Hornvieh
I 9. 260₆₋₇
Huhn Familie der Vögel (Gallinae) oder als „gemeiner Hahn" (Gallus) eine Art in der Gattung der Fasane in dieser Familie *Batsch T-M 276, 420*
I 9. 74₂₂.188₂₂.₃₉.246₂₁.352₂₂₋₂₃
II 7. M*102* 197₄₃ **II 9A.** M*40* 66₆₁.₆₃

Hummel Plebeji urbicolae: Art in der Familie der Tagfalter. Siehe auch Schmetterling (Plebeji urbicolae) *Batsch T-M 626–627*
I 10. 190₁₇.193₁₈.294₁₃
Hund Siehe auch Canis *Batsch T-M 188*
I 2. 360₂₇ᴢ **I 3.** 410₁₁₄₇ₘ **I 6.** 34₁₄.₂₇ **I 9.** 136₂.158₂₅.164₁.198₁₅.256₁₇. 362₄.₆.₃₂.364₂₃ **I 10.** 2₁₆.3₃₁.17₁₆. 91₃.119₃₇
II 6. M*41* 53₁₇₈ **II 8A.** M*2* 3₄
II 9A. M*1* 5₁₁₂ *10* 25₁₀ *98* 143₈₉ *100* 150₄₇.151₇₅ *105* 156₇ *124* 193₃.194₁₃.₁₇ *157* 247₁₆
Hüner-Ey *s. Konchylien*
Hyäne Hyaena *Batsch T-M 188*
I 10. 5₉
Hysterolithen Siehe Mineralienregister
Ichthiolithen Siehe Mineralienregister
Ichthyospondylithen Siehe Mineralienregister
Igel Siehe auch Erinaceus *LA 9A, 5q; rgl. Batsch T-M 209*
II 9A. M*1* 5₁₀₄
Iltis Siehe auch Viverra *LA II 9A, 6q; vgl. Batsch T-M 207 (Mustela putoris)*
II 9A. M*1* 6₁₄₁
Imse Siehe auch Ameise *GWB*
I 2. 397₅ᴢ.400₂₆ᴢ.401₁₉ᴢ
Infusionstiere (Infusorien) Die unterschiedlichen Erscheinungsformen wurden z.T. nach ihrem Aussehen oder nach Herkunftsort bzw. dem Stoff der Infusion benannt
I 9. 9₂₃.336₃₉ **I 10.** 25₁ 40₇.26₃₅₋₃₆. 27₃₃₋₃₄.28₇₋₈.29₃₀.304.₃₄.31₂.₂₈
II 6. M*79* 173₅₁₇ **II 9B.** M*36* 40₃
II 10B. M*1.3* 15₁₀₁ *11.4* 35₁₋₂ *35* 162₆₆
- Bohnen- und Nierenförmige Tiere
I 10. 34₂₂₋₂₃.₂₇.37₂₇
- Brachionus (Taxon bei Linné)
II 9B. M*16* 18₁₇
- Bursaria (Taxon bei Linné) **II 9B.** M*16* 18₁₃

TIERE 533

- Cercaria (Taxon bei Linné) **II 9B**. M *16* 18[14]
- Colpoda (Taxon bei Linné) **II 9B**. M *16* 18[10]
- Cyclidium (Taxon bei Linné) **II 9B**. M *16* 18[6]
- Elementar-Algen (bei Nees von Esenbeck bestimmte Art von Elementarbildungen) **II 10B**. M *1.3* 15[101-102]
- Enchelis (Taxon bei Linné) **II 9B**. M *16* 18[4]
- Glockentiere **I 10**. 28[38] 29[4].34[28]. 35[5].38[3.6].39[32]
- Gonium (Taxon bei Linné) **II 9B**. M *16* 18[12]
- Kartoffeltierchen **I 10**. 32[4-5.8]
- Kettenkugeltierchen **I 10**. 24[19-24]
- Kugeltierchen **I 10**. 28[6]
- Monas (Taxon bei Linné) **II 9B**. M *16* 18[1]
- Ovaltiere (wohl Pantoffeltierchen) **I 10**. 27[26].28[9].30[22].32[24].33[17]. 34[26.28].35[8].38[30].39[7-8.37]
- Pandeloquentiere **I 10**. 30[30].31[14]. 32[21].33[9].35[15.21.35.37].38[35].39[28]
- Paramecium (Taxon bei Linné) **II 9B**. M *16* 18[8-9]
- Pfeffertierchen **I 10**. 32[6]
- Punkttiere **I 10**. 29[37.30[6.11.20.22]. 32[21.24].34[28.30].35[20.33].36[16.29].39[7] 29[8].40[2]
- Runde flachscheinende Tierchen **I 10**. 38[31]
- Schlauchtier **I 10**. 34[29]
- Systematisches Verzeichnis nach Linn. Syst. nat. **II 9B**. M *16* 18
- Tiere, längliche **I 10**. 36[1.21.39[35]
- Trichoda (Taxon bei Linné) **II 9B**. M *16* 18[15]
- Vibrio (Taxon bei Linné) **II 9B**. M *16* 18[5]
- Volvox (Taxon bei Linné) **II 9B**. M *16* 18[3]
- Vorticella (Taxon bei Linné) **II 9B**. M *16* 18[16]

Insekten Insecta, Klasse der Tiere nach Linné *Batsch T-M S9, 529*
I 2. 40[33].162[33-34].213[32z].331[31z] **I 4**. 189[22].193[5.13] **I 6**. 178[18] **I 8**. 145[30]. 169[32-33].179[4] **I 9**. 10[32].11[30-31].12[29]. 24[28].123[1.20].124[3].193[25].204[27.31]. 205[10.30].206[22].207[38].208[4].214[9]. 216[36].217[34].219[31].220[22].245[6.12.29]. 252[13.24].253[9.12].326[27.39] **I 10**. 26[10-11].122[15].132[5].136[22].149[52]. 158[23].165[4.6.27-28].171[27].190[19]. 193[2.6].202[16].236[24].288[2.19.24.27]. 292[9].294[7].301[32].358[29.32]
II 2. M *7. S* 51[40] *9.2* 142[19-21] *9.24* 189[27] **II 8A**. M *30* 49[14] **II 9A**. M *40* 62[1] *115* 179[206] *137* 221[69] *138* 225[33].226[56] *148* 240[6].241[11] **II 9B**. M *24* 22[5] (Spinn System) *26* 23[1] *29 25 32a* 29[13.23] *54* 58[10] M *54* 58[34] 59[46] **II 10A**. M *2.1* 4[18] *2.3* 7[30.38] *2.10* 15[4] *2.11* 16[4] *2.12* 17[24] *2.16* 22[1] *2.17* 22[1] *3.1 Anm* 31. 34 *3. S* 49[127] *32* 91[24-28] *45* 107[10] *49* 110[17] **II 10B**. M *1.2* 6[114] *1.3* 16[161] *18.3* 46[5] *25.1* 131[92] *25.10* 152[30.32].154[88] *35* 161[35]

Iridei s. *Schmetterling*
Isocardia Humboldtii Fossile Muschelart *LA II SB, 135q*
II 8B. M *S3* 135
Johanniswurm s. *Wurm, Würmer*
Julus Vielfuß *Batsch T-M 649*
I 10. 165[11]
Juvenca Siehe auch Kuh, Junge *LA II 9A, 6q*
II 9A. M *1* 6[114]
Jynx Siehe auch Windhals *LA II 9A, 6q; vgl. Batsch T-M 315 (Wendehals)*
II 9A. M *1* 6[151]
Käfer Coleoptera; Familie in der Klasse der Insekten *Batsch T-M 539*
I 2. 40[38].114[6z] **I 4**. 193[15] **I 8**. 145[34]
I 10. 168[15]
II 2. M *7. S* 52[72-73]
Käfermuscheln Chiton *Batsch T-M 693*
I 9. 293[26]
Kakerlake Mensch mit vollständigem Albinismus *Batsch T-M 170*
I 8. 296[40]

Kalb
I 6. 115₄₀ (vitulam)
II **9A.** M *100* 149₃₉ *162* 253₁
Kamel Siehe auch Camelus *LA II 9A,
5q; Batsch T-M 120*
I 8. 234₁₁.235₁₁ I 9. 161₁₇.172₃₂.
183.365₁₃ I 10. 2₂₄.392₁₁
II **9A.** M *1* 5₁₀₅ *2* 14₂₅₄ *11* 26₁₀ *98*
143₇₈.₉₈ *129* 206₁₂₀ *134* 215₃₂
Kanarienvogel Siehe auch Canaria *LA II 9A, 7q; vgl. Batsch T-M 351–352 (Fringilla canaria)*
II **9A.** M *1* 7₁₆₀ II **10B.** M*23. 8*
102₃₄ *33* 159₁
Känguruh Didelphys gigantea *Batsch T-M 223*
I 9. 169₂₈
Kaninchen (Caninchen) Siehe auch Caniculus *LA II 9A, 5q; Batsch T-M 235 (Lepus caniculus)*
II **9A.** M *1* 5₁₁₀ *12* 27₂₄
Kasuar (Casuar) Struthio casuarius (Laufvogel) *Batsch T-M 407*
I 10. 397₃₋₄
II **9A.** M *129* 209₂₀₄.₂₁₃ II **10B.**
M*25.2* 141₉₂
Katze Siehe auch Felis *LA II 9A, 6q; Batsch T-M 180*
I 8. 296₄₂ I 9. 139₇.141₃₆.362₃.₆.₂₆.
364₂₁ I 10. 4₃₁.91₃.115₃₂.116₃₁
I 11. 349₁₉
II **9A.** M *1* 6₁₁₇ *10* 25₁₁ *12* 27₂₅ *91*
136₁₉ *100* 151₇₅ *105* 156₇ *124* 194₆.₁₈
127 198₃₉ *157* 248₂₄ II **9B.** M*52* 56₃
Kaulbarsch Kugelbarsch *GWB*
II **9B.** M *17* 19₁
Kellerläuse Kellerasseln *GWB*
I 10. 149₄₆
Kephalopoden s. Cephalopoden
Kermes Rote Schildläuse, die zum Färben benutzt wurden (unechte Cochenille) *Krünitz; GWB*
I 4. 231₃₄
II 4. M*61* 74₁₄₄
Kiebitz Siehe auch Gavia *LA II 9A, 6q; vgl. Batsch T-M 399 (Tringa vanellus)*
I 9. 166₂₁₋₂₂
II **9A.** M *1* 6₁₄₅ (Kybitz)

Kirsch-Fink Siehe auch Fringilla rostrata *LA II 9A, 7q*
II **9A.** M *1* 7₁₆₀
Kolibri s. *Colibri*
Kolpoda (Colpoda) s. *Infusionstiere (Infusorien)*
Konchiliolithen Siehe Mineralienregister
Konchylien Schalentiere. Siehe auch Schalentiere, Muscheln und Schnecken sowie Buccinum, Lepaden, Patelle
I 1. 256₉₂ I 2. 60₂₄z.371₃₀ₘ.374₁₇ₘ
I 9. 293₃₃.₃₅
II **8A.** M*38* 61₂₀ II **8B.** M*73*
120₁₀₅ II **9A.** M *114* 173₁
- Arabische Buchstaben-Porcellane (Martini I. 321.397) II **9A.** M *112* 170₃₀
- Großer Schlangenkopf (Porcellanschnecke: Martini I. 335) II **9A.** M *112* 170₂₉
- Herkuleskäule II **9A.** M *112* 169₁₃
- Hohe Chinesische Mütze (Napfschnecke: Martini I. 94.152–155) II **9A.** M *112* 170₂₂₍₍?₎
- Hüner-Ey (Blasenschnecke: Martini I. 292) II **9A.** M *112* 170₂₇
- Kleiner Argus (Porcellanschnecke: Martini I. 358) II **9A.** M *112* 170₃₁
- Matrosenkappe (Napfschnecke: Martini I. 93.150.156) II **9A.** M *112* 170₂₁₍?₎
- Meerohr (auch: Seeohr, Schneckengattung; siehe auch Haliotis) II **9A.** M *112* 170₂₅.₃₉
- Meerröhren (Taxon: Martini I. 1) II **9A.** M *114* 173₂.₄₋₁₃.₂₈
- Meerschnecke II **3.** M*37* 35₁₂
- Murex Anus (Sturmhaubenart; Martini II. 16.84. Linn. Syst. nat. Ed. XII. 1218) II **9A.** M *112* 170₄₁
- Orgelwerck (Martini I. 25.62) II **9A.** M *112* 169₁₂
- Pantoffel (Napfschnecke/Patelle: Martini I. 94.159) II **9A.** M *112* 170₂₃₍?₎

TIERE 535

- Porcellane (Taxon, Fam. der Porzellanschnecken; Martini I, 302) **II 9A**, M*112* 170$_{28.30.35}$
- Seewurmgehäuse (Taxon; Martini I, 1) **II 9A**, M*114* 173$_{3.14-24.30}$
- Sturmhaube, die puncktirte (Martini II, 15) **II 9A**, M*112* 170$_{38}$
- versteinert **II 7**, M*11* 21$_{335.351}$. 22$_{386-387}$ *12* 25$_{18}$ *54* 121$_{14}$
- Winckelbohrer **II 9A**, M*112* 169$_{11}$
- Zackige Bastard (Sturmhaubenart: Martini II, 78) **II 9A**, M*112* 170$_{40}$

Koralle Siehe auch Corallium, Madrepora *LA II 7, 4q*
I 1, 151$_{30M}$.152$_{10Z}$.381$_{7M}$ **I 2**, 112$_1$. 202$_{19.29}$.247$_{31M}$.342$_{18}$ **I 4**, 190$_6$ **I 8**, 261$_{22.32}$.394$_{37}$ **I 11**, 24$_{13-14}$.192$_{31}$ **II 6**, M*45* 57$_{102}$ **II 7**, M*1* 4$_{68}$ *84* 175$_{59}$ **II 8A**, M*60* 88$_{70}$ **II 8B**, M*19* 27$_6$

Krähe Siehe auch Cornix *LA II 9A, 6q*
II 9A, M*1* 6$_{126}$

Krammetsvogel Siehe auch Turdus *LA II 9A, 7q*
II 9A, M*1* 7$_{156}$

Kranich Grues, Ardea grus. Siehe auch Grus *LA II 9A, 7q*; Batsch *T-M 392*
I 2, 401$_{5Z}$.404$_{9Z.19Z}$
II 9A, M*1* 7$_{161}$ *100* 150$_{69-71}$

Krebs Cancer *Batsch T-M 648*
I 1, 338$_{16}$ **I 2**, 28$_{18Z}$ **I 8**, 35$_{31}$ **II 3**, M*36* 34$_2$ **I 4**, M*63* 76$_{20-23}$ **II 8A**, M*30* 49$_{15}$ **II 9A**, M*100* 151$_{86}$ **II 9B**, M*54* 58$_{39}$ **II 10B**, M*31* 158$_1$

Krokodil Crocodylus *Batsch T-M 455*
I 2, 334$_{25}$ **I 9**, 168$_{27}$.178$_{30}$.381$_4$ **I 10**, 114$_{11.13}$.401$_{38}$.402$_{16}$ **I 11**, 160$_{25}$.237$_{13}$
II 2, M*7.8* 52$_{75}$ **II 9A**, M*12* 27$_7$ *103* 155$_2$ **II 10B**, M*25.6* 147$_{37}$

Kropfgans Siehe auch Onogrotalus *LA II 9A, 7q; vgl. Batsch T-M 383 (Pelecanus onocrotalus, Pelikan)*
II 9A, M*1* 7$_{172}$

Krösestein Eine Art Stern-Koralle. Siehe auch Madrepora areola *Krünitz*
II 8A, M*30 Anm* 49

Kröte Gattung (Bufo) in der Familie der Froscharten, als gemeine K. (Buffo vulgaris) eine Art in dieser Gattung *Batsch T-M 445, 450*
I 2, 87$_{23(?)}$ **I 9**, 126$_{26}$ **I 11**, 176$_{20}$
II 9A, M*145* 235$_{76}$ *146* 238$_{93}$

Krötenauge Siehe Mineralienregister
Krötenstein Siehe Mineralienregister
Krustazeen Siehe Mineralienregister
Kuckuck Siehe auch Cuculus *LA II 9A, 6q*
II 9A, M*1* 6$_{146}$ (Guckguck)

Kuh Weibliches Hausrind; in erweiterter Bedeutung: Rind. Siehe auch Auerochse, Bos, Kalb, Ochse, Rind *GWB*
I 1, 13$_{7M}$.262$_{31Z}$ **I 2**, 18$_{2Z}$ **I 9**, 198$_{16}$
II 7, M*32* 55$_{16}$ **II 9B**, M*35* 39$_1$ *48* 51$_3$ (genisse)

Kuh, Junge Siehe auch Juvenca *LA II 9A, 6q*
II 9A, M*1* 6$_{114}$

Kupfervogel Wohl die zu den Spinnern gehörige Kupferglucke; Gastropacha quercifolia *LA II 10A, 857 Erl*
I 9, 245$_{16}$

Kybitz s. Kiebitz

Lagopus Siehe auch Schneehuhn *LA II 9A, 7q*
II 9A, M*1* 7$_{173}$

Lamantin Franz. für Manati, Amerikan. Seekuh *LA II 2, 56 Erl*
II 2, M*7.8* 52$_{79}$ (Lamantin)
- Lapis Manati **I 9**, 362$_{29}$

Lamm Siehe auch Agnus *LA II 9A, 6q*
I 8, 237$_{22}$
II 9A, M*1* 6$_{115}$ *124* 194$_7$

Landschnecken Siehe auch Helix *Batsch T-M 690*
I 2, 373$_{12M}$ **I 4**, 190$_{11}$
II 8B, M*73* 119$_{64}$

Laubfrosch Hyla viridis *Batsch T-M 454*
II 2, M*7.8* 50$_{29}$

Laus, Läuse Pediculus. Siehe auch Blattläuse, Kermes, Coccus, Cochenille *Batsch T-M 643*
I 2. 40_{37} I 8. 145_{34} I 10. 193_{18-19}
II 9A. M42 69_3 II 10B. M1.2 $6_{107-108}$
- Schildlaus II 10B. M1.2 $6_{101-102}$
- Tierlaus II 10B. M1.2 6_{101}
- Weisharige (Jungius: Hist. verm.) II 10B. M20.5 56_{33}

Leaena Siehe auch Löwin *LA II 9A, 6q*
II 9A. M1 6_{137}

Leimrinde Rindenkoralle. Siehe auch Eschara *LA II 8A, 49q*
II 8A. M30 Anm 49

Leo Siehe auch Löwe. Felis leo *LA II 9A, 5q; Batsch T-M 186*
I 6. $112_{33}.113_{2,6}$
II 9A. M1 5_{101} 2 $11_{130}.12_{188}$

Leopard, Leopardus *LA II 9A, 6q*
II 9A. M1 6_{142}

Lepas anatifera Meereichelart *Martini VIII, 301.340*
I 9. $339_{20}.340_{5-6,22}.341_{15}$

Lepas polliceps *LA I 9, 340q; Martini n.v.*
I 9. $340_{7-8,23}.341_{16-17}$

Lepas, Lepaden Siehe auch Entenmuscheln *Batsch T-M 717*
I 9. $289_{23-24,29}.339_{1,15}$
II 10A. M64 144_8
- Die starckgerippte Lepade II 9A. M112 170_{17}

Lepus Siehe auch Hase *LA II 9A, 6q; Batsch T-M 227*
I 6. 114_{18}
II 9A. M1 6_{113} 5 18_{16}

Lepus timidus Batsch: Gemeiner Feldhase *Batsch T-M 234; vgl. Linnaeus 1758, 57*
I 10. 8_{16}

Lerche Siehe auch Alauda *LA II 9A, 6q; vgl. Batsch T-M 317*
II 9A. M1 6_{134}

Leuchtwurm s. *Wurm, Würmer*

Licini s. *Bos*

Limax Erdschnecke *Batsch T-M 689*
I 9. 293_{16}

Linaria Siehe auch Hänfling *LA II 9A, 7q*
II 9A. M1 7_{166}

Lingula Siehe auch Zungenmuschel *LA I 9, 289q*
I 9. $289_{28,32}$

Lithophyta, Lithophyten Allgemein: Kalkartige feste Seekörper, von Mollusken bewohnt *Krünitz (Koralle)*
I 2. 274_{37}
II 7. M103 199_4 II 9A. M112 169_1

Lituiten Siehe Mineralienregister

Löffelgans Siehe auch Pelecanus, Pelikan *LA II 9A, 7q; vgl. Batsch T-M 385, 387–388 (Löffelreiher, Platalea)*
II 9A. M1 7_{175} (Löffel Ganß)

Löwe Siehe auch Leo. Felis leo *LA II 9A, 5q; Batsch T-M 186*
I 6. 83_6 I 8. $234_{10}.235_{10}$ I 9. $127_{31}.140_{20,23}.141_{20}.153_{14}.157_{29}.159_{24}.172_{36}.182.183.199_6.364_{22}.366_3.375_{23}$ I 10. $4_{21}.17_{17}$ $18_{21}.85_{16}.127_1.223_{41}.392_{31}$
II 6. M41 $50_{72}.51_{90,95}$ II 9A. M1 5_{101} 11 26_{18} 12 $27_{1,22}$ 98 $142_{26}.143_{86}$ 99 146_{60} 128 202_{53} 129 $204_{54}.206_{95}.207_{128}$ 157 248_{38}

Löwin Siehe auch Leaena *LA II 9A, 6q*
II 9A. M1 6_{137}

Loxia curvirostra Kreuzschnabel oder Tannenpapagei *Batsch T-M 350*
II 2. M9.24 189_{24}

Loxia pytyopsittacus *Vgl. LA II 2, 190 Erl*
II 2. M9.24 189_{24} (Pythiopsittacus)

Luchs Siehe auch Lynx *LA II 9A, 6q; vgl. Batsch T-M 183 (Felis lynx)*
I 9. 362_{27} I 10. 115_{32}
II 9A. M1 6_{147} 12 27_6

Lumbricus s. *Wurm, Würmer*

Lupa Siehe auch Wölfin *LA II 9A, 6q*
II 9A. M1 6_{146}

Lupus Siehe auch Wolf *LA II 9A, 6q; Batsch T-M 190 (Canis lupus)*
I 6. 117_{15}
II 9A. M1 6_{127}

Luscinia Siehe auch Nachtigall *LA II 9A, 7q*
II 9A, M*1* 7₁₆₄
Lynx Siehe auch Luchs *LA II 9A, 6q; vgl. Batsch T-M 183 (Felis lynx)*
II 9A, M*1* 6₁₄₇
Madrepora areola Sternkoralle. Siehe auch Krösestein *Krünitz (Koralle, Krösestein)*
II 8A. M*30 Anm* 49
Madreporit, versteinerte Madreporen Siehe Mineralienregister
Maikäfer Scarabaeus Melolontha *Batsch T-M 554*
I 10, 190₁₅.193₅
Mammalia (Mammalien) Klasse der Tiere nach Linné. Siehe auch Säugetiere *Batsch T-M 87*
I 2, 204₁₉ **I 8,** 263₂₁ **I 9,** 149₂. 178₂₃.₃₄.249₃ **I 10,** 113₂₈.114₃.₁₅.₁₆ **II 9A,** M*134* 214₂ *136* 218₅₈ *163* 255₆₉ **II 9B,** M*54* 58₁₄ **II 10A,** M*2.1* 4₂₃ *2.4* 9₃ *2.10* 15₅ **II 10B,** M*25.2* 139₂₇ *35* 162₅₇
Mammut Elephas primigenius oder Mammuthus primigenius (Blumenbach 1799) *LA II 10A, 868 Erl; LA II 10A, 970 Erl*
I 2, 206₂₅z.231₂₇z.232₂₆z.247₂₉M. 250₃₂z.288₃ **I 8,** 349₁₄ **I 9,** 254₆.₁₂ **I 10,** 223₂₄₋₂₅
II 8B, M*19* 27₄ *24* 43₁₅
Manati *s. Lamantin NEU II 2,52*
Manis Siehe auch Schuppentier *Batsch T-M 159*
I 10, 8₃
II 9A, M*5* 18₉ *99* 147₇₃ *127* 198₃₂. 199₅₇
Manteltiere Tunicaten *LA II 9A, 172 Erl*
II 9A, M*112* 171₅₉₋₆₂ (Mantel)
Manucodiata Siehe auch Paradiesvogel *LA II 9A, 7q*
II 9A, M*1* 7₁₅₇
Marder Siehe auch Martis. Mustela *LA II 9A, 6q; Batsch T-M 205–207*
I 9, 364₂₈
II 9A, M*1* 6₁₄₃
Marmorati *s. Schmetterling*

Martes Scythica Siehe auch Zobel *LA II 9A, 6q*
II 9A, M*1* 6₁₄₄₋₁₄₅
Martis Siehe auch Marder *LA II 9A, 6q*
II 9A, M*1* 6₁₄₃ *161* 252₄
Mastodont Ausgestorbenes, etwa elefantengroßes, mammutähnliches Tier des Tertiär (mit quer verlaufenden Höckern an den Backenzähnen). Siehe auch Ohio-Elefant *GWB*
I 2, 288₃₅.289₃ **I 8,** 350₁₂.₁₆
II 10B, M*34* 160₄
Matrosenkappe *s. Konchylien*
Maulesel in Siehe auch Mula *LA II 9A, 6q*
II 9A, M*1* 6₁₁₃
Maultier, Maulesel Siehe auch Mulus *LA II 9A, 6q*
I 1, 141₁₇z.160₃z
II 9A, M*1* 6₁₁₈
Maulwurf
I 2, 59₂₇z.₂₈z **I 9,** 124₂₉.141₉.368₇
I 10, 125₂₇
II 9A, M*125* 195₅ *126* 196₉ *127* 198₃₃.199₅₈ *157* 248₂₇
Maus
I 10, 370₁₇.₃₅
II 10A, M*65* 144₁
Meduse Franz. Qualle
II 10B, M*25.1* 132₁₅₆
Medusenhaupt Seesterne, Asterias Caput Medusae Linn., auch Medusenstein *Krünitz*
II 8A, M*59* 85₁₆
Meeresschnecken *s. Konchylien*
Meerkatze Siehe auch Cercopithecus *LA II 9A, 6q*
II 9A, M*1* 6₁₁₉
Meerohr *s. Konchylien*
Meerröhren *s. Konchylien*
Meerwürmer Siehe auch Serpula und Teredo
I 1, 132₁₂M
II 7, M*94* 186₄₄₋₄₅ **II 9A,** M*114* 173₂₉
Meise Siehe auch Parus *LA II 9A, 6q*
II 9A, M*1* 6₁₂₅

Melis Siehe auch Dachs *LA II 9A, 5q*
 II 9A. M*1* 5₁₀₃
Mensch Siehe auch Homo *Batsch T-M 167*
 I 10. 223₄₁ (Negern)
 II 9A. M*10* 24₃ *11* 26₂₃₋₂₉ *106* 156₁,₄.157₆,₂₆,₃₉ *107* 158₁₀.159₁₆. 160₈₄.161₁₁₈ *109* 164₅,₈.165₄₇ *126* 196₁₀ *127* 197₁₉.198₄₀.199₅₈,₈₄ *128* 201₂₅,₃₃₋₃₆,₃₅ (Mohren) *129* 207₁₃₆ *130* 211₁ *134* 214₁₅ *148* 240₉ **II 10A.** M*5* 64₇ (Mohr)
 II 10B. M*25.10* 153₇₁
- Vergleichende Anatomie **II 1A.** M*29* 170₉ *35* 199₁₉₂ **II 9A.** M*136* 217₂,₉.218₃₈,₄₁ *137* 222₈₅ *141* 229₃₋₄ *142* 230₁₃₋₁₄ *144* 232₁₁ M*145* 233 235 M*146* 236 238 *150* 242₇ *152* 244₁₀ **II 9B.** M*45* 47₉ *54* 58₁₇ **II 10A.** M*2.4* 9₂₆ M*24* 82 83 **II 10B.** M*25.2* 140₅₈.141₇₃₋₇₅ *25.9* 149₃₋₈
Mergus Siehe auch Taucher *LA II 9A, 6q*
 II 9A. M*1* 6₁₃₆
Merula Siehe auch Amsel *LA II 9A, 6q*
 II 9A. M*1* 6₁₃₅
Milvus Siehe auch Weihe *LA II 9A, 6q*
 II 9A. M*1* 6₁₃₂
Möhrenraupe *s. Raupe*
Mollusken Siehe auch Weichtiere *LA II 10A, S94 Erl*
 I 4. 192₂₄ **I 9.** 291₄₁.293₃,₉ **I 10.** 376₂₆
 II 9A. M*151* 243₂ **II 10B.** M*25.1* 131₉₂ *25.10* 152₃₁.153₄₂.154₈₉
- Luftmollusk **II 10B.** M*1.3* 16₁₅₅
Monas Taxon bei Linné *s. Infusionstiere (Infusorien)*
Monedula Siehe auch Dohle *LA II 9A, 6q*
 II 9A. M*1* 6₁₃₈
Monoceros Siehe auch Einhorn *LA II 9A, 6q*
 II 9A. M*1* 6₁₅₀
Moskiten Stechmücken
 II 2. M*7.S* 50₂₈

Motacilla Siehe auch Bachstelze *LA II 9A, 7q*
 II 9A. M*1* 7₁₅₈
Motten
 I 10. 187₁₅
Möwe
 I 2. 358₂₂ᶻ,₂₅ᶻ
Mücke
 I 3. 421₁₈ **I 7.** 98 (ND: 86)₉₋₁₀
 I 11. 82₃₅
 II 5A. M*4* 8₉₋₁₅
Mula Siehe auch Mauleselin *LA II 9A, 6q*
 II 9A. M*1* 6₁₁₃
Mullus Meerbarbe
 II 6. M*23* 26₃₉
Mulus Siehe auch Maulesel *LA II 9A, 6q*
 II 9A. M*1* 6₁₁₈
Murex anus *s. Konchylien*
Murmeltier Siehe auch Mus alpinus *LA II 9A, 6q*
 II 9A. M*1* 6₁₂₀
Mus Siehe auch Maus
 II 9A. M*161* 253₉ (mures)
Mus alpinus Siehe auch Murmeltier *LA II 9A, 6q*
 II 9A. M*1* 6₁₂₀
Muscheln Siehe auch Cardium, Chamiten, Concha, Disciten, Lingula, Lithophyten, Mytuliten, Pectiniten, Pelecypoda Goldf., Pholaden, Trigonellen sowie Bohr-, Enten-, Käfer-, Meer-, Pilger- und Seemuscheln
 I 1. 151₁₆ₘ,₁₇ₘ,₂₉ₘ.152₂ₘ,₁₀ᶻ.156₂₂ᶻ. 157₄ᶻ.281₂₅ᶻ **I 2.** 35₁₄ₘ.51₃₂₋₃₃ₘ. 74₇ᶻ.84₁₅ᶻ.105₈.232₂₃ᶻ.273₂₉. 334₃₁.358₁₃ᶻ **I 4.** 58₁₃.190₁₂,₁₃,₁₅,₃₀ **I 8.** 290₂₆.338₁₆ **I 9.** 288₁₉. 289₂₀,₃₀₋₃₁.291₄,₂₄.292₇.339₁₇ **I 10.** 107₂₆,₃₃.280₁₈ **I 11.** 189₂₇.237₂₀ **II 3.** M*37* 35₁₂ **II 7.** M*1* 4₆₇ *45* 82₅₈₅ *73* 158₁₆₃ *84* 174₃₋₉. 175₄₃₋₄₄,₅₈₋₆₀ *86* 179₃₀ **II 8A.** M*36* 59₁₄ *45* 68₄₉ *58* 79₁₁,₁₆ *121* 158₁₅ *127* 166₆ **II 8B.** M*60* 96₁₋₃₈. 97₃₉₋₄₃
- Arten **I 1.** 301₁₇ₘ

Mustela Wiesel. Siehe auch Marder. Wiesel *LA II 9A, 6q*; vgl. *Batsch T-M 201 (Marder)*
II 9A. M*1* 6₁₅₃ *161* 252₃
Mustela canadensis
I 10. 8₂₆
II 9A. M*5* 19₂₆
Mütze, die hohe chinesische s. *Konchylien*
Myrmecophaga Ameisenfresser (Ameisenbär) *Batsch T-M 163*; *Krünitz*
I 10. 8₂
II 9A. M*5* 18₈ *99* 147₇₂
Mytuliten Versteinte Muscheln der Gattung Mytilus (Miesmuschel) *Krünitz*
I 2. 371₃₃M
II 8B. M*73* 118₁₆
Nachteulen Stryx aluco; zuweilen auch Synonym für Eule. Siehe auch Eule *Batsch T-M 298*; *Krünitz (Eule)*
II 6. M*41* 50₇₈.51₉₁
Nachtfalter s. *Schmetterling*
Nachtigall Siehe auch Luscinia *LA II 9A, 7q*
II 9A. M*1* 7₁₀₄
Nachtvögel Nachtfalter s. *Schmetterling*
Nagetiere Siehe auch Glires *Krünitz*
I 9. 374₁₇.₂₈.374₁ 378₂₄.375₃.₃₀. 377₁₃.378₁₃ I 10. 88₂₅.22₄₅.395₃₀. 396₁₉
II 9A. M*128* 201₂₀ *134* 214₁₉
II 10A. M*63* 141₂.142₃₄
- Ratzengeschlecht (z.B. Biber, Feldmaus) I 10. 3₇
Napfschnecke
Nashorn Siehe auch Rhinoceros *LA II 9A, 6q; Batsch T-M 153*
I 9. 254₁₂₋₁₃
II 9A. M*1* 6₁₂₂
Nautiliten Siehe Mineralienregister
Nautilus Nautilus *Batsch T-M 685*
I 9. 293₃₇
Neffen s. *Blattläuse*
Nerii s. *Schmetterling*

Nilpferd Siehe auch Hippopotamus *Batsch T-M 143 (Nilochse)*
I 9. 249₂₉₋₃₂
Noctua Siehe auch Eule. Nachteule *LA II 9A, 7q*
I 6. 112₃₇.113₂₋₃
II 9A. M*1* 7₁₇₂
Ochse Siehe auch Bos, Auerochse *LA II 9A, 6q; Batsch T-M 130*
I 2. 135₂₆z I 6. 31₂₇.34₂₈ I 9. 139₉. 141₃₅.157₁₈.₂₈.172₃₁.255₁₅.₃₂. 256₁₈.257₁₄₋₁₅.258₂₄.315₁₇.352₂₆. 359₃₀.₃₁.361₃₃.363₈.365₂ I 10. 3₁. 11₄ 12₈.81₃₀.82₂.₇.88₂₃.92₁₄.109₂₃. 117₁₁.₃₅.392₈
II 5B. M*25* 119₇₄ II 9A. M*1* 6₁₂₁ 6 20₁₉.₄₆ *9* 24₁₁ *11* 25₄ *10* 25₁₉ *98* 143₉₂ *100* 151₇₉ *102* 154₂ *124* 194₂₁ *128* 201₃₇.202₄₀ *134* 214₃₁ *157* 248₄₀ II 10A. M*41* 104₁
Ochsenfrosch *Vgl. Krünitz (Frosch)*
II 2. M 7. 8 50₂₉
Ohio-Elefant, OhioMammut Fossile Gattung. Siehe auch Mastodont *LA II 10A, 861 Erl*
I 9. 249₂₁.250₅₋₆ I 10. 223₂₄
II 10B. M*34* 160₅
Olor Siehe auch Schwan *LA II 9A, 6q*
I 6. 116₁₈
II 9A. M*1* 6₁₄₀
Oniscus Kellerwurm (Assel) *Batsch T-M 648*
I 10. 165₉
Onogrotalus Siehe auch Kropfgans, Pelikan *LA II 9A, 7q*; vgl. *Batsch T-M 383 (Pelecanus Onocrotalus: Pelekan, Kropf- oder Beutelgans)*
II 9A. M*1* 7₁₇₂
Orgelwerck s. *Konchylien*
Ornithocephalus Urzeitlicher Vogel
II 10B. M*25.10* 155₁₃₀
Ornitholithen Siehe Mineralienregister
Orthocera gracilis Orthoceras, Meerstäbe; fossile Muschelart, von Batsch den Nautilusarten zugeordnet *LA II 8B, 135q; Batsch T-M 689*
II 8B. M*83* 135₆

540 TIERE

Orthoceratiten Siehe Mineralienregister
Otis Siehe auch Trapp *LA II 9A, 6q; vgl. Batsch T-M 402*
  II 9A. M *1* 6$_{127}$
Ovis Siehe auch Schaf *LA II 9A, 6q*
  I 6. 114$_{11}$.120$_{15}$ **I 8.** 231$_3$
  II 9A. M *1* 6$_{125}$
Pachydermen Gruppe der Säugetiere. Siehe auch Dickhäuter *GWB*
  I 9. 250$_{37}$ 251$_1$.314$_{37}$.315$_9$
Palaeotherium Fossile Tiergattung aus der Gruppe der Dickhäuter, welche dem Tapir verwandt ist *Krünitz (Versteinern)*
  I 2. 373$_{23M,30M}$.374$_{2M}$
  II 8B. M *73* 120$_{79-92}$
Pantoffel s. *Konchylien*
Paon bianco s. *Pfau*
Papagei Siehe auch Psittacus *LA II 9A, 6q: Batsch T-M 300*
  I 3. 7$_3$.272$_{17-18M}$ **I 4.** 195$_{23}$ **I 5.** 133$_{10}$ **I 9.** 127$_{33-34}$
  II 9A. M *1* 6$_{153}$ (Pappagey) *103* 155$_2$ (Parrots) **II 10A.** M *3.1* Anm 34
Papilio, Papiliones s. *Schmetterling*
Paradiesvogel Siehe auch Manucodiata *LA II 9A, 7q*
  II 9A. M *1* 7$_{157}$
Paramaecium s. *Infusionstiere (Infusorien)*
Parisinus Hall.
  II 9A. M *115* 179$_{204}$
Parus Siehe auch Meise *LA II 9A, 6q*
  II 9A. M *1* 6$_{125}$
Parus cyanus *Batsch T-M, 318 (Parus); vgl. LA II 2, 190 Erl*
  II 2. M 9.24 189$_{21}$
Passer aquaticus Siehe auch Rohr-Spatz *LA II 9A, 7q*
  II 9A. M *1* 7$_{154-155}$
Patelle (Patella) Napfschnecke, Schüsselschnecke *Batsch T-M 690*
  I 9. 291$_{41}$
  - Die rare Neritenförmige Patelle
    II 9A. M *112* 170$_{24(?)}$
  - Die starckgestreifte Patelle **II 9A.** M *112* 170$_{18}$
  - Kopfmuschelförmige Patelle **II 9A.** M *112* 170$_{20}$
  - Patella graeca **II 9A.** M *112* 170$_{19}$
  - Patella Hungarica **I 9.** 291$_{42}$
  - Schildkrötenpatelle **II 9A.** M *112* 170$_{14}$
Pavian Batsch verzeichnet die Pavianarten Simia sphinx und Simia hamadryas *Batsch T-M 176*
  II 9A. M *99* 147$_{69}$
Pavo Siehe auch Pfau *LA II 9A, 6q; vgl. Batsch T-M 411*
  I 6. 116$_{44}$.118$_{32}$
  II 9A. M *1* 6$_{141}$
Pecari (auch Pekari) Tayassus oder Nabelschwein *LA II 10A, S69 Erl*
  I 9. 257$_{36}$
Pecora Stirnwaffenträger; Ordnung der Tiere bei Linné *Vgl. Batsch T-M 102*
  I 10. 8$_9$
  II 9A. M *5* 18$_{12}$
Pectiniten Siehe Mineralienregister
Pediculi pruni Begriff von Jungius für Blattläuse auf dem Pflaumenbaum *LA II 10B, 56q*
  II 10B. M *20.5* 56$_{35}$
Pelecanus Siehe auch Pelikan, Löffelgans *LA II 9A, 7q; vgl. Batsch T-M 367*
  II 9A. M *1* 7$_{175}$
Pelecypoda Goldf. Muschel *LA II 10A, S94 Erl*
  I 9. 289$_{31}$
Pelikan (Pelican) Siehe auch Kropfgans, Onogrotalus, Pelecanus *LA II 9A, 6q: Batsch T-M 367, 383; vgl. Krünitz (Pelikan)*
  II 9A. M *1* 6$_{148}$ *91* 136$_6$
Perdix Siehe auch Rebhuhn *LA II 9A, 7q*
  II 9A. M *1* 7$_{159}$
Perle Siehe auch Unio *LA II 7, 4q*
  II 7. M *1* 4$_{67}$
Pfau Siehe auch Pavo *LA II 9A, 6q; Batsch T-M 411*
  I 6. 36$_6$.42$_{41}$
  II 9A. M *1* 6$_{141}$ *91* 136$_9$ (Paon)

TIERE 541

Pferd Equus. Siehe auch Caballus, Equus, Hengst, Stute *LA II 9A, 6q;* Batsch *T-M 143*
  I 1. 13$_{8M}$.118$_{30M}$.256$_{32Z.33}$.297$_{24M}$
  I 2. 32$_3$.140$_{21M}$.373$_{24M}$.374$_{4M}$
  I 6. 14$_{26.28.30}$.31$_{27}$.33$_8$.34$_{14}$.178$_{16}$
  I 9. 136$_2$.155$_{25}$.157$_{20.23.28}$.169$_{12}$. 172$_{33}$.198$_{16}$.246$_{15}$.251$_{24.30}$.255$_{30}$. 315$_{19.27}$(Urpferd).$_{31-36.37.38}$.316$_4$. 361$_{34}$.363$_7$.365$_7$.366$_5$.369$_{8-9.13.1}$ $_{6.21-22.24.27.31.34.37.38.42}$.369$_1$ 373$_{38}$. 370$_{3.12.17.20.22.25.27.29.31.33}$.371$_{16}$. 372$_{1.15.16.21.27.33.36.40.41}$.373$_{17.24.28.36}$
  I 10. 2$_{16.23}$.13$_{15}$ 14$_{22}$.75$_{15-16}$.91$_{15}$. 92$_{13}$.100$_{29}$.109$_{23}$.110$_4$.111$_7$.126$_{12}$. 392$_{15}$.395$_{5-14}$ I 11. 150$_{5-6}$.370$_3$
  II 6. M41 50$_{83}$.51$_{87.89}$.52$_{137.159}$ 45 56$_{62}$ II 7. M32 55$_{17}$ $S0$ 169$_{84}$ II 8A. M114 150$_{12}$ II 8B. M 7 14$_{138}$ 73 120$_{80.94}$ II 9A. M 1 6$_{124}$ S 22$_1$ 9 24$_{10}$ 10 25$_{21}$ 11 26$_{14}$ 9S 142$_{50}$.143$_{76}$ *126* 196$_9$ *127* 198$_{37}$. 199$_{59}$ *129* 204$_{53}$ *134* 215$_{36}$ *157* 247$_{16}$ II 9B. M34 39$_2$ II 10A. M2.4 9$_{23}$ *53* 113$_2$ *60* 139$_1$ *61* 140 (chevaux) M62 140 141 *64* 144$_{12.13}$ II 10B. M34 160$_{18}$
  - Fohlen I 9. 363$_7$ II 9B. M34 39$_1$
  - Schimmel I 2. 46$_{13.13}$ I 8. 151$_6$ I 11. 370$_3$
Phalaena *s. Schmetterling*
Phalaena Bombyx *s. Schmetterling*
Phalaena Bombyx Neustria *s. Schmetterling*
Phalaena grossularia *s. Schmetterling*
Phasianus Siehe auch Fasan *LA II 9A, 6q*
  II 9A. M 1 6$_{144}$
Phoca Siehe auch Robbe Batsch *T-M 246*
  I 9. 180$_{15}$.365$_{31}$.368$_8$
  II 9A. M 129 206$_{95}$
Pholas, Pholaden Siehe auch Bohrmuscheln Batsch *T-M 709*
  I 2. 270$_{17.37}$.272$_{17.26.30.32}$.273$_{34}$. 274$_{36}$ I 8. 335$_{6.26}$.337$_{5.13.17.19}$. 338$_{21}$ I 9. 289$_{31}$.291$_3$
  II 7. M103 199$_2$ II 9A. M112 169$_1$

Pica Siehe auch Elster *LA II 9A, 6q*
  II 9A. M 1 6$_{129}$
Picus Siehe auch Specht *LA II 9A, 6q; vgl.* Batsch *T-M 306*
  II 9A. M 1 6$_{124}$
Pilgermuscheln
  I 1. 151$_{30M}$
  II 7. M $S4$ 175$_{59}$
Pinne marine Eine Art der Muschelgattung Pinna. Siehe auch Steckmuschel, Schinkenmuschel Batsch *T-M 706, 709*
  II 8B. M60 96$_9$
Pisces Klasse der Tiere nach Linné. Siehe auch Fisch Batsch *T-M* SS
  II 9A. M2 13$_{229}$
Plebeji rurales *s. Schmetterling*
Plebeji urbicolae *s. Schmetterling*
Porcellus Siehe auch Ferkel *LA II 9A, 6q*
  II 9A. M 1 6$_{132}$
Porcus Siehe auch Schwein *LA II 9A, 6q*
  I 9. 164$_2$
  II 9A. M 1 6$_{131}$
Porzellan, Porcellane *s. Konchylien*
Primates Ordnung der Säugetiere bei Linné
  I 10. 8$_{29}$
  II 9A. M5 19$_{28}$
Principes *s. Schmetterling*
Psittacus Siehe auch Papagei *LA II 9A, 6q; vgl.* Batsch *T-M 300*
  I 6. 117$_{33}$
  II 9A. M 1 6$_{153}$
Pudel
  I 3. 410$_{1150M}$.411$_{1150M}$ I 8. 188$_{24.32}$. 189$_{7.11-12}$
  II 9A. M124 194$_{13}$
Puppe Entwicklungsstadium der Insekten. Siehe auch Engerling, Chrysaliden *Krünitz*
  I 10. 168$_{3.10}$.169$_{28-31}$.170$_{35}$. 171$_{20.24}$.173$_{6.17}$.174$_{25}$.175$_{4.16}$. 182$_{9.17-28}$.183$_{5.9.36}$.184$_{17.36}$. 185$_{8.20-21}$.186$_{6-7.23.34}$.187$_6$.188$_{37.37}$. 189$_{1.18-25.35}$.190$_{4.7}$
  II 9B. M29 25$_9$
  - versteinert II 7. M11 21$_{354}$

Purpurschnecke Purpura, Schneckengattung *Batsch T-M 691*
I 4. $165_{11}.184_{12}$ I 6. $XVI_{13}.24_{25}$. $28_2.119_{42}.120_{14}.325_{31}$
II 3. M37 35
Pygargus Siehe auch Reh; Geiß, Wilde *LA II 9A, 6q*; vgl. *Batsch T-M 133 (Antilope pygargus, Springbock)*
II 9A. M1 $6_{118.123}$
Pyralides fasciculatae s. Schmetterling
Pyralis, Lichtmotte s. Schmetterling
Pyrosoma atlanticum Von Peron beschriebene Art von Zoophyten *LA II 4, 77q*
II 4. M65 77_7 (Yrosma atlanticum)
Quadrupeden Vierfüßer
I 2. $373_{7M,19M}$
II 10A. M24 83_7
- calcinirt II 8B. M73 $119_{57.73-74}$
Rabe Siehe auch Corvus *LA II 9A, 6q; Batsch T-M 316*
I 4. 195_{30} I 6. $35_{30}.43_{12}$
II 9A. M1 6_{128}
Rädersteine Siehe Mineralienregister
Ramphastus piperis Ramphastos piperivorus, Pfeffervogel, eine Tukanart *Batsch T-M 303*
II 9A. M12 27_{16}
Ratte Mus rattus *Batsch T-M 225*
I 4. 6_{35}
II 9A. M12 27_{26} 124 193_4
Ratze Hier vermutlich: Siebenschläfer; sonst Synonym für Ratte. Siehe auch Glis *LA II 9A, 6q*
II 9A. M1 6_{117}
Ratzengeschlecht s. Nagetiere
Raubtiere
I 9. $314_{18.28}.375_{12}.377_{17}$ I 10. 3_{19}. 223_6
Rauchschwalbe Siehe auch Hirundo rustica *LA II 9A, 7q*
II 9A. M1 7_{174}
Raupe Siehe auch Eruca und Schmetterling *GWB (Eruca)*
I 3. $134_{9M}.504_{6M}$ I 9. 69_{15}. $205_{20.31-32.35.36.38}.206_{9.26}.220_{23}$. 245_{16} I 10. $168_3.171_2.174_{13.30}$.

$175_{4-8.6.7.15}.176_{27.34}.176_{19}$ 193_{22}. $177_{37.38}.178_{1.2.11.24.25}.179_{9.27.34}$. $181_{10.31.38}.182_{3.8.29}.183_{3.31.35}$. $184_{1.24}.188_{36}.189_{1.33}.191_{22.23}$. $192_{7.33}.193_{22}.288_{30}.294_{14}$
II 9A. M85 128_5 148 240_4 II 9B. M29 $25_{3-4.11-12}$ II 10A. M2.17 22_2
II 10B. M20.5 56_1
- Möhrenraupe I 10. 178_{28}
- Seidenwürmer (Seidenraupen, Larven des Seidenspinners Bombyx mori) I 9. 11_{35} I 10. $173_{21-22}.176_{29}$. $180_{35}.288_{12}.294_{18-19}$ II 9B. M25 23_{2-3} 33 36_{190} II 10A. M2.17 22_4
- Spannraupe I 10. $35_3.178_3$
- versteinert II 7. M11 21_{353}
- Weidenraupe I 10. $177_{11}.181_{7-8}$. $188_{22.23}$
- Winden-Sphinx, Raupe I 10. $175_{23.36}$
- Wolfsmilchraupe I 10. $172_{6.9.26}$. 172_2 $175_{19}.179_{19}.180_{29}.181_2$
Rebhuhn Siehe auch Perdix *LA II 9A, 7q*
I 6. 33_{32}
II 9A. M1 7_{159}
Regulus Siehe auch Zaunkönig *LA II 9A, 7q*
II 9A. M1 7_{163}
Reh Siehe auch Cerva, Cervus capreolus, Hindin, Pygargus *LA II 9A, 6q*
I 9. $141_{19}.172_{29}$ I 10. 10_7 $11_3.88_{24}$. $89_5.392_6$
II 9A. M1 $6_{116.123}$ 6 $19_1.20_{32}$ 9 23_3 11 25_3 12 27_{14} 100 150_{60} 124 $193_2.194_{20.23}$ 157 248_{26}
Reiger s. Reiher
Reiher Siehe auch Ardea *LA II 9A, 6q*; vgl. *Batsch T-M 386, 390*
I 2. $401_{11Z.18Z}$ I 9. 169_{28-29}
II 9A. M1 6_{133} (Reiger) 12 27_{20}
Rhinozeros (**Rhinoceros**) Siehe auch Nashorn *LA II 9A, 6q; Batsch T-M 153*
I 1. 308_{27} I 2. $373_{22M}.374_{1M}$ I 9. 249_{19} I 11. 112_{16}
II 8B. M73 $119_{78}.120_{91}$ II 9A. M1 6_{122} II 10B. M34 $160_{8.13}$

TIERE 543

Riesenfaultier Nur in fossilen Resten erhaltene, längst ausgestorbene Tierart des amerikanischen Kontinents *LA II 1B, 1537 Erl*
I 9, 248$_{9-34.29.}$249$_{15}$.250$_{17.28.}$314$_{29}$
I 11, 362$_{14-15}$
Riesenschlange
I 9, 168$_{27}$
Rind Siehe auch Bos *GWB*
I 9, 259$_9$
Ringelwürmer *s. Wurm, Würmer*
Ringrinde Rindenkoralle?. Siehe auch Eschara *LA II 8A 49q*
II 8A, M*30 Anm* 49
Robben Siehe auch Phoca *Batsch T-M 246*
I 10, 121$_{15}$
Rohr-Spatz Siehe auch Passer aquaticus *LA II 9A, 7q*
II 9A, M*1* 7$_{154}$
Rohrdommel Siehe auch Butio *LA II 9A, 7q*
II 9A, M*1* 7$_{163}$
Rotkehlchen (Roth-Brust) Siehe auch Rubecula *LA II 9A, 7q*
II 9A, M*1* 7$_{156}$
Rotschwanz Siehe auch Rubicilla *LA II 9A, 7q*
II 9A, M*1* 7$_{157}$
Rubecula Siehe auch Rotkehlchen *LA II 9A, 7q*
II 9A, M*1* 7$_{156}$
Rubicilla Siehe auch Rotschwanz *LA II 9A, 7q*
II 9A, M*1* 7$_{157}$
Rupicapra Siehe auch Gemse *LA II 9A, 5q*
II 9A, M*1* 5$_{111}$
Ruricolae *s. Schmetterling*
Rusticola minor Siehe auch Schnepfe, Kleine *LA II 9A, 7q*
II 9A, M*1* 7$_{165}$
Salamander *Vgl. Batsch T-M 454, 458*
- Larve I 10, 237$_{19.22}$
Salicariae *s. Schmetterling*
Salpen Chordatiere *LA II 10A, 894 Erl*
I 9, 288$_{39}$

Sandaliolithen Siehe Mineralienregister
Sandalit Siehe Mineralienregister
Säugetiere Klasse der Tiere nach Linné. Siehe auch Mammalia *Batsch T-M 87*
I 3, 134$_{10M}$.504$_{10M}$ I 4, 196$_{2.8}$ I 9, 12$_{13}$.13$_{23}$.122$_{25.29}$.124$_{7.20}$.126$_1$. 127$_{25}$.129$_{22}$.135$_2$.137$_{12}$.138$_{34}$. 140$_{25}$.142$_{32}$.185$_{24-25}$.195$_{23}$.198$_9$. 207$_{15}$.366$_{14}$ I 10, 74$_6$.77$_5$.83$_{26}$. 84$_{6-7}$.86$_{25}$.380$_4$
II 8A, M*30* 48$_8$ II 9A, M*106* 157$_{42}$ *107* 158$_5$ *148* 240$_1$ *150* 242$_9$ *158* 250$_{29}$.251$_{80}$ II 9B, M*32a* 29$_{20}$ *43* 45$_{19}$ II 10B, M*25.4* 144$_{12}$ *25.10* 155$_{130}$
- untergegangene Species II 10B, M*25.10* 153$_{56-57}$
Scarabeus Kammkäfer *Batsch T-M 549*
I 6, 117$_{35.38}$
Schaf Siehe auch Capra, Ovis, Widder *LA II 9A, 6q; Batsch T-M 121, 125*
I 2, 6$_{16}$.214$_{2Z}$ I 6, 31$_{28}$.33$_8$ I 8, 236$_{23}$ I 9, 361$_{35}$.362$_{33.33}$ I 10, 82$_2$. 91$_6$.92$_{15}$.109$_{23}$.111$_7$.392$_{11}$
II 6, M*41* 53$_{167}$ II 7, M*59* 128$_{32}$ II 9A, M*1* 6$_{125}$ *10* 25$_{18}$ *102* 154$_2$ *128* 202$_{38}$ *130* 211$_1$
Schaltiere (Schalentiere) Siehe auch Konchylien *GWB*
I 1, 60$_{20}$.165$_{11M}$.277$_{14}$ I 2, 65$_{12Z}$. 112$_4$.288$_{15}$ I 4, 191$_{32}$.192$_{12}$ I 8, 349$_{26}$ I 11, 13$_{16}$.49$_{18}$.193$_3$
II 7, M*89* 181$_8$ II 8B, M*22* 41$_{128}$
Schildkröte Siehe auch Testudo *Batsch T-M 444*
I 2, 32$_{17-18}$.33$_{423}$ I 9, 136$_{23}$.161$_{4-5}$. 168$_{19}$.169$_{32}$ I 10, 220$_{4-5}$.370$_{16.35}$ I 11, 150$_{20}$.237$_{12}$
II 9A, M*12* 27$_{18}$
Schildlaus *s. Laus, Läuse*
Schimmel *s. Pferd*
Schinkenmuschel Muschelgattung. Siehe auch Steckmuschel, Pinne marine *Batsch T-M 706, 709*
II 8B, M*60* 96$_9$

Schlange Siehe auch Riesenschlange
Vgl. Batsch T-M 437
I 5. 132_{29} I 6. 245_6 I 9. 126_{16} I 10. 136_{33}
II 9A. M*91* 136_5 *92* 137_1 *145* 234_{73} *146* 238_{92} II 10A. M*4* 63_4

Schlangenkopf, der große s. Konchylien

Schlauchtier s. Infusionstiere (Infusorien)

Schlupfwespe Ichneumon *Batsch T-M 614*
I 10. $171_{1-12.4.11}$
II 10A. M*2.17* 22_2

Schmeißfliege Aasfliege. Musca cadaverina *Krünitz*
I 10. 171_{23}

Schmetterling Siehe auch Raupe und Eruca, Chrysaliden, Engerling und Puppe, Motte und Schwärmer und Nachtfalter
I 3. $6_{28}.85_{18Z}.134_{9M}.504_{6M}$
I 4. $193_{15.20.25}$ I 9. $121.69_{15}.205_{34.37}.206_{25}.207_{15}.220_{24}.245_{20}$
I 10. $168_{18}.168_7 169_{20}.169_{34}.169_{24} 170_{34}.170_{1.3.14.16.22.27.31}.172_1 176_{18}.174_{14}.176_{15}.177_{32}.181_{35}.182_{30.34}.183_{7.29.36}.184_{2.28}.185_{1.19.21.34}.186_{4.6.9.11.15.25.28.33-34}.187_{2.8}.188_{18.30.33-34.35}.189_{5.8.27.32.37}.190_{3.6}.294_{16}$
II 9A. M*66* 110_{14} (papilio) II 9B. M*29* 25_{15} II 10A. M*2.12* $17_{4.26}$
II 10B. M*35* 161_{35}

- Alucita, Federmotte (Gattung: Batsch T-M) II 9B. M*27* 24_{35-37}
- Arten nach Batsch II 9B. M*27* 23 24
- Atropos (Gattung: Sphinx, Schwärmer: Batsch T-M) II 9B. M*27* 23_5
- Attaci (Gattung: Bombyx, Spinner: Batsch T-M) II 9B. M*27* 24_{19}
- Bimaculatae (Gattung: Phalaena, Nachtfalter: Batsch T-M) II 9B. M*27* 24_{27}
- Bombyx (Jungius: Hist. verm.) II 10B. M*20.5* 56_{30-31}
- Bombyx, Spinner (Gattung: Batsch T-M) II 9B. M*27* 24_{17-18}
- Bubones (Gattung: Bombyx, Spinner: Batsch T-M) II 9B. M*27* 24_{30}
- Castrenses (Gattung: Phalaena, Nachtfalter: Batsch T-M) II 9B. M*27* 24_{28}
- Cinerifice (Gattung: Phalaena, Nachtfalter: Batsch T-M) II 9B. M*27* 24_{26}
- Comites (Gattung: Papilio, Tagfalter: Batsch T-M) II 9B. M*27* 24_{14}
- Conofasciculatae (Gattung: Bombyx, Spinner: Batsch T-M) II 9B. M*27* 24_{26-27}
- Cossi (Gattung: Bombyx, Spinner: Batsch T-M) II 9B. M*27* 24_{23}
- Cruciatae (Gattung: Phalaena, Nachtfalter: Batsch T-M) II 9B. M*27* 24_{25}
- Danai candidi (Gattung: Papilio, Tagfalter: Batsch T-M) II 9B. M*27* 23_5
- Equites Achivi (Gattung: Papilio, Tagfalter: Batsch T-M) II 9B. M*27* 23_4
- Equites Trojani (Gattung: Papilio, Tagfalter: Batsch T-M) II 9B. M*27* 23_{2-3}
- Euphorbiae (Gattung: Sphinx, Schwärmer: Batsch T-M) II 9B. M*27* 23_6
- Fasciatae (Gattung: Bombyx, Spinner: Batsch T-M) II 9B. M*27* 24_{21}
- Fasciati (Gattung: Papilio, Tagfalter: Batsch T-M) II 9B. M*27* 24_{12}
- Fritillarii (Gattung: Papilio, Tagfalter: Batsch T-M) II 9B. M*27* 24_{15}
- Geographicae (Gattung: Bombyx, Spinner: Batsch T-M) II 9B. M*27* 24_{34}
- Glabratae (Gattung: Bombyx, Spinner: Batsch T-M) II 9B. M*27* 24_{24}

TIERE 545

- Heliconii (Gattung: Papilio, Tagfalter: Batsch T-M) **II 9B**, M27 23$_8$
- Hepiali (Gattung: Bombyx, Spinner: Batsch T-M) **II 9B**, M27 24$_{18}$
- Holosericeae (Gattung: Bombyx, Spinner: Batsch T-M) **II 9B**, M27 24$_{31}$
- Iridei (Gattung: Papilio, Tagfalter: Batsch T-M) **II 9B**, M27 24$_{11}$
- Marmorati (Gattung: Papilio, Tagfalter: Batsch T-M) **II 9B**, M27 24$_{10}$
- Nerii (Gattung: Sphinx, Schwärmer: Batsch T-M) **II 9B**, M27 23$_4$
- Papilio lucernarius **II 10B**, M20.5 56$_{12}$
- Papilio, Tagfalter (Gattung: Batsch T-M) **I 10**, 187$_{13}$.188$_{14}$ (Tagvögeln).$_{16}$ (Tagvögel) **II 9B**, M27 23$_{2-3}$
- Papiliones palliarii **II 10B**, M20.5 56$_5$
- Phalaena Bombyx (Gattung: Bombyx, Schwärmer: Batsch T-M) **I 10**, 188$_{9-10}$ **II 9B**, M27 24$_{35-36}$
- Phalaena Bombyx Neustria (Gattung: Bombyx, Spinner: Batsch T-M) **II 9B**, M27 24$_{37-38}$
- Phalaena grossularia (Stachelbeerspanner) **I 10**, 168$_7$ 169$_{20}$, 169$_{24}$ 170$_{34}$
- Phalaena, Nachtfalter (Batsch T-M) **I 10**, 185$_{29}$.187$_{14}$.188$_{16}$ (Nachtvögel) **II 2**, M 7.8 51$_{41-42}$ (Nachtschmetterlinge) **II 9B**, M27 24$_{23-24}$
- Plebeji rurales (Gattung: Papilio, Tagfalter: Batsch T-M) **II 9B**, M27 23$_6$
- Plebeji urbicolae (Gattung: Papilio, Tagfalter: Batsch T-M) **II 9B**, M27 23$_7$
- Principes (Gattung: Papilio, Tagfalter: Batsch T-M) **II 9B**, M27 24$_{13}$
- Pyralides fasciculatae (Gattung: Bombyx, Spinner: Batsch T-M) **II 9B**, M27 24$_{28-29}$

- Pyralis, Lichtmotte (Gattung: Sphinx, Schwärmer) **II 9B**, M27 24$_{15-16}$
- Ruricolae (Gattung: Papilio, Tagfalter: Batsch T-M) **II 9B**, M27 24$_{16}$
- Salicariae (Gattung: Bombyx, Spinner: Batsch T-M) **II 9B**, M27 24$_{32}$
- Sesiae (Gattung: Sphinx, Schwärmer: Batsch T-M) **II 9B**, M27 23$_7$
- Siccifoliae (Gattung: Bombyx, Spinner: Batsch T-M) **II 9B**, M27 24$_{20}$
- Sphinx (Sphynx), Schwärmer (Gattung: Batsch T-M) **I 10**, 187$_{15}$, 193$_{15}$ **II 9B**, M27 23$_{2-3}$
- Sphinx Esulae (siehe auch Wolfsmilchraupe) **I 10**, 175$_{12}$.187$_5$, 189$_{35}$
- Sphinx Euphorbiae (siehe auch Wolfsmilchraupe) **I 10**, 180$_{21}$, 183$_{34}$.184$_6$ (Sph. Euph.).$_{19,36}$
- Sphinx Ligustri **I 10**, 192$_{0-35}$
- Tigrinae (Gattung: Bombyx, Spinner: Batsch T-M) **II 9B**, M27 24$_{33}$
- Tinea, Motte (Gattung: Batsch T-M) **I 10**, 178$_3$ **II 9B**, M27 24$_{31-32}$
- Tomentosae (Gattung: Bombyx, Spinner: Batsch T-M) **II 9B**, M27 24$_{22}$
- Tortrix, Blattwickler (Batsch T-M) **II 9B**, M27 24$_{18-19}$
- Ululae (Gattung: Phalaena, Nachtfalter: Batsch T-M) **II 9B**, M27 24$_{29}$
- Venosae (Gattung: Bombyx, Spinner: Batsch T-M) **II 9B**, M27 24$_{25}$
- Vulpini (Gattung: Papilio, Tagfalter: Batsch T-M) **II 9B**, M27 24$_9$
- weißer Schmetterling **II 10A**, M29 88$_1$
- Winden-Sphinx (Windenschwärmer) **I 10**, 175$_{20}$ 176$_{18}$
- Zygaena, Glanzschwärmer (Gattung: Sphinx, Schwärmer: Batsch T-M) **II 9B**, M27 24$_{9-11}$

Schnecke Siehe auch Gartenschnecke. Gehäuseschnecken. Heckenschnecke. Landschnecken. Meeresschnecken. Napfschnecke. Purpurschnecke. Seeschnecken. Süßwasserschnecken *Vgl. Batsch T-M 665*
I 2. 68$_{20Z.22Z}$.88$_{6,9,11}$.232$_{23Z}$.249$_{28M}$. 352$_{11,13}$ I 4. 191$_1$ I 8. 417$_{26,28}$
I 9. 288$_{19}$.292$_{3,8,33,40}$.293$_1$ I 10. 107$_{26,33-34,36}$.196$_{1-34,18}$ I 11. 177$_{1,6}$
II 8B. M *19* 29$_{56}$ II 9A. M *85* 128$_5$ *112* 169$_{11}$ *114* 173$_{33}$
Schneehuhn Siehe auch Lagopus *LA II 9A, 7q*
II 9A. M *1* 7$_{173}$
Schnepfe Siehe auch Gallinago *LA II 9A, 7q; rgl. Batsch T-M 386*
II 9A. M *1* 7$_{170}$
Schnepfe, Kleine Siehe auch Rusticola minor *LA II 9A, 7q*
II 9A. M *1* 7$_{165}$
Schöps Hammel *GWB*
I 9. 309$_{27-32}$
Schuppentier Siehe auch Manis *Batsch T-M 159*
I 9. 367$_{35}$
Schwalbe Siehe auch Hirundo. Rauchschwalbe *LA II 9A, 7q; Batsch T-M 318*
I 1. 262$_{33Z}$ I 6. 33$_{32-33}$.36$_6$
II 9A. M *1* 7$_{169}$ II 10B. M *1.2* 7$_{132}$ 11.4 35$_2$
Schwan Siehe auch Olor *LA II 9A, 6q; Batsch T-M 378 (Anas cygnus)*
I 3. 233$_3$ I 6. 43$_{14}$ I 9. 127$_{18}$
II 9A. M *1* 6$_{140}$ *129* 209$_{202,210}$
Schwärmer *s. Schmetterling*
Schwein Siehe auch Porcus. Sus. Stachelschwein. Wildschwein *LA II 9A, 6q; Batsch T-M 143 (Sus)*
I 2. 206$_{10M}$ I 9. 141$_{35}$.172$_{34}$.249$_{38}$ 250$_2$.250$_6$.255$_{29}$.257$_{29,36}$.315$_9$. 361$_{32}$.363$_{12,32}$.364$_{28}$.375$_{36}$ I 10. 2$_{24}$.14$_{23}$ 15$_{38}$.92$_{14}$.105$_{21}$.106$_{33}$. 107$_{13}$.109$_{27}$.116$_{3,27}$.392$_{22-23}$
II 8B. M *11* 21$_5$ II 9A. M *1* 6$_{131}$ *10* 25$_{22}$ *12* 27$_{17}$ 98 141$_{15}$ *129* 203$_{18}$. 204$_{51}$.207$_{138}$.208$_{161,163}$ *134* 214$_{21}$ *137* 220$_{22}$

Sciurus Siehe auch Eichhörnchen *LA II 9A, 6q; Batsch T-M 236*
I 10. 8$_{17}$
II 9A. M *1* 6$_{116}$ *5* 18$_{17}$ *161* 253$_7$
Scolopendra Siehe auch Assel *Batsch T-M 648*
I 10. 165$_{10}$
Scolopendra electrica
II 10B. M *1.3* 16$_{159}$
Seehund Phoca vitulina. Robbenart *Batsch T-M 249*
II 9A. M *12* 27$_{19}$
Seeigel Siehe auch Echinus *Batsch T-M 720*
I 1. 140$_{22Z}$
Seelilien Siehe auch Encriniten *LA II 8B, 11 8q*
I 2. 372$_{8M}$
II 8B. M *73* 118$_{25}$
Seemuscheln
I 11. 23$_{22}$
Seeohr *s. Meerohr*
Seescheiden Meerscheiden. Muschelgattung. Siehe auch Ascidien *Batsch T-M 706*
I 9. 288$_{37-38}$
Seeschnecken *s. Meeresschnecken*
Seestern Siehe auch Asterien. Etoile de mer *Batsch T-M 720*
I 1. 140$_{22Z}$
Seetiere, Seekörper
II 7. M 62 132$_{12}$
- versteinert II 7. M *11* 22$_{386-387}$ *12* 25$_{18}$ *14* 29$_7$
Seewurmgehäuse *s. Konchylien*
Seidenschwanz Ampelis *Batsch T-M 317, 336*
II 10A. M *3.1 Anm* 34
Seidenwürmer Seidenraupen *s. Raupe*
Serpula penis Eine Art der Bohrmuscheln / Bohrwürmer („Gießkanne") *Batsch T-M 717*
II 9A. M *112* 169$_{10}$
Sesiae *s. Schmetterling*
Siccifoliae *s. Schmetterling*
Simia Siehe auch Affe *Batsch T-M 167*
I 10. 8$_{30}$

TIERE

II 9A, M*1* 5₁₀₂ *2* 8₁₈.12₁₈₉ *5* 19₂₉ *100* 149₂₇ *101* 153₃
- Cranium simiae **II 9A**, M*2* 11₁₃₆
Simia Mormon Choras. Mandrill: Affenart *Batsch T-M 176; LA II 9A, 148 Erl*
II 9A, M*99* 146₅₁.147₆₉ *129* 206₉₉
Solen Scheidenmuschel *Batsch T-M 708*
I 9, 291₃
Spannraupe *s. Raupe*
Spatangus Eine der Hauptgattungen der fossilen Echniten *Krünitz (Versteinern)*
I 9, 288₄₂
Specht Siehe auch Picus *LA II 9A, 6q; Batsch T-M 306*
II 9A, M*1* 6₁₂₄ **II 10A**, M*3.1 Anm 34*
Sperling *Vgl. Batsch T-M 277*
II 10B, M*23.8* 102₃₈
Sphinx Esulae *s. Schmetterling*
Sphinx Euphorbiae *s. Schmetterling*
Sphinx Ligustri *s. Schmetterling*
Sphinxen *s. Schmetterling*
Sphynx, Schwärmer *s. Schmetterling*
Spießer Junger Hirsch. Spießhirsch *Adelung IV, 205–206*
II 9A, M*135* 216₁
Spinne *Vgl. Basch T-M 647*
I 6, 122₂₉
II 1A, M*1* 4₅₉.₆₄.5₉₀₋₉₇ **II 10B**, M*11.3* 35₁
Spongia infundibuliformis Siehe auch Trichterschwamm *Krünitz*
II 8A, M*30 Anm 49*
Stachelschwein Siehe auch Histrix *LA II 9A, 6q; Batsch T-M 242–243 (Stacheltier)*
I 10, 5₆
II 9A, M*1* 6₁₃₈₋₁₄₀
Star Siehe auch Sturnus *LA II 9A, 6q*
II 9A, M*1* 6₁₂₃
Steckmuschel Muschelgattung. Siehe auch Schinkenmuschel. Pinne marine *Batsch T-M 706, 709*
II 8B, M*60* 96₈₋₉.₁₅

Steinbock Capra ibex *Batsch T-M 128*
II 9A, M*99* 145₃₄
Stieglitz Siehe auch Carduelis *LA II 9A, 6q*
II 9A, M*1* 6₁₃₇
Stier. Siehe auch Auerochse, Bos, Kuh, Ochse, Rind, Urstier *GWB*
I 2, 272₁₀ **I 4**, 19₂₉ **I 8**, 336₃₇ **I 9**, 125₃₄.256₇ **I 10**, 3₃
II 10A, M*39* 102₂ *41* 104₂₄
- Paeonischer **II 10A**, M*41* 104₃₀₋₃₁
- schweizer **I 9**, 254₁₉
- ungarischer (Vergleich mit Urstier) **I 9**, 257₁₂.258₈ **II 10A**, M*38* 100₁₀. 101₁₄
- vogtländischer (Vergleich mit Urstier) **I 9**, 255₉.257₁₁.258₈ **II 10A**, M*38* 100₁₁
Stier, Indischer Bos indicus. Zebu *Batsch T-M 140*
I 9, 254₃₀
Stockfisch Getrockneter Dorsch oder Kabeljau *Vgl. Krünitz, Grimm WB*
II 9A, M*12* 27₉
Storch Siehe auch Ciconia *LA II 9A, 6q; Batsch T-M 391 (Ardea Ciconia)*
I 9, 127₂₀
II 9A, M*1* 6₁₃₉
Strahltiere Radiata *Vgl. Krünitz*
I 9, 291₁₅
Strandläufer Tringa *Batsch T-M 386, 399*
I 9, 127₂₀
Strauß Siehe auch Struthio *LA II 9A, 7q; Batsch T-M 402, 405*
I 9, 169₂₈ **I 10**, 397₃ **I 11**, 214₇
II 9A, M*1* 7₁₇₁ *30* 44₄ *129* 209₁₉₉.₂₀₄.₂₁₃ **II 10A**, M*14* 73₃
II 10B, M*25.2* 141₉₀
Stricke Siehe auch Astroiten *Krünitz*
II 8A, M*43* 66₄
Strombus gigas Fossile Flügelschnecke *LA II 7, 497*
I 1, 274₂₂z
Struthio Siehe auch Strauß *LA II 9A, 7q; vgl. Batsch T-M 402*
II 9A, M*1* 7₁₇₁

Stubenfliege Musca domestica *Krünitz*
I 10. 234$_{12.17.33}$.235$_{3-4}$.236$_9$
Sturmhaube, die punctirte s. *Konchylien*
Sturnus Siehe auch Star *LA II 9A, 6q*
II 9A. M*1* 6$_{123}$
Stute Siehe auch Equa *LA II 9A, 6q*
I 10. 13$_{22}$
II 9A. M*1* 6$_{151}$
Sus Siehe auch Schwein *Batsch T-M 143*
II 9A. M*5* 19$_{20}$
Sus Babirussa Hirscheber *Batsch T-M 150*
I 9. 125$_{32}$.172$_{35}$.257$_{36}$.258$_{23}$ **I 10.** 8$_{22}$.392$_{20}$
II 9A. M*5* 19$_{21}$ *11* 26$_{15}$ *12* 27$_{4-5}$ (Babyrußa)
Sus scrofa Gemeines Schwein *Batsch T-M 149*
I 10. 8$_{21}$
Süßwasserschnecken
I 2. 373$_{1-2M.4M.11-12M}$.374$_{19M}$
II 8B. M*73* 119$_{55-64}$.120$_{107}$
Tagfalter s. *Schmetterling*
Tagvögel Tagfalter s. *Schmetterling*
Tapir Hippopotamus terrestris L. *Vgl. Batsch T-M 151*
I 2. 288$_{35}$.289$_{12}$ **I 8.** 350$_{12.25}$ **I 9.** 249$_{33-37}$.257$_{36}$
Taube Siehe auch Columba *LA II 9A, 6q*; *Batsch T-M 411*
I 6. 5$_{28}$.22$_{10}$.36$_6$.42$_{36}$ **I 8.** 165$_{11}$ **I 10.** 322$_{32}$
II 7. M*102* 197$_{43}$ **II 9A.** M*1* 6$_{143}$ *100* 151$_{7-4}$
Taucher Siehe auch Mergus *LA II 9A, 6q*
II 9A. M*1* 6$_{136}$ (Tauger)
Teleosaurus Fossil, krokodilähnliches Reptil aus dem Jura *LA II 10B/2, 1082 Erl*
I 10. 402$_1$
II 10B. M*25.6* 147$_{37-38}$
Terebratuliten Siehe Mineralienregister
Teredo Schiffs- oder Pfahlwürmer (Bohrwürmer) *Batsch T-M 716–717*
I 9. 289$_{31.36}$

Testudo Siehe auch Schildkröte *Batsch T-M 444*
II 9A. M*2* 14$_{241-242}$
Tetrodon Stachelbauch (Kugelfisch) *Batsch T-M 494*
II 10B. M*25.1* 131$_{125}$
Tiere, Listen
- Familie der Schmetterlinge (Lepidopteren) nach Batsch T-M **II 9B.** M*27* 23
- Raupenarten bei Jungius, Historia vermium **II 10B.** M*20.5* 56
- Vokabelliste des Kindes: Thiere (lat./dt.) **II 9A.** M*1* 5$_{100}$ 6$_{153}$
- Vokabelliste des Kindes: Vögel (lat./dt.) **II 9A.** M*1* 6$_{120}$ 7$_{175}$

Tiergruppen Siehe auch Amphibien, Infusionstiere, Manteltiere, Nagetiere, Raubtiere, Säugetiere, Schaltiere, Seetiere, Strahltiere und Weichtiere
- Fleischfressende Tiere **I 9.** 315$_{51}$.364$_{19}$.366$_{1-2}$ **I 10.** 88$_{27}$.109$_{24-25.31-32}$.110$_{35}$ **II 9A.** M*99* 146$_{47}$ *134* 214$_{17}$
- Gliedertiere **I 9.** 293$_{29}$
- Gras fressende Tiere **I 10.** 109$_{31}$. 110$_{36}$
- Hörnertragende Tiere **I 10.** 116$_{34}$
- Omnivora **II 10B.** M*20.5* 56$_{25}$
- parasitische Tiere **II 10B.** M*1.2* 6$_{120-121}$
- Tiere, springende **I 9.** 366$_{1-2.4.4}$
- untergegangene Tiere **II 10B.** M*25.10* 153$_{56-57.74}$
- Urzeittiere **I 2.** 74$_{30Z}$.199$_{19Z}$
- Vergleichende Anatomie **II 1A.** M*29* 170$_{10}$ *35* 199$_{192}$ **II 9A.** M*11* 25$_2$.26$_{27}$M*106* 156$_1$ 157$_8$.157$_{25-28.41}$.158$_{46-47}$ *136* 217$_{2.7.10.17.28}$.218$_{42-43.56}$ *141* 229$_{3-4}$ *142* 230$_{13-14}$ *144* 232$_{18.24-25}$M*145* 233 235 M*146* 236 238 *147* 240$_{15}$ *149* 241$_{3-7}$ *150* 242$_1$ *152* 244$_{12}$ *155* 245$_7$ *157* 247$_{8-15}$ *158* 249$_{10}$. 250$_{52-54}$.251$_{74}$ *160* 252 **II 9B.** M*45* 47$_9$ **II 10A.** M*5* 64$_{13}$ *24* 83$_{6-14}$ **II 10B.** M*25.2* 141$_{73-76.93}$ *25.4* 144$_{31-32}$ *25.9* 149$_{7-9}$

Tierlaus s. *Laus, Läuse*
Tiger Siehe auch Tigris *LA II 9A, 6q*: Batsch *T-M 184 (Felis tigris)*
  I 9. 127$_{31}$.169$_{18}$.364$_{22}$ I 10. 4$_{14.29}$. 203$_3$.223$_{42}$
  II 9A. M *1* 6$_{126}$ *97* 140$_{5(?)}$ *98* 143$_{87}$ *99* 146$_{50}$ (Tygers).$_{60}$
Tigrinae s. *Schmetterling*
Tigris Siehe auch Tiger *LA II 9A, 6q*
  II 9A. M *1* 6$_{126}$
Tinea, Motte s. *Schmetterling*
Tintenfisch Sepia officinalis L. *Batsch T-M 686*
  I 4. 190$_{33}$
Tomentosae s. *Schmetterling*
Tortrix, Blattwickler s. *Schmetterling*
Trapp Siehe auch Otis *LA II 9A, 6q*: Batsch *T-M 402*
  II 8B. M *72* 109$_{108}$.110$_{156}$ II 9A. M *1* 6$_{127}$
Trichechus rosmarus Gemeines Walross. Siehe auch Walross *Batsch T-M 253*
  I 9. 157$_{34}$.159$_{21}$.161$_{17}$ I 10. 8$_8$. 88$_{33}$.392$_{38}$
  II 9A. M *2* 11$_{134}$.12$_{185}$.14$_{253-254}$ *12* 27$_{2-3}$ *99* 146$_{61-63}$ *127* 197$_{10}$ *129* 207$_{149-150}$ *157* 248$_{26-27}$
Trichoda s. *Infusionstiere (Infusorien)*
Trichterschwamm Siehe auch Spongia infundibuliformis *Krünitz*
  II 8A. M *30 Anm* 49
Trigonellen Muschelgattung *LA II SB, 125 Erl*
  I 2. 371$_{31M}$
  II 8B. M *73* 118$_{14}$
Trilobiten Siehe Mineralienregister
Trochiten Siehe Mineralienregister
Tubicinella Gattung der Weichtierordnung Schnurrenfüßler *Krünitz*
  I 9. 289$_{13}$
Tukan Ramphastos bzw. Ramphastos tucanus L. *Batsch T-M 300, 303*
  II 9A. M *12* 27$_{13}$
Turdus Siehe auch Krammetsvogel *LA II 9A, 7q*
  II 9A. M *1* 7$_{156}$

Turteltaube Siehe auch Turtur *LA II 9A, 7q*
  II 9A. M *1* 7$_{160}$
Turtur Siehe auch Turteltaube *LA II 9A, 7q*
  II 9A. M *1* 7$_{160}$
Tyger s. *Tiger*
Ululae s. *Schmetterling*
Unau Bradypus didactylus. Zweifinger-Faultier *Batsch T-M 166*
  I 9. 248$_{30}$
Unio Siehe auch Perle *LA II 7, 4q*
  II 7. M *1* 4$_{66}$
Unke Gruppe von Amphibien. Kröte
  II 2. M *7.8* 52$_{106}$
Upupa Siehe auch Wiedehopf *LA II 9A, 7q*: Batsch *T-M 310*
  II 9A. M *1* 7$_{154}$
Urogallina minor Siehe auch Birkhenne *LA II 9A, 7q*
  II 9A. M *1* 7$_{170-171}$
Urogallus Siehe auch Auerhahn *LA II 9A, 7q*
  II 9A. M *1* 7$_{159}$
Urogallus minor Siehe auch Birkhahn *LA II 9A, 7q*
  II 9A. M *1* 7$_{168-169}$
Urstier (Fossiler Stier)
  I 2. 199$_{16Z}$.373$_{27M}$.374$_{15M}$ I 9. 254$_{1.21.23}$.255$_{14.17.28.29.32.36}$. 256$_{4.13.14}$.257$_2$.258$_{1.13}$.259$_{22}$.315$_{15}$. 359$_3$.359$_1$ 360$_7$.360$_8$
  II 8B. M *73* 120$_{83.103}$ II 10A. M *38* 100$_{1.4.6}$ (Skelett).$_8$ (Schädels).$_{12}$ *39* 102$_2$ *41* 104$_{32}$
Ursus Siehe auch Bär *LA II 9A, 5q*; vgl. Batsch *T-M 195*
  II 9A. M *161* 252$_2$
Ursus maritimus Siehe auch Eisbär *Batsch T-M 196*
  I 10. 8$_{27}$
  II 9A. M *5* 19$_{27}$
Urus Siehe auch Auerochse *LA II 9A, 6q*
  II 9A. M *1* 6$_{133}$
Venosae s. *Schmetterling*
Vermes Klasse der Tiere nach Linné. Siehe auch Würmer *Batsch T-M 89, 659*
  II 10B. M *25.10* 152$_{31}$

Vervex Siehe auch Hammel *LA II 9A, 6q*
II 9A. M *1* 6$_{140}$
Vespertilio Siehe auch Fledermaus *LA II 9A, 7q*
II 9A. M *1* 7$_{161}$
Vibrio *s. Infusionstiere (Infusorien)*
II 10B. M*20.5* 56$_{11(?)}$
Viper Bezeichnung für bestimmte Schlangenarten *Krünitz; Batsch T-M 470*
II 6. M *79* 163$_{142-143}$
Vireo Vermutlich Viredo. Grünfink. Siehe auch Grünling *LA II 9A, 7q*
II 9A. M *1* 7$_{167}$
Viverra Siehe auch Iltis *LA II 9A, 6q; Batsch T-M 200*
II 9A. M *1* 6$_{141}$ *161* 252$_5$
Vogel, Vögel Aves. Klasse der Tiere nach Linné *Batsch T-M 88*
I 1. 265$_{32Z}$ **I 2.** 74$_{7Z}$.114$_{67}$ **I 3.** 6$_{29}$.134$_{10M}$.504$_{9M}$ **I 4.** 128$_2$.194$_{2,18}$ **I 6.** 23$_6$.33$_{12}$.35$_9$.36$_5$.112$_{37}$.117$_{32,33}$.118$_{32}$.119$_{36}$.120$_8$.178$_{18}$.187$_{3-5}$.251$_{34}$ **I 9.** 127$_{12}$.137$_{14}$.160$_{31}$.169$_{29}$.193$_{24}$.198$_{1,9,16}$.239$_{17}$.367$_{35}$ **I 10.** 22$_{4-13}$.64$_{27}$.121$_{26}$.172$_{25}$.176$_{14}$.202$_{16}$.383$_{25}$.397$_{1,7}$ **I 11.** 135$_{19}$.251$_{22}$
II 1A. M*35* 199$_{181}$ **II 2.** M *7. 8* 51$_{40}$ *S.21* 131$_{28-29}$ **II 5B.** M*6* 20$_{25}$
II 6. M*41* 50$_{79}$ M *79* 173$_{535}$ 174$_{552}$
II 7. M*36* 59$_{13-14}$ **II 8A.** M*30* 48$_{10}$
II 9A. M*2* 13$_{229}$ *100* 150$_{63,67}$ *107* 162$_{132}$ *109* 165$_{59}$ *115* 179$_{23}$ (Marsuppium) *126* 196$_{3,10,11,20}$ *127* 199$_{58}$ *129* 209$_{188}$ *141* 229$_{3-4}$ *142* 230$_{13-14}$ *145* 235$_{79}$ *146* 238$_{98}$ *159* 252$_6$ **II 9B.** M *8* 11$_{22}$ *32a* 29$_{20}$ *52* 56$_2$ *59* 69$_1$ **II 10A.** M*3.1 Anm* 34 *3.8* 49$_{127}$ **II 10B.** M*1.2* 7$_{136}$ *25.2* 141$_{93}$ *25.10* 154$_{88}$
Volvox *s. Infusionstiere (Infusorien)*
Vorticella *s. Infusionstiere (Infusorien)*
Vulpes Siehe auch Fuchs. Canis vulpes *LA II 9A, 5q; Batsch T-M 190–192*
II 9A. M *1* 5$_{109}$ *2* 11$_{127}$
Vulpini *s. Schmetterling*

Vultur Siehe auch Geier *LA II 9A, 6q; rgl. Batsch T-M 285*
II 9A. M *1* 6$_{152}$
Wachtel Siehe auch Coturnix *LA II 9A, 7q; Batsch T-M 417*
I 6. 33$_{32}$
II 9A. M *1* 7$_{165}$
Wal Siehe auch Cetacea *Batsch T-M 103, 117–119*
I 2. 358$_{20-21Z}$ **I 9.** 142$_7$.168$_{13}$.179$_{33}$.247$_{35}$.367$_{32}$
II 10A. M*2.4* 9$_{23-24}$
Walross Trichechus. Siehe auch Trichechus rosmarus *Krünitz; rgl. Batsch T-M 247(!)*
I 9. 141$_{28}$.172$_{38}$ **I 10.** 18$_{22}$ 19$_8$
II 9A. M*11* 26$_{21-22,25}$ *98* 141$_{16}$
Wasserhuhn Siehe auch Fulica *LA II 9A, 7q; rgl. Batsch T-M 386*
II 9A. M *1* 7$_{155}$
Wassertiere
I 2. 205$_{10}$ **I 8.** 264$_{12}$
Weichtiere Siehe auch Mollusken *LA II 10A, 894 Erl*
I 9. 288$_{14-15,20,37}$.288$_1$ 294$_{10}$.291$_{16,20}$.293$_{36-37}$
Weidenraupe *s. Raupe*
Weihe Siehe auch Milvus *LA II 9A, 6q*
II 9A. M *1* 6$_{132}$
Welschhahn Truthahn *Krünitz (Welsches Huhn)*
II 9A. M*91* 136$_8$
Wespe Vespa *Batsch T-M 540, 615*
I 10. 294$_{13}$
II 8A. M*30* 49$_{14}$ **II 9A.** M *148* 241$_{12}$
Widder Siehe auch Aries. Schaf. Ovis *LA II 9A, 6q; Krünitz*
I 10. 3$_3$
II 9A. M *1* 6$_{128}$
Wiedehopf Siehe auch Upupa *LA II 9A, 7q; rgl. Batsch T-M 310*
II 9A. M *1* 7$_{154}$ (Wiedhopf)
Wiederkäuer
I 9. 314$_{18,28,38}$.374$_{25}$.377$_{17}$
Wiesel Siehe auch Mustela *LA II 9A, 6q; Batsch T-M 207 (Mustela vulgaris)*

TIERE

I 10, 90$_{30}$
II 9A, M1 6$_{153}$ *124* 194$_{19}$ *125* *195*$_7$ *145* 235$_{76}$
Wild
I 10, 119$_{35.38}$
II 8A, M2 5$_{74}$
Wildschwein Sus scrofa *Vgl. Batsch T-M 149–150; Krünitz*
II 9A, M98 142$_{42}$
Wildtaube Siehe auch Columba fera *LA II 9A, 7q*
II 9A, M1 7$_{174}$
Winckelbohrer s. *Konchylien*
Winden-Sphinx s. *Schmetterling*
Winden-Sphinx s. *Raupe*
Windhals Siehe auch Jynx *LA II 9A, 6q; vgl. Batsch T-M 315 (Wendehals)*
II 9A, M1 6$_{151}$ (Windhalß)
Wolf Canis lupus L.. Siehe auch Lupus *LA II 9A, 6q; Batsch T-M 190*
I 9, 172$_{38}$.199$_6$ I 10, 4$_8$.392$_{26}$
II 9A, M1 6$_{127}$ *11* 26$_{17}$ *91* 136$_{22}$
Wölffin Siehe auch Lupa *LA II 9A, 6q*
II 9A, M1 6$_{146}$
Wolfsmilchraupe s. *Raupe*
Wurm, Würmer Vermes, Klasse der Tiere nach Linné. Siehe auch Anneliden, Meerwürmer, Vermes *Batsch T-M 89, 659*
I 3, 134$_{9M}$.504$_{7M}$ I 4, 189$_{22.25-26}$. 190$_{7-8}$.191$_3$ I 6, 298$_1$ I 9, 123$_{21}$. 205$_{12}$.206$_{1.33}$.245$_{28}$ I 10, 35$_3$. 38$_{8.14-28.25-26}$.136$_{24.25-26.28.30}$.170$_{36}$. 171$_{1.5.15.19.20}$.175$_{15}$.176$_{34}$.193$_{20}$. 196$_{15.26}$.207$_{13}$.288$_{3.31}$.379$_{38}$
II 8A, M30 49$_{16}$ II 9A, M85 129$_{15}$ *112* 169$_9$ *148* 240$_3$ *150* 242$_6$ *151* 243$_{1-2}$ II 9B, M17 19$_1$ *32a* 29$_{12}$ *54* 58$_{9.23-33}$ II 10A, M2.17 22$_3$

- Bandwurm II **5B**, M76 230$_{42}$
II **9B**, M43 45$_{18}$
- Eingeweidewürmer I 4, 189$_{28}$
- Johanniswurm I 1, 5$_{26z}$ II **10A**, M28 88$_7$
- Leuchtwurm I 6, 122$_{29}$
- Lumbricus (Gattung der Regenwürmer) I 10, 165$_{12}$
- Ringelwürmer I 9, 289$_{15}$

Yrosma atlanticum s. *Pyrosoma atlanticum*
Zaunkönig Siehe auch Regulus *LA II 9A, 7q*
II 9A, M1 7$_{163}$
Zeisig Siehe auch Acantis *LA II 9A, 6q; vgl. Batsch T-M 355 (Fringilla spinus)*
II 7, M45 78$_{411}$ II 9A, M1 6$_{131}$
Ziege Siehe auch Capra *LA II 9A, 6q; Batsch T-M 128 (Capra hircus)*
I 6, 34$_{28}$ I 9, 361$_{35}$ I 10, 11$_{3.8}$22.
109$_4$.115$_4$.117$_{11.35}$.123$_1$ *124*$_8$
II 9A, M1 6$_{129}$ *10* 25$_{17}$ *105* 156$_6$
II 10A, M2.4 9$_{5.26}$
Zikade s. *Cicade Batsch T-M 597, 599–601*
Zobel Siehe auch Martes Scythica *LA II 9A, 6q*
II 9A, M1 6$_{144}$
Zoolithen Versteinerungen tierischer Herkunft *Vgl. LA II 8A, 48q; Reuss 362*
Zoophyten Pflanzenähnliche Tiere wie Korallen und Schwämme; bei Linné der 6. Klasse der Vermes (Würmer) zugeordnet
I 4, 190$_5$
Zungenmuschel Siehe auch Lingula *LA I 9, 289q*
I 9, 289$_{28}$
Zygaena, Glanzschwärmer s. *Schmetterling*

Goethes Werke

Goethes Werke

Achilleis *(WA I, 50, 271–294)*
  I 9. 175₃₂
Allgemeine Betrachtung *(HzM II 1; WA II 11, 244–245)* I 9, 317
  II 10A. M*49* 110₁₃
Altenberger Suite *(WA II 10, 114–115)* I 2, 48–49 I 11, 154–155
  II 8A. M*35* 58₂₂
Ältere Einleitung *(HzN I 4; Chromatik I; WA II 5.1, 321–331)* I 8, 178–184
  II 5B. M*40* 147 M*46* 164–165 M*47* 165–166 *70* 207₍?₎
An Freunde der Geognosie *(WA II 13, 270–276)* I 1, 299–304 I 11, 103–108
  I 1. 331₇₋₈ₘ (in dem Intelligenzblatt... Erwähnung)
  II 8A. M*4* 14–15 M*15* 39–40
An Herrn Assessor Leonhard *(WA II 9, 209–213; WA II 9, 406–408)* I 1, 370–375
  I 11. 128–133
An Herrn von Leonhard *(HzN II 2; WA II 9, 41–51)* I 1, 347–353 I 8, 380–386
  I 1. 370₇ (Aufsatz) I 2. 219₁₄ (früher gedacht).316₃₂ I 8. 251₂₀ (früher gedacht) I 11. 128₆ (Aufsatz)
  II 8A. M*13* 25–28 M*14* 28–37
Andere Freundlichkeiten *(HzM I 2; WA II 6, 161–168)* I 2, 171₂₇–172₃ I 9, 103–107
  II 10A. M*21* 80
Anschauende Urteilskraft *(HzM I 2; WA II 11, 54–55)* I 9, 95–96
  II 10A. M*20* 80
Anthrazit mit gediegenem Silber *(HzN II 1; WA II 10, 167–169)* I 2, 289–290
  I 8, 350–352
  I 8. 377₅₋₆
Architektonisch-naturhistorisches Problem *(HzN II 1; WA II 10, 190–201)* I 2, 268–274 I 8, 333–339
  II 5B. M*88* 251₄₈ (Tempel zu Puzzol) II 8B. M*34* 54 *35* 55
Auge empfänglich und gegenwirkend (Chromatik, Tabelle) *(WA II 5.1, vor 319)*
  I 8, 177
  I 8. 187₂₁ (Tabelle).271₂
Aus meinem Leben. Dichtung und Wahrheit. Teile 1–3. *(WA I 26–28)* I 1, 1–5z
  I 10. 249₄₋₅
- Zweiter Teil I 9. 270₈₋₉
Aus Teplitz *(WA II 10, 104–111)* I 2, 29–34 I 11, 148–152
  II 8A. M*35* 58₁₄
Ausflug nach Zinnwalde und Altenberg *(WA II 9, 139–154)* I 2, 37–46 I 8, 142–151
  I 2. 29₀z (Aufsatz).150₃₂ₘ.154₂₄₋₂₅.₂₇.163₃₂ (Aufsätze) I 8. 157₆ (Aufsätze)
  II 8A. M*35* 58₁₇₋₁₈ *117* 152₅
Auszug eines Schreibens des Herrn Barons v. Eschwege. Lissabon den 2. Juni 1824 *(HzN II 160–161; WA II 10, 183–184; WA II 13, 281–282)* I 2, 335–336 I 8, 387–388
  II 8B. M*45* 86
Auszüge aus alten und neuen Schriften *(HzM I 2; WA II 8, 103–112)* I 9, 161–166
  II 10A. M*24* 82–83

Bedeutende Fördernis durch ein einziges geistreiches Wort *(HzM II 1; WA II 11, 58–64)* **I 9, 307–310**
 I 9. 357₁₂
 II 8B. M*33* 51–53 **II 10A**. M*52* 112–113
[Beitrag zu den „Propyläen" über die Wissenschaften vom Organischen] (geplantes Werk) (Ms)
 II 9B. M*45* 47–49 *46* 50
[Beitrag zu den „Propyläen" über Prinzipien der Fortpflanzungsarten] (geplantes Werk) (Ms)
 II 9B. M*43* 45 M*44* 46–47
Beiträge zur Optik *(WA II 5.1, 1–78)* – s. *Rez.Anonymi 1792a,Kästner 1792b,Anonymi 1792b,Anonymi 1792c* **I 3, 6–53**
 I 3. 4₃₅.34₃₂.36₂₃₋₂₄ (Stücken).92₂₋₃ᶻ.95₁₄ᶻ.116₂₈.402₁₉₋₂₀ₘ (Verfasser). 453₂–457₃₆ₘ.480₆ₘ **I 5**. 173₂₄₋₂₅.₂₈ **I 6**. 279₁₇.423₃₇.425₁₄₋₁₅.₃₈.426₁₆.₂₅ **I 7**. 79 (ND: 69)₁₈ **I 8**. 201₁₆.205₉.312₂₈₋₂₉
 II 5B. M*20* 96₁₃₉.97₁₆₈ *46* 164₃ (meine Thesen) *47* 166₂₃ *98* 280₉₋₁₀ (zur Genüge beleuchtet) **II 6**. M *74* 117₉₀₋₉₁ 77 145₆₂₃₋₆₂₄ M*133* 264₂₁₀–265₂₂₆
 - Drittes Stück (nicht gedruckt: s. Von den farbigen Schatten. LA I 3. 64–81)
 I 3. 64₆ᶻ.11ᶻ.94₂₀₋₁₂ᶻ
 - Erstes Stück **I 3, 6–37 I 3**. 38₇.59₂ₘ.450–452 **II 6**. M *121* 230₂₉₋₃₀
 - Erstes und Zweites Stück **I 3**. 293₁₆₋₁₇
 - Viertes Stück (nicht gedruckt. s. Versuch die Elemente der Farbenlehre zu entdecken. LA I 3. 190–209) **I 3, 190–209 I 3**. 94₂₁ᶻ
 - Zweites Stück **I 3, 38–53 I 3**. 26₂₈.32₉.58₄₆ₘ.94₁₈₋₂₀ᶻ **II 6**. M *121* 230₆₂₋₆₃
Berlin: Ideen zu einer Physiognomik der Gewächse. von Alexander von Humboldt. Vorgelesen in der öffentlichen Sitzung der Königl. Preuss. Akademie der Wissenschaften am 30. Januar 1806. 29 S. 8.(Rez.) – s.*Humboldt 1806* **I 10, 199–204**
Beschreibung des Zwischenknochens mehrerer Tiere bezüglich auf die beliebte Einteilung und Terminologie *(WA II 8, 140–164)* **I 10, 6–22**
 II 9A. M*5* 18–19 M*6* 19–21 M*7* 21–22 M*8* 22–23 M*9* 23–24 M*10* 24–25
Betrachtungen fortgesetzt zu Seite 233 *(HzM I 4; WA II 6, 217–222)* **I 9, 266–269**
 II 10A. M*42* 105
Betrachtungen über eine Sammlung krankhaften Elfenbeins *(HzM II 1; WA II 12, 127–137)* **I 9, 281–287**
 II 10A. M*49* 110₁₆
Bildung der Erde *(WA II 9, 268–279; WA II 13, 298–301)* **I 1, 305–317 I 11, 109–120**
 I 2. 425₂₀₋₂₈ₘ
 II 8A. M *8* 18–19
Bildung des Erdkörpers *(HzN I 4; WA II 9, 216–219)* **I 2, 190–192 I 8, 241–243**
 I 2. 187₁₆ᶻ (Aufsatz)
 II 8B. M *1* 3–4
Bildung des Granits und Zinnvorkommen *(WA II 10, 29–31)* **I 2, 120–122**
 I 11, 205–206
 I 2. 117₃₁ᶻ
Bildungstrieb *(HzM I 2; WA II 7, 71–73)* **I 9, 99–100**
 II 10A. M *13* 72
[Biographie von Franz Joseph Gall] (geplantes Werk) (Ms)
 II 9B. M*52* 56–57

Bisherige Beobachtung und Wünsche für die Zukunft *(WA II 12, 121–122)*
I 11, 240–241
II 2. M*6.2* 39–42
Braunkohlengrube bei Dux *(WA II 10, 116)* **I 2, 49–50 I 11, 147**
II 8A. M*35* 58₂₃
Bryophyllum calycinum I *(WA II 6, 337–340)* **I 10, 211–213**
II 10A. M*27* 86–87
Camarupa *(WA II 12, 7–12; WA II 12, 178; WA II 12, 179–181; WA II 12, 219)*
I 11, 194–199
II 2. M*12* 218₁₉–₂₀ (Meteorologische Abhandlungen)
Caspar Friedrich Wolff über Pflanzenbildung *(HzM I 1; WA II 6, 151–155)* **I 9, 75–77**
II 10A. M*10* 71
Chromatik I *(HzN I 4; Nachtragsammlung zur Farbenlehre, siehe auch die Einträge zu den spezifischen Textteilen)* **I 8, 175–232**
II 5B. M*74* 226–227 M*77* 232–233 M*106* 311–312₍?₎
Cissus *(WA II 7, 351–352)* **I 10, 260**
II 10B. M*16* 42
Das Gerinnen *(WA II 10, 83–84)* **I 2, 96–97 I 11, 182–183**
I 2. 107₇z
Das Mädchen von Oberkirch (unvollendetes Trauerspiel) *(WA I 18, 78–92)*
II 4. M*19* 23
Das reine Phänomen *(WA II 11, 38–41)* **I 3, 306₂₆–308₂₇ I 11, 39–40**
I 3. 306₁₁z (Aufsatz).308₃₇z (Aufsatz).312₁₃z
Das römische Carneval *(Berlin; Weimar und Gotha: Unger; Ettinger, 1789)*
I 9, 63₁₋₂
Das Schädelgerüst aus sechs Wirbelknochen aufgebaut *(HzM II 2; WA II 8, 167–169)* **I 9, 357–358**
II 10A. M*58* 139
Das Sehen in subjektiver Hinsicht von Purkinje. 1819 *(HzM II 2; WA II 11, 269–284)* **I 9, 343–352**
I 9, 353₁₄₋₁₅
II 5B. M*72* 209–220 *73* 225 M*76* 229–231 *88* 250₄₄
Das Unternehmen wird entschuldigt *(HzM I 1; WA II 6, 5–7)* **I 9, 5–6**
II 10A. M*2.1* 4₂₋₃
Dem Menschen wie den Tieren ist ein Zwischenknochen der obern Kinnlade zuzuschreiben. Jena 1786 *(HzM I 2; WA II 8, 91–103 - S. a. ‚Über den Zwischenkiefer des Menschen und der Tiere' und ‚Versuch aus der vergleichenden Knochenlehre...')* **I 9, 154–161**
I 9, 167₂₋₃.₁₂₋₁₃.171₃₁₋₃₂.174₁₂₋₁₃.175₅₋₈.176₁₀₋₁₁.356₆.₁₅.366₁₃₋₁₆.₃₄₋₃₅ **I 10,** 220₄₋₁₃.₂₁₋₂₂.222₂₋₃.390₁₈ (Heft)
II 9A. M*2* 8–14 M*3* 15–16 *4* 18 M*129* 203–209 **II 10A.** M*2.1* 4₂₆
Der Groß-Kophta *(WA I 17, 117–250)*
I 3, 116₄
Der Horn *(HzN I 3; WA II 9, 98–99)* **I 2, 126–127 I 8, 165–166**
I 2, 151₅M
II 8A. M*117* 153₁₀
Der Inhalt bevorwortet *(HzM I 1; WA II 6, 16–21)* **I 9, 11–14**
II 10A. M*2.1* 4₄

Der Kammerberg bei Eger *(Taschenbuch für die gesammte Mineralogie. Hg. von Karl Caesar Leonhard 3 (1809), S. 3–24 und Taf. II; HzN I 2; WA II 9, 76–94)* **I 1, 357–369 I 8, 49–60**
    I 1. 373_6 **I 2.** 5_{6Z} (Beschreibung).173_{18Z} (Heft).236_{3Z} (Broschüre).238_{16} (früher geäußerten).330_{1-2} (früher... gemeldet).$_{22-24}$ (früher... geäußert) **I 8.** $166_{9-10}.352_{17}$ (B. I. S. 56).409_{27} (früher... gemeldet).410_{11-13} (früher... geäußert) **I 11.** 131_{4-5} (Beschreibung)

Der Mann von 50 Jahren *(Taschenbuch für Damen auf das Jahr 1818. Tübingen: Cotta, 1818, 1–34)*
    II 8B. M*61* 97–98

Der Verfasser teilt die Geschichte seiner botanischen Studien mit *(WA II 6, 95–127)* **I 10, 319–338**
    II 10B. M*23.1* 91–92 *23.2* 93 M*23.3* 94–97 M*23.4* 97–98 *23.5* 99 *23.6* 100 M*23.7* 100–101 *23.8* 102 M*23.9* 103–104 *23.10* 105 M*23.11* 106–107 *23.12* 108 M*23.13* 108–109 *23.14* 110

Der Versuch als Vermittler von Objekt und Subjekt 1793 *(HzN II 1; WA II 11, 21–37)* **I 3, 285–295 I 8, 305–315**
    I 3. 303_{22-23Z} (Aufsatz).$_{26Z}$ (Aufsatz).305_{-Z} (Aufsatzes).309_{33Z} (Aufsatz). 312_{13Z} (Aufsätze) **I 9.** 307_{23-24}

Der Wolfsberg *(HzN II 2; WA II 9, 112–114)* **I 2, 307–308 I 8, 404–405**
    I 2. 317_2
    II 8B. M*37* 62 45 86

Diderots Versuch über die Malerei [Bearbeitung von Diderot 1795/96] *(Propyläen 1–2 (1798/1799–1799), 1–44, 4–47; WA I 45, 245–322)* **I 3, 504–506**
    I 3. $384_{17Z.18-19Z}.385_{1Z.3Z.8Z}$

Die Faultiere und die Dickhäutigen abgebildet, beschrieben und verglichen, von Dr. E. d'Alton, das erste Heft von sieben, das zweite von zwölf Kupfertafeln begleitet. Bonn 1821 (Rez.) *(HzM I 4; WA II 8, 223–232)* – s. *Alton 1821a, Alton 1821b* **I 9, 246–251**

Die Granitgebürge *(WA II 10, 58–59; WA II 10, 228)* **I 1, 101–102 I 11, 17–18**
    II 7. M*68* 149

Die Luisenburg bei Alexanders-Bad *(HzN I 3; WA II 9, 229–231)* **I 2, 144–146**M **I 8, 171–172**
    I 2. 139_{19Z} (Geologische Aufsätze).151_{22M}
    II 8A. M*117* 153_{25}

Die Mitschuldigen *(WA I 9, 40–115; WA I 53, 42–93)*
    I 9. 64_1

Die Natur *(WA II 11, 5–9)* **I 11, 3–5**
    I 11. $299_{4,9}$ (diese Betrachtungen).$_{19}$ (ihm).$_{31}$ (gedachter Aufsatz)

Die natürliche Tochter *(WA I 10, 245–283)*
    I 9. 309_{14}

Die Raubtiere und Wiederkäuer abgebildet, beschrieben und verglichen von Dr. E. d'Alton (Rez.) *(HzM II 1; WA II 12, 145–148)* – s. *Alton 1822, Alton 1823* **I 9, 314–316**
    II 10A. M*53* 113

Die Skelette der Nagetiere, abgebildet und verglichen von d'Alton. Erste Abteilung: zehn Tafeln, zweite: acht Tafeln. Bonn 1823 und 24 (Rez.) *(HzM II 2; WA II 8, 246–254)* – s. *Alton 1823–1824* **I 9, 374–379**
    II 10A. M*63* 141–142

Doppelbilder des rhombischen Kalkspats *(HzN I 1; WA II 5.1, 239–245)* **I 8, 16–20**
   I 2, 54₃₆z **I 8**, 6₁₅–₁₆
Drei günstige Rezensionen *(HzM I 2; WA II 6, 158–160)* **I 9, 101–102**
   II 10A, M*21* 80
Dritte Nachricht von dem Fortgang des neuen Bergbaues zu Ilmenau *(Koautor: Christian Gottlob Voigt d. Ä.; Weimar: s.n., 1788)* **I 1, 178–187**
   I 1, 178₁ (Nachricht).196₃₃.197₁₇.203₁
D'Aubuisson de Voisins Geognosie, übersetzt von Wiemann. 1r Bd. Dresden, 1821 (Rez.) *(HzN I 4; WA II 9, 223–224)* – s.*Aubuisson de Voisins 1821–1822* **I 2, 193–194 I 8, 268–269**
   II 5B, M*88* 250₈ **II 8B**, M*9* 16
Echte Joseph Müllerische Steinsammlung angeboten von David Knoll zu Karlsbad *(HzN I 4; WA II 10, 177–179; WA II 13, 423)* **I 2, 181–183 I 8, 244–246**
   I 2, 187₁₄z (Redaktionen)(?)
Egeran *(WA II 10, 69–70, 250)* **I 2, 188–189 I 11, 221**
   I 2, 187₂₀z (notiert)
   II 8B, M*17* 26₁₁
Egmont. Ein Trauerspiel *(WA I 8, 171–305)*
   I 1, 285₁₅–₁₆z
Eigenschaften der Monokotyledonen *(WA II 6, 309–311, 400; WA II 13, 69)* **I 10, 71–73**
   II 9A, M*93* 138 M*94* 138–139
Einfache Nachahmung der Natur, Manier, Stil *(Teutscher Merkur, Februar 1789, 113–120; WA I 47, 77–83)*
   I 9, 62₃₅
Einige allgemeine Sätze *(WA II 5.1, 83–92)* **I 3, 130–136**M
   I 3, 117₂₇ (Aufsatz).461₇–₈z (Aufsatz)(?)
Einleitung / Zwei Forderungen… *(WA II 11, 164–166)* **I 3, 416–417 I 11, 55–56**
   I 3, 387M
   II 1A, M*47* 245 *48* 245
Einleitung zu öffentlichen Vorlesungen über Goethes Farbenlehre, gehalten an der Königl. Universität zu Berlin, von Leopold von Henning, Doktor der Philosophie. Berlin 1822 (Rez.) *(HzN II 1; Chromatik II; WA II 5.1, 416–419)* – s.*Henning 1822* **I 8, 342–343**
Einleitung [in die Propyläen] *(Propyläen. Eine periodische Schrifft herausgegeben von Goethe. I. Bd., 1. St., Tübingen 1798, III-XXXVIII; WA I 47, 2–32)*
   II 9B, M*38* 41–42 *39* 42₄ *40* 43 M*41* 43–44 *42* 44
Einzelnes zu Noten bestimmt *(WA II 6, 346–359)* **I 10, 276–284**
   II 10B, M*19.1* 48–49 *19.2* 50
Elemente der entoptischen Farben *(HzN I 1; WA II 5.1, 246–252)* **I 8, 21–24**
   I 8, 6₁₆–₂₀.45₃ (S. 96)
   II 5B, M*33* 139
Entdeckung eines trefflichen Vorarbeiters *(HzM I 1; WA II 6, 148–151)* **I 9, 73–74**
   II 10A, M*9* 67–70 *13* 72
Entomologische Studien *(WA II 6, 415–428)* **I 10, 168–176**
   I 8, 179₃
   II 10A, M*2.1* 4₁₈ *2.3* 7₃₀–₄₉ *49* 110₁₇ **II 10B**, M*35* 161₃₁

Entoptische Farben *(HzN I 1; WA II 5.2, 439)* **I 8, 45**
  II 5B. M*51* 174₍?₎
Entoptische Farben [Ergänzungskapitel] *(HzN I 3; WA II 5.1, 253–318)* **I 8, 94–138**
  I 8. 185₂ (Vortrag). 186₃₄.273₃₀.274₁₇₋₁₈ (Bearbeitung). 276₁₉.345₄ (§. 17).₂₀₋₂₁ (Seite 104) **I 9**. 347₂₅₋₃₈
  II 5B. M*48* 166–167 *50* 174 *52* 175 M*53* 176–178 *54* 180 M*55* 181–182 M*57* 185–186 M*62* 196–198 M*63* 199–200 *64* 201 *65* 201 *99* 288₂.₅ (No. 6. S. 131) *127* 360₁₋₂
- Chladnis Tonfiguren **I 9**, 347₂₅₋₃₈
Entstehen des Aufsatzes über Metamorphose der Pflanzen *(HzM I 1; WA II 6, 394–396)* **I 9, 19–22**
  II 10A. M*2.1* 4₆
Entwürfe zu einem Aufsatz über den Weinbau *(WA II 6, 345–346; WA II 7, 131–149; WA II 13, 76; WA II 13, 186)* **I 10, 261–271**
  I 10. 274₃₄ (Kap. 9)
  II 10B. M*17.2* 43 *35* 161₂₃
Erfinden und Entdecken *(WA II 11, 255–258)* **I 11, 180–181**
  II 1A. M*65* 282 M*69* 290–291 M*70* 292–293 M*73* 301–302 *74* 303
Ernst Stiedenroth Psychologie zur Erklärung der Seelenerscheinungen. Erster Teil. Berlin 1824 (Rez.) *(HzM II 2; WA II 11, 73–77) – s. Stiedenroth 1824–1825* **I 9, 353–355**
  II 10A. M*57* 115–137
Erste Nachricht von dem Fortgang des neuen Bergbaues zu Ilmenau *(Koautor: Christian Gottlob Voigt d. Ä.; Weimar: s. n., 1785)* **I 1, 85₆–94₁₉**
  I 1. 115₁₈₋₁₉.168₂₁₋₂₂.183₃₃₋₃₄
Erster Entwurf einer allgemeinen Einleitung in die vergleichende Anatomie, ausgehend von der Osteologie *(HzM I 2; WA II 8, 5–58)* **I 9, 119–151**
  I 8. 179₅ **I 9**. 167₂₋₃.179₁₁₋₁₄.₁₆.366₁₁₋₁₂ **I 11**. 300₁₁ (Schema)
  II 9A. M*128* 201–202 M*144* 231–232 M*145* 233–235 M*146* 236–238 *149* 241 M*150* 242–243 *151* 243 M*152* 243–244 *153* 244 *154* 245 M*155* 245–246 *156* 247 M*157* 247–249 M*158* 249–251 M*159* 251–252 *160* 252 M*161* 252–253 **II 9B**. M*56* 66 **II 10A**. M*2.1* 4₂₄₋₂₅ *2.4* 9₂₋₃ (Manuscripts).₅ *2.21* 25 M*2.22* 25–26 *31* 90₁₂
Essai sur la métamorphose des plantes. Traduit de l'allemand sur l'édition originale de Gotha (1790) par M. Frédéric de Gingins-Lassaraz *(Genève: Barbezat 1829)*
  I 10. 309₇₋₂₄.313₁₋₂.313₁₁₋₃₁₄₃₂.314₃₃ (Übersetzung). 315₁₆ (Übersetzung).₃₃₋₃₄
Fahrt nach Pograd *(HzN II 2; WA II 9, 105–111)* **I 2, 226–230 I 8, 372–376**
  I 2. 312₁₁.316₃₀₋₃₁ **I 8**. 407₃₋₅ (vorjährige Fahrt)
Faust. Eine Tragödie [Erster Theil] *(WA I 14, 2–245)* **I 3, 409–411**ₘ
  I 3. 334₁₂z **I 8**. 188₂₂–189₈.216₁₉
Faust. Der Tragödie zweiter Teil in fünf Akten *(WA I 15, 1–337)* **I 2, 395–404**z
  I 2. 359₁₅–363₅z.405₁.405₁–407₁₀z
Folgesammlung *(HzN II 1; WA II 10, 169–170)* **I 2, 293–294 I 8, 378–379**
  I 2. 316₃₁
Form und Bildung des Granits *(WA II 10, 60–61)* **I 1, 94₂₃–96₄ I 11, 14–15**
  II 7. M*67* 147

Fossiler Stier *(HzM I 4; WA II 8, 233–243)* **I 9, 254–260**
I 9. 315$_{8-10}$.359$_2$
II 10A. M*38* 100–101 *39* 102 *40* 103 *41* 104 **II 10B.** M*35* 162$_{68}$
Friedr. Siegmund Voigt, Hofrat und Professor zu Jena: System der Natur und ihrer Geschichte. Jena 1823 (Rez.) *(HzM II 1; WA II 7, 104) – s. Voigt 1823*
I 9, 318–319
Fünfte Nachricht von dem neuen Bergbau zu Ilmenau. Wodurch der Erfolg des am Sechsten Junius 1791 eröffneten Gewerkentages bekannt gemacht wird *(Koautor: Christian Gottlob Voigt d. Ä.; Weimar: s. n., 1791)* **I 1, 207–217**
I 1. 219$_{TA}$
Galvanismus *(WA II 11, 199–208; WA II 11, 225; WA II 11, 353)* **I 11, 83–90**
II 1A. M*54* 256
Gang der Metamorphose *(WA II 6, 334–336)* **I 10, 256**
II 10B. M*14* 39
Gebirgs-Gestaltung im ganzen und einzelnen *(HzN II 2; WA II 9, 241–252)* **I 2, 345–353 I 8, 411–418**
II 8B. M*16* 25$_6$ M*52* 90–91 *53* 91 M*54* 91–92 *102* 156
Gedichte
- „Alles erklärt sich wohl"... **I 3,** 110$_{5-8}$
- An Bergrat Lenz am Tage der Jubelfeier seiner funfzigjährigen Dienstzeit den 25. Oktober 1822 **I 2, 245**$_Z$
- An Frau v. Berg. geb. v. Sievers **I 1, 290**$_{3-12Z}$
- An Schiller mit einer kleinen mineralogischen Sammlung **I 1, 254–255**$_M$
- An zwei Gebrüder, eifrige junge Naturfreunde. Marienbad, 21. Juli 1822 **I 2, 213–214**$_Z$ **I 2.** 214$_{13Z}$
- ΑΘΡΟΙΣΜΟΣ [Athroismos] **I 9, 152–153**
- Aus dem naturhistorischen Bilder- und Lesebuch von Jakob Glatz **I 1, 281–282**$_Z$
- Bringst du die Natur heran.... (Gedicht) In: HzN I 1. (IX) (= I 8, 9) **I 8, 9**
- Den Vereinigten Staaten **II 8B.** M*Anm 27* 47 **I 2,** 359$_M$ **II 8A.** M*110* 145$_{8-9}$
- Der Gott und die Bajadere **I 9.** 308$_{25-26}$
- Der Graf und die Zwerge (auch mit dem Titel Hochzeitlied) **I 9.** 308$_{26}$
- Der Kaiserin Ankunft **I 1.** 376$_{27}$–377$_{7Z}$
- Der Sänger und die Kinder (auch mit dem Titel: Ballade) **I 9.** 308$_{26-27}$
- Die Braut von Korinth **I 9.** 308$_{25}$
- Die ersten Erzeugnisse der Stotternheimer Saline, überreicht zum 30. Januar 1828 **I 2, 367–369**$_Z$ **I 2.** 363$_{28-29Z.30Z.31-32Z.33Z}$.364$_{2Z.5Z}$
- Die Metamorphose der Pflanzen (Elegie) **I 9,** 67$_{22}$**–69**$_{26}$ **I 9.** 67$_{18}$ (Elegie).69$_{37}$
- Du Schüler Howards wunderlich [...] **II 2.** M*5.6* 361$_{1-19}$
- Erlauchter Gegner aller Vulkanität! **II 8B.** M*25* 45$_{31-32}$
- Erst durch das kleinste Löchlein... **I 3,** 218$_{2-8}$ **II 3,** M*11* 8
- Festliche Lebens-Epochen, und Lichtblicke traulicher Verhältnisse, vom Dichter gefeiert **I 2.** 115$_{11-15Z}$.214$_{11-12Z}$
- Freudig war, vor vielen Jahren... **I 9, 192**$_{1-12}$
- Freuet euch des wahren Scheins... **I 9, 88**$_{25-28}$
- Geognostischer Dank. August 1831 **I 2.** 411$_Z$
- Gott, Gemüth und Welt **I 2, 70**$_Z$
- Granit, gebildet **I 2.** 79$_{8-20Z}$
- Gütiger Lehrer, Deine Kinder bringen **I 2.** 72$_{12Z}$ (Gedicht für die Kinder)

- Harzreise im Winter I 2, 149₂₈₋₂₉ (dithyrambisches Gedicht) I 11, 216₃₅₋₃₆ (dithyrambisches Gedicht)
- Herrn Staatsminister von Voigt zur Feier des 27. Septembers 1816 I 2, 90z
- Ihro des Kaisers von Österreich Majestät I 2, 2₂₆–3₁₂z
- Im Namen dessen der sich selbst erschuf... I 8, 4
- Ist erst eine dunkle Kammer... I 3, 218₂₋₈ II 3, M *11* 8
- Je mehr man kennt... I 2, 177₃₋₁₆z
- Katzenpastete II 5A, M *18* 30 *19* 31 M *20* 31–32
- Kaum wendet der edle Werner... I 2, 176₁₈₋₂₅z
- Mag's die Welt zur Seite weisen... I 9, 189₁₃₋₁₆
- Mit Botanik gibst du dich ab? I 3, 2₁₋₅z
- Möget ihr das Licht zerstückeln.... (Gedicht) In: HzN I 1, (X) (= I 8, 10) I 8, 10
- Müsset im Naturbetrachten... I 9, 88₁₉₋₂₄
- Natürliches System der Erze nach Oken I 1, 375₃₁–376₄z
- Newtonisch Weiß I 3, 209
- Paria I 9, 308₂₈
- Prolog. Halle, den 6. August 1811 I 1, 378₁₋₁₅z (Hallesches Salinensalz. Gedichtauszug)
- Pulchra sunt... I 9, 224₁₋₃
- Römische Elegien I 3, 115₄₃
- So schauet mit bescheidnem Blick... I 9, 98₄₋₁₃
- Unwilliger Ausruf I 9, 223
- Ursprünglich eignen Sinn... I 2, 176₂₆–177₂z
- Urworte Orphisch I 9, 87–88 II 10A, M *19* 79
- Venetianische Epigramme I 3, 115₄₃
- Wär' nicht das Auge sonnenhaft... I 3, 436₆₋₁₀ I 4, 18₂₄₋₂₇ II 3, M *25* 14₁₋₄
- Wäre nicht dein Auge sonnenhaft... I 8, 296₆₋₁₀
- Was ich dort gelebt, genossen I 2, 93 I 8, 26
- Was ich nicht erlernt hab... I 8, 2
- Weiß hat Newton gemacht... I 3, 210₃₋₄
- Weite Welt und breites Leben I 8, 2
- Wie man die Könige verletzt... I 2, 176₆₋₁₇z
- Wiegenlied dem jungen Mineralogen Walther Wolfgang von Goethe I 2, 114–115z
- Willst Du ins Unendliche schreiten... I 9, 89₂₀₋₂₁
- Zahme Xenien I 2, 176₅–177₁₆z, 370₁₃z
- Zu dem erbaulichen Entschluß... (Gedicht) II 1A, M *9* 79₂₀₋₂₉

Gemälde der organischen Natur in ihrer Verbreitung auf der Erde von Wilbrand und Ritgen; lithografiert von Päringer (Rez.) *(HzM I 4; WA II 7, 101–102)* – s. *Wilbrand / Ritgen 1821* I 9, 261–262

    I 9, 318₄₋₅

    II 5B, M SS 251₅₀

Genera et species Palmarum. von Dr. C. F. von Martius. Fasz. I. und II. München. 1823 (Rez.) *(HzM II 2; WA II 6, 237–241)* – s. *Martius 1824b* I 9, **380–382**

[Geplante Rezension der Schriften von Petrus Camper] (Rez.) (Ms) – s. *Camper 1793*

    II 9A, M *141* 229 *142* 230

Geplante Versuche / Die Versuche, wo das Auge… *(WA II 5.2, 93–98)* **I 3, 118–124**M
 I 3, 114₁₃ (Papiere)
 II 3. M*4* 4
Geschichte der Arbeiten des Verfassers in diesem Fache *(WA II 4, 485–486)*
 I 3, 362–364M
 I 3, 338₃₃M
Geschichte der Farbenlehre / Die Wissenschaften werden selten… *(WA II 4, 187; WA II 5.2, 240–315)* **I 3, 396–405**M **II 6, M** *133* **260–267**
 I 3, 277₁₈₋₁₉Z.396₃Z
Geschichte meines botanischen Studiums *(HzM I 1; WA II 6, 389–393)* **I 9, 15–19**
 II 10A, M*2.1* 4₇ 6 65 7 66
Geschichtliches *(HzN I 4; Chromatik I; WA II 5.1, 385–404)* **I 8, 220–232**
 I 8, 272₁₃ (S. 225)
 II 5B, M S*1* 241
Gesetze der Pflanzenbildung *(WA II 7, 7–19; WA II 13, 86–87)* **I 10, 55–63**
 II 9A, M*41* 68–69
Gestaltung großer anorganischer Massen *(HzN II 2; WA II 9, 232–240)* **I 2, 338–344 I 8, 391–396**
 I 2, 344₂₅–345₁₈M I 8, 411₃ (Fortsetzung)
 II 8B, M*2* 4 *15* 24₆ (Harzfelsen) *16* 25₆ *17* 26₁₄ *49* 87M*50* 88–89M*51* 89–90 *102* 156₍?₎
Gestörte Formation *(WA II 10, 20)* **I 2, 98 I 11, 183–184**
 II 8A, M S*1* 109–110 S*2* 110
Goethe zu Howards Ehren *(HzN I 4; WA IV 50, 47–48)* **I 8, 238–239**
 II 2, M*5.2* 22–23
Goethe's Schriften. 8 Bde. *(Leipzig: Göschen, 1787–1790)*
 I 9, 63₁₉₋₂₀
Goethes Werke. Vollständige Ausgabe letzter Hand. 60 Bde. *(Stuttgart, Tübingen: Cotta, 1827–1842)*
 I 10, 229₂₂₋₂₃.366₁₁ (Schriften).₁₆₋₁₇.368₅
 II 2, M*12* 218₁₉₋₂₀
Granitarbeiten in Berlin *(WA I 49.2, 197–200)* **I 2, 375–377 I 11, 297–298**
 II 8B, M*69* 102–103 *70* 103
Harzreise 1784 / vom 8 Aug - 10 Sept mit Krause [Notizen / Tagebuch] (Ms)
 II 7, M*52* **104–112**
 II 7, M*57* 126
Heinroths Anthropologie (Rez.) *(WA I 41.2, 163)* – s. Heinroth 1822 **I 10, 226–227**
 II 10B, M*4* 22
Hermann und Dorothea *(WA I 1, 293–294)*
 I 9, 175₃₂
Herr Mawe. Nachricht von seinen letzten Expeditionen im Oktober 1817 *(WA II 13, 395–398)* **I 11, 188–190**
 I 2, 103–106 (Geologischer Ausflug)
Höhen der alten und neuen Welt bildlich verglichen *(Koautor: Friedrich Wilhelm Bertuch; WA II 12, 238–240)* **I 11, 159–161**
 II 8A, M*37* 60–61

Höherer Chemismus des Elementaren *(WA II 13, 314–315)* **I 2, 356–357 I 11, 272**
II 8B. M*61* 97–98 *62* 98
Howard's Ehrengedächtnis [2. Fassung] *(HzN I 4; WA II 12, 40–41)* **I 8, 234–237**
I 9, 264$_{35}$
II 2. M*1.3* 5$_3$M*5.2* 23–26
Howards Ehrengedächtnis [1. Fassung] *(HzN I 3; WA I 3, 99–100; WA II 12, 40–42)* **I 8, 92–93**
I 8. 238$_{4-5}$.239$_{4-5}$
Ideen über organische Bildung (geplantes Werk) (Ms)
II 9B. M*53* 57$_2$M*54* 57–59
Im Fortgange der Fingerbewegung... [Auszüge aus J.E. Purkinje. Beiträge zur Kenntniss des Sehens in subjectiver Hinsicht. Prag 1819: mit Bemerkungen von Goethe] (Ms) **II 5B, M *72* 209–220**
II 5B. M*74* 226–227
Im Rheingau Herbsttage. Supplement des Rochus-Festes 1814 *(WA I 34.1, 48–67)*
I 2. 67$_{32}$–68$_{16Z}$
In Honour of Howard *(Golds London Magazine and Theatrical Inquisitor 4, Nr. vom 19. Juli (1821), 61–63)*
II 2. M*5.2* 23$_{50}$–26$_{169}$
In vorstehendem Aufsatz... *(HzN II 1; WA II 12, 59–73)* **I 8, 321–330**
I 11. 240$_{3,6}$ (Seite 330)
II 2. M*6.1* 38$_{1-21}$
In wiefern die Idee: Schönheit sei Vollkommenheit mit Freiheit, auf organische Naturen angewendet werden könne **I 10, 125–127**
II 9A. M*140* 228
Infusions-Tiere *(WA II 7, 289–309)* **I 10, 25–40**
II 10B. M*35* 162$_{66}$
Iphigenie auf Tauris. Ein Schauspiel *(WA I 10, 1–383)*
I 3, 116$_3$
Italienische Reise *(WA I 30, 2–279; WA I 31, 2–279; WA I 31, 1–365)* **I 3, 237$_{18-29Z}$.265$_{28}$–266$_{18M}$.266$_{3-7Z}$**
I 1. 122$_{20}$–123$_{12Z}$.125$_{24}$–126$_{10Z}$.132$_{18}$–134$_{20Z}$.136$_{1-17Z}$.137$_{20}$–138$_{15Z}$.140$_{7-18Z, 19-31Z}$.141$_{2-12Z}$.141$_{14}$–142$_{16Z}$.142$_{18}$–144$_{32Z}$.144$_{33}$–145$_{9Z}$.145$_{11}$–147$_{5Z}$.149$_{17}$–150$_{11Z}$.152$_{23}$–153$_{4Z}$.153$_5$–154$_{4Z}$.154$_{5-15Z}$.154$_{31}$–155$_{6Z}$.155$_{7-10Z, 11-31Z}$.155$_{32}$–156$_{6Z}$.156$_7$–157$_{6Z}$.157$_{7-17Z}$.157$_{18}$–158$_{3Z}$.158$_{4-12Z}$.159$_{27-28Z, 30-34Z}$.160$_{1-35Z}$.161$_{1-8Z}$.164$_{26Z, 28Z}$.165$_{23}$–166$_{5Z}$.166$_6$–167$_{28Z}$.168$_{8-15Z}$ **I 2**. 274$_{10}$ **I 8**. 338$_{34}$ **I 9**. 21$_{9-10}$.309$_{22}$
II 10B. M*21.9* 69$_{32}$ *23.3* 96$_{100}$M*23.11* 106–107
- Zweiter Aufenthalt in Rom **I 9**. 21$_{19}$ **I 10**. 334$_{37}$.335$_{25}$.336$_{30-31}$
Joseph Müllerische Sammlung *(Taschenbuch für die gesammte Mineralogie. Hrsg. von Karl Caesar Leonhard 2 (1808), 3–32; HzN I 1; WA II 9, 10–29 – s. a. "Sammlung zur Kenntnis der Gebirge von und um Karlsbad angezeigt und erläutert")* **I 8, 28–44**
I 1. 324$_{11Z}$ (Aufsatz).$_{13Z}$ (Aufsatz).347$_{16-17}$ (Aufsatz).$_{21}$ (Schrift).348$_{29-30}$ (Aufsatz).370$_7$ (Sammlung).372$_{26}$ (Aufsatz) **I 2**. 94$_{29-30, 35}$ (Aufsatz).95$_{8-9}$.119$_{7-8Z}$.155$_5$.161$_{8-10}$.414$_{20-22}$ (Katalog) **I 8**. 28$_{16-17, 21-25}$.152$_{15}$.168$_{6-8}$.245$_3$

(Katalog).380₃₋₄.₈ (Schrift).381₁₅₋₁₆ (Aufsatz) **I 11**, 128₆.130₂₅ (Aufsatz). 324₂ (Katalog)
  II 8A. M*13* 25-28 M*14* 28-37 M*108* 140-144
Joseph Müllersche jetzt David Knollsche Sammlung zur Kenntnis der Gebirge von und um Karlsbad, angezeigt und erläutert von Goethe 1807; erneut 1832 *(WA II 9, 35-39; WA II 9, 341; WA II 9, 344-345)* **I 2, 412-415 I 11, 322-324**
  II 8B. M*90* 144-145
Kälte *(WA II 10, 95)* **I 2, 388-389 I 11, 307**
  II 8B. M*80* 133-134
Kammer-Bühl *(HzN II 1; WA II 10, 170-171)* **I 2, 238-239 I 8, 352-353**
  I 2. 294₈₋₉
Kammerberg bei Eger *(HzN I 3; WA II 9, 95-97)* **I 2, 159-161 I 8, 166-168**
  I 2. 151₈M.330₁₋₂ (früher… gemeldet).₂₂₋₂₄ **I 8**, 409₂₇ (früher… gemeldet). 410₁₁₋₁₃
  II 8A. M*117* 153₁₃
Karl Wilhelm Nose *(HzN I 3; WA II 9, 183-195)* **I 2, 163-171 I 8, 157-164**
  I 2. 151₄M (Nose).174₂₉₋₃₀z (Auszug).297₂₄₋₂₆M (Seite 218)
  II 8A. M*117* 153₉ **II 8B**. M*39* 64₁₅₋₁₆.68₁₃₂₋₁₃₆
Knospen. Stolonen *(WA II 6, 329-330; WA II 13, 75)* **I 10, 68-69**
  II 9A. M*86* 129-130
[Kompendium der Farbenlehre] (geplantes Werk) (Ms)
  II 5B. M*127* 360-361 M*128* 363-364
Kritik der geologischen Theorie besonders der von Breislak und jeder aehnlichen […] *(WA II 9, 390-399)* **I 2, 297-306**M
  I 2. 278₂₇z
Kurze Darstellung einer möglichen Bade-Anstalt zu Berka an der Ilm, auf gnädigsten Befehl Ihro Durchlaucht des Erbprinzen von Sachsen-Weimar versucht von J. W. v. Goethe *(WA II 13, 325-340)* **I 2, 10-23**z
  I 2. 7₁₄z (Aufsatz).₂₂z (Gutachten).₂₇z (Badebericht)
Lage der Flöze *(WA II 10, 96-97)* **I 2, 389 I 11, 307-308**
  II 8B. M*81* 134
Leben des Benvenuto Cellini. Florentinischen Goldschmieds und Bildhauers, von ihm selbst geschrieben. Uebersetzt und mit einem Anhange hrsg. von Goethe. 2 Bde.*(Stuttgart, Tübingen: Cotta, 1818)*
  I 9, 175₃₂
Leben und Verdienste des Doktor Joachim Jungius. Rektors zu Hamburg *(WA II 7, 105-115)* **I 10, 285-291**
  II 10B. M*12* 36-37 *20.1* 52 *20.2* 53 M*20.3* 53-54 *20.4* 55 M*20.5* 56-57 M*20.6* 57-58 M*20.7* 59-60 M*20.8* 61-62 *20.9* 62 *21.12* 73₂
Lebens- und Formgeschichte der Pflanzenwelt von Schelver (Rez.) *(HzM I 4; WA II 6, 241-243) – s.Schelver 1822* **I 9, 262-263**
  II 10A. M*49* 110₁₂
Lines by Goethe in Honour of Howard *(Golds London Magazine and Theatrical Inquisitor 4, Nr. vom 19. Juli (1821), 59-60)*
  II 2, M*5.2* 22₁-23₅₅
Luke Howard an Goethe *(HzN II 1; WA II 12, 43)* **I 8, 287-295**
  I 8. 286₄ (Aufsatz)
  II 2. M*1.4* 5₂ M*5.3* 27-33 *12* 218₁₉₋₂₀ (Meteorologische Abhandlungen)
  II 5B. M*88* 251₄₉

Luke Howard to Goethe. A biographical Sketch *(HzM I 4; WA II 12, 43–45)*
I 9, 264–265
  II 2. M*12* 218$_{19-20}$ (Meteorologische Abhandlungen)
Magnet 1799 *(WA II 11, 182–186)* **I 11, 46–48**
  II 1A. M*20* 154 *21* 155 *22* 157
Mahomet. Trauerspiel in fünf Aufzügen nach Voltaire. *(WA I 9, 275–360)*
  I 1, 279$_{2Z}$
Marienbad überhaupt und besonders in Rücksicht auf Geologie *(HzM I 4; WA II 9, 53–72)* **I 2, 214–226 I 8, 247–259**
  I 2. 151$_{16M}$.184$_{33Z}$ (Abhandlung).187$_{14Z}$ (Redaktionen).200$_{2-3Z}$ (dem Publikum mitgeteilt).228$_{23}$.250$_{22Z}$ (Verzeichnis) **I 8.** 374$_{23}$
  II 8A. M*114* 149–150 *117* 153$_{20}$ **II 8B.** M*6* 6–9 M*10* 16–20 *22* 40$_{112-113}$
Merkwürdige Heilung eines schwer verletzten Baumes *(HzM I 4; WA II 6, 226–228)* **I 9, 238**
  II 10A. M*36* 93–97
Die Metamorphose der Pflanzen *(HzM I 1; WA II 6, 23–94 – s.a. ,Versuch die Metamorphose der Pflanzen zu erklären')* **I 9, 23–61**
  I 4. 195$_8$ I 9. 90$_{17-18}$.102$_4$.103$_{3,12-14,18-22}$.105$_{4,20}$.106$_{11-12}$.108$_{9-11,15-16}$.176$_{25-26}$
  I 10. 66$_{18-19}$.67$_5$.135$_{34}$.215$_3$.272$_{1-2}$.273$_7$.280$_{31-32,34}$.297$_1$–318$_{21}$.299$_{23}$.300$_{7-8,}$
  $_{14-17,28-29}$.301$_{17}$.303$_{19}$ (Schrift).$_{25}$.319$_{15,25}$.336$_{34-36}$ (Vortrag).337$_{2-3}$ (Wiederabdruck).$_{26-27}$
  II 9A. M*80* 122 M*81* 123–124 M*84* 125–127 **II 9B.** M*1* 3 *2* 3 6 8$_{27}$ (M.) M*55* 59–64 **II 10A.** M*2.1* 4$_5$ *2.3* 6$_4$ **II 10B.** M*22.10* 83$_9$ *23.3* 95$_{63}$ *24.5* 113$_1$.114$_{16}$ *24.21* 126$_{1-2}$
Metamorphose der Pflanzen [geplante Neuausgabe] (Ms)
  II 9B. M*55* 59–64
Metamorphose der Pflanzen. Zweiter Versuch *(WA II 6, 279–285)* **I 10, 64–67**
  II 9A. M*163* 255$_{60-61}$
Meteore des literarischen Himmels *(HzN I 2; WA II 11, 246–254)* **I 8, 64–69**
  I 9, 235$_{20-22}$
Mitteilungen aus der Pflanzenwelt von Goethe mit zwei Steindrucktafeln (aus den Jahren 1827 und 1828.) *(Koautoren: Franz Julius Ferdinand Meyen, Christian Gottfried Daniel Nees von Esenbeck; WA IV 44, 48–51)* **I 10, 229–240**
  II 10B. M*9* 28
Morphologie *(WA II 6, 446)* **I 10, 128**
  II 10A. M*2.1* 4$_{21}$
Nacharbeiten und Sammlungen *(HzM I 2; WA II 6, 169–186)* **I 9, 108–118**
  II 10A. M*22* 80–81 *23* 82
Nachricht von dem am 24sten Februar 1784 geschehenen feierlichen Wiederangriff des Bergwerks zu Ilmenau **I 1, 63–67**$_M$
  I 1. 86$_{TA}$
Nachträge / Die beiden nach vieljährigem Zaudern... *(HzM I 2; WA II 8, 112–139)*
  I 9, 167–186
  I 9, 249$_1$ **I 10.** 220$_{15}$.221$_{4-25,38-39TA}$
  II 10A. M*2.4* 9$_{2-7,21-22,25-28}$ *2.5* 10 *2.6* 11 M*2.9* 13–14 *25* 84
Nachträge / I. Merkwürdig ist die sehr nahe... *(HzN I 1; Zur Kenntnis der böhmischen Gebirge; WA II 9, 33–34)* **I 8, 44**
  I 2. 95.157$_{17-18}$ (früher hingedeutet) **I 8.** 154$_{28-29}$

Naturlehre / Farbe der Seifenblasen... *(WA II 5.2, 178–181)* **I 3, 98–100**M
 II 3. M*3* 4
Naturlehre / Neapel, den 10. Jan. 178-.... *(WA II 13, 427–431)* **I 11, 27–32**
 II 1A. M*2* 22–25
Naturphilosophie *(WA II 11, 263–264)* **I 11, 284–285**
 II 1A. M*82* 313
Nordlicht *(WA II 13, 479–480)* **I 11, 178–179**
 II 2. M*1.1* 3$_{9.12}$
Philipp Hackert. Biographische Skizze, meist nach dessen eigenen Aufsätzen entworfen. *(WA I 41, 22–33; WA I 46, 104–322)*
 I 8. 202$_{30}$
Physikalische Preis-Aufgabe der Petersburger Akademie der Wissenschaften 1827 *(WA II 5.1, 421–436)* **I 11, 286–294**
 II 5B. M*95* 263$_{69-70}$ *115* 342M*116* 343–344M*117* 344–346M*118* 347–348M*119* 348–349M*120* 349–350M*121* 350–351M*122* 351–352
Physikalische Vorlesungen 1808 *(WA II 13, 433–436)* **I 11, 124–127**
 II 8A. M*26* 46
Physikalische Vorträge schematisiert 1805–1806 *(WA II 11, 164–169; WA II 11, 175–182; WA II 11, 186–239; WA II 11, 353–356)* **I 3, 418–432 I 11, 55–101**
 I 3. 279$_{34Z}$
 II 1A. M*45* 242–243M*46* 243–244 *47* 245 *48* 245M*49* 246–247M*50* 248–249 *51* 250.251M*53* 252–254 *54* 256 *55* 257
Physiologe Farben *(HzN I 4; Chromatik I; WA II 5.1, 336–342)* **I 8, 188–192**
 I 8. 271$_{15}$.277$_{15}$ (auf der 232. Seite)
Physische Farben *(HzN I 4; Chromatik I; WA II 5.1, 342–384)* **I 8, 192–220**
 I 8. 271$_{15-20}$.276$_{30-31}$
 II 5B. M*28* 125
Physische Farben (Schema I) *(WA II 5.2, 39–40)* **I 3, 342**M
 I 3. 333$_{11Z.12Z}$
Physische Wirkungen *(WA II 11, 170–174)* **I 3, 327–330 I 11, 41–44**
 I 3. 327$_{25-26Z}$.384$_{10-11Z}$ (Aufsatz)
 II 1A. M*23* 158 *24* 160 *26* 164
Poetische Metamorphosen *(WA II 6, 322; WA II 6, 361)* **I 10, 251–252**
 II 10A. M*2.1* 4$_{20}$
Principes de Philosophie zoologique discutés en Mars 1830 au sein de l'académie royale des sciences par Mr. Geoffroy de Saint-Hilaire Paris 1830 (Rez.) *(WA II 7, 165–214)* – s. *Geoffroy Saint-Hilaire 1830b* **I 10, 373–403**
 II 10B. M*25.1* 128–133M*25.2* 139–141 *25.3* 143M*25.4* 143–145 *25.5* 146M*25.6* 146–147.147$_{32-34}$ *25.7* 148.$_{2-3}$ *25.8* 149M*25.9* 149–150M*25.10* 152–155 *35* 161$_{25-26}$
Problem und Erwiderung *(Koautor: Ernst Heinrich Friedrich Meyer; HzM II 1; WA II 7, 74–92)* **I 9, 295–306**
 I 10. 305$_{18-28}$
 II 10A. M*51* 111
Problematisch *(HzN I 3; WA II 9, 129–135)* **I 2, 154–159 I 8, 152–156**
 I 2. 139$_{19Z}$ (Geologische Aufsätze).151$_{1M}$ (Bernhardsfelsen).163$_{32}$ (Aufsätze)
 I 8. 157$_6$ (Aufsätze)
 II 8A. M*117* 153$_7$

Produkte böhmischer Erdbrände *(HzN I 3; WA II 9, 100–103)* **I 2, 161–163**
I 8, 168–170
  I 2. 151₁₀ₘ (Pyro-technische Versuche)
Propagat. Gemmation. [Zeichnung zur Spiraltendenz der Vegetation] (Ms)
II 10B. M*24.8* 116
  II 10B. M*24.9* 117₁₈₋₁₉
Propyläen: eine periodische Schrift *(Tübingen 1798–1800; WA I 47, 35–48)*
  I 3. 383₁₂z.384₈z.₁₂z.₁₆z.385₉ₘ I 6. 428₉
Punkte zur Beobachtung der Metamorphose der Raupe *(WA II 6, 404–406; WA II 6, 429–445)* **I 10, 176–193**
  I 8. 179₃
Réflexions de Goethes sur le débats scientifiques de mars 1830 dans le sein de l'Académie des Sciences, publiées à Berlin dans les Annales des critique scientifique *(In: Annales des sciences naturelles 22 (1831), 179–188, zuvor in Revue médicale (1830))*
  II 10B. M25.6 147₄₀₋₅₀ 25.7 148₄₋₅
Reineke Fuchs. In zwölf Gesängen *(WA I 50, 2–186)*
  I 2. 206₁ I 5. 183₁₀ I 8. 264₃₆
Reise der Söhne Megaprazons *(WA I 18, 359–383)*
  I 3. 116₂
Rekapitulation *(WA II 9, 30–33)* **I 1, 344–346 I 8, 41–44**
  I 2. 95₉,₁₂.155₁₇ (Nummern der Sammlung).₂₄₋₂₅.₃₂ (M. S. Nr 27).156₁₂ (M. S. 30. 31).₁₃ (M. S. 32).157₃₈ (M. S. 49).161₁₀ (Nr 73–87).203₃₁ (Nr 97). 414₂₈ (Katalog) I 8. 153₅ (M. S. No. 27.).₂₂₋₂₃ (M. S. 30. 31.).₂₄ (M. S. 32). 168₈ (Nr. 73.–87.).262₃₃ (Nro. 97.) I 11. 324₉ (Katalog)
Samenhäute *(WA II 6, 333–334)* **I 10, 70₁₋₂₄**
  II 9A. M*93* 138
Sammlung zur Kenntnis der Gebirge von und um Karlsbad angezeigt und erläutert *(WA II 9, 10–33 - s.a. „Joseph Müllerische Sammlung")* **I 1, 331–346**
  I 1. 320₂₄z (geologischen Aufsatz).₃₀ I 2. 48₃₂ (Karlsbader Sammlung).94₃₈ (abgedruckt).95₁₀₋₁₁.415₁₇ (Heft) I 8. 28₂₅ (abgedruckt) I 11. 154₂₅.324₃₅ (Heft)
  II 8A. M*15* 39–40
Sammlung zur Kenntnis der um Weimar sich findenden Fossilien *(WA II 10, 129–134; WA II 10, 237–239)* **I 2, 371–375ₘ**
  II 8B. M*73* 118–121
Sanct Rochus-Fest zu Bingen. Am 16. August 1814 *(WA I 34, 1–45)*
  I 2. 67₇₋₃₁z.68₁₇₋₂₅z
Scheinbare Breccien *(WA II 10, 22–23; WA II 10, 220–221)* **I 1, 279–280**
  I 11. 51
Schema zu einem Aufsatz über die Schwefelwasser bei Berka an der Ilm *(WA II 13, 322–325)* **I 2, 7₂₉–10₁₅ₘ**
  I 2. 6₁₉₋₂₀z.₂₄z.7₄z (Schemata).₉₋₁₀z (Bericht)
Schema zu einem Aufsatze die Pflanzenkultur im Großherzogtum Weimar darzustellen *(HzM I 4; WA II 6, 228–236)* **I 9, 239–244**
  II 10A. M*30* 89–M*37* 98–99
Sechste Nachricht von dem Bergbaue zu Ilmenau *(Koautor: Christian Gottlob Voigt d. Ä.; Weimar: s.n., 1793)* **I 1, 219–225**
  I 1. 234₁₄

Siebente Nachricht von dem Bergbaue zu Ilmenau *(Koautor: Christian Gottlob Voigt d. Ä.; Weimar: s. n., 1794)* **I 1, 230–240**
  I 1, 237$_{23}$ (Ilmenauer Bergwerksnachricht)
Stiedenroths Psychologie zur Erklärung der Seelenerscheinungen (Rez.) *(WA I 41.2, 159–160)* – s. *Stiedenroth 1824–1825* **I 10, 226**
  II 10B. M*3* 22
Symbolik *(WA II 11, 167–168)* **I 3, 417–418 I 11, 56–57**
  II 1A. M*48* 245 M*49* 246–247
Tag- und Jahreshefte als Ergänzung meiner sonstigen Bekenntnisse
  I 2, 276$_{15Z}$
- 1792 **I 3**, 460$_{12–21Z}$
- 1793 **I 3, 460$_{22}$–461$_{18Z}$**
- 1796 **I 3**, 415$_{3–7Z}$
- 1798 **I 3**, 277$_{23–34Z}$.387$_{14–17Z}$
- 1799 **I 3**, 387$_{18–33Z}$
- 1800 **I 3**, 334$_{15–18Z}$
- 1801 **I 1**, 275$_{10}$–276$_{31Z}$ **I 3**, 334$_{19–22Z}$.415$_{18–25Z}$
- 1804 **I 1**, 282$_{22–32Z}$
- 1806 **I 1**, 290$_{13}$–292$_{13Z}$.304$_{29–35Z}$
- 1807 **I 1**, 283$_{1–27Z}$.323$_{33}$–327$_{8Z}$
- 1808 **I 1**, 356$_{14}$–357$_{21Z}$
- 1812 **I 2**, 5$_{9–29Z}$.23$_{13–24Z}$
- 1813 **I 1**, 54$_{1–37Z}$
- 1814 **I 2**, 68$_{26–33Z}$
- 1815 **I 2**, 77$_{8}$–78$_{10Z}$
- 1816 **I 2**, 91$_{1–13Z}$
- 1817 **I 2**, 107$_{1}$–108$_{4Z}$ **II 4**, M*15* 19–21
- 1818 **I 2**, 122$_{29}$–123$_{37Z}$
- 1820 **I 2**, 172$_{5}$–175$_{20Z}$
- 1821 **I 2**, 199$_{11}$–200$_{16Z}$.276$_{10Z}$
- 1822 **I 2**, 250$_{17}$–252$_{14Z}$
- 1823 (nicht erschienen) **I 2**, 315$_{27}$–316$_{7Z}$
Tagebuch
  I 1, 325$_{6Z}$ **I 2**, 268$_{21}$.274$_{13}$ **I 8**, 73$_{29}$.333$_{12}$.338$_{36}$ **I 9**, 21$_{25}$
  II 8A. M*48* 73$_{66–78}$
- 1777 **I 1**, 61–7$_{21Z}$
- 1783 (nicht 1784. vgl. II 7, 63f) **I 1**, 78$_{3}$–81$_{4M}$ **II 7**, M*39* 61–63 *41* 64 *43* 65
- 1784 **I 1**, 68$_{1}$–79$_{10M}$ **I 2**, 150$_{21}$ **I 11**, 217$_{29}$ **II 7**, M*52* 104–112 M*55* 121–123 *57* 126
- 1786/87 **I 1**, 121$_{9}$–168$_{15Z}$
- 1790 **I 1**, 194$_{17}$–195$_{11Z}$
- 1795 **I 1**, 241$_{Z}$
- 1797 **I 3, 267$_{25–32Z}$ I 1**, 255–268$_{Z}$ **I 3**, 256$_{2–5Z}$.260$_{18Z}$
- 1798 **I 3**, 271$_{14–16Z}$.327$_{22–26Z}$.330$_{28–40Z}$.383$_{11}$–385$_{8Z}$
- 1799 **I 3**, 272$_{26–28Z}$.274$_{35–38Z}$.277$_{16–21Z}$.331$_{32}$–332$_{4Z}$.332$_{13–15Z.33–35Z}$.333$_{1–13Z.19–22Z.24Z}$.387$_{34–38Z}$.396$_{3–6Z}$
- 1800 **I 3**, 256$_{6–16Z}$.334$_{6–7Z}$.382$_{6–8Z}$
- 1801 **I 1**, 273$_{10}$–275$_{9Z}$ **I 3**, 245$_{7–9Z}$.334$_{23–25Z}$.382$_{9–12Z}$

- 1802/1803 I 1. 278_{27}–279_{6Z}
- 1804 I 3. 278_{4-5Z}
- 1806 I 1. 285_{10}–290_{2Z} I 3. 248_{22-35Z}.279_{32}–280_{10Z}
- 1807 I 1. 320_1–323_{31Z} I 3. 248_{36-40Z}.262_{16Z}.389_{12-22Z}
- 1808 I 1. 354_{23}–355_{30Z}
- 1809 I 1. 376_{6-8Z}
- 1810 I 1. 376_{9-19Z}.377_{8-30Z}
- 1812 I 2. 1_1–22_{5Z}.3_{13}–5_{16Z}.6_1–7_{28Z}
- 1813 I 2. 26_8–29_{28Z}.46_{25-26}.52_{21}–53_{15Z}.$57_{3M(?)}$.$_{16M(?)}$ I 8. 151_{18}
- 1814 I 2. 59_3–61_{21Z}
- 1815 I 2. 71_{17}–74_{8Z}
- 1816 I 2. 81_{20}–83_{7Z}.84_{1-35Z}.90_{14-15Z}
- 1818 I 2. 117_{10}–118_{9Z}
- 1820 I 2. 134_{24}–139_{35Z}.137_{14-15Z}
- 1821 I 2. 180_{3-24Z}.183_{28}–187_{24Z}
- 1822 I 2. 206_{17}–213_{27Z}
- 1823 I 2. 275_3–280_{35Z}.363_{8-12Z}.365_{16Z}
- 1824 I 2. 365_{16Z}
- 1828 I 2. 363_{13}–364_{17Z}.370_{30}–371_{12Z}
- 1829 I 2. 364_{21}–365_{24Z}
- 1830 I 2. 365_{25-28Z}
- 1831 I 2. 365_{29}–366_{3Z}
- 1832 I 2. 366_{4-8Z}.412_{2-15Z}

Tempel zu Puzzuol *(WA II 10, 255)* I 2, 267–268M
   II 8B. M *16* 25_{12}

Tonlehre *(WA II 11, 287–294)* I 11, 134–138
   II 5B. M *95* $263_{64,65-67}$ M *142* 394–396 M *144* 403–404

Trappformation bei Darmstadt *(WA II 10, 42)* I 2, 76–77 I 11, 169–170
   I 2. 425_{29-30M}
   II 8A. M *67* 97

Über Anthericum comosum *(WA II 7, 352–354)* I 10, 258–259
   II 10B. M *15* 40–42

Über Bildung von Edelsteinen *(WA II 10, 85–87)* I 2, 80–81 I 11, 171–172
   II 8A. M *71* 101

Über den Bau und die Wirkungsart der Vulkane in verschiedenen Erdstrichen. von Alexander von Humboldt. Berlin 1823 [2. Fassung] *(HzN II 1; WA II 9, 299–300)* I 2, 295–296 I 8, 354
   I 2. 295_{14} (Schrift) I 8. 354_8

Über den Zwischenkiefer des Menschen und der Tiere. Jena. 1786. Mit 5 Kupfertafeln *(Nora acta Leopoldina 15 (1831), 1–48 – S. a. ‚Dem Menschen wie den Tieren ist ein Zwischenknochen...' und ‚Versuch aus der vergleichenden Knochenlehre...')*
   I 10. 389_{27-37}
   II 10B. M *25.2* 140_{41}

- Tafeln. Kupfer. Platten. Zeichnungen I 10. $391_{28-29(?)}$.392_{1-14} (Tafel).$_{15-24}$ (Tafel).$_{25-37}$ (Tafel).392_{38}–393_{13} (Tafel).393_{30}–394_3 (Tafel)

Über die Gewitterzüge in Böhmen mitgeteilt von des Herrn Grafen Kasp. Sternberg Exzellenz *(HzN II 2)* I 8, 419–420
   II 2. M *1.5* 6_5

Über die Spiraltendenz *(WA II 7, 342–346; WA II 13, 100)* **I 10, 339–342**
II 10B. M*24.1* 110 *35* 161₂₈
Über Kunst und Altertum in den Rhein- und Maingegenden *(6 Bde., Stuttgard: Cotta, 1816–1832)* **I 2, 64₁₆–68₂₅z**
I 2, 74₉–75₈z.315₃₃z **I 9**, 316₃
II 10A, M*28* 87₁₋₂
Über Martius Palmenwerk (Rez.) *(WA II 7, 346–349) – s.Martius 1824b* **I 10, 216–218**
II 10A, M*66* 145 M*67* 146–147 *68* 148 M*69* 149–150 **II 10B**, M*35* 161₂₂
Über Mathematik und deren Mißbrauch so wie das periodische Vorwalten einzelner wissenschaftlicher Zweige *(WA II 11, 78–95)* **I 11, 273–283**
II 1A, M*79* 309–310 M*80* 311–312 *82* 313
Umherliegende Granite *(WA II 10, 90–91)* **I 2, 387–388 I 11, 306₂₂–307₁₃**
II 8B, M*78* 133 *79* 133
Unterthänigster Jahres-Bericht über den Zustand der Museen und anderer wissenschaftlicher Anstalten zu Jena (Ms) *(FA I 27.2, 940–959)*
I 2, 7₁₆z (Jahrberichts)
Uralte neuentdeckte Naturfeuer- und Glutspuren *(HzN II 2; WA II 9, 117–123 - Teilidentisch mit ‚Wolfsberg, Rehberg und Kammerberg als Pseudovulkane‘ (I 2, 329–331))* **I 2, 312–314 I 8, 407–410**
II 8B, M*38* 63 *43* 84
Vergleichende Knochenlehre *(HzM II 2; WA II 8, 209–222)* **I 9, 361–368**
II 9B, M*49* 52 **II 10A**, M*30* 89₅ *59* 139
Verhandlungen mit Herrn Boisserée den Regenbogen betreffend. 1832 *(WA II 5.1, 436–446; WA IV 49, 198–200; WA IV 49, 250–254; WA IV 49, 409)*
I 11, 329–336
II 5B, M*95* 263₆₈
Verstäubung. Verdunstung. Vertropfung *(HzM I 3; WA II 6, 186–204)* **I 9, 210–221**
I 9, 329₂₅₋₂₆ **I 10**, 210₂.229₁₈ (Stelle).234₁₂₋₁₃.235₂₋₃
II 10A, M*32* 91 *33* 92 *34* 92
Versuch aus der vergleichenden Knochenlehre, daß der Zwischenknochen der obern Kinnlade dem Menschen mit den übrigen Thieren gemein sey […] [Latein. Übers., Manuskript] (Ms) *(S.a. ‚Dem Menschen wie den Tieren ist ein Zwischenknochen…‘ und ‚Über den Zwischenkiefer des Menschen und der Tiere…‘)* **II 9A**, M*2* 8–14
I 9, 171₃₁₋₃₂ **I 10**, 390₈₋₁₀ (Abhandlung)
Versuch die Elemente der Farbenlehre zu entdecken *(Der Beiträge zur Optik viertes Stück; WA II 5.1, 127–157)* **I 3, 190–209**
I 3, 88₁₁z (gebe ich Rechenschaft).464₇z.₁₃z.₂₆M (Verfassers)
Versuch die Metamorphose der Pflanzen zu erklären *(Gotha: Ettinger, 1790 – s.a. ‚Die Metamorphose der Pflanzen‘) – s. Rez.Anonymi 1791, Gmelin 1791,Brandis 1794*
I 3, 3₁₂₋₁₃.453₄₋₅M **I 8**, 178₃₂₋₃₃.215₁₆₋₁₇ **I 9**, 11₂₋₃.19₂₉₋₃₀.21₃₈ (Aufsatz).62₁–71₁₁
II 9A, M*54* 96–99 *56* 102 *57* 103 M*58* 103–104 *59* 104 *60* 104 *61* 105 M*62* 105–106 M*63* 107–108 *64* 109 *65* 110 *66* 110 *67* 111₄ M*68* 111–112 M*69* 112–113 *70* 113 *71* 113 *72* 114 *73* 115 *74* 115 *75* 116 *76* 116 *77* 117 *78* 117 M*79* 118–121 **II 10A**. M*2.1* 4₅ **II 10B**, M*22.1* 74₁₃₋₂₂ *22.5* 77₁₋₂ *22.6* 78₄₋₅ *23.3* 95₆₂ *35* 161₁₃₋₁₄

Versuch einer allgemeinen Knochenlehre *(WA II 8, 173–208)* **I 10, 87–109**
  II 9A. M*124* 193–194 M*127* 197–200 M*129* 203–209 *130* 211 *131* 211 *132* 212 *163* 255₆₂ **II 10B**. M*35* 161₃₃
Versuch einer allgemeinen Vergleichungslehre *(WA II 7, 217–224)* **I 10, 118–122**
  II 10B. M*35* 161₃₄
Versuch einer Witterungslehre 1825 *(WA II 12, 74–109)* **I 11, 244–268**
  II 2. M*1.5* 6₀₋₁₀ *7.1* 43 M*7.3* 44–47 *7.4* 48 *7.5* 49 *7.6* 49 *7.7* 49 M*7.8* 50–56 *7.9* 57 M*7.10* 57–58 *7.11* 59 *7.12* 61 *7.13* 62 *7.14* 62 M*7.15* 62–63 *7.16* 63 *12* 218₁₉₋₂₀
Versuch über die Gestalt der Tiere *(WA II 8, 261–276; WA II 13, 198–202)* **I 10, 74–87**
  I 9. 176₂₇₋₂₈.366₁₁₋₁₂ **I 10**. 65₂₀.66₁₆
  II 9A. M*106* 156–158 M*107* 158–162 M*108* 163–164 M*109* 164–166 M*110* 166–167
Versuch über die Metamorphose der Pflanzen. Übersetzt von Friedrich Soret. nebst geschichtlichen Nachträgen *(Stuttgart: Cotta, 1831)*
  I 9. 21₃₈
  II 10B. M*18.3* 46 *21.1* 63 *21.2* 64 *21.3* 64 *21.4* 65 *21.5* 65 *21.6* 66 *21.7* 66 *21.8* 67 M*21.9* 68–71 *21.10* 72 *21.11* 73 *21.12* 73 M*22.7 Anm* 80–81. 84 *22.15 Anm* 90 *35* 161₂₀
Versuche mit Pflanzen-Extracten. Juny 1816 [Versuchsprotokoll] (Ms) **II 10A**. M*3.5* 40–43
  II 10A. M*3.3* 37–38 *3.4* 38 *3.14* 58
Verzeichniß der um Marienbad vorkommenden Gebirgs- und Gangarten (Ms) **II 8B**. M*20* 30–34
  I 2. 207₂₀z.208₆z (Folge ... durchgesehen).₁₇z (Katalogen)
Verzeichnisse Mehrerer, an verschiedenen Seiten des Egerischen Bezirks ... *(WA II 10, 142–150)* **I 2, 240–245**ᴍ **II 8B**. M*21* 37–42
  I 2. 211₂₃z (Katalog).₂₆z.213₂₄₋₂₅z (Mineralienverzeichnis)
Vierte Nachricht von dem Fortgang des neuen Bergbaues zu Ilmenau. Womit zugleich ein auf den Sechsten Junius 1791 zu eröffnender Gewerkentag ausgeschrieben wird *(Koautor: Christian Gottlob Voigt d. Ä.; Weimar: s.n., 1791)* **I 1, 196–207**
  I 1. 207₃₃.215₁ (letzten Nachricht).₂₀.216₂₃.217₂₁.219ᴛᴀ.234₁₉₋₂₀
Von dem Gesetzlichen der Pflanzenbildung [Übers. aus Candolle 1827] *(WA II 7, 152–164)* **I 10, 241–248**
  II 10B. M*13* 38 *21.12* 73₁
Von dem Hopfen und dessen Krankheit. Ruß genannt *(HzM II 2; WA II 7, 350–351, WA II 13, 84–86)* **I 9, 328–329**
  II 10A. M*54* 113 *55* 114
Von den farbigen Schatten *(WA II 5.1, 101–125)* **I 3, 64–81**
  I 3. 64₈z.₁₀z.81₃₀z.82₃z.₁₀z (Aufsatzes).86₂₅z (Aufsatze).91₁₂z.92₂₇z.459₀₋₇z
Von den Kotyledonen *(WA II 7, 20–33)* **I 10, 41–49**
  I 10. 50₂₉
  II 9A. M*14* 30–31 *16* 33 M*17* 33–34 *18* 35 *19* 36 *20* 38 *21* 39
Vorarbeiten zu einer Physiologie der Pflanzen *(WA II 6, 286–287)* **I 10, 135–136**
  II 9B. M*6* 7–9

Vorläufiger unterthänigster Bericht wegen des Berkaer Schwefelwassers (Ms) *(WA IV 23, 139–140)*
    I 2, 7₉₋₁₀Z
Vorträge, über die drei ersten Kapitel des Entwurfs einer allgemeinen Einleitung in die vergleichende Anatomie, ausgehend von der Osteologie *(HzM I 3; WA II 8, 61–89)* **I 9, 193–209**
    I 9, 179₁₁₋₁₄.₂₀
    II 9B, M*30* 27–28 *31* 28 M*32a* 29–30 **II 10A**, M*31* 90
Vulkanische Producte *(WA II 10, 38)* **I 2, 315**ₘ
    I 2, 283₃₇Z (Verzeichnis)
Warte-Steine *(HzN I 4; WA II 5.1, 405–416)* **I 8, 271–278**
    I 8, 270₅
    II 5B, M*68* 205
Weitere Beschreibungen zur Ergänzung der Knochenlehre *(WA II 8, 335–336; WA II 8, 338–342; WA II 8, 354–357)* **I 10, 109–118**
    II 9A, M*133* 213 M*134* 214–215 *135* 216
Weitere Studien zur Spiraltendenz *(WA II 7, 37–68; WA II 7, 240–242; WA II 13, 98; WA II 13, 103)* **I 10, 343–365**
    II 10B, M*24.2* 111 *24.3* 112 *24.4* 113 M*24.5* 113–114 *24.6* 115 *24.7* 116 *24.8* 116 *24.9* 117 *24.10* 118 M*24.11* 118–119 M*24.12* 120–121 *24.13* 121 *24.14* 122 *24.15* 122 M*24.16* 122–123 M*24.17* 123–124 M*24.18* 124–125 *24.19* 125 *24.20* 125 *35* 161₂₈
Wenige Bemerkungen *(HzM I 1; WA II 6, 155–157)* **I 9, 77–78**
    II 10A, M*10* 71
Wilhelm Meisters Wanderjahre oder Die Entsagenden *(WA I 24)*
    I 2, 370₂₆Z **I 8**, 203₂
- Drittes Buch, Vierzehntes Kapitel **I 2**, 382₃₀–383₁₈Z
- Erstes Buch, Drittes Kapitel **I 2**, 177₁₇–178₃₇Z
- Erstes Buch, Viertes Kapitel **I 2**, 179₁₋₃₈Z
- Zweites Buch, Neuntes Kapitel **I 2, 378₃₀–382₂₈Z**
Wirkung des Lichts *(WA II 7, 336–339)* **I 10, 164–167**
    II 9B, M*21* 21
Wirkung des Lichts auf organische Körper im Sommer 1796 *(WA II 7, 310–341)*
    I 10, 145–167
    II 5B, M*95* 263₆₃ **II 9B**, M*20* 20 *22* 21 *23* 22
Wirkung dieser Schrift und weitere Entfaltung der darin vorgetragenen Idee 1830 *(WA II 6, 246–278)* **I 10, 297–318**
    II 10B, M*22.1* 74 *22.2* 75 *22.3* 76 *22.5* 77 *22.4* 77(?) *22.6* 78 *22.7* 79 M*22.8* 81–82 *22.9* 83 M*22.10* 83–84 *22.11* 85 *22.12* 86 M*22.13* 87–88 *22.14* 89 M*22.15* 89–90 *22.16* 91 *35* 161₂₁
Wolkengestalt nach Howard *(HzN I 3; WA II 12, 5–7; WA II 12, 12–38)* **I 8, 73–92**
    I 8, 323₁₂ (S. 75).331₂₀₋₂₁ (Tl. I. S. 89)
    II 2, M*1.1 3 12* 218₁₉₋₂₀ (Meteorologische Abhandlungen)
[Zeichnungen zur Erläuterung der Spiraltendenz der Vegetation] (Ms) *(Koautor: Karl Friedrich Philipp Martius)* **II 10B, M*24.2* 111**
    II 10B, M*24.3* 112₇₋₈(?) *24.9* 117₁₈₋₁₉
Zinnformation II *(WA II 10, 122–126)* **I 2, 61–64 I 11, 156–158**
    I 2, 59₄Z(?) **I 8**, 5₂₀
    II 8A, M*35* 57–58.58₃₄ M*48* 71–73 *49* 74 *50* 75

Zinnwalder Suite *(WA II 10, 112–113)* **I 2, 47–48 I 11, 153–154
II 8A.** M*35* 58$_{21}$
Zu §. 15. der Metamorphose der Pflanzen *(WA II 6, 323–327)* **I 10, 273–275
II 10B.** M*18.1* 43–44 *18.2* 45 *18.3* 46
Zur Farbenlehre (HzN I 1) *(Siehe auch die Einträge zu den spezifischen Textteilen)* **I 8, 9–24**
I 8. 5$_{29}$
Zur Farbenlehre: nebst einem Hefte mit sechzehn Kupfertafeln. 2 Bde. und 1 Tafelbd. *(Tübingen: Cotta, 1810 – S. a. die folgenden Einträge zu den spezifischen Werkteilen und den Tafeln)* – s. Rez. Klotz *1810b*, Malus *1812b*, Malus *1811c*, Windischmann / Link *1813*, Mollweide *1811c*, Mayer *1811*, Anonymi *1810a*, Anonymi *1810b*, Fries *1810*, Young *1814*
I 3. 303$_{3Z}$.317$_{12Z}$.330$_{18Z.29Z.34Z}$.331$_{33Z}$.332$_{1Z.4Z.7-8Z.14Z.15Z}$.333$_{27Z}$.334$_{12-13Z.16Z}$.335$_{2M}$.339$_{12M}$.341$_{14M}$.384$_{20Z.22Z.25Z}$.387$_{32Z}$.415$_{9Z.21Z.35-36Z}$.460$_{23Z}$ **I 4.** 1.3–10. 4$_{32}$.10$_{3}$ **I 7.** 17$_{22}$.21$_{1.16-17}$.24$_{35-37}$.421 **I 8.** 5$_{32}$ (mein Vortrag)$_{(?)}$.95$_{3}$.99$_{10}$.136 (unsere Chromatik).180$_{11-12.25}$.185$_{4}$.202$_{24}$.204$_{19}$.205$_{28}$.215$_{25}$.276$_{30}$.342$_{2-3}$ **I 11.** 343$_{21}$.370$_{17.21}$
II 5B. M*18* 75$_{102}$ *20* 97$_{143}$ *39* 146 *47* 166$_{25}$ *78* 235$_{20}$.236$_{7-4}$ (unsern Bemühungen) M*92* 255–257 M*93* 258–259 M*95* 261–263 *107* 312 *116* 344$_{19}$ *126* 358$_{31}$ *132* 367$_{2}$ **II 10A.** M*3.1 Anm* 30
Zur Farbenlehre. Widmung. Vorwort und Didaktischer Teil *(WA II 1, III-XL, 1–375)* **I 4, 1–266**
I 3. 279$_{33Z}$ (Pathologische Farben).415$_{34-40Z}$ **I 4.** 1$_{5}$.4$_{32}$–5$_{19}$.212$_{36}$ **I 5.** 1$_{7}$. 5$_{16-21}$.17$_{4-5.4-14.5-6.7-14.28}$.31$_{25.25-26}$.32$_{23-24.24-25}$.35$_{16}$.37$_{26}$.38$_{32}$–39$_{16}$.40$_{1}$.49$_{19-20}$. 55$_{25}$.61$_{18}$.63$_{35}$.64$_{10.26}$.86$_{4}$.96$_{32}$.100$_{9}$.101$_{14}$.104$_{11}$.127$_{7-8}$.133$_{22}$.141$_{2-3}$.149$_{27}$. 157$_{28-29}$ **I 6.** 159$_{23.32-33}$.162$_{24-25}$.168$_{5}$.257$_{1.22}$.275$_{30}$.336$_{32.35}$.337$_{6}$.339$_{25}$. 357$_{26}$.375$_{12}$.376$_{30}$.378$_{31}$.380$_{33}$.388$_{12-13}$.389$_{33}$.393$_{6}$.394$_{21}$.396$_{29}$.427$_{16}$ **I 7.** 3$_{26}$.3$_{29}$–7$_{20}$.7$_{29}$.9$_{17}$.17$_{19}$.21$_{2.16-17.27}$.34$_{2}$.43$_{16.22}$.44$_{1.7}$.94 (ND: 82)$_{34}$ **I 8.** 6$_{3-4}$. 95$_{5}$.178$_{2}$.179$_{22}$.180$_{27}$.181$_{16}$ (Abteilungen).203$_{32-33}$.204$_{15-16.19}$.216$_{20-21}$.283$_{15}$. 302$_{28}$ (Goethes Lehre) **I 9.** 348$_{36}$–349$_{2}$
II 2. M 8.28 138$_{24-28}$ **II 4.** M*1–80* 3–95 **II 5B.** M*18* 78$_{215-225}$ *20* 98$_{194}$ *49* 169$_{58-59.67}$ *72* 214$_{225-226}$ *98* 282$_{54-55}$ (aufmerksam gemacht) *123* 352$_{15}$ M*Erg 1* 370–371 *Erg 2* 372$_{10}$ M*Erg 3* 374–379 **II 6.** M*110* 211$_{1.8}$ **II 10A.** M*3.13* 56–57
- Zweite Abteilung. Physische Farben. Subjektive Versuche **I 5.** 31$_{26}$
- §155 **I 8.** 193$_{18}$
- §54 **I 8.** 191$_{3-18}$
Zur Farbenlehre. Polemischer Teil *(WA II 2, V-IX, 1–300)* **I 5, V-VIII, 1–195**
I 3. 341$_{6M}$ **I 4.** 4$_{32}$.5$_{20}$–7$_{7}$ **I 6.** 257$_{17}$.261$_{35}$.293$_{18}$.337$_{15.29.37}$.338$_{17-18}$.357$_{10-11}$. 424$_{21}$ **I 7.** 3$_{20-27}$.7$_{21}$–9$_{15}$.17$_{19}$.21$_{3.16-17}$.22$_{36}$.76 (ND: 66)$_{7}$.93 (ND: 81)$_{9}$.97 (ND: 85)$_{7}$.101 (ND: 89)$_{5}$.106 (ND: 92)$_{4.35}$ **I 8.** 184$_{6-7}$
II 5A. M*1* 3 *2* 3 M*3* 4–7 M*4* 7–9 M*5* 9–10 *6* 10 *7* 11 M *8* 11–12 M*9* 12–24 *10* 25 *12* 26 M*17* 29–30 *21* 32 *22* 32 **II 5B.** M*25* 119$_{97-98}$ (§34–46) *98* 280$_{9-10}$ (zur Genüge beleuchtet)
- Einleitung **I 5, 1–8**
- Einleitung (Zwischenrede) **I 5, 5–8**
Zur Farbenlehre. Historischer Teil. *(WA II 3, V-XXIV, 1–381; WA II 4, V-VIII, 1–410)* **I 6, V-XVII, 1–450**

I 3. $277_{24Z}.312_{29-30Z}.313_{5Z}.314_{5-6Z}.322_{9Z.36Z}.331_{34-35Z}.334_{21Z}.338_{31M}.341_{13M}$
I 4. $4_{32}.7_{15-8_{25}}.265_{18}$ **I 5.** $84_{11-13}.140_{35}$ **I 7.** $3_{27}.9_{16}-17_2.16_{31}.17_{19-20}.21_{3.16-24.19-24}.23_{18}.87$ (ND: 75)$_3$ **I 8.** $182_{22}.213_{14}.220_{12-13}.363_{4-5}$ **I 9.** $301_{34}-302_{18}$
II 5B. M*10* $37_{174-176}$ *47* 165_1 (historische Theil) *131* 366
- Konfession des Verfassers **I 7.** 16_{32}

[Zur Farbenlehre.] Statt des versprochenen Supplementaren Teils *(WA II 4, 313-344)* **I 7, 19$_1$-39$_{33}$**
I 7, 17_{15-16}

[Zur Farbenlehre.] Erklärung der zu Goethes Farbenlehre gehörigen Tafeln *(WA II 4, 345-386)* **I 7, 41-115 (ND 41-97)**
I 7. 24_{16} **I 11.** 334_{13-16}

Zur Farbenlehre. Supplementarer Teil (Projekt, nicht ausgeführt)
I 4. 8_{25-37} **I 7.** $17_{15-16}.21_{3.25}$ **I 8.** $183_{5.30}.184_{22}$
II 5B. M*26* 123 *84* 243$_{(?)}$

Zur Farbenlehre. Tafeln.
I 4. 9_5-10_2 **I 5.** $32_{26-27}.38_{34}-39_{16}.41_{31}-42_1.42_{37}.43_{21}.46_{35}.47.51_{11}.76_3.76_{18}-78_{31}.81_{35-37}.91_{18}.96_{28-29}.100_{30}-104_{14}.172_{31-32}.173_{32}$ **I 6.** $163_{19-20}.304_{32}.338_{18}.358_{19}.409_{29}$ **I 11.** 334_{13-16} (Tafeln)
II 5B. M*20* $98_{188-189}$

Zur Geologie, besonders der Böhmischen *(HzN I 3; WA II 9, 124-128)* **I 2, 150-154 I 8, 139-141**
I 2. 154_{27} (im Vorigen).163_{32} (Aufsätze) **I 8.** 157_6 (Aufsätze)
II 8A. M*117* 152_4

Zur Kenntnis der böhmischen Gebirge *(HzN I 1; siehe auch die Einträge zu den spezifischen Textteilen)* **I 2, 93 I 8, 25-44**
I 8. 5_{18-19}

Zur Lehre von den Gängen *(WA II 10, 68; WA II 10, 229; WA II 11, 319; WA II 13, 373)* **I 2, 98-99 I 11, 184-185**
I 2. 107_{3Z} **I 8.** 5_{23-24} (Die Entstehung der Gänge)
II 8A. M*83* 111 *85* 112 **II 8B.** M*16* 25_7

Zur Naturwissenschaft überhaupt, besonders zur Morphologie. Erfahrung. Betrachtung. Folgerung durch Lebensereignisse verbunden – s. Rez.*Goldfuß / Nees von Esenbeck / Nöggerath 1823*
I 2. 241_{0M} **I 8.** 62_{33} (unsern Blättern).63_{12} (diese Hefte).278_{15} (in vorigen Heften).279_7 (vier Hefte) **I 9.** $231_{7-8}.232_{12.28-29}$ **I 10.** 304_{32}
II 5B. M*116* 344_{20} **II 8B.** M*22* 38_{11} *55* 93
- Bd. I **I 9.** 227_{2-4}
- Bd. I, 1-3 **I 9,** $227_{17}-232_{35}$
- Bd. I, 2 **II 1A.** M*72* 301
- Bd. I, 3 **I 2.** $175_{1-2Z}.301_{24M}$ **II 2.** M*1.1* 3
- Bd. I, 4 **I 2.** 251_{32-33Z} (Heft)
- Bd. II, 2 **II 1A.** M*76* 305
- HzM **I 9, 1-389 I 9.** $89_{15}.288_{13}$ (Hefte).$298_9.307_{19}.374_5$ **I 10.** $209_{5-6}.229_{18.20-21.30}.234_{12-13.36-37}.319_{25-26}$ **II 10A.** M*1* 3 *2.1* 4 *2.2* 6 M*2.3* 6-7 *2.4* 9 *2.5* 10 M*2.9* 13-14 M*2.12* 17-18 *2.13* 19 M*2.14* 19-20 M*2.15* 20-21 *2.16* 22 *2.17* 22 *2.18* 23 *2.20* 24 *2.23* 26 *2.24* 27 *3.1* 29
- HzM I **I 9, 1-271 I 2.** 251_{34Z} (Bände) **I 8.** 279_{4-5} (morphologischen Heftes) **I 9.** $227_{2-3}.315_8$ (Bande).356_{15} **I 10.** 389_{29} **I 11.** 218_{3-4} **II 10A.** M*44* 106
- HzM I (Inhalt) **I 9, 270-271 II 5B.** M*79* 239_9

- HzM I u. HzN I **I 8**, 285$_{2-3}$.355$_3$
- HzM I. 1 **I 9, 1–83 I 8**, 7$_{15-16}$ (Bogen) **II 10A**. M*43* 105$_1$
- HzM I. 2 **I 9, 86–189 I 9**, 248$_{37-38}$.356$_{15}$ **I 10**, 214$_5$.220$_{4-13,15}$.221$_{38-39TA}$ **II 9A**. M*107* 158–162 M*109* 164–166 **II 10A**. M*18* 78–79 *26* 85
- HzM I. 3 **I 9, 191–224 I 9**, 329$_{26}$ **I 10**, 210$_2$.235$_{2-3}$ **II 10A**. M*30* 89
- HzM I. 4 **I 9, 225–271 I 9**, 288$_3$ (Heft).315$_8$ (Bande).318$_4$ (Hefte).359$_2$ (Bande) **I 11**, 218$_3$ **II 10A**. M*43* 105$_4$
- HzM II **I 9, 273–382 II 10A**. M*48* 109
- HzM II. 1 **I 9, 275–319 I 9**, 357$_{12}$ **I 10**, 305$_{19-21}$ **II 10A**. M*49* 109$_1$–110$_{10}$ *50* 111
- HzM II. 2 **I 9, 321–382 II 10A**. M*49* 110$_{11-17}$ *64* 144
- HzN **I 8, 1–422 I 2**, 288$_1$ (Hefte) **I 8**, 330$_{8-9}$ (Heften).349$_{11}$ **II 5B**. M*99* 288–289$_{(?)}$
- HzN I **I 8, 1–280 I 2**, 251$_{34Z}$ (Bände).284$_{29-30}$ (früheren Hefte).297$_{24M}$ **I 8**, 279$_6$ (des naturwissenschaftlichen Heftes).346$_5$ (frühere Hefte) **I 9**, 227$_{2-3}$ **I 11**, 218$_{3-4}$ **II 8B**. M*20* 30–34
- HzN I (Inhalt) **I 8, 280 II 5B**. M *79* 239$_{9-10}$
- HzN I. 1 **I 8, 3–45 I 2**, 119$_{8-9Z}$ **I 8**, 154$_{28-29}$.279$_1$ (im ersten Stücke)
- HzN I. 2 **I 8, 47–69 I 8**, 166$_{11-12}$.352$_{16-17}$ **II 5B**. M*43* 159–160
- HzN I. 3 **I 8, 71–172 I 2**, 150$_{30}$–151$_{22M}$ (Schema).154$_{23-25}$ (Veröffentlichung) **I 8**, 212$_7$.323$_{12}$.331$_{20-21}$.345$_{4,20-21}$ **I 9**, 347$_{25-26}$ **II 8A**. M*116* 152 M*117* 152–153 *119* 154 **II 8B**. M 7 10–14$_{(?)}$
- HzN I. 4 **I 8, 173–280 I 9**, 264$_{8-9}$ (Bandes) **I 11**, 218$_3$ **II 2**. M*1.1* 4 *1.3* 5 **II 5B**. M*59* 192 M*78* 234–236 M*79* 238–239 *123* 352$_{16-17}$ M*123* 352$_{19}$–353$_{21}$ **II 8B**. M*15* 24 *16* 25 *17* 26
- HzN II **I 8, 281–422 I 11**, 240$_{3-4}$ (diesem Hefte)
- HzN II. 1 **I 8, 283–364 I 8**, 377$_{5-6}$ **I 9**, 264$_{4-5}$ **II 2**. M*1.4* 5 **II 5B**. M*85* 245 M*86* 245–246 M*87* 247–248 M*88* 249–251
- HzN II. 1 (Inhalt) **I 8, 283**
- HzN II. 2 **I 8, 365–422 II 2**. M*1.5* 6 *1.6* 7 **II 5B**. M*104* 305–307$_{(?)}$ M*105* 309–310$_{(?)}$ *109* 317 **II 8B**. M*55* 92–93
- HzN II. 2 (Inhalt) **I 8, 365**
- Redaktion **I 9**, 89$_9$
- Untertitel: Bildung und Umbildung organischer Naturen (HzM) **I 9**, 91$_{28-29}$ (Bildung).274$_{1-2}$

Zur vergleichenden Osteologie von Goethe, mit Zusätzen und Bemerkungen von Dr. Ed. d'Alton *(WA II 8, 102–103, WA II 8, 122–123)* **I 10, 220–224** **I 10**, 393$_{21-24}$ (12. Bd.)

Zweyte Nachricht von dem Fortgang des neuen Bergbaues zu Ilmenau *(Koautor: Christian Gottlob Voigt d. Ä.; Weimar: s.n., 1787)* **I 1, 168–178** **I 1**, 170$_{TA}$.181$_{TA}$.184$_{2-3}$

Gesamtliste der erwähnten Werke

Gesamtliste der erwähnten Werke

Das nachstehende Verzeichnis stellt die in den Texten und Materialien der LA erwähnten Werke zusammen. Die dazu gehörigen Belegstellen finden sich in den entsprechenden Einträgen des Personenregisters.

Ackermann 1788 – Ackermann, Jakob Fidelis: Dissertatio inauguralis anatomica de discrimine sexuum praeter genitalia. Moguntiae (Mainz): Haeffner, 1788 (Ruppert 4314)

Adams 1817 – Adams, Joseph: Memoirs of the life and doctrines of the late John Hunter, Esq. Founder of the Hunterian Museum, at the Royal College of Surgeons in London. London: W. Thorne, 1817 (Ruppert 143)

Aepinus 1756 – Aepinus, Franz Ulrich Theodor: Mémoire concernant quelques nouvelles expériences électriques remarquables. In: Histoire de l'Académie Royale des Sciences et des Belles-Lettres de Berlin (1756/1758), 105–121

Aepinus 1764 – Aepinus, Franz Ulrich Theodor: Observationes quaedam ad opticam pertinentes. In: Novi commentarii Academiae Scientiarum Imperialis Petropolitanae 10 (1764/1766), 33–35, 282–295

Agardh 1824 – Agardh, Carl Adolf: Systema algarum. Lundae (Lund): Berling, 1824

Agardh 1825 – Agardh, Carl Adolf: Über den in der Polar-Zone gefundenen rothen Schnee. In: Nova acta Leopoldina 12.2 (1825), 735–750

Agricola 1546 – Agricola, Georg: De ortu et causis subterraneorum lib. V. De natura eorum quae effluunt ex terra lib. IIII. De natura fossilium lib. X. De veteribus et novis metallis lib. II. Bermannus, sive de re metallica dialogus. Basileae (Basel): Froben, 1546

Agricola 1657 – Agricola, Georg: De natura eorum quae effluunt ex terra. Lib. IV. In: Ders.: De re metallica libri XII. [...] Quibus accesserunt hac ultima editione, Tractatus eiusdem argumenti, ab eodem conscripti, sequentes. De animantibus subterraneis. Lib. I. De ortu et causis subterraneorum. Lib. V. De natura eorum quae effluunt ex terra. Lib. IV. De natura fossilium. Lib. X. De veteribus et novis metallis. Lib. II. Bermannus sive de re metallica, dialogus. Lib. I. Basileae (Basel): König, 1657

Agricola 1720 – Agricola, Georg Andreas: L'agriculture parfaite, ou Nouvelle decouverte. Touchant la culture et la multiplication des arbres, des arbustes, et des fleurs. Traduit de l'allemand avec des remarques. 2 Vols. Amsterdam: De Coup, 1720

Agrippa von Nettesheim 1532 – Agrippa von Nettesheim, Heinrich Cornelius: De incertitudine et vanitate scientiarum declamatio invectiva, qua universa illa sophorum gigantomachia plusquam Herculea impugnat audacia, doceturque nusquam certi quicquam, perpetui, et divini, nisi in solidis dei eloquiis atque eminentia verbi dei latere. [Köln]: s.n., 1532 – *s. Rez. Schelhorn 1725*

Aguillon 1613 – Aguillon, François: Opticorum libri sex. Philosophis iuxta ac mathematicis utiles. Antverpiae (Antwerpen): Officina Plantiniana, 1613 (Ruppert 4318)

Alberti 1540 – Alberti, Leon Battista: De pictura praestantissima et nunquam satis laudata arte libri tres. Basileae (Basel): [Westheimer], 1540

Albertus Magnus, meteor. – Albertus Magnus: De Meteoris. *(ohne genaue Angabe Goethes)*

Albinus 1737 – Albinus, Bernhard Siegfried: Icones ossium foetus humani. Accedit osteogeniae brevis historia. Leidae (Leiden): Verbeek, 1737
Albinus 1753 – Albinus, Bernhard Siegfried: Tabulae ossium humanorum. Leidae (Leiden): Verbeek, 1753
Albinus 1754–1768 – Albinus, Bernhard Siegfried: Academicarum annotationum. Libri 1–8. Leidae (Leiden): Verbeek, 1754–1768
Alciati / Mignault 1591 – Alciati, Andrea; Mignault, Claude (Komm.): Emblemata. Cum Claudii Minois Divionensis ad eadem commentariis. Quibus emblematum omnium aperta origine, mens auctoris explicatur, et obscura omnia dubiaque illustrantur. Editio quarta. Lugduni Batavorum (Leiden): Franciscus Raphelengius, 1591 *(Weitere Ausgaben: Padua 1661 (Keudell 1884); Paris 1580 (Ruppert 1465))*
Aldrovandi 1648 – Aldrovandi, Ulisse: Musaeum metallicum in libros IIII distributum. Bartholomaeus Ambrosinus [...] labore, et studio composuit cum Indice copiosissimo. Bononiae (Bologna): Ferronius, 1648
Alembert 1751 – Alembert, Jean-Baptiste le Rond d': Discours préliminaire des editeurs. In: Encyclopédie, ou dictionnaire raisonné des sciences, des arts et des métiers, par une Société de Gens de Lettres. Mis en ordre & publié par M. Diderot [...] et quant à la partie mathématique, par M. D'Alembert. 1. Bd., Paris 1751. S. [i]-xlv.
Aléthophile 1766 – Aléthophile, J.: Examen du système de Monsieur Newton, sur la lumière et les couleurs. Paris: Saphenodore, 1766 – *s. Rez. Anonymi 1767*
Alexander Aphrodisiensis 1545 – Alexander von Aphrodisias: In quatuor libros meteorologicorum Aristotelis, commentatio lucidissima. Alexandro Piccolomineo interprete. Huc insuper accessit de iride brevis tractatus, eodem Alexandro Piccolomineo authore. In quo quamplurima tum Aristotelis, tum etiam Alexandri Aphrodisiensis et Olympiodori dicta planissime explicantur. Index etiam eorum quae in commentatione Alexandri observatione digna annotata sunt. Venetiis (Venedig): Scotus, 1545
Algarotti 1737 – Algarotti, Francesco: Il Newtonianismo per le dame, ovvero Dialoghi sopra la luce e i colori. Napoli (Neapel): s.n., 1737 (Keudell 627) *(verbess. und erw. Aufl. Neapel 1739 (Ruppert 4321))*
Alhazen 1572 – Risner, Friedrich (Hrsg. und Komm.): Opticae Thesaurus. Alhazeni Arabis libri septem, nunc primum editi. Eiusdem liber de crepusculis et nubium ascensionibus. Item Vitellonis Thuringopoloni libri X. Basileae (Basel): Episcopius, 1572
Allioni 1757 – Allioni, Carlo: Oryctographiae pedemontanae specimen. Exhibens corpora fossilia terrae adventitia. Parisius (Paris): Bauche, 1757
Alpino 1719 – Alpino, Prospero: De medicina methodica libri tredecim in quibus medendi ars methodica vocata olim maxime celebris, quae hac aetate non sine magno studiosorum medicinae et dedecore, et damno plane desiisse visa est, denuo restituitur, atque in medicorum commodum quadantenus ad medicinam dogmaticam conformatur. Opus novum, è quo studiosi praeter sectae methodicae placita à celeberrimis medicis tradita, etiam praxim methodicam exactissimam ad medendum nanciscentur. Editio secunda. Lugduni Batavorum (Leiden): Boutesteiniana, 1719 *(1. Aufl. 1611 Padua)*
Alt 1825 – Alt, Heinrich Christian: De phthiriasi commentatio inauguralis pathologica. Bonnae (Bonn): Thormann, 1824

Alton 1810–1816 – Alton, Eduard Joseph d˙: Naturgeschichte des Pferdes. 2 Bde. Weimar: Landes-Industrie-Comptoir, 1810–1816
Alton 1821–1828 – Alton, Eduard Joseph d˙: [Über Skelette]. 12 Hefte. Bonn: Weber, 1821–1828 (Ruppert 4322–4333) *(individuelle Zusammenstellung in Goethes Bibliothek)*
Alton 1821a – Alton, Eduard Joseph d˙: Das Riesen-Faultier. Bradypus giganteus, abgebildet, beschrieben und mit den verwandten Geschlechtern verglichen. Bonn: Weber, 1821 (Ruppert 4322) – *s. Rez. Goethe - Die Faultiere*
Alton 1821b – Alton, Eduard Joseph d˙: Die Skelette der Pachydermata, abgebildet, beschrieben und mit den verwandten Geschlechtern verglichen. Bonn: Weber, 1821 (Ruppert 4328) – *s. Rez. Goethe - Die Faultiere*
Alton 1822 – Alton, Eduard Joseph d˙: Die Skelette der Raubtiere, abgebildet, beschrieben und mit den verwandten Geschlechtern verglichen. 3. Heft. Bonn: Weber, 1822 (Ruppert 4327) – *s. Rez. Goethe - Die Raubtiere und Wiederkäuer*
Alton 1823 – Alton, Eduard Joseph d˙: Über die Anforderungen an naturhistorische Abbildungen im allgemeinen und an osteologische insbesondere. In: HzM II, Nr. 1 (1823), 52–59 *(WA II 12, 138–145)*
Alton 1823 – Alton, Eduard Joseph d˙: Die Skelette der Wiederkäuer, abgebildet, beschrieben und mit den verwandten Geschlechtern verglichen. 4. Heft. Bonn: Weber, 1823 (Ruppert 4333) – *s. Rez. Goethe - Die Raubtiere und Wiederkäuer*
Alton 1823–1824 – Alton, Eduard Joseph d˙: Die Skelette der Nagetiere, abgebildet, beschrieben und mit den verwandten Geschlechtern verglichen. Bonn: Weber, 1823–24 (Ruppert 4326) – *s. Rez. Goethe - Die Skelette der Nagetiere*
Alton 1824 (Rez.) – Alton, Eduard Joseph d˙: Abbildungen der vorzüglichsten Pferde. In: HzM II, Nr. 2 (1824), 138–148 – *s. Kuntz 1823, Bürde 1821–1823*
Alton 1827 – Alton, Johann Samuel Eduard d˙: Die Skelette der straussartigen Vögel, abgebildet und beschrieben von E. d'Alton (Vergleichende Osteologie, Chr. Pander u. E. d'Alton; Abth. 2, H. 1). Bonn: Weber, 1827 (Ruppert 4332)
Ampère / Arago 1821 – Ampère, André Marie; Arago, Dominique François Jean (Berichterstatter): Rapport fait à l'Académie des Sciences, le lundi 4 juin 1821, sur un Mémoire de M. Fresnel relatif aux couleurs des lames cristallisées douées de la double réfraction. In: Annales de chimie et de physique 17 (1821), 80–102
Anaxagoras – Anaxagoras: Homoiomerien.
Andréossy 1818 – Andréossy, Antoine François Graf: Voyage a l'embouchure de la Mer-Noire, ou essai sur le Bosphore et la partie du delta de Thrace comprenant le système des eaux qui abreuvent Constantinople. Précédé de considérations générales sur la géographie-physique. Avec un Atlas composé d'une carte nouvelle du Bosphore et du canal de la Mer-Noire. Paris: Plancher, 1818
Anonymi 1665 (Rez.) – Anonymi: [Rezension zu Grimaldi]. In: Journal des Savants 1 (1665), 642 *(Angaben Goethes) – s. Grimaldi 1665*
Anonymi 1666 (Rez.) – Anonymi: Francisci Baconi Summi Angliae cancellarii opera omnia. Francofurti ad Maenum. In: Journal des sçavans 2, Nr. vom 8. März (1666), 118–120 *(Amsterdamer Ausgabe: 130–133)*

Anonymi 1667 (Rez.) – Anonymi: Synopsis optica authore Honorato Fabri S. I. In 4. Lugduni. In: Journal des sçavans 3. Nr. vom 5. Dez. (1667). 167–169 *(in Amsterdamer Ausgabe (Reprint 1679): 230–232)* – *s. Fabri 1667*

Anonymi 1706 (Rez.) – Anonymi: Opticks: or, a treatise of the reflexions, refractions, inflexions and colours of light. Also two treatises of the species and magnitude of curvilinear figures. / h. e. / Optica, sive tractatus de reflexionibus, refractionibus, inflexionibus & coloribus luminis. Nec non duo tractatus de speciebus et magnitudine figurarum curvilinearum. Londini, apud S. Smith et B. Walford. 1704. In: Acta eruditorum. Nr. 2. Feb. (1706). 59–64 – *s. Newton 1704*

Anonymi 1707 (Rez.) – Anonymi: Nouvelle découverte d'un thermometre [...]. Recemment inventé par M. Lazare Nuguet, Prêtre. A Paris 1706. In: Journal des savans, Supplement. Nr. [7] Juli (1707/1708). 175–186 *(Amsterdamer Ausgabe; Ausgabe Paris: 324–330)* – *s. Nuguet 1706*

Anonymi 1713 (Rez.) – Anonymi: Jacobi Rohaulti Physica. Latine vertit, recensuit et annotationibus, ex illustrissimi Isaaci Newtoni philosophia maximam partem haustis, amplificavit et exornavit Samuel Clarke, S.T.P. Regiae Majestati a sacris. Editio tertia, in qua annotationes sunt dimidia parte auctiores additaeque octo Tabulae aeri incisae. Londini, impensis Jacobi Knapton. 1710. In: Acta eruditorum. Nr. 10. Okt. (1713). 444–448 – *s. Rohault 1697*

Anonymi 1723 – Anonymi: Sur les ombres des corps. In: Histoire de l'Académie Royale des Sciences, avec les mémoires de mathématique et de physique (1723/1725). 90–101 *(Histoire; in Oktavausgabe 123f.)*

Anonymi 1732 (Rez.) – Anonymi: Elementi di Fisica di Giovanni Crivelli [...] Venise MDCCXXXI. In: Bibliothèque italique ou histoire littéraire de l'Italie 13 (1732). 160 – *s. Crivelli 1731–1732*

Anonymi 1733 (Rez.) – Anonymi: Leipzig. / Bey dem Buchdrucker Breitkopfen ist nunmehro fertig zu haben: Joannis Georgii Lotteri, de Vita & Philosophia Bernardini Telesii Commentarius. In: Neuer Zeitungen von Gelehrten Sachen. Nr. 63 (1733). 559–560 – *s. Lotter 1733*

Anonymi 1747 (Rez.) – Anonymi: Des Herrn de Buffon Abhandlung von den zufälligen Farben. Aus dem Schriften der königl. pariser Akademie der Wissenschaften 1743. 15. Nov. 147 S. der pariser Ausgabe. In: Hamburgisches Magazin 1. Nr. 4 (1747). 425–441 – *s. Buffon 1743*

Anonymi 1752 (Rez.) – Anonymi: Optique. Cette année parut un ouvrage de M. le Marquis de Courtivron, intitulé Traite d'Optique. In: Histoire de l'Académie Royale des Sciences, avec les mémoires de mathématique et de physique (1752/1756). 131–140 *(Histoire; in Oktavausgabe: 191f.)* – *s. Courtivron 1752*

Anonymi 1767 (Rez.) – Anonymi: Examen du systême de M. Newton sur la lumière et les couleurs. Par M. J. Alethophile. In: Gazette littéraire de l'Europe 17. Nr. 1 (1767). 186–187 – *s. Aléthophile 1766*

Anonymi 1768 – Anonymi: Beschreibung und Abbildung der Nepenthes oder so genanten Wunderpflanze. Aus dem modern Eden or the compleat body of gardening. In: Neues bremisches Magazin 2. Nr. 2 (1768). 271–278

Anonymi 1781 (Rez.) – Anonymi: Neue Untersuchung des Lichts von Marat. In: Magazin für das Neueste aus der Physik und Naturgeschichte 1. Nr. 1 (1781). 26–37 – *s. Marat 1780*

Anonymi 1786 (Rez.) – Anonymi: Ueber das Anquicken der gold- und silberhaltigen Erze, Rohsteine, Schwarzkupfer und Hüttenspeise, von Ignaz Edler von Born, [...]. Wien, bey Christian Friedrich Wappler, 1786. In: Der Teutsche Merkur. Nr. [4] 4. Vierteljahr (1786), 182–189 u. 265–280

Anonymi 1788 – Anonymi: Die Nelke. Eine Fortsetzung. In: Flora oder Nachrichten von merkwürdigen Blumen 2 (1788), 39–60

Anonymi 1791 (Rez.) – Anonymi: Gotha. Bei Ettinger ist erschienen: J. W. von Goethe, Herzogl. Sachs. Weimaris. geheimen Rats, Versuch, die Metamorphose der Pflanzen zu erklären. 1790. 86 Seiten in 8. (9 gl.). In: Gothaische gelehrte Zeitungen 31, Nr. vom 23. April (1791), 313–317 – *s. Goethe - Versuch die Metamorphose der Pflanzen zu erklären*

Anonymi 1792a (Rez.) – Anonymi: Im Verlag des Industriecomtoirs ist erschienen: J. W. von Göthe, Beyträge zur Optik. Erstes Stück mit 27 Tafeln. In: Gothaische gelehrte Zeitungen 1792, Nr. vom 26. Sept. (1792), 713–718 – *s. Goethe - Beiträge zur Optik*

Anonymi 1792b (Rez.) – Anonymi: Weimar, im Industriecomptoir: J. W. von Goethe Beyträge zur Optik. I. Stück mit XXVII Tafeln. 1791. In: Allgemeine Literatur-Zeitung 31, Nr. vom 28. Jan. (1792), 241–245 – *s. Goethe - Beiträge zur Optik*

Anonymi 1792c (Rez.) – Anonymi: Weimar. J. W. von Goethe, Beiträge zur Optik. 1. Stück. mit XXVII. Tafeln, 1791. 2. St. mit einer großen colorirten Tafel, und einem Kupfer 1792. 8. Im Verlag des Industrie-Comptoirs. In: Magazin für das Neueste aus der Physik und Naturgeschichte 8, Nr. 1 (1792), 119–126 – *s. Goethe - Beiträge zur Optik*

Anonymi 1792d – Anonymi: Aus Briefen den 2. und 22. Januar 1792. *** Einem der besten Künstler Deutschlands, [...]. In: Allgemeine Literatur-Zeitung - Intelligenzblatt, Nr. 36, 17. März (1792), 281–282

Anonymi 1792e (Rez.) – Anonymi: Berlin, in der Vossischen Buchh. Peter Camper über den natürlichen Unterschied der Gesichtszüge in Menschen verschiedener Gegenden und verschiedenen Alters [...] 1792. In: Allgemeine Literatur-Zeitung, Nr. 314–315, 1. Dez. (1792), 441–452 – *s. Camper 1792*

Anonymi 1794a – Anonymi: Anfrage / Da es sich durch gemachte wiederholte Erfahrungen bewiesen hat... [zur Herstellung der achromatischen Objectivgläser durch engl. Optiker]. In: Kaiserlich privilegirter Reichs-Anzeiger, Nr. 142, 13. Dez. (1794), 1348–1349

Anonymi 1794b – Anonymi: Mr. Gaspard Frédéric Wolff, Docteur en Médecine et Académicien ordinaire pour l'Anatomie [Nachruf und Bibliographie]. In: Nova acta Academiae Scientiarum Imperialis Petropolitanae 12 (1794/1801), 7–10

Anonymi 1794c (Rez.) – Anonymi: [Rezension von Marat: Decouvertés sur la lumière]. In: Unterhaltungen vermischten Inhalts 1 (1794) *(Angaben Goethes)* – *s. Marat 1780*

Anonymi 1794d – Anonymi: Wiener Farbenkabinet; oder vollständiges Musterbuch aller Natur- Grund- und Zusammensetzungsfarben, wie solche seit Erfindung der Malerei bis auf gegenwärtige Zeiten gesehen worden, mit fünftausend nach der Natur gemalten Abbildungen, und der Bestimmung des Namens einer jeden Farbe, dann einer ausführlichen Beschreibung aller Farbengeheimnisse, in Seide- Baum- und Schafwolle, Lein- Leder Rauch- und Pelzwaaren, Papier, Holz und Bein, u.s.w., schön und dauerhaft zu färben. Wien und Prag: Schönfeldsche Buchhandlung, 1794

Anonymi 1795 – Anonymi: Es wird angefragt [...]. In: Kaiserlich privilegirter Reichs-Anzeiger. Nr. 5. 7. Jan. (1795). 44

Anonymi 1796 – Anonymi: Batsch (August Johann Georg Karl). In: Das gelehrte Teutschland oder Lexikon der jetzt lebenden teutschen Schrifftsteller. Angefangen von Georg Christoph Hamberger [...] Fortgesetzt von Johann Georg Meusel [...] 5., durchaus verm. und verb. Ausg., Bd. I (1796). 151.

Anonymi 1798 (Rez.) – Anonymi: Versuche und Beobachtungen über die Beugung, die Zurückwerfung und die Farben des Lichts. Vom Hrn. Brougham d. j. Phil. Transact. 1796. P. I. S. 227–277. In: Magazin für den neuesten Zustand der Naturkunde 1. Nr. 2 (1798). 1–16 – *s. Brougham 1796*

Anonymi 1798–1800 – Anonymi: Copies of original letters from the army of General Bonaparte in Egypt. intercepted by the fleet under the Command of Admiral Lord Nelson. Part I–III. London: J. Wright. 1798–1800

Anonymi 1800a – Anonymi: Naturkunde. / Avis aux Amis des récherches [...]. In: Kaiserlich privilegirter Reichs-Anzeiger. Nr. 3 (1800). 21–29

Anonymi 1800b – Anonymi: Sur la manière de peindre á l'huile en imitation de l'ancienne école de Venise. In: Annales des arts et manufactures 1. Nr. [8] Floréal (1800). 113–132

Anonymi 1800c – Anonymi: Maniere d'épurer l'huile de lin. et de préparer le vernis de copal. pour être employé dans la peinture. en imitation de l'Ecole Venetienne: avec des Remarques sur le procedé a l'imitation de l'école Venise. In: Annales des arts et manufactures 1. Nr. [9] Prairial (ann VII [1800]). 225–240

Anonymi 1802 – Anonymi: Würzburg. Vor kurzem sollte wieder eine Defension in Bamberg seyn [...]. In: Medicinisch-chirurgische Zeitschrift. Nr. 2 (1802). 271–272

Anonymi 1805a (Rez.) – Anonymi: System der Idealphilosophie, von Johann Jakob Wagner. D. und Prof. der Philos. zu Würzburg. Leipzig, bey Breitkopf und Härtel. 1804. In: Neue Leipziger Literaturzeitung. Nr. 6. 14. Jan. (1805). 81–92 – *s. Wagner 1804*

Anonymi 1805b – Anonymi: München, den 6. Dec. In einer der letzten physikalischen Sitzungen... [Meldung über J.W. Ritter]. In: Oberdeutsche allgemeine Litteraturzeitung 18. Nr. 144 (1805). 1071–1072

Anonymi 1806a – Anonymi: Persio. / ein neues Farbe-Material [...]. In: Kaiserlich privilegirter Reichs-Anzeiger. Nr. 4. 6 Jan. (1806). 56

Anonymi 1806b – Anonymi: München. den 6ten März. In den Sitzungen der physikalischen Klasse... [Meldung über J.W. Ritter]. In: Oberdeutsche allgemeine Litteraturzeitung 19. Nr. 29. 8. März (1806). 461–464

Anonymi 1806c (Rez.) – Anonymi: Eine authentische Biographie von Newton [...]. In: Jenaische allgemeine Literatur-Zeitung - Intelligenzblatt. Nr. 36. 19. Apr. (1806). 302 – *s. Turnor / Newton 1806*

Anonymi 1807 (Rez.) – Anonymi: Essai sur la géographie des plantes, accompagné d'un tableau physique des régions équinoxiales. fondé sur des mesures, exécutées depuis le dixième degré de latitude boréale jusqu'au dixième degré de latitude australe. pendant les années 1799. 1800. 1801. 1802 et 1803. par Alex. de Humboldt et A. Bonpland. Rédigé par Alex. de Humboldt. Avec une planche. Paris 1807. In: Monatliche Correspondenz zur Beförderung der Erd- und Himmels-Kunde 16 (1807). 36–55 – *s. Humboldt / Bonpland 1807a*

Anonymi 1810a (Rez.) – Anonymi: Zur Farbenlehre von Göthe. Cotta. Tübingen 1810. 2 Bde. 95 Bogen. In: Neue oberdeutsche allgemeine Literatur-Zeitung. Nr. 132. 5. Juli (1810), 25–32 – *s. Goethe - Zur Farbenlehre (Gesamtwerk)*
Anonymi 1810b (Rez.) – Anonymi: Zur Farbenlehre von Göthe. Erster Band. Nebst einem Hefte mit 16 illumin. Kupfertafeln in 4. XLIII u. 654 S. [...] Zweyter Band. XXVIII und 757 Seiten [...] . In: Neue Leipziger Literaturzeitung. Nr. 102. 24. Aug. (1810), 1629–1632 – *s. Goethe - Zur Farbenlehre (Gesamtwerk)*
Anonymi 1810c (Rez.) – Anonymi: Troisième mémoire sur la mésure des hauteurs à l'aide du Baromètre. par L. Ramond. In: Monatliche Correspondenz zur Beförderung der Erd- und Himmels-Kunde 22 (1810), 476–477
Anonymi 1815a (Rez.) – Anonymi: Ueber die Misbildungen der Gewächse. Ein Beytrag zur Geschichte und Theorie der Missentwickelungen organischer Körper; von G. F. Jäger [...] Mit 2 Kupfertafeln. Stuttgard 1814. In: Leipziger Literatur-Zeitung. Nr. 96. 21. April (1815), 765–767 – *s. Jäger 1814*
Anonymi 1815b (Rez.) – Anonymi: Braunschweig. b. Vieweg: Georg Wilhelm Block. Über die Fehler der Philosophie mit ihren Ursachen und Heilmitteln. 1804. In: Jenaische allgemeine Literatur-Zeitung - Ergänzungsblätter 3. Nr. 30 (1815), 233–239 – *s. Block 1804*
Anonymi 1816a – Anonymi: On the fossil bones found by Spallanzani in the island of Cerigo. [Letter by R. Y. to Dr. Thomson]. In: Annals of Philosophy 8 (1816), 153–154
Anonymi 1816b – Anonymi: Summarische Jahresfolge Goethescher Schriften. In: Morgenblatt für gebildete Stände. Nr. 101 (1816) *(Angaben Goethes)*
Anonymi 1817 – Anonymi: Vom Main, 16n Febr. Das merkwürdige Nordlicht... [Bericht über die Begleiterscheinungen eines Nordlichtes]. In: Fränkischer Merkur (Bamberg). Nr. 48, 17. Febr. (1817) *(Angaben Goethes)*
Anonymi 1818 – Anonymi: Die Münchener politische Zeitung enthält... [Artikel über die Witterung des Winters 1817/18]. In: Allgemeine Zeitung (München), Nr. 55, 24. Feb. (1818), 220
Anonymi 1819 (Rez.) – Anonymi: Anfangsgründe der Naturlehre zum Gebrauche academischer Vorlesungen systematisch zusammengestellt von G. W. Muncke. Großherz. Bad. Hofrathe und Professor der Physik in Heidelberg. Erste Abtheilung, welche den besondern Titel führt: Anfangsgründe der Experimentalphysik zum Gebrauche öffentlicher Vorlesungen systematisch dargestellt von u. s. w. Heidelberg, bey Groos. XII und 324 S. 8. mit 5 Tafeln in Steindruck Heidelberg, bey Groos. XII und 324 S. 8. mit 5 Tafeln in Steindruck. In: Heidelberger Jahrbücher der Litteratur 12. Nr. [2] (1819), 943–944 – *s. Muncke 1819, Muncke 1820*
Anonymi 1821a – Anonymi: Porto 15 de Janeiro. Fenómeno em Cima do Douro. Copia de huma Carta escripta á Excellentissima Senhora D. Maria Rita de Sampayo da Cunha e Castro, da Casa da Bandeirinha, pelo caseiro da sua Quinta de Marroces. In: Diário do Governo, Nr. 19, 22. Jan. (1821)
Anonymi 1821b – Anonymi: Oil obtained by destillation from the hop. In: Annals of Philosophy N. S. 2 (1821), 315–317
Anonymi 1823 – Anonymi: [Todesanzeige Christian Ludwig Mursinna]. In: Berlinische Nachrichten von Staats- und gelehrten Sachen, Nr. vom 24. Mai (1823) *(Angaben Goethes)*

Anonymi 1824 (Rez.) – Anonymi: Altona. b. d. Vf.: Astronomische Nachrichten, herausgegeben von H. C. Schumacher. […] Erster Band. 1822. 264 S. […] Zweyter Band. 1823. 254 S. […]. In: Allgemeine Literatur-Zeitung 40.2. Nr. 157–159 (1824). 417–438

Anonymi 1825 – Anonymi: Etain. L'ouverture des mines de Vautry. In: Annuaire historique universel (1825 = 2. erg. Aufl. 1819). 731

Anonymi 1825a – Anonymi: Ueber die ungewöhnliche Überschwemmung zu Ende Oktobers 1824. In: Allgemeine Zeitung (München). Nr. 98. 8. April (1825). 391 (Beilage)

Anonymi 1825b – Anonymi: Lieutenant Forster… [Zeitungsnotiz zu Luftdruckschwankungen]. In: Zeitung der freien Stadt Frankfurt. Nr. 318. 14. Nov. (1825). 1266

Anonymi 1826a (Rez.) – Anonymi: Populaire Astronomie. Von J. J. Littrow. Zwei Bände. Mit lithographischen Tafeln. Wien. Heubner. 1825. Gr. 8. 5 Thlr. 16 Gr. In: Literarisches Conversationsblatt. Nr. 72. 25. März (1826). 285–288

Anonymi 1826b – Anonymi: La première de ces observations paroissiot être une des preuves les plus spécieuses de la proposition de M. Dupetit-Thouars. In: Flora oder allgemeine botanische Zeitung 9.2. Nr. 28. 28. Juli (1826). 448

Anonymi 1827 (Rez.) – Anonymi: Antediluvian phytology illustrated by a collection of the fossil remains of plants peculiar to the coalformation of great Britain. By Edmund Tyrell Artis. London 1825. In: Flora oder Botanische Zeitung 10. Nr. 9 (1827). 129–143

Anonymi 1829 – Anonymi: Lichtenberg et ses ouvrages. In: Bibliothèque universelle. des sciences, belles-lettres, et arts - Littérature 42 (1829). 79–102

Anonymi 1830a – Anonymi: Barometer-Beobachtungen in Berlin. In: Königlich privilegierte Berlinische Zeitung von Staats- und gelehrten Sachen. Nr. 15. 19. Jan. (1830)

Anonymi 1830b – Anonymi: Botanik für Damen [Anzeige von Reichenbachs Botanik für Damen]. In: Bulletin des sciences naturelles et de géologie 21. Nr. 5 (1830). 268

Anonymi 1830c (Rez.) – Anonymi: Histoire naturelle: par Oken. Partie botanique. (Isis. 1829. cah. I. p. 30 et p. 157.) [Besprechung von Lorenz Okens Naturgeschichte]. In: Bulletin des sciences naturelles et de géologie 21. Nr. 5 (1830). 268–270

Anonymi 1830d (Rez.) – Anonymi: Recherches sur quelques-unes des révolutions de la surface du globe […] par M. L. Elie de Beaumont. Mémoire inséré en plusieurs parties dans les Annales des sciences naturelles. de septembre 1829 à fevrier 1830. In: La Revue française. Nr. 15. vom Mai (1830). 1–58 – s. *Élie de Beaumont 1829–1830*

Anonymi 1830e – Anonymi: [Nachricht von einer Sitzung der Akademie der Wissenschaften vom 11. Octbr. wo der Widerstreit zwischen Geoffroy d. S. Hilaire und Cuvier. veranlaßt durch den Ersten sich wieder hervorthut]. In: Le Globe. Nr. 242. 22. Okt. (1830) *(Angaben Goethes)*

Arago 1811 – Arago. Dominique François Jean: Mémoire sur une modification particulière qu'éprouvent les rayons lumineux dans leur passage à travers certains corps diaphanes et sur plusieurs autres nouveaux phénomènes d'optique. In: Le Moniteur universel. Nr. 243. 31. Aug. (1811). 932–933

Arago 1821 – Arago, Dominique François Jean: Examen des remarques de M. Biot. In: Annales de chimie et de physique 17 (1821), 258–273
Arcy 1765 – Arcy, Patrick d': Mémoire sur la durée de la sensation de la vue. In: Histoire de l'Académie Royale des Sciences, avec les mémoires de mathématique et de physique (1765/1768), 439–451 *(Mémoires)*
Argelander 1826 – Argelander, Friedrich Wilhelm August: Auszug aus einem Schreiben des Herrn Professors Argelander an den Herausgeber [Heinrich Christian Schumacher]. Åbo 1825. März 8. In: Astronomische Nachrichten 4, Nr. 75 (1826), 59–62
Argonne 1702 – Argonne, Bonaventure d': Mélanges d'histoire et de litterature. Recueillis par M. de Vigneul-Marville. Seconde & nouvelle edition, revûë, corrigée & augmentée. 3 Bde. Rotterdam: Elie Yvens, 1702 *(1. Aufl. 1699–1701)*
Aristophanes, Nub. – Aristophanes: Nubes. *(ohne genaue Angabe Goethes)*
Aristoteles 1670 – Aristoteles: Aristotelis stagiritae de coloribus liber. Coelio Calcagnino interprete. In: Johannes Zacharias [Actuarius]: De urinis libri septem. Accedunt huic editioni aliorum medicorum dissertationes de urinis. Trajecti ad Rhenum (Utrecht): Zyll, 1670, 409–436.
Aristoteles / Margunios 1575 – Aristoteles: Margunios, Maximos (Übers., Komm.): Aristotelis liber de coloribus multis in locis emendatus. Emmanuele Margunio Cretense interprete. In eundem Michaelis Ephesii explicatio nunc primùm ab eodem latinitate donata. Patavi (Padua): L. Pasq., 1575
Aristoteles, an. – Aristoteles: De anima. *(ohne genaue Angabe Goethes)*
Aristoteles, eth. Eud. – Aristoteles: Ethica Eudemia. *(ohne genaue Angabe Goethes)*
Aristoteles, eth. Nic. – Aristoteles: Ethica Nicomachea. *(ohne genaue Angabe Goethes)*
Aristoteles, gen. an. – Aristoteles: De generatione animalium. *(ohne genaue Angabe Goethes)*
Aristoteles, hist. an. – Aristoteles: Historia animalium. *(ohne genaue Angabe Goethes)*
Aristoteles, insomn. – Aristoteles: De insomniis. *(ohne genaue Angabe Goethes)*
Aristoteles, metaph. – Aristoteles: Metaphysica. *(ohne genaue Angabe Goethes)*
Aristoteles, meteor. – Aristoteles: Meteorologica. *(ohne genaue Angabe Goethes)*
Aristoteles, mir. – Aristoteles: Mirabilia. *(ohne genaue Angabe Goethes)*
Aristoteles, phgn. – Aristoteles: Physiognomonica. *(ohne genaue Angabe Goethes)*
Aristoteles, probl. – Aristoteles: Problemata. *(ohne genaue Angabe Goethes)*
Aristoteles, Secretum secretorum – Aristoteles: Secretum secretorum. *(ohne genaue Angabe Goethes; pseudo-aristotelische Schrift)*
Aristoteles, sens. – Aristoteles: De sensu et sensibli. *(ohne genaue Angabe Goethes)*
Artigues 1811 – Artigues, Aimé Gabriel de: Sur l'art de fabriquer du flint-glass bon pour l'optique: suivi d'un rapport fait à la Classe des Sciences Physiques et Mathématiques de l'Institut, sur les résultats de cette fabrication. Paris: Gueffier, 1811
Artis 1825 – Artis, Edmund Tyrell: Antediluvian phytology, illustrated by a collection of the fossil remains of plants peculiar to the coal formations of Great Britain. London: J. Cumberland [u.a.], 1825

Aselli 1628 – Aselli, Gaspare: De lactibus sive lacteis venis quarto vasorum mesaraicorum genere, novo invento [...], dissertatio. Qua sententiae anatomicae multae vel perperam receptae convelluntur, vel parum perceptae illustrantur. Basileae (Basel): Henric-Petrinus, 1628

Astruc 1753 – Astruc, Jean: Conjectures sur les mémoires originaux. Dont il paroit que Moyse s'est servi pour composer le livre de la Genèse. Avec des remarques. Bruxelles (Brüssel): Fricx, 1753

Atwood / Fontana 1781 – Atwood, George: Fontana, Gregorio (Übers.): Compendio d'un corso di lezioni di fisica sperimentale. Pavia: Nella Stamperìa del R., ed I. Monistero di S. Salvatore, 1781

Aubuisson de Voisins 1819 – Aubuisson de Voisins, Jean François d': Traité de Géognosie, ou exposé des connaissances actuelles sur la constitution physique et minérale du globe terrestre. 2 Bde. Strasbourg et Paris: F. G. Levrault, 1819

Aubuisson de Voisins 1821–1822 – Aubuisson de Voisins, Jean François d': Wiemann, Johann Gottlieb (Übers.): Geognosie, oder Darstellung der jetzigen Kenntnisse über die physische und mineralische Beschaffenheit der Erdkugel: deutsch bearbeitet von J. G. Wiemann. 2 Bde. Dresden: Arnoldische Buchhandlung, 1821–1822 – *s. Rez. Goethe - D'Aubuisson de Voisins Geognosie*

Augustinus, trin. – Augustinus, Aurelius: De trinitate. *(ohne genaue Angabe Goethes)*

Autenrieth 1821 – Autenrieth, Hermann Friedrich: Disquisitio quaestionis academicae de discrimine sexuali iam in seminibus plantarum dioicarum apparente, praemio regio ornata. Tubingae (Tübingen): Laupp, 1821 (Ruppert 4340)

Aventin 1615 – Aventin: Annalium Boiorum libri septem. Basileae (Basel): s.n., 1615 (Keudell 541)

Azais 1825 – Azais, Pierre Hyazinthe: Précis du système universel. Paris: Eymery, 1825

Bacon 1593 – Bacon, Roger: De mirabili potestate artis et naturae. In: Guglielmo Gratarolo (Hrsg.): Artis auriferae, quam chemiam vocant. Volumen secundum. Quod continet: Morieni Romani scripta de re metallica, atque de occulta summaque antiquorum medicina. Basileae (Basel): Conradii Waldkirchii, 1593, 494–525. *(1. Aufl. Basel 1572 unter dem Titel "Auriferae artis")*

Bacon 1614a – Bacon, Roger: Perspectiva. In qua, quae ab aliis fuse traduntur, succincte, nervose et ita pertractantur, ut omnium intellectui facile pateant. Nunc primum in lucem edita. Opera et studio Johannis Combachii. Francofurti (Frankfurt a. M.): Hummius; Richterus, 1614

Bacon 1614b – Bacon, Roger: Specula mathematica. In qua, de specierum multiplicatione, earundemque in inferioribus virtute agitur. Liber omnium scientiarum studiosis apprime utilis, editus opera et studio Johannis Combachii. Francofurti (Frankfurt a. M.): Hummius; Richterus, 1614

Bacon 1620 – Bacon, Francis: Instauratio magna. Londini (London): Joannem Billium, 1620

Bacon 1665a – Bacon, Francis: Opera omnia, quae extant: philosophica, moralia, politica, historica. Francofurti ad Moenum (Frankfurt a. M.): Schonwetterus, 1665 (Keudell 498, 1953)

Bacon 1665b – Bacon, Francis: Novum organon. In: Opera omnia. Francofurti ad Moenum (Frankfurt a. M.): Schonwetterus, 1665, 265–432.
Bacon 1665c – Bacon, Francis: Historia vitae et mortis. In: Opera omnia. Francofurti ad Moenum (Frankfurt a. M.): Schonwetterus, 1665, 485–572.
Baillet 1691 – Baillet, Adrien: La vie de Monsieur Des-Cartes. 2 Bde. Paris: Daniel Horthemels, 1691
Bakewell 1815 – Bakewell, Robert: An introduction to geology, illustrative of the general structure of the earth; comprising the elements of the science, and an outline of the geology and mineral geography of England. The second edition considerably enlarged. London: J. Harding, 1815
Barbieri 1830 – Barbieri, Paolo: Osservazioni intorno alla 'Valisneria spiralis'. In: Biblioteca italiana ossia giornale di letteratura, scienze ed arti 57 (1830), 419–420
Barrow 1674 – Barrow, Isaac: Lectiones opticae et geometricae. In quibus phaenomenon opticorum genuinae rationes investigantur, ac exponuntur, et generalia curvarum linearum symptomata declarantur. Londini (London): Guilielmi Godbid, 1674 *(1. Aufl London 1669 unter dem Titel "Lectiones XVIII")*
Barrow 1804 – Barrow, John: Reise durch China von Peking nach Canton im Gefolge der Großbrittannischen Gesandtschaft in den Jahren 1793 und 1794. Aus dem Engl. übers. und mit einigen Anm. begleitet von Johann Christian Hüttner. 2 Bde. Weimar: Landes-Industrie-Comptoir, 1804
Bartels 1812 (Rez.) – Bartels, Ernst Daniel August: Neues Journal für Chemie und Physik, in Verbindung mit Bernhardi [...] herausgegeben von Dr. J. S. C. Schweigger [...] Band I-III. Nürnberg 1811. In: Jenaische Allgemeine Literatur-Zeitung 1812, Nr. 2, 89–100
Barth 1724 – Barth, Johann Matthäus: Physica generalior, oder Kurtze Sätze von denen natürlichen Cörpern überhaupt und der daraus zusammengesetzten Welt. Regenspurg (Regensburg): Peetz, 1724
Basson 1649 – Basson, Sébastien: Philosophiae naturalis adversus Aristotelem libri XII. In quibus abstrusa veterum physiologia restauratur, et Aristotelis errores solidis rationibus refelluntur. Amsterodami (Amsterdam): Elzevir, 1649
Batsch 1787–1788 – Batsch, August Johann Georg Karl: Versuch einer Anleitung zur Kenntniß und Geschichte der Pflanzen für academische Vorlesungen entworfen und mit den nöthigsten Abbildungen versehen. 2 Bde. Halle a. S.: Johann Jacob Gebauer, 1787–1788 (Ruppert 4362)
Batsch 1788–1789 – Batsch, August Johann Georg Karl: Versuch einer Anleitung, zur Kenntniß und Geschichte der Thiere und Mineralien, für akademische Vorlesungen entworfen, und mit den nöthigsten Abbildungen versehen. 2 Bde. Jena: Akademische Buchhandlung, 1788–1789
Baumer 1763–1764 – Baumer, Johann Wilhelm: Naturgeschichte des Mineralreichs mit besonderer Anwendung auf Thüringen. Mit Kupfern. 2 Bde. Gotha: Joh. Christian Dieterich, 1763–1764
Baumer 1779 – Baumer, Johann Wilhelm: Fundamenta geographiae et hydrographiae subterraneae. Giessae (Gießen): Krieger, 1779
Baumer 1780 – Baumer, Johann Wilhelm: Historia naturalis regnis mineralogici ad naturae ductum tradita. Francofurti (Frankfurt a. M.): Garbiana, 1780

Bayle 1734–1741 – Bayle, Pierre: A general dictionary, historical and critical: in which a new and accurate translation of that of the celebrated Mr. Bayle, with the corrections and observations printed in the late Edition at Paris, is included: and interspersed with several thousand lives never before published. By the Reverend Mr. John Peter Bernard, F.R.S., the Reverend Mr. Thomas Birch, M.A. and F.R.S., Mr. John Lockman; and other hands. London: J. Bettenham, 1734–1741
Bayle 1740 – Bayle, Pierre: Dictionaire historique et critique, cinquieme edition, revue, corrigée, et augmentée. Avec la vie de l'auteur, par Mr. Des Maizeaux. 4 Bde. Amsterdam: Brunel, 1740 *(1697, 1702, 1715, 1720, 1730; 1820–1824, 1830)*
Bazin 1741 – Bazin, Gilles Augustin: Observations sur les plantes et leur analogie avec les insectes. Precedées de deux discours. Strasbourg (Straßburg): Jean Renaud Doulssecker, 1741
Beccaria 1771 – Beccaria, Giovanni Battista: Letter from Mr. John Baptist Beccaria, of Turin, F. R. S. to Mr. John Canton, F. R. S. on his new phosphorus receiving several colours, and only emitting the same. In: Philosophical transactions 61 (1771), 212
Beccaria 1776 – Beccaria, Giovanni Battista: A Letter from F. Beccaria to Mr. Wilson, concerning the light exhibited in the dark by the Bologna phosphorus. London: s.n., 1776
Beche 1827 – Beche, Sir Henry Thomas de la: A tabular and proportional view of the superior, supermedial, and medial rocks. [London]: Watts, 1827
Becher 1772 – Becher, David: Neue Abhandlung vom Karlsbade. 3 Bde. Prag: Gerle, 1772
Becher / Stahl 1703 – Becher, Johann Joachim; Stahl, Georg Ernst (Hrsg.): Physica subterranea. Profundam subterraneorum genesin, e principiis hucusque ignotis, ostendens. Editio novissima [...] et Specimen Beccherianum [...] subjunxit Georg. Ernestus Stahl. Lipsiae (Leipzig): Joh. Lucov. Gleditschium, 1703
Becherer 1601 – Becherer, Johann: Newe Thüringische Chronica, Das ist: Historische Beschreibung, aller ihrer Könige, Hertzogen, Fürsten, Graffen und Stätte Ankunfft, Veränderung der Religion, und Weltlichen Regierung. Mühlhausen: Johann Spiess, 1601
Becker 1779 – Becker, Johann Friedrich Adolph: Specimen inaugurale chemicum sistens experimenta circa mutationem colorum quorundam vegetabilium a corporibus salinis cum corollariis. Quod in alma Georgia Augusta [...] Pro gradu doctoris medicinae rite impetrando D. XVI. septembris A. MDCCLXXIX. publicae censurae submisit auctor Ioannes Fridericus Adolphus Becker Lippensis. Goettingae (Göttingen): Dieterich, 1779
Becker 1815–1816 – Becker, Wilhelm Gottlob Ernst: Journal einer bergmännischen Reise durch Ungarn und Siebenbürgen. 2 Bde. Fryberg (Freiberg): Craz und Gerlach, 1815–1816
Beckmann 1766 – Beckmann, Johann: De historia naturali veterum libellus primus. Petropolis (Petersburg) et Göttingae (Göttingen): Dieterich, 1766
Beckmann 1792 – Beckmann, Johann: Vorlesung über Mineralogie für Studierende der Technologie und der ökonomischen Wissenschaften. In: Göttingische Anzeigen von gelehrten Sachen, Nr. 152 (1792) *(Angaben Goethes)*

Beer 1792 – Beer, Georg Josef: Lehre der Augenkrankheiten. 2 Bde. Wien: Wappler, 1792
Béguelin 1769 – Béguelin, Nicolas: Mémoire sur les ombres colorées. In: Mémoires de l'Académie Royale des Sciences et Belles-Lettres (1767/1769), 27–40
Béguelin 1771 – Béguelin, Nicolas: Sur la source d'une illusion du sens de la vue, qui change le noir en couleur d'écarlate. In: Nouveaux mémoires de l'Académie Royale des Sciences et Belles-Lettres 2 (1771/1773), 8–18
Bellini 1696 – Bellini, Laurentius: De contractione naturali et villo contractili. In: Ders.: Opuscula aliquot, 229–261. Lugdunum Batavorum (Leiden): Boutesteyn, 1696
Benvenuti 1761 – Benvenuti, Carlo: Dissertatio physica de lumine. Vindobonae (Wien): Joannis Thomae Trattner, 1761
Benzenberg 1800 – Benzenberg, Johann Friedrich: Einige Bemerkungen über die Materie, welche man für erloschne Sternschnuppen hielt [= Anhang]. In: Annalen der Physik 6 (1800), 232–235
Benzenberg 1811–1812 – Benzenberg, Johann Friedrich: Briefe geschrieben auf einer Reise durch die Schweiz im Jahr 1810. 2 Bde. Düsseldorf: J. H. C. Schreiner, 1811–1812
Berenger 1771 – Berenger, Richard: The history and art of horsemanship. 2 Bde. London: Davies, Cadell, 1771
Bergman 1779 – Bergman, Torbern (Praes.): Paulin, Jacob Johan (Resp.): Dissertatio gradualis de primordiis chemiae. Upsaliae (Uppsala): Edman, 1779
Bergman 1780 – Bergman, Torbern: Physikalische Beschreibung der Erdkugel [...]. Aus dem Schwed. übers. von Lampert Hinrich Röhl. 2. verm. und verb. Aufl. 2 Bde. Greifswald: Röse, 1780
Bergman 1782–1790 – Bergman, Torbern: Kleine Physische und Chymische Werke [...] aus dem Lat. übers. von Heinrich Tabor. 6 Bde. Frankfurt a. M.: Johann Gottlieb Garbe, 1782–1790
Bernhardi 1807 – Bernhardi, Johann Jacob: Beobachtungen über die doppelte Strahlenbrechung einiger Körper, nebst einigen Gedanken über die allgemeine Theorie derselben. In: Journal für die Chemie, Physik und Mineralogie 4 (1807), 230–257
Bernoulli 1728 – Bernoulli, Daniel I.: Experimentum circa nervum opticum. In: Commentarii Academiae Scientiarum Imperialis Petropolitanae 1 (1728), 314–317
Berthelot 1827 – Berthelot, Sabin: Observations sur le Dracaena Draco Linn. Mitgetheilt und mit einer Einleitung versehen von F. C. Mertens. In: Nova acta Leopoldina 13.2 (1827), 773–788, Taf. 35–39
Berthollet 1791 – Berthollet, Claude Louis: Eléments de l'art de la teinture. Paris: Firmin Didot, 1791 *(Dt.: Handbuch der Färbekunst, übers. von Johann Friedrich August Göttling, Jena 1792)*
Bertrand 1773 – Bertrand, Bernard Nicolas: Elémens d'oryctologie ou distribution méthodique des fossiles. Neuchatel: Soc. Typ., 1773
Bertrand 1825a (Rez.) – Bertrand, Alexandre Jacques François: Traité de physique, par Despretz, professeur de physique au collège de Henry IV, etc. (1). In: Le Globe 2, Nr. 104, 7. Mai (1825), 525 – *s. Despretz 1825*
Bertrand 1825b – Bertrand, Alexandre Jacques François: De l'état d'extase. (IVe article (1).). In: Le Globe 2, Nr. 113, 28. Mai (1825), 573–574

Berzelius 1816 – Berzelius, Jöns Jakob: Neues System der Mineralogie. Aus dem Schwed. übers. von Chr. Gmelin und W. Pfaff. Nürnberg: Johann Leonhard Schrag, 1816 (Ruppert 4384)
Besold / Dietherr von Anwanden 1697 – Besold, Christoph; Dietherr von Anwanden, Christoph Ludwig (Hrsg.): Thesaurus practicus Christophori Besoldi [...]. Editio nova, auctior et emendatior [...] Infinitis locis, ex recentioribus autoribus practicis, historicis, politicis, philologicis, manuscriptis: Synoptica [...] Responsis aucta et locupletata: Studio et opera Christophori Ludovici Dietherrns. Norimbergae (Nürnberg): Endter, 1697
Bettinus 1645 – Bettinus, Marius: Apiaria universae philosophiae mathematicae, in quibus paradoxa, et nova pleraque machinamenta ad usus eximios traducta, et facillimis demonstrationibus confirmata [Ed. 4]. Bononiae (Bologna): J. B. Ferronius, 1645
Beudant 1822 – Beudant, François Sulpice: Voyage minéralogique et géologique, en Hongrie, pendant l'année 1818. 4 Bde. Paris: Verdière, 1822
Beudant 1824 – Beudant, François Sulpice: Essai d'un cours élémentaire et général des sciences physiques, ouvrage adopté par l'université, pour l'enseignement dans les collèges royaux. 3. Aufl. Paris: Verdière, 1824 *(1. Aufl. 1815, 2. Aufl. 1821)*
Bibel – Anonymi: Bibel. (Ruppert 2603–2608; Keudell 718, 1071)
Billiet 1824 – Billiet, Alexis: Météorologie. Résultats des observations barométriques faites à Chambéry en 1822 et 1823. Communiqués au Prof. Pictet par Mr. Billiet, vicaire-général. In: Bibliothèque universelle, des sciences, belles-lettres, et arts - Sciences et arts 25, Nr. 9 (1824), 93–97
Binhard 1613 – Binhard, Johann: Newe vollkommene Thüringische Chronica. Das ist: Geschicht und Zeitbuch aller namhafftigsten Historien, Sachen und Handlungen von der Geburt und Menschwerdung unsers einigen Erlösers und Seligmachers Jesu Christi an biß auff diß gegenwertige M.DC.XIII. Jahr vollzogen. 3 Bde. Leipzig: Nerlich, 1613
Biot 1803 – Biot, Jean Baptiste: Relation d'un voyage fait dans le département d'Orne pour constater la réalité d'un météore observé à l'Aigle le 6 floréal an 11. In: Mémoire de l'Académie des Sciences de l'Institut de France 7 (1803), 124–266
Biot 1811 – Biot, Jean Baptiste: Sur la dissection de la lumière par des réflexions et des réfractions successives. In: Le Moniteur universel, Nr. 73, 14. März (1811), 282–283
Biot 1816 – Biot, Jean Baptiste: Traité de physique expérimentale et mathématique. 4 Bde. Paris: Deterville, 1816 (Keudell 1092)
Biot 1817 – Biot, Jean Baptiste: Précis élémentaire du physique expérimentale. 2 Bde. Paris: Deterville, 1817
Biot 1821 – Biot, Jean Baptiste: Remarques de M. Biot sur un Rapport lu, le 4 juin 1821, à l'Académie des Sciences, par MM. Arago et Ampère (1). In: Annales de chimie et de physique 17 (1821), 225–258
Biot 1824 – Biot, Jean Baptiste: Précis élémentaire de physique experimentale. 3. Aufl. Paris: Deterville, 1824 *(1. Aufl. 1817, 2. Aufl. 1821; dt.: Lehrbuch der Experimental-Physik oder Erfahrungs-Naturlehre. 2 Bde., Leipzig 1824–1825)*
Biot / Wolff 1819 – Biot, Jean Baptiste; Wolff, Friedrich (Benjamin) (Übers.): Anfangsgründe der Erfahrungs-Naturlehre. Durch das Decret

der Commission des öffentlichen Unterrichtes vom 22sten Februar 1817 als Lehrbuch in allen öffentlichen Lehranstalten Frankreichs eingeführt. Aus dem Franz. übers. von Friedrich Wolff. 2 Bde. Berlin: Voss, 1819 *(Orginalausgabe: Précis élémentaire de physique expérimentale. 2 Tom. Paris 1817)*

Birch 1756-1757 – Birch, Thomas: The history of the Royal Society of London for improving of natural knowledge from its first rise. In which the most considerable of those papers communicated to the Society [...] are inserted. 4 Bde. London: Millar, 1756-1757

Bischof 1825 – Bischof, Gustav: Etwas über die Irrlichter oder Irrwische. In: Archiv für die gesammte Naturlehre 5 (1825), 178-180

Blair 1794 – Blair, Robert: Experiments and observations on the unequal refrangibility of light [Read Jan. 3. and April 4. 1791]. In: Transactions of the Royal Society of Edinburgh 3 (1794), 3-76

Blasche 1758 – Blasche, Johann Christian: Das Leben des Herrn Hofraths und Professors Georg Erhard Hambergers, nebst einer Nachricht von seinen Schriften, und gelehrten Streitigkeiten. Jena: Güth, 1758

Blasche 1820 – Blasche, Bernhard Heinrich: Noch etwas über Philosophie und Mathematik, in ihrem gegenseitigen Verhältnisse. – Zur endlichen Verständigung mit Herrn J. G. Wagner. In: Isis 4, Nr. VI (1820), 310-314

Blasius 1681 – Blaes, Gerhard (Blasius, Gerardus): Anatome animalium, terrestrium variorum, volatilium, aquatilium, serpentum, insectorum, ovorumque, structuram naturalem ex veterum, recentiorum, propriisque observationibus proponens, figuris variis illustrata. Amstelodami (Amsterdam): Someren et Boom, 1681

Block 1804 – Block, Georg Wilhelm: Über die Fehler der Philosophie mit ihren Ursachen und Heilmitteln. Braunschweig: Vieweg, 1804 – *s. Rez. Anonymi 1815b*

Blumenbach 1776 – Blumenbach, Johann Friedrich: De generis humani varietate nativa. Goettingae (Göttingen): Vandenhoeck, 1776

Blumenbach 1779 – Blumenbach, Johann Friedrich: Handbuch der Naturgeschichte. Göttingen: Dieterich, 1779 *(2. Aufl. 1782, 6. Aufl. 1799 (Ruppert 4395))*

Blumenbach 1781 – Blumenbach, Johann Friedrich: Über den Bildungstrieb und das Zeugungsgeschäfte. Göttingen: Dieterich, 1781

Blumenbach 1790 (Rez.) – Blumenbach, Johann Friedrich (anonym): Dr. Hurron's Theorie der Erde: oder Untersuchung der Gesetze, die bey Entstehung, Auflösung und Wiederherstellung des Landes und unserm Planeten bemerklich sind. Ein Auszug aus der ausführlichen Abhandlung im 1sten Bande der Transactions of the Royal Society of Edinburgh. 1788. In: Magazin für das Neueste aus der Physik und Naturgeschichte 6, Nr. 4 (1790), 17-27 – *s. Hutton 1788*

Blumenbach 1805 – Blumenbach, Johann Friedrich: Handbuch der vergleichenden Anatomie. Göttingen: Dieterich, 1805 (Ruppert 4394) *(2. verb. und verm. Aufl. 1815; 3. verb. und verm. Aufl. 1824)*

Boccone 1697 – Boccone, Paolo: Museo di fisica e di esperienze variato. Venetia (Venedig): Zuccato, 1697

Böckmann 1775 – Böckmann, Johann Lorenz: Naturlehre Oder: die gänzlich umgearbeitete Malerische Physik. Carlsruhe (Karlsruhe): Macklot, 1775

Bode 1801 – Bode, Johann Elert: Uranographia sive astrorum descriptio viginti tabulis aeneis incisa ex recentissimis et absolutissimis Astronomorum observationibus. Berolini (Berlin): Apud Autorem, 1801

Boerhaave 1727 – Boerhaave, Hermann: Aphorismi de cognoscendis et curandis morbis, in usum doctrinae domesticae digesti. 3. verm. Aufl. Lugduni Batavorum (Leiden): Linden, 1727 *(1. Aufl 1709)*

Boerhaave 1746 – Boerhaave, Hermann: Praelectiones publicae de morbis oculorum ex codicae M. S. editae. Gottingae (Göttingen): A. Vandenhoeck, 1746

Böhmer 1702 – Böhmer, Philipp Ludwig (Resp.); Schmidt, Johann Andreas (Praes.): Physica positiva. Helmstadi (Helmstedt): Süstermann, 1702 *(1. Aufl. Jena 1689)*

Bonnard 1819 – Bonnard, Augustin Henry de: Aperçu géognostique des terrains. Paris: Deterville, 1819

Bonnard 1825 – Bonnard, Augustin Henry de: Notice géognostique sur quelques parties de la Bourgogne. Lue à l'Academie royale des Sciences, les 20 septembre et 11 octobre 1824. In: Annales des mines 10, 193–246, 427–480

Bonnet 1762 – Bonnet, Charles: Untersuchungen über den Nutzen der Blätter bey den Pflanzen, und einige andere zur Geschichte des Wachsthums der Pflanzen gehörige Gegenstände. Nebst dessen Versuchen und Beobachtungen von dem Wachsthume der Pflanzen in andern Materien als Erde. Aus dem Franz. übers. von Johann Christian Arnold. Nürnberg: Winterschmidt, 1762 *(Original: Göttingen und Leiden 1754)*

Bonnet 1764 – Bonnet, Charles: Contemplation de la nature. 2 Tom. Amsterdam: Marc-Michel Rey, 1764

Boodt 1609 – Boodt, Anselmus de (Boetius): Gemmarum et lapidum historia. Qua non solum ortus, natura, vis et precium, sed etiam modus quo ex iis, olea, salia, tincturae, essentiae, arcana et magisteria arte chymica confici possint, ostenditur. Hanoviae (Hannover): Wechel, 1609

Borch 1777 – Borch, Michal Jan de: Lythographie Sicilienne ou Catalogue raisonné de toutes les pierres de la Sicile. Propres á embellir le cabinet d'un amateur. Naples (Neapel): s.n., 1777 (Ruppert 4406)

Borch 1778 – Borch, Michal Jan de: Lythologie Sicilienne ou Connaissance de la nature des pierres de la Sicile, suivie d'un discours sur la Calcara de Palerme. Rome (Rom): Francesi, 1778 (Ruppert 4407)

Borch 1782 – Borch, Michal Jan de: Lettres sur la Sicile et sur l'Ile de Malthe [...] écrites en 1777. Pour servir de supplément au voyage en Sicile et à Malthe de Monsieur Brydonne. Ornées de la carte de l'Etna, de celle de la Sicile ancienne et moderne avec 27. estampes. 2 Bde. und Tafelbd. Turin: Reycends, 1782 (Ruppert 4045)

Born 1773 – Born, Ignaz Edler von: Schreiben [...] an Herrn Franz Grafen von Kinsky ueber einen ausgebrannten Vulcan bey der Stadt Eger in Böhmen. Prag: Wolfgang Gerle, 1773

Born 1774 – Born, Ignaz Edler von: Briefe über mineralogische Gegenstände. Frankfurt und Leipzig: s.n., 1774

Bory de Saint-Vincent 1804 – Bory de St. Vincent, Jean Baptiste: Voyage dans les quatre principales iles des mers d'Afrique, fait par ordre du gouvernement, pendant les années neuf et dix de la République (1801 et 1802). avec l'histoire de la traversée du Capitaine Baudin jusqu'au Port-Louis de l'ile Maurice. 3 Tom. Paris: Buisson, XIII [1804]

Boscovich 1765 – Boscovich, Ruggiero Giuseppe; Scherffer, Karl (Übers.): Abhandlung von den verbesserten Dioptrischen Fernröhren, aus den Sammlungen des Instituts zu Bologna, sammt einem Anhange des Uebersetzers C.S.S.J. Wien: von Trattner, 1765

Boscovich 1785 – Boscovich, Ruggiero Giuseppe: Opera pertinentia ad opticam, et astronomiam. Maxima ex parte nova, et omnia hucusque inedita. 5 Bde. Bassani Venetiis (Bassano del Grappa, Venedig): Remondini, 1785

Bose 1754 – Bose, Ernst Gottlob (Praes.); Trautmann, Christoph Gottlieb (Resp.): De radicum in plantis ortu et directione. Lipsia (Leipzig): Langenheim, 1754

Bose / Bosseck 1747 – Bose, Ernst Gottlob; Bosseck, Heinrich Otto: De nodis plantarum. Amplissimi philosophorum ordinis consensu disputabunt M Ernestus. Gottlob. Bose Medicinae baccalaureus et Henricus Otto Bosseck Med. cult. Lipsienses. Lipsiae (Leipzig): Langenheim, 1747

Böttiger 1810 – Böttiger, Karl August: Blicke auf die Leipziger Ostermesse 1810. In: Allgemeine Zeitung (München). Nr. 17. Okt. (1810) *(Angaben Goethes)*

Bottineau 1786 – Bottineau, Etienne: Extrait du mémoire de M. Bottineau sur la nauscopie ou l'art de découvrir les vaisseaux et les terres à une distance considérable. s. l. [Paris]: s.n., 1786 – *s. Rez. Kästner 1787*

Boué 1820 – Boué, Ami: Essai géologique sur l'Écosse avec 2 cartes et 7 planches lithographiées. Paris: Courcier, 1820

Bouguer 1729 – Bouguer, Pierre: Essai d'optique sur la gradation de la lumiere. Paris: Claude Jombert, 1729

Bouguer 1749 – Bouguer, Pierre: La figure de la terre. Determinée par les observations de Messieurs Bouguer, et de La Condamine, de l'Académie Royale des Sciences, envoyés par ordre du Roy au Pérou, pour observer aux environs de l'Equateur. [...]. Paris: Charles-Antoine Jombert, 1749

Bouguer 1762 – Bouguer, Pierre; La Caille, Nicolas Louis de (Hrsg.): Richtenburg, Joachim (Übers.): Optice de diversis luminis gradibus dimetiendis opus posthumum. Viennae (Wien), Pragae (Prag), Tergesti (Triest): Trattner, 1762

Boulliau 1638 – Bullialdus, Ismaël: De natura lucis. Parisiis (Paris): Heuqueville, 1638

Boyle 1664 – Boyle, Robert: Experiments and considerations touching colours first occasionally written, among some other essays, to a friend, and now suffer'd to come abroad as the beginning of an experimental history of colours. [Angehängt mit separatem Titelblatt:] A short account of some observations made by Mr. Boyle about a diamond that shines in the dark. London: Henry Herringman, 1664

Boyle 1665 – Boyle, Robert: Experimenta et considerationes de coloribus. [...] ceu initium historiae experimentalis de coloribus. Londoni (London): Henrici Herringman, 1665 (Ruppert 4414) *(Rotterdam 1671 (Ruppert 4415))*

Boyle / Finch 1664 – Boyle, Robert; Finch, Sir John: Meeting casually the other day with the deservedly famous Dr. J. Finch [...] [Über einen blinden Mann in Maastricht, der Farben ertasten können soll]. In: Boyle, Robert: Experiments and considerations touching colours [...]. London: Henry Herringman, 1664, 42–46. *(Goethe geht basierend auf Wucherer 1725 von einem eigenständigen „Tractatus de coloribus" von Finch aus)*

Bran 1832 – Bran, Friedrich: Die Ersticker in London. In: Miscellen aus der neuesten ausländischen Literatur. Nr. 70 (1832), 142–156
Brande 1817 – Brande, William Thomas: Outlines of geology. Being the substance of a course of lectures delivered in the theatre of the Royal Institution in the year 1816. London: John Murray, 1817
Brandes 1807 – Brandes, Heinrich Wilhelm: Beobachtungen und theoretische Untersuchungen über die Stralenbrechung. Oldenburg: Schulze, 1807
Brandes 1820 – Brandes, Heinrich Wilhelm: Beiträge zur Witterungskunde. Bd. 1: Untersuchungen über den mittleren Gang der Wärme-Aenderungen durchs ganze Jahr; über gleichzeitige Witterungs-Ereignisse in weit von einander entfernten Weltgegenden; über die Formen der Wolken, die Entstehung des Regens und der Stürme; und über andere Gegenstände der Witterungskunde. Leipzig: Johann Ambrosius Barth, 1820 (Ruppert 4417)
Brandes 1822 – Brandes, Rudolph: Meteorologisches Tagebuch, in Verbindung mit den Herren Salinen-Inspector Trampel und Lieutnant Hölzermann geführt. Schmalkalden: Th. G. Fr. Varnhagen, 1822 (Ruppert 4207)
Brandis 1785 – Brandis, Dietrich: Commentatio de oleorum unguinosorum natura. Gottingae (Göttingen): Joann. Christiani Dieterich, 1785
Brandis 1794 (Rez.) – Brandis, Dietrich: J. W. von Göthe [...]. Versuch, die Metamorphose der Pflanzen zu erklären. Gotha, bey Ettinger, 1790. In: Allgemeine deutsche Bibliothek 116 (1794), 477–479 – *s. Goethe - Versuch die Metamorphose der Pflanzen zu erklären*
Brandis 1795 – Brandis, Dietrich: Versuch über die Lebenskraft. Hannover: Hahn, 1795
Braun 1768 – Braun, Joseph Adam (Josias Adam, Josepho Adamo): De calore animalium. Dissertatio physica experimentalis. In: Novi commentarii Academiae Scientiarum Imperialis Petropolitanae 13 (1768/1769), 419–435
Braun 1831 – Braun, Alexander: Vergleichende Untersuchung über die Ordnung der Schuppen an den Tannenzapfen als Einleitung zur Untersuchung der Blattstellung überhaupt. In: Nova acta Leopoldina 15.1 (1831), 195–402
Bréauté 1825 – Bréauté, Eléonore Suzanne Nell de: Météorologie. Résumé des observations barométriques et thermométriques faites à la Chapelle près Dieppe pendant l'année 1824, par Mr. Nell de Bréauté, adressé au Prof. Pictet. In: Bibliothèque universelle, des sciences, belles-lettres, et arts. Science et arts 28 (1825), 32–33 *(nicht ermittelt)*
Breislak 1818a – Breislak, Scipione: Atlas géologique, ou vues d'amas de colonnes basaltiques faisant suite aux institutions géologiques. Milan (Mailand): Jean P. Giegler, 1818
Breislak 1818b – Breislak, Scipione: Institutions géologique. Traduit du manuscrit italien en français par P. J. L. Campmas. 3 Bde. und Atlas. Milano (Mailand): A L'Imprimerie Impériale et Royale, 1818
Breislak 1819–1821 – Breislak, Scipione; Strombeck, Friedrich Karl von (Übers.): Lehrbuch der Geologie, nach der zweiten umgearbeiteten französischen Ausgabe, mit stäter Vergleichung der ersten italiänischen, übersetzt und mit Anmerkungen begleitet von Friedrich Karl von Strombeck. 3 Bde. und Kupfersammlung. Braunschweig: Vieweg, 1819–1821 – *s. Rez. Struve 1820*
Brewster 1820 – Brewster, David: Ueber die Verschluckung des Lichts durch Krystalle von doppelter Strahlenbrechung. In: Annalen der Physik 65, Nr. 5 (1820), 4–19

Briganti 1770 – Briganti, Filippo: Esame economico del sistema civile. Napoli (Neapel): Simoniana, 1780
Brocchi 1814 – Brocchi, Giambattista: Conchiologia fossile subapennina con osservazioni geologiche sugli Apennini e sul suolo Adiacente. 2 Bde. Milano (Mailand): Stamperia Reale, 1814
Brocchi 1817 – Brocchi, Giambattista: Mineralogische Abhandlung über das Thal von Fassa in Tirol. Aus dem Ital. übers. von K. A. Blöde. Dresden: Beger, 1817
Brochant de Villiers 1816–1845 – Brochant de Villiers, André François Marie (Hrsg.): Dictionnaire des sciences naturelles [...] suivi d'une biographie des plus célèbres naturalistes [...]. 60 Bde. Paris: Levrault et Le Normant, 1816–1830
Brongniart 1825 – Brongniart, Alexandre: Nosian et Nosin. In: Dictionnaire des sciences naturelles 35 (1825), 152–153
Bronn 1822 – Bronn, Heinrich Georg: De formis plantarum leguminosarum primitivis et derivatis. Heidelbergae (Heidelberg): Groos, 1822
Brookes 1823 – Brookes, Samuel: Anleitung zu dem Studium der Conchylienlehre. Aus dem Engl. übers. [...]. Bevorwortet und mit einer Tafel über die Anatomie der Flussmuschel vermehrt von C. Gust. Carus. Leipzig: Ernst Fleischer, 1823
Brougham 1796 – Brougham, Henry Peter: Experiments and observations on the inflection, reflection and colours of light. In: Philosophical transactions 86 (1796), 227–277 – s. Rez. Anonymi 1798
Brown 1821 – Brown, Robert: An account of a new genus of plants, named Rafflesia. In: Transactions of the Linnean Society 13 (1821), 201–234
Brown 1825–1830 – Brown, Robert: Vermischte botanische Schriften. In Verbindung mit einigen Freunden in's Deutsche übersetzt und mit Anmerkungen versehen von C. G. Nees von Esenbeck. 5 Bde. Leipzig und (Bd 3 bis 5) Nürnberg: Friedrich Fleischer: (Bd. 3 bis 5) Leonhard Schrag, 1825–1830 (Ruppert 4426)
Bruchausen 1790 – Bruchausen, Anton: Anweisung zur Physik aus dem Latein, mit Zus. und Anm. von Joseph Bergmann. Erster Theil. Mainz: Kurfürstlich privilegirte Universitätsbuchhandlung, 1790
Brucker 1742–1744 – Brucker, Johann Jakob: Historia critica philosophiae. 5 Bde. Lipsiae (Leipzig): Breitkopf, 1742–1744
Brückmann 1727–1734 – Brückmann, Franz Ernst: Magnalia Dei in locis subterraneis oder Unterirdische Schatz-Cammer aller Königreiche und Länder in ausführlicher Beschreibung aller, mehr als MDC. Bergwercke durch alle vier Welt-Theile. 3 Bde. Braunschweig und (Bd. 2:) Wolfenbüttel: s.n., 1727–1734
Brückmann 1757 – Brückmann, Urban Friedrich Benedikt: Abhandlung von Edelsteinen, nebst einer Beschreibung des so genannten Salzthalischen Steins. Braunschweig: Fürstl. Waysenhausbuchhandlung, 1757 *(2. verb. u. verm. Aufl. 1773)*
Brugnone 1790 – Brugnone, Giovanni: Werk von der Zucht der Pferde, Esel und Maulthiere und von den gewöhnlichen Gestüttkrankheiten. Aus dem Ital. übers. und verm. mit einem Anhange die neuern österreich. Verordnungen über die Pferdezucht enthaltend von Gottfried Fechner. Mit einer Vorrede begleitet von G. Stumpf. Prag: Calve, 1790

Brünnich 1781 – Brünnich, Morten Thrane: Mineralogie. Aus dem Dänischen übers. [von Joh. Gottl. Georgi], mit Zusätzen des Verfassers und einer Anzeige der bisher bekannten Rußischen Mineralien vermehrt. St. Petersburg, Leipzig: Logan, 1781

Bruno 1584 – Bruno, Giordano: De la causa, principio, et uno. Venetiae (Venedig): s.n., 1584

Brydone 1774 – Brydone, Patrick: Reise durch Sicilien und Malta, in Briefen an William Beckford. Aus dem Engl. übers. 2 Bde. Leipzig: Junius, 1774

Buch 1797 – Buch, Leopold von: Versuch einer mineralogischen Beschreibung von Landeck. Breslau: Korn, 1797

Buch 1809 – Buch, Leopold von: Ischia. In: Neue Jahrbücher der Berg- und Hüttenkunde. Herausgegeben von Carl Erenbert Freiherrn von Moll 1 (1809), 343–353

Buch 1810 – Buch, Leopold von: Reise durch Norwegen und Lappland. 2 Bde. Berlin: Nauck, 1810

Buch 1813 – Buch, Leopold von: Von den geognostischen Verhältnissen des Trapp-Porphyrs. In: Abhandlungen der Königlichen Akademie der Wissenschaften in Berlin (1812–1813/1816), 129–154

Buch 1815 – Buch, Leopold von: Ueber die Ursache der Verbreitung großer Alpengeschiebe. In: Abhandlungen der Königlichen Akademie der Wissenschaften in Berlin (1804–1811/1815), 161–186 *(Physikalische Klasse)*

Buch 1822 – Buch, Leopold von: Schreiben über den Dolomit in Tirol. Von Leopold Freiherr von Buch an den prov. Domänen-Inspektor Alois von Pfaundler. In: Kaiserlich-Königlich privilegirter Bothe von und für Tirol und Vorarlberg. Nr. 60, 64, 65 (1822), 241, 256, 260, 264

Buch 1824 – Buch, Leopold von: Resultate der neuesten geognostischen Forschungen des Herrn Leopold von Buch. Zusammengestellt und übersezt vom Herausgeber. In: Taschenbuch für die gesamte Mineralogie 18 (1824), 239–506

Buch 1825 – Buch, Leopold von: Physicalische Beschreibung der Canarischen Inseln. Berlin: Königl. Akademie der Wissenschaften, 1825 (Ruppert 4095)

Büchner 1822 – Büchner: Ein sehr schönes Naturschauspiel. In: Allgemeiner Anzeiger der Deutschen. Nr. 25 (1822), 264

Buffon 1743 – Buffon, George Louis Leclerc de: Dissertation sur les couleurs accidentelles. In: Histoire de l'Académie Royale des Sciences, avec les mémoires de mathématique et de physique (1743/1746), 147–158 *(Mémoires)* – s. *Rez. Anonymi 1747*

Buffon 1749–1804 – Buffon, George Louis Leclerc de; Daubenton, Louis Jean Marie: Histoire naturelle générale et particulière. Avec la description du Cabinet du Roi. 44 Bde. Paris: Impr. royale, 1749–1804

Bürde 1821–1823 – Bürde, Friedrich Leopold: Abbildungen vorzüglicher Pferde die sich in den Königl. Preuss. Gestüten befinden. Nach dem Leben gemalt und radirt. 3 Lfg. Berlin: Schropp, 1821–1823 (Ruppert 4432) – *s. Rez. Alton 1824*

Burnett 1829 – Burnett, Gilbert Thomas: Freitags am 30. Jan., las unter Andern Hr. Gilbert T. Burnett ... [Zusammenfassung eines Vortrags über die Pflanzen-Metamorphose]. In: Botanische Literatur-Blätter 2 (1829), 427–428

Burnett 1830 – Burnett, Gilbert Thomas: Sur la métamorphose végétale. Mémoire lu à l'Institution royale de Londres: séance du 30 janvier 1829. In: Bulletin des sciences naturelles et de géologie 22 (1830), 264–265

Büsch 1783 – Büsch, Johann Georg: Tractatus duo optici argumenti. Hamburgi (Hamburg): Carl Ernst Bohn, 1783
Büsching 1754–1792 – Büsching, Anton Friedrich: Neue Erdbeschreibung. 11 Bde. Hamburg: J. C. Bohn, 1754–1792
Büsching 1784 – Büsching, Anton Friedrich: Neue Landcharte. In: Wöchentliche Nachrichten von neuen Landcharten, geographischen, statistischen und historischen Büchern und Sachen 12, Nr. 4 (1784), 32
Cacherano 1785 – Cacherano, Giovanni Francesco: De' mezzi per introdurre ed assicurare stabilmente la coltivazione e la popolazione nell' agro romano. Roma (Rom): Barbiellini, 1785 (Ruppert 2978)
Cagnati 1599 – Cagnati, Marsilio: De romani aeris salubritate commentarius. Romae (Rom): Zannetti, 1599
Calau 1769 – Calau, Benjamin: Ausführlicher Bericht, wie das punische oder eleodorische Wachs aufzulösen ist, daß sowol Maler als auch Professionisten und Handwerker sich dessen mit Nutzen bedienen können. [Leipzig]: s.n., [1769]
Calderón de la Barca 1625 – Calderón de la Barca, Pedro: Die große Zenobia (La gran Cenobia). s. l.: s.n., 1625 (Ruppert 1721) *(Schauspiele. Uebers. v. J. D. Gries. Bd. 1–7. Berlin: Nicolai, 1815–1829)*
Calidasa 1814 – Calidasa (Kalidasa); Wilson, Horace Hayman (Übers. und Komm.): The Mégha dúta or cloud messenger. A poem, in the Sanscrit language. By Cálidása. Translated into English verse, with notes and illustrations. By Horace Hayman Wilson. Calcutta, London: Black, Perry, 1814
Camerarius 1689 – Camerarius, Rudolf Jacob (Praes.): Brotbeck, David (Resp.): Schematismi colorum, infuso ligni nephritici propriorum. Tubingae (Tübingen): Rommey, 1689
Campanella 1620 – Campanella, Thomas: De sensu rerum et magia libri quatuor [...] Tobias Adami recensuit et nunc primum evulgavit. Francofurti (Frankfurt a. M.): Tampachius und Emmelius, 1620 (Ruppert 3185)
Camper 1764 – Camper, Peter: Oratio de analogia inter animalia et stirpes. Groningae (Groningen): Spandaw, 1764
Camper 1767 – Camper, Peter: Epistola ad anatomicorum principem magnum Albinum. Groningae (Groningen): Crebas, 1767
Camper 1778 – Camper, Peter: Deux discours sur les analoguies qu'il-y-a entre la structure du corps humain et celles des quadrupèdes, des oiseaux et des poissons [1778]. In: Ders.: Oeuvres, qui ont pour objet l'histoire naturelle, la physiologie et l'anatomie comparée. Paris: Jansen 1803, Bd. 3, 325–370.
Camper 1782 – Camper, Peter: Kleinere Schriften die Arzneikunst und fürnehmlich die Naturgeschichte betreffend. Aus dem holländ. übers., mit vielen neuen Zusätzen und Verm. des Verf. bereichert und mit einigen Anm. versehen hrsg. von J. F. M. Herbell. 1. Bdchen. Leipzig: Crusius, 1782 (Ruppert 4443)
Camper 1784–1790 – Camper, Peter: Sämmtliche kleinere Schriften die Arzney-, Wundarzneykunst und Naturgeschichte betreffend. [...] im Teutschen mit vielen neuen Zusätzen und Vermehrungen des Verfassers bereichert, von J. F. M. Herbell. 3 Bde. in 6 Hbbd. Leipzig: Crusius, 1784–1790 (Ruppert 4442) *(Bde. 1,2 und 3,2 mit leicht abweichendem Titelblatt)*

Camper 1792 – Camper, Peter: Über den natürlichen Unterschied der Gesichtszüge in Menschen verschiedener Gegenden und verschiedenen Alters, über das Schöne antiker Bildsäulen und geschnittener Steine, nebst Darstellung einer neuen Art, allerlei Menschenköpfe mit Sicherheit zu zeichnen. Nach des Verfassers Tode herausgegeben von seinem Sohne Adrian Gilles Camper. Übers. von S. Th. Sömmerring. Mit zehn Kupfertafeln. Berlin: Voss, 1792 – *s. Rez. Anonymi 1792e*

Camper 1793 – Camper, Peter: Vorlesungen, gehalten in der Amsterdamer Zeichen-Akademie über den Ausdruck der verschiedenen Leidenschaften durch die Gesichtszüge, über die bewundernswürdige Ähnlichkeit im Bau des Menschen, der vierfüssigen Thiere, der Vögel und Fische, und über die Schönheit der Formen. Hrsg. von seinem Sohne A. G. Camper. Aus dem Holländ. übers. von G. Schaz. Mit eilf Kupfertafeln und einer kurzen Nachricht von dem Leben und den Schriften des Verfassers. Berlin: Voss, 1793 – *s. Rez. Goethe - [Geplante Rezension der Schriften von Petrus Camper]*

Candolle 1813 – Candolle, Augustin Pyramus de: Théorie élémentaire de la botanique, ou exposition des principes de la classification naturelle et de l'art de décrire et d'étudier les végétaux. 2. éd., rev. et augm. Paris: Déterville, 1819 *(1. Aufl. Paris 1813)*

Candolle 1818 – Candolle, Augustin Pyramus de: Versuch über die Arzneikräfte der Pflanzen verglichen mit den äussern Formen und der natürlichen Klasseneintheilung derselben. Nach der zweiten franz. Aufl. übers. u. mit Zusätzen u. Anm. begleitet von Karl Julius Perleb. Aarau: Sauerländer, 1818 (Ruppert 4447)

Candolle 1827 – Candolle, Augustin Pyramus de: Organographie végétale ou description raisonnée des organes des plantes. 2 Bde. Paris: Deterville, 1827

Candolle / Turpin 1808 – Candolle, Augustin Pyramus de; Turpin, Pierre Jean François (Illustr.); Panckoucke, Ernestine (Illustr.): Icones plantarum Galliae rariorum nempé incertarum aut nondum delineatarum. Parisiis (Paris): Stoupe, 1808

Caracciolo 1785 – Caracciolo, Marchese Domenico: Riflessioni su l'economia e l'estrazione de' frumenti della Sicilia fatte in occasione della carestia dell'indizione terza 1784 e 1785. Palermo: Stamperia reale, 1785

Cardanus 1554 – Cardano, Girolamo (Cardanus, Hieronymus): De subtilitate libri XXI. Nunc demum ab ipso autore recogniti atque perfecti. Lugduni (Lyon): Rouillé, 1554 (Ruppert 511)

Cardanus 1643 – Cardano, Girolamo (Cardanus, Hieronymus): De propria vita liber. Parisiis (Paris): Villery, 1643

Carus 1818 – Carus, Carl Gustav: Lehrbuch der Zootomie. Mit stäter Hinsicht auf Physiologie ausgearbeitet, und durch zwanzig Kupfertafeln erläutert. 2 Bde. Leipzig: Gerhard Fleischer d. J., 1818

Carus 1822 – Carus, Carl Gustav: Dr. Carus: Von den Ur-Teilen des Schalen- und Knochen-Gerüstes. In: HzM I, Nr. 4 (1822), 338–342

Carus 1823 – Carus, Carl Gustav: Urform der Schalen kopfloser und bauchfüßiger Weichtiere. In: HzM II, Nr. 1 (1823), 17–21

Carus 1823 – Carus, Carl Gustav: Beitrag zur Geschichte der unter Wasser an verwesenden Thierkörpern sich erzeugenden Schimmel- oder Algengattungen [mit einem Zusatz von C. G. D. Nees von Esenbeck]. In: Nova acta Leopoldina 11, Nr. 2 (1823), 491–521

Carus 1824 – Carus, Carl Gustav: Grundzüge allgemeiner Naturbetrachtung. In: HzM II, Nr. 2 (1824), 84–95
Carus 1826–1855 – Carus, Carl Gustav: Erläuterungstafeln zur vergleichenden Anatomie. [Nebentitel:] Tables synoptiques de l'anatomie comparée. In neun Heften mit 74 zum Theil colorirten Kupfertafeln. Leipzig: Barth, Fleischer, 1826–1855 (Ruppert 4454)
Carus 1828 – Carus, Carl Gustav: Von den Ur-Theilen des Schalen- und Knochen-Gerüstes mit Tafeln. Leipzig: Gerhard Fleischer, 1828
Carvalho e Sampayo 1787 – Carvalho e Sampayo, Diego (Diogo) de: Tratado das cores que consta de tres partes analytica, synthetica, hermeneutica. Malta: Mallia, 1787
Carvalho e Sampayo 1788 – Carvalho e Sampayo, Diego (Diogo) de: Dissertação, sobre as cores primitivas. Com hum breve tratado da composição artificial das cores. Lisboa (Lissabon): Regia Officinia Typografica, 1788
Carvalho e Sampayo 1790 – Carvalho e Sampayo, Diego (Diogo) de: Elementos de agricultura. En que se contém os principios theoreticos e praticos desta util agradavel e honestissima disciplina. Madrid: Ibarra, 1790
Carvalho e Sampayo 1791 – Carvalho e Sampayo, Diego (Diogo) de: Memoria sobre a formação natural das cores. Madrid: Ibarra, 1791 (Ruppert 4458a)
Cassan 1791 – Cassan, Jean Jacques Joseph Auguste Laurent: Meteorologische Beobachtungen in der heißen Zone angestellt. In: Journal der Physik 3 (1791), 99–131
Cassan 1807 – Cassan, Jean Jacques Joseph Auguste Laurent: Über die Einwirkung heißer Klimaten auf den thierischen Körper. In: Neues Journal der ausländischen medizinisch-chirurgischen Litteratur 7, Nr. 2 (1807), 127–141 *(ED: Mémoires de la Société Médicale d'Emulation, séante à l'Ecole Médecine de Paris V (1805))*
Cassebohm 1734 – Cassebohm, Johann Friedrich: Tractatus quatuor anatomici de aure humana. Halae Magdeburgicae (Halle a. S.): Orphanatrophei, 1734
Cassel 1810 – Cassel, Franz Peter: Versuch über die natürlichen Familien der Pflanzen mit Rücksicht auf ihre Heilkraft. Köln: Rommerskirchen, 1810
Casserius 1600 – Casserius, Julius: De vocis auditusque organis historia anatomica singulari fide methodo ac industria concinnata tractatibus duobus explicata ac variis iconibus aere excusis illustrata. Ferrariae (Ferrara): Baldinus, 1600
Cassianus, Geop – Cassianus Bassus: Geoponica. *(ohne genaue Angabe Goethes)*
Cassini / Cassini 1691 – Cassini, Jacques; Cassini, Jean-Baptiste: Theses mathematicae de optica. Paris: Esclassan, 1691
Castel 1725 – Castel, Louis Bertrand: Clavecin pour les yeux, avec l'art de peindre les sons, et toutes sortes de pieces de musique. In: Mercure de France, Nr. [11] Nov. (1725), 2552–2577
Castel 1739 – Castel, Louis Bertrand: Lettre D. P. C. A. M. L. P. D. M. In: Mémoires pour l'histoire des sciences et des beaux arts, Nr. [8] Aug. (1739), 1675–1678
Castel 1740 – Castel, Louis Bertrand: L'optique des couleurs, fondée sur les simples observations, et tournée sur-tout à la pratique de la peinture, de la teinture et des autres arts coloristes. Paris: Briasson, 1740
Castel 1755 – Castel, Louis Bertrand: Lettre du Père Castel, a M. Rondet, Mathématicien, sur sa Réponse au P. L. J. au sujet du clavecin des couleurs. In: Mercure de France, Nr. [7] Juli (1737), 144–158

Catteau-Callville 1812 – Catteau-Calleville, Jean Pierre Guillaume: Tableau de la Mer Baltique, considérée sous les rapports physiques, géographiques, historiques et commerciaux. Avec une carte, et des notices détaillées sur le mouvement général du commerce, sur les ports les plus importans, sur les monnaies, poids et mesures. 2 Bde. Paris: Pillet, 1812

Cellini [1728] – Cellini, Benvenuto: Vita di Benvenuto Cellini orefice e scultore Fiorentino da lui medesimo scritta. Coloniae (Köln) [i.e. Napoli (Neapel)]: Pietro Martello [i.e. Antonio Cocci], [1728] (Ruppert 54)

Cesalpino 1596 – Cesalpino, Andrea: De metallicis libri tres. Romae (Rom): Zannetti, 1596

Cesi 1636 – Cesi, Bernardo: Mineralogia sive naturalis philosophiae thesauri. Lugduni (Lyon): Prost, 1636

Chabrier 1823 – Chabrier, F.: Dissertation sur le déluge universel, ou introduction à la geognosie de notre planète. Montpellier: s.n., 1823

Chabrier 1824 – Chabrier, F. (anonym): Conjectures sur la réunion de la lune, à la terre et des satellites en général, à leur planète principale. Paris: Egron, 1824 *(zuerst 1821; verschiedenen Autoren zugeschrieben)*

Chaptal 1808 – Chaptal, Jean Antoine Claude: Principes chimiques sur l'art du teinturier-dégraisseur. Paris: Deterville, 1808

Charpentier 1778 – Charpentier, Johann Friedrich Wilhelm von: Mineralogische Geographie der Chursächsischen Lande. Leipzig: Crusius, 1778

Charpentier 1799 – Charpentier, Johann Friedrich Wilhelm von: Beobachtungen über die Lagerstätte der Erze hauptsächlich aus den sächsischen Gebirgen. Ein Beytrag zur Geognosie. Leipzig: Göschen, 1799 (Ruppert 4460)

Chaudon 1789 – Chaudon, Louis Mayeul: Nouveau dictionnaire historique, ou histoire abrégée de tous les hommes qui se sont fait un nom par des talens, des vertus, des forfaits, des erreurs, etc. 7. éd., revue, corrigée, et considérablement augmentée. 9 Bde. Paris: Le Roy et Bruyset, 1789

Chaulnes 1755 – Chaulnes, Michel Ferdinand d'Albert d'Ailly de: Observations sur quelques expériences de la quatrième partie du deuxième livre de l'optique de M. Newton. In: Histoire de l'Académie Royale des Sciences, avec les mémoires de mathématique et de physique (1755/1761), 136–144 *(Histoire)*

Chaumeton / Turpin 1814–1820 – Chaumeton, François Pierre; Turpin, Pierre Jean François (Illustr.); Panckoucke, Ernestine (Illustr.): Flore médicale [...]. 8 Bde. Paris: Panckoucke, 1814–1820

Cheselden 1733 – Cheselden, William: Osteographia, or the Anatomy of the bones. In fifty-six plates. London: s.n., [1733]

Chladni 1787 – Chladni, Ernst Florens Friedrich: Entdeckungen über die Theorie des Klanges. Leipzig: Weidmanns Erben und Reich, 1787

Chladni 1794 – Chladni, Ernst Florens Friedrich: Über den Ursprung der von Pallas gefundenen und anderer ihr ähnlicher Eisenmassen, und über einige damit in Verbindung stehende Naturerscheinungen. Riga bzw. Leipzig: Hartknoch bzw. Göschen, 1794

Chladni 1802 – Chladni, Ernst Florens Friedrich: Die Akustik. Mit 12 Kupfertafeln. Leipzig: Breitkopf und Härtel, 1802 (Keudell 452, 673)

Chladni 1819 – Chladni, Ernst Florens Friedrich: Ueber Feuer-Meteore, und über die mit denselben herabgefallenen Massen. Nebst zehn Steindrucktafeln und deren Erklärung, von Carl von Schreibers. Wien: Heubner, 1819

Chladni 1826 – Chladni, Ernst Florens Friedrich: Ueber die Nachtheile der Stimmung in ganz reinen Quinten und Quarten, nebst noch einigen, ältere und neuere Musik betreffenden Bemerkungen… (Veranlasst durch einen Aufsatz des Hrn. von Drieberg über die Stimmung der altgriechischen Instrumente, in der Cäcilia, B. II. S. 113). In: Cäcilia. Eine Zeitschrift für die musikalische Welt 5, Nr. 20 (1826), 279–298

Christ 1800 – Christ, Johann Ludwig: Vom Weinbau. Behandlung des Weins und dessen Verbesserung, dergleichen vom Bierbrauen nach englischen Grundsätzen. 3. verm. und verb. Aufl. Frankfurt a. M.: Hermann, 1800

Ciccolini 1826 – Ciccolini, Ludovico Maria: Lettre V. De M. le chevalier Louis Ciccolini. In: Correspondance astronomique, géographique, hydrographique et statistique 14, Nr. 1 (1826), 53–72

Cicero, Arch. – Cicero, Marcus Tullius: Pro Archia poeta. *(ohne genaue Angabe Goethes)*

Cicero, inv. – Cicero, Marcus Tullius: De inventione. *(ohne genaue Angabe Goethes)*

Cicero, nat. deor. – Cicero, Marcus Tullius: De natura deorum. *(ohne genaue Angabe Goethes)*

Cicero, Rhet. Her. – Cicero, Marcus Tullius: Rhetorica ad Herennium. *(Cicero nur zugeschrieben; ohne genaue Angabe Goethes)*

Clairaut 1756 – Clairaut, Alexis Claude: Mémoire sur les moyens de perfectionner les lunettes d'approche, par l'usage d'objectifs composés de plusieurs matières différemment réfringentes (1761). In: Histoire de l'Académie Royale des Sciences, avec les mémoires de mathématique et de physique (1756/1762), 380–437 *(Mémoires)*

Clairaut 1757 – Clairaut, Alexis Claude: Second mémoire sur les moyens de perfectionner les lunettes d'approche, par l'usage d'objectifs composés de plusieurs matières différemment réfringentes (1761). In: Histoire de l'Académie Royale des Sciences, avec les mémoires de mathématique et de physique (1757/1762), 524–550 *(Mémoires)*

Clark 1777 – Clark, Jakob: Anmerkungen von dem Hufschlage der Pferde, und von den Krankheiten an den Füßen der Pferde. Aus dem Engl. Leipzig: Weidmann und Reich, 1777

Collegium Conimbricense 1593 – Collegium Conimbricense: Commentarii Collegii Conimbricensis societatis Iesu, in libros meteororum Aristotelis Stagiritae. Lugduni (Lyon): Officina Iuntarum, 1593 *(zahlreiche weitere Auflagen)*

Collins 1685 – Collins, Samuel: A systeme of anatomy treating of the body of man, beasts, birds, fish, insects, and plants. Illustrated with many schemes. London: Newcomb, 1685

Columella, rust. – Columella, Lucius Junius Moderatus: De re rustica. *(ohne genaue Angabe Goethes)*

Comenius 1643 – Comenius, Johann Amos: Physicae ad lumen divinum reformatae synopsis. Amstelodami (Amsterdam): Jansson, 1643

Comenius 1658 – Comenius, Johann Amos: Orbis sensualium pictus. Hoc est, omnium fundamentalium in mundo rerum et in vita actionum pictura et nomenclatura = Die sichtbare Welt, Das ist aller vornemsten Welt-Dinge und Lebens-Verrichtungen Vorbildung und Benahmung. Noribergae (Nürnberg): Endter, 1658

Cominale 1754–1756 – Cominale, Celestino: Anti-Newtonianismi. 2 Bde. Neapoli (Neapel): Gessari, 1754–56

Comparetti 1787 – Comparetti, Andrea: Observationes opticae de luce inflexa et coloribus. Patavii (Padua): Conzatti, 1787

Comparetti 1798 – Comparetti, Andrea: Observationes dioptricae et anatomicae comparatae de coloribus apparentibus, visu, et oculo. Patavii (Padua): Conzatti, 1798

Conradi 1710 – Conradi, Johann Michael: Der dreyfach geartete Sehe-Strahl. In einer kurtzen doch deutlichen Anweisung zur Optica oder Sehe-Kunst. Coburg: In Verl. d. Autoris, 1710

Conybeare / Phillips 1822 – Conybeare, William Daniel; Phillips, William: Outline of the geology of England. London: [Selbstverl.], 1822

Corse 1799a – Corse, John: Observations on the manners, habits, and natural history, of the elephant. In: Philosophical transactions 89 (1799), 31–55

Corse 1799b – Corse, John: Observations on the different species of Asiatic elephants and their mode of dentition. In: Philosophical transactions 89 (1799), 205–236

Cotta 1806 – Cotta, Heinrich: Naturbeobachtungen über die Bewegung und Funktion des Saftes in den Gewächsen, mit vorzüglicher Hinsicht auf Holzpflanzen. Weimar: Hoffmann, 1806

Courtivron 1752 – Courtivron, Gaspard de: Traité d'optique, où l'on donne la théorie de la lumière dans le système Newtonien, avec de nouvelles solutions des principaux problêmes de dioptrique & de catoptrique. Paris: Durand; Pissot, 1752 – *s. Rez. Anonymi 1752*

Cousin 1829 – Cousin, Victor: Troisième Leçon. In: Ders.: Cours de l'histoire de la philosophie. Histoire de la philosophie du XVIIIe siècle. Bd. I. Paris: Didier, 1829, 81–131.

Cramer 1805 – Cramer, Ludwig Wilhelm: Vollständige Beschreibung des Berg-, Hütten- und Hammerwesens in den sämtlichen Hochfürstlich Nassau-Usingischen Landen [...]. Bd. 1. Abth. 1: Einige statistische und geographische Nachrichten von der Grafschaft Altenkirchen, dann eine generelle Uebersicht des dasigen Berg- Hütten- und Hammerwesens. Frankfurt a. M.: Hermann, 1805

Crell 1781–1786[?] – Crell, Lorenz von (Hrsg.): Die neuesten Entdeckungen in der Chemie. 13 Bde. Leipzig: Weygand, 1781–1786[?]

Crell 1788 – Crell, Lorenz von: Vorbericht. In: Delaval, Edward Hussey: Versuche und Bemerkungen über die Ursache der dauerhaften Farben undurchsichtiger Körper. Berlin und Stettin: Friedrich Nicolai, 1788, III-XXVIII. (Ruppert 4488) *(von Goethe irrtümlicherweise Lichtenberg zugeschrieben)*

Crivelli 1731–1732 – Crivelli, Giovanni: Elementi di Fisica. 2 Bde. Venezia (Venedig): Orlandini, 1731–1732 – *s. Rez. Anonymi 1732*

Cronstedt / Brünnich 1770 – Cronstedt, Axel; Brünnich, Morten Thrane (Hrsg. und Übers.): Cronstedts Versuch einer Mineralogie. Vermehret durch Brünnich. Copenhagen und Leipzig: Prost und Rothe, 1770 (Ruppert 4472)

Cronstedt / Werner 1780 – Cronstedt, Axel; Werner, Abraham Gottlob (Übers. und Komm.): Versuch einer Mineralogie. Aufs neue aus dem Schwed. übers. und nächst verschiedenen Anmerkungen vorzüglich mit äussern Beschreibungen der Fossilien vermehrt von Abraham Gottlob Werner. 1. Bd., 1. Teil. Leipzig: Crusius, 1780 (Ruppert 4473)

Cureau de La Chambre 1650 – Cureau de La Chambre, Marin: Nouvelles observations et coniectures sur l'iris. Paris: Rocolet, 1650
Cureau de La Chambre 1657 – Cureau de La Chambre, Marin: La lumière. Paris: Rocolet, 1657
Cuvier 1795 – Cuvier, Georges: Mémoire sur la structure interne et externe, et sur les affinités des animaux auxquels on a donné le nom de vers; lu à la Société d'Histoire Naturelle, le 21 floréal de l'an 3. In: La Décade philosophique, littéraire et politique 5, Nr. 40 (1795), 385–396
Cuvier 1797/1798 – Cuvier, Georges: Tableau élémentaire de l'histoire naturelle des animaux. Paris: Baudouin, an 6 [1797/1798] (Ruppert 4480)
Cuvier 1800–1805 – Cuvier, Georges; Duverney, Guichard Joseph (Hrsg.); Duméril, André Marie Constant (Hrsg.): Leçons d'anatomie comparée. 5 Bde. Paris: Baudouin, 1800–1805
Cuvier 1806 – Cuvier, Georges: Sur les éléphans vivans et fossiles. In: Annales du Muséum d'Histoire Naturelle 8 (1806), 1–58, 93–155, 249–269
Cuvier 1812 – Cuvier, Georges: Recherches sur les ossemens fossiles de quadrupèdes. Ou l'on rétablit les caractères de plusieurs espèces d'animaux que les révolutions du globe paroissent avoir détruites. Tom. 2: Contenant les pachydermes des couches meubles et des terrains d'alluvion. Paris: Deterville, 1812
Cuvier 1815 – Cuvier, Georges: Mémoire sur les animaux des Anatifes et des Balanes Lam. (Lepas Lin.) et sur leur anatomie. In: Mémoires du Muséum d'Histoire Naturelle 2 (1815), 85–101
Cuvier 1817 – Cuvier, Georges: Mémoires pour servir à l'histoire et à l'anatomie des mollusques. Avec 35 planches. Paris: Deterville, 1817
Cuvier 1817 – Cuvier, Georges: Le règne animal distribué d'après son organisation, pour servir de base à l'histoire naturelle des animaux et d'introduction à l'anatomie comparée. 4 Bde. Paris: Deterville, 1817 *(Nouvelle édition, revue et augmentée 1829–1830, 5 Bde.)*
Cuvier 1821–1824 – Cuvier, Georges: Recherches sur les ossemens fossiles, où l'on rétablit les caractères de plusieurs animaux dont les révolutions du globe ont détruit des espèces. Nouvelle édition, entièrement refondue, et considérablement augmentée. 5 Tle. in 7 Bdn. Paris: Dufour et D'Ocagne, 1821–1824 (Ruppert 4479)
Cuvier 1824–1829 – Cuvier, Georges: Éloges historique de M.... [Gedächtnisreden auf verstorbene Mitglieder der Académie Royale des Sciences, Paris]. In: Mémoires de l'Académie Royale des Sciences 4–8 (1824–1829)
Cuvier 1825 – Cuvier, Georges: Discours sur les révolutions de la surface du globe, et sur les changemens qu'elles ont produits dans le règne animal. 3. Aufl. Paris: Dufour et D'Ocagne, 1825
Cuvier / Valenciennes 1828–1849 – Cuvier, Georges; Valenciennes, Achille: Histoire naturelle des poissons. 22 Bde. Paris: Levrault; Bertrand, 1828–1849
Dalham 1753–1754 – Dalham, Florian: Institutiones physicae. 3 Tom. Viennae Austriae (Wien): Joannis Thomæ Trattner, 1753–1754
Dalton 1798 – Dalton, John: Extraordinary facts relating to the vision of colours; with observations. In: Memoirs of the Literary and Philosophical Society of Manchester 5 (1798), 28–45
Daniel 1794 – Daniel, Christian Friedrich: Pathologie, oder vollständige Lehre von den Krankheiten, welche die Nosologie, Pathologie, Aetiologie und Symptomatologie enthält, aus dem Lateinischen übersetzt, mit Anmerkun-

gen und Zusätzen des Verfassers. 2 Bde. Weißenfels und Leipzig: Friedrich Severin, 1794

Daniell 1823 – Daniell, John Frederic: Meteorological essays and observations. London: Underwood, 1823 (Ruppert 4485)

Dante 1739 – Dante Alighieri: La commedia di Dante Alighieri, tratta da quella, che pubblicarono gli Accademici della Crusca l'anno MDXCV. Con una dichiarazione del senso Letterale. 3 Bde. Venezia (Venedig): Pasquali, 1739 (Ruppert 1671)

Dante. Divina Commedia – Dante Alighieri: Göttliche Komödie. *(ohne genaue Angabe Goethes)*

Darwin 1786 – Darwin, Robert Waring: New experiments on the ocular spectra of light and colours. Communicated by Erasmus Darwin. In: Philosophical transactions 76 (1786), 313–348

Darwin 1789 – Darwin, Robert Waring: Neue Versuche über die Spectra von Licht und Farben im Auge. In: Magazin für die Naturgeschichte des Menschen 2, Nr. 2 (1789), 86–138

Darwin 1795 – Darwin, Erasmus: Zoonomie oder Gesetze des organischen Lebens. Aus dem Engl. übers. und mit einigen Anm. begleitet von J. D. Brandis. Mit illuminirten Kupfern. 2 Bde. Hannover: Hahn, 1795 (Ruppert 4486)

Darwin 1795 – Darwin, Robert Waring: Ueber die Augentäuschungen (Ocular spectra) durch Licht und Farben. von D. F. W. Darwin von Shrewsbury. Auf Erlaubniß aus den philosophischen Transactionen, Vol. LXXVI. p. 313, wieder abgedruckt. In: Darwin, Erasmus: Zoonomie oder Gesetze des organischen Lebens. Aus dem Engl. übers. und mit einigen Anm. begleitet von J. D. Brandis. Hannover: Hahn, Bd. 1. 2. Abth., S. 517–579.

Daubenton 1759 – Daubenton, Louis Jean Marie: Mémoire sur les chauve-souris. In: Histoire de l'Académie Royale des Sciences, avec les mémoires de mathématique et de physique (1759/1765), 374–398 *(Mémoires)*

Daubeny 1826 – Daubeny, Charles Giles B.: A description of active and extinct volcanos, of earthquakes, and of thermal springs. London: Phillips, 1826

David 1789 – David, Alois Martin: Bestimmung der Polhöhe des Stiftes Tepel. Prag: k. k. Normalschul-Buchdr., 1789 (Ruppert 3940) *(Erneut in: Neuere Abhandlungen der Königlichen Böhmischen Gesellschaft der Wissenschaften 1 (1791), 155–180)*

David 1823 – David, Alois Martin: Geographische Breite und Länge von Brzezina, Höhe über Prag und die See bei Hamburg, nebst Breiten und Längen einiger von Hradischt sichtbarer Berge. Prag: Haase, 1823

Dayes 1799 – Dayes, Edward: Remarks on Mr. Sheldrake's dissertation on painting in oil in the manner of the Venetians. In: The Philosophical magazine IV, Nr. 3, Juli (1799), 124–131

de Dominis 1618–1622 – Dominis, Marco Antonio de: De republica ecclesiastica libri X. 3 Bde. Heidelbergae (Heidelberg): Lancelottus, 1618–1622

De L'Isle 1738 – De L'Isle, Joseph Nicolas: Memoires pour servir a l'histoire et au progres de l'astronomie, de la geographie et de la physique. Recueillis de plusieurs dissertations lües dans les assemblées de l'Academie Roiale des Sciences de Paris, et de celle de St. Petersbourg, qui n'ont point été imprimées: comme aussi de plusieurs pieces nouvelles, observations et reflexions rassemblées pendant plus de 25 années. St. Petersburg: Academie des Sciences, 1738

Dechales 1690 – Dechales, Claude-François Milliet: Cursus seu mundus mathematicus. Editio altera ex manuscriptis authoris aucta et emendata, opera et studio Amati Varcin. 4 Bde. Lugduni (Lyon): Anisson, Posuel et Rigaud, 1690 *(1. Aufl. Lyon 1674)*
Delachénaye / Turpin 1811 – Delachénaye, B.; Turpin, Pierre Jean François (Illustr.): Abécédaire de flore ou langage des fleurs, méthode nouvelle de figurer avec des fleurs, les lettres, les syllabes, et les mots. Suivie de quelques observations sur les emblêmes et les devises, et de la signification emblématique d'un grande nombre de fleurs. Paris: Didot l'Ainé, 1811
Delaval 1785 – Delaval, Edward Hussey: An experimental inquiry into the causes of the permanent colours of opake bodies. Communicated by Mr. Charles Taylor. Read May 19, 1784. In: Memoirs of the Literary and Philosophical Society of Manchester 2 (1785), 131–256
Delaval / Crell 1788 – Delaval, Edward Hussey; Crell, Lorenz von (Übers.): Versuche und Bemerkungen über die Ursache der dauerhaften Farben undurchsichtiger Körper. Aus dem Engl. übers. nebst einer Vorrede von Lorenz Crell. Berlin und Stettin: Friedrich Nicolai, 1788 (Ruppert 4488) *(Vorrede von Goethe zuweilen irrtümlich Lichtenberg zugeordnet)*
Delius 1773 – Delius, Christoph Traugott: Anleitung zu der Bergbaukunst nach ihrer Theorie und Ausübung, nebst einer Abhandlung von den Grundsätzen der Berg-Kammeralwissenschaft, für die Kaiserl. Königl. Schemnitzer Bergakademie entworfen. Wien: von Trattner, 1773
Deneke 1757 – Deneke, C. L.: Vollständiges Lehrgebäude der ganzen Optik, oder der Sehe-Spiegel- und Strahlbrech-Kunst, darinn die Gründe derselben Theoretisch und Practisch vorgetragen, die Verfertigungen der Maschinen und Instrumente, die Zubereitung aller Arten von Spiegeln und Optischen Gläsern deutlich gelehret, auch der Gebrauch derselben bey den Experimenten gezeiget wird. Mit 90 Kupfertafeln. Altona: Iversen, 1757
Denis / Schiffermüller 1776 – Denis, Michael; Schiffermüller, Ignaz: Systematisches Verzeichniß der Schmetterlinge der Wienergegend. Herausgegeben von einigen Lehrern am K. K. Theresianum. Wien: Bernardi, 1776
Dennstedt 1820–1821 – Dennstedt, August Wilhelm: Hortus Belvedereanus. Oder Verzeichniß der bestimmten Pflanzen, welche in dem Groß-Herzoglichen Garten zu Belvedere, bei Weimar, bisher gezogen worden, und zu finden sind, bis weitere Fortsetzungen folgen. Erste und zweite Lfg. Weimar: Landes-Industrie-Comptoir, 1821–1822 (Ruppert 4254a)
Desaguliers 1716 – Desaguliers, Jean Théophile: An account of some experiments of light and colours, formerly made by Sir Isaac Newton, and mention'd in his Opticks, lately repeated before the Royal Society by J. T Desaguliers. In: Philosophical transactions 29 (1714–1716), 433–447
Desaguliers 1722 – Desaguliers, Jean Théophile: An account of an optical experiment made before the Royal Society, on Thursday, Dec. 6th, and repeated on the 13th, 1722. In: Philosophical transactions 32 (1722–1723), 206–208
Desaguliers 1728 – Desaguliers, Jean Théophile: Optical experiments made in the beginning of August 1728, before the President and several Members of the Royal Society, and other Gentlemen of several nations, upon occasion of Signior Rizzetti's Opticks, with an account of the said book. In: Philosophical transactions 35 (1727–1728), 596–629

Desaguliers 1734–1744 – Desaguliers, Jean Théophile: A course of experimental philosophy. Adorn'd with thirty-two copper-plates. 2 Bde. London: s.n., 1734–1744 *(Vol. 1: 2nd ed. corr. 1745)*
Desaguliers 1751 – Desaguliers, Jean Théophile: Cours de physique expérimentale. Traduit de l'anglois par [...] Pezenas. Enrichi des Figures. 2 Tom. Paris: Rollin et Jombert, 1751
Descartes 1637 – Descartes, René: Discours de la méthode pour bien conduire sa raison, et chercher la verité dans les sciences. Plus La Dioptrique. Les Météores et La Géométrie. Qui sont des essais de cete méthode. Leyde (Leiden): Ian Maire, 1637
Descartes 1662 – Descartes, René: De homine. Figuris et latinitate donatus a Florentio Schuyl. Lugduni Batavorum (Leiden): Leffen et Moyardum, 1662
Desmarest 1771 – Desmarest, Nicolas: Mémoire sur l'origine et de la nature du basalte à grandes colonnes polygones, déterminées par l'histoire naturelle de cette pierre, observée en Auvergne. In: Histoire de l'Académie Royale des Sciences, avec les mémoires de mathématique et de physique (1771/1774), 705–775 *(Mémoires)*
Despretz 1825 – Despretz, César Mansuète: Traité élémentaire de physique. Ouvrage adopté par le conseil royal de l'instruction publique, pour l'enseignement dans les établissemens de l'université. Paris: Mequignon-Marvis, 1825 – *s. Rez. Bertrand 1825a*
Deucer 1624 – Deucer (Deucerius), Johann: Metallicorum Corpus Juris, Oder Bergk-Recht. Aus allen Kayserlichen, Königlichen, Chur-Fürst- vnd Gräflichen, wie auch andern BergOrdnungen, Reformationen, Berggebreuchen, Freyheiten, Begnadungen vnd Landsverträgen zusammen gezogen. In welchem auch begriffen: Allerley wichtige Bergksachen, Gericht vnd Gerichts-Proceß, so täglich in allen Bergwercken, mit grossem nutz von den Juristen, bawenden Gewercken, Ampt- vnd Bergleuten können gebraucht werden. [Leipzig]: Große, 1624
Dézallier d'Argenville 1755 – Dézallier d'Argenville, Antoine Joseph: L'histoire naturelle éclaircie dans une de ses parties principales, l'oryctologie, qui traite des terres, des pierres, des métaux, des minéraux, et autres fossiles. Paris: de Bure, 1755
Diderot 1795/96 – Diderot, Denis: Essais sur la peinture. Paris: Fr. Buisson, IV [1795/96] (Ruppert 2398)
Diderot / Alembert 1751–1780 – Diderot, Denis (Hrsg.); Alembert, Jean-Baptiste le Rond d' (Hrsg.): Encyclopédie ou Dictionnaire raisonné des sciences, des arts et des métiers. 35 Tom. Paris: Briasson [u.a.], 1751–1780
Dlask 1822 – Dlask, Laurentius Albert: Versuch einer Naturgeschichte Böhmens. Mit besonderer Rücksicht auf Technologie. Für Freunde der Vaterlandskunde. Teil 1. Geognosie Böhmens [...] Höhenkarte. Prag: C. W. Enders, 1822 (Ruppert 4015)
Dollond 1758 – Dollond, John: An account of some experiments concerning the different refrangibility of light. [...] With a letter from James Short. In: Philosophical transactions 50 (1758/1759), 733–743
Dolomieu 1783 – Dolomieu, Déodat Guy Silvain Tancrède de: Voyage aux îles de Lipari, fait en 1781, ou notice sur les îles Aeoliennes, pour servir à l'histoire des volcans. Suivi d'un mémoire sur une espèce de volcan d'air, et d'un autre sur la température du climat de Malthe, et sur la différence de la chaleur réelle et de la chaleur sensible. Paris: s.n., 1783

Dolomieu 1788 – Dolomieu, Déodat Guy Silvain Tancrède de: Mémoire sur les îles Ponces, et Catalogue raisonnée des produits de l'Etna. Pour servir à l'histoire des volcans. Suivis de la description de l'éruption de l'Etna, du mois de Juillet 1787. Paris: Cuchet, 1788

Domcke 1730 – Domcke, George Peter: Philosophiae mathematicae Newtonianae illustratae tomi duo. Londoni (London): Meighan & Batley, 1730

Dominicy 1649 – Dominicy, Marc Antoine: De treuga et pace, eiusque origine et usu in bellis privatis. Dissertatio. Parisiis (Paris): Cramoisy, 1649

Dominis 1611 – Dominis, Marco Antonio de; Bartoli, Giovanni (Hrsg.): De radiis visus et lucis in vitris perspectivis et iride tractatus. Venetiis (Venedig): Baglio, 1611

Don 1828 – Don, David: On the general presence of spiral vessels in the vegetable structure; and on the peculiar motion observable in detached pieces of the living Bark of Urtica nivea. In: The Edinburgh new philosophical Journal 11, Nr. [4] Okt.-Dez. (1828), 21–23

Doni 1667 – Doni, Giovanni Battista: De restituenda salubritate agri Romani opus posthumun. Florentiae (Florenz): Stella, 1667 (Keudell 57)

Donndorf 1793 – Donndorf, Johann August: Handbuch der Thiergeschichte. Nach den besten Quellen und neuesten Beobachtungen. Zum gemeinnützigen Gebrauch. Leipzig: Weidmann, 1793 (Ruppert 4507)

Döring 1788 – Döring, Friedrich Wilhelm: De coloribus veterum. Gotha: Reyher, 1788

Drée 1811 – Drée, Étienne Gilbert Marquis de: Catalogue des huit collections qui composent le musée minéralogique de Et. de Drée. Avec des notes instructives sur les substances pierreuses qui sont employées dans différens arts, et douze planches en taille douce. Paris: Potey, 1811

Du Châtelet 1742 – Du Châtelet, Émilie: Institutions physiques de Madame la Marquise Du Chastellet adressées à Mr. son Fils. Nouvelle édition, corrigée et augmentée considérablement par l'auteur. Tome premier. Amsterdam: Aux depens de la Compagnie, 1742 *(1. Aufl. Paris 1740 unter dem Titel „Institutions de physique")*

Du Hamel 1670 – Du Hamel, Jean Baptiste: De corporum affectionibus cum manifestis, tum occultis, libri duo. Seu promotae per experimenta philosophiae specimen, ubi non qualitates modo et vires corporum, sed et illustriora quae nostra aetate variis in locis facta sunt experimenta, breviter et aperte explicantur. Parisiis (Paris): Le Petit et Michallet, 1670

Du Hamel 1698 – Du Hamel, Jean Baptiste: Regiae scientiarum academiae historia. Parisiis (Paris): Michallet, 1698

Du Hamel 1700 – Du Hamel, Jean Baptiste: Philosophia vetus et nova. Ad usum scholae accommodata. In regia Burgundia olim pertractata [...] Editio quinta multo emendatior et auctior, cum figuris. 6 Bde. Amstaelodami (Amsterdam): Gallet, 1700 (Keudell 271)

Du Petit-Thouars 1809 – Du Petit-Thouars, Louis Marie Aubert: Essais sur la végétation considérée dans la développement des bourgeons. Paris: Arthus-Bertrand, 1809

Dufay 1737 – Dufay, Charles François de Cisternay: Observations physiques sur le meslange de quelques couleurs dans la teinture. In: Histoire de l'Académie Royale des Sciences, avec les mémoires de mathématique et de physique (1737), 253–268 *(Histoire)*

Dufay 1745 – Dufay, Charles François de Cisternay: Versuche und Abhandlungen von der Electricität derer Cörper, welche Er bey der Königl. Academie derer Wissenschaften zu Paris, in denen Jahren 1733. bis 1737. vorgestellet, und bey denen Versammlungen derselben abgelesen hat. Denen auch zugleich die in der Histoire dieser Academie befindliche Einleitungen von dieser Materie, wie auch des berühmten Verfassers Lebens-Beschreibung beygefügt worden. Aus dem Frantzösischen ins Teutsche übersetzt. Erfurt: Johann Friedrich Weber, 1745

Dufougerais la Douespe 1809 – Dufougerais la Douespe, Benjamin François: Rapport sur le cristal pesant destiné à la fabrication des lunettes achromatiques, présenté à l'Institut [...] fait à la Classe des Sciences mathématiques et physiques par M. le Secrétaire perpétuel, dans la séance du lundi 10 avril 1809. In: Journal de physique, de chimie et d'histoire naturelle 69 (1809), 38–96

Duhamel 1762–1763 – Duhamel du Monceau, Henri Louis: Abhandlung von Bäumen, Stauden und Sträuchen, welche in Frankreich in freyer Luft erzogen werden. Aus dem Franz. übers. durch Carl Christoph Oelhafen von Schöllenbach. 3 Bde. Nürnberg: Seligmann, 1762–1763

Dulong / Petit 1820 – Dulong, Pierre Louis; Petit, Alexis Marie Thérèse: Recherches sur la mesure des températures et sur les lois de la communication de la chaleur. In: Journal de l'École Polytechnique 11, Nr. 18 (1820), 189–294

Dumont 1728 – Dumont, Jean Baron de Carlscroon: Corps universel diplomatique du droit des gens; contenant un recueil des traitez d'alliance, de paix, de trève, de neutralité, de commerce, d'échange, de protection et de garantie, de toutes les conventions, transactions, pactes, concordats, et autres contrats, qui ont été faits en Europe, depuis le regne de l'Empereur Charlemagne jusques à présent. Bd. 4, Teile 2–3. Amsterdam; La Haye:, 1728 *(Brunel [u.a.]; Husson et Levier)*

Dutour 1763 – Dutour, Étienne François: Recherches sur le phénomène des anneaux colorés. In: Mémoires de mathématique et de physique, presentés à l'Académie Royale des Sciences, par divers sçavans et lûs dans ses assemblées 4 (1763), 285–312

Dutrochet 1824 – Dutrochet, Henri: Recherches anatomiques et physiologiques sur la structure intime des animaux et des végétaux, et sur leur motilité. Avec 2 planches. Paris: J. B. Baillière, 1824

Ebel 1808 – Ebel, Johann Gottfried: Über den Bau der Erde in dem Alpen-Gebirge [...] Mit geognostischen Karten. 2 Bde. Zürich: Orell, Füssli und Compagnie, 1808 (Ruppert 4515)

Eberhard 1749 – Eberhard, Johann Peter: Versuch einer näheren Erklärung von der Natur der Farben, zur Erläuterung der Farbentheorie des Newton. Halle: Renger, 1749

Eberhard 1752 – Eberhard, Johann Peter: Betrachtungen über einige Materien aus der Naturlehre. Nebst einem Anhang von einer besonderen Entstehungsart des Schalles. Halle: Renger, 1752

Eberhard 1753 – Eberhard, Johann Peter: Erste Gründe der Naturlehre. Mit Kupfern und volständigen Register. Halle: Renger, 1753

Eberhard 1755 – Eberhard, Johann Peter: Samlung derer ausgemachten Wahrheiten in der Naturlehre. Halle: Renger, 1755

Eberhard 1760–1779 – Eberhard, Johann Peter: Vermischte Abhandlungen aus der Naturlehre, Arzneigelahrtheit und Moral. 3 Bde. Halle: Renger, 1760–1779

Ebermaier 1824 – Ebermaier, Carl Heinrich: Dissertatio inauguralis sistens plantarum papilionacearum monographiam medicam. Berolini (Berlin): Brüschke, 1824 (Ruppert 4517)

Eckardt 1783 – Eckardt, Johann Ludwig von: Nachricht von dem ehmaligen Bergbau bey Ilmenau in der Grafschaft Henneberg und Vorschläge, ihn durch eine neue Gewerkschaft wieder in Aufnahme zu bringen. Mit 1 Charte. Weimar: s.n., 1783 – *s. Rez. Grellmann 1783*

Eggers 1829 – Eggers, Carl Adolf Johann: Bemerkungen über das Colorit in Bezug auf Goethe's Farbenlehre. In: Morgenblatt für gebildete Stände – Kunst-Blatt 23, Nr. 5, 15. Jan. - 6, 19. Jan. (1829), 20, 23–24

Eichel 1774 – Eichel, Johann: Experimenta circa sensum vivendi. In: Societatis Medicae Havniensis collectanea 1 (1774), 238–267, 330–355

Eichler 1820 – Eichler, Andreas Chrysogon: Böhmen, vor Entdeckung Amerikas ein kleines Peru, als Aufmunterung zum Bergbau, und mit einem besondern Blick auf das Niklasberger und Moldauer Erzrevier. Prag: F. Tempsky, Fa.: J. G. Calve, 1820 (Ruppert 4520)

Eichstädt 1650 – Eichstädt, Lorenz: Progymnasma physicum I. De Iride. Danzig: s.n., 1650

Eichstädt 1822 – Eichstädt, Heinrich Karl Abraham: De accurata doctrina principum favore ornata firmissimo dignitatis professoriae praesidio. Oratio in acroaterii academici instauratione et Ioannis Georgii Lenzii sacris doctoratus academici semisaecularibvs d. XXV octobris MDCCCXXII habita. Ienae: Schreiber, 1822

Eimbke 1794a – Eimbke, Georg: Physikalische Anzeige. / Folgender Versuch [...]. In: Allgemeine Literatur-Zeitung – Intelligenzblatt, Nr. 92, 16. August (1794), 735–736

Eimbke 1794b – Eimbke, Georg: Ueber das Leuchten des Phosphors im Stickgas. (Auszug eines Schreibens an den Herausgeber.). In: Journal der Physik 8, Nr. 3 (1794), 366–369

Élie de Beaumont 1829–1830 – Élie de Beaumont, Léonce: Recherches sur quelques-unes des révolutions de la surface du globe, présentant différens exemples de coïncidence entre les redressemens des couches de certains systèmes de montagnes et les changemens soudains qui ont produit les lignes de démarcation qu'on observe entre certains étages consécutifs des terrains de sédiment. In: Annales des sciences naturelles 18–19 (1829–1830), 5–25, 284–416, 5–99, 177–240 – *s. Rez. Anonymi 1830d*

Elliot 1780 – Elliot, John: Philosophical observations on the senses of vision and hearing; to which are added, a treatise on harmonic sounds, and an essay on conbustion and animal heat. London: J. Murray, 1780 – *s. Rez. Soemmerring 1780*

Elliot 1785 – Elliot, John: Physiologische Beobachtungen über die Sinne besonders über das Gesicht und Gehör, wie auch über das Brennen und die thierische Wärme, nebst Adair Crawfords Versuchen und Beobachtungen über die thierische Wärme und die Entzündung brennbarer Körper. Aus dem Engl. Leipzig: Weygand, 1785

Elliot 1786 – Elliot, John: Experiments and observations on light and colours: to which is prefixed, the analogy between heat and motion. London: J. Johnson, 1786
Emmerling 1793–1797 – Emmerling, Ludwig August: Lehrbuch der Mineralogie. 3 Bde. Gießen: Georg Friedrich Heyer, 1793–1797
Engel 1800 – Engel, Johann Jakob: Versuch über das Licht. Berlin: Mylius, 1800
Epiktet, Ench. – Epiktet: Encheiridion (Enchiridion).
Ernesti 1795 – Ernesti, Johann Christian Gottlieb: Lexicon technologiae Graecorum rhetoricae congessit et animadversionibus illustravit. Lipsiae (Leipzig): Fritsch, 1795
Ernesti 1797 – Ernesti, Johann Christian Gottlieb: Lexicon technologiae Latinorum rhetoricae congessit et animadversionibus illustravit. Lipsiae (Leipzig): Fritsch, 1797
Erxleben 1772 – Erxleben, Johann Christian Polykarp: Anfangsgründe der Naturlehre. Göttingen und Gotha: Johann Christian Dieterich, 1772
Erxleben 1775 – Erxleben, Johann Christian Polykarp: Göttingen. / Noch in der Versammlung der königlichen Societät der Wissenschaften... [Nachricht über das Mayerische Farbendreieck]. In: Göttingische Anzeigen von gelehrten Sachen. Nr. 18. 1. Feb. (1775). 145–148
Erxleben / Gmelin 1782 – Erxleben, Johann Christian Polykarp; Gmelin, Johann Friedrich (Hrsg.): Anfangsgründe der Naturgeschichte. Entworfen von Joh. Christ. Polycarp Erxleben [...]. Aufs neue herausgegeben von Johann Friedrich Gmelin. Göttingen: Dieterich, 1782
Erxleben / Lichtenberg 1772–1794 – Erxleben, Johann Christian Polykarp; Lichtenberg, Georg Christoph: Anfangsgründe der Naturlehre. 1. bis 6. Aufl. Göttingen: Dieterich, 1772–1794 *(ohne genaue Angaben Goethes)*
Erxleben / Lichtenberg 1784 – Erxleben, Johann Christian Polykarp; Lichtenberg, Georg Christoph (Hrsg. und Komm.): Anfangsgründe der Naturlehre. Dritte Auflage. Mit Zusätzen von G.C. Lichtenberg. Göttingen: Dieterich, 1784 (Ruppert 4527)
Erxleben / Lichtenberg 1794 – Erxleben, Johann Christian Polykarp; Lichtenberg, Georg Christoph (Hrsg. und Komm.): Anfangsgründe der Naturlehre. Mit Verbesserungen und vielen Zusätzen von G. C. Lichtenberg. 6. Aufl. Göttingen: Dieterich, 1794
Erxleben / Wiegleb 1784 – Erxleben, Johann Christian Polykarp; Wiegleb, Johann Christian (Hrsg.): Anfangsgründe der Chemie. Mit neuen Zusätzen vermehrt von Johann Christian Wiegleb. Göttingen: Dieterich, 1784 (Ruppert 4526)
Eschenmayer 1798 – Eschenmayer, Carl A. von: Versuch die Geseze magnetischer Erscheinungen aus Säzen der Naturmetaphysik mithin a priori zu entwikeln. Tübingen: Heerbrandt, 1798
Eschenmayer 1817 – Eschenmayer, Carl A. von: Allgemeine Reflexionen über den thierischen Magnetismus und den organischen Aether. In: Archiv für den thierischen Magnetismus 1. Nr. 1 (1817). 11–34
Eschke 1808 (Rez.) – Eschke, Ernst Adolf: Berlin. b. Weiss: Belisar. Über den Unterricht der Blinden. Von August Zeune, Doctor der WW., Director der königl. Blindenanstalt u. s. w. Mit Kupfern. 1808. In: Jenaische allgemeine Literatur-Zeitung. Nr. 247. 21. Okt. (1808). 137–142

Eschwege 1818a – Eschwege, Wilhelm Ludwig von: Die Raiz Preta, oder schwarze Brechwurzel. In: Journal von Brasilien oder vermischte Nachrichten aus Brasilien, auf wissenschaftlichen Reisen gesammelt. Weimar: Landes-Industrie-Comptoir, 1818, Nr. 1, 225–230. (Ruppert 4102)

Eschwege 1818b – Eschwege, Wilhelm Ludwig von: Journal von Brasilien oder vermischte Nachrichten aus Brasilien, auf wissenschaftlichen Reisen gesammelt. 2 Hefte. Weimar: Landes-Industrie-Comptoir, 1818 (Ruppert 4102)

Eschwege 1822 – Eschwege, Wilhelm Ludwig von: Geognostisches Gemälde von Brasilien und wahrscheinliches Muttergestein der Diamanten. Weimar: Landes-Industrie-Comptoir, 1822 (Ruppert 4531)

Eschweiler 1824 – Eschweiler, Franz Gerhard: Systema lichenum, genera exhibens rite distincta, pluribus novis adaucta. Norimbergae (Nürnberg): Schrag, 1824

Esmark 1798 – Esmark, Jens: Kurze Beschreibung einer mineralogischen Reise durch Ungarn, Siebenbürgen und das Bannat. Freiberg: Crazische Buchhandlung, 1798

Euler 1746–1751 – Euler, Leonhard: Opuscula varii argumenti. 3 Bde. Berlin: Haude und Spener, 1746–1751

Euler 1747 – Euler, Leonhard: Sur la perfection des verres objectifs des lunettes. In: Mémoires de l'Académie Royale des Sciences et Belles-Lettres de Berlin 3 (1747/1749), 267–296

Euler 1753 – Euler, Leonhard: Examen d'un controverse sur la loi de réfraction des rayons de différentes couleurs par rapport à la diversité des milieux transparens par lesquels ils sont transmis. In: Histoire de l'Académie Royale des Sciences et des Belles-Lettres de Berlin (1753), 294–309

Euler 1757 – Euler, Leonhard: Recherches sur les lunettes à trois verres qui représentent les objets renversés. In: Histoire de l'Académie Royale des Sciences et des Belles-Lettres de Berlin (1757), 323–372

Euler 1761a – Euler, Leonhard: Recherches sur la confusion des verres dioptriques causée par leur ouverture. In: Histoire de l'Académie Royale des Sciences et des Belles-Lettres de Berlin (1761), 107–146

Euler 1761b – Euler, Leonhard: Recherches sur les moyens de diminuer ou de réduire meme à rien la confusion causée par l'ouverture des verres. In: Histoire de l'Académie Royale des Sciences et des Belles-Lettres de Berlin (1761), 147–180

Euler 1762 – Euler, Leonhard: Constructio lentium obiectivarum ex duplici vitro quae neque confusionem a figura sphaerica oriundam, neque dispersionem colorum pariant [...]. Dissertatio occasione quaestionis de perfectione telescopiorum ab Imperiali Academia Scientiarum Petropolitana pro praemio propositae conscripta. Petropoli (St. Petersburg): Impensis Academiae Imperialis Scientiarum, 1762

Euler 1765 – Euler, Leonhard; Alembert, Jean-Baptiste le Rond d'; Steiner, Johann Ludwig (Übers.): Neue Entdeckungen betreffend die Refraction oder Strahlenbrechung in Gläsern, und durch was Mittel Stern- und Erdfern-Röhren können verfertiget werden, welche alle bisdahin gemachte weit übertreffen sollen. Nun aber übersetzet, und mit Beschreibung eines ganz neuen Instruments, womit 1/1000 eines Zolls, sicher und kenntlich kan bemerket werden, samt zur Erläuterung dienlichen Nachrichten, und Herrn Eulers eigenen Anmerkungen über etliche Stellen der mathematischen Werken Herrn d'Alemberts vermehret. Zürich: Heidegger, 1765

Euler 1769–1771 – Euler, Leonhard: Dioptricae pars prima, secunda et tertia: I. De explicatione principiorum, ex quibus constructio tam telescopiorum quam microscopiorum est petenda. II. De constructione telescopiorum dioptricorum cum appendice de constructione telescopiorum catoptrico-dioptricorum. III. De constructione microscopiorum tam simplicium quam compositorum. 3 Bde. Petropoli (St. Petersburg): Impensis Academiae Imperialis Scientiarum. 1769–1771

Euripides, Bacch. – Euripides: Bacchae. *(ohne genaue Angabe Goethes)*

Eustachi 1564 – Eustachi, Bartolomeo: Ossium examen. In: Bartolomeo Eustachius: Opuscula anatomica. Venetiis (Venedig): Luchinus. 1564

Eustachi / Albinus 1744 – Eustachi, Bartolomeo: Albinus, Bernhard Siegfried (Hrsg.): Explicatio tabularum anatomicarum Bartholomaei Eustachii, anatomici summi. Accedit tabularum editio nova. Leidae Batavorum (Leiden): Langerak, Verbeek. 1744 *(1. Aufl. Rom 1714 u. d. T. „Tabulae anatomicae")*

Eustathius 1542 – Eustathios von Thessalonike: Παρεκβολαὶ εἰς τὴν 'Ομήρου 'Οδυσσείαν καὶ 'Ιλιάδα (Parekbolai eis tēn Homerou Odysseian kai Iliada). Romae (Rom): Bladus. 1542

Faber 1646 – Faber, Pierre Jean: Panchymici seu anatomiae totius universi [...] opus, in quo de omnibus quae in coelo et sub coelo sunt spagyrice tractatur. 2 Bde. Tolosae (Toulouse): Bosc. 1646

Fabri 1667 – Fabri, Honoré: Synopsis optica. In qua illa omnia quae ad opticam, dioptricam, catoptricam pertinent, id est, ad triplicem radium visualem directum, refractum, reflexum, breviter quidem, accurate tamen demonstrantur. Lugduni (Lyon): Boissat et Remeus. 1667 – *s. Rez. Anonymi 1667*

Fabri 1669–1670 – Fabri, Honoré: Physica, id est, scientia rerum corporearum in decem tractatus distributa. 2 Bde. Lugduni (Lyon): Anisson. 1669–1670

Fabricius 1713 – Fabricius, Johann Albert: Bibliographia antiquaria, sive introductio in notitiam scriptorum, qui antiquitates hebraicas, graecas, romanas et christianas scriptis illustraverunt. Accedit Mauricii Senonensis de Missaeritibus carmen, nunc primum editum. Hamburgiae et Lipsiae (Hamburg und Leipzig): Christianus Liebezeit. 1713 (Ruppert 1990)

Fabricius 1781 – Fabricius, Johann Christian: Species insectorum. Exhibentes eorum differentias specificas, synonyma auctorum, loca natalia, metamorphosin. Adiectis observationibus, descriptionibus. Hamburgi et Kilonii (Hamburg und Kiel): Bohn. 1781

Falk 1810 – Falk, Johannes: Erstes Sendschreiben über die Goethe'sche Farbenlehre. An ***. In: Morgenblatt für gebildete Stände 4, Nr. 226. 20. Sept. – 227. 21. Sept. (1810). 901–902. 905–907

Falloppio 1561 – Falloppio, Gabriele: Observationes anatomicae. Venetiis (Venedig): Ulmus. 1561

Faujas de Saint Fond 1778 – Faujas de Saint-Fond, Barthélemy: Recherches sur les volcans éteints du Vivarais et du Velay. Grenoble; Paris: Cuchet; Nyon [u. a.]. 1778

Faujas de Saint Fond 1803–1809 – Faujas de Saint-Fond, Barthélemy: Essai de géologie. Ou mémoires pour servir à l'histoire naturelle du globe. 3 Bde. Paris: Dufour. 1803–1809

Ferber 1773 – Ferber, Johann Jakob; Born, Ignaz Edler von (Hrsg.): Briefe aus Wälschland über natürliche Merkwürdigkeiten dieses Landes an den Herausgeber derselben Ignatz Edlen von Born. Prag: Gerle. 1773 (Ruppert 4047)

Ferber 1774 – Ferber, Johann Jakob: Beyträge zu der Mineral-Geschichte von Böhmen. Berlin: Himburg, 1774 (Ruppert 4542)
Ferber 1778 – Ferber, Johann Jakob: Neue Beyträge zur Mineralgeschichte verschiedener Länder. Erster Band, der zugleich Nachrichten von einigen chymischen Fabriken enthält. Mietau (Mitau): Hinz, 1778
Ferber 1787 – Ferber, Johann Jakob: Nachricht von dem Anquicken der gold- und silberhaltigen Erze, Kupfersteine und Speisen in Ungarn und Böhmen nach eigenen Bemerkungen daselbst im Jahr 1786 entworfen. Berlin: Mylius, 1787
Férussac 1820–1851 – Férussac, André Étienne d'Audebert de: Histoire naturelle générale et particulière des mollusques terrestres et fluviatiles tant des espéces que l'on trouve aujourd'hui vivantes, Que des dépouilles fossiles de celles qui n'existent plus; classés d'après les caractères essentiels que présentent ces animaux et leurs coquilles. Accompagnée d'un atlas de 247 planches gravées. 4 Bde. Paris: J.-B. Baillière, 1820–1851
Fichte 1794a – Fichte, Johann Gottlieb: Grundlage der gesammten Wissenschaftslehre als Handschrift für seine Zuhörer. Leipzig: Gabler, 1794
Fichte 1794b – Fichte, Johann Gottlieb: Ueber den Begriff der Wissenschaftslehre oder der sogenannten Philosophie, als Einladungsschrift zu seinen Vorlesungen über diese Wissenschaft. Weimar: Industrie-Comptoir, 1794 (Ruppert 3049)
Ficinus 1493 – Ficino, Marsilio: Liber de sole et lumine. Florentiae (Florenz): Miscomini, 1493
Ficinus 1819 – Ficinus, Heinrich David August: Farben, (Colores.). In: Johann Friedrich Pierer (Hrsg.): Anatomisch-physiologisches Realwörterbuch zu umfassender Kenntniß der körperlichen und geistigen Natur des Menschen im gesunden Zustande. Bd. 3 (F-Ha). Leipzig: Brockhaus, 1819, 19–39.
Fischer 1798–1827 – Fischer, Johann Karl: Physikalisches Wörterbuch oder Erklärung der vornehmsten zur Physik gehörigen Begriffe und Kunstwörter, so wohl nach atomistischer als auch nach dynamischer Lehrart betrachtet mit kurzen beygefügten Nachrichten von der Geschichte der Erfindungen und Beschreibungen der Werkzeuge in alphabetischer Ordnung. 10 Bde. Göttingen: Dieterich, 1798–1827 (Ruppert 4554)
Fischer 1801–1808 – Fischer, Johann Karl: Geschichte der Physik seit der Wiederherstellung der Künste und Wissenschaften bis auf die neuesten Zeiten (Geschichte der Künste und Wissenschaften seit der Wiederherstellung derselben bis an das Ende des achtzehnten Jahrhunderts 8.I.1–8). 8 Bde. Göttingen: Röwer, 1801–1808 (Ruppert 4553)
Fischer 1804–1805 – Fischer, Christian August: Bergreisen. Nebst einer Charte. 2 Bde. Leipzig: Johann Friedrich Hartknoch, 1804–1805
Fischer 1819 – Fischer, Ernst Gottfried: Lehrbuch der mechanischen Naturlehre. 2 Bde. 2., sehr verm. u. verb. Aufl. Berlin und Leipzig: Nauck, 1819
Fischer von Waldheim 1800 – Fischer von Waldheim, Gotthelf: Ueber die verschiedene Form des Intermaxillarknochens in verschiedenen Thieren. Mit drey Kupfertafeln. Leipzig: Schäfer, 1800 (Ruppert 4548)
Fischer von Waldheim 1811 – Fischer von Waldheim, Gotthelf: Observata quaedam de osse epactali sive Goethiano palmigradorum. Prodromo inservientia craniologiae comparatae [...]. Cum tab. tribus aeri incisis. Mosquae (Moskau): Vsevoloisky, 1811 (Ruppert 4550)

Fleischer 1571 – Fleischer, Johann: De iridibus doctrina Aristotelis et Vitellionis certa methodo comprehensa. explicata et tam necessarijs demonstrationibus, quam physicis et opticis causis aucta [...]. Praemissa sunt succincto ordine ea optica, quorum cognitio ad doctrinam [...] iridum [...] est necessaria. Witebergae (Wittenberg): Crato, 1571

Flurl 1792 – Flurl, Matthias von: Beschreibung der Gebirge von Baiern und der oberen Pfalz. Mit darinn vorkommenden Fossilien, aufläßigen und noch vorhandenen Berg- und Hüttengebäuden, ihrer älteren und neueren Geschichte, dann einigen Nachrichten über das Porzellan- und Salinenwesen, und anderen nützlichen Bemerkungen und Vorschlägen, wie dem verfallenen Bergbau wieder aufzuhelfen wäre. Mit vier Kupfertafeln und einer petrographischen Karte. München: Lentner, 1792

Fogelius 1658 – Fogel, Martin: Historia vitae et mortis Joachimi Jungii Mathematici summi ceteraque incomparabilis philosophi. Argentorati (Straßburg): Bockenhoffer, 1658

Fontana 1767 – Fontana, Felice: Ricerche fisiche sopra il veleno della vipera. Lucca: Jacopo Giusti, 1767

Fontanini 1708 – Fontanini, Giusto: De antiquitatibus hortae coloniae Etruscorum. Romae (Rom): Gonzaga, 1708

Fontenelle 1686 – Fontenelle, Bernard Le Bovier de: Entretiens sur la pluralité des mondes. Paris: C. Blageart, 1686 *(Erneut in: Fontenelle: Oeuvres diverses. Nouv. éd. augm. Amsterdam: Mortier, 1710. Vol. 2)*

Fontenelle 1717 – Fontenelle, Bernard Le Bovier de: [Éloges des académiciens] Histoire du renouvellement de l'Académie Royale des Sciences en 1699 et les eloges historiques de tous les academiciens morts depuis ce renouvellement. Avec un discours préliminaires sur l'utilité des mathématiques et de la physique. Paris: Brunet, 1717

Forster 1783 – Forster, Johannes Reinhold: Bemerkungen über Gegenstände der physischen Erdbeschreibung, Naturgeschichte und sittlichen Philosophie auf seiner Reise um die Welt gesammlet. Uebersetzt und mit Anmerkungen vermehrt von dessen Sohn und Reisegefährten Georg Forster. Mit Landcharten. Berlin: Haude und Spener, 1783

Forster 1791 – Forster, Georg: Vorerinnerung des Uebersetzers. In: William Forsyth: Über die Krankheiten und Schäden der Obst- und Forstbäume, nebst der Beschreibung eines von ihm erfundenen und bewährten Heilmittels. Aus dem Engl. übers. von Georg Forster. Mainz und Leipzig: Fischer, 1791, V-VIII.

Forster 1815 – Forster, Thomas: Researches about atmospheric phaenomena. Second edition, corrected and enlarged. With a Series of Engravings illustrative of the Modifications of the Clouds, etc. London: Baldwin, Cradock and Joy, 1815

Forsyth 1791 – Forsyth, William: Über die Krankheiten und Schäden der Obst- und Forstbäume, nebst der Beschreibung eines von ihm erfundenen und bewährten Heilmittels. Aus dem Engl. übers. von Georg Forster. Mainz, Leipzig: Fischer, 1791 *(original: Observations on the diseases, defects, and injuries in all kinds of fruit and forest trees, London 1791)*

Fortis 1778 – Fortis, Alberto: Della valle vulcanico-marina di Roncà nel territorio Veronese. Memoria orittografica. Venezia (Venedig): Palese, 1778 (Ruppert 4561)

Fourcroy 1801–1802 – Fourcroy, Antoine François de: Système de connaissances chimiques, et de leurs applications aux phénomènes de la nature et de l'art. 10 Tom. et table des matières. Paris: Baudouin, 1801–1802

Fourier 1822 – Fourier, Jean Baptiste Joseph: Théorie analytique de la chaleur. Paris: Firmin Didot, 1822

Fox Morcillo 1560 – Fox Morcillo, Sebastián: De naturae philosophia, seu de Platonis et Aristotelis consensione, libri V. Nunc denuo recogniti et a mendis, quibus antea scatebant, sedulo repurgati. Parisiis: Puteanus, 1560 *(Editio nova, prioribus multo correctior, Lugduni Batavorum (Leiden): Iacobi Marci, 1628)*

Franklin 1769 – Franklin, Benjamin: Experiments and observations on electricity made at Philadelphia in America [...]. To which are added, letters and papers on philosophical subjects. [...] and illustrated with copper plates. London: Henry, Newbery, 1769

Franklin 1794 – Franklin, Benjamin: Kleine Schriften, meist in der Manier des Zuschauers, nebst seinem Leben. Aus dem Engl. von G. Schatz. Weimar: Industrie-Comptoir, 1794

Fraunhofer 1814–1815 – Fraunhofer, Joseph von: Bestimmung des Brechungs- und Farbenzerstreuungs-Vermögens verschiedener Glasarten, in Bezug auf die Vervollkommnung achromatischer Fernröhre. In: Denkschriften der Königlichen Academie der Wissenschaften zu München 5 (1814–1815/1817), 193–226 *(Classe der Mathematik und Naturwissenschaften)*

Fraunhofer 1821–1822 – Fraunhofer, Joseph von: Neue Modifikation des Lichtes durch gegenseitige Einwirkung und Beugung der Strahlen, und Gesetze derselben. In: Denkschriften der Königlichen Akademie der Wissenschaften zu München 8 (1821–1822/1824), 3–76 *(Classe der Mathematik und Naturwissenschaften)*

Freiesleben 1817 – Freiesleben, Johann Karl: Beyträge zur mineralogischen Kenntniß von Sachsen. 2 Lfg. (= Geognostische Arbeiten; Bde 5, 6). Freyberg (Freiberg): Craz- und Gerlachische Buchhandlung, 1817

Freireis 1818 – Freireis, G. W.: Tagebuch auf der Reise zu den Coroatos-Indiern. In: Eschwege, Wilhelm Ludwig von: Journal von Brasilien oder vermischte Nachrichten aus Brasilien, auf wissenschaftlichen Reisen gesammelt. Weimar: Landes-Industrie-Comptoir, 1818, Nr. 1, 179–208. (Keudell 1457)

Frenzel 1660 – Frenzel: De Iride. Wittenberg: s.n., 1660 *(Angaben Goethes)*

Frick 1799 – Frick, Johann Friedrich: Schloss Marienburg in Preussen. Nach seinem vorzüglichen äussern und innern Ansichten dargestellt. Berlin: Hayn, 1799

Frick 1802 – Frick, Johann Friedrich: Historische und architectonische Erläuterungen der Prospecte des Schlosses Marienburg in Preussen. Berlin: Hayn, 1802

Friedländer 1823 – Friedländer, Ludwig Hermann: De institutione ad medicinam libri duo. Halae (Halle a. S.): Renger, 1823

Friedrich II. von Hohenstaufen 1596 – Friedrich II. von Hohenstaufen; Manfred von Hohenstaufen; Albertus Magnus: Reliqua librorum Friderici II. Imperatoris de arte venandi cum avibus cum Manfredi Regis additionibus. Ex membranis vestutis nunc primum edita. Albertus Magnus de falconibus, Asturibus, & Accipitribus. Aug. Vind. (Augsburg): Praetorius, 1596 (Keudell 492)

Fries 1810 (Rez.) – Fries, Jakob Friedrich: Zur Farbenlehre, von Göthe. Erster Band. Nebst einem Hefte mit sechzehn Kupfertafeln. XLVIII u. 654 S. Zweyter Band. XXVIII u. 757 S. 8. Tübingen, in der J. G. Cotta'schen Buchhandlung, 1810. In: Heidelbergische Jahrbücher der Literatur 3. Nr. 7 (1810). 289–307 – *s. Goethe - Zur Farbenlehre (Gesamtwerk)*
Fries 1814 (Rez.) – Fries, Jakob Friedrich: Ueber Newton's Farbentheorie. Herrn von Göthe's Farbenlehre und den chemischen Gegensatz der Farben. Ein Versuch in der experimentalen Optik. Von Dr. C. H. Pfaff [...] Mit 1 Kupfer: Leipzig, 1813. Bey Fr. Chr. Wilh. Vogel [...] . In: Heidelbergische Jahrbücher der Literatur 7. Nr. 27 (1814). 417–430 – *s. Pfaff 1813*
Fries 1815 (Rez.) – Fries, Jakob Friedrich: Wissenschaft der Logik von D. G. W. F. Hegel. Prof. und Rector am k. baier. Gymn. zu Nürnberg. Erster Band. Die objektive Logik. Nürnberg, bey J. L. Schrag. Erster Theil. 1812. [...] Zweyter Theil. 1813 [...]. In: Heidelbergische Jahrbücher der Literatur 8. Nr. 25 (1815). 385–393 – *s. Hegel 1812*
Fries 1821 – Fries, Bengt Fredrik: Om Brand oder Rost pa wäxter, jemte fullständig underrättelse om deras kännetecken, orsaker, skada samt medel till deß förekommande. Lund: Berling, 1821
Frisi 1778 – Frisi, Paolo: Elogio del cavaliere Isacco Newton. [Milani (Mailand)]: [Galeazzi], 1778
Füchsel 1761 – Füchsel, Georg Christian: Historia terrae et maris ex historia Thuringiae, per montium descriptionem eruta. In: Acta Academiae Electoralis Moguntinae scientiarum Utilium quae Erfordiae est 2 (1761). 45–208
Füchsel 1773 – Füchsel, Georg Christian: Entwurf zu der ältesten Erd- und Menschengeschichte nebst einem Versuch, den Ursprung der Sprache zu finden. Frankfurt und Leipzig: s.n., 1773
Fulhame 1794 – Fulhame, Mrs.: An essay on combustion, with a view to a new art of dying and painting, wherein the phlogistic and antiphlogistic hypotheses are proved erroneous. London: Cooper, 1794
Funcke 1716 – Funcke, Johann Caspar: Liber de coloribus coeli. Accedit oratio inauguralis de deo mathematicorum principe. Ulmae (Ulm): Bartholomäi, 1716 (Ruppert 4576) *(1. Aufl. Leipzig 1705)*
Fuß 1774 – Fuß, Nicolaus von: Instruction détaillée pour porter les lunettes de toutes les differentes espèces au plus haut degré de perfection dont elles sont susceptibles. Tirée de la théorie dioptrique de M. Euler [...] et mis à la portée de tous les ouvriers en ce genre [...]. St. Petersbourg: Imprimerie de l'Académie Imp. des Sciences, 1774
Fuß / Klügel 1778 – Fuß, Nicolaus von; Klügel, Georg Simon (Übers.): Umständliche Anweisung, wie alle Arten von Fernröhren in der größten möglichen Vollkommenheit zu verfertigen sind. Aus des ältern Herrn Eulers Theorie der Dioptrik gezogen, und für alle Künstler in diesem Fache begreiflich gemacht von Hrn. Nicolaus Fuß. [...] Aus dem Franz. übers. und mit einigen Zusätzen vermehrt von Georg Simon Klügel. Leipzig: Junius, 1778 *(Fuß 1774 in dt. Übers.)*
Gabler 1778 – Gabler, Matthias: Naturlehre. Zum Gebrauch öffentlicher Erklärungen. 3 Tle. in 1 Bd. München: Crätz, 1778
Galeati 1783 – Galeati, Domenico Maria Gusmano: De lapide Bononiensi. In: De Bononiensi Scientiarum et Artium Instituto atque Academia commentarii 6 (1783). 205

Galen, De historia philosophica – Galen: De historia philosophica. *(ohne genaue Angabe Goethes)*
Galen, De ossibus – Galen: De ossibus. *(ohne genaue Angabe Goethes)*
Galen, usu part. – Galen: De usu partium corporis humani. *(ohne genaue Angabe Goethes)*
Galilei 1623 – Galilei, Galileo: Il saggiatore. Nel quale con bilancia esquisita e giusta si ponderano le cose contenute nella libra astronomica e filosofica di Lotario Sarsi Sigensano scritto in forma di lettera all' [...] Virginio Cesarini. Roma (Rom): Giacomo Mascardi, 1623
Galilei 1699 – Galilei, Galileo: Systema cosmicum. In quo dialogis IV. de duobus maximis mundi systematibus, Ptolemaico et Copernicano, rationibus utrinque propositis indefinite ac solide disseritur. [...] Ejusdem tractatus De motu. Nunc primum ex Italico sermone in Latinum versus. Lugduni Batavorum (Leiden): Haaring, Severin, 1699
Galton 1799 – Galton, Samuel John: Experiments on colours. In: Monthly Magazine 8, Nr. [8] Aug. (1799), 509–513
Gärtner 1788–1807 – Gärtner, Joseph; Gärtner, Karl Friedrich (Forts.): De fructibus et seminibus plantarum. 3 Bde. in 4 Tlbden. Stutgardiae (Stuttgart), Tubingae (Tübingen), Lipsiensis (Leipzig): Academiae Carolinae (Bd. 1), Schramm (Bd. 2), Richter (Bd. 3), 1788–1807
Gassendi 1658 – Gassendi, Pierre: Opera omnia in sex tomos divisa. Hactenus edita auctor ante obitum recensuit, auxit, illustravit. Posthuma vero [...] in lucem nunc primum prodeunt. Lugduni (Lyon): Anisson et Devenet, 1658
Gauger 1728a – Gauger, Nicolas: Lettre de M. Gauger à un de ses amis, en lui envoyant sa Lettre sur la réfrangibilité des rayons de lumière, et sur leur couleurs; avec le plan de son Traité de la lumière. In: Continuation des mémoires de littérature et d'histoire 5 (1728), 3–9/59
Gauger 1728b – Gauger, Nicolas: Lettre de M. Gauger [...] sur la différente réfrangibilité des rayons de la lumière et l'immutabilité de leurs couleurs où l'on resout les principales difficultez contre l'une et l'autre. Avec le plan de son traité de la lumière et des couleurs. In: Mémoires pour l'histoire des sciences et des beaux arts (1728), 1397–1399/1407
Gauger 1728c – Gauger, Nicolas: Lettres de M. Gauger [...] sur la différente réfrangibilité des rayons de la lumière et l'immutabilité de leurs couleurs où l'on resout les principales difficultez contre l'une et l'autre. Avec le plan de son traité de la lumière et des couleurs. Paris: Simart, 1728
Gauthier 1750 – Gautier d'Agoty, Jacques Fabien; Jenty, Charles Nicolas (Übers.): [Photophúsis chroagenesis]. De optice errores Isaaci Newtonis aurati equitis demonstrans. London: s.n., 1750 (Ruppert 4585)
Gautier 1722 – Gautier, Jean Antoine (Praes.); Calandrini, Jean Louis (Resp.): Disquisitio physica de coloribus. Genf: G. de Tournes, 1722
Gautier d'Agoty 1750–1751 – Gautier d'Agoty, Jacques Fabien: Chroa-genésie ou génération des couleurs, contre le système de Newton. 2 Bde. Paris: Boudet, 1750–1751 (Ruppert 4583)
Gautier d'Agoty 1752–1754 – Gautier d'Agoty, Jacques Fabien: Observations sur l'histoire naturelle, sur la physique et sur la peinture. Avec des Planches imprimees en couleur. 2 Bde. Paris: Delaguette, 1752–1754 (Ruppert 4584)

Gautier d'Agoty / Duverney 1745 – Gautier d'Agoty, Jacques Fabien; Duverney, Jacques François Marie: Myologie complette en couleur et grandeur naturelle. Composée de l'essai et de la suite de l'essai d'anatomie, en tableaux imprimés. Ouvrage unique, utile et nécessaire aux etudians et amateurs de cette science. Paris: Gautier [u.a.], 1745

Gautier d'Agoty / Duverney 1748 – Gautier d'Agoty, Jacques Fabien; Duverney, Jacques François Marie: Anatomie de la tête, en tableaux imprimés, qui représentent au naturel le cerveau sous différentes coupes, la distribution des vaisseaux dans toutes les parties de la tête, les organes des sens, et une partie de la névrologie, d'après les piéces disséquées et préparées par M. Duverney [...] En huit grandes planches, dessinées, peintes, gravées, et imprimées en couleur et grandeur naturelle, par le sieur Gautier [...], avec des tables relatives aux figures. Paris: Gautier, Duverney et Quillau, 1748

Gautieri 1807 – Gautieri, Giuseppe: Confutazione della opinione di alcuni mineraloghi sulla volcaneita de Monticelli, collocati tra Grantola et Cunrado nel dipartimento del Lario. Milano (Mailand): Giovanni Silvestri, 1807

Geer 1776–1783 – Geer, Karl von: Abhandlungen zur Geschichte der Insekten. Aus dem Franz. übers. und mit Anm. hrsg. von Johann August Ephraim Goeze. 7 Bde. Leipzig: Nürnberg: Müller; Raspe, 1776–1783

Gehler 1779 – Gehler, Johann Samuel Traugott: Sammlungen zur Physik und Naturgeschichte von einigen Liebhabern dieser Wissenschaften. Bd. 1. Leipzig: Dyck, 1779

Gehler 1787–1796 – Gehler, Johann Samuel Traugott: Physikalisches Wörterbuch oder Versuch einer Erklärung der vornehmsten Begriffe und Kunstwörter der Naturlehre mit kurzen Nachrichten von der Geschichte der Erfindungen und Beschreibungen der Werkzeuge begleitet in alphabetischer Ordnung. 6 Bde. Leipzig: Schwickert, 1787–1796 *(Neue Aufl. 1798, 4 Bde.)*

Gellius 1706 – Gellius, Aulus: Noctium Atticarum libri XX prout supersunt, quos ad libros mss'tos. Novo et multo labore exegerunt, perpetuis notis et emendationibus illustraverunt Johannes Fredericus et Jacobus Gronovii. Accedunt [...]. Lugduni Batavorum (Leiden): C. Boutesteyn und J. du Vivié, 1706 (Ruppert 1387)

Geoffroy 1741 – Geoffroy, Étienne François: Tractatus de materia medica, sive de medicamentorum simplicium historia, virtute, delectu et usu. 3 Bde. Paris: Ioannis Desaint & Carolus Saillant, 1741 *(dt. Übers. von Stephan Franz Geoffroy: Abhandlung von der Materia Medica. Leipzig 1760–1765)*

Geoffroy 1762 – Geoffroy, Etienne Louis: Histoire abrégée des insectes, qui se trouvent aux environs de Paris. 2 Bde. Paris: Durand, 1762

Geoffroy Saint-Hilaire 1818–1822 – Geoffroy Saint-Hilaire, Étienne: Philosophie anatomique. 2 Bde. Paris: Mequignon-Marvis et l'Auteur, 1818–1822

Geoffroy Saint-Hilaire 1830a – Geoffroy Saint-Hilaire, Étienne: Sur quelques conditions générales des rochers et la spécialité de cet organe chez le crocodile. In: Gazette médicale de Paris 1, Nr. 43, 23. Okt. (1830), 391–393

Geoffroy Saint-Hilaire 1830b – Geoffroy Saint-Hilaire, Étienne: Principes de philosophie zoologique, discutés en Mars 1830, au sein de l'Académie Royale des Sciences. Paris: Pichon et Didier/Rousseau, 1830 (Ruppert 4591) – *s. Rez. Goethe - Principes de Philosophie zoologique, Saint-Ange 1830*

Geoffroy Saint-Hilaire 1830c – Geoffroy Saint-Hilaire, Étienne: Connaître avec exactitude... [Anhang zu einer Rezension von Saint-Ange: Nachschrift über die Théorie des Analogues]. In: Revue encyclopédique 46, Nr. avril-juin (1830), 709–712

Geoffroy Saint-Hilaire 1831 – Geoffroy Saint-Hilaire, Étienne: Sur des écrits de Goethe lui donnant des droits au titre de savant naturaliste. In: Annales des sciences naturelles 22 (1831), 188–193

Gerhard 1771 – Gerhard, Carl Abraham: Observations physiques et minéralogiques sur les montagnes de la Silésie. In: Nouveaux mémoires de l'Académie Royale des Sciences et Belles-Lettres (1771/1773), 100–122

Gerhard 1781–1782 – Gerhard, Carl Abraham: Versuch einer Geschichte des Mineralreichs. 2 Bde. Berlin: Himburg, 1781–1782

Gerhard 1814–1815 – Gerhard, Carl Abraham: Beobachtungen über die in Kristallen oder in Kristallmassen eingeschlossenen fremden Körper. In: Abhandlungen der Königlichen Akademie der Wissenschaften in Berlin (1814–1815/1818), 1–11 *(Physikalische Klasse)*

Gesenius 1822 – Gesenius, Heinrich Friedrich Wilhelm: De Samaritanorum theologia ex fontibus ineditis commentatio. Halae (Halle a. S.): Renger, 1822

Gesner 1551 – Gesner, Conrad: Historia animalium. Tiguri (Zürich): Froschover, 1551

Gesner 1565 – Gesner, Conrad: De omni rerum fossilium genere, gemmis, lapidibus metallis, et huiusmodi, libri aliquot, plerique nunc primum editi. Tiguri (Zürich): Jacobus Gesnerus, 1565

Gilbert 1600 – Gilbert, William: De magnete, magneticisque corporibus, et de magno magnete tellure. Physiologia nova, plurimus et argumentis, et experimentis demonstrata. London: Petrus Short, 1600

Gilbert 1800 – Gilbert, Ludwig Wilhelm: Beschreibung einer neuen Art von achromatischen Fernrohren. In: Annalen der Physik 6 (1800), 129

Gilbert 1804 – Gilbert, Ludwig Wilhelm: Ueber die Luftfahrten der Bürger Garnerin und Robertson. In: Annalen der Physik 16 (1804), 1–43, 164–220, 258–292

Gilbert 1812a – Gilbert, Ludwig Wilhelm: Sach- und Namenregister über die sechs Bände der Jahrgänge 1811 und 1812 von Gilberts Annalen der Physik. Band VII. bis XII. der neuen Folge. In: Annalen der Physik 42 (= N.F. 12) (1812), 421–484

Gilbert 1812b – Gilbert, Ludwig Wilhelm: Die neusten Entdeckungen über die Polarisirung und über die Farben des Lichtes, zusammengestellt von Gilbert. In: Annalen der Physik 40 (= N.F. 10) (1812), 117–118

Gimbernat [1810] – Gimbernat, Carlos de: Carte des environs de la ville de Baden. Dediée à sa Majesté Caroline Reine de Bavière. [München?]: s.n., [1810] *(Kupferstich: 56×34 cm)*

Ginanni 1774 – Ginanni, Francesco: Istoria civile e naturale delle Pinete Ravennati [...] Opera postuma. Roma (Rom): Generoso Salomoni, 1774

Gioeni 1790 – Gioeni, Giuseppe: Saggio di litologia Vesuviana. Napoli (Neapel): s.n., 1790

Glafey 1753 – Glafey, Adam Friedrich von: Kern der Geschichte des Hohen Chur- und Fürstlichen Hauses zu Sachsen, mit Urkunden und Zeugnissen bewährter Scribenten belegt. Nürnberg u. Leipzig: Riegel, 1753

Glatz [1803] – Glatz. Jakob: Naturhistorisches Bilder- und Lese-Buch oder Erzählungen über Gegenstände aus den drei Reichen der Natur. Nebst 300 illuminirten Abbildungen von Horny und einer kurzen Erklärung derselben in Versen. Jena: Frommann. [1803] *(auch: Wien: Doll, [1803])*

Gleichen-Rußworm 1777–1781 – Gleichen-Rußworm. Wilhelm Friedrich von: Auserlesene mikroskopische Entdeckungen bey den Pflanzen, Blumen und Blüthen, Insekten und andern Merkwürdigkeiten. Nürnberg: Winterschmidt. 1777–1781 *(Ausgabe 1781: Nebst einer Abhandlung vom Sonnenmikroskop)*

Glocker 1821 – Glocker. Ernst Friedrich: Grundriß der Mineralogie. Für Universitäten und höhere Gymnasialklassen. Nebst einem Anhange: ein Verzeichniß der bis jetzt in Schlesien aufgefundenen Fossilien enthaltend. Breslau: Josef Max. 1821 (Ruppert 4601)

Gmelin 1768 – Gmelin. Samuel Gottlieb: Historia fucorum. Petropoli (St. Petersburg): Typographia Academiae Scientiarum. 1768

Gmelin 1791 (Rez.) – Gmelin. Johann Friedrich: J. W. von Goethe: Versuch, die Metamorphose der Pflanzen zu erklären. Bey Ettinger. 1790. Octav S. 86. In: Göttingische Anzeigen von gelehrten Sachen. Nr. 27. 14. Feb. (1791). 269 – s. *Goethe - Versuch die Metamorphose der Pflanzen zu erklären*

Gmelin 1797 – Gmelin. Johann Friedrich: Geschichte der Chemie. Seit dem Wiederaufleben der Wissenschaften bis an das Ende des achtzehenden Jahrhunderts. Erster Band: bis nach der Mitte des siebenzehenden Jahrhunderts. Göttingen: Rosenbusch. 1797 *(= Geschichte der Künste und Wissenschaften seit der Wiederherstellung derselben bis an das Ende des 18. Jahrhunderts; Bd. 8,2, Bd. 1)*

Gmelin 1814 – Gmelin. Leopold: Chemische Untersuchung des schwarzen Pigmentes der Ochsen- und Kälberaugen. nebst einigen physiologischen Bemerkungen über dasselbe. In: Journal für Chemie und Physik 10 (1814). 507–547

Gmelin 1817–1819 – Gmelin. Leopold: Handbuch der theoretischen Chemie. 3 Bde. Frankfurt a. M.: Varrentrapp. 1817–1819

Godard (Godart) 1776 – Godart. Dr. de: Deuxième mémoire d'optique, ou recherches sur les couleurs accidentelles. In: Observations sur la physique, sur l'histoire naturelle et sur les arts 8. Nr. [2] Juli (1776). 1–16

Godin 1734–1786 – Godin. Louis: Table alphabetique des matieres contenues dans l'histoire et les mémoires de l'Académie Royal des Sciences, publiée par son ordre. 9 Bde. Paris: Compagnie des libraires. 1734–1786 (Keudell 609)

Goldbach 1799 – Goldbach. Christian Friedrich: Neuester Himmels-Atlas zum Gebrauche für Schul- und Akademischen Unterricht, nach Flamsteed. Bradley, Tob. Mayer, De la Caille, Le Français de la Lande und v. Zach, in einer neuen Manier, mit doppelten schwarzen Stern-Charten bearbeitet: durchgehends verbessert, und mit den neuesten astronomischen Entdeckungen vermehrt [...] Revidirt auf der Sternwarte Seeberg bei Gotha: und mit einer Einleitung begleitet vom Hrn. Obristwachtmstr. von Zach. Weimar: Industrie-Comptoir. 1799

Goldfuß / Bischoff 1817 – Goldfuß. August: Bischof. Gustav: Physikalisch-statistische Beschreibung des Fichtelgebirges. 2 Bde. Nürnberg: Stein. 1817

Goldfuß / Nees von Esenbeck / Nöggerath 1823 (Rez.) – Goldfuß, August; Nöggerath, Johann Jakob; Nees von Esenbeck, Christian Gottfried Daniel: Stuttgart u. Tübingen, b. Cotta: Zur Naturwissenschaft überhaupt, besonders zur Morphologie. Erfahrung, Betrachtung, Folgerung, durch Lebensereignisse verbunden. Von Goethe. Ersten Bandes 1–4 Heft. 1817–22. In: Jenaische allgemeine Literatur-Zeitung 20, Nr. 101–108, Juni (1823), 321–383 – *s. Goethe - Zur Naturwissenschaft überhaupt*
Gordon 1745 – Gordon, Andreas: Versuch einer Erklärung der Electricität. Erfurt: Joh. Heinr. Nonne, 1745
Gordon 1751–1753 – Gordon, Andreas: Physicae experimentalis elementa in usus academicos conscripta. Erfordiae (Erfurt): Nonne, 1751–1753
Göttling 1794a – Göttling, Johann Friedrich August: Beytrag zur Berichtigung der antiphlogistischen Chemie auf Versuche gegründet. Mit einem Kupfer. Weimar: Hoffmans Wittwe und Erben, 1794 (Ruppert 4608)
Göttling 1794b – Göttling, Johann Friedrich August: Nachricht. / Die Hn. D. Scherer und Jäger [...]. In: Allgemeine Literatur-Zeitung – Intelligenzblatt, Nr. 117, 11. Okt. (1794), 936
Göttling 1795a – Göttling, Johann Friedrich August: Etwas über den Stickstoff und das Leuchten des Phosphors in der Stickluft. In: Neues Journal der Physik 1, Nr. 1 (1795), 1–15
Göttling 1795b – Göttling, Johann Friedrich August: Etwas über den Stickstoff und das Leuchten des Phosphors in der Stickluft. In: Taschen-Buch für Scheidekünstler und Apotheker, Nr. 16 (1795), 167–196
Göttling 1798 – Göttling, Johann Friedrich August: Beytrag zur Berichtigung der antiphlogistischen Chemie auf Versuche gegründet. Zweytes Stück. Mit einem Kupfer. Weimar: Hoffmannische Buchhandlung, 1798 (Ruppert 4608)
Gottsched 1701 – Gottsched, Johann (Praes.); Starcke, Johann Friedrich (Resp.): Dissertatio physica de luce et coloribus. Königsberg: Reusner, 1701
Gouan 1770 – Gouan, Antoine: Historia piscium / Histoire des poissons. Franz. und Lat. Argentoratum / Strasbourg (Straßburg): König, 1770
Grant 1770 – Grant, Bernhard: Praelectiones encyclopaedicae in physicam experimentalem et historiam naturalem. Erfordiae (Erfurt): Griesbach, 1770
Gravesande 1720–1721 – Gravesande, Willem Jacob s': Physices elementa mathematica, experimentis confirmata. Sive introductio ad philosophiam Newtonianam. Lugduni Batavorum (Leiden): Petrum Vander Aa (Pieter van der Aa) et Balduinum Janssonium Vander Aa, 1720–1721
Greenough 1819 – Greenough, George Bellas: A critical examination of the first principles of geology: in a series of essays. London: Longman, Hurst, Rees, Orme & Brown, 1819 *(dt: Kritische Untersuchung der ersten Grundsätze der Geologie, in einer Reihe von Abhandlungen. Weimar 1821; Ruppert 4620)*
Grégoire 1789 – Grégoire, Monsieur: Mémoire sur les couleurs des bulles de savon; ouvrage qui a concouru pour le prix proposé par l'Académie des Sciences, Belles-Lettres et Arts de Rouen, en 1786: Suivi de quelques observations particulieres sur l'évaporation de l'eau, et sur les propriétés des couleurs. Londres (London), Paris: Bleuet, 1789
Gregor 1791 – Gregor, William: Beobachtungen und Versuche über den Menakanite, einen in Cornwall gefundenen magnetischen Sand. In: Chemische Annalen [8], Nr. 1 (1791), 40–54, 103–119

Gregory 1695 – Gregory, David: Catoptricae et dioptricae sphaericae elementa. Oxonii (Oxford): e theatro Sheldoniano, 1695

Grellmann 1783 (Rez.) – Grellmann, Heinrich Moritz Gottlieb: Ilmenauer BergBau. Ein Auszug aus: Nachricht von den ehmaligen BergBau bei Ilmenau in der Grafschaft Henneberg, und Vorschläge, ihn durch eine neue Gewerkschaft wieder in Aufnahme zu bringen, mit einer Karte. Weimar, 1783, gr. 8°, 36 Seiten. In: Stats-Anzeigen 4, Nr. 16 (1783), 425–434 – *s. Eckardt 1783*

Gren 1787 – Gren, Friedrich Albert Carl: Systematisches Handbuch der gesammten Chemie. Zum Gebrauche seiner Vorlesungen entworfen. Erster Theil. Halle: Waisenhaus-Buchhandlung, 1787

Gren 1793a – Gren, Friedrich Albert Carl: Grundriß der Naturlehre in seinem mathematischen und chemischen Theile neu bearbeitet. Halle: Hemmerde und Schwetschke, 1793 (Ruppert 4621)

Gren 1793b – Gren, Friedrich Albert Carl: Einige Bemerkungen über des Herrn von Göthe Beyträge zur Optik. In: Journal der Physik 7 (1793), 3–21

Gren 1794 – Gren, Friedrich Albert Carl: Systematisches Handbuch der gesammten Chemie. Erster Theil. Zweyte, ganz umgearbeitete Auflage. Halle: Waisenhaus-Buchhandlung, 1794

Grew 1681 – Grew, Nehemiah: Musaeum Regalis Societatis. Or a catalogue and description of the natural and artificial rarities belonging to the Royal Society and preserved at Gresham Colledge. Whereunto is subjoyned the comparative anatomy of stomachs and guts. London: Rawlins, 1681

Grew 1682 – Grew, Nehemiah: The anatomy of plants with an idea of a philosophical history of plants, and several other lectures, read before the Royal Society. London: Rawlins, 1682

Grimaldi 1665 – Grimaldi, Francesco Maria: Physico-mathesis de lumine, coloribus et iride aliisque adnexis libri duo. Bononiae (Bologna): Benatius, 1665 – *s. Rez. Anonymi 1665*

Gruithuisen 1822 – Gruithuisen, Franz von Paula: Die Branchienschnecke und eine aus ihren Überresten hervorwachsende lebendiggebärende Conferve. In: Nova acta Leopoldina 10, Nr. 2 (1822), 437–454

Guettard 1752 – Guettard, Jean Étienne: Mémoire sur quelques montagnes de la France, qui ont été des volcans. In: Histoire de l'Académie Royale des Sciences, avec les mémoires de mathématique et de physique (1752/1756), 27–59 *(Mémoires)*

Guillemin 1829 (Rez.) – Guillemin, Jean Antoine: Botanical Register. n° CLII à CLIV: oct. à déc. 1827 Londres. Voy. le Bulletin: Tom. XVI, n° 56. In: Bulletin des sciences naturelles et de géologie 16 (1829), 242–246

Gülich 1779–1781 – Gülich, Jeremias Friedrich: Vollständiges Färbe- und Blaichbuch zu mehrern Unterricht, Nutzen und Gebrauch für Fabrikanten und Färber. 3 Bde. Ulm: Stettin, 1779–1781

Gulpen 1788 – Gulpen, J. van: Man löse in 4 Loth Kornbrandtwein 20 Gr. Campher... [Beschreibung eines physikalisch-chemischen Wetterglases]. In: Chemische Annalen - Beyträge 3, Nr. 4 (1788), 497–498

Guyot 1769–1770 – Guyot, Edme Gilles; Guyot, Guillaume Germain (mutmaßl. Autor): Nouvelles récréations de physiques et mathématiques. 4 Bde. Paris: Gueffier, 1769–1770

Habel 1784 – Habel, Christian Friedrich: Aus einem Briefe des Herrn Kammerrath Habel, aus Wiesbaden vom 20sten Sep. 1783. an den Herrn Rendant Siegfried, über die versteinerten Seepalmen oder Medusenhaupt im Thonschiefer bey dem Freyflecken Wallrabenstein. In: Schriften der Berlinischen Gesellschaft naturforschender Freunde 5 (1784), 471–473

Haberle 1807 – Haberle, Karl Konstantin: Das Mineralreich. Oder characterisirende Beschreibung aller zur Zeit bekannten Mineralkörper, als Commentar zu den Bertuchschen Tafeln der allgemeinen Natur-Geschichte. Ein Handbuch für Lehrer auf Gymnasien, und für Naturfreunde zu eigenem Unterrichte, bei dem Gebrauche dieser Tafeln. Weimar: Landes-Industrie-Comptoir, 1807 (Ruppert 4638)

Haberle 1810 – Haberle, Karl Konstantin: Meteorologisches Tagebuch für das Jahr 1810. Ausgehoben aus dem meteorologischen Jahrbuche für 1810. Nebst anghängten Witterungvermuthungen des Herrn Lamarck und eines Prager Meteorologen. Weimar: Landes-Industrie-Comptoir, 1810

Hacquet 1785 – Hacquet, Balthasar: Physikalisch-Politische Reise aus den Dinarischen durch die Julischen, Carnischen, Rhätischen in die Norischen Alpen, im Jahre 1781 und 1783 unternommen. 2 Bde. Leipzig: Adam Friedrich Böhme, 1785

Haeseler 1771 – Haeseler, Johann Friedrich: Betrachtungen über das menschliche Auge. Hamburg: Bode, 1771

Hagen 1790 – Hagen, Karl Gottfried: Grundriß der Experimentalchemie zum Gebrauch bey dem Vortrage derselben. Mit 4 Tabellen. 2. verm. Aufl. Königsberg und Leipzig: Gottlieb Lebrecht Hartung, 1790 (Ruppert 4639)

Hahn 1794 – Hahn, Friedrich von: Einige, mit einem vorzüglichen fünf füssigen Dollandischen Fernrohr angestellten Beobachtungen. In: Astronomisches Jahrbuch (1794/1797), 155–157

Hall 1812 – Hall, James: Account of a series of experiments, shewing the effects of compression in modifying the action of heat. Read June 3. 1805. In: Transactions of the Royal Society of Edinburgh 6 (1812), 71–184

Hall 1824 – Hall, Basil: Reise an den Küsten von Chili, Peru und Mexico, in den Jahren 1820, 1821 und 1822. Aus dem Engl. des Herrn Basil Hall, Capitäns der königlichen Marine. In: Ethnographisches Archiv 25 (1824), 165–380

Hallaschka 1824 – Hallaschka, Franz Ignaz Cassian: In Graslitz sollen in der Nacht vom 9. und 10. Jänner die beobachteten Erdstösse einem Erdbeben ähnlich gewesen seyn [...]. In: Kaiserlich-königliche privilegirte Prager Zeitung, Nr. 9, 16. Jan. (1824)

Haller 1781 – Haller, Albrecht von: Grundriß der Physiologie für Vorlesungen: nach der vierten lateinischen mit den Verbesserungen und Zusätzen des Herrn Prof. Wrisberg in Göttingen, vermehrten Ausgabe aufs neue übersetzt, und mit Anmerkungen und dreifachem Verzeichniß versehen von Konrad Friederich Uden. Berlin: Haude und Spener, 1781

Halley 1705–1707 – Halley, Edmond: Miscellanea curiosa. Containing a collection of some of the principal phaenomena in nature, accounted for by the greatest philosophers of this age: being the most valuable discourses, read and delivered to the Royal Society, for the advancement of physical and mathematical knowledge. As also a collection of curious travels, voyages, antiquities, and natural histories of countries; presented to the same society. 3 Bde. London: Wale und Senex, 1705–1707 *(1. Band als erweiterte 2. Auflage 1708)*

Hamberger 1696 – Hamberger, Georg Albrecht (Praes.): Bernhardi, Adam Bethmann (Resp.): Optica oculorum vitia. Ienae (Jena): Gollner, 1696 (Ruppert 4379)
Hamberger 1698 – Hamberger, Georg Albrecht (Praes.): Fischer, Christian Friedrich (Resp.): Dissertatio optica de coloribus. Ienae (Jena): Krebs, 1698
Hamberger 1735 – Hamberger, Georg Erhard: Elementa physices, methodo mathematica in usum auditorii conscripta. Editio altera. Ienae (Jena): Meyer, 1735
Hamel 1821 – Hamel, Joseph von: Beschreibung zweyer Reisen auf den Montblanc unternommen im August 1820. Mit einer Ansicht des Montblanc und einer Karte des Chamounythals und seiner Umgebung. Wien: Carl Gerold, 1821 *(Separatdruck aus: Conversationsblatt. Zeitschrift für wissenschaftliche Unterhaltung 3 (1821) Bd. 1, Nr. 11)*
Hanno, Periplus – Hanno: Periplus. *(ohne genaue Angabe Goethes)*
Hare / Skinner 1786 – Hare; Skinner: The whole process of the silk-worm, from the egg to the cocon, communicated to Dr. John Morgan, physician at Philadelphia, in two letters from Messrs Hare and Skinner, silk merchants in London. In: Transactions of the American Philosophical Society 2 (1786), 347–366
Hartmann 1759 – Hartmann, Johann Friedrich: Abhandlung von der Verwandschaft und Aehnlichkeit der electrischen Kraft mit den erschrecklichen Luft-Erscheinungen. Hannover: s. n., 1759
Hartmann 1786 – Hartmann, Georg: Anleitung zur Verbesserung der Pferdezucht ganzer Länder und einzelner Privatwirthe. Nebst einem Unterricht vom Beschlagen, Zeichnen, Wallachen und Englisiren der Pferde, und einem Anhang von Pferde-Curen, und von der Maulthierzucht. 2. verm. Aufl. Tübingen: Cotta, 1786
Hartsoeker 1694 – Hartsoeker, Nicolas: Essay de dioptrique. Paris: Anisson, 1694
Hartsoeker 1706 – Hartsoeker, Nicolas: Conjectures physiques. Amsterdam: Desbordes, 1706
Harvey 1628 – Harvey, William: Exercitatio anatomica de motu cordis et sanguinis in animalibus. Francofurti (Frankfurt a. M.): Fitzer, 1628
Hassenfratz 1782 – Hassenfratz, Jean Henri: Observations sur les ombres colorées. Contenant une suite d'expériences sur les différentes couleurs des ombres, sur les moyens de rendre les ombres colorées, et sur les causes de la différence de leurs couleurs. Paris et Bruxelles (Brüssel): Duchesne; Dujardin, 1782
Hassenfratz 1802 – Hassenfratz, Jean Henri: Premier mémoire. Sur les ombres colorées. In: Journal de l'École Polytechnique 4, Nr. 11 (1802/1810), 272–283
Hassenfratz 1808 – Hassenfratz, Jean Henri: Sur les altérations que la lumière du soleil éprouve en traversant l'atmosphère. In: Annales de chimie 66 (1808), 54–62
Hauch 1795–1796 – Hauch, Adam Wilhelm von: Anfangsgründe der Experimental-Physik. Aus dem Dän. übers. von Ludolph Hermann Tobiesen. 2 Bde. Schleswig: Röhß, 1795–1796
Haug 1724 – Haug, Johann Jakob: Naturae naturantis et naturatae mysterium. In Scuto Davidico exhibitum. Berlenburg: Johann Jacob Haug, 1724

Hausmann 1811–1818 – Hausmann, Johann Friedrich Ludwig: Reise durch Skandinavien in den Jahren 1806 und 1807. 5 Bde. Göttingen: J. F. Röwer, 1811–1818

Hausmann 1832 – Hausmann, Johann Friedrich Ludwig: De origine saxorum per Germaniae septentrionalis regiones arenosas dispersorum commentatio. In: Commentationes Societatis Regiae Scientiarum Gottingensis Recentiores 7 (1832), 3–34 *(Commentationes classis physicae)*

Haüy 1801 – Haüy, René Just: Traité de minéralogie. Publié par le Conseil des mines. En cinq[!] volumes, dont un contient 86 planches. 4 Bde. Paris: Louis, 1801 *(2. Aufl. mit Atlas, 5 Bde. Paris 1822. Dt. Übers. der 1. Aufl. von D. L. G. Karsten und C. S. Weiß: Lehrbuch der Mineralogie. 5 Bde. Paris; Leipzig, 1809–1810)*

Haüy 1803 – Haüy, René Just: Traité élémentaire de physique. Ouvrage destiné pour l'enseignement dans les lycées nationaux. 2 Bde. Paris: Delance et Lesueur, 1803 *(2. Aufl. 1806, 3., verm. Aufl. 1821; dt.: Handbuch der Physik. Übers. von Ch. S. Weiß. 2 Bde. Weimar 1804–1805)*

Haüy 1804 – Haüy, René Just: Grundlehren der Physik. Aus dem Franz. übers. und mit Anmerkungen begleitet von J. G. L. Blumhof. Mit einer Vorrede und einigen Anmerkungen von J. H. Voigt. 2 Bde. Weimar: Landes-Industrie-Comptoir

Haüy 1804–1805 – Haüy, René Just: Weiss, Christian Samuel (Übers.): Anfangsgründe der Physik. Für den Elementarunterricht in den französischen National-Lyceen ausgearbeitet. Aus dem Franz. übers. und mit Anm. und Zus. verm. von Christian Samuel Weiss. [Nebentitel:] Handbuch der Physik. 2 Bde. Leipzig: Reclam, 1804–1805 (Ruppert 4648)

Haüy 1809 – Haüy, René Just: Tableau comparatif des résultats de la cristallographie et de l'analyse chimique, relativement à la classification des minéraux. Paris: Courcier, 1809

Hawkins 1789 – Hawkins, John: Brief von Sir John Hawkins. In: Bergbaukunde 1 (1789), 394

Haydon 1818 – Haydon, Benjamin Robert: Comparaison entre la tête d'un des chèvaux de Venise qui etoient sur l'Arc triomphale des Thuilleries et qu'on dit être de Lysippe, et la tête du cheval d'Elgin du Parthenon. Londrès (London): Bulmer, 1818 (Ruppert 2050) – *s. Rez. Meyer 1820*

Haynes 1810 – Haynes, Thomas: Interesting discoveries in horticulture, being an easy, rational, and efficacious system of propagating all hardy American bog soil plants, with ornamental trees and shrubs of general description; green-house plants, including Botany Bay and Cape plants; herbaceous plants, affording favorable shoots and fruit trees, in every variety; by planting cuttings chiefly in the warm months, without artificial heat. London: Cox, Son and Baylis, 1810

Hedwig 1781 – Hedwig, Johann: Vom wa[h]ren Ursprunge der män[n]lichen Begattungswerkzeuge der Pflanzen: nebst einer diese Lehre erläuternden Zerlegung der herbst Zeitlosen (Colchicum autumnale.). In: Leipziger Magazin zur Naturkunde, Mathematik und Oekonomie 1, Nr. 3 (1781), 297–319

Hegel 1812 – Hegel, Georg Wilhelm Friedrich: Wissenschaft der Logik. 1. Bd.: Die objective Logik. Nürnberg: Schrag, 1812 – *s. Rez. Fries 1815*

Hegel 1817 – Hegel, Georg Wilhelm Friedrich: Encyklopädie der philosophischen Wissenschaften im Grundrisse. Zum Gebrauch seiner Vorlesungen. Heidelberg: Oßwald, 1817

Heidler 1822 – Heidler, Karl Joseph Edler von Heilborn: Marienbad nach eigenen bisherigen Beobachtungen und Ansichten ärztlich dargestellt. 2 Bde. Wien: Carl Gerold. 1822

Heim 1796–1812 – Heim, Johann Ludwig: Geologische Beschreibung des Thüringer Waldgebürgs. 3 Tle in 7 Bden. Meiningen: Johann Gottfried Hanisch. 1796–1812

Heineccius 1730 – Heineccius, Johann Gottlieb: Antiquitatum Romanarum iurisprudentiam illustrantium syntagma secundum ordinem Institutionum Iustiniani digestum [...] Editio tertia auctior et emendatior. Argentorati (Straßburg): Dulssecker. 1730 (Ruppert 2769)

Heinrich 1808 – Heinrich, Placidus: Von der Natur und den Eigenschaften des Lichtes. Eine physisch-chemische Abhandlung als Beantwortung der Preisfrage welche die Kaiserliche Akademie der Wissenschaften zu St. Petersburg für das Jahr 1806 vorgelegt hat. In: Ueber die Natur des Lichts. Zwey von der Kaiserl. Akademie der Wissenschaften zu St. Petersburg gekrönte Preisschriften von Heinrich Friedrich Link und Placidus Heinrich. St. Petersburg: Kaiserl. Akademie der Wissenschaften. 1808.

Heinroth 1822 – Heinroth, Johann Christian August: Lehrbuch der Anthropologie. Zum Behuf academischer Vorträge, und zum Privatstudium. Nebst einem Anhange erläuternder und beweisführender Aufsätze. Leipzig: Vogel. 1822 (Ruppert 3061) – *s. Rez. Goethe - Heinroths Anthropologie*

Heinse 1787 – Heinse, Wilhelm: Ardinghello und die glückseeligen Inseln. Eine Italiänische Geschichte aus dem sechzehnten Jahrhundert. 2 Bde. Lemgo: Meyersche Buchhandlung. 1787

Henckel 1725 – Henckel, Johann Friedrich: Pyritologia oder: Kies-Historie, als des vornehmsten Minerals. Leipzig: Johann Christian Martini. 1725 (Ruppert 4654)

Henerus 1555 – Henerus, Renatus: Adversus Iacobi Sylvii depulsionum anatomicarum calumnias pro Andrea Vesalio Apologia, in qua praecipuae totius negotij anatomici pene controversiae breviter explicantur. Venetiis (Venedig): [Scotto]. 1555

Henning 1822 – Henning, Leopold von: Einleitung zu öffentlichen Vorlesungen über Göthe's Farbenlehre gehalten an der Königl. Universität zu Berlin. Berlin: Duncker und Humblot. 1822 – *s. Rez. Goethe - Einleitung zu öffentlichen Vorlesungen über Goethes Farbenlehre*

Henschel 1820 – Henschel, August: Von der Sexualität der Pflanzen. Studien. Nebst einem historischen Anhange von F. J. Schelver. Breslau: Korn. 1820 (Ruppert 4656)

Henschel 1821 (Rez.) – Henschel, August: Nürnberg, b. Schrag: Handbuch der Botanik. Von Dr. C. G. Nees von Esenbeck. Erster Band. Auch unter dem Titel: Handbuch der Naturgeschichte zum Gebrauche bey Vorlesungen. Von Dr. G. H. Schubert. Vierter Theil. Erste Abtheilung. 1820. In: Jenaische allgemeine Literatur-Zeitung - Ergänzungsblätter. Nr. 47–48 (1821). 369–376; 377–379 – *s. Nees von Esenbeck 1820–1821*

Herder 1784–1791 – Herder, Johann Gottfried: Ideen zur Philosophie der Geschichte der Menschheit. 4 Tle. Riga und Leipzig: J. F. Hartknoch. 1784–1791 (Ruppert 3067)

Herder 1809 – Herder, Johann Gottfried: Adrastea. Begebenheiten und Charaktere des achtzehnten Jahrhunderts. Hrsg. durch Johann von Müller (=

Johann Gottfried von Herder's Sämmtliche Werke; [...] Zur Philosophie und Geschichte; Bd. 9). Tübingen: Cotta, 1809
Herholdt / Rafn 1798 – Herholdt, Johan Daniel (Hrsg.); Rafn, Carl Gottlob (Hrsg.); Tode, Johann Clemens (Übers.): Von dem Perkinismus oder den Metallnadeln des D. Perkins in Nordamerika nebst amerikanischen Zeugnissen und Versuchen Kopenhagener Aerzte. Hrsg.von [...] Herholdt und [...] Rafn. Aus dem Dän. übers. und mit Anm. begleitet von Johann Clemens Tode. Kopenhagen: Brummer, 1798
Hermann 1711 – Hermann, Leonhard David: Maslographia oder Beschreibung des Schlesischen Massel im Oelß-Bernstädtischen Fürstenthum mit seinen Schauwürdigkeiten. Breslau: Brachvogel, 1711
Hermann 1804 – Hermann, Jean Frédéric: Mémoire aptérologique. Strasbourg (Straßburg): Levrault, An XII [1804]
Hermann 1819a – Hermann, Gottfried: Ueber das Wesen und die Behandlung der Mythologie. Ein Brief an Herrn Hofrat Creuzer. Leipzig: Gerhard Fleischer d. Jüng., 1819 (Ruppert 1971)
Hermann 1819b – Hermann, Gottfried: Annuam magistrorum creationem atque inaugurationem [...] nunciat Godofredus Hermannus [...] praemissa est dissertatio de musis fluvialibus Epicharmi et Eumeli. Lipsiae (Leipzig): s.n., 1819 (Ruppert 687)
Hermbstaedt 1791 – Hermbstaedt, Sigismund Friedrich: Systematischer Grundris der allgemeinen Experimentalchemie zum Gebrauch seiner Vorlesungen entworfen. 3 Bde. Berlin: Heinrich August Rottmann, 1791
Hermbstaedt 1800–1805 – Hermbstaedt, Sigismund Friedrich: Systematischer Grundriß der allgemeinen Experimentalchemie zum Gebrauche bey Vorlesungen und zur Selbstbelehrung beym Mangel des mündlichen Unterrichtes, nach den neuesten Entdeckungen entworfen. 2. umgearb. und verb. Aufl. 4 Bde. Berlin: Heinrich August Rottmann, 1800–1805
Hermbstaedt 1801a – Hermbstaedt, Sigismund Friedrich: Expériences et observations sur le rapport chimique de quelques nouveaux métaux et terres aux parties colorantes de la cochenille. In: Mémoires de l'Académie Royale des Sciences et Belles-Lettres (1801 (1804)), 89–96
Hermbstaedt 1801b – Hermbstaedt, Sigismund Friedrich: Recherches sur la manière dont les corps naturels ont leurs couleurs, et essai d'une nouvelle explication de ce phénomène. In: Mémoires de l'Académie Royale des Sciences et Belles-Lettres de Berlin (1801/1804), 97–104
Herschel 1801 – Herschel, William: Untersuchungen über die wärmende und die leuchtende Kraft der farbigen Sonnenstrahlen; Versuch über die nichtsichtbaren Strahlen der Sonne und deren Brechbarkeit und Einrichtung grosser Teleskope zu Sonnenbeobachtungen. In: Annalen der Physik 7, Nr. 2 (1801), 137–156
Heusinger 1822–1823 – Heusinger, Karl Friedrich: System der Histologie. 2 Bde. Eisenach: Johann Friedrich Bärecke, 1822–1823
Hibbert 1819 – Hibbert-Ware, Samuel: Sketch of the distribution of rocks in Shetland. In: The Edinburgh philosophical journal 1 (1819), 296–314
Hill 1759–1775 – Hill, John: The vegetable system. Or, a series of experiments, and observations tending to explain the internal structure, and the life of plants. 26 Bde. London: Baldwin, 1759–1775

Hill 1766 – Hill, John: Die Art und Weise durch eine regelmäßige Ordnung der Cultur oder Wartung, gefüllte Blumen aus einfachen zu ziehen. Aus dem Engl. übers. und mit Kupfern erläutert. Nürnberg: Seligmann, 1766

Hill 1768 – Hill, John: Abhandlung von dem Ursprung und der Erzeugung proliferirender Blumen nebst einer ausführlichen Anweisung wie durch die Cultur aus einfachen, gefüllte und proliferirende, aus gefüllten gezogen werden können. Mit Kupfern erläutert. Aus dem Engl. übers. Nürnberg: Monath, 1768

Himly 1801 – Himly, Karl: Ophthalmologische Beobachtungen und Untersuchungen oder Beyträge zur richtigen Kenntniss und Behandlung der Augen im gesunden und kranken Zustande. Erstes Stück. Bremen: Friedrich Wilmans, 1801

Himly 1806 – Himly, Karl: Einleitung in die Augenheilkunde. Einzelner Abdruck dreyer Abhandlungen aus der ophthalmologischen Bibliothek. Jena: Frommann, 1806

Hobert 1789 – Hobert, Johann Philipp: Grundriß des mathematischen und chemisch-mineralogischen Theils der Naturlehre. Berlin: Buchhandlung der Königl. Realschule, 1789

Höfer 1781 – Höfer, Hubert Franz: Nachricht von dem in Toskana entdeckten natürlichen Sedativsalze und von dem Boraxe, welcher daraus bereitet wird. Aus dem Ital. übers. von B. F. Hermann. Wien: Wappler, 1781

Hoff 1812 – Hoff, Karl Ernst Adolf von: Gemälde der physischen Beschaffenheit, insbesondere der Gebirgsformationen von Thüringen. Erfurt: Beyer und Maring, 1812 (Ruppert 4681)

Hoff 1822–1841 – Hoff, Karl Ernst Adolf von: Geschichte der durch Überlieferung nachgewiesenen natürlichen Veränderungen der Erdoberfläche. 5 Bde. Gotha: Justus Perthes, 1822–1841

Hoff 1825 – Hoff, Karl Ernst Adolf von: Geognostische Bemerkungen über Karlsbad. Gotha: Perthes, 1825

Hoff / Jacobs 1807 – Hoff, Karl Ernst Adolf von; Jacobs, Christian Wilhelm: Der Thüringer Wald besonders für Reisende geschildert. 4 Bde. Gotha: Ettinger, 1807

Hoffmann 1786 – Hoffmann, Johann Leonhard: Versuch einer Geschichte der mahlerischen Harmonie überhaupt und der Farbenharmonie insbesondere, mit Erläuterungen aus der Tonkunst und vielen praktischen Anmerkungen. Halle a. S.: Johann Christian Hendel, 1786

Hoffmann 1791 – Hoffmann, Friedrich Christian: Ueber das Wachsthum der Pflanzen in reinem Wasser. In: Journal der Physik 3, Nr. 1 (1791), 10–17

Hoffmann 1823 – Hoffmann, Friedrich: Beiträge zur genaueren Kenntniß der geognostischen Verhältnisse Nord-Deutschlands. Erster Theil. [Auf separaten TB:] Geognostische Beschreibung des Herzogthums Magdeburg, Fürstenthums Halberstadt, und ihrer Nachbar-Länder. Berlin und Posen: E. S. Mittler, 1823 (Ruppert 4685) *(nur 1. Teil erschienen)*

Hoffmann / Böhmer 1738 – Hoffmann (Hofmann), Johann Georg (Praes.); Böhmer, Johannes Benjamin (Resp.): Dissertatio de matricibus metallorum. Lipsiae (Leipzig): Langenheim, 1738

Hoffmann / Breithaupt 1811–1816 – Hoffmann, Christian August Siegfried; Breithaupt, August: Handbuch der Mineralogie. 4 Bde. Freiberg: Craz und Gerlach, 1811–1816 *(Bde. 3–4 von Breithaupt)*

Hoffmannsegg / Link 1809–1813 – Hoffmannsegg, Johann Centurius Graf; Link, Heinrich Friedrich: Flore portugaise ou description de toutes les plantes qui croissent naturellement en Portugal avec figures coloriées, cinq planches de terminologie et une carte. 2 Bde. Berlin: Amelang, 1809–1813

Hogarth 1753 – Hogarth, William: The analysis of beauty. Written with a view of fixing the fluctuating ideas of taste. London: Selbstverlag, 1753 *(Dt.: Zergliederung der Schönheit, die schwankenden Begriffe von dem Geschmack festzusetzen. Aus dem Engl. übers. von C. Mylius. Verb. u. verm. Abdruck [Vorbericht zu diesem neuen Abdrucke von Gotthold Ephraim Lessing]. Berlin und Potsdam: Christian Friedrich Voß, 1754 (Keudell 1433))*

Holbach 1781 – Holbach, Paul Henri Thiry d': Systême de la nature, ou des loix du monde physique et du monde moral. Par M. Mirabaud. Nouvelle Éd. 2 Bde. Londres (London): s.n., 1781 (Keudell 796)

Hollmann 1737 – Hollmann, Samuel Christian: Paulo uberior in universam philosophiam introductio. Pars 2: Qui philosophiam naturalem, seu physicam, complectitur. Gottingae (Göttingen): Fritsch, 1737

Hollmann 1741 – Hollmann, Samuel Christian: Institutiones pneumatologiae et theologiae naturalis. Gottingae (Göttingen): Univ. offic. libr., 1741

Hollmann 1742 – Hollmann, Samuel Christian: Primae physicae experimentalis lineae. Gottingae (Göttingen): Hager, 1742 *(weitere Auflagen 1749, 1753, 1765)*

Homberg 1692 – Homberg, Wilhelm: Réflexions sur différentes végétations métalliques (1692). In: Histoire de l'Académie Royale des Sciences, avec les mémoires de mathématique et de physique (1730/1732), 171–179 *(im beigeordneten Nachtragsbd.: Mémoires depuis 1666 jusqu'a 1699. Tome X)*

Homberg 1710 – Homberg, Wilhelm: Mémoire touchant les vegetations artificielles (1710). In: Histoire de l'Académie Royale des Sciences, avec les mémoires de mathématique et de physique (1710/1732), 426–438 *(Nouvelle édition, revûë, corrigée & augmentée; Mémoires)*

Home 1797 – Home, Everard: Home über die Muskelbewegung. In: Archiv für die Physiologie 2, Nr. 1 (1797), 25–50 *(ED: Philosophical transactions 1795)*

Homer, Il. – Homer (Homeros): Ilias. *(ohne genaue Angabe Goethes)*

Homer, Od. – Homer (Homeros): Odyssee. *(ohne genaue Angabe Goethes)*

Hooke 1665 – Hooke, Robert: Micrographia, or, Some physiological descriptions of minute bodies made by magnifying glasses with observations and inquiries thereupon. London: Jo. Martyn and Ja. Allestry, 1665

Hooke 1705 – Hooke, Robert: The posthumous works of Robert Hooke [...] Containing his Cutlerian lectures, and other discourses, read at the meetings of the illustrious Royal Society [...] To these Discourses is prefixt the author's life. Published by Richard Waller, R.S. Secr. London: Smith und Wolford, 1705

Höpingk 1642 – Höpingk, Theodor: De insignium sive armorum prisco et novo iure tractatus iuridico-historico-philologicus. In quo [...] bibliorum codice, iure canonico [...] summo studio et labore recens eruuntur, discutiuntur et enodantur. Noribergae (Nürnberg): Endter, 1642

Horaz, carm. – Horaz: Carmina.

Horaz, epist. – Horaz: Epistulae.

Horner 1812 – Horner, Johann Caspar: Ueber die Oscillationen des Barometers zwischen den Wendekreisen. In: J. Krusenstern: Reise um die Welt in den Jahren 1803, 1804, 1805 und 1806. Th. 3. St. Petersburg 1812, 154–183. Schnoor

Horner 1813 – Horner, Johann Caspar: Ueber die Oszillationen des Barometers zwischen den Wende-Kreisen. Von dem Astronomen Hofrath Horner. In: Monatliche Correspondenz zur Beförderung der Erd- und Himmels-Kunde 28 (1813), 71–75 *(Teil eines Auszugs aus: Reise um die Welt in den Jahren 1803, 1804, 1805 und 1806. [...] [von] A. J. von Krusenstern. III. Theil. St. Petersburg 1812)*

Hornschuch 1821 – Hornschuch, Christian Friedrich: Einige Beobachtungen und Bemerkungen über die Entstehung und Metamorphose der niederen vegetabilischen Organismen. In: Nova acta Leopoldina 10 = NF 2 (1821), 513–582

Horrebow 1735 – Horrebow, Peder Nielson: Basis astronomiae sive astronomiae pars mechanica in qua describuntur observatoria, atque instrumenta astronomica Roemeriana Danica; simulque eorundem usus, sive methodi observandi Roemerianae. Havniae (Kopenhagen): Paullus, 1735

Horvath 1790 – Horvath, Johann Baptist: Elementa physicae. Opus novis elaboratum curis, et a prioribus editionibus diversum. Budae (Buda): Typis Regiae Universitatis, 1790

Hövel 1806 – Hövel, Friedrich von: Geognostische Bemerkungen über die Gebirge in der Grafschaft Mark. Nebst einem Durchschnitte der Gebirgslagen, welche das dortige Kohlengebirge mit der Grauwacke verbinden. Hannover: Gebrüder Hahn, 1806

Hövel 1822–1826 – Hövel, Friedrich von: Geologisch-geognostische Zweifel und Fragen. In: J. Nöggerath (Hrsg.): Das Gebirge in Rheinland-Westphalen. 4 Bde. Bonn: Weber, 1822–1826. Bd. 3 (1824), 236–272 und Bd. 4 (1826), 264–336.

Howard 1677 – Howard, Henry: A description of the diamond-mines, as it was presented by the right honourable, the Earl Marshal of England, to the R. Society. In: Philosophical transactions 12, Nr. 136 (1677), 907–917

Howard 1802 – Howard, Luke: Account of a microscopical investigation of several species of pollen, with remarks and questions on the structure and use of that part of vegetables [...] Read March 4, 1800. In: Transactions of the Linnean Society 4 (1802), 65–74

Howard 1803 – Howard, Luke: On the modifications of clouds, and on the principles of their production, suspension and destruction; being the substance of an essay read before the Askesian Society in the session 1802–3. In: The Philosophical magazine 16–17, Nr. 62, 64, 65 (1803), 97–107; 344–357; 5–11; Taf. VI-VIII

Howard 1815 – Howard, Luke: Versuch einer Naturgeschichte und Physik der Wolken, von Luke Howard [...] Frei bearbeitet von Gilbert. In: Annalen der Physik 51, Nr. 9 (1815), 1–48

Howard 1818–1820 – Howard, Luke: The Climate of London, deduced from Meteorological Observations, made at different places in the neighbourhood of the metropolis. 2 Bde. London: W. Philipps, 1818–1820 – *s. Rez. Posselt 1823*

Huarte de San Juan 1575 – Huarte de San Juan, Juan: Examen de ingenios para las sciencias. Donde se muestra la differencia de ha bilidades que ay en los hombres, y el genero de letras que a cada uno responde en particular. Es obra donde el que leyere con attencion hallara la manera de su ingenio, y sabra escoger la sciencia en que mas ha de aprouechar: y si por ve[n]tura la uniere ya professado entendera si atino ala que pedia su habilidad natural. Baeza: Juan Baptista de Montoya, 1575

Hube 1793–1801 – Hube, Johann Michael: Vollständiger und faßlicher Unterricht in der Naturlehre. In einer Reihe von Briefen an einen jungen Herrn von Stande. 4 Bde. Leipzig: Göschen, 1793–1801 – *s. Rez. Kästner 1793*

Hubert 1788 – Hubert, Monsieur: Lettre de M. Hubert à M. l'Abbé Rozier sur l'air contenu dans les cavités du Bambou. In: Observations sur la physique, sur l'histoire naturelle et sur les arts 33 (1788), 130–132

Huddart 1777 – Huddart, Joseph: An account of persons who could not distinguish colours. In: Philosophical transactions 67 (1777), 260–265

Huddart 1799 – Huddart, Joseph: Beobachtungen über die horizontale Strahlenbrechung bey irdischen Gegenständen und über die Vertiefung des Seehorizontes (dip of the sea). In: Annalen der Physik 3, Nr. 3 (1799), 257–280

Humboldt 1790 – Humboldt, Alexander von: Mineralogische Beobachtungen über einige Basalte am Rhein. Mit vorangeschickten, zerstreuten Bemerkungen über den Basalt der ältern und neuern Schriftsteller. Braunschweig: Schulbuchhandlung

Humboldt 1794 – Humboldt, Alexander von: Aphorismen aus der chemischen Physiologie der Pflanzen. Aus dem Lat. übers. von Gotthelf Fischer. Nebst einigen Zusätzen von Herrn Hedwig und einer Vorrede von Christ. Friedr. Ludwig. Leipzig: Voß, 1794 (Ruppert 4701) *(Zuerst in latein. Sprache als Anhang zu Humboldts Florae Fribergensis. Berlin: Rottmann, 1793)*

Humboldt 1806 – Humboldt, Alexander von: Ideen zu einer Physiognomik der Gewächse, vorgelesen in der öffentlichen Sitzung der Königl. Preuss. Academie der Wissenschaften am 30. Januar 1806. Ein Abdruck für Freunde. Berlin: s.n., 1806 (Ruppert 4711) *(im gleichen Jahr in größerer Auflage bei Cotta in Tübingen mit verkürztem Titel)* – *s. Rez. Goethe - Berlin: Ideen zu einer Physiognomik der Gewächse, von Alexander von Humboldt*

Humboldt 1823 – Humboldt, Alexander von: Ueber den Bau und die Wirkungsart der Vulcane in verschiedenen Erdstrichen. Gelesen in der öffentlichen Versammlung der Königl. Akademie der Wissenschaften zu Berlin am 24. Januar 1823. Berlin: Krause, 1823 (Ruppert 4702) *(Separatdruck aus: Abhandlungen der Königlichen Preußischen Akademie der Wissenschaften zu Berlin 1822–1823, 137–155)*

Humboldt / Bonpland 1805–1809 – Humboldt, Alexander von; Bonpland, Aimé: Plantes équinoxiales, recueillies au Mexique, dans l'île de Cuba, dans les provinces de Caracas, de Cumana et de Barcelone, aux Andes de la Nouvelle-Grenade, de Quito et du Pérou, et sur les bords du Rio-Negro, de l'Orénoque et de la rivière des Amazones. 2 Bde (= Voyage aux régions équinoxiales du Nouveau Continent, fait en 1799, 1800, 1801, 1802, 1803 et 1804 par Al. de Humboldt et A. Bonpland. Rédigé par Alexandre de Humboldt: Partie 6. Botanique). Paris: F. Schoell, 1805–1809

Humboldt / Bonpland 1805–1839 – Humboldt, Alexander von; Bonpland, Aimé: Voyage aux régions équinoxiales du nouveau continent; fait en 1799, 1800, 1801, 1803 et 1804. 29 Bde. Paris: J. Smith; Gidefils, 1805–1839 (Ruppert 4107) *(in Goethes Bibliothek nur 2 Bände vom zugehörigen Atlas géographique (1825))*

Humboldt / Bonpland 1807a – Humboldt, Alexander von; Bonpland, Aimé: Essai sur la géographie des plantes, accompagné d'un tableau physique des régions équinoxiales, fondé sur des mesures, exécutées depuis le dixième degré de latitude boréale jusqu'au dixième degré de latitude australe, pendant les années 1799, 1800, 1801, 1802 et 1803, par Alex. de Humboldt et A. Bonpland. Rédigé par Alex. de Humboldt. Avec une planche. Paris; Tubingue: Schoell; Cotta, 1807 – *s. Rez. Anonymi 1807*

Humboldt / Bonpland 1807b – Humboldt, Alexander von; Bonpland, Aimé: Ideen zu einer Geographie der Pflanzen nebst einem Naturgemälde der Tropenländer auf Beobachtungen und Messungen gegründet, welche vom 10ten Grade nördlicher bis zum 10ten Grade südlicher Breite, in den Jahren 1799, 1800, 1801, 1802 und 1803 angestellt worden sind. Von Al. von Humboldt und A. Bonpland. Bearbeitet und herausgegeben von dem Erstern. Tübingen; Paris: Cotta; Schoell, 1807 (Ruppert 4710) *(Franz. Original: Essai sur la géographie des plantes, accompagnée d'un tableau physique des régions équinoxiales. Paris: Levrault et Schoell, 1805)*

Hunter 1771–1778 – Hunter, John: The natural history of the human teeth. Explaining their structure, use, formation, growth, and diseases. Illustrated with copper-plates. London: J. Johnson, 1771–1778 *(2. ed. 1778. Dt. Übers.: Natürliche Geschichte der Zähne und Beschreibung ihrer Krankheiten. In zween Theilen. Leipzig: Weidmann und Reich, 1780)*

Hunter 1774 – Hunter, William: Anatomia uteri humani gravidi tabulis illustrata. The anatomy of the human gravid uterus exhibited in figures. Birmingham: John Baskerville, 1774

Hutton 1788 – Hutton, James: Theory of the earth; or an investigation of the laws observable in the composition, dissolution, and restoration of land upon the globe. Read March 7. and April 4. 1785. In: Transactions of the Royal Society of Edinburgh 1 (1788), 209–304 – *s. Rez. Blumenbach 1790*

Huygens 1673a – Huygens, Christiaan: An extract of a letter lately written by an ingenious person from Paris, containing some considerations upon Mr. Newtons doctrine of colors, as also upon the effects of the different refractions of the rays in telescopical glasses. In: Philosophical transactions 8 (1673), 6086–6087

Huygens 1673b – Huygens, Christiaan: An answer to the former letter, written to the Publisher June 10.1673, by the same Parisian philosopher that was lately said to have written the letter already extant in No. 96.p.6086.). In: Philosophical transactions 8 (1673), 6112

Huygens 1690 – Huygens, Christiaan: Traité de la lumiere. Où sont expliquées les causes de ce qui luy arrive dans la reflexion, et dans la refraction, et particulierement dans l'etrange refraction du cristal d'Islande. Avec un discours de la cause de la pesanteur. Leiden: P. Vander, 1690

Huygens 1728 – Huygens, Christiaan: Opera reliqua. 2 Bde. Amsterdam: Jansonius-Waesbergius, 1728

Imperato 1599 – Imperato, Ferrante: Dell'historia naturale libri XXVIII. Nella quale ordinatamente si tratta della diversa condition di miniere, e pietre. Con alcune historie di piante, et animali, sin'hora non date in luce. Neapel: Vitale, 1599

Institut de France 1816 – Institut Royale de France: Prix décernés dans la Séance publique du 8 Janvier 1816. In: Le Moniteur universel, Nr. 10, 10. Jan. (1816), 37

Ives 1821 – Yves (Ives), A. W.: Sur le lupuline, principe actif du houblon. In: Journal de physique, de chimie et d'histoire naturelle 93 (1821), 155–156

Jacobi 1785 – Jacobi, Friedrich Heinrich: Ueber die Lehre des Spinoza in Briefen an den Herrn Moses Mendelssohn. Breslau: Gottl. Löwe, 1785

Jacobi 1795/1796 – Jacobi, Friedrich Heinrich; Vanderbourg, Charles (Übers.): Woldemar. Traduit de l'allemand par Ch. Vanderbourg. 2 Tom. Paris: Jansen, an IV [1795/1796]

Jacquin 1794 – Jacquin, Nikolaus Joseph von: Oxalis. Monographia, iconibus illustrata. Vienna (Wien): Wappler [u.a.], 1794

Jacquin 1797–1804 – Jacquin, Nikolaus Joseph von: Plantarum rariorum horti Caesarei Schoenbrunnensis descriptiones et icones. Opera et sumptibus [...]. 4 Bde. Viennae (Wien), Londini (London) et Lugduni Batavorum (Leiden): Wappler, White et Luchtmans, 1797–1804

Jäger 1789 – Jäger, Johann Wilhelm Abraham: Grand atlas d'Allemagne. En LXXXI Feuilles. Dedié a Sa Majesté Joseph II. Empereur des Romains. Francfort sur le Mayn (Frankfurt a. M.): s.n., 1789

Jäger 1794 – Jäger, Carl Christoph Friedrich: Ueber das Leuchten des Phosphors im Stickgas. (Auszug eines Schreibens an den Herausgeber.). In: Journal der Physik 8, Nr. 3, 369–373

Jäger 1795 – Jäger, M.: Antwort auf die Anfrage im R. A. 1794. 2. B. Num. 142. S. 1348. wegen Verfertigung der achromatischen Fernröhre. In: Kaiserlich privilegirter Reichs-Anzeiger, Nr. 4, 6. Jan. (1795), 35–37

Jäger 1803a – Jäger, Carl Christoph Friedrich: Electrometrische Versuche über Volta's Säule. In: Annalen der Physik 12, Nr. 1 (1803), 123–127

Jäger 1803b – Jäger, Carl Christoph Friedrich: Ueber die electroskopischen Aeusserungen der Voltaischen Ketten und Säulen. In: Annalen der Physik 13, Nr. 4 (1803), 399–433

Jäger 1814 – Jäger, Georg Friedrich: Ueber die Mißbildungen der Gewächse, ein Beitrag zur Geschichte und Theorie der Missentwicklungen organischer Körper. Mit 2 Kupfertafeln. Stuttgart: Joh. Fried. Steinkopf, 1814 (Ruppert 4723) – s. Rez. Anonymi 1815a

Jäger 1821 – Jäger, Georg Friedrich: Ueber einige fossile Knochen, welche im Jahr 1819 und 1820 zu Stuttgart und im Jahr 1820 zu Canstadt gefunden worden sind. In: Württembergisches Jahrbuch 3/4 (1821), 147–171

Jallabert 1750 – Jallabert, Jean: Experimenta electrica usibus medicis applicata. Oder Versuche über die Electricität, aus denen der herrliche Nutzen derselben in der Artzneywissenschaft und insbesondere in der Kur eines Lahmen zu ersehen, nebst einigen Muthmassungen über die Ursach der Wirckungen der Electricität. Denen zu Ende eingefügt Herrn de Sauvages königl. Raths und Professors zu Montpellier etc. Sendschreiben an Herrn D. Bruhier, von den Versuchen so an einigen Lahmen unter seiner Aufsicht gemacht worden. Aus dem Franz. übers. Basel: Johann Rudolf Im Hof, 1750

Jameson 1819 – Jameson, Robert: On the geognostical relations of granite, quartz rock and red sandstone. In: The Edinburgh philosophical journal 1 (1819), 109–115

John 1830 – John, Ernst Karl Christian: Berlin. Ein dichter Wolkenschleier... [Beobachtung des Planeten Venus]. In: Berlinische Nachrichten von Staats- und gelehrten Sachen. Nr. 8, 11. Jan. (1830) *(Beilage; nicht ermittelt)*

Jomard 1809–1813 – Jomard, Edmé François (Hrsg.): Description de l'Égypte ou recueil des observations et des recherches qui ont été faites en Égypte pendant l'expédition de l'armée française, publié par les ordres de Sa Majesté l'Empereur Napoléon le Grand. Paris: Imprimerie Impériale, 1809–1813 *(2. Aufl. 1820–1830)*

Jonas 1820 – Jonas, Joseph: Ungerns[!] Mineralreich oryeto-geognostisch und topographisch dargestellt. Pesth (Pest): Hartleben, 1820

Josephi 1787 – Josephi, Wilhelm: Anatomie der Säugethiere. Erster Band. Welcher den Nutzen der Anatomie der Säugethiere, die Litteratur zu derselben, und die Knochenlehre der Affen enthält. Nebst fünf Kupfertafeln. Göttingen: Johann Christian Dieterich, 1787 (Ruppert 4733)

Josephus 1735 – Josephus, Flavius: Sämtliche Wercke, als zwanzig Bücher von den alten jüdischen Geschichten [...] neu übersetzet, auch über dieses mit einer nöthigen Einleitung in die Wercke Josephi, ingleichen mit Summarien, biblischen Concordanzen, einer Land-Carte, Zeit-Rechnung, alten und raren Müntzen, auch andern Kupfer-Stichen, welche die Schrifften Josephi beleuchten, vornehmlich aber mit vielen Anm., wie auch accuraten Registern versehen und ausgefertigt von Johann Friderich Cotta. Tübingen: Johann Georg Cotta, 1735

Jungius 1627 – Jungius, Joachim: Geometria empirica [1. Aufl.]. Rostochii (Rostock): Haeredu[m] Richelianorum, 1627

Jungius 1627–1688 – Jungius, Joachim: Geometria empirica. [div. Orte]: [div. Drucker], 1627–1688 *(ohne genaue Angabe Goethes - 1. Aufl. 1627; 2. Aufl. o.O., o.J. [1639?]; 3. Aufl. 1642; 4. Aufl. 1649 (beide mit Vorrede von Tassius); 5. Aufl. 1688, hrsg. von Heinrich Sievers)*

Jungius 1634 – Jungius, Joachim: Nomenclator Latino-Germanicus. Hoc est Latinae Linguae Compendium. In usum Scholae Hamburgensis concinnatum et excusum. Hamburgi (Hamburg): Offermann, 1634

Jungius 1638 – Jungius, Joachim: Logica Hamburgensis, hoc est, Institutiones Logicae. In usum Schol. Hamburg. conscriptae, et sex libris comprehensae. Hamburgi (Hamburg): Offermans, 1638

Jungius 1639 – Jungius, Joachim: De stilo sacrarum literarum, et praesertim Novi Testamenti Graeci, nec non de Hellenistis et Hellenistica dialecto. Doctissimorum quorundam tam veteris quam recentioris aevi scriptorum sententiae. s.l.: s.n., 1639

Jungius 1691 – Jungius, Joachim: Historia vermium. Hamburgi (Hamburg): Brendekiania, 1691

Jungius / Fogel 1662 – Jungius, Joachim; Fogel, Martin (Hrsg.): Doxoscopiae physicae minores sive Isagoge physica doxoscopica. In qua praecipuae opiniones, in physica passim receptae, breviter quidem, sed accuratissime examinantur. Ex recensione et distinctione M. F. H., cujus annotationes quaedam accedunt. Hamburgi (Hamburg): Pfeiffer, 1662 *(2. Aufl. 1679)*

Jungius / Fogel 1679 – Jungius, Joachim; Fogel, Martin (Hrsg.): Praecipuae opiniones physicae, passim receptae, breviter quidem sed accuratissime examinatae, ex recensione et distinctione Martini Fogelii, cujum annotationes quaedam accedunt, accessit nunc primum ejusdem auctoris harmonica et isagoge phytoscopica. Hamburgi (Hamburg) et Holmiae (Stockholm): Naumann, Liebezeit, Pfeiffer, 1679

Jungius / Sievers 1688 – Jungius, Joachim; Sievers, Heinrich (Hrsg.): Geometria empirica [5. Aufl.]. Hamburgi (Hamburg): s.n., 1688 *(LA II 10B, 1241 abweichend: 1655 und 1689)*

Jungius / Sievers 1689 – Jungius, Joachim; Sievers, Heinrich (Hrsg.): Phoranomica, sive doctrina de motu locali, e. Ms. per Henricum Siverum, adiectis diagrammatis figurisque aeri insculptis. Hamburg: s.n., 1689 *(Wiederabdruck in: J.A. Tasse: Opuscula mathematica, hrsg. v. H. Siver u. Balthasar Mentzer, Hamburg: Liebezeit, 1699, S. 1–47)*

Jungius / Tassius 1642 – Jungius, Joachim; Tasse, Johann Adolph (Hrsg.): Geometria empirica [3. Aufl.]. Hamburgi (Hamburg): Hertelius, 1642

Jungius / Vaget 1678 – Jungius, Joachim; Vaget (Vagetius), Johann (Hrsg.): Isagoge phytoscopica ut ab ipso privatis in Collegiis auditoribus solita fuit tradi. Ad exemplaria, quae ipse auctor summa diligentia deprehendebatur revidisse et multis locis sua manu locupletasse accurate expressa. Recensente Johanne Vagetio. Hamburgi (Hamburg): Pfeifferus, 1678

Jungius / Vaget 1685 – Jungius, Joachim; Vaget (Vagetius), Johann (Hrsg.): Schedarum fasciculus (ex fasce 87mo [ter]tius) inscriptus Germania superior complexus ex annalibus aliisque minus obviis libris enotatas ad geographiam et historiam ditionem minorum geographis solo fere nomine designatarum pertinentes observationes recensente Joh. Vagetio, cuius subitaneae quaedam adiectae sunt annotationes. Hamburgi (Hamburg): Lichtenstein, 1685

Jungius / Vaget 1689 – Jungius, Joachim; Vaget (Vagetius), Johann (Hrsg.): Schedarum fasciculus (32), inscriptus mineralia, concinnari in systema coeptus à Christiano Bunckio, ita editus, recensente Johanne Vagetio, cujus admonitationes quaedam accedunt schedarum Junianarum indolem exhibentes cognoscendam. Hamburgi (Hamburg): Brendeke, 1689 *(Bulling 156)*

Junius Philargyrius 1589 – Junius Philargyrius: Veteris grammatici in Bucolica et Georgica Virgilii commentariolus. In: Fulgentius, Fabius Planciades: Liber de expositione Virgilianae. [Heidelberg]: Officina Sanctandreana, 1589. *(eigene Paginierung)*

Junker-Bigatto 1824 – Junker-Bigatto, Clemens Freiherr von: Über die Auffindung und den Fortgang des Freiherrlich von Junker-Bigattoischen Bergbaues auf der St. Amalien-Silber-Zeche zu Sangerberg. In: HzN II, Nr. 2 (1824), 144–149

Jurin 1755 – Jurin, James: Abhandlung vom deutlichen und undeutlichen Sehen. In: Robert Smith: Vollständiger Lehrbegriff der Optik nach Herrn Robert Smiths Englischen mit Aenderungen und Zusätzen ausgearbeitet von Abraham Gotthelf Kästner. Altenburg: Richter, 1755, 483–514.

Jussieu 1789 – Jussieu, Antoine Laurent de: Genera plantarum secundum ordines naturales disposita. Parisiis (Paris): Herissant, Barrois, 1789

Jussieu / Usteri 1791 – Jussieu, Antoine Laurent de; Usteri, Paul (Hrsg.): Genera plantarum, secundum ordines naturales disposita, juxta methodum in horto regio Parisiensi exaratam, anno M.DCC.LXXIV. Recudi curavit notisque auxit Paulus Usteri. Turici Helvetorum (Zürich): Ziegler, 1791 (Ruppert 4734)

Kanne 1811 – Kanne. Johann Arnold: Pantheum der Aeltesten Naturphilosophie. die Religion aller Völker. Tübingen: Cotta. 1811

Kannegießer 1820 – Kannegießer. Karl Friedrich Ludwig: Ueber Göthe's Harzreise im Winter als Probe einer Erklärung auserlesener deutscher Gedichte. Einladungsschrift [...] zur feierlichen Einführung des Herrn Johann Friedrich Wilhelm Jakob [...] am 6ten December 1820. Prenzlau: Ragoczy. 1820

Kant 1786 – Kant. Immanuel: Metaphysische Anfangsgründe der Naturwissenschaft. Riga: Hartknoch. 1786 (Ruppert 3082) *(2. Aufl. Riga 1787 (Ruppert 3083))*

Kant 1790a – Kant. Immanuel: Critik der reinen Vernunft. 3. verb. Aufl. Riga: Hartknoch. 1790 (Ruppert 3086) *(1. Aufl. 1781, 2. verb. Aufl. 1787)*

Kant 1790b – Kant. Immanuel: Critik der Urtheilskraft. Berlin/Libau: Lagarde und Friederich. 1790 (Ruppert 3085)

Kant / Starke 1831 – Kant. Immanuel: Bergk. Johann Adam (Hrsg. als Fr. Chr. Starke): Menschenkunde oder philosophische Anthropologie. Nach handschriftlichen Vorlesungen herausgegeben von Fr. Chr. Starke. Leipzig: Die Expedition des europäischen Aufsehers. 1831 – *s. Rez. Michaelis 1832*

Karl Erzherzog v. Oesterreich 1813 – Karl von Österreich. Erzherzog: Grundsätze der Strategie. erläutert durch die Darstellung des Feldzugs von 1796 in Deutschland. Mit Karten und Planen. 3 Bde.. 1 Atlas. Wien: Degen. 1813 (Ruppert 3488) *(Weitere Ausgabe: Wien: Strauss, 1814)*

Karsten 1780 – Karsten. Wenceslaus Johann Gustav: Anfangsgründe der Naturlehre. Halle a. S.: Renger. 1780 *(2. Aufl. mit Anm. verm. hrsg. von Friedrich Albrecht Carl Gren, Halle a. S. 1790)*

Karsten 1783 – Karsten. Wenceslaus Johann Gustav: Anleitung zur gemeinnützlichen Kenntniß der Natur besonders für angehende Aerzte. Cameralisten und Oeconomen. Halle a. S.: Renger. 1783

Karsten 1792 – Karsten. Dietrich Ludwig Gustav: Tabellarische Übersicht der mineralogisch-einfachen Fossilien zum Behuf seiner Vorlesungen. 2. mit Zus. und Verb. vers. Aufl. Berlin: Rottmann. 1792

Karsten 1808 – Karsten. Dietrich Ludwig Gustav: Mineralogische Tabellen mit Rüksicht auf die neuesten Entdekkungen ausgearbeitet und mit erläuternden Anmerkungen versehen. 2. verb. und verm. Aufl. Berlin: Rottmann. 1808 (Ruppert 4736)

Kaschube 1718 – Caschubius. Johann Wenzeslaus: Elementa physicae mechanico-perceptivae. una cum appendice de geniis. Ienae (Jena): Bielcke. 1718

Kästner 1752 – Kästner. Abraham Gotthelf: De aberrationibus lentium ob diversam refrangibilitatem radiorum. In: Commentarii Societatis Regiae Scientiarum Gottingensis 2 (1752/1753). 183–199

Kästner 1768 – Kästner. Abraham Gotthelf: Anzeige seiner nächsten Vorlesungen über Mathematik und Physik. Göttingen: F. A. Rosenbusch. 1768

Kästner 1771 – Kästner. Abraham Gotthelf: De multiplicatione imaginum ope duorum speculorum lect. in Soc. R. Sc. G. d. 9. Iulii 1757. In: Ders.: Dissertationes mathematicae et physicae quas Societati Regiae Scientiarum Gottingensi annis MDCCLVI-MDCCLXVI. Altenburg: Richter. 1771. 8–22.

Kästner 1787 (Rez.) – Kästner. Abraham Gotthelf: Extrait du mémoire de M. Bottineau sur la nauscopie... 1786; 85 Octavs. In: Göttingische Anzeigen von gelehrten Sachen. Nr. 132. 18. Aug. (1787). 1313–1316 – *s. Bottineau 1786*

Kästner 1792a (Rez.) – Kästner, Abraham Gotthelf: J. W. von Göthe, Beyträge zur Optik. Erstes Stück mit 27 Tafeln. Weimar, im Verlag des Industrie-Comptoirs, 1791. 62 Ocktavseiten. Zweytes Stück, mit einer großen colorirten Tafel und einem Kupfer, 30 Octavseiten. In: Göttingische Anzeigen von gelehrten Sachen, Nr. 169, 22. Okt. (1792), 1693–1695 – *s. Goethe - Beiträge zur Optik*

Kästner 1792b (Rez.) – Kästner, Abraham Gotthelf: Versuche und Beobachtungen über die Farben des Lichts, angestellt und beschrieben von Christian Ernst Wünsch [...] Bey Breitkopf und Compagnie. 1792. In: Göttingische Anzeigen von gelehrten Sachen, Nr. 121, 30. Juli (1792), 1215–1216 – *s. Wünsch 1792*

Kästner 1793 (Rez.) – Kästner, Abraham Gotthelf: Vollständiger und faßlicher Unterricht in der Naturlehre, in einer Reihe von Briefen an einen jungen Herrn von Stande. Zweyter Band: von Michael Hube, Generaldirector und Professor zu Warschau. Bey Göschen 1793. In: Göttingische Anzeigen von gelehrten Sachen, Nr. 164, 14. Okt. (1793), 1646–1647 – *s. Hube 1793–1801*

Kästner 1799 (Rez.) – Kästner, Abraham Gotthelf: Memoirs of the Literary and Philosophical Society of Manchester. Volume V. Part 1.... Printed for Cadell and Davies London, by Ge. Nicholson Manchester. 1798. XVI u. 318 Octavs. In: Göttingische Anzeigen von gelehrten Sachen, Nr. 187, 23. Nov. (1799), 1857–1867

Kastner 1810 – Kastner, Karl Wilhelm Gottlob: Grundriß der Experimentalphysik. 2 Bde. Heidelberg: Mohr und Zimmer, 1810

Kecht 1813 – Kecht, Johann Sigismund: Versuch einer durch Erfahrung erprobten Methode, den Weinbau in Gärten und Weinbergen zu verbessern. Berlin: Selbstverl., 1813 *(Weitere Ausgabe: 4. verb. und mit einem Weinsorten-Verz. vers. Aufl. Berlin 1827)*

Keferstein 1820 – Keferstein, Christian: Ueber die durch Kupfer hervorgebrachte blaue Lasur-Farbe im Alterthum. In: Berlinische Nachrichten von Staats- und gelehrten Sachen, Nr. 60, 18. Mai (1820), unpag.

Keferstein 1821–1831 – Keferstein, Christian: Teutschland, geognostisch-geologisch dargestellt und mit Charten und Durchschnittszeichnungen erläutert. Eine Zeitschrift in freien Heften herausgegeben. 7 Bde. Weimar: Landes-Industrie-Comptoirs, 1821–1831 (Ruppert 4209)

Keilhau 1826 – Keilhau, Baltazar Mattias; Naumann, Karl Friedrich (Übers.): Darstellung der Uebergangs-Formation in Norwegen. Nach dem Manuscripte übersetzt, neben sieben colorirten Kupfertafeln. Leipzig: Barth, 1826 (Ruppert 4739)

Keller 1764 – Keller, Georg Reinhard: Gründliche Nachricht von des Ilmenauischen Bergwerks Anfange und Fortbau bis aufs Jahr 1718. In: Johann Paul Reinhards Sammlung seltener Schriften, welche die Historie Frankenlandes, und der angränzenden Gegenden erläutern 2 (1764), 403–445

Kepler 1604 – Kepler, Johannes: Ad Vitellionem paralipomena quibus astronomiae pars optica traditur. Potissimum de artificiosa observatione et aestimatione diametrorum deliquiorumque solis et lunae. Cum exemplis insignium eclipsium [...] tractatum luculentum de modo visionis, et humorum oculi usu, contra opticos et anatomicos. Francofurti ad Moenum (Frankfurt a. M.): Marnius et Aubrius, 1604

Kepler 1606 – Kepler, Johannes: De stella nova in pede serpentarii, et qui sub ejus exortum de novo iniit, trigono igneo. Libellus astronomicis, physicis, metaphysicis, meteorologicis et astrologicis disputationibus endoxois et paradoxois plenus. Accesserunt I. De stella incognita cygni: narratio astronomica. II. De Jesu Christi Servatoris vero anno natalitio, consideratio novissimae sententiae Laurentii Suslygae Poloni, quatuor annos in usitata epocha desiderantis. Pragae (Prag): Sessius, 1606

Kepler 1609 – Kepler, Johannes: Phaenomenon singulare seu Mercurius in Sole cum digressione de causis, cur Dionysius Abbas Christianos minus iusto a nativitate Christi Domini numerare docuerit, de capite et anni ecclesiastici. Lipsiae (Leipzig): Schurer, 1609

Kepler 1610 – Kepler, Johannes: Tertius interveniens. Das ist: Warnung an etliche Theologos, Medicos und Philosophos, sonderlich D. Philippum Feselium, daß sie bey billicher Verwerffung der Sternguckerischen Aberglauben, nicht das Kindt mit dem Badt außschütten, und hiermit ihrer Profession unwissendt zuwider handlen. Mit vielen hochwichtigen zuvor nie erregten oder erörterten philosophischen Fragen gezieret. Allen wahren Liebhabern der natürlichen Geheymnussen zu nohtwendigem Unterricht. Franckfurt am Mäyn (Frankfurt a. M.): Tampach, 1610

Kepler 1611 – Kepler, Johannes: Strena, seu de nive sexangula. Francofurti ad Moenum (Frankfurt a. M.): Tampach, 1611

Kepler 1653 – Kepler, Johannes: Dioptrice, seu demonstratio eorum, quae visui et visibilus propter conspicilla non ita pridem inventa accidunt. In: Pierre Gassendi: Institutio astronomica juxta hypotheses tam veterum quam recentiorum. Cui accesserunt Galilei Galilei Nuntius Sidereus et Johannis Kepleri Dioptrice. Secunda editio priori correctior. Londini (London): Flesher, 1653, 51–173.

Kepler 1718 – Kepler, Johannes: Hansch, Michael Gottlieb (Hrsg.): Epistolae ad Joannem Kepplerum [...] scriptae insertis ad easdem responsionibus Keppplerianis. Quotquot hactenus reperiri potuerunt opus novum, quo recondita Keppplerianae doctrinae capita dilucide explicantur, et historia literaria in universum mirifice illustratur. Nunc primum cum praefatione de meritis Germanorum in mathesin, introductione in historiam literariam saeculorum XVI. et XVII. et Jo. Keppleri vita. [Lipsiae (Leipzig)]: s.n., 1718

Kerekes 1819 – Kerekes, Franz: Betrachtung über die Chemischen Elemente. Pesth (Pest): Trattner, 1819

Kessler von Sprengseisen 1782 – Kessler von Sprengseisen, Christian Friedrich: Schreiben an Prof. Leske, betreffend eine der Naturgeschichte gewidmete fürstliche Lustreise in das Fürstentum Koburg. H. S. K. Meiningischen Anteils. In: Leipziger Magazin zur Naturkunde, Mathematik und Oeckonomie. Nr. 4 (1782), 475–484

Kielmeyer 1793 – Kielmeyer, Karl Friedrich: Ueber die Verhältniße der organischen Kräfte unter einander in der Reihe der verschiedenen Organisationen, die Geseze und Folgen dieser Verhältniße. Eine Rede, den 11ten Februar 1793 am Geburtstage des regierenden Herzogs Carl von Wirtemberg, im großen akademischen Hörsale gehalten. s. l. [Stuttgart?]: s.n., 1793 (Ruppert 4745)

Kies 1772 – Kies, Johann (Praes.): Spittler, Ludwig Timotheus (Resp.); Breunlin, Theodor (Resp.): Dissertatio physica de iride. Tubingae (Tübingen): Sigmund, 1772

Kieser 1808 – Kieser, Dietrich Georg: Aphorismen aus der Physiologie der Pflanzen. Göttingen: Dieterich, 1808 (Ruppert 4746)

Kieser 1810 – Kieser, Dietrich Georg: Entwurf einer Geschichte und Beschreibung der Badeanstalt bey Northeim nebst einigen Bemerkungen über Schlammbäder. Göttingen: Dieterich, 1810

Kieser 1814 – Kieser, Dietrich Georg: Mémoire sur l'organisation des plantes ou réponse à la question physique proposée par la Société Teylérienne. Qui à remporté le prix en 1812 (= Verhandelingen, uitgegeeven door Teyler's tweede genootschap; Bd. 18). Harlem: Beets, 1814 (Ruppert 4751)

Kieser 1815 – Kieser, Dietrich Georg: Grundzüge der Anatomie der Pflanzen. Zum Gebrauche bei seinen Vorlesungen, ein Auszug aus der im Jahr 1812 von der Teylerschen Gesellschaft zu Harlem gekrönten Preisschrift. Mit 6 Kupfertafeln. [Nebentitel:] Elemente der Phytonomie. Erster Theil. Phytotomie. Jena: Cröcker, 1815 (Ruppert 4747)

Kircher 1646 – Kircher, Athanasius: Ars magna lucis et umbrae. In decem libros digesta. Quibus admirandae lucis et umbrae in mundo, atque adeo universa natura, vires effectusque uti nova, ita varia novorum reconditiorumque speciminum exhibitione, ad varios mortalium usus, panduntur. Romae (Rom): Scheus et Grignani, 1646

Kircher 1664 – Kircher, Athanasius: Mundus subterraneus, in XII libros digestus; quo divinum subterrestris mundi opificium, mira ergasteriorum naturae in eo distributio, verbo παντάμορφον Protei regnum, universae denique naturae, maiestas et divitiae summa rerum varietate exponuntur. Abditorum effectuum causae acri indagine inquisitae demonstrantur; cognitae per artis et naturae coniugium ad humanae vitae necessarium usum vario experimentorum apparatu, necnon novo modo, et ratione applicantur. 2 Bde. Amstelodami (Amsterdam): Janssonius et Weyerstraten, 1664

Kirchmaier 1660 – Kirchmaier, Georg Caspar (Praes.); Ubelius, Johannes Leonhardus (Resp.): De luce ac umbra. Wittenberg: M. Henckel, 1660

Kirchmaier 1680 – Kirchmaier, Georg Caspar: De phosphoris et natura lucis, nec non de igne, commentatio epistolica. Wittenberg: Ellinger, 1680

Kirwan 1785 – Kirwan, Richard: Anfangsgründe der Mineralogie. Aus dem Engl. übers. mit Anm. und einer Vorrede versehen von Lorenz Crell. Berlin und Stettin: Nicolai, 1785 (Ruppert 4759) *(original: Elements of mineralogy; London 1784)*

Kirwan 1799 – Kirwan, Richard: Geological Essays. London: Bensley, 1799

Klaproth 1795–1815 – Klaproth, Martin Heinrich: Beiträge zur chemischen Kenntniss der Mineralkörper. 6 Bde. Posen; Berlin: Decker; Rottmann, 1795–1815 *(Bd. 5: Berlin und Leipzig: Rottmann; Bd. 6 u. d. T.: „Chemische Abhandlungen gemischten Inhalts", Berlin und Stettin: Nicolai)*

Klingenstierna 1762 – Klingenstierna, Samuel: Tentamen, de definiendis et corrigendis aberrationibus radiorum luminis in lentibus sphaericis refracti et de perficiendo telescopio dioptrico. Dissertatio ab Imperiali Academia Scientiarum Petropolitana praemio affecta d. XXIII. septembris 1762. Petropoli (St. Petersburg): Academia Scientiarum, 1762

Klöden 1824 – Klöden, Karl Friedrich von: Grundlinien zu einer neuen Theorie der Erdgestaltung in astronomischer, geognostischer, geographischer und physikalischer Hinsicht. Ein Versuch. Berlin: Magazin für Kunst, Geographie und Musik, 1824 (Ruppert 4767)

Klöden 1829a – Klöden, Karl Friedrich von: Beiträge zur mineralogischen und geognostischen Kenntniß der Mark Brandenburg. Zweites Stück. Berlin: Dieterici, 1829 *(Wohl nur 2. Stück erschienen.)*
Klöden 1829b – Klöden, Karl Friedrich von: Ueber die Gestalt und die Urgeschichte der Erde nebst den davon abhängenden Erscheinungen in astronomischer, geognostischer, geographischer und physikalischer Hinsicht. Zweite vermehrte Auflage der Grundlinien zu einer neuen Theorie der Erdgestaltung. Berlin: Nauck, 1829 *(1. Aufl. Berlin 1824)*
Klotz 1797 – Klotz, Matthias: Aussicht auf eine Farbenlehre, für alle Gewerbe die ihre Arbeiten mit Farben zieren oder karaktisiren wollen, zur Grundlage einer Färbungslehre für den Maler. In: Berlinisches Archiv der Zeit und ihres Geschmacks. Nr. [6] Juni (1797), 518–532
Klotz 1806 – Klotz, Matthias: Meldung einer Farbenlehre und eines Farben-Systems. München: Scherer, 1806
Klotz 1810a – Klotz, Matthias: Erklärende Ankündigung einer Farbenlehre und des daraus entstandenen Farbensystems. München: Giel, 1810
Klotz 1810b (Rez.) – Klotz, Matthias: Zur Farbenlehre. Herausgegeben von Göthe. Im Verlag der Cottaischen Buchhandlung in Tübingen 1810. 2 Bde. In: Kritischer Anzeiger für Litteratur und Kunst. Nr. 30–33. 28. Juli–18. Aug. (1810) *(Angaben Goethes) – s. Goethe - Zur Farbenlehre (Gesamtwerk)*
Klotz 1816 – Klotz, Matthias: Gründliche Farbenlehre mit vier vom Verfasser selbst gemalten Tafeln, sammt einer schematischen Erklärungsscheibe des in Kreisform (Tab. VI.) vorgetragenen chromatisch-absoluten Farbkanons, und zwey unfärbig gezeichneten zum Prismatisiren. München: Lindauer, 1816
Kluge 1811 – Kluge, Carl Alexander Ferdinand: Versuch einer Darstellung des animalischen Magnetismus als Heilmittel. Berlin: C. Salfeld, 1811
Klügel 1778 – Klügel, Georg Simon: Analytische Dioptrik in zwey Theilen. Der erste enthält die allgemeine Theorie der optischen Werkzeuge; der zweyte die besondere Theorie und vortheilhafteste Einrichtung aller Gattungen von Fernröhren, Spiegelteleskopen, und Mikroskopen. Leipzig: Junius, 1778
Knight 1818 – Knight, William: Facts and observations towards forming a new theory of the earth. Edinburgh: Constable, 1818
Knox 1689 – Knox, Robert: Ceylanische Reise-Beschreibung, oder, Historische Erzehlung von der in Ost-Indien gelegenen Insel Ceylon, Und insonderheit deren Mittel-ländischen Gegend, als welche noch bißanher grösten theils unbekant geblieben [...] Benebenst [...] einer Vorrede des Herrn Hookii. Jetzo ins Hoch-Teutsche mit Fleiß übersetzt, und mit einem vollständigen Register versehen. Leipzig: Gleditsch, 1689
Kolovrat-Liebsteinsky 1822 – Kolovrat-Liebsteinsky, Franz Anton Graf: Rede, welche am 23. Dez. 1822 als am Tage d. Constituierung d. von Sr. k. k. Majestät [...] genehmigten Gesellschaft des vaterländischen Museums in Böhmen [...] gehalten wurde. Prag: k. k. Hofbuchdr., 1822 (Ruppert 501)
Kölreuter 1761–1766 – Kölreuter, Joseph Gottlieb: Vorläufige Nachricht von einigen das Geschlecht der Pflanzen betreffenden Versuchen und Beobachtungen. 3 Tle. Leipzig: Gleditsch, 1761–1766 (Ruppert 4769)
Kölreuter 1777 – Kölreuter, Joseph Gottlieb: Das entdeckte Geheimniß der Cryptogamie. Eine der Chur-Pfälz. Academie der Wissenschaften zugedacht gewesene Preißschrift. Karlsruhe: Maklot, 1777

Körte 1821 – Körte, Wilhelm: Urstier-Schädel. Nebst einer Abbildung. In: Archiv für die neuesten Entdeckungen der Urwelt 3 (1821), 326–331 und Tafel

Krafft 1750–1754 – Krafft, Georg Wolfgang: Praelectiones academicae publicae in physicam theoreticam. 3 Bde. Tubingae (Tübingen): Cotta, 1750–1754

Kratzenstein 1745 – Kratzenstein, Christian Gottlieb: Abhandlung von dem Nutzen der Electricität in der Arzneywissenschaft. In einem Schreiben an D.G.F.F. 2. verm. Aufl. Halle: Hemmerde, 1745

Kratzenstein 1781 – Kratzenstein, Christian Gottlieb: Vorlesungen über die Experimental Physik. 4. verm. Aufl. Kopenhaven (Kopenhagen): Horrebow, 1781

Krause 1811 – Krause, Karl Christian Friedrich: Einige akustische Beobachtungen. In: Tageblatt des Menschheitslebens, Nr. 8 (1811), 31–32

Krüger 1740 – Krüger, Johann Gottlob: Naturlehre nebst Kupfern und vollständigem Register, mit einer Vorrede von der wahren Weltweisheit begleitet von Herrn Friedrich Hoffmann. Halle a. S.: Hemmerde, 1740

Krüger 1743 – Krüger, Johann Gottlob: De novo musices, quo oculi delectantur. In: Miscellanea Berolinensia 8 (1743), 345–357

Krüger 1747 – Krüger, Johann Gottlob: Anmerkungen aus der Naturlehre über einige zur Musik gehörige Sachen. In: Hamburgisches Magazin 1, Nr. 4 (1747), 363–377

Krusenstern 1810–1812 – Krusenstern, Adam J. von: Reise um die Welt in den Jahren 1803, 1804, 1805 und 1806. 3 Bde. St. Petersburg: Schnoor, 1810–1812

Krusenstern 1827 – Krusenstern, Adam J. von: Recueil de mémoires hydrographiques pour servir d'analyse et d'explication a l'atlas de l'océan pacifique. St. Petersburg: Imprimerie du Département de l'Instruction Publique, 1827 – *s. Rez. Zach 1825*

Kunckel 1679 – Kunckel, Johannes: Ars vitraria experimentalis. Oder vollkommene Glasmacher-Kunst, Lehrende, als in einem, aus unbetrüglicher Erfahrung herfliessendem Commentario, über die von dergleichen Arbeit beschriebenen Sieben Bücher P. Anthonii Neri, von Florentz, und denen darüber gethanen gelehrten Anmerckungen Christophori Merretti [...] (so aus den Ital. und Latein, beyde mit Fleiß ins Hochdeutsche übersetzt). Franckfurt (Frankfurt a. M.) und Leipzig: Bielcke, 1679 *(2. verm. Aufl.: Frankfurt und Leipzig: Riegel, 1689; 3. vermehrte Aufl.: Nürnberg: Riegel, 1743)*

Kuntz 1823 – Kuntz, Rudolf: Abbildungen Königlich-Württembergischer Gestütspferde von orientalischen Racen [3 Lfgen zu je 6 Tlen]. Stuttgart: Königl. Lithogr. Inst., 1823 – *s. Rez. Alton 1824*

La Caille 1741 – La Caille, Nicolas Louis de: Leçons élémentaires de mathématiques ou Elements d'algèbre et de géométrie. Paris: Collombat, 1741

La Caille 1748 – La Caille, Nicolas Louis de: Lectiones elementares opticae. Paris: s.n., 1748

La Fontaine 1801 – La Fontaine, Jean de: Contes et nouvelles en vers. 2 Bde. (= Bibliothèque portative du voyageur), X [1801] (Ruppert 1598) *(Weitere Ausgabe: Nouv. éd., revue, corr. et augm. Amsterdam 1696 (Ruppert 1597))*

La Fosse 1772 – La Fosse, Philippe-Etienne: Cours d'hippiatrique ou traité complet de la médecine des chevaux. Orné de 65 planches. Paris: Edme, 1772

La Galla 1612 – La Galla. Giulio Cesare: De phoenomenis in orbe lunae novi telescopii usu a D. Gallileo Gallileo nunc iterum suscitatis physica disputatio [...] Necnon de luce, et lumine. Altera disputatio. Venetiis (Venedig): Balionus. 1612

La Hire 1711 – La Hire. Philippe de: Remarques sur quelques couleurs. In: Histoire de l'Académie Royale des Sciences, avec les mémoires de mathématique et de physique (1711/1714). 79–81 *(Mémoires)*

La Hire 1730a – La Hire. Philippe de: Dissertation sur les differens accidens de la vuë. in: Oeuvres diverses de M. de La Hire de l'Academie Royal des Sciences. [Nebentitel:] Memoires de l'Academie Royale des Sciences. Depuis 1666. jusqu'à 1699. Tome IX. Paris: Compagnie des libraires. 1730. 530–634.

La Hire 1730b – La Hire. Philippe de: Oeuvres diverses de M. de La Hire de l'Academie Royal des Sciences [Nebentitel:] Memoires de l'Academie Royale des Sciences. Depuis 1666. jusqu'à 1699. Tome IX. Paris: Compagnie des libraires. 1730

La Hire 1730c – La Hire. Philippe de: Traité de la pratique de la peinture. in: Oeuvres diverses de M. de La Hire de l'Academie Royal des Sciences [Nebentitel:] Memoires de l'Academie Royale des Sciences. Depuis 1666. jusqu'à 1699. Tome IX. Paris: Compagnie des libraires. 1730. 635–730. Paris: Compagnie des libraires. 1730

La Métherie 1797 – La Métherie. Jean Claude de: Théorie de la terre. Seconde Édition. corrigée. et augmentée d'une Minéralogie. 5 Bde. Paris: Maradan. 1797

La Pérouse 1831 – La Pérouse. Jean François de: Voyage de Lapérouse. rédigé d'après ses manuscrits originaux. suivi d'un appendice renfermant tout ce que l'on a découvert depuis le naufrage jusqu'a nos jours, et enrichi des notes par M. de Lesseps [...] accompagné d'une carte générale du voyage, orné du portrait et d'un fac-simile de Lapérouse. Paris: Bertrand und Delaunay. 1831

La Place / Haüy 1808 – Laplace. Pierre Simon de: Haüy. René Just: Rapport sur un mémoire de M. Hassenfratz. relatif aux altérations que la lumière du soleil éprouve en traversant l'atmosphère. In: Journal de physique, de chimie et d'histoire naturelle 66 (1808). 356–358

Lagrange 1798 – Lagrange. Joseph Louis de: Solutions de quelques problèmes relatifs aux triangles sphériques, avec une analyse complète de ces triangles. In: Journal de l'École Polytechnique 2. Nr. 6 (1798). 270–296

Lamarck 1783–1808 – Lamarck. Jean Baptiste de: Encyclopédie méthodique. Botanique. 8 Bde. Paris: Agasse. 1783–1808 *(Suppl. 5 Bde. Paris 1810–1817; 1823 Recueil des planches de botanique de l'Encyclopédie, 4 Bde.)*

Lamarck 1802 – Lamarck. Jean Baptiste de: Hydrogéologie ou recherches sur l'influence qu'ont les eaux sur la surface du globe terrestre. Paris: Agasse. Maillard. 1802

Lamarck / Candolle 1815 – Lamarck. Jean Baptiste de: Candolle. Augustin Pyramus de: Flore française ou Descriptions succinctes de toutes les plantes qui croissent naturellement en France [...] 3. Aufl.. 5 Bde. Paris: Desray. 1815 *(ED in Lat.: Synopsis plantarum in Flora Gallica descriptarum. Paris 1806)*

Lambert 1760 – Lambert, Johann Heinrich: Photometria sive de mensura et gradibus luminis, colorum et umbrae. Augustae Vindelicorum (Augsburg): Klett, 1760 (Ruppert 4777)

Lambert 1772 – Lambert, Johann Heinrich: Beschreibung einer mit dem Calauschen Wachse ausgemalten Farbenpyramide, wo die Mischung jeder Farben aus Weiß und drey Grundfarben angeordnet, dargelegt und derselben Berechnung und vielfacher Gebrauch gewiesen wird. Berlin: Haude und Spener, 1772

Lambert 1774 – Lambert, Johann Heinrich: Freye Perspective, oder Anweisung, jeden perspektivischen Aufriß von freyen Stücken und ohne Grundriß zu verfertigen. 2. verm. Aufl. Zürich: Orell, Geßner, Füeßlin und Compagnie, 1774 (Ruppert 4147) *(1. Aufl. Zürich 1759)*

Lambert 1781–1787 – Lambert, Johann Heinrich: Deutscher gelehrter Briefwechsel. Hrsg. von Johann Bernoulli. 5 Bde. Berlin: s.n., 1781–1787

Lancry 1790 – Lancry: [Neues Mittel zur Beförderung der Reife und Größe der Baumfrüchte; Abhandlung vorgelegt der „Königlichen Gesellschaft des Ackerbaues zu Paris" (1788–90 unter dem Namen: Société Royale d'Agriculture de France)]. *(Angaben Goethes; s. a. Art. „Bourelets" in: Encyclopédie méthodique, agriculture, Bd. 2, Paris: Panckoucke, 1791, 323–371)*

Laplace 1798–1825 – Laplace, Pierre Simon de: Traité de mécanique céleste. 5 Bde. Paris: Duprat [u.a.], 1798–1825

Laplace 1823 – Laplace, Pierre Simon de: De l'action de la lune sur l'atmosphère. In: Connaissance des temps ou des mouvemens célestes, à l'usage des astronomes et des navigateurs, pour l'an 1826 (1823[!]), 308–317

Laplace / Hauff 1797 – Laplace, Pierre Simon de; Hauff, Johann Karl Friedrich (Übers.): Darstellung des Weltsystems [...] Aus dem Franz. übers. von Johann Karl Friedrich Hauff. 2 Bde. Frankfurt a. M.: Varrentrapp und Wenner, 1797

Lasius 1789 – Lasius, Georg Sigismund Otto: Beobachtungen über die Harzgebirge. 2 Bde. Hannover: Helwingsche Hofbuchhandlung, 1789

Latini 1474 – Latini, Brunetto: Il tesoro. Trad. Bono Giamboni. Treviso: Gerardus de Lisa, 1474 *(Le tresor de l'origine et de la nature de toutes choses (hdschr. 1260))*

Laurentius 1631 – Laurentius, Josephus: Polymathiae sive variae antiquae eruditionis libri duo in quibus ritus antiqui romani externi qua sacri qua profani qua publici qua privati sacrificiorum, nuptiarum, comitiorum, conviviorum, fori, theatri, militiae, triumphi, funeris, et huiusmodi, e philosophiae, politiae, philologiae adytis eruuntur. Vicentiae (Vicenza): Grossius, 1631 *(auch ebd. in 2 Bden 1631–1632)*

Lavater 1775–1778 – Lavater, Johann Kaspar: Physiognomische Fragmente, zur Beförderung der Menschenkenntniß und Menschenliebe. 4 Bde. Leipzig, Winterthur: Weidmanns Erben und Reich; Heinrich Steiner, 1775–1778

Lavater 1786 – Lavater, Johann Kaspar: Nathanael. Oder, die eben so gewisse, als unerweisliche Göttlichkeit des Christenthums. Für Nathanaéle. Das ist, Für Menschen, mit geradem, gesundem, ruhigem, Truglosem Wahrheitssinne. s.l.: s.n., 1786

Le Baude 1775 – Libaude (Le Baude), Jean Baptiste: Mémoire sur le moyen de perfectionner l'espèce de cristal à la construction des lunettes chromatiques. Paris: Académie Royale des Sciences, 1775

Le Cat 1744 – Le Cat, Claude Nicolas: Traité des sens. Nouvelle ed., corr., augm., et enrichie de figures en taille douce. Amsterdam: J. Wetterstein, 1744
Le Cat 1767 – Le Cat, Claude Nicolas: Traité des sensations et des passions en général, et des sens en particulier, ouvrage divisé en deux parties. Paris: Vallat-la-Chapelle, 1767
Le Clerc / Manget 1675 – Le Clerc, Daniel; Manget, Jean-Jacques: Bibliotheca anatomica sive recens in anatomia inventorum thesaurus locupletissimus, in quo integra atque absolutissima totius corporis humani descriptio, eiusdem oeconomia e praestantissimorum quorumque anatomicorum tractatibus singularibus, tum hactenus in lucem editis, tum etiam ineditis, concinnata exhibetur. 2 Bde. Genf: J. A. Chovet, 1675
Le Gentil 1792 – Le Gentil, Guillaume: Ueber die Farbe, welche roth und gelb gefärbte Gegenstände zeigen, wenn man sie durch rothe oder gelbe Gläser betrachtet. In: Journal der Physik 6 (1792), 165–178
Lefèvre d'Étaples 1501 – Lefèvre d'Étaples, Jacques: Totius philosophie naturalis paraphrases. Adiecto ad litteram familiari commentario declarate. Paris: Hopylius, 1501
Lefèvre d'Étaples / Clichtove 1540 – Lefèvre d'Étaples, Jacques; Clichtove, Josse van: Totius naturalis philosophiae Aristotelis paraphrases per Iacobum Fabrum Stapulensem recognitae iam, et ab infinitis, quibus scatebant mendis, repurgatae; et scholiis doctissimi viri ludoci Clichthovei illustratae. Friburgi Brisgoiae (Freiburg i. Br.): Emmeus, 1540
Legrand d'Aussy 1788 – Legrand d'Aussy, Pierre Jean Baptiste: Voyage d'Auvergne. Paris: Eugene Onfroy, 1788
Lehmann 1699 – Lehmann, Christian: Historischer Schauplatz derer natürlichen Merckwürdigkeiten in dem Meißnischen Ober-Erzgebirge. Leipzig: Lanckisch, 1699
Lehmann 1756 – Lehmann, Johann Gottlob: Versuch einer Geschichte von Flötz-Gebürgen, betreffend deren Entstehung, Lage, darinne befindliche Metallen, Mineralien und Foßilien, gröstentheils aus eigenen Wahrnehmungen, chymischen und physicalischen Versuchen, und aus denen Grundsätzen der Natur-Lehre hergeleitet, und mit nöthigen Kupfern versehen. Berlin: Klüter, 1756
Lehmann 1761 – Lehmann, Johann Gottlob: Cadmiologia, oder Geschichte des Farben-Kobolds. 1. Teil. Königsberg: Gebhard Ludwig Woltersdorf, 1761
Leibniz 1749 – Leibniz, Gottfried Wilhelm: Protogaea sive de prima facie telluris et antiquissimae historiae vestigiis in ipsis naturae monumentis dissertatio ex schedis manuscriptis viri illustris in lucem edita a Christiano Ludovico Scheidio. Goettingae: Schmid, 1749
Lémery 1707 – Lémery, Nicolas: Reflexions et observations diverses sur une vegetation chimique du fer, et sur quelques experiences faites à cette occasion avec differentes liqueurs acides et alkalines, et avec differens métaux substituez au fer. In: Histoire de l'Académie Royale des Sciences, avec les mémoires de mathématique et de physique 5 (1707), 299–329 (*Mémoires*)
Lenormant 1828 – Lenormant, Charles: Egypte. Expedition scientifique. Alexandrie 13. Septembre 1828. In: Le Globe 6, Nr. 109, 8. Nov. (1828)
Lenz 1794 – Lenz, Johann Georg: Versuch einer vollständigen Anleitung zur Kenntniss der Mineralien. 2 Bde. Leipzig: Crusius, 1794

GESAMTLISTE DER ERWÄHNTEN WERKE 647

Lenz 1800 – Lenz, Johann Georg: System der Mineralkörper mit Benutzung der neuesten Entdeckungen. Bamberg und Würzburg: Göbhard, 1800

Lenz 1813 – Lenz, Johann Georg: Erkenntnisslehre[!] der anorganischen Naturkörper. Mit Hinsicht auf die neuesten Entdeckungen und Berichtigungen und mit steter Anwendung auf das bürgerliche Leben. Für den Selbstunterricht bearbeitet nebst einem Versuche zu einer vergleichenden Mineralogie. 2 Bde. Gießen: Müller, 1813 (Ruppert 4787)

Lenz 1813 – Lenz, Johann Georg: Darstellung der sämtlichen Erd- und Steinarten, mit Angabe ihrer Fundorte, physischen und chemischen Kennzeichen und deren technischen Verwendung. Gießen: s.n., 1813

Lenz 1819–1822 – Lenz, Johann Georg: Vollständiges Handbuch der Mineralogie. Gießen: s.n., 1819–1822

Leonardo da Vinci 1724 – Leonardo da Vinci: Höchst-nützlicher Tractat von der Mahlereÿ. Aus dem Ital. und Frantz. in das Teutsche übers. Auch nach dem Original mit vielen Kupfern und saubern Holtzschnitten versehen: und mit beygefügtem Leben des Auctoris zum Druck befördert, von Johann Georg Böhm. Sen. Nürnberg: Weigel, 1724 (Keudell 21, 1404) *(Origin.: Trattato della pittura)*

Leonardo da Vinci 1792 – Leonardo da Vinci: Trattato della Pittura. Ridotto alla sua vera lezione sopra una copia a penna di mano di Stefano Della Bella. Con le figure disegnate dal medesimo. Corredato delle memorie per la vita dell'autore e del copiatore di Francesco Fontani. Firenze (Florenz): Grazioli, 1792 (Keudell 1124)

Leonardo / Manzi 1817 – Leonardo da Vinci: Trattato della pittura [...] tratto da un codice della Biblioteca Vaticana. Ed. Guiglielmo Manzi. 1 Bd. und 1 Tafelbd. mit eigenem Titel [= Disegni che illustrano l'opera del trattato della pittura di Lionardo da Vinci, tratti fedelmente dagli originale del codice Vaticano]. Roma (Rom): Stamperia de Romanis, 1817 (Keudell 1133, 1402)

Leonhard 1805–1809 – Leonhard, Karl Cäsar von: Handbuch einer allgemeinen topographischen Mineralogie. 3 Bde. Frankfurt a. M.: Hermann, 1805–1809 (Ruppert 4801)

Leonhard 1816 – Leonhard, Karl Cäsar von: Bedeutung und Stand der Mineralogie. Eine Abhandlung, in der [...] am 12. Oktober 1816 gehaltenen öffentlichen Versammlung der Akademie der Wissenschaften zu München. Frankfurt a. M.: Hermann, 1816 (Ruppert 4797)

Leonhard 1819 – Leonhard, Karl Cäsar von: Zur Naturgeschichte der Erde. Leitfaden akademischer Vorlesungen. Frankfurt a. M.: Hermann, 1819 (Ruppert 4804)

Leonhard 1821 – Leonhard, Karl Cäsar von: Handbuch der Oryktognosie: für akademische Vorlesungen und zum Selbststudium. Mit sieben Steindruck-Tafeln. Heidelberg: Mohr und Winter, 1821 (Ruppert 4802)

Leonhard 1823–1824 – Leonhard, Karl Cäsar von: Charakteristik der Felsarten: für akademische Vorlesungen und zum Selbststudium. 3 Bde. Heidelberg: Joseph Engelmann, 1823–1824 (Ruppert 4799)

Leonhard / Gärtner / Kopp 1817 – Leonhard, Karl Cäsar von; Gärtner, Karl Ludwig; Kopp, Johann Heinrich: Propädeutik der Mineralogie. Als erster Theil der systematisch-tabellarischen Übersicht und Charakteristik der Mineralkörper: mit 10 schwarzen und ausgemalten Tafeln. Frankfurt a. M.: Hermann, 1817

Leonhard / Kopp / Merz 1806 – Leonhard, Karl Cäsar von; Kopp, Johann Heinrich; Merz, Karl Friedrich: Systematisch-tabellarische Uebersicht und Charakteristik der Mineralkörper in oryktognostischer und orologischer Hinsicht aufgestellt. Frankfurt a. M.: Hermann, 1806
Leonhard / Selb 1812 – Leonhard, Karl Cäsar von; Selb, Carl Joseph: Mineralogische Studien. Erster Theil. Nürnberg: Schrag, 1812
Leprince 1819 – Leprince, Henri Simon: Nouvelle croagénésie ou réfutation du traité d'optique de Newton. Première partie. Paris: Leblanc, 1819
Leslie 1804 – Leslie, John: An experimental inquiry into the nature, and propagation of heat. London: J. Mawman, 1804
Leveling 1783 – Leveling, Heinrich Palmatius: Anatomische Erklärung der Original-Figuren von Andreas Vesal samt einer Anwendung der Winslowischen Zergliederungslehre in sieben Büchern. Ingolstadt: Anton Attenkhouer, 1783
Lewis 1766 – Lewis, William: Historie der Farben. Erste Abtheilung, von den schwarzen Farben. Aus dem Engl. übers. von Johann Heinrich Ziegler. Zürich: Heidegger, 1766
Liboschitz / Gilbert 1820 – Liboschitz, Joseph; Gilbert, Ludwig Wilhelm: Merkwürdiges Verhalten zum Lichte eines Epidote: aus einem Briefe des Hrn. Jos. Liboschitz, Russ. Kais. Leibarztes in Petersburg. Und eine Nachschrift von Gilbert. In: Annalen der Physik 64, Nr. 4 (1820), 427–433
Liceti 1634 – Liceti, Fortunio: Pyronarcha sive de fulminum natura deque febrium origine, libri duo. In quibus et fulminum in mundo magno, et febrium in mundo paruo causse naturales omnes, modus originis, idea, proprietates, differentiae, ac effectus admirabiles accurate tractantur. Diligenter explicato vetere Gripho Pyronarchae, a Coelio Igiano inter flores medicos descripto. Patavii (Padua): Crivellarium, 1634
Liceti 1640 – Liceti, Fortunio: De luminis natura et efficientia libri tres: In quibus luminis nomenclatura, necessitas, caussa finalis, materialis, efficiens, formalis, productio, quidditas, affectiones, facultates, et operationes omnes diligenter explicantur ex rei natura: de medio sublatis alienis dogmatibus, et difficultatibus in proposito contingentibus. Utini (Udine): N. Schiratt, 1640
Lichtenberg 1791 – Lichtenberg, Georg Christoph: Ueber einige wichtige Pflichten gegen die Augen. In: Göttinger Taschen Calender (1791), 89–124
Lichtner 1653 – Lichtner, Johann Christoph: De natura lucis exercitatio physica. Leipzig: C. Cellarius, 1653
Lindemuth 1640 – Lindemuth, Andreas (Praes.); Betram, Theodor (Resp.): Umbrae magisteria optica. Leipzig: Timotheus Ritzsch, 1640
Lindenau 1810 – Lindenau, Bernhard August von: Beyträge zu einer Theorie der Atmosphäre. In: Monatliche Correspondenz zur Beförderung der Erd- und Himmels-Kunde 21, Nr. [2–3] Febr. u. März (1810), 101–119, 211–225
Lindenau 1811 – Lindenau, Bernhard August von: Versuch einer geschichtlichen Darstellung der Fortschritte der Sternkunde im verflossenen Decennio. (Fortsetzung zum März-Heft S. 256.). In: Monatliche Correspondenz zur Beförderung der Erd- und Himmels-Kunde 23, Nr. [4] April (1811), 305–340
Lindley 1828 – Lindley, John: Collomia linéaris. Linear-leaved Collomia. In: The botanical Register, consisting of coloured figures of exotic plants, cultivated in British Gardens 14 (1828), o. Pag., Nr. 1166

Link 1798 – Link, Heinrich Friedrich: Philosophiae botanicae novae seu institutionum phytographicarum prodromus. Gottingae (Göttingen): Dieterich, 1798

Link 1807 – Link, Heinrich Friedrich: Grundlehren der Anatomie und Physiologie der Pflanzen. Göttingen: Danckwerts, 1807

Link 1821–1822 – Link, Heinrich Friedrich: Die Urwelt und das Alterthum, erläutert durch die Naturkunde. 2 Bde. Berlin: Ferdinand Dümmler, 1821–1822

Link 1824 – Link, Heinrich Friedrich: Elementa philosophiae botanicae. Berolini (Berlin): Haude und Spener, 1824

Linné 1747 – Linné, Carl von: Fundamenta botanica in quibus theoria botanices aphoristice traditur. Accedunt Iohannis Gesneri [...] dissertationes physicae in quibus celeb. Linnaei elementa botanica dilucide explicantur. Halae propter Salam (Halle a. S.): Bierwirth, 1747 (Ruppert 4817)

Linné 1747 – Linné, Carl von: Flora Zeylanica. Sistens plantas indicas Zeylonae insulae. Stockholm: Laurentii Salvii, 1747

Linné 1749–1790 – Linné, Carl von: Amoenitates academicae seu dissertationes variae physicae, medicae, botanicae antehac seorsim editae nunc collectae et auctae cum tabulis aeneis. 10 Bde. Holmiae (Stockholm) [u.a.]: Kiesewetter [u.a.], 1749–1790

Linné 1751 – Linné, Carl von: Philosophia botanica in qua explicantur fundamenta botanica cum definitionibus partium, exemplis terminorum, observationibus rariorum. Stockholmiae (Stockholm): Kiesewetter, 1751 (Ruppert 4820) *(Weitere Aufl.: Berlin 1779)*

Linné 1752 – Linné, Carl von: Genera plantarum eorumque characteres naturales secundum numerum, figuram, situm, et proportionem omnium fructificationis partium quae novis LXX celeb. auctoris generibus sparsim editis locupletata, in usum auditorii recudenda curavit Christoph Carolus Strumpff. Editio quarta. Halae Magdeburgicae (Halle a. S.): Kümmel, 1752 (Ruppert 4818) *(1. Aufl. 1737)*

Linné 1767 – Linné, Carl von: Termini botanici explicati. Editio nova auctior. Lipsiae (Leipzig): s.n., 1767 (Ruppert 4824)

Linné / Dahlberg 1759 – Linné, Carl von (Praes.); Dahlberg, N. E. (Resp.): Metamorphosis plantarum. In: Amoenitates academicae. Bd. 4. Holmiae (Stockholm): Salvius, 1759, 368–386.

Linné / Ferber 1763 – Linné, Carl von (Praes.); Ferber, Johann Jakob (Resp.): Disquisitio de prolepsi plantarum. Upsaliae (Uppsala): s.n., 1763 *(Auch in: Linné: Amoenitatis Academicae VI, 365–383, Holmiae (Stockholm) 1763)*

Linné / Kästner 1762 – Linné, Elisabeth Christina; Kästner, Abraham Gotthelf (Übers.): Vom Blitzen der indianischen Kresse. In: Der Königl. Schwedischen Akademie der Wissenschaften neue Abhandlungen, aus der Naturlehre, Haushaltungskunst und Mechanik 24 (1762/1765), 291–293

Linné / Murray 1784 – Linné, Carl von; Murray, Johann Andreas (Hrsg.): Systema vegetabilium secundum classes ordines genera species cum characteribus et differentiis. Editio decima quarta praecedente longe auctior et correctior curante Jo. Andrea Murray. Gottingae (Göttingen): Dieterich, 1784 (Ruppert 4823)

Linné / Schreber 1789–1791 – Linné, Carl von; Schreber, Johann Christian Daniel (Hrsg. und Komm.): Genera plantarum, eorumque characteres naturales secundum numerum, figuram, situm et proportionem omnium fructificationis partium. Editio octava, post Reichardianam secunda prioribus longe auctior atque emendatior. 2 Bde. Francofurti ad Moenum (Frankfurt a. M.): Varrentrapp und Wenner. 1789–1791 (Ruppert 4819)

Linné / Ullmark 1760 – Linné, Carl von (Praes.): Ullmark, Henrik (Resp.): Prolepsis plantarum [...] Publico examini submittit Hinricus Ullmark [...]. Upsaliae (Uppsala): s.n., 1760 *(Enthalten in: Amoenitates academicae. Bd. VI. Holmiae (Stockholm) 1763, 324–341)*

Linné / Wahlbom 1754 – Linné, Carl von (Praes.): Wahlbom, Gustav (Resp.): Von den Hochzeiten der Pflanzen. Eine unter Herrn Linnäus Vorsitze von Herrn Johann Gustav Wahlbom im Jahre 1746 vertheidigte akademische Streitschrift. Zur Erleuterung des Systematis Naturae des Herrn Linnäus von § 133 bis § 150 (Aus dessen Amoenitat. accad. Vol I p 61–109). In: Allgemeines Magazin der Natur, Kunst und Wissenschaften 4 (1754), 172–236

Linné / Willdenow 1797–1825 – Linné, Carl von: Willdenow, Karl Ludwig (Hrsg.): Species plantarum exhibentes plantas rite cognitas ad genera relatas cum differentiis specificis, nominibus trivialibus synonymis selectis, locis natalibus secundum systema sexuale digestas. Editio quarta, post Reichardianam quinta. Adjectis vegetabilibus hucusque cognitis curante Carolo Ludovico Willdenow. 6 Bde. in 12 Teilen. Berolini (Berlin): Nauk. 1797–1825

Linus 1674 – Linus, Franciscus: A letter of the learned Franc. Linus, to a friend of his in London, animadverting upon Mr. Isaac Newton's theory of light and colours, formerly printed in these tracts. In: Philosophical transactions 9, Nr. 110 (1674), 217–219

Linus 1675 – Linus, Franciscus: A letter of Mr. Franc. Linus, written to the publisher from Liege the 25th of Febr. 1675. st.n. being a reply to the letter printed in Numb. 110. by way of answer to a former letter of the same Mr. Linus, concerning Mr. Isaac Newton's theory of light and colours. In: Philosophical transactions 10, Nr. 121 (1675), 499–501

Lobkowitz 1823 – Lobkowitz, August Longin von: Vortrag des Geschäftsleiters des böhmischen Museums Fürsten August von Lobkowitz, bei der ersten allgemeinen ordentlichen Versammlung, den 26. Hornung 1823. In: Verhandlungen der Gesellschaft des vaterländischen Museums in Böhmen 1 (1823), 3–17

Loder 1788 – Loder, Justus Christian von: Anatomisches Handbuch. Erster Band: Osteologie, Syndesmologie, Myologie. Jena: Akademische Buchhandlung. 1788 (Ruppert 4835) *(nur 1. Bd. erschienen; Weitere Auflagen: 2. Aufl. Jena 1800)*

Lomonossow 1756 – Lomonossow, Michael Wassiljewitsch: Oratio de origine lucis sistens novam theoriam colorum [...] Ex rossica in latinam linguam conversa a Gregorio Kositzki. Petropoli (St. Petersburg): Academia scientiarum. 1756

Löscher 1715 – Löscher, Martin Gotthelf: Physica experimentalis compendiosa. In usum iuventutis academicae adornata et novissimis rationibus et experimentis illustrata. Accedit appendix observationum selectiorum physicarum et oratio inauguralis de physica ad rempublicam accommodanda. Vitembergae (Wittenberg): Zimmermann. 1715

Lößl 1824 – Lößl, Ignaz: Noch etwas über den Russ des Hopfens, nachgebracht vom Herrn Bergmeister und Justitiarius Lössl, zu Falkenau. In: HzM II, Nr. 2 (1824), 100–101

Lotter 1726 – Lotter, Johann Georg (Praes.): Steinert, Georg Gottlieb (Resp.): Ex historia philosophica de Bernardini Telesii philosophi itali saeculo XVI clari vita et philosophia. Lipsiae (Leipzig): Breitkopf, 1726

Lotter 1733 – Lotter, Johann Georg: De vita et philosophia Bernardini Telesii commentarius ad inlustrandas historiam philosophicam universim et litterariam saeculi XVI. Christiani sigillatim comparatus. Lipsiae (Leipzig): Breitkopf, 1733 – *s. Rez. Anonymi 1733*

Loudon 1823–1826 – Loudon, John C.: Eine Encyclopädie des Gartenwesens, enthaltend die Theorie und Praxis des Gemüsebaues, der Blumenzucht, Baumzucht und der Landschaftsgärtnerei, mit Inbegriff der neuesten Entdeckungen und Verbesserungen. Aus dem Engl. 2 Bde. Weimar: Landes-Industrie-Comptoir, 1823–1826

Lowthorp 1705 – Lowthorp, John: The philosophical transactions and collections, to the end of the year 1700. Abridg'd and dispos'd under general heads. 3 Bde. London: T. Bennet [u.a.], 1705

Loysel 1800 – Loysel, Pierre: Essai sur l'art de la verrerie. Paris: s.n., 1800

Luc 1779 – Luc, Jean André de: Lettres physiques et morales sur l'histoire de la terre et de l'homme. 5 Bde. Paris; La Haye: Duchesne; De Tune, 1779

Luc 1803 – Luc, Jean André de: Abrégé de principes et des faits concernans la cosmologie et la géologie. Brunswic (Braunschweig): Maison des Orphelins, 1803 (Ruppert 4847)

Luc 1809 – Luc, Jean André de: Traité élémentaire de géologie. Paris: Courcier, 1809

Lucas 1676 – Lucas, Antonius: A letter from Liege concerning Mr. Newton's experiment of the coloured spectrum; together with some exceptions against his theory of light and colours. In: Philosophical transactions 11, Nr. 128 (1676), 692–698

Lucretius / Knebel 1821 – Lucretius Carus, Titus; Knebel, Karl Ludwig von (Übers.): Von der Natur der Dinge. Mit dem lateinischen Text nach Wakefield's Ausgabe. 2 Bde. Leipzig: Göschen, 1821

Lucretius, Lucr. – Lucretius Carus, Titus: De rerum natura. *(ohne genaue Angabe Goethes)*

Lüdicke 1800 – Lüdicke, August Friedrich: Beschreibung eines kleinen Schwungrades, die Verwandlung der Regenbogen-Farben in Weiss darzustellen, sammt Bemerkungen und Versuchen über die dazu nöthige Eintheilung des Farbenbildes. In: Annalen der Physik 5 (1800), 272–287

Lüdicke 1805 – Lüdicke, August Friedrich: Weisses Licht von schwarzen Pigmenten, ein paar Versuche von M. Lüdike in Meissen. In: Annalen der Physik 20 (1805), 299–304

Lüdicke 1810a – Lüdicke, August Friedrich: Ueber das prismatische weisse Licht. In: Annalen der Physik 36 (= N.F. 6) (1810), 145–149

Lüdicke 1810b – Lüdicke, August Friedrich: Versuche über die Mischungen prismatischer Farben. In: Annalen der Physik 34 (= N.F. 4) (1810), 1–27, (219), 229–239, 362–389

Lüdicke 1810c – Lüdicke, August Friedrich: Vom Herrn Professor Lüdicke, Meissen, d. 19. Nov. 1810 [Versuche mit Farbenscheibe]. In: Annalen der Physik 36 (= N.F. 6) (1810), 407–408

Lünig 1710–1722 – Lünig, Johann Christian: Das Teutsche Reichs-Archiv, in welchem zu finden I. Desselben Grund-Gesetze und Ordnungen [...] II. Die merckwürdigsten Recesse, Concordata, Vergleiche, Verträge, [...] III. Jetzt höchst- hoch- und wohlermeldter Chur-Fürsten [...] Privilegia und Freyheiten, auch andere Diplomata, [...] welche zu Erläuterung des Teutschen Reichs-Staats nützlich und nöthig sind. Aus denen berühmtesten Scribenten, raren Manuscriptis, und durch kostbare Correspondenz zusammengetragen [...] und zu des gemeinen Wesens Besten ans Licht gegeben [...] 24 Bde. Leipzig: Lanckisch, 1710-1722

Luz 1784 – Luz, Johann Friedrich: Vollständige und auf Erfahrung gegründete Beschreibung von allen sowohl bisher bekannten als auch einigen neuen Barometern wie sie zu verfertigen, zu berichtigen, und übereinstimmend zu machen, dann auch zu meteorologischen Beobachtungen und Höhenmeßungen anzuwenden. [...] Nebst einem Anhang seine Thermometer betreffend. Nürnberg; Leipzig: Weigel u. Schneider, 1784

Lyngbye 1819 – Lyngbye, Hans Christian: Tentamen hydrophytologiae Danicae continens omnia hydrophyta cryptogama Daniae, Holsatiae, Faeroae, Islandiae, Groenlandiae hucusque cognita, systematice disposita, descripta et iconibus illustrata, adiectis simul speciebus Norvegicis. 2 Bde. Hafniae (Kopenhagen): Schultz, 1819

Lyonet 1760 – Lyonet, Pierre: Traité anatomique de la chenille, qui ronge le bois de saule. La Haye: Hondt [u.a.], 1760

MacCulloch 1819 – MacCulloch, John: A description of the Western Islands of Scotland, including the Isle of Man. Comprising an account of their geological structure. With remarks on their agriculture, scenery, and antiquities. 3 Bde. London: Hurst und Robinson, 1819

Mackenzie 1811 – Mackenzie, George Stuart: Travels in the island of Iceland during the summer of the year MDCCX. Edinburgh: Thomas Allen, 1811

Maclaurin 1748 – Maclaurin, Colin: An account of Sir Isaac Newton's philosophical discoveries, in four books. Published from the author's manuscript papers by Patrick Murdoch. London: Selbstverlag, 1748

Maclaurin 1749 – Maclaurin, Colin: Exposition des découvertes philosophiques de M. Le Chevalier Newton [...]. Ouvrage traduit de l'Anglois par M. Lavirotte. Paris: Durant; Pissot, 1749

Madai 1765-1767 – Madai, David Samuel von: Vollständiges Thaler-Cabinet aufs neue ansehnlich vermehret, in zwey Theilen herausgegeben, und mit nöthigen Registern versehen. 3 Bde. Königsberg: Hartung und Zeise, 1765-1767

Mädler 1825 – Mädler, Johann Heinrich: Die Feuerkugel. In: Berlinische Nachrichten von Staats- und gelehrten Sachen. Nr. 267, 15 Nov. (1825)

Maillet 1755 – Maillet, Benoît de: Telliamed ou entretiens d'un philosophe indien avec un missionnaire françois sur la diminution de la mer. Nouvelle edition. Revûe, corrigée et augmentée sur les originaux de l'auteur, avec une vie de M. de Maillet. 2 Bde. La Haye: Gosse, 1755

Maimon 1790 – Maimon, Salomon: Versuch über die Transcendentalphilosophie mit einem Anhang über die symbolische Erkenntniß und Anmerkungen. Berlin: Voß, 1790

Maimon 1791 – Maimon, Salomon: Philosophisches Wörterbuch, oder Beleuchtung der wichtigsten Gegenstände der Philosophie, in alphabetischer Ordnung. Berlin: Unger, 1791

Mairan 1720 – Mairan, Jean Jacques d'Ortous de: Les couleurs que forme un rayon du soleil rompu par le prisme [...]. In: Histoire de l'Académie Royale des Sciences, avec les mémoires de mathématique et de physique (1720), 11–12 *(Histoire)*

Mairan 1737 – Mairan, Jean Jacques d'Ortous de: Discours sur la propagation du son dans les différens tons qui le modifient. In: Histoire de l'Académie Royale des Sciences, avec les mémoires de mathématique et de physique (1737), 1-[62] *(Mémoires)*

Mairan 1738 – Mairan, Jean Jacques d'Ortous de: De la refraction particulière ou des différents degrés de réfrangibilité de la lumière et de ses couleurs. In: Histoire de l'Académie Royale des Sciences, avec les mémoires de mathématique et de physique (1738), 8–65 *(Mémoires)*

Malebranche 1674–1675 – Malebranche, Nicolas: De la recherche de la verité. Ou l'on traitte de la nature de l'esprit del'homme, et de l'usage qu'il en doit faire pour éviter l'erreur dans le sciences. 2 Bde. Paris: André Pralard, 1674–1675 *(lat. Übers. 1685 Genf)*

Malebranche 1699 – Malebranche, Nicolas: Réflexions sur la lumière et les couleurs, et la génération du feu. In: Histoire de l'Académie Royale des Sciences, avec les mémoires de mathématique et de physique (1699), 22–36 *(Mémoires)*

Maler 1767 – Maler, Jakob Friedrich: Physik oder Naturlehre zum Gebrauch hoher und niederer Schulen. Mit Kupfern. Karlsruhe: Macklot, 1767

Mallet / Kästner 1763 – Mallet, Friedrich; Kästner, Abraham Gotthelf (Übers.): Von Höfen um die Sonne und Nebensonnen, die zu Upsala den 5 und 14 März 1763 gesehen worden. In: Der Königl. Schwedischen Akademie der Wissenschaften neue Abhandlungen aus der Naturlehre, Haushaltungskunst und Mechanik 25 (1763), 44–48

Malpighi 1675–1679 – Malpighi, Marcello: Anatome plantarum, cui subiungitur appendix, iteratas et auctas eiusdem authoris de ovo incubato observationes continens. 2 Bde. Londini (London): Martyn, 1675–1679

Malus 1807 – Malus, Étienne Louis: Sur une propriété de la lumière réfléchie par les corps diaphanes. In: Nouveau bulletin des sciences, par la Société Philomatique de Paris 1 (1807/1809), 266–269

Malus 1809 – Malus, Étienne Louis: Ueber eine Eigenthümlichkeit des von durchsichtigen Körpern zurückgeworfenen Lichtes. In: Annalen der Physik 31 (= N.F. 1), Nr. 3 (1809), 286–296

Malus 1810 – Malus, Étienne Louis: Théorie de la double réfraction de la lumière dans le substances cristallisées. Paris: Garnery, 1810

Malus 1811a – Malus, Étienne Louis: Eine neue optische Erscheinung, die Polarisierung der Lichtstrahlen betreffend. In: Annalen der Physik 38 (= N.F. 8) (1811a), 237–248

Malus 1811b – Malus, Étienne Louis: Genauere Beschreibung der Versuche, in welchen das Licht durch Zurückwerfung von Körpern polarisiert wird, von dem Oberst-Lieutenant Malus, Mitglied des Instituts; in einem Briefe an den Prof. Gilbert. In: Annalen der Physik 37 (= N.F. 7) (1811), 109–113

Malus 1811c (Rez.) – Malus, Étienne Louis: Traité des couleurs; Par M. Goethe (1810). In: Annales de chimie 79, Nr. vom 31. Juli (1811), 199–209 – *s. Goethe - Zur Farbenlehre (Gesamtwerk)*

Malus 1811d – Malus, Étienne Louis: Mémoire sur de nouveaux phénomènes d'optique, lu à la séance de la première classe de l'Institut, par M. Malus, l'un de ses membres, le 11 mars 1811. In: Le Moniteur universel. Nr. 72 (Mercredi, 13 mars) (1811), 278–279

Malus 1811e – Malus, Étienne Louis: Mémoire sur l'axe de réfraction des cristaux et des substances organisées, lu à la premiere classe de l'Institut, le 19 août 1811, par M. Malus, l'un de ses membres. In: Le Moniteur universel. Nr. 247, 4. Sept. (1811), 945–946

Malus 1812a – Malus, Étienne Louis: Ueber die Axe der Brechung der Krystalle und der organischen Körper. In: Annalen der Physik 40 (= N. F. 10) (1812), 132–140

Malus 1812b (Rez.) – Malus, Étienne Louis: Bericht eines französischen Physikers über Herrn von Göthe's Werk: Zur Farbenlehre. 2 Bde. Tübingen 1810. In: Annalen der Physik 40 (1812), 103–115 – *s. Goethe - Zur Farbenlehre (Gesamtwerk)*

Manilius 1655 – Manilius, Marcus: Scaliger, Joseph Justus (Komm.): Astronomicon, à Iosepho Scaligero ex vetusto codice Gemblacensi infinitis mendis repurgatum. Eiusdem Iosephi Scaligeri notae, quibus auctoris prisca astrologia explicatur, castigionum caussae redduntur, portentosae transpositiones in eo auctore antiquitus commissae indicantur. Nunc primum ex codice Scaligeri, quem sua manu ad tertiam editionem praeparaverat, plurimisque accessionibus suarum curarum locupletaverat, post longas moras latebrasque in lucem publicam cum auctario tam nobili, restitutae. Accesserunt quadam clarissimorum virorum Thomae Renesi et Ismaelis Bullialdi animadversiones. Argentorati (Straßburg): Ioannes Ioachim Bockenhofferus, 1655 *(1. Aufl. 1579 Paris)*

Manilius, Manil. – Manilius, Marcus: astronomica. *(ohne genaue Angabe Goethes)*

Maraldi 1723 – Maraldi, Giacomo Filippo: Diverses expériences d'optique. In: Histoire de l'Académie Royale des Sciences, avec les mémoires de mathématique et de physique (1723/1725), 111–143 *(Mémoires; in Oktavausgabe S. 157f.)*

Marat 1779 – Marat, Jean Paul: Découvertes [...] sur le feu, l'électricité et la lumière, constatées par une suite d'expériences nouvelles [...]. 2. Aufl. Paris: Clousier, 1779 (Ruppert 4857)

Marat 1780 – Marat, Jean Paul: Découvertes [...] sur la lumière, constatées par une suite d'expériences nouvelles qui ont été faites une très-grand nombre de fois sous les yeux de MM les Commissaires de l'Académie des Sciences. 2. Aufl. Londres (London [i.e. Paris]): Jombert, 1780 – *s. Rez. Anonymi 1781, Anonymi 1794c*

Marat 1783 – Marat, Jean Paul: Entdeckungen über das Licht durch eine Reihe neuer Versuche bestätigt, welche sehr viele Male vor den Augen der Herren Commissäre der Akademie der Wissenschaften angestellt sind. Aus dem Franz. übers. Mit Anm. von Christ. Ehrenfr. Weigel. Leipzig: Crusius, 1783 (Ruppert 4858) *(EA: Découvertes sur la lumière)*

Marat 1784 – Marat, Jean Paul: Notions élémentaires d'optique [Nebentitel: Œuvres de M. Marat]. Paris: Didot; Moutard, 1784 (Ruppert 4859)

Marci z Kronlandu 1648 – Marci z Kronlandu, Jan Marek: Thaumantias, liber de arcu coelesti deque colorum apparentium natura, ortu, et causis. In quo pellucidi opticae fontes a sua scaturigine, ab his vero colorigeni rivi derivantur ducibus geometria, et physica hermetoperipatetica. Pragae (Prag): Typis academicis, 1648

Mariotte 1681 – Mariotte, Edme: De la nature des couleurs [Nebentitel: Essays de physique ou Mémoires pour servir à la science des choses naturelles. Quatrieme essay]. Paris: Estienne Michallet, 1681

Mariotte 1717 – Mariotte, Edme: Oeuvres de Mr. Mariotte de l'Académie Royale des Sciences. Divisées en deux tomes, comprenant tous les traitez de cet auteur, tant ceux qui avoient déjà paru séparément, que ceux qui n'avoient pas encore été publiez. [...] Revuës et corrigée de nouveau. 2 Bde. Leide (Leiden): Pierre vander Aa, 1717 *(Nouvelle édition: La Haye: Jean Neaulme, 1740)*

Mariotte / Pecquet 1668 – Mariotte, Edme; Pecquet, Jean: Nouvelle découverte touchant la veüe. Paris: Leonard, 1668

Martin 1740 – Martin, Benjamin: A new and compendious system of optics, in three parts. London: Hodges, 1740 (Ruppert 4863)

Martin / Kästner 1759 – Martin, Anton Rolandson; Kästner, Abraham Gotthelf (Übers.): Witterungsbeobachtungen auf einer Reise nach Spitzbergen. In: Der Königl. Schwedischen Akademie der Wissenschaften neue Abhandlungen aus der Naturlehre, Haushaltungskunst und Mechanik 20 (1759), 292–300

Martinet 1753 – Martinet, Johannes Florentius: Dissertatio philosophica inauguralis de respiratione insectorum. Quam [...] ex auctoritate [...] Andreae Weis [...] Publicae et solenni disquisitioni subjicit Johannes Florentius Martinet. Lugduni Batavorum (Leiden): Boot, 1753

Martini 1769–1788 – Martini, Friedrich Heinrich Wilhelm: Neues systematisches Conchylien-Kabinett geordnet und beschrieben von Friedrich Heinrich Wilhelm Martini [...] und unter dessen Aufsicht nach der Natur gezeichnet und mit lebendigen Farben erleuchtet durch Andreas Friedrich Happe. Fortges. [ab Bd. 4] durch Johann Hieronymus Chemnitz. 10 Bde. Nürnberg: Raspe, 1769–1788

Martius 1818 – Martius, Karl Friedrich Philipp von: Über eine neue brasilianische Pflanzengattung. Aus einem Briefe des Herrn Dr. Martius an den Herausgeber. In: Eschwege, Wilhelm Ludwig von: Journal von Brasilien oder vermischte Nachrichten aus Brasilien, auf wissenschaftlichen Reisen gesammelt. Weimar: Landes-Industrie-Comptoir, 1818, Nr. 2, 178–191.

Martius 1824a – Martius, Karl Friedrich Philipp von: Die Physiognomie des Pflanzenreiches in Brasilien. Eine Rede, gelesen in der zur Feier der fünfundzwanzigjährigen glorreichen Regierung Seiner Majestät des Königs am 14. Februar 1824 gehaltenen ausserordentlichen festlichen Sitzung der königl. baierischen Akademie der Wissenschaften. München: Lindauer, 1824 (Ruppert 4865)

Martius 1824b – Martius, Karl Friedrich Philipp von: Historia naturalis palmarum, volumen secundum. Genera et species quae in itinere per Brasiliam annis MDCCCXVII-MDCCCXX [...] collegit, decripsit et iconibus illustravit Carol. Frid. Phil. de Martius. Monachi (München) et Lipsiae (Leipzig): Fleischer, 1824 (Ruppert 4864) – *s. Rez. Goethe - Genera et species Palmarum, Goethe - Über Martius Palmenwerk*

Martius 1824c – Martius, Karl Friedrich Philipp von: Specimen materiae medicae Brasiliensis, exhibens plantas medicinales, quas in itinere per Brasiliam annis 1817–1820. Monaci (München): Seidel, 1824 (Ruppert 4866)

Martius 1828 – Martius, Karl Friedrich Philipp von: Über die Architectonik der Blüthen [Zusammenfassung eines Vortrags von Martius in der Versammlung deutscher Naturforscher und Ärzte 1827]. In: Isis 21 (1828), 522–529
Martius 1829 – Martius, Karl Friedrich Philipp von: Ueber die Architectonik der Blumen [Zusammenfassung eines Vortrags von Martius in der Versammlung deutscher Naturforscher und Ärzte 1828]. In: Isis 22 (1829), 333–341
Martius / Rosenthal 1791 – Martius, Johann Nicolaus; Rosenthal, Gottfried Erich: Theorie der Geschwindigkeit und Taschenspielerkunst. In: Johann Nikolaus Martius, Unterricht in der natürlichen Magie, oder zu allerhand belustigenden und nützlichen Kunststücken völlig umgearbeitet von Gottfried Erich Rosenthal. Mit einer Vorrede von Johann Christian Wiegleb. Bd. 5. Berlin und Stettin: Nicolai, 1791, 193–194.
Martius / Rosenthal / Wiegleb 1779–1805 – Martius, Johann Nicolaus; Rosenthal, Gottfried Erich (Bearb.); Wiegleb, Johann Christian (Vorrede): Unterricht in der natürlichen Magie, oder zu allerhand belustigenden und nützlichen Kunststücken völlig umgearbeitet von Gottfried Ehrich Rosenthal. Mit einer Vorrede von Johann Christian Wiegleb. 20 Bde. Berlin und Stettin: Nicolai, 1779–1805
Marx 1827 – Marx, Karl Michael: Ueber die Unfähigkeit gewisser Augen, die Farben zu unterscheiden. In: Braunschweigisches Magazin 40 (1827), 185–190
Matthesius 1562 – Matthesius, Johann: Sarepta oder Bergpostill sampt der Jochimßthalischen kurtzen Chroniken. Nürnberg: vom Berg, 1562
Mauclerc 1773 – Mauclerc: Traité des couleurs et vernis. Paris: Ruault und Selbstverlag, 1773
Maurolycus 1575 – Maurolycus, Franciscus: Opuscula mathematica. Nunc primum in lucem aedita cum rerum omnium notatu dignarum. Venetiis (Venedig): Francesco de Franceschi, 1575
Maurolycus 1611 – Maurolycus, Franciscus: Photismi de lumine, et umbra ad perspectivam, et radiorum incidentiam facientes. Neapoli (Neapel): Longus, 1611
Mawe 1816 – Mawe, John: Reisen in das Innere von Brasilien, vorzüglich nach den dortigen Gold- und Diamantdistrikten, auf Befehl des Prinzen Regenten von Portugal unternommen. Nebst einer Reise nach dem la Plata Fluß, und einer historischen Auseinandersetzung der letzten Revolution in Buenos Ayres. Nach dem Engl., mit Anm. begleitet, deutsch herausgegeben von E. A. W. v. Zimmermann. Erste Abtheilung. Bamberg und Leipzig: Kunz, 1816
Mayer 1775 – Mayer, Tobias: De affinitate colorum commentatio. In: Ders.: Opera inedita. Vol. 1: Commentationes societati regiae scientiarum oblatas, quae integrae supersunt cum tabula selenographica complectens. Edidit et observationum appendicem adiecit Georgius Christophorus Lichtenberg. Gottingae (Göttingen): Dieterich, 1775, 31–42. (Keudell 96, 665)
Mayer 1801 – Mayer, Johann Tobias: Anfangsgründe der Naturlehre zum Behuf der Vorlesungen über die Experimental-Physik. Göttingen: Dieterich, 1801
Mayer 1810 (Rez.) – Mayer, Johann Tobias: Bey Perthes: Farbenkugel, oder Construction des Verhältnisses aller Mischungen der Farben zu einander, und ihrer vollständigen Adfinität, mit angehängtem Versuch einer Ableitung der Harmonie in den Zusammenstellungen der Farben von Phil. Otto Runge, Mahler. Nebst einer Abhandlung über die Bedeutung der Farben in der

Natur von Hrn. Prof. Henrik Steffens in Halle. Mit einem Kupfer und einer beygelegten Farbentafel. 1810. 60 Quartseiten. In: Göttingische gelehrte Anzeigen. Nr. 83 (1810), 817–823 – *s. Runge / Steffens 1810*

Mayer 1811 (Rez.) – Mayer, Johann Tobias: Tübingen, Bey Cotta: Zur Farbenlehre, von Goethe. Erster Band 654 S.; Zweiter Band 757 S. in Oktav, nebst einem Heft Kupfertafeln mit deren Erklärung. 16. Kupfert. 12 S. Text in Quart. 1810. In: Göttingische gelehrte Anzeigen 1, Nr. 99, 22. Juni 1811 (1811), 977–990 – *s. Goethe - Zur Farbenlehre (Gesamtwerk)*

Mayer 1813 (Rez.) – Mayer, Johann Tobias: Leipzig, bey Vogel: Ueber Newton's Farbentheorie, Hrn. v. Göthe's Farbenlehre, und den chemischen Gegensatz der Farben. Ein Versuch in der experimentalen Optik von Dr. C. H. Pfaff, ordentl. Professor der Physik und Chemie auf der Universität zu Kiel. In: Göttingische gelehrte Anzeigen, Nr. 77 (1813), 761–767 – *s. Pfaff 1813*

Mayer 1820 (Rez.) – Mayer, Johann Tobias: Daselbst [Heidelberg]. / Bey K. Groos: Anfangsgründe der Naturlehre zum Gebrauche academischer Vorlesungen, systematisch dargestellt von G. W. Munke, Grossherzogl. Baadischem Hofr. und Prof. der Physik. Erste Abtheilung. Auch mit dem Titel: Anfangsgründe der Experimental-Physik zum Gebrauche öffentlicher Vorlesungen. In: Göttingische gelehrte Anzeigen, Nr. 175, 30. Okt. (1820), 1748–1752 – *s. Muncke 1819*

Mazéas 1752 – Mazéas, Guillaume: Observations sur des couleurs engendrées par le frottement des surfaces planes et transparentes. In: Histoire de l'Académie Royale des Sciences et des Belles-Lettres de Berlin (1752/1754), 248–261

Mechel 1806 – Mechel, Christian von: Tableau des hauteurs principales du globe fondé sur les mesures les plus exactes. Berlin: s.n., 1806 (Ruppert 3949)

Meinecke 1809 – Meinecke, Johann Ludwig Georg: Über das Zahlenverhältnis in den Fruktifikations-Organen der Pflanzen und Beiträge zur Pflanzen Physiologie. In: Neue Schriften der Naturforschenden Gesellschaft in Halle 1, Nr. 2 (1809)

Meinecke 1824 – Meinecke, Johann Ludwig Georg: Ueber den Antheil, welchen der Erdboden an den meteorischen Prozessen nimmt. In: Taschenbuch für die gesammte Mineralogie 18 (1824), 74–118

Meiners 1811–1815 – Meiners, Christoph Martin: Untersuchungen über die Verschiedenheiten der Menschennaturen (die verschiedenen Menschenarten) in Asien und den Südländern, in den Ostindischen und Südseeinseln, nebst einer historischen Vergleichung der vormahligen und gegenwärtigen Bewohner dieser Continente und Eylande. 3 Bde. Tübingen: Cotta, 1811–1815 (Ruppert 4120)

Meister 1778 – Meister, Albrecht Ludwig Friedrich: De quibusdam olei aquae superfusi effectibus opticis et mechanicis. In: Commentationes Societatis Regiae Scientiarum Gottingensis Recentiores 1 (1778/1779), 35–64 *(Commentationes mathematicae)*

Mel 1714 – Mel, Conrad: Schau-Bühne der Wunder Gottes in den Wercken der Natur. Oder, Teutsche Physic, worinn die Lehr-Sätze deutlich erkläret. Mit Experimenten bewiesen. Zum Nutz der menschlichen Societät, und Erbauung des Gemüthes, appliciret werden. Eröffnet durch Theodor, ein Mit-Glied der königl. Preussischen Societät der Wissenschafften. Bd. 1. Hersfeld; Frankfurt; Leipzig: Pfingsten, 1714

Ménard de la Groye 1815 – Ménard de la Groye, François Jean Baptiste: Observations avec réflexions sur l'état et les phénomènes du Vésuve pendant une partie des années 1813 et 1814. In: Journal de physique, de chimie et d'histoire naturelle 80–81 (1815). 370–441; 27–96

Mendelssohn 1767 – Mendelssohn, Moses: Phaedon oder über die Unsterblichkeit der Seele in drey Gesprächen. Berlin und Stettin: Friedrich Nicolai. 1767

Mengs / Nibiano 1780 – Mengs, Anton Raphael: Nibiano, José Nicolás de Azara de (Hrsg.): Lezioni pratiche di pittura. In: Ders.: Opere. Publ. da D. Giuseppe Niccola d'Azara. Parma: Stamperia Reale. 1780. Bd. 2. 215–393.

Mentelle / Malte-Brun 1803–1805 – Mentelle, Edme; Malte-Brun, Conrad (Ed.): Géographie mathématique, physique et politique de toutes les parties du monde. 16 Bde. Paris: Tardieu und Laporte. 1803–1805

Mercier 1806 – Mercier, Louis Sébastien: De l'impossibilité du système astronomique de Copernic et de Newton. Paris: Dentu. 1806

Merck 1781 – Merck, Johann Heinrich (anonym): Mineralogische Spaziergänge. In: Der Teutsche Merkur. Nr. 3 (1781). 72–80

Mersenne 1644a – Mersenne, Marin: Cogitata physico-mathematica. In quibus tam naturae quam artis effectus admirandi certissimis demonstrationibus explicantur. Parisiis (Paris): Antoine Bertier. 1644

Mersenne 1644b – Mersenne, Marin: Universae geometriae mixtaeque mathematicae synopsis, et bini refractionum demonstratarum tractatus. Paris: A. Bertier. 1644

Meßkatalog 1807 – Cottasche Buchhandlung: Meßkatalog Ostern 1807.

Meyen 1831 – Meyen, Franz Julius Ferdinand: Zur Erläuterung des Vorhergehenden [Über Achlya prolifera]. In: Nova acta Leopoldina 15/2 (1831). 381–384

Meyer 1748–1756 – Meyer, Johann Daniel: Angenehmer und nützlicher Zeit-Vertreib mit Betrachtung curioser Vorstellungen allerhand kriechender, fliegender und schwimmender, auf dem Land und im Wasser sich befindender und nährender Thiere, sowohl nach ihrer Gestalt und äusserlichen Beschaffenheit, als auch nach der accuratest davon verfertigten Structur ihrer Scelete oder Bein-Cörper, nebst einer deutlichen so physicalisch und anatomisch besonders aber osteologisch und mechanischen Beschreibung derselben / nach der Natur gezeichnet, gemahlet, in Kupfer gestochen und verlegt von Johann Daniel Meyer, Miniatur-Mahler in Nürnberg. Nürnberg: Fleischmann. 1748–1756

Meyer 1810 – Meyer, Heinrich: Hypothetische Geschichte des Kolorits besonders griechischer Maler vorzüglich nach dem Berichte des Plinius. In: Goethe, Johann Wolfgang von: Zur Farbenlehre. Bd. 2. Tübingen: Cotta 1810. *(= LA I 6, 44–68)*

Meyer 1820 (Rez.) – Meyer, Heinrich: Obwohl England, schon seit mehreren Jahren... [über zwei Schriften von Benjamin Robert Haydon]. In: Ueber Kunst und Alterthum 2, Nr. 2 (1820). 88–98 – *s. Haydon 1818*

Meyer 1822 (Rez.) – Meyer, Ernst Heinrich Friedrich: In der Kriegerischen Buchhandlung: Lehrbuch der Botanik, zu Vorlesungen und zum Selbststudium von G. W. F. Wenderoth. 1821. In: Göttingische Anzeigen von gelehrten Sachen. Nr. 22. 9. Feb. (1822). 209–214 – *s. Wenderoth 1821*

Meyer 1823 – Meyer, Ernst Heinrich Friedrich: Erwiderung. In: HzM II, Nr. 1 (1823). 31–45 *(HzM II 1; WA II 7, 78–92)*

Meyer / Meyer 1811 – Meyer, Johann Rudolf: Meyer, Hieronymus: Reise auf den Jungfrau-Gletscher und Ersteigung seines Gipfels durch die Herrn Rudolf Meyer und Hieronymus Meyer von Aarau, im August 1811. In: Miszellen für die neueste Weltkunde 5, Nr. 68, 69, 80 (1811), 269–272, 273–276, 320

Michael Psellus / Fabricius 1711 – Michael Psellus; Fabricius, Johann Albert (Übers.): Leonis Allatii De Psellis, et eorum scriptis diatriba, ad Nobilissimum et eruditissimum virum Jacobum Gaffarellum, D. Aegidii Priorem. Huic editioni ad Romanam Mascardi A. MDCXXXIV. recusae, accesserunt notae et supplementa quadam. tum Michaelis Pselli [...] De omnivaria doctrina capita et quaestiones ac responsiones CXCIII. Ad Michaelem Ducam Imp. CPol. Ex apographo Lindenbrogiano, quod exstat Hamburgi in bibl. S Johannis, Graece nunc primum editae et latine versae a Jo. Alberto Fabricio. Hamburgi (Hamburg): Liebezeit, 1711

Michaelis 1832 (Rez.) – Michaelis, Christian Friedrich: Leipzig, in der Expedition des europäischen Aufsehers: Immanuel Kant's Menschenkunde, oder philosophische Anthropologie. Nach handschriftlichen Vorlesungen herausgegeben von Fr. Ch. Starke. 1831. In: Jenaische allgemeine Literatur-Zeitung 28, Nr. 23–25 (1832), 177–198 – *s. Kant / Starke 1831*

Michaux 1803 – Michaux, André: Flora Boreali-Americana, sistens caracteres plantarum quas in America septentrionali collegit et detexit Andreas Michaux. 2 Bde. Paris: Crapelet; Levrault, 1803

Micheli 1729 – Micheli, Pierantonio: Nova plantarum genera juxta Tournefortii methodum disposita. Quibus plantae MDCCCC recensentur, scilicet fere MCCCC nondum observatae, reliquae suis sedibus restitutae. [...] Adnotationibus, atque observationibus, praecipue fungorum, mucorum, affiniumque plantarum sationem, ortum, et incrementum spectantibus, interdum adiectis. Florentiae (Florenz): Paperini, 1729

Milton 1776 – Milton, John: Paradise lost. A poem in 12 books. 2 Vols. Glasgow: Foulis, 1776 (Keudell 2029)

Mollweide 1804 – Mollweide, Karl Brandan: Ueber einige prismatische Farbenerscheinungen ohne Prisma, und über die Farbenzerstreuung im menschlichen Auge. In: Annalen der Physik 17 (1804), 328–337

Mollweide 1806 – Mollweide, Karl Brandan: Über die Reduktion der Newtonischen sieben Hauptfarben auf eine geringere Anzahl. In: Journal für die Chemie, Physik und Mineralogie 1 (1806), 651–719

Mollweide 1808 – Mollweide, Karl Brandan: Ueber die Farbenzerstreuung im menschlichen Auge. In: Annalen der Physik 30 (1808), 220–234

Mollweide 1810 – Mollweide, Karl Brandan: Auszug aus einem Schreiben des Herrn Doctor Mollweide. In: Monatliche Correspondenz zur Beförderung der Erd- und Himmels-Kunde 22, Nr. [7] Juli (1810), 91–93

Mollweide 1811a – Mollweide, Karl Brandan: Demonstrationem novam propositionis, quae theoriae colorum Newtoni fundamentum loco et, exhibet et ad audiendam orationem professionis astronomiae ordinariae adeundae causa d. 11. Novembris MDCCCXI H. L. Q. C. recitandam decenter invitat Car. Brand. Mollweide. Leipzig: Klaubarth, 1811

Mollweide 1811b – Mollweide, Karl Brandan: Darstellung der optischen Irrthümer in des Hern. v. Göthe Farbenlehre, und Widerlegung seiner Einwürfe gegen die Newton'sche Theorie [Ankündigung]. In: Allgemeine Literatur-Zeitung, Nr. 107, 18. April (1811), 853 *(angekündigt, aber nicht erschienen)*

Mollweide 1811c (Rez.) − Mollweide, Karl Brandan: Tübingen, b. Cotta: Zur Farbenlehre, von v. Goethe. − Erster Band. XLVIII und 654 S. Zweiter Band. XXVIII und 757 S. 1810. 8. Ein Heft mit XVI illuminierten Kupfertafeln und deren Erklärung. In: Allgemeine Literatur-Zeitung. Nr. 30−32 (1811), 233−240, 241−247, 249−251 − *s. Goethe - Zur Farbenlehre (Gesamtwerk)*

Molyneux 1692 − Molyneux, William: Dioptrica nova. A treatise of dioptricks. In two parts, wherein the various effects and appearances of spherick glasses both convex and concave, single and combined, in telescopes and microscopes, together with their usefulness in many concerns of humane life, are explained. London: Tooke, 1692

Monge 1790 − Monge, Gaspard: Ueber einige Phänomene des Sehens. In: Journal der Physik 2 (1790), 142−154

Monge / Charles 1808 − Monge, Gaspard; Charles, Jacques Alexandre César: Rapport fait à l'Institut: Sur les mémoires de M. Hassenfratz, sur la coloration des corps. In: Journal de physique, de chimie et d'histoire naturelle 67 (1808), 59−68

Monnet 1784 − Monnet, Antoine Grimoald: Observation sur les roches de granit d'Huelgouet en Basse-Bretagne. In: Observations sur la physique, sur l'histoire naturelle et sur les arts 24, Nr. 1 (1784), 129−131

Monro 1726 − Monro, Alexander d. Ä.: Osteology, or a treatise on the anatomy of bones. Edinburg: s.n., 1726

Monro 1787 − Monro, Alexander d. J.: Vergleichung des Baues und der Physiologie der Fische mit dem Bau des Menschen und der übrigen Thiere durch Kupfer erläutert. Aus dem Engl. übers. und mit eignen Zusätzen und Anmerkungen von P. Campern vermehrt durch Johann Gottlob Schneider. Leipzig: Weidmann u. Reich, 1787

Monro / Sue 1759 − Monro, Alexander d. Ä.; Sue, Jean Joseph, le Jeune (Komm. und Illustr.): Traité d'osteologie, traduit de l'anglois de M. Monro. Où l'on a ajouté des planches en taille-douce, qui représentent au naturel tous les os de l'adulte et du foetus, avec leurs explication. Par M. Sue. 2 Bde. Paris: Cavelier, 1759

Montaigne, Essais − Montaigne, Michel de: Essais. *(ohne genaue Angabe Goethes)*

Montet 1760 − Montet, Jacques: Mémoire sur un grand nombre de Volcans éteints, qu'on trouve dans le Bas-Languedoc. In: Histoire de l'Académie Royale des Sciences, avec les mémoires de mathématique et de physique (1760/1766), 466−476 *(Mémoires)*

Montfaucon 1729−1733 − Montfaucon, Bernard de: Les Monumens de la monarchie françoise qui comprennent l'histoire de France, avec les figures de chaque regne que l'injure des tems a épargnées. 5 Bde. Paris: Gandouin; Giffart, 1729−1733

Montucla 1758 − Montucla, Jean Étienne: Histoire des mathématiques, dans laquelle on rend compte de leurs progrès depuis leur origine jusqu'à nos jours; où l'on expose le tableau et le développement des principales découvertes, les contestations qu'elles ont fait naître, et les principaux traits de la vie des mathématiciens les plus célèbres. Paris: Jombert, 1758

Moritz 1788 − Moritz, Karl Philipp: Ueber die bildende Nachahmung des Schönen. Braunschweig: Schul-Buchhandlung, 1788

Moseley 1803 – Moseley, Benjamin: A treatise on tropical diseases; on military operations; and on the climate of the West-Indies. 4. verm. Aufl. London: Nichols, 1803

Müller 1825 – Müller, Christian Heinrich: Darstellung der Gegenstände, die in den Sitzungen der naturwissenschaftlichen Section im Jahre 1824 zur Sprache gebracht wurden. In: Uebersicht der Arbeiten und Veränderungen der schlesischen Gesellschaft für vaterländische Cultur (1825/1826), 21–41

Müller 1826a – Müller, Johannes: Ueber die phantastischen Gesichts-Erscheinungen. Eine physiologische Untersuchung mit einer physiologischen Urkunde des Aristoteles über den Traum, den Philosophen und Aerzten gewidmet. Coblenz: Hölscher, 1826

Müller 1826b – Müller, Johannes: Zur vergleichenden Physiologie des Gesichtssinnes des Menschen und der Thiere nebst einem Versuch über die Bewegungen der Augen und über den menschlichen Blick. Leipzig: Cnobloch, 1826

Muncke 1819 – Muncke, Georg Wilhelm: Anfangsgründe der Experimentalphysik zum Gebrauche academischer Vorlesungen systematisch dargestellt (= Anfangsgründe der Naturlehre; Bd. 1). Heidelberg: Groos, 1819 – *s. Rez. Anonymi 1819, Mayer 1820*

Muncke 1820 – Muncke, Georg Wilhelm: Anfangsgründe der mathematischen und physischen Geographie nebst Atmosphaerologie zum Gebrauche öffentlicher Vorlesungen (= Anfangsgründe der Naturlehre; Bd. 2). Heidelberg: Groos, 1820 – *s. Rez. Anonymi 1819*

Murray 1787 – Murray, Johann Andreas: Apparatus medicaminum tam simplicium quam praeparatorum et compositorum consideratus. Bd. 4. Gottingae (Göttingen): Dieterich, 1787

Murray 1802 – Murray, John, der Ältere (anonym): A comparative view of the Huttonian and Neptunian systems of geology. In answer to the illustrations of the Huttonian theory of the earth, by Professor Playfair. Edinburgh: Ross and Blackwood, Longman, 1802

Mursinna 1820 – Mursinna, Christian Ludwig: Caspar Friedrich Wolffs erneuertes Andenken. In: HzM I, Nr. 2 (1820), 252–256

Musschenbroek 1731 – Musschenbroek, Pieter van: Tentamina experimentorum naturalium captorum in Accademia del Cimento [...] ex Italico in Latinum sermonem conversa. Quibus commentarios, nova experimenta, et orationem de methodo instituendi experimenti physica addidit Petrus van Musschenbroek. Lugduni Batavorum (Leiden): Verbeek, 1731

Musschenbroek 1734 – Musschenbroek, Pieter van: Elementa physicae conscripta in usus academicos. Lugduni Batavorum (Leiden): Luchtmans, 1734

Musschenbroek 1747 – Musschenbroek, Pieter van: Grundlehren der Naturwissenschaft. Nach der zweyten lateinischen Ausgabe, nebst einigen neuen Zusätzen des Verfassers, ins Deutsche übersetzt. Mit einer Vorrede ans Licht gestellt von Johann Christoph Gottscheden. Leipzig: Kiesewetter, 1747

Musschenbroek 1748 – Musschenbroek, Pieter van: Institutiones physicae conscriptae in usus academicos. Lugduni Batavorum (Leiden): Luchtmans, 1748

Musschenbroek 1762 – Musschenbroek, Pieter van: Compendium physicae experimentalis. Conscriptum in usus academicos. Lugduni Batavorum (Leiden): Luchtmans, 1762

Musschenbroek 1762 – Musschenbroek, Pieter van: Introductio ad philosophiam naturalem. 2 Bde. Lugduni Batavorum (Leiden): Luchtmans, 1762

Naumann 1824 – Naumann, Karl Friedrich: Beyträge zur Kenntnis Norwegen's. 2 Bde. Leipzig: Wienbrack, 1824

Necker 1790 – Necker, Noël Martin Joseph de: Mémoire sur la gradation des formes dans les parties des végétaux (De formatione graduali part. vegetab.). In: Historia et commentationes Academiae Electoralis Scientiarum et Elegantiorum Litterarum Theodoro-Palatinae 6 (1790), 241–256

Necker 1801 – Necker, Suzanne Curchod: Nouveaux mélanges extraits des manuscripts de M.me Necker. 2 Bde. Paris: Charles Pougens: Genet, 1801

Necker 1821 – Necker de Saussure, Louis Albert: Voyage en Ecosse et aux îles Hebrides. 3 Bde. Paris et Genève: Paschoud, 1821

Nees von Esenbeck 1814 – Nees von Esenbeck, Christian Gottfried Daniel: Die Algen des süßen Wassers nach ihren Entwicklungsstufen dargestellt. Bamberg: Kunz, 1814 *(auch: Würzburg 1814)*

Nees von Esenbeck 1816–1817 – Nees von Esenbeck, Christian Gottfried Daniel: Das System der Pilze und Schwämme. Ein Versuch. Mit 44 nach der Natur ausgemalten Kupfertafeln und einigen Tabellen. 2 Textbde. und 1 Tafelbd. Würzburg: Stahel, 1816–1817 (Ruppert 4923) *(Es erschienen 1816/17 unterschiedliche Ausgaben.)*

Nees von Esenbeck 1818 – Nees von Esenbeck, Christian Gottfried Daniel: Von der Metamorphose der Botanik. In: Isis 2, Nr. 6, Sp. 991–1008

Nees von Esenbeck 1818 – Nees von Esenbeck, Christian Gottfried Daniel: Über die bartmündigen Enzianarten. In: Nova acta Leopoldina 9 (1818), 141–179

Nees von Esenbeck 1820–1821 – Nees von Esenbeck, Christian Gottfried Daniel: Handbuch der Botanik. 2 Bde. (= Handbuch der Naturgeschichte zum Gebrauch bei Vorlesungen. Von G. H. Schubert. 4. Theil, 1. und 2. Abt.). Nürnberg: Schrag, 1820–1821 – *s. Rez. Henschel 1821*

Nees von Esenbeck 1823 – Nees von Esenbeck, Christian Gottfried Daniel: Zusatz. In: Nova acta Leopoldina 11/2 (1823), 507–522 *(zu: Carus 1823)*

Nees von Esenbeck 1824 – Nees von Esenbeck, Christian Gottfried Daniel: Irrwege eines morphologisierenden Botanikers. In: HzM II, Nr. 2 (1824), 65–74

Nees von Esenbeck 1824 – Nees von Esenbeck, Christian Gottfried Daniel: Die Basaltsteinbrüche am Rückersberge bei Oberkassel am Rhein. In: HzN II, Nr. 2 (1824), 125–136 *(aus: Nöggerath: Das Gebirge in Rheinland-Westphalen. Bd. 2. Bonn 1823, S. 205ff.)*

Nees von Esenbeck 1824b – Nees von Esenbeck, Christian Gottfried Daniel: Über Ruß, Mehltau und Honigtau, mit Bezug auf den Ruß des Hopfens. In: HzM II, Nr. 2 (1824), 77–83

Nemesius 1538 – Nemesius: De natura hominis liber utilissimus. Georgio Valla placentino interprete. Lugduni (Lyon): Gryphius, 1538

Neri 1612 – Neri, Antonio: L'arte vetraria distinta in libri sette. Ne quali si scoprono, effetti meravigliosi, et insegnano segreti bellissimi, del vetro nel fuoco et altre cose curiose. Florenz: Nell Stamperia de' Giunti, 1612

Neri / Merret 1662 – Neri, Antonio: Merret, Christopher (Hrsg. u. Übers.): The art of glass, wherin Are shown the wayes to make and colour Glass, Pastes, Enamels, Lakes, and other Curiosities. Written in Italian by Antonio Neri, and translated into English, with some Observations on the Author. Whereunto is added an account of the Glas Drops, made by the Royal Society, meeting at Gresham College. London: Printed by A. W. for Octavian Pulleyn, 1662

Neri / Merret 1668 – Neri, Antonio; Merret, Christopher (Hrsg.): Frisius, Andreas (Übers.?): De arte vitraria libri septem, et in eosdem Christoph. Merretti observationes et notae, in quibus omne gemmarum artificialium, encaustorum et laccarum artificium explicatur. Amstelodami (Amsterdam): Frisius, 1668

Neri / Merret / Geißler 1678 – Neri, Antonio; Merret, Christopher; Geißler, Friedrich (Übers.): Anthonii Neri, Eines Priesters und Chymisten von Florentz Sieben Bücher, Handlend von der Künstlichen Glaß- und Crystallen-Arbeit, Oder Glaßmacher-Kunst, und alle dem jenigen, was dazu gehöret: Sambt denen, darüber von Christoph Merret... gefertigten Außbündigen Anmerckungen. [...] Verdeutscht durch Friedrich Geißlern. Frankfurt a. M., Leipzig: Johann Grosse, 1678

Neuenhahn 1761 – Neuenhahn, Carl Ludwig: Vom Ursprung der Salzquellen des Steinsalzes. In: Oeconomisch-physikalische Abhandlungen 19 (1761), 569–588

Neumann 1818–1820 – Neumann, Johann Philipp: Lehrbuch der Physik. 2 Bde. Wien: Carl Gerold, 1820

Newton 1671 – Newton, Isaac: A letter of Mr. Isaac Newton, Professor of the mathematicks in the University of Cambridge; containing his new theory about light and colours: sent by the author to the publisher from Cambridge, Febr. 6. 1671/72; in order to be communicated to the R. Society. In: Philosophical transactions 6, Nr. 80 (1671), 3075–3087

Newton 1672a – Newton, Isaac: Mr. Newtons Letter of April 13. 1672. st. v. Written to the publisher, being an answer to the fore-going letter of P. Pardies. In: Philosophical transactions 7, Nr. 84 (1672), 4091–4093

Newton 1672b – Newton, Isaac: Some experiments propos'd in relation to Mr. Newtons theory of light, printed in numb. 80; together with the observations made thereupon by the author of that theory: communicated in a letter of his from Cambridge, April 13. 1672. In: Philosophical transactions 7, Nr. 83 (1672), 4059–4062

Newton 1675 – Newton, Isaac: Mr. Issaac Newton's considerations on the former reply; together with further directions, how to make the experiments controverted aright: Written to the publisher from Cambridge, Novemb. 13. 1675. In: Philosophical transactions 10, Nr. 121 (1675), 500–504

Newton 1676a – Newton, Isaac: A particular answer of Mr. Isaak Newton to Mr. Linus his letter, printed in numb. 121. p. 449. about an experiment relating to the new doctrine of light and colours: This answer sent from Cambridge in a letter to the publisher Febr. 29. 1675/6. In: Philosophical transactions 11, Nr. 123 (1676), 556–561

Newton 1676b – Newton, Isaac: Mr. Newton's answer to the precedent letter, sent to the publisher. In: Philosophical transactions 11, Nr. 128 (1676), 698–705

Newton 1687 – Newton, Isaac: Philosophiae naturalis principia mathematica. Londoni (London): Streater; Smith, 1687

Newton 1704 – Newton, Isaac: Opticks: or, a treatise of the reflexions, refractions, inflexions and colours of light. Also two treatises of the species and magnitude of curvilinear figures. London: Smith; Walford, 1704 – *s. Rez. Anonymi 1706*

Newton 1704–1740 – Newton, Isaac: Opticks/Optice. *(ohne genaue Angabe Goethes)*
Newton 1705 – Newton, Isaac: Definitions […], in: Edmond Halley (Hrsg.): Miscellanea curiosa. Being a collection of some of the principal phaenomena in nature. Bd. 1. London: Wale; Senex, 1708, 115–117.
Newton 1707 – Newton, Isaac: Arithmetica universalis; sive de compositione et resolutione arithmetica liber. Cui accessit Halleiana aequationum radices arithmetice inveniendi methodus. Cambridge / London: B. Tooke, 1707
Newton 1711 – Newton, Isaac: Analysis per quantitatum series, fluxiones, ac differentias: Cum enumeratione linearum tertii ordinis. London: Pearson, 1711
Newton 1718 – Newton, Isaac: Opticks: or, a treatise of the reflections, refractions, inflections and colours of light. The second edition, with additions. London: W. & J. Innys, 1718
Newton 1725 – Newton, Isaac: Abregé de la chronologie de M. le chevalier Isaac Newton. Fait par lui-même, & traduit sur le manuscript anglois. Paris: G. Cavelier, 1725
Newton 1729 – Newton, Isaac: Lectiones opticae […], annis MDCLXIX, MDCLXX et MDCLXXI. In scholis publicis habitae, et nunc primum ex Mss. in lucem editae. Londoni (London): Innys, 1729
Newton 1730 – Newton, Isaac: Opticks, or a treatise of the reflections, refractions, inflections and colours of light. 4. ed. corr. London: Innys, 1730 (Ruppert 4932)
Newton 1744 – Newton, Isaac: Opuscula mathematica, philosophica et philologica. Collegit partimque latine vertit ac recensuit Joh. Castillioneus. 3 Bde. Lausannae et Genevae (Lausanne und Genf): Bousquet, 1744
Newton / Clarke 1706 – Newton, Isaac; Clarke, Samuel (Übers.): Optice, sive de reflexionibus, refractionibus, inflexionibus, et coloribus lucis, libri tres. London: Smith et Walford, 1706
Newton / Clarke 1719 – Newton, Isaac; Clarke, Samuel (Übers.): Optice: sive de reflexionibus, refractionibus, inflexionibus et coloribus lucis, libri tres. Editio secunda, auctior. London: Innys, 1719
Newton / Clarke 1740 – Newton, Isaac; Clarke, Samuel (Übers.): Optice: sive de reflexionibus, refractionibus, inflexionibus et coloribus lucis, libri tres. Editio novissima. Lausannae et Genevae (Lausanne und Genf): Bousquet, 1740 (Keudell 36, 97)
Newton / Coste 1720–1722 – Newton, Isaac; Coste, Pierre (Übers.): Traité d'optique sur les reflexions, refractions, inflexions, et couleurs de la lumiere. Traduit de l'Anglois par M. Coste. Sur la seconde edition, augmente par l'auteur. 2 Bde. Amsterdam: P. Humbert, 1720–1722
Newton / Horsley 1779–1785 – Newton, Isaac; Horsley, Samuel (Hrsg. und Komm.): Opera quae exstant omnia. Commentariis illustrabat Samuel Horsley. 5 Bde. London: Nichols, 1779–1785
Nicati 1822 – Nicati, Constant: Specimen anatomico-pathologicum inaugurale. De labii leporini congeniti natura et origine. Trajecti ad Rhenum et Amstelodami (Utrecht und Amsterdam): Typographia Italica et Gallica, 1822 (Ruppert 4933) – *s. Rez. Seiler 1823*
Nöggerath 1822–1826 – Nöggerath, Johann Jakob: Das Gebirge in Rheinland-Westphalen nach mineralogischem und chemischem Bezuge. 4 Bde. Bonn: Eduard Weber, 1822–1826

Nöggerath 1823 – Nöggerath, Johann Jakob: Die Basalt-Steinbrüche am Rückersberge bei Oberkassel am Rhein. In: Ders. (Hrsg.): Das Gebirge in Rheinland-Westphalen nach mineralogischem und chemischem Bezuge. Bd. 2. Bonn: Weber, 1823, 250–261.

Nollet 1770 – Nollet, Jean Antoine: L'art des expériences, ou avis aux amateurs de la physique, sur le choix, la construction et l'usage des instruments; sur la préparation et l'emploi des drogues qui servent aux expériences. 3 Bde. Paris: P.E.G. Durand, 1770

Noorthouck 1773 – Noorthouck, John: A new history of London including Westminster and Southwark. To which is added, a general survey of the whole; describing the public buildings, late improvements, etc. Illustrated with copper-plates. London: Baldwin, 1773

Nose 1789–1790 – Nose, Karl Wilhelm: Orographische Briefe über das Siebengebirge und die benachbarten zum Theil vulkanischen Gegenden beyder Ufer des Nieder-Rheins. 2 Bde. Frankfurt a. M.: Gebhard und Körber, 1789–1790

Nose 1791 – Nose, Karl Wilhelm: Orographische Briefe über das sauerländische Gebirge in Westphalen an Herrn Johann Philipp Becher [...]. Nebst literarischen Nachträgen und Registern zu den niederrheinischen und westphälischen Reisen. Frankfurt a. M.: Gebhard und Körber, 1791

Nose 1792–1794 – Nose, Karl Wilhelm: Beiträge zu den Vorstellungsarten über vulkanische Gegenstände. 3 Bde. Frankfurt a. M.: Gebhard und Körber, 1792–1794

Nose 1820 – Nose, Karl Wilhelm: Historische Symbola, die Basalt-Genese betreffend, zur Einigung der Parteien dargeboten. Bonn: Eduard Weber, 1820 (Ruppert 4942)

Nose 1821 – Nose, Karl Wilhelm: Kritik der geologischen Theorie, besonders der von Breislak und jeder ähnlichen. Bonn: Eduard Weber, 1821 (Ruppert 4941)

Nose 1822 – Nose, Karl Wilhelm: Fortgesetzte Kritik der geologischen Theorie. Bonn: Eduard Weber, 1822 (Ruppert 4941)

Nose 1823a – Nose, Karl Wilhelm: Geologische Lauge. In: Isis, Nr. 1 (1823), 69–80

Nose 1823b – Nose, Karl Wilhelm: Steigerung des Begriffs von frischem, gesundem Gestein zur leitenden geologischen Idee. In: Isis, Nr. 12 (1823), 1362–1365

Nuguet 1705 – Nuguet, Lazare: Système sur les couleurs. In: Mémoires pour l'histoire des sciences et des beaux arts, Nr. 2, April (1705), 675–686

Nuguet 1706 – Nuguet, Lazare: Nouvelle découverte d'un thermomètre cherché depuis long-temps par messieur de l'Academie Royal des Sciences, exempt des défauts des autres Thermometres, contenant tous les avantages qui ne se trouvent que séparément, & par parties dans ceux dont on s'est servi jusqu'à present, recemment inventé. Paris: s.n., 1706 – *s. Rez. Anonymi 1707*

Nuzzi 1702 – Nuzzi, Ferdinando: Discorso [...] interno alla coltivazione, e popolazione delle Campagne di Roma. Roma: Stamperia della Reuerenda Camera Apostolica, 1702

O'Reilly 1818 – O'Reilly, Bernard: Greenland, the adjacent seas, and the northwest passage to the Pacific Ocean, illustrated in a voyage to Davis's Strait, during the summer of 1817. London: Baldwin, Cradock, and Joy, 1818

Oeder 1764–1766 – Oeder, Georg Christian von: Elementa botanica. 2 Bde. Hafniae (Kopenhagen): Mumme, 1764–1766

Ohm 1826 – Ohm, Georg Simon: Bestimmung des Gesetzes, nach welchem Metalle die Contaktelektricität leiten, nebst einem Entwurfe zu einer Theorie des Voltaischen Apparates und des Schweiggerschen Multiplicators. In: Journal für Chemie und Physik 46, Nr. 2 (1826), 137–166

Ohm 1827a – Ohm, Georg Simon: Die galvanische Kette, mathematisch bearbeitet. Mit einem Figurenblatte. Berlin: T. H. Riemann, 1827 – *s. Rez. Pohl 1828*

Ohm 1827b – Ohm, Georg Simon: Einige elektrische Versuche. In: Journal für Chemie und Physik 49, Nr. 1 (1827), 1–8

Oken 1807 – Oken, Lorenz: Über die Bedeutung der Schädelknochen. Ein Programm beim Antritt der Professur an der Gesammt-Universität zu Jena. Jena: Göpferdt, 1807

Oken 1809 – Oken, Lorenz: Grundzeichnung des natürlichen Systems der Erze. Jena: Friedrich Frommann, 1809 (Ruppert 4944)

Oken 1809–1811 – Oken, Lorenz: Lehrbuch der Naturphilosophie. Teil 1–3. Jena: Friedrich Frommann, 1809 (Ruppert 4947)

Oken 1813–1826 – Oken, Lorenz: Lehrbuch der Naturgeschichte. 3 Bde. [Bd. 1: Mineralogie. Bd. 2: Botanik. Bd. 3: Zoologie]. Leipzig und Jena: Reclam [u.a.], 1813–1826

Olbers 1826 – Olbers, Heinrich Wilhelm Mathias: Auszug aus einem Briefe des Doctors und Ritters Olbers an den Herausgeber. Bremen 1825. Sept. 5. In: Astronomische Nachrichten 4, Nr. 84 (1826), 221–224

Opoix 1776 – Opoix, Christophe: Observations physico-chymique sur les couleurs. In: Observations sur la physique, sur l'histoire naturelle et sur les arts 8 (1776), 100–116, 189–211

Opoix 1783 – Opoix, Christophe: Suite des observations sur les couleurs. Troisième mémoire. Ombres colorées, bleu du Ciel, etc., couleurs de l'aurore, aurores boréales. In: Observations sur la physique, sur l'histoire naturelle et sur les arts 23 (1783), 401–425

Opoix 1808 – Opoix, Christophe: Théorie des couleurs et des corps inflammables, et de leurs principes constituants: la lumière et le feu: basée sur les faits, et sur les découvertes modernes. Paris: Méquignon; Gabon, 1808 – *s. Rez. Tourlet 1808*

Oppel 1749 – Oppel, Friedrich Wilhelm von: Anleitung zur Markscheidekunst nach ihren Anfangsgründen und Ausübungen kürtzlich entworfen. Dresden: Georg Conrad Walther, 1749

Oppian / Schneider 1813 – Oppian: Schneider, Johann Gottlob (Hrsg. und Komm.): Cynegetica et Halieutica. Oppianu Kynēgetika kai halieutika. Accedunt versiones latinae, metrica et prosaica plurima anecdota et index graecitatis. Lipsiae (Leipzig): Weigel, 1813

Oppian, kyn. – Oppian: Cynegetica [Lehrgedicht über die Jagd]. *(ohne genaue Angabe Goethes)*

Ovid. met. – Ovid: Metamorphoses. (Ruppert 1410–1414) *(ohne genaue Angabe Goethes)*

Pachelbel von Gehag 1716 – Pachelbel von Gehag, Johann Christoph: Ausführliche Beschreibung des Fichtelberges, in Norgau liegend, in dreyen Theilen abgefasset [...] Nebst einer Land-Carte, auch einigen in Kupffer gestochenen accuraten Abbildungen etlicher Seltenheiten am Fichtel-Berge colligiret von einem Liebhaber Göttlicher und Natürlicher Wunder-Wercke. Leipzig: Johann Christian Martini, 1716

Palassou 1781 – Palassou, Pierre Bernard (anonym): Essai sur la minéralogie des Monts-Pyrénées suivi d'un catalogue des plantes observées dans cette chaîne de montagnes. Paris: Didot [u.a.], 1781 (Ruppert 4957)

Palladius, agric. – Palladius, Rutilius: Opus agriculturae [auch: De re rustica]. *(ohne genaue Angabe Goethes)*

Pallas 1741–1811 – Pallas, Peter Simon: Neue Nordische Beyträge zur physikalischen und geographischen Erd- und Völkerbeschreibung, Naturgeschichte und Oekonomie. 7 Bde. St. Petersburg und Leipzig: Logan, 1741–1811

Pander 1817 – Pander, Christian Heinrich: Beiträge zur Entwickelungsgeschichte des Hühnchens im Eye. Würzburg: s.n., 1817

Pankl 1793 – Pankl, Matthaeus: Compendium institutionum physicarum. Quod in usum suorum auditorum conscripsit [...] Ed. altera novis inventis locupletata, et ad systema Antiphlogisticum accomodata. 3 Bde. Posonii (Preßburg): Landerer de Füskut, 1793

Paoli 1768 – Paoli, Paolo Antonio: Avanzi delle antichità che esistono a Pozzuoli Cuma e Baja. Reliquas antiquitatum existentium Puteolis Cumis Baiis. [Neapel]: s.n., 1768

Paracelsus 1603a – Paracelsus: Das Buch Paragranum, in welchem die Vier Columnae, als nemblich Philosophia, Astronomia, Alchimia, und Virtus, darauff er seine Medicin fundieret beschrieben werden. in: Ders: Opera, Bd. 1, Strassburg: Zetzner, 1603, 197–232.

Paracelsus 1603b – Paracelsus: Das Buch von den Tartarischen Kranckheiten, in: Ders: Opera, Bd. 1, Strassburg: Zetzner, 1603, 282–316.

Paracelsus 1603c – Paracelsus: De pestilitate. Das ist Vom Ursprung und Herkommen Pestis, und hernach von derselbigen Kranckheit eygentlichen und gründtlichen Cur. in: Ders: Opera, Bd. 1, Strassburg: Zetzner, 1603, 326–356.

Paracelsus 1603d – Paracelsus: Labyrinthus medicorum, in: Ders: Opera, Bd. 1, Strassburg: Zetzner, 1603, 264–282.

Paracelsus 1603e – Paracelsus: Liber de podagricis, et suis speciebus, et morbis annexis. in: Ders: Opera, Bd. 1, Strassburg: Zetzner, 1603, 563–577.

Pardies 1672a – Pardies, Ignace Gaston: A latin letter written to the publisher April 9, 1672 [...] containing some animadversions upon Mr. Isaac Newton [...] his theory of light. In: Philosophical transactions 7, Nr. 84 (1672), 4087–4090

Pardies 1672b – Pardies, Ignace Gaston: A second letter written to the publisher from Paris May 21, 1672, to Mr. Newtons answer, made to his first letter, printed in numb. 84. In: Philosophical transactions 7, Nr. 85 (1672), 5012–5013

Parrot 1791 – Parrot, Georg Friedrich: Traité contenant la manière de changer notre lumière artificielle de toute espèce en une lumière semblable à celle du jour. Ouvrage traduit de l'allemand par l'auteur. Avec une planche en taille douce. Strasbourg (Straßburg); Paris: Treuttel et Onfroy, 1791 (Ruppert 4960) *(ED: Theoretische und praktische Anweisung zur Verwandlung einer jeden Art von Licht in eines, das dem Tageslicht ähnlich ist. Erlangen 1791)*

Parrot 1811 – Parrot, Georg Friedrich: Grundriß der theoretischen Physic zum Gebrauche für Vorlesungen. Zweiter Teil. Dorpat und Riga: Johann Friedrich Meinshausen, 1811

Parrot 1827 – Parrot, Georg Friedrich: Question de physique. In: Recueil des actes de la séance solennelle de l'Académie Impériale des Sciences de St. Pétersbourg tenue à l'occasion de sa fête séculaire le 29. Décembre 1826 (1827), 45–49
Parry 1824 – Parry, William Edward: Journal of a second voyage for the discovery of a North-West passage from the Atlantic to the Pacific; performed in the years 1821–22–23 in His Majesty's ships Fury and Hecla. London: Murray, 1824
Partsch 1826 – Partsch, Paul: Bericht über das Detonations-Phänomen auf der Insel Meleda bei Ragusa. Nebst geographisch-statistischen und historischen Notizen über diese Insel und einer geognostischen Skizze von Dalmatien. Wien: Heubner, 1826 (Ruppert 4961)
Patrin 1788 – Patrin, Eugène Louis Melchior: Zweifel gegen die Entwicklungstheorie. Ein Brief an Herr Senebier von L** P**. Aus der franz. Handschrift übers. von Georg Forster. Göttingen: Dieterich, 1788 (Ruppert 4962)
Patrizi 1593 – Patricius, Franciscus: Nova de universis philosophia libris quinquaginta comprehensa. In qua Aristotelica methodo non per motum, sed per lucem et lumina ad primam causam ascenditur. Deinde nova quadam methodo tota in contemplationem venit divinitas. Postremo methodo Platonica, rerum universitas a conditore Deo deducitur. Venetiis (Venedig): Meiettus, 1593
Pausanias. Paus. – Pausanias: Graeciae descriptio. *(ohne genaue Angabe Goethes)*
Payen / Chevallier 1822 – Payen, Anselme; Chevallier, Jean-Baptiste Alphonse: Mémoire sur le houblon, sa culture en France et son analyse. In: Journal de pharmacie et des sciences accessoires 8, Nr. 5/6 (1822), 209–228
Pellisson-Fontanier 1653 – Pellisson-Fontanier, Paul: Relation contenant l'histoire de l'Académie françoise. Paris: P. le Petit, 1653 (Ruppert 494)
Pemberton 1728 – Pemberton, Henry: A view of Sir Isaac Newton's philosophy. London: Palmer, 1728
Péron 1804 – Péron, François: Mémoire sur le nouveau genre pyrosoma. In: Annales du Muséum National d'Histoire Naturelle 4 (1804), 437–446
Péron 1807–1815 – Péron, François (Hrsg.): Voyage de découvertes aux Terres Australes, exécuté par ordre de sa Majesté l'Empereur et Roi, sur les corvettes le Géographe, le Naturaliste et la goelette le Casuarina, pendant les années 1800, 1801, 1802, 1803 et 1804. 3 Bde. und 2 Atlanten. Paris: Imprimerie Impériale, 1807–1815 (Keudell 1053)
Persoon 1801 – Persoon, Christian Hendrik: Synopsis methodica fungorum. 2 Bde. Gottingae (Göttingen): Dieterich, 1801 *(Dt.: Abhandlung über die eßbaren Schwämme. Mit Angabe der schädlichen Arten und einer Einleitung in die Geschichte der Schwämme. Aus dem Franz. übers. und mit einigen Anm. begleitet von J. H. Dierbach. Heidelberg 1822)*
Persoon 1805–1807 – Persoon, Christian Hendrik: Synopsis plantarum, seu enchiridium botanicum, complectens enumerationem systematicam specierum hucusque cognitarum. 2 Bde. Parisiis Lutetiorum (Paris); Tubingae (Tübingen): Cramer; Treuttel et Würtz; Cotta, 1805–1807
Petri von Hartenfels 1715 – Petri von Hartenfels, Georg Christoph: Elephantographia curiosa, seu elephanti descriptio, iuxta methodum et leges Imperialis Academiae Leopoldino-Carolinae naturae curiosorum adornata, multisque selectis observationibus physicis, medicis et iucundis historiis referta, cum figuris aeneis. Erfordiae (Erfurt): Grosch, 1715 *(2. Auflage Leipzig; Erfurt 1723)*

Peuschel 1769 – Peuschel, Christian Adam: Abhandlung der Physiognomie, Metoposcopie und Chiromantie, mit einer Vorrede, darinnen die Gewißheit der Weißagungen aus dem Gesichte, der Stirn und den Händen gründlich dargethan wird, welcher am Ende noch einige Betrachtungen und Anweisungen zu weißagen beygefügt worden, die zur bloßen Belustigung dienen. Leipzig: Heinsiussische Buchhandlung, 1769

Pfaff 1812 – Pfaff, Christoph Heinrich: Ueber die farbigen Säume der Nebenbilder des Doppelspaths, mit besonderer Rücksicht auf Hrn. v. Göthes Erklärung der Farbentstehung durch Nebenbilder. In: Journal für Chemie und Physik 6, Nr. 2 (1812), 177–204

Pfaff 1813 – Pfaff, Christoph Heinrich: Ueber Newton's Farbentheorie, Herrn von Goethe's Farbenlehre und den chemischen Gegensatz der Farben. Ein Versuch in der experimentalen Optik. Leipzig: Vogel, 1813 – *s. Rez. Mayer 1813, Fries 1814*

Philibert 1798/1799 – Philibert, J. C.: Introduction à l'étude de la botanique. 3 Bde. Paris: Digeon, [1798/1799] (Ruppert 4966)

Piccolomini 1545 – Piccolomini, Alessandro: Tractatus de iride. In: Alexandri Aphrodisiensis Maximi Peripatetici in quatuor libros meteorologicorum Aristotelis, commentatio lucidissima Alexandro Piccolomineo interprete. Venetiis (Venedig): Scotus, 55–60.

Pierer / Choulant 1816–1829 – Pierer, Johann Friedrich; Choulant, Ludwig (Hrsg.): Anatomisch-physiologisches Realwörterbuch zu umfassender Kenntniß der körperlichen und geistigen Natur des Menschen im gesunden Zustande (= Medicinisches Realwörterbuch. Zum Handgebrauch practischer Ärzte und Wundärzte und zu belehrender Nachweisung für gebildete Personen aller Stände; I. Abt.: Anatomie und Physiologie). 8 Bde. Leipzig und Altenburg: Brockhaus, 1816–1829

Pini 1779 – Pini, Ermenegildo: Mémoire sur des nouvelles cristallisations du Feldspath et autres singularités renformées dans les granites des environs de Baveno. Milan (Mailand): Marelli, 1779

Pini 1783 – Pini, Ermenegildo: Memoria mineralogica sulla montagna e sui contorni di S. Gottardo. Milano (Mailand): Marelli, 1783 (Ruppert 4971)

Pini 1821 – Pini, Ermenegildo: Analytische Betrachtungen über die geologischen Systeme, aus dem Ital. von F. K. v. Strombeck. In: Scipio Breislak: Lehrbuch der Geologie. Bd. 3. Braunschweig: Vieweg, 1821, 610–656.

Pini [nach 1790] – Pini, Ermenegildo: Sulle rivoluzioni del globo terrestre provenienti dall' azione delle acque. Memoria geologia [...] di osservazioni da lui fatte in un recente suo viaggio per le parti meridionali dell' Italia. s. l.: s. n., s. a. [nach 1790]

Planche / Yves 1822 – Planche, Louis Antoine; Yves (Ives), A. W.: Résultats de l'analyse de la poussière jaune du houblon, par M. W. Yves, médecin à New-Yorck; et réclamation de M. Planche, relative à la découverte du principe actif du houblon. In: Journal de pharmacie et des sciences accessoires 8 (1822), 228–231

Platon / Köhler 1769 – Platon; Köhler, Johann Bernhard (Übers.): Phädon. Aus dem Griech. des Plato übers. von Johann Bernhard Köhler. Lübeck: Christian Gottfried Donatius, 1769

Platon / Stolberg 1796–1797 – Platon; Stolberg, Friedrich Leopold (Übers.): Auserlesene Gespräche des Platon uebers. von Friedrich Leopold Graf zu Stolberg. 3 Bde. Königsberg: Nicolovius, 1796–1797 (Ruppert 1321)

Platon. Tht. – Platon: Theaetetus. *(ohne genaue angabe Goethes)*
Platon. Tim. – Platon: Timaeus. *(ohne genaue Angabe Goethe)*
Playfair 1802 – Playfair, John: Illustrations of the Huttonian theory of the earth. Edinburgh: Cadell [u.a.], 1802
Plenck 1777 – Plenck, Joseph Jacob von: Doctrina de morbis oculorum. Viennae (Wien): Graeffe, 1777
Plinius maior. nat. – Plinius d. Ä.: Naturalis historia. *(ohne genaue Angabe Goethes)*
Plinius minor 1644 – Plinius, Gaius Plinius Caecilius Secundus Minor: Buchner, August (Komment.): Epistolarum Libri. X. Frankfurt/M.: Melchior Klosemann, 1644
Plinius minor. epist. – Plinius, Gaius Plinius Caecilius Secundus Minor: Epistulae. *(ohne genaue Angabe Goethes)*
Plotin. enn. – Plotin: Enneades. *(ohne genaue Angabe Goethes)*
Plutarch 1745–1754 – Plutarch: Lebens-Beschreibungen der berühmtesten Griechen und Römer mit ihren Vergleichungen. Aus dem Griech. übers. und mit Anm. vers. von Johann Christoph Kind. 8 Bde. Leipzig: Breitkopf, 1745–1754 *(Bd. 1 u.d.T.: Lebens-Beschreibungen der berühmten Männer)*
Plutarch / Xylander 1620 – Plutarch; Xylander, Wilhelm: [Plutarchu Chaironeos ta sozomena panta]. Plutarchi Chaeronensis quae exstant omnia, cum latina interpretatione Hermanni Cruserii: Gulielmi Xylandri. 2 Bde. Francofurti (Frankfurt): Aubry und Schleich, 1620 *(Bd. 2 u.d.T.: Omnia, quae exstant, operum)*
Plutarch. mor. – Plutarch: Moralia. *(ohne genaue Angabe Goethes; meist bezogen auf das Kapitel „De placitis philosophorum")*
Pohl 1828 (Rez.) – Pohl, Georg Friedrich: Die galvanische Kette, mathematisch bearbeitet von Dr. G. S. Ohm. Berlin 1827. In: Jahrbücher für wissenschaftliche Kritik, Nr. 11–14 (1828), 85–103 – *s. Ohm 1827a*
Poiret / Turpin 1819–1820 – Poiret, Jean Louis Marie; Turpin, Pierre Jean François (Illustr.): Leçons de flore. Cours complet de botanique. Explication de tous les systèmes, introduction a l'étude des plantes. Suivi d'une iconographie végétale en cinquante-six planches coloriées offrant près de mille objets par P. J. F. Turpin. 3 Bde. Paris: Panckoucke, 1819–1820 *(Nebentitel de 3. Bandes: Essai d'une iconographie élémentaire et philosophique de végétaux avec un texte explicatif par P. J. F. Turpin)*
Poiteau / Turpin 1808 – Poiteau, Pierre Antoine; Turpin, Pierre Jean François (Illustr.): Flore Parisienne contenant la description des plantes qui croissent naturellement aux environs de Paris, ouvrage orné de figures et disposé selon le système sexuel. Tome premier. Paris: Schoell, 1808
Polignac 1748 – Polignac, Melchior de: Anti-Lucretius sive de Deo et natura, libri novem. [...] Opus posthumum. Illustrissimi Abbatis Caroli D'Orleans de Rothelin cura et studio editioni mandatum. Ad exemplar Parisinum recensuit et [...] praefatus est Jo. Christoph. Gottschedius. Lipsiae (Leipzig): Breitkopf, 1748 *(auch: 2 Tom. Londini: Nourse, 1748)*
Pöllnitz 1734 – Pöllnitz, Karl Ludwig von: Amusemens des eaux de Spa. Ouvrage utile a ceux qui vont boire ces eaux minérales sur les lieux. Enrichi de tailles-douces, qui représentent les vues et perspectives du bourg de Spa, des fontaines, et des environs. Amsterdam: Mortier, 1734

Porta 1558 – Porta, Giambattista della: Magia naturalis sive de miraculis rerum naturalium libri IV. Neapoli (Neapel): Cancer, 1558 *(Weitere Ausgaben: Lugduni 1561, Colon. 1562, Francof. 1607, Rouen 1668)*
Porta 1566 – Porta, Giambattista della: L'arte del ricordare. [Neapel]: s.n., [1566]
Porta 1586 – Porta, Giambattista della: De humana physiognomonia libri IV. Vici Aequensis (Vico Equense): Cacchius, 1586
Porta 1593 – Porta, Giambattista della: De refractione optices parte libri novem. Neapoli (Neapel): Carlinus; Pax, 1593
Portius 1550 – Portius, Simon: De coloribus oculorum. Florenz: Torrentinus, 1550
Poselger 1811 – Poselger, Friedrich Theodor: Der farbige Rand eines durch ein biconvexes Glas entstehenden Bildes, untersucht, mit Bezug auf Herrn von Göthe's Werk: Zur Farbenlehre. In: Annalen der Physik 37 (1811), 135–154
Posselt 1823 (Rez.) – Posselt, Johann Friedrich: The Climate of London, by Luke Howard, in two Volumes London, 1818. In: HzN II, Nr. 1 (1823), 59–62 – *s. Howard 1818–1820*
Pott 1746–1751 – Pott, Johann Heinrich: Chymische Untersuchungen Welche fürnehmlich von der Lithogeognosia oder Erkäntniß und Bearbeitung der gemeinen einfacheren Steine und Erden Ingleichen Von Feuer und Licht handeln. 2. Fortsetzung derer Chymischen Untersuchungen, welche von der Lithogeognosie, oder Erkäntniß und Bearbeitung derer Steine und Erde specieller handeln. 2 Bde. Berlin und Potsdam: Christian Friedrich Voß, 1746–1751 *(Franz. Übers.: Lithogeognosie ou Examen chymique des pierres et des terres. Paris 1753)*
Prange – Prange, Christian Friedrich: Farbenlexicon, worinn die möglichsten Farben der Natur nicht nur nach ihren Eigenschaften, Benennungen, Verhältnissen und Zusammensetzungen sondern auch durch die wirkliche Ausmahlung enthalten sind. Zum Gebrauch für Naturforscher, Mahler, Fabrikanten, Künstler und übrigen Handwerker, welche mit Farben umgehen. Mit 48 illuminirten Tafeln und einer grossen Landschaft. Halle: Hendel, 1782 (Ruppert 4980)
Presta 1786 – Presta, Giovanni: Memoria su i saggi diversi di olio, e su della ragia di ulivo della Penisola Salentina. Napoli (Neapel): Mazzola-Vocola, 1786
Prevost 1807 – Prévost, Pierre: Exposé succinct d'une recherche expérimentale, relative à cette question: Tous les hommes ont ils les mêmes sensations par les mêmes objets? In: Archives littéraires 13 (1807), 137–164
Prevost 1813 – Prévost, Pierre: Quelques remarques d'optique, par P. Prevost, lues à la Société de physique et d'histoire naturelle de Genève, le 30 juillet 1812. In: Bibliothèque britannique 53 (1813), 18–36
Priestley 1769 – Priestley, Joseph: The history and present state of electricity with original experiments. The second edition, corrected and enlarged. London: Dodsley, 1769
Priestley 1772 – Priestley, Joseph: The history and present state of discoveries relating to vision, light, and colours. London: Johnson, 1772
Priestley 1778–1780 – Priestley, Joseph; Ludwig, Christian (Übers.): Versuche und Beobachtungen über verschiedene Gattungen der Luft. Aus dem Englischen. Mit Kupfern. 3 Bde. Wien und Leipzig: Rudolph Grässer, 1778–1780

Priestley / Klügel 1775–1776 – Priestley, Joseph: Klügel, Georg Simon (Übers. und Komm.): Geschichte und gegenwärtiger Zustand der Optik, vorzüglich in Absicht auf den physikalischen Theil dieser Wissenschaft. Aus dem Engl. übers. und mit Anm. und Zusätzen begleitet von Georg Simon Klügel. 2 Bde. Leipzig: Junius, 1775–1776 *(Engl. Originalausg.: Priestley 1772)*
Prieur-Duvernois 1806 – Prieur-Duvernois, Claude Antoine: De la décomposition de la lumière, en ses élémens les plus simples; fragment d'un ouvrage sur la coloration. In: Annales de chimie 59 (1806), 227–261
Przystanowsky 1821 – Przystanowsky, Rudolph von: Ueber den Ursprung der Vulkane in Italien. Berlin: Reimer, 1821
Publilius Syrus, Publil. Syr. – Publilius Syrus: Sententiae.
Purkinje 1819 – Purkinje, Johannes Evangelista: Beiträge zur Kenntniss des Sehens in subjectiver Hinsicht. Prag: Calve, 1819 (Ruppert 4984)
Pursh 1814 – Pursh, Frederick: Flora Americae septentrionalis; or a systematic arrangement and description of the plants of North America. 2 Bde. London: White, Cochrane, and Co., 1814
Putsche / Bertuch 1819 – Putsche, Karl Wilhelm Ernst; Bertuch, Friedrich Johann Justin (Hrsg.): Versuch einer Monographie der Kartoffeln oder ausführliche Beschreibung der Kartoffeln, nach ihrer Geschichte, Charakteristik, Cultur und Anwendung in Teutschland. Weimar: Industrie-Comptoir, 1819
Quillet 1655 – Letus, Calvidius (eigentl. Quillet, Claude): Callipaedia; seu, de pulchrae prolis habendae ratione. Poëma didacticon ad humanam speciem belle conservandam apprime utile. Leiden: Thomas Jolly, 1655
Quintilian, inst. – Quintilian, Marcus Fabius: Institutio oratoria.
Racknitz 1788 – Racknitz, Joseph Friedrich: Briefe über das Carlsbad und die Naturprodukte der dortigen Gegend. Dresden und Leipzig: Gottlob Immanuel Breitkopf, 1788
Radlof 1823 – Radlof, Johann Gottlieb: Zertrümmerung der großen Planeten Hesperus und Phaëton, und die darauf folgenden Zerstörungen und Ueberflutungen der Erde; nebst neuen Aufschlüssen über die Mythensprache der alten Völker. Berlin: G. Reimer, 1823
Rafn 1796 – Rafn, Carl Gottlob: Udkast til en Plantephysiologie, grundet paa de nyere Begreber i Physik og Chemie. Kjobenhavn (Kopenhagen): Popp, 1796 *(Dt. Übers.: Entwurf einer Pflanzenphysiologie auf die neuern Theorien der Physik und Chemie gegründet. Mit vielen Zusätzen und Veränderungen des Verfassers. Aus dem Dän. übers. von Johannes Ambrosius Markussen. Kopenhagen u. a.: Schubothe, 1798)*
Ramond de Carbonnières 1823 – Ramond de Carbonnières, Louis: Sur l'état de la végétation au sommet du Pic du midi de Bagnères. Lu à l'Académie les 16 janvier et 13 mars 1826. In: Mémoires de l'Académie Royale des Sciences de l'Institut de France 6 (1823/1827), 81–174
Ramus 1556 – Ramus, Petrus: Dialecticae libri II. Audomari Talaei praelectionibus illustrati. Parisiis (Paris): Wechel, 1556 *(Weitere Ausgabe: Basel: Episcopius 1572; zahlreiche weitere Auflagen in rascher Folge)*
Raspe 1771 – Raspe, Rudolph Erich: Nachricht von einigen Niederhessischen Basalten, besonders aber einem Säulen-Basaltstein-Gebürge bei Felsberg, und den Spuren eines verlöschten brennenden Berges am Habichtswalde über Weissenstein nahe bei Cassel. In: Deutsche Schriften von der Königlichen Societät der Wissenschaften zu Göttingen 1 (1771), 72–83

Raspe 1774 – Raspe, Rudolph Erich: Beytrag zur allerältesten und natürlichen Historie von Hessen. Oder Beschreibung des Habichwaldes und verschiedner andern Niederheßischen alten Vulcane in der Nachbarschaft von Cassel. Nebst einer Kupfer-Platte. Kassel: Cramer, 1774

Ratke / Helwig / Jungius 1614 – Ratke, Wolfgang; Helwig, Christoph (Hrsg.); Jungius, Joachim (Hrsg.): Kurtzer Bericht von der Didactica oder Lehrkunst Wolfgangi Ratichii. Darinnen er Anleitung gibt, wie die Sprachen, Künste und Wissenschaften leichter [...] fortzupflantzen seynd. Gestellet und ans Licht gegeben durch [...]. [Gießen?]: s.n., 1614

Raumer 1811 – Raumer, Karl Georg von: Geognostische Fragmente. Nürnberg: Schrag (Ruppert 4994)

Raynal 1750 – Raynal, Guillaume Thomas François: Melchior de Polignac: né au Puy l'an 1661, mort en 1741. In: Anecdotes litteraires, ou histoire de ce qui est arrivé de plus singulier, et de plus intéressant aux ecrivains François, depuis le renouvellement des lettres sous François I. jusqu'à nos jours. Bd. 2. Paris: Durand; Pissot, 1750, 424–432.

Reade 1814a – Reade (Read), Joseph: Experiments tending to prove, that neither Sir Isaac Newton, Herschel, nor any other person, ever decomposed incident or impingent light into the prismatic colours. In: The Philosophical magazine and journal 43 (1814), 193–197

Reade 1814b – Reade (Read), Joseph: Experiments to prove that the spectrum is not an image of the sun, as Newton endeavoured to demonstrate in the 3rd experiment of his Optics, p. 21, but an image or representation of the hole in his window shutter; and also that yellow rays are the most refrangibel, and blue the least. In: The monthly magazine and British register 38 (1814), 10–14

Rees 1819–1820 – Rees, Abraham: The Cyclopaedia, Or, Universal Dictionary of Arts, Sciences, and Literature. 39 Bde., 6 Bde. Tafeln. London: Longman, Hurst, Rees, Orme & Brown, 1819–1820

Regius 1654 – Regius, Henricus: Philosophia Naturalis. Editio secunda, priore multo locupletior, et emendatior. Amstelodami (Amsterdam): Elzevir, 1654 (Ruppert 4997)

Regnault 1755 – Regnault, Noël: Les entretiens physiques d'Ariste et d'Eudoxe, ou Physique nouvelle en dialogues qui renferme précisément ce qui s'est découvert de plus curieux et de plus utile dans la nature. 8. Aufl., 4 Bde. Paris:, 1755

Reichel 1758 – Reichel, Georg Christian (Praes.); Wagner, Carl Christian (Resp.): De vasis plantarum spiralibus. Lipsiae (Leipzig): Breitkopf, 1758

Reichenbach 1828 – Reichenbach, Ludwig: Botanik für Damen, Künstler und Freunde der Pflanzenwelt überhaupt, enthaltend eine Darstellung des Pflanzenreichs in seiner Metamorphose, eine Anleitung zum Studium dieser Wissenschaft und zum Anlegen von Herbarien. Ein Versuch. Leipzig: Cnobloch, 1828

Reichetzer 1812 – Reichetzer, Franz: Anleitung zur Geognosie, insbesondere zur Gebirgskunde. Nach Werner für die k. k. Berg-Akademie bearbeitet von Franz Reichetzer. Wien: Camesinasche Buchhandlung, 1812

Reineggs 1787 – Reineggs, Jakob: Von den Meerschaumenen und andern türkischen Pfeifenköpfen. In: Magazin für das Neueste aus der Physik und Naturgeschichte 4, Nr. 3 (1787), 13–19

Reinhard 1801 – Reinhard, Franz Volkmar (anonym): Kurze historische Darstellung der gesammten kritischen Philosophie nach ihren Hauptresultaten für Anhänger und Freunde der Philosophie. Mit einer Vorrede von D. Johann Karl Wezel. Leipzig: Küchler, 1801
Reumont / Monheim 1810 – Reumont, Gérard; Monheim, Johann P.: Analyse des eaux sulfureuses d'Aix-La-Chapelle. Aix-la-Chapelle: Beaufort, 1810
Reuss 1790 – Reuß, Franz Ambrosius: Orographie des Nordwestlichen Mittelgebirges in Böhmen. Ein Beitrag zur Beantwortung der Frage: Ist der Basalt vulkanisch, oder nicht? Dresden: Walther, 1790
Reuss 1793–1797 – Reuß, Franz Ambrosius: Mineralogische Geographie von Böhmen. 2 Bde. Dresden: Walther, 1793–1797
Reuss 1801–1806 – Reuß, Franz Ambrosius: Lehrbuch der Mineralogie nach des Herrn O. B. R. Karsten mineralogischen Tabellen. 8 Bde. Leipzig: Friedrich Gotthold Jacobäer, 1801–1806
Reuss 1816 – Reuß, Franz Ambrosius: Chemisch-medizinische Beschreibung des Kaiser Franzensbades oder des Egerbrunnens. Nebst einer Literärgeschichte dieser Quelle und historisch-statistisch- und geognostischen Bemerkungen des Egerischen Bezirks. 2. Aufl. Eger: Joseph Kobrtsch, 1816
Rhode 1820 – Rhode, Johann Gottlieb: Beiträge zur Pflanzenkunde der Vorwelt nach Abdrücken im Kohlenschiefer und Sandstein aus schlesischen Steinkohlenwerken. 4 Lfgen. Breslau: s.n., [ca. 1820]
Rhodius 1611 – Rhodius, Ambrosius: Optica [...] cui additus est tractatus de crepusculis. Witebergae (Wittenberg): Seelfisch, 1611
Riccioli 1651 – Riccioli, Giovanni Battista: Almagestum novum astronomiam veterem novamque complectens observationibus aliorum et propriis novisque theorematibus, problematibus, ac tabulis promotam, in tres tomos distributam. Bononiae (Bologna): Benatius, 1651
Richard 1811 – Richard, Louis Claude; Voigt, Friedrich Siegmund (Hrsg. und Übers.): Analyse der Frucht und des Saamenkorns. Nach der Duval'schen Ausgabe übersetzt und mit vielen Zusätzen und Originalzeichnungen Richards, so wie andern Beiträgen vermehrt herausgegeben von F. S. Voigt. Leipzig: Reclam, 1811
Richard 1822 – Richard, Louis Claude: Mémoire sur une nouvelle famille des plantes: les Balanophorées. In: Mémoires du Muséum d'Histoire Naturelle 8 (1822), 404–435
Richardson 1810 – Richardson, John: Account of the Whynn Dikes in the neighbourhood of the Giant's Causeway, Bellycastle and Belfort. In: The Philosophical magazine 35 (1810), 364–382
Richter 1724 – Richter, Georg Friedrich: Defensio disquisitionis sue contra Jo. Rizzettum (vid. Act. Supplem. Tom. VIII Sect. III, V et VII.). In: Acta eruditorum. Nr. 1. Jan. (1724), 27–39
Richter 1782–1804 – Richter, August Gottlieb: Anfangsgründe der Wundarzneykunst. 7 Bde. Göttingen: Dieterich, 1782–1804
Richter 1793 – Richter, Jeremias Benjamin: Ueber die neuern Gegenstände der Chymie. Drittes Stück. Enthaltend den Versuch einer Critik des antiphlogistischen Systemes nebst einem Anhange. Breslau / Hirschberg: Johann Friedrich Korn, d.Ä., 1793
Riedesel 1771 – Riedesel, Johann Hermann von: Reise durch Sicilien und Großgriechenland. Zürich: Orell, Geßner, Füeßlin und Comp., 1771

Riemer 1822 – Riemer, Friedrich Wilhelm: Der Ausdrück Trüb [Chromatik. Geschichtliches, 27]. In: HzN I, Nr. 4 (1822), 311–315
Riemer 1822 – Riemer, Friedrich Wilhelm: Vorläufig aus dem Altertum. In: HzM I, Nr. 4 (1822), 352 *(HzM I 4; WA II 8, 302)*
Rinman 1785 – Rinman, Sven: Versuch einer Geschichte des Eisens mit Anwendung für Gewerbe und Handwerker. Aus dem Schwed. übers. von Johann Gottlieb Georgi. 2 Bde. Berlin: Haude und Spener, 1785
Risner 1606 – Risner, Friedrich: Opticae libri quatuor ex voto Petri Rami. Casselis (Kassel): W. Wessel, 1606
Rittenhouse 1786 – Rittenhouse, David: Explanation of an optical deception. In: Transactions of the American Philosophical Society 2 (1786), 37–42
Ritter 1798 – Ritter, Johann Wilhelm: Beweis, dass ein beständiger Galvanismus den Lebensprocess in dem Thierreiche begleite. Nebst neuen Versuchen und Bemerkungen über den Galvanismus. Weimar: Industrie-Comptoir, 1798 (Ruppert 5022)
Ritter 1801 – Ritter, Johann Wilhelm: Versuche und Bemerkungen über den Galvanismus der Voltaischen Batterie […]. In Briefen an den Herausgeber [L. W. Gilbert]. In: Annalen der Physik 7, Nr. 4 (1801), 431–484 *(Auch in: J. W. Ritter: Physisch-chemische Abhandlungen in chronologischer Folge. L)*
Ritter 1801 – Ritter, Johann Wilhelm: Von den Herren Ritter und Böckmann. In: Annalen der Physik 7 (1801), 527–528
Ritter 1802 – Ritter, Johann Wilhelm: Über das Sonnenlicht. In: Annalen der Physik 12, Nr. 12 (1803), 409–415
Ritter 1803 – Ritter, Johann Wilhelm: Versuche mit einer Voltaischen Zink-Kupfer-Batterie von 600 Lagen. In: Annalen der Physik 13, Nr. 1 und 3 (1803), 1–72, 265–283
Ritter 1806 – Ritter, Johann Wilhelm: Bemerkungen zu Herschels neueren Untersuchungen über das Licht: – vorgelesen in der Naturforschenden Gesellschaft zu Jena, im Frühling 1801. In: Ders.: Physisch-Chemische Abhandlungen in chronologischer Folge. 3 Bde. Leipzig: Reclam, 1806, Bd. 2, 81–107.
Rizzetti 1724 – Rizzetti, Giovanni: [Reise durch Italien]. *(Irrtum Goethes, der vermutlich darauf zurückführen ist, dass das Giornale de'letterati in den Acta eruditorum zumeist „Diarium italicum" genannt wird)*
Rizzetti 1724a – Rizzetti, Giovanni: De systemate opticae Newtonianae et de aberratione radiorum in humore crystallino refractorum. Excerpta e literis Joannis Rizzeti ad Christinum Martinellum, patricium Venetum. In: Acta eruditorum - Supplementa 8 (1724), 127–142
Rizzetti 1724b – Rizzetti, Giovanni: Excerpta e novo exemplari epistolae seu Dissertationis Anti-Newtonianae. In: Acta eruditorum – Supplementa 8 (1724), 234
Rizzetti 1724c – Rizzetti, Giovanni: Super disquisitionem G. F. Richteri, de iis quae opticae Newtonianae Jo. Rizzettus oposuit. In: Acta eruditorum - Supplementa 8 (1724), 303
Rizzetti 1726 – Rizzetti, Giovanni: De luminis refractione dissertatio Anti-Bernoulliana de luminis refracti / Natura explicatur. In: Acta eruditorum, Nr. 10 (1726), 275–286
Rizzetti 1727 – Rizzetti, Giovanni: De luminis affectionibus specimen physico-mathematicum. Tarvisii et Venetiis (Treviso und Venedig): Pavinus; Bergamus, 1727

Rizzetti 1729 – Rizzetti, Giovanni: De luminis reflexione, cujus exponitur explicatio: dissertatio adversus Bernoullium atque Newtonum. In: Acta eruditorum - Supplementa 9 (1729), 50–58

Robertson 1804 – Robertson, Etienne Gaspard: Robertson's Bericht von seiner zweiten Luftfahrt zu Hamburg, gehalten am 11ten August. In: Annalen der Physik 16 (1804), 278–286

Rochon 1800 – Rochon, Alexis Marie de: Bemerkungen über die Erfindung der achromatischen Fernröhre und die Vervollkommnung des Flintglases. In: Annalen der Physik 4 (1800), 300–307

Roesler 1788–1790 – Rösler, Gottlieb Friedrich: Beyträge zur Naturgeschichte des Herzogthums Wirtemberg. Nach der Ordnung und den Gegenden der dasselbe durchströhmenden Flüße. 3 Bde. Tübingen: Cotta, 1788–1791 (Ruppert 4013) *(3. Bd. hrsg. von Philipp Heinrich Hopf)*

Rohault 1671 – Rohault, Jacques: Traité de Physique. Paris: Savreux, 1671 *(Übers. von Samuel Clarke ins Lateinische: London 1697, 1701, 1718)*

Rohault 1697 – Rohault, Jacques; Clarke, Samuel (Übers. und Komm.): Physica. Latine reddidit, et annotatiunculis quibusdam illustravit S. Clarke. Londoni (London): Jacobi Knapton, 1697 *(weitere Auflagen 1701 und 1718 mit explizitem Bezug auf die Philosophie Isaac Newtons)* – s. Rez. Anonymi 1713

Rohde 1819 – Rohde, Johann Philipp von: Ueber die Polarisation des Lichts, in den neuesten Anfangsgründen der Experimentalphysik für Frankreichs Universitäten; namentlich, über die Théorie des accès de facile transmission, et de facile réflexion; de l'intervalle des accès, de la longueur de chaque accès; de la polarisation fixe, et mobile; des périodes, par lesquels la polarisation s'opère et s'achève, cet. Potsdam: Horvath, 1819 (Ruppert 5027)

Rohr 1724 – Rohr, Julius Bernhard von: Compendieuse physicalische Bibliotheck. Leipzig: Johann Christian Martini, 1724

Romé de l'Isle 1777 – Romé de l'Isle, Jean Baptiste Louis: Versuch einer Crystallographie oder Beschreibung der, verschiedenen [...] Körpern des Mineralreiches eigenen geometrischen Figuren, mit Kupfern und Auslegungs-Planen. Aus dem Franz. übers. mit Anm. und Zus. [...] von Christian Ehrenfried Weigel. Greifswald: Röse, 1777 (Ruppert 5030)

Röper 1824 – Röper, Johann August Christian: Enumeratio Euphorbiarum quae in Germania et Pannonia gignuntur. Gottingae (Göttingen): Rosenbusch, 1824 (Ruppert 5025)

Rösel von Rosenhof 1746–1761 – Rösel von Rosenhof, August Johann: Der monatlich herausgegebenen Insecten-Belustigung [...] Theil. 4 Tle. Nürnberg: Rösel, 1746–1761

Rösel von Rosenhof 1758 – Rösel von Rosenhof, August Johann; Haller, Albrecht von (Vorwort): Historia naturalis ranarum nostratium in qua omnes earum proprietates, praesertim quae ad generationem ipsarum pertinent, fusius enarrantur cum praefatione illustris viri Alberti v. Haller... : edidit accuratisque iconibus ornavit. Augustus Iohannes Roesel von Rosenhof = Die natürliche Historie der Frösche hiesigen Landes, worinnen alle Eigenschaften derselben, sonderlich aber ihre Fortpflanzung umständlich beschrieben werden. Mit einer Vorrede Hern Albrechts von Haller, herausgegeben und mit zuverlässigen Abbildungen gezieret von August Johann Rösel von Rosenhof. Norimbergae (Nürnberg): Fleischmann, 1758

Rosenberg 1745 – Rosenberg, Abraham Gottlob: Versuch einer Erklärung von den Ursachen der Electricität. Breslau: Johann Jacob Korn, 1745

Rosetti 1548 – Rosetti, Giovanventura: Plictho de l'arte de Tentori che insegna tenger pani telle banbasi et sede si per l'arthe magiore come per la comune. [Venedig]: s.n., 1548

Rosinus 1719 – Rosinus, Michael Reinhold: Tentaminis de lithozois ac lithophytis olim marinis iam vero subterraneis, prodromus sive, de stellis Marinis quondam nunc fossilibus disquisitio. Hamburgi (Hamburg): Nikolaus Sauer, 1719

Rösler 1700 – Rösler, Balthasar: Speculum metallurgiae politissimum. Oder: Hell-polierter Berg-Bau-Spiegel. Darinnen zu befinden: Wie man Bergwerck suchen, ausschürffen, mit Nutzen bauen, allenthalben wohl anstellen, befördern, dabey alles Gestein und Ertze gewinnen, fördern, rösten, schmeltzen [...] wissen und verstehen soll [...] in Druck gegeben und mit Kupffern gezieret durch dessen Enckel Johann Christoph Goldbergen. Dresden: Winckler, 1700

Rousseau 1782 – Rousseau, Jean-Jacques: Lettres élémentaires sur la botanique a Madame De L[essert]. In: Ders.: Collection complete des oeuvres, Genève: s.n., 1782, Bd. 7, S. 530–588.

Rousseau 1822 – Rousseau, Jean-Jacques: La Botanique de J. J. Rousseau. 2 Vols. Paris: Baudouin, 1822

Rousseau 1826 – Rousseau, Jean-Jacques: Fragments pour un Dictionnaire des termes d'usage en Botanique. In: Œuvres complètes de J. J. Rousseau avec les notes de tous les commentateurs. Nouvelle édition [...] Bd. 14: Musique et Botanique. Paris: Dalibon 1816, 477–550.

Roxburgh 1795–1819 – Roxburgh, William: Plants of the coast of Coromandel. Selected from drawings and descriptions presented to the hon. court of directors of the East India Company. [...] Published by the order of the East India Company under the direction of Sir Joseph Banks. 3 Bde. London: Nicol, 1795–1819

Rudolphi 1787 – Rudolphi, Johann Christian: Nelken-Theorie oder eine in systematischer Ordnung gemalte Nelken-Tabelle. Meißen: Erbstein, 1787 *(2. verb. und verm. Aufl. 1799 u. d. T. Nelken-Theorie oder eine in systematischer Ordnung nach der Natur gemalte Nelken-Tabelle)*

Ruffo 1403 – Ruffo, Giordano: Arte di conoscere la natura dei cavalli. Venice (Venedig): Petrus de Quarengiis, Bergomensis, 1493

Rühle von Lilienstern 1810–1811 – Rühle von Lilienstern, Johann Jakob Otto August: Reise mit der Armee im Jahre 1809. 3 Bde. Rudolstadt: Hof-, Buch- und Kunsthandlung, 1810–1811

Rumford 1794 – Rumford, Benjamin Thompson von: An account of some experiments upon coloured shadows. In a letter to Sir Joseph Banks, Bart. P.R.S. Read February 10 1794. In: Philosophical transactions 84 (1794), 107–118

Rumford 1795 – Rumford, Benjamin Thompson von: Nachricht von einigen Versuchen über die gefärbten Schatten. In einem Briefe an Herrn Joseph Banks. In: Neues Journal der Physik 2 (1795), 58–69

Runge 1820–1821 – Runge, Ferdinand: Neueste phytochemische Entdeckungen, zur Begründung einer wissenschaftlichen Phytochemie. 2 Lfgen. [Nebentitel des 2. Bandes: Materialien zur Phytologie]. Berlin: Reimer, 1820–1821 (Ruppert 5035)

Runge / Steffens 1810 – Runge, Philipp Otto; Steffens, Henrich: Farben-Kugel oder Construction des Verhältnisses aller Mischungen der Farben zu einander, und ihrer vollständigen Affinität mit angehängtem Versuch einer Ableitung der Harmonie in den Zusammenstellungen der Farben. Nebst einer Abhandlung über die Bedeutung der Farben in der Natur von Hrn. Prof. Henrik Steffens. Hamburg: Friedrich Perthes, 1810 – *s. Rez. Mayer 1810*

Rupp 1718 – Rupp, Heinrich Bernhard: Flora Jenensis sive enumeratio plantarum, tam sponte circa Jenam, et in locis vicinis nascentium, quam in hortis obviarum, methodo conveniente in classes distributa, figurisque rariorum aeneis ornata. In usum botanophilorum Jenensium edita a Jo. Henr. Schutteo [...]. Cui accedit Supplementum. Francofurti et Lipsiae (Frankfurt und Leipzig) [Jena]: Bailliar, 1718

Rüppell 1820 – Rüppell, Eduard: Pavia, den 20. Dez. 1818... [Brief an K. C. v. Leonhard] . In: Taschenbuch für die gesammte Mineralogie 2 (1820), 591–595

Russell 1824 – Russell, John: A tour in Germany, and some of the southern provinces of the Austrian Empire in the years 1820, 1821, 1822. Edinburgh: Constable, 1824

Sabatier 1775 – Sabatier, Raphaël Bienvenu: Traité complet d'anatomie ou description de toutes les parties du corps humain. 2 Bde. Paris: Didot, 1775 (Ruppert 5038)

Sachse 1822 – Sachse, Johann Christoph: Der deutsche Gilblas, eingeführt von Göthe. Oder Leben, Wanderungen und Schicksale Johann Christoph Sachse's, eines Thüringers. Von ihm selbst verfaßt. Stuttgart und Tübingen: Cotta, 1822 (Ruppert 1833)

Saint-Ange 1830 (Rez.) – Saint-Ange, J. M. de: Principes de Philosophie zoologique, discutes en mars 1830, par M. Geoffroy-Saint-Hilaire. Paris, 1830: Pichon et Didier. In: Revue encyclopédique 46, Nr. [2] April-Juni (1830), 707–709 *(mit Nachschrift von É. Geoffroy de Saint-Hilaire, 709–712) – s. Geoffroy Saint-Hilaire 1830b*

Saint-Non 1781–1786 – Saint-Non, Jean Claude Richard de: Voyage pittoresque, ou description des Royaumes de Naples et de Sicile. 5 Bde. Paris: Clousier, 1781–1786

Saint-Simon 1829–1830 – Saint-Simon, Louis de Rouvroy de: Mémoires complets et authentiques du Duc de Saint-Simon sur le siècle de Louis XIV et la Régence. 21 Bde. Paris: Sautelet; Mesnier, 1829–1830

Salisbury / Hooker 1805–1807 – Salisbury, Richard Anthony; Hooker, William (Illustr.): The Paradisus Londinensis, or coloured pictures of plants cultivated in the vicinity of the metropolis. 2 Bde. in 4 Teilbden. London: W. Hooker, 1806–1808

Salvini 1775 – Salvini, Giovanni: Istruzione al suo fattore di campagna. Osimo: Quercetti, 1775

San Martino 1791–1795 – San Martino, Giovanni Battista da: Opere del padre Giovambatista da S. Martino. 3 Bde. Venezia (Venedig): Gio. Antonio Perlini, 1791–1795

Sartorius 1821 – Sartorius, Georg Christian: Geognostische Beobachtungen und Erfahrungen vorzüglich in Hinsicht des Basaltes. Nebst Angabe mehrerer Höhenbestimmungen der vorzüglichsten Orte im Eisenacher Kreis. Eisenach: Joh. Friedrich Bärecke, 1821 (Ruppert 5044)

Saussure 1779–1796 – Saussure, Horace Bénédict de: Voyages dans les Alpes, précédés d'un essai sur l'histoire naturelle des environs de Genève. 4 Bde. Neuchâtel; Genève: Samuel Fauche; Barde, Manget et Compagnie; Louis Fauche-Borel, 1779–1796 (Ruppert 4029)
Saussure 1787 – Saussure, Horace Bénédict de: Relation abrégée d'un voyage à la cime du Mont-Blanc en Août 1787. Genève (Genf): Barde et Manget, 1787 (Ruppert 4028)
Saussure 1791 – Saussure, Horace Bénédict de: Déscription d'un cyanomètre, ou d'un appareil destiné à mesurer l'intensité de la couleur bleue du ciel. In: Observations sur la physique, sur l'histoire naturelle et sur les arts 38, Nr. [3] März (1791), 199–208
Saussure 1799 – Saussure, Horace Bénédict de: Über ein merkwürdiges Phänomen in der Meteorologie. In: Annalen der Physik 1 (1799), 317–322
Saussure / Wyttenbach 1781 – Saussure, Horace Bénédict de; Wyttenbach, Jakob Samuel (Übers.): Reisen durch die Alpen, nebst einem Versuche über die Naturgeschichte der Gegenden von Genf. Aus dem Franz. übers. und mit Anm. bereichert. 2 Bde. Leipzig: Junius, 1781 (Ruppert 4030)
Savérien 1760–1768 – Savérien, Alexandre: Histoire des philosophes modernes, avec leur portrait gravé dans le goût du crayon, d'apres les desseins des plus grands peintres. 8 Bde. Paris: Brunet [u.a.], 1760–1768
Savot 1609 – Savot, Louis: Nova, seu verius nova-antiqua de causis colorum sententia. Paris: ex officina Plantiniana, apud Hadrianum Perier, 1609
Scafe 1819 – Scafe, John: King Coal's levee, or geological etiquette, with explanatory notes; and the council of the metals. Third edition. To which is added, Baron Basalt's tour. London: Longman, Hurst, Rees, Orme, and Brown, 1819 (Ruppert 1519)
Scaliger 1557 – Scaliger, Julius Caesar: Exotericarum exercitationum liber quintus decimus, de subtilitate, ad Hieronymum Cardanum. Lutetiae (Paris): Vascosanus, 1557 *(Weitere Ausgaben: Francofurti 1601 und 1612 (Ruppert 525))*
Scarpa 1789 – Scarpa, Antonio: Anatomicae disquisitiones de auditu et olfactu. Ticini (Pavia): Geleatius, 1789 *(2. Ed. Mediolani (Mailand): Galeatius, 1795; dt. Übers.u.d.T. Anatomische Untersuchungen des Gehörs und Geruchs, Nürnberg: Raspe, 1800)*
Schäffer 1762–1774 – Schäffer, Jakob Christian: Fungorum qui in Bavaria et Palatinatu circa Ratisbonam nascuntur icones nativis coloribus expressae / Natürlich ausgemahlte Abbildungen bayerischer und pfälzischer Schwämme, welche um Regensburg wachsen. 4 Bde. Regensburg: Zunkel, 1762–1774
Schäffer 1769 – Schäffer, Jakob Christian: Entwurf einer[!] allgemeinen Farbenverein, oder Versuch und Muster einer gemeinnützlichen Bestimmung und Benennung der Farben. Nebst zwey ausgemahlten Kupfern. Regensburg: Weiß, 1769
Schall 1787 – Schall, Carl Friedrich Wilhelm: Oryktologische Bibliothek nach geographischer Ordnung gesamlet und herausgegeben. Nebst einer Vorrede von Herrn Joh. Carl Wilh. Voigt. Weimar: C. L. Hoffmanns sel. Wittwe und Erben, 1787
Schaller 1785–1791 – Schaller, Jaroslaus: Topographie des Königreichs Böhmen, darinn alle Städte, Flecken, Herrschaften, Schlößer, Landgüter, Edelsitze, Klöster, Dörfer, wie auch verfallene Schlößer und Städte unter

dem ehemaligen und jetzigen Benennungen samt ihren Merkwürdigkeiten beschrieben werden. 16 Bde. und Register. Prag und [ab Teil 5] Wien: Piskaczek [u.a.], 1785–1791

Scheele 1777 – Scheele, Carl Wilhelm: Chemische Abhandlung von der Luft und dem Feuer. Uppsala: Leipzig: Swederus; Crusius, 1777

Scheffer 1669 – Scheffer, Johannes: Graphice id est de arte pingendi liber singularius. Norimbergae (Nürnberg): Endter, 1669

Scheibel 1769–1798 – Scheibel, Johann Ephraim: Einleitung zur mathematischen Bücherkenntnis. 3 Bde. Breslau: Meyer, 1769–1798 (Ruppert 4150)

Scheiner 1619 – Scheiner, Christoph: Oculus, hoc est, fundamentum opticum, in quo ex accurata oculi anatome, abstrusarum experientiarum sedula pervestigatione, ex invisis specierum visibilium tam everso quam erecto situ spectaculis, necnon solidis rationum momentis radius visualis eruitur. Oeniponti (Innsbruck): Agricola, 1619

Schelhorn 1725 (Rez.) – Schelhorn, Johann Georg: De Libro Henrici Cornelii Agrippae de Incertitudine & vanitate omnium scientiarum & artium. In: Amoenitates literariae, quibus variae observationes, scripta item quaedam anecdota & rariora opuscula exhibentur. Bd. 1. Francofurti et Lispiae (Frankfurt und Leipzig): Bartholomaeus, 1725, 513–529. – *s. Agrippa von Nettesheim 1532*

Schelling 1797 – Schelling, Friedrich Wilhelm Joseph: Ideen zu einer Philosophie der Natur. Erstes, zweytes Buch. Leipzig: Breitkopf und Härtel, 1797

Schelling 1798 – Schelling, Friedrich Wilhelm Joseph: Von der Weltseele, eine Hypothese der höhern Physik zur Erklärung des allgemeinen Organismus. Hamburg: Friedrich Perthes, 1798 (Ruppert 3118)

Schelling 1799 – Schelling, Friedrich Wilhelm Joseph: Erster Entwurf eines Systems der Naturphilosophie. Zum Behuf seiner Vorlesungen. Jena und Leipzig: Christian Ernst Gabler (Ruppert 3115)

Schelling 1800 – Schelling, Friedrich Wilhelm Joseph: System des transscendentalen Idealismus. Tübingen: J.G. Cotta'sche Buchhandlung, 1800

Schelling 1801 – Schelling, Friedrich Wilhelm Joseph: Darstellung meines Systems der Philosophie. In: Zeitschrift für speculative Physik 2, Nr. 2 (1801), III-XIV, 1–127

Schelver 1812 – Schelver, Franz Joseph: Kritik der Lehre von den Geschlechtern der Pflanze. 3 Bde. Heidelberg u.a.: Braun, 1812–1823 (Ruppert 5052)

Schelver 1821 – Schelver, Franz Joseph: Die Aufgabe der höheren Botanik. In: Nova acta Leopoldina 10 (= N. F. 2), Nr. 2 (1820–1821), 589–616

Schelver 1822 – Schelver, Franz Joseph: Lebens- und Formgeschichte der Pflanzenwelt (= Handbuch seiner Vorlesungen über die physiologische Botanik für seine Zuhörer und gebildete Naturfreunde. Erster Band). Heidelberg: Engelmann, 1822 (Ruppert 5053) – *s. Rez. Goethe - Lebens- und Formgeschichte der Pflanzenwelt von Schelver*

Scherb 1820 – Scherb, Martin: Problematische Materie einer leuchtenden Kugel. In: Annalen der Physik 66 (1820), 329–330

Scherer / Jäger 1794 – Scherer, Alexander Nicolaus; Jäger, Carl Christoph Friedrich: Chemische Anzeige. / Mehrere Versuche haben uns gezeigt [...]. In: Allgemeine Literatur-Zeitung - Intelligenzblatt, Nr. 113, 1. Okt. (1794), 904

Scherer / Jäger 1795 – Scherer, Alexander Nicolaus; Jäger, Carl Christoph Friedrich: Ueber das Leuchten des Phosphors im atmosphärischen Stickgas. Resultate einiger darüber angestellten Versuche und Beobachtungen. Mit einem Kupfer. Weimar: Verlag des Industrie Comptoirs, 1795

Scherffer 1761 – Scherffer, Karl: De coloribus accidentalibus dissertatio physica. Vindobonae (Wien): Trattner, 1761

Scherffer 1765 – Scherffer, Karl: Abhandlung von den zufälligen Farben. Wien: Trattner, 1765 (Ruppert 5061)

Scheu 1821 – Scheu, Fidelis: Ueber Krankheits-Anlagen der Menschen. Erster Theil. Wien: Friedrich Volke, 1821

Scheuchzer 1703 – Scheuchzer, Johann Jakob: Physica, oder Natur-Wissenschaft. 2 Bde. Zürich: Bodmer, 1703 *(Weitere Ausgaben: 2. verb. und verm. Aufl. 1711 und verm. Aufl. 1729 (Heidegger))*

Scheuchzer 1711 – Scheuchzer, Johann Jakob: Kern der Natur-Wissenschaft. Zürich: Bodmer, 1711

Scheuchzer 1716 – Scheuchzer, Johann Jakob: Museum Diluvianum. Tiguri (Zürich): Heinrich Bodmer, 1716

Schickard 1624 – Schickard, Wilhelm: Liechtkugel, darinn auß Anleitung deß newlich erschienen Wunderliechts nicht allein von demselbigen in specie: sonder zumal von dergleichen Meteoris in genere: ihrem Liecht und Scheinfarben: den natür- und künstlichen Regenbögen: Morgen- und Abendröten: Item den himlischen Aspecten: dann auch deß Augs gebäw und krafft zu sehen, gehandelt: Also gleichsam ein Teutsche optica beschrieben: Fürnemmlich aber ein newe Art solcher Fewerzeichen wahre größ und höhin auß dem Ohrt ihrer verschwindung zu messen gelehrt: unnd dardurch ein Fundament zu verbesserung der Meteorologiae gelegt wird. Tübingen: Alexander, 1624

Schiffermüller 1772 – Schiffermüller, Ignaz: Versuch eines Farbensystems. Wien: Bernardi, 1772

Schiller 1781 – Schiller, Friedrich: Die Räuber. *(ohne genaue Angabe Goethes)*

Schiller 1787 – Schiller, Friedrich: Don Carlos. *(ohne genaue Angabe Goethes)*

Schiller 1793 – Schiller, Friedrich: Über Anmut und Würde. In: Neue Thalia 3, Nr. 2 (1793), 115–230

Schiller 1795 – Schiller, Friedrich: Über die ästhetische Erziehung des Menschen in einer Reihe von Briefen. In: Die Horen 1–2, Nr. 1, 2, 6 (1795), 7–48, 51–94, 45–124

Schiller 1795–1796 – Schiller, Friedrich: [Über naive und sentimentalische Dichtung]. In: Die Horen 4–5, Nr. 11, 12, 1 (1795–1796), 43–76, 1–55, 75–122

Schkuhr 1791–1803 – Schkuhr, Christian: Botanisches Handbuch der mehresten theils in Deutschland wild wachsenden, theils ausländischen, in Deutschland unter freyem Himmel ausdauernden Gewächse. 3 Bde. Wittenberg:, 1791–1803 (Ruppert 5067) *(2. Aufl., 4 Bde., Leipzig: Fleischer, 1804–1808; 2., mit d. Nachtr. d. Riedgräser verm. Aufl., 4 Bde., 1808)*

Schlosser 1798 – Schlosser, Johann Georg: Zweites Schreiben an einen jungen Mann, der die kritische Philosophie studiren wollte, veranlaßt durch den angehängten Aufsatz des Herrn Professor Kant über den Philosophen-Frieden. Lübeck und Leipzig: Bohn, 1798 *(1. Schreiben: ebd. 1797)*

Schlotheim 1813 – Schlotheim, Ernst Friedrich von: Beiträge zur Naturgeschichte der Versteinerungen in geognostischer Hinsicht. In: Taschenbuch für die gesammte Mineralogie 7 (1813), 3–134

Schmahling 1774 – Schmahling, Ludwig Christoph: Naturlehre für Schulen. Göttingen und Gotha: Dieterich, 1774
Schmidt 1681 – Schmidt, Johann Andreas (Praes.): Pater, Paulus (Resp.): Lunam in cruce visam d. 30. Dec. h. 1. p. m. n. 1680. Jenae (Jena): Nisius, 1681
Schmidt 1682 – Schmidt, Johann Andreas (Praes.): Neovin, O. J. (Resp.): Coecus de colore iudicans. Jenae (Jena): Bauhofer, 1682
Schmidt 1810 – Schmidt, Johann Christian Lebrecht: Theorie der Verschiebungen älterer Gänge mit Anwendungen auf den Bergbau. Ein Beitrag zur allgemeinen Gangtheorie. Frankfurt a. M.: Hermann, 1810 (Ruppert 5074)
Schmitz 1823 – Schmitz, Karl Franz Ludwig: An K. C. v. Leonhard. In: Taschenbuch für die gesammte Mineralogie (1823), 455–464
Schnabel 1731–1741 – Schnabel, Johann Gottfried (unter Pseudonym Gisander): Wunderliche Fata einiger See-Fahrer, absonderlich Alberti Julii, eines gebohrnen Sachsens [...] 4 Bde. Nordhausen: Groß, 1731–1743
Schneider 1816 – Schneider, Johann Joseph: Naturhistorische Beschreibung des diesseitigen hohen Rhöngebirges und seiner nordwestlichen Vorberge. Frankfurt a.M.: Hermann, 1816
Schneider 1824 – Schneider, Karl Ludwig: Besondere Erzvorkommen in mit taubem Gestein ausgefüllten Gängen im Grauwackengebirge der niedern Lahngegend. In: J. Nöggerath (Hrsg.): Das Gebirge in Rheinland-Westphalen. Bd. 3. Bonn: Weber, 1824, 216–224.
Schönbauer 1805 – Schönbauer, Joseph Anton: Neue analytische Methode, die Mineralien und ihre Bestandtheile richtig zu bestimmen. Ein Leitfaden zur Selbstübung, und zum Selbstunterricht in der Mineralogie. Erster Teil. Wien: Schaumburg, 1805 *(Bd. 2 hrsg. von Vincenz Schönbauer)*
Schopenhauer 1816 – Schopenhauer, Arthur: Ueber das Sehn und die Farben, eine Abhandlung. Leipzig: Hartknoch, 1816
Schott 1657 – Schott, Kaspar: Magia universalis naturae et artis. Sive recondita naturalium et artificialium rerum scientia, cuius ope per variam applicationem activorum cum passivis, admirandorum effectuum spectacula, abditarumque inventionum miracula, ad varios humanae vitae usus, eruuntur. Opus quadripartitum. Pars I., continet Optica. II. Acoustica. III. Mathematica. IV. Physica. 4 Bde. Herbipoli (Würzburg): Schönwetter und Hertz, 1657
Schöttgen / Kreysig 1730–1733 – Schöttgen, Christian; Kreysig, Georg Christoph: Diplomatische und curieuse Nachlese der Historie von Ober-Sachsen und angräntzenden Ländern. Zu einiger Erläuterung derselben.12 Bde. Dresden und Leipzig : Hekel, 1730–1733
Schouw 1822 – Schouw, Joachim Frederik: Grundtraek til en almindelig Plantegeographie. Kopenhagen: Gyldendalske Boghandlinks Forlag, 1822 *(dt.: Grundzüge einer Pflanzengeographie, Berlin 1823)*
Schrader / Gilbert 1804 – Schrader, Johann Gottlieb Friedrich; Gilbert, Ludwig Wilhelm (Bearb.): Grundriß der Experimentalnaturlehre nach den neuesten Entdeckungen zum Leitfaden akademischer Vorlesungen und zum Gebrauch für Schulen entworfen. Zweyte Auflage, verbessert, ergänzt und großen Theils umgearbeitet. Hamburg: Bachmann und Gundermann, 1804 (Ruppert 5082)
Schreber 1758 – Schreber, Johann Christian Daniel: Lithographia Halensis. Halae (Halle a. S.): Curt, 1758

Schreber 1768 – Schreber, Daniel Gottfried: Hennebergische Bergordnung Anno 1566. In: Ders. (Hrsg.): Neue Cameralschriften. Bd. 11. Leipzig: Crusius, 1768, 1–135.

Schreiber 1777 – Schreiber, Johann Gottfried: Charte über einen Theil der Gebirge im Hennebergischen Herzogl. Sachs.-Weimarischen Antheils, gefertiget in den Jahren 1776 und 1777 . [Sondershausen]: s.n., [1777] *(gedruckt als Beilage zu: Eckardt, Johann Ludwig von, Nachricht von dem ehemaligen Bergbau bey Ilmenau [...]. Weimar 1783)*

Schreibers 1820 – Schreibers, Karl von: Beyträge zur Geschichte und Kenntniß meteorischer Stein- und Metall-Massen, und der Erscheinungen, welche deren Niederfallen zu begleiten pflegen. Als Nachtrag zu Herrn D. Chladni's neuestem Werke über Feuer-Meteore und die mit denselben herabfallenden Massen. Mit acht Steindruck-Tafeln, einem Meteor-Eisen-Autograph und einer Karte. Wien: Heubner, 1820 (Ruppert 5084)

Schrön 1823 – Schrön, Ludwig: Vergleichende graphische Darstellung der mittleren und summarischen Resultate der meteorologischen Beobachtungen zu Jena, Weimar, Schöndorf, Wartburg und Ilmenau vom Jahr 1823, gezeichnet von Ludwig Schrön. In: Meteorologische Beobachtungen des Jahres (1823) *(Angaben Goethes)*

Schrön 1824 – Schrön, Ludwig: Die meteorologischen Anstalten des Grossherzogtums Sachsen-Weimar-Eisenach. In: HzN II, Nr. 2 (1824), 217–220

Schrön 1827 – Schrön, Ludwig: [Gedruckte Tabelle mit Thermometerwerten]. In: Meteorologische Beobachtungen des Jahres (1827), 75–76

Schubert 1808 – Schubert, Gotthilf Heinrich: Ansichten von der Nachtseite der Naturwissenschaft. Mit 2 Kupfertafeln. Dresden: Arnold, 1808 *(Neubearbeitete und wohlfeilere Auflage. - Dresden: Arnold, 1818)*

Schultes / Schultes 1830a – Schultes, Josef August; Schultes, Julius Hermann: Anthericum Sternbergianum Schult. In: Caroli a Linné systema vegetabilium secundum classes, ordines, genera, species [...] Bd. 7,2. Stuttgardiae (Stuttgart): Cotta, 1830, 1693–1694.

Schultes / Schultes 1830b – Schultes, Josef August (Hrsg.): Schultes, Julius Hermann (Hrsg.): Caroli a Linné systema vegetabilium secundum classes, ordines, genera species; cum characteribus, differentiis et synonymiis. Editio nova, speciebus inde ab editione xv. detectis acuta et locupletata. Bd. 7,2. Stuttgardiae (Stuttgart): Cotta, 1830

Schultz 1816 – Schultz, Christoph Ludwig Friedrich: Ueber physiologe Gesichts- und Farben-Erscheinungen. In: Journal für Chemie und Physik 16, Nr. 2 (1816), 121–157

Schultz 1823 – Schultz, Christoph Ludwig Friedrich: Über physiologe Farbenerscheinungen insbesondere das phosphorische Augenlicht, als Quelle derselben, betreffend. In: HzN II, Nr. 1 (1823), 20–38

Schulz 1790–1794 – Schulz, Christian: Handbuch der Physik für diejenigen, welche Freunde der Natur sind, ohne jedoch Gelehrte zu seyn. 6 Bde. Leipzig: Hilscher, 1790–1794

Schulze 1746 – Schulze, Johann Heinrich: Theses de materia medica, in usum auditorum editae a Christoph. Carolo Stumpff. Halle: Orphanotropheus, 1746

Schulze 1792 – Schulze, Gottlob Ernst (anonym): Aenesidemus oder über die Fundamente der von dem Herrn Prof. Reinhold in Jena gelieferten Ele-

mentar-Philosophie. Nebst einer Vertheidigung des Skepticismus gegen die Anmaaßungen der Vernunftkritik. s. l. [Helmstedt]: s.n. [Fleckeisen]. 1792
Schütz 1821–1823 – Schütz, Wilhelm von: Zur intellectuellen und substantiellen Morphologie, mit Rücksicht auf die Schöpfung und das Entstehen der Erde. 3 Bde. Leipzig: Brockhaus. 1821–1823 (Ruppert 526)
Sckell / Sckell 1816–1817 – Sckell, Johann Konrad; Sckell, Johann Christian: Verzeichniss von in- und ausländischen Pflanzen, welche sich in dem Großherzoglichen Orangengarten zu Belvedere bey Weimar befinden. Nebst Nachtrag zu dem Verzeichnisse des Großherzoglichen Orangengartens zu Belvedere bei Weimar. Jena: Schreiber. 1816–1817 (Ruppert 4301)
Scopoli 1772 – Scopoli, Conte Giovanni Antonio: Principia mineralogiae systematicae et practicae. Pragae (Prag): Gerle. 1772
Scott 1778 – Scott, J.: An account of a remarkable imperfection of sight. In: Philosophical transactions 68 (1778). 611–614
Seebeck 1810 – Seebeck, Thomas Johann: Wirkung farbiger Beleuchtung. In: Goethe, Johann Wolfgang von: Zur Farbenlehre. 2. Bd., Tübingen: Cotta. 1810. 703–724. *(= LA I 7, 25–39)*
Seebeck 1813 – Seebeck, Thomas Johann: Einige neue Versuche und Beobachtungen über Spiegelung und Brechung des Lichtes. In: Journal für Chemie und Physik 7. Nr. 3 (1813). 259–298
Seebeck 1814 – Seebeck, Thomas Johann: Von den entoptischen Farbenfiguren und den Bedingungen ihrer Bildung in Gläsern. In: Journal für Chemie und Physik 12 (1814). 1–16
Seebeck 1817 – Seebeck, Thomas Johann: Geschichte der entoptischen Farben. In: HzN I. Nr. 1 (1817). 11–20
Seebeck 1819 – Seebeck, Thomas Johann: Ueber die ungleiche Erregung der Wärme im prismatischen Sonnenbilde. In: Abhandlungen der Königlichen Akademie der Wissenschaften in Berlin (1818–1819/1820). 305–350 *(Physikalische Klasse)*
Seelen 1719–1722 – Seelen, Johann Heinrich von: Athenae Lubecenses sive de Athenaei Lubecensis insignibus meritis, per institutionem optimorum virorum acquisitis, in rempublicam sacram, civilem et litterariam commentarius. 4 Bde. Lubecae (Lübeck): P. Boeckmann. 1719
Seetzen 1789 – Seetzen, Ulrich Jasper: Systematum generaliorum de morbis plantarum brevis diiudicatio. Tentamen inaugurale botanico-pathologicum. Gottingae (Göttingen): Dieterich. 1789
Segner 1746 – Segner, Johann Andreas von: Einleitung in die Natur-Lehre. Göttingen: s.n.. 1746 *(2. Aufl. 1754. 3. Aufl. 1770)*
Seiler 1823 (Rez.) – Seiler, Burkhard Wilhelm: Utrecht u. Amsterdam, in d. italiän. u. französ. Druckerey: Specimen anatomico-pathologicum inaugurale de labii leporini congeniti natura et origine, auctore Canstant. Nicati. Milduno - Helveto. 1822 [...]. In: Jenaische allgemeine Literatur-Zeitung. Nr. 175. Sept. (1823). 433–437 – *s. Nicati 1822*
Senckenberg 1747 – Senckenberg, Heinrich Christian von: Neue und vollständigere Sammlung der Reichs-Abschiede, welche von den Zeiten Kayser Conrads des II. bis jetzo, auf den Teutschen Reichs-Tägen abgefasset worden. Sammt den wichtigsten Reichs-Schlüssen, so auf dem noch fürwährenden Reichs-Tage zur Richtigkeit gekommen sind. [...] Nebst einer Einleitung, Zugabe und vollständigen Registern. 4 Bde. Franckfurt am Mayn (Frankfurt a. M.): Koch. 1747

Senebier 1782 – Senebier, Jean: Mémoires physico-chymiques, sur l'influence de la lumière solaire pour modifier les êtres des trois règnes de la nature, et sur-tout ceux du règne végétal. 3 Bde. Genève (Genf): Chirol, 1782
Seneca / Lipsius 1658–1659 – Seneca, Lucius Annaeus; Lipsius, Justus (Hrsg.); Gronovius, Johann Friedrich (Hrsg.): Opera omnia. 2 Bde. Amsterdam: Elzevir, 1658–1659
Seneca, brev. vit. – Seneca, Lucius Annaeus: De brevitate vitae. *(ohne genaue Angabe Goethes)*
Seneca, nat. – Seneca, Lucius Annaeus: Naturales quaestiones. *(ohne genaue Angabe Goethes)*
Sennert 1633 – Sennert, Daniel: Epitome naturalis scientiae. Editio tertia prioribus auctior et emendatior. Wittebergae (Wittenberg): Helwigius, 1633
Shakespeare, Heinrich IV. – Shakespeare, William: Heinrich IV. *(ohne genaue Angabe Goethes)*
Shakespeare, Macbeth – Shakespeare, William: Macbeth. *(ohne genaue Angabe Goethes)*
Sheldrake 1798 – Sheldrake, Timothy: The method of painting practised in the Venetian school [...]. In: Transactions of the Society, instituted at London, for the Encouragement of Arts, Manufactures and Commerce 16 (1798), 279–299 *(ebenfalls in: The Philosophical magazine 2, Nr. vom Dez. (1798), 302–312)*
Silberschlag 1787 – Silberschlag, Johann Esaias: Von dem die Bilder verdoppelnden sogenannten Isländischen Crystall, oder Doppelspath. In: Beobachtungen und Entdeckungen aus der Naturkunde von der Gesellschaft Naturforschender Freunde zu Berlin 2, Nr. 2 (1787), 1–16
Simonow 1824 – Simonow, Iwan: Beschreibung einer neuen Entdeckungsreise in das südliche Eismeer. Aus dem Russ. übers. von M. Bányi, und mit einer Vorrede von J. J. Littrow. Wien: Wallishausser, 1824
Sims 1811 – Sims, John: Bryophyllum calycinum. In: Curtis's botanical magazine 34 (1811), 1409
Smith 1738 – Smith, Robert: A compleat system of opticks in four books, viz. a popular, a mathematical, a mechanical, and a philosophical treatise. To which are added remarks upon the whole. Cambridge: Crownfield u. a., 1738
Smith / Kästner 1755 – Smith, Robert; Kästner, Abraham Gotthelf (Hrsg.): Vollständiger Lehrbegriff der Optik nach Herrn Robert Smiths Englischen mit Aenderungen und Zusätzen ausgearbeitet. Altenburg: Richter, 1755
Snape 1683 – Snape, Andrew: The anatomy of an horse. Containing an exact and full description of the frame, situation and connexion of all his parts, (with their actions and uses) exprest in forty-nine copper-plates. London: Flesher, 1683
Soemmerring 1780 (Rez.) – Soemmerring, Samuel Thomas: London / Bey Murray 1780.: Philosophical observations on the senses etc. by J. Elliot, Apothecary. In: Göttingische Anzeigen von gelehrten Sachen, Nr. 86, 15. Juli (1780), 697–704 – *s. Elliot 1780*
Soemmerring 1784 – Soemmerring, Samuel Thomas: Über die körperliche Verschiedenheit des Mohren vom Europäer. Mainz: s.n., 1784 (Ruppert 5128) *(2. Aufl. Frankfurt und Mainz: Varrentrapp u. Wenner, 1785; dort „Negers" statt „Mohren")*
Soemmerring 1788 – Soemmerring, Samuel Thomas: Vom Hirn und Rückenmark. Mainz: Winkopp, 1788 (Ruppert 5121) *(2. Aufl. Mainz: Fischer, 1792)*

Soemmerring 1791–1796 – Soemmerring, Samuel Thomas: Vom Baue des menschlichen Körpers. 5 Bde. Frankfurt: Varrentrapp und Wenner, 1791–1796 (Ruppert 5119)

Soemmerring 1799 – Soemmerring, Samuel Thomas: De foramine centrali limbo luteo retinae humanae. In: Commentationes Societatis Regiae Scientiarum Gottingensis Recentiores 13 (1799), 3–13 *(Commentationes physicae)*

Soemmerring 1816 – Soemmerring, Samuel Thomas: Ueber die Lacerta gigantea der Vorwelt. Vorgelesen den 25. Junius 1816 in der mathematisch-physikalischen Klasse. In: Denkschriften der Königlichen Academie der Wissenschaften zu München 6 (1816–1817/1820), 37–58 *(Classe der Mathematik und Naturwissenschaften)*

Soret 1824 – Soret, Frédéric Jacob: Catalogue raisonné des variétés d'amphibole et de pyroxène rapportées de Bohème par S. E. Monsieur le Ministre d'État de Goethe. In: HzN II. Nr. 2 (1824), 173–190

Sorriot de l'Hoste 1816 – Sorriot de l'Hoste, Andreas Freiherr: Carte générale orographique et hydrographique de l'Europe qui montre les principales ramifications des montagnes, fleuves et chemins, avec les principales villes, dressée d'après les meilleures cartes des auteurs les plus acredités. Vienne: s. n., 1816

Sowerby 1809 – Sowerby, James: A new elucidation of colours, original prismatic, and material; showing their concordance in three primitives, yellow, red and blue; and the means of producing, measuring, and mixing them; with some observations on the accuracy of Sir Isaac Newton. London: Richard Taylor and Co., 1809

Spallanzani 1792–1797 – Spallanzani, Lazzaro: Viaggi alle due Sicile e in alcune parti dell'Apennino. 6 Bde. Pavia: Comini, 1792–1797

Sperling 1739 – Sperling, Johann: Institutiones physicae. Wittebergae (Wittenberg): Berger und Fincelius, 1639

Spinoza / Paulus 1802–1803 – Spinoza, Baruch (Benedictus) de; Paulus, Heinrich Eberhard Gottlob (Hrsg.): Ethica ordine geometrico demonstrata et in quinque partes distincta. In: Opera quae supersunt omnia. Iterum edenda curavit, praefationes, vitam auctoris, nec non notitias, quae ad historiam scriptorum pertinent addidit Heinr. Eberh. Gottlob Paulus. 2 Bde. Jenae (Jena): Bibliopolius academicus, 1802–1803. Bd. 2, 33–300.

Spix 1811 – Spix, Johann Baptist von: Geschichte und Beurtheilung aller Systeme in der Zoologie nach ihrer Entwicklungsfolge von Aristoteles bis auf die gegenwärtige Zeit. Nürnberg: Schrag, 1811 (Ruppert 5139)

Spix 1815 – Spix, Johann Baptist von: Cephalogenesis sive capitis ossei structura, formatio et significatio per omnes animalium classes, familias, genera ac aetates digesta, atque tabulis illustrata, legesque simul psychologiae, cranioscopiae ac physiognomiae inde derivatae. Monachii (München): Hübschmann, 1815

Spix / Martius 1823–1831 – Spix, Johann Baptist von; Martius, Karl Friedrich Philipp von: Reise in Brasilien auf Befehl Sr. Majestät Maximilian Joseph I. Königs von Baiern in den Jahren 1817 bis 1820 gemacht und beschrieben. 3 Bde. München: Lindauer, 1823–1831 (Ruppert 4114; Keudell 1567, 1569, 1589, 2199)

Sprat 1665 – Sprat, Thomas: Observations on Monsieur de Sorbier's voyage into England. Written to Dr. Wren, Prof. of astronomy in Oxford. London: Martyn and Allestry, 1665

Sprat 1669 – Sprat, Thomas: L'Histoire de la Société Royale de Londres, etablie pour l'enrichissement de la science naturelle. Escrite en Anglois par Thomas Sprat, et traduite en François. Genève (Genf): Widerhold, 1669
Sprat 1702 – Sprat, Thomas: The History of the Royal-Society of London for the improving of natural knowledge. The second edition corrected. London: Scot [u.a.], 1702
Sprengel 1752 – Sprengel, Joachim Friederich: Das Altertum der grossen Steingerüste auf dem Brokken. In: Monatliche Beiträge zur Naturkunde, Nr. 6 (1752), 528–532
Sprengel 1802–1804 – Sprengel, Kurt: Anleitung zur Kenntniß der Gewächse, in Briefen. 3 Bde. Halle: Kümmel, 1802–1804 (Ruppert 5141)
Sprengel 1812 – Sprengel, Kurt: Von dem Bau und der Natur der Gewächse. Halle a. S.: Kümmel, 1812
Sprengel 1817–1818 – Sprengel, Kurt: Geschichte der Botanik. Neu bearbeitet. In zwey Theilen. Altenburg und Leipzig: Brockhaus, 1817–1818
Stahl 1703 – Stahl, Georg Ernst: Specimen Beccherianum, sistens, fundamenta, documenta, experimenta, quibus principia mixtionis subterraneae, et instrumenta naturalia atque artificialia demonstrantur. Lipsiae (Leipzig): Gleditsch, 1703
Stahl 1718 – Stahl, Georg Ernst: Zufällige Gedancken und nützliche Bedencken über den Streit, Von dem so genannten Svlphvre, und zwar sowol dem gemeinen, verbrennlichen, oder flüchtigen, als unverbrennlichen, oder fixen. Halle: Waisenhaus, 1718
Stahl 1731 – Stahl, Georg Ernst: Experimenta, observationes, animadversiones, ccc [300] numero, chymicae et physicae. Berolini (Berlin): Haude, 1731
Staunton 1798–1799 – Staunton, George Leonard: Reise der englischen Gesandtschaft an den Kaiser von China, in den Jahren 1792–1793. Aus den Papieren des Grafen von Macartney, des Ritter Erasmus Gower und andrer Herren zusammengetragen von Sir George Staunton [...]. Aus dem Engl. übers. von Johann Christian Hüttner. 2 Bde. Zürich: Heinrich Geßner, 1798–1799
Steffens 1801 – Steffens, Henrich: Beyträge zur innern Naturgeschichte der Erde. Erster Theil. Freiberg: Craz, 1801 (Ruppert 5150) *(Mehr nicht erschienen)*
Steffens 1806 – Steffens, Henrich: Grundzüge der philosophischen Naturwissenschaft [...] zum Behuf seiner Vorlesungen. Berlin: Realschulbuchhdlg., 1806 (Ruppert 5151)
Steffens 1810 – Steffens, Henrich: Ueber die Bedeutung der Farben in der Natur. In: Runge, Philipp Otto: Farben-Kugel oder Konstruktion des Verhältnisses aller Mischungen der Farben zu einander. Hamburg: Perthes, 1810, 29–60.
Steffens 1811–1824 – Steffens, Henrich: Vollständiges Handbuch der Oryktognosie. 4 Bde. Halle: Curtsche Buchhandlung, 1811–1824
Steno 1669 – Steno, Nicolo: De solido intra solidum naturaliter contento dissertationis prodromus. Florentiae (Florenz): Typographia sub signo Stellae, 1669
Steno 1673 – Steno, Nicolo: Prooemium demonstrationum anatomicarum in Theatro Hafniensi, anni 1673. In: Thomae Bartholini acta medica et philosophica Hafniensia 2 (1673/1675), 359–366

Sternberg 1806 – Sternberg. Kaspar Maria: Reise durch Tyrol in die Oesterreichischen Provinzen Italiens im Frühjahr 1804. Regensburg: Augustin. 1806
Sternberg 1810 – Sternberg. Kaspar Maria: Aus einem Schreiben des S. T. Hrn. Grafen Caspar von Sternberg [...] vom 12. Januar 1811. an den Herausgeber. In: Meteorologische Hefte für Beobachtungen und Untersuchungen zur Begründung der Witterungslehre 1 (1810/12). 204–206
Sternberg 1820–1838 – Sternberg. Kaspar Maria: Versuch einer geognostisch-botanischen Darstellung der Flora der Vorwelt. 8 Hefte. Regensburg: Brenck. 1820–1838 (Ruppert 5159)
Sternberg 1822 – Sternberg. Kaspar Maria: Rede des gewählten Präsidenten der Gesellschaft des Vaterländischen Museums in Böhmen. Grafen Kaspar Sternberg. nach verkündeter Wahl den 23. Dez. 1822. Prag: k. k. Hofbuchdr.. 1822 (Ruppert 504)
Sternberg 1823 – Sternberg. Kaspar Maria: Rede des Präsidenten des böhmischen Museums Grafen Kaspar Sternberg. bei der ersten ordentlichen allgemeinen Versammlung. den 26. Hornung 1823. In: Verhandlungen der Gesellschaft des vaterländischen Museums in Böhmen. Nr. 1 (1823). 41–64
Sternberg 1824 – Sternberg. Kaspar Maria: Über die Gewitterzüge in Böhmen mitgeteilt von des Herrn Grafen Kasp. Sternberg Exzellenz. In: HzN II. Nr. 2 (1824). 212–217
Sternberg 1828 – Sternberg. Kaspar Maria: Anthericum comosum. Eine neue Pflanzen-Species. In: Monatschrift der Gesellschaft des vaterländischen Museums in Böhmen 2.2 (1828). 336–339
Sternberg / Bray 1820–1826 – Sternberg. Kaspar Maria: Bray. Franz Gabriel de (Übers.): Essai d'un exposé geognostico-botanique de la flore du monde primitif. Trad. par le Comte de Bray. En IV cahiers. Ratisbonne: Brenck. 1820–1826
Stiedenroth 1824–1825 – Stiedenroth. Ernst: Psychologie zur Erklärung der Seelenerscheinungen. 2 Bde. Berlin: Dümmler: Starcke. 1824–1825 (Ruppert 3162) – *s. Rez. Goethe - Stiedenroths Psychologie, Goethe - Ernst Stiedenroth*
Stobaios. ecl. – Stobaeus. Johannes: Eclogae physicae et ethicae.
Stöhr 1810 – Stöhr. August Leopold: Kaiser Karlsbad und dieses weit berühmten Gesundheitsortes Denkwürdigkeiten. für Kurgäste. Nichtkurgäste und Karlsbader selbst. Karlsbad: Franieck. 1810
Stolberg 1794 – Stolberg. Friedrich Leopold: Reise in Deutschland. der Schweiz. Italien und Sicilien. Königsberg und Leipzig: Friedrich Nicolovius. 1794 (Ruppert 3971)
Strombeck 1820 (Rez.) – Strombeck. Friedrich Karl von: Braunschweig. b. Vieweg: Bemerkungen über die Englische Pferdezucht. [...] von Röttger Grafen von Veltheim. Erbherrn auf Harbke u. s. w. 1820. In: Jenaische allgemeine Literatur-Zeitung. Nr. 91. Mai (1820). 257–263 – *s. Veltheim 1820*
Struve 1820 (Rez.) – Struve. Heinrich von: Braunschweig. b. Vieweg: Scipio Breislak's [...] Lehrbuch der Geologie: nach der zweyten umgearbeiteten Französischen Ausgabe [...] übersetzt und mit Anmerkungen begleitet von Friedrich Karl von Strombeck [...] Erster Band. 1819. In: Jenaische allgemeine Literatur-Zeitung. Nr. 67. April (1820). 65–67 – *s. Breislak 1819–1821*

Struve 1822 – Struve, Heinrich von: Beiträge zur Mineralogie und Geologie des nördlichen Amerika's. Nach amerikanischen Zeitschriften bearbeitet. Hamburg: Perthes und Besser, 1822 (Ruppert 5161)
Sturch 1781 – Sturch, John: Nachricht von der Insel Wight, in vier Briefen an einen Freund; enthaltend eine Beschreibung von deren Gestalt und vornehmsten Producten, wie auch die glaubwürdigsten und wichtigsten Stücke von deren Staats-, Handels- und Natur-Geschichte. Aus dem Englischen übers., und mit einer Land-Charte der Insel versehen. Leipzig: Breitkopf, 1781
Sturm 1676–1685 – Sturm, Johann Christoph: Collegium experimentale, sive curiosum. 2 Bde. Norimbergae (Nürnberg): Endter, 1676–1685
Sturm 1697–1722 – Sturm, Johann Christoph: Physica electiva sive hypothetica. 2 Bde. Norimbergae (Nürnberg): Endter, 1697–1722
Sturm 1699 – Sturm, Johann Christoph (Praes.); Volckamer von Kirchensittenbach, Christoph Gottlieb (Resp.): [Thaumantiados thaumásia] sive iridis admiranda sub rationis accuratius examen revocata eruditorumque ventilationi publicae in Alma Altdorffina Universitate exposita. Norimbergae (Nürnberg): Endter, 1699
Sturm 1812 – Sturm, Karl Christian Gottlob: Ueber die Schafwolle in naturhistorischer, ökonomischer und technischer Hinsicht. Jena: Cröker, 1812
Sturm 1812 – Sturm, Karl Christian Gottlob: Andeutungen der wichtigsten Racenzeichen bey den verschiedenen Hausthieren. Jena: Cröker, 1812
Sturm 1824 – Sturm, Karl Christian Gottlob: Beiträge zur Schafzucht und Wollkunde. In: Beiträge zur teutschen Landwirthschaft und deren Hülfswissenschaften 4 (1824), 38–46
Suckow 1789 – Suckow, Georg Adolf: Anfangsgründe der ökonomischen und technischen Chymie. 2. verm. Aufl. Leipzig: Weidmann, 1789 (Ruppert 5165)
Sulzer 1771–1774 – Sulzer, Johann Georg: Allgemeine Theorie der schönen Künste, in einzeln, nach alphabetischer Ordnung der Kunstwörter auf einander folgenden, Artikeln abgehandelt. 2 Bde. Leipzig: Weidmanns Erben und Reich, 1771–1774
Suter 1802 – Suter, Johann Rudolf: Flora Helvetica exhibens plantas Helvetiae indigenas Hallerianas, et omnes quae nuper detectae sunt ordine Linnaeano. Helvetiens Flora worinn alle im Hallerischen Werke enthaltenen und seither neuentdeckten Schweizer Pflanzen nach Linne's Methode aufgestellt sind. 2 Bde. Zürich: Orell, Fuesli und Comp., 1802 *(vermehrt 1822)*
Swammerdam 1669 – Swammerdam, Jan: Historia insectorum generalis, ofte algemeene verhandeling van de bloedelooze dierkens. Utrecht: van Dreunen, 1669 *(nur 1. Bd. erschienen; lat. Übers. von Heinrich Christian Hennin, Lugduni Batavorum (Leiden): Luchtmans, 1685)*
Swedenborg 1754 – Swedenborg, Emanuel: Prodromus principiorum rerum naturalium sive novorum tentaminum chymiam et physicam experimentalem geometrice explicandi. Hildburghusae (Hildburghausen): Hanisch, 1754
Sylvius 1551 – Sylvius, Jacobus: Vaesani cuiusdam calumniarum in Hippocratis Galenique rem anatomicam depulsio. Parrhisiis (Paris): Barbé, 1551
Tacitus, dial. – Tacitus: Dialogus de oratoribus.
Targioni Tozzetti 1768–1779 – Targioni Tozzetti, Giovanni: Relazioni d'alcuni viaggi fatti in diverse parti della Toscana per osservare le produzioni naturali, e gli antichi monumenti di essa. 2. Aufl. 12 Bde. Firenze (Florenz): Cambiagi, 1768–1779 (Ruppert 4065)

Tatti 1561 – Tatti, Giovanni: Della Agricoltura libri cinque. Venetiae (Venedig): Sansovino, 1561
Tavernier 1712 – Tavernier, Jean Baptiste: Les six voyages de Jean Bapt. Tavernier, Ecuyer Baron d'Aubonne, en Turquie, en Perse, et aux Indes, pendant l'espace de quarante ans, et par toutes les routes que l'on peut tenir: accompagnez d'observations particulieres sur la qualité, la religion, le gouvernement, les coûtumes et le commerce de chaque pays, avec les figures, le poids, et la valeur des monnoyes qui y ont cours. 2 Bde. Utrecht: vande Water; Poolsum, 1712 (Keudell 996) *(auch Paris: Suivant la Copie, Imprimée à Paris, 1712)*
Teichmeyer – Teichmeyer, Hermann Friedrich: Amoenitates philosophiae naturalis, sive Demonstrationes praecipuorum naturae et artis mirandorum, succinctis thesibus absolutae. Jenae (Jena): Sumptibus autoris, 1712
Teichmeyer 1733 – Teichmeyer, Hermann Friedrich: Elementa philosophiae naturalis experimentalis. Ienae (Jena): Bielckius, 1733
Telesio 1565 – Telesio, Bernardino: De rerum natura iuxta propria principia liber primus et secundus. Romae (Rom): Bladus, 1565
Telesio 1570a – Telesio, Bernardino: De colorum generatione opusculum. Neapoli (Neapel): Iosephus Cacchius, 1570
Telesio 1570b – Telesio, Bernardino: De rerum natura iuxta propria principia. Liber primus, et secundus, denuo editi. Neapoli (Neapel): Iosephus Cacchius, 1570
Telesio 1590a – Telesio, Bernardino: Liber de iride. In: Varii de naturalibus rebus libelli ab Antonio Persii editi. Venetiis (Venedig): Valgrisio, 1590. *(eigenständige Paginierung)*
Telesio 1590b – Telesio, Bernardino: Varii de naturalibus rebus libelli ab Antonio Persio editi. Venetiis (Venedig): Valgrisio, 1590
Temple 1830 – Temple, Edmond: Travels in various parts of Peru, including a year's residence in Potosi. 2 Bde. London: Colburn and Bentley, 1830
Tentzel 1714 – Tentzel, Wilhelm Ernst: Saxonia numismatica lineae Ernestinae et Albertinae, in duas partes divisa simul vero duobus indicibus et supplementis adornata per Christianum Junckerum. Sumtibus Christiani Wermuthii medaliatoris Gothani. Francofurti, Lipsiae et Gothae (Frankfurt a. M., Leipzig und Gotha): Hocker [u.a.], 1714
Tessier 1783 – Tessier, Henri Alexandre: Expériences propres à développer les effets de la lumière sur certaines plantes. In: Histoire de l'Académie Royale des Sciences, avec les mémoires de mathématique et de physique (1783/1786), 133–156 *(Mémoires)*
Themistius, an. par. – Themistius: In libros de anima paraphrasis. *(ohne genaue Angabe Goethes)*
Theophrastus / Aristoteles / Portius 1549 – Theophrast; Aristoteles; Portius, Simon (Übers., Komm.): Aristoteli, vel Theophrasti de coloribus libellus, à Simone Portio Neapolitano latinitate donatus, & commentariis illustratus: unà cum eiusdem praefatione, qua coloris naturam declarat. Paris: Vascosanus, 1549 (Keudell 104, 133, 237, 543)
Theophrastus, lap. – Theophrast: De lapidibus. *(ohne genaue Angabe Goethes)*
Theophrastus, mus. – Theophrast: De musica [Fragment]. *(ohne genaue Angabe Goethes)*
Thomasius 1683 – Thomasius, Christian: De iure circa colores. Von Farben-Recht. Lipsiae (Leipzig): Trogius, 1683 (Keudell 118, Nr. 23)

Thunberg 1807–1820 – Thunberg, Carl Peter: Flora Capensis sistens plantas Promontorii Bonae Spei Africes, secundum systema sexuale emendatum redactas ad classes, ordines, genera et species cum differentiis, specificis, synonymis et descriptionibus. 2 Bde. Upsaliae: Edman, 1807–1820

Thylesius 1537 – Thylesius, Antonius: Libellus de coloribus. In: Baïf, Lazare de: Annotationes in legem II. Basileae (Basel): Froben, 1537, 305–323.

Thylesius 1545a – Thylesius, Antonius: De coloribus libellus. In: Ders.: Opuscula aliquot [...]. Basileae (Basel): Oporinus, 1545, 65–93.

Thylesius 1545b – Thylesius, Antonius: De coronis. In: Ders.: Opuscula aliquot [...]. Basileae (Basel): Oporinus, 1545, 95–134.

Thylesius 1545c – Thylesius, Antonius: Opuscula aliquot, partim iam olim diversis in locis, partim nunc primum edita: tum styli Romana puritate, tum eruditione, varietate, et lepore argumentorum, magno studiosorum applausu excipienda. Basileae (Basel): Oporinus, 1545

Tiedemann / Gmelin 1829 – Tiedemann, Friedrich; Gmelin, Leopold: Amtlicher Bericht über die Versammlung deutscher Naturforscher und Ärzte in Heidelberg im September 1829. Heidelberg: Winter, 1829

Tilas 1767 – Tilas, Daniel von: Entwurf einer schwedischen Mineralhistorie [...]. Aus dem Schwed. übers. von Johann Beckmann. Leipzig: Weidmann und Reich, 1767

Titius 1782 – Titius, Johann Daniel: Physicae experimentalis elementa praelectionum caussa in lucem edita. Lipsiae (Leipzig): Junius, 1782

Tourlet 1808 (Rez.) – Tourlet: Théorie des couleurs et des corps inflammables et leurs principes constituans, la lumiere et le feu, basée sur les faits, et sur les découvertes modernes; par M. Opoix, inspecteur des eaux minérales de Provins, de la société de médecine et de celle des pharmaciens de Paris, etc. etc. (1). In: Le Moniteur universel, Nr. 84, 24. März (1808), 331–332 – *s. Opoix 1808*

Tournefort 1694 – Tournefort, Joseph Pitton de: Élémens de botanique ou méthode pour connoitre les plantes. 3 Tom. Paris: Imprimerie Royale, 1694

Traber 1690 – Traber, Zacharias: Nervus opticus sive tractatus theoreticus, in tres libros opticam catoptricam dioptricam distributus. In quibus radiorum a lumine, vel objecto per medium diaphanum processus, natura, proprietates, et effectus, selectis, et rarioribus experientiis, figuris, demonstrationibusque exhibentur. Wien: P. Fievetus, 1690

Trattinick 1805–1819 – Trattinnick, Leopold: Thesaurus botanicus. 2 Bde. Wien: Schaumburg und Strauß, 1805–1819

Trebra 1785 – Trebra, Heinrich von: Erfahrungen vom Innern der Gebirge, nach Beobachtungen gesammlet und herausgegeben. Dessau und Leipzig: Verlagskasse für Gelehrte und Künstler, 1785 (Ruppert 5184)

Trebra 1795 – Trebra, Heinrich von: Mineraliencabinett gesammelt und beschrieben von dem Verfasser der Erfahrungen vom Innern der Gebirge. Clausthal: s.n., 1795 (Ruppert 4297)

Treiber 1668 – Treiber, Johann Friedrich (Praes.); Hermann, Johann Heinrich (Resp.): Sub coeli auspicio exercitationem optico-astronomicam de figura et colore coeli apparente. Jena: Werther, 1668

Treviranus 1802–1822 – Treviranus, Gottfried Reinhold: Biologie, oder Philosophie der lebenden Natur für Naturforscher und Aerzte. 6 Bde. Göttingen: Röwer, 1802–1822

Treviranus / Treviranus 1816–1821 – Treviranus, Gottfried Reinhold; Treviranus, Ludolf Christian: Vermischte Schriften anatomischen und physiologischen Inhalts. 4 Bde. Göttingen und Bremen: Röwer und Heyse, 1816–1821 *(ab Bd. 2 Bremen)*

Trinius 1824 – Trinius, Karl Bernhard: De graminibus unifloris et sesquifloris. Dissertatio botanica. Petropoli (Petersburg): Impensis Academiae Imperialis Scientiarum, 1824

Troxler 1812 – Troxler, Ignaz Paul Vital(is): Blicke in das Wesen des Menschen. Aarau: Sauerländer, 1812

Tschudi 1734–1736 – Tschudi, Aegidius: Chronicon Helveticum oder gründliche Beschreibung der so wohl in dem Heil. Römischen Reich als besonders in einer lobl. Eydgnoßschaft und angräntzenden Orten vorgeloffenen merckwürdigsten Begegnussen. Alles aus authentischen Brieffen und Urkunden [...] zusammen getragen. Nunmehro zum ersten Mahl aus dem Originali hrsg. und mit einer Vorrede und nöthigen Anmerckungen, wie auch e. Reg. vers. von Johann Rudolff Iselin. Basel: Bischoff, 1734–1736

Turnor / Newton 1806 – Turnor, Edmund; Newton, Isaac: Collections for the history of the town and soke of Grantham, containing authentic memoirs of Sir Isaac Newton, now first published from the original mss. in the possession of the Earl of Portsmouth. London: W. Bulmer, 1806 – *s. Rez. Anonymi 1806c*

Turpin 1819 – Turpin, Pierre Jean François: Mémoire sur l'inflorescence des graminées et des cypérées, comparée avec celle des autres végétaux sexifères; suivi de quelques observations sur les disques. Lu à l'Académie des Sciences de l'Institut, en sa Séance du 19 avril 1819. In: Mémoires du Muséum d'Histoire Naturelle 5 (1819), 426–492

Turpin 1830 – Turpin, Pierre Jean François: Mémoire sur l'organisation intérieure et extérieure des tubercules du Solanum tuberosum et de l'Helianthus tuberosus, considérés comme une véritable tige souterraine, et sur un cas particulier de l'une de ces tiges. In: Mémoires du Muséum d'Histoire Naturelle 19 (1830), 1–56

Tyson 1699 – Tyson, Edward: Orang-outang, sive, Homo sylvestris, or, the anatomy of a pygmie compared with that of a monkey, an ape, and a man to which is added, A philological essay concerning the pygmies, the cynocephali, the satyrs and sphinges of the ancients. London: Bennet; Brown, 1699

Ubelacker 1781 – Uebelacker, Franz: System des Karlsbader Sinters unter Vorstellung schöner und seltener Stücke samt einem Versuche einer mineralischen Geschichte desselben und dahin einschlagenden Lehre über die Farben. 1. Abt. Erlangen: Walther, 1781

Valentini 1704–1714 – Valentini, Michael Bernhard: Museum Museorum, oder Vollständige Schau-Bühne aller Materialien und Specereyen nebst deren natürlichen Beschreibung, Election, Nutzen und Gebrauch. Aus andern Material-Kunst- und Naturalien-Kammern, Oost- und West-Indischen Reißbeschreibungen, Curiosen Zeit- und Tag-Registern, Natur- und Artzney-Kündigern, wie auch selbst-eigenen Erfahrung. 3 Bde. Frankfurt a. M.: Zunner, 1704–1714 *(Bd. 3 unter dem Titel: Neu-auffgerichtetes Rüst- und Zeughaus der Kultur, Worinnen die so wundersame, curiose, auch ehr nützliche Machinen und Intrumenten, deren sich die heutige Naturkündiger in Erforschung der natürlichen Ursachen bedienen, zu sehen und zu finden sind)*

Valentini 1720 – Valentini, Michael Bernhard: Amphitheatrum zootomicum tabulis aeneis quamplurimis exhibens historiam animalium anatomicam è Miscellaneis S. Q. R. I. Academiae Naturae Curiosorum, Diariis Societatum Scientiarum Regiarum [...] et aliisque scriptis rarioribus collectam. Accedit methodus secandi cadav. humana. Francofurti ad Moenum (Frankfurt a. M.): Zunner, 1720

Vallisnieri 1713 – Vallisnieri, Antonio: Esperienze, ed osservazioni intorno all'origine, sviluppi, e costumi di vari insetti, con altre spettanti alla naturale, e medica storia. Padua: Gio. Manfré, 1713

Varenius 1650 – Varenius, Bernhard: Geographia generalis, in qua affectiones generales telluris explicantur. Amstelodami (Amsterdam): Elzevir, 1650 *(zahlreiche weitere Auflagen; von Goethe verwendete Auflage unsicher)*

Varro, rust. – Varro, Marcus Terentius: Res rusticae.

Vaucher 1830 – Vaucher, Jean Pierre: Histoire physiologique des plantes d'Europe. Genf: Berbezat, 1830 (Keudell 2187)

Veltheim 1781 – Veltheim, August Ferdinand von: Grundriss einer Mineralogie. Braunschweig: Waisenhaus-Buchhandlung, 1781

Veltheim 1787 – Veltheim, August Ferdinand von: Etwas über die Bildung des Basalts, und vormahlige Beschaffenheit der Gebirge in Deutschland. Leipzig: Weygand, 1787

Veltheim 1820 – Veltheim, Röttger von: Bemerkungen über die Englische Pferdezucht mit Beziehung ihrer Grundsätze auf die Veredelung des Pferdegeschlechts im übrigen Europa und besonders in Deutschland. Braunschweig: Vieweg, 1820 – *s. Rez. Strombeck 1820*

Venturi 1799 – Venturi, Giovanni Battista: Indagine fisica sui colori. Data li 15. Dicembre 1799. In: Memorie di matematica e fisica della Società Italiana delle Scienze 8, Nr. 2 (1799), 699–754

Verdries 1728 – Verdries, Johann Melchior: Physica sive in naturae scientiam introductio. In usum auditorii sui adornata, denuo recognita et magna parte aucta cum indice necessario. Gissae (Gießen): Mullerus, 1728

Vergil, georg. – Vergil: Georgica.

Vesalius 1555 – Vesalius, Andreas: De humani corporis fabrica libri septem [2 berichtigte Aufl.]. Basileae (Basel): Oporin, 1555 *(1. Aufl. Basel 1543)*

Vicq d'Azyr 1780 – Vicq d'Azyr, Félix: Observations anatomiques sur trois singes appelés le mandrill, le callitriche et le macaque; suivies de quelques réflexions sur plusieurs points d'anatomie comparée. In: Histoire de l'Académie Royale des Sciences, avec les mémoires de mathématique et de physique (1780/1784), 478–493 *(Mémoires)*

Vieth 1792 – Vieth, Gerhard Ulrich Anton: Vermischte Aufsätze für Liebhaber mathematischer Wissenschaften. Erstes Bändchen. Berlin: Frankesche Buchhandlung, 1792

Vitellio 1535 – Vitellio: [Peri optikēs], id est de natura, ratione, et proiectione radiorum visus, luminum, colorum atque formarum, quam vulgo perspectivam vocant libri X. Habes in hoc opere, candide lector, quum magnum numerum geometricorum elementorum, [...] Nunc primum opera mathematicorum praestantiss. dd. Georgii Tanstetter et Petri Apiani in lucem aedita. Norimbergae (Nürnberg): Petreius, 1535

Vitet 1771 – Vitet, Louis: Médecine vétérinaire. 3 Bde. Lyon: Perisse, 1771

Vitruvius, Vitr. – Vitruv: De architectura. *(ohne genaue Angabe Goethes)*

Vogel 1762 – Vogel, Rudolf Augustin: Practisches Mineralsystem. Leipzig: Breitkopf, 1762 *(2. rerm. u. verb. Aufl. 1776)*
Vogel 1822 – Vogel, Heinrich August: Versuche und Bemerkungen über die Bestandteile der Seeluft. In: Annalen der Physik, Nr. 72 (1822), 335–336
Voigt 1782–1785 – Voigt, Johann Karl Wilhelm: Mineralogische Reisen durch das Herzogthum Weimar und Eisenach und einige angränzende Gegenden, in Briefen. 2 Bde. Dessau und Weimar: Buchh. der Gelehrten und C. L. Hoffmanns Wittwe und Erben, 1782–1785 (Ruppert 5222)
Voigt 1783 – Voigt, Johann Karl Wilhelm: Mineralogische Beschreibung des Hochstifts Fuld und einiger merkwürdigen Gegenden am Rhein und Mayn. Mit einer petrographischen Landcharte. Dessau und Leipzig: Buchh. der Gelehrten, 1783 (Ruppert 5218)
Voigt 1785 – Voigt, Johann Karl Wilhelm: Drey Briefe über die Gebirgs-Lehre für Anfänger und Unkundige. Weimar: Hoffmann, 1785 *(auch in: Der Teutsche Merkur (1785), 1. Vierteljahr, 56–69, 89–91, 131–148, 210–229)*
Voigt 1786 – Voigt, Johann Karl Wilhelm: Drey Briefe über die Gebirgs-Lehre für Anfänger und Unkundige. 2. Aufl. Weimar: Hoffmanns Erben, 1786
Voigt 1796 – Voigt, Johann Gottfried: Beobachtungen und Versuche über farbigtes Licht, Farben und ihre Mischung. In: Neues Journal der Physik 3, Nr. 3 (1796), 235–298
Voigt 1802 – Voigt, Johann Karl Wilhelm: Mineralogische Reise nach den Braunkohlewerken und Basalten in Hessen, wie auch nach den Schieferkohlewerken des Unterharzes. Weimar: Hoffmann, 1802
Voigt 1803 – Voigt, Friedrich Siegmund: Handwörterbuch der botanischen Kunstsprache. Jena: Stahl, 1803
Voigt 1808 – Voigt, Friedrich Siegmund: System der Botanik. Mit 4 Kupfertafeln. Jena: Akad. Buchhandlung, 1808
Voigt 1812 – Voigt, Friedrich Siegmund: Catalogus plantarum, quae in hortis ducalibus botanico Jenensi et Belvederensi coluntur. Jenae (Jena): Goepferdt, 1812
Voigt 1816a – Voigt, Friedrich Siegmund: Die Farben der organischen Körper. Jena: Cröker, 1816 (Ruppert 5205)
Voigt 1816b – Voigt, Friedrich Siegmund: Von der Uebereinstimmung des Stoffs mit dem Bau bey den Pflanzen, als leitendes Princip bey chemischen Untersuchungen. In: Journal für Chemie und Physik 17 (1816), 190–221
Voigt 1817 – Voigt, Friedrich Siegmund: Grundzüge einer Naturgeschichte, als Geschichte der Entstehung und weiteren Ausbildung der Naturkörper. Mit drei Kupfern. Frankfurt a. M.: Brönner, 1817 (Ruppert 5206)
Voigt 1821 – Voigt, Johann Karl Wilhelm: Geschichte des Ilmenauischen Bergbaues nebst einer geognostischen Darstellung der dasigen Gegend und einem Plane, wie das Werk mit Vorteil wieder anzugreifen. Nebst dem Portrait des Verfasser einer petrographischen Charte und drei Steindrücken. Sondershausen und Nordhausen: Sohn des Verfassers, 1821 (Ruppert 5220)
Voigt 1823 – Voigt, Friedrich Siegmund: System der Natur und ihre Geschichte. Jena: Schmid, 1823 (Ruppert 5208) – *s. Rez. Goethe - Friedr. Siegmund Voigt, Hofrat und Professor zu Jena: System der Natur und ihrer Geschichte. Jena 1823*
Voigt 1827 – Voigt, Friedrich Siegmund: Lehrbuch der Botanik. Zweite umgearbeitete Ausgabe. Jena: Schmid, 1827 (Ruppert 5207)

Volkmann 1720 – Volkmann, Georg Anton: Silesia subterranea, oder Schlesien mit seinen unterirrdischen(!) Schätzen. Seltsamheiten, welche dieses Land mit andern gemein oder zuvoraus hat [...]. Nebst vielen Abbildungen und Kupfern. Leipzig: Weidmann, 1720

Volkmann 1770–1771 – Volkmann, Johann Jakob: Historisch-kritische Nachrichten von Italien, welche eine Beschreibung dieses Landes, der Sitten, Regierungsform, Handlung, Oekonomie, des Zustandes der Wissenschaften und insonderheit der Werke der Kunst nebst einer Beurtheilung derselben enthalten. Aus den neuesten französischen und englischen Reisebeschreibungen und aus eignen Anmerkungen zusammengetragen. 3 Bde. Leipzig: Caspar Fritsch, 1770–1771

Voltaire 1738 – Voltaire: Elémens de la philosophie de Neuton. Mis à la portée de tout le monde. Augmentée des eclaircissemens nécessaires, du chapitre XXVI. contenant le flux et reflux, des tables des chapitres et matieres, et du portrait de Neuton. Amsterdam: Ledet, 1738

Voltaire 1742 – Voltaire: Mahomet, tragédie. Représentée sur le Théâtre de la Comédie françoise. Le 9 Août 1742. Bruxelles: s.n., 1742

Voltaire 1786 – Voltaire: Des coquilles, et des systèmes bâtis sur les coquilles. In: Ders.: Oeuvres Complètes. Bd. 39. Gotha: Ettinger, 1786, 140–156.

Vossius 1662 – Vossius, Isaac: De lucis natura et proprietate. Amstelodami (Amsterdam): Elzevir, 1662

Wagner 1804 – Wagner, Johann Jakob: System der Idealphilosophie. Leipzig: Breitkopf und Härtel, 1804 – s. Rez. Anonymi 1805a

Waitz 1745 – Waitz, Jacob Siegismund von: Abhandlung von der Electricität und deren Ursachen welche bey der Königl. Academie der Wissenschaften in Berlin den Preiß erhalten hat. Berlin: U. Hande, 1745

Walch 1769 – Walch, Johann Ernst Immanuel: Das Steinreich, systematisch entworfen. Neue, sehr vermehrte Aufl. Halle: Gebauer, 1769 *(1. Aufl. 2 Bde. 1762–1764)*

Walker 1799 – Walker, Adam: A system of familiar philosophy in twelve lectures. London: [Selbstverl.], 1799

Waller 1687 – Waller, Richard: A catalogue of simple and mixt colours, with a specimen of each colour prefixt to its proper name. In: Philosophical transactions 16, Nr. 179 (1687), 24–32

Wallerius 1772–1775 – Wallerius, Johan Gottschalk: Systema mineralogicum quo corpora mineralia in classes, ordines, genera et species, suis cum varietatibus divisa, describuntur. 2 Bde. Holmiae (Stockhom): Laurentius Salvius, 1772–1775

Wallerius 1779 – Wallerius, Johan Gottschalk: Meditationes physico-chemicae de origine mundi, inprimis geocosmi ejusdemque metamorphosi. Stockholmiae et Upsaliae (Stockholm u. Upsala): M. Swederus, 1779

Wallroth 1819 – Wallroth, Friedrich Wilhelm: Naturgeschichte des Mucor Erysiphe L. In: Verhandlungen der Gesellschaft naturforschender Freunde zu Berlin 1, Nr. 1 (1819/1829), 6–45

Walter 1792 – Walter, Johann Gottlieb: Mémoire sur le blaireau. Lu le 12. juillet 1792. In: Mémoires de l'Académie Royale des Sciences et Belles-Lettres der Berlin (1792–1793/1798), 3–22 *(Classe de philosophie expérimentale)*

Walter 1794 – Walter, Johann Gottlieb: Von der Einsaugung und der Durchkreuzung der Sehnerven. Berlin: Wilhelm Vieweg, 1794

Wedel / Din 1714 – Wedel, Johann Adolf (Praes.); Din, Lucas (Resp.): Dissertatio physiologica de visione, quae oculo fit gemino. Jenae (Jena): Gollner, 1714

Weidler / Zwerg 1720 – Weidler, Johann Friedrich (Praes.); Zwerg, Dithlef Gotthard (Resp.): Experimentorum Newtonianorum de coloribus explicationem novam veteri hypothesi accomodatam, dissertatione optica. Praeside Io. Friderico Weidlero [...] publice excutiendam proponit auctor Dethlevus Gotthardus Zwergius. Vitembergae (Wittenberg): Gerdes, 1720

Weinrich 1720 – Weinrich, Johann Michael: Kirchen und Schulen-Staat des Fürstenthums Henneberg Alter und Mitlerer Zeiten deme beygefüget I. Eine panegyrische Vorstellung der Stadt Meinungen Und Derer Hochfürstl. Sachsen-Meinungischen Lande. II. Hennebergia Numismatica in etlichen Lateinischen und Teutschen Dissertationibus. Leipzig: Martini, 1720

Weise 1805 – Weise, Johann Christoph Gottlob: Beschreibung einer bisher noch unbekannt gebliebenen Abart der gemeinen Buche. In: Magazin für den neuesten Zustand der Naturkunde 9, Nr. 4 (1805), 352–357

Weiss 1801 – Weiss, Christian Samuel: Betrachtung eines merkwürdigen Gesetzes der Farbenänderung organischer Körper durch den Einfluß des Lichtes. Im Namen der Linneischen Societät zu Leipzig hrsg. von Christian Samuel Weiß. Leipzig: Tauchnitz, 1801

Welcker 1816 – Welcker, Friedrich Gottlieb: Sappho von einem herrschenden Vorurtheil befreyt. Göttingen: Vandenhoek und Ruprecht, 1816

Welsch 1676 – Welsch, Georg Hieronymus: Somnium vindiciani sive Desiderata medicinae. Augustae Vindelicorum (Augsburg): Göbel, 1676

Wenderoth 1821 – Wenderoth, Georg Wilhelm Franz: Lehrbuch der Botanik zu Vorlesungen und zum Selbststudium. Marburg: Krieger, 1821 – *s. Rez. Meyer 1822*

Werneburg 1817 – Werneburg, Johann Friedrich Christian: Merkwürdige Phänomene an und durch verschiedene Prismen. Zur richtigen Würdigung der Newton'schen und der von Göthe'schen Farbenlehre. [...] Mit 8 Kupfertafeln. Nürnberg: Schrag, 1817 (Ruppert 5253)

Werner 1774 – Werner, Abraham Gottlob: Von den äußerlichen Kennzeichen der Foßilien. Leipzig: Crusius, 1774

Werner 1791 – Werner, Abraham Gottlob: Neue Theorie von der Entstehung der Gänge, mit Anwendung auf den Bergbau besonders den freibergischen. Freiberg: Gerlach, 1791

Westfeld 1767 – Westfeld, Christian Friedrich Gotthard Henning: Die Erzeugung der Farben. Eine Hypothese. An Sr. Wohlgebornen Herrn Abraham Gotthelf Kästner. Göttingen: s.n., 1767

Whiston 1696 – Whiston, William: A new theory of the earth, from its original, to the consummation of all things. Wherein the creation of the world in six days, the universal deluge, and the general conflagration, as laid down in the holy scriptures, are shewn to be perfectly agreeable to reason and philosophy. With a large introductory discourse concerning the genuine nature, stile, and extent of the Mosaick history of the creation. London: R. Roberts, 1696

Whitehurst 1778 – Whitehurst, John: An inquiry into the original state and formation of the earth, deduced from facts and the laws of nature. London: J. Cooper, 1778 *(2. Aufl. 1786)*

Widenmann 1794 – Widenmann, Johann Friedrich Wilhelm: Handbuch des oryktognostischen Theils der Mineralogie [...]. Mit einer Farbentabelle und einer Kupfertafel. Leipzig: Crusius, 1794

Wiegleb 1782 – Wiegleb, Johann Christian: Chemische Untersuchung des sogenannten Meerschaums. In: Lorenz Crell (Hrsg.): Die neusten Entdeckungen der Chemie. 5. Teil. Leipzig: Weygand, 1782, 3–8.

Wilbrand / Ritgen 1821 – Wilbrand, Johann Bernhard; Ritgen, Ferdinand August: Gemälde der organischen Natur in ihrer Verbreitung auf der Erde. Gießen: C. G. Müller, 1821 (Ruppert 5268) – *s. Rez. Goethe - Gemälde der organischen Natur*

Wilkens 1793 – Wilkens, M.: Ein Beytrag zu den gefärbten Schatten. In: Journal der Physik 7, Nr. 1 (1793), 21–27

Willdenow 1792 – Willdenow, Karl Ludwig: Grundriss der Kräuterkunde. Zu Vorlesungen entworfen. Berlin: Haude und Spener, 1792 (Ruppert 5277)

Williamson 1807 – Williamson, Thomas George: Oriental field sports. Being a complete, detailed, and accurate description of the wild sports of the East, and exhibiting [...] the natural history of the Elephant, Rhinoceros [...] and other domesticated animals [...] The whole interspersed with a variety of original, authentic, and curious anecdotes, taken from the manuscript and designs of captain Thomas Williamson [...] The drawings by S. Howitt. 2 Bde. London: Bulmer, 1807

Wilson 1779 – Wilson, Benjamin: Auszug aus Wilsons Erzählung einer Reihe von Versuchen, über einige Phosphoren und ihre prismatischen Farben. In: Sammlungen zur Physik und Naturgeschichte 1, Nr. 5 (1779), 515–552

Wilson / Beccari 1775 – Wilson, Benjamin: A series of experiments relating to phosphori and the prismatic colours they are found to exhibit in the dark. By B. Wilson [...] Together with a translation of two memoirs, from the Bologna acts, upon the same subject, by J. B. Beccari. London: Dodsley u. a., 1775

Winch 1816 – Winch, Nathanael John: Observations on the geology of Northumberland and Durham. In: Transactions of the Geological Society 4 (1817), 1–101

Windischmann 1806 (Rez.) – Windischmann, Karl Joseph Hieronymus: Leipzig, b. Breitkopf und Härtel: Lucifer oder Nachtrag zu den bisher angestellten Untersuchungen der Erdatmosphäre, vorzüglich in Hinsicht auf das Höhenmessen mit Barometern von Christian Ernst Wuensch [...] 1802. [...] Desselben Zusätze zu dem Lucifer, oder zweyter Nachtrag zu den bisher angestellten Untersuchungen der Erdatmosphäre. 1803. In: Jenaische allgemeine Literatur-Zeitung 3, Nr. 296, 18. Dez. (1806), 513–519

Windischmann 1807a – Windischmann, Karl Joseph Hieronymus: Antwort des Recensenten. In: Jenaische allgemeine Literatur-Zeitung - Intelligenzblatt 4, Nr. 19, 7. März (1807), 166–167

Windischmann 1807b – Windischmann, Karl Joseph Hieronymus: Antwort des Recensenten an Herrn Professor Wünsch. In: Jenaische allgemeine Literatur-Zeitung - Intelligenzblatt 4, Nr. 46, 6. Juni (1807), 400

Windischmann / Link 1813 (Rez.) – Windischmann, Karl Joseph Hieronymus; Link, Heinrich Friedrich: Tübingen, b. Cotta: Zur Farbenlehre von Goethe. Erster Band. [...] Zweyter Band. In: Jenaische allgemeine Literatur-Zeitung – Ergänzungsblätter 1 (1813), 17–44 – *s. Goethe - Zur Farbenlehre (Gesamtwerk)*

Winkler 1738 – Winkler, Johann Heinrich: Institutiones mathematico-physicae experimentis confirmatae. Lipsiae (Leipzig): Breitkopf, 1738

Winkler 1744 – Winkler, Johann Heinrich: Gedanken von den Eigenschaften, Wirkungen und Ursachen der Electricität, nebst einer Beschreibung zwo neuer Electrischen Maschinen. Leipzig: Bernhard Christoph Breitkopf, 1744

Winkler 1745 – Winkler, Johann Heinrich: Die Eigenschaften der Electrischen Materie und des Electrischen Feuers aus verschiedenen neuen Versuchen erkläret, und, nebst etlichen Neuen Maschinen zum Electrisieren beschrieben. Leipzig: Bernhard Christoph Breitkopf, 1745

Winkler 1753 – Winkler, Johann Heinrich: Anfangsgründe der Physic. Leipzig: Breitkopf, 1753

Winslow 1732 – Winslow, Jacques-Bénigne: Exposition anatomique de la structure du corps humain. 4 Bde. in 5 Teilbden. Paris: Desprez, Desessartz, 1732

Wolfart 1711 – Wolfart, Peter: Amoenitatum Hassiae inferioris subterraneae specimen primum. Kassel: Harmes, 1711

Wolff 1723 – Wolff, Christian: Vernünfftige Gedancken von den Würckungen der Natur. Halle in Magdeburg (Halle a. S.): Renger, 1723 *(Neue (= 5.) Aufl. 1746)*

Wolff 1745–1747 – Wolff, Christian: Allerhand nützliche Versuche, dadurch zu genauer Erkäntniß der Natur und Kunst der Weg gebähnet wird. 2 Bde. Halle im Magdeburgischen (Halle a. S.): Renger, 1745–1747

Wolff 1759 – Wolff, Caspar Friedrich: Theoria generationis quam pro gradu doctoris medicinae stabilivit publice eam defensurus d. 28. Novembr. 1759. Halae ad Salam (Halle a. S.): Hendel, 1759 (Ruppert 5288f.) *(Editio nova, aucta et emendata, Halle 1774; Dt.: Theorie von der Generation, Berlin 1764)*

Wolff 1764 – Wolff, Caspar Friedrich: Theorie von der Generation in zwo Abhandlungen erklärt und bewiesen. Berlin: Birnstiel, 1764

Wolff 1767–1768 – Wolff, Caspar Friedrich: De formatione intestinorum praecipue, tum et de amnio spurio aliisque partibus embryonis gallinacei, nundum visis, observationes, in ovis incubatis institutae. In: Novi commentarii Academiae Scientiarum Imperialis Petropolitanae 12–13 (1766–1767/1768–1768/1769), 403–507; 478–530

Wolff 1769 – Wolff, Caspar Friedrich: Ovum simplex gemelliferum. Exhibit. d. 22. Febr. 1770. In: Novi commentarii Academiae Scientiarum Imperialis Petropolitanae 14, Nr. 1 (1769/1770), 456–483

Wolff 1770 – Wolff, Caspar Friedrich: De leone. D. 23. Maii 1771. In: Novi commentarii Academiae Scientiarum Imperialis Petropolitanae 15 (1770/1771), 517–552

Wolff 1771 – Wolff, Caspar Friedrich: De corde Leonis. In: Novi commentarii Academiae Scientiarum Imperialis Petropolitanae 16 (1771), 471–510

Wolff 1772 – Wolff, Caspar Friedrich: Descriptio vituli bicipitis cui accedit commentatio de ortu monstrorum. In: Novi commentarii Academiae Scientiarum Imperialis Petropolitanae 17 (1772/1773), 540–575

Wolff 1774 – Wolff, Caspar Friedrich: De structura vesiculae felleae leonis. In: Novi commentarii Academiae Scientiarum Imperialis Petropolitanae 19 (1774/1775), 379–393

Wolff 1775 – Wolff, Caspar Friedrich: De foramine ovali, ejusque usu in dirigendo motu sanguinis. Observationes novae (Lecta in conventu Academico d. 11. Januar 1776). In: Novi commentarii Academiae Scientiarum Imperialis Petropolitanae 20 (1775/1776), 357–430

Wolff 1777 – Wolff, Caspar Friedrich: De orificio Venae coronariae magnae. In: Acta Academiae Scientiarum Imperialis Petropolitanae 1, Nr. 1 (1777), 234–256

Wolff 1778a – Wolff, Caspar Friedrich: Descriptio vesiculae felleae tigridis, eiusque cum leonina et humana comparatio. In: Acta Academiae Scientiarum Imperialis Petropolitanae 2, Nr. 1 (1778/1780), 234–246

Wolff 1778b – Wolff, Caspar Friedrich: De inconstantia fabricae corporis humani, de eligendisque ad eam repraesentandam exemplaribus. In: Acta Academiae Scientiarum Imperialis Petropolitanae 2, Nr. 2 (1778/1781), 217–235

Wolff 1779a – Wolff, Caspar Friedrich: De vesiculae felleae humanae ductusque humani cystici et choledochi superficiebus internis. In: Acta Academiae Scientiarum Imperialis Petropolitanae 3, Nr. 1 (1779/1782), 205–223

Wolff 1779b – Wolff, Caspar Friedrich: De finibus partium corporis humani generatim; speciatim de usu plicarum, quae in vesiculis felleis nonnullorum corporum inveniuntur. In: Acta Academiae Scientiarum Imperialis Petropolitanae 3, Nr. 2 (1779/1783), 202–246

Wolff 1780a – Wolff, Caspar Friedrich: De pullo monstroso, quatuor pedibus, totidemque alis instructo. In: Acta Academiae Scientiarum Imperialis Petropolitanae 4, Nr. 1 (1780/1783), 203–207

Wolff 1780b – Wolff, Caspar Friedrich: De ordine fibrarum muscularium cordis. Dissertatio I: De regionibus et partibus quibusdam, in corde, tunica exuto, notabilibus. In: Acta Academiae Scientiarum Imperialis Petropolitanae 4, Nr. 2 (1780/1784), 197–234

Wolff 1781a – Wolff, Caspar Friedrich: De ordine fibrarum muscularium cordis. Dissertatio II: De textu cartilagineo cordis; sive de filis cartilagineo-osseis eorumque in basi cordis distributione. In: Acta Academiae Scientiarum Imperialis Petropolitanae 5, Nr. 1 (1781/1784), 211–237

Wolff 1781b – Wolff, Caspar Friedrich: De ordine fibrarum cordis. Dissertatio III: De fibris externis ventriculi dextri. In: Acta Academiae Scientiarum Imperialis Petropolitanae 5, Nr. 2 (1781/1785), 221–302

Wolff 1782 – Wolff, Caspar Friedrich: De ordine fibrarum cordis. Dissertatio IV: De fibris externis ventriculi sinistri. In: Acta Academiae Scientiarum Imperialis Petropolitanae 6, Nr. 2 (1782/1786), 214–247

Wolff 1783 – Wolff, Caspar Friedrich: De ordine fibrarum muscularium cordis. Dissertatio V: De actione fibrarum externarum ventriculi sinistri (Conuent. exhib. d. 19. Dcbr. 1785.). In: Nova acta Academiae Scientiarum Imperialis Petropolitanae 1 (1783/1787), 231–259/296

Wolff 1784 – Wolff, Caspar Friedrich: De ordine fibrarum cordis. Dissertatio VI. Quae repetitas et novas observationes de fibris ventriculorum externis continet. (Convent. exhib. d. 22. Iun. 1786). Pars prior. Ventriculus dexter. In: Nova acta Academiae Scientiarum Imperialis Petropolitanae 2 (1784/1788), 181–220

Wolff 1785a – Wolff, Caspar Friedrich: De ordine fibrarum muscularium cordis. Dissertatio VI. Pars posterior. Ventriculus sinister (Convent. exhib. d. 22. Iunii 1786.). In: Nova acta Academiae Scientiarum Imperialis Petropolitanae 3 (1785/1788), 185–226

Wolff 1785b – Wolff, Caspar Friedrich: De ordine fibrarum muscularium cordis. Dissertatio VII. De stratis fibrarum in universum (Convent. exhib. d.

25. Ianuar. 1787.). In: Nova acta Academiae Scientiarum Imperialis Petropolitanae 3 (1785/1788). 227–249

Wolff 1786 – Wolff. Caspar Friedrich: De ordine fibrarum muscularium cordis. Dissertatio VIII. De fibris mediis ventriculi dextri (Convent. exhib. d. 21. Iun. 1787). In: Nova acta Academiae Scientiarum Imperialis Petropolitanae 4 (1786/1789). 211–265

Wolff 1787 – Wolff. Caspar Friedrich: De ordine fibrarum muscularium cordis. Dissertatio IX. De actione fibrarum mediarum ventriculi dextri (Convent. exhib. d. 26. Iun. 1788). In: Nova acta Academiae Scientiarum Imperialis Petropolitanae 5 (1787/1789). 223–238

Wolff 1788a – Wolff. Caspar Friedrich: De ordine fibrarum muscularium cordis. Dissertatio X. De strato secundo Fibrarum ventriculi sinistri. Pars I (Convent. exhib. die 28. Sept. 1789.). In: Nova acta Academiae Scientiarum Imperialis Petropolitanae 6 (1788/1790). 217–235

Wolff 1788b – Wolff. Caspar Friedrich: De tela. quam dicunt. cellulosa. Observationes (Convent. exhib. die 15 Mart. 1790). In: Nova acta Academiae Scientiarum Imperialis Petropolitanae 6 (1788/1790). 259–275

Wolff 1789a – Wolff. Caspar Friedrich: De tela dicta cellulosa. Observationes continuatae: Cutis. substantia subcutanea. adeps. (Convent. exhib. die 16 Sept. 1790). In: Nova acta Academiae Scientiarum Imperialis Petropolitanae 7 (1789/1793). 278–295

Wolff 1789b – Wolff. Caspar Friedrich: Von der eigenthümlichen und wesentlichen Kraft der vegetabilischen sowohl als auch der animalischen Substanz. Vergleichung der Resultate der beyden gekrönten Preisschriften. Anhang zu: Zwo Abhandlungen über die Nutritionskraft welche von der Kayserlichen Academie der Wißenschaften in St. Petersburg den Preis getheilt erhalten haben. Die erste von Herrn Hofrath Blumenbach, die zwote von Herrn Prof. Born. Nebst einer fernern Erläuterung eben derselben Materie von C. F. Wolff. St. Petersburg: Kayserl. Akademie der Wißenschaften. 1789

Wolff 1790a – Wolff. Caspar Friedrich: Observationum de tela dicta cellulosa continuatio secunda: cellulosa musculorum. (Convent. exhib. die 17 Mart. 1791.). In: Nova acta Academiae Scientiarum Imperialis Petropolitanae 8 (1790/1794). 269–286

Wolff 1790b – Wolff. Caspar Friedrich: De ordine fibrarum muscularium cordis. Dissertatio X. De strato secundo fibrarum ventriculi sinistri. Pars II (Convent. exhib. die 27 Octobr. 1791). In: Nova acta Academiae Scientiarum Imperialis Petropolitanae 8 (1790/1794). 347–363

Wolff 1791 – Wolff. Caspar Friedrich: De ordine fibrarum muscularium cordis. Dissertio X. De strato secundo fibrarum ventriculi sinistri. Pars III (Conventui exhib. die 7 Junii. 1792.). In: Nova acta Academiae Scientiarum Imperialis Petropolitanae 9 (1791). 271–289

Wolff 1792 – Wolff. Caspar Friedrich: De ordine fibrarum muscularium cordis. Dissertio X. De strato secundo fibrarum ventriculi sinistri. Pars IV (Conventui exhib. die 19 Sept. 1793.). In: Nova acta Academiae Scientiarum Imperialis Petropolitanae 10 (1792). 175–186

Wolff / Meckel 1812 – Wolff. Caspar Friedrich; Meckel. Johann Friedrich d. J. (Übers. und Komm.): Über die Bildung des Darmkanals im bebrüteten Hühnchen. Übers. und mit einer einleitenden Abhandlung und Anm. versehen von Johann Friedrich Meckel. Halle a. S.: Renger. 1812 (Ruppert 5287)

Wucherer 1725 – Wucherer, Johann Friedrich: Institutiones philosophiae naturalis eclecticae. Ienae (Jena): Buch, 1725
Wünsch 1774 – Wünsch, Christian Ernst: Visus phaenomena quaedam explicat simulque [...] Ernesto Samueli Reinigero [...] nomine collegii disputatorii sub praesidio [...] Ernesti Gottlob Bose [...] ex animo gratulatur Christianus Ernestus Wünsch. Lipsiae (Leipzig): Langenheim, 1774
Wünsch 1792 – Wünsch, Christian Ernst: Versuche und Beobachtungen über die Farben des Lichtes [...]. Mit vier Kupfertafeln. Leipzig: Breitkopf, 1792 (Ruppert 5291) – s. *Rez. Kästner 1792a*
Wünsch 1807a – Wünsch, Christian Ernst: Antikritik. In: Jenaische allgemeine Literatur-Zeitung - Intelligenzblatt 4. Nr. 19, 7. März (1807), 165–166
Wünsch 1807b – Wünsch, Christian Ernst: Sendschreiben an Sr. Wohlgeb. den Herrn Hofmedicus und Professor Windischmann zu Aschaffenburg. In: Jenaische allgemeine Literatur-Zeitung – Intelligenzblatt 4. Nr. 46, 6. Juni (1807), 398–400
Wyttenbach 1777 – Wyttenbach, Jakob Samuel: Kurze Anleitung für diejenigen, welche eine Reise durch das Lauterbrunnenthal, Grindelwald und über Meyringen auf Bern zurück machen wollen. Bern: Wagner, 1777 (Ruppert 4033)
Young 1811a – Young, Thomas: Nachricht von einigen Fällen einer bisher noch nicht beschriebenen Entstehung der Farben. In: Annalen der Physik 39 (= N.F. 9) (1811), 206–220
Young 1811b – Young, Thomas: Ueber die Theorie des Lichts. In: Annalen der Physik 39 (= N.F. 9) (1811), 156–205
Young 1814 (Rez.) – Young, Thomas: Zur Farbenlehre. On the doctrine of colours. By Goethe 2 vol. 8vo. Tübingen, 1810. pp. 1510; with 16 coloured Plates in 4to. In: The quarterly review 10. Nr. 20 (1814), 427–441 – s. *Goethe - Zur Farbenlehre (Gesamtwerk)*
Zach 1794 – Zach, Franz Xaver von: [Antwort auf Anfrage zum möglichen „Geheimniß der englischen Optiker bey Verfertigung und Zusammensetzung ihrer achromatischen Objectivgläser"]. In: Kaiserlich privilegirter Reichs-Anzeiger, Nr. 152, 27. Dez. (1794), 1449–1452
Zach 1795 – Zach, Franz Xaver von: Beantwortung einer optischen Anfrage in No. 5. S. 44. des R. A. In: Kaiserlich privilegirter Reichs-Anzeiger, Nr. 14, 17. Jan. (1795), 121–123
Zach 1801 – Zach, Franz Xaver von: Auszug aus einem astronomischen Tagebuche geführt auf einer Reise nach Celle, Bremen und Lilienthal im September 1800. (Fortsetzung zu S. 145 des III. Bd.). In: Monatliche Correspondenz zur Beförderung der Erd- und Himmels-Kunde 3 (1801), 209–256
Zach 1825 (Rez.) – Zach, Franz Xaver von: Lettre XXII: De M. le Baron de Zach, Lettre XIX: De M. le Baron de Zach [Rezension von Krusenstern: Recueil de mémoires hydrographiques]. In: Correspondance astronomique, géographique, hydrographique et statistique 13, Nr. 5–6 (1825), 407–417, 511–533 – s. *Krusenstern 1827*
Zahn 1702 – Zahn, Johannes: Oculus artificialis teledioptricus sive telescopium, ex abditis rerum naturalium et artificialium principiis protractum nova methodo, eaque solida explicatum ac comprimis e triplici fundamento physico seu naturali, mathematico dioptrico et mechanico, seu practico stabilitum. Editio secunda auctior. Norimberga (Nürnberg): J. C. Lochner, 1702 *(1. Aufl. Herbipoli (Würzburg) 1685)*

Zanon 1763–1766 – Zanon, Antonio: Dell'agricoltura, dell'arti, e del commercio in quanto unite contribuiscono alla felicita' degli stati. 6 vols. Venezia (Venedig): Appresso Modesto Fenzo, 1763–1766

Zanotti 1728 – Zanotti, Francesco Maria: De lapide Bononiensi. In: De Bononiensi Scientiarum et Artium Instituto atque Academia commentarii 1 (1731), 181–205

Zauper 1821 – Zauper, Joseph Stanislaus: Grundzüge zu einer deutschen theoretisch-praktischen Poetik aus Göthe's Werken entwickelt. Wien: Geistinger, 1821

Zauper 1822 – Zauper, Joseph Stanislaus: Studien über Goethe. Als Nachtrag zur deutschen Poetik aus Goethe. Wien: Geistinger, 1822 (Ruppert 1955)

Zedler 1732–1750 – Zedler, Johann Heinrich: Grosses vollständiges Universal Lexicon Aller Wissenschafften und Künste, Welche bißhero durch menschlichen Verstand und Witz erfunden worden. 64 Bde. Halle, Leipzig: Zedler, 1732–1750

Zeidler / Hedenus 1656 – Zeidler, Melchior (Praes.): Hedenus, Johannes Quirinus (Resp.): Exercitatio physica de quaestione an lumen sit corpus? Jenae (Jena): C. Küchen, 1656

Zeiher 1763 – Zeiher, Johann Ernst: Abhandlung von denjenigen Glasarten, welche eine verschiedene Kraft die Farben zu zerstreuen besitzen. St. Petersburg: Kaiserl. Akademie der Wissenschaften, 1763

Zelter 1796 – Zelter, Karl Friedrich: Zwölf Lieder am Klavier zu singen. Berlin und Leipzig: Nicolai, [1796] *(2. Aufl. 1801)*

Ziegler 1751 – Ziegler, Johanna Charlotte: Grundriß einer natürlichen Historie und eigentlichen Naturlehre für das Frauenzimmer. Halle im Magdeburgischen (Halle a. S.): Hemmerde, 1751

Ziegra 1688 – Ziegra, Constantin (Praes.): Kahl (Khalus), Wenzeslaus (Resp.): Diatriba physico-experimentalis de coloribus, atque in specie, de viriditatis causa. Wittebergae (Wittenberg): J. Haken, 1668

Zimmermann 1746 – Zimmermann, Carl Friedrich: Ober-Sächsische Berg-Academie, in welcher die Bergwercks-Wissenschaften nach ihren Grund-Wahrheiten untersuchet, und nach ihrem Zusammenhange entworffen werden. Alles aus historischen Nachrichten, gründlichen Untersuchungen, natürlichen Beobachtungen, chymischen und mechanischen Versuchen, und darbey vorgefallnen Anmerckungen erläutert, und in abgesonderten Abhandlungen ausgefertiget. 3 Bde. Dreßden und Leipzig: Hekel, 1746

Zimmermann 1777a – Zimmermann, Eberhard August Wilhelm von: Specimen zoologiae geographicae, quadrupedum, domicilia et migrationes sistens. Lugduni Batavorum (Leiden): Haak, 1777

Zimmermann 1777b – Zimmermann, Johann Georg: Von der Erfahrung in der Arzneykunst. Neue Auflage. Zürich: Orell, Geßner, Füeßlin und Compag., 1777

Zimmermann 1778–1783 – Zimmermann, Eberhard August Wilhelm von: Geographische Geschichte des Menschen und der allgemein verbreiteten vierfüßigen Thiere. 3 Bde. Leipzig: Weygand, 1778–1783

Zimmermann 1824 – Zimmermann, Wilhelm: Beiträge zur näheren Kenntniß der wäßrigen Meteore. In: Archiv für die gesammte Naturlehre 1 (1824), 257–292

Zückert 1762 – Zückert, Johann Friedrich: Die Naturgeschichte und Bergwercksverfassung des Ober-Hartzes. Berlin: Nicolai, 1762 (Ruppert 5305)

Zückert 1763 – Zückert, Johann Friedrich: Die Naturgeschichte einiger Provinzen des Unterharzes nebst einem Anhange von den Mannsfeldischen Kupferschiefern. Berlin: Nicolai, 1763 (Ruppert 5306)